国家出版基金项目
NATIONAL PUBLICATION FOUNDATION
国家出版基金项目
“十二五”国家重点出版物出版规划项目

航空航天科技出版工程
5
动力学与控制

[英] 理查德 · 布洛克利（Richard Blockley） [美] 史维（Wei Shyy）◎主编
江 驹 周建江 韩 潮 张景瑞 王焕瑾 等◎译

ENCYCLOPEDIA OF AEROSPACE ENGINEERING 5
Dynamics and Control

北京理工大学出版社
BEIJING INSTITUTE OF TECHNOLOGY PRESS
WILEY
AIAA

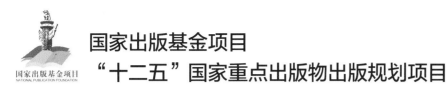

图书在版编目（CIP）数据

航空航天科技出版工程．5，动力学与控制／（英）理查德·布洛克利（Richard Blockley），（美）史维（Wei Shyy）主编；江驹等译．—北京：北京理工大学出版社，2016.6

书名原文：Encyclopedia of Aerospace Engineering

国家出版基金项目　“十二五”国家重点出版物出版规划项目

ISBN 978-7-5682-2397-3

Ⅰ．①航…　Ⅱ．①理…②史…③江…　Ⅲ．①航空工程-飞行力学②航空工程-飞行控制③航天工程-飞行力学④航天工程-飞行控制　Ⅳ．①V

中国版本图书馆CIP数据核字（2016）第120112号

封面图片来源：

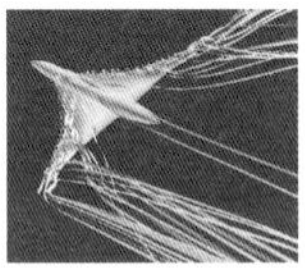
源自 ONERA，France

源自 Shutterstock

源自 Shutterstock

源自 EADS Astrium

出版发行／北京理工大学出版社有限责任公司
社　　址／北京市海淀区中关村南大街5号
邮　　编／100081
电　　话／（010）68914775（总编室）
（010）82562903（教材售后服务热线）
（010）68948351（其他图书服务热线）
网　　址／http://www.bitpress.com.cn
经　　销／全国各地新华书店
印　　刷／北京地大天成印务有限公司
开　　本／889毫米×1194毫米　1/16
印　　张／42
字　　数／1216千字
版　　次／2016年6月第1版　2016年6月第1次印刷
定　　价／248.00元

责任编辑／钟　博
文案编辑／钟　博
责任校对／周瑞红
责任印制／王美丽

航空航天科技出版工程

译审委员会

主　任　杜善义

副主任　李椿萱　余梦伦　黄瑞松　叶培建　唐长红　甘晓华

委　员（按姓氏笔画排序）

才满瑞　刘　莉　杨　超　昂海松　周志成　唐胜景　熊　克

翻译委员会

主　任　刘　莉

副主任　朱春玲　赵　宁　江　驹

委　员（按姓氏笔画排序）

万志强　马东立　王晓芳　王焕瑾　王锁柱　毛军逵　古兴瑾
龙　腾　朱程香　向彩霞　刘东旭　齐艳丽　孙康文　孙慧玉
杜　骞　杜小菁　李　书　李　响　李世鹏　杨春信　肖天航
吴小胜　吴志刚　宋　晨　宋豪鹏　张景瑞　陈永亮　武志文
林　海　昂海松　周光明　周建江　周思达　周储伟　郑祥明
徐　军　徐　明　郭　杰　唐胜景　黄晓鹏　龚　正　韩　潮
韩启祥　谢　侃　谢长川　雷娟棉　谭慧俊　熊　克　冀四梅

审校委员会

主　任　林　杰

副主任　樊红亮　李炳泉

委　员（按姓氏笔画排序）

于　勇　王佳蕾　王玲玲　王美丽　尹　晅　白照广　多海鹏
祁载康　杜春英　李秀梅　杨　侧　张云飞　张海丽　张鑫星
陈　竑　季路成　周瑞红　孟雯雯　封　雪　钟　博　梁铜华

推 荐 序

航空航天是国家的战略产业，其科技水平直接决定着综合国力和国家安全。近年来，我国航空航天科技水平得到显著提升，在若干领域取得了举世瞩目的成就。在建设航空航天强国的进程中，广大科技人员需要学习和借鉴世界航空航天科技的最新成就。《航空航天科技出版工程》是综合反映当今世界范围内航空航天科技发展现状和研究前沿的一套丛书，具有系统性、学术性、前沿性等特点。该丛书的翻译和出版，为我国科技工作者学习和借鉴世界航空航天科技提供了一个良好平台。

《航空航天科技出版工程》英文版由美国 WILEY 出版公司和 AIAA（美国航空航天学会）联合出版。全世界 34 位来自航空航天领域的顶级专家组成丛书顾问团，负责对丛书进行规划指导，来自美国、英国、德国、法国等国家的 600 多位著名专家参与丛书撰写。该丛书是当今世界上最为系统和权威的航空航天科技丛书，共有 9 卷、近 5000 页，涵盖航空航天科技的 43 个领域主题，442 个章节。该丛书对航空航天科技所涉及的重要概念、理论、计算、实验等进行了系统阐述，并配有大量工程实践案例，主要内容包括：流体动力学与空气热力学、推进与动力、结构技术、材料技术、动力学与控制、环境影响与制造、飞行器设计、系统工程等。最难能可贵的是，该丛书对航空航天工程的战略决策、实施路径、技术应用、实践验证和评价等方面进行了系统阐释，对未来二十年面临的挑战和机遇进行了深入分析。

该丛书中有些专题研究在我国尚属起步阶段，不少内容是国内紧缺的文献资料。例如，丛书对高超声速稀薄气体动力学、扑翼空气动力学、高超声速气动热弹性、多运动体协调控制、多种飞行器融合、深空探测、航天系统设计认证等领域的介绍颇有参考价值。丛书内容不仅适用于国防领域，而且适用于民用领域，对我国航空航天科技发展具有指导意义。

北京理工大学是我国首批设立火箭、导弹等专业的高校，曾为我国航天事业的创立和发展做出重要贡献，近年来又在深空探测、制导武器、空间信息处理等领域取得重要进展。该丛书英文版问世不久，北京理工大学出版社敏锐地预判到该丛书对我国航空航天科技发展具有重要借鉴作用，提出翻译这套巨著的设想。北京理工大学航空航天学科的教授们积极投身于翻译丛书的策划中，他们联合我国高校、研究机构中一批长期从事航空航天科技工作的教师和工程技术人员组成团队，仅用一年多时间就将这套巨著译为中文。我帮助他们邀请到丛书英文版顾问、著名航天结构力学家杜善义院士担任译审委员会主任，邀请到我国航空航天科技领域的多位领军科学家、总设计师共同负责丛书译审，进而确保中文版的科学性、准确性、权威性。

作为长期从事航空航天科技工作的学者，看到这套丛书即将问世由衷高兴。我认为，该丛书将为我国航空航天科技工作者提供一套不可多得的工具书，有利于提升我国航空航天科技水平，有利于促进我国航空航天科技与世界航空航天科技的有效对接，有利于推动我国建设航空航天强国。因此，我郑重向航空航天科技界的同行们推荐这套丛书。

中国科学院院士
北京理工大学校长

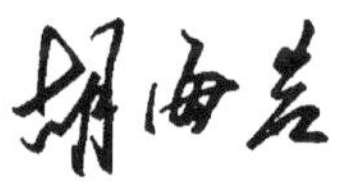

译者序

航空航天的发展水平体现了一个国家的综合实力。我国高度重视航空航天技术的创新发展，将航空航天产业列入国家战略性新兴产业和优先发展的高技术产业。近年来，国家科技重大专项（如大型飞机、载人航天与探月工程、高分辨率对地观测、航空发动机与燃气轮机等）的实施带动了我国航空航天技术的迅猛发展。

航空航天技术的发展日新月异并呈现出跨学科化和国际化的特征，国内学者需要一套系统全面的丛书，来巩固现有的知识、了解国际前沿发展动态、紧盯航空航天科技前沿。《航空航天科技出版工程》正是这样的一套技术研究丛书。北京理工大学出版社在组织专家对英文版《航空航天科技出版工程》的章节标题及主要内容进行翻译和评审后，发现该丛书内容翔实、信息丰富、学科体系完整，具有较高的前瞻性、探索性、系统性和实用性，是一套对中国航空航天领域有较强学习与借鉴作用的专著。因此，出版社决定引进、出版本套丛书的中文版。

英文版《航空航天科技出版工程》由美国 WILEY 出版公司和 AIAA（美国航空航天学会）联合出版，主编为 Richard Blockley（英国克兰菲尔德大学航空航天顾问、英国 BAE 系统公司前技术总监）和 Wei Shyy（原美国密歇根大学航空航天工程系教授兼系主任），历经多年，完成了 9 卷的出版。各章均由活跃在全球航空航天各专业领域研究一线的专家执笔，集成了编写团队在航空航天科技领域的重要科学研究成果和宝贵的科学试验数据。

《航空航天科技出版工程》从力学、动力及推进技术、制导和控制技术、电子仪表技术、通信技术、计算机科学、系统工程、材料科学、加工和制造技术及空间物理学等多个相互支撑的学科技术领域，全面而系统地阐述航空航天领域所涉及的知识，综合体现了目前航空航天技术的国际水平。9 卷包括《流体动力学与空气热力学》《推进与动力》《结构技术》《材料技术》《动力学与控制》《环境影响与制造》《飞行器设计》《系统工程》《航空航天专业术语》。丛书中文版配有丰富的原版插图、表格以及大量的图片资料，最大程度地保留了原版书的编写风格。该丛书对于国内的科研和技术人员，以及承担着未来航空航天技术开发的年轻人和学生来说，都无疑是一套非常好的参考资料。

北京理工大学出版社依托北京理工大学、南京航空航天大学、北京航空航天大学、中国航天科工集团北京航天长征科技信息研究所、中国航天科技集团空间技术研究院等国内从事航空航天技术研究的高校和科研院所，组建了翻译团队和专家译审团队，对《航空航天科技出版工程》进行翻译。

《航空航天科技出版工程5　动力学与控制》包含飞行力学、飞行控制系统、雷达、轨迹和轨道力学、姿态动力学和航天器轨道控制5个部分，由江驹、周建江、韩潮、张景瑞、王焕瑾、陈永亮、宋彦国、龚正、潘捷、徐明、杜洁、蔡丽青、王洪欣、潘婷婷、欧超杰、雷安旭、胡权、张尧、苏飞、蔡晗、许涛、赵书阁、胡星、郭子熙、何慧东、曾豪翻译。特别感谢出版社引进本书，更感谢各位院士学者们对此书出版的大力支持。译、校者虽在译文、专业内容、名词术语等方面进行了反复斟酌，并向有关专业人员请教，但限于译、校者的水平与对新知识的理解程度，谬误和不当之处恳请读者批评、指正。

翻译委员会

英文版序

能够受邀介绍这部航空航天丛书，我们和各自代表的学会都感到非常的荣幸和愉快。

毫无疑问，这部丛书体现了英国皇家航空学会和美国航空航天学会最大的期望。我们这两个学会都在寻求推进航空航天知识体系进步的方法，同时也都认识到航空航天领域具有动态、多学科和跨国界的特性。

这部丛书是一个独特的工具。它提供了涉及很多方面的快照，包含：全球共享的知识体系、全球企业共享的观念、共享的技术展望和挑战、共享的发展节奏、新方法和新视野，尤其是共享的对教育和培训重要性的关注——所有这些都是关于一个工业领域和一组学科，是它们塑造了并将继续改变我们所生活的世界。

这个共享的知识体系超出了国家的、商业的、组织的和技术学科的界限。在这个界限中我们进行着日复一日的工作，虽然这些工作必然引起经常的竞争，但也总是激发创新性和建设性的尝试。因此，我们怀着无比激动的心情看到了一项完全专业性工作的开展，它尝试着将这个知识体系的精华以全新的形式整理和出版。

航空航天领域对我们世界的影响是巨大的。早期的空气动力学创立者，从 George Cayley 爵士到 Wright 兄弟，都难以想象航空工业、更不必说太空飞行是如何彻底改变了我们的文明世界：它使我们的星球变成了一个很小的区域、允许瞬时联系全球任何地方、提供大范围的人和物资运输以及可以从外太空独特的视角来观看我们的星球和人类自己。航空航天工程师不仅直接为我们收集的知识体系做出了贡献，还驱动了广大的相关领域的进步，从基础的数学、电子学和材料科学到生物学和人因工程。因此，说这部丛书捕捉到了该领域当下的精华是非常恰当的。

对于内容广泛的航空航天工程技术和研究领域，提取其关键要素形成一个相互关联的框架结构，并不具备明显的可能性，更不要说涉及诸多细节。然而这部丛书正是要雄心勃勃地尝试做到这些，甚至更多。从这点看，这部丛书是一个勇敢的、有远见的、有胆识的计划。

这部丛书勾画出了我们领域最好和最醒目的专门技术，其成果是对发起者和作者们最好的回报，这些人值得我们向他们对航空航天行业做出的贡献表示祝贺。

虽然这部丛书的目标是达到相当的深度，但从实用的角度，这部丛书被设计成非常容易阅读和理解。我们希望读者看到这部丛书并可以广泛地应用，包括作为权威的参考书目、作为学习和专业发展的重要工具，或许可以作为课程作业和技术模块设计跨国界、跨机构可信赖的测试基准。

正值载人动力飞行第二个百年开始，太空的前景似乎正在不断复苏，这部丛书的出版是航空航天工程和科学持续发展的里程碑和标志。

我们非常自豪地、共同地将这部丛书推荐给你们。

Dr. Mark J. Lewis
美国航空航天学会主席
马里兰大学帕克分校航空航天工程系主任、教授，马里兰州，美国
Dr. Mike Steeden
英国皇家航空学会主席，英国

英文版前言

航空航天工程的历史可以追溯到早期希腊的哲学家亚里士多德和阿基米德，经哥白尼、伽利略、达·芬奇、牛顿、伯努利和欧拉到19世纪伟大的机械师纳威、斯托克顿和雷诺以及许多其他研究者，一直到1903年由莱特兄弟第一次成功地起飞了一台比空气重的动力机器。从普朗特、冯·卡门、惠特尔、冯·奥西恩、屈西曼、冯·布劳恩和科罗廖夫（这里只给出了少数的名字）等人开创性的成就，仅仅过去一个世纪的时间，航空器和航天器就以一种让最有远见的现代飞行预见者都震惊的速度得到了发展。超音速飞行（具有代表性的协和号客机、SR71黑鸟式侦察机）、人类在月球上行走以及航天器向太阳系的远端航行，这些都是顽强不屈的技术探索的见证。

几代哲学家、科学家和工程师的工作使航空航天工程形成一个确定的学科，而且需要持续对新的商业、环境和安全相关因素、科学技术领域其他学科的进展、之前未探索的飞行器设计概念、推进、结构与材料、控制、导航和动力学、通信、航空电子、天基系统与旅行中的技术挑战等做出响应。航空航天工程产品是科学与技术多学科综合的产物，当航空器和航天器中的系统集成变得越来越复杂的时候，前所未有的设计挑战出现了，一个部门就需要借鉴不同领域的专业知识。因此，工程师们不仅需要专注于专门知识，还需要将他们的知识扩展到更广泛的学科领域。

本套书的主要目的是：为本科生、研究生以及学术界、工业界、研究机构和政府部门中的专业人士提供一个随手可得的、涵盖航空航天工程主要学科的专用参考书。本套书阐述了基本科学概念及其在当前工程实践中的应用，并将读者引导到更专业的书籍中。

本套书包含442篇文章，划分为43个领域主题，围绕科学基础和当前的工业实践，贯穿了航空航天工程的全部。当本套书被确定在同类著作中最先出版时，编辑团队从支撑航空航天科学、工程与技术研究和开发的专家们那里得到了原作稿件的授权。这些稿件包括力学、推进、导航与控制、电子器件和测量仪表、通信、计算机科学、系统工程、材料科学、生产与制造以及物理学。此外，考虑到当前围绕航空的担忧，环境科学、噪声与排放中的一些特定学科也被包含在本套书中。

本套书由热心的、杰出的国际顾问委员会指导编写，委员会由 34 名来自学术界、工业界和研究中心的委员组成。在顾问委员会的指导下，我们确定了一个主要作者团队，由他们来确定每个主题覆盖的范围，并选择了有能力来贡献他们文章的合适的作者。

在本套书的引导章节中，包含了系统思想的概念和在可预见的未来航空航天工程师们将面临的挑战。在顾问委员会和主要作者团队的大力帮助下，我们试图包含有人、无人航空器和航天器领域中所有的主题，然而我们意识到还有一些重要的主题没有涉及，或是因为我们没有及时注意到它们，或是由于作者没能赶上最后的出版期限。我们打算将后续的投稿和最新的进展放在每年的在线更新中。

非常遗憾，我们的一位主题作者 Philip Pugh 于 2009 年 1 月去世了，他为第 37 部分的规划和前期实施做出了难以估量的贡献。我们也非常感谢 David Faddy 继续完成了这一部分的工作。

Richard Blockley
克兰菲尔德大学航空航天顾问，克兰菲尔德，英国
BAE 系统公司前技术总监，法恩伯勒，英国
Wei Shyy
密歇根大学航空航天工程系，安娜堡，密歇根州，美国

目录

Contents

第22部分　飞行力学

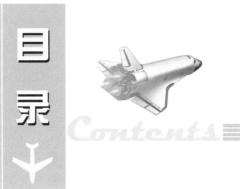

第24部分 雷 达

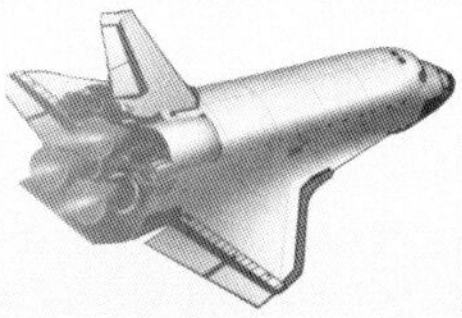

第22部分

飞行力学

第 212 章

航空飞行器飞行力学、稳定性与操纵性简介

Kevin Knowles
克兰菲尔德大学英国国防学院航空机械小组，西文汉，英国

1 背　　景

第 5 卷第 22 部分涵盖了飞行力学、飞行动力学、稳定性、操纵性和导航在内的一系列内容，这些内容对于固定翼飞机、旋翼机、有人机、无人机、民机和军机等航空飞行器都是适用的。本章主要为后续章节作准备。为此，本章主要介绍航空飞行器稳定性和操纵性的基础知识，讨论垂直/短距起降（V/STOL）飞机的飞行控制特性，其他内容将在后续章节中介绍。

2 六自由度

任何航空飞行器都有六个自由度，可以实现三个正交方向的平动（前/后、上/下和左/右）和绕三条正交坐标轴的转动（滚转、偏航和俯仰）。第 5 卷第 225 章和第 227 章将通过选择合适的坐标系和符号，分别以某典型固定翼飞机和某制导武器为对象，对六自由度方程进行介绍。为了叙述方便，先对后面将会用到的一些术语作简要定义。将飞机驾驶舱内的操纵机构（驾驶杆/盘、脚踏板等）称为指令输入装置（inceptors），将飞机机体上的控制面（副翼、升降舵等）称为效应器（effectors）。

对航空飞行器而言，能实现六个自由度上的独立控制是非常罕见的。对于第 5 卷第 225 章中讨论的常规固定翼飞机，驾驶员可以对滚转（操纵副翼）、俯仰（操纵升降舵）、偏航（操纵方向舵）和纵向加速度（调节发动机油门杆）进行控制，但通常不能对横向和法向运动进行直接控制，而是分别通过滚转和俯仰操纵来进行间接控制。有关操纵的内容详见第 5 卷第 219 章。

一般来说，制导武器的操纵性概念同上述飞行器的操纵概念基本一致，但第 5 卷第 227 章将会指出两者的不同点，即对于制导武器来说，无论是像“紫苑”（Aster）导弹那样，推进器更靠近质心，还是“十”字形布局的可变倾角机翼更靠近质心，它们均可以直接产生侧向或法向加速度。

第 5 卷第 226 章讨论的传统单旋翼直升机，驾驶员可对其进行直接的法向力（使用主旋翼总距操纵杆）、横向和纵向力（使用主旋翼周期变距操纵杆）以及航向力（使用尾桨总距操纵杆）控制。虽然不能直接控制俯仰和滚转力矩，但进行纵向或横向周期变距操纵时，可分别起到改变俯仰或滚转力矩的效果。

多旋翼直升机的控制与上述单旋翼直升机类似，但在实现上有微小差异。驾驶员通过操纵偏航踏板实现偏航运动。操纵偏航踏板的效果是：如果旋翼是串联或并联配置的，则会产生不同的周期变距（使两旋翼的旋转平面朝相反的方向倾斜）；如果是同轴配置的，则会产生不同的总距（使两旋翼间产生不同的扭矩）。对于串联旋翼直升机，应用纵向（前后）周期变距时，需要对两旋翼采用不同的总距操纵来协同产生一个作用在机身上的纵向力矩。类似的，对于并联旋翼直升机，应用横向（左右）周期变距时，同样需要不同的总距操纵来协同产生一个滚转力矩。

复合式直升机，往往配置额外的固定翼（以在高速时增升）和/或推进器（以增加推力），这样可

以克服常规直升机的最大速度限制问题（详见第 5 卷第 218 章）。同时，安装额外推进器还会带来另一个好处：实现纵向平移运动和机身俯仰运动之间的解耦，这使得这种直升机比常规直升机具有更大的控制效能和机动性优势。

3　飞机稳定性

飞机稳定性研究的是飞机在平衡态受到瞬时扰动后的变化情况。静稳定性研究的是飞机在平衡态受到瞬时扰动后的初始运动趋势，而动稳定性研究的是飞机受到瞬时扰动后的实际运动情况。为了简化飞机的稳定性分析，一般把飞机的运动分成两组：纵向运动和横、航向运动。纵向平面（又称对称平面）包括飞机的纵（机身）轴和垂尾，当飞机作水平直线飞行时该平面是铅垂的。纵向运动包括俯仰运动，沿纵向（前/后）和法向（上/下）的平移运动。横向平面包括飞机的纵（机身）轴和机翼（假设非双机翼），当飞机作水平直线飞行时该平面是水平的。横、航向运动包括滚转、侧滑和偏航（Hancock，1995）。也有学者将偏航运动称为航向运动（Anderson，2000）。

3.1　静稳定性

静稳定性只是研究飞机受到瞬时扰动后的初始运动趋势。一般分为如下三种情况：

（1）静稳定（具有正的静稳定裕度）——飞机具有自动恢复到原平衡状态的趋势。

（2）中立静稳定——飞机既无扩大，又无恢复原来平衡状态的趋势。

（3）静不稳定（具有负的静稳定裕度）——飞机具有沿初始扰动偏离平衡状态的趋势。

图 1 表示的是具有固定几何外形但质心位置可变的固定翼飞机的三种不同的纵向静稳定性情况。在每种情况下，飞机在受瞬时扰动前均处于配平状态。

俯仰瞬时扰动（例如由向上的阵风所引起）的影响是同时增加机翼和平尾上的升力。升力的合力的作用线与飞机纵轴的交点称为中立点（即气动中心），中立点与飞机质心之间的位置关系决定了飞机的静稳定性，这两点之间的距离称为静稳定裕度，当中立点位于质心之后时其值为正，这时飞机是静稳定的。

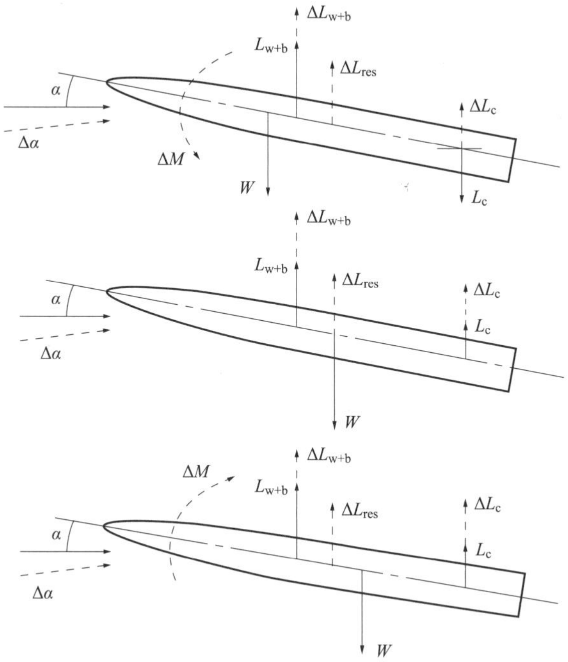

图 1　三种纵向静稳定性：静稳定、中立静稳定、静不稳定

3.2　动稳定性

动稳定性主要研究飞机在平衡状态受到瞬时扰动后的实际运动过程。由于空气动力学特性中内在的非线性特性，以及飞机六自由度所带来的非线性（见本章第 2 节）和交叉耦合特性（见第 5 卷第 221、第 222 和第 224 章），对飞行器的运动进行详细分析是非常复杂的。

然而，对于小扰动情况，可以假设运动是线性的，交叉耦合的影响很小，从而忽略复杂的非线性因素，对飞机的动态运动特性进行研究。在静稳定性中，运动被定义为静稳定、中立静稳定和静不稳定三种，但对于动稳定性，飞机的运动主要分为两种类型——周期运动和非周期运动。首先分析非周期运动。对于单自由度系统，若仿照静稳定性的分类，系统的响应如图 2 所示。

由图 2 可见，当系统的运动为非周期运动时，动稳定等同于静稳定。要确定系统动稳定与否，只需看随着时间的增加系统响应的振幅相对于初始扰动是减小的（稳定）还是增加的（不稳定）。

在周期运动的情况下（见图 3），运动可能收敛（阻尼振荡）、等幅振荡或发散，这与前面所述的稳定性的分类是一一对应的。需要注意的是，图 3 中的所有示例都是静稳定的。这也说明，静稳定只是动稳定的必要条件，而非充分条件。

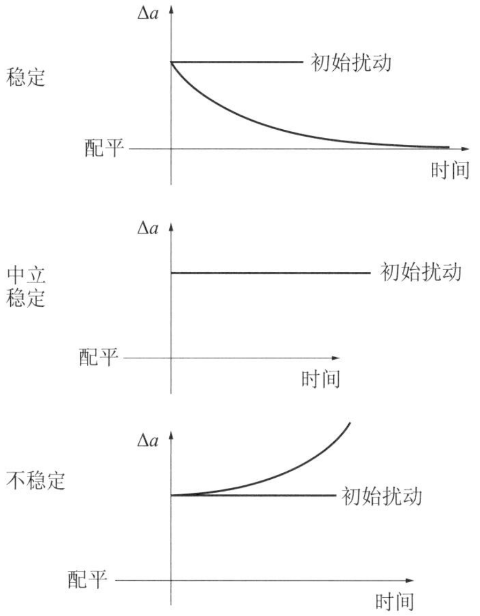

图 2　非周期动稳定性的分类

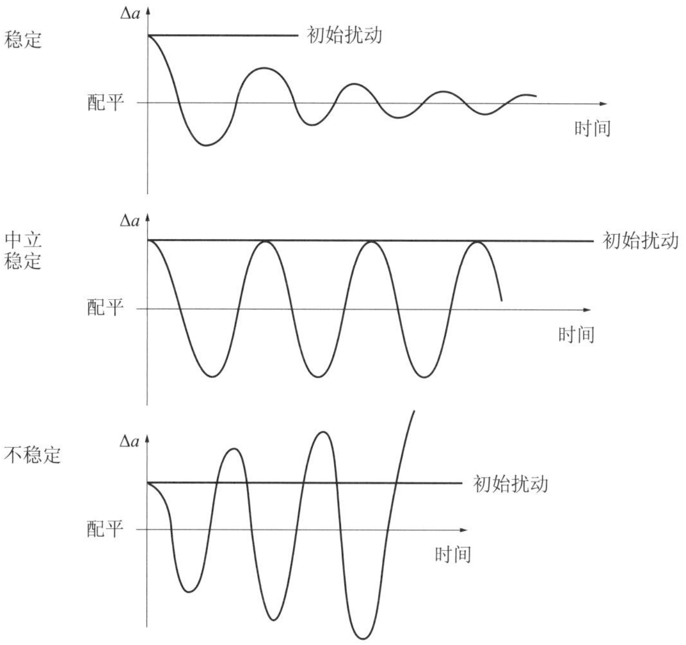

图 3　周期动稳定性的分类

4　垂直/短距起降飞机的稳定性和操纵性

第 5 卷第 22 部分的后续章节将介绍固定翼飞机的静稳定性（见第 5 卷第 219、第 220 章）和动稳定性（见第 5 卷第 221、第 222 章），以及旋翼机的静稳定性（见第 5 卷第 223 章）和动稳定性（见第 5 卷第 224 章）。第 5 卷第 225 章和第 226 章分别讨论了固定翼飞机和旋翼机的操纵性和飞行品质。然而，有一些飞机同时具备固定翼飞机和旋翼机的性能特点，它们既可以像旋翼机那样悬停和垂直飞行，又可以像固定翼飞机那样前飞，这就是垂直/短距起降飞机。本节将举两个典型例子来说明这类飞机的特性，它们分别是倾转旋翼机——贝尔波音 V－22 鱼鹰（见图 4）和喷流式垂直/短距起降飞机——霍克西德利鹞式飞机及其改进型。

4.1　旋翼式垂直/短距起降（V/STOL）飞机

贝尔波音 V－22 鱼鹰可被描述成平直两用飞机，因为该飞机可以通过倾转位于固定翼翼尖的发动机和螺旋桨系统，在旋翼和固定翼飞行模式之间切换。与平直两用飞机类似，过去作为概念论证而进行试飞的飞机采用的是倾转机翼，即为了实现旋翼与固定翼模式的切换，整个机翼包括发动机和螺旋桨都要转动。倾转机翼克服了倾转旋翼遇到的一

图 4　贝尔波音 V－22 鱼鹰倾转旋翼机（图片来源：作者）

个特定问题——旋翼下斜使机翼受到向下的负载（可能多达旋翼推力的 30%），但这样做的代价是模式切换的过渡段大受限制。当一架倾转旋翼飞机从机翼升力构型减速至悬停状态时，必须旋转螺旋桨以切换到直升机构型来产生垂直方向的拉力。然而，倾转旋翼飞机在进行模式切换时，机翼迎角不断增加，由此产生较大的升力使飞行轨迹急剧变化并趋向于失速。因此，驾驶员必须十分小心地对飞行速度、飞行轨迹和机翼偏转角度进行综合控制。为同时克服倾转旋翼带来的失速问题和负载问题，欧洲的“艾丽卡”项目小组提出了一个设想——在旋翼下斜时只倾斜部分机翼。

上述讨论说明 V/STOL 飞机设计成功的关键在于悬停段与常规前飞段之间的过渡段。为使过渡过程对于驾驶员来说变得直观且易于控制，需要对飞机结构和控制系统设计师提出相关要求。倾转旋

翼本身是一个简单的切换过程——倾转旋翼（由于其双重功能，旋翼也被称为推力螺旋桨），从而进行推力矢量控制。如本章前面所述，固定翼飞机和旋翼飞机的控制在概念和操作上都是不同的，所以在两种不同的控制机间的飞行转换段设置混合过渡是有必要的。图 5 给出了贝尔波音 V－22 鱼鹰倾转旋翼机在直升机模式下的操纵效能，而图 6 则显示了其在固定翼模式下的操纵效能。

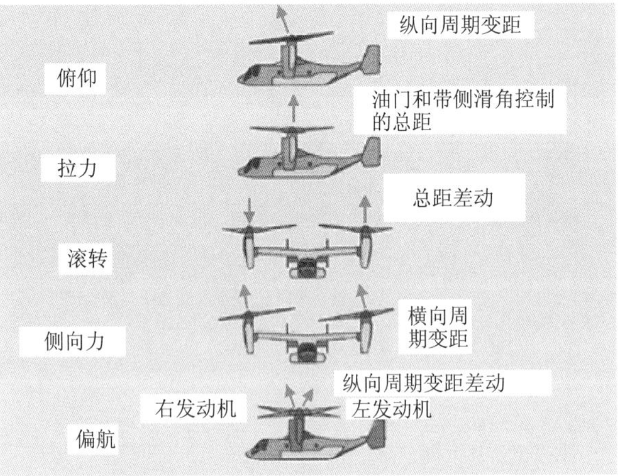

图 5　贝尔波音 V－22 鱼鹰倾转旋翼机在直升机模式下的操纵效能（图片已获得波音公司许可）

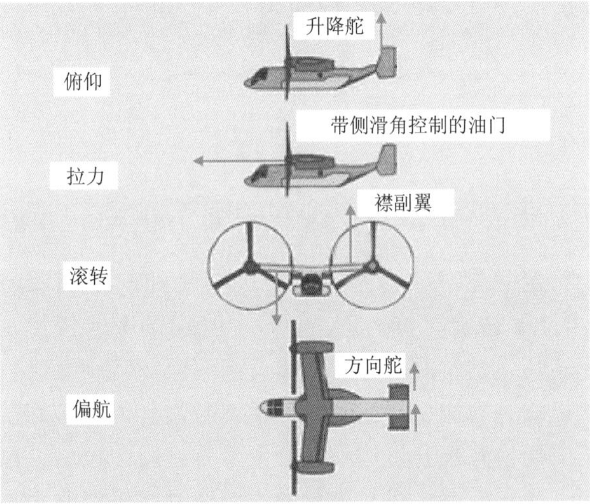

图 6　贝尔波音 V－22 鱼鹰倾转旋翼机在固定翼模式下的操纵效能（图片已获得波音公司许可）

在垂直起飞段，V－22 采用传统直升机控制面（详见第 5 卷第 218 和第 226 章）。当前飞速度达到 40～80 kts[①] 时，机翼上开始产生升力，固定翼控制面（副翼、升降舵和方向舵）开始起作用，飞控系统逐渐弱化倾转旋翼控制。当飞行速度达到 100～120 kts 时，机翼的作用得到全部发挥，驾驶员对于拉力螺旋桨周期变距的控制被锁定。据称，在加减速飞行中，进行两种控制模式切换时的过渡段很宽，约达 100 kts 的范围（Bell Boeing，2007）。这一宽泛的过渡段使转换过程变得安全且舒适，飞机不再面临机翼失速的危险。然而，当飞机作垂直下降运动时，由于存在非对称涡环作用带来的危险，驾驶员必须很小心地进行控制（详见第 5 卷第 218 章）。

V－22 的主要操纵装置包括周期变距操纵杆、总距（也叫拉力控制）操纵杆、偏航踏板和拉力螺旋桨短舱的角度操纵器（位于总距操纵杆杆端的拨轮）。在直升机模式下前推周期变距操纵杆将使两个拉力螺旋桨的桨叶旋转面（非短舱）前倾，进而产生向前的加速度、俯仰低头力矩和相对于悬停状态的加速爬升（根据拉力-速度曲线，详见第 5 卷第 218 章）；在固定翼模式下，同样的操控动作将使升降舵向下偏转，产生俯仰低头力矩，飞机加速俯冲。若右推周期变距操纵杆，在直升机模式下，两拉力螺旋桨的桨叶旋转面将向右倾转，左侧螺旋桨总距增加，右侧螺旋桨总距减少，飞机向右滚转；而在固定翼模式下，左侧襟副翼（一种后缘既可像副翼那样反对称偏转，又可像襟翼那样对称偏转的机翼）下偏，右侧襟副翼上偏，飞机向右滚转。对于偏航踏板，在直升机模式下控制两螺旋桨周期变距差动，带动桨叶旋转面（非短舱）反方向倾转使飞机偏航，在固定翼模式下控制方向舵偏转以产生相同的效果。在直升机模式下，上拉总距操纵杆将增加所有的螺旋桨桨叶迎角。对于传统直升机，上拉总距操纵杆会增加推力和螺旋桨功率（因为增加的桨叶阻力需要额外的功率来维持转速，也需要调节器来确保转速的维持），从而增加飞行高度。对于固定翼模式，同样的杆操纵将控制螺旋桨（拉力螺旋桨）桨叶变距和发动机功率，从而调节飞行速度。可见，对于传统直升机，上拉总距操纵杆会增加发动机的拉力和功率，而对于传统固定翼飞机，前推油门杆会增加发动机的推力和功率。

4.2　喷流式垂直/短距起降（V/STOL）飞机

喷流式垂直/短距起降（V/STOL）飞机，由于主导升力产生机制的不同而分成若干个飞行区域。悬停和低速飞行段（最大速度为 35 kts）属于喷流升力构型；高速飞行段属于机翼升力构型；前飞速度从 35 kts 过渡到机翼升力构型的飞行阶段

① 1 kts（节）＝1.852 km/h（千米/小时）。

（标称速度是 140 kts，变化范围是 90～180 kts）称为半喷流升力构型。在该阶段，飞机重量由喷气产生的推力和机翼产生的升力的合力来平衡。值得一提的是，切换速度（v_{con}）——完成加速过渡后飞机转入机翼升力构型飞行时的速度——并不一定达到失速速度 v_{stall}，因为在半喷流构型飞行阶段的迎角值低于最大迎角 α_{max}。

设计喷流式垂直/短距起降（V/STOL）飞机的关键在于如何在悬停和低速飞行阶段，在气动控制面失效的情况下有效地操纵飞机。一种率先在鹞式飞机上得到应用的解决方案是：从发动机中引气到飞机末端（机头、机尾和翼尖）提供俯仰、滚转和偏航控制。这样，就可以像机翼升力构型那样，用相同的操纵装置（飞行员的驾驶杆和舵踏板）产生同样的控制效果（俯仰、滚转或偏航运动）。但该方案存在一个弊端，即从压气机中引气会对发动机性能造成不利影响。在鹞式飞机上，采用从高压（HP）压气机中引气的方式来得到最大的气体能量，从而使管道的尺寸和重量最小，但该方法会造成涡轮入口的温度上升。洛克希德马丁公司的 F－35B 闪电Ⅱ型和它的前身 X－35B 联合攻击战斗机将喷流升力功能分散至四个推力“喷管”上，最大限度地解决了上述问题——将主发动机布置在飞机后段，将升力风扇布置在飞机前段，同时布置在两侧机翼中部的“滚转喷管”也可提供垂直推力分量。通过横向偏转主发动机矢量喷管可以实现偏航（对于鹞式飞机，由于其矢量喷管只能前后偏转，故其实现不了偏航运动）；通过改变前后喷管的推力大小（改变喷管的截面面积，对于鹞式飞机同样无法实现，因为它采用的是轻型定截面喷管设计）可以实现俯仰运动；通过改变两侧滚转喷管的推力大小（同样采用改变喷管截面面积的方法——鹞式飞机采用了类似系统，但它未达到有效的滚转作用，每个滚转喷管还需配合向上的推力）可以实现滚转运动。引至滚转喷管的喷流来自低压（LP）压气机，相比从高压压气机引气，其对发动机性能的影响较小，但对管道尺寸的要求较大（如果只需提供给机翼上的滚转喷管，则尺寸要求可降到最低）。其他喷流式垂直/短距起降（V/STOL）飞机的操纵讨论详见第 8 卷第 426 章。

对于鹞式飞机这种带推力矢量的飞机来说，从喷流升力构型切换到机翼升力构型相对简单。因为该类飞机除了可提供与传统固定翼飞机一样的控制外，还提供给驾驶员一个额外的控制机构——喷管操纵杆，用于控制矢量喷管的偏转角度。向前推杆则矢量喷管向后转，飞机加速。然而，这类喷流式垂直/短距起降（V/STOL）飞机存在一系列特殊的稳定性和操纵性问题。其中之一是关于进气动量阻力（详见第 8 卷第 420 章），它是悬停和低速飞行段动力升力（powered-lift）稳定性的主导因素。该阻力分量的作用点在飞机质心之前，在侧风条件下会产生横向分量，对航向稳定性不利。在足够大的飞行速度（对于鹞式飞机为 40～70 kts）下，垂尾或腹鳍可有效克服这一问题并对稳定性起积极作用。然而低于上述临界速度时，飞机的航向是不稳定的，这种不稳定还会因为上单翼、后掠翼的上反效应而加剧（详见第 5 卷第 220 章），会使飞机顺着侧风一侧滚转，降低飞机的滚转稳定性。因而在飞机悬停时，驾驶员必须十分小心，不让机头偏离相对风向过多，否则飞机将顺着侧风的方向偏航并滚转，对垂向拉力造成重大损失。早期的许多鹞式飞机都是因为这样的稳定性问题而发生事故，因而后来的飞机配置了风标，它位于机头正对驾驶舱处，可给飞行员以明显的风向指示。

其他喷流式飞机所特有的稳定性和操纵性问题与喷流所诱导的空气动力作用息息相关，它是喷流升力构型和半喷流升力构型飞行阶段（最大速度约为 100 kts）动力升力稳定性的主要影响因素。任何喷射到静止空气中的射流都会带动周围的空气运动，从而产生一个诱导流场（详见第 8 卷第 426 章）。对于传统飞机，由于流场通常与来流方向相同，所以不会带来重大的稳定性和操纵性问题。然而，对于喷流式 V/STOL 飞机，气流直接向下（喷流升力构型下）或向下并向后（半喷流升力构型下）喷射会引起诱导流场对机身、机翼和控制舵面的影响。简单点说，这一诱导流场引起的机身负载（称为“下吸”，suckdown）必须由发动机推力来克服。没有地效作用时，对于布置在机翼前缘附近的喷管，该负载可以达到发动机推力的 20%左右，然而对于设计优良的喷流升力式飞机则有可能低至 5%。有地效作用时，升力喷流冲击地面后呈放射状传播，形成所谓的附壁射流（或称为 jet ground sheet），伴随着大面积显著增加的诱导流场。然而，在多个喷流间，附壁射流中的内流部分会相遇并转而向上形成所谓的喷泉流（详见第 8 卷第 426 章）。喷泉流将冲击飞机机身底部，产生一个向上的推力以部分抵消之前的下吸作用（鹞式飞机在机身底部配置了独特的边条和扰流板来捕获喷泉流并防止其进入发动机，以免发动机摄入热空气而造成推力损失)。如果飞机处于滚转姿态，喷泉流会对较低一侧的机翼而非机身产生影响，这样将产生较大的不稳定滚转力矩。

通常，喷流引起的诱导流场将会显著改变给定空速下喷流式垂直/短距起降（V/STOL）飞机的俯仰力矩。因此，需要进行模拟喷流运动的风洞试验。喷流和吸入流之间也存在相互干扰（Saddington 和 Knowles，1999），该影响通常（至少部分）可见于单独的前机身/进气模型试验中。

由于在喷流升力构型和半喷流升力构型飞行阶段，发动机依赖飞控系统，所以采用一套综合飞行推力控制（IFPC）系统是十分必要的。IFPC 实现了整个飞行包线上气动力和推力控制的无缝集成。该系统的目的是通过改善飞行品质减轻飞行员的工作负荷，为飞行员提供直观的操纵控制和座舱显示，提高飞行性能（如大迎角下的最大滚转速率、最大推力，减少燃料消耗等）。一般来说，这样的控制系统也可提供具有配置控制效能功能的飞行管理。然而，对于喷流式垂直/短距起降（V/STOL）飞机，在喷流升力构型或半喷流升力构型飞行阶段，由于没有可供选择的控制器，重新配置的可能性有限。通常，由严重的性能下降和舵面失效所带来的飞机失事是无法避免的（最好的结果也许就是飞行员弹射逃生）。

5 结　论

本章主要介绍了航空飞行器的基本概念、稳定性和操纵性。第 5 卷第 22 部分的剩余章节将会详细论述这些知识点，以及飞机导航方面的知识。接下来的六章将介绍固定翼飞机：第 5 卷第 213 章介绍固定翼飞机的起飞和着陆性能，包括海航固定翼飞机起飞着陆的特性和喷流式垂直/短距起降（V/STOL）飞机在喷流式垂直/短距起降（V/STOL）模式（短距起飞/垂直着陆）下为增强承载能力而采用的滑跃起飞；第 214 章介绍爬升和下滑性能；第 215 章和第 216 章介绍机动性能——第 215 章介绍运输机的机动性能（主要是水平转弯和拉起），第 216 章介绍战斗机的机动特性，包括能量机动性、战效评估和推力矢量的优势；第 217 章介绍巡航性能；第 218 章介绍旋翼飞行力学。

再接下来的六章介绍飞行动力学：前四章介绍固定翼飞机飞行动力学，后两章介绍旋翼机飞行动力学，内容包括前面提到的静稳定性和动稳定性。固定翼飞机飞行动力学又可以分为纵向和横、航向模态，这在本章的前面也曾提到。第 5 卷第 219 章主要介绍纵向静稳定性，第 220 章介绍横向静稳定性，第 221 章介绍纵向动稳定性，第 222 章介绍横、航向动稳定性。旋翼机的静、动稳定性分别在第 223 章和第 224 章介绍。这些章节也涵盖了一些有关直升机稳定性的飞行试验评估方面的重要结论。

本章前面部分概述了固定翼飞机、旋翼机以及制导武器控制之间的关键差别，本卷将用三章的篇幅对上述问题进行深入讨论。其中，第 225 章介绍固定翼飞机的飞行品质，特别是飞行品质评估和建模；第 226 章介绍旋翼机的飞行品质；第 227 章介绍制导武器的操纵稳定性，其关键点是制导武器的自主飞行，及产生横向加速度的能力和频率需求。

第 5 卷第 22 部分的最后两章介绍航空飞行器的导航和制导。第 228 章介绍导航制导的基本原理，第 229 章介绍制导武器和无人机（UAV）导航及轨迹规划的相关特性。

本章还对喷流式垂直/短距起降（V/STOL）飞机的稳定性和操纵性进行了探讨，包括旋翼机和固定翼喷流式飞机。这样的飞机一般需要额外的操纵杆来改变推力矢量偏角。对于控制系统的设计者来说，主要的挑战是将垂直飞行模式和前飞模式的控制结合起来，并把飞行员的驾驶负荷降到最低，同时提供足够的控制效能来克服这类飞机所特有的不稳定性。

致　谢

感谢克兰菲尔德大学的同事 Derek Bray 博士与 Alistair Saddington 博士，与他们的交流与讨论为本章内容增色不少。感谢美国航空航天局垂直/短距起降飞机系统技术委员会的帮助，本章使用了他们编制的垂直/短距起降飞机设计基础短期课程材料。最后，作为本卷的编辑，感谢本卷其他章节的作者们的无私奉献，他们高质量地完成了各章节内容的编写。

参考文献

Anderson，J. D.（2000）*Introduction to Flight*，4th edn，McGrawHill，Boston.

Hancock，G. J.（1995）*An Introduction to the Flight*

Dynamics of Rigid Aeroplanes, Ellis Horwood, London.

Bell Boeing (2007) *V－22 Osprey-Pocket Guide*, http://www.bellhelicopter.com/en/aircraft/military/pdf/V－22 64214 pGuide.pdf (accessed 30th January 2010).

Saddington, A. J. and Knowles, K. (1999) Mutual interference between jets and intakes in STOVL aircraft. *The Aeronaut. J. RAeS*, **103** (1024), 281－286. [ISSN 0001－9240].

本章译者：陈永亮（南京航空航天大学航空宇航学院）

第 213 章

固定翼飞机的起飞和着陆性能

Richard J. Poole

航空顾问，戈德尔明，萨理，英国

1 引　　言

研究飞机的起飞和着陆性能，涉及一系列对其产生影响的变量，这些变量需根据准确的性能预测方法和飞行规范要求来确定，以满足相关机构所规定的安全范围。这类机构有欧洲航空安全局、联邦航空管理局、美国国防部和英国国防部。这些规范要求大都依据类似的原理，只是细节上有所不同。工程师在进行性能预测和评估时，需要根据所研究飞机类型的不同来选择合适的规范。

有些变量对起降性能的影响是直观的，比如质量、当地气压、温度和地面风，而有些则不然，比如跑道摩擦力、飞机的制动性能和地效作用下的气动力系数等。

在飞机的概念设计阶段，有必要进行起飞和着陆性能评估，以便选择合适的发动机型号和对制动系统进行分级等，该阶段的数据可参照以往的设计经验和气动特性预测结果。在详细设计阶段，可根据风洞试验和系统品质测试结果对气动力数据库进行完善。这些数据最终由验证机进行一系列飞行和地面测试来验证，该验证机上安装的是经过地面测试校准好的发动机。

起飞和着陆飞行测试中获得的结果将被换算成标准大气环境下的数据并编入飞机飞行手册中。有了这些数据，驾驶员就可以在任何环境条件、机场海拔、风强度和方向、跑道条件（干、湿、冰等）和飞机质量下确定所需的起飞和着陆距离，获取目标爬升速度、决策速度和起飞推力设置等相关操作指南。

本章给出了计算起飞和着陆距离的方法，不过，本章的方法只适用于分析主要的起飞性能对参数变化的影响，不适用于预测以制定飞行计划为目的的真实飞行性能。

2 起　　飞

起飞机动的目的是使飞机在爬升到安全高度后，具有一定的速度裕度（相对于失速速度）和一定的初始定常爬升率，从而可以进行机动飞行和对阵风影响进行控制。

飞机的起飞机动通常是这样一个过程：在全推力状态下由地面滑跑加速至预定速度后抬前轮，建立一定的起飞迎角后继续加速直至产生足够的升力后拉起离地，以稳定的初始爬升率上升至起飞安全高度，一般为 35 ft 或 50 ft[①]（取决于各国的相关规定），如图 1 所示。

飞机加速滑跑的过程中，速度会达到起飞决策速度 v_1。如果飞机的速度超过 v_1 后停止起飞，则剩余跑道长度将不够飞机完成减速直至完全停止。

图 1 中，v_R 为抬前轮速度，v_{LOF} 为起飞离地速度，v_2 为单发停车时的初始爬升/起飞安全速度，正常起飞时速度用 v_3 表示。对于类似空客 A320 那样的民用飞机，典型情况下以 3（°）/s 的抬前轮速率使飞机的俯仰角增加 15°左右。飞机加速至抬前轮速度 v_R 后，由于迎角增加，诱导阻力增加，故纵向加速度减小。进入初始爬升状态后飞机开始获得势能。

① 1 ft（英尺）=0.304 8 m（米）。

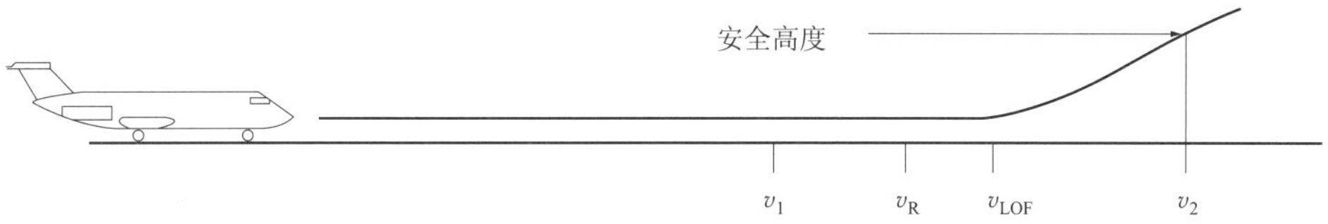

图 1　起飞机动

对于后三点式飞机，如果驾驶员在获得足够的控制效能后使尾翼上偏，这将使得加速至抬前轮速度 v_R 段的阻力减小，从而缩短所需滑跑距离。

在大型机场跑道足够长的情况下，飞机起飞一般不需要使用最大推力，往往使用低于最大推力的某个规定值以延长发动机的寿命，该值一般由飞行手册规定。

飞行手册中所需的数据，首先在设计阶段进行计算，然后通过飞行试验进行检验和修正。这类飞行试验通常采用经过试飞员验证和优化后的驾驶技术，测试的大气环境包括温带、寒带和热带。

3　着　　陆

着陆机动的目的是让飞机在以 2.5°～3°下滑角定常下滑至着陆安全高度和速度（相对于失速速度要有一定的速度裕度）后，能够柔和地接地并在跑道上减速滑跑直至停止。

一般飞机采用雷达制导或仪表着陆系统（ILS），以 3°下滑角实现精确进场，但有些进场速度大的军用飞机为了减小下沉率，采用 2.5°下滑角。而有些民用机可能采用 5°的非标准下滑角。

上面提到的速度裕度需要满足大气扰动、不同驾驶员间的操纵技术和近地面风切变的影响。

着陆机动通常从定常下滑开始，然后不断增加迎角，以保证下滑率逐渐减小，直至在跑道上指定点接地时几乎为零（见图 2）。飞机最后进近下降减速至接地的过程称为拉平阶段，一般由飞机上的自动驾驶仪或飞行员通过目视系统来完成。

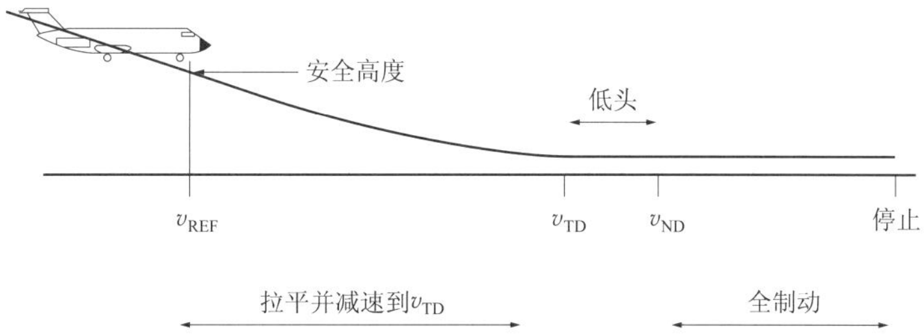

图 2　着陆机动

在拉平开始阶段，计划进场速度 v_{REF} 在失速速度 v_s 的 1.3 倍范围内，飞机构型为着陆襟翼、起落架放下构型，接地后飞行速度降至约 1.1 v_s，发动机调整至慢车状态。为保证进近过程中的速度稳定性，可通过设计襟翼系统提供足够的阻力和升力，使飞行速度大于最小阻力速度。

飞机在拉平阶段飞过的距离会因驾驶员操纵输入的时机和快慢的不同而不同。经验表明，现代电传操纵系统的控制效果比飞行员手动操纵的控制效果要好。对于使用拦阻索降落的传统海航飞机，采用更大的着陆下滑角且无拉平过渡的方式接地，可降低着陆接地点的分散度。对于短距起降运输机，采用下滑角约为 7°的陡进近技术，然后拉平，可以缩短着陆距离。

飞机一旦接地，将使用刹车、反推力装置或减速伞，或者综合使用这些设备来减速直至停止。飞机接地以后，在使用机轮刹车之前，机头逐渐下压直至前轮接地（此时速度为 v_{ND}）。当飞机不再产生升力而是完全依靠地面支撑后，刹车才会发挥最大效能。因此，大型客机一般都设计有机翼扰流板，当飞机接地后，利用扰流板对机翼流场进行干扰。大多数民用和军用飞机都装有能够在机轮打滑时减少刹车力度的防抱死系统和更复杂、可适应不同跑道情况的系统。

飞机接地后反推力装置开始工作，到飞机速度较低时停止，以防止跑道上的异物进入发动机而造成发动机损伤。当飞机在跑道上滑行减速到进行最后的转弯时，减速伞通常会被抛掉。但是在存在强侧风的情况下，可能弃伞较平时早，以防止强侧风加剧飞机的航向偏离而使飞机滑出跑道。

当机场可用跑道的长度大于正常减速着陆所需的跑道长度时，驾驶员可以在飞机主轮接地后延迟下压机头的时间，以便利用升致阻力进行气动减速以延长机轮刹车的使用寿命。但当飞行速度低至纵向控制失效速度之前，必须下压机头。

大多数装有襟翼的飞机，在典型的进近速度下，当襟翼完全打开时都可以产生很大的升力和升致阻力。

4　风的影响

风的强度和相对于跑道的方向将会影响起飞和着陆性能及其所需距离。飞机通常选择逆风起飞或着陆，因为这样可以减少所需距离并增加相对地面的爬升或下滑率。由于风向很可能与跑道方向不一致，有必要将风分为逆风分量和侧风分量两部分。

其中，逆风分量将会减小起飞和着陆距离，这是因为逆风时的抬前轮与接地地速小于无风时的地速。相反，如有必要在顺风状态起飞或着陆，其将会增加起飞和着陆距离，如图 3 所示。应该注意到，在起飞滑跑过程中，随着地速增加，滑跑加速度不断下降，在相同的风强度下，顺风起飞所需的地面滑跑距离大于逆风起飞所需的地面滑跑距离。在相同的对地爬升速度下，逆风起飞时爬升速率增加，顺风起飞时爬升速率减小。

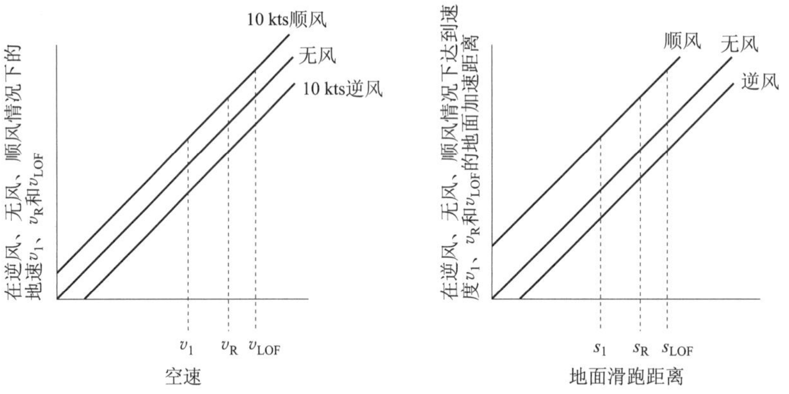

图 3　在风的影响下对应 v_1、v_R、v_{LOF} 的地速和加速距离

侧风分量对飞机起飞着陆性能的影响不如逆风分量，其主要对飞机保持沿跑道方向飞行产生不利影响。起飞时，随着速度增加，垂直安定面受侧风作用而不利于航向运动，需要通过方向舵偏转和前轮转向/主轮差动刹车来抑制该不利影响。若使用上述两种控制方法抑制侧风影响，相对无侧风情况会减少一定的加速速率，但减少量并不显著，除非遇到接近垂直于跑道方向的强侧风。对于着陆段，侧风对地面滑跑距离的影响相对较小，除非飞机采用差动刹车来抑制侧风，因为这会造成制动力暂时减小。着陆时，应用气动舵面控制侧风影响所引起的阻力增加往往是有利的。

在特定的环境条件下，对于给定的飞机重量，只要将无风时的抬前轮或接地速度减去逆风风速带入本章所给的计算公式，即可得到逆风飞行时的起飞或着陆距离。

5　几个重要的空速定义

在起飞和着陆段，大都采用气动舵面来实现对飞机的操纵，而气动力的大小是空速平方的函数。气动舵面要足以克服由单发停车、侧风和紊流引起的附加偏航力矩。为此，规范规定了空中最小操纵速度 v_{mca} 和地面最小操纵速度 v_{mcg}。

v_{mca} 是指在多发动机飞机空中单发停车而其他发动机处于满推力状态，飞机滚转角不超过 5°的情况下即可克服由发动机推力差引起的偏航力矩，保持航向不变的最小空速。

v_{mcg} 是指在多发动机飞机在单发停车而其余发动机处于满推力状态，没有前轮转向的协助且不减少工作发动机推力的情况下，采用方向舵即可保持飞机沿跑道方向滑跑的最小空速。

一旦飞机滑跑加速至可以抬起前轮时，飞行员就可以选择抬前轮至最大迎角，以飞机尾部不与地面接触为限。通常这样做不会使飞机达到失速迎角，但会显著增加诱导阻力从而降低加速度。如果跑道足够长，飞机将会在尽可能小的速度下离地，该速度就称为最小离地速度 v_{mu}。显然，以该速度起飞将实现不了最优的起飞距离。

6　发动机停车

对于双发或多发飞机，起飞安全速度 v_2 是在单发停车的情况下制定的。若停车的发动机相对其余发动机是主发动机的话，则需要在飞行试验测量中进行综合考虑。v_2 的选择也取决于规范规定的多发飞机所对应的爬升梯度。例如，联邦航空管理局（FAA）规定，单发停车时，在速度 v_2 下，双发飞机、三发飞机和四发飞机的爬升梯度分别为 2.4%、2.7%和 3%。很显然，飞机的起飞安全速度 v_2 必须大于 v_{mca}。

当飞机速度达到抬前轮速度 v_R 后，如果出现发动机故障要中断起飞，剩下的跑道距离将不够飞机减速至停止，因此，此时中断起飞策略不可取。决定这一策略可取与否的速度即称为起飞决策速度 v_1。与其他设计速度一样，该速度也是重量、环境压力和环境温度的函数。从发动机发生故障的速度 v_{EF} 开始，飞机以某一低于正常值的加速度加速至 v_1，在这段时间里驾驶员对发动机的失效情况进行判断，并决定继续起飞还是中断起飞。飞行手册中包含确定这些速度和起飞及停止距离的数据。对于更先进的带有“屏幕座舱”的飞机，这些数据将通过机载电脑显示在驾驶员前面的屏幕上。

如果超过速度 v_1 后出现发动机故障，驾驶员一般选择继续起飞。在特定飞机重量和当时的环境条件下，飞机达到速度 v_1 时的滑跑距离与从 v_1 减速直至停止的滑跑距离的总和称为“平衡场地长度”(BFL)。

7　起飞距离

所有的民用和军用机场都在跑道上标注了飞行计划中常用的标志，包括可用起飞距离 TODA、加速停止距离 ASDA 和可用起飞滑跑距离 TORA（见图 4）。由于机场附近障碍物的影响，即使在同一条跑道上，从不同方向起飞，这些距离也可能不一样。

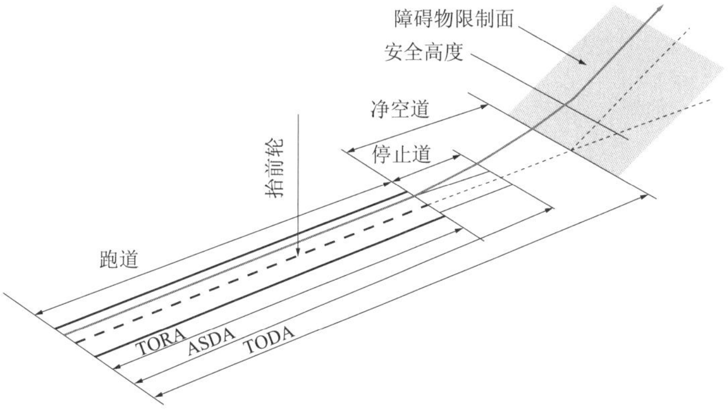

图 4　起飞距离

TODA 是从起飞线到安全高度线之间的最大可用距离，TORA 是可用并适用于滑跑的跑道长度。在 TORA 之外的地面条件可以承受飞机的重量，而不再适合起飞滑跑，但在紧急情况下，超出 TORA 之外的一段距离可用来进行中断起飞，该段距离包含于 ASDA 中。ASDA 一般很少与 TODA 一样长，因为后者包含一段飞机离地后的空中飞行距离。起飞安全高度位于 TODA 的尽头，以跑道中心线为基准进行测量。安全高度位置的选择，必须保证在跑道延长线上，任何高度在 1500 ft 以下的障碍物都不会穿过安全高度底部延伸出的倾斜平面（即障碍物限制面)。跑道尽头和安全高度之间的区域称为净空道，其中可用于中断起飞减速滑跑的部分称为停止道。规范要求 TODA 不得超过 TORA 的 1.5 倍，TODA 不得超过 TORA 的 1.5 倍。

在已知可用起飞距离后，还需要根据飞行手册中要求的正常环境条件、跑道状况、起飞重量来确定需用起飞距离 TODR 和起飞滑跑距离 TORR。通常，将计算得到的需用起飞距离与起飞滑跑距离乘以 1.15 的安全系数，以适应由飞机重量/装载重量的不确定性、发动机和机体的磨损及不同飞行员驾驶技术差异所带来的影响。将 TODR 和 TORR 分别与 TODA 和 TORA 进行比较，如果需用距离大于可用距离的话，则需要减小起飞重量。

飞机飞行手册中给出了很多重要数据，根据这些数据可以确定飞机加速至任意速度后中断起飞所需距离、驾驶员反应时间、发动机关车响应时间和完全制动时间等。确定起飞停止距离时，假设没有反推力装置，只能使用紧急制动系统，但这可能会造成爆胎及制动失灵。根据飞行手册中给出的数据，也可以确定单发停车后继续起飞所需的距离，以及决定是否终止起飞的最大速度。该速度称为决策速度，用 v_1 表示。飞机的制动距离与从起飞至达到 v_1 的距离之和称为平衡场地长度，用 BFL 表示。

8　着陆距离

相对于起飞机动，着陆机动的变数更多，不管是进近速度、着陆拉平过程、制动开始时间，还是各种减速装置的效率等，都具有可变性。在飞行手册中，着陆结果通常是按解析法估算的，着陆所需距离一般都有较大的安全余量。

9　跑道摩擦特性

在性能评估和飞行试验测量分析中，都需要知道使用刹车和不使用刹车时的滚动摩擦系数。用于制定飞行手册的基本起飞与着陆性能数据，一般是在表面摩擦系数进行定期监测的跑道上测量得到的。

关于跑道表面摩擦特性具体是如何测量的，轮胎压力和温度，跑道湿润、积水和结冰等会造成什么样的影响等，都超出了本节讨论的范围，具体可参见 ESDU 71025（1995）、ESDU 71026（1995）和 ESDU 72008（1972）。

表 1 罗列了摘自 Saarlas（2007）中不同跑道表面的摩擦系数的近似值。

表 1　一些典型跑道表面的常用滚动摩擦系数

跑道表面	滚动摩擦系数（μ）	刹车时的滚动摩擦系数（μ）
混凝土跑道	0.02～0.05	0.4～0.6
湿混凝土跑道	0.05	0.3
硬草地跑道	0.05	0.4
湿草地跑道	0.10	0.2

10　海航飞机的发射

传统海航飞机通常借助航母上动力冲程为35 m的弹射装置起飞，在飞行甲板的尽头达到起飞速度（不过大型航母可以通过其较长的可用甲板长度实现无助力起飞）。垂直/短距起降飞机（比如鹞式、JSF 和 YAK－38）的推重比大，其也可以实现自主起飞。采用各种方法加速到甲板跑道尽头时飞机所能达到的速度称为“终点速度”（end speed），与甲板风（WOD）速叠加即得到实际的“发射速度”。甲板风速是自然风的逆风分量和航母航行速度的总和。通常航母上的飞机也是以迎风的方式起飞，但也能适应一定侧风分量的不利影响。与从地面跑道起飞不同，海航飞机的地面效应是在飞机跑到甲板尽头时瞬间消失的，姿态控制指令可能会延迟获得最优离舰迎角的时间，从而降低飞机的总体性能。航母本身的俯仰运动也会降低飞机的起飞性能，如果飞机起飞时正赶上航母从颠簸的最高点下俯，则这对起飞性能的影响最为不利。

海航飞机的起飞性能由飞行试验测量得到，在操作数据手册中以最小发射速度（MLS）来表示。MLS 是飞机质量、外载荷配置、环境条件、航母运动和 WOD 的函数。与 MLS 相比，预定发射速度通常要留有一定余量，以满足不同飞机、不同环境条件下的测量精度和不同操作流程变化所带来的不确定性影响。在量化 MLS 时，人们一致认为，飞机离开甲板获得最优迎角进行初始爬升之前的发射剖面中，存在一个小的高度损失，如图 5 所示。

弹射装置所能提供的加速力可以随待弹射飞机质量的变化而变化，但不能超过其上限。

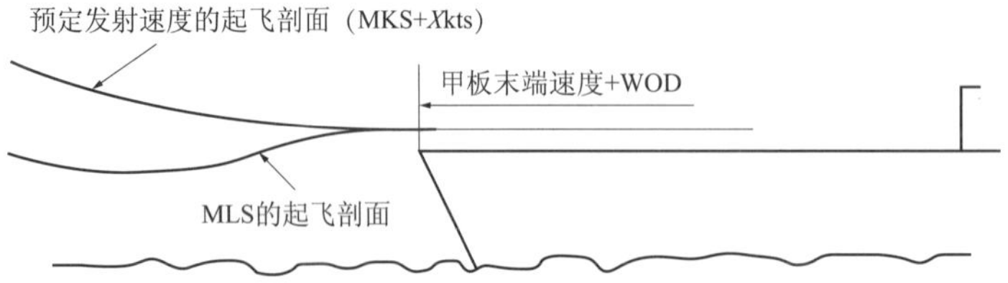

图 5　预定发射速度和最小发射速度下的起飞剖面

11　海航飞机的着舰

常规的海航飞机一般从空中沿与航母后段的飞行甲板相交于阻拦索位置的一条下滑坡度线下滑，然后以一定的预定空速定常下降着舰，如图 6 所示。甲板上横跨着四根或更多的阻拦索，以保证飞机着舰时其中的一根能钩住飞机尾钩使飞机减速。

阻拦索被飞机在甲板上拉得越远，其对飞机的减速作用就越明显。

在航母飞行甲板的边缘安装有提供飞行员视觉导引的装置，可指引飞行员在着舰时将飞机的着舰点定位在阻拦索中间。阻拦索是前后分布的，这允许飞机在降落时与规定的下滑坡度有微小偏差。航母上通常会配有着陆安全员，在飞机过高、过低、过快或者过慢时引导驾驶员作相应调整。更先进的飞机一般综合使用自动驾驶仪和差分 GPS 来实现最后的着舰控制。

飞机以预定的迎角降落，飞行速度选在离失速点有足够安全裕度的速度点上，采用发动机推力对飞机的下沉率进行控制。为最小化飞机着舰点的分散度，增加阻拦索的阻拦概率，驾驶员一般不会作拉平操纵，因此进行飞机底部的承载和支撑结构设计时需要考虑这一点。一些教练机在着舰点的垂直速度分量可高达 24 ft/s。

通常，设计海航飞机时需要考虑工作阻拦索的动能吸收特性和最大着舰重量（包括未投掷的昂贵武器及最小燃油量）。在已知这些参数的情况下，根据着陆构型襟翼下机翼能够提供的升力系数，即可确定允许的着舰速度。

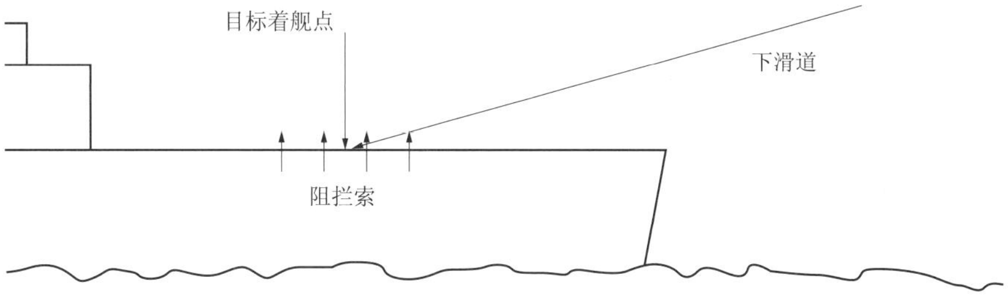

图 6 目标着舰点

12 从倾斜跑道起飞(滑跃起飞)的好处

海军少校道格拉斯·泰勒建议，英国皇家海军应该在航母的飞行甲板末端采用坡道以增加海鹞（V/STOL）飞机的起飞性能。他的这个想法被收录到《Taylor》（1974）一书中，并在《Fozard》（1976）一书中被进一步阐述。在贝德福德的英国皇家航空研究院，研究人员用钢材建造出圆弧形可变上倾角度的陆基跑道，对该设想进行了研究。他们逐渐将跑道终端的上倾角度从 6°增加到 20°，用鹞式飞机进行测试。研究结果表明：在这一系列测试中，飞机在逆风、顺风和侧风中都无任何操纵问题，相对鹞式飞机的常规连续起飞方式来说，起飞性能得到了显著提升。例如，对于固定的跑道长度，飞机的起飞允许重量随跑道终端上倾角的增加而增加；对于给定的起飞重量，所需的跑道距离随跑道终端上倾角的增加而减小；对于航母上给定的起飞发射重量，所需的甲板风随跑道终端上倾角的增加而减小。

当飞机以低于最小平飞速度的空速采用滑跃方式起飞时，由于飞机向上的速度需要时间衰减，如果推力足以维持，那么飞机继续加速至机翼升力构型下的离舰速度的过程是在空中进行的，而不是在地上进行的，这是滑跃起飞的好处。鹞式系列飞机具备推力矢量能力，但是滑跃起飞原理也可以给其带来少许好处。不过滑跃起飞给鹞式飞机带来的好处不如传统飞机，因为传统飞机在空速低于失速速度时姿态仍然是可控的。俄罗斯 Su－27 飞机在航母上采用滑跃起飞即传统飞机的一个例子。

图 7 所示为采用坡道原理改善具有显著推力矢量能力的飞机的起飞性能的示意，图中展示了随着飞机的运动，初始爬升速率是如何减少以及气动升力是如何增加的。

推力矢量的水平和垂直分量的作用可以清楚地用力的多边形进行说明（见图 7），可以推论，对于推力方向与飞行轨迹一致的传统飞机，其需要以更大的速度飞离斜坡，且为了获得显著的性能优势，发动机推力要远远大于飞行阻力。

由于起落架在飞跃斜坡后几乎完全收起，所以离开甲板后飞行性能的改善受限。因为飞机的质心位于前起与主起之间，一旦飞机前轮飞离斜坡，那么在斜坡滑跑段产生的上仰力矩将自动减少或消失。这使得纵向操纵相对于从受地效影响的常规跑道起飞要简单些。

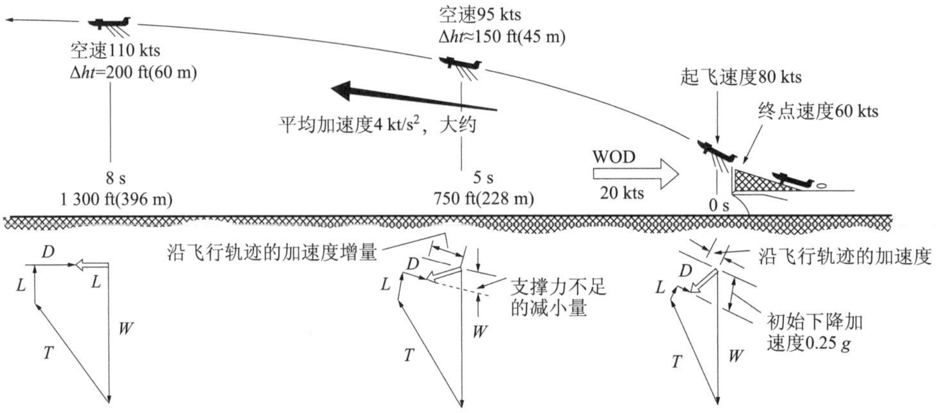

图 7　鹞式飞机滑跃起飞时所对应的力的多边形（Fozard，1976）（获得 BAE 系统公司的许可后重现）

13　短距起降技术

为了使飞机具有短距起降能力，常常通过综合高升力机构、推力增加、推力矢量或流动控制等手段，来降低失速速度，减小起飞滑跑距离，增加爬升和着陆时的飞行轨迹梯度。

STOL 运输机通常采用大开裂式襟翼以增加机翼面积和弯度，如果安装有螺旋桨，则可以采用螺旋桨反转以缩短滑跑距离。这类飞机的飞行性能可以用下文提出的公式进行估算。襟翼的作用是在飞机起飞时提供尽可能大的升力并产生尽可能小的阻力，在着陆时提供尽可能大的阻力。这些襟翼可与前缘缝翼配合使用以产生额外的升力。

评估依靠发动机引气或吹气来控制机翼表面流场，依赖推力矢量控制的 STOL 飞机的性能将更困难，因为评估时有必要量化喷气带来的干扰，但目前只有通过模型和全尺寸地面试验才能获得这些数据。

14　起飞距离计算公式

14.1　地面滑跑

根据牛顿运动定律

力＝质量×沿起飞地面运动的加速度　（1）

作用在飞机上的力如图 8 所示。

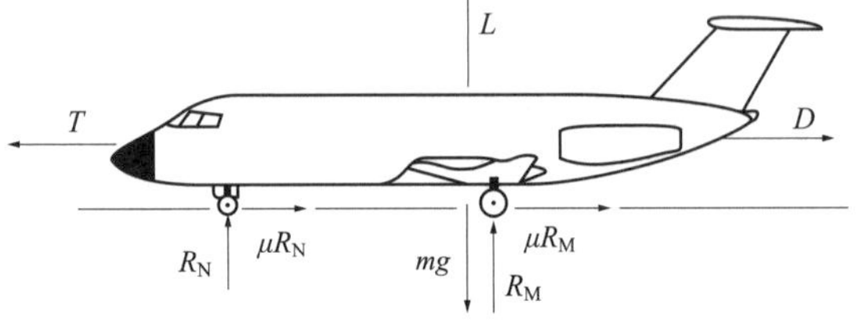

图 8　在起飞滑跑段飞机的受力情况

图中，T 为发动机推力，N；L 为升力，N；D 为阻力，N；m 为飞机质量，kg；R_N 为前起支反力，N；R_M 为主起支反力，N；μ 为滚动摩擦系数；g 为重力加速度，m/s^2；F_N 为前起滚动摩擦力（$=\mu R_N$），N；F_M 为主起滚动摩擦力（$=\mu R_M$），N。

另外，a 为飞行方向的加速度。

总滚转阻力 $F_N+F_M=\mu(R_N+R_M)$，假设前起和主起具有相同的疲劳特性，根据力平衡，在地面滑跑段：

$$R_N+R_M=mg-L \tag{2}$$

因此

$$\text{总滚转阻力}=\mu(mg-L) \tag{3}$$

将式（1）中的力替换如下：

$$T-D-\mu(mg-L)=ma \tag{4}$$

整理得

$$a=\frac{T-D-\mu(mg-L)}{m} \tag{5}$$

根据一般微积分理论，沿 x 轴的加速度可以表示为

$$\frac{\mathrm{d}^2x}{\mathrm{d}t^2}=\frac{\mathrm{d}v}{\mathrm{d}t}=\frac{\mathrm{d}v}{\mathrm{d}x}\cdot\frac{\mathrm{d}x}{\mathrm{d}t}=v\cdot\frac{\mathrm{d}v}{\mathrm{d}x}\text{或}\frac{1}{2}\cdot\frac{\mathrm{d}v^2}{\mathrm{d}x} \tag{6}$$

因此

$$a=v\cdot\frac{\mathrm{d}v}{\mathrm{d}x},\mathrm{d}x=\frac{v}{a}\mathrm{d}v,X=\int_{u_1}^{u_2}\frac{v}{a}\mathrm{d}v \tag{7}$$

达到特定地速的滑跑距离（X_g）可以通过下式积分得到：

$$X_g=\int_{v_A}^{v_B}\frac{mv}{[T-D-\mu(mg-L)]}\mathrm{d}V \tag{8}$$

其中，距离 X_g 可根据滑跑速度 v 从 0 到任意设定值的数值积分上式得到。D 和 L 的值由以下表达式获得：

$$\text{阻力：}D=\frac{1}{2}\rho SC_{D_g}v^2 \tag{9}$$

$$升力：L=\frac{1}{2}\rho S C_{L_g} v^2 \tag{10}$$

这里，C_{D_g} 和 C_{L_g} 是起落架放下、襟翼和前缘缝翼等处在适合起飞的位置且飞机迎角以相对地面情况计时的总阻力和升力系数。S 是总的机翼面积，ρ 是空气密度，v 是空速。

推力 T 可以由飞机发动机性能手册查得，或者根据一般环境条件下发动机台架推力结合推力-速度经验公式来求得。

要注意的是，与气动相关的力和力矩与空速有关。空速与地速的关系如下：

$$v_{\text{AIRSPEED}}=v_{\text{GROUNDSPEED}}+v_{\text{WINDSPEED}}$$
$$(v_{\text{WINDSPEED}}+\text{ve for head-wid}) \tag{11}$$

如果推力 T 可以表示成 v^2 的函数，则可获得 X_g 的近似解析解。

随着前向速度的增加，静态推力 T_0 下降，T 与 v 的关系可以近似表示为

$$T=T_0-kv^2 \tag{12}$$

也可以用 a 将之写成另一表达式，$a=\frac{1}{2}\cdot\frac{dv^2}{dx}$，重新整理后得

$$X=\frac{1}{2}\int_{v_1}^{v_2}\frac{dv^2}{a} \tag{13}$$

假设在起飞滑跑段飞机质量不变，将式（9）、式（10）和式（12）代入式（5）中，再将结果代入式（13）中可得

$$X_g=\frac{m}{2}\int_{v_1}^{v_{II}}\frac{1}{(T_0-\mu mg)+\left[\frac{1}{2}\rho S(\mu C_{L_g}-C_{D_g})-k\right]v^2}dv^2 \tag{14}$$

这是积分形式的起飞距离

$$X_g=\frac{m}{2}\int_{v_I}^{v_{II}}\frac{d(v^2)}{A+Bv^2} \tag{15}$$

其解如下：

$$X_g=\frac{m}{2B}\left[\ln(A+Bv^2)\right]_{v_I}^{v_{II}} \tag{16}$$

令 $v_1=0$ 且假设飞机在 $v_R(=v_{II})$ 时离地，则式（16）可用来评估飞机开始滑跑至抬前轮之间的距离。从 v_R 加速到 v_{LOF} 的距离包含在加速到安全高度的距离估算中。

14.2　起飞空中距离（抬前轮到安全高度）

为完成起飞距离的计算，还需计算飞机达到安全速度 v_2（高度为 35 ft 或 50 ft，分别对应欧洲航空安全局或联邦航空管理局）的距离。

在该阶段，飞机的轨迹剖面会随着飞行员的驾驶技术、风梯度、地效作用下的气动力和飞机达到预定抬前轮速度后拉起至预定迎角操作过程的不同而不同。

假设从 v_R 加速到 v_2 所经过的距离远大于安全高度，根据能量原理可近似计算出该起飞过程的水平飞行距离。

从抬前轮开始到经过安全高度的过程中，飞机所获得的动能和势能之和等于外力所做的功：

$$能量改变=做功=平均剩余推力\times经过的距离 \tag{17}$$

$$能量改变=(T-D)ds\approx(T-D)_{\text{AVERAGE}}\times X_a \tag{18}$$

$$能量改变=(\text{KE}+\text{PE})_{v_{\text{screen}}}-(\text{KE}+\text{PE})_{v_{\text{rotation}}} \tag{19}$$

因此

$$X_a=\left[mg\left(\frac{v_2^2}{2g}+H_{\text{SCREEN}}\right)-mg\left(\frac{v_R^2}{2g}+H_R\right)\right]\times\frac{1}{(T-D)_{\text{AVERAGE}}} \tag{20}$$

假设 $H_R=0$，重新整理得

$$X_a=\frac{mg}{(T-D)_{\text{AVERAGE}}}\left(\frac{v_2^2-v_R^2}{2g}+H_{\text{SCREEN}}\right) \tag{21}$$

注意：用于估算平均剩余推力 $T-D$ 的升力和阻力系数与计算地面滑跑时是不同的。

未经修正的起飞距离$=X_g+X_a$。

修正后的起飞距离$=1.15\ (X_g+X_a)$。

15　着陆距离计算公式

15.1　空中减速距离（从安全高度至接地）

着陆距离的计算类似起飞距离的计算，分为空中减速段和地面滑跑段。

空中减速段包括从安全高度拉平至着陆点之间的距离，可以像计算起飞空中段那样用能量法进行估算。因此

$$X_a=\left[mg\left(\frac{v_{\text{REF}}^2}{2g}+H_{\text{SCREEN}}\right)-mg\frac{v_{\text{TD}}^2}{2g}\right]\times\frac{1}{(T-D)_{\text{AVERAGE}}} \tag{22}$$

如果分别假设 v_{REF} 和 v_{TD} 为 1.3 v_s 和 1.1 v_s，且从安全高度至着陆点之间 $T-D$ 的平均值是确定

的，即可估算空中减速段 X_a。

15.2 地面滑跑距离

可以类比起飞滑跑距离的计算过程来计算着陆滑跑距离，但是最好将其分为两部分，因为在飞机前轮接地前后减速力是不同的。在地面滑跑的初始阶段，前轮未接地前，刹车制动和反推力装置未启用，直到前轮接地后刹车和反推力装置才可以使用。

与起飞类似，着陆滑跑距离的估算公式如下：

$$X_g=\int_{v_A}^{v_B}\frac{mv}{[T-D-\mu(mg-L)]}\mathrm{d}v \tag{23}$$

通过在 v_{TD} 和 v_{ND}，或 v_{ND} 和 0 之间的数值积分式（23），即可得到地面滑跑距离。

与起飞滑跑计算一样，假设 D 和 L 是 v^2 的函数，从主轮接地到前轮接地这一过程中的推力 T_i 为固定值（慢车推力），且忽略静态推力随前向速度的变化，同时采用完全着陆状态襟翼位置所对应的 C_{L_g} 和 C_{D_g}，可得

$$X_g=\frac{m}{2}\int_{v_{\mathrm{I}}}^{v_{\mathrm{II}}}\frac{1}{(T_i-\mu mg)+\left[\frac{1}{2}\rho S(\mu C_{L_g}-C_{D_g})\right]v^2}\mathrm{d}v^2 \tag{24}$$

如果用机轮刹车制动下的跑道摩擦系数来替代上述公式中的滚动摩擦系数，这一表达式可以用于确定从前轮接地至完全停止时的地面滑跑距离。但是，如果采用反推力，那么在式（23）和式（24）中需要假定其幅值为 v^2 的函数，或假定其为常值。

16 跑道坡度的影响

许多小型机场的跑道会有沿长度方向的上坡或下坡、隆起或凹陷，这会对起飞和着陆滑跑距离产生影响，所以在使用上述公式估算起飞和着陆滑跑距离时，需要引入跑道坡度来评估其影响。由于当地跑道坡度 γ_{R} 所引起的重力作用在起飞滑跑方向上的力为 $mg\sin\gamma_{\mathrm{R}}$，所以水平方向的受力需要修正。因为跑道坡度一般较小，γ_{R} 的正弦值对于法向力的作用可以忽略不计。假设上坡时 γ_{R} 为正：

$$T-D-mg\sin\gamma_{\mathrm{R}}-\mu(mg-L)=ma \tag{25}$$

地面滑跑距离 X_g 如下：

$$X_g=\int_{v_A}^{v_B}\frac{mv}{[T-D+\mu L-mg(\mu+\sin\gamma_{\mathrm{R}})]}\mathrm{d}v \tag{26}$$

考虑跑道坡度的着陆距离计算公式也可作类似修正。

用于性能测量的跑道，要么是平坦的，要么是其剖面可通过测量或其他手段获得并用于数据处理。

17 螺旋桨飞机

前面的方程是基于涡轮喷气飞机推导的，对于带螺旋桨的活塞式发动机，推力 T 由下式决定：

$$\text{功率}=\text{做功效率} \tag{27}$$

或

$$\eta P=Tv \tag{28}$$

式中，P 为发动机功率，W；η 为螺旋桨效率；T 为推力，N；v 为真空速，m/s。

涡轮螺旋桨飞机也可以通过发动机的排气装置获得额外推力 T_{E}，从而有

$$T=\frac{\eta P}{v}+T_{\mathrm{E}} \tag{29}$$

18 结　　论

精确的起飞和着陆性能计算需要获取飞机的气动特性，一般可由风洞和飞行试验获得。通常，要保证上述公式有足够的精度以适用于飞行计划是很难的。不过，在权衡飞机构型参数和气动设计变化带来的影响时，本章给出的计算公式可以作为指导，但是不适用于飞行计划，只适合依据制造商的飞行手册、飞行计划数据进行相关计算。最后，本章提供的参考书目，可以为想深入研究这一课题的读者提供相关信息和资料来源。

术　　语

VSDA	可用加速停止距离
BFL	平衡场地长度
EASA	欧洲航空安全局
ESDU	工程科学数据组织
FAA	美国联邦航空管理局
GPS	全球定位系统
JSF	联合攻击战斗机
KE	动能
m	米（长度单位）
MLS	最小发射速度
N	牛顿（力的单位）
PE	势能
STOL	短距起飞/着陆

STOVL	短距起飞/垂直降落
TODA	可用起飞距离
TODR	需用起飞距离
TORA	可用起飞跑道
TORR	需用起飞跑道
US DoD	美国国防部
UK MoD	英国国防部
v_1	起飞决策速度
v_2	初始爬升/起飞安全速度(单发失效)
v_3	正常起飞速度(所有发动机工作)
v_{EF}	发动机失效速度
v_{LOF}	起飞离地速度
v_{mca}	空中最小操纵速度
v_{mcg}	地面最小操纵速度
v_{mu}	最小离地速度
v_{ND}	前轮接地速度
v_R	抬前轮速度
v_{REF}	计划进场速度
v_s	失速速度
v_{TD}	着陆速度
V/STOL	垂直/短距起降
WOD	甲板风
η	螺旋桨效率
γ_R	跑道坡度
μ	滚动摩擦系数

参考文献

ESDU 72008 (1972) *Frictional and Retarding Forces on Aircraft Tyres-Part Ⅲ Planing*. ESDU International.

ESDU 71025 (1995) *Frictional and Retarding Forces on Aircraft Tyres-Part I-Introduction*. ESDU International.

ESDU 71026 (1995) *Frictional and Retarding Forces on Aircraft Tyres-Part Ⅱ-Estimation of Braking Forces*. ESDU International.

Fozard, J. (1976) Ski-jump Harrier. *Flight International*, 4 December pp. 1630—1632.

Saarlas, M. (2007) *Aircraft Performance*, John Wiley & Sons, Hoboken, NJ.

Taylor, D. R. (1974) The operation of fixed-wing V/STOL aircraft from confined spaces. M Phil Thesis. University of Southampton, UK.

EASA CS — 23 (2003) *Certification Specifications for Normal, Utility, Aerobatic and Commuter Category Aeroplanes*.

EASA CS — 25 (2003) *Certification Specifications for Large Aeroplanes, Book 1, Airworthiness Code*.

ESDU (1972) *Engineering Data Performance, Volume 7—Estimation of Take-off*. *ESDU International*.

ESDU (1991a) *Engineering Data Performance, Volume 6a-Airfield Performance General and Item 85029—Calculation of Ground Performance in Take-off and Landing*. ESDU International.

ESDU (1991b) *Engineering Data Performance, Volume 6b-Landing*. ESDU International.

ESDU (2008) *Engineering Data Performance, Volume 5, Tyrerunway Forces-Tyre Spray*. ESDU International.

Eshelby, M. E. (2000) *Aircraft Performance-Theory & Practice*, Arnold, London.

FAA FAR (1996) Part 23 (Subpart B) *Airworthiness Standards-Normal, Utility, Aerobatic and Commuter Category Airplanes*.

FAA FAR (2007) Part 25 (Subpart B) *Airworthiness Standards-Transport Category Airplanes*.

ICAO (1995) Annex 14, *Aerodromes, Volume 1, Aerodrome Design and Operations*.

UK Defence Standard (1983) DEF STD 00—970—*Design and Airworthiness Requirements for Service Aircraft-Part 1*.

本章译者：陈永亮（南京航空航天大学航空宇航学院）

第 214 章

固定翼飞机的爬升和下滑性能

Trevor M. Young
利默里克大学机械与航空工程系，利默里克，爱尔兰

1 引　　言

本章将研究不受地效影响的爬升和下滑性能。飞机远离失速，机翼水平，即飞机不会绕滚转轴或偏航轴转动，通常将这样的飞行状态称为对称飞行。本章将建立加速运动的一般方程，作用在飞机上的非平衡力将使飞机作加速或减速运动。当作用于飞机上的合外力为零时，上述飞行状态将退化为定常飞行状态（即平衡状态）。本章将飞机视为刚体，因此可以用经典的动力学理论对其运动特性进行分析。

本章的研究思路是先讨论在平静大气中爬升时作用在飞机上的外力，建立爬升过程的运动方程，该运动方程同样可被应用到下滑阶段（将下滑过程看成爬升梯度为负的爬升）。后面的章节中（见第 4.10 节）将探讨风对飞机性能的影响。第 5 节将简要探讨飞机的爬升性能指标，即飞机的升限（最大高度）。

本章将给出用于分析装有不同类型发动机（如活塞发动机、涡轮螺旋桨发动机、喷气发动机）的飞机的爬升/下滑性能的通用方程。如果数学模型中包含发动机特性，还可以推导出计算最佳爬升角、最佳爬升率及对应速度的公式，针对活塞螺旋桨飞机、涡扇/涡喷发动机飞机已经建立了相应的计算公式，但对涡轮螺旋桨飞机，情况并不简单。涡轮螺旋桨发动机主要是靠涡轮驱动螺旋桨产生推力的，但它同时也会产生残余的喷气推力。因此，简单来说，涡轮螺旋桨飞机的性能特性通常介于喷气式飞机和活塞螺旋桨飞机之间。

2 定义和符号

2.1 机体坐标系

纵向基准线是固定在机身上且通过飞机重心的一条线，用于定义机体坐标系（对于圆形机身的飞机，纵向基准线通常平行于机身中心线）。机体坐标系是固联于机身，随飞机一起移动的动坐标系，用 $Oxyz$ 表示。坐标原点位于飞机的重心，Ox 沿着机身基准线指向前，Oy 指向飞机右机翼，Oz 向下为正，如图 1 所示。

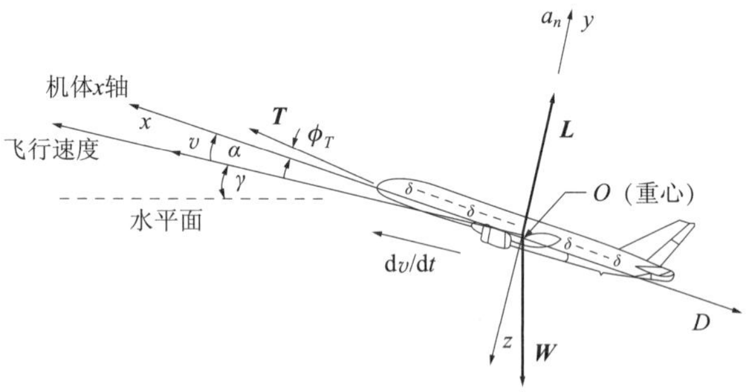

图 1　对称飞行中飞机角度、力和速度的定义

2.2 迎角、航迹倾角和俯仰角

Ox 轴和飞行轨迹之间的夹角称为迎角（α），定义向上为正（见图 1）。水平基准面和飞行轨迹之间的夹角称为航迹倾角（γ），爬升时为正，下滑时为负。由于风或上升与下降气流会对飞行轨迹产生影响，常常假设飞机在平静大气中飞行，从而避开风或上升与下降气流的影响。水平基准面和 Ox 轴之间的夹角称为俯仰角 θ。这三个角（即 α、γ 和

θ）之间存在如下关系：

$$\theta=\alpha+\gamma \tag{1}$$

2.3　作用在飞机上的主要力

在爬升阶段作用在飞机上的主要力如图1所示，包括作用于飞机重心的重力 $\boldsymbol{W}$、$\boldsymbol{L}$（净气动力在飞行轨迹法向的升力分量）和阻力 $\boldsymbol{D}$（净气动力在平行飞行轨迹方向的分量）。升力可以用升力系数 C_L 表示：

$$L=\frac{1}{2}\rho v^2 SC_L \tag{2}$$

式中，ρ 表示大气密度；v 为真空速；S 为机翼参考面积。类似地，阻力可以用阻力系数 C_D 表示：

$$D=\frac{1}{2}\rho v^2 SC_D \tag{3}$$

发动机的净推力用矢量 $\boldsymbol{T}$ 表示，对于大多数类型的飞机，$\boldsymbol{T}$ 与机体纵轴（Ox 轴）之间有一个小的偏角，用 ϕ_T 表示，如图1所示。

3　基本运动方程

3.1　飞机的曲线运动

如图2所示，飞机机翼水平，在铅垂平面内作半径为 r 的曲线运动。飞机的速度为 v，方向沿瞬时路径的切线方向。为了建立描述飞机爬升/下滑时的角度及其变化率的运动方程，将牛顿第二定律应用到在平面内作曲线运动的飞机上，在笛卡儿坐标系中可得如下方程：

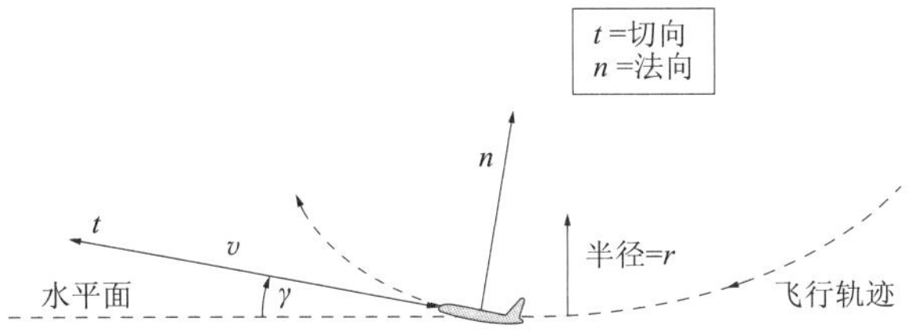

图2　曲线运动

切向：

$$\sum \text{Forces}=\frac{W}{g}a_t=\frac{W}{g}\frac{\mathrm{d}v}{\mathrm{d}t} \tag{4}$$

法向：

$$\sum \text{Forces}=\frac{W}{g}a_n=\frac{W}{g}v\frac{\mathrm{d}\gamma}{\mathrm{d}t} \tag{5}$$

式中，a_t 表示飞行轨迹中的切向加速度（$\mathrm{d}v/\mathrm{d}t$ 表示飞机速度随时间的变化率）；a_n 表示飞行轨迹中的法向加速度（$\mathrm{d}\gamma/\mathrm{d}t$ 表示航迹倾角随时间的变化率）。

3.2　爬升和下滑的一般方程

用来描述飞机爬升或下滑性能的方程可以从式（4）和式（5）推导得到，根据图1所示的飞机受力图，将平行飞行轨迹的切向合力展开可得：

$$\sum \text{Forces}=T\cos(\alpha+\phi_T)-D-W\sin\gamma=\frac{W}{g}\frac{\mathrm{d}v}{\mathrm{d}t} \tag{6}$$

将法向合力展开可得：

$$\sum \text{Forces}=T\sin(\alpha+\phi_T)+L-W\cos\gamma=\frac{W}{g}v\frac{\mathrm{d}\gamma}{\mathrm{d}t} \tag{7}$$

上面两个方程为一般表达式，可以用于飞机的爬升（γ 为正）或下滑（γ 为负）的情况。在大多数情况下，可以采用下面的两种方式进行简化：

（1）向心加速度的简化：对于典型的爬升或下滑运动，飞机的飞行轨迹不是严格的直线，会有轻微的弯曲，不过曲率非常小，航迹倾角对时间的变化率非常小，这意味着式（7）中向心加速度近似为0。但要注意，飞机的俯仰机动并不是这样的（例如飞行员使用驾驶杆或驾驶盘进行俯仰操纵时），只有典型的爬升或下滑才是这样。

（2）推力的简化：对于大多数包含爬升和下滑运动的飞行过程，发动机推力和飞行轨迹之间的夹角相对较小，可以忽略（本章不考虑推力矢量问题和大攻角飞行问题，具体见第5卷第216章）。忽略推力偏差角，将会产生一个小的误差，不过可以采用一种巧妙的方式消除这种误差。假设推力平行于飞行轨迹，则上述误差可以被看作飞机的推力/阻力的共同作用效果，然后将其归并到阻力模型中进行处理。

基于上述假设，对式（6）和式（7）进行简化，可得到分析典型爬升和下滑运动的常用方程如下：

$$T-D-W\sin\gamma=\frac{W}{g}\frac{\mathrm{d}v}{\mathrm{d}t} \tag{8}$$

$$L-W\cos\gamma=0 \tag{9}$$

4　爬升性能

4.1　爬升类型

当飞机作爬升运动时，将获得高度和重力势能，这可能是牺牲动能换来的（比如减小速度）。

其实，在爬升过程中也可以保持动能不变甚至增加动能。根据爬升过程中动能可能的变化情况，可以有以下三种爬升方式：

第一种爬升方式为采用动能换取重力势能，有时更形象地称为陡跃升机动（zoom maneuver）。飞行员先建立速度，然后使用飞机的动能去换取高度（比如，特技飞行表演中常用陡跃升机动来创造新的飞行高度纪录）。

第二种爬升方式以恒定的真空速（TAS）定常爬升，势能增加，且动能不变。沿爬升轨迹每一点上飞机都处于平衡状态，因此爬升运动容易分析。在大多数情况下，空速随时间的变化很小，在短时间内假设飞机处于定常飞行状态是可接受的（即准定常状态）。

第三种爬升方式为沿飞行轨迹加速爬升，此时，动能和势能都在增加。

4.2　客机典型的爬升速度表

通常，航空公司规划的爬升过程会包含等指示空速（IAS）飞行段或等马赫数飞行段（见图3），但是，为便于理论分析，常忽略指示空速（IAS）和校准空速（CAS）之间的差别，使用CAS代替IAS。客机典型的爬升过程分为三个阶段：在10 000 ft下，速度不超过250 kts的低空段（该速度限制适用于世界上许多空域）、以与飞机类型适应的速度飞行的中空段（一般大约为300 kts）、以等马赫数飞行的高空段（接近飞机的巡航马赫数）。

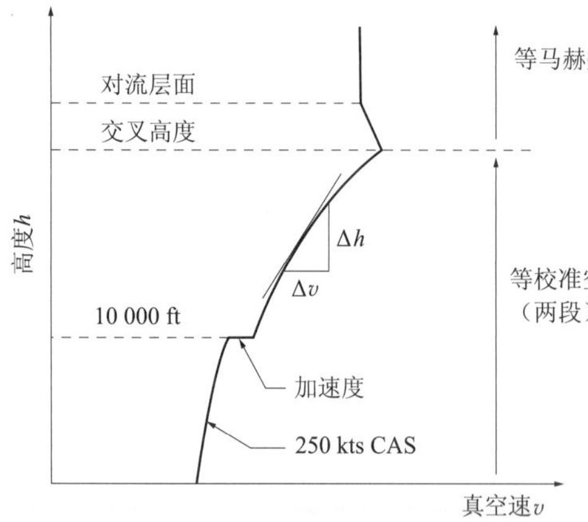

图3　典型的客机爬升过程：先以等校准空速爬升，然后以等马赫数爬升

需要注意的是，以等校准空速爬升意味着真空速不断增加，而爬升过程中声速不断降低，因此，以等校准空速爬升时马赫数迅速增加。为此，当爬升到某个合适高度（通常称为交叉高度）时将切换成等马赫数爬升。以等马赫数爬升时，对流层内由于声速随高度增加而减小，爬升过程中真空速将略微减小，平流层内温度和声速保持不变，因此，爬升过程中真空速也不变。

4.3　爬升角和爬升梯度

在平静大气中飞机的爬升角等于航迹倾角，如图1所示（风的影响将在4.10节中探讨）。由于一般飞行过程中爬升角都比较小，可以使用如下近似：$\cos\gamma\approx1$，$\sin\gamma\approx\tan\gamma$，而$\tan\gamma\approx\gamma$，$\gamma$的单位为弧度。

4.3.1节将推导加速爬升过程的一般表达式，4.3.2节将在定常等真空速爬升情况下给出爬升过程的简化表达式。

4.3.1　加速爬升

重新整理式（8）可以获得爬升角的一般方程，并将$\mathrm{d}v/\mathrm{d}t$展开，使之包含高度$\mathrm{d}h$，可得：

$$\sin\gamma=\frac{T-D}{W}-\frac{1}{g}\frac{\mathrm{d}v}{\mathrm{d}h}\frac{\mathrm{d}h}{\mathrm{d}t}\tag{10}$$

在没有向上或向下的气流（如突风）时，空速的垂直分量等于高度随时间的变化率v_v，称为爬升率（见4.6节）。

$$v_v=v\sin\gamma=\frac{\mathrm{d}h}{\mathrm{d}t}\tag{11}$$

将式（11）代入式（10），并整理所得表达式，可得爬升角的表达式为

$$\sin\gamma=\frac{T/W-D/W}{1+(v/g)(\mathrm{d}v/\mathrm{d}h)}\tag{12}$$

应用式（12）分析飞机爬升性能时，通常会引入一个加速因子，其定义为

$$f_{\mathrm{acc}}=\frac{v}{g}\frac{\mathrm{d}v}{\mathrm{d}h}\tag{13}$$

从而将式（12）表示为

$$\sin\gamma=\frac{T/W-D/W}{1+f_{\mathrm{acc}}}\tag{14}$$

加速因子是一个量纲为1的参数，是爬升速度的函数，其大小与飞机是在对流层还是平流层有关。例如，以等校准空速爬升时的加速因子的含义如图3所示。可以看出，爬升轨迹的斜率即为$\mathrm{d}v/\mathrm{d}h$的倒数，它随高度而改变。因此，以等校准空速爬升时，由于v和$\mathrm{d}v/\mathrm{d}h$都随着高度的增加而增加，所以加速因子也随之增加。确定加速因子的表达式如表1所示。

表 1　加速因子

加速因子为：$f_{acc}=0.7M^2\psi$ 其中 ψ 的值随爬升或下滑速度的变化关系如下：		
等马赫数下 $\psi=-\zeta$	相同等效空速下 $\psi=1-\zeta$	相同校准空速下 $\psi=\dfrac{(1+0.2Ma^2)^{3.5}-1}{0.7Ma^2\ (1+0.2Ma^2)^{2.5}}-\zeta$
其中 ζ 的值随高度的变化关系如下：		
在对流层内 $\zeta=0.190\ 263$	在平流层内 $\zeta=0$	

4.3.2　定常爬升

定常爬升时（即等真空速），速度随高度的变化率为 0，式（12）可以简化为

$$\sin\gamma=\frac{T}{W}-\frac{D}{W} \tag{15}$$

在研究飞机的爬升（下滑）性能时，升阻比 E 是一个重要的参数，它随飞机构型和飞行条件的变化而变化，可以用来衡量飞机的气动效率。对客机和大多数通用航空飞机来说，在典型飞行剖面中爬升角是一个相当小的量，因此可假设 $\cos\gamma\approx1$，方程简化为

$$\sin\gamma\approx\frac{T}{W}-\frac{D}{L} \tag{16}$$

上式给出了一种简单而又直观的爬升性能评估方式：飞机爬升角（弧度）等于飞机推重比与升阻比的倒数之差。

4.3.3　爬升梯度

爬升梯度可以直接从爬升角推导得到。根据定义，平静大气中的爬升梯度等于 $\tan\gamma$。在没有风时，爬升梯度为爬升高度与爬升经过的水平距离之比，通常用百分数表示。当爬升角较小时，近似认为 $\tan\gamma\approx\sin\gamma$，则爬升梯度可以直接从式（16）得到。

4.4　涡喷/涡扇发动机飞机的最佳爬升角

确定最佳爬升角（最陡爬升梯度）对应的飞行条件是非常重要的，例如起飞时，这可以使飞机与障碍物（如山和建筑物）之间保持足够的安全高度。该参数在诸如多发飞机出现一发失效的紧急情况下也有非常重要的意义。

可以根据式（16）将影响爬升角的重要参数绘制在一张图上，给定飞机重量下的 T/W 和 D/L 随等效空速 v_E 变化的关系，如图 4 所示。使用等效空速而不是真空速的好处在于可以用一张图代表不同高度下的 D/L。在图 4 中，两条曲线之间的差值即为以弧度为单位的爬升角。通过观察，可以确定最佳爬升角对应的速度为曲线 T/W 和曲线 D/L 的切线相平行时对应的速度。

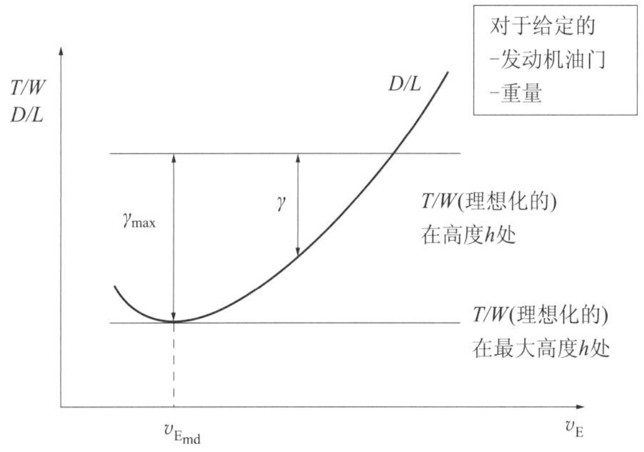

图 4　理想的涡喷/涡扇发动机飞机的 T/W 和 D/L 曲线

众所周知，喷气发动机的推力随着速度的变化不明显（给定油门和高度时），作为一个合理的近似，假设给定高度下 T/W 函数可以用图 4 中的水平线来代替。基于该假设，可以得到如下结论：喷气式飞机在任何高度下的最佳爬升速度都等于最小阻力速度 $v_{E_{md}}$。

4.5　活塞螺旋桨发动机飞机的最佳爬升角

与喷气式发动机相比，活塞螺旋桨发动机的推力随速度的变化关系有很大的不同。作为一种合理近似，可以假设发动机的推力功率不随速度变化（给定油门和高度时）。这样，推力-速度关系可以用图 5 所示的正交双曲线表示。

显而易见，活塞螺旋桨飞机的最大爬升角不在最小阻力速度点（喷气式飞机在该点），而是在失速速度 v_{E_S} 和最小功率速度 $v_{E_{mp}}$ 之间，且与高度有

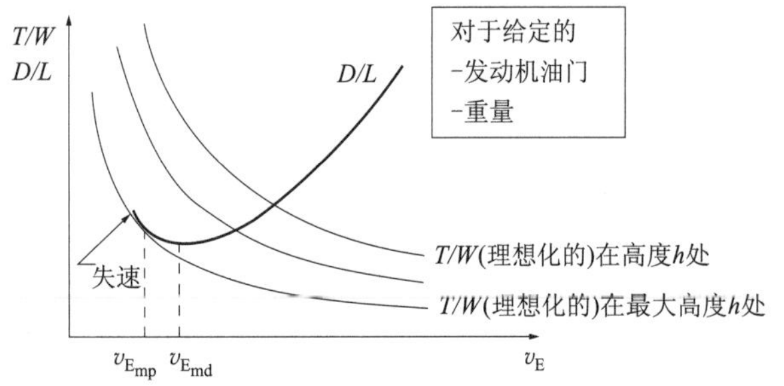

图 5 理想的活塞螺旋桨发动机飞机的 T/W 和 D/L 曲线

关。对于活塞螺旋桨飞机，是可以得到最佳爬升角对应的速度表达式的，但该表达没有解析解，需要通过数值迭代来求解。对于活塞发动机，用轴功率 P_{S} 来表示发动机更方便，具体如下：

$$T=\frac{\eta_p P_{\mathrm{S}}\sqrt{\sigma}}{v_{\mathrm{E}}} \tag{17}$$

式中，η_p 为螺旋桨效率；σ 为空气相对密度。将式（15）中的推力用式（17）代替得到

$$\sin\gamma=\frac{\eta_p P_{\mathrm{S}}\sqrt{\sigma}}{W v_{\mathrm{E}}}-\frac{D}{W} \tag{18}$$

为了进一步研究定常爬升特性，引入阻力极曲线，即

$$C_D=C_{D_0}+KC_L^2 \tag{19}$$

式中，C_{D_0} 为零升阻力系数；K 为升致阻力因子。从而阻力可以表示为

$$D=\frac{1}{2}\rho_0 v_{\mathrm{E}}^2 S\ (C_{D_0}+KC_L^2) \tag{20}$$

将式（20）代入式（18），应用标准微积分运算可得使 $\sin\gamma$ 最大时的速度（将表达式对 v_{E} 求导并令其结果为 0）表达式如下，该表达式需要迭代求解：

$$C_{D_0}\rho_0 S v_{\mathrm{E}}^4+\eta_p P_{\mathrm{S}}\sqrt{\sigma}v_{\mathrm{E}}-\frac{4W^2K}{\rho_0 S}=0 \tag{21}$$

需要注意的是，上面的表达式有几点不足：第一，式（21）的推导是基于升力近似等于重力的假设得到的，因此该式只适用于比较平缓的爬升；第二，方程中有相对大气密度，因此最佳爬升角下的等效空速随高度而变；第三，式（21）的解是基于极曲线形式的阻力和理想的活塞螺旋桨发动机的特性假设得到的，在速度很低时，阻力的精度和推力的理想化程度都会下降。飞行速度在失速速度附近时，抛物线型阻力极曲线与真实阻力极曲线之间存在一定的差异；同时，发动机轴功率和螺旋桨效率不随速度的变化而变化的假设在低速段是不准确的。由于这些原因，式（21）得不到最佳爬升角对应速度的精度较高的解，但是该公式可以给出哪些变量对最优速度有影响，这对于分析是很有用的。如果可以得到精确的轴功率、阻力和螺旋桨效率的话，那么求最佳爬升角对应速度的最好办法是根据式（18）采用数值方法或图解法。

4.6 爬升率

4.6.1 加速爬升

在没有向上或向下大气运动时，爬升率 v_v 等于空速的垂直分量。计算爬升率的通用方程可以由式（12）直接推导得到

$$v_v=v\sin\gamma=\frac{(T/W-D/W)\ v}{1+\ (v/g)\ (\mathrm{d}v/\mathrm{d}h)} \tag{22}$$

同前面一样（见 4.3 节），为方便起见，引入式（13）和表 1 所描述的加速因子 f_{acc}，式（22）改写为

$$v_v=\frac{(T/W-D/W)\ v}{1+f_{\mathrm{acc}}} \tag{23}$$

当高速飞行时，最好将爬升率用马赫数 Ma 和声速 a 表示，式（23）可以写成：

$$v_v=\frac{(T/\delta-D/\delta)\ Ma}{(1+f_{\mathrm{acc}})\ (W/\delta)} \tag{24}$$

式中将分子、分母同时除以大气压因子 δ 是为了将涡喷/涡扇发动机推力表示成常用形式。

4.6.2 定常爬升

当飞机以等真空速爬升时，加速因子为 0，式（23）简化为

$$v_v=\frac{(T-D)\ v}{W} \tag{25}$$

从式（25）可以看出，在给定速度下，当发动机推力大于阻力时，飞机的爬升率为正，当阻力比推力大时，飞机的爬升率将为负。对于涡喷/涡扇飞机，式（25）是直观易懂的，因为它的动力装置输出的就是额定推力，但对于活塞螺旋桨飞机则不然，它们的动力装置输出的是额定功率。

推力与真空速的乘积等于发动机推力功率 P_T，阻力与真空速的乘积为阻力功率 P_D，又称需用功率（二者是等价的）。对于活塞螺旋桨飞机，很多时候将式（25）写成功率的函数会更加方便，即

$$v_v=\frac{P_T-P_D}{W} \tag{26}$$

因此，飞机的爬升率（在给定重量下）取决于发动机功率和阻力功率之差。与解析法对应的另外一种分析爬升率的方法是图解法，将式（25）两端

同时乘以$\sqrt{\sigma}$，这样就将方程改写为等效空速的形式，即

$$\sqrt{\sigma}v_v=\frac{T}{W}v_E-\frac{D}{W}v_E \tag{27}$$

由于分析过程是针对平缓爬升运动的，因此可以采用小角度时的三角函数近似。将重力用升力代替，从而得到升阻比相关方程如下：

$$\sqrt{\sigma}v_v\approx\frac{T}{W}v_E-\frac{D}{L}v_E \tag{28}$$

因此，为了得到不同高度下的爬升率，作出（T/W）v_E 和（D/L）v_E 随 v_E 变化的曲线，两者的差值即为给定高度下参数$\sqrt{\sigma}v_v$ 的值。注意（D/L）v_E 与高度无关，但与飞机重量有关，而（T/W）v_E 则与高度和飞机重量都有关系。

4.7 涡喷/涡扇飞机的最佳爬升率

客机常用的爬升速度是在空中交通管制限制下，使运营成本最低的爬升速度。由于客机在巡航段效率最高，所以希望其以最大爬升率爬升，这样可以增加巡航时间。可见，使整个飞行过程中燃油消耗最小的最佳爬升速度接近使飞机爬升率最大的爬升速度。

对于理想的涡喷/涡扇发动机，假定推力 T 与速度无关。因此，在给定的高度下，（T/W）v_E 近似与等效速度成正比。如图 6 所示，过原点与（D/L）v_E 相切的点对应的速度为最小阻力速度，飞机最大爬升率对应的速度比该速度要大。

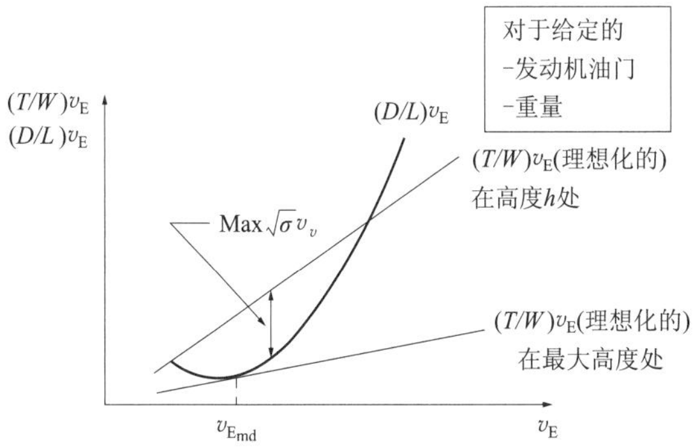

图 6 理想涡喷/涡扇飞机的爬升率

对于理想涡喷/涡扇飞机，最佳爬升率速度可以通过式（19）建立。将阻力用等效空速表示，代入式（27）中，可以得到最佳爬升率表达式，从而导出最佳爬升率速度表达式为

$$v_E=\left[\frac{W}{3C_{D_0}\rho_0 S}\left(\frac{T}{W}\pm\sqrt{\frac{T^2}{W}+12C_{D_0}K}\right)\right]^{1/2} \tag{29}$$

在给定的高度和油门设置下，公式（29）可以用来确定飞机的最佳爬升率速度。需要注意的是，如果飞机以恒定的等效空速爬升，由于空气密度下降将导致真空速增加，飞机将沿飞行轨迹作加速运动，加速因子［式（13）］将不为 0［与推导公式（29）时定常速度飞行的假设不符］。实践证明，在最佳爬升率爬升时飞机的真空速是会变化的。然而，以恒定校准空速爬升时的爬升率与最优爬升时的值是非常接近的，具体见表 1 中列出的表达式。

另外，也可以用图解法确定最佳爬升率（或最大爬升角）对应的飞行条件，尤其对抛物型阻力极曲线或理想推力函数不合适的情况，该方法特别适用。以 v_E 为横轴，$\sqrt{\sigma}v_v$ 为纵轴，如图 7 所示，最佳爬升率显然在图中最大点处。过原点作曲线的切线可得，切点对应的速度即为最佳爬升角速度（见 4.6 节）。

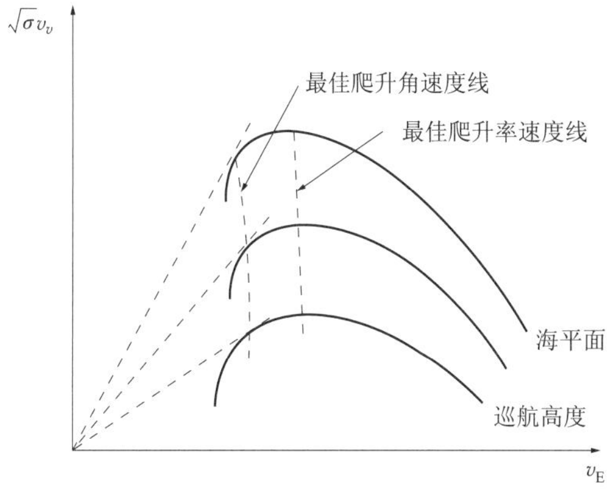

图 7 涡喷/涡扇飞机的爬升率

4.8 活塞螺旋桨飞机的最佳爬升率

在理想的活塞螺旋桨飞机中，由于推力功率不随速度变化，（T/W）v_E 可用一条水平线表示（见图 8），最佳爬升率出现在最小功率速度 $v_{E_{mp}}$ 处。在 4.5 节讨论过的关于低速段抛物型阻力极曲线和功率理想化程度的精度问题在本节中也是一样的，

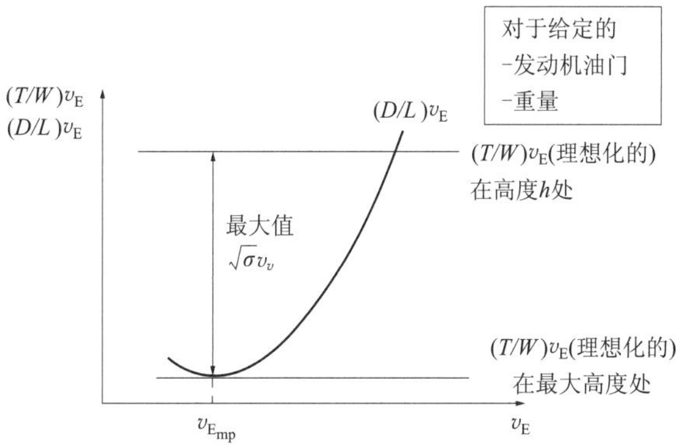

图 8 理想的活塞螺旋桨飞机的爬升率

如果有数据的话，图形化方法更适合。但是图形化方法并不像涡喷/涡扇飞机那样绘制（T/W）v_E 随 v_E 变化的曲线，而是绘制一组等价曲线［式（17）］，相应的爬升率表达式变为

$$\sqrt{\sigma}v_v = \frac{\eta_p P_S\sqrt{\sigma}}{W} - \frac{D}{W}v_E \tag{30}$$

4.9 爬升时间

通常，需要知道多久才能爬到巡航高度。忽略向上或向下的大气流动，真空速的垂直分量等于高度对时间的导数［见式（11）］。因此，从 h_1 高度爬升到 h_2 高度的时间可由如下积分表达式给出：

$$t = \int_{h_1}^{h_2} \frac{1}{v_v}\mathrm{d}h \tag{31}$$

式中的爬升率如果为加速爬升，则由公式（23）给出，若为稳定爬升，则由公式（25）给出。

对于一般问题，由于参数间的相互依赖关系，公式（31）的计算并不容易。作为示例，计算喷气式飞机从海平面爬升到巡航高度的爬升时间。飞机在爬升过程中，由于燃油不断消耗，飞机的重量不断减轻。燃油流量等于指定耗油率与推力的乘积（见第 5 卷第 217 章）。在爬升过程中，推力 T 通常会随着空气密度的减小而降低（当然也随油门的变化而改变），阻力也随空气密度、飞机重量和真空速（见 4.2 节）的变化而改变。

确定爬升时间的最好方法是将爬升过程分为不同的区间，第 i 个区间的高度变化量记为 Δh_i，第 i 个区间的爬升率可以用区间的初始爬升率 v_{v_i} 表示（见 4.6 节）。这样，该区间的爬升时间 Δt_i 就可以通过 Δh_i 和 v_{v_i} 计算得到。接下来必须根据燃油流量和 ΔT_i 计算燃油消耗量，从该区间的初始重量 W_i 中扣除该区间的燃油消耗量，即可估算出该区间终了时刻飞机的重量 W_{i+1}。在每个区间上重复上述过程，直到结束。

为了提高计算精度，可以对每个区间使用平均爬升率，这需要根据该区间终了高度 h_{i+1} 处的估算重量，计算出终了爬升率 $v_{v_{i+1}}$，根据 v_{v_i} 和 $v_{v_{i+1}}$ 即可计算出平均爬升率。使用平均爬升率修正 Δt_i 和 W_{i+1}，重复前面的计算过程即可得到更为精确的爬升时间。

整个爬升过程的总时间为

$$t = \sum_{i=1}^{m} \Delta t_i \tag{32}$$

4.10 风对爬升性能的影响

显而易见，风对飞机的爬升/下滑性能有重要影响。假设飞机以真空速 v 爬升，顺风风速为 v_w，如图 9 所示，即飞机在空气中飞行，空气的移动速度为 v_w，飞机在静止空气中的爬升角为 γ。

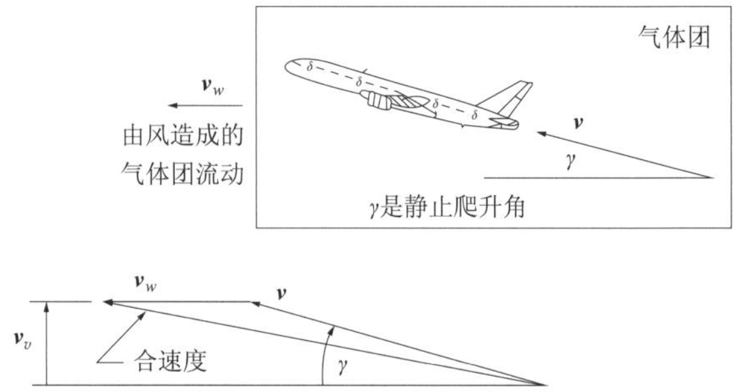

图 9 风对爬升性能的影响

由于风的影响，飞机相对于地面的速度（即地速）和真空速将会有所差别，地速为真空速和风速的矢量和。需要注意的是，顺风飞行中，飞机的净航迹倾角减小（在逆风飞行时增加），但由于是定常风，爬升率并没有改变。

5 升限（最大高度）

5.1 绝对升限

升限（最大高度）和飞机的爬升性能紧密相关。发动机推力通常随着高度的增加而减小，这说明对于每个油门位置（由驾驶员设置），都存在一个最大高度，超过这个高度飞机将无法再爬升。这个最大高度和飞机的构型（即襟翼、起落架位置等）、重量和动力特性有关。这里定义了几种升限。

绝对升限指飞机在最大可用推力下，能够保持定直平飞的最大高度。虽然飞机可以通过陡跃升机动使飞行高度超过绝对升限（见 4.1 节），但无法在该高度上保持平飞。绝对升限可以采用图解法确定，如图 4 所示，发动机推力曲线与阻力曲线相切的点即为绝对升限对应的状态，这也表明，飞机只能以一个速度作定常飞行。对于理想的涡喷/涡扇发动机飞机，绝对升限出现在以最小阻力速度 $v_{E_{md}}$ 平飞时，此时升阻比等于 E_{max}。需要注意的是，在绝对升限处，飞行很难维持，因此，绝对升限在很大程度上只有理论意义。

对于理想的活塞螺旋桨飞机，绝对升限对应最小功率速度 $v_{E_{mp}}$ 平飞。这可从爬升率的分析（见 4.8

节）过程中看出，此时爬升率为0。然而，对于大多数活塞螺旋桨飞机，绝对升限并没有多大意义，因为大多数飞机都不带增压功能，通常飞行高度都不能超过8 000 ft（2 438 m）。根据适航条例FAR 23（FAA，1996）和CS 23（EASA，2009），当高度大于10 000 ft时，需要为机组人员和乘客补充氧气。

5.2 实用升限

实用升限用该高度处可达到的最大爬升率来定义。例如，使用升限定义为最大爬升率为100 ft/min（0.508 m/s）时的最大飞行高度。对于军机而言，巡航升限定义为最大爬升率为300 ft/min（1.53 m/s）时的最大飞行高度。

5.3 单发停车时的使用升限

很明显，使用升限与发动机可用推力有关。在遇到发动机单发停车故障时（多发动机飞机），使用升限将会降低。规划航线时，应该保证发动机单发停车时，使用升限也应该比途经的山脉高出足够的余量。为此，单发停车时的使用升限定义为，当一台发动机停车时，其他发动机工作在最大连续状态，飞机能保持某个最小爬升梯度（由适航局确定）爬升的最大高度。

6 下滑飞行性能

6.1 下滑角和下滑梯度

6.1.1 加速下滑

在4.3节，推导了爬升角的公式，这些公式对下滑过程同样适用，唯一的差别是下滑过程中航迹倾角 γ 为负。加速下滑公式如下：

$$\sin\gamma=\frac{T/W-D/W}{1+f_{acc}} \tag{33}$$

式中加速因子 f_{acc} 通过式（13）和表1定义。

6.1.2 定常下滑

对于定常下滑（即等真空速），速度对高度的变化率为0。如前所述，式（14）可简化为

$$\sin\gamma=\frac{T}{W}-\frac{D}{W} \tag{34}$$

从上面的表达式中可以看出，对于定常下滑，下滑角与阻力和推力的差值有关。如果下滑角很小（大多数下滑过程都是如此，即不是紧急下降），则可以应用小角度的三角函数近似，升力近似等于重力，引入升阻比的概念，可得式（16）所示的结果为

$$\sin\gamma\approx\frac{T}{W}-\frac{D}{L} \tag{35}$$

对于运营商来说，其希望飞行过程中燃油消耗最小。由于通常情况下，下滑过程中发动机处于慢车状态（或者接近慢车状态），最优下滑（只考虑燃油使用）是下滑距离最长的下滑。从公式（16）可以看出，当升阻比最大时，下滑梯度最小（即飞机以最小阻力速度飞行）。和爬升过程类似，标准下滑飞行程序也是以等马赫数或等校准空速的方式分段下滑。

6.1.3 无动力飞行的下滑角

大型运输机出现多台发动机停车的现象是很少见的，但也有一些报道，有飞机曾因燃油不足而出现所有发动机同时停车的现象，至少有两例因吸入火山灰而导致所有发动机失效的例子。飞机的无动力下滑性能越好，就可以为飞行员争取越长的时间重新启动发动机或找到一个合适的着陆场地。可以证明，气动效率好（即具有高升阻比）的飞机的下滑性能也好。

以零推力定常下滑（即等真速度）时，式（15）简化为

$$\tan\gamma=-\frac{D}{L} \tag{36}$$

式（36）表明，当以弧度为单位时，下滑角近似等于飞机升阻比的倒数。当升阻比最大时，下滑角最小，在给定的高度损失下，飞机所经过的水平距离最长。飞机在平静大气中无动力下滑时，以最小阻力速度下滑的下滑距离最长。

6.2 下滑率

6.2.1 加速下滑

下滑率可以从4.6节～4.8节中的爬升率公式得到。定义当 dh/dt 为负时，下滑率为正。在没有向上或向下的大气流动时，下滑率可以在式（23）前面加一个负号得到

$$\text{Rate of descent}=-\frac{[(T/W)-(D/W)]v}{1+f_{acc}} \tag{37}$$

式中加速因子 f_{acc} 如表 1 所示。

6.2.2　定常下滑

定常下滑（等真空速）时，式（34）简化为

$$\text{Rate of descent}=-\left(\frac{T}{W}-\frac{D}{W}\right)v \tag{38}$$

6.2.3　无动力飞行的下沉率

对于无动力飞行，使用下沉率比下滑率更为贴切（本质上这两者相同）。定常下滑时（即等真空速），无动力下沉率为

$$\text{Rate of sink}=\frac{Dv}{W}=\frac{P_D}{W} \tag{39}$$

从式（39）可以看出，飞机在最小功率速度 $v_{E_{mp}}$ 处下沉率最小。对于极曲线形式的阻力，$v_{E_{mp}}$ 为原 $v_{E_{mp}}$ 的 76%。因此，为了实现最长时间下滑，飞机的飞行速度必须比以最佳下滑角下滑时的速度更低。

7　总　　结

本章建立了固定翼活塞式飞机和喷气式飞机的爬升和下滑性能的计算公式，使用经典的刚体运动分析方法，推导了飞机的爬升角（下滑角）、爬升率（下滑率）的表达式。初始时假设飞机沿飞行轨迹加速运动，为此引入了加速因子 f_{acc}。加速因子的大小与飞机的爬升/下滑程序及高度有关（在客机上经常使用恒定的校准空速爬升/下滑，实质上也是加速爬升/下滑）。飞机定常飞行时（即等真空速），很容易根据加速爬升/下滑方程推导出其运动方程（通过将加速因子设为 0 得到）。飞机处于最佳爬升角和最佳爬升率时的飞行速度对飞行员来说非常重要，这些速度可以通过假设发动机的输出推力或功率具有理想变化特性得到。另外，本章还简单讨论了风对飞机爬升/下滑性能的影响，介绍了与爬升性能紧密相关的概念，即升限（最大高度）。关于这方面的更多信息，请参考 Anderson（1998）、Asselin（1997）、ESDU（1979）、ESDU（1992）、Eshelby（2000）、Mair 和 Birdsall（1992）、Lowry（1999）、Ojha（1995）和 Ruijgrok（1996）等文献。

术　　语

a	声速
a_n	法向加速度
a_t	切向加速度
C_D	阻力系数
C_{D_0}	零升阻力系数
C_L	升力系数
D	阻力
E	升阻比 L/D
E_{max}	最大升阻比
f_{acc}	加速因子
g	重力加速度
h	位势高度
K	升致阻力因子
L	升力
Ma	马赫数
n，t	法向，切向
P_D	阻力功率（需用功率）$=Dv$
P_S	轴功率
P_T	推力功率
r	曲率半径
S	机翼参考面积
T	净推力
t	时间；切向
v	真空速
v_E	等效空速
$v_{E_{md}}$	最小阻力时的等效空速（最大升阻比速度）
$v_{E_{mp}}$	最小功率时的等效空速
v_v	平静大气中的爬升率
W	飞机重量
x，y，z	机体坐标系
α	迎角
γ	航迹倾角
δ	相对大气压（压力比）
η_p	螺旋桨效率
θ	俯仰角
ρ	大气密度
ρ_0	海平面标准大气密度
σ	相对大气密度（密度比）
ϕ_r	发动机安装角
CAS	校准空速
CG	重心
EAS	等效空速
IAS	指示空速

ISA　国际标准大气
TAS　真空速

参考文献

Anderson, J. (1998) *Aircraft Performance and Design*, McGrawHill, New York.

Asselin, M. (1997) *An Introduction to Aircraft Performance*, AIAA, Washington.

EASA (2009) Certification Specification 23, Amdt. 1, Eff. 12 Feb. 2009, *Certification Specifications for Normal, Utility, Aerobatic, and Commuter Category Aeroplanes*, European Aviation Safety Agency (EASA), Cologne, Germany.

ESDU (1979) *Introduction to Equations of Motion for Performance*, ESDU 78038. IHS ESDU, Houndsditch, London.

ESDU (1992) *Estimation of Rate of Climb*, ESDU 92019. IHSESDU, Houndsditch, London.

Eshelby, M. E. (2000) *Airplane Performance-Theory and Practice*. Arnold.

FAA (1996) Federal Aviation Regulation Part 23, Amdt. 23—50, Eff. 11 Mar. 1996. *Airworthiness Standards: Normal, Utility, Acrobatic, and Commuter Category Airplanes*, Federal Aviation Administration (FAA), Washington, DC.

Mair, W. A. and Birdsall, D. L. (1992) *Airplane Performance*, Cambridge University Press, Cambridge.

Lowry, J. T. (1999) *Performance of Light Aircraft*, AIAA, Washington, DC.

Ojha SK. (1995) *Flight Performance of Airplane*, AIAA, Washington, DC.

Ruijgrok, G. J. J. (1996) *Elements of Airplane Performance*. Delft University Press, Delft.

Young, T. M. (2002) Airplane performance, in *The Standard Handbook for Aeronautical and Astronautical Engineers* (ed. M. Davies), McGraw-Hill, New York, pp. 10. 106—10. 169 (Chapter 10).

本章译者：陈永亮（南京航空航天大学航空宇航学院）

第 215 章

固定翼运输机的机动性能

Trevor M. Young
利默里克大学机械与航空工程系，利默里克，爱尔兰

1 引 言

驾驶员通过一个或多个操纵机构（如驾驶杆/盘、方向舵、配平装置或油门杆，见第 5 卷第 225 章）控制飞机进行机动，通常会导致飞行速度或者方向发生改变，由此产生的加速度（航迹坐标系下的法向加速度和切向加速度）与飞行速度、操纵面对重心产生的力矩以及推力的改变有关。

本章将对飞机转弯运动（见第 3 节）和俯仰机动（见第 4 节）进行分析，通过建立一般运动方程，得到描述飞机机动性能的参数，如飞机的过载、转弯速率、转弯半径等。在研究飞机的上述机动性能时，飞机的性能受到多方面因素的限制，如气动限制（飞机可能失速）、结构限制（过载过大可能导致结构损坏）和发动机推力限制（对于特定机动，发动机推力可能不足），本章将介绍这些因素是如何对飞机的转弯性能造成限制的。另一组影响飞机机动性能的操作限制是失速和高速抖振，失速和高速抖振之间的差值随高度的增加而降低（见第 5 节）。

$v-n$ 图是表示这些限制的很方便的方式，$v-n$ 图将设计限制过载表示成等效空速的函数，其具体绘制过程将在第 6 节简要介绍。

2 过载系数、升力、阻力和需用推力

2.1 过载系数

过载系数为飞机升力（L）和重量（W）的比值，即

$$n_z=\frac{L}{W} \tag{1}$$

净升力指净气动力中，在飞机对称平面内垂直于飞行轨迹的那部分。因此，式（1）中定义的过载系数，严格意义上讲为法向过载系数。如果气动力方向相对于飞机向上（即 z 轴的反方向），则过载系数定义为正。实际上，过载系数是气动力相对于飞机重力的量纲为 1 的系数，由于力为矢量，因此过载系数是有方向的。正的过载系数和飞机拉起（或上仰）机动相关，会将驾乘人员推向座椅，负的过载系数则相反。

飞机直线平飞（即高度恒定）时，$n_z=1$；但飞机作任何升力大于重力的机动飞行时，$n_z>1$。飞机进行机动飞行时，乘员感受到由此产生的过载系数，就像他们自身重量发生了变化一样。例如，当 $n_z=2$ 时，他们感觉到体重是正常值的两倍（重力加速度 g 为正常值的两倍）。相对于在地面上的情况，机组（驾乘）人员将这种生理感受叫超重（pulling gees）。

2.2 升 力

根据式（1）对过载系数的定义，可以用飞机重量来表示飞机的升力系数 C_L。当飞机作水平直线飞行时，即机翼不倾斜，飞机不爬升也不下降，升力和重力正好平衡（见图 1）时，$n_z=1$，升力系数可以用式（2）表示。升力系数有多种表达方式，比如根据动压 q 的不同表达方式，有

$$C_L=\frac{W}{qS}=\frac{W}{(1/2)\rho v^2 S}=\frac{W}{(1/2)\rho_0 v_E^2 S}$$

$$=\frac{W}{(1/2)\rho_0 a_0^2 \delta Ma^2 S} \tag{2}$$

式中，ρ 为大气密度；v 为飞机真空速（TAS）；S 为机翼参考面积；ρ_0 为海平面标准大气密度；v_E 为飞机等效空速（EAS）；a_0 为国际标准海平面大气中的声速；δ 为相对大气压；Ma 为马赫数。

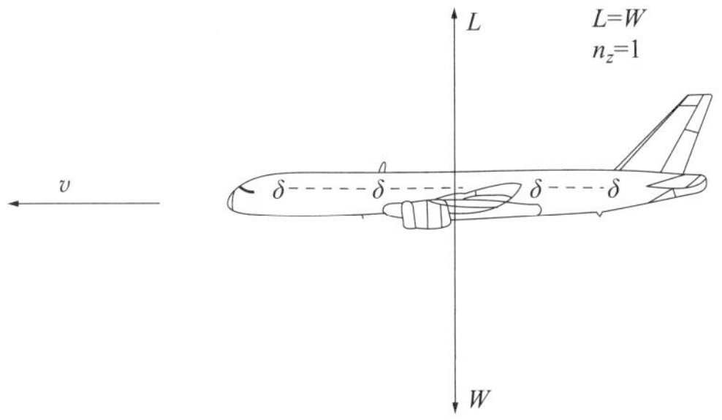

图 1　直线平飞时的升力和重力

在直线平飞以外的其他飞行条件下，升力一般和重力不相等，例如，俯仰机动［见图 2（a）］或者进行水平转弯［见图 2（b）］。在这种情况下，升力系数表示为

$$C_L=\frac{n_z W}{(1/2)\rho v^2 S}=n_z C_{L_1} \tag{3}$$

式中，C_{L_1} 为 1－g 条件下的升力系数，如式（2）所示。

2.3　阻　力

作用在飞机上的净阻力 D 可以用阻力系数 C_D 表示，定义如下

$$D=\frac{1}{2}\rho v^2 S C_D \tag{4}$$

通常，飞机的阻力系数可以表示成极曲线形式，即

$$C_D=C_{D_0}+KC_L^2 \tag{5}$$

式中，C_{D_0} 为零升阻力系数；K 为升致阻力因子。

在机动飞行时，即使速度恒定，升力系数也会随着过载系数的增加而增加［式（3）］。也就是说，随着过载系数的增加，由于升致阻力增加［式（5）］，阻力也相应增加。为了说明该影响，飞机的阻力可以用 1－g 条件下的升力系数［式（2）］表示，即

$$C_D=C_{D_0}+Kn_z^2 C_{L_1}^2 \tag{6}$$

2.4　升阻比

飞机的升阻比 E 是一个重要的气动参数，对飞机性能有非常重要的影响，可以用来衡量飞机的气动效率。升阻比可以用升力和阻力系数表示如下：

$$E=\frac{L}{D}=\frac{C_L}{C_D} \tag{7}$$

在机动过程中，根据式（3），飞机的升力系数会改变；根据式（6），飞机的阻力系数会改变，因此升阻比会发生改变。尽管在飞行过程中飞机的升阻比 E 会发生变化，但它不会超过飞机的最大升阻比 $E_{\max}$。根据式（5）的阻力极曲线，可以求得飞机的最大升阻比为

$$E_{\max}=\frac{1}{2}\sqrt{\frac{1}{KC_{D_0}}} \tag{8}$$

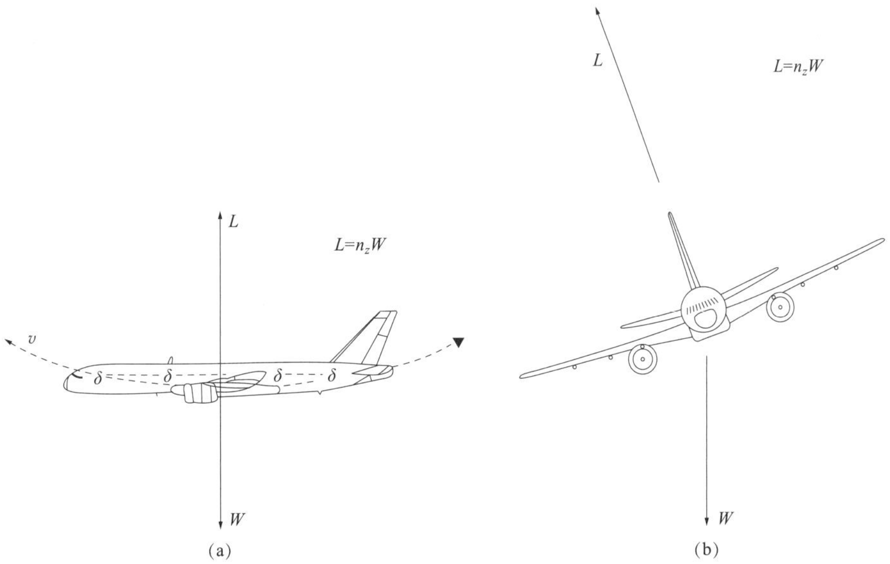

图 2　其他飞行条件升力与重力的关系

（a）俯仰机动中的升力与重力；（b）水平面转弯时的升力与重力

2.5　需用推力

当飞机定常（没有加速度）、水平（高度恒定）飞行时，平行于飞行轨迹的净推力 T 等于气动阻力，可以用飞机的重量和升阻比来表示需用推力，即

$$T=D=\frac{W}{E} \tag{9}$$

式（9）表明，在给定重量下，维持飞机定常平飞的需用推力不受 C_D 的影响，而受升阻比的影响。

从式（9）还可以看出，在机动过程中，为了维持恒定的速度，由于阻力增加，推力也要相应增加。例如，在水平转弯时，为避免转弯过程中飞机速度降低，需要增加推力（见 3.5 节）。

3　转弯性能

3.1　引　言

在转弯飞行时，飞机以圆形轨迹飞行，回转轴是铅垂的。有几种方式可以实现这样的转弯，例如，等高转弯、上升转弯或下降转弯，又如等速转弯、加速转弯或减速转弯。还有一种更好的转弯方式，即协调转弯。驾驶员对飞机的滚转角控制得很好，在转弯过程中，飞机既不会向转弯中心移动（即滚转角过大），也不会远离转弯中心（滚转角不足）。协调转弯时，由于方向舵和副翼协调偏转（适当的速度和滚转角），飞机上没有侧向力。

在非协调转弯中，有侧向力作用在飞机上。该侧向力会导致飞机内侧滑转弯（侧向力向内）或外侧滑转弯（侧向力向外）。侧向力会将机组（乘客）推离座位，给人带来不适感。因此，协调转弯为标准转弯方式，非协调转弯很少使用，客机尤其如此。

等高等速协调转弯的分析相对容易，可以确定转弯过程中的滚转角、转弯速率和转弯半径（3.2 节～3.5 节将对此进一步讨论）。对于运输机，转弯过程中速度变化率非常小，在大多数情况下，假设速度不变是合理的。

3.2　水平协调转弯过程中的滚转角

在协调转弯（恰当的滚转角）过程中，飞机没有侧向力。升力（位于飞机对称面内）的一个分量提供指向圆心的向心力，使飞机沿圆形飞行轨迹运动（见图 3）。容易从图 3 推出描述滚转角和过载系数的公式。在下面的分析中假定飞机推力作用线与飞行方向一致。

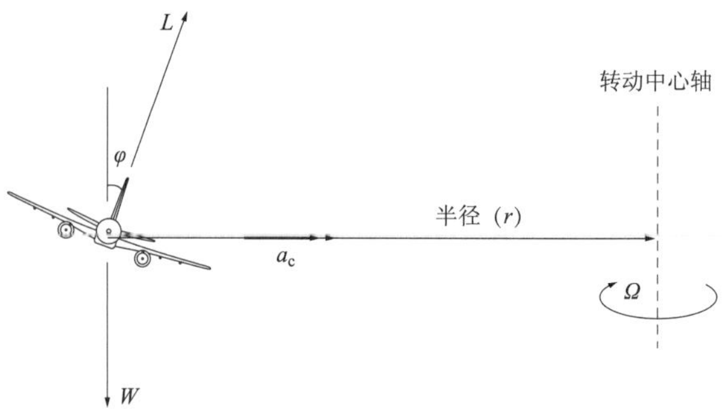

图 3　转弯机动

力的水平和垂直分量如图 3 所示，由牛顿第二定律，可得如下两个方程：

$$L\cos\varphi=W=mg \tag{10}$$

$$L\sin\varphi=ma_c \tag{11}$$

式中，φ 为滚转角；m 为飞机的质量；a_c 为向心加速度。向心加速度可用飞机的速度和转弯半径表示为

$$a_c=\frac{v^2}{r}=v\Omega \tag{12}$$

式中，Ω 为转弯速率，rad/s（弧度/秒）。

找出过载系数与滚转角之间的关系很有意义。根据定义，过载系数等于飞机升力与重力的比，因此，根据式（10）可得如下关系：

$$n_z=\frac{1}{\cos\varphi} \tag{13}$$

从式（13）容易得出水平转弯时过载系数与滚转角的关系，当滚转角增加时，过载系数也增加（见图 4）。这就是说，飞机滚转角上限受到飞机可用（或设计）过载系数的限制。最大设计过载系数（见第 6 节）提供了一个边界，超过该边界，飞机结构将可能遭到破坏。在正常情况下，不要求客机进行高机动飞行，为了乘客的舒适性，通常会选择一个合适的最大滚转角（通常为 25°～30°）。

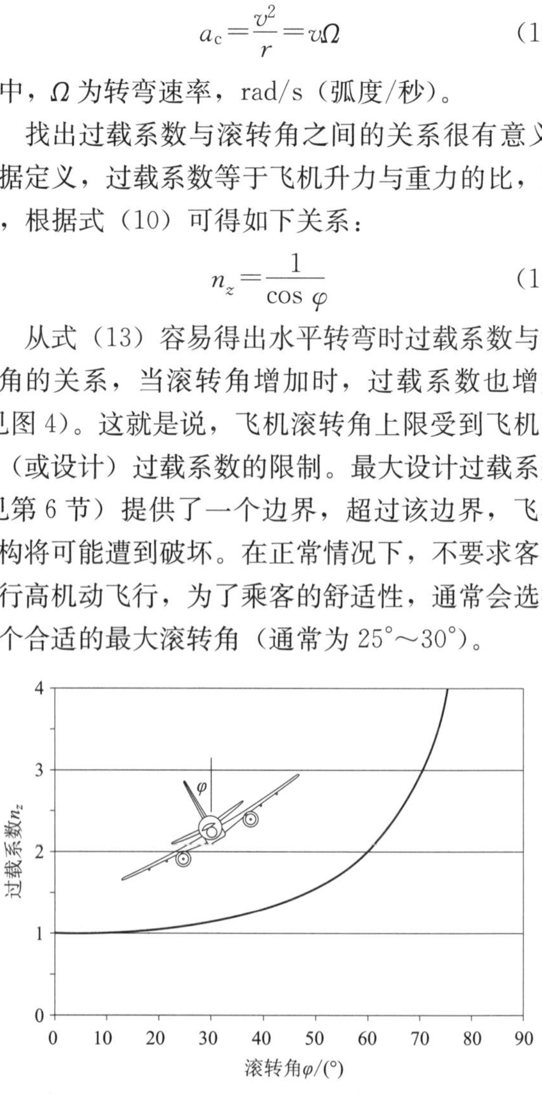

图 4　水平转弯时过载系数与滚转角的近似关系

3.3 水平协调转弯时的转弯速率

为了推导转弯速率表达式，用式（11）除以式（10），再将式（12）的向心加速度代入可得

$$\tan\varphi=\frac{a_c}{g}=\frac{v\Omega}{g}\text{或者}\Omega=\frac{g\tan\varphi}{v} \tag{14}$$

多数场合下会使用过载系数表示飞机转弯速率（需要用到三角函数），即

$$\Omega=\frac{g}{v}\sqrt{n_z^2-1} \tag{15}$$

从式（15）可知，最大转弯速率与最大可用过载系数对应。相反，给定过载系数时，最大转弯速率对应最小可能速度，称为转弯失速速度（见第5节）。

转弯所需飞行时间也是转弯过程中需要关注的。传统的计算方法中飞机转过180°（即弧度π）所需要的时间用 t_π 表示。根据式（14），有

$$t_\pi=\frac{\pi}{\Omega}=\frac{\pi v}{g\tan\varphi} \tag{16}$$

标准速率转弯，又叫 Rate 1 转弯（a rate one turn），指飞机在 1 min 内转过 180°的转弯，转弯角速度为每秒 3°（π/60 rad/s）。类似的，根据飞机完成180°转弯所需时间可定义 Rate 2 转弯和 Rate 3 转弯（rate two and rate three turns）（见表1）。驾驶员通常是在一个叫转弯协调器的标准飞行仪表（即使在简单轻型飞机上也有这种仪表）的帮助下完成协调转弯的，无论是作为标准作业程序还是遇到空中交通管制时，驾驶员都经常采用 Rate 1 转弯。

表1　转弯速率的定义

转弯类型＼定义	转动180°时间/s	自动速率/（rad·s^{-1}）	转动速率/[（°）·s^{-1}]
Rate 1	60	π/60	3
Rate 2	30	π/30	6
Rate 3	15	π/15	12

3.4 水平协调转弯的转弯半径

转弯半径出现在式（12）中。将式（15）代入，可以得到如下表达式：

$$r=\frac{v^2}{g\sqrt{n_z^2-1}}=\frac{v^2}{g\tan\varphi} \tag{17}$$

在近地面飞行时，为了避开障碍物，转弯半径是一个非常重要的参数。当机场附近有山时，必须注意飞机在起降过程中可能出现的发动机失效问题，在规划飞机的飞行航路时，必须仔细分析低转弯能力相应的转弯半径。

最小转弯半径和最大转弯速率的条件一样，给定飞行速度时，过载系数必须尽可能大；给定过载系数时，速度必须尽可能小。但需要注意，在持续水平转弯时，发动机可用推力也可能是最小转弯半径（最大转弯速率）的一个限制因素（见3.5节）。

3.5 持续水平转弯

持续水平转弯是指速度大小和高度保持不变的转弯。如果飞行员逐步增加滚转角，加快转弯，升力将会增加，维持转弯的需用推力也要增加。理论上其可以一直增加直到达到某个限制条件为止。可能的限制条件有三个：

（1）可用推力；

（2）最大设计过载系数；

（3）最大升力系数。

3.5.1 可用推力

在持续水平转弯的过程中，推力必须与阻力匹配。根据式（4）和式（5）可得需用推力的表达式为

$$T=D=\frac{1}{2}\rho v^2 S\left(C_{D_0}+KC_L^2\right) \tag{18}$$

式（18）中的升力系数可以用式（3）代替，即

$$T=\frac{1}{2}\rho v^2 SC_{D_0}+\frac{K(n_zW)^2}{(1/2)\rho v^2 S} \tag{19}$$

从式（19）可以看出，在转弯过程中，随着过载系数（和滚转角）的增加，需用推力也相应增加。对某些类型的飞机，最大滚转角会受到发动机需用推力的限制，在高空尤其如此。

3.5.2 最大设计过载系数

每种飞机都有一个公认的最大设计过载系数，飞行时不应该超过该限制（过载系数限制将在第6节讨论）。

3.5.3 最大升力系数

式（3）已经给出转弯时飞机的升力系数如下：

$$C_L=\frac{n_zW}{(1/2)\rho v^2 S}=n_zC_{L_1}$$

如果 C_{L_1} 表示铅垂面内水平直线飞行时的升力系数，那么在同样的速度和重量下，转弯所需的升力系数为 $n_zC_{L_1}$。因此，如果转弯过程中滚转角增

大，升力系数 C_L 也会增加。当 C_L 等于 $C_{L_{\max}}$ 时，达到限制条件，此时为失速情况。在转弯过程中（见 5.2.3 节），失速速度等于铅垂平面内水平直线飞行时的失速速度的 $\sqrt{n_z}$ 倍。高过载转弯之所以不能在接近失速速度处出现有几方面的原因，其中之一就是此时飞机可能进入尾旋。

3.6　瞬时转弯

在进行持续水平转弯时，飞行员要同时保持速度的大小和高度不变，但有时这是不可能的（例如可用推力不足）。如果驾驶员作转弯操纵时，允许飞机减速（高度保持不变），最大过载系数（和滚转角）将仅受飞机结构强度和最大升力系数的限制。同理，如果以恒定的速度转弯，但允许高度降低也是如此。这样的转弯是无法维持的，因此称为瞬时转弯。

4　俯仰机动

这一节将介绍对称面内的俯仰机动，机动过程中机翼保持水平。俯仰机动又叫拉起机动，是指飞机在铅垂平面内沿着近似圆形的轨迹飞行的机动。升力的大小取决于飞行员的拉杆/盘量。以水平线为基准定义的航迹倾角 γ，定义了升力矢量的角度，在这种情况下，升力经过飞行轨迹圆心（见图 5）。将作用在飞机上的力分解成法向力和切向力，利用牛顿第二定律，可以建立如下两个方程：

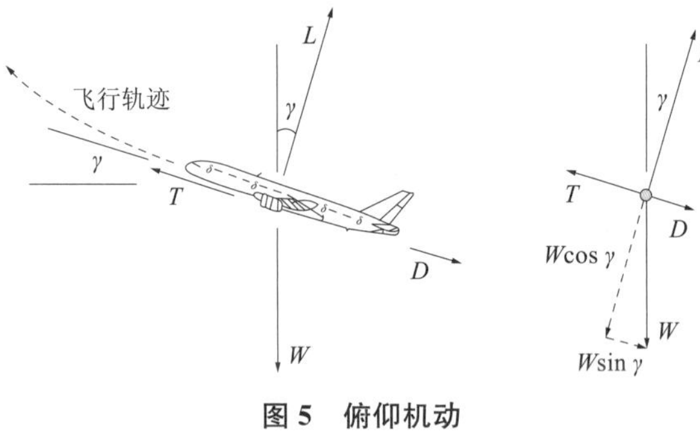

图 5　俯仰机动

$$T-D-W\sin\gamma=m\frac{\mathrm{d}v}{\mathrm{d}t} \tag{20}$$

$$L-W\cos\gamma=ma_c=W\frac{a_c}{g} \tag{21}$$

如果在拉起过程中速度变化率为 0，式（20）可简化为

$$T=D+W\sin\gamma \tag{22}$$

从式（22）可以发现，随着航迹倾角的增加，需要增加推力来维持速度不变。

式（21）中的向心加速度可以用过载系数来表示，即

$$\frac{a_c}{g}=n_z-\cos\gamma \tag{23}$$

利用式（12），可以得到瞬时航迹半径为

$$r=\frac{v^2}{g(n_z-\cos\gamma)} \tag{24}$$

在机动过程中，当飞机在底部时，航迹倾角 γ 为 0；当 γ 增加时，向心加速度增加（恒定的过载系数），半径减小。这是因为重力向量方向相对于升力向量方向发生了改变。这一推论意味着飞机以恒定的过载系数、恒定的速度作俯仰机动时，飞行轨迹不是一个精确的圆。

根据式（12）和式（23），可以推出航迹倾角的变化率为

$$\frac{\mathrm{d}\gamma}{\mathrm{d}t}=\frac{g(n_z-\cos\gamma)}{v} \tag{25}$$

与拉起过程中的半径一样，机动过程中 $\mathrm{d}\gamma/\mathrm{d}t$ 也不是常数。

5　气动失速

5.1　气动失速简介

如图 6 所示，当迎角 α 超过临界迎角时，飞机将失速。为了从平飞进入失速，驾驶员应该减小空速，同时，为了弥补升力损失，需向后拉杆/盘，使飞机抬头，增加迎角。简单来说，飞机的失速速度 v_S 是飞机可以保持稳定可控飞行的最小速度。在很多类型的飞机上，此时会由于机翼上表面气流开始分离而出现抖振。迎角的进一步增加，将引起持续的流动分离，从而导致升力减小，阻力增加，飞机掉高度。对于大多数类型的飞机来说，由失速引起的强低头俯仰力矩将会使飞机迎角迅速减小，使气流重新附着到机翼表面上。随着速度增大，升力将会增加。

值得注意的是，飞机并不是只有一个失速速度，失速速度与大气密度、飞机重量、构型以及过载系数均有关系。准确的速度计算很重要（在试飞中测量），因为它们直接影响飞行安全。飞机不经意失速时，如果没有足够的改出高度将会非常危险，驾驶员对此非常在意。由于失速速度非常重要，它常被用来作为起飞和着陆时的参考速度（见

5.4 节）。

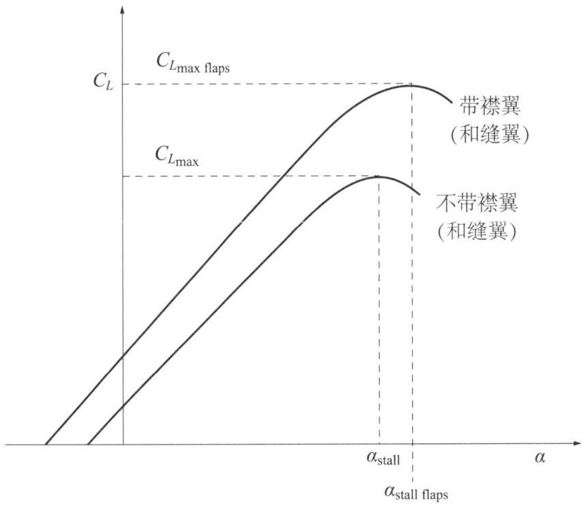

图 6 升力系数随迎角的变化

5.2 影响失速速度的因素

影响飞机失速速度的因素包括：①飞机构型；②飞机重量；③过载系数；④发动机推力。下面简要讨论这些因素。

5.2.1 飞机构型

飞机失速速度 v_{S} 处的升力系数为飞机的最大升力系数 $C_{L_{\max}}$。最大升力系数取决于飞机构型，更准确地说，应该是取决于飞机的增升装置，如图 6 所示。在飞机水平飞行时，升力等于重力，因此，失速速度为

$$v_{\mathrm{s}}=\sqrt{\frac{W}{(1/2)\ \rho SC_{L_{\max}}}} \quad（水平飞行）\quad (26)$$

在进行性能分析时，使用等效空速（EAS）更加方便，因为它不受大气密度的影响，于是式（26）可以写成

$$v_{\mathrm{E_s}}=\sqrt{\frac{W}{(1/2)\ \rho_0 SC_{L_{\max}}}} \quad（水平飞行）\quad (27)$$

前缘和后缘装置（如襟翼和缝翼）的功能就是增加 $C_{L_{\max}}$ 的值。虽然某些高性能军用飞机使用增升装置是为了提高高亚声速（见第 5 卷第 216 章）时的机动性，但是其他类型的飞机则主要在起降阶段使用增升装置，目的是有效提高升力系数，从而减小失速速度。

5.2.2 飞机重量

从式（26）可以看出，失速速度也与飞机的重量有关。重量的影响非常显著，比如，一架喷气式运输机的起飞质量为 110 000 kg，着陆质量为65 000 kg，那么起飞阶段的失速速度将比着陆阶段的失速速度高出 30%（在相同的升力系数和大气环境下）。两者的关系如下：

$$v_{\mathrm{s_{TO}}}=v_{\mathrm{s_{Land}}}\sqrt{\frac{W_{\mathrm{TO}}}{W_{\mathrm{Land}}}} \quad (28)$$

式中，下标“TO”表示起飞，“Land”表示着陆。

5.2.3 过载系数

在第 5.2.1 节和第 5.2.2 节讨论的失速速度仅限于定直平飞情况。在机动过程中，例如拉起或转弯机动时，失速速度将比 1－g 情况要高，关系如下：

$$v_{\mathrm{s}}=\sqrt{\frac{n_z W}{(1/2)\ \rho SC_{L_{\max}}}}=\sqrt{n_z}\,v_{\mathrm{s_1}} \quad (29)$$

式中，$v_{\mathrm{s_1}}$ 为相同重量情况下 1－g 的失速速度［见式（26）］。

5.2.4 发动机推力

当飞机带动力时，失速特性将会有所不同。在大迎角时，推力有一个显著的垂直分量，这将会抵消飞机的一部分重量，因此，失速速度将有一定减小。

对于螺旋桨飞机，由于发动机安装在机翼前面，滑流对机翼表面流动的影响是很显著的，它会延迟机翼表面的气流分离，从而降低失速速度。但同时，滑流可能改变飞机失速时的操纵特性。螺旋桨飞机动力失速时的俯仰、滚转和偏航响应特性与螺旋桨滑流的方向和螺旋桨的陀螺效应有关。例如，对于共旋发动机（典型双引擎飞机），滑流会在机翼上非对称旋转，这将在左右机翼上引起不同的升力和阻力增量。因此，滑流的影响效果取决于飞机的构型、发动机数量以及螺旋桨是否同向旋转。

5.3 高速抖振

高速抖振是由于机翼上表面的激波高速前后移动而产生的一种不期望的、具有潜在危险的现象，会导致气流的不稳定，产生一个脉动升力分布。翼剖面上的弱激波通常不会引起人们的关注，但是强激波会产生显著的气流分离，导致操纵困难。飞机制造商和运营商对引起抖振的因素非常关心。在国际标准大气中，温度以恒定的速率下降直至平流层，在对流层内声速也随着高度的增加而降低（在平流层为常数）。这就是说，当飞机在对流层以恒定的真空速爬升时，马赫数将会增加（在平流层恒

定)，马赫数增加意味着压缩效应增强，因此，在高空飞行时，较低的真空速即可能使机翼上表面出现激波。

因此，抖振产生的边界是高度的函数（见图7)，这对飞机速度上界构成了限制。从图7可以看出，随着飞行高度的增加，失速速度和抖振边界之间的速度范围变窄了。在高于飞机适航认证的巡航高度的某个高度上，失速线和抖振线将相交，该交汇点通常称为“死角（coffin corner)”。为了兼顾失速和结构的完整性，图7还给出了具有足够安全裕度的大致速度［rough air speed（v_{RA})］。

图7中较低的速度边界是飞机的失速速度［式(29)］，其随着高度的变化而改变。飞机爬升时，大气密度降低，从而导致飞机的失速速度（真空速）和操纵速度之间的余量减小。无论在什么季节，如果过载系数增加，上述余量将会进一步减小。图中边界是定直平飞的过载系数，但在机动过程中，或者飞机穿越向上的阵风时，过载系数将会增加，失速速度也会增加。图7中给出了三个选定的过载系数下的失速速度随高度的变化图。

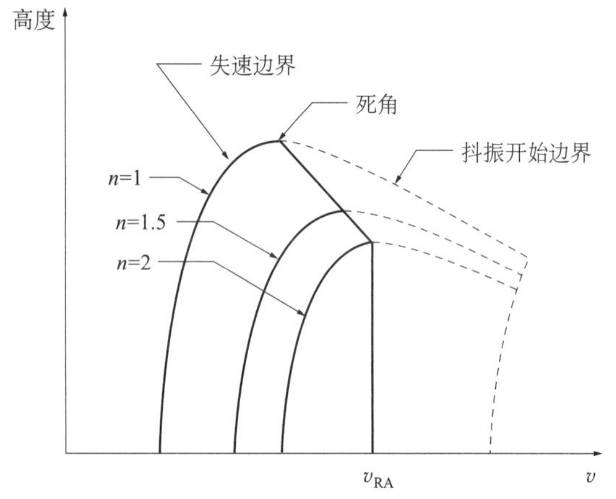

图7　失速/抖振包线

5.4　基准失速速度

对于许多高速后掠翼喷气式运输机，其处于最小失速速度时过载系数（垂直于航迹）小于1。由于不同的测试程序和不同的实验方法测得的失速速度不一致，这就给飞行测试带来了困难。因此，适航法规［如FAR 25（FAA，2007）和CS 25（EASA，2009)］规定，基准失速速度不低于1-g失速速度(以取代前面所使用的失速机动中的最小速度)。该方法提供了一致的、可重复的失速速度测量方法。

1-g失速速度高于典型失速机动过程得到的最小速度，该速度下，机翼就像在1-g飞行状态下一样，正好可以承受飞机重量。在对这一监管方式进行更改时的主要问题是，许多关键的安全操作速度都被定义成了失速速度的倍数，为此，修改后的要求保留了之前适航认证已经通过的飞机的操作速度。

基准失速速度定义如下：

$$v_{s_R} \geqslant \frac{v_{C_{L_{\max}}}}{\sqrt{n_z}} \tag{30}$$

式中，$v_{C_{L_{\max}}}$为过载系数修订后的升力系数$n_zW/(qS)$下获得的空速，$n_zW/(qS)$是失速机动中的最大值。试验是在发动机慢车状态下进行的，从一个稳定的配平状态开始，速度减少不超过1 kts。此外，还需要在飞机上安装一个装置，以在选定的迎角下使飞机突然低头。

将基准失速速度v_{s_R}作为基准，用以确定几个重要的操作速度，如起飞安全速度v_2不能小于v_{s_R}的固定倍数（1.08或者1.13，取决于飞机的类型)。

6　飞机设计限制

6.1　结构的完整性

飞机在整个服务寿命周期内可能遇到的最大过载称为极限过载。简单地讲，客机的设计理念如下：

(1) 机身能够承受极限过载而不产生永久变形；

(2) 由极限过载导致的结构变形不能影响飞机的安全运营。

这种设计理念依赖两点：第一是飞机设计正确，按照极限载荷的要求制造；第二是飞机在操作过程中，不能让载荷超过机体规定的限制。

机动飞行时，作用在飞机上的气动载荷的大小取决于过载系数。由向上或向下的气流运动产生的强突风（在雷暴附近会出现）也会引起显著的气动载荷。因此，飞机的结构必须能够承受最严重的气动载荷和突风载荷。

在设计过程中引入安全系数，为使用载荷超出限制载荷时提供一种安全保护措施。如果实际载荷仅仅是稍微超出该限制载荷，从飞机安全性考虑结果不会很严重，但可能需要修理或者换掉受损害的零部件。飞机设计过程中的最大载荷称为极限载荷。根据定义，极限载荷等于限制载荷乘以安全系数，对客机来说，该系数通常取1.5。

一般来讲，商用运输机都有不低于+2.5的正过载系数限制和−1.0的负过载系数限制。这意味着驾驶员进行机动飞行时，如果过载大于2.5g（或小于−1.0g），飞机可能会出现一些永久性的形变，但不应该出现结构破坏现象，除非过载大于3.75g（或小于−1.5g）。

6.2　v－n 图

6.2.1　引言

v－n 图描述的是飞机的限制过载系数，它是空速的函数（见图8）。在本节中，过载系数 n 为机体坐标系下的法向气动力与飞机重力的比值（注意这和2.1节定义的过载系数并不一样）。按照惯例，横坐标为等效空速。使用等效空速而不是真空速的原因是前者消除了高度变化的影响。v－n 图为工程师提供了确定设计载荷的基础，利用它还可以确定飞机安全飞行的包线。

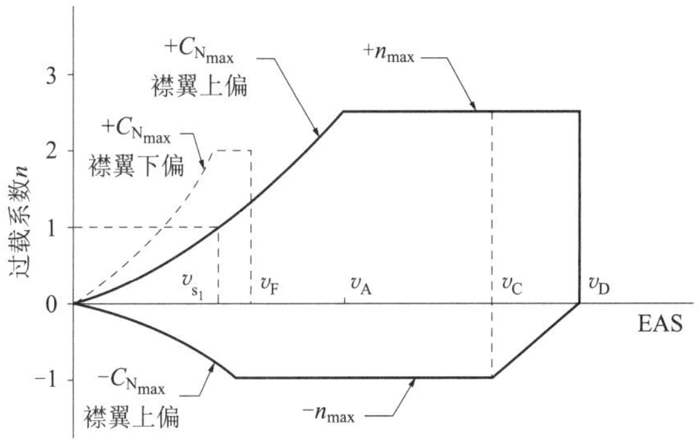

图8　商用运输机典型机动的 v－n 图

适航条例规范［例如FAR 25（FAA，2007）和CS 25（EASA，2009）］中介绍的绘制 v－n 图的传统方法，将引起过载的两个因素，即机动性和突风独立考虑，用一条包线定义机动载荷限制，用另一条包线定义突风载荷限制，通过它所设计的飞机需要满足每条包线的极端情况。

6.2.2　机动飞行包线

典型商用运输机的机动 v－n 图如图8所示。上边界和下边界为正负过载系数限制，由制造商设定，但选定的值不能低于适航局规定的最小值（见6.2.3节）。

左边界的最大过载系数受机翼能够提供的升力的限制，换句话说，飞机在该边界上将会失速（见6.2.4节）。随着襟翼的打开，升力系数增加，失速边界左移，如图8所示。

右边界是设计俯冲速度 v_D，此时作用在飞机上的动压最大。注意，包线底部从巡航速度 v_C 到俯冲速度段的右侧角已经被裁剪了，这在适航规定中是允许的，因为在这么高的速度下飞机通常不会产生很大的负载。

6.2.3　限制机动过载系数

对于商用运输机来说，限制机动过载系数与飞机经认证的最大起飞重量有关。较重的飞机的设计过载系数可以比较轻的飞机稍微低一些。速度小于等于 v_D 时，正的限制机动过载系数不能低于2.5，且不能高于3.8。速度小于或等于 v_C 时，负的限制机动过载系数不能低于−1.0（也就是说，−1.0或者数值小于−1.0都可以）。

6.2.4　失速边界

用于构造 v－n 图的失速速度是基于最大法向力系数而不是基于最大升力系数的（如第5节所讨论的）。法向力系数 C_N 为

$$C_N = C_L \cos\alpha + C_D \sin\alpha \tag{31}$$

不过，很多时候法向力系数的最大值 $C_{N_{\max}}$ 和 $C_{L_{\max}}$ 并没有太大差别。基于最大法向力系数给出的失速速度的表达式如下：

$$v_s = \sqrt{\frac{nW}{(1/2)\ \rho_0 S C_{N_{\max}}}} \tag{32}$$

1－g 失速速度如下：

$$v_{s_1} = \sqrt{\frac{W}{(1/2)\ \rho_0 S C_{N_{\max}}}} \tag{33}$$

整理式（32），可以得出正和负的失速边界是空速的二次函数，即

$$n_{\text{stall}} = \left[\frac{\rho_0 C_{N_{\max}}}{2\ (W/S)}\right] v_s^2 \tag{34}$$

式中，n_{stall} 为失速边界上的过载系数。v－n 图左上角对应的速度，有时候称为"角点速度"，它是达到最大过载系数（$n_{\max}$）的最小速度，通常等于设计的机动速度 v_A（在FAR 25和CS 25中对 v_A 有特定的条件）。此时，机动速度为

$$v_A = v_{s_1}\sqrt{n_{\max}} \tag{35}$$

6.2.5　突风载荷

垂向突风载荷如图9所示。

当飞机以速度 v_E 飞行，遇上速度为 U_E 的垂直突风（均为等效空速）时，突风的影响可以等效为飞机迎角的增加。迎角的改变将会导致过载系数的改变（见图9），即

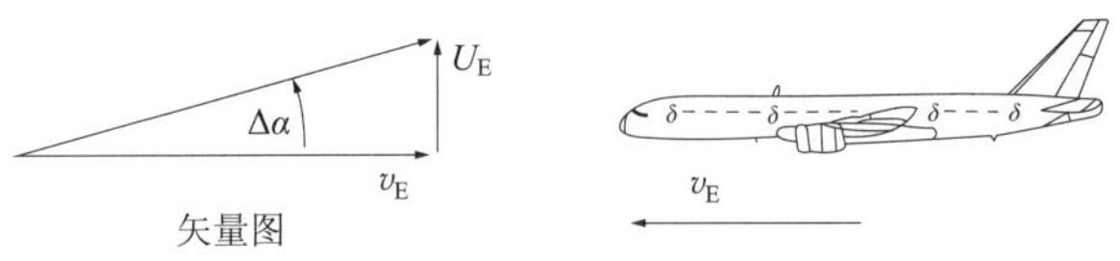

图9 垂向突风载荷

$$\Delta\alpha=\cot\frac{v_E}{v_E}\approx\frac{U_E}{v_E} \tag{36}$$

式中，$\Delta\alpha$ 的单位为弧度。导致升力改变的量为

$$\Delta L=\frac{1}{2}\rho_0 v_E^2 S\Delta\alpha C_{L_\alpha}\approx\frac{1}{2}\rho_0 v_E S U_E C_{L_\alpha} \tag{37}$$

式中，C_{L_α} 为升力线斜率。根据式（37），可以用一个简单的表达式来表示过载系数的变化量：

$$\Delta n=\frac{\Delta L}{W}=\frac{\rho_0 v_E U_E C_{L_\alpha}}{2\ (W/S)} \tag{38}$$

从式（38）可以看出，给定突风速度，过载系数的改变直接与飞机的升力线斜率成正比，与翼载荷（W/S）成反比。这就解释了为什么小翼载荷的飞机更容易受到大气紊流的影响而飞行起来不舒服。

式（38）是在飞机突然遭遇突风，且突风立刻对全机产生影响的条件下建立的。然而，这种突如其来的影响是不现实的，当飞机经过突风时，突风的影响趋于余弦状而逐渐加强，升力对突风的响应过程也有一个时间延迟。相对于阶跃影响，这些因素降低了飞机的垂向加速度。因此需要建立复杂的模型来准确判断突风对飞机的影响（Hoblit，1998；Howe，2004）。

7 总　　结

本章讨论了固定翼运输机的机动性能，介绍了分析飞机转弯和俯仰机动性能的方法。几个因素可能限制飞机的机动性能，如最大升力系数限制（迎角限制）、结构设计限制（飞机的强度）和发动机推力限制（推力在所处飞行条件下是否够用）。迎角的限制和飞机的失速有关，这取决于飞机的构型（如襟翼位置）、重量、过载系数和推力。本章简要讨论了这些影响因素，并尽可能推导了描述这些限制关系的公式。本章介绍了适航规范中的几个安全运营速度［例如 FAR 25（FAA，2007）和 CS 25（EASA，2009）］，它们都是飞机失速速度的固定倍数。也正因为如此，本章定义了 1－g 参考失速速度。

失速给飞机的运营提供了一个低速限制，随高度变化的高速抖振则提供了高速限制，失速和抖振限制之间的速度范围随着高度的增加而减小。用于确定飞机机动性能的包线，通常用限制过载系数随等效空速的变化关系图来表示，称为 $v-n$ 图。$v-n$ 图可以帮助工程师确定机动过程中作用在飞机上的结构设计载荷。本章还介绍了FAR 25/CS 25飞机认证中绘制 $v-n$ 图的方法。

有关机动性的更多信息可以参考 Anderson（1998）、Eshelby（2000）、Hoblit（1998）、Howe（2004）、Mair 和 Birdsall（1992）、Ojha（1995）和 Ruijgrok（1996）等。

术　　语

a_c	向心加速度
a_0	国际标准海平面大气中的声速
C_D	阻力系数
C_{D_0}	零升阻力系数
C_L	升力系数
$C_{L_{max}}$	最大升力系数
C_{L_1}	1－g 升力系数
C_{L_α}	升力线斜率
C_N	法向力系数
$C_{N_{max}}$	最大法向力系数
D	阻力
E	升阻比
E_{max}	最大升阻比
g	重力加速度
K	升致阻力因子
L	升力
Ma	马赫数
m	质量
n	过载系数
n_z	法向过载系数
q	动压
r	转弯半径
S	机翼参考面积
T	需用推力
t_π	180°转弯所需时间
U_E	突风速度（等效空速）
v	真空速
v_E	等效空速
v_s	失速速度
v_{RA}	大致速度
v_{s_R}	基准失速速度

v_{s_1}	$1-g$ 失速速度
W	飞机重量
α	迎角
γ	航迹倾角
δ	相对大气压
ρ	大气密度
ρ_0	在水平面的标准大气密度
φ	滚转角
Ω	转弯速率
ATC	空中交通管制
CS	适航规范
CG	重心
EAS	等效空速
FAR	联邦适航条例
ISA	国际标准大气
TAS	真空速

参考文献

Anderson, J. (1998) *Aircraft Performance and Design*, McGraw-Hill, New York.

EASA (2009) Certification Specification 25, Amdt. 8, Eff. 18 Dec. 2009, *Certification Specifications for Large Aeroplanes*, European Aviation Safety Agency (EASA), Cologne, Germany.

Eshelby, M. E. (2000) *Airplane Performance-Theory and Practice*, Arnold.

FAA (2007) Federal Aviation Regulation Part 25, Amdt. 25—121, Eff. 9 Oct. 2007, *Airworthiness Standards: Transport Category Airplanes*, Federal Aviation Administration (FAA), Washington, DC.

Hoblit, F. M. (1998) *Gust Loads on Aircraft: Concepts and Applications*, AIAA, Washington.

Howe, D. (2004) *Aircraft Loading and Structural Layout*, AIAA, Washington.

Mair, W. A. and Birdsall, D. L. (1992) *Airplane Performance*, Cambridge University Press, Cambridge.

Ojha, S. K. (1995) *Flight Performance of Airplane*, AIAA, Washington, DC.

Ruijgrok, G. J. J. (1996) *Elements of Airplane Performance*, Delft University Press, Delft.

本章译者：陈永亮（南京航空航天大学航空宇航学院）

第 216 章

固定翼战斗机的机动性能

Peter M. Render
拉夫堡大学航空与汽车工程系，拉夫堡，英国

1 引　　言

对于固定翼战斗机而言，攻击型机动和防守型机动都是其机动能力的重要衡量因素。在空战中，很小的机动性能差异即有可能决定两机的胜负。例如，飞行员认为 2～3（°）/s 的转弯角速度差异即可产生很大影响。机动性能的具体要求取决于飞机的用途，比如，战斗机强调较大的持续转弯速率，而配有远程导弹的超视距截击机则强调高空加速性能和快速爬高能力。

2 能 量 法

当飞机在固定推力下开始某些机动动作时，如持续转弯，飞机由于阻力增大，速度逐渐降低。换句话说就是飞机在消耗能量。在空战状态下，能量管理至关重要，因为在通常情况下，能量最高的飞机获胜的概率也最大。

2.1 能量高度 h_e

飞机的总能量包括动能和势能。飞机的总能量除以飞机的重量得能量系数如下：

$$h_e = h_z + \frac{1}{2g}v^2 \tag{1}$$

式中，h_z 是飞机的高度，m；v 为飞机的真空速，m/s；h_e 通常被称为能量高度，m。

2.2 单位剩余功率 P_S

请注意功率是单位时间的能量变化量，在飞机机动过程中，功率 P 定义如下：

$$P = \frac{dh_e}{dt} = \frac{dh_z}{dt} + \frac{v}{g}\frac{dv}{dt} \tag{2}$$

由式（2）可知，当飞机需要爬升或者加速而不损失高度时，必须增加功率。该功率可能来源于发动机，但会因为飞机阻力而减小。发动机的推力和阻力之间的差值用来定义单位剩余功率为

$$P_S = \frac{(T-D)\ v}{W} \tag{3}$$

单位剩余功率代表飞机在机动过程中可用功率的大小。它可以代替式（2）中的功率 P，用于确定飞机的机动性能。

式（3）等同于喷气式飞机的爬升率 v_e 公式（见第 5 卷第 214 章）。就爬升性能而言，当飞机前飞速度 v 和推力状态保持不变时，有：

（1）$P_S > 0$，$v_c > 0$　飞机爬升；

（2）$P_S = 0$，$v_c = 0$　飞机水平飞行；

（3）$P_S < 0$，$v_c < 0$　飞机下滑。

P_S 可以用来简单地评估飞机的机动能力。需要注意的是，当 $P_S = 0$ 时飞机还是可以爬升的，不过前飞速度会减小。类似的，飞机也可以加速，但会损失高度。

机动过程中的阻力可由下式表示：

$$D = qS\ (C_{D_0} + Kn^2 C_{L_i}^2) \tag{4}$$

式中，q 为动压，N/m^2；n 为过载系数；C_{L_i} 为开始机动前一瞬间的升力系数。对于战斗机而言，式（4）代表大大简化的阻力特性，它假设流动为附着流，飞行迎角为小迎角，同时忽略了马赫数的影响。

利用飞机重量 W 来表示 C_{L_i}，并将式（4）代入式（3）可得

$$P_S=v\left(\frac{T}{W}-\frac{qC_{D_0}}{W/S}-n^2\ \frac{K}{q}\frac{W}{S}\right) \tag{5}$$

这是一个有用的公式，因为它同时给出了飞机的推重比（T/W）、外形阻力（C_{D_0} 项）和升致阻力（n^2 项）的影响。减小速度或者增大过载，会导致升致阻力项增大。有趣的是，就单位剩余功率而言，在高速时（q 大）大翼载荷是有利的，而低速和大过载时大翼载荷又是有害的，此时它会导致诱导阻力增大。空战一般都是从高速飞行开始的，然后通过耗散能量和减小空速来争夺主动权。因此对于战斗机来说，低速 P_S 是至关重要的。

在比较战斗机的机动潜力时，能量和单位剩余功率的概念非常有用，这将在第5.1节进一步讨论。

2.3　最大能量上升轨迹

式（2）表明飞机的功率和能量的变化率有关。重新整理式（2）得

$$dt=\int_{h_{e_1}}^{h_{e_2}}\frac{dh_e}{P} \tag{6}$$

式（6）表示从一个能量高度 h_{e_1} 到另一个能量高度 h_{e_2} 所需的时间。就可用单位功率而言，式（6）表明要使该过程所需时间最短，在穿过每个能量高度时的单位剩余功率 P_S 就要最大，对应轨迹被称为最快上升轨迹。对于给定飞机，式（5）可以用来生成 P_S 等高线。图1给出了随马赫数和高度变化的 P_S 等高线。图1中还给出了等能量高度线。这幅图也用来确定任意两点之间机动时间最短的最快上升轨迹（能量爬升轨迹）。假设位于 A 点的飞机要去攻击位于 B 点的另一架飞机，为了使攻击时间最短，P_S 必须在每一个能量高度上取最大值。从数学的角度讲，这些点都落在等能量高度曲线 h_e 与 P_S 等高线相切处，最快能量上升轨迹就通过这些点。为了完成攻击，飞机首先从 A 点沿着等能量高度线俯冲到 C 点，然后才开始沿着一条通过上述最大 P_S 的点的飞行轨迹爬升，在 D 点达到飞往 B 点所需的能量高度，最后再次沿着等能量高度线爬升到 B 点。

爬升时间由式（6）数值积分计算得到。作为一次近似，两点之间机动所需时间（Δt）可表示为

$$\Delta t=\frac{h_{e_2}-h_{e_1}}{(P_{S_1}+P_{S_2})\ /2} \tag{7}$$

下标1和2分别表示初始点和终止点。

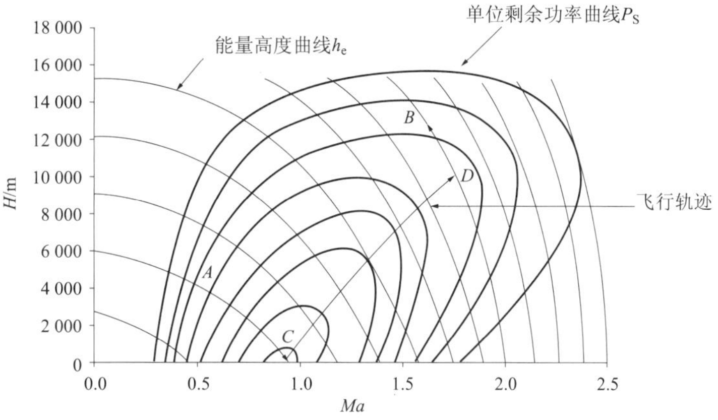

图1　最快上升轨迹示意

2.4　最大爬升率上升与最大能量上升

需要注意的是，在给定的高度上，能够实现最大爬升率上升的条件不一定也正好能完成最大能量爬升。在每一个高度上使爬升率最大将得到一条最大爬升率上升轨迹。根据式（2）和式（3），P_S 可表示为

$$P_S=\frac{dh_z}{dt}\left(1+\frac{v}{g}\frac{dv}{dh_z}\right) \tag{8}$$

式中，$\frac{dh_z}{dt}$ 为垂直爬升率 v_c。为了使 v_c 最大，需要在每一个高度上使 P_S 最大而不是仅在能量高度上使之最大。在给定高度处当满足下式时，P_S 最大：

$$\frac{\partial P_S}{\partial v}=0 \tag{9}$$

对于亚声速飞机而言，最大爬升率和最大能量上升轨迹是相似的，而对于超声速飞机两者是明显不同的。战斗机在完成拦截任务时往往不仅关心爬到指定高度的最短时间，而且还关心速度，因为它需要一定的速度来完成攻击。最大能量上升轨迹可以以最短的时间获得要求的高度和速度；最大爬升率上升轨迹可以以最短的时间达到指定高度，但是接下来它还需要在此高度上进行加速以达到要求的

速度。在高空时，该加速过程的时间是比较显著的。最大爬升率上升通常用在爬升时间比最终速度更受关注的短期爬升过程中。

3　爬升性能

对于战斗机而言，其爬升性能在两个重要方面与民用机不同。首先，由于其具有较大的推重比，所以战斗机可以以较大的航迹角进行爬升；其次，带有加速度的爬升是一个重要的作战能力。因此，有必要扩展之前的民用机分析方法（见第 5 卷第 214 章）。

3.1　大角度爬升

如图 2 所示，飞机无加速度爬升时：

$$L=W\cos\gamma \tag{10}$$

$$T=D+W\sin\gamma \tag{11}$$

式中，γ 为爬升角，rad。综合式（10）和式（11）得

$$\sin\gamma=\frac{T}{W}-\frac{\cos\gamma}{L/D} \tag{12}$$

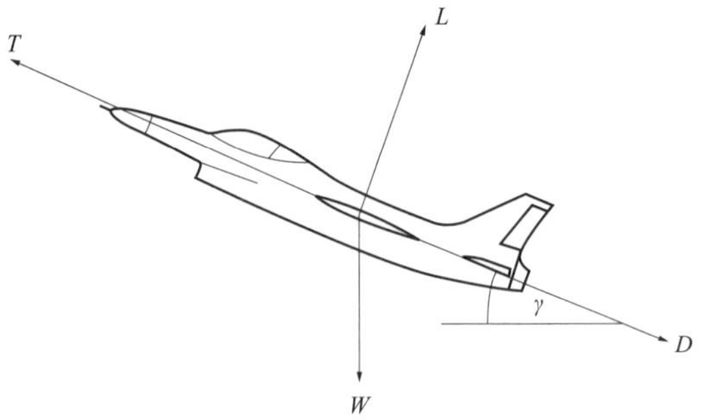

图 2　飞机爬升时的受力图

为了使 $\sin\gamma$ 最大，飞机应该使 T/W 最大，使$\frac{\cos\gamma}{L/D}$项的影响最小。随着 γ 增大，$\cos\gamma$ 减小，但这个影响会随着 L/D 的增大而增大。换句话说，为了使爬升角最大，飞机需要以最大推力在最小阻力速度下飞行。这个结论与小爬升角的分析结果一致（见第 5 卷第 214 章）。然而，必须注意的是，最小阻力速度是随着爬升角的不同而不同的。这是由于升致阻力减小，而升致阻力的减小是由在爬升过程中要求的升力减小导致的［式（10）］。最小阻力速度是通过修正直线平飞速度得到的（见第 5 卷第 217 章）：

$$v_{\mathrm{md}}=\left(\frac{K}{C_{D_0}}\right)^{\frac{1}{4}}\left[\frac{W\cos\gamma}{\frac{1}{2}\rho S}\right]^{\frac{1}{2}} \tag{13}$$

最小阻力速度随爬升角的增大而减小。在垂直爬升（爬升角为 90°）的极限情况下最小阻力速度为零，此时刚好对应于最小剖面阻力。显然，这样的结果需要谨慎对待。还需要注意的是，当 $T/W>1$ 时，由式（12）将得到不合理的结果，这种情况暗示飞机可以垂直爬升并具有加速能力。

3.2　加速爬升

飞机的单位剩余功率不仅可以用来加速，也可以用来爬升，或者两者结合使用。由式（2），在任意爬升条件下，沿着飞行轨迹的加速度可表示为

$$\frac{\mathrm{d}v}{\mathrm{d}t}=\frac{g}{v}\left(P_{\mathrm{S}}-\frac{\mathrm{d}h_z}{\mathrm{d}t}\right) \tag{14}$$

根据已知的空速和垂直爬升率 v_c 组合，可以评估飞机的加速潜力。由式（10）可知，飞机以大爬升角爬升时，升力和升致阻力都比定直平飞时要小，计算 P_{S} 时需要考虑该因素的影响。

4　转弯性能

好的水平和垂直转弯性能是战斗机的重要特征。关于水平转弯和垂直拉起的分析对运输机同样是适用的（见第 5 卷第 215 章），但是对于战斗机而言，还有其他与运输机不同的因素需要考虑。这些因素包括：

（1）瞬时转弯的能量损失；

（2）上升转弯。

由标准转弯方程（见第 5 卷第 215 章），可绘制出水平转弯速率 $\dot{\psi}$ 随前飞速度 v 的变化关系，如图 3 中的实线所示。对于许多空战机动，瞬时转弯速率（ITR）很重要，因为它是在给定速度下的最大转弯速率。瞬时转弯速率曲线包括三部分：①发动机满油门时的推力限制线；②由飞机结构设计限制形成的过载系数限制线；③由失速或抖振导致的升力限制线。当飞机以瞬时转弯率飞行时，飞行速度会缓慢下降。不过，如果转弯过程是沿过载系数限制线进行的，随着前飞速度的减小，飞机的转弯速率将增大，直到过载系数限制线和升力限制线相交为止。过载系数限制线与升力限制线相交点的速度被称为角点速度 v_{corner}，此时瞬时转弯速率为最大。持续转弯速率（STR）曲线如图 3 中的虚线所示。对于战斗机而言，持续转弯能力也很重要，尤其是一些现代飞机以最大过载系数拉起的同时还具有持续转弯的能力。在 STR 和 ITR 曲线相

交的部分，飞机可以保持瞬时转弯速率，同时速度不会减小。

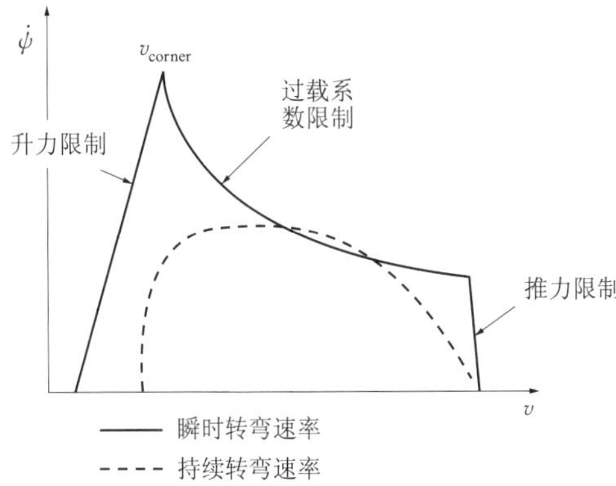

图 3　转弯速率曲线

4.1　考虑单位剩余功率的转弯性能

如前所述，能量和单位剩余功率 P_S 对于评估战斗机的机动性都很有用，它们同样也可以用来分析战斗机的转弯性能。假设水平转弯速率曲线如图 4 所示，$\dot{\psi}$ 是角速度。在 STR 曲线上，由于推力等于阻力，$P_S=0$。在 STR 包线内部，$P_S>0$，此时飞机可以提高机动性而不会减速或掉高度（如以更大速率转弯）。在 STR 包线外部，$P_S<0$，飞机的速度会持续减小。这就是说，在 ITR 曲线上飞行的飞机是会减速和损失能量的。在一个低能量状态下，结束转弯机动会限制飞行员进行下一步机动并且会使飞机处于空战劣势。

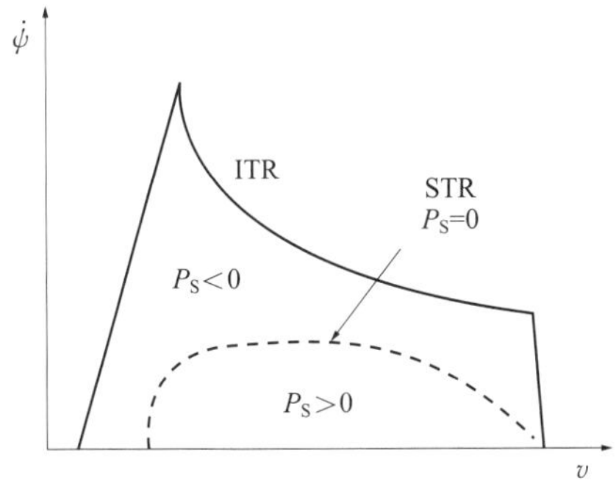

图 4　水平转弯时的单位剩余功率

P_S 定量化是可以的。对 ITR 曲线的过载系数限制部分［式（5）］，将推力设为最大值 T_{max}，考虑曲线的升力限制，方程变为

$$P_S=v\left(\frac{T_{max}}{W}-\frac{qSC_{D_0}}{W}-\frac{KC_{L_{max}}^2qS}{W}\right) \tag{15}$$

知道了 P_S 之后，把式（14）中的 dh_z/dt 设为零得到减速度。

铅垂面内的转弯速率图和图 3 类似，并且 ITR 曲线有过载系数限制和升力限制两部分。沿着 ITR 飞行轨迹（见第 5 卷第 215 章）飞行时飞机受力为

$$T_{max}-D-W\sin\gamma=m\frac{dv}{dt} \tag{16}$$

从而单位剩余功率可写成

$$P_S=\frac{v\,(T_{max}-D-W\sin\gamma)}{W} \tag{17}$$

在以包含升致阻力的近似公式展开阻力项（如 $C_{L_{max}}$ 或者常值过载系数）后，与式（5）和式（15）相比，方程中多了 $-v\sin\gamma$ 项。

4.2　上升转弯

上升转弯包含了高度和航向的变化，所以飞机是按照一条螺旋航迹飞行的。下列分析基于 Vinh 采用的方法（Vinh，1993）。这是一种简化分析，假定转弯是在恒定速度下完成的。不过，该分析还是揭示了一些关于机动性的有趣现象。因为没有减速度，所以阻力相对较小，这意味着迎角较小并且过载大小适中。若沿着航迹的加速度也为零，就可以推断航迹角 γ 为常值并且推力沿着 x 轴。作用在飞机上的力如图 5 所示。

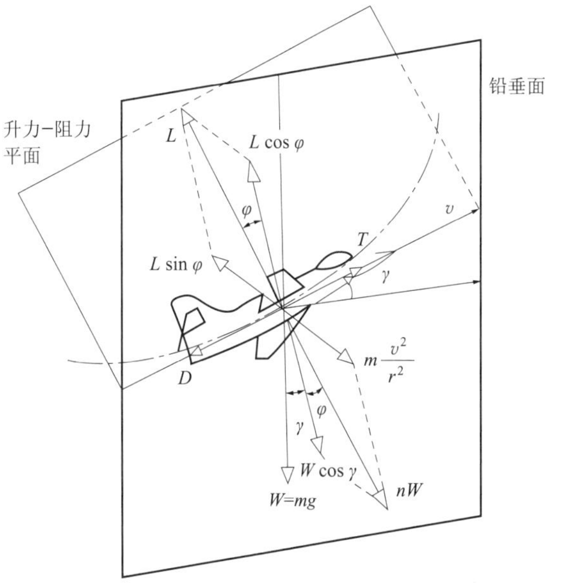

图 5　上升转弯时飞机的受力图

沿着航迹方向：

$$T=\frac{1}{2}\rho v^2SC_D+W\sin\gamma \tag{18}$$

铅垂面内：

$$L\cos\varphi=W\cos\gamma \tag{19}$$

径向：

$$L\sin\varphi=\frac{W}{g}\frac{v^2}{r} \tag{20}$$

式中，φ 为滚转角，rad；r 为螺旋转弯半径，m。

当爬升角 γ 设为零时，上述公式简化成水平面内持续转弯时的公式（见第5卷第215章）。在上升转弯时，对过载系数的定义 $n=L/W$ 仍然适用。观察式（19）可发现过载系数还可以被描述成

$$n=\frac{\cos\gamma}{\cos\varphi} \tag{21}$$

当上升或者下降转弯时，$\cos\gamma<1$，这意味着与水平转弯有相同的滚转角时，过载系数更小。

航向的变化率可由相对于地球坐标系的刚体运动学和动力学方程得到（Vinh，1993）。假设地球表面是平面，忽略科氏加速度可对方程进行简化。最终水平面内的方程如下：

$$v\frac{\mathrm{d}\psi}{\mathrm{d}t}=ng\frac{\sin\varphi}{\cos\gamma} \tag{22}$$

式中，$\mathrm{d}\psi/\mathrm{d}t$ 表示水平面内航向角的变化率。把式（21)代入式（22）得

$$\dot{\psi}=\frac{\mathrm{d}\psi}{\mathrm{d}t}=\frac{g}{v}\tan\varphi \tag{23}$$

正如水平转弯中分析的那样，当滚转角增大时航向角的变化率增大。根据式（21），利用三角变换可得

$$\tan\varphi=\frac{\sqrt{n^2-\cos^2\gamma}}{\cos\gamma} \tag{24}$$

当爬升角 $\gamma=0$ 时，将此式代入式（23）简化成水平面内的转弯公式。需要强调的是，式（23）只给出了水平面内的指向变化。

螺旋转弯半径可由式（20）变形得到：

$$r=\frac{v^2}{ng\sin\varphi} \tag{25}$$

将式（24）左右两边乘以 $\cos\varphi$ 得

$$\sin\varphi=\frac{\sqrt{n^2-\cos^2\gamma}}{n} \tag{26}$$

将上式代入式（25)，令爬升角 $\gamma=0$，式（25）的结果就和水平面内的转弯半径相同了（参见第5卷第215章）。

上升转弯可被认为是圆柱表面的一条螺旋轨迹。对于一些机动动作如爬升以远离地面攻击，需要知道圆柱体的半径 R。由螺旋线的几何知识得 R 为

$$R=r\cos^2\gamma \tag{27}$$

对于空战机动，飞行员更关心速度矢量方向的变化率。在上升转弯中的两个位置之间移动时，飞机将沿着圆弧运动一段距离 s。该弧线的中心角度和速度矢量转过的角度相同，用 χ 表示。速度矢量方向的变化率表示为

$$\dot{\chi}=\frac{\mathrm{d}\chi}{\mathrm{d}t}=\frac{1}{r}\frac{\mathrm{d}s}{\mathrm{d}t}=\frac{v}{r} \tag{28}$$

将式（25）和式（26）代入上式得

$$\dot{\chi}=\frac{g}{v}\sqrt{n^2-\cos^2\gamma} \tag{29}$$

将式（23）和式（24）结合并与上式进行比较，得到速度矢量变化率和水平航向变化率之间的关系如下：

$$\dot{\chi}=\psi\cos\gamma \tag{30}$$

在上升转弯过程中，对转弯和爬升性能进行折中是可行的。这种折中可以用单位剩余功率 P_S 来表示。关于沿着飞行轨迹的力，式（18）两边同乘以 v/W，可以写成由 P_S 表达的形式：

$$P_S=\frac{Tv-\frac{1}{2}\rho v^3SC_D-Wv\sin\gamma}{W}=0 \tag{31}$$

分子中的 Tv 项是发动机的可用功率，C_D 项主要是转弯所需功率，$\sin\gamma$ 项则是爬升所需功率，上述分析是基于 P_S 为0的假设进行的。在给定过载系数下转弯时，可以导出使爬升率最大的飞行速度 v_c：

$$v_c=v\sin\gamma \tag{32}$$

重新整理式（31），并把 C_D 写成由构型阻力和升致阻力系数的形式可得

$$v_c=\frac{1}{W}\left[Tv-\frac{1}{2}\rho v^3SC_{D_0}-K\frac{(nW)^2}{\frac{1}{2}\rho vS}\right] \tag{33}$$

要使 v_c 最大，则要求 $\partial v_c/\partial v=0$。对式（33）求导得到关于 v^2 的一元二次方程，其解为

$$v=\sqrt{\frac{T/S}{3\rho C_{D_0}}\left[1+\frac{12KC_{D_0}n^2}{(T/W)^2}\right]^{\frac{1}{2}}} \tag{34}$$

通常上升转弯过程中高度变化不大，所以空气密度 ρ 和发动机推力 T 可假定为常数。因此式（34）表明最优爬升速度随过载系数的增大而增大。

式（34）也适用于直线爬升（无转弯）的情况。爬升角较小时，过载系数可近似为1，大角度爬升时（见3.1节），过载系数 n 则由式（21）给定，其中 $\cos\varphi$ 取1。确定过载系数时需要注意，爬升角 γ 是 v 和 v_c 的函数，可以使用计算机进行数值迭代求解，直到获得一个精度能满足要求的值为止。

5　性能指标

性能指标可以用于简单地评估一架飞机的作战性能并和敌机进行比较。通过这些评估可以建立作战技术策略，或者帮助选择一架飞机供空军使用。一个常用的指标就是转弯速率图，如图3所示。这

是一个非常有效的指标，因为它允许在给定的条件下，将两架飞机的性能进行对比。但是，转弯速率图也有局限性，例如，它无法显示飞机在转弯时速度下降得多快。极有可能在转弯刚开始时，A 飞机的转弯速率比 B 飞机要快，但是转弯结束时，B 飞机却有更好的性能。

改进的和更容易理解的性能指标研究依然在继续，这是为了更方便地定量计算和评估新技术的性能优势，如推力矢量和过失速机动技术。提取这些指标是非常复杂的，需要输入指定飞机的详细数据。这些数据可能不适用于敌机，所以也需要基于有限的数据库建立精确的性能指标。

下面将给出一些性能指标，包括常用的传统性能指标，一些相对较新，但已经被性能工程师采纳的性能指标，以及其他一些在技术文献中有所报道的指标。

5.1　单位剩余功率图

单位剩余功率是一个进行两机对比的有力工具，因为在任意给定条件下，P_S 最大的飞机的机动潜力最大，在作战中更具优势。单位剩余功率（又称 SEP）可以通过不同的方式绘制。例如，按图 1 所示的方法，可以生成相互竞争的两架飞机的单位剩余功率图，对比确定两架飞机更具优势的“高度-马赫数”区域。另一种方法如图 6 所示，绘制不同过载系数下 $P_S=0$ 等高线。为了赢得战斗，一架飞机的$P_S=0$ 等高线应该包住对手的 $P_S=0$ 等高线，这就意味着这架飞机可以在消耗更少能量的情况下完成对手的机动动作。SEP 曲线的不足之处在于它不能直接给出飞机所能获得的加速度和转弯速率。

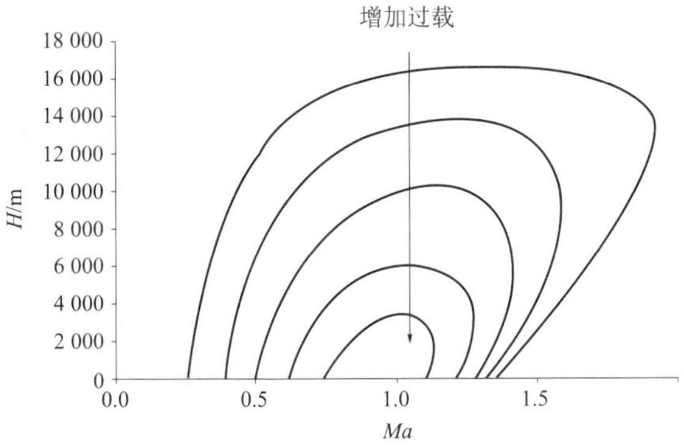

图 6　不同载荷系数下的 $P_S=0$ 等高线

5.2　动态速度转弯图

转弯速率和单位剩余功率之间的关系在 4.1 节有所讨论。比较简单的方法是将常 P_S 等高线叠加到水平转弯图上，但是一个更有用的方法是把常值加速度（减速度）等高线叠加到水平转弯图上去。该等高线可由式（14）计算得到。设 $\frac{dh_z}{dt}$ 为 0，可得

$$\frac{dv}{dt}=\frac{P_S g}{v} \tag{35}$$

这个图通常被认为是动态速度转弯图，它是很有用的，因为它提供了飞行员和设计人员都能理解的附加信息。

5.3　空战周期时间

转弯速率图，甚至叠加了动态速度的转弯速率图，都只能描述飞机在转弯过程中某一个指定点的情况。它无法给出飞机要完成某个具体的机动动作（如 180°转弯）所需的时间。通常认为定义一项任务并完成它是进行性能评估的更好的方式，它比在一系列飞行条件下对转弯速率和减速度的简单评估更为有效。这类具体的机动被称为闭环任务。

闭环任务的概念可用来分析转弯性能。空战周期时间（CCT）最初是由 Tamrat 于 1988 年定义的，是指飞机完成机头指向变化 180°并恢复到初始能量状态所需的时间。当然，这个概念也适用于其他机动动作。空战周期时间（CCT）机动叠加到转弯速率图后如图 7 所示。飞机以 v_0 飞行速度滚转进入转弯，转弯中损失速度，在机头指向改变 180°后以 v_F 飞行速度滚转改出转弯。飞机最终加速到 v_0 完成机动。

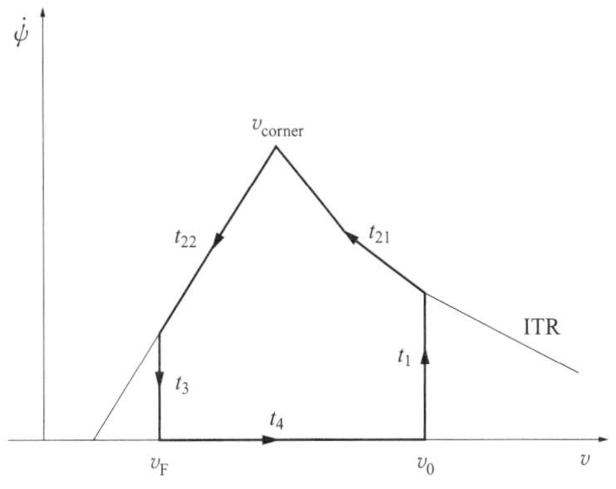

图 7　空战周期时间

CCT 可以通过计算机动过程中完成每个机动动作的时间总和得到。它们是

（1）t_1——飞机以 v_0 滚转的时间；

（2）t_{21}——减速盘旋直到角点速度的时间；

（3）t_{22}——从角点速度到完成 180°航向改变

的时间；

（4）t_3——滚转改平的时间；

（5）t_4——加速到初始速度的时间。

滚转进入时间（t_1）和滚转改出时间（t_3）通常被忽略不计。转弯时间（t_{21}，t_{22}）通常由数值积分获得。转弯中的减速度由式（35）给出。减速到角点速度的时间由下式给出：

$$t_{21}=\int_{v_0}^{v_{\text{corner}}}\frac{v}{P_S g}\mathrm{d}v \tag{36}$$

为了获得角点速度，飞机要有一个 ψ_C 角的指向变化，这可以通过水平转弯速率来计算：

$$\dot{\psi}=\frac{\mathrm{d}\psi}{\mathrm{d}t}=\frac{g\ (n^2-1)}{v} \tag{37}$$

式（37）乘以消耗的时间就可以得到航向角的变化：

$$\psi_{\text{corner}}=\sqrt{n^2-1}\int_{v_0}^{v_{\text{corner}}}\frac{\mathrm{d}v}{P_S} \tag{38}$$

t_{22}的计算方法类似，其复杂性在于过载系数是变化的：

$$n=\frac{\rho v^2 SC_{L_{\max}}}{2W} \tag{39}$$

当指向变化了180°时计算停止。当在转弯过程中 P_S 变为零时，飞机就到达一个持续转弯点，此时 $\dot{\psi}$ 为常数。假设飞行员正在飞一个最优机动动作，v_F 将成为最小阻力速度。

空战周期时间的最后部分是平飞加速，利用式（36)从 v_F 到 v_0 的积分获得加速时间。

5.4 指向裕度

指向裕度由 Tamrat（1988）提出，用来评估飞机用枪或者其他武器指向敌机的能力。敌机和友机双方都以最大 ITR 转弯开始机动，当其中一架飞机的武器指向另一架飞机时机动结束，如图 8 中的虚线所示，友军飞机已经指向敌机。指向裕度被定义为敌机的机头和友机的视线之间的夹角。指向裕度是一个角度度量，但是从图 8 看，它与对手使用武器瞄机的时间有关。指向裕度的分析方法本质上与空战周期时间类似。

准友指向裕度也可以用来评估过失速机动技术的优势。两架正在反向转弯的飞机，哪一架能在转弯的时候俯仰拉起到一个更大的迎角就会优先获得指向优势。俯仰机动的时机很关键，如果你不能射下对手的话你将处于一个低能量的危险状态。

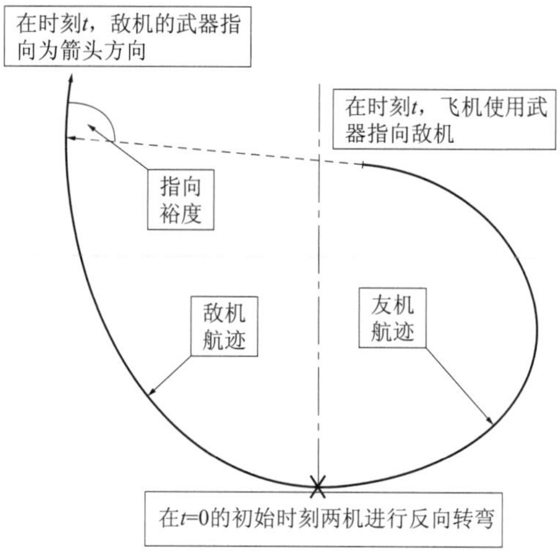

图 8 指向裕度

5.5 Kutschera 指标

这是为了定量评估推力矢量和过失速机动的影响，由 Kutschera 和 Render 通过有效结合指向裕度和空战周期时间所发展的一个新指标。

该指标假设飞机从某个初始点飞向一个目标点，在目标点处飞机武器正好指向一个预定目标，这也意味着可以使用机头指向。为了降低复杂性，假设目标是固定的。图 9 显示，在原点有一个对称构型的飞机，在一侧有 17 个感兴趣的节点。每个节点测试飞机性能的不同方面。例如，节点 2 测试飞机在垂直面内的性能，而节点 8 测试的是飞机的轴向加速性能。

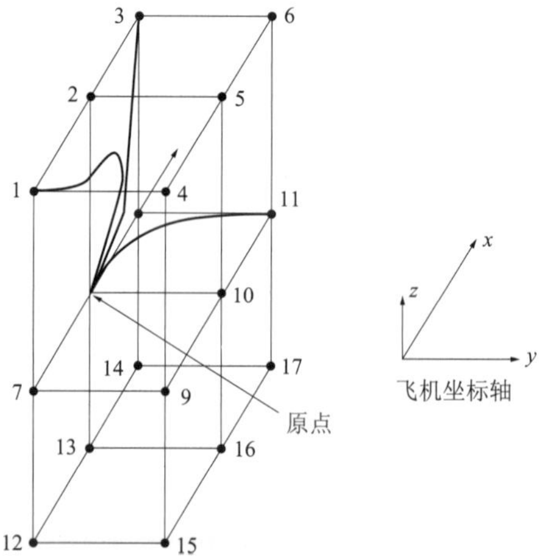

图 9 Kutschera 指标中的节点(由 Kutschera 和 Render 提出)

采用四个参数定量评估飞机在每个节点的性能。它们是完成机动动作所需的时间、机动动作结束时的 SEP、机动过程中的能量高度的变化量和转弯直径。四个参数中的每一个都很重要，它们是由与 Kutschera 交谈过的空战飞行员确定的。完成机动动作所需的时间是必要的，因为这是一个飞行员间常讨论的参数；机动结束时的 SEP 很重要是因为它表征了飞机采取进一步机动动作的能力；能量耗损可以用来评估机动动作的有效性；转弯直径则可以勾画出机动过程的几何空间，并可对其作进一步分析。

图 10 给出了波音 F－18 飞机在不同高度、速度组合的情况下完成 180°水平航向变化的性能结果，等高线都是由单个结果生成的。指向变化要求指向一个节点，为避免指定飞机到节点之间的距离，这里选择图 9 中的节点 7。和其他飞机进行性能比较时，直接绘制两机性能之差，而不是两机性能的绝对值。MSB 指的是机动失速边界，该边界定义了飞机在机动过程中失速的初始条件。

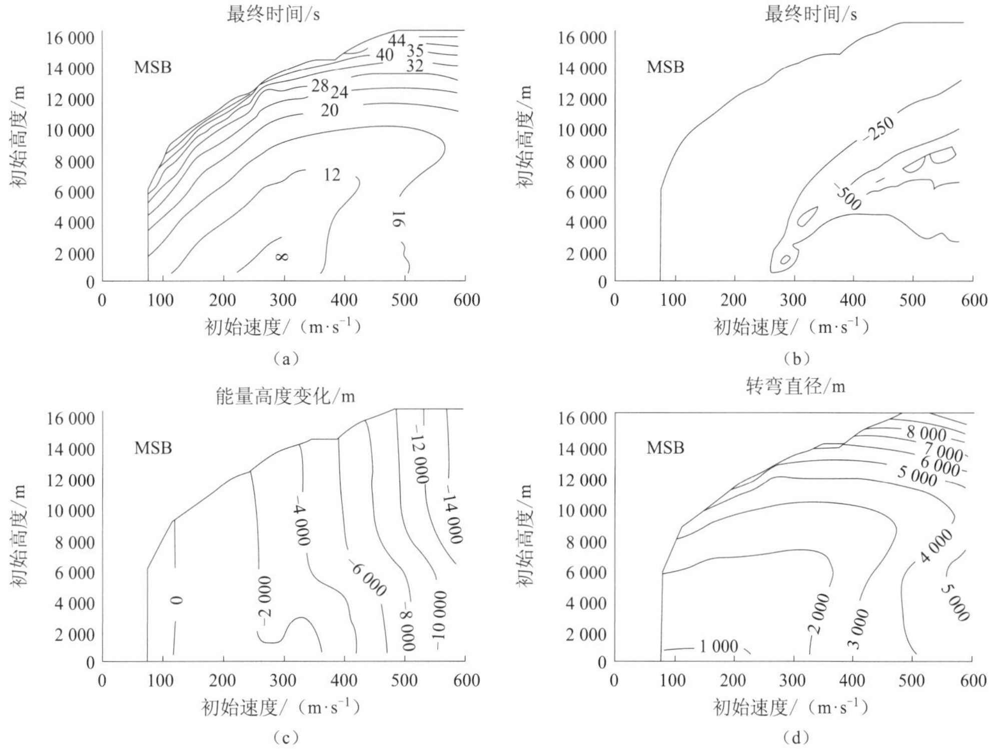

图 10　Kutschera 180°航向改变指标

（a）最终所需时间；（b）单位剩余功率；（c）转弯中的能量高度变化；（d）转弯直径

［经 Kutschera 和 Render 同意（2002）© 皇家航空学会］

6　新 技 术

6.1　放宽静稳定性

传统飞机的水平尾翼的大小是按飞行包线内所需的配平要求来设计的。

为了在亚音速和超音速保持配平，水平尾翼需要产生一个向下的力，其方向与机翼的升力矢量方向相反。因为飞机全部升力的大小决定了飞机的机动性能，因此水平尾翼向下的力会导致升力损失，这是不利的。基本的纵向配平方程（见第 5 卷第 219 章）可写为

$$0=C_{M_0}+C_L\ (h-h_0)\ -\eta_T VC_{L_T} \qquad (40)$$

可以看出重心的位置 h 和气动中心的位置 h_0 的变化会影响水平尾翼配平升力系数 C_{L_T}，换言之，减小静稳定性可以减小 C_{L_T}。减小 C_{L_T} 将：

（1）减小配平阻力，增加对飞机性能有重要影响的单位剩余功率；

（2）减小水平尾翼，使飞机重量减小。

减小稳定性也可减小机动飞行的操纵力和舵偏角（见第 5 卷第 215 章和 219 章）。现代战斗机融合了飞行控制系统和人感系统，控制力和舵偏角的减小直接影响到控制面作动器的设计。

综上所述，放宽静稳定性（RSS）一般用于现代战斗机。机翼/机身组合体的气动中心的位置随着马赫数的增大而后移，这会导致 RSS 飞机在飞行包线的某些范围内是不稳定的。一个固有的说法是，对不稳定的飞机飞行员是无法控制的，除非有飞行控制系统的辅助。但世界上第一架成功的载人

飞机（莱特飞机），就是故意被设计成不稳定的（Gibbs-Smith，1985）。对于手动控制，不稳定意味着飞行员的工作负荷增大，因为飞行员需要及时消除阵风的影响等。不稳定程度的增大将会使飞机更快地偏离有控飞行，因此需要复杂的飞行控制系统。

6.2　鸭翼构型

一些战斗机采用鸭翼构型，即在机翼前方放置一个前置翼来代替水平尾翼。如图 11 所示，前置翼产生的升力 L_F 的作用点位于重心前 l_F 处。配平方程变为

$$0=C_{M_0}+C_L(h-h_0)+V_F C_{L_F} \quad (41)$$

式中，C_{L_F} 为前置翼升力系数；V_F 为前置翼翼容量系数，定义为

$$V_F=\frac{S_F l_F}{S\bar{c}} \quad (42)$$

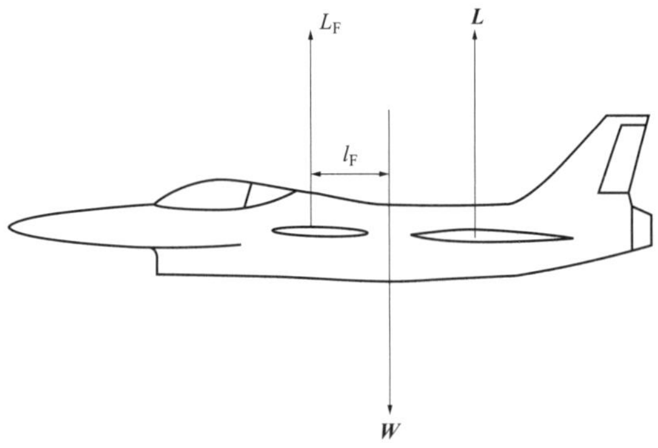

图 11　鸭翼升力构型

式中，S_F 为前置翼面积；S 和 $\bar{c}$ 分别为机翼面积和机翼平均气动力弦长。为了获得固有稳定性，鸭翼布局飞机的重心 h 应该位于气动中心 h_0 前面。这种构型可以使前置翼在亚音速和超音速机动中均产生正的配平升力。前置翼和机翼升力的方向相同，因此可以增强飞机的机动性能。然而，由于前置翼产生的是抬头力矩，它会降低飞机的稳定性，当飞机处于前重心时，会导致飞机不稳定。

在大部分现代战斗机中，前置翼和机翼被设计成紧密耦合的，利用两个翼面间的有利影响提高飞机的性能。例如，可利用前置翼上产生的涡和下洗流提高机翼的升力特性，特别是延迟失速和抖振。鸭翼构型的另一个优点是大迎角飞行时飞机具有良好的俯仰恢复特性。减小迎角可以通过减小前置翼偏角从而减小其升力来实现，传统飞机要求水平尾翼提供更大的升力，但此时平尾却处在主机翼的分离流中。

6.3　推力矢量

战斗机推力矢量的主要优点包括：

（1）提高转弯速率。因为推力可以转向指向转弯中心，提供更大的转弯向心力。

（2）可控失速机动。因为在传统气动舵面失速时推力矢量仍可提供控制力和力矩。

（3）可以从有控飞行偏离中恢复。因为传统气动控制已经失效时，推力矢量依然有效。

（4）提高起飞着陆性能。因为推力可用来补充气动操纵效率。

（5）可以移除或减小传统气动控制舵面，从而减小雷达反射面（增强隐身性能）或减轻重量。

推力矢量的缺陷也是显而易见的，它会增加飞机的重量和复杂性，发动机失效时缺乏控制裕度。

6.4　推力矢量对水平转弯的影响

下面的方法基于 Raymer（1989）的结果，扩展了传统转弯分析方法（见第 5 卷第 215 章）。假设飞机以滚转角 φ 水平转弯飞行，迎角为 α，推力矢量偏角为 φ_T，垂直方向的力变为

$$[L+T\sin(\alpha+\varphi_T)]\cos\varphi=W \quad (43)$$

水平径向力变为

$$[L+T\sin(\alpha+\varphi_T)]\sin\varphi=\frac{mv^2}{R} \quad (44)$$

由传统转弯分析得，转弯速率为

$$\dot{\psi}=\frac{g(n^2-1)^{\frac{1}{2}}}{v} \quad (45)$$

所以为了在给定速度下使 $\dot{\psi}$ 最大，就要求过载系数 n 最大。升力方向上作用的所有力为

$$L+T\sin(\alpha+\varphi_T)=nW \quad (46)$$

当在结构强度限制下转弯时，式（45）和式（46）表明增加推力矢量并未提高转弯速率。当速度小于转弯角的点速度时，n 小于最大允许值，推力矢量可用来增大转弯速率。过载系数随着 φ_T 的增大而增加，过载系数最大的条件可通过对式（46）关于 φ_T 求导并令其等于零得到：

$$\frac{T}{W}\cos(\alpha+\varphi_T)=0 \quad (47)$$

因为 $T/W>0$，这意味着推力矢量应该与航迹垂直。假如没有推力推动飞机前进，它将迅速减速。BAE 系统/麦道鹞式已经将此作为空战技术，使敌机越位，从而为鹞式飞行员提供攻击机会。

7 结　论

本章讨论了如何通过扩展运输机分析技术来评估固定翼战斗机的机动性能，这些方法同样适用于其他类型的飞机。这里考虑的机动动作都是比较柔和的，并没有考虑飞行方向突然改变的急剧机动。那样的机动可能会激发飞机的动态模态，需要使用合适的运动方程来评估（见第5卷第221章）。影响战斗机机动性能发挥的因素很多，包括飞行品质和操纵品质等（见第5卷第225章）。

致　谢

感谢Goff Tearle和Abdullah Malik为本章插图所提供的帮助。

术　语

$\bar{c}$　机翼平均气动弦长（m）
CCT 空战周期时间（s）
C_{D_0}　阻力系数曲线
C_L　升力系数
C_{L_F}　前置翼升力系数
C_{L_1}　水平直线飞行时的升力系数
$C_{L_{max}}$　最大升力系数
C_{L_T}　水平尾翼配平升力系数
C_{M_0}　零升俯仰力矩系数
D　阻力（N）
g　重力加速度（m/s^2）
h　重心的位置
h_e　能量高度，见式（1）（m）
h_z　飞机的高度（m）
h_0　气动中心的位置
ITR 瞬时转弯速率（rad/s）
K　诱导阻力系数
l_F　前置机翼的力臂（m）
l_T　尾翼的力臂（m）
L　升力（N）
L_F　前置机翼产生的升力（N）
MSB 机动失速边界
n　过载系数（$=L/W$）
P　单位重量功率（N·m/s）
P_S　单位剩余功率，见式（3）（N·m/s）
q　动压（N/m^2）
r　爬升转弯的螺旋半径（m）
R　（爬升）转弯的水平半径（m）
RSS 静稳定性
s　盘旋飞行弧形路径距离（m）
S　机翼面积（m^2）
S_F　前置翼面积（m^2）
S_T　尾翼面积（m^2）
SEP 单位剩余功率（N·m/s）
STR 持续转弯速率（rad/s）
t　时间（s）
t_1　飞行器滚转进入转弯的时间（s）
t_{21}　减速到角点速度所需的时间（s）
t_{22}　从角点速度到完成180°航向改变的时间（s）
t_3　滚转改平的时间（s）
t_4　加速到初始速度的时间（s）
T　推力（N）
T_{max} 最大推力（N）
v　真空速（m/s）
v_c　垂直爬升率（m/s）
v_{corner} 角点速度（m/s）
v_{md}　最小阻力速度（m/s）
v_0　初始空速（m/s）
V　尾翼容积系数$\left(=\frac{S_T l_T}{S\bar{c}}\right)$
V_F　前置翼翼容量系数$\left(=\frac{S_F l_F}{S\bar{c}}\right)$
W　飞机重量（N）
α　迎角（rad）
γ　爬升角（rad）
Δt　花费的时间（s）
η_r　尾翼效率
ρ　空气密度（kg/m^3）
φ　滚转角（rad）
φ_T　推力矢量偏角（rad）
χ　速度矢量转过的角度（rad）
ψ　机头水平指向（rad）
ψ_{corner} 角点速度处的机头水平指向（rad）
$\dot{\psi}$　水平转弯速率（rad/s）

参考文献

Gibbs-Smith，C. H.（1985）*Aviation-An Historical Survey from its Origins to the End of World War* Ⅱ，Science

Museum/HMSO, London.

Kutschera, A. and Render, P. M. (2002) Advanced combat aircraft performance assessment. *Aeronaut J.*, **106**, 443—452.

Raymer, D. P. (1989) *Aircraft Design: A Conceptual Approach*, AIAA, Washington, DC.

Tamrat, B. F. (1988) Fighter aircraft agility assessment concepts and their implication on future agile aircraft design. A. I. A. A. AIAA—88—4400; September 1988.

Vinh, N. X. (1993) *Flight Mechanics of High-Performance Aircraft*, Cambridge University Press, New York.

本章译者：陈永亮（南京航空航天大学航空宇航学院）

第 217 章

固定翼飞机的巡航性能

Trevor M. Young

利默里克大学机械与航空工程系，利默里克，爱尔兰

1 引　　言

固定翼飞机的巡航性能是指飞机消耗一定燃油量后所能达到的航程（或距离）。人们特别感兴趣的是起飞前装载的最大燃油量所能达到的最大航程和与之对应的飞行条件（如速度、大气温度和高度）。通常情况下，最大燃油量不仅受飞机起飞重量的限制，还受油箱尺寸的影响。在大多数飞行中，这些极限条件是达不到的，因此将该问题转换为：飞过给定距离所消耗的燃油量是多少、对应的起飞重量是多少、飞行条件是什么样的。

和航程密切相关的性能参数是航时。航时是飞机消耗一定燃油量所能飞行的时间，和航程类似，飞机的航时与起飞重量和飞行条件有关。

讨论飞机航程时，有风和无风有显著区别。为此，引入大气航程和地面航程的概念。大气航程定义为在给定大气环境下，飞机相对空气所飞过的距离。在忽略风的影响时，这个航程通常称为无风大气航程。地面航程则包括了风的影响。大气航程和地面航程的区别可由真空速（飞行器相对于大气的速度）和地速的定义反映出来。地速是真空速和风速的矢量和。

飞机的航程和航时还严重依赖维持飞机飞行的燃油量。因此有必要先定义几个动力装置（引擎）的关键参数（将在本章第 2 节介绍）。

确定完成整个飞行任务的燃油量是个很复杂的计算过程，它包括起飞、爬升、巡航、下降、进近和着陆。然而，深入研究飞机航程时，可以单独由巡航段来获得（本章就采用这种方法）。巡航航程在本章第 3 节和第 4 节讨论，航时在第 5 和第 6 节讨论。商载航程及其燃油量评估在第 7 节讨论。

2 动力装置的定义和符号

2.1 净燃油流量

所有引擎的净燃油质量流量（Q）等于机载燃料质量的消耗率，可表示为

$$Q=-\frac{\mathrm{d}m_{\mathrm{f}}}{\mathrm{d}t} \tag{1a}$$

式中的负号是因为燃油质量 $\mathrm{d}m_{\mathrm{f}}$ 的消耗率是负值，而燃油流量是正值。或者，燃油流量可用飞机燃油重量流量（Q'）来表示

$$Q'=-\frac{\mathrm{d}W_{\mathrm{f}}}{\mathrm{d}t} \tag{1b}$$

重量流量这个变量很少用，在此处介绍是为了区分质量和重量。在表示航程和航时时，两个概念是可以互换的，它们通过重力加速度（g）相联系，即

$$Q'=Qg \tag{2}$$

2.2 燃油消耗率

燃油消耗率（SFC）用来衡量飞机引擎将燃料转化为推力（或功率）的效率。燃油消耗率是评估或比较不同发动机性能的重要指标，是给定燃油量情况下确定飞机能飞多远的主要影响因素之一。下面将对不同类型的发动机（喷气式、活塞式、涡轮螺旋桨式）分别进行讨论。

2.2.1　喷气式发动机（额定推力发动机）

在喷气式发动机（涡扇发动机或涡喷发动机）中，燃油消耗率通常被称为推力燃油消耗率(TSFC)，它通常由发动机产生的净推力（T）决定。喷气式飞机的燃油消耗率可定义为燃油的质量流量变化率［式(1a)］或燃油的重量流量变化率［式(1b)］，即

$$c_j=\frac{Q}{T}\quad（基于质量流量）\tag{3a}$$

或

$$c'_j=\frac{Q'}{T}\quad（基于重量流量）\tag{3b}$$

2.2.2　额定功率发动机（活塞式和涡轮螺旋桨发动机）

额定功率发动机的燃油消耗率是基于引擎输出功率（P）特性来定义的，即

$$c_P=\frac{Q}{P}\quad（基于质量流量）\tag{4a}$$

或

$$c'_P=\frac{Q'}{P}\quad（基于重量流量）\tag{4b}$$

对于活塞式发动机而言，其输出功率为轴功率（P_S）。

对于涡轮螺旋桨发动机而言，情况就要复杂一些。涡轮螺旋桨发动机用一个涡轮来驱动螺旋桨，从而产生推力（T_p），但同时也会产生附加喷气推力（T_j），不过其所占比重很小。用来确定涡轮螺旋桨发动机的燃油消耗率的输出功率通常是等效轴功率（P_e），其中包括喷气推力的等效功率。

$$P_e=P_S\left(1+\frac{T_j}{T_p}\right)\tag{5}$$

在前面的讨论中，就是使用等效功率来定义燃油消耗率（SFC）的。但是还有别的定义方式：某些权威部门用轴功率来定义涡轮螺旋桨发动机的燃油消耗率，用净推力来定义其他发动机的燃油消耗率。

2.3　螺旋桨的效率

下面将用推力功率（P_T）来定义螺旋桨的效率。所谓推力功率是指净推力（T）和飞机真空速（v）的乘积，即

$$P_T=Tv\tag{6}$$

对于活塞螺旋桨发动机，螺旋桨的效率（η_p）是推力功率与轴功率的比值，即

$$\eta_p=\frac{Tv}{P_S}\tag{7}$$

对于涡轮螺旋桨发动机，螺旋桨的效率（η_p）可由等效轴功率来表示，即

$$\eta_p=\frac{(T_p+T_j)\ v}{P_e}\tag{8}$$

3　喷气式飞机的航程(额定推力发动机)

3.1　大气航程

大气航程（r_a）定义为每消耗单位质量（重量）燃油所飞行的距离，即

$$r_a=-\frac{dx}{dm_f}\quad（基于质量流量）\tag{9a}$$

或

$$r'_a=-\frac{dx}{dW_f}\quad（基于重量流量）\tag{9b}$$

式中，x 为空中距离（是在飞机所飞行的大气中测量的）。一般情况下，由于风的影响，该距离与地面距离不同。如前文所述（见 2.1 节），负号是因为燃油质量的变化是负值，而大气航程（SAR）为正值。SAR 的常用单位为 km/kg（SI 国际单位）和1/lb（英制单位）。当使用英制单位时，大气航程被广泛称为燃油里程。

将分子分母分别对时间求导，式（9）可以转换成更简洁的形式。空中距离对时间的导数就是真空速，机载燃料质量对时间的导数等于燃油流量，即

$$r_a=\frac{v}{Q}\quad（基于质量流量）\tag{10a}$$

或

$$r'_a=\frac{v}{Q'}\quad（基于重量流量）\tag{10b}$$

3.2　基本航程方程

基本航程方程用来描述飞机从开始巡航质量 m_1 到巡航结束质量 m_2（或重量 $W_1\sim W_2$）所完成的大气航程（R），可以由大气航程的定义直接得到，但需要先作个变量替换。飞机质量（或重量）的变化等于飞机燃油质量（或重量）的变化，这适用于所有商用飞机的飞行任务（与燃油消耗率无关的质量变化可忽略不计），但不适用于军用飞机的飞行任务。例如空战中的武器发射或高空灭火中的投水情况。

根据式（9）给出的航程定义，可以得到航程的一般积分表达式

$$\mathrm{d}x = -r_{\mathrm{a}}\mathrm{d}m \qquad (11)$$

因此

$$R = \int_{\text{start}}^{\text{end}} \mathrm{d}x = -\int_{\text{start}}^{\text{end}} r_{\mathrm{a}}\mathrm{d}m \qquad (12\mathrm{a})$$

或者，航程也可由飞机的重量来表示，即

$$R = \int_{\text{start}}^{\text{end}} \mathrm{d}x = -\int_{\text{start}}^{\text{end}} r'_{\mathrm{a}}\mathrm{d}W \qquad (12\mathrm{b})$$

将式（10）代入式（12）可得到：

$$R = -\int_{m_1}^{m_2} \frac{v}{Q}\mathrm{d}m \quad （基于质量流量）\quad (13\mathrm{a})$$

或

$$R = -\int_{W_1}^{W_2} \frac{v}{Q'}\mathrm{d}W \quad （基于重量流量）\quad (13\mathrm{b})$$

式（13）为基本航程方程并且适用于任何类型的发动机，根据不同的边界条件，可以采取不同的积分形式对航程进行评估。航程是真空速和燃油流量的函数，当真空速和燃油流量取不同值时将得到不同的结果。真空速可由飞行员选择，燃油流量的变化可以通过调节发动机节流阀来改变。大气条件——尤其是大气温度、压力和密度——也会对大气航程产生影响。飞机的飞行高度也是一个重要因素，即使以恒定速度飞行，大气航程也不是常值。因为喷气式飞机以定速巡航时的燃油流量与飞机的瞬时质量大致成正比，当飞机变轻时它也会减小。

通过建立接近真实飞行情况的 v 和 Q 的数学模型，结合式（13）可以得到飞机航程的解析表达式。不过更直接的方式是对式（13）进行数值积分，如图 1所示，这项技术通常被称为积分航程法，可由式（12)直接得到。该方法沿飞行中的一系列点来计算大气航程——点取得越多计算越精确。航程就是图中起始巡航点（质量或重量最大）到结束巡航点（质量或重量最小）之间的曲线下的面积。

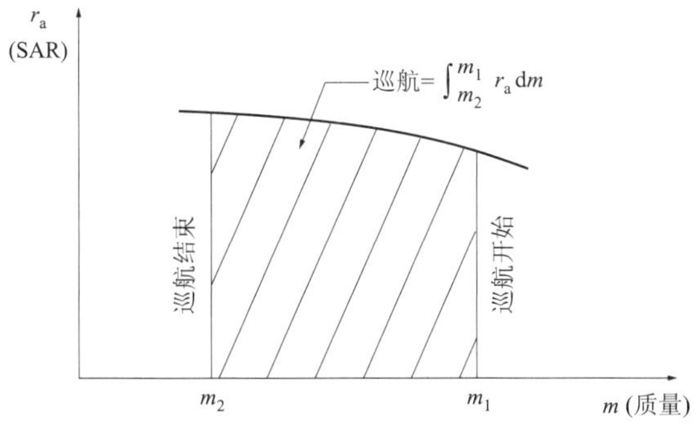

图 1　航程积分法

3.3　航程评估方程

对于喷气式飞机，定常平飞时，其燃油流量可以写成 SFC［式（3)］的形式。为了方便，引入飞机的升阻比（E）。定常平飞时，飞机的净推力（T）等于其净阻力（D），重量（W）等于升力（L），从而将燃油流量改写成如下形式：

$$Q = c_{\mathrm{j}}T = c_{\mathrm{j}}D = \frac{c_{\mathrm{j}}mg}{E} \quad （基于质量流量）\quad (14\mathrm{a})$$

或

$$Q' = c'_{\mathrm{j}}T = c'_{\mathrm{j}}D = \frac{c'_{\mathrm{j}}W}{E} \quad （基于重量流量）\quad (14\mathrm{b})$$

将式（14）代入式（13）得

$$R = -\int_{m_1}^{m_2} \frac{vE}{c_{\mathrm{j}}mg}\mathrm{d}m \quad （基于质量流量）\quad (15\mathrm{a})$$

或

$$R = -\int_{W_1}^{W_2} \frac{vE}{c'_{\mathrm{j}}W}\mathrm{d}W \quad （基于重量流量）\quad (15\mathrm{b})$$

要求解式（15），需要知道巡航过程中的参数 v、E 和 c_{j}（或 c'_{j}）。正常巡航过程中 SFC 是变化的，但变化一般较小，取其平均值（常数）即可得到较满意的结果。因此 SFC 可以由积分号内部提取出来。剩下的两个参数依赖飞机的速度、高度和升力系数（C_L）。通过固定三个变量中的两个（允许第三个是可变的），可得式（15）的三组解。为了方便，此处将它们称为飞行方案 1、方案 2 和方案 3。

求解步骤分为两步：首先建立可用于通过积分计算航程的数学公式；其次探讨飞行员真实飞行时的边界条件。主要讨论以下情况下的解：

（1）在恒定高度（h）和常升力系数（C_L）下巡航。

（2）在恒定真空速（v）和常升力系数（C_L）下巡航。

（3）在恒定高度（h）和恒定真空速（v）下巡航。

需要注意的是，常升力系数 C_L 这一条件意味着 E 是常数，因为在这种情况下升阻比只是升力系数的函数。本章给出了三种飞行方案下式（15）的积分，但只给出了最终方程。

3.4　飞行方案 1：h 和 C_L 为常数

飞机在恒定高度和常升力系数下的航程公式为

$$R = \frac{2Ev_1}{c_{\mathrm{j}}g}\left(1 - \sqrt{\frac{m_2}{m_1}}\right) \quad （基于质量流量）\quad (16\mathrm{a})$$

或

$$R=\frac{2Ev_1}{c_j'}\left(1-\sqrt{\frac{W_2}{W_1}}\right)\quad \text{（基于重量流量）}\quad (16b)$$

式中，v_1 为起始巡航速度。这个飞行方案的隐含条件是飞行员可认为升力系数为定值平飞的升力系数，此时飞机的升力等于重力。

$$C_L=\frac{L}{(1/2)\ \rho v^2 S}=\frac{W}{v^2}\frac{1}{(1/2)\ \rho S}\quad (17)$$

式中，ρ 为空气密度；v 为真空速；S 为机翼参考面积。由式（17）可知，当飞机在恒定高度飞行时，密度 ρ 为常数，v 必须随着 $\sqrt{W}$ 线性减小以保证 C_L 为常数。为保持升阻比为常数，发动机推力也必须随着飞机重量的减小而减小。这一要求可从如下平飞关系中看出：

$$T=D=\frac{W}{E}\quad (18)$$

由此可得如下结论：对于这种飞行方案，在巡航过程中，由于飞机不断变轻，飞行速度也不断减小，故飞行员必须不断减小油门。由于这些原因，故这一飞行方案在日常飞行中并不使用。

3.5 飞行方案 2：v 和 C_L 为常数

第二种飞行方案相当于“巡航爬升”（高度不是常数）。因为 v 和 E 都是常数，根据式（15）可得

$$R=\frac{vE}{c_j g}\ln\frac{m_1}{m_2}\quad \text{（基于质量流量）}\quad (19a)$$

或

$$R=\frac{VE}{c_j'}\ln\frac{W_1}{W_2}\quad \text{（基于重量流量）}\quad (19b)$$

该方程被称为 Breguet 航程公式（Louis Charles Breguet 是一位法国工程师和飞机制造商，由于他首先在活塞螺旋桨飞机上建立了这个公式，所以以他的名字命名）。式（19）是三个解中最简单的一个，因为由此产生的结果误差并不显著，该公式成为评估航程最常用的公式（甚至当飞行方案中没有严格的恒定速度和常升力系数时也在使用）。

巡航爬升时飞机操纵的隐含条件可以直接从升力系数的定义中推导得到。即使飞机在爬升，爬升角也是非常小的（$<0.1°$）。此时假设飞机的升力和重力相等是很好的近似，是可接受的。这使得飞机的升力系数可表示为

$$C_L=\frac{L}{(1/2)\ \rho v^2 S}=\frac{W}{\sigma}\frac{1}{(1/2)\ \rho_0 v^2 S}\quad (20)$$

式中，σ 为相对空气密度；ρ_0 为国际标准大气（ISA）在海平面的空气密度。由式（20）可看出，当速度 v 为常数时，为了保证 C_L 为常数，必须使系数 W/σ 保持常值。实践中，飞行员也很容易实现这一点。因为允许飞机缓慢爬升，所以 σ 与重量同比例减小，推力在不改变油门大小的情况下也会减小（在同温层，喷气式发动机的推力几乎和空气密度成正比）。因此飞行员的指令只是简单地保持真空速恒定，允许飞机在飞行过程中向上“飘移”（真空速恒定意味着同温层的马赫数为常数，因为此时声速为常数）。

巡航爬升中在初始条件（下标 1）和结束条件（下标 2）下的几个飞行参数是相互关联的，即

$$\frac{W_1}{W_2}=\frac{\sigma_1}{\sigma_2}=\frac{T_1}{T_2}\quad (21)$$

在分析巡航爬升问题时这些关系特别有用。

与巡航爬升技术有关的一个重大发现是它可以得到给定燃油量下的最大可能航程。然而巡航爬升的实际应用受到空中交通管制（ATC）的限制，因为它通常要求飞行员保持固定的飞行高度。因此，航班在正常操纵中都保持类似巡航爬升的阶跃爬升的飞行，即随着燃油的消耗不断增加平飞高度。这可以用高度与大气航程的关系图来说明（见图 2）。大气航程最大的点代表最优巡航高度，可以看出，随着飞机质量的减轻，飞行高度也逐渐增高。

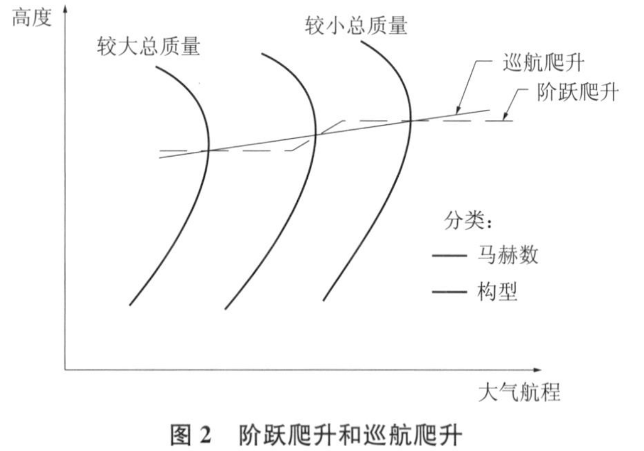

图 2 阶跃爬升和巡航爬升

3.6 飞行方案 3：h 和 v 为常数

以恒定的高度和马赫数（在同温层意味着真空速恒定）巡航是在空中交通管制下典型的飞行方式。如果能以一种适当的方式表示阻力，则可以将这些约束条件融入式（15）。飞机阻力的标准形式为极曲线形式，即

$$C_D=C_{D_0}+KC_L^2\quad (22)$$

式中，C_{D_0} 为零升阻力系数；K 为升致阻力因子。使用该阻力模型，航程可改写为如下形式：

$$R=\frac{2E_{\max}v}{c_j g}\arctan\left[\frac{\sqrt{B}\ (m_1-m_2)}{B+m_1 m_2}\right]\ (\text{基于质量流量}) \quad (23a)$$

或

$$R=\frac{2E_{\max}v}{c_j'}\arctan\left[\frac{g\sqrt{B}\ (W_1-W_2)}{g^2 B+W_1 W_2}\right]\ (\text{基于重量流量}) \quad (23b)$$

式中

$$B=\frac{C_{D_0}\rho^2 S^2 v^4}{4g^2 K} \quad (24)$$

为了在恒定高度下保持速度不变，随着飞机不断变轻，发动机推力必须以适当的方式减小，具体可以根据定直平飞需用推力公式确定。在平飞需用推力公式中，升力等于重力，阻力采用极曲线形式，有

$$T=\frac{1}{2}\rho v^2 S C_{D_0}+K\frac{W^2}{(1/2)\ \rho v^2 S} \quad (25)$$

3.7 喷气式飞机航程最大的飞行条件

使大气航程最大的飞行条件（如速度、高度）是非常重要的。在该条件下，对于给定的燃油量，飞机航程最大。可以用几种方法来分析这个问题，其中一种方法是将飞机的最优航程速度表示成最小阻力速度的固定倍数。为了说明这个关系及其局限性，下面先推导一下最小阻力速度方程。

3.7.1 最小阻力速度（基于阻力极曲线）

最小阻力速度（$v_{E_{md}}$）是当飞机升阻比最大时的速度。用阻力极曲线［式（22）］来确定最小阻力速度，将速度用等效空速（EAS）代替得

$$D=\frac{C_{D_0}\rho_0 S}{2}v_E^2+\frac{2KW^2}{\rho_0 S}\frac{1}{v_E^2} \quad (26)$$

将式（26）对 v_E 求导并令其等于零，可得

$$v_{E_{md}}=\left(\frac{2W}{\rho_0 S}\sqrt{\frac{K}{C_{D_0}}}\right)^{\frac{1}{2}} \quad (27)$$

3.7.2 最优航程速度（基于阻力极曲线并忽略压缩性）

巡航中，单位飞行距离（恒定高度）所消耗燃油量最小的飞行条件可以根据大气航程的倒数得到。将燃油流量用燃油消耗率和阻力（TAS 为常数时等于推力）来表示可得

$$\frac{1}{r_a}=\frac{Q}{v}=\frac{c_j T}{v}=c_j\frac{D}{v} \quad (28)$$

在巡航过程中，喷气式飞机的燃油消耗率变化不明显，在很多与巡航有关的应用中都可以假设其为常数。在这个假设下，根据式（28），为了使航程最大，就必须使 D/v 最小。将式（26）展开可得 D/v 的表达式如下：

$$\frac{D}{v}=\frac{D}{v_E}\sqrt{\sigma}=\frac{\sqrt{\sigma}C_{D_0}\rho_0 S}{2}v_E+\frac{\sqrt{\sigma}2KW^2}{\rho_0 S}\frac{1}{v_E^3} \quad (29)$$

将式（29）对 v_E 求导并令其等于零，可求得使 D/v 最小的等效速度。如果高度为常数，σ 也为常数，则使单位距离的燃油消耗量最小的速度为

$$v_E=3^{\frac{1}{4}}\left(\frac{2W}{\rho_0 S}\sqrt{\frac{K}{C_{D_0}}}\right)^{\frac{1}{2}}=3^{\frac{1}{4}}v_{E_{md}}=1.32v_{E_{md}} \quad (30)$$

显然，为了使巡航时的燃油消耗量最小，飞机不是在最大升阻比下（即 $v_{E_{md}}$）飞行，而是在比 $v_{E_{md}}$ 大一些的速度下巡航。由式（30）可知最大航程是飞行速度比 $v_{E_{md}}$ 大 32%时获得的。然而一个与该结果相关的重要问题是：因为忽略压缩性的影响，只有当式（30）预测出的速度在“阻力陡增飞行状态”（即阻力发散马赫数，见第 1 卷第 21 章）以下时才是正确的，这对于现代喷气式飞机是不可能的。如果式（30）给出的速度大于阻力陡增（因为压缩性影响）速度，使用飞机低速阻力极曲线计算得到的最大航程速度就不正确了。在该情况下，最优巡航条件可通过绘制给定高度下大气航程随马赫数变化曲线来得到（见 3.7.3 节）。

3.7.3 最大航程速度、长航程速度和 ECON 速度

使飞机的大气航程最大的飞行速度称为最大航程速度（MRS），它与飞机的重量和飞行高度有关，随着燃油的消耗而减小（在给定高度下）。实践中，为了缩短巡航时间，飞机通常在比这个速度更快一点的速度上飞行，但这会使燃料消耗略有增加。之所以这么做，是因为飞机的使用成本很大一部分和飞行时间成正比，提高飞行速度可以降低成本（时间相关成本包括工作人员成本、维修成本、租赁和保险等）。

当飞机的飞行速度比最大航程速度更快一些时，可以将航空公司的净营运成本降到最低。根据航空公司特定的成本模型，将使特定飞机沿特定航线飞行的总成本最小的速度称为经济速度（或

ECON 速度）。然而确定 ECON 速度需要详细了解航空公司的运营成本。一个广泛使用并且不要求了解任何关于航空公司运营成本的简单方法是让飞机在所谓的长航程速度（LRS）下飞行。长航程速度比最大航程速度大 3%～5%，并且使大气航程缩短 1%左右，如图 3 所示。

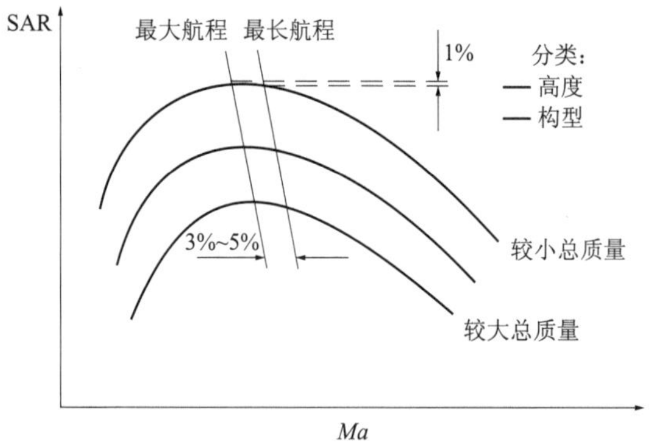

图 3 涡扇飞机的大气航程（SAR）与马赫数的关系

4 具有额定功率发动机的飞机航程

4.1 基本航程方程

如式（13）所示的基本航程公式对任意飞机都是适用的。对于装备额定功率发动机的飞机（如 2.2 节中介绍的活塞发动机和涡轮螺旋桨发动机）而言，需要将燃油流量写成合适的形式。式（4）～式（8）可以用于飞机定直平飞（推力等于阻力且升力等于重力），此时燃油流量为

$$Q=c_{\mathrm{P}}P=\frac{c_{\mathrm{P}}Tv}{\eta_{\mathrm{p}}}=\frac{c_{\mathrm{P}}Dv}{\eta_{\mathrm{p}}}=\frac{c_{\mathrm{P}}mgv}{\eta_{\mathrm{p}}E}\quad\text{(基于质量流量)}\tag{31a}$$

或

$$Q'=\frac{c'_{\mathrm{P}}Wv}{\eta_{\mathrm{p}}E}\quad\text{(基于重量流量)}\tag{31b}$$

将式（31）代入式（13）得到装备额定功率发动机飞机的航程积分表达式为

$$R=-\int_{m_1}^{m_2}\frac{\eta_{\mathrm{p}}E}{c_{\mathrm{P}}mg}\mathrm{d}m\quad\text{(基于质量流量)}\tag{32a}$$

或

$$R=-\int_{W_1}^{W_2}\frac{\eta_{\mathrm{p}}E}{c'_{\mathrm{P}}W}\mathrm{d}W\quad\text{(基于重量流量)}\tag{32b}$$

理论分析时假设螺旋桨效率和燃油消耗率在巡航过程中变化不大。对于活塞螺旋桨发动机，燃油消耗率随速度变化不大，但对于涡轮螺旋桨发动机，这个假设就不太令人满意了，因为燃油消耗率随速度增大呈减小趋势。尽管如此，由于巡航过程中速度变化很小，常值或均值均可作为合理的一次近似。因此，燃油消耗率和重力加速度两项均可提到积分，为

$$R=-\frac{\eta_{\mathrm{p}}}{c_{\mathrm{P}}g}\int_{m_1}^{m_2}\frac{E}{m}\mathrm{d}m\quad\text{(基于质量流量)}\tag{33a}$$

或

$$R=-\frac{\eta_{\mathrm{p}}}{c'_{\mathrm{P}}}\int_{W_1}^{W_2}\frac{E}{W}\mathrm{d}W\quad\text{(基于重量流量)}\tag{33b}$$

有趣的是，速度并没有显式出现在这个航程公式中，但请记住，升阻比是速度 v 的函数。现在可以按照与 3.3 节相同的飞行方案并应用式（33）对航程进行评估了。

4.2 飞行方案 1 和 2：C_L 为常数

在 C_L 为常数的飞行条件（意味着 E 为常数）下，航程的计算结果［式（33）］如下：

$$R=\frac{\eta_{\mathrm{p}}E}{c_{\mathrm{P}}g}\ln\left(\frac{m_1}{m_2}\right)\quad\text{(基于质量流量)}\tag{34a}$$

或

$$R=\frac{\eta_{\mathrm{p}}E}{c'_{\mathrm{P}}}\ln\left(\frac{W_1}{W_2}\right)\quad\text{(基于重量流量)}\tag{34b}$$

式（34）即为活塞螺旋桨飞机和额定功率涡轮螺旋桨飞机的 Breguet 航程公式。该方程适用于 C_L 和高度为常数或者 C_L 和速度为常数的飞行方案。如果高度恒定，那么随着燃油消耗，速度就必须减小以保证 C_L 为常数；或者，如果速度恒定，那么飞行员就必须按照巡航爬升方式飞行。

4.3 飞行方案 3：h 和 v 为常数

基于阻力极曲线［式（22）］，在高度和速度恒定时航程表达式如下：

$$R=\frac{2E_{\max}\eta_{\mathrm{p}}}{gc_{\mathrm{P}}}\arctan\left[\frac{\sqrt{B}(m_1-m_2)}{B+m_1m_2}\right]\quad\text{(基于质量流量)}\tag{35a}$$

或

$$R=\frac{2E_{\max}\eta_{\mathrm{p}}}{c'_{\mathrm{P}}}\arctan\left[\frac{g\sqrt{B}(W_1-W_2)}{g^2B+W_1W_2}\right]\quad\text{(基于重量流量)}\tag{35b}$$

式中

$$B=\frac{C_{D_0}\rho^2S^2v^4}{4g^2K}\tag{36}$$

5　喷气式飞机的航时(额定推力发动机)

5.1　基本航时方程

在很多场合，人们都会关注携带一定燃油量的飞机在空中的滞空时间。例如，对执行沿海侦察或其他巡逻任务的飞机，通常希望执行任务的时间越长越好；客机经常要在目的地上空等待，直到空中交通管制结束后方可着陆。此时，让飞机在单位时间内消耗燃油量尽可能少的速度下飞行是很重要的（这个速度与单位距离耗油量最少时的速度并不相同）。

燃油流量等于飞机燃油质量（或重量）的变化率，如式（1）所示。由飞机燃油质量（或重量）变化率等于飞机质量（或重量）变化率，可得航时方程如下：

$$\mathrm{d}t=-\frac{1}{Q}\mathrm{d}m_{\mathrm{f}}=-\frac{1}{Q}\mathrm{d}m \quad \text{（基于质量流量）} \tag{37a}$$

或

$$\mathrm{d}t=-\frac{1}{Q'}\mathrm{d}W_{\mathrm{f}}=-\frac{1}{Q'}\mathrm{d}W \quad \text{（基于重量流量）} \tag{37b}$$

飞机能在空中维持飞行的时间 t 由下面的积分表达式给出，其中初始质量为 m_1（重量为 W_1），终止质量为 m_2（重量为 W_2）

$$t=-\int_{m_1}^{m_2}\frac{1}{Q}\mathrm{d}m \quad \text{（基于质量流量）} \tag{38a}$$

或

$$t=-\int_{W_1}^{W_2}\frac{1}{Q'}\mathrm{d}W \quad \text{（基于重量流量）} \tag{38b}$$

如果有数据的话，飞机的航时可以通过式（38）数值积分得到。这几乎和航程的计算方法一致（见 3.2 节），它要求燃油流量为飞机质量（或重量）的函数。当该条件不满足时，将基于三个飞行方案分别对式（38）进行计算（见 3.3 节）。

5.2　航时方程计算

将式（14）中的燃油流量代入式（38），可得喷气式飞机航时（t）的一般积分表达式为

$$t=-\int_{m_1}^{m_2}\frac{E}{c_{\mathrm{j}}mg}\mathrm{d}m \quad \text{（基于质量流量）} \tag{39a}$$

或

$$t=-\int_{W_1}^{W_2}\frac{E}{c_{\mathrm{j}}'W}\mathrm{d}W \quad \text{（基于重量流量）} \tag{39b}$$

假设燃油消耗率取平均值且为常数，式（39）可改写成：

$$t=-\frac{1}{c_{\mathrm{j}}g}\int_{m_1}^{m_2}\frac{E}{m}\mathrm{d}m \quad \text{（基于质量流量）} \tag{40a}$$

或

$$t=-\frac{1}{c_{\mathrm{j}}'}\int_{W_1}^{W_2}\frac{E}{W}\mathrm{d}W \quad \text{（基于重量流量）} \tag{40b}$$

基于前面建立的边界条件计算该积分是可能的，因此，航程分析（见 3.3 节）时使用的三个飞行方案同样可以用于航时分析。然而，一个明显的不同之处在于航时的积分表达式中未出现速度，但速度对升阻比是有影响的。

5.3　飞行方案 1 和 2：C_L 为常数

假设采用升力系数为常数来计算式（40），可以满足飞行方案 1 和 2。对于常数 E，航时可由下面的表达式得到：

$$t=\frac{E}{c_{\mathrm{j}}g}\ln\frac{m_1}{m_2} \quad \text{（基于质量流量）} \tag{41a}$$

或

$$t=\frac{E}{c_{\mathrm{j}}'}\ln\frac{W_1}{W_2} \quad \text{（基于重量流量）} \tag{41b}$$

这些飞行方案都假设升力系数为常数，因此对于恒定高度的飞行，飞行员必须降低速度以补偿重量的减小；或者，如果允许飞行员使用巡航爬升方式飞行（见 3.5 节），则可以保持飞行速度不变。

5.4　飞行方案 3：h 和 v 为常数

利用阻力极曲线［式（22）］可以计算飞机在恒定高度和速度下的航时为

$$t=\frac{2E_{\max}}{c_{\mathrm{j}}g}\arctan\left[\frac{\sqrt{B}\;(m_1-m_2)}{B+m_1m_2}\right] \quad \text{（基于质量流量）} \tag{42a}$$

或

$$t=\frac{2E_{\max}}{c_{\mathrm{j}}'}\arctan\left[\frac{g\sqrt{B}\;(W_1-W_2)}{g^2B+W_1W_2}\right] \quad \text{（基于重量流量）} \tag{42b}$$

式中

$$B=\frac{C_{D_0}\rho^2S^2v^4}{4g^2K} \tag{43}$$

5.5　最大航时飞行条件

当燃油消耗速率最低时（即 Q 最小），可得到最大航时。如果燃油消耗速率为常数，由式（14）可知，当 E 最大时 Q 最小。因此，为了获得最大航时，飞机必须以最小阻力速度（见 3.7.1 节）飞行。

如果有燃油消耗速率数据，即可得到 Q 与速度的关系图。这些结果表明使燃油流量最小的飞行速度实际上比最小阻力速度略小。但是有一个问题，喷气式飞机在小于 $v_{E_{md}}$ 时速度是不稳定的。这说明，为了保持速度恒定就需要调整发动机输入。

在特定速度下，燃油流量与大气条件有关，它是高度的函数。因此存在一个最小燃油消耗的最优高度，如图 4 所示。在该最优高度下可获得飞机的最大可能航时。

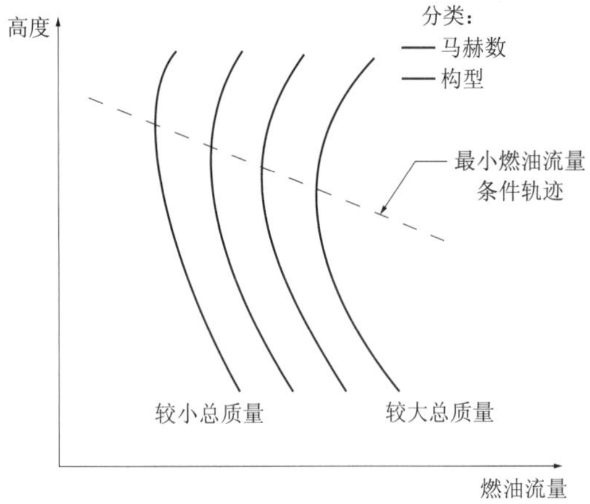

图 4　燃油流量与高度的关系

5.6　待　机

传统的待机航线类似一条有两条直线和两个半圆段的环形轨迹，飞行员首先沿着指定航向飞 1～1.5 min，然后 180°转弯，转到相反方向。飞机通常情况下以接近最小单位时间耗油量的速度（最优航时速度）飞行。在环形轨迹上，飞机将比相同速度下的定直平飞耗油略多，因为在转弯时需要增大推力以保持速度。

在典型情况下，待机是在空中管制的指挥下进行的，飞行机组人员一般不能选择最优高，这会使燃油消耗略微增大（这在图 4 中很明显）。

6　额定功率发动机飞机的航时

6.1　基本航时方程

航时（t）可由式（38）获得，一般情况下该公式都适用，且跟发动机类型无关。额定功率发动机的燃油流量由式（31）给出，联合这两个公式可得航时的积分表达式为

$$t=-\int_{m_1}^{m_2}\frac{\eta_{\mathrm{P}}E}{c_{\mathrm{P}}mgv}\mathrm{d}m \quad （基于质量流量）(44a)$$

或

$$t=-\int_{W_1}^{W_2}\frac{\eta_{\mathrm{P}}E}{c'_{\mathrm{P}}Wv}\mathrm{d}W \quad （基于重量流量）(44b)$$

假设燃油消耗速率和螺旋桨效率为常数（见 4.1 节），式（44）可写成

$$t=-\frac{\eta_{\mathrm{P}}}{c_{\mathrm{P}}g}\int_{m_1}^{m_2}\frac{E}{mv}\mathrm{d}m \quad （基于质量流量）(45a)$$

或

$$t=-\frac{\eta_{\mathrm{P}}}{c'_{\mathrm{P}}}\int_{W_1}^{W_2}\frac{E}{Wv}\mathrm{d}W \quad （基于重量流量）(45b)$$

同样，可以基于三种飞行方案对该式进行计算（见 3.3 节）。

6.2　飞行方案 1：h 和 C_L 为常数

对于高度恒定和常升力系数的飞行方案，航时可由下式得到：

$$t=\frac{2\eta_{\mathrm{P}}E}{c_{\mathrm{P}}gv_1}\left(\frac{m_1}{m_2}-1\right) \quad （基于质量流量）(46a)$$

或

$$t=\frac{2\eta_{\mathrm{P}}E}{c'_{\mathrm{P}}v_1}\left(\frac{W_1}{W_2}-1\right) \quad （基于重量流量）(46b)$$

式中，v_1 为飞行开始时的真空速。

6.3　飞行方案 2：v 和 C_L 为常数

从数学表达式看，最简单的航时积分［式（45）］的计算方法是由飞行方案 2 给出的，该方案描述了巡航爬升飞行（见 3.5 节）。

$$t=\frac{\eta_{\mathrm{P}}E}{c_{\mathrm{P}}gv}\ln\frac{m_1}{m_2} \quad （基于质量流量）\quad (47a)$$

或

$$t=\frac{\eta_{\mathrm{P}}E}{c'_{\mathrm{P}}v}\ln\left(\frac{W_1}{W_2}\right) \quad （基于重量流量）\quad (47b)$$

6.4　飞行方案 3：h 和 v 为常数

根据阻力极曲线［式（22）］，可以计算出高度和速度恒定的飞行方案 3 的航时：

$$t=\frac{2E_{\max}\eta_{\mathrm{P}}}{c_{\mathrm{P}}gv}\arctan\left[\frac{\sqrt{B}\,(m_1-m_2)}{B+m_1m_2}\right] \quad （基于质量流量）\quad (48a)$$

或

$$t=\frac{2E_{\max}\eta_{\mathrm{P}}}{c'_{\mathrm{P}}v}\arctan\left[\frac{g\sqrt{B}\,(W_1-W_2)}{g^2B+W_1W_2}\right] \quad （基于重量流量）\quad (48b)$$

式中

$$B=\frac{C_{D_0}\rho^2 S^2 v^4}{4g^2 K} \tag{49}$$

6.5 最大航时的飞行条件

航时与飞机的燃油消耗率有关，于是可建立燃油流量与飞机保持定常平飞所需功率的关系。阻力与真空速的乘积称为阻力功率（或需用功率），根据式（31）可得阻力功率（P_D）与燃油流量（Q）的关系为

$$Q=\frac{c_{\mathrm{P}} P_D}{\eta_{\mathrm{p}}} \tag{50}$$

从式（50）容易看出，使燃油流量最小的速度即为阻力功率最小的速度（此时航时最大）。对于定常平飞，可认为阻力功率即为平飞需用功率（但爬升、下降或加速飞行时，这就不成立了）。3.7.1 节表明，定常平飞时，最小阻力出现在最小阻力速度处。相应的，为了计算最小功率速度（$v_{\mathrm{E_{mp}}}$），将式（26）所示的阻力极曲线带入上式可得

$$P_D=Dv=\frac{C_{D_0}\rho_0 S}{2\sqrt{\sigma}}v_{\mathrm{E}}^3+\frac{2KW^2}{\sqrt{\sigma}\rho_0 S}\frac{1}{v_{\mathrm{E}}} \tag{51}$$

该式对 v_{E} 求导并令结果为零，即可得到最小功率速度表达式为

$$v_{\mathrm{E_{mp}}}=\left(\frac{2W}{\rho_0 S}\sqrt{\frac{K}{3C_{D_0}}}\right)^{\frac{1}{2}}=\frac{1}{\sqrt[4]{3}}v_{\mathrm{E_{md}}}=0.76v_{\mathrm{E_{md}}} \tag{52}$$

从式（52）可以看出，最小功率速度比最小阻力速度小。在现有假设下，最小功率速度为最小阻力速度的 76%。但需要注意，当飞机接近失速速度时，阻力模型（阻力极曲线）的精确度会降低，这会造成所建立的阻力极曲线模型与实际阻力极曲线之间的差别。

另外，在该速度范围的螺旋桨效率和燃油消耗率为常数的假设只是个粗略的近似（尤其对于涡轮螺旋桨飞机而言）。这就是说，式（52）无法精确给出使燃油流量最小（即最优航时速度）的速度。如果有数据的话，5.5 节中介绍的数值/图形化方法更可取。

7 商载航程和航程燃油(喷气式飞机)

7.1 商载航程

飞机的商载由旅客、行李和货物组成。在最大允许商载的情况下，飞机可带的燃油量通常不受油箱尺寸限制，而是受结构强度确定的起飞重量限制。在标准条件下，允许的起飞重量所对应的航程［即飞机的最大起飞重量（MTOW）］称为标称航程。如果这个标称航程小于规划的飞行航程，那就必须减小商载，以携带更多燃油，因为总重量不能超过 MTOW。可以通过调整商载和燃油量的关系，使航程逐步增加。但是，当所有油箱都满油时，增加航程的唯一途径就是减轻商载，这就意味着飞机将以小于 MTOW 的重量起飞。因此，零商载时的航程是最大可能航程。图 5 给出了一架飞机典型的商载-航程关系。

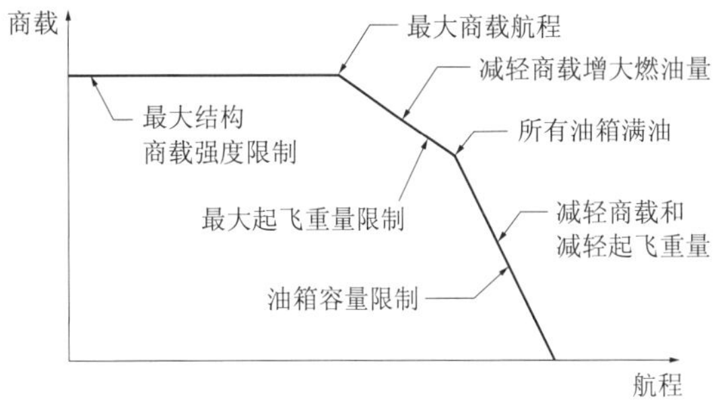

图 5 飞机典型的商载-航程图

7.2 给定巡航距离所需燃油

在 3.4 节～3.6 节中，给出了喷气式飞机巡航开始和巡航结束质量（或重量）在已知情况下航程的计算公式，然而很多时候求解过程相反，即已知航程情况下计算所需燃油量。对于正常的航空运输业务，巡航的燃油质量（m_{f}）或重量（W_{f}）是飞机起始巡航质量（或重量）和巡航结束质量（或重量）之差。根据 Breguet 航程公式［式（19）］，指定巡航距离（R）所需燃油质量（或重量）可以由开始巡航质量（或重量），或者由飞机巡航结束质量（或重量）来确定，即

$$m_{\mathrm{f}}=\left(1-\mathrm{e}^{\frac{-R_{cg}}{v_{\mathrm{E}}}}\right)m_1 \text{ 或 } m_{\mathrm{f}}=\left(\mathrm{e}^{\frac{R_{cg}}{v_{\mathrm{E}}}}-1\right)m_2 \tag{53a}$$

或

$$W_{\mathrm{f}}=\left(1-\mathrm{e}^{-\frac{R_c'}{v_{\mathrm{E}}}}\right)W_1 \text{ 或 } W_{\mathrm{f}}=\left(\mathrm{e}^{\frac{R_c'}{v_{\mathrm{E}}}}-1\right)W_2 \tag{53b}$$

7.3 航程燃油估计（空中近似）

7.2 节中的公式可以用来确定指定巡航距离的燃油量，但是，它们并没有考虑爬升或下降过程所需燃油量，从理论上确定这些过程所需的燃油量是可行的，但是计算并不容易。有时，采用简单的近似是合适的。其中一种广泛使用的方法是假设飞机

在起飞机场和目标机场正上方之间按巡航高度飞行（见图 6），然后按式（53）或者类似表达式来估算飞行过程中的燃油消耗量。

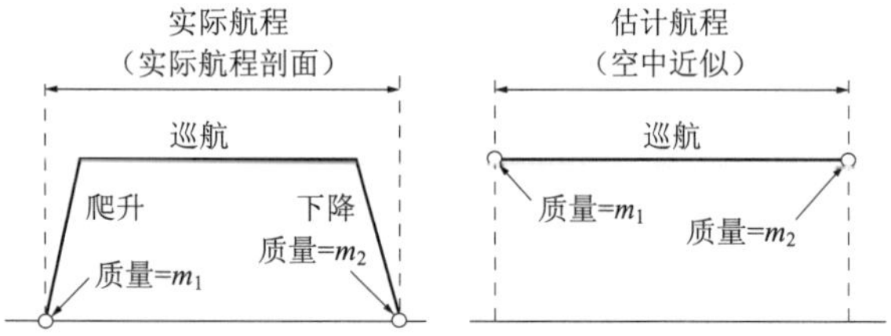

图 6 使用空中近似来评估航程

这种近似技术少估了爬升过程的燃油消耗量，多估了下降过程的燃油消耗量，但是，下降过程的燃油误差并不完全等于爬升过程的燃油误差。该评估技术的精度主要取决于飞行距离，随着飞行距离的增加，爬升和下降阶段所消耗的燃油量占总航程燃油量的百分比是下降的。对于客机，当飞行距离为 500 m 时，爬升和下降阶段的燃油量将达到总燃油量的 50%，而当距离达到 2 000 m 时，则爬升和下降阶段的燃油量将达到总燃油量的 20%。因此当飞行距离增大时，该评估技术给出的结果精度更高。

8 总 结

本章介绍了几种在给定燃油量下计算固定翼飞机航程（即飞行距离）和航时（即空中飞行时间）的方法，对额定推力（如涡喷和涡扇）和额定功率（如活塞螺旋桨和涡轮螺旋桨）发动机都进行了讨论。从基本原理出发，推导了两个积分表达式：一个为航程表达式，另一个为航时表达式。通过引入适当的边界条件，得到了积分表达式的解析解。基于如下假设给出了计算结果：①恒定高度和常升力系数巡航；②恒定速度和常升力系数巡航（Breguet 解决方案）；③恒定高度和恒定速度巡航。对于发动机的燃油消耗率（SFC）有两种定义方式，即质量流量率和重量流量率。航程和航时计算中都给出了这两种定义方式下的解。

计算飞机整个任务包线（包括起飞、爬升、巡航、下降、进近和着陆）过程所需燃油量是相当复杂的，不过，仅通过巡航段的研究即可对飞机的航程有较深入的了解。这种方法通常被称为空中近似法，本章就采用了这种方法。

本专题的相关信息可进一步参考相关资料，如 Anderson（1998）、Asselin（1997）、ESDU（1982）、ESDU（1975a）、ESDU（1975b）、Eshelby（2000b）、Mair 和 Birdsall（1992）、Ojha（1995）和 Ruijgrok（1996）。

术 语

C_D	阻力系数
C_{D_0}	零升阻力系数
C_L	升力系数
c_{j}	涡扇/涡轮喷气式发动机的耗油率（基于质量流量）
c'_{j}	涡扇/涡轮喷气式发动机的耗油率（基于重量流量）
c_{P}	活塞/涡轮螺旋桨发动机的耗油率（基于质量流量）
c'_{P}	活塞/涡轮螺旋桨发动机的耗油率（基于重量流量）
D	阻力
E	升阻比
g	重力加速度
h	恒定高度
K	升致阻力因子
L	升力
m	质量
m_{f}	燃油质量
P	功率
P_{e}	等效轴功率
P_D	阻力功率（需用功率）（$P_D=DW$）
P_{S}	轴功率
P_T	推力功率（$P_T=Tv$）
Q	所有引擎的净燃油质量流量（燃油消耗速率）
Q'	所有引擎的净燃油重量流量（燃油消耗速率）
R	大气航程
r_{a}	单位燃油量大气航程（基于质量流量）
r'_{a}	单位燃油量大气航程（基于重量流量）
S	机翼参考面积
T	推力
T_{j}	附加喷气推力（净推力）
T_{p}	螺旋桨推力
t	时间
v	真空速
v_{E}	等效空速

$v_{E_{md}}$	最小阻力速度
$v_{E_{mp}}$	最小功率速度
W	重量
W_f	燃油重量
x	空中距离
η_p	螺旋桨的效率
ρ	大气密度
ρ_0	国际标准大气中海平面大气密度
σ	相对空气密度（密度比），$\sigma=\rho/\rho_0$
ATC	空中交通管制
EAS	等效空速
ECON	经济（速度）
ISA	国际标准大气
LRS	长航程速度
MRS	最大航程速度
MTOW	最大起飞重量
SAR	大气航程
SFC	燃油消耗率
TOW	起飞重量
TSFC	推力燃油消耗率

参考文献

Anderson, J. (1998) *Aircraft Performance and Design*, McGraw Hill, New York.

Asselin, M. (1997) *An Introduction to Aircraft Performance*, AIAA, Washington.

ESDU (1982) *Approximate Methods for Estimation of Cruise Range and Endurance: Aeroplanes with Turbo-jet and Turbo-fan Engines*, *ESDU 73019*, IHS ESDU, Houndsditch, London.

ESDU (1975a) *Estimation of Cruise Range: Propeller-driven Aircraft*, *ESDU 75018*, IHS ESDU, Houndsditch, London.

ESDU (1975b) *Introduction to Estimation of Range and Endurance*, *ESDU 73018*, IHS ESDU, Houndsditch, London.

Eshelby, M. E. (2000) *Airplane Performance-Theory and Practice*, Arnold.

Mair, W. A. and Birdsall, D. L. (1992) *Airplane Performance*, Cambridge University Press, Cambridge.

Ojha, S. K. (1995) *Flight Performance of Airplane*, AIAA, Washington, DC.

Ruijgrok, G. J. J. (1996) *Elements of Airplane Performance*, Delft University Press, Delft.

本章译者：陈永亮（南京航空航天大学航空宇航学院）

第 218 章

旋翼飞行力学

Simon Newman
南安普敦大学工程科学学院，南安普敦，英国

1 需用功率随前飞速度的变化

由于旋翼的原因，与固定翼飞行器相比直升机不具备快速飞行能力。旋翼的运动方向与其旋转平面非常接近，自然就把旋翼分为在不同气动力环境中运转的两半。一边（称为前行边）是旋转速度叠加移动速度，而另一边（称为后退边）是两个速度之差，如图 1 所示。

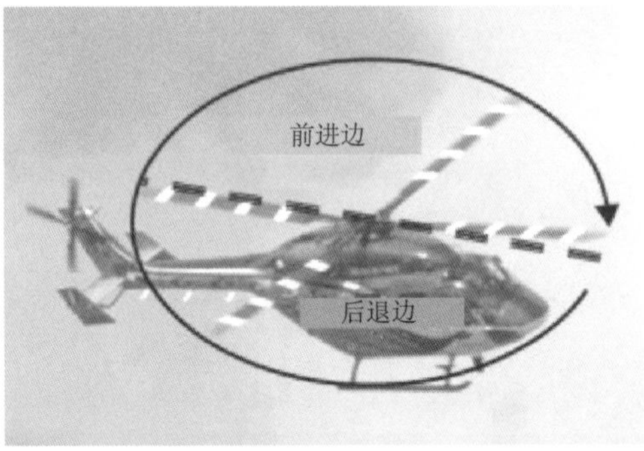

图 1 旋翼的前进边和后退边

随着前飞速度的增加，这一问题的影响增强，因为旋翼需要保持直升机的滚转平衡，这就引发了旋翼上两个基本的问题区域。简单来说，与前行边桨叶相比，后退边桨叶的相对气流速度较低，因此后退边需要更大的桨距角。最终，为了保持滚转配平和产生克服机身阻力所需的拉力，其导致了后行桨叶的失速。此外，前进边也面临着潜在的问题：在大的前飞速度下，在前进边的桨尖区域，速度是高速旋转速度和前飞速度之和，这可能使桨尖马赫数增加到跨音速程度，而跨音速效应会限制翼型的性能，并最终引起高马赫数失速。由于后行桨叶失速及前行桨叶桨尖速度的激波损失，旋翼拉力被限制在一个框子内（前飞包线的绝大部分，旋翼是受限于后行桨叶。前行桨叶限制一般受限于最大速度，而这种情况不一定会出现）。这就是人们熟知的直升机的“速度圈”的概念（如图 2 所示），这正是一种飞行器既能高效悬停，又能在悬停与前飞之间转换所要付出的代价。

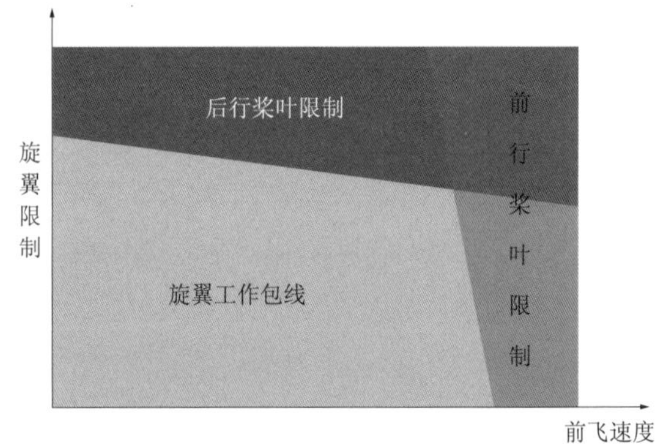

图 2 直升机的“速度圈”

悬停状态具有轴对称性，建模似乎很容易。但事实上，对悬停状态仍需要进行深入的研究分析。旋翼桨叶产生的尾流因为没有被前飞速度吹走而停留在旋翼附近，因而桨叶与穿过桨盘的尾流会相互干扰。一种分析直升机旋翼气动特性的方法是利用气流通过旋翼桨盘后产生的动量变化来确定拉力大小。假设流过旋翼的气流速度即诱导速度为均匀分布。这种简化假设使得建模分析较为容易，但是也带来一个难点，这将在后面的章节讨论。悬停时的诱导速度由公式表示为

$$v_i = \sqrt{\frac{T}{2\rho A}} \tag{1}$$

这一公式表明诱导速度取决于单位桨盘面积上的拉力，即旋翼桨盘载荷。它的重要性在于说明了产生拉力所需要的功率。实际上，这得到的是一个拉力以某一速度（诱导速度）在移动，而拉力与诱导速度这两个量的乘积就是产生拉力的需用功率，称为诱导功率。它可以直接同固定翼飞机机翼的诱导阻力联系起来，不同的是旋翼的诱导阻力作用在旋翼桨叶上，乘以各自到旋翼轴线的径向距离后就是驱动旋翼转动所需要的扭矩，若乘以转速就是诱导功率。桨叶上还有型阻，克服型阻就需要型阻功率。在悬停时，诱导功率远大于型阻功率，约占总功率的70%。因此，高效悬停的旋翼就要诱导功率低，而通过式（1）可知，这需要小的桨盘载荷。为此，通常通过使用大直径的旋翼来达到目的。那些用于低速吊运的直升机，显示了小桨盘载荷的好处。另外，因为机身直接位于穿过旋翼的空气质量流动的路径上，它会影响旋翼下洗流，这也就是所谓的气流堵塞效应，图3表明这一效应是如何发生的。

当直升机向前飞行时，旋翼向前倾斜，这时通过旋翼桨盘的气流由两部分组成。诱导速度仍然存在，但是合成到了前飞速度中。现在计算诱导速度的式（1）中的前飞速度由两个分量形式表示，其中 v_x 是平行于桨盘平面的分量，v_z 是垂直于桨盘平面的分量。

$$v_{\mathrm{i}}=\frac{T}{2\rho A}\frac{1}{\sqrt{v_x^2+(v_z+v_{\mathrm{i}})^2}} \tag{2}$$

（后面介绍各功率组成随前飞速度的变化，如图4所示。）

（a）　　（b）

图3　气流堵塞效应（Agusta Westland 公司提供）

（a）旋翼机身堵塞；（b）机身（废）阻力

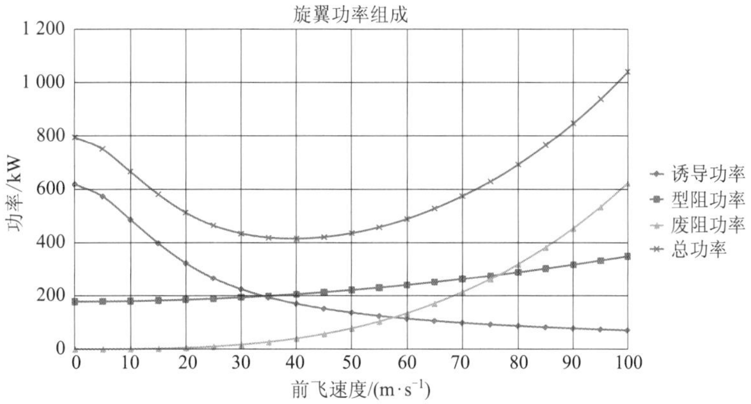

图4　各功率组成随前飞速度的变化

这个方程的解就没有悬停时那么简单，要通过迭代方法求解。前飞速度提高了流过旋翼的空气质量，因此用较小的诱导速度即可获得产生拉力的动量变化。这意味着随着前飞速度的增加，诱导功率会减小。型阻功率也随着前飞速度有所变化，但是略有增大。另外，还有一个因素要考虑。诱导功率是旋翼拉力和诱导速度的乘积。然而，前飞速度有一个垂直于旋翼桨盘平面的分量，该分量会与诱导速度相加，当乘以拉力时，也会产生功率。可以看出，这部分功率等于克服机身阻力所需要的功率，因此被称为废阻功率。机身可以看作产生废阻的物件，图3（b）所示为机身产生废阻时的方式。图3说明了旋翼桨毂阻力也是废阻的组成部分。实际上，这个阻力大约占了直升机总阻力的1/3。图4

给出了这些不同的组成部分随前飞速度的典型变化规律。以上分析是对于旋翼而言的，而对于整个飞行器的功率，需要加上尾桨功率这部分，包括其诱导功率和型阻功率，但没有废阻功率，因为那是由旋翼提供的。全机功率还必须包括辅助系统的功率，如发电机和液压泵的功率。最后，传动损失通常会使总功率有4%的增加。用型阻功率计算假定桨叶型阻系数是一个恒定值。当直升机接近高速时，该假设不一定完全成立。这时，旋翼桨叶的某些部分受到压缩性的影响而阻力增大，尤其是型阻增加得更快，因而型阻功率增大。

2 爬　　升

直升机的爬升和固定翼飞行器有所不同。因为旋翼提供爬升所需拉力，直升机不需要使其自身与飞行轨迹同方向。功率消耗主要由飞行速度在旋翼处的水平和垂直分量决定，如图5所示。垂直分量（v_c）增加到旋翼下洗流中，引起直升机爬升所需功率增加（$W \cdot v_c$）。其中，W 是直升机重量。流过机身的来流向下倾斜，与机身后部的气动部件会发生相互干扰作用。这会导致配平改变，这种变化与前飞速度和机身俯仰角有关。

图5　入流速度在旋翼处的分解（Agusta Westland公司提供）

3 最大航程和航时

建立了功率消耗随前飞速度的变化关系后，航时和航程的计算就可以得到解决了。航时是在给定燃料消耗量的条件下的飞行时间，而航程是给定燃料消耗量的条件下的飞行距离。现在需要考虑发动机工作时，其耗油量随功率的变化关系。燃油消耗模型用燃油消耗速度，即单位时间所消耗的燃油质量来表达。如果把燃油消耗速度随功率变化的关系绘制在图上就会发现它近似直线。图6所示是一个典型情况的示意。

从图6中可以看到两种情况。“完整模型”正如它的名称，是典型发动机模型，而且线性关系与真实的发动机数据匹配得很好。然而这种线性关系最大的特点是在坐标纵轴上有正截距。而另一种燃油消耗模型被称为“简化模型”，它是通过人为地设置“完整模型”截距为零但保持同样的斜率而得到的。虽然是人为设计，但是用这种简化模型可以得到一个常值的发动机燃油消耗速度，用它来与完整模型进行对比是有用的。此外，截距的存在造成燃油消耗受工作发动机的数量的直接影响。这很明显，当多个发动机提供所需功率时，燃油消耗是直接增加的。另外，这两种方法的差异呈现不同的变化特点，可以由此得到一些结论。

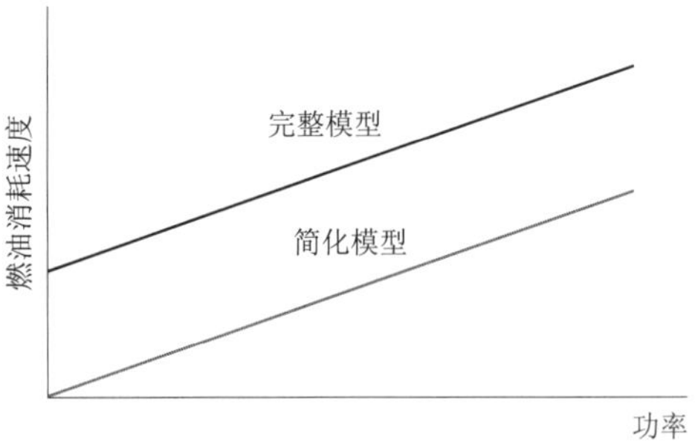

图6　燃油消耗速度随功率的变化关系

图7（a）给出了航时随速度变化的关系。对于两种燃油流量模型，最大航时发生在相同的速度下，即最小功率时的速度。功率变化曲线显示，在悬停和高速飞行条件下功率消耗较大，而最小功率速度发生在速度约35 m/s处，这就是直升机最佳留空时间的条件。

对于两种燃油流量模型，最大航程所对应的速度是不同的。图7（b）给出了在两种燃油流量模型下航程随速度的变化情况。在图7（c）中，最佳速度绘制在功耗曲线图上，从中可以看出，最大航程的速度（远航速度）对应从不同坐标点引出切线的切点位置。简化法中（相当于燃油消耗率恒定）的切线从原点开始；而“完全模型”的切线从负坐标开始，该点位置取决于其燃料消耗模型，也就是截距和斜率特性。

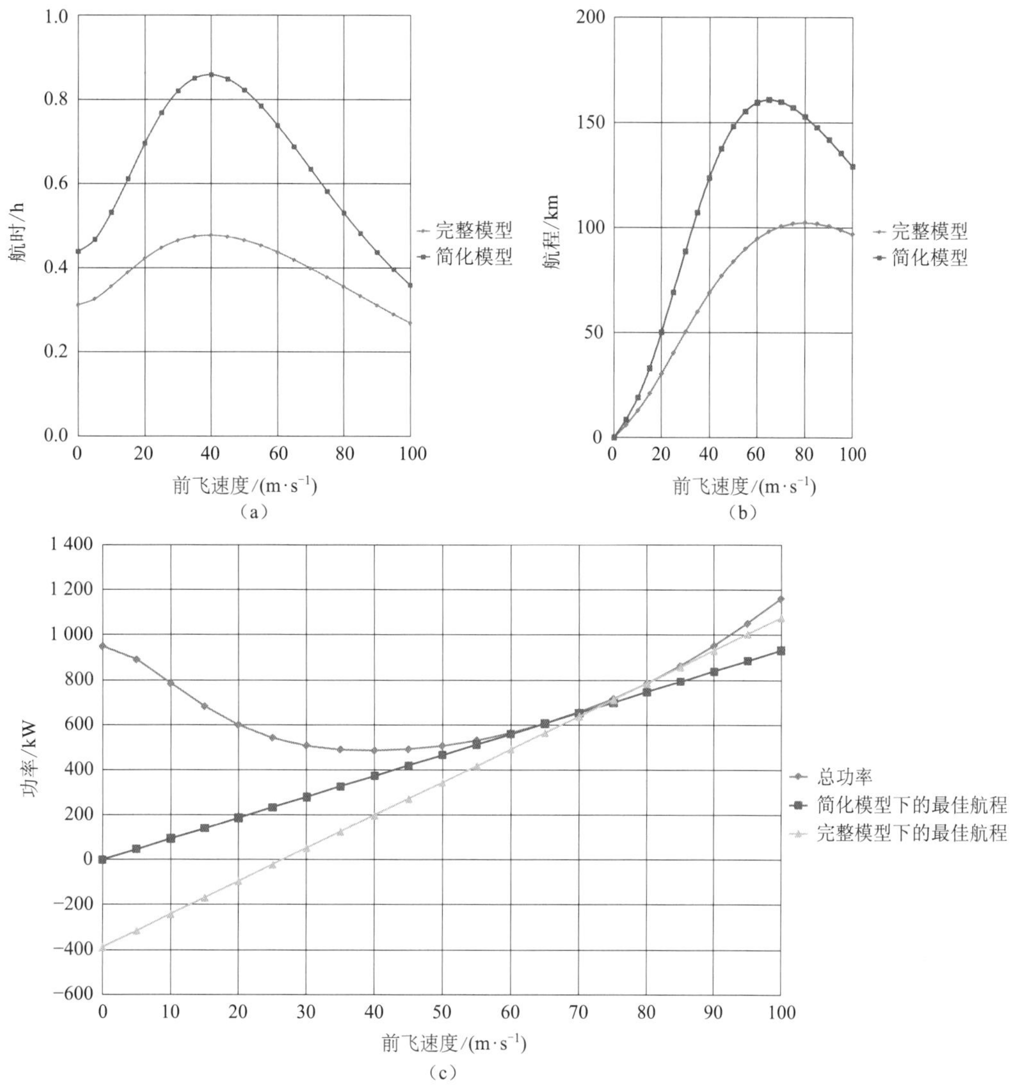

图 7　随前飞速度变化的航时和航程变化关系

(a) 航时；(b) 航程；(c) 远航速度

4 自　　转

飞行中的发动机失效并不意味直升机必然处于危险中。在飞行员能够完全控制直升机的条件下，如果操作正确，可以应对发动机失效的情况。使直升机进入风车制动状态是必要的飞行条件。当时的情况及其所需要的操作在很大程度上依赖于安装的发动机的总数和失效数。对于单发直升机，功率中断意味着没有功率输入，也意味着着陆是其唯一的选择。对于一个多发直升机，通常会保留一定的功率，当仍在工作的发动机可以提供旋翼系统所需功率时，直升机仍可以保持飞行，此时通常会以接近最小功率的速度飞行。当剩余的功率足够支持直升机在所有可能的飞行速度飞行时，正常着陆也是可能的。但是难处在于，由于悬停状态下需用功率高，这时发动机的功率可能不足以悬停。这也并非问题，滑跑着陆也是可行的。

发动机失效后，一架特定直升机成功着陆的能力可以用一幅高度/速度图来定义，这一曲线也被称为“死人线”（见图 8）。其中阴影区是不建议飞行的区域。为简单起见，只讨论单引擎直升机。先讨论图中 A 点的情况，它对应高空悬停状态。发动机出现故障时，功率的降低将导致旋翼转速下降。如果不采取措施，旋翼转速将会下降，产生的拉力将相应减少，进而直升机高度下降，情况将会变得无法挽回。问题的关键是维持旋翼的转速。为了使旋翼加速旋转，必须有功率输入，而当旋翼以风车状态工作时它就具备了这样的能力，但这需要产生一个向上的入流。这可以通过使直升机进入下降飞行状态来实现。这就要求飞行员降低总距（总距是直升机的一个主要的操纵量，见图 9）来减小拉力以使直升机开始下降，这样就开始进入自转，而旋翼的动态特性对实现这一机动飞行的难易程度有很大影响。由于下降速度产生向上的入流使旋翼能够保持旋转，这时可以增加总距角，使向上的入流保持旋翼转速恒定，并且旋翼产生的拉力等于整机重量，就可以保持稳定的下降飞行状态。但这时的稳定下降率是很高的，要实现成功着陆而没有机身重大损坏是不可能的；因此，需要使下降速率减小。飞行员可以通过提高总距以增加旋翼拉力的操纵方式来减缓下降速度，这一机动过程称为拉平。然而这一机动将导致旋翼转速减小，这意味着拉平动作只能进行一次，所以必须小心地进行正确的自转拉平机动。直升机产生拉力以减小下降率的能力依赖于自转下降阶段的高转速，其有效性在于这时旋翼储存了用于拉平机动飞行的动能。动能反映了旋翼的惯性及下降过程中的转速，而因飞行高度所具有的势能则转化为提供给旋翼的动能。

进入自转后，其随后的下降和拉平动作都需要损失一定的高度以完成最后的自转着陆。图 8 中 A 点是直升机从悬停状态到成功着陆所需的最小高度。如果直升机悬停在地面上的高度很低，飞行员基本上没有办法来对付功率损失。旋翼转速降低，旋翼拉力就会减小，直升机将下降。若离地高度小，撞击会比较轻微，通常起落架会吸收这一撞击载荷。图 8 中的 B 点，正是可以完成这种下降的最大高度。在点 A 和点 B 之间的飞行高度的范围内，无论是自转着陆还是起落架缓冲着陆，这些技术都不能保证安全着陆的成功，所以必须避免。

当发动机发生故障时，直升机处于前飞状态，旋翼可以获得向上的入流。通过缓慢后拉周期变距杆（见图 9）可以使前飞速度部分地通过旋翼，前飞速度越大，通过旋翼的向上入流也就越多。因此，随着直升机前飞速度的增加，由 A 点和 B 点限定的飞行高度的限制区逐渐变小。当高度限制问题消失时，两种限制在 C 点相交。随着直升机的飞行速度的加大，着陆困难增加，因为这时直升机不得不上仰飞行以利用旋翼的拉力使直升机减速。这时高速的向上入流可导致产生过大的拉力而使直升机向上飞，这样着陆将更加难以实现。在低高度处，这一问题会更严重，因为机身姿态过度上仰，尾部有撞击地面的危险。对于这方面的因素，在“死人线”图上增添了由 D 点定义的第二个回避区。

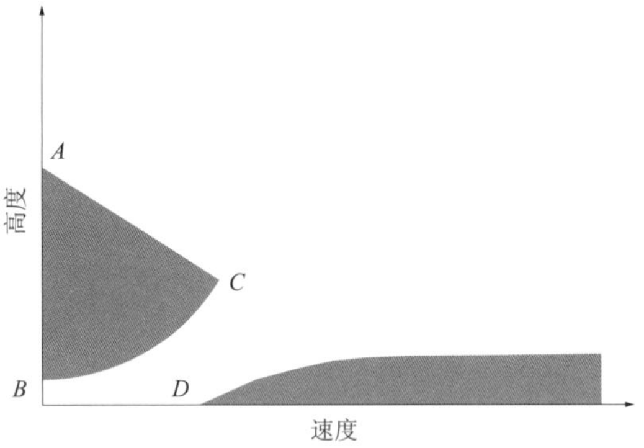

图 8　“死人线”

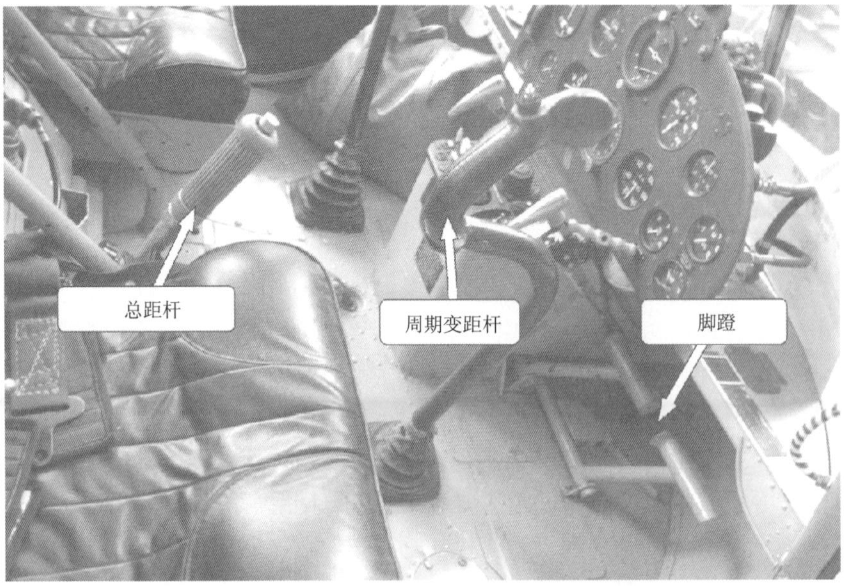

图 9　Saunders Roe Skeeter 直升机的主要控制机构

总距杆在左手，控制旋翼的拉力；周期变距杆在右手，控制旋翼桨盘的姿态；脚蹬控制尾桨的推力。

5　垂直飞行的流态和影响涡环状态的因素

在垂直飞行状态下，作用盘理论[①]中爬升和下降方程的解如图 10 所示。

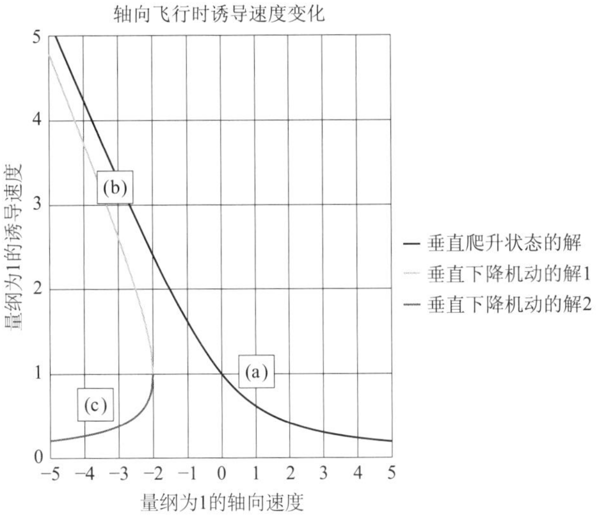

图 10　垂直飞行时作用盘理论的解

可以看出，图中诱导速度的若干解都需要按实际情况作合理化处理。首先，讨论一下垂直爬升状态的解（a），随着垂向速度降低到零，诱导速度稳步上升直到悬停状态，这符合客观情况，因为爬升速度与诱导速度同向合成加大了通过旋翼盘的质量流量。这意味着，为了保持相同的拉力，较低的诱导速度就可以达到同样的动量变化。而对于旋翼垂直下降机动的解（b），由于入流减少导致诱导速度增加，但是这个解却演变出一个奇怪的趋势，即它渐近地趋于入流与诱导速度之和为零的情况。这显然是不现实的，因为零质量流量意味着没有希望实现动量变化，从而不能产生拉力。而下降的解的另一支（c）也渐进地趋于总入流为 0 的情况，但随着下降速度的增加，它的变化为具有实际物理意义的现象。

在垂直飞行状态下，旋翼周围的流动状态示意如图 11 所示。图 11（a）显示了悬停时的确定的稳定流管，其下洗利用作用盘理论建模，符合实际情况。然而，均匀下洗的假设导致中等下降速度时建模的困难。事实上，旋翼桨叶产生的涡量主要在桨尖区域，在下降速度较低时，它们围绕在旋翼桨盘的边缘，形成了一个环形结构，如图 11（b）所示。（因为它可被限制在一定范围内，作用盘理论可以适用）随着下降率的增加，这种涡状态所影响的旋翼区域增加，直到发展成掌控整个旋翼的环流状态。这就是所谓的涡环状态，如图 11（c）所示。这是直升机飞行中的独特问题。把这种流动状态描述为稳定的环形涡流状态未免过于肤浅。这是一个由相互作用的旋涡流主导的极不稳定的状态，其中有整个不稳定流动引起的大量高频率振动，同时还附加有另一种情况，就是围绕在旋翼周围的涡量汇聚起来后会突然释放，从而产生一个低频率的振动。随着下降速度的增加，涡会流动到旋翼上方，从而建立一种流动模式，类似平板后方的流动模式，如图 11（d）所示，它被称为紊流尾迹。随着下降率的进一步增加，涡会更加远离旋翼桨盘，旋翼周围重新建立起稳定的流管，如图 11（e）所示。最后流动会变成风车状态，如图 11（f）所示。

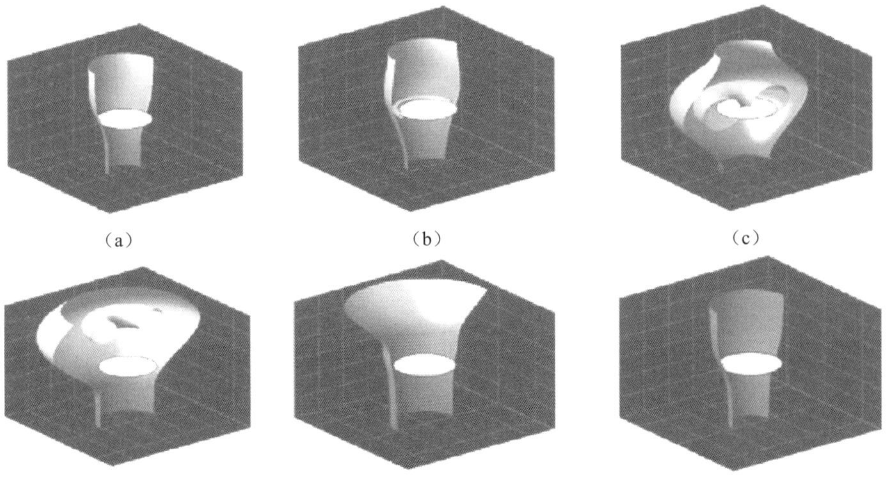

图 11　随着下降率的增加，整体流动状态变化示意

① 译者注：原文为“the actuator disc”，这里翻译为“作用盘理论”，国内常称之为“动量理论”或“滑流理论”。

6　地面效应

直升机接近地面时，下洗流会受到地面的干扰，这对于功率消耗会产生有利的影响，可用于两个方面。首先，给定重量的直升机能够在较低的功率下作近地面悬停；其次，以给定的功率可以支持更重的直升机悬停。出于这个原因，性能分为有地效（IGE）和无地效（OGE）两种。图 12 所示的这种现象的解释是：地面可以用一架在地面以下映像位置悬停的直升机所代替，这就表明地面效应可以解释为有一假想的上升流使直升机性能有所改善。图 13 显示了不同高度（Z/R）和前进速度下有地效和无地效的拉力变化。前进速度可以用尾迹角表示，尾迹角是前飞速度和下洗速度的比（图 13）。一个坐标轴为尾迹角，用尾迹中心轴线向后倾斜的量表示尾迹角，并定义悬停时尾迹中心轴线的位置尾迹角为 0°，如图 14 所示。旋翼的高度/半径比是旋翼桨盘在地面之上的高度与旋翼半径之比。图 13 中的垂向坐标是有地面效应下的旋翼拉力与无地面效应的旋翼拉力之比。假定在两种情况下旋翼操纵量是相同的，就可以解释地面效应是如何使旋翼产生更大拉力（比值大于 1）的了。

图 12　用海平面下的映像解释地面效应（由美国海军提供）

从图 13 可以看出，地面效应的影响随着直升机远离地面或加速向前飞行而减小。

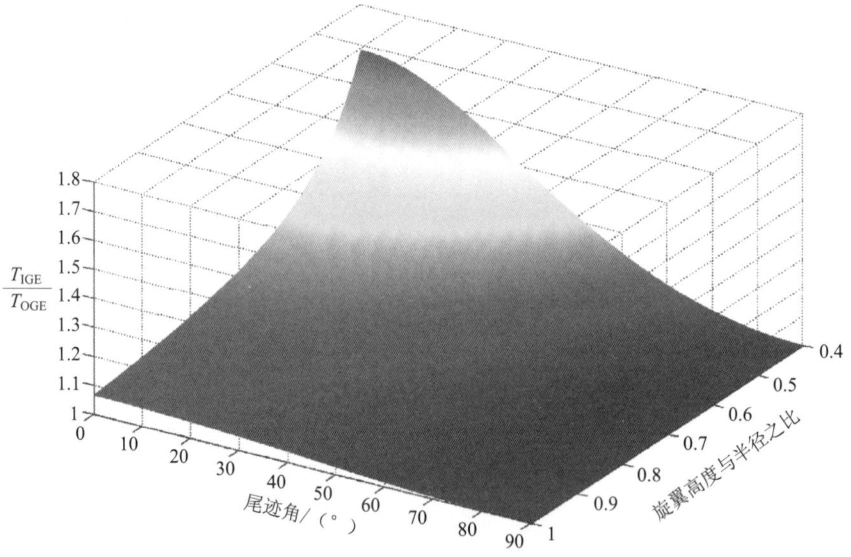

图 13　地面效应

图 14　尾迹倾斜角（由美国海军提供）

7 旋翼/尾桨干扰

与旋翼相比，尾桨常常被看作次要的，旋翼提供六个自由度中的五个自由度的控制，第六个自由度（偏航）由尾桨提供（对于常见的单旋翼带尾桨构型）。然而，尾桨在直升机上处于一个非常不利的位置，它受机身，尤其是旋翼尾迹的影响。图15显示了在悬停和前飞时旋翼尾流的延伸情况，可以看出，在悬停时尾流不影响尾桨。当直升机进入前飞状态时，旋翼尾流向后倾斜，与尾桨有可能发生相互干扰，这可能会影响尾桨的空气动力学性能，从而影响偏航控制。此外，尾桨的位置接近垂尾，或垂直安定面，如图16所示，这也可能造成干扰，类似于旋翼的堵塞效应。虽然其机理不同，但产生的效果相同，即在垂直安定面上会产生与尾桨拉力反向的力。旋翼与尾桨之间的气动干扰作用还可能产生噪声。对于尾桨，有两个重要的方面需要考虑：其一，它是否是推力桨（即按旋翼旋转的方向推垂直安定面）；其二，它的旋转方向。例如，在图16所示的情况下，尾桨是推力桨，其旋转方向是顶部向后。

（a）　　（b）

图 15　Sikorsky 公司的黑鹰（Blackhawk）直升机和 Westland 公司的山猫（Lynx）直升机（由美国海军提供）

（a）Sikorsky 公司的黑鹰（Blackhawk）直升机；（b）Westland 公司的山猫（Lynx）直升机

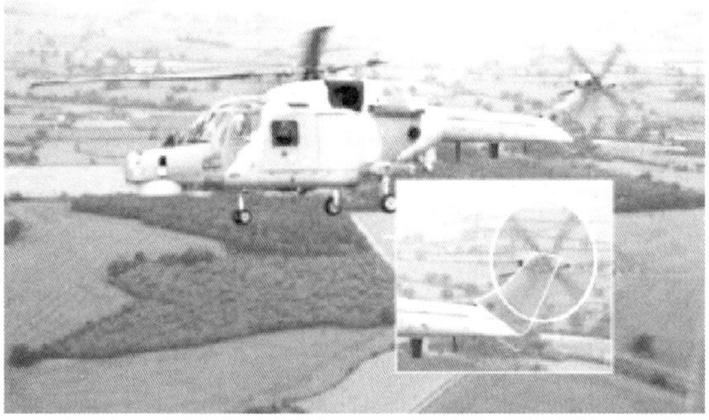

图 16　山猫（Lynx）直升机

8 总　　结

本章讨论了悬停、垂直飞行和前飞状态下的直升机性能的各个方面。本章初步讨论采用作用盘的概念，以动量定理为基础，此方法虽最为基本方法，但是，当直升机不在飞行包线的边界附近飞行时，利用它可以得到有用的知识并能预测需用功率。随后，本章估算装备单个或多个典型涡轮轴发动机的燃油消耗率，研究了速度对于航程和航时的影响并概述了发动机数目的重要性。

本章对作用盘理论用于垂直飞行的局限性进行了讨论。爬升、悬停、低速和高速的下降可以通过作用盘处理，然而，对应中等下降率的涡环状态主要是由不稳定的旋涡流动掌控，由作用盘理论得出的解没有实用价值。这种状态需要求助于更复杂的分析或实验数据。

本章还讨论了直升机的性能在自转和地面效应等飞行条件下受到的影响。最后一节专门讨论了在旋翼影响下尾桨的工作状态和空气动力学特性。

读完本章后，读者应该知道，直升机旋翼空气动力学是非常复杂的。本章讲的是作为升力装置的旋翼及其整体性能的评估。读者可以阅读本书中提示的相关章节，以便进一步了解直升机空气动力学。

术　　语

A	桨盘面积
R	旋翼半径
T	旋翼拉力
T_{IGE}	有地面效应的旋翼拉力
T_{OGE}	没有地面效应的旋翼拉力
v_c	爬升速度

v_i	诱导速度
v_x	平行于旋翼盘的前飞速度分量
v_z	垂直于旋翼盘的前飞速度分量
W	直升机重量
Z	旋翼盘距离地平面的高度
ρ	空气密度

相关章节

第 1 卷，第 11 章
第 1 卷，第 12 章
第 1 卷，第 14 章
第 1 卷，第 18 章
第 3 卷，第 131 章
第 5 卷，第 223 章
第 5 卷，第 224 章
第 5 卷，第 226 章
第 7 卷，第 324 章
第 7 卷，第 328 章
第 7 卷，第 334 章
第 7 卷，第 343 章
第 7 卷，第 352 章
第 7 卷，第 355 章

参考文献

Bramwell，A. R. S.，Done，G.，and Balmford，D. （2000） *Bramwell's Helicopter Dynamics*，2nd edn，ElsevierLtd，ISBN：978－0－7506－5075－5.

Cooke，A. K. and Fitzpatrick，E. W. H. （2002） Helicopter Test and Evaluation，*AIAA* Education Series，ISBN：978－1－5634－7578－8.

Gessow，A. and Myers，G. （1952） *Aerodynamics of the Helicopter*，Ungar.

Johnson，W. （1994） *Helicopter Theory*，Dover Publications，ISBN：0486682307.

Padfield，G. D. （2007） *Helicopter Flight Dynamics The Theory andApplication of Flying Qualities and Simulation Modeling*，*AIAA Education Series*，2nd edn，Blackwell Science Ltd，ISBN：978－1－56347－920－5.

Newman，S. （1994） *Foundations of Helicopter Flight*，Heinemann Butterworth，ISBN：978－0－340－58702－7.

Seddon，J. and Newman，S. （2001） *Basic Helicopter Aerodynamics*，AIAA Education Series，2nd edn，Published by Blackwell Science Ltd，ISBN：978－1－56347－510－8.

Stepniewski，W. Z. and Keys，C. N. （1984） *Rotary-Wing Aerodynamics*，Dover Publications，ISBN：0486646475.

本章译者：王焕瑾（南京航空航天大学航空宇航学院）

第 219 章

纵向静稳定性

Antonio Filippone
曼彻斯特大学，曼彻斯特，英国

1 引　言

如果飞机在纵向运动中受到扰动后，又回到其原来平衡状态的趋势，那么它是纵向稳定的。同样，如果扰动后它逐渐远离原来的平衡状态，则飞机系统是纵向不稳定的。

通过飞机对称轴的垂直平面内的力和力矩的平衡问题，是纵向静稳定性所研究的问题，也就是研究迎角扰动所导致的俯仰力矩的变化。如果俯仰力矩的变化和迎角的变化是相反的，则飞机具有纵向静稳定性，即

$$\frac{dC_M}{d\alpha}<0 \quad \frac{dC_M}{dC_L}<0 \tag{1}$$

假设迎角和气动升力之间有线性关系 $C_L = C_{L_\alpha}\alpha$。

2 机翼的俯仰力矩方程

常规机翼在小迎角时，俯仰力矩随升力系数线性变化的关系为

$$C_M=C_{M_0}+C_{M_\alpha}\alpha=C_{M_0}+C'_MC_L \tag{2}$$

式中，C_{M_0}是 $\alpha=0$ 时的俯仰力矩；C'_M是敏感系数，$C'_M=\frac{dC'_M}{dC_L}$。机翼的纵向特性取决于机翼的若干几何参数，包括机翼参数，如展弦比、扭转和前缘后掠角。机翼俯仰力矩的例子如图 1 所示。图 1 的数据显示俯仰力矩在 $C_L<0.5$ 时呈适度的线性变化，而在失速条件下会出现特殊的发散状态。Furlong 和 McHugh 于 1957 年发表的文章总结了各种机翼的纵向特性。

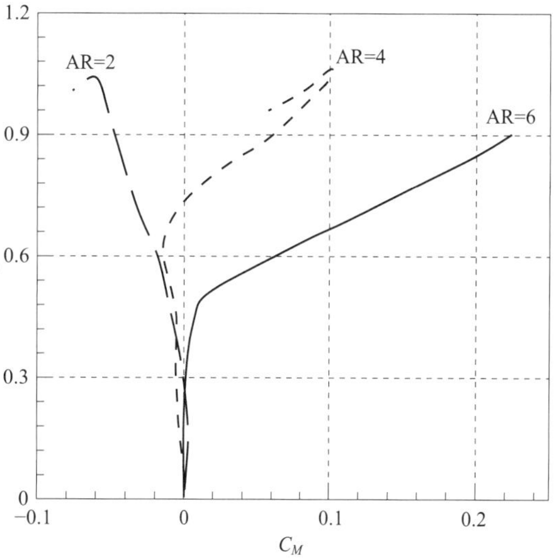

图 1　后掠翼的纵向特性

1/4 弦处的后掠角是 45°，根稍比 λ＝0.6，翼型 NACA65 - A - 006［节选自 NACA（1950 年）］。

线性变化的情况只适用于低升力系数，这在本章后段会提及。现在考虑适当展弦比的矩形机翼的情况。气动力合力作用点到前缘的距离为 x_1，如图 2 所示，绕距离前缘为 x 的点的俯仰力矩是

$$C_M=C_{M_1}-\frac{x_1-x}{c}C_L\cos\alpha-\frac{x_1-x}{c}C_D\sin\alpha \tag{3}$$

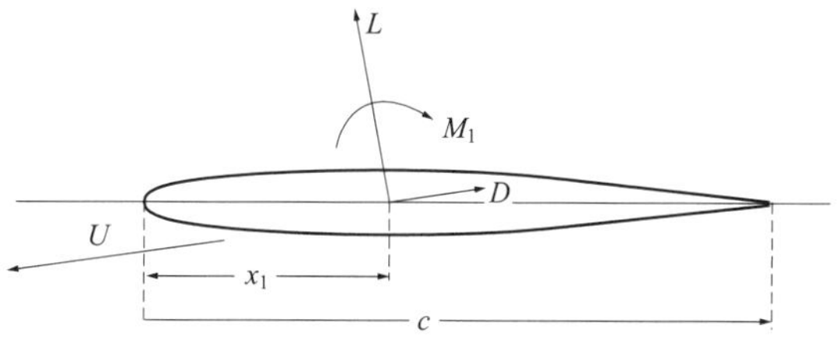

图 2　矩形机翼俯仰力矩定义示意

假设 $\sin\alpha \approx \alpha$，$\cos\alpha \approx 1$。一般情况下，机翼的升阻比 C_L/C_D 较高，因此 $C_{D\alpha} \ll C_L$。这样得到线性方程为

$$C_M = C_{M_0} + C'_M C_L - \frac{x_1 - x}{c} C_L \tag{4}$$

俯仰力矩为零的点被称为压力中心：

$$\frac{x}{c} = \frac{x_{cp}}{c} = \frac{x_1}{c} - C'_M - \frac{C_{M_0}}{C_L} \tag{5}$$

$\mathrm{d}C_M/\mathrm{d}C_L = 0$ 的点被称为气动中心，即焦点：

$$\frac{x_{ac}}{c} = \frac{x_1}{c} - C'_M \tag{6}$$

在亚音速马赫数下，气动中心位于前边缘约1/4弦处。这一位置随马赫数和迎角的变化不大。在跨音速马赫数下，气动中心会偏离这个位置，随着速度的增大到超音速马赫数，最终压力中心将稳定在1/2弦长处。

3　平均空气动力弦和重心

若机翼不是矩形的，则需要确定适当的参考弦。在飞机的稳定性和控制研究中，通常会用到一个有点晦涩的弦定义：平均空气动力弦（MAC）。其计算公式为

$$\mathrm{MAC} = \bar{c} = \frac{2}{S}\int_0^{b/2} c^2 \mathrm{d}y \tag{7}$$

这个定义来源于不变翼剖面的无扭桨叶的片条理论。实际上，常规翼剖面微元的零升俯仰力矩是

$$C_{M_0}(y) = \frac{\mathrm{d}M_0}{qc^2 \mathrm{d}y} \tag{8}$$

积分这个等式

$$M_0 = \int_{-b/2}^{b/2} C_{M_0} qc^2 \mathrm{d}y = q\int_{-b/2}^{b/2} C_{M_0} c^2 \mathrm{d}y \tag{9}$$

现在假设此机翼零升俯仰力矩沿展向没有变化。因此，可以得到如下等式：

$$\int_{-b/2}^{b/2} C_{M_0} c^2 \mathrm{d}y = 2C_{M_0}\int_0^{b/2} c^2 \mathrm{d}y = C_{M_0}\bar{c}S \tag{10}$$

该式包含了方程（7）定义的参考弦。对于相对简单的梯形机翼，设尖削比为 λ，展弦比为 A，翼展为 b，根弦为 c_0，总面积为 S，其平均空气动力弦是

$$\bar{c} = \frac{2}{3}c_0\left(\frac{1+\lambda+\lambda^2}{1+\lambda}\right),\quad c_0 = \frac{2}{1+\lambda}\cdot\frac{S}{b} \tag{11}$$

重心位置通常用其占平均气动弦的百分比来给出。从机翼的设计计算可以得到平均气动弦的位置和尺寸。这样，距离平均气动弦前缘 1/4 处的点的位置就是已知的。设重心位置相对于机头的位置为 x_{cg}。转换为占平均空气动力弦的百分比是

$$\%\bar{c} = 100\,\frac{x_{cg} - x_{LE_{MAC}}}{\bar{c}} \tag{12}$$

式中，$x_{LE_{MAC}}$ 为平均气动弦的前缘相对于机头的位置。将此等式转换后，即得到力臂的计算式：

$$x_{cg} - x_{LE_{MAC}} + \frac{\%\bar{c}\cdot\bar{c}}{100} \tag{13}$$

4　飞机的俯仰力矩方程

如图 3 所示，飞机的俯仰力矩方程为

$$M = M_{0w} + M_{0t} + (h - h_0)\bar{c}W - L_t x_t \tag{14}$$

在方程（14）中，飞机各部件对俯仰力矩的贡献有：机翼和尾翼的零升俯仰力矩、机翼升力和平尾升力对重心产生的力矩。x_t 是机翼和尾翼气动中心之间的距离，在亚音速下它仅依赖于飞机的几何形状。升力系数如下：

$$C_L = \frac{W}{pS}\quad C_{L_w} = \frac{L_w}{pS}\quad C_{L_t} = \frac{L_t}{pS_t} = \frac{L_t}{pS}\left(\frac{S}{S_t}\right) \tag{15}$$

式中，$p = \rho U^2/2$ 为自由流的动压。方程（15）的最后一个等式表明尾翼的 C_L 的计算需要用到尾翼面积。现在用 $qS\bar{c}$除以方程（14），得到

$$C_M = C_{M_0} + (h - h_0)C_L - C_{L_t}V_t \tag{16}$$

式中，V_t 为尾翼容积系数，其计算公式为

$$V_t = \frac{x_t S_t}{S\bar{c}} \tag{17}$$

C_M表示飞机的（零升*1）俯仰力矩系数，是单独机翼和水平安定面的贡献之和。各俯仰力矩系数的定义为

$$C_{M_w} = \frac{M_{0w}}{pS\bar{c}},\quad C_{M_t} = \frac{M_{0t}}{pS\bar{c}},\quad C_{M_0} = \frac{M_{0w} + M_{0t}}{pS\bar{c}} \tag{18}$$

接下来，需要找到一个合适的平尾升力系数表达式。作为迎角和升降舵偏转角的函数，平尾的升力系数可表示为

$$C_{L_t} = C_{L_{\alpha_t}}\alpha_t + C_{L_\delta}\delta \tag{19}$$

平尾的有效迎角取决于其布局的几何参数以及机翼产生的下洗。如果用 η_t 表示平尾和机翼之间的角度，ε 是由于下洗产生的迎角变化，则

$$\alpha_t = \alpha + \eta_t - \varepsilon \tag{20}$$

注意：η_t 是依赖于飞机结构布局的量，而 ε 则依赖于飞行状态。假设机翼上升力的分布是椭圆形的，则产生均匀的下洗为

$$\frac{\bar{\omega}}{U} = \frac{2L_\omega}{\pi\rho b^2 U^2} \tag{21}$$

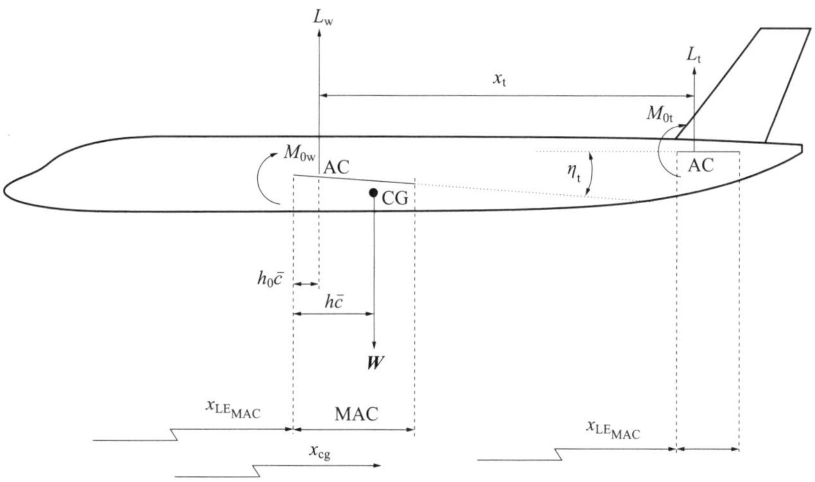

图 3　与全机的俯仰力矩相关的各符号定义示意

由于椭圆分布载荷在实际中并不存在，引入有效展弦比来修正其与理想状态的偏差。不失一般性，保留由式（21）确定的下洗，则由于下洗产生的迎角变化可以写为

$$\varepsilon \simeq \frac{\overline{\omega}}{U} \simeq \frac{C_L}{\pi A} \tag{22}$$

这里 $A=b^2/S$，是机翼的展弦比。现在使用式（22）来改写式（19）得到

$$C_{L_t}=C_{L_{\alpha_t}}\left(\alpha-\frac{C_L}{\pi A}\right)+C_{L_{\alpha_t}}\eta_t+C_{L_\delta}\delta \tag{23}$$

如果升降舵上有调整片，则调整片偏转 β 角后也会使平尾升力产生变化，最终俯仰力矩方程写为

$$C_M=C_{M_0}+(h-h_0)C_L-V_t\left[C_{L_{\alpha_t}}\left(\alpha-\frac{C_L}{\pi A}\right)+C_{L_{\alpha_t}}\eta_t+C_{L_\delta}\delta+C_{L_\beta}\beta\right] \tag{24}$$

由升降舵偏转产生的铰链力矩可以用如下的量纲为 1 的形式给出：

$$C_H=\left(\frac{dC_H}{d\alpha_t}\right)\alpha_t+\left(\frac{dC_H}{d\delta}\right)\delta+\left(\frac{dC_H}{d\beta}\right)\beta \tag{25}$$

或

$$C_H=\left(\frac{dC_H}{d\alpha_t}\right)\left(\alpha-\frac{C_L}{\pi A}\right)+\left(\frac{dC_H}{d\alpha_t}\right)\eta_t+\left(\frac{dC_H}{d\delta}\right)\delta+\left(\frac{dC_H}{d\beta}\right)\beta \tag{26}$$

铰链力矩的确定是一个重要的问题，它与配平及相应的操纵力有关。下面主要讨论配平问题。

5　握杆纵向配平

当俯仰力矩为 0 时，飞机是纵向配平的。由式（24）可确定飞机配平时升降舵的偏转角为：

$$\delta=-\delta_{trim}=\frac{C_{M_0}}{V_tC_{L_\delta}}+\frac{(h-h_0)C_L}{V_tC_{L_\delta}}-\frac{1}{C_{L_\delta}}\times\left[C_{L_{\alpha_t}}\left(\alpha-\frac{C_L}{\pi A}\right)+C_{L_{\alpha_t}}\eta_t+C_{L_\beta}\beta\right] \tag{27}$$

方程的解与 C_L 的变化及重心位置有关，对于固定的重心位置，升降舵偏转角和升力之间的关系是线性的，得到

$$\delta_{trim}=\delta_0+C_Lf(h) \tag{28}$$

如果飞机是手动操纵的，飞行员必须使驾驶杆固定在配平所需要的位置上。由式（26）可以计算握杆时的铰链力矩。可以证明，在大多数情况下铰链力矩相当大，所以需要控制系统提供力矩来缓解飞行员的操纵负荷。

6　松杆时的纵向配平

上一节讨论了满足 $C_M=0$ 时的配平问题。通过升降舵偏转一定角度，可以满足这一条件，而升降舵的偏转生成了铰链力矩，这就出现了一个更严格的配平条件，即 $C_H=0$。在这种配平情况下，驾驶杆是松开的，即实际上驾驶员不需要进行任何操纵。显然，这是一个更轻松的飞行方式。为简洁起见，令

$$b_1=\frac{dC_H}{d\alpha_t},\ b_2=\frac{dC_H}{d\delta},\ b_3=\frac{dC_H}{d\beta} \tag{29}$$

铰链力矩可以重新写为

$$C_H=b_1\left(\alpha-\frac{C_L}{\pi A}\right)+b_1\eta_t+b_2\delta+b_3\beta \tag{30}$$

从方程（30）可知，在 $C_H=0$ 下的配平条件下的升降舵偏转为

$$-\delta=\left(\frac{b_1}{b_2}\right)\left(\alpha-\frac{C_L}{\pi A}\right)+\left(\frac{b_1}{b_2}\right)\eta_t+\left(\frac{b_3}{b_2}\right)\beta \quad (31)$$

方程（31）表明，升降舵与调整片的关系通过 $-b_3/b_2$ 体现。如果把升降舵偏转角方程（31）代入式（24）会得到新的俯仰力矩为：

$$C_M=C_{M_0}+(h-h_0)C_L-V_t H \quad (32)$$

这里

$$H=\left[C_{L_{\alpha_t}}-C_{L_\delta}\left(\frac{b_1}{b_2}\right)\right]\left(\alpha-\frac{C_L}{\pi A}\right)+\left[C_{L_{\alpha_t}}-C_{L_\delta}\left(\frac{b_1}{b_2}\right)\right]\eta_t+\left[C_{L_\beta}-C_{L_\delta}\left(\frac{b_3}{b_2}\right)\right]\beta \quad (33)$$

为了简化式（33），假设

$$a_1=\left[C_{L_{\alpha_t}}-C_{L_\delta}\left(\frac{b_1}{b_2}\right)\right]\quad a_2=\left[C_{L_\beta}-C_{L_\delta}\left(\frac{b_3}{b_2}\right)\right] \quad (34)$$

Russell（2003 年）证明这些系数是升降舵松浮情况下尾翼的升力线斜率。因此，方程（32）简化为

$$C_M=C_{M_0}+(h-h_0)C_L-V_t\left[a_1\left(\alpha-\frac{C_L}{\pi A}\right)+a_1\eta_t+a_2\beta\right] \quad (35)$$

方程（35）是松杆的俯仰力矩方程，为了配平飞机，必须找到合适的调整片偏转角度［δ 由式（31）确定］。利用铰链力矩为零的条件，调整片偏转角 β 可以通过下面的方程得到：

$$\beta=-\frac{C_{M_0}}{\bar{a}_2}-(h-h_0)\frac{C_L}{a_2}+V_t\left[\frac{a_1}{a_2}\left(\alpha-\frac{C_L}{\pi A}\right)+\frac{a_1}{a_2}\eta_t\right] \quad (36)$$

该方程的解依赖于升力系数（以及重量和迎角等）和重心的位置。可以证明，一般情况下，为保证纵向松杆情况下的配平，各参数的变化要限制在一定范围内。

7 握杆静稳定

方程（1）的第二个表达式给出的稳定条件可以应用到握杆和松杆两种情况。假设气动导数 C_{L_δ} 和 C_{L_β} 与升力系数无关。对于前者（握杆）的情况［式（24）］，有

$$-H^*=\frac{\mathrm{d}C_M}{\mathrm{d}C_L}=(h-h_0)-V_t\left[\frac{C_{L_{\alpha_t}}}{C_{L_\alpha}}\right]\left(1-\frac{C_{L_\alpha}}{\pi A}\right) \quad (37)$$

右侧第二项已知，$(h-h_0)$ 这一项依赖于重心位置。中立静稳定（$\mathrm{d}C_M/\mathrm{d}C_L=0$）点取决于重心。求解 h 的方程（37）可得到握杆中性点：

$$h^*=h_0+V_t\left[\frac{C_{L_{\alpha_t}}}{C_{L_\alpha}}\right]\left(1-\frac{C_{L_\alpha}}{\pi A}\right) \quad (38)$$

稳定裕度是重心 CG 的实际位置和中性点 h^* 之间的距离，h^* 由式（38）给出，则 $H^*=h^*-h$。因此，稳定的条件是 $H^*>0$ 或 $h^*>h$（重心在握杆中性点之前）。在使用稳定裕度［式（38）］后，方程（27）可以被改写为如下的表达式：

$$\delta_{\mathrm{trim}}=-\frac{C_{M_0}}{V_t C_{L_\delta}}+\left[\frac{C_{L_{\alpha_t}}}{C_{L_\delta}}\right]\eta_t+\left(\frac{C_{L_\beta}}{C_{L_\delta}}\right)\beta-\frac{C_L}{V_t C_{L_\delta}}\times\left[(h-h_0)-V_t\frac{C_{L_{\alpha_t}}}{C_{L_\alpha}}\left(1-\frac{C_{L_\alpha}}{\pi A}\right)\right] \quad (39)$$

$$\delta_{\mathrm{trim}}=-\frac{C_{M_0}}{V_t C_{L_\delta}}+\left[\frac{C_{L_{\alpha_t}}}{C_{L_\delta}}\right]\eta_t+\left(\frac{C_{L_\beta}}{C_{L_\delta}}\right)\beta-\frac{C_L H^*}{V_t C_{L_\delta}} \quad (40)$$

右侧的前三项是已知量，并可以写出 δ_0 的表达式

$$\delta_0=-\frac{C_{M_0}}{V_t C_{L_\delta}}+\left[\frac{C_{L_{\alpha_t}}}{C_{L_\delta}}\right]\eta_t+\left(\frac{C_{L_\beta}}{C_{L_\delta}}\right)\beta \quad (41)$$

这样方程（40）可以得到更紧凑的形式：

$$\delta_{\mathrm{trim}}=\delta_0-\frac{C_L H^*}{V_t C_{L_\delta}} \quad (42)$$

方程（42）与方程（28）的形式相同，并在本质上取决于升力系数。求解方程（42），稳定裕度 H^* 变为

$$H^*=\frac{V_t C_{L_\delta}}{C_L}(\delta_0-\delta_{\mathrm{trim}}) \quad (43)$$

因此，稳定裕度正比于升降舵的升力线斜率，反比于飞机的升力系数 C_L。这个公式对于飞行测试具有重要意义。基于此式，通过对状态量（高度、空速、升降舵偏角）的简单测量就可以确定中性点，从而获得重心的位置。

8 松杆静稳定性

松杆情况下，通过对俯仰力矩方程（35）求导，可以得到稳定性条件：

$$-H^*=\frac{\mathrm{d}C_M}{\mathrm{d}C_L}=h-h_0-\frac{V_t}{C_{L_\alpha}}\left(\frac{\bar{a}_1}{\bar{a}_3}-\frac{1}{\pi A}\right) \quad (44)$$

令上述导数为零，可以计算松杆中性点

$$h^*=h_0+\frac{V_t}{C_{L_\alpha}}\left(\frac{\bar{a}_1}{\bar{a}_3}-\frac{1}{\pi A}\right) \quad (45)$$

同前面的握杆情况一样，稳定裕度 $H^*=h-$

h_0。相应的铰链力矩是

$$C_{H_{\rm trim}}=C_{H_0}-\frac{b^2}{C_{L_\delta}}\frac{C_L}{V_{\rm t}}H^* \quad (46)$$

9 配平阻力

用水平尾翼配平飞机时会产生额外的阻力。这种配平阻力是稳定飞行中额外的空气阻力，它来自平尾升力和升降舵的偏转（如果有的话）。对于已配平的飞机，其额外阻力由下式估计：

$$C_{D_{\rm trim}}=\left[KC_{L_{\rm w}}^2+K_{\rm t}C_{L_{\rm t}}^2\left(\frac{S}{S_{\rm t}}\right)^2+K_\delta C_{L_\delta}^2\delta^2\right]-KC_L^2 \quad (47)$$

式中，方括号内的项是配平的飞机的诱导阻力；右侧的最后一项是不考虑配平要求时，单独机翼的升致阻力；因子 K 和 $K_{\rm t}$ 分别是机翼和尾翼的升致阻力因子，它们和机翼展向效率有关，可以通过空气动力学方法计算出来，并且具有良好的准确性；因子 K_δ 表示由升降舵偏转产生的升致阻力系数。

10 拉起机动

拉起动作是一个在垂直平面内的机动。此时，由于升降舵偏转，飞行器会进入一个曲线路径，如图 4所示。飞行过程一般是加速运动，所经历的气动环境是非定常的。但在许多情况下，用基于定常状态的分析方法来计算飞机对于升降舵输入的响应是能够满足要求的。

首先，定义法向过载，它被定义为飞机视加速度和重力加速度的比 $\Delta n=a/g$。另外，升力与重力的比被称为过载 n，即 $n=L/W$。1 - g 飞行通常是指定常的飞行状态，对应 $\Delta n=1$ 和 $n=1$。

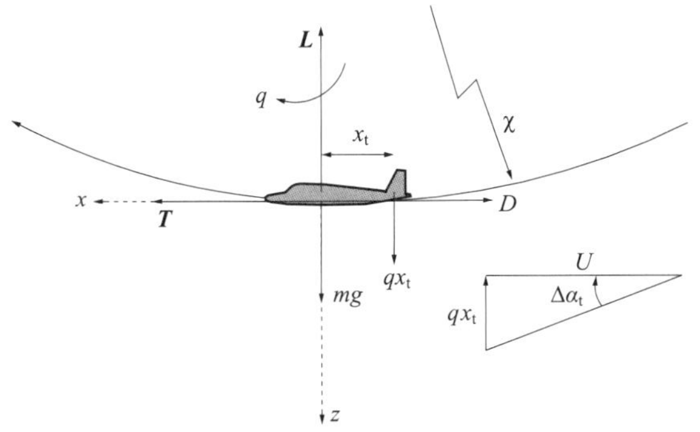

图 4 在垂直平面内的拉起动作

对于 1 - g 飞行，对参数添加下角标“1”来表示。重心 CG 的运动方程为：

$$L-W=a,\ L=W(1+\Delta n) \quad (48)$$

机动飞行中，升力系数是 $C_L=L/qS=C_{L_1}(1+\Delta n)$，与相同空速下的非机动飞行相比，飞机在拉起机动时，升力系数增加。

平尾上的静态气动力随有效迎角 $\Delta\alpha_{\rm t}$ 的变化而变化。如果 q 表示转弯速率（即 $q=U/\chi$，χ=曲率半径），该角度的计算可由下式得到：

$$\tan\Delta\alpha_{\rm t}\simeq\Delta\alpha_{\rm t}=\frac{qx_{\rm t}}{U}=\frac{\Delta ngx_{\rm t}}{U^2} \quad (49)$$

这个方程由径向的运动方程推出：

$$L-W=m\chi q^2=\frac{mU^2}{\chi} \quad (50)$$

把方程两边通除 $W=mg$，得到

$$n-1=\frac{\chi}{g}q^2=\frac{U^2}{g\chi},\ q^2=\frac{n-1}{\chi}g,\ q=\frac{n-1}{W}g=\frac{\Delta ng}{U} \quad (51)$$

总之，尾翼的有效迎角 $\Delta\alpha_{\rm t}$*2随过载而增加。换句话说，机动飞行越剧烈，水平尾翼的迎角变化越大。很明显，这会导致尾翼在某点处开始失速。而空速产生的效果则是相反的：空速的增加将抑制水平尾翼的迎角变化。

握杆机动裕度

对于拉起机动，握杆俯仰力矩方程类似定常状态下的俯仰力矩方程［方程（24）］，但需要用实际机动飞行中的升力更换 1 - g 飞行时的升力。同样的，假设机动飞行中升降舵偏转角是 $\delta=\delta_1+\Delta\delta$，则俯仰力矩方程变为

$$C_M=C_{M_0}+(h-h_0)(1+\Delta n)C_{L_1}-V_{\rm t}\left[C_{L_{\alpha_{\rm t}}}\left(\alpha-\frac{(1+\Delta n)C_{L_1}}{\pi A}\right)+C_{L_{\alpha_{\rm t}}}\left(\eta_{\rm t}+\frac{\Delta ngx_{\rm t}}{U^2}\right)+C_{L_\delta}(\delta_1+\Delta\delta)+C_{L_\beta}\beta\right] \quad (52)$$

现在从式（52）中减去式（24），解出 $\Delta\delta$。其结果是

$$\Delta C_M=(h-h_0)\Delta nC_{L_1}-V_{\rm t}\left(CL_{\alpha_{\rm t}}\frac{\Delta nC_{L_1}}{\pi A}+C_{L_{\alpha_{\rm t}}}\frac{\Delta ngx_{\rm t}}{U^2}+C_{L_\delta}\Delta\delta\right) \quad (53)$$

$$0=(h-h_0)\Delta nC_{L_1}-V_{\rm t}C_{L_{\alpha_{\rm t}}}\left(\frac{nC_{L_1}}{\pi A}+\frac{\Delta ngx_{\rm t}}{U^2}\right)-V_{\rm t}C_{L_\delta}\Delta\delta \quad (54)$$

$$\frac{V_{\rm t}C_{L_\delta}}{\Delta nC_{L_1}}\Delta\delta=(h-h_0)-V_{\rm t}\left[\frac{C_{L_{\alpha_{\rm t}}}}{C_{L_1}}\frac{C_{L_1}}{\pi A}+\frac{C_{L_{\alpha_{\rm t}}}gx_{\rm t}}{C_{L_1}U^2}\right] \quad (55)$$

当升降舵偏转为 0 时：

$$h^{*}=h_0+V_{\mathrm{t}}\left(\frac{C_{L_{\alpha_{\mathrm{t}}}}}{C_{L_\alpha}}\frac{C_{L_\alpha}}{\pi A}+\frac{C_{L_{\alpha_{\mathrm{t}}}}gx_{\mathrm{t}}}{C_{L_1}U^2}\right) \qquad (56)$$

式中，h^* 被称为握杆机动点。握杆机动点和中性点［方程（38）］的距离是

$$h_0+V_{\mathrm{t}}\left(\frac{C_{L_{\alpha_{\mathrm{t}}}}}{C_{L_\alpha}}\right)\left(\frac{1-C_{L_\alpha}}{\pi A}\right) \qquad (57)$$

11　一般性考虑

现代商用飞机根据 FAR 25 部认证，要求最大过载 $n=2.5$，最大的升降舵偏转角要保证飞行员可达到此限制值。以图 5（b）所示为例来说明这一问题：在 CG_1 或 CG_2 位置的重心条件下，在允许的升降舵偏转范围内可达到最大的过载系数，但在 CG_3 位置的情况下，最大的升降舵偏转不足以实现 $n=2.5$ 机动，因此，CG_3 位置是不符合规范要求的。

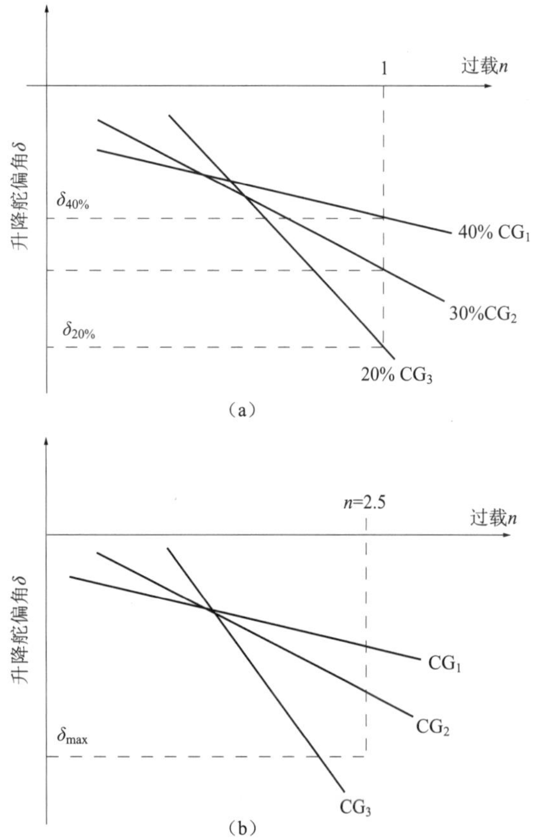

图 5　两种法向过载下，重心位置对升降舵偏转的影响

飞机遇到垂直阵风时，有效迎角突然增大，机翼的升力增加。如果重心在气动中心之前，将产生使机头向下的力矩。这是一个恢复力矩，使该机返回到未扰动时的状态。如果重心在气动中心之后，将没有恢复力矩，飞机有抬头的趋势，在这种情况下，飞机是不稳定的。如果气动中心和重心重合，平衡状态不改变，即没有俯仰力矩产生。

术　　语

CG	重心
MAC	平均空气动力弦
$\bar{a}_1$，$\bar{a}_2$	式（34）定义的量
A	展弦比
b	翼展
b_1，b_2，b_3	铰链力矩导数，式（29）
$\bar{c}$	平均空气动力弦
C_H	铰链力矩
C_L	升力系数
C_{L_α}	升力曲线斜率（$=\mathrm{d}C_L/\mathrm{d}\alpha$）
C_{L_β}	调整片升力线斜率（$=\mathrm{d}C_L/\mathrm{d}\beta$）
C_{L_δ}	升降舵偏转升力灵敏度（$=C_L/\delta$）
C_{M_0}	带状/机翼部分的俯仰力矩
C_M	俯仰力矩系数
e	翼展效率因子
g	重力加速度
h	平均空气动力弦的分数
h^*	握杆机动点
H^*	稳定裕度
K	升致阻力因子
L	升力
M	俯仰力矩
M_1	对点 x_1/c 的俯仰力矩
Δn	过载
p	流的自由动压（$=\rho U^2/2$）
q	转弯速率
S	机翼面积
U	空速
V_{t}	尾翼容积系数，见式（17）
$\bar{\omega}$	平均下洗速度
W	重量
x	距离前缘的距离
x_{ac}	气动中心
x_{cg}	重心位置
x_{le}	前缘位置
x_{cp}	压力中心
x_{t}	机翼和尾翼气动中心之间的距离
y	展向坐标

α	迎角
α_t	尾翼安装角
β	调整片偏转角度
η_t	机翼和尾翼中线之间的夹角
ε	下洗角
δ	升降舵偏转
δ_0	式（41）定义的量
λ	尖削比
$[\cdot]_w$	机翼的相关参数下标
$[\cdot]_t$	水平尾翼的相关参数下标
$[\cdot]_1$	$1-g$ 飞行的相关参数下标

译者注

*1 根据上下文意思，应为零升俯仰力矩。

*2 原文为 $\delta\alpha_t$，有误，根据上下文意思，应为 $\Delta\alpha_t$。

参考文献

Cahill, J. F. and Gottlieb. S. M. (1950) Low-Speed Aerodynamic Characteristics of a Series of Swept Wings Having NACA 65006 Airfoil Sections. *NACA RM L50F16*.

Furlong, G. C. and McHugh, J. C. (1957) A Summary and Analysis of the Low-speed Londitudinal Characteristics of Swept Wings at High Reynolds Number. *NACA Technical Report TR—1339*.

Russell, J. B. (2003) *Performance and Stability of Aircraft*, Butterworth-Heinemann.

延伸阅读

Cooke, M. V. (2007) *Flight Dynamics Principles*, 2nd edn, Elsevier.

Etkin, B. E. andReid, L. C. (1996) Dynamics of Flight: *Stability and Control*, 3rd edn, John Wiley & Sons.

Roskam, J. (2003) *Airplane Flight Dynamics and Automatic Flight Controls*—Part I, DAR Corporation: Lawrence, KS.

Stengel, R. (2004) *Flight Dynamics*, Princeton University Press, Princeton, New Jersey.

Phillips, W. F. (2004) *Mechanics of Flight*, John Wiley & Sons.

Yechout, T. R., Morris, S. L., Bossert, D. E., and Hallgren, W. F. (2003) Introduction to Aircraft Flight Mechanics: *Performance, Static Stability, Dynamic Stability and Classical Feedback Control*, AIAA.

本章译者：王焕瑾（南京航空航天大学航空宇航学院）

第 220 章

横向静稳定性

Antonio Filippone
曼彻斯特大学，曼彻斯特，英国

1 引　　言

横向稳定性主要研究在侧风、推力不对称和重心（CG）不对称等情况下保持可控飞行或执行特定机动，如转向和下降时所需的操作。对于横向稳定性研究的一般情况，绕三个体轴的力矩中，偏航和滚转力矩占主导作用。对所有商用飞机认证的一个关键要求是具有不对称推力下的飞行能力，因此，所需的侧向力和滚转力矩的平衡条件是非常重要的。

2 飞机的构型和横向操纵系统

考虑常规构型的固定翼飞机，机翼一般有上反（或上反角）和后掠。机翼主要的横向操纵系统是副翼，它是安装在机翼后部的可绕铰链偏转的控制舵面。尾翼包含安装有升降舵的水平尾翼和安装方向舵的垂直尾翼。常规构型飞机的相关术语如图 1 所示。

虽然在大多数横向操纵分析中，副翼偏角被认为是对称的（一侧向上偏转，另一侧向下偏转），但是实际情况可能需要的偏转量是不同的。

在有上反角的后掠翼上，侧向阵风会产生一个滚转力矩。假设突风发生在右侧，那么这一侧机翼的升力增加，而左侧机翼的升力下降。对于这种情况，用升力线斜率来分析机翼受力变化是一个切实可行的办法。右侧阵风产生一个逆时针滚转力矩，为了使飞机恢复平衡状态，可以用副翼来产生顺时针的滚转力矩。阵风也会导致偏航力矩，事实上，

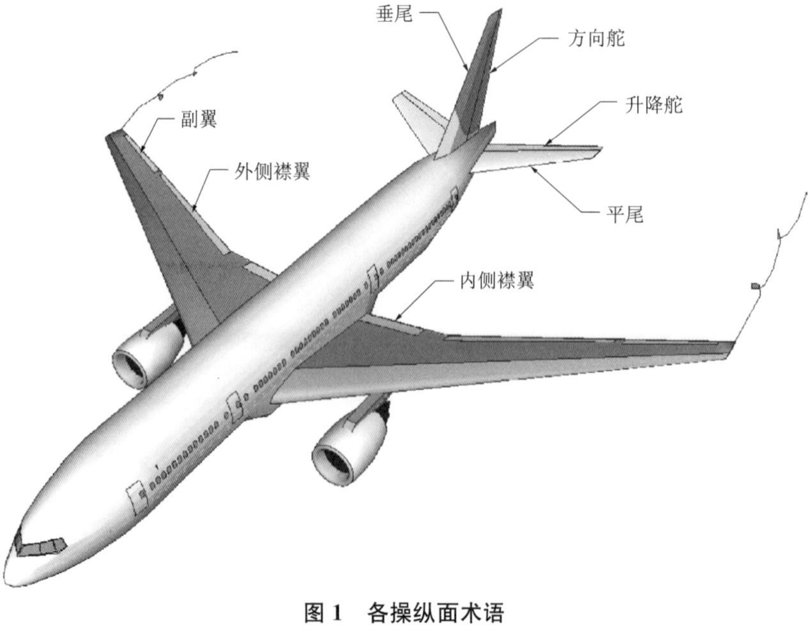

图 1　各操纵面术语

右翼阻力增加（主要是升致阻力）和左翼阻力减少（虽然因为废阻增加和升致阻力降低，但这两者合成的总的阻力减少并不是很多）的最终结果是产生偏航力矩，使飞机向右偏航。

3　横向稳定性术语

绕滚转、俯仰和偏航轴的力矩被分别表示为 L，M，N。滚转、俯仰和偏航角速率分别被表示为 p，q，r，力矩相对于角速率的微分为

$$
\begin{aligned}
L_p&=\frac{\partial L}{\partial p} & L_q&=\frac{\partial L}{\partial q} & L_r&=\frac{\partial L}{\partial r}\\
M_p&=\frac{\partial M}{\partial p} & M_q&=\frac{\partial M}{\partial q} & M_r&=\frac{\partial M}{\partial r}\\
N_p&=\frac{\partial N}{\partial p} & N_q&=\frac{\partial N}{\partial q} & N_r&=\frac{\partial N}{\partial r}
\end{aligned}
\qquad (1)
$$

滚转、俯仰和偏航力矩系数分别表示为 C_l，C_m，C_n；副翼偏转角用 ξ 来表示；方向舵偏转角用 ζ 来表示。力矩对于副翼偏转角和方向舵偏转角的微分分别用 ξ 和 ζ 的下标形式表示。所有力矩的微分可以除以 pSb 来进行规格化（$p=\rho U^2/2$ 是动压；S 是机翼面积；b 是翼展）。规格化后的微分用上划线表示，例如，$\overline{L}_r=L_r/pSb$。稳定性分析中各符号的完整描述可参考 ESDU－03011（2003）。

4　坡度转弯

坡度转弯是最简单的横向配平机动。它是指飞机的定常转弯飞行。如果 ϕ 是坡度角，χ是运动轨迹的曲率半径，$\omega=U/\chi$是转弯速率，则在水平方向上，重心处的平衡条件为

$$L\sin\phi=m\frac{U^2}{\chi}=mU\omega \qquad (2)$$

在垂直方向上的力平衡为

$$L\cos\phi=W \qquad (3)$$

两个方程相结合可计算坡度角为

$$\tan\phi=\frac{1}{g}\cdot\frac{U^2}{\chi}=\frac{a}{g}=n \qquad (4)$$

偏航角速率和俯仰角速率是

$$r=\omega\cos\phi,\ q=r\sin\phi \qquad (5)$$

利用方程（2）和方程（3），偏航角速率可写为

$$r=\frac{g\sin\phi}{U} \qquad (6)$$

由于横向机动是定常的，则绕滚转轴和偏航轴的力矩为零。在线化条件下，有

$$\begin{cases}L_r r+L_\xi\xi+L_\zeta\zeta=0\\ N_r r+N_\xi\xi+N_\zeta\zeta=0\end{cases} \qquad (7)$$

从式（7）解出副翼和方向舵偏角并利用式（6），得到

$$\begin{cases}\xi=\dfrac{g\sin\phi}{U\Delta}\ (L_\zeta N_r-L_r N_\zeta)\\[2ex] \zeta=\dfrac{g\sin\phi}{U\Delta}\ (L_\xi N_r-L_r N_\xi)\end{cases} \qquad (8)$$

这里 $\Delta=L_\xi N_\zeta-L_\zeta N_\xi$。该因子的详细描述参考 ESDU－01010（2001）。

5　空中最小操纵速度

现在考虑这样的情况：双引擎飞机被迫在一个发动机不工作的情况下飞行（OEI）。对于给定的重量和飞行高度，空中最小操纵速度（VMCA）是指可以由副翼和方向舵的组合操纵来实现对飞机进行完全控制的最小飞行速度。对于商用飞机，FAR 23.149 部要求在最坏的情况下保证可控飞行，这些情况包括：单台发动机的最大推力、最大起飞重量、重心在后部、襟翼处于进场着陆位置、起落架收回等，规章允许的最大坡度角 $\phi=5°$，最大的侧滑角$\beta=15°$（对于四引擎飞机可以是 20°），空中最小操纵速度不应超过 1.3 v_{stall}。类似的定义也适用于在地面上滑跑的飞机（FAR 25.149 部）。在地面上的最小操纵速度（VMC）是在起飞时能够只使用方向舵维持飞机控制的校准空速（前轮无转向）。

根据 Filippone（2006）文献中的研究方法，飞机的操纵量可以通过侧滑力系数 C_Y、滚转力矩系数 C_l 和偏航力矩系数 C_n 的平衡条件得到：

$$C_Y=C_{y_\beta}\beta+C_{y_\xi}\xi+C_{y_\zeta}\zeta+C_L\sin\phi=0 \qquad (9)$$

$$C_l=C_{l_\beta}\beta+C_{l_\xi}\xi+C_{l_\zeta}\zeta=0 \qquad (10)$$

$$C_n=C_{n_\beta}\beta+C_{n_\xi}\xi+C_{n_\zeta}\zeta+\frac{T}{pS}\left(\frac{b_t}{b}\right)+C_{D_e}\left(\frac{b_t}{b}\right)=0 \qquad (11)$$

式中，β 为侧滑角；C_{y_β}，C_{y_ξ} 和 C_{y_ζ} 为侧滑力系数分别对于测滑角β、副翼偏转角 ξ、方向舵偏转角 ζ 的微分；T 为不对称推力；p 是动压；b_t 为对称推力的力臂；C_{D_e} 为不工作发动机阻力系数。

如果把方程（9）的解用侧滑角 β 的形式表示出来，可以得到

$$\beta=-\frac{1}{C_{y_\beta}}\left[C_{y_\xi}\xi+C_{y_\zeta}\zeta\right]-\left(\frac{C_L}{C_{y_\beta}}\right)\phi \qquad (12)$$

通过研究式（12）右侧的各项，特别是包含升

力系数 C_L 的这一项，可以发现，对于一系列给定的气动导数，侧滑角随重量的增加而增加，随空速的增加而降低。如果失效的发动机在右侧，飞机将转向右侧；方向舵向相反的方向偏转，以产生一个恢复力矩。根据正负号约定，$\beta<0$ 和 $\zeta>0$。

操纵导数的计算并不简单，为了计算这些导数，人们已经开发了相关计算软件，这些软件包括美国空军的稳定性和操纵软件 DATCOM（Williams 和 Vukelich，1979 年开发）和 ESDU - 00025（2000）。

式（9）～式（11）中的未知参数是：最小操纵速度 $U=\text{VMCA}$，侧滑角 β，副翼偏转角 ξ，方向舵偏转角 ζ，由于未知数大于方程个数，因此系统方程组是非确定型的，求解还需特定条件。如果假设方向舵偏转角为最大值，那么就有三个未知量，则最小操纵速度可以由侧滑角和副翼偏转角来计算。可以把系统矩阵用更紧凑的形式表示为

$$\begin{bmatrix} C_{l_\beta} & C_{l_\xi} & 0 \\ C_{n_\beta} & C_{n_\xi} & 2Tb_t/\rho Sb \\ C_{y_\beta} & C_{y_\xi} & 2W\sin\phi/\rho S \end{bmatrix} \begin{bmatrix} \beta \\ \xi \\ 1/U^2 \end{bmatrix} = -\begin{bmatrix} C_{l_\zeta}\zeta \\ C_{n_\zeta}\zeta + C_{D_e}b_t/b \\ C_{y_\zeta}\zeta \end{bmatrix} \tag{13}$$

这里的未知量是 β、ξ、$1/U^2$。若假设副翼偏转角为 $\xi=\xi_{\max}$，系统矩阵方程为

$$\begin{bmatrix} C_{l_\beta} & C_{l_\zeta} & 0 \\ C_{n_\beta} & C_{n_\zeta} & 2Tb_t/\rho Sb \\ C_{y_\beta} & C_{y_\zeta} & 2W\sin\phi/\rho S \end{bmatrix} \begin{bmatrix} \beta \\ \zeta \\ 1/U^2 \end{bmatrix} = -\begin{bmatrix} C_{n_\xi}\xi \\ C_{n_\xi}\xi + C_{D_e}b_t/b \\ C_{y_\xi}\xi \end{bmatrix} \tag{14}$$

任何一个系统方程的求解都需要估计失效的发动机的阻力。合适的 C_{D_e} 值可以通过 Torenbeek（1985）文献中描述的方法得到。C_{D_e} 是多个参数的函数，可以表示为

$$C_{D_e}=0.078\,5d_f^2+\frac{2A_j}{1+0.16M^2}\cdot\frac{U}{U_j}\left(1-\frac{U}{U_j}\right) \tag{15}$$

式中，U_j 是喷气速度；d_f 是风扇直径；A_j 是喷气发动机的横截面面积。现代涡扇发动机 U/U_j 的平均值是 0.92，对于涡轮喷气发动机和涡轮螺旋桨发动机，此值是 0.25。式（15）表明阻力与空气速度有关，因此，方程（13）和方程（14）的求解要用迭代方法。首先估计最小操纵速度，代入系统方程求解；再用新的最小操纵速度重新计算失效发动机的阻力，然后开始迭代，直到收敛。

6 飞机在直线飞行中的滚转

飞机绕其纵轴滚转并试图保持直线飞行时，可能会有不希望的情况出现，如产生偏航力矩。如果滚转时飞机向左转弯，其会导致在相反方向的侧滑（反向偏航）。另外，细长体飞机在高速飞行时会发生惯性耦合现象，当滚转轴和纵向轴不一致时，惯性力将导致飞机偏离滚转轴。这个问题，首先由 Phillips（1948）从理论上进行了分析，Seckel（1964）则证明稳定的滚转机动是无法实现的。事实上，当飞机围绕自身进行滚转时，迎角和侧滑角是周期性变化的。在下面的分析中，只考虑单自由度（滚转角）机翼的简单情况。

图 2 所示为垂直于飞行方向的飞机机翼。尽管在实际应用中，两侧副翼偏转角的大小可能是不同的，但这里假设两侧的副翼对称偏转，偏转角度为 $\pm\xi$。因为翼尖上的吸力和压力扭曲了气流，所以不能保证得到线性响应。由于滚转引起的速度分量是 P_y，在翼尖上速度为 $pb/2$。相应的迎角变化是

$$\tan\Delta\alpha\simeq\Delta\alpha=\frac{U}{pb/2} \tag{16}$$

在很多情况下 $U\gg pb/2$，因此可以推断，滚转角速率越大，前进速度越低，翼尖失速的风险就越高。而入流速度的展向分量使问题进一步复杂化。带有整流装置的三角翼可以改善大迎角失速特性，因此飞机高速滚转时，机翼应当能够在大迎角下工作而不失速。

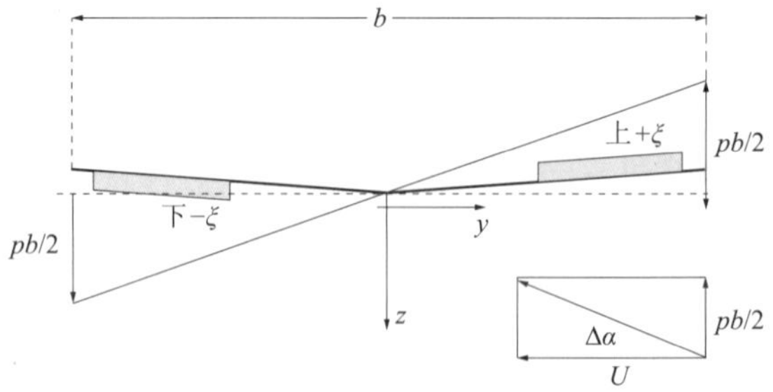

图 2　机翼入流情况后视图：飞机沿飞行方向顺时针滚转

副翼偏转操纵接近脉冲操纵输入，可以达到大约 60(°)/s 的偏转速度。尽管气动弹性可能会降低机翼的副翼效率（此参数在后面定义），在大多数滚转分析中，仍然认为副翼偏转角是阶跃变化的。在刚体假设条件下，单自由度副翼滚转可以由如下

微分方程描述：

$$I_x\dot{p}=\left(\frac{\partial L}{\partial \xi}\right)\xi+\left(\frac{\partial L}{\partial p}\right)p \tag{17}$$

式中，I_x 是绕滚转轴 x 的转动惯量；$\dot{p}=\ddot{\phi}$，是角加速度；L_p 表示由于滚转角速率产生的气动阻尼力矩。这个方程有操纵力矩（来自副翼）和阻尼力矩（来自空气动力）。将力矩表达式改写为下面的形式，其中导数表示力矩曲线的斜率，例如，由副翼的偏角和滚转角速度的小量变化引起的力矩响应。副翼效率是

$$L_\xi=\frac{1}{I_x}\left(\frac{\partial L}{\partial \xi}\right) \tag{18}$$

该式给出了副翼偏转角的单位输入下，横向响应的值。同样，定义滚转阻尼：

$$L_p=\frac{1}{I_x}\left(\frac{\partial L}{\partial p}\right) \tag{19}$$

L_p 是滚转力矩对滚转角速率的导数，并用转动惯量进行了归一化。参数 L_ξ 和 L_p 是飞机的固有性能，并与几何形状、飞行马赫数和空气密度有关。设 C_l 是滚转系数，则有

$$\begin{aligned}L_\xi&=\frac{1}{I_x}\frac{\partial}{\partial \xi}\left(\frac{1}{2}\rho SbU^2C_l\right)=\frac{\rho SU^2b}{2I_x}\left(\frac{\partial C_l}{\partial \xi}\right)\\&=\frac{\rho SU^2b}{2I_x}C_{l_\xi}=\frac{C_{l_\xi}}{\tau}\end{aligned} \tag{20}$$

这里的 C_{l_ξ} 是滚转系数对副翼偏转角的导数。注意因子：

$$\tau=\frac{2I_x}{\rho SUb^2} \tag{21}$$

是时间常数。滚转阻尼力矩可以写成

$$\begin{aligned}L_p&=\frac{1}{I_x}\left(\frac{\partial L}{\partial p}\right)=\frac{1}{I_x}\frac{\partial}{\partial p}\left(\frac{1}{2}\rho SbU^2C_l\right)\\&=\frac{\rho SUb^2}{4I_x}\frac{\partial C_l}{\partial(pb/2U)}=\frac{1}{2\tau}\frac{\partial C_l}{\partial(pb/2U)}\end{aligned} \tag{22}$$

滚转阻尼系数是

$$\begin{aligned}C_{L_p}&=\frac{\partial C_l}{\partial(pb/2U)}=\frac{\partial C_l}{\partial \alpha}=\frac{2U}{b}\left(\frac{\partial C_l}{\partial p}\right)\\&=\frac{4I_x}{\rho SUb^2}L_p=2\tau L_p\end{aligned} \tag{23}$$

C_{L_p} 的值与机翼的几何形状、质量分布、气动弹性因素以及马赫数有关。将式（20）和式（23）代入滚转方程，有

$$\dot{p}=\frac{1}{\tau}\left(C_{l_\xi}\frac{U}{b}\xi+\frac{1}{2}C_{L_p}p\right) \tag{24}$$

微分方程（24）的初始状态是当 $t=0$ 时 $p=0$。其解为

$$p=\frac{2U}{b}\left(\frac{C_{l_\xi}}{C_{L_p}}\right)(1-\mathrm{e}^{-t/\tau})\xi \tag{25}$$

滚转角速率的渐近值是

$$p_{\max}=\frac{2U}{b}\left(\frac{C_{l_\xi}}{C_{L_p}}\right)\xi \tag{26}$$

因此，对于给定的副翼偏转角，滚转角速率随飞行速度的增加而增加，而随翼展的增加而减少。滚转角速率的确定需要计算气动导数 C_{l_ξ} 和 C_{L_p}，而这并不是一个简单的任务。ESDU 发表文献给出了分析方法（ESDU－88013，1992），包括对于给定几何参数的翼型、副翼偏转角和马赫数，用图表插值计算 L_p、L_ξ 的值的方法。其他数据可以在相应的技术文献中找到。

7　滚转稳定性

假设飞机在滚转方向上受到扰动，例如，在垂直于速度矢量的方向有一个小的滚转角扰动 $\varphi>0$，此时因为姿态没有改变，似乎没有直接产生恢复力的空气动力。然而，升力随滚转角 φ 倾斜后，它不再平衡重力（总是铅锤向下），垂直方向的力减少到 $W(1-\cos\varphi)$，同时，出现侧向力 $W(1-\sin\varphi)$。假设操纵输入未发生变化，那么对于一个正的滚转角，由于侧向力的产生，飞机开始向右倾，从而产生了侧滑角$\beta>0$，如果扰动产生的滚转力矩为负，飞机将具有滚转静稳定性。因此，稳定性条件为

$$C_{l_\beta}=\frac{\partial C_l}{\partial \beta}<0 \tag{27}$$

滚转系数取决于该飞机的构型，也受到水平和垂直尾翼的影响。水平尾翼与滚转力矩相对应；垂直尾翼与偏航力矩相对应。着重考虑单独机翼的情形，机翼的几何参数会产生重要的影响，比如上反和前缘后掠角。

上反角 Γ 是飞机处于水平位置时，翼稍与翼根构成的平面与水平面的夹角，如图 3 所示，此时上反角为正。由于有上反角，在迎风侧的机翼的有效迎角增加，在背风侧则下降（原文此处有误，已订正），这一影响由 Etkin 和 Reid（1996）在文献中详细给出。设 u、v、w 是翼剖面的速度分量，则在机体坐标系下，机翼有效迎角是

$$\begin{aligned}\alpha_{\mathrm{R}}&=\arctan\left(\frac{v_{\mathrm{n}}}{u}\right)=\arctan\left(\frac{w\cos\Gamma+v\sin\Gamma}{u}\right)\\&\simeq\arctan\left(\frac{w+v\Gamma}{u}\right)\simeq\alpha+\Gamma\beta\end{aligned} \tag{28}$$

$$\alpha_{\mathrm{L}}=\arctan\left(\frac{v_{\mathrm{n}}}{u}\right)=\arctan\left(\frac{w\cos\Gamma-v\sin\Gamma}{u}\right)$$

$$\simeq \arctan\left(\frac{w-v\Gamma}{u}\right)\simeq\alpha-\Gamma\beta \tag{29}$$

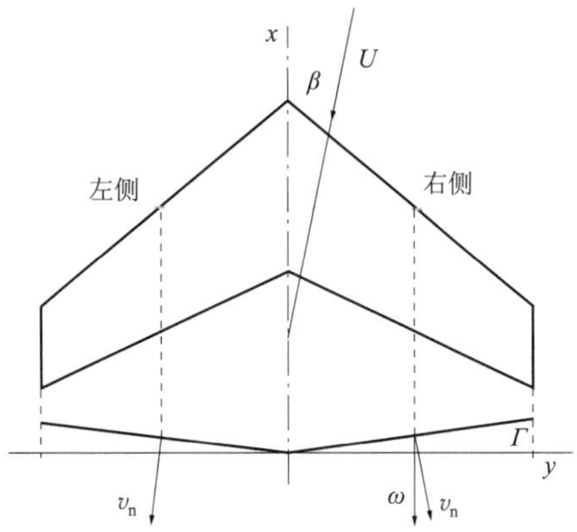

图 3 上反角对滚转稳定性的影响

因此，上反角使机翼迎风侧的有效迎角增加，背风侧的有效迎角下降。

第二个影响因素是机翼后掠。后掠角增加，使右翼有效迎角 α 增加，而左翼有效迎角 α 减少，因此，后掠角使稳定性增加。影响滚转稳定的其他因素还包括翼身干扰和垂直尾翼。

8 偏航稳定性

当飞机以小侧滑角飞行时，由垂直尾翼产生的升力引起的偏航力矩趋向于减小侧滑。飞机的这种特性被称为方向稳定性。如果 β 是侧滑角，v 是侧滑速度，则 $\beta\simeq v/U$。由垂直尾翼产生的升力（或侧向力）为

$$Y_{\text{fin}}=\frac{1}{2}\rho U^2 S_{\text{fin}}C_{L_{\text{fin}}}=\frac{1}{2}\rho U^2 S_{\text{fin}}C_{L_{\beta\text{fin}}}\beta=\frac{1}{2}\rho UC_{L_{\beta\text{fin}}}v \tag{30}$$

由于气动中心在距离重心后面 x_f 处，则侧滑产生一个正的偏航力矩为

$$N_v=\frac{1}{2}\rho UC_{L_{\beta\text{fin}}}vx_f>0 \tag{31}$$

因此，偏航稳定性条件是

$$N_v>0 \tag{32}$$

飞机上位于重心前面的部分会产生不稳定的作用。直线侧滑飞行的另一个气动力结果是阻力增加，因此，当油门设定恒定时，可以利用侧滑来减速。

方向舵可以产生偏航力矩。如果 ζ 是方向舵偏转角，x_{R} 是沿飞机纵向轴线上重心和方向舵压力中心之间的距离，则由方向舵偏转产生的滚转力矩为

$$N_{\text{R}}=-\frac{1}{2}\rho U^2 x_{\text{R}}C_{L_{\text{R}}}\zeta \tag{33}$$

式中，$C_{L_{\text{R}}}$ 是方向舵的升力曲线斜率，其符号是负的，因为对于正的方向舵偏转，会产生相反方向的滚转力矩。

9 结　　论

本章论述了主要的定常机动飞行中操纵的基本问题。这是重要的限制条件，包括坡度转弯（所有力平衡的转弯）和空中最小操纵速度（参照当前国际惯例）。飞行中一旦出现推力不平衡，操纵问题就会出现，就像单台发动机故障时所出现的问题那样。

在直线飞行的情况下，副翼操纵以瞬态的形式给出，这解释了副翼偏转操纵情况下，惯量以及舵面效率对响应时间以及滚转速率的影响。对于高速飞行的情况，跨音速操纵响应会出现非线性特性，使问题更加复杂。

最后，本章解释了飞机受力后在小偏航角飞行时的方向稳定性问题。

术　　语

CG	重心
OEI	单台发动机失效
MTOW	最大起飞重量
VMC	最小操纵速度
VMCA	空中最小操纵速度
a	加速度
A_{j}	喷气发动机的横截面面积
b	翼展
b_{t}	对称推力的力臂
$C_{D_{\text{e}}}$	不工作发动机阻力系数
C_l，C_m，C_n	滚转系数、俯仰系数、偏航系数
C_L	升力系数
C_{L_p}	滚转阻尼系数
$C_{L_{\text{R}}}$	方向舵的升力曲线斜率
C_Y	侧滑力系数
d_{f}	风扇直径
g	重力加速度
I_x	主轴惯性矩
L	升力
L_p	由于滚转角速率产生的气动阻

	尼力矩
L_ξ	副翼有效性
L，M，N	滚转力矩、俯仰力矩、偏航力矩
N_R	由方向舵偏转产生的滚转力矩
p，q，r	滚转速率、俯仰速率、偏航角速率
m	质量
n	法向过载
p	动压
S	机翼面积
t	时间
T	发动机推力
u，v，w	速度分量
U	空速
U_j	喷气速度
W	重量
Y	侧向力
x，y	直角坐标系
x_f	垂直翼面气动中心和重心之间的距离
x_R	重心和方向舵气动中心之间的距离
α	迎角
α_L，α_R	有效迎角（左，右）
β	侧滑角
Γ	上反角
Δ	在方程（8）的行列式
ζ	方向舵偏转角
ϕ	坡度角
ξ	副翼偏转角
ρ	空气密度
τ	时间常数
χ	曲率半径
ω	转弯速率
$[\cdot]_p$	滚转角速率导数
$[\cdot]_r$	偏航角速率导数
$[\cdot]_\beta$	侧滑角速率导数
$[\cdot]_\xi$	副翼偏转角导数
$[\cdot]_\zeta$	方向舵偏转角导数
$\overline{[\cdot]}$	归一化量
$\dot{[\cdot]}$	时间导数

参考文献

ESDU－03011（2003）*An Introduction to Lateral Static Aeroelasticity：Controllability，Loads and Stability*，ESDU International，London.

ESDU－88013（1992）*Rolling Moment Derivative L_ξ for Plain Aileron at Subsonic Speeds*. ESDU International，London.

ESDU－00025（2000）*Computer Program for Prediction of Aircraft Lateral Stability Derivatives in Sideslip at Subsonic Speeds*，ESDU International，London.

ESDU－01010（2001）*Loading on a Rigid Aeroplane in Steady Lateral Manoeuvres*. ESDU International，London.

Etkin，BE and Reid，L. C.（1996）*Dynamics of Flight：Stability and Control*，John Wiley & Sons.

Filippone A.（2006）*Flight Performance of Fixed-and Rotary Wing Aircraft*，Elsevier.

Phillips，W. H.（1948）Effect of steady rolling on longitudinal and directional stability. *Technical Report TN 1627*，NACA.

Seckel E.（1964）*Stability and Control of Aircraft and Helicopters*，Addison-Wesley.

TorenbeekE.（1985）*Synthesis of Subsonic Airplane Design*. Kluwer Academic Publ.（AppendixG8）.

Williams，J. E. and Vukelich，S. P.（1979）The USAF stability and control digital DATCOM. *Technical Report AFFDL－TR－79－3032*，Vol. I，Air Force Flight Directorate Laboratory.

延伸阅读

ESDU（2001）*Loading on a Rigid Aeroplane in Steady Lateral Manoeuvres*，ESDU International，London.

Roskam J.（2003）*Airplane Flight Dynamics and Automatic Flight Controls*-Part I，DARcorporation，Laurence，Kansas.

Yechout，T. R.，Morris，S. L.，Bossert，D. E. and Hallgren W. F.（2003）*Introduction to Aircraft Flight Mechanics：Performance，Static Stability，Dynamic Stability and Classical Feedback Control*，AIAA.

Phillips WF.（2004）*Mechanics of Flight*，John Wiley & Sons.

Stengel R.（2004）*Flight Dynamics*，Princeton Univ. Press.

Cooke MV.（2007）*Flight Dynamics Principles*，2nd edition，Elsevier.

本章译者：王焕瑾（南京航空航天大学航空宇航学院）

第 221 章

纵向动稳定性

Thomas R. Yechout
美国空军学院，航空航天部，科罗拉多斯普林斯，科罗拉多，美国

1 引　　言

适用于纵向动稳定性研究的运动方程与纵向静稳定性研究的发展（见第 5 卷第 219 章）是相辅相成的，通过三个纵向线性化方程，可以提取出重要的动力学特性。在本章，线性化过程和术语的命名请参考 Yechout 等（2003）文献。读者最好先回顾一下这部分内容（第 4 章～第 7 章），为本章奠定基础。下面，围绕飞机的特点，从纵向运动的线化方程开始，对纵向动稳定性展开研究。

2 拉普拉斯形式的纵向运动线化方程

利用拉普拉斯变换，可以重写飞机纵向运动的线化方程。方程虽然有点长，但其概念并不复杂。飞机纵向运动的线化微分方程为

$$\begin{aligned}\dot{u}&=-g\theta\cos\Theta_1+X_u u+X_{T_u}u+X_\alpha\alpha+X_{\delta_e}\delta_e\\ \dot{w}-U_{1q}&=-g\theta\sin\Theta_1+Z_u u+Z_\alpha\alpha+Z_{\dot{\alpha}}\dot{\alpha}+Z_q q+Z_{\delta_e}\delta_e\\ \dot{q}&=M_u u+M_{T_u}u+M_\alpha\alpha+M_{T_\alpha}\alpha+M_{\dot{\alpha}}\dot{\alpha}+M_q q+M_{\delta_e}\delta_e\end{aligned}\tag{1}$$

把这些方程进行拉普拉斯变换，首先要解决变量问题，三个运动方程有五个飞机运动变量（u、θ、α、w 和 q）以及操纵量 δ_e。因为只有三个确定的方程，所以需要将运动变量的个数减少到三个，并使 δ_e 成为系统输入或控制函数。利用运动学关系和迎角 α 的近似条件，可将运动变量减少到三个，即 α、u 和 θ。

从运动方程出发并假设在初始配平的状态下飞机机翼水平

$$q=\dot{\theta},\ \dot{q}=\ddot{\theta}\tag{2}$$

此外，对于小扰动，

$$\alpha\approx\frac{w}{U_1}\Rightarrow w=\alpha U_1\text{ 和 }\dot{w}=\dot{\alpha}U_1\tag{3}$$

这样，飞机的运动变量便减少为 α、u 和 θ。可将这些变量看作系统微分方程的输出量。

在零初始条件下，方程（1）的拉普拉斯变换是

$$\begin{aligned}su(s)&=-g\theta(s)\cos\Theta_1+X_u u(s)+X_{T_u}u(s)+\\&\quad X_\alpha\alpha(s)+X_{\delta_e}\delta_e(s)\\ su_1\alpha(s)-U_1 s\theta(s)&=-g\theta(s)\sin\Theta_1+Z_u u(s)+Z_\alpha\alpha(s)+\\&\quad Z_{\dot{\alpha}}s\alpha(s)+Z_q s\theta(s)+Z_{\delta_e}\delta_e(s)\\ s^2\theta(s)&=M_u u(s)+M_{T_u}u(s)+M_\alpha\alpha(s)+M_{T_\alpha}\alpha(s)+\\&\quad M_{\dot{\alpha}}s\alpha(s)+M_q s\theta(s)+M_{\delta_e}\delta_e(s)\end{aligned}\tag{4}$$

合并后得

$$\begin{aligned}&(s-X_u-X_{T_u})u(s)-X_\alpha\alpha(s)+g\cos\Theta_1\theta(s)\\&=X_{\delta_e}\delta_e(s)-Z_u u(s)+[(U_1-Z_{\dot{\alpha}})s-Z_\alpha]\alpha(s)+\\&[-(Z_q-U_1)s+g\sin\Theta_1]\theta(s)\\&=Z_{\delta_e}\delta_e(s)-(M_u+M_{T_u})u(s)-[M_{\dot{\alpha}}s+M_\alpha+M_{T_\alpha}]\alpha(s)+\\&(s^2-M_q s)\theta(s)=M_{\delta_e}\delta_e(s)\end{aligned}\tag{5}$$

请注意，因为 δ_e 是三个微分方程的控制函数（或输入），所以将带有 δ_e（升降舵偏转）的各项移到了等号右侧。矩阵表示为

$$\begin{bmatrix}(s-X_u-X_{T_u}) & -X_\alpha & g\cos\Theta_1\\ -Z_u & [s(U_1-Z_\alpha)-Z_\alpha] & [-(Z_q+U_1)s+g\sin\Theta_1]\\ -(M_u+M_{T_u}) & -[M_{\dot{\alpha}}s+M_\alpha+M_{T_\alpha}] & (s^2-M_q s)\end{bmatrix}\times$$

$$\begin{bmatrix}u(s)\\ \alpha(s)\\ \theta(s)\end{bmatrix}=\begin{bmatrix}X_{\delta_e}\\ Z_{\delta_e}\\ M_{\delta_e}\end{bmatrix}\delta_e(s)\tag{6}$$

用传递函数$\frac{u(s)}{\delta_e(s)}$、$\frac{\alpha(s)}{\delta_e(s)}$和$\frac{\theta(s)}{\delta_e(s)}$表示，得到

$$\begin{bmatrix} (s-X_u-X_{T_u}) & -X_\alpha & g\cos\Theta_1 \\ -Z_u & [s(U_1-Z_\alpha)-Z_\alpha] & [-(Z_q+U_1)s+g\sin\Theta_1] \\ -(M_u+M_{T_u}) & -[M_{\dot\alpha}s+M_\alpha+M_{T_\alpha}] & (s^2-M_q s) \end{bmatrix}\times$$

$$\begin{bmatrix} \frac{u(s)}{\delta_e(s)} \\ \frac{\alpha(s)}{\delta_e(s)} \\ \frac{\theta(s)}{\delta_e(s)} \end{bmatrix}=\begin{bmatrix} X_{\delta_e} \\ Z_{\delta_e} \\ M_{\delta_e} \end{bmatrix} \tag{7}$$

三个纵向传递函数的每一个都可以用克莱姆法则（Kreyszig，1988）来判断。如果继续对方程进行变换，还能得到什么结果呢？利用拉普拉斯变量s，传递函数中的每一个都可以表示为两个多项式的比值。

$$\frac{u(s)}{\delta_e(s)}=\frac{A_u s^3+B_u s^2+C_u s+D_u}{Es^4+Fs^3+Gs^2+Hs+I} \tag{8}$$

$$\frac{\alpha(s)}{\delta_e(s)}=\frac{A_\alpha s^3+B_\alpha s^2+C_\alpha s+D_\alpha}{Es^4+Fs^3+Gs^2+Hs+I} \tag{9}$$

$$\frac{\theta(s)}{\delta_e(s)}=\frac{A_\theta s^2+B_\theta s+C_\theta}{Es^4+Fs^3+Gs^2+Hs+I} \tag{10}$$

可以看出，三个纵向传递函数具有相同的输入（δ_e）和相同的分母。三个纵向运动变量（α、u 和 θ）的每一个都有独立的传递函数。此外，这些传递函数中的每一个都具有相同的特征方程：

$$Es^4+Fs^3+Gs^2+Hs+I=0 \tag{11}$$

特征方程确定响应的动稳定性特性，因此，这三个传递函数便具有相同的动态特性（例如参数ξ、w_n 和τ）。还要注意的是，每个传递函数的分子是不同的，每个分子的系数分别被设为 A、B、C 和D，并用与各自的传递函数相应的下标来表示。分子会影响响应的幅度。因此，每个运动变量将具有不同的响应幅度，但具有相同的动态特性。

3 纵向运动模态的三自由度分析方法

前面建立的方程包括三个运动变量 α、u 和 θ，所以该分析方法也被称为纵向传递函数的三自由度分析方法。通常情况下，在根求解器的帮助下，例如在 MATLAB 中，纵向运动的四阶的特征方程可写为两个二阶多项式（振荡）的乘积：

$$(s^2+2\zeta_{SP}\omega_{n_{SP}}s+\omega_{n_{SP}}^2)\cdot(s^2+2\zeta_{PH}\omega_{n_{PH}}s+\omega_{n_{PH}}^2)=0 \tag{12}$$

式中，下标“SP”是指短周期模态；下标“PH”是指长周期模态。所有飞机都有这两个纵向动态模态。每个多项式都可以作为单独的特征方程，定义其各自动态模态的特性。

每个特征方程的系数（和根）随飞行状态、飞机质量、质量分布、飞机的几何形状以及空气动力特性的改变而改变，这些变化会反映到ω_n 和ξ中，基本表现仍是短周期和长周期模态。

短周期模态的特点由一对共轭复根决定，对应相对较高的阻尼比和相对较高的固有频率，它很容易表现出来：首先配平飞机，然后用“前一后一中立”的纵杆输入（通常称为偶极子输入）在配平点施加扰动。由此产生回到配平点处的响应可能是一阶（指数衰减）或二阶（振荡）形式。纵向运动变量、迎角（α）和俯仰姿态角（θ）发生显著变化，而运动变量、空速（u）仍然相当稳定，一般在几秒钟内就可重新达到配平，因此将之命名为“短周期”并认为空速的变化很小。典型的战斗机在偶极子输入下短周期响应的时间历程如图 1 所示。

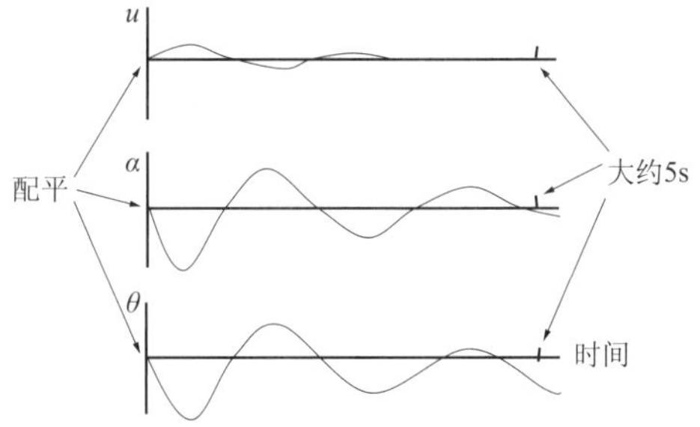

图 1　短周期模态下 u、α 和 θ 的时间历程曲线

注意响应是二阶（振荡）的，u 仍然近似不变，而α 和θ 的振荡幅度较大。另外，从图上可知动态响应是稳定的。

长周期模态的特点是由另一对共轭复根确定的，具有比较低的阻尼比和自然/阻尼频率（长周期）。这一模态可以通过这样的方法呈现出来：先将水平飞行的飞机配平，然后拉驾驶杆并持续两三秒，空速降低一些后，杆返回中立（配平）位置。通常得到的响应是俯仰姿态显著变化的振荡运动，而空速和迎角保持相对稳定。长周期被形容为“在天空中的上上下下的过山车”，它是动能和势能此消彼长的过程。振荡开始的初期，空速减小，而飞机高度增加（俯仰角为正）；然后，飞机开始失去高度且空速的增加减缓，而俯仰角减小；紧接着，飞机逐渐拉起并返回到长周期振荡的爬升阶段。长周期模态的周期通常很长（为 30～120 s）。图 2 给出了典型的长周期模态的时间历程。

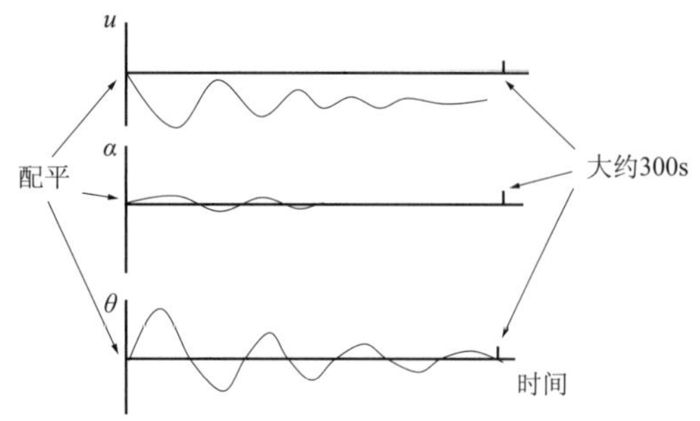

图 2　长周期模态下 u、α 和 θ 的时间历程曲线

可以看到，长周期响应是二阶的，并且迎角保持相对恒定。相比短周期模态，长周期模态的振荡频率要低得多。图 2 所示的长周期是稳定的，但是这并不是说在所有飞行状态下都是如此。

例如，T-37 飞机在 30 000 m 处，以马赫数为 0.46 巡航时，$\frac{\alpha(s)}{\delta_e(s)}$的传递函数如下：

$$\frac{\alpha}{\delta_e}=-0.0924\frac{(s+336.1)(s^2+0.0105s+0.0097)}{(s^2+4.58s+21.6)(s^2+0.0098s+0.0087)} \tag{13}$$

人们希望找到短周期模态和长周期模态下的固有频率、阻尼比、阻尼频率和时间常数，便可马上写出两个特征方程：

$$s^2+4.58s+21.6=0$$
$$s^2+0.0098s+0.0087=0 \tag{14}$$

第一个特征方程的固有频率（ω_n）是

$$\omega_n=\sqrt{21.6}=4.65\ (\text{rad/s}) \tag{15}$$

对于第二个方程，有

$$\omega_n=\sqrt{0.0087}=0.0933\ (\text{rad/s}) \tag{16}$$

因其自然频率较高，所以可以确定第一个特征方程对应短周期模态，而长周期动力学特性则包含在第二个特征方程中。因此

$$\omega_{n_{SP}}=4.65\ (\text{rad/s})$$
$$\omega_{n_{PH}}=0.0933\ (\text{rad/s}) \tag{17}$$

同时

$$\zeta_{SP}=\frac{4.58}{2\omega_{n_{SP}}}=0.493$$
$$\zeta_{PH}=\frac{0.0098}{2\omega_{n_{PH}}}=0.0525 \tag{18}$$

因为 $\xi<1$，短周期和长周期响应都将是二阶的。每种模态的 $\xi\omega_n$ 都是大于 0 的，所以这两种响应都是稳定的。阻尼频率是

$$\omega_D=\omega_n\sqrt{1-\zeta^2}$$
$$\omega_{D_{SP}}=\omega_{n_{SP}}\sqrt{1-\zeta_{SP}^2}=4.65\sqrt{1-(0.493)^2}=4.046\ (\text{rad/s})$$
$$\omega_{D_{PH}}=\omega_{n_{PH}}\sqrt{1-\zeta_{PH}^2}$$
$$=0.09331\sqrt{1-0.0525^2}=0.0932(\text{rad/s}) \tag{19}$$

时间常数为

$$\tau_{SP}=\frac{1}{\zeta_{SP}\omega_{n_{SP}}}=\frac{1}{0.493\times4.65}=0.436\ (\text{s})$$
$$\tau_{PH}=\frac{1}{\zeta_{PH}\omega_{n_{PH}}}=\frac{1}{0.0525\times0.0933}=204.2\ (\text{s}) \tag{20}$$

4　两自由度的短周期近似方法

现在用 2 个自由度（2-DOF）的近似方法来获得影响短周期模态动态特性的稳定性参数和导数。在这个方法中，运动变量的个数被限定为两个，而不是三个。回顾在短周期模态中的讨论，可作如下简化：假设 u 仍然接近零，这样就可以将其从式（6）中剔除，这个假设消除了 X 方向力方程（假定如果 u 近似为常数，X 方向力方程可以忽略），保留 Z 方向力方程和俯仰力矩方程以及运动变量 α 和 θ，方程如下所示：

$$\begin{bmatrix}(s-X_u-X_{T_u}) & -X_\alpha & g\cos\Theta \\ -Z_u & [s(U_1-Z_{\dot\alpha})-Z_\alpha] & [-(Z_q+U_1)s+g\sin\Theta_1] \\ -(M_u+M_{T_u}) & [M_{\dot\alpha}s+M_\alpha+M_{T_\alpha}] & (s^2-M_qs)\end{bmatrix}\times\begin{bmatrix}u(s)\\ \alpha(s)\\ \theta(s)\end{bmatrix}=\begin{bmatrix}X_{\delta_e}\\ Z_{\delta_e}\\ M_{\delta_e}\end{bmatrix}\delta_e(s) \tag{21}$$

将式（6）变为

$$\begin{bmatrix}[s(U_1-Z_{\dot\alpha})-Z_\alpha] & -(Z_q+U_1)s+g\sin\Theta_1 \\ -[M_{\dot\alpha}s+M_\alpha+M_{T_\alpha}] & (s^2-M_qs)\end{bmatrix}\begin{bmatrix}\alpha(s)\\ \theta(s)\end{bmatrix}=\begin{bmatrix}Z_{\delta_e}\\ M_{\delta_e}\end{bmatrix}\delta_e(s) \tag{22}$$

下面，将重点放在动态特性和特征方程（即第一个系数矩阵的行列式）上。先来看看短周期近似假设。因一般情况下，相比其他量都比较小，所以假设

$$Z_{\dot\alpha}=Z_q=\Theta_1=M_{T_\alpha}=0$$

则式（22）变成

$$\begin{bmatrix}sU_1-Z_\alpha & U_1s \\ -[M_{\dot\alpha}s+M_\alpha] & s^2-M_qs\end{bmatrix}\begin{bmatrix}\alpha(s)\\ \theta(s)\end{bmatrix}=\begin{bmatrix}Z_{\delta_e}\\ M_{\delta_e}\end{bmatrix}\delta_e(s) \tag{23}$$

特征方程变成

$$(sU_1-Z_\alpha)(s^2-M_qs)-(-U_1s)[-(M_{\dot\alpha}s+M_\alpha)]=0 \tag{24}$$

或者

$$sU_1\left[s^2-\left(M_q+\frac{Z_\alpha}{U_1}+M_{\dot\alpha}\right)s+\left(\frac{Z_\alpha M_q}{U_1}-M_\alpha\right)\right]=0 \tag{25}$$

简化形式如下：

$$s^2-\left(M_q+\frac{Z_\alpha}{U_1}+M_{\dot\alpha}\right)s+\left(\frac{Z_\alpha M_q}{U_1}-M_\alpha\right)=0 \tag{26}$$

对两个自由度近似法，可以像之前一样利用克莱姆法则得到$\frac{\alpha(s)}{\delta_e(s)}$和$\frac{\theta(s)}{\delta_e(s)}$，如下式：

$$\frac{\alpha(s)}{\delta_e(s)}=\frac{Z_{\delta_e}s+(M_{\delta_e}U_1-M_qZ_{\delta_e})}{U_1\left[s^2-\left(M_q+\frac{Z_\alpha}{U_1}+M_\alpha\right)s+\left(\frac{Z_\alpha M_q}{U_1}-M_\alpha\right)\right]}$$

$$\frac{\theta(s)}{\delta_e(s)}=\frac{(U_1M_{\delta_e}+Z_{\delta_e}M_{\dot\alpha})s+(M_\alpha Z_{\delta_e}-Z_\alpha M_{\delta_e})}{sU_1\left[s^2-\left(M_q+\frac{Z_\alpha}{U_1}+M_{\dot\alpha}\right)s+\left(\frac{Z_\alpha M_q}{U_1}-M_\alpha\right)\right]} \tag{27}$$

然后，利用式（26）确定自然频率和阻尼比的近似值：

$$\omega_{n_{SP}}\approx\sqrt{\frac{Z_\alpha M_q}{U_1}-M_\alpha} \tag{28}$$

$$\zeta_{SP}\approx\frac{-\left(M_q+\frac{Z_\alpha}{U_1}+M_{\dot\alpha}\right)}{2\omega_{n_{SP}}} \tag{29}$$

通常情况下，$-M_\alpha$ 比 $Z_\alpha M_q/U_1$ 大很多（只要重心不是太靠后），因此有

$$\omega_{n_{SP}}\approx\sqrt{-M_\alpha}=\sqrt{\frac{-C_{M_\alpha}\bar q_1 s\bar c}{I_{yy}}} \tag{30}$$

从方程（30）中可以看出短周期模态固有频率的特点：①$\omega_{n_{SP}}$ 随着静态纵向稳定性（$-C_{M_\alpha}$）的增加或重心（CG）到飞机的气动中心（AC）的距离的增加而增加；②$\omega_{n_{SP}}$ 随动压（$\bar p_1$）的增大而增加；③$\omega_{n_{SP}}$ 随俯仰惯性矩（I_{yy}）的增加而减少。

从方程（29）可研究另一个重要的参数，短周期阻尼比：①M_q，俯仰阻尼导数，是具有决定性意义的项；②Z_α/U_1 通常由其他要求决定；③决定 $M_{\dot\alpha}$ 的设计参数通常与决定 M_q 的设计参数（水平尾翼的大小以及重心到尾翼气动中心的距离）相同。通常 $M_{\dot\alpha}$ 的值约为 M_q 值的 1/3。用这种近似方法得到阻尼比的局限性之一是，它假定 ζ 是正的（稳定的情况下），但这并不总是正确的。在不稳定的情况下，建议使用 3 个自由度的方程进行求解。

5　两自由度长周期近似方法

前面应用短周期近似方法对短周期动态特性进行了分析，现在用两个自由度的长周期近似方法来考查影响长周期动态特性的参数。对于长周期的近似方法，假定 α 恒定，u 和 θ 是运动变量。可以在式（7）中消除 $\alpha(s)$ 和力矩方程，得到两个具有两个运动变量的方程：

$$\left[\begin{array}{c|cc}(s-X_u-X_{T_u}) & -X_\alpha & g\cos\Theta \\ -Z_u & [s(U_1-Z_\alpha)-Z_\alpha] & [1-(Z_q+U_1)s+g\sin\Theta_1] \\ \hline (M_u+M_{T_u}) & [M_\alpha s+M_\alpha+M_{T_\alpha}] & (s^2-M_qs)\end{array}\right]\times$$

$$\left[\begin{array}{c}u(s)\\ \hline \alpha(s)\\ \theta(s)\end{array}\right]=\left[\begin{array}{c}X_{\delta_e}\\ Z_{\delta_e}\\ \hline M_{\delta_e}\end{array}\right]\delta_e(s) \tag{31}$$

或

$$\begin{bmatrix}s-X_u-X_{T_u} & g\cos\Theta_1\\ -Z_u & [-(Z_q+U_1)s+g\sin\Theta_1]\end{bmatrix}\begin{bmatrix}u(s)\\ \theta(s)\end{bmatrix}=\begin{bmatrix}X_{\delta_e}\\ Z_{\delta_e}\end{bmatrix}\delta_e(s) \tag{32}$$

如果假定 $X_{\delta_e}=Z_q=\Theta_1\approx0$，可以得到

$$\begin{bmatrix}s-X_u-X_{T_u} & g\\ -Z_u & -U_1s\end{bmatrix}\begin{bmatrix}u(s)\\ \theta(s)\end{bmatrix}=\begin{bmatrix}0\\ Z_{\delta_e}\end{bmatrix}\delta_e(s) \tag{33}$$

特征方程变为

$$(s-X_u-X_{T_u})(-U_1s)+gZ_u=0$$

$$-U_1\left[s^2-(X_u+X_{T_u})s-\frac{Z_u}{U_1}g\right]=0 \tag{34}$$

然后有

$$\omega_{n_{PH}}\approx\sqrt{\frac{-Z_ug}{U_1}}=\sqrt{\frac{-g}{U_1}\left[\frac{-(q_1S)(C_{L_u}+2C_{L_1})}{mU_1}\right]} \tag{35}$$

或

$$\omega_{n_{PH}}\approx\sqrt{\frac{g(\bar q_1S)(C_{L_u}+2C_{L_1})}{U_1^2m}} \tag{36}$$

通常，$C_{L_u}\ll2C_{L_1}$ 且 $C_{L_1}=\frac{mg}{\bar q_1S}$，因此

$$\omega_{n_{PH}}\approx\sqrt{\frac{g(\bar q_1S)}{U_1^2m}\left(\frac{2mg}{q_1S}\right)}=\sqrt{\frac{2g^2}{U_1^2}} \tag{37}$$

或

$$\omega_{n_{PH}}\approx\frac{g}{U_1}\sqrt{2} \tag{38}$$

从以上表达式可以看出，长周期模态的固有频率与前进速度 U_1 近似成反比。

回顾特征方程（34），可以确定长周期阻尼比近似为

$$\zeta_{PH} \approx \frac{-(X_u - X_{T_u})}{2\omega_{n_{PH}}} \quad (39)$$

式中

$$\left.\begin{aligned} X_u &= -\frac{(C_{D_u} + 2C_{D_1})\bar{q}_1 S}{mU_1} \\ X_{T_u} &= \frac{(C_{T_{X_u}} + 2C_{T_{X_1}})\bar{q}_1 S}{mU_1} \end{aligned}\right\} \quad (40)$$

将式（40）代入式（39），得到

$$\zeta_{PH} \approx \frac{(C_{D_u} + 2C_{D_1} - C_{T_{X_u}} - 2C_{T_{X_1}})\bar{q}_1 S}{2mU_1 \omega_{n_{PH}}} \quad (41)$$

方程（41）提供了长周期阻尼比的近似计算方法。以“无动力或下滑飞行”为例可作更细致地研究，这时

$$C_{T_{X_1}} = C_{T_{X_u}} = 0 \quad (42)$$

在该设定下

$$\zeta_{PH} = \frac{(C_{D_u} + 2C_{D_1})\bar{q}_1 S}{2mU_1 \omega_{n_{PH}}} = \frac{(C_{D_u} + 2C_{D_1})\ \bar{q}_1 S U_1}{2mU_1\ g\sqrt{2}} \quad (43)$$

$$\zeta_{PH} = \frac{(C_{D_u} + 2C_{D_1})}{2\sqrt{2}} \cdot \frac{\bar{q}_1 S}{mg} = \frac{(C_{D_u} + 2C_{D_1})}{2\sqrt{2}} \frac{1}{C_{L_1}} \quad (44)$$

此时，对“低速飞行”可再增加一个假设，即

$$C_{D_u} \approx 0 \quad (45)$$

在该假设下有

$$\zeta_{PH} \approx \frac{C_{D_1}}{\sqrt{2} C_{L_1}} = \frac{1}{\sqrt{2}} \frac{C_{D_1}}{C_{L_1}} \quad (46)$$

方程（46）所表示的长周期阻尼比与升阻比（L/D）成反比。当然，不能忽视获得这个结果的所有假设条件。分析表明，在升阻比（L/D）很大时，飞机的长周期阻尼可能变差。在这种情况下，速度的精确控制变得困难。例如在着陆飞行的初始阶段，就会遇到这样的情况。但是，若起落架和襟翼被放下，L/D 会降低，此时长周期阻尼将得到改善。

对于传递函数，特征方程以及运动模态的概念，可以使用 Lear 喷气机在 40 000 m 高度，以马赫数为 0.7 飞行时的例子来说明。3 自由度的纵向传递函数近似为

$$\frac{u(s)}{\delta_e(s)} = \frac{6.312s^2 - 492\ 7s - 4\ 302}{675.9s^4 + 1\ 371s^3 + 5\ 459s^2 + 86.31s + 44.78} \quad (47)$$

$$\frac{\alpha(s)}{\delta_e(s)} = \frac{0.746s^3 + 208.3s^2 + 2.665s + 1.39}{675.9s^4 + 1\ 371s^3 + 5\ 459s^2 + 86.31s + 44.78} \quad (48)$$

$$\frac{\theta(s)}{\delta_e(s)} = \frac{208.1s^2 + 136.9s + 2.380}{675.9s^4 + 1\ 371s^3 + 5\ 459s^2 + 86.31s + 44.78} \quad (49)$$

人们希望通过这些传递函数确定短周期和长周期模态的固有频率、阻尼比、阻尼频率、时间常数和振荡周期。

若令传递函数的分母等于零，则可以得到特征方程。Lear 喷气机的纵向运动的特征方程是

$$675.9s^4 + 1\ 371s^3 + 5\ 459s^2 + 86.31s + 44.78 = 0 \quad (50)$$

或

$$s^4 + 2.028\ 4s^3 + 8.076\ 6s^2 + 0.127\ 7s + 0.066\ 25 = 0 \quad (51)$$

使用例如 MATLAB 中提供的根求解器，可以得到 4 个根，即

$$s_{1,2} = \zeta_{SP}\omega_{n_{SP}} \pm i\omega_{D_{SP}} = -1.008 \pm i\ (2.651) \quad (52)$$

$$s_{3,4} = \zeta_{PH}\omega_{n_{PH}} \pm i\omega_{D_{PH}} = -0.0069 \pm i\ (0.090\ 5) \quad (53)$$

显然 ω_D 值最大的根与短周期的运动模态对应，而另一根则与长周期的运动模态对应。如下：

$$\zeta_{SP}\omega_{n_{SP}} = 1.000\ 8\omega_{D_{SP}} = 2.651\ (\text{rad/s})\ (\text{短周期}) \quad (54)$$

$$\zeta_{PH}\omega_{n_{PH}} = 0.006\ 9\omega_{D_{PH}} = 0.090\ 5\ (\text{rad/s})\ (\text{长周期}) \quad (55)$$

$$\begin{aligned} \omega_{n_{SP}} &= \sqrt{(-\zeta\omega_n)^2_{SP} + \omega^2_{D_{SP}}} \\ &= \sqrt{(-1.008)^2 + (2.651)^2} = 2.836\ (\text{rad/s}) \end{aligned} \quad (56)$$

$$\begin{aligned} \omega_{n_{PH}} &= \sqrt{(-\zeta\omega_n)^2_{PH} + \omega^2_{D_{PH}}} \\ &= \sqrt{(-0.006\ 9)^2 + (0.090\ 5)^2} = 0.091\ (\text{rad/s}) \end{aligned} \quad (57)$$

$$\zeta_{SP} = \frac{\zeta_{SP}\omega_{n_{SP}}}{\omega_{n_{SP}}} = \frac{1.008}{2.836} = 0.355 \quad (58)$$

$$\zeta_{PH} = \frac{\zeta_{PH}\omega_{n_{PH}}}{\omega_{n_{PH}}} = \frac{0.006\ 9}{0.091} = 0.076 \quad (59)$$

$$\tau_{SP} = \frac{1}{\zeta_{SP}\omega_{n_{SP}}} = \frac{1}{1.008} = 0.992\ (\text{s}) \quad (60)$$

$$\tau_{PH} = \frac{1}{\zeta_{PH}\omega_{n_{PH}}} = \frac{1}{0.006\ 9} = 144.93\ (\text{s}) \quad (61)$$

因此，四阶特征方程写成两个二阶（振荡）特征方程相乘的形式为

$$(s^2 + 2\zeta_{SP}\omega_{n_{SP}} s + \omega^2_{n_{SP}})(s^2 + 2\zeta_{PH}\omega_{n_{PH}} s + \omega^2_{n_{PH}}) = 0 \quad (62)$$

对于 Lear 喷气飞机有

$$(s^2+2.016s+8.0429)(s^2+0.0138s+0.00828)=0 \quad (63)$$

注意到短周期和长周期的特征根的相对幅值与预期的一样，即

$$\omega_{n_{SP}}=2.836(\text{rad/s})>\omega_{n_{PH}}=0.091(\text{rad/s}) \quad (64)$$

$$\zeta_{SP}=0.355>\zeta_{PH}=0.076 \quad (65)$$

$$\omega_{D_{SP}}=2.651(\text{rad/s})>\omega_{D_{PH}}=0.905(\text{rad/s}) \quad (66)$$

$$\tau_{SP}=0.992\ (\text{s})<\tau_{PH}=144.93\ (\text{s}) \quad (67)$$

利用式（68）可以得到振荡周期为

$$T=\frac{2\pi}{\omega_D} \quad (68)$$

$$T_{SP}=\frac{2\pi}{2.651}=2.37\ (\text{s}) \quad (69)$$

$$T_{PH}=\frac{2\pi}{0.0905}=69.43\ (\text{s}) \quad (70)$$

如图 3 所示，将 Lear 喷气机的短周期和长周期的根绘制在复平面上，有利于动态特性的分析。相比长周期的根，短周期根离原点较远，阻尼比也较高，对于大多数飞行器，这些根的相对位置是非常典型的，具有代表性。

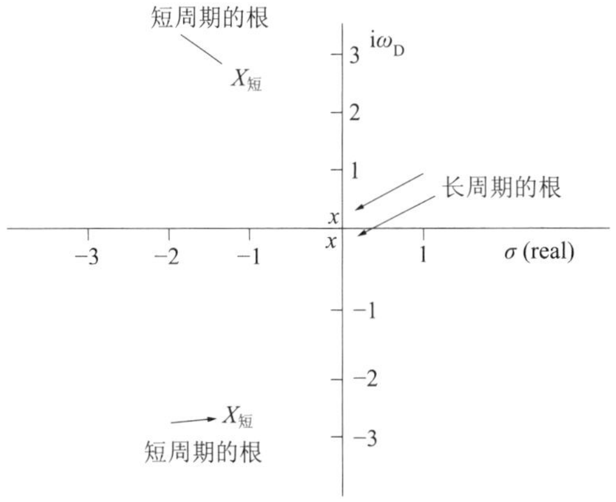

图 3 在复平面上，两个纵向方程的根

接下来，使用短周期和长周期的两自由度的近似方法来估计 Lear 喷气机的固有频率、阻尼比、阻尼频率和振荡周期，然后再将近似的结果与前述用三自由度方法计算的结果进行比较。利用短周期近似方程（27），有

$$s^2+2.0173s+8.0777=0 \quad (71)$$

和

$$\omega_{n_{SP}}=\sqrt{8.0777}\text{rad/s}=2.842\ (\text{rad/s}) \quad (72)$$

（用三自由度方法计算的结果是 2.836 rad/s）

因为

$$2\xi_{SP}\omega_{n_{SP}}=0.0173\Rightarrow\xi_{SP}=0.355 \quad (73)$$

（用三自由度方法计算的结果是 0.35）

和

$$\omega_{D_{SP}}=\omega_{n_{SP}}\sqrt{1-\zeta_{SP}^2}=2.657\ (\text{rad/s}) \quad (74)$$

（用三自由度方法计算的结果是 2.651 rad/s）

$$T_{SP}=\frac{2\pi}{\omega_{D_{SP}}}=2.365\ (\text{s}) \quad (75)$$

（用三自由度方法计算的结果是 2.37s）

通过比较可以看出，三自由度方法的结果非常好。

对于长周期的近似，用式（34）来获得特征方程：

$$s^2+0.0075s+0.00663=0 \quad (76)$$

对自然频率，有

$$\omega_{n_{PH}}=\sqrt{0.00663}=0.0814\ (\text{rad/s}) \quad (77)$$

（用三自由度方法计算的结果是 0.091 rad/s）

为了获得阻尼比，

$$2\xi_{PH}\omega_{n_{PH}}=0.0075\Rightarrow\xi_{PH}=0.0461 \quad (78)$$

（用三自由度方法计算的结果是 0.076）

并得到

$$\omega_{D_{PH}}=\omega_{n_{PH}}\sqrt{1-\zeta_{PH}^2}=0.0813\ (\text{rad/s}) \quad (79)$$

（用三自由度方法计算的结果是 0.0905 rad/s）

$$T_{PH}=\frac{2\pi}{\omega_{D_{PH}}}=77.27\ (\text{s}) \quad (80)$$

（用三自由度方法计算的结果是 69.43 s）

在这个算例中，2 自由度的长周期频率近似值约有 10%的误差，对阻尼比预测有 40%的误差。

6 总结/展望

对飞机而言，要实现良好的操纵品质，纵向动态稳定性是关键，尤其是短周期模态。“操纵品质”和“动态稳定性”是可以互换的，这些特性直接影响到飞行员实现精确跟踪和机动任务的能力。飞行员通常认为这些任务是必须执行的、最困难的飞行任务。因此，良好的动态稳定特性将使飞行员高水平地完成任务并减少飞行员的工作负荷。本章试图分析直接影响短周期模态和长周期模态动态稳定特性的参数。根据多年的飞行经验，美国联邦航空管理局要求以及军用规范提供了这些关键参数的可接受范围。Yechout 等（2003b）文献利用恰当的例子讨论了规范的使用方法。在近几十年的飞机设计工作中，人们倾向于减少阻力以取得性能改进，如提高航程、航时和转弯性能，但基本的动态稳定特性通常会受到挑战，因此在设计中人们所采取的折中办法是，引入反馈控制系统来“改变”基本动稳

定性，最终获得优异的动稳定性或飞行品质特性。现代飞机，如 F-15，F-16，F-18，F-22 就是采用控制增稳系统或电传操纵系统来达到这个目的。

参考文献

Kreyszig, E. (1988) *Advanced Engineering Mathematics*, sixth edn, John Wiley & Sons, Inc., New York.

Yechout, T., Morris, S. L., Bossert, D. L. and Hallgren, W. F. (2003) *Introduction to Aircraft Flight Mechanics*, AIAA Education Series, AIAA, Reston.

延伸阅读

Nelson, R. (1989) *Flight Stability and Automatic Control*, McGraw Hill, New York.

Roskam, J. (1995) *Airplane Flight Dynamics and Automatic Flight Controls*, *Part I & II*, Design, Analysis, and Research Corporation, Lawrence.

本章译者：宋彦国（南京航空航天大学航空宇航学院）

第 222 章

固定翼飞机的横、航向动稳定性

Mark Lowenberg

布里斯托尔大学航空航天工程系，布里斯托尔，英国

1 引　　言

绝大多数固定翼飞机都是相对某平面对称的，该平面垂直（在水平飞行时）通过机身中心线，也就是说飞机关于该平面左右镜像对称。不仅机身的几何形状对称，其转动惯量、气动力和推进特性也具有对称性。严格地讲，虽然并不一定总是如此（例如，由于单个设备的位置影响以及发动机旋转引起的陀螺效应），但通常认为当飞机在稳定的水平飞行状态，并与相对气流方向一致，且不对称的操纵面——副翼和方向舵未偏转时，它是对称的。

对称平面内的运动，即铅垂平面内的平动和绕俯仰轴的转动，被称为纵向的或者对称的运动。平面外的运动，例如侧滑、滚转和偏航，被称为横、航向运动。“横向”是指滚转（倾斜），而“航向”是指偏航/侧滑运动。将这两种运动相互强耦合在一起，就用“横、航向”来称呼——通常也简称为“横向”。

本章的主题是所有的飞行动力学教科书都要讨论的内容，Abzug 和 Larrabee（2002）提供了与此主题相关的大量文献。本章将简要说明如何通过非线性的运动方程得到横、航向的线化方程，并讨论常规构型飞机在正常飞行状态下的运动模态。本章还简单分析了更一般的情况，例如非线性的影响。

2 基本方程的建立

在大气层内飞行的飞机，其运动方程通常用非线性状态空间形式表示，也可以用一组独立的一阶常微分方程组表示为

$$\dot{x}=f(x,\ \boldsymbol{\delta}) \tag{1}$$

式中，$x\in \mathrm{R}^n$ 是状态矢向量，包含飞行速度和方向的 n 个分量；$\dot{x}$ 为 x 的时间导数，$\boldsymbol{\delta}\in \mathrm{R}^m$ 是包含 m 个系统输入变量的向量，包括典型操纵面偏转和发动机推力；f 是一组非线性函数（向量场 f：$\mathrm{R}^n\times \mathrm{R}^m\to \mathrm{R}^n$）。通常情况下，该系统方程将包含所有相关的空气动力、转动惯量、运动和推进作用等因素，并且方程是非线性的，纵向、横向和航向的运动之间会发生各种耦合。用于求解这一广义系统动态特性的标准数值方法，包括对控制输入的时域响应模拟、配平和线化、运动模态分析、时域或频域分析等。

为了充分理解代表实际物理系统的数学模型求解后所得出的数值结果的意义，需要考虑典型非线性模型的组成并进行简化，从而获得“常规”飞机的飞行力学特性。这将有助于使用者了解飞行器系统的运动特点，并将运动特点与空气动力、转动惯量以及其他因素联系起来。反过来，数学模型作为工程实用的工具，可用于气动布局的设计、飞行品质评估、反馈控制系统的设计等。

广义的非线性运动方程组在式（2）～式（13）中列出。该系列公式假定飞机是刚性的、质量恒定且分布均匀、重力加速度恒定、地球的空间位置固定且忽略其自转。此外，忽略飞机转动部件的陀螺效应以及操纵控制系统的动力学特性的影响。

$$\dot{U}=\frac{1}{m}(RV-QW-mg\sin\Theta+X) \tag{2}$$

$$\dot{V}=\frac{1}{m}(PW-RU+mg\cos\Theta\sin\Phi+Y) \tag{3}$$

$$\dot{W}=\frac{1}{m}(QU-PV+g\cos\Theta\cos\Phi+Z) \quad (4)$$

$$\dot{P}=\frac{1}{A}[(B-C)QR+D(Q^2-R^2)+E(\dot{R}+PQ)+F(\dot{Q}-PR)+L] \quad (5)$$

$$\dot{Q}=\frac{1}{B}[(C-A)PR+D(\dot{R}-PQ)+E(R^2-P^2)+F(\dot{P}+QR)+M] \quad (6)$$

$$\dot{R}=\frac{1}{C}[(A-B)PQ+D(\dot{Q}+PR)+E(\dot{P}-QR)-F(P^2+Q^2)+N] \quad (7)$$

$$\dot{\Phi}=P+Q\sin\Phi\tan\Theta+R\cos\Phi\tan\Theta \quad (8)$$

$$\dot{\Theta}=Q\cos\Phi-R\sin\Phi \quad (9)$$

$$\dot{\Psi}=(Q\sin\Phi+R\cos\Phi)\sec\Theta \quad (10)$$

$$\frac{dx'}{dt}=U\cos\Theta\cos\Psi+V(\sin\Phi\sin\Theta\cos\Psi-\cos\Phi\sin\Psi)+W(\cos\Phi\sin\Theta\cos\Psi+\sin\Phi\sin\Psi) \quad (11)$$

$$\frac{dy'}{dt}=U\cos\Theta\sin\Psi+V(\sin\Phi\sin\Theta\sin\Psi+\cos\Phi\cos\Psi)+W(\cos\Phi\sin\Theta\sin\Psi-\sin\Phi\cos\Psi) \quad (12)$$

$$\frac{dz'}{dt}=-U\sin\Theta+V\sin\Phi\cos\Theta+W\cos\Phi\cos\Theta \quad (13)$$

式（2）～式（13）与式（1）形式相同，其中

$$\boldsymbol{x}=[U\ \ V\ \ W\ \ P\ \ Q\ \ R\ \ \Phi\ \ \Theta\ \ \Psi\ \ x'\ \ y'\ \ z']^{\mathrm{T}} \quad (14)$$

式中，m 和 g 分别为飞机的质量和重力加速度；U，V，W 为飞机质心的速度沿着机体坐标系（一组笛卡儿坐标系，原点位于质心，x 轴沿着机身轴线向前，y 轴垂直对称面指向右，z 轴指向下）的 x、y 和 z 轴的分量；P，Q，R 是飞机角速度沿着机体坐标系的 x，y，z 分量；Φ，Θ，Ψ 是描述机体坐标系相对于地面坐标系的方位欧拉角［Ψ 是绕地面坐标系的 z 轴转动到与机体轴 Ox_b 在地面坐标系 Ox_gy_g 平面上的投影相重合时所经过的角度（即偏航角*1）；Θ 是转动 Ψ 角后形成的直角坐标系绕其 y 轴转过的角度（即俯仰角）；Φ 是转动 Θ 角后形成的直角坐标系绕其 x 轴转过的角度（即滚转角）］；x'，y'，z' 是指飞机质心在地面坐标系的位置；X，Y，Z 是气动力沿着机体坐标系 x，y，z 轴的分量，包括推进系统产生的力（推力）；L，M，N 是气动力矩沿着机体坐标系 x，y，z 轴的分量，包括推进系统引起的力矩（推力力矩）；A，B，C 是关于机体坐标系 x，y，z 轴的转动惯量；D，E，F 是关于机体坐标系 yz，xz，xy 轴的惯性积。请注意，对于质量分布关于 xz 平面对称的飞机，D 和 F 都为0。方程可以建立在不同的坐标系下，一种常用的方法是将式（2）～式（4）转换到气流坐标系，即与合速度方向一致。如图1所示，状态空间变量由迎角、侧滑角和速度（α，β，v_{T}）来替代（U，V，W），转换公式为

$$\alpha=\arctan\frac{W}{U}\quad \beta=\arcsin\frac{V}{v_{\mathrm{T}}}$$

$$v_{\mathrm{T}}=\sqrt{U^2+V^2+W^2} \quad (15)$$

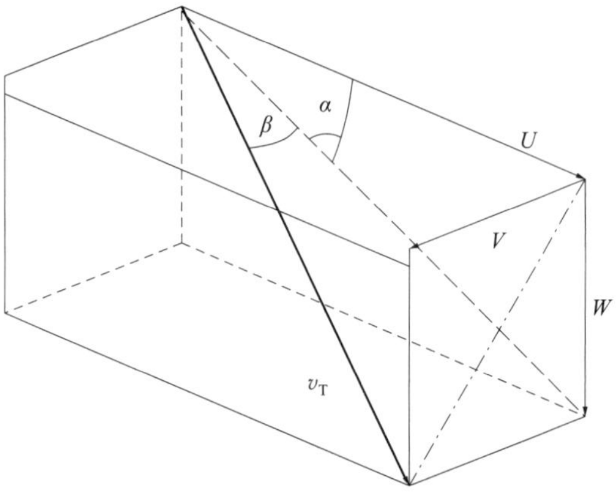

图1　机体坐标系和气流坐标系之间的速度关系

另一套常用的坐标系是稳定坐标系，这里需要注意的是定义了气动力和力矩（X，Y，Z，L，M，N）的轴系必须与方程推导过程中选用的轴系一致。

依据牛顿运动定律导出运动方程相对容易，但气动载荷的数学建模却不是那么容易完成。飞机上的力和力矩是关于飞机状态和操纵面偏转量的非线性函数，而且一般情况下，它们会随着时间而变化。幸运的是，固定翼飞机在大多数飞行状态中所涉及的气动响应基本上都是稳定的。事实上，对飞行包线内大部分飞行区域所涉及的空气动力，与其相关的运动变量和操纵输入也是线性的。

因此，在许多飞行动力学问题中，借由所谓的"稳定性和操纵导数"，使用气动力和力矩的线化表达式就足够了。这种方法由 G. H. Bryan 于1911年提出①：假定载荷是瞬时扰动速度和操纵输入的函数。即使是常规布局的固定翼飞机，也需要考虑来流相互作用的一个方面，它与时间有关，即时间滞后效应，与气流流过机翼/机身到达尾翼的变化有

① 参见 Abzug 和 Larrabee（2002）文献。

关。其实，通过包含速度变化率导数（即所谓的“加速度导数”，有时在横、航向的空气动力中被略去了）的纵向气动载荷方程可以模拟准定常情况下的这一时间效应。方程的形式看起来像泰勒级数，但其数学意义并不严谨，因为变量所涉及的导数不一定是彼此独立的。不过，这已成为飞行力学研究中气动建模的标准方法。在非定常流动的情况下，空气动力学和飞行动力学的详细讨论，包括准定常建模方法适用性的界限，请参见 Hancock（1995）文献。

事实上，通过将稳定性或操纵性导数写成关于一个或多个运动变量和控制量的非线性函数，上述这种方法已被“拓展”以研究非线性情况。这种方法“看起来像”线性的稳定性导数方法，在飞行器的运动及其相关的气动力响应之间建立起具有直观物理意义的联系，但实际上这是一个复杂的非线性关系。通常，方程的非线性系数可由查表获得。这种方法被称为“稳定系数”法可能更好（Tobak 和 Schiff，1981），尽管其数学可靠性值得怀疑，但它确实已经成功地应用于气流变化（来自机动飞行或阵风）足够慢的各种情况——这是绝大多数飞行状态下的气流变化情况。举一个例子，引入量纲为 1 的系数形式，写出侧力对于马赫数、迎角和侧滑角的非线性的关系式为

$$C_Y=C_{Y_{\text{basic}}}(\alpha,\beta,Ma)+C_{Y_p}(\alpha,Ma)P+C_{Y_r}(\alpha,Ma)R+C_{Y_{\delta_r}}(\alpha,Ma)\delta_r \tag{16}$$

这里 $C_Y=Y/pS$ 是侧力系数，$p=(1/2)\rho v_T^2$ 表示的是动压（ρ 是空气密度）；S 是机翼参考面面积。Ma 是马赫数；δ_r 表示方向舵偏转；C_{Y_p} 是侧力相对于滚动角速度的稳定导数；C_{Y_r} 是侧力相对于偏航角速度的稳定导数；$C_{Y_{\delta_r}}$ 是侧力相对于方向舵偏角的操纵导数；$C_{Y_{\text{basic}}}$ 是静态侧向力系数，也就是说，对应的旋转角速度 P 和 R 为 0 且方向舵偏转角为 0。假定 Y 与其他运动变量，如俯仰角速率 Q 和副翼及升降舵偏转角无关。需要注意的是，对于静态项的非线性性质，用 $C_{Y_{\text{basic}}}$ 代替了标准稳定导数形式 $C_{Y_\beta}\beta$（此式假设侧力随着 β 线性变化且与 α 和 Ma 无关）。如果以 $\beta=P=R=\delta_r=0$ 的飞行状态为基准来对方程进行线性化，则方程（16）和三个导数可以采取局部线性化的形式，标准的稳定和控制导数表达式如下：

$$C_Y=C_{Y_\beta}\beta+C_{Y_p}P+C_{Y_r}R+C_{Y_{\delta_r}}\delta_r \tag{17}$$

式（16）和式（17）仅仅是所举出的例子，用来说明空气动力学中的力或力矩系数应该如何表示。实际的表示形式应尽力捕捉到占主导地位的空气动力学因素，而这些因素是通过实验和已有的数据分析得到的。有时，也可能需要加入额外的导数（例如如果认为侧向加速度的影响很重要，则需引入 $C_{Y_{\dot\beta}}\dot\beta$；或者如果副翼的偏转对侧力影响明显，则引入 $C_{Y_{\delta_a}}\delta_a$）。此外，方程（15）中的 v 可以由 β 来代替，并且有时有量纲的导数比上面提到的无因次系数形式更方便。

在某些情况下需要考虑到空气动力随状态变量的变化不是即刻发生的，Etkin（1982）文献说明了如何用空气动力的传递函数来替代稳定和控制导数方程。许多动力学系统方法被建立起来，用来解释具有不同时间尺度的不稳定现象，例如，流动的分离以及涡的破裂和移动（Goman 和 Khrabrov，1994；Klein 和 Noderer，1994；Grismer 等，1997；Goman，Greenwell 和 Khrabrov，2000；Abramov，Goman 和 Khrabov，2005）。Kyle，Lowenberg 和 Greenwell（2004）对其中的一些方法进行了阐述、分析和比较。

由于平面对称且无陀螺效应，很容易将运动方程（2）～方程（13）进行缩减，从而得到纵向运动：简单地假设所有横、航向变量（v，P，R，Φ，Ψ，y'）为 0，这也意味着 $\delta_a=\delta_r=0$（见第 5 卷第 221 章）。然而，反向的推理却并不正确，因为在横、航向运动过程中纵向变量不全都为 0（即使在配平的直线水平飞行状态，至少前进速度不为 0，典型迎角也不为 0）。此外，式（2）～式（7）中的惯性项引入了纵横向的交叉耦合。因此，为了描述横、航向的运动，必须以对称飞行状态为基准状态来线化方程（忽略陀螺效应，假设有一个对称平面，并忽略任何空气动力学与纵向运动的交叉耦合）。

3　运动方程组的线化

采用小扰动理论可以将运动方程组线化。在小扰动理论中，假设飞机在稳定的基准飞行条件下受到的扰动很小。除了纵向和横向方程可以分离，将非线性系统转化为线性系统也是非常有意义的，这使得工程师在许多分析和设计工作中可以得到封闭形式的解。

以这种方式对运动方程组进行线化的方法在大多数教科书中都有（例如，Etkin，1982；这里使用的是其书中的符号），本章不再详细记述。该过

程包括以下步骤：

（1）在运动方程组［方程（2）～方程（13）］中，每个运动参数都可以表示成基准值和扰动值之和，例如 $V=v_0+v$，其中 v_0 是基准值，v 是扰动量。以同样的方式给出气动力和气动力矩，使用符号，例如 $Y=Y_0+\Delta Y$ 和 $L=L_0+\Delta L$（侧力和滚转力矩）。对称构型飞机在定常水平无干扰的飞行状态下，横、航向变量基准值为 0。

（2）选择一个没有角速度（配平的水平飞行）的对称基准飞行状态，使得 $v_0=p_0=q_0=r_0=\Phi_0=0$。如果方程建立在稳定轴下，即和 Etkin（1982）文献中的例子一样，那么 $w_0=0$，u_0 是基准飞行速度（v_T），θ_0 是航迹角。

（3）假设所有的干扰很小，则它们的时间导数也很小，与一阶导数相比，二阶项及乘积项小量可以忽略。此外，假设角度很小，则其余弦值为 1，正弦值为 0 或为角度本身值（以弧度为单位）。请注意，θ_0 不一定很小，利用

$$\sin\Theta=\sin(\theta_0+\theta)=\sin\theta_0\cos\theta+\cos\theta_0\sin\theta\equiv\sin\theta_0+\theta\cos\theta_0$$

和

$$\cos\Theta=\cos(\theta_0+\theta)=\cos\theta_0\cos\theta-\sin\theta_0\sin\theta\equiv\cos\theta_0-\theta\sin\theta_0 \tag{18}$$

得到如下线性运动方程组：

$$m u=-mg(\sin\theta_0+\theta\cos\theta_0)+X_0+\Delta X \tag{19}$$

$$m(\dot{v}+u_0 r)=mg\phi\cos\theta_0+Y_0+\Delta Y \tag{20}$$

$$m(\dot{w}-u_0 q)=mg(\cos\theta_0-\theta\sin\theta_0)+Z_0+\Delta Z \tag{21}$$

$$A\dot{p}-E\dot{r}=L_0+\Delta L \tag{22}$$

$$B\dot{q}=M_0+\Delta M \tag{23}$$

$$C\dot{r}-E\dot{p}=N_0+\Delta N \tag{24}$$

$$\dot{\theta}=q \tag{25}$$

$$\dot{\phi}=p+r\tan\theta_0 \tag{26}$$

$$\dot{\psi}=r\sec\theta \tag{27}$$

$$\frac{\mathrm{d}x'}{\mathrm{d}t}=(u_0+u)\cos\theta_0-u_0\theta\sin\theta_0+w\sin\theta_0 \tag{28}$$

$$\frac{\mathrm{d}y'}{\mathrm{d}t}=u_0\psi\cos\theta_0+v \tag{29}$$

$$\frac{\mathrm{d}z'}{\mathrm{d}t}=-(u_0+u)\sin\theta_0-u_0\theta\cos\theta_0+w\cos\theta_0 \tag{30}$$

设方程（19）～方程（30）中每个扰动增量值为 0，可以得到

$$X_0-mg\sin\theta_0=0,\ Y_0=0,\quad Z_0+mg\cos\theta_0=0,$$
$$L_0=0,\quad M_0=0,\quad N_0-0,$$
$$(\mathrm{d}x'/\mathrm{d}t)_0=u_0\cos\theta_0,(\mathrm{d}y'/\mathrm{d}t)_0=0,(\mathrm{d}z'/\mathrm{d}t)_0=-u_0\sin\theta_0 \tag{31}$$

将这些等式代回方程（19）～方程（30），得到以扰动增量为变量的线性运动方程。在此之前，应注意到，线性化过程中去掉了横向和纵向运动变量之间的耦合，因此，这两个方程组现在可以分开处理——前提是空气动力项不包含任何耦合。

事实证明，常规的对称布局飞机，忽略不对称扰动对纵向力和力矩扰动增量的影响是合理的，反之亦然。另外，如上面所讨论的，用局部性的稳定和操纵导数来表示空气动力作用意味着泰勒级数的系数是常数。虽然气动载荷的分量可能发生强烈的变化，尤其是随迎角的变化，但对于 Y_0，L_0，N_0 而言，其稳定和操纵导数形式的线化横向运动方程中却并不存在耦合。假设横向的操纵输入只有副翼和方向舵，分别是 δ_a 和 δ_r，并且忽略任何操纵系统的力。用符号 $\delta_a=\delta_{a0}+\xi$ 和 $\delta_r=\delta_{r0}+\xi$ 来代表副翼和方向舵的基准量和干扰量，对于真正的对称构型，基准值 δ_{a0}，δ_{r0} 为 0。

侧向气动力和力矩的扰动运动方程可以写成如下形式［有量纲的稳定导数，其对应的量纲为 1 的形式则如同方程（16）和方程（17）中的各项那样，用指定的前缀 C 表示］：

$$\Delta Y=Y_v v+Y_p p+Y_r r+Y_\zeta\zeta$$
$$\Delta L=L_v v+L_p p+L_r r+L_\xi\xi+L_\zeta\zeta$$
$$\Delta N=N_v v+N_p p+N_r r+N_\xi\xi+N_\zeta\zeta \tag{32}$$

还可从方程（19）～方程（30）中观察到，变量 ψ，x'，y'，z' 没有出现在方程（19）～方程（26）中。事实上，无论是对气流扰动还是操纵输入，飞机的扰动响应不依赖于它的偏航角 ψ 和飞机质心相对于地面的位置。事实上，飞机质心相对于地面的位置只适用于短周期模态的分析：空气密度随着 z' 而变化从而影响气动力和力矩的大小（通过动压 p），然而，这里考虑的是所有变量的小扰动情况，z' 的变化很小，对动压 p 的影响可以忽略不计。因此，研究飞机扰动后的瞬态反应，只需要考虑方程（19）～方程（26），而为了评估横、航向的动态特性，只需要方程（20），方程（22），方程（24）和方程（26）。

最后，将方程（31）和方程（32）代入方程（20），方程（22），方程（24），方程（26）并写成矩阵的形式为

$$\begin{bmatrix} m\frac{\mathrm{d}}{\mathrm{d}t}-Y_v & -Y_p & mu_0-Y_r & -mg\cos\theta_0 \\ -L_v & A\frac{\mathrm{d}}{\mathrm{d}t}-L_p & -E\frac{\mathrm{d}}{\mathrm{d}t}-L_r & 0 \\ -N_v & -E\frac{\mathrm{d}}{\mathrm{d}t}-N_p & C\frac{\mathrm{d}}{\mathrm{d}t}-N_r & 0 \\ 0 & -1 & -\tan\theta_0 & \frac{\mathrm{d}}{\mathrm{d}t} \end{bmatrix}\times \begin{bmatrix} v\\ p\\ r\\ \phi \end{bmatrix}+\begin{bmatrix} 0 & Y_\zeta \\ -L_\xi & -L_\xi \\ -N_\xi & -N_\zeta \\ 0 & 0 \end{bmatrix}\begin{bmatrix} \xi \\ \zeta \end{bmatrix}=0 \tag{33}$$

采用拉普拉斯变换，方程变为拉普拉斯算子 s 的代数方程组，从而更容易求解并写出输入输出变量之间的传递函数：

$$\begin{bmatrix} ms-Y_v & -Y_p & mu_0-Y_r & -mg\cos\theta_0 \\ -L_v & As-L_p & -Es-L_r & 0 \\ -N_v & -Es-N_p & Cs-N_r & 0 \\ 0 & -1 & -\tan\theta_0 & s \end{bmatrix}\begin{bmatrix} v\\ p\\ r\\ \phi \end{bmatrix}+\begin{bmatrix} 0 & -Y_\zeta \\ -L_\xi & -L_\xi \\ -N_\xi & -N_\zeta \\ 0 & 0 \end{bmatrix}\begin{bmatrix} \xi \\ \zeta \end{bmatrix}=0 \tag{34}$$

此外，如果假设基准状态是水平飞行，那么 $\theta_0=0\rightarrow\tan\theta_0=0$，$\cos\theta_0=1$，得到，$p=\dot{\phi}$，这样可以将上面含 4 个状态变量的方程改写成含 3 个状态变量的矩阵：

$$\begin{bmatrix} ms-Y_v & -Y_p s-mg & mu_0-Y_r \\ -L_v & As^2-L_p s & -Es-L_r \\ -N_v & -Es^2-N_p s & Cs-N_r \end{bmatrix}\begin{bmatrix} v\\ \phi\\ r \end{bmatrix}+\begin{bmatrix} 0 & -Y_\zeta \\ -L_\xi & -L_\xi \\ -N_\xi & -N_\zeta \end{bmatrix}\begin{bmatrix} \xi \\ \zeta \end{bmatrix}=0 \tag{35}$$

正如已经提到过的，横、航向的运动方程可以写成很多种形式，这与其所采用的符号、假设、操纵面的数量（或其他形式的操纵输入，如推力矢量）以及方程是不是量纲为 1 等因素有关。量纲为 1 化的形式通常出现在教科书中［例如，Etkin（1982）］，采用这种形式的目的与采用这种标准的量纲为 1 的空气动力学分析方法一致，并且意义也明显。量纲为 1 的空气动力学方法可以用于对比不同尺寸的飞机或者模型。例如，全尺寸飞机与风洞中的缩比模型，其速度、大气密度和实际飞机是不同的。运动方程量纲为 1 化后不仅力和力矩导数是量纲为 1 的，速度、加速度、质量、惯量，甚至时间都是量纲为 1 的；时间的量纲为 1 化可用于了解非定常流动的物理现象。此外，量纲为 1 化更有可能给出矩阵中具有相似数量级的元素的数量，从而减少数值求解中遇到病态系统的可能性。然而没有必要去量纲为 1 化运动方程，所以这里没有提出运动方程的量纲为 1 化。

应当指出的是，上述对方程线性化的分析方法不是现代飞行力学专家实际应用的方法，因为现在可以利用计算机作为基础工具。通常，先定义典型的非线性方程组，建立合适的空气动力学和推进系统模型，并且将之推广到各种质心位置和转动惯量（例如，由燃料和有效载荷引起的变化）情况，然后，将方程用数值方法进行线化，也就是在某一个瞬时给定一个状态或者操纵变量的扰动，然后使用数值微分算法来计算矩阵的元素。采用这种方式，式（1）的非线性状态空间形式就可以转换成线性状态空间形式，即

$$\dot{x}=\boldsymbol{A}x+\boldsymbol{B}\delta \tag{36}$$

方程（35）可以很容易地写成这种状态空间的形式（3×3 的状态矩阵 $\boldsymbol{A}$ 和 3×2 的输入矩阵 $\boldsymbol{B}$），这是一般的增广状态空间的情况。对于方程（36），除了系统自身的状态变量，也可以增加一个或多个描述“可测量的”输出状态 y 的附加方程，将方程增广为：$y=\boldsymbol{C}x+\boldsymbol{D}\delta$（$\boldsymbol{C}$ 被称为输出矩阵，而 $\boldsymbol{D}$ 是前馈矩阵）。当某些状态变量不能直接进行测量或确定时，使用这种方法是必要的。这里限定，在研究飞机的动态稳定性和响应时，所有的状态变量都是可得到的（$\boldsymbol{C}=[1]$，$\boldsymbol{D}=[0]$）。

从事飞行动力学研究的人知道，如果数学方程不光滑，那么对方程进行数值线化通常会失败。一个明显的例子就是，每个操纵输入在其最小和最大位置时会有饱和限制，同时还有速率饱和、死区、开关和限幅器等，如果将线性技术应用到这种带有控制器的非线性系统中，有可能出现一系列奇异点，因此，对于这些方面必须周密考虑。

根据飞机的特性和上述一些假设的有效性，将方程组分成独立的纵向和横向系统是不可行的。例如，发动机的陀螺效应很大时，飞机旋转速率大会导致惯性耦合，或者发生气动力不对称的情况（例如，非对称涡的破裂，这对于细长机身在大迎角下飞行是很常见的），在这种情况下，将横向和纵向分开考虑的方法可能是不可行的，而应当将所有的运动方程线化成为一个系统模型。而实际中，用这种

模型计算得到的模态仍和那些独立的纵向和横向动模态有联系。

4 运动模态

如方程（35）所示的线性方程组，可用来对指定初始条件和操纵输入作时域响应分析，也可以将状态空间形式转换成单个传递函数的形式，每个输出对应于相关的输入。例如，传递函数 $G(s)=v(s)/\zeta(s)$ 描述了侧滑速度 v 对舵偏角 ζ 在拉普拉斯域的线性响应。常用的分析方法是克莱姆法则（Cook，1997）。传递函数的一般形式为 $G(s)=N(s)/D(s)$，其中 $N(s)$ 是关于 s 的分子多项式，$D(s)$ 是关于 s 的分母多项式。分母决定响应模态的稳定性，分子影响每个状态变量的响应。分母是该系统的特征方程，可以通过提取矩阵 $\boldsymbol{A}$ 的行列式得到，特征方程的根可以通过使等式为 0 或者通过计算矩阵 $\boldsymbol{A}$ 的特征值得到，模态响应特性与矩阵 $\boldsymbol{A}$ 的特征向量所对应的特征值相关。例如，Etkin（1982），Cook（1997），Schmidt（1998），或 Roskam（1999）等文献说明了非线性动力学系统基本方程的建立、拉普拉斯变换、状态空间表示、模态特征及其图形表示和稳定性的定义。

对方程（35）的分析表明，特征方程是关于 s 的四次方程，特征根可以通过下式求解：

$$A's^4+B's^3+C's^2+D's+E'=0 \tag{37}$$

式中，A'，B'，C'，D'，E' 是由矩阵 A 中的元素如气动力和力矩、质量、转动惯量等组成的系数。很多课本上都提到用因式分解法来求解四次方程（例如，Cook，1997；Roskam，1999），并给出用 A'，B'，C'，D'，E' 表示的相关的稳定性标准。

对于绝大多数常规构型飞机在正常的飞行状态下，横向稳定性的四次方程可求出两个实根和一对共轭复根。一个实根（或特征值）如果是负，则会导致非振动模态收敛；如果是正，则发散。前者是一种稳定的模态，后者则为不稳定模态，这样的模态可以由一个时间常数表征，常用的是倍/半幅时间。

一对共轭复根代表振荡模态，实部决定稳定性（负数代表阻尼或收敛振荡，也就是说，其是稳定的；正数导致不稳定的发散振荡），虚部决定频率。这种自然模态由其周期或频率、阻尼或阻尼比、半幅或倍幅时间来表征。

由于常规飞机横向运动包括两个非振荡模态和一个振荡模态，因此可以写出如下特征方程：

$$(T_s s+1)(T_r s+1)(s^2+2\zeta_d\omega_d s+\omega_d^2)=0 \tag{38}$$

括号中的第一个因子是指所谓的螺旋模态；第二个因子是滚转收敛模态；共轭复根代表荷兰滚模态或横向振荡。下面依次讨论每一个模态。

5 螺旋模态

这种模态可以是稳定的也可以是不稳定的，其根（$1/T_s$）的量级非常小，其对应的时间常数则很大，因此，它的发展速度非常缓慢。模态本身涉及所有三个横、航向运动状态——滚动、偏航和侧滑。

引用 Cook（1997）文献中所用的图，如图 2 所示，对螺旋模态的基本动力学原理进行解释。假设飞机在速度 v_0 的水平飞行状态下受到一个很小的正的滚转角的扰动。这将导致很小的正的侧滑速度 v 在垂尾处生成一个侧向力，使飞机向侧滑方向偏航，但是，正的偏航角速度导致左端机翼升力增加而右侧机翼升力减小，这将使飞机滚转角进一步增大。垂尾在整个运动中起到不稳定作用，正如图 2（b）和（c）所描述的：偏航静稳定性导数 N_v 越大，这种效果就越明显。

同时，由于机翼的上反效应会产生滚转恢复力矩（L_v 导数为负），对应这种情况，正的侧滑角会产生使机翼平面恢复水平的滚转力矩，同时由垂尾产生的侧向力在飞机重心上方也会产生有恢复性质的滚转力矩。所以以上反效应和航向静稳定性对螺旋稳定性提供相反的作用，前者越大模态越稳定，而当后者占主导地位时，模态就变成不稳定的了。通常情况下，这些作用几乎相等，其导致螺旋模态根在中性稳定点附近，时间常数为 60～100 s 或者更长（Cook，1997）。若模态是稳定的，机翼会缓慢地恢复到水平状态，坡度转弯半径逐渐增加，直到水平直线飞行。

若此模态不稳定，则飞机以坡度转弯半径递减的状态飞行，因为垂直方向的力将不再平衡，所以高度会降低。因此，不稳定的螺旋模态导致不断下降的螺旋线，这是个潜在的危险，特别是在模拟该模态飞行时。由于发散的速度非常缓慢，所以，如果能给予飞行员相应的警告提示，飞行员可以轻松地在这种情况下改变飞行状态。事实上，在这种模态下，随外力变化所产生的加速度是非常小的，所以需要飞行员依赖视觉信息来感知。

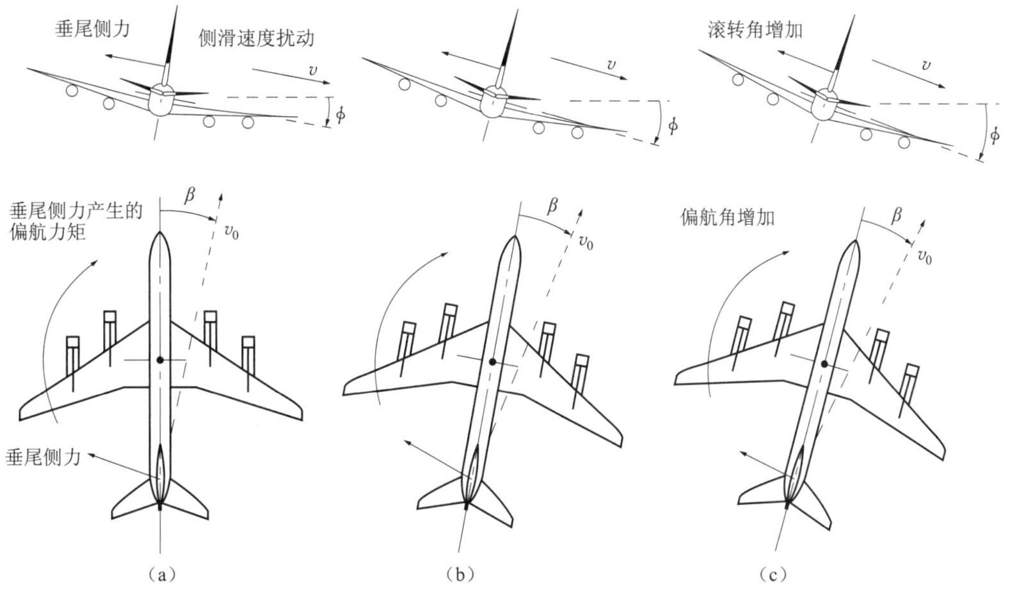

图 2　螺旋模态的过程［摘自 Cook（1997）©Elsevier 文献］

图 3 所示的样例曲线是喷气式飞机针对不稳定的螺旋模态进行试飞所记录的时间历程（Cook，1997）。

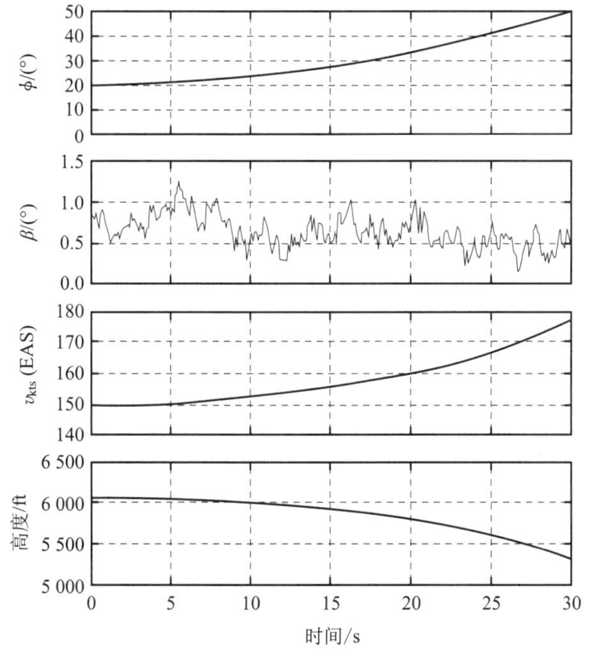

图 3　喷气式飞机不稳定的螺旋模态的飞行记录数据［摘自 Cook（1997）©Elsevier 文献］

螺旋模态的稳定性实际上由特征方程中 E' 的符号（若 $E'>0$ 就稳定）来决定。展开方程（35）的行列式可发现，在公式 $E'=mg(L_vN_r-L_rN_v)$ 中。如上面所说，L_v 和 N_v 是主要的决定性导数。

飞机构型的相对较小的变化，特别是翼载荷沿展向的变化，就可以改变螺旋模态的稳定性。而稳定性可能在整个飞行包线内伴随着飞行状态的改变而变化，例如在跨音速区域飞行时所发生的变化。此外，由于右翼载荷下降，而相对的左翼载荷上升时所引起的运动响应，飞机通常存在的很小的左右不对称会导致不同的螺旋模态特性。在多引擎螺旋桨飞机上，产生不对称情况的一个典型原因是，左边和右边机翼上的螺旋桨通常被设计成沿着同一个方向旋转（以避免左、右齿轮箱组件不同），这意味着，即使在非侧滑（对称）飞行时，由螺旋桨所引起的机翼的展向气流以及流过垂尾的气流都是不对称的。

6　滚转收敛模态

滚转收敛模态是一种衰减很快的单调模态，在正常飞行条件下必定是稳定的。它主要是机翼对滚转扰动的响应：向下运动的机翼受到与滚转角速度成比例的相对速度向上的气流的作用，这会增加此机翼的迎角，因此产生更大的升力，而向上运动的机翼的情况则相反，因此，两翼之间产生升力差，从而产生具有恢复性质的滚转力矩，滚转速度越快，恢复力矩就越大。虽然机翼上阻力的差异还会产生偏航力矩，但是这个作用很小且这个模态会滞后于滚转响应，其滞后的时间常数（$1/T_r$）与滚转阻尼导数 L_p 有关（Schmidt，1998）。相对滚转角速度 v，侧滑和偏航通常可以忽略不计。

当实施滚转力矩操纵时，飞行员通过对操纵输入的时间延迟来感知阻尼（与惯性矩以及气动力有关），一般时间延迟并不长，非常快，大致 1 s 左右（Cook，1997）。相比螺旋或者荷兰滚模态，它的根在虚轴左端很远处。

图 4 所示的是一架喷气式飞机的飞行试验数据曲线，是对持续时间大约为 4 s 的副翼脉冲激励而产生的滚转收敛模态的时间历程。

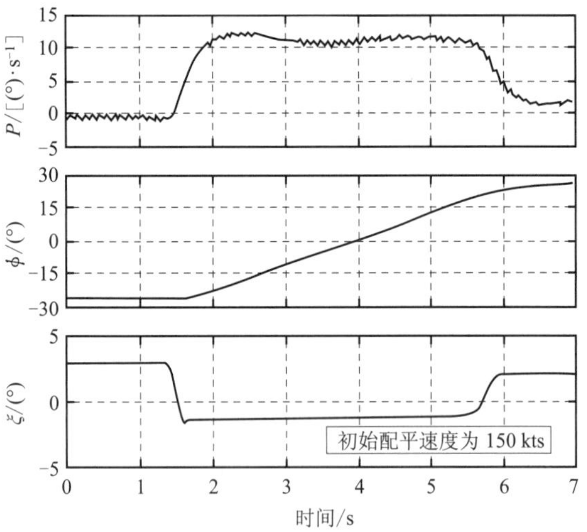

图 4　喷气式飞机滚转收敛模态的飞行记录数据
［摘自 Cook（1997）◎Elsevier 文献］

7　荷兰滚模态

这种振荡模态是由于滚转、偏航和侧滑之间的相互作用而产生的。据说由于其运动形式和一位荷兰选手在冰上有节奏的运动相似而得名（Cook，1997），如图 5（Nelson，1989）所示。在某种意义上说，它是一个与纵向短周期模态幅度相当并且频率相似的横、航向运动模态（因为俯仰和偏航的惯性矩通常是近似相等的）。但是，由于水平尾翼的阻尼作用短周期模态很快衰减，故垂尾通常效率较低，特别是在大迎角下。例如在着陆进场时，垂尾处在很大的机身尾流中，这时荷兰滚模态往往阻尼不足，不能保证良好的飞行品质。

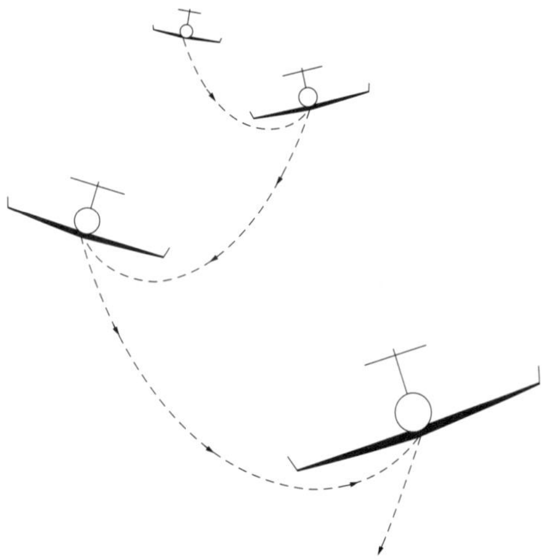

图 5　荷兰滚模态示意

图 6 所示是荷兰滚模态一个周期内的运动。垂尾提供合适的偏航刚度使偏航扰动引起偏航振荡，左侧和右侧机翼的气流随之变化，产生有差异的升力和阻力，这样形成干扰，导致滚转振荡，延迟偏航振荡大约 90°。这表现为前行的机翼在下、后行的机翼在上，如图 6 所示。因此翼尖描绘出一个椭圆形的运动。

尽管“滚转”出现在该模式名字里，但是滚转的振幅通常低于偏航。如果这种运动往复出现，运动模态有可能变得不稳定。后掠角增加会使上反效应增加（每 5°～7°的后掠角相当于 1°的上反角；Schmidt，1998），这会增加滚转振幅响应并减少荷兰滚阻尼。许多战斗机为了具有跨、超音速而拥有大后掠角，这就可能在大迎角状态出现荷兰滚模态不稳定，而由于垂尾处在翼/身干扰的低能尾流中，会使这种状况进一步恶化，其结果通常是非线性变化的滚转阻尼导致了一种被称为“机翼摇摆”极限环的持续震荡（Schmidt，1998；Pamadi，1998）。

图 7（Etkin，1982）描述了飞机荷兰滚模态的特征向量。箭头的长度表示运动参数响应的相对幅度，而角度表示相位差。在这种情况下，滚转角的峰值比侧滑角和偏航角大，横滚和偏航之间的相位差大于 90°。

Cook（1997）文献讨论了喷气式飞机的荷兰滚响应，图 8 显示了其时间历程，模态由方向舵的振荡输入所引发。注意，此时阻尼较小。

荷兰滚模态受垂尾的刚度和偏航阻尼（N_r 和 N_v）的影响剧烈。因此，为获得良好的荷兰滚模态的飞行品质需要一个大而有效的垂尾。正如前面讨论的，这和螺旋模态所要求的合适的 N_v 相背。虽然有其他的因素能改善该模态特性，但通常采用一种简单的方法，即选择在不稳定的螺旋滚模态和阻尼不足的荷兰滚模态两者之间作协调以达到最终的空气动力学设计目标。荷兰滚模态的性质受飞机质量分布以及纵向主轴线向下倾斜程度的影响（这导致相对于 xz 面的惯性积 E 明显增加），对于 T 形尾翼飞机，这可能会破坏模态的稳定性（Abzug 和 Larrabee，2002）。无论是由气动还是惯性因素引起的荷兰滚模态不稳，都可以用自动飞行控制系统（偏航阻尼器的形式）来有效地增强荷兰滚阻尼，而对于一个发散的螺旋模态也可以人为地使其稳定。

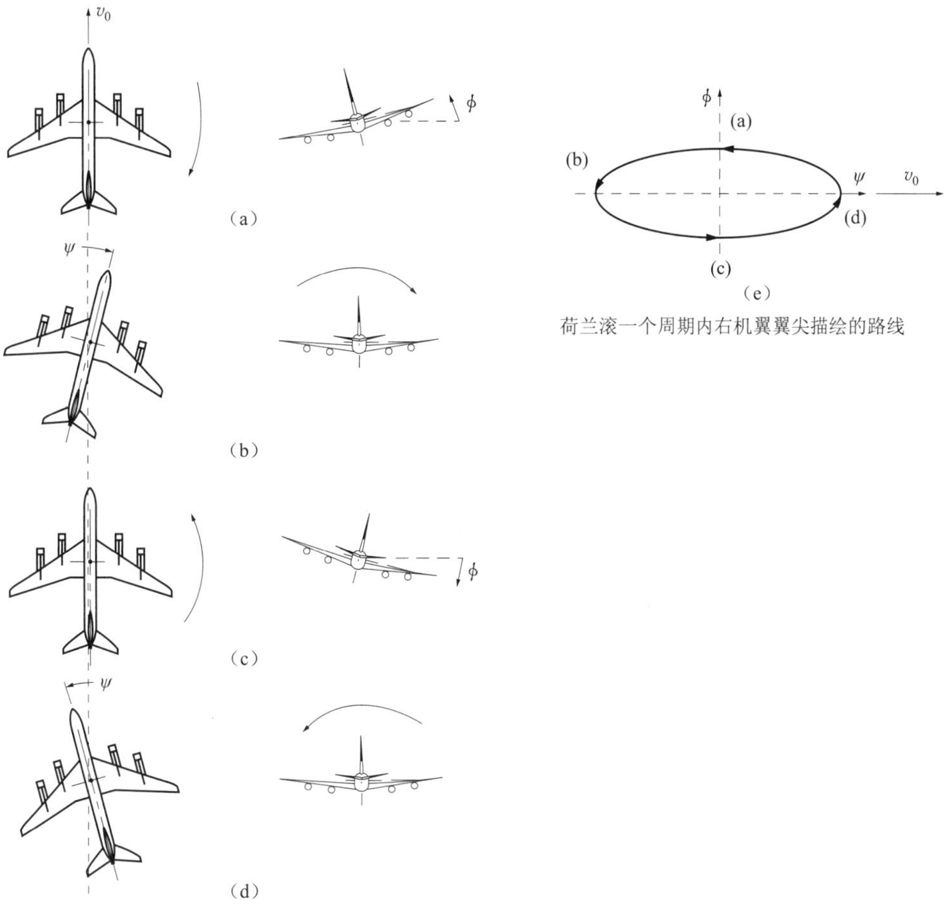

图 6　滚转收敛模态的一个周期

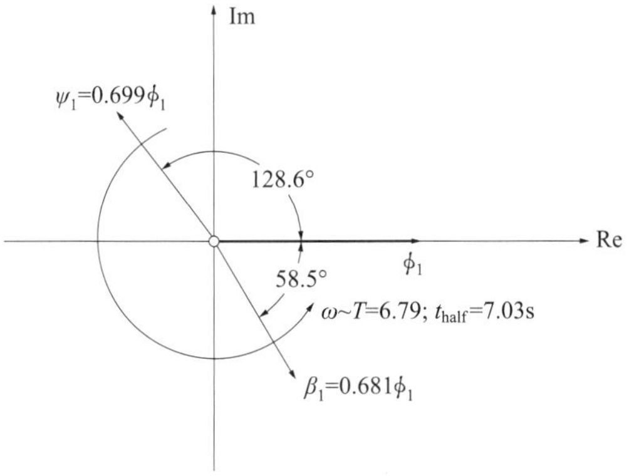

图 7　荷兰滚模态向量

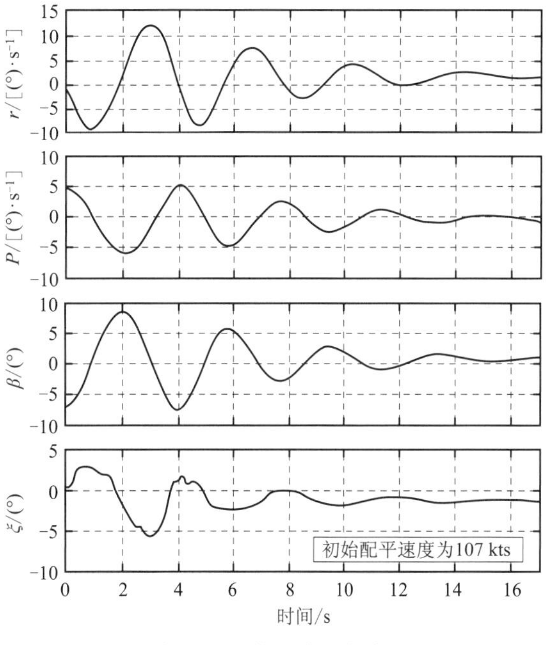

图 8　喷气式飞机荷兰滚模态的飞行记录

当设计增稳控制系统时，涉及的问题是理想的模态时间常数、频率和阻尼系数是多少。对所有常规构型的飞机来说，建立的飞行品质标准可作为设计的指导（Hodgkinson，1999）。

由于三个横向模态都具有其独特的特点，可以用简单模型去近似描述它们，几乎所有的教科书都阐述了这种方法。这些方法突出了原始的气动力和惯性的影响，通过简化建立了特征方程的系数 A'、

B'、C'、D'、E'和特定的稳定和操纵导数的联系，这些反过来可以与飞行器几何参数联系起来，如垂尾的大小和力臂、机翼的上反角等，这清楚地解释了飞机的几何形状和动态模态之间的关系。这些方法也有利于估计反馈控制系统为了获取飞机预期的动态特性而应对稳定导数改善的程度（Roskan，1999）。

8　非线性效应

当使用线性形式的运动方程时，也要注意到，飞机的空气动力在整个飞行包线内以非线性的方式不断变化。为了适应这些非线性变化特点，有必要针对多种不同的基准条件进行多样的线性化，而这些线性系统都是应当在稳定性和操纵性研究中必须加以考虑的。Etkin（1982）文献讨论了一种后掠翼飞机（这往往会使稳定性导数随速度的变化加剧）在速度变化时，三种运动模态的特性的变化，变化结果总结如图 9 所示。可以看出，特性参数在速度范围内的变化是显著的，这意味着在整个飞行包线内获得持续良好的飞行品质是困难的。常规的稳定导数随马赫数变化的趋势由 Roskam（1999）提出，其还对导数进行了细致的讨论，N_v 值在跨音速和超音速随马赫数的变化由 Babister（1980）给出，其还探讨了 A_v 和 L_v 在各种无因次质量值下的典型关系。考虑到这些非线性影响，在大范围的飞行包线内，通常用自动飞行控制系统帮助飞行员获得持续良好的飞行品质。

虽然上述参考文献所关注的相当多的是常规飞机的非线性，但事实上，当考虑非常规构型的飞机和/或非典型的飞行状态时，也必须始终关注非线性。例如现代战斗机和无人机，几何构型与“常规飞机”大不相同：如无垂尾、菱形平面形状的机翼，无尾翼的飞翼等。在这些情况下，没有理由一定要使用“常规”的动力学模型来描述飞行器的运动。例如一个没有垂直尾翼的“隐身”布局飞行器，航向注定是静态和动态不稳定的。

下面列举一些常见的、在极端条件下可能发生的情况：如果滚动速度太快，会诱导机翼翼尖失速，导致具有大的滚转阻尼的滚转收敛模态可能变成无阻尼的情况，这通常会导致飞机进入俗称“自旋”的高速旋转状态，这种现象早在几十年前就已为人所知。具有细长机身的战斗机在大迎角时受头

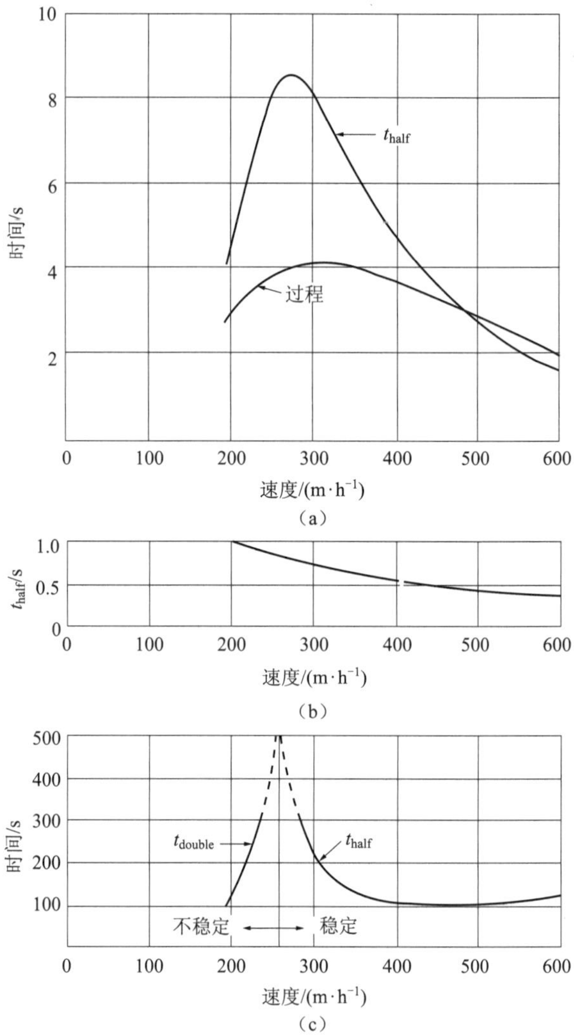

图 9　各模态稳定性随速度的变化

（a）荷兰滚模态；（b）滚转收敛模态；（c）螺旋模态

部涡破裂影响，由此产生的偏航力矩远远超过那些由尾翼/方向舵组件产生的偏航力矩。大后掠机翼的前缘导流片有时被用来产生强大的涡流，这有助于在大迎角下保持大升力，但是大于失速迎角后涡将被打破，导致俯仰运动突然变化，甚至产生随时间变化的非线性运动，如极限环运动。Pamadi（1998）详细地讨论了在大迎角或者大的转动角速度下非预期的运动特性。

在所有这些情况下，在线性化和评估动力学模型时必须谨慎，以避免无效的假设。所获得的模态可能与本书及大多数教科书所解释的传统动力学特性并不相似，然而扎实掌握飞机空气动力学、惯性特性与动力学模态之间的基本关系，将有助于解释非线性动力学特性的主导机制，特别是当这些非线性动力学特性是由常规动力学特性随飞行条件的变化演变而来时。

9 结　　论

本章建立了飞行动力学运动方程，并介绍了有关气动力和力矩建模典型方法的背景知识，然后将这些非线性方程线性化，并在一定的假设条件下将常规飞机的纵向和横、航向运动分开。本章将方程写成线性的状态空间形式，使用标准的稳定性和操纵导数来反映空气动力学的影响。本章还对与各种系统模态固有特性相关的导数进行了简要说明。

本章定性地讨论了常规的横向运动模态、螺旋模态、滚转收敛模态以及荷兰滚模态的特点；分别就每个模态的稳定性、典型的响应曲线以及对这些特点起主导作用的气动原理给出了解释；概述了荷兰滚模态和螺旋模态的影响因素相互矛盾时，为满足要求所作出的设计权衡，并对可能需要反馈控制的情况提出了参考建议；最后，针对常规飞机在大范围飞行包线的飞行和大机动以及非常规布局飞机的情况，概述了一些非线性的影响。

术　　语

A，B，C	分别指相对于机体坐标系 x，y，z 的转动惯量
$\mathbf{A}$，$\mathbf{B}$，$\mathbf{C}$，$\mathbf{D}$	分别指状态、输入、输出和前馈矩阵
A'，B'，C'，D'，E'	特征方程的系数
C_{a_b}	C_a 对 b 的导数，这里 a 是力或者力矩分量，b 是运动变量（稳定导数）或者操纵输入（操纵导数）
C_Y	侧力系数
$C_{Y_{basic}}$	基本侧力系数（静态值、零方向舵偏角）
CM	质心
D，E，F	分别指相对于机体坐标轴系 yz，xz，xy 的惯量
$\boldsymbol{f}$	一系列非线性函数（矢量场）
g	重力加速度
G	传递函数
L，M，N	分别指相对于机体坐标系 x，y，z 的气动力矩分量
L_b，N_b，Y_b	L，N，Y 对 b 的导数，这里 b 是运动分量或者操纵输入
m	输入量/参数向量 δ 或者飞机质量
Ma	马赫数
n	状态向量 x 的维数
p，q，r	分别对应于 P，Q，R 的扰动量
P，Q，R	分别指机体坐标系 x，y，z 的旋转速度分量
p	动压①
s	拉普拉斯变换变量
S	机翼参考面积
t	时间
T_r，T_s	分别指滚转收敛和螺旋滚模态的时间常数
u，v，w	分别对应于 U，V，W 的扰动量
U，V，W	分别对应于飞机质心沿着机体坐标系 x，y，z 的平移速度分量
v_T	基准飞行速度
x'，y'，z'	飞机质心位置在地面坐标系的位置
X，Y，Z	分别指气动力沿着机体坐标系 x，y，z 的分量
x	状态向量
α	迎角
β	侧滑角
$\dot{\beta}$	β 的时间导数
ΔL，ΔM，ΔN	分别指 L，M，N 的扰动量
ΔX，ΔY，ΔZ	分别指 X，Y，Z 扰动量
δ_a，δ_r	分别指副翼和方向舵偏角
δ	输入或者参数矢量
ξ，ζ	分别指 δ_a，δ_r 的扰动量
ζ_d	荷兰滚阻尼比
ρ	空气密度
ϕ，θ，ψ	分别指 Φ，Θ，Ψ 的扰动量
Φ，Θ，Ψ	分别指倾斜、俯仰和方位欧拉角
ω_d	荷兰滚自然频率

① 编者注：本章中动压与机体坐标系的旋转速度分量（x 方向）的表示雷同（p），但结合上下文并不影响理解，特此说明。

*	*（d*/dt）的时间导数

注　脚

0	参考或者基准值

译者注

1. 本章所说的“开环”或“没有增稳的”飞机，是指没有任何自动控制装置的自然飞机。如果忽略控制装置的开关、死区、饱和等非连续性条件，可将自动控制环节引入动力学方程中。

2. Etkin（1982）指出，相对于更加精确的建模方法，例如空气动力传递函数，稳定和控制导数是一阶泰勒级数近似。

3. 本章所采用的这一术语和旋翼飞行器中所使用的同一术语的意义明显不同（参见第5卷，第218和226章）

参考文献

Abramov, N., Goman, M. and Khrabrov, A. (2005) Lateral-directional aircraft dynamics at high incidence flight with account of unsteady aerodynamic effects. AIAA Atmospheric Flight Mechanics Conference and Exhibit, 15－18 August 2005, San Francisco, CA. AIAA Paper 2005－6331.

Abzug, M. and Larrabee, E. E. (2002) *Airplane Stability and Control: A History of the Technologies That Made Aviation Possible*, 2nd edn, *Cambridge Aerospace Series*, Cambridge University Press.

Babister, A. W. (1980) *Aircraft Dynamic Stability and Response*, Pergamon Press.

Cook, M. V. (1997) *Flight Dynamics Principles*, Arnold.

Etkin, B. (1982) *Dynamics of Flight-Stability and Control*, 2nd edn, Wiley.

Goman, M., Greenwell, D. and Khrabrov, A. (2000) The characteristic time constant approach for mathematical modelling of high angle of attack aerodynamics. Proceedings of the 22nd ICAS Congress, 27 Aug－1 Sep 2000, ICAS.

Goman, M. and Khrabrov, A. (1994) State-space representation of aerodynamic characteristics of an aircraft at high angles of attack. *J. Aircr.*, **31** (5), 1109－1115.

Grismer, D., Myatt, J., McKeehen, P. and Buffington, J. (1997) Application of a nonlinear indicial response model to a tailless aircraft simulation. AIAA Atmospheric Flight Mechanics Conference Technical Papers, AIAA－97－3644－CP, pp. 392－402.

Hancock, G. J. (1995) *An Introduction to the Flight Dynamics of Rigid Aeroplanes*, Horwood.

Hodgkinson, J. (1999) *Aircraft Handling Qualities*, *AIAA Education Series*, American Institute of Aeronautics and Astronautics.

Klein, V. and Noderer, K. (1994) Modelling of Aircraft Unsteady Aerodynamic Characteristics: Part 1－Postulated Models. Technical report. *NASA TN－109120*.

Kyle, H., Lowenberg, M. H. and Greenwell, D. I. (2004) Comparative evaluation of unsteady aerodynamic modelling approaches. AIAA Atmospheric Flight Mechanics Conference, 16－19 Aug 2004, Providence, RI. Paper no. AIAA－2004－5272.

Nelson, R. C. (1989) *Flight Stability and Automatic Control*, McGraw-Hill, Inc.

Pamadi, B. (1998) *Performance, Stability, Dynamics, and Control of Airplanes*, *AIAA Education Series*, American Institute of Aeronautics and Astronautics.

Roskam, J. (1999) *Flight Dynamics of Rigid and Elastic Airplanes*, DAR Corporation.

Schmidt, L. V. (1998) *Introduction to Aircraft Flight Dynamics*, *AIAA Education Series*, American Institute of Aeronautics and Astronautics.

Tobak, M. and Schiff, L. (1981) *Aerodynamic Mathematical Modeling-Basic Concepts*, *AGARD Lecture Series on Dynamic Stability Parameters*, AGARD－LS－114, NATO, pp. 1.1－1.32.

本章译者：宋彦国（南京航空航天大学航空宇航学院）

第 223 章

旋翼飞行器的静稳定性

David A. Lee

帝国试飞员学校，QinetiQ 公司，Boscombe Down 基地，英国

1 引　　言

通过观察旋翼飞行器在平衡或稳定状态受到扰动后的运动，可以确定其稳定性。静稳定性与飞行器受到干扰后最初的趋势有关；动态稳定性与飞机干扰后的运动（在观察到静态稳定性后的一段时间内的运动）有关，这是另一章的内容（参见第 5 卷第 224 章）。这些静态和动态稳定性的表述适用于任何固定翼或旋翼飞行器，但旋翼飞行器稳定性的影响因素与固定翼飞机在两个方面有很大的不同。首先，旋翼飞行器与大多数固定翼飞机相比有更广的配平飞行范围。悬停，垂直运动，低速向前，侧飞，后飞以及更一般的前飞、爬升、下降、转弯等飞行状态都需要考虑。其次，在这些平衡飞行状态范围内，提供所需的主要力和力矩的机构是旋翼，它是连接到桨毂中心的一组升力面，前飞真实空速在 200 kts 以上时，转速通常为 250～400 r/m。旋翼的动力学特性主导着飞行器对扰动的响应。影响飞行器静稳定性的其他因素有：重心（CG）的位置、尾桨或其他反扭矩装置的位置和形式、机身的形状，以及水平和垂直安定面，这些都很重要，但它们的设计参数和有效性都与旋翼系统的性能息息相关。初始预测飞行器的静态和动态稳定性依赖于其可靠的稳定性和操纵导数数据，并且在解释扰动和操纵输入的响应时，有关气动导数的知识也是必不可少的。此外，旋翼系统决定飞行器的导数模型，并且很复杂。但是，理论计算结果必须通过飞行实验验证。例如，如果飞行员为保持大于平衡速度的空速需要施加向前方的纵向周期变距，那么就认为该旋翼飞行器在水平前飞状态下是静稳定的。飞行员通过对飞行器操纵输入响应的趋势去判断飞行器的静稳定性，而不是从飞机受到扰动后的运动来判断，这种方法是实用并且有效的。

2 术　　语

2.1 配　平

任何常规旋翼飞行器的稳定性和操纵性的评估都从该飞行器的布局和其飞行状态的配平开始。这里，术语“直升机”意味着这样一种构型：具有一副旋翼、一个常规的尾桨和某种形式的水平和垂直安定面，如图 1 所示。在本章还进一步设定只考虑没有任何形式的增稳系统的基本直升机的响应。非常规布局，如纵列式旋翼、共轴旋翼、倾转旋翼，以及那些具有非标准反扭矩装置的直升机和自转旋翼机需要另行考虑。因此，在平衡状态下，作用于直升机的关于惯性和空气动力学的所有的力和力矩都是平衡的，依靠四个直升机操纵通道，即纵向和横向周期变距、总距和尾桨距协调来保持这种平衡。为了描述直升机静稳定性的特性，这种平衡必须被某种扰动所破坏，然后观察直升机受扰后立即作出的反应，即可为解释静稳定性提供必要的资料。

图 1　常规旋翼飞行器的布局

2.2　稳定性和操纵性

就基本定义而言，固定翼飞机和旋翼飞行器之间的稳定性和操纵性几乎没有差别。稳定性说明飞行器在平衡状态对扰动的响应，而操纵性描述的是飞行器通过操纵输入实现所要求的机动动作的难易程度。直升机对干扰的反应通过瞬时的和长期的响应来评估。静稳定性与受扰后最初的趋势或即刻响应相关。动稳定性与长期响应有关。从飞行员的角度来评估直升机的静稳定性，是通过实施一个操纵输入而不是去等待一个合适的扰动，这是静稳定性测试的特点。例如，本章包括的机动稳定性，它是静稳定性的一种。机动稳定性可以通过直升机对来流角扰动的响应来评估。相对的，从飞行员的角度来看，飞行器在盘旋或者垂直拉起或者俯冲时，其机动稳定性与保持加大的过载所需要的操纵机构的偏转有关。作为一个例子，图 2 显示了阿古斯塔·韦斯特兰 AW109E 直升机在增稳系统关闭后，以恒定的 100 kts 指示空速飞行时，纵向周期变距杆位移随着侧倾角的变化曲线。图中两条线呈现出的差异是由总距与俯仰交叉耦合导致的。对于“表观的机动稳定性”曲线，在维持恒定的高度的测试中，总距是改变的，而“真正的机动稳定性”线的数据，总距是固定的。总的来说，本章主要讨论直升机静稳定性和机动稳定性，操纵响应和动稳定性将在后一章节述及（见第 5 卷第 224 章）。

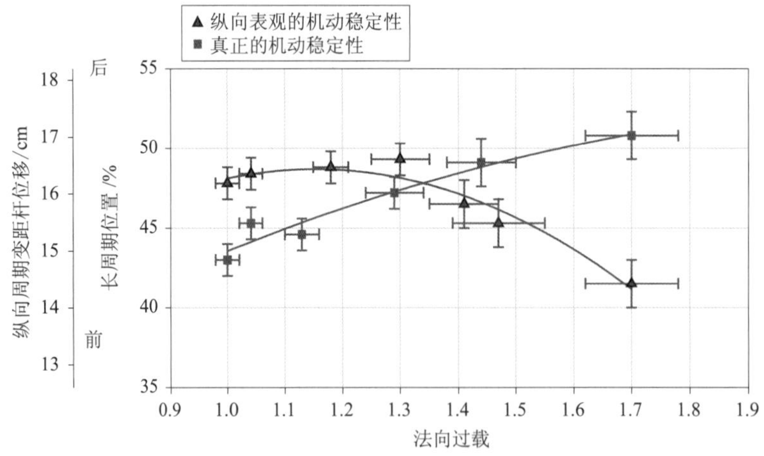

图 2　机动稳定性飞行试验数据样例

3　静稳定性分区

将直升机的飞行状态分为前飞、悬停和低速飞行，更容易表述其静态和机动稳定性。将地速45 kts定为前飞与悬停/低速区之间的边界。然而，许多关于前飞的稳定性和操纵问题的一般讨论，简单地认为针对飞行速度等于或高于最低功率对应的速度。进一步简化是把横、航向稳定性与纵向静稳定性解耦，但解除耦合的实际困难很多，这是因为直升机飞行中存在的交叉耦合程度较严重。必须指出，尽管引入了简化，交叉耦合仍广泛存在。典型的交叉耦合包括总距对俯仰、总距对偏航、俯仰对滚转以及滚转对俯仰的耦合，其主要来源是旋翼。旋翼系统的设计和动力学特性对于同轴稳定性和操纵性的预测和评估所起的作用，远比其他任何单个部件都大，而不仅是简单地引起不希望有的且难以预测的交叉耦合作用。因此，在描述常规直升机在一定飞行条件下的静稳定性和机动稳定性之前，必须描述旋翼系统的主要特点并引入气动导数的概念。

4　旋翼系统

静稳定性与系统返回或远离平衡状态的最初趋势息息相关，所以在确定直升机的静稳定性时，主要需评估旋翼系统的静稳定性。然而，如果不首先理解桨叶与旋翼主轴联结的复杂性，并介绍这种联结的建模技术，是不能进行这种评估的。关于桨叶和桨毂之间的连接方法，不同类型的直升机之间差异很大。图 3 显示了欧直（Eurocopter）公司的 EC 725 直升机的旋翼中央件与桨叶之间的“球柔性”连接。尽管有很多连接方法，但它们有共同的设计要求，即每片单独的桨叶具有三个自由度。首先，桨叶需要可以向旋转平面外挥舞；其次，桨叶必须能够在旋转平面内摆振——用术语向前或者向后摆振来描述，它是对于因旋转平面外的挥舞运动所导致的科氏效应的响应；最后，桨叶能绕其自身根部到尖部的展向轴转动——描述为桨叶的变距或者俯仰运动，这使得能够通过总距和周期变距运动来进行操纵输入。旋翼动力学模型是非常复杂的，但旋翼桨叶挥舞的概念几乎直观地揭示了静稳定性的关键。可以通过旋翼系统“挥舞后倒效应”的描述来理解旋翼系统对静稳定性的作用。

现以悬停配平的旋翼系统为例来分析这种效应：当旋翼受到水平阵风引起的前进速度的扰动时，前行桨叶速度增加，后行桨叶速度减小，其最大的增加与减少发生在桨叶弦向与阵风同向处。这造成桨叶在各方位处速度（此处原文解释有误，已作更正）不对称，因此升力在前行区增加最大，在后行区减小最多。前行区升力的增加和后行区升力的减小使桨叶产生这样的响应，即桨叶前行时开始向上挥舞，桨叶后退时向下挥舞。定性地讲，对扰动的响应，旋翼桨盘呈现“前部向上，尾部向下”的形式是合理的预期，即推力矢量将向后倾斜，结果会产生对于直升机重心的抬头俯仰力矩。旋翼系统受扰动后的初始响应趋势是“向后挥舞”，因此，直升机将最初趋于恢复配平的悬停状态——这就描述了静稳定的情况。

对于许多平衡飞行状态条件和假设的干扰，类似的定性描述是完全合理的。然而，结论却会有所不同。作为第二个例子，考虑前飞的情况，突然的垂直阵风给旋翼系统的迎角一个干扰。同样，前行桨叶升力（此处原文解释有误，已作更正）增加较多而后行桨叶升力（此处原文解释有误，已作更正）增加较少，图 4 简单说明了旋翼系统的后倒效应，其将会产生一个抬头的俯仰力矩。然而对于垂直阵风或迎角扰动，静稳定的响应要求是机头向下的俯仰力矩。因此，对于这种飞行状态的这一干扰，旋翼系统是静不稳定的。术语“机动稳定性”用来描述垂直阵风或迎角扰动时飞行器的静稳定性。直升机是否是机动稳定的取决于其他来源的力和力矩的作用，如水平尾翼和机身的升力和阻力。

图 3　EC725 直升机的桨叶到“球柔性”桨毂的连接（照片由 Burkband Douke 提供）

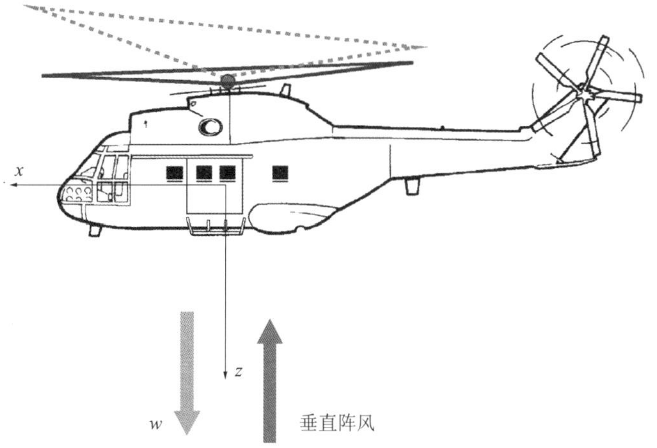

图 4　前飞时迎角扰动下的不稳定的挥舞后倒效应

以上只是两个例子，以说明旋翼系统对扰动的响应及它们对预测的直升机静态和机动稳定性的作用。而在下面的例子中，则考虑类似飞行条件下不同的扰动情况。在所有这些例子中，都是通过向后挥舞来预测飞行器的响应是静态稳定的还是不稳定的，并且旋翼都是居主导地位的。在这里，有必要回顾一下这一设定，即后倒是旋翼使机头上仰尾部向下的姿态扰动响应；一个复杂的模型揭示了不甚直观的结果，但引入了两个关键参数来表征旋翼模型的动力学特性。

从事旋翼动力学的数学建模工作非常具有挑战性。Padfield（2007）对此进行了全面的论述，补充和扩展的内容可以阅读 Bramwell、Done 及 Balmford（2001）、Leishman（2006）和 Newman（1994）的著作。前面介绍的在输入和响应之间存在 90°的相位差这个定性的假设已由建模证实，但仅适用于一个特殊的情况，即悬停状态，且旋翼桨叶自由地连接在旋转中心（所谓的跷跷板式旋翼）。对于其他类型的桨叶安装形式、飞行状态和干扰情况，相位差小于 90°。分析指出，相位差是称为洛克数的量纲为 1 的组合参数和桨叶连接形式的函数。洛克数（γ）的关系由 $\gamma=\rho caR^4/I_\beta$ 给出。此量纲为 1 的数表示作用在桨叶上的空气动力和惯性矩的比值，它是旋翼动力学建模的基础。桨叶连接形式由挥舞铰或等效铰偏置来量化。挥舞铰偏置量是挥舞铰到桨毂中心的距离，通常为旋翼半径的 3%～5%。等效铰偏置量是针对这样一种联结形式：其变距铰非常接近桨叶根部，挥舞和摆振运动通过桨叶的弹性弯曲来实现。这是一种“更硬”的旋翼系统，这些构型的铰链偏置量的典型值大致是旋转半径的 8%～15%。从静稳定性的角度来看，洛克数和铰链外伸量的重要性在于：当偏置量增加且洛克数随着高度的增加（密度降低）而减小时，预期的 90°相位差以及旋翼系统的后倒倾斜很可能会是 75°或者 80°。预期的同轴稳定或不稳定响应会依然出现，但也会有某种对扰动的离轴响应，这既不好预期，一般也不太好理解，但直升机操纵中明显的交叉耦合作用是其根本原因。

5 稳定性和操纵导数

稳定性和操纵导数的概念被广泛用于静稳定性、机动稳定性、操纵响应以及动稳定性的方方面面。这些导数可用于定量分析平衡状态受到扰动后的影响，最终应用于运动方程。例如，导数 M_u 描述了由前进速度的变化所引起的俯仰力矩的变化。对于前面所讨论的悬停时的直升机，挥舞后倒效应有这样的结论，即旋翼对导数 M_u 起稳定作用。另一个例子，是讨论过的第二种情况，即前飞条件下，导数 M_w 描述了由垂直速度的变化所引起的俯仰力矩的变化。最终的结论是旋翼对导数 M_w 起不稳定的作用。当然，对于直升机，在这些飞行条件下 M_w 和 M_u 的最终值还需要考虑到水平尾翼的作用和机身的升力及阻力值等其他因素。

M_u 和 M_w 作为稳定性导数的两个例子，在此处，它们是有量纲的稳定性导数，单位都为 kg·m/s。这两个导数也有通用的解释，M_u 称为速度稳定性导数；M_w 称为迎角稳定性导数。“速度稳定性”和“迎角稳定性”是讨论和分析静态稳定性和机动稳定性常用的七种导数中的两种。更多导数的特点在动稳定性一章（见第 5 卷第 224 章）中有更详尽的描述。表 1 所示的是最常用的七种静稳定性导数及它们的通用描述。

表 1　直升机主要的静稳定性导数

导数	通用描述	导数	通用描述
X_u	阻力导数	L_v	横向静稳定性导数
Y_v	侧力导数	M_u	速度稳定性导数
Z_w	沉浮导数	M_w	迎角稳定性导数
—	—	N_v	航向静稳定性导数

为了建模需要，最有用的导数值的表达方式就是所谓的简写形式。有量纲的稳定性导数的简写形式是有用的格式，应用于状态空间形式的直升机运动方程。简化的有量纲导数的单位通常都是注明的，导出时“力”的导数除以质量单位，“力矩”导数除以惯矩。因此，阻力、侧力和浮沉阻尼的导数单位都是 s^{-1}。横向静稳定性、速度稳定性、迎角稳定性（M_w）和航向静稳定性的简化导数的单位都是 m/s。在 Padfield（2007）和 Heffley（1979）等的著作中提供了许多直升机和飞行状态下一系列有用的导数数据。

6 前飞时的静稳定性和机动稳定性

旋翼的挥舞后倒效应对于直升机前飞状态的静态和机动稳定性贡献很大。干扰引起旋翼的俯仰力矩将随着速度、旋翼拉力以及拉力作用线相对于重心位置距离的增大而增加。俯仰力矩对前飞速度的扰动起稳定性作用，而对垂直速度扰动或迎角扰动则起不稳定作用。针对这一不稳定的作用，解决方法是在直升机尾梁后部安装水平尾翼，如果它是可调节的，就能提供一定范围的俯仰力矩；为简单起见，对于大多数直升机类型，调节的范围都很小。因此，水平尾翼有助于增加前飞状态下全机的静稳定性和机动稳定性。垂直安定面（腹鳍）、尾桨和机身等部件也对稳定性起到一定的作用。最后，重心位置——无论是在纵向、横向还是航向的位置——也必须考虑。将纵向的静稳定性和机动稳定性与横、航向的静稳定性分开考虑，可以进一步简化研究，然而在实际应用中，如果从一开始就假设扰动响应是解耦的，这样是不合适的。

6.1　纵向静稳定性

纵向静态稳定主要由主旋翼、水平尾翼和机身决定。主旋翼的挥舞后倒效应是起稳定性作用的直接因素。如果水平尾翼上的载荷是向下的，其在前飞速度受扰后也产生一个稳定的力矩；相反，如果需要削弱旋翼的稳定作用，可以增加一个大小合适的向上载荷的水平尾翼。旋翼对稳定性贡献的大小随前飞速度和旋翼拉力的增加而变大，而安定面的力矩却只随速度的增加而增加。考虑机动稳定性时，这个细微的区别是很重要的。机身对纵向静稳定的贡献来自机身的升力和阻力，取决于机身压力中心与重心的相对位置。其贡献可以是稳定的也可以是不稳定的，主要取决于机身的升力和阻力相对于重心的力矩方向。因此，在确定直升机总的纵向静稳定特性时，直升机重心（CG）的纵向和垂直方向的位置以及压力中心的位置是很重要的。

6.2　机动稳定性

决定机动稳定性的因素与决定纵向静稳定性的因素是相同的，但其作用的机理在某种意义上有着根本的区别。最值得注意的是增加迎角后，旋翼提供了一个不稳定的力矩。直升机受到垂直速度方向的扰动后，旋翼会产生一个抬头力矩，如果没有水平尾翼提供的低头力矩，直升机将变得机动不稳。为了产生低头力矩，不论安定面上的载荷是向上还是向下的，只需考虑这种情况，即机身迎角增加时，安定面都会产生低头力矩。机身对机动稳定性的贡献可能是稳定的或不稳定的，这取决于机身升力和阻力产生的力矩。此外，重心位置对机动稳定性有重要影响，前重心具有较良性的作用，而后重心会使机动稳定性恶化。显然，水平尾翼在决定直升机的机动稳定性中至关重要。随着过载系数（旋翼拉力）和空速的增加，设计任务日益复杂。由于旋翼的稳定性作用受旋翼拉力和空速的影响，而水平尾翼的稳定作用只受空速的影响，所以随着过载系数和空速的增加，旋翼的不稳定作用增加的速度很快，且大于水平尾翼的稳定作用。直升机在大过载系数和空速下很可能机动不稳定，除非设计出复杂的安定面并且/或者配合飞行控制系统来达到要求。

6.3　横、航向静稳定性

横、航向静稳定性来自旋翼、垂直和水平尾翼、尾桨和机身的贡献。导数 M_u 和 M_w 方便地描述了纵向静稳定性和机动稳定性的条件。类似的，在这里横、航向的稳定情况则联系着导数 L_v 和 N_v。其中 L_v 表征横向静稳定性，N_v 表征航向静稳定性。在前飞状态下主要关注的扰动是侧滑角的扰动。

旋翼提供横向或者滚转静稳定的作用最大。横向速度或者侧滑角扰动会产生横向挥舞侧后倒效应，产生旋翼拉力倾斜，形成对重心的稳定力矩，如图 5 所示。这个稳定力矩的大小取决于旋翼系统的设计参数和其动态特性，以及桨毂相对于重心的垂直距离。其他对横向静稳定有贡献的部件包括机身、垂直尾翼和尾桨。一般来说，这些组件受扰动后产生的侧向力将提供进一步的稳定力矩，当然对各力的方向及作用线相对于纵轴的位置必须仔细考虑。水平尾翼也起着稳定力矩的作用，其作用机理和固定翼飞机的横向静稳定性相同。

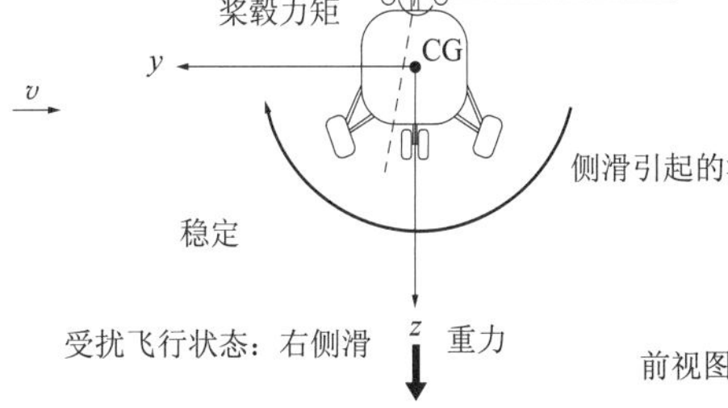

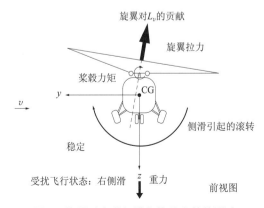

图 5　旋翼对直升机横向静稳定性的影响

现在看航向稳定性。与垂直尾翼、机身和尾桨相比，旋翼对航向或偏航静稳定性的贡献比较小。

如果忽略了旋翼下洗的复杂性，垂直尾翼的贡献是明确的，它能提供一个强有力的偏航力矩，使得直升机转向侧滑的方向，因此，垂直尾翼起着稳定性作用。机身的贡献也是直接明了的，可以这样理解，机身侧滑产生的空气动力，对偏航轴形成力矩。这些力矩的大小和方向将取决于机身形状和尺寸，如果没有仔细分析就说明力矩到底是稳定的还是不稳定的是不合适的。同以往一样，在分析时重心位置至关重要。如果没有详细研究尾桨系统的性能，尾桨对航向静稳定的作用不易直接得到。总的来说，横向速度的干扰会影响尾桨拉力，并因此产生偏航力矩的作用应该是稳定的。最后，旋翼产生较小的、实际上是不稳定的作用。旋翼的"侧向挥舞"使拉力矢量倾斜，产生一个水平分量，提供一个小的不稳定力矩。这一力矩明显小于由垂直尾翼和尾桨产生的稳定力矩。因此，前飞状态应该是一个偏航静稳定的状态，除非机身形状和/或重心位置极其特殊。

7 悬停和低速飞行的静稳定性

在悬停和低速飞行状态下，旋翼对于直升机静稳定性的重要性大于前飞状态。与前飞相比，水平和垂直尾翼及机身的作用将显著地减小，这些部件的气动力以及由扰动引起的力和力矩的变化都会大为减小。另一方面，在悬停时旋翼仍然需要产生足够的拉力来平衡直升机的重量。图 6 显示的是 Merlim 直升机，它安装有 5 片英国实验旋翼计划（BERP）Ⅳ型桨叶，每个桨叶在悬停时能支撑约 2 500 kg 重量。在从悬停和低速飞行转到前飞过程中，旋翼的拉力改变很小。直升机在悬停或者低速飞行条件下，旋翼对于纵向或者横向的速度扰动所产生的挥舞后倒效应起静稳定性作用。与低速飞行或前飞的状态相比，悬停飞行状态下受垂直速度扰动后的响应稍有不同。在悬停状态，当有向上的垂直阵风（相当于直升机垂直下降状态）通过旋翼时，旋翼的诱导速度或者入流速度分量将减小，而沿方位角均布的各迎角将增加。其结果是升力增加，因此，响应的最初趋势是抑制下降率，这说明直升机在悬停状态下受垂直速度扰动的响应是静态稳定的。总之，悬停状态的直升机对于前进后退（前向）、侧滑（侧向）、升降（垂向）速度的扰动是静态稳定的。在低速飞行状态下，直升机的静态稳定性的特性和以前所述的前飞状态相同，不过旋翼一直占主导地位，直到来自安定面和机身的气动力和力矩开始起到一定的作用。在悬停或低速飞行状态下，尾桨需要提供足够的推力来平衡旋翼的扭矩，因此，大负载的尾桨在悬停和低速状态下对静稳定的作用值得评估和考虑，但是和旋翼对全机的静稳定性的贡献相比，它就显得微不足道了。

图 6　带有（BERP）Ⅳ型桨叶的 Merlin 直升机的悬停（照片由 QinetiQ plc 提供）

8 静稳定性的测试

在飞行中评估或测试直升机静稳定性的方法与前面章节所介绍的方法相同。收集飞行测试数据并设置数据库来提供关于纵向静稳定性，机动稳定性和横、航向静态稳定性的信息。这些数据都是在一定的飞行范围内相互独立地收集得到的。孤立地看，这些定量的数据集是有益的，并且有助于了解直升机的静稳定性的特点，然而结合试飞过那些精心安排的并且具有代表性的任务科目之后试飞员所给出的定性结果，这些定量数据的意义会大大增强，并能展现出直升机的静稳定特性与操纵驾驶之间的关系。对直升机的稳定性和操纵的试验研究在 Cooke 和 Fitzpatrick（2002）文献中有深入的阐述。这里有几个例子讨论了前飞状态下为评估纵向静稳定性和机动稳定性所进行的飞行试验。

8.1　纵向静稳定性试验

用最简单的话说，驾驶员通过前推驾驶杆的杆量来判断直升机的稳定性，而这一杆量是为了保持大于配平速度所必需的。同样，当飞行员在不同的水平飞行速度下配平直升机时，希望纵向周期变距杆的位置有所改变。这些想法产生了两种可能的纵向静稳定试验技术。第一种方法是“总距固定的静稳定性试验”，第二种是“表观的静稳定性试验”。前者，直升机在一个选定的速度下平衡，总距杆的位置固定在功率适当的位置，然后由飞行员进行操纵，使直升机脱离配平空速并维持速度稳定。由于总距杆固定，直升机会产生爬升或下降运动。总距杆位置固定条件下的测试数据可以表明直升机是否是速度稳定的。当然，试验要保证爬升或下降率不会太大——这是对于平衡状态受到小扰动的假设条件所要求的。在第二种试验，即表观的静稳定性试验中，直升机在一个大范围空速的水平飞行过程中保持平衡，记录下纵向周期变距杆、横向周期变距杆和总距杆的位置以及俯仰的姿态。把这两种测试的纵向周期变距杆的位置曲线图绘制在同一个轴系下，可以看到平衡速度附近曲线的梯度变化，它表明总距变化对于直升机的俯仰响应是多么重要。这是一个关于交叉耦合的好例子。交叉耦合这一特性在初期制定的试验中很容易被忽略，所以必须加以调整。图 7 所示的利用 AW109E 直升机以接近 90 kts 的平衡速度的试飞得到的数据显示了这一影响。这些数据结合试飞员使用飞行品质等级来评价典型任务的定性意见，形成了有价值的、实用的直升机纵向静稳定性的总体描述。

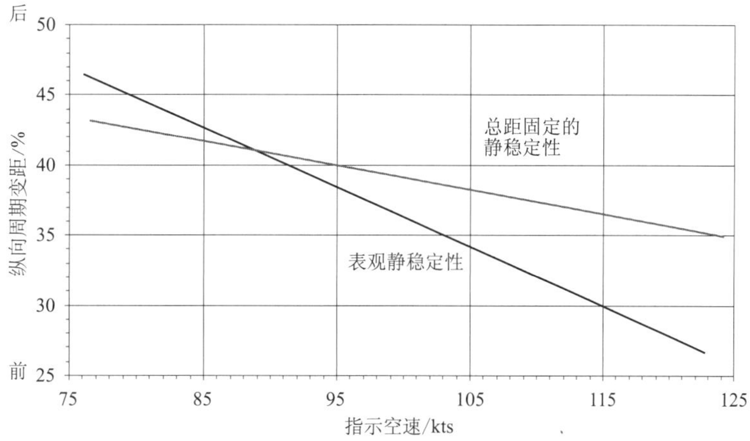

图 7　来自飞行试验数据中的总距对俯仰的交叉耦合示例

8.2　机动稳定性试验

简单来说，飞行员是通过一系列向后的周期变距杆位移来判断直升机的机动稳定性的，这些位移是为了维持增大的过载（大于定常平飞时的过载）所要求的。有两种方式可以使过载升高。一是通过拉起机动，另一个是通过盘旋飞行。但是这里面临着两难的处境：本来从直升机典型任务的角度上说拉起机动是首选的，因为其圆弧轨迹的半径与直升机的垂直轴重合。然而，技术上很难准确地重复相同的半径。另一方面，在转弯飞行中通过增加倾斜角来产生高过载是容易准确达到的，采用这种测试技术会得到有用的和可重复的数据，用来评估机动稳定性，但在处理数据时需要注意，直升机垂向轴与盘旋飞行时向心加速度的方向是不一致的。

9　非常规布局

对非常规布局如纵列式旋翼（见图 8）、共轴双旋翼、倾转旋翼以及那些包含非标准反扭矩装置的旋翼飞行器以及自转旋翼机的静稳定性和机动稳定性需要谨慎地进行分别评估。由 Cooke 和 Fitzpatrick（2002）所建立的静态稳定性测试技术仍然有效和适用，但是要慎重考虑并循序渐进。另一方面，对非常规构型的旋翼飞行器进行建模并预测其静稳定性和机动稳定性具有不同的挑战性。那些根据旋翼、水平和垂直尾翼、机身、反扭矩装置、重心位置等因素对静稳定性的影响来进行评估的方法，仍然是合理的。总结各个因素对稳定性的作用，然后确定在直升机运动方程中的稳定性导数，进而估计稳定性特性，能够得到直升机对扰动和操纵输入所产生的响应的合理预测。这样，可避免在飞行测试过程中发生意外。虽然非常规布局的旋翼飞行器需要解决的问题很多，但可用的技术文献却很少，气动导数集和预测响应的例子也不多。对于常规和非常规的旋翼飞行器来说，其独特的难题以及对旋翼升致速度和尾流场建模都具有决定性意义，对于理解和评估非常规构型旋翼飞行器的稳定性至关重要。对此问题的进一步了解可以参见 Leishman（2006）文献。

图 8　非常规布局的旋翼飞行器

10　结　　论

常规旋翼飞行器的静稳定性和机动稳定性主要由旋翼系统在平衡状态受扰后的最初响应趋势决定。旋翼系统的特性可以通过空气动力学、几何及惯性性质来描述，这些性质在建立旋翼的数学模型时都很重要。其中，洛克数是一个基本的、频繁出现的、量纲为 1 的组合参数，它体现了多属性的组合特性；挥舞铰偏置量或等效铰也是重要的参数，它通过单一数值来描述旋翼桨叶连接到旋翼桨毂的性质。洛克数和挥舞铰偏置量对于旋翼系统对阵风和操纵输入的响应有非常重要的影响。旋翼系统对干扰的响应，必须和直升机的其他气动面的响应结合在一起，同时应考虑重心位置。这些响应综合在一起，组成了一组在飞行范围内数量较少的稳定性导数，它们对预测直升机的静态和机动稳定性的作用很大。虽然现在有关非常规构型旋翼飞行器的文献较少，但用类似的方法来预测非常规构型飞机的瞬时扰动响应也会产生有意义的结果。通常情况下，常规的直升机对前向和侧向的速度扰动是静稳定性的，但在前飞状态下，垂直速度扰动可能会导致静不稳定的响应。静稳定性和机动稳定性飞行试验通常分为纵向和横、航向试验技术。这样的测试得到的定量数据是由一系列平衡飞行状态下所记录的驾驶舱驾驶杆的位置和机身姿态组成的，而这些飞行状态必须经过精心策划。这些数据单独使用时，作用有限，然而将数据与驾驶舱驾驶杆的位置、直升机的姿态以及由训练有素的试飞员完成操纵任务后给出的飞行品质等级（HQR）评估相结合，则具有实质的重要性，它有助于解释为什么特定的操纵任务很难完成。这些数据也有利于找到克服这种困难的办法。

直升机的静稳定性和机动稳定性评估是整体稳定性评估的一部分。其他特性也具有同等的重要性，特别是动稳定性和操纵响应（见第 5 卷第 224 章），然而飞行操纵机构的动力学特性、频率响应特性和直升机在典型任务过程中的操纵，都影响直升机稳定性、操纵和响应的最终评价，必须将这些因素都考虑在内。

术　　语

a	旋翼桨叶升力曲线斜率（rad^{-1}）
c	旋翼桨叶平均气动弦长（m）
u	速度扰动（机体轴系的 x 向）（m/s）
v	速度扰动（机体轴系的 y 向）（m/s）
w	速度扰动（机体轴系的 z 向）（m/s）
CG	重心位置
HQR	飞行品质等级
I_β	旋翼桨叶挥舞惯矩（kg・m^2）
L	滚转力矩的变化（N・m）
L_v	由机体轴系 y 向速度扰动引起的滚转力矩的变化（kg・m/s）
M	俯仰力矩变化（N・m）

M_u　由机体轴系 x 向速度扰动引起的俯仰力矩的变化（kg・m/s）
M_w　由机体轴系 z 向速度扰动引起的俯仰力矩的变化（kg・m/s）
N　偏航力矩的变化（N・m）
N_v　由机体轴系 y 向速度扰动引起的偏航力矩的变化（kg・m/s）
R　旋翼半径（m）
X　机体轴系 x 方向上气动力的变化（N）
X_u　由于机体轴系 x 向速度扰动引起机体轴系 x 方向上气动力的变化（kg・s）
Y　机体轴系 y 方向上气动力的变化（N）
Y_v　由于机体轴系 y 向速度扰动引起机体轴系 y 方向上气动力的变化（kg/s）
Z　机体轴系 z 方向上气动力的变化（N）
Z_w　由于机体轴系 z 向速度扰动引起机体轴系 z 方向上气动力的变化（kg/s）
α　迎角/迎角的扰动（rad）
β　旋翼桨叶挥舞角/旋翼桨叶挥舞角的扰动（rad）
γ　洛克数
ρ　空气密度（kg/m^3）

致　　谢

感谢 Burkhard Domke 提供了图 3，QinetiQ plc 提供了图 1、图 6 和图 8。同时感谢 Gerrie Mullen 博士给予本章节有用的建议。

相关章节

第 5 卷，第 218 章
第 5 卷，第 219 章
第 5 卷，第 224 章
第 5 卷，第 226 章

参考文献

Bramwell，A. R. S.，Done，G. and Balmford，D.（2001）*Bramwell's Helicopter Dynamics*，2nd edn，Butterworth Heinemann.

Cooke，A. and Fitzpatrick，E.（2002）*Helicopter Test and Evaluation*，Blackwell Science Ltd.

Heffley，R. K.，Jewell，W. F.，Lehman，J. M. and VanWinkle，R.（1979）*A Compilation and Analysis of Helicopter Handling Qualities Data*，*Volume One*：*Data Compilation*，NASA. *NASA Contractor Report 3144*.

Leishman，J. G.（2006）*Principles of Helicopter Aerodynamics*，2nd edn，Cambridge University Press.

Newman，S.（1994）*The Foundations of Helicopter Flight*，Arnold.

Padfield，G. D.（2007）*Helicopter Flight Dynamics*，2nd edn，Blackwell Publishing.

本章译者：宋彦国（南京航空航天大学航空宇航学院）

第 224 章

旋翼飞行器的动稳定性

David A. Lee
帝国试飞员学校，QinetiQ 公司，Boscombe Down 基地，英国

1 引　　言

通过观察飞行器在平衡的飞行状态下受到扰动后的运动，可以对旋翼飞行器的动稳定性进行评估。静稳定性评估基于飞行器受到扰动后即刻或初始的响应（参见第 5 卷第 223 章），而动稳定性评估则是基于较长时间的响应。时间尺度的选择对于较长时间的响应非常重要，特别是当引入了具体的实际飞行测试技术后，因为要据此区分动稳定性的不同特点，即各动稳定模态。使用较短时间尺度，比如2～3 s，将彰显飞行器的操纵响应，提供动稳定性的一种重要衡量方法。另一方面，较长的时间尺度，比如 5～60 s，描述了飞行器“经典”的动稳定性，譬如，受到扰动后返回平衡状态表明飞行器是动稳定的。对于常规构型的直升机，旋翼的作用主导了旋翼对控制的响应和动稳定性特性。同时，水平和垂直尾翼以及尾桨等部件相对重心的位置，以及机身的压力中心位置等因素，也起着很重要的作用，都需要仔细考虑。这些影响可以通过气动稳定性和操纵性导数来量化，并可用来描述直升机在广大范围的平衡飞行状态下受到小扰动后的响应。利用这些数据，可以预估工程参数，如阻尼比、固有频率、时间常数、稳态值、带宽频率、相位延迟等，然后将这些工程参数与旋翼操纵品质指标对比，得到预估的飞行品质等级（HQR），并与试飞评估的 HQR 值相比较。传统的动稳定性测试把飞行评估分成纵向和横、航向测试，而旋翼飞行器更加复杂，除了前飞试验，还要进行悬停和低速的测试。收集适用的工程数据的试验技术比较简单，但需要一系列的与飞行品质相关的飞行任务的支持，才能得出 HQR 值。旋翼飞行器受到扰动或操纵输入后，响应的交叉耦合程度高，这会影响建模和测试的输出结果，任何交叉耦合都是动稳定性和操纵响应评估中必须考虑的问题。为研究常规布局直升机的动态稳定性而相应发展起来的建模和飞行试验的理论和实用方法，已广泛地应用于非常规构型旋翼飞行器，但是一定要谨慎地对待可能的评估结果。

2 直升机部件、气动导数和工程参数

2.1 直升机部件

本章主要讨论的旋翼飞行器是一个常规布局的直升机，有一副旋翼、一副尾桨、一个水平安定面以及垂直安定面或尾翼，如图 1 所示。除非另有说明，所有关于动态稳定性的讨论都指这种常规布局的直升机，且没有增稳系统。然而此类常规直升机的旋翼桨叶的类型及桨叶在桨毂上至桨轴的安装方式有很大的不同。桨叶的安装方式和类型有各种术语描述。例如，铰接式桨叶是指单个桨叶有挥舞运动的自由度（在旋转平面外）及摆振运动自由度（转动平面内），这些运动通过挥舞铰及摆振铰实现。挥舞铰相对于轮毂中心的位置和距离对气动导数起着至关重要的作用，这些气动导数用于预测直升机的动稳定性和操纵响应特性。挥舞铰的位置是用“挥舞铰偏置量”值来定义的，该值表示为旋翼半径的百分比。铰接式桨叶的铰链偏置量的典型值约为 5%。相反，跷跷板式旋翼系统没有挥舞铰偏

置量，因为挥舞铰轴线就在旋翼轴的轴线上。另一个特例是无铰式（或“半刚性”）旋翼，这种旋翼在桨毂上采用柔性元件的设计来取代铰链，具有“等效挥舞铰偏置量”，该值高达15%或以上。通常所说的“刚性”旋翼是指其等效挥舞铰偏置量比较高的旋翼，该值的重要性直接体现在旋翼对稳定性和操纵性导数的作用上。图2所示的是Agusta Westland公司AW139直升机旋翼的细节。

图1 常规旋翼飞行器构型（图片由Burkhard Domke惠赠）

图2 桨毂细节（图片由Burkhard Domke惠赠）

2.2 气动导数

与有限的静稳定性导数相比，动稳定性和操纵响应建模必须考虑更多的导数。虽然拓宽导数组的规模以涵盖所有交叉耦合导数并非不合理，但是先忽略交叉耦合导数，却能得到更为本质的物理解释。首先，讨论操纵响应试验，这里感兴趣的是时间周期为2~3s的模态，必须考虑的导数如表1所示。

表1 用于操纵响应评估的部分气动稳定导数和操纵导数

导数	一般释义	导数	一般释义
L_p	滚转阻尼	$L_{\delta_{\text{lat}}}$	滚转操纵功效
M_q	俯仰阻尼	$M_{\delta_{\text{long}}}$	俯仰操纵功效
N_r	偏航阻尼	$N_{\delta_{\text{ped}}}$	偏航操纵功效
Z_w	沉浮阻尼	$Z_{\theta_{\text{coll}}}$	沉浮操纵功效

另外，预测动稳定模态的特征值不需要考虑操纵功效导数，但需要考虑所有的阻尼。表2所列出的气动导数用于纵向动稳定性的解耦评估。

表2 用于解耦评估的纵向动稳定性评估的气动导数

导数	一般释义	导数	一般释义	导数	一般释义
X_u	速度阻尼	Z_u	—	M_u	速度稳定性导数
X_w	—	Z_w	沉浮阻尼	M_w	迎角稳定性导数
X_q	—	Z_q	—	M_q	俯仰阻尼

表中“一般释义”一列中，横线“—”是指没有适合这些导数的贴切的一般释义。更综合的释义可能更为合适，例如，X_w 被描述为由于垂向速度变化而产生的纵向力的变化。在一般描述中保留“变化”这个词，强化了这些导数描述的是“平衡状态受到了小扰动”这层含义。表 3 列出了类似的气动导数，用于横、航向动稳定性的解耦评估。

表 3　用于解耦评估的横、航向动稳定性评估的气动导数

导数	一般释义	导数	一般释义	导数	一般释义
Y_v	侧力导数	L_v	横向静稳定性导数	N_v	航向静稳定性或风标稳定性导数
Y_p	—	L_p	滚转阻尼	N_p	—
Y_r	—	L_r	—	N_r	偏航阻尼

在其他的重要配平条件下的综合性强和有意义的导数可以参见 Padfield（2007）和 Heffley（1979）等文献。Padfield（2007）文献的数据被用于下面的表 4～表 6。

2.3　工程参数

从运动方程的分析中可以得到大量的预测工程参数，这样就有可能对旋翼飞行器驾驶品质等级评估的 HQR 等级做出判断。在这一方面，ADS－33E（2000）是非常有帮助的指导书。工程参数的模型预测可以和 ADS－33E 中的品质规范的相应规定作对比。刚开始阅读 ADS－33E 会觉得不易直接将其中的数据拿来作对比。然而仔细研究后会发现，飞行动力学系统研究中出现的常规的工程参数，都被涵盖在 ADS－33E 中。例如，阻尼系数（μ）与阻尼自然频率（ω）这一组配、阻尼比（ζ）与自然频率（ω_n）这一组配在规范中都被广泛地使用。这些组配的数据可用于确定干特图或 s 平面中的相邻区域，此处清晰地反映了预估的 HQR 等级。例如，图 3 是 ADS－33E 中的图，它表明了在悬停和低速飞行状态下，俯仰与横滚振荡的阻尼和频率的限制。从稳定性导数分析得到的任一工程参数组配，结合配平飞行状态和质量/惯性特性，可以简便预估驾驶员给出的 HQR 评定。换言之，利用这些已有的分析可以指导配置合理的控制增稳系统，以便在飞行评估之前就改善这些可预测的飞行品质，从而减少昂贵的 HQR 飞行试验。ADS－33E 引入了大量常用及新颖的指标，对常规的阻尼和频率数据进行了扩充。例如，在操纵响应试验中，对于“一阶”响应、时间常数、时间延迟、稳态值和灵敏度数据都是有用且有意义的，不太常见的带宽频率（ω_{BW}）和相位延迟（τ_{PH}）在旋翼飞行器品质工程词汇中也常被使用。对于这个话题具有浓厚兴趣的读者可以查阅 Padfield（2007）、Remple 和 Tischler（2006）、ADS－33E（2000）和 Blanken（2008）等文献。

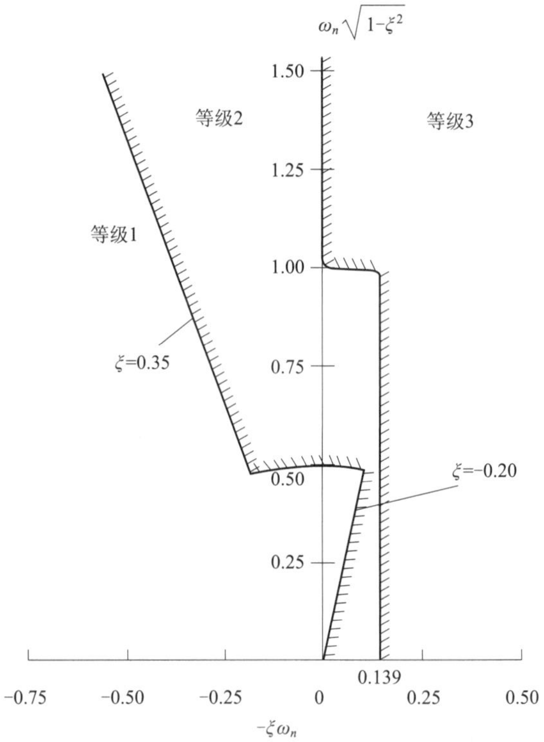

图 3　ADS－33E 中，悬停和低速前飞时俯仰（滚转）振荡边界

3　纵向动稳定性——低速/悬停和操纵响应和动稳定性——前飞状态

旋翼飞行器在低速和悬停时以及前飞状态下的纵向操纵响应和动稳定性是通过不同的技术进行试验的。另外，对飞行试验的预期结果进行建模和预估并不要求不同的方法，但操纵响应和动态稳定性之间的区别还是存在的，所以要把它们分开讨论。

3.1　纵向操纵响应

在纵向操纵响应的预测中，对于没有增稳等控制系统的常规构型直升机，俯仰角速率对纵向周期变距的阶跃操纵输入在最初的 2～3 s 的响应可以合理地假定是一阶的。以响应速度和稳态值表达的一阶响应的特征可以单靠俯仰阻尼导数和俯仰操纵功效实现合理预估。俯仰阻尼导数将影响时间常数或响应速度，而操纵功效与俯仰阻尼导数的比值将影响俯仰角速度的稳态值。此外，响应的灵敏度以俯仰加速度的最大值来度量，在阐述操纵响应时有意义。俯仰阻尼导数和俯仰操纵功效这两个关键的导数决定了俯仰角速度对纵向操纵输入的短周期响应。研究响应随着导数的改变而变化会有帮助，当评估最终引入增稳控制系统的效果时，例如，引入俯仰速率反馈后，尤其如此。俯仰阻尼增加，会使预估的响应更快，但是稳态值会下降。虽然从物理意义的角度来看，孤立地增加俯仰阻尼是不对的，但是其变化的效果是明确的和有指导意义的。即使模拟的复杂性增加，以至于不再是“一阶”系统，旋翼飞行器的短周期操纵响应仍是由俯仰阻尼和俯仰操纵功效来主导，而且这两个参数由旋翼的响应特性所决定。如果要得到的导数数据可靠，在对具有刚性旋翼的直升机进行滚转操纵响应建模时，还应该考虑交叉耦合效应。图4所示为俯仰角速度和俯仰姿态对于纵向周期变距“不完美”的阶跃输入的响应曲线，该曲线证实了俯仰角速率的一阶响应特性。这些数据是由AW109E直升机以80 kts指示空速在配平的水平飞行状态下进行试验得到的。

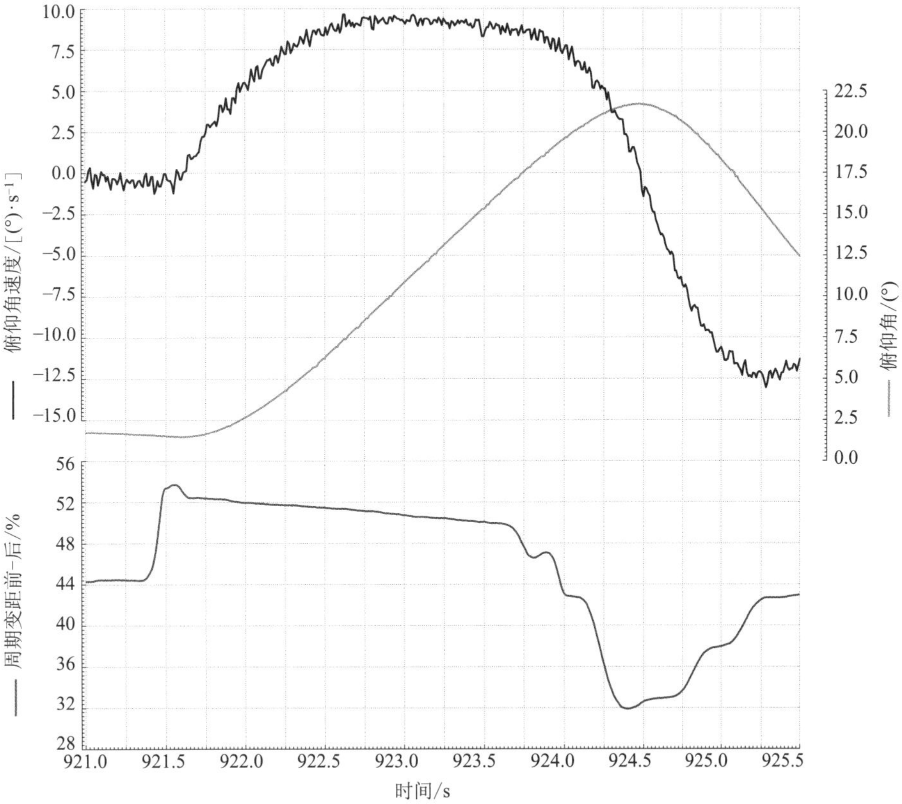

图4　AW109E直升机俯仰操纵响应的飞行试验样例数据

3.2　纵向动稳定性

通常情况下，从平衡状态受到扰动后5～60 s时间的响应历程里可以观察到纵向的动稳定性。操纵响应最依赖俯仰阻尼和俯仰操纵功效，而动稳定性的长周期特性则依赖一组数目较多的空气动力稳定性导数而不是操纵功效。值得注意的是飞行状态，尤其是配平空速，对动稳定性起着非常显著的作用。就动稳定性而言，旋翼飞行器对俯仰扰动的响应往往是从配平状态开始的振荡发散。稳定特性通过阻尼系数/阻尼自然频率组配或者阻尼比/自然频率组配来描述。以一架没有任何控制增稳装置的Lynx直升机为例，表4列出了其在三种不同水平直线状态下预期的动稳定性。

表 4　纵向动稳定性的预估样例

飞行状态（直线和水平飞行）	阻尼系数 μ/（s^{-1}）	阻尼自然频率 ω/（$rad \cdot s^{-1}$）	阻尼比 ζ	自然频率 ω_n/（$rad \cdot s^{-1}$）	倍幅时间 T_2/s
悬停	0.055 6	0.474	−0.116	0.478	12.5
60 kts	0.073 6	0.382	−0.189	0.389	9.4
120 kts	0.201	0.379	−0.469	0.428	3.4

显然样机的动态响应是不稳定的，且随着速度的增加响应变得更加不稳定。目前还不易直接说明为什么直升机会变得更加不稳定，需要对旋翼、水平安定面及直升机的其他特性所引起的各种稳定和不稳定作用之间的相互干扰进行评估。Padfield（2007）文献广泛地探讨了这种评估。但是，为了对动稳定性不同因素的影响程度进行初始评估，在前面 3.1 节提到的简易方法仍是有用的，即观察长周期响应随着导数的变化而改变的趋势。那么，现在来考虑表 4 所示的在空速为 120 kts 的飞行状态下 M_q、M_u 和 M_w 大致的变化影响。首先，增加俯仰阻尼导数的幅值，会使动态响应稳定化并不奇怪。如果阻尼系数和阻尼固有频率减小，那么对于相同的输入，受扰动状态的幅值减小，而动态响应的周期变长。单独增大直升机的速度稳定性对动稳定性影响的效果并不明显，但增强速度稳定性的结果是直升机将更快地向平衡状态返回（见第 5 卷第 223 章），这给高频率长周期响应提供了一个相当直观的解释。频率增加及周期缩短，意味着随速度稳定性的增加动态响应更加发散。最后，观察迎角稳定性变化的影响或机动稳定性变化的影响。这同样也不足为奇，因为这种导数的作用一般是不稳定的（见第 5 卷第 223 章），增加 M_w 幅值的结果是使动稳定性更加不稳定。反之，减小迎角稳定导数的幅值将改善动稳定性的长周期特性。上述关于各个俯仰力矩导数的变化是如何影响动稳定模态的初始评估，虽然是有益的，但对直升机而言，这种变化的一般性描述也可能会产生误导。对于动稳定模态的预测，最好是在得出任何明确的结论之前，仔细考虑直升机构型和飞行状态的特点。与固定翼飞机相比，旋翼飞行器的动稳定性的差异是非常值得重视的。

4　横、航向动稳定性——低速和操纵响应和动稳定性——悬停与前飞状态

如前所述，直升机绕纵轴的横、航向的操纵响应和动稳定性在低速和悬停状态与前飞行状态下采用的是不同的试验技术。然而，相关的数学建模并不要求不同的方法，但是控制响应和动稳定性之间的显著区别仍需要注意，并要分别处理。

4.1　横、航向操纵响应

先提出一个粗略的简化假设，即横向操纵器在偏转后的头几秒内只产生一个同轴的响应。这样，滚转角速度对横向周期操纵的响应的简化降阶模型可以通过拉普拉斯变换得到，如方程（1）所示：

$$\frac{p(s)}{\delta_{\text{lat}}(s)}=\frac{l_{\delta_{\text{lat}}}}{s-l_p} \tag{1}$$

在此模型中，用下标形式表示了滚转操纵功效和滚转阻尼，这些简化导数都是从适当的状态空间模型中提取出来的。状态空间模型可用式（2）所示的形式表示为

$$\begin{aligned}\dot{\boldsymbol{x}}&=\boldsymbol{A}\boldsymbol{x}+\boldsymbol{B}\boldsymbol{u}\\ \boldsymbol{y}&=\boldsymbol{C}\boldsymbol{x}+\boldsymbol{D}\boldsymbol{u}\end{aligned} \tag{2}$$

“滚转阻尼”稳定导数 L_p 和“滚转操纵功效”操纵导数 $L_{\delta_{\text{lat}}}$ 已被除以相应的惯性项数组，以得到简化导数形式 l_p 和 $l_{\delta_{\text{lat}}}$ 的数值，它们分别是式（2）中矩阵 $\boldsymbol{A}$、$\boldsymbol{B}$ 中的相应元素。相对于前面描述的俯仰操纵响应，分析准则并没有任何区别。在配平的定常水平飞行条件下，滚转角速度对单位阶跃输入的响应通过对方程（1）的拉普拉斯变换很容易得到。响应时间常数为 $\frac{1}{|l_p|}$，稳态响应值为 $|l_{\delta_{\text{lat}}}/l_p|$。这里介绍的横、航向模态一般被描述为“滚转模态”，即

使利用状态空间模型的其他元素建立更复杂的动态特性的评估模型，滚转模态的特征值仍然接近 l_p。总之，直升机横轴的操纵响应可以建成一个简单有效的一阶响应模型，该模型由横向操纵功效和滚转阻尼的简化形式确定，并在大范围的配平空速下都是正确的。

悬停状态下的偏航运动可以采用类似的方式建模；可以用简化的偏航阻尼（n_r）和偏航操纵功效（$n_{\delta_{ped}}$）来定义有阻尼的偏航衰减运动，描述在有限时间的航向脉冲操纵输入下，直升机改变机头方向的响应。然而，随着前飞速度增加，偏航稳定性增加（通常描述为直升机向相对气流方向偏转的趋势），直升机的横向静稳定性趋向于“滚转使机翼水平”，它与航向稳定性相互作用，出现第二个动态模态——螺旋模态。直升机前飞状态下的螺旋模态稳定性是指直升机可以通过滚转使机翼水平，而机头不指向气流方向。如果 $L_v > N_v$，实际上这时旋翼的上反效应比垂直尾翼的稳定作用更强，则横向静稳定性和航向静态稳定性的竞争结果是螺旋模态稳定。如果情况相反，则螺旋模态不稳定。这种描述方法避免了考虑螺旋模态的其他导数的作用，例如滚转阻尼和偏航阻尼，这些导数对确定螺旋模态的特征值起作用，但是螺旋模态的稳定性主要由横向跟航向两个静稳定性导数的相对大小来确定。

4.2　横、航向动稳定性

描述了滚转模态和螺旋模态后，还有一个直升机的动稳定模态，它是一种耦合了滚转和偏航的振荡，被称为横、航向振荡（LDO），也称为荷兰滚模态。描述此振荡的工程参数是阻尼系数/阻尼固有频率组配或阻尼比/自然频率组配。为了与之前所用的方法保持一致，对于一架没有任何的控制增稳装置的 Lynx 直升机，在三个不同的水平直线飞行状态下的横、航向动稳定性列于表 5。

虽然这些工程参数随着空速变化很大，但在这三个飞行状态所覆盖的飞行速度下，横、航向振荡预测是稳定的。分析表 5 中列出的数据，可以得到其他一些参数，这些参数通过与时间常数有关的滚转模态及螺旋模态一起描述了短周期操纵响应特性。这些数据如表 6 所示。

表 5　横、航向动稳定性预估样例

飞行状态（直线和水平飞行）	阻尼系数 μ/（s^{-1}）	阻尼自然频率 ω/（$rad \cdot s^{-1}$）	阻尼比 ζ	自然频率 ω_n/（$rad \cdot s^{-1}$）	倍幅时间 T_2/s
悬停	−0.041 4	0.472	0.087 6	0.473	16.7
60 kts	−0.425	1.59	0.258	1.65	1.63
120 kts	−0.616	2.57	0.233	2.64	1.13

表 6　滚转模态和螺旋模态特性预估样例

飞行状态（定直平飞）	滚转模态特征值/s^{-1}	滚转模态时间常数/s	螺旋模态特征值/s^{-1}	螺旋模态时间常数/s
悬停	−11	0.091 0	−0.184	5.43
60 kts	−10.8	0.092 6	−0.042 8	23.4
120 kts	−10.6	0.094 3	−0.042 9	23.3

就横、航向振荡和螺旋模态而言，如果螺旋模态是稳定的，那么就可以预测直升机的横、航向是动稳定的。在本节中，研究的重点不是描述直升机的各种特征参数，这些参数决定着构成运动方程的导数并给出特征值。这些参数都相对简单直观，并且完全同之前所述的一样。对动态特性起重要作用的因素来自旋翼、前飞速度、尾桨、垂直和水平尾面以及重心的相对位置和机身升阻力的作用线位置。

与纵向动稳定性的研究方法类似，对于横、航向动力学，观察长周期响应随导数的变化有助于得出对动稳定性各影响因素的初始评估。这种方法在前面讨论过，在这里也是有效的。因此，可以依次考虑滚转阻尼、偏航阻尼、横向静稳定性和航向静稳定性变化的影响。

很容易理解减少滚转阻尼对滚转模态时间常数

的影响，但它对其他两种模态的影响则不太明显。特征值分析表明，减少滚转阻尼会增大滚转模态的时间常数，如预想的一样，这对缩短螺旋模态时间常数则不明显，但是阻尼比降低预计会使得横、航向振荡模态不稳。单独减少偏航阻尼对滚转模态的时间常数没有影响，但会影响横、航向振荡模态和螺旋模态。横、航向振荡模态随着阻尼比大幅下降而变得不稳定，然而固有频率却几乎不变。螺旋模态的时间常数增加，所以螺旋模态的稳定性变差，但直升机仍可保持螺旋稳定状态。

单独降低横向静稳定性或航向静态稳定性对滚转模态的时间常数没有影响。但是，正如预期的那样，降低横向静稳定性的效果是使得螺旋模态的时间常数增加，而横、航向振荡模态的阻尼比增加不甚明显。减小航向静稳定性，即削弱风标静稳定性的作用，将减小螺旋模态时间常数，并增加横、航向振荡模态的阻尼比。所有这些影响通过特征值分析是很明显的，这有助于判断直升机的横、航向动力学特性和操纵响应，但这些特性的重要意义，只有经过为得到飞行品质等级评估值而精心设计的直升机的目标机动或操纵任务飞行后，才能真正得到证实。

5 飞行试验技术

正如用飞行试验评价静稳定性（见第5卷第223章）那样，用于动稳定性飞行试验的技术也可直接用于评估。飞行试验得到的工程数据，与解耦的纵向和横、航向动力学的特征值分析保持一致，同时也必然显现出未模拟的交叉耦合的特性。但是，飞行试验技术会明确地分为低速、悬停飞行状态与前飞状态，然后进一步拆分成纵向和横、航向模态，随后再分为短周期响应（通常为2～3 s的时间历程）和一个长周期的动态响应（时间历程通常可达60 s）。在所有这些状态中，在审查所得结果时，必须考虑并计入交叉耦合的影响。低速和悬停试飞的具体要求需要详细考虑。评估下列状态的操稳特性需要进行仔细地规划，且通常使用地基测速设备，这些状态及因素包括：起飞和着陆过程、过渡到前飞的过程以及在任何方向来风及不同风速中的悬停过程。Cooke 和 Fitzpatrick（2002）文献中讨论分析了广泛的低速和悬停试验技术以及前飞试验要求。下面给出前飞状态下的三种试验技术的例子并对这些技术的使用效果作出解释。首先，描述滚转操纵响应试验——直升机对操纵输入的短周期响应；其次，介绍螺旋模态（一种长周期的横、航向动稳定模态）的评估试验技术；最后，说明纵向动稳定性的长周期模态试验技术。

5.1 滚转操纵响应

滚转操纵响应试验的目的是收集数据，并评估一小部分工程参数，从而确定直升机是否能够适合其预期的作用。在已知的配平良好的稳定飞行状态下，施加一个预定大小的横向周期变距操纵阶跃输入，记录下直升机的响应。输入的大小应由从小量开始——通常为1 cm——增加到合适的最大值，可能是2.5 cm。对直升机测试仪器的基本要求是高速记录数据，最好达到最大输入频率的25倍，这样就可以得到直升机操纵输入响应的高质量的时间历程，并能审查直升机的响应。响应中所关注的参数包括同轴的滚转角速度和倾斜角，以及离轴的俯仰/偏航角速度及角度。从同轴的响应可以确定一些工程参数，包括稳态的滚转角速度或所达到的侧倾角、最大的滚转加速度，以及描述响应的合适的时间常数。此外，操纵输入1 s末的滚转角速度和侧倾角可以测量出来，它们分别称为速率响应和姿态响应。最后，速率和姿态延迟可以分别定义为：阶跃输入后滚转角速度达到1 rad/s所需要的时间和滚转角达到1°所需要的时间。这些值（或参数）可以从阶跃输入响应的时间历程中测量出来。类似的，对滚转阶跃输入的离轴响应能提供表明交叉耦合程度的有用数据。

5.2 螺旋模态

对于螺旋模态稳定性的飞行试验技术采用“一个操纵转弯”的方法，这里“一个操纵”指的是横向周期变距。TOIC-C是这种测试方法的缩写。在TOIC-C测试期间，仅用横向周期变距使直升机进入并保持预定坡度角转弯，而这时偏航脚蹬和总距杆保持固定，纵向周期变距输入用于保持空速不变。在转弯过程中记录下数据，包括横向周期变距杆位移、侧倾角、机头方向和侧滑角。通过转弯初始阶段的时间历程能确定直升机的不利或有利的偏航特性和机头偏转的延迟。在以恒定坡度角转弯的过程中，在转弯和保持转弯状态下，直升机的航向静稳定性可以通过侧滑量来评估——侧滑大则意味着航向静稳定性弱，反之亦然。得出直升机螺旋模态最明显的数据是TOIC-C试验的最终一步，将周期变距平滑地回到水平飞行配平值，记录侧倾角的时间历程。通过该曲线，可以直接确定直升机的螺旋模态是稳定的还是不稳定的，侧倾角的半幅时间或倍幅时间是描述螺旋模态的有用的工程参数。

5.3　纵向动稳定性模态

纵向动稳定性或者直升机的长周期响应也就是所谓的讨厌模态（nuisance mode），必须由飞行员或飞行控制系统来抑制。要关注的是该模态受自然扰动激励后的变化程度，因此，某些动稳定性试验要求在中等紊流或强紊流状态下进行。但是，为了准确地确定长周期响应，并确保所需的数据不受干扰，测试应在低紊流条件下完成。在低紊流条件下，预先设定稳定的配平水平飞行，直升机的纵向长周期响应可以由以下两种方式来激励。第一种，直升机在配平条件下，仅通过单独纵向周期杆操纵使直升机增加或者减小某一固定空速，然后释放或返回纵向周期变距杆以回到配平状态。或者，采用纵向周期变距或者总距的脉冲输入。无论采用哪种方法，一旦纵向动态稳定模态被激励起来，就需记录响应的时间历程。一般情况下，10～60 s的俯仰姿态、俯仰角速度或空速的任一种变化就足以确定纵向周期以及衰减或者发散率等工程参数。图5所示的是AW109E俯仰姿态响应的一个例子，在飞行速度为80 kts的配平水平飞行状态下，测试了纵向动稳定性。由试验值估算出的周期和衰减/放大率，显示出与典型的动稳定参数不错的近似性，如阻尼系数/阻尼频率和阻尼比/自然频率，这些随后可以和ADS－33E（2000）的设计规范数据进行对比分析。

5.4　交叉耦合特性

在前面所述的操纵响应和动态稳定性的测试中，交叉耦合作用一般会比较明确地显现出来。然而，交叉耦合的重要性只能通过完成一系列精心策划的典型驾驶品质任务来评估。幸运的是，ADS－33E（2000）为构成驾驶品质任务提供了很好的指导，定义了目标、描述了机动方法和试验路径，并建议了空间和时间性能标准，从而明确了驾驶品质任务结构框架。这些驾驶品质任务即所谓的任务科目的大多数，其目的一致，就是要求检测出飞行过程（例如前飞大机动）中不良的轴间耦合。最后，需要将操纵响应和动稳定性的学术性试验与任务科目（MTE）要求之间建立起重要的联系。在规划“学术性”试验时，要仔细考虑任务科目飞行过程中操纵输入的幅值和速率的期望值，并协调配合，以期将不良意外最小化并尽量消除。

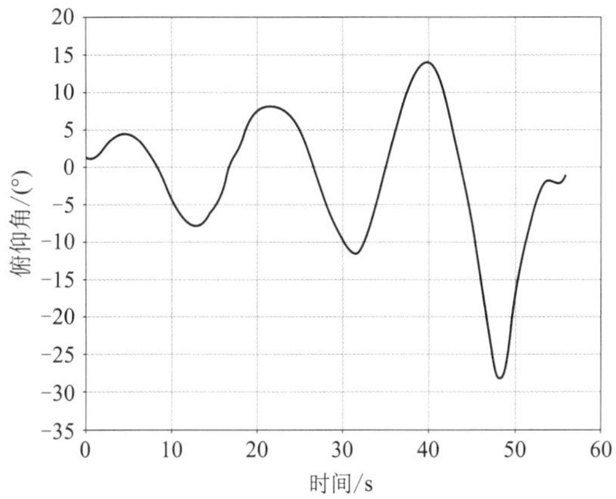

图5　AW109E直升机纵向动稳定性飞行试验数据样例

6　非常规构型

对于非常规布局，例如纵列式双旋翼、共轴双旋翼、倾转翼（见图6），这些带有非常规的反扭矩装置的布局形式以及自转旋翼机等，在建模及预测操纵响应和动稳定性模态等方面，都面临着各自不同的挑战。

图6　非常规构型的旋翼飞行器——贝尔波音MV－22鱼鹰（图片由QinetiQ plc. 惠赠）

支持上述构型建模的文献与非常规构型直升机总的数量相比较为稀少。Leishman（2006）、Padfield（2007）、Remple 和 Tischler（2006）提供了解释某些非常规构型旋翼飞行器数学建模的一些基础，并提供了支持这个专门领域的其他参考文献。总而言之，应用于非常规布局旋翼飞行器的飞行试验技术，在静稳定性测试（见第5卷第223章）和动稳定性以及操纵响应测试中被证明是可行的，但在应用时仍需谨慎并循序渐进。研究非常规构型旋翼飞行器的全局稳定性和操纵性，关键在于对静稳定性和机动稳定性的研究。针对这些难点，可以通过引入适当的飞行控制增稳系统来解决。操纵响应和动稳定性的预测及试验必须考虑所引入的控制系统及其失效所带来的影响。

7 结　论

本章对常规旋翼飞行器动稳定性和操纵响应构建了数学模型、预估以及随后的试验方法；在多自由度复杂模型和飞行测试手段的支持下，揭示了短周期和长周期模态特性。在短周期操纵响应测试中，最简单的方法是假设系统为单自由度——横向周期变距的阶跃输入，这将引起滚转响应，且同轴响应的简单预估与试验结果之间的匹配度很好。但在飞行操纵响应试验中观察到的交叉耦合效应证实，这种最简单的建模的应用是有限的。对于长周期动稳定模态的预估，必须增加数学模型中的自由度的数量，以保证纵向和横、航向的运动模态能够被识别，同时仍保持同轴短周期模态的预估误差不大。在旋翼飞行器飞行包线内的飞行状态下，将纵向模态和横、航向模态分开并分别进行观察和试验，所采集的数据可以用于长周期模态的评估。这些试验技术的应用已经非常成熟并得到可重复的结果，证实了在初始分析时可以采用将纵向和横、航向动态模态分开的试验方法。与已确定的动稳定模态一起，结合明确定义的飞行品质任务科目飞行试验，可以得到飞行品质等级。这些飞行品质任务科目飞行试验暴露了纵向和横、航向解耦的数学模型的局限性，同时不可预知的交叉耦合效应肯定会对由试飞员认定的飞行品质等级值的评价有影响，因此，在更高精度的数学模型中必须对交叉耦合作用加以考虑，即需要相应地增加模型的自由度。更重要的是，旋翼在平面外和平面内的动态特性也会产生很大影响。

术　语

l_p	L_p的简写形式（s^{-1}）
$l_{\delta_{lat}}$	$L_{\delta_{lat}}$的简写形式（s^{-2}）
n_r	N_r的简写形式（s^{-1}）
$n_{\delta_{ped}}$	$N_{\delta_{ped}}$的简写形式（s^{-2}）
p	滚转角速度或滚转角速度的扰动量（rad/s 或 s^{-1}）
q	俯仰角速度或俯仰角速度的扰动量（rad/s 或 s^{-1}）
r	偏航角速度或偏航角速度的扰动量（rad/s 或 s^{-1}）
s	拉普拉斯变量（s^{-1}）
t	时间（s）
u	速度扰动量（沿机体坐标系 x 向）（m/s）
$\boldsymbol{u}(t)$	状态空间表达式中的操纵输入向量
v	速度扰动量（沿机体坐标系 y 向）（m/s）
w	速度扰动量（沿机体坐标系 z 向）（m/s）
$\boldsymbol{x}(t)$	状态空间表达式中的状态向量
$\dot{\boldsymbol{x}}(t)$	在状态空间表达式中，$\boldsymbol{x}(t)$ 关于时间的一阶导数
$\boldsymbol{y}(t)$	状态空间表达式中的输出向量
$\boldsymbol{A}$	状态空间表达式中的状态矩阵
$\boldsymbol{B}$	状态空间表达式中的输入矩阵
$\boldsymbol{C}$	状态空间表达式中的输出矩阵
$\boldsymbol{D}$	状态空间表达式中的前馈矩阵
$\boldsymbol{L}$	滚转力矩变化量（N·m）
LDO	横、航向振荡
L_v	机体坐标系 y 向的速度扰动引起的滚转力矩的变化［kg/（m·s^{-1}）］
L_p或者L_r	分别指滚转角速度和偏航角速度扰动引起的滚转力矩的变化［kg/（m^2·s^{-1}）］
$L_{\delta_{lat}}$	横向周期杆位移的偏转引起的滚转力矩的变化（N·m/rad）
M	俯仰力矩的变化（N·m）
M_u或者M_w	分别指机体坐标系 x 向和 z 向的速度扰动引起的俯仰力矩的变化［kg/（m·s^{-1}）］
M_q	俯仰角速度的扰动引起的俯仰力矩

	的变化 [kg/（m·s^{-1}）]
$M_{\delta_{long}}$	纵向周期杆位移的偏移量引起的俯仰力矩的变化（N·m/rad）
MTE	任务科目
N	偏航力矩的变化（N·m）
N_v	机体坐标系 y 向的速度扰动引起的偏航力矩的变化量 [kg/（m·s^{-1}）]
N_P 或者 N_r	分别指滚转角速度和偏航角速度扰动引起的偏航力矩的变化 [kg/（m·s^{-1}）]
$N_{\delta_{ped}}$	偏航脚蹬的偏移引起的偏航力矩的变化（N·m/rad）
$T_{1/2}$	半幅时间（s）
T_2	倍幅时间（s）
X	沿机体坐标系 x 向的力的变化（N）
X_u 或者 X_w	分别指机体坐标系 x 向和 z 向的速度扰动引起的沿机体坐标系 x 向的力的变化（kg/s）
X_q	俯仰角速度的扰动引起的沿机体轴系 x 向的力的变化 [kg/（m·s^{-1}）]
Y	沿机体轴系 y 向的力的变化（N）
Y_v	机体坐标系 y 向的速度扰动引起的沿机体轴系 y 向的力的变化（kg/s）
Y_p 或者 Y_r	分别指滚转角速度和偏航角速度的扰动引起的沿机体轴系 y 向的力的变化 [kg/（m·s^{-1}）]
Z	沿机体轴系 z 向的力的变化（N）
Z_w 或者 Z_u	分别指机体坐标系 z 向和 x 向的速度扰动引起的沿机体轴系 z 向的力的变化（kg/s）
Z_q	俯仰角速度的扰动引起的沿机体轴系 z 向的力的变化 [kg/（m·s^{-1}）]
$Z_{\theta_{coll}}$	总距杆位置的偏移引起的沿机体轴系 z 向的力的变化（N/rad）
δ_{lat}	横向周期杆位移量（rad 或 cm 或%）
δ_{long}	纵向周期杆位移量（rad 或 cm 或%）
δ_{ped}	偏航脚蹬位移量（rad 或 cm 或%）
ζ	阻尼比　—
θ_{coll}	总距杆位移量（rad 或 cm 或%）
μ	阻尼系数（s^{-1}）
ω	阻尼自然频率（rad/s）
ω_n	自然频率（rad/s）
ω_{BW}	带宽频率（rad/s）
τ_{PH}	相位延迟（s）

致　　谢

感谢 Burkhard Domke 提供了图 3，QinetiQ plc 提供了图 1、图 6 和图 8。也要感谢 Gerrie Mullen 博士给予本章节的建议。

相关章节

第 5 卷，第 218 章
第 5 卷，第 223 章
第 5 卷，第 226 章

参考文献

ADS—33E—PRF（2000）*Aeronautical Design Standard — 33 E—PRF*，*Performance Specification*，*Handling Qualities Requirements for Military Rotorcraft*，US Army AMCOM，Redstone，Alabama.

Blanken，C. L.，Hoh，R. H.，Key，D. L. and Mitchell，D. G.（2008）Test guide for ADS—33E—PRF. US Army Research，Development and Engineering Command，Moffett Field，CA. *Special Report AMR-AF — 08 — 07*.

Cooke，A. and Fitzpatrick，E.（2002）*Helicopter Test and Evaluation*，Blackwell Science Ltd.

Heffley，R. K.，Jewell，W. F.，Lehman，J. M. and Van Winkle，R. A.（1979）A Compilation and Analysis of Helicopter Handling Qualities Data. *NASA Contractor Report 3144*.

Leishman，J. G.（2006）*Principles of Helicopter Aerodynamics*，2nd edn，Cambridge University Press.

Padfield，G. D.（2007）*Helicopter Flight Dynamics*，2nd edn，Blackwell Publishing.

Remple，R. K. and Tischler，M. B.（2006）*Aircraft and Rotorcraft System Identification*：*Engineering Methods With Flight-Test Examples*，American Institute of Aeronautics and Astronautics.

本章译者：宋彦国（南京航空航天大学航空宇航学院）

第 225 章

固定翼飞行器的操纵和飞行品质

Ronald A. Hess
加州大学戴维斯分校机械及航天工程系，加利福尼亚，美国

1 飞行器的操纵

飞行器的操纵是指在三维空间中，以所需的速度沿着所希望的轨迹来移动飞行器的能力。操纵是通过在机体上作用合适的力和力矩来实现的。这些力和力矩可分为地球引力、气动力和发动机推力。本章首先要关注的是气动力，可以由驾驶员或者自动驾驶仪通过操纵面的偏转来调整其大小和方向。操纵面包括升降舵、方向舵和副翼，如图 1 所示。该图还给出了描述飞行器运动所使用的基本坐标轴系，也就是机体坐标系（x，y，z）和地面坐标系（x'，y'，z'）。飞行器的飞行控制往往是“六自由度”（6DOF）控制问题，这六自由度指飞行器关于机体坐标系的 3 个角运动（滚转、俯仰和偏航）和在地面坐标系下飞行器重心的 3 个位置坐标。

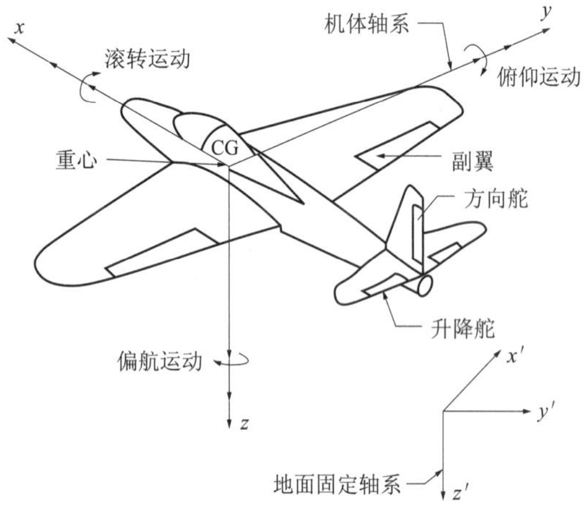

图 1 飞行器操纵面和轴系定义

操纵面布置的原则是，尽量得到关于机体坐标系某个轴的较大的气动力矩。副翼主要产生关于机体坐标系的 x 轴的滚转力矩，方向舵主要产生对机体坐标系 z 轴的偏航力矩（会额外产生关于机体坐标系的 x 轴的滚转力矩），升降舵主要产生关于机体坐标系 y 轴的俯仰力矩。飞行器以何种方式响应驾驶员对操纵舵面的输入？这一问题很自然地引出了关于飞行器的飞行品质的讨论。

2 飞行器飞行品质简介和历史背景

在任何任务中，驾驶员都能安全地操纵飞行器是飞行器设计的目标，这就引出了对飞行器的飞行品质（handling qualities）的讨论。飞行品质是指这样一些特质或者特性，它们描述了驾驶员在操纵特定飞行器完成任务时的难易及精确程度（Harper. R. P. Jr. 和 Cooper，G. E.，1986），定义中提到的任务包括着陆、起飞、空中加油等。经常使用的与飞行品质同义的相关术语是“flying qualities”。这两种用法的严格区别可以细化为，“flying qualities”用来描述飞行器的特性曲线或者动力学特性，而飞行品质用来描述飞行器连同驾驶员一起的特性曲线或者动力学特性。1907 年，针对军用飞行器人们第一次把飞行器飞行品质写入规范，它只包括三页，所需的飞行品质用以下一段话来描述：

飞行器被接收前，必须进行航时实验飞行，要求飞行器至少飞行一个小时，在此期间飞行器必须连续停留在空中而不落地。它能返回起点并着陆，并且没有阻碍立即开始另一次飞行的任何损伤。在这一小时的飞行试验中，飞行器在所有方向上的操纵必须没有任何问题，在所有时间内飞行器都处于

很好的控制和平衡下。

“陆军通信兵规范第486号，1907年12月23日。”

虽然形式简单，上述所引用的规范铺就了未来飞行品质要求的两条路。首先，要考虑到军用飞行器的使用；其次，它以具体条文的形式定义了军方在为最终用途而购买飞行器之前所需要的飞行器性能。军用飞行品质文件的复杂性与正在开发的飞行器日益提高的复杂性和能力相对应。例如，由军方1997年使用的文件篇幅已增加到722页（DoD，1997），而且有庞大的背景文件支撑。军用飞行品质规范不仅是和军方之间的合同协议，也可作为设计准则，有效地辨别飞行器的动力学特性是否能被驾驶员接受。

由军方起草的飞行品质规范自从其被引入之时，就一直在进行定期的修订。对于固定翼飞行器，这些相互关联的、共同执行的规范如下：

MIL－F－8785A（1948）；

MIL－F－8785B（1969）；

MIL－F－8785C（1980）；

MIL－STD－1797A（1990）；

MIL－STD－1797B（1997）；

JSSG－2001（2002）。

列表中提到的MIL－STD规范文件与陈述明确的飞行品质要求相去甚远。实际上，它为用户选择最合适的标准提供了深层次的帮助。对于垂直起降（V/ STOL）飞行器和旋翼飞行器，类似的列表也存在，这些文件及其前身的历史记录可以参考Abzug、Larrabee（2002）和Mitchell（2004）等文献。

在描述飞行品质标准时，军用规范通过等级来定义飞行器，并划分了飞行任务阶段。飞行器等级定义如下：

（1）Ⅰ级：小的轻型飞行器，如轻型多用途飞机和初级教练机。

（2）Ⅱ级：中等重量，低到中等机动性飞行器，如轻型或中型运输机、反潜机、战术轰炸机。

（3）Ⅲ类：大型、重型、低到中等机动性飞行器，如重型运输和重型轰炸机。

（4）Ⅳ级：高机动性飞行器，如战斗机/拦截和攻击机。

同样，飞行阶段划分为非场域飞行阶段和场域飞行阶段。

（1）非场域飞行阶段。

① A类：急剧机动，精确跟踪和飞行轨迹控制——空对空作战，对地攻击和编队飞行。

② B类：逐步机动，没有精确的轨迹跟踪——爬升、巡航、下降。

（2）场域飞行阶段。

C类：有飞行轨迹控制的逐步机动——起飞、进场着陆和着陆。

根据飞行器等级和飞行阶段种类的划分，可以从军事规范中定义一整套具体的飞行品质标准。

3　飞行员操纵——库珀-哈珀驾驶员评价尺度

人工评估飞行品质的重要性自然而然地引入了这样一种方法，驾驶员可以通过这一方法来量化他/她对飞行品质的看法。操纵评估（测试）飞行员通过一个叫库珀-哈珀驾驶员评价尺度的标准来量化他们对飞行品质的主观印象。这一尺度如图2所示。虽然评定量化表的最右栏表示一个数值评分（1＝最佳的飞行品质，10＝最坏的飞行品质），但这一尺度的决策树的特性才是真正决定其效用的因素。也就是说，评估试飞员首先需回答一系列“是/否”的问题，答案导致三种可能的结果（1和9之间的评级）。由于一些驾驶评估的评级（并作平均处理）经常被用来评估某一特定飞行任务的飞行器飞行品质，评级往往与“等级”有关，定义如下：

（1）等级1：1＜评分＜3.5（期望的）；

（2）等级2：3.5＜评分＜6.5（可接受的）；

（3）等级3：6.5＜评＜8.5（不可接受的）。

对任何需要被评估的飞行任务，需要定义明确的性能要求配合库珀-哈珀评价尺度来使用。这些要求通常的措辞与上面的评价等级描述相似，即“期望的”“可接受的”和“不可接受的”。例如，一个简单的俯仰姿态调节任务中存在中度湍流的情况，采用在定义明确的时间范围内产生的最大俯仰姿态角（θ_{max}）来对其性能进行描述，如下：

（1）期望→θ_{max}＜2.50；

（2）可以接受→2.50＜θ_{max}＜50；

（3）无法接受→θ_{max}＞50。

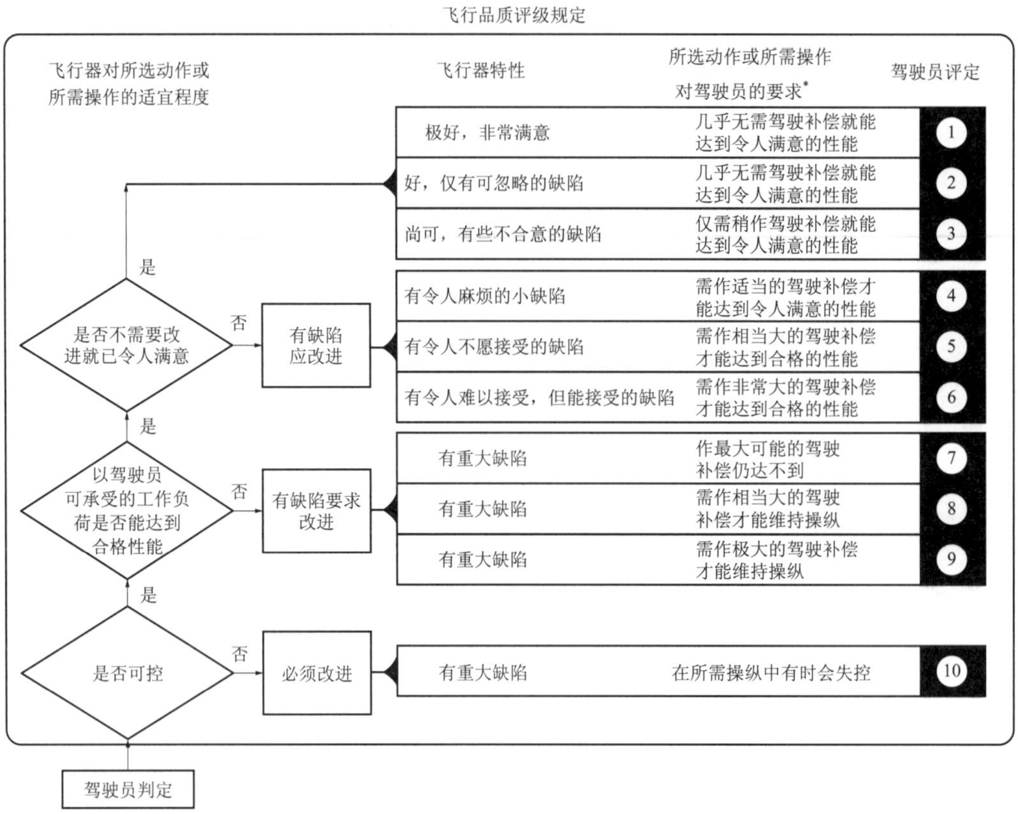
飞行品质评级规定
飞行器对所选动作或所需操作的适宜程度
飞行器特性
所选动作或所需操作对驾驶员的要求*
驾驶员评定
极好，非常满意
几乎无需驾驶补偿就能达到令人满意的性能
1
好，仅有可忽略的缺陷
几乎无需驾驶补偿就能达到令人满意的性能
2
尚可，有些不合意的缺陷
仅需稍作驾驶补偿就能达到令人满意的性能
3
有令人麻烦的小缺陷
需作适当的驾驶补偿才能达到令人满意的性能
4
有令人不愿接受的缺陷
需作相当大的驾驶补偿才能达到合格的性能
5
有令人难以接受，但能接受的缺陷
需作非常大的驾驶补偿才能达到合格的性能
6
有重大缺陷
作最大可能的驾驶补偿仍达不到
7
有重大缺陷
需作相当大的驾驶补偿才能维持操纵
8
有重大缺陷
需作极大的驾驶补偿才能维持操纵
9
有重大缺陷
在所需操纵中有时会失控
10
是否不需要改进就已令人满意
有缺陷应改进
以驾驶员可承受的工作负荷是否能达到合格性能
有缺陷要求改进
是否可控
必须改进
是
否
驾驶员判定

图 2　库珀-哈珀飞行品质驾驶员评级规定

注：* 所需操纵的定义包括指定的飞行阶段和/或各个子阶段，以及有关条件。

评级/性能二分法，意味着在库珀-哈珀评价为1～3.5的范围内实现1级飞行品质需要配合令人满意的性能。对研究飞行品质的工程师而言，与数值化的驾驶员评级同等重要的是飞行员的意见。这些意见是飞行员对所感受到的飞行品质的不足作出的表述，它们有助于人们去解决飞行任务中的问题。这些意见可以帮助人们辨别出飞行器在扰动和驾驶员操纵输入响应中的特有问题区域，是对数值化的品质评价的非常有价值的补充。

4　模态特性和飞行器的飞行品质

模态特性描述了像飞机这样的动力学系统的基本的或自然的运动模型。举一个简单的例子，考虑图3所示的弹簧-质量-阻尼系统。两个弹簧和两个阻尼器是完全相同的。此系统具有两个自由度，它的运动可通过两个基本的或自然的模态的叠加来描述。第一种模态是纯线性平移（x），第二种模态是绕重心转动的角度（θ）。同样，在平衡条件下飞行器的运动（例如，定常的等速平飞）可以通过基本运动模态的叠加来描述，飞行器的运动通过线性常微分方程描述时，等式可以分为两大组，一组描述飞行器在垂直平面内的运动（纵向运动），还有一组描述飞行器在水平面内的运动（横、航向运动，参见第5卷第221章和222章）。

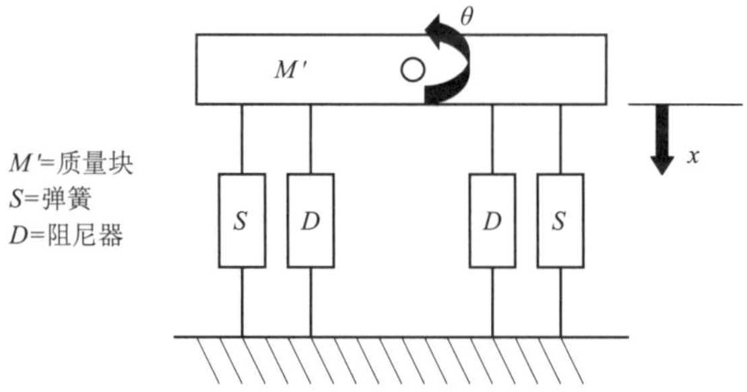
M'
θ
x
M'=质量块
S=弹簧
D=阻尼器
S
D
D
S

图 3　弹簧-质量-阻尼系统

对于常规布局的固定翼飞机，在空中飞行时，纵向模态有两种：较长时间内的模态（通常简称为长“周期模态”）和短周期模态。这些模态在本质上是典型的振荡，也就是描述这些模态的特征根是一对共轭复根。这些特征值可以表示为

(1)长周期模态：$s_{1,2}=-\zeta_{PH}\omega_{PH}\pm j\omega_{PH}\sqrt{1-\zeta_{PH}^2}$；

(2)短周期模态：$s_{3,4}=-\zeta_{SP}\omega_{SP}\pm j\omega_{SP}\sqrt{1-\zeta_{SP}^2}$。

式中，$\zeta_{(-)}$和$\omega_{(-)}$分别表示模态的阻尼比和无阻尼自然频率。对于那些振荡模态可能不稳定的实例，

经常以时间历程包络线的倍幅时间（T_2）来描述其模态特性。

横、航向模态有三种：滚转收敛模态、螺旋模态和荷兰滚模态。前两个模态是非振荡的，而最后一个模态是振荡的。相关的特征值可以表示为

（1）滚转收敛模态：$s_1=-1/T_r$；

（2）螺旋模态：$s_2=-1/T_s$；

（3）荷兰滚模态：$s_3=-\xi_{dr}\omega_{dr}\pm j\omega_{dr}\sqrt{1-\zeta_{dr}^2}$。

式中，T_r 和 T_s 称为两个非振动模态的时间常数。

对各种飞行器等级和飞行阶段类型，早期飞行品质的研究主要集中在确定前面定义的那些参数的值，包括阻尼比、无阻尼自然频率和时间常数的期望值。例如，表 1 总结了对于所有等级的飞行器（Nelson，1998），其纵向模态特性的阻尼比的一般规范。图 4 显示的是以 n/α 的函数形式给出的短周期无阻尼自然频率的限制。n/α 指的是每单位迎角变化的稳态垂向加速度变化。此参数可近似为 $-Z_\alpha/g$，其中 Z_α 定义为“稳定导数”，g 是重力加速度（见第 5 卷第 221 章）。表 2～表 4 给出了横、航向模态的阻尼比的一般规定，包括无阻尼自然频率的限制，对这些标准的进一步讨论参见 Roskam（1995）文献。

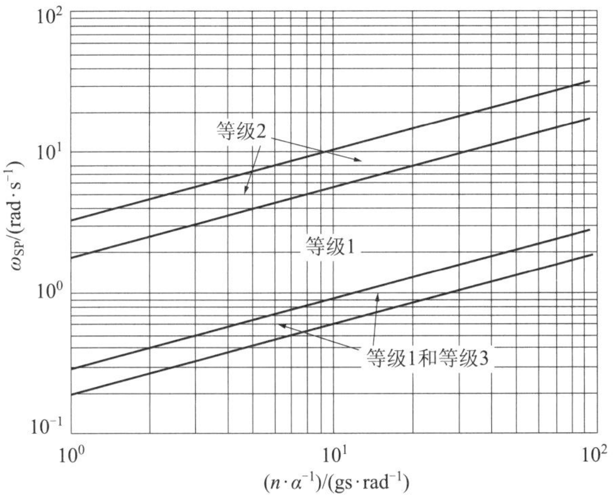

图 4　短周期频率要求——飞行阶段 B 类

表 1　纵向飞行品质

长周期模态（所有飞行阶段）	
等级 1	$\zeta_{PH}>0.04$
等级 2	$\zeta_{PH}>0$
等级 3	$T_2>55$s
短周期模态	
飞行阶段 A 类和 C 类	飞行阶段 B 类

续表

等级	ζ_{SP}		ζ_{SP}	
	最大	最小	最大	最小
1	0.35	1.30	0.3	2.0
2	0.25	2.00	0.2	2.0
3	0.15	—	0.15	—

表 2　横、航向操纵品质——螺旋模态

最小倍幅时间（T_2）				
飞行器类别	飞行器阶段类别	等级 1/s	等级 2/s	等级 3/s
Ⅰ和Ⅳ	A	12	12	4
	B 和 C	20	12	4
Ⅱ和Ⅲ	所有	20	12	4

表 3　横、航向操纵品质——滚转收敛模态

最小倍幅时间（T_r）				
飞行器类别	飞行器阶段类别	等级 1/s	等级 2/s	等级 3/s
Ⅰ，Ⅳ	A	1.0	1.4	10
Ⅱ，Ⅲ		1.4	3.0	10
所有	B	1.4	3.0	10
Ⅰ，Ⅳ	C	1.0	1.4	10
Ⅱ，Ⅲ		1.4	3.0	10

表 4　横、航向操纵品质——荷兰滚模态

等级	飞行器类别	飞行阶段分类	最小 ζ_{dr}	最小 $\zeta_{dr}\omega_{dr}$①/（rad·s^{-1}）	最小 ω_{dr}①/（rad·s^{-1}）
1	Ⅰ，Ⅱ	A	0.19	0.35	1.0
	Ⅱ，Ⅲ		0.19	0.35	0.4
	All	B	0.08	0.15	0.4
	Ⅰ，Ⅱ—C②，Ⅳ	C	0.08	0.15	1.0
	Ⅰ—L③，Ⅲ		0.08	0.15	0.4
2	所有	所有	0.02	0.05	0.4
3	所有	所有	0.02	—	0.4

① 规范要求产生较大值的阻尼比 ζ_{dr}；

② C 是指从航空母舰上起飞的飞行器；

③ L 是指从陆上起飞的飞行器。

5　模态特性的改善——增稳和控制增稳系统

飞行器人工稳定和控制增稳系统（SCASs）

（见第5卷第231章）的引入使得飞行品质的规范更加复杂。引入SCASs后，上述典型模态可以显著改变甚至消失，为此引入了等效系统的概念（Hodgkinson，LaManna 和 Heyde，1976）。利用等效系统的方法，工程师创建的低阶“典型”系统，其传递函数的频率响应图（伯德图）非常接近那些被考察的实际飞行控制系统（见第5卷第230章）。这里的“典型”是指具有与上文定义的模态相应的特征根的传递函数，这种等价系统的例子由Mitchell（2004）等给出。这里摘录如下：

考虑到带有SCASs的飞行器，其俯仰角速度响应和飞行员作用在驾驶舱操纵杆上的力（F_{es}）之间的传递函数如下式所示：

$$\frac{\dot{\theta}}{F_{es}}(s)=\frac{170.7(0.274)(1)^2(14.1)(20.3)(23.5)[0.03,60]}{(0.369)(2)(1.58)(19.8)(24.7)[0.68,1.78][0.88,50][0.66,65]} \tag{1}$$

上面给出的传递函数是用简写形式给出的，例如：

$$G(s)=\frac{K(s+2)(s^2+2(0.1)s+4^2)}{(s)(s+5)^3}$$

表示为

$$G(s)=\frac{K(2)[0.1,4.0]}{(0)(5)^3} \tag{2}$$

实际的$\theta/F_{es}(s)$，其等效系统可表示为：

$$\frac{\dot{\theta}}{F_{es}}(s)\bigg|_{equiv}=\frac{0.0586(0.274)e^{-0.059s}}{[0.99,1.70]} \tag{3}$$

实际传递函数和等效系统表达式之间的匹配程度可以用这两个传递函数的伯德图来检验，如图5所示。这里HOS是指原高阶系统；LOES是指低阶等效系统。

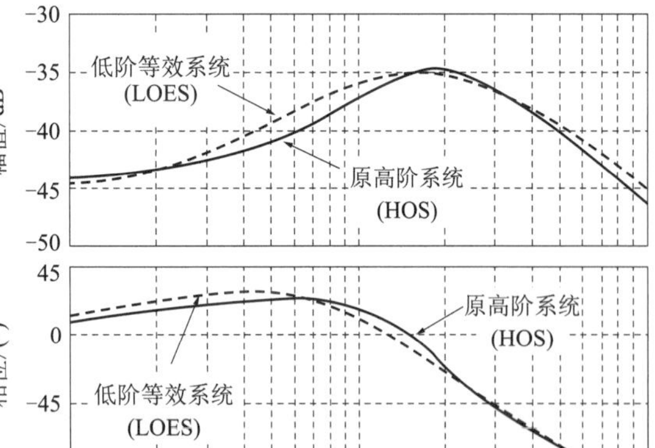

图5　$\dot{\theta}/F_{es}$（s）传递函数与等效系统传递函数的伯德图对比

低阶等效系统是通过一个最优化过程得到的，这个优化过程使成本函数的值最小，例如：

$$M=\sum_{\omega_1}^{\omega_h}[(G_{HOS}-G_{LOES})^2+a(\Phi_{HOS}-\Phi_{LOES})]^2 \tag{4}$$

式中，G（—）指传递函数伯德图的幅度；Φ（—）指的是伯德图的相位；a是一个加权系数。ω_1，ω_h各自代表频率的上下两个边界，通过这些来计算不匹配函数M。若M是一个可接受的值，就假定等价系统能够充分代表飞行器的动态特性，可以用来分析飞行品质。在本例中，传递函数$\frac{\theta}{F_{es}}(s)|_{equiv}$结合$\zeta_{SP}=0.99$和$\omega_{SP}=1.7$ rad/s代表了飞行器的短周期动态特性。通过图4，如果无阻尼自然频率也被定为等级1，参照表2，可以看到在任何飞行阶段类别中，具有此阻尼比的飞机被评价为等级1的飞行器。

根据带宽和相位延迟准则（Hoh，Mitchell 和 Hodgkinson，1982），对于带有增稳系统的飞机，飞行器传递函数的伯德图能更为直接地解释飞行品质规范。带宽和相位延迟准则可以解释为考虑飞行器俯仰姿态（θ）和飞行员施加于驾驶舱操纵杆上的力（F_{es}）之间的传递函数的伯德图，如图6所示。

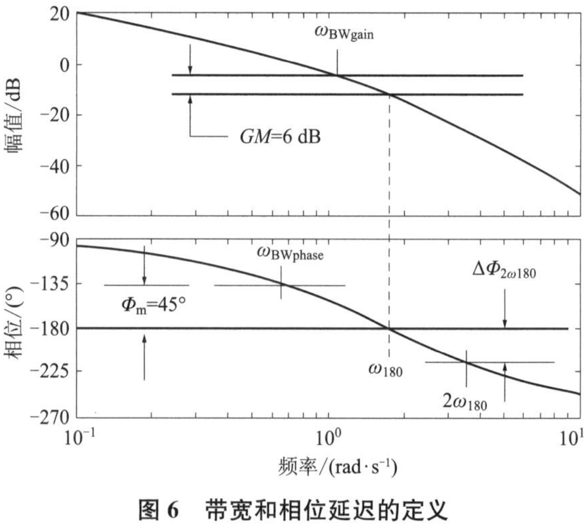

图6　带宽和相位延迟的定义

带宽的定义取决于SCASs是速度响应类型还是姿态响应类型。对于速度响应类型，伯德图的幅值在从零开始很宽的频率范围内斜率都是−20 dB/dec。而对于姿态响应类型，伯德图的幅值在频率为0附近相对平坦。对于速率响应类型，ω_{BW}是$\omega_{BW_{gain}}$和$\omega_{BW_{phase}}$中较小的值。对于姿态响应，$\omega_{BW}=\omega_{BW_{phase}}$。

相位延迟τ_p可定义为

$$\tau_p=\frac{\Delta\Phi 2\omega 180}{57.3(2)\omega 180} \tag{5}$$

图7来自Hoh、Mitchell 和 Hodgkinson（1982）

文献，它表示了飞行品质等级的边界，边界数据来自于 Smith（1978）的飞行试验。库珀-哈珀驾驶员通过对超过 70 次进场着陆飞行得到的数据进行评级得到这一边界。

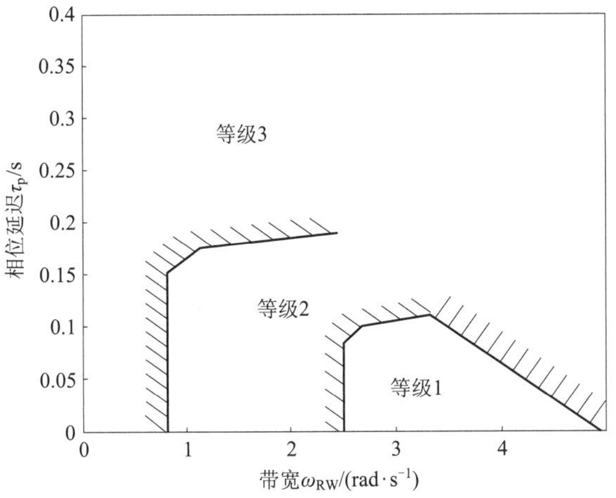

图 7　操纵品质等级边界带宽一相位延迟方框图

作为图 7 的例子，再来看一下前面讨论等效系统时提到的飞行器的俯仰角速度与操纵力输入之间的传递函数。假设这个传递函数适用于正在着陆进场的战斗机。首先，把传递函数从 $\dot{\theta}/F_{es}(s)$ 转换到 $\theta/F_{es}(s)$，也就是描述俯仰姿态与操纵力输入的关系，而不是俯仰角速度与操纵力输入的关系，后者传递函数的伯德图如图 8 所示。由于低频率的幅值特性显示的是 −20 dB/dec 的斜率，所以在带宽/相位延迟的计算中所使用的适当的带宽应是 $\omega_{BW_{gain}}$ 和 $\omega_{BW_{phase}}$ 中较小的，这意味着要使用 $\omega_{BW_{gain}}=1.86$ rad/s，相位延迟的计算公式由下式给出：

$$\tau_P=\frac{\Delta\Phi_{2\omega}180}{57.3(2)\omega180}=\frac{42}{57.3(2)(2.64)}=0.14\ (s) \tag{6}$$

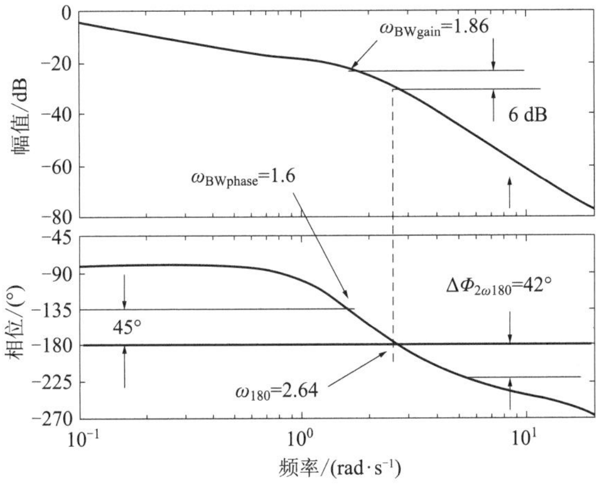

图 8　带宽及相位延迟计算示例

如图 7 所示，$\omega_{BW}=1.6$ 和 $\tau_P=0.14$ s 推出了飞行品质等级 2 级的预测。为了提高飞行品质等级，图 7 显示在 SCASs 的设计中需要减少 τ_P，增加 ω_{BW}。

6　回到源头——驾驶员的数学模型

回顾本章的前面部分，可以看出，飞行品质的研究缺乏坚实的理论基础。这个缺点直接归因于这门学科旨在描述人类中枢神经系统的主观偏好，而人类的中枢神经系统经常被描述为“已知的宇宙中最复杂的结构”（Hess，1990）。为了提供理论基础，已有相当多的研究活动致力于人类飞行员的数学模型，关于这方面的研究，参见 Hess（2003）文献。驾驶员评级显然源自人类驾驶员，所以研究者对于使用驾驶员模型来预测飞行品质等级一直存在浓厚的兴趣。驾驶员模型已经被描述为“控制理论”模型的范畴，也就是说，人类驾驶员模型已被作为飞行控制系统中的一个元素。图 9 所示是一个简单的框图，代表在飞行器的俯仰姿态操纵任务中的驾驶员模型。在控制理论模型中，驾驶员如飞行器一样，由一个线性的传递函数表示，即 $F_{es}/\theta_e(s)$。

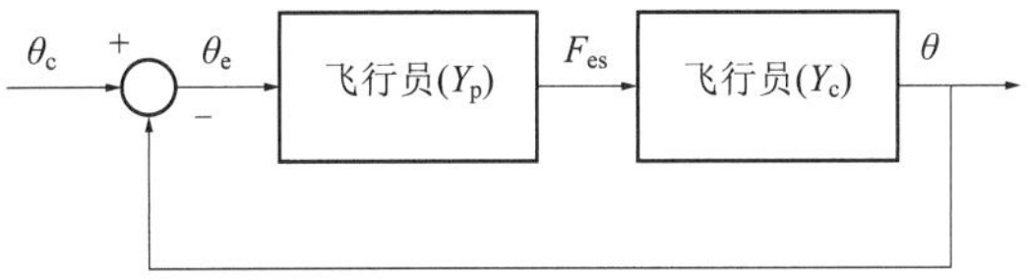

图 9　飞行员/机体系统方块图

在飞行品质评估中，Neal-Smith 提出了结合驾驶员数学模型的成功方法，Neal-Smith 标准见 Neal 和 Smith（1970）文献。

考虑以下形式的驾驶员传递函数表达式：

$$Y_p=\frac{K_p(T_Ls+1)e^{-0.25s}}{T_1s+1} \tag{7}$$

在应用 Neal-Smith 标准时，需要调节驾驶员模型的参数，以满足以下特性：

（1）闭环传递函数 $\theta/\theta_c(s)$ 的带宽 ω_{BW} 应大于或等于 3.0 rad/s；ω_{BW} 是 $\theta/\theta_c(s)$ 的伯德图中相位首先通过 −90°时所对应的频率。

（2）对于 $\omega\leqslant\omega_{BW}$，$\theta/\theta_c(s)$ 的伯德图幅值部分应保证 $|\theta/\theta_c(j\omega)|\leqslant-3$ dB，这主要是为了尽量减少伯德图幅值“下滑”。

（3）$\theta/\theta_c(s)$ 的伯德图幅值部分中共振峰值应该减小，也就是说，对于 $\omega\geqslant\omega_{BW}$，$|\theta/\theta_c(j\omega)|_{max}$ 应该是

最小值。

这些标准可用图 10 所示的 $\theta/\theta_c(s)$ 的伯德图来说明，然后通过图 11 中的曲线来预测飞行品质。图 11 是从众多的飞行试验中得到的。

对于使用驾驶员模型来预测飞行品质等级的问题，研究人员也提出了其他的方法并进行了评估。其中一个方法采用了驾驶员的“最优控制模型”(Hess，1976，1977)。其中，驾驶员模型被表示为一个理想的线性调节器和卡尔曼滤波器（Kleinman，Baron 和 Levison，1970）的串联，这种驾驶员模型以框图的形式表示出来，如图 12 所示。

优化过程使得二次型性能指数 J 最小，J 是驾驶员/飞行器性能和驾驶员操纵动作的函数。

从各种各样的驾驶员在坏的模拟任务中得到的库珀-哈珀驾驶员评价与 J 值之间的函数关系可以推导出来。例如，对于一个俯仰姿态跟踪任务，如图 9 所示，性能指标可能被选取为

$$J=\sigma_{\theta_e}^2+W\sigma_{F_{es}}^2 \tag{8}$$

式中，$\sigma_{\theta_e}^2$ 和 $\sigma_{F_{es}}^2$ 分别是俯仰姿态误差和驾驶员操纵输入的均方根值；W 为适当的加权因子，利用它将实际的驾驶员等级绘制成关于 J 的函数曲线。这种方法的典型的例子如图 13 所示。图中描绘了驾驶员对七种典型的飞行器动态特性所评定的库珀-哈珀等级（1～10）与驾驶员模型的性能指标 J 值之间的关系，K_B 代表驾驶员对于要控制的动态系统所选定的操纵系统的灵敏度。

另外，已有文献提出并评估了基于驾驶员模型的库珀-哈珀飞行品质预测方法，例如 Hess（1997）文献。

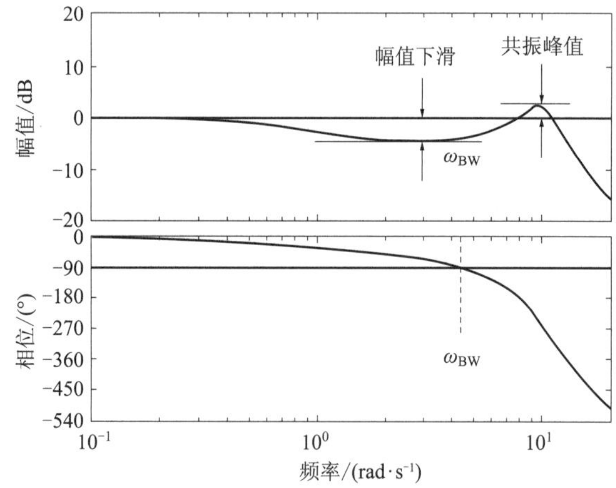

图 10 对 Neal-Smith 标准的 θ/θ_c（s）伯德图特性说明

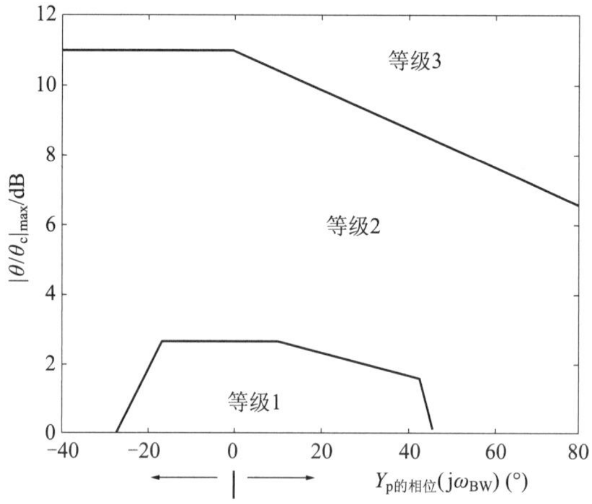

图 11 Neal-Smith 操作品质规范

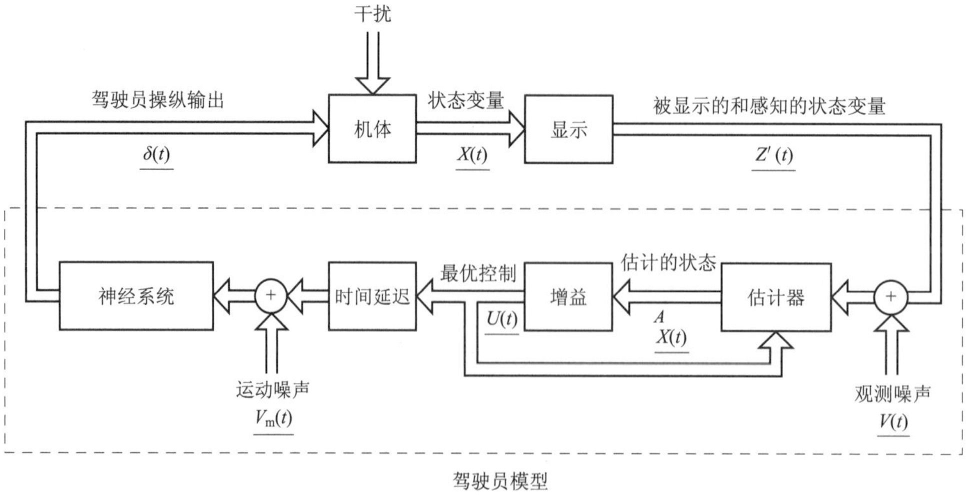

图 12 人类驾驶员的最优控制模型

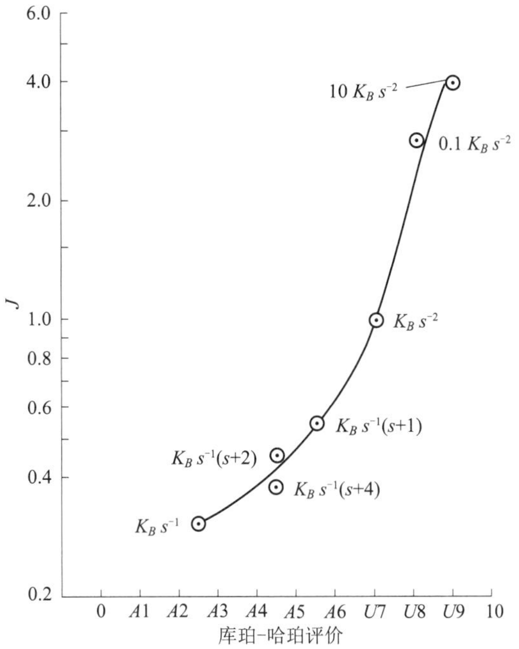

图 13　驾驶员评级与最优控制模型性能指标的关系［来自 Hess（1976）文献．NASA］

7　飞行品质和无人驾驶飞行器（UAVs）

方便、实用的无人驾驶飞行器（UAVs），已越来越广泛地应用于军事和民用领域。相当比例的此类飞行器被设计成自主飞行，也就是说没有驾驶员的操纵输入。无人机飞行控制系统设计中飞行品质标准的适用性这个问题自然而然地产生了。关于在自主无人机系统设计中引入这些标准，有两个因素引起较大争议。首先，从安全的角度，自主飞行的飞行器首航应该在驾驶员的直接操纵下进行；其次，在飞行器对于（自动建立的）操纵输入的姿态响应中，强化可接受的飞行品质可以显著地减少飞行控制系统中外环速度和位置控制回路所需要的补偿量，而在外环控制回路中，所需补偿量（例如速度和位置时间导数信息）的减少将会降低飞行器性能对传感器限制的灵敏度。

8　总　　结

本章简要讨论了飞行器的操纵和飞行品质，试图从航空航天工程的角度来概括问题的本质。然而，要解决设计当中所遇到的问题，还需要空气动力学、自动控制系统以及工程心理学等多技术学科的知识。书中的研究方法在关注飞行器应用的同时，也适用于许多问题，包括动态系统的人为控制。

术　　语

a	低阶等阶系统不匹配函数的加权因子
F_{es}	驾驶员施加于驾驶舱的驾驶杆上的力
g	重力加速度
J	最优控制驾驶员模型的性能指标
j	虚数 $\sqrt{-1}$
K_B	驾驶员选定的操纵系统的灵敏度
K_P	驾驶员模型传递函数的增益
M	低阶等效系统的不匹配函数
n	垂向加速度（gs）
s	拉普拉斯变量
T_r	滚转收敛模态的倍幅时间
T_s	螺旋模态的时间常数
T_2	模态的倍幅时间
W	最优操纵驾驶员模型性能指标中的加权因子
α	飞行器迎角
θ	飞行器俯仰姿态角
θ_c	飞行器俯仰姿态角指令
θ_e	飞行器俯仰姿态角的误差（$=\theta_c-\theta$）
θ_{max}	θ 的最大值
ζ_{PH}	长周期模态的阻尼比
ζ_{SP}	短周期模态的阻尼比
ζ_{dr}	荷兰滚模态的阻尼比

ω_{BW}　系统带宽

ω_{PH}　长周期模态的无阻尼自然频率

ω_{SP}　短周期模态的无阻尼自然频率

ω_{dr}　荷兰滚模态的无阻尼自然频率

τ　相位延迟

译者注

本章将“handling qualities”译为“飞行品质”。

参考文献

Abzug, M. J. and Larrabee, E. E. (2002) *Airplane Stability and Control*, 2nd edn, Cambridge, Chap. 3.

DoD (1997) Department of Defense Handbook, Flying qualities of piloted aircraft, MIL—HDBK—1797.

Cooper, G. E. and Harper, R. P. (1969) The use of pilot rating scales in the evaluation of aircraft handling qualities, NASA TN D—5153.

Harper, R. P. Jr. and Cooper, G. E. (1986) Handling qualities and pilot evaluation. *J. Guid. Control Dyn.*, **9**, 515—529.

Hess, R. A. (1976) A method for generating numerical pilot opinion ratings using the optimal control pilot model, NASA TM X—73, 101, NASA Ames Research Center.

Hess, R. A. (1977) Prediction of pilot opinion ratings using an optimal pilot model. *Human Factors*, **19**, 459—475.

Hess, R. A. (1990) Human factors engineering: information processing concerns, in *Concise Encyclopedia of Information Processing in Systems and Organizations* (ed. A. P. Sage), Pergamon, pp. 217—223.

Hess, R. A. (1997) Aunified theory for aircraft handling qualities and adverse aircraft-pilot coupling. *J. Guid. Control Dyn.*, **6**, 1141—1148.

Hess, R. A. (2003) Pilot control, in *Principles and Practice of Aviation Psychology* (eds P. S. Tsang and M. A. Vidulich), Erlbaum, Chap. 8.

Hodgkinson, J., LaManna, W. J. and Heyde, J. L. (1976) Handling qualities of aircraft with stability and command augmentation systems-a fundamental approach. *Aeron. J.*, **80**, 75—81.

Hoh, R. H., Mitchell, D. G. and Hodgkinson, J. (1982) Bandwidth-a criterion for highly augmented airplanes, NATOAGARD Conf. Proc. No. 333, 9—1—9—11.

Hoh, R. H. and Mitchell, D. G. (1996) Handling-qualities specification-a functional requirement for the flight control system, in *Advances in Aircraft Flight Control* (ed. M. Tischler), Taylor and Francis, pp. 3—33.

Kleinman, D. L., Baron, S. and Levison, W. H. (1970) An optimal control model of human response, parts I and II. *Automatica*, **6**, 357—383.

Mitchell, D. G., Doman, D. B., Key, D. L., Klyde, D. H., Leggett, D. B., Moorhouse, D. J., Mason, D. H., Raney, D. L. and Schmidt, D. K. (2004) Evolution, revolution and challenges of handling qualities. *J. Guid. Control Dyn.*, **1**, 12—28.

Neal, T. P. and Smith, R. E. (1970) An in-flight investigation to develop control system design criteria for fighter airplanes, Air Force Flight Dyn. Lab, AFFDL—TR—70—74, Vols. 1 and 2.

Nelson, R. C. (1998) *Flight Stability and Automatic Control*, 2nd edn, McGraw-Hill, Chaps. 4, 5.

Roskam, J. (1995) *Airplane Flight Dynamics and Automatic Flight Control*, DARcorp., Chap. 6.

Smith, R. E. (1978) Effects of control system dynamics on fighter approach and landing longitudinal flying qualities, Air Force Flight Dyn. Lab, AFFDL—TR—78—122.

本章译者：王焕瑾（南京航空航天大学航空宇航学院）

第 226 章

旋翼飞行器的操纵和驾驶品质

Alastair K. Cooke
克兰菲尔德大学工学院，克兰菲尔德，英国

1　常规构型旋翼飞行器的操纵

1.1　简　介

旋翼飞行器的操纵是通过改变旋翼拉力矢量的大小和/或方向以及控制尾桨推力来实现的。在一个固定的旋翼转速下，拉力的大小可以通过改变旋翼桨叶迎角（AOA）来控制，即通过各方位角的桨叶一同改变桨距角来实现，这就是总距控制。以同样的方式，可以改变尾桨推力以实现偏航控制。要改变拉力相对于机身的作用方向，必须通过周期性地改变桨叶倾斜角来使旋翼倾斜。这样的改变将引起此处迎角的变化，这样，当桨叶沿着方位角移动时，桨叶会产生不同角度的挥舞。这导致桨尖轨迹平面（TPP）倾斜，直至拉力矢量改变到所希望的方向。直升机旋翼通常位于直升机重心的正上方，因此这种变距-挥舞的耦合方式是俯仰和滚转方向上角度控制的基本机制。总结如下：

（1）旋翼周期桨距（变距）控制直升机的俯仰和滚转。

（2）旋翼总距（变距）控制直升机的升降（上、下）。

（3）尾桨总距（变距）控制直升机的转向。

总之，应当记住，一旦使旋翼倾斜就会产生不平衡的俯仰或滚转力矩，若进一步倾斜桨盘并且/或者增大拉力（更大的总距），则该力矩还可增大。

1.2　旋翼操纵

显然，为了操纵直升机的俯仰和滚转运动，飞行员必须能够使旋翼相对机身发生倾斜。实际上，这是通过桨盘上另一侧的桨叶产生相应的挥舞变化来实现的。例如，桨盘向前倾斜是通过使桨叶经过机头上方时向下挥舞，而经过尾部上方时向上挥舞来实现的。这种运动是通过周期性地改变旋翼桨叶迎角而获得的。在旋翼固定转速（RPM）悬停的情况下，这种桨距角的变化导致桨盘倾斜的机制可以得到最好的解释。首先，假设桨距的变化如式（1）所示：

$$\theta=\theta_0+\theta_{1_c}\cos\psi+\theta_{1_s}\sin\psi \tag{1}$$

因此，在方位角上任一位置处的变距角由三部分组成：一个常数项（θ_0 为总距角）、横向周期变距（θ_{1_c}）和纵向周期变距（θ_{1_s}）。当桨叶自由地向上和向下运动时，由变距所引起的当地桨叶安装角的变化将会引起升力的变化，从而导致周期挥舞，可以类似地用式（2）表示为

$$\beta=\beta_0+\beta_{1_c}\cos\psi+\beta_{1_s}\sin\psi \tag{2}$$

因此，挥舞角也由三部分组成：常数项（β_0 为锥度角）、横向最大挥舞角（β_{1_c}）、纵向最大挥舞角（β_{1_s}）。从图 1 可以看出周期挥舞各分量是如何引起桨盘前/后、左/右倾倒的，飞行员就是用这样的桨盘倾斜方式来产生俯仰和滚转力矩。由此可以看出：

$$\gamma_{\text{long}}=\beta_{1_c}\quad 和\quad \gamma_{\text{lat}}=\beta_{1_s} \tag{3}$$

变距和挥舞运动之间的确切关系由旋翼系统的动态特性决定。完整推导这些控制方程所涉及的内容超出本章的范畴，有兴趣的读者可以参考 Bramwell、Done 以及 Balmford（2001）文献。变距和挥舞运动的基本关系可以用式（4）所示的二阶微分方程来代表，即

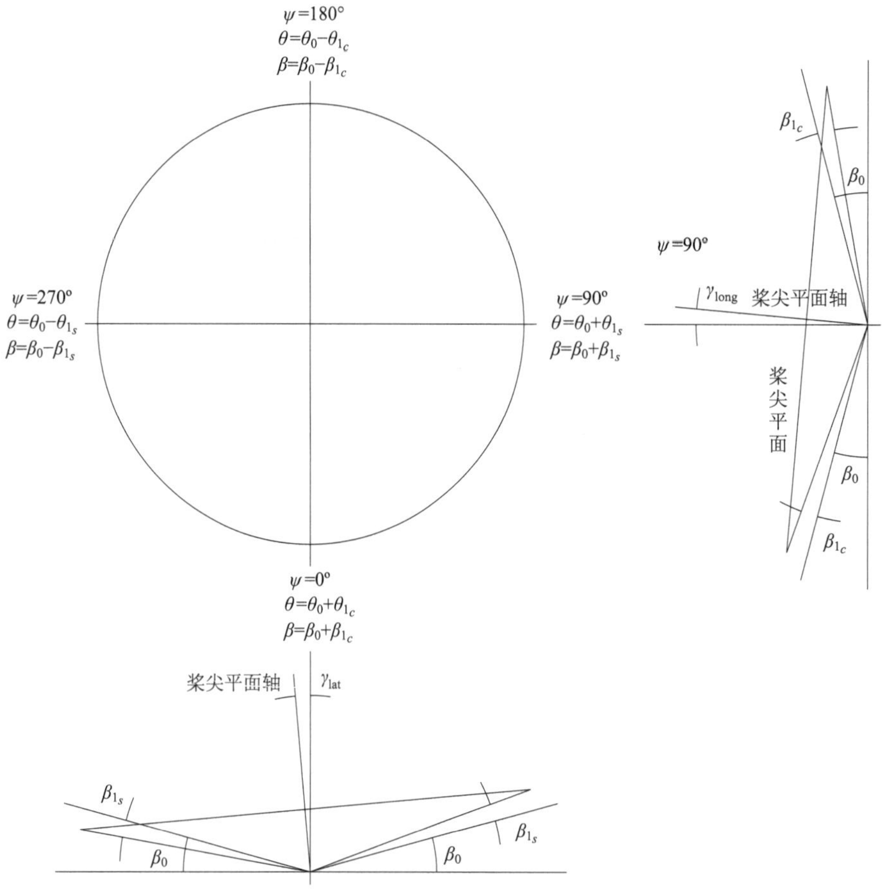

图 1　变距和挥舞角的定义

$$I_\beta \ddot{\beta} + \Omega^2 (I_\beta + m_b x_g e R^2)\beta = M_A \tag{4}$$

式中，M_A代表正向的挥舞（向上）气动力矩。对于均质桨叶，具有恒定的质量分布，式（4）表示为

$$\ddot{\beta} + \Omega^2 (1+\varepsilon)\beta = \frac{M_A}{I_\beta} \tag{5}$$

式中

$$\varepsilon = \frac{m_b x_g e R^2}{I_\beta} = \frac{3e}{2(1-e)} \tag{6}$$

因此，挥舞力矩随时间的变化将导致挥舞角的变化（见图 2），通常表现为具有一定的频率和阻尼的二阶响应。

旋翼每旋转一周，升力呈现出周期性变化，旋翼的挥舞频率对应于旋翼速度（Ω）。图 2 所示的挥舞响应的固有频率接近旋翼的转速，对于铰链偏移量不大于 20%的旋翼，差别在 20%之内。周期变距造成的升力脉动频率接近挥舞动力学的固有频率。基本挥舞运动方程的二阶特性使人们可以得到一个相位滞后约 90°的挥舞响应。因此，旋翼右侧的前进边（从上面看是逆时针旋转），如果桨盘右侧桨叶的变距角增加，桨叶会在机头部位向上挥舞。通过确定 M_A，可推出表达周期变距和周期挥舞关系

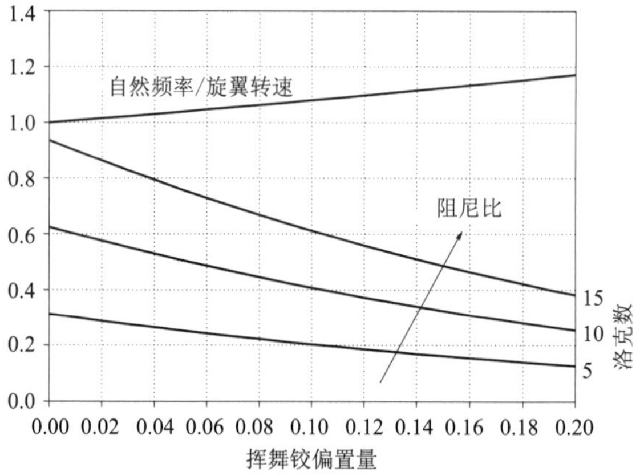

图 2　挥舞铰偏置量和洛克数对挥舞动力学的影响

的方程（7）～方程（9），这里桨距由式（1）给出，并且 $\ddot{\beta}$ 和 $\dot{\beta}$ 分别由 $\Omega^2 \mathrm{d}^2\psi/\mathrm{d}t^2$ 和 $\Omega \mathrm{d}\psi/\mathrm{d}t$ 代替。

$$\beta_{1_c}(\upsilon_\beta^2 - 1) + \beta_{1_s}\frac{\gamma}{8} = \theta_{1_c}\frac{\gamma}{8} \tag{7}$$

$$\beta_{1_s}(\upsilon_\beta^2 - 1) - \beta_{1_c}\frac{\gamma}{8} = \theta_{1_s}\frac{\gamma}{8} \tag{8}$$

或者

$$\begin{bmatrix} \beta_{1_c} \\ \beta_{1_s} \end{bmatrix} = \frac{\gamma}{8} \cdot \begin{bmatrix} (\upsilon_\beta^2 - 1) & \gamma/8 \\ -\gamma/8 & (\upsilon_\beta^2 - 1) \end{bmatrix}^{-1} \cdot \begin{bmatrix} \theta_{1_c} \\ \theta_{1_s} \end{bmatrix} \tag{9}$$

更加详细的推导可以参见 Leishman（2000）文献。像以前一样，如果桨叶可以被假定是均质的，近似值为

$$\upsilon_\beta = \frac{\omega_n}{\Omega} \approx \sqrt{1+\frac{3}{2}e} \tag{10}$$

特别的，若挥舞铰偏置量为零（$e=0$），方程（7）和方程（8）成为

$$\beta_{1_s} = \theta_{1_c} \quad 和 \quad \beta_{1_c} = -\theta_{1_s} \tag{11}$$

这一关系式引出含义：纵向周期变距（θ_{1_s}）和横向周期变距（θ_{1_c}），这两个参数描述了各个周期变距的影响而并非其实际应用。很显然，对于挥舞铰偏置量非零的旋翼来说，如果要使旋翼的倾斜跟随驾驶舱内变距杆的运动，那就需要某种形式的混合操纵。从方位角算起，必须提前输入某一周期变距，这一提前量是由挥舞铰偏置量和洛克数组合来确定的。图 3 显示了将驾驶舱操纵位移转换到所需要的变距的一种方法。周期变距杆的位移会引起一个或多个伺服机构的运动，从而使倾斜器的不旋转环发生倾斜。倾斜器的旋转环与旋翼桨毂相连，与不动环一起倾斜；变距连杆与桨叶安装轴上的变距铰相连，并将伺服机构的线性运动转化为变距铰的旋转运动。需要注意的是，为了便于绘图，尽管旋翼系统有一个挥舞铰偏置量，但该图所显示的伺服机构的运动和桨叶变距运动之间的相位差仍为 90°。因此，某种形式的混合操纵需要在图 3 所示的位置导前施加。事实上，周期变距杆单纯的前/后位移会使旋转环在纵向大幅倾斜的同时，在横向发生小幅的倾斜。

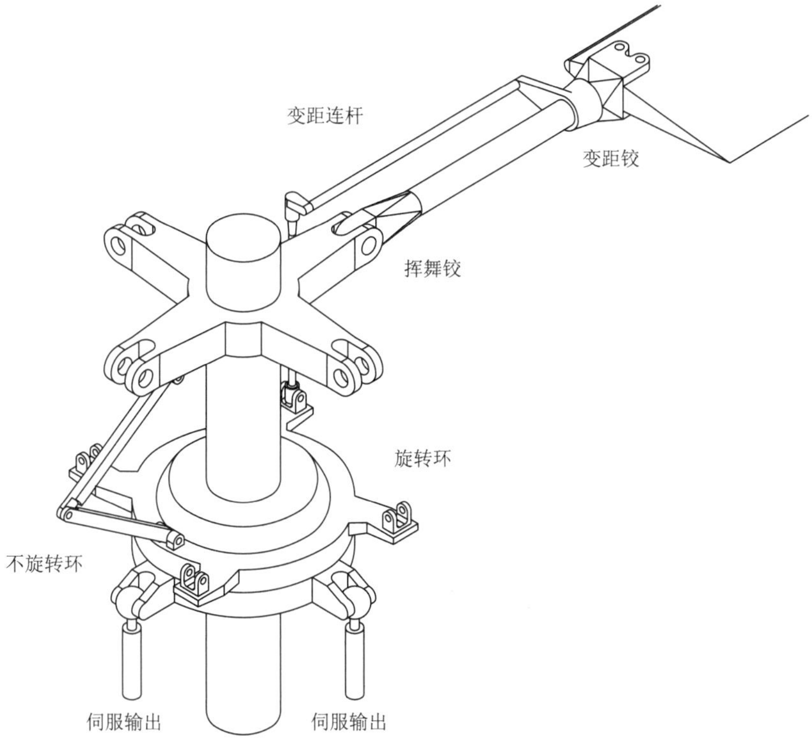

图 3　旋翼俯仰操纵

1.2.1　交叉耦合

当有稳定的俯仰或者滚转角速度作用在旋翼系统上时会引起旋翼的挥舞运动；角速率的交叉耦合可以通过这一挥舞运动来得到解释。考虑稳定俯仰速率引起的挥舞运动：当桨毂绕直升机的俯仰轴进行稳定转动时，桨叶会受到一个额外的速度分量的影响，这时挥舞方程变为

$$\ddot{\beta} + \Omega^2(1+\varepsilon)\beta = \frac{M_A}{I_\beta} - 2\Omega_q(1+\varepsilon)\sin\psi \tag{12}$$

在这种情况下，可以看出挥舞气动力矩 M_A 取决于直升机的俯仰运动以及桨叶的挥舞运动。在稳定的状态下，可以发现，对于铰偏置量为零的旋翼，单独俯仰速率引起的周期挥舞为

$$\beta_{1_c} = -\frac{16q}{\gamma\Omega} \tag{13}$$

$$\beta_{1_s} = -\frac{q}{\Omega} \tag{14}$$

因此，当有稳定的机头上仰速率时，旋翼会产生一个相对于机身的低头的倾斜。倾斜程度与俯仰速率成正比，与洛克数成反比。这样，旋翼拉力矢量向前倾斜，产生低头力矩，与最初的抬头力矩相

反。因此，旋翼产生的纵向的气动阻尼和水平尾面一起增大了作用在直升机上的气动阻尼导数（M_q）。另外，如前所述，由于相位滞后的影响，机身俯仰速率会产生一些侧向挥舞：逆时针旋转的旋翼，机头上仰运动会使桨盘向左侧倾斜。即使铰偏置量为零，交叉耦合仍会发生。当有稳定的滚转速率的运动时，也会发生类似的情况。

1.2.2　桨毂力矩

挥舞铰偏置量除了会改变变距与挥舞运动之间的关系，还会生成额外的作用在旋翼桨毂上的操纵力矩。这个力矩是一个力偶，由位置相对的两片桨叶上的离心力构成，这两个离心力的作用线相距一定距离。如图 4 所示，挥舞铰偏置量的存在导致力作用线分离，并且力矩的大小直接正比于桨盘的倾斜程度，并与铰偏置量的大小有关：

$$M_{\mathrm{MR_{long}}}=\frac{1}{2}be(1+e)m_b\Omega^2R^2\beta_{1_c} \tag{15}$$

$$M_{\mathrm{MR_{lat}}}=\frac{1}{2}be(1+e)m_b\Omega^2R^2\beta_{1_s} \tag{16}$$

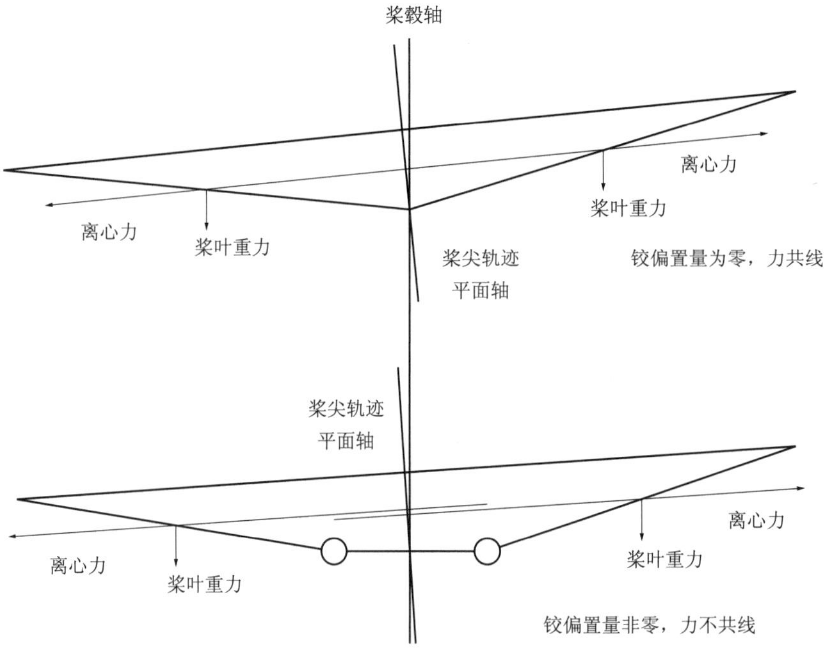

图 4　铰偏置量的影响——桨毂力矩

飞行经验表明，挥舞铰偏置量大的旋翼具有更好的操纵灵敏度，能产生快速的俯仰和滚转加速度，与大阻尼相结合，可以得到较短的时间常数。其结果是利落的操纵响应，施加阶跃操纵输入后会迅速达到稳定的俯仰或者滚转速率。

1.3　无铰旋翼

无铰旋翼的挥舞运动可以近似等效为一个配置有铰偏置量和弹簧力的旋翼系统。这里，挥舞铰偏置量称为等效铰偏置量，其值用具有同等挥舞振型的真实桨叶来确定。由于弹簧提供一个与挥舞角成正比的恢复力矩，挥舞方程变为

$$I_\beta\ddot{\beta}+\Omega^2(I_\beta+m_bx_geR^2)\beta+K_\beta\beta=M_A \tag{17}$$

从式（17）中可注意到，式中多出来的项表明弹簧的存在增大了固有频率，并且降低了动态响应的阻尼。这和增加铰偏置量所产生的影响完全一样，因此，在飞行动力学分析或者仿真研究中，无铰式旋翼用带有较大铰偏置量的全铰旋翼来代表，而不是用几何等效。

1.4　桨毂设计

到目前为止，本章单独讨论了由周期变距或机体俯仰/滚转速率引起的挥舞运动。然而重要的是：当桨叶在旋转过程中接近或者远离旋转平面时，会有附加力矩作用在桨叶上。这个力矩是科氏效应作用的结果，通常会很大，需要采用摆振铰来缓解。这样，桨叶在相对于旋转平面向上挥舞更大时，还会向前摆动。显然，标准的直升机上每个旋翼桨叶要发挥正确的作用，必须装有三个正交铰链或者使用柔性元件。为了降低维护成本，提高可靠性，带有许多活动部件的全铰接形式旋翼正逐步被具有较少部件的无铰式设计取代，这样可以显著减少零件数量。UH－1Y 和 UH－1Z 直升机是这种改进的

很好的例子，UH－1Z的桨毂设计包括橡胶、金属材料以及碳/纤维复合材料的组件，这种结构容许作挥舞、摆振弯曲以及在变距时扭转。

2 驾驶品质

在描述常规直升机的驾驶品质评估和规范之前，很有必要回顾一下常规直升机飞行动力学模态。

2.1 纵向运动

2.1.1 悬停动力学模态

在空速为零时，对运动方程求解，特征方程的解有两个实根和一对复根。一个实根代表大阻尼的沉浮运动模态，描述了直升机对垂直阵风扰动的响应。该运动是一个纯粹的无振荡收敛运动。通过研究悬停时 z 方向上的飞行力学方程可以确信，垂直运动完全与俯仰和前/后运动解耦。另外一个实根代表前飞速度模态，因为这一模态通常被俯仰振荡或“落叶”模态所掩盖，所以并不十分受重视。通过假设处于悬停的直升机经受了小幅的水平速度扰动，可以很容易地给出这种模态的物理解释：相对空速的变化引起旋翼后倒，产生抬头的俯仰力矩，该力矩造成机头上仰的姿态，旋翼拉力矢量会产生向后的分量，从而使飞行器减速，直到前飞停止。这时，引起桨盘后倒的扰动及旋翼力矩消失，但直升机仍保持机头上仰的姿态并开始向后运动，因此，旋翼将向前挥舞并继而产生低头力矩。拉力矢量向前倾斜，向后运动停止，但直升机会保留在低头的姿态，这样又会产生向前的加速度，然后这种运动周期又重新开始。由于旋翼具有随向前速度而向后挥舞的特性，这种运动通常是不稳定的（参见第5卷第223章）。

2.1.2 前飞时的动力学模态

前飞的特征方程有4个根，但是对于特定直升机来说，可能会发现在一种飞行条件下有两对复数根，在另一种飞行条件下有两个实根和一对复数根，甚至在第三种情况下有四个实根。产生这种变化的原因在于：在整个典型旋翼飞行器飞行包线内，其气动导数值会有很大的变化。其中气动导数 M_w 的影响最大，M_q、M_u 和 Z_w 在总的结果中也起作用。虽然严格来说，旋翼飞行器不具有像固定翼飞机那样典型的短周期俯仰模态和长周期浮沉模态，但仍然可以作一定的类比分析。

传统飞机的长周期浮沉模态表现为飞机的高度、速度以及俯仰姿态耦合的振荡变化，这时迎角近似为常值。现在考虑直升机受到干扰后的运动情况：受扰后直升机低头，并开始下降。重力沿飞行轨迹方向的分量会使直升机加速，但随着速度的增加，旋翼桨盘向后倒（速度稳定性），随即产生使直升机抬头的俯仰力矩和角加速度。角速度随机身迎角的增加继续增大，直到拉力足够使飞行路径回到水平状态。此时，直升机已达到其最大的前飞速度、最大抬头俯仰速率和最大的机身迎角。此时拉力大于重力，直升机开始向上爬升。重力沿飞行轨迹方向的分量则开始使直升机减速。由于俯仰阻尼引起的桨盘向前倾斜大于由于速度稳定性引起的桨盘向后倾斜，从而导致旋翼桨盘向前挥舞。低头的阻尼力矩会减小俯仰速率和机身迎角，直到达到它们的配平值。然而直升机仍然在向上爬升，速度会继续减小，旋翼也会向前倾斜。合力矩是低头的俯仰力矩，它会产生类似但相反的运动历程。这样的运动反复进行，直到振荡最终被阻尼衰减掉（稳定）或变得更糟（不稳定）。

对于直升机，通常有两个非周期性运动模态而非常见的短周期俯仰振荡模态（SPPO）。通常飞行员只能注意具有更长时间常数的模态（俯仰运动模态），这种模态以操纵输入响应为特征。在驾驶直升机飞行时，飞行员会抑制长周期模态的发展，所以其只关心短周期响应模态。它可表示为

$$\frac{q(s)}{\theta_{1_s}(s)}=\frac{M_{\theta_{1_s}}}{s-M_q} \tag{18}$$

这是典型的一阶响应模型，其特性仅取决于 M_q，即俯仰气动阻尼导数的取值。

2.2 横、航向运动

如果忽略方向模态（heading mode），还有另外三种模态要考虑：偏航运动模态、滚转运动模态和荷兰滚或横、航向振荡运动（LDO）。

2.2.1 悬停动力学模态

在适当的操纵输入下，偏航和滚动模态在本质上都是一阶的，脚蹬和横向周期变距分别对偏航和滚转进行控制，会产生一个速率响应，和之前提到的俯仰模态类似。复根代表LDO模态，悬停时，侧倾角、方向角以及侧向速度通常是振荡发散的。对侧倾角的扰动，会导致直升机侧向移动，这个运

动使旋翼横向挥舞并最终使侧向运动停止，由于机体仍有一定的侧倾角，直升机将会向相反的方向运动。同时，侧向速度会使尾桨拉力和侧向力发生变化，从而产生偏航运动。通常这种横向运动会导致一个综合俯仰响应，通过速率交叉耦合，形成三轴的“落叶”模态。

2.2.2 前飞时的动力学模态

在前飞时，脚蹬给出侧滑指令，会产生偏航响应，这和固定翼飞机类似。实际上，直升机前飞时的横、航向模态也和固定翼飞机类似。当前飞速度增加时，航向静稳定 N_v 增加；而在悬停时的偏航下沉运动在前飞时会变成螺旋模态。同样的，“落叶”模态（悬停振荡模态）则演变得更像荷兰滚模态，而直升机的航向稳定性作用使之只有少许侧向偏移，但滚转模态的基本特征大致保持不变。

2.3 驾驶品质要求

任何人尝试使直升机悬停都会感到比较困难，因为一般的直升机在低速飞行时是不稳定的。在实际运行中，需要直升机在较低的高度飞行，因此很难只利用空气动力学方法来优化其动态响应。例如，为保证飞行安全，直升机在晚上接近海平面的飞行通常需要螺旋模态稳定，而这会导致横、航向振荡运动的阻尼变差。其结果是，大多数旋翼飞行器都配有某种形式的控制增稳系统（CSAS）。从理论上讲，它们能够让设计者根据实际情况完善地剪裁驾驶品质。

然而，又存在这样一个问题：什么是最合适的驾驶品质？在20世纪80年代末到90年代初，国际合作研究试图利用基础运动与飞行仿真相结合的方法回答这个问题。经过对研究结果的详细分析，人们得到的成果成为一个规范：ADS-33E（2000）。

2.3.1 响应类型

ADS-33E的关键特点之一是以响应类型来表示驾驶品质。不仅仅使用本章前面所描述的传统模型定义，作者还对由飞行员操纵输入引起的直升机响应样式进行了分类，并对不同飞行阶段规定了最适合的特性。所采用的响应类型有：

（1）速率响应：驾驶舱操纵指令，角速度响应。

（2）速率指令，姿态保持（RCAH）：驾驶舱操纵，角速度响应；驾驶杆配平，保持当前姿态。

（3）姿态指令，姿态保持（ACAH）：驾驶舱操纵，姿态响应；驾驶杆位置固定，姿态保持。

（4）速率指令，方向保持（RCDH）：脚蹬操纵，偏航速率响应；脚蹬位置配平，保持当前方向。

（5）速率指令，高度保持（RCHH）：“总距”操纵指令，爬升率或者下降率响应；驾驶杆配平，保持当前高度。

（6）平移速率指令，位置保持（TRC&PH）：驾驶舱操纵，直升机按与操纵位移相应的一定方向以一定比例进行平动；驾驶杆配平，保持在当前的对地位置。

作者经过研究确定了与这些分类一致的，在不同环境条件下最合适的响应。这些环境条件是由它们可用感示环境的概念来定义的：UCE=1是最好的，相当于白天-目视飞行（DAY-VMC）；UCE=3是最差的。表1阐明了当前人们所认为的UCE和响应类型之间的关系。

表1 悬停和低速飞行时所要求的响应类型

UCE=1		UCE=2		UCE=3	
Level 1①	Level 2②	Level 1	Level 2	Level 1	Level 2
Rate	Rate	ACAH，RCDH，RCHH	Rate，RCDH，RCHH	TRC，PH，RCDH，RCHH	ACAH，RCDH，RCHH

注：① Level 1=令人满意的飞行品质；

② Level 2=合格的飞行品质。

2.3.2 开环要求

动态模态所需的特征也被定量地规定在ADS-33E中，这里综合使用了一些传统的特性，如频率和阻尼，以及新颖的准则，如快捷性和相位延迟。当发现一组单独的准则不能适用时就采用这个方法。最合适的驾驶品质和所采用的操纵策略有很大关系。例如，悬停时飞行员通常会使用小而频繁的输入，然而在低空地貌飞行时，则需要较大的并保持较长时间的操纵输入。因此，该规范将每个通道（俯仰、滚转和偏航）细分为四组要求，且将低速飞行与前飞状态分开处理：

（1）小幅度的姿态变化：对操纵输入的短期响应（带宽和相位延迟）。

（2）小幅度的姿态变化：对操纵输入的中等时间长度的响应（频率和阻尼）。

（3）中等幅度的姿态变化（姿态快捷性）。

(4) 大幅度的姿态变化(可达到的最大角速率或姿态)。

一个有趣的特点是这里使用了短语“操纵输入响应”,而不是人们更熟悉的术语“动稳定性”(参见第5卷第224章)。这种用法与响应类型的概念一致,因为人们认识到如果在恢复到原来的可控飞行之前有足够的时间,开环输入通常会激励起动态模态。ADS-33E的作者也意识到飞行员主要关心的是姿态控制。

2.3.3 带宽和相位延迟

研究表明,对于那些需要频繁的小幅操纵输入的飞行任务,尽管试验机有着非常不同的时域响应特性,飞行员对具有相同的频率响应的飞行器会给出近似相同的评价。通常情况下,人们发现,为弥补姿态和速度延迟,经验丰富的飞行员会先给出一个较大的初始输入(加大),然后及早地“回杆”(导前)。“加大”会产生过度的响应,造成很大的加速度;而“导前”使直升机在过大的操纵输入完全发生作用之前就可以消除掉它,从而使机体保持在想要的姿态上。在执行高增益飞行任务时,比如精确悬停任务,飞行员将进行持续的小输入,可能无法恰当补偿过大的时间延迟,在试图“加大”和“导前”时,飞行员会发现其与直升机不能够协调一致。因此,人们发现旋翼飞行器的操纵响应必须有足够的带宽,以避免过操纵的发生。

起初,假设飞行员增加45°的相位延迟,飞行器带宽只是简单地取为开环相位延迟135°的频率。随后人们发现,相位变化的特性也能显著影响飞行员的观点,因此在相位差180°处的频率附近,相位的偏移也需要考虑。飞行员发现,相位延迟小的系统比高相位延迟系统更加容易控制,因此,品质规范中提出了高带宽与低相位延迟相结合的要求。当增益特性比较平坦时另一个问题出现了。随着增益的衰减,当飞行员在高频操纵时其会本能地加大操纵幅值,这是由于输入/输出比降低了。然而,如果增益平坦,则大幅值输入与高相位延迟的耦合可能导致驾驶员诱发震荡(PIO)。增益限制带宽($\omega_{BW_{gain}}$)的概念避免了这一问题,因为飞行员可以作为一个放大器,有些可能具有两倍的增益,而增益带宽($\omega_{BW_{gain}}$)是由6dB裕度确定的。系统具有平坦增益特性和高相位延迟时,增益带宽($\omega_{BW_{gain}}$)一般要比相位($\omega_{BW_{phase}}$)低很多,因此旋翼飞行器控制系统的带宽就是简单地使用两者中的较小者。

2.3.4 快捷性

有时系统带宽与幅值指标都不适合现有的飞行控制策略,在这种情况下人们提出了姿态快捷性概念(Padfield,1996)。譬如,要么输入频率太低,要么是飞行任务不需要使用最大角速率。当飞行员被要求执行较迅猛的机动动作时,他们为了在短时间内产生姿态的变化,会施加比较大的输入以获得较大的角速率。这种倾向可以用一个比值表示,即姿态快捷性,它是达到的峰值速率除以离散的姿态变化幅值。这个比值拥有频率的单位,它适合那些为需要较小操纵输入的任务而建立的带宽标准。

2.3.5 任务科目(MTEs)

人们需要一种方法使旋翼飞行器显示出是否具有令人满意的飞行品质。在现实中,适当的响应类型和可接受的动态特性是控制系统设计者的唯一目标,在飞行器发展的早期阶段,这些信息可以在相对简单的开环试验中进行评估,Cooke和Fitzpatrick(2002)进行了详细的论述。只有完成了具有代表性的机动飞行试验,才能最终证明旋翼飞行器的可接受性。这些机动飞行被称为任务科目,它们必须是可重复的而且要包含性能的客观评价。因此,ADS-33E-PRF(2000)中规定了一套完整的任务科目,涵盖了低速飞行与前飞状态。

3 结 论

乍一看,会发现典型旋翼飞行器的操控品质非常复杂。然而某些相对简单的表述仍然可以真实地适用于大多数旋翼飞行器,也就是那些具有一副传统的旋翼/尾桨系统的直升机:飞行员使用驾驶舱操纵器调整旋翼的桨叶变距,使之可以有效地改变拉力的大小和方向,从而操纵直升机俯仰、滚转和升降。以类似的方式,脚蹬改变尾桨桨距,使飞行员能够对偏航或侧滑进行控制。旋翼的动态响应要求设计师要采用变距指令的相位移,以确保交叉耦合是最小的,虽然这不可能在整个飞行包线内都得到完全成功。直升机的动态特性主要是受主旋翼“向后挥舞”响应所支配,并且使其纵向动稳定性的长周期模态与常规固定翼飞机不同,不过横向和航向模态的特性则是相近的。这些不同的响应特点,再加上旋翼飞行器特殊的控制增稳系统,使得人们热切地深入研究如何使直升机具有令人满意的响应特性。对于那些想要增加这方面知识的人来说，已得出的驾驶品质规范 ADS - 33E - PRF 是值得去进一步研究的。

术语与符号

b	桨叶片数
c	桨叶弦长（m）
e	挥舞铰偏置量（距离桨毂轴的径向距离）
I_β	桨叶挥舞惯量（kg/m^2）
K_β	桨叶挥舞刚度（N/rad）
M_A	挥舞气动力矩（向上为正 N·m）
$M_{MR_{lat}}$	横向桨毂力矩（N·m）
$M_{MR_{long}}$	纵向桨毂力矩（N·m）
M_q	俯仰气动阻尼导数［N·m/（s·rad^{-1}）］
M_u	速度稳定性气动导数（N·s）
M_w	迎角稳定性气动导数（N·s）
$M_{\theta_{1s}}$	俯仰操纵功效（N·m/rad）
m_b	桨叶质量（kg）
q	俯仰速率（rad/s）
R	旋翼半径（m）
x_g	桨叶重心到挥舞铰的无因次化距离
Z_w	沉浮阻尼气动导数（N·s/m）
β	挥舞角（rad）
β_0	锥度角（rad）
β_{1_c}	横向最大挥舞角（rad）
β_{1_s}	纵向最大挥舞角（rad）
γ	洛克数$=\rho caR^4/I_\beta$
γ_{long}	纵向桨盘倾斜（rad）
γ_{lat}	横向桨盘倾斜（rad）
v_β	无因次化的挥舞频率$=\omega_n/\Omega$
θ	变距角（rad）
θ_0	总距角（rad）
θ_{1_c}	横向周期变距（rad）
θ_{1_s}	纵向周期变距（rad）
ψ	方位角（从尾梁开始测量，俯视图上逆时针方向为正）桨叶旋转速度（rad）
Ω	旋翼速度（rad/s）

注　　解

方位角的定义为，当桨叶处于尾部上方时，方位角为 0，沿旋翼旋转方向增大。

相关章节

第 1 卷，第 14 章

第 5 卷，第 218 章

第 5 卷，第 223 章

第 5 卷，第 224 章

第 7 卷，第 324 章

参考文献

Bramwell，A.，Done，G. and Balmford，D.（2001）*HelicopterDynamics* 2nd edn，Butterwoth-Heinemann，Reston，VA.

Cooke，A. and Fitzpatrick，E.（2002）*Helicopter Test And Evaluation*，Blackwell Publishing，Malden，MA.

Leishman，J.（2000）*Principles of Helicopter Aerodynamics*，*Cambridge Aerospace Series*，Cambridge University Press，NewYork.

Padfield，G.（1996）*Helicopter Flight Dynamics*，Blackwell Science，Malden MA.

ADS－33E－PRF（2000）Handling Qualities Requirements for Military Rotorcraft. *Technical Report ADS － 33E － PRF*，United StatesArmy Aviation and Missile Command，Aviation EngineeringDirectorate，Redstone Arsenal，Alabama.，March 2000.

本章译者：王焕瑾（南京航空航天大学航空宇航学院）

第 227 章

制导武器的稳定性及控制

Derek Bray
克兰菲尔德大学英国国防学院，克兰菲尔德，英国

1 引　　言

制导武器与一般固定翼飞机（见第 5 卷第 219 章和第 220 章）在气动稳定性和控制的基本原理上具有相通性，但不同的操纵特性又决定了两者在理论中的细微差别。例如，用于攻击战斗机的空-空导弹通常具有更高的横向机动能力；多数制导武器是超音速的，其速度甚至高于最快的飞机的飞行速度；另外，制导武器多为轴对称设计。因此，需要对制导武器的稳定性和控制进行专门研究。

导弹除了主翼面外还有额外的气动翼面。需要注意的是主翼并非不可或缺。以 ASRAAM 导弹为例（见图 1），其飞行所需的升力完全由弹体与推力矢量控制提供。

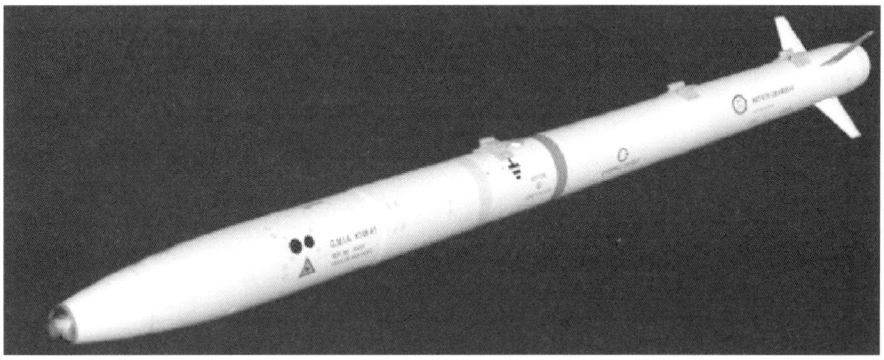

图 1　ASRAAM 导弹（www. militaryimages. net 提供）

额外的气动翼面可安置于主翼之前或之后，通常包括水平翼面和垂直翼面。这些气动翼面的作用如下所述：

（1）配平——维持飞行器在特定的平衡姿态以保证其所需的法向力（法向加速度）；

（2）稳定——为受到干扰而偏离平衡飞行状态的飞行器提供恢复力矩；

（3）控制——产生控制力矩以改变飞行器的平衡飞行状态；

（4）阻尼——消除飞行器水平/垂直运动方向的往复振荡。

下面将对以上这些不同的作用进行举例说明。

2 配　　平

假设控制安装于导弹尾部的水平舵面，使其后缘向上偏转，舵面与来流夹角将产生一个使导弹抬头的控制力矩。在理想情况下，最终翼身组合体产生的力矩（由其相对气流迎角诱导产生）将平衡该控制力矩，抬头运动随即停止，飞行器达到一个新的平衡姿态（见图 2）。

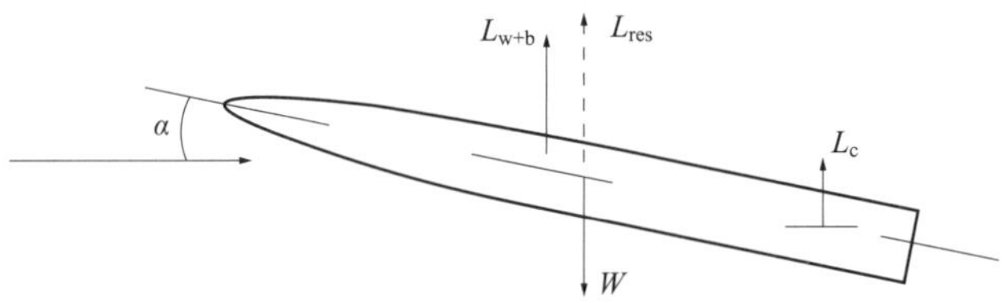

图 2 尾部控制导弹的飞行配平

因此，平衡飞行的条件是对飞行器重心（CG）的合外力矩为零。在飞行速度一定的条件下，该平衡姿态将产生相应的升力，而该升力和飞行器重力之比称为法向载荷系数（即常说的过载 n，见第 5 卷第 215 章和 216 章）。其计算公式为

$$n=\frac{L}{W} \tag{1}$$

定常直线水平飞行时升力等于重力，即在铅垂平面内 $n=1$。与飞机巡航时定直平飞不同，导弹常平衡在过载 n 不等于 1 的机动飞行状态。

在计算配平气动舵面的控制偏角时，应注意以下几点：

（1）气动翼面上升力的变化将诱导翼面后的下洗流场改变，从而影响下游流场中的气流方向，导致下游区内其他气动翼面的来流迎角发生变化。

（2）在稳定盘旋配平状态下，飞行器的稳定旋转角速度将在远离重心的气动舵面上产生一个附加迎角。该迎角增量可表达为

$$\Delta a_c=\frac{\Delta n g l_c}{V_\infty 2} \tag{2}$$

式中，Δn 是向心加速度因子，也就是 $(L-W)/W$；g 为重力加速度；l_c为气动舵面压心到飞行器重心的距离；V_∞为飞行器的前进速度。

（3）控制偏角的大小取决于气动舵面升力产生的力矩，因此控制偏角与飞行器的重心位置和飞行马赫数密切相关。

3 稳 定 性

飞行器稳定性的研究旨在分析飞行器从平衡状态受扰偏离后的响应。与固定翼和旋翼机关于稳定性的研究方法相同（见第 5 卷第 212 章），本节将对制导武器偏离平衡状态后的初始回归趋势以及其后的响应运动进行分析。由于前者分析时不涉及运动过程，故被称为静稳定性，而针对响应运动过程的研究则被称为动稳定性分析。

3.1 静稳定性

本节只讨论纵向静稳定性（相对于横向静稳定性，见第 5 卷第 212 章和 220 章）。如果导弹为十字形轴对称布局，纵向静稳定性的结论亦适用于横向静稳定性；如果纵、横向升力面的几何尺寸存在明显差异，则必须逐个方向进行评估，但运用的基本原理不变。

俯仰方向的扰动（例如，受到向上的突风）将同时增加主翼与尾翼的升力。两升力增量合力作用线与导弹纵轴的交点被称为导弹的中性点（即导弹的气动中心）。中性点与导弹重心之间的关系决定了导弹的静稳定性。两点间的距离被称为静稳定裕度。当重心位于中性点之前时，静稳定裕度定义为正，此时飞行器处于静稳定。静稳定裕度常被除以参考长度，所得的量纲为 1 的距离用 K_n 表示。通常选择飞机的机翼平均弦长或导弹的最大直径（口径）为参考长度。

无控飞行器必须具备一定的静稳定性才可维持其飞行方向稳定。然而对于具备主动控制能力的飞行器而言，其静稳定裕度不宜过大。事实上，为追求高机动性，可采用略静不稳定设计。对相同初始配平状态下、不同静稳定裕度的两枚导弹予以一定的控制舵偏输入，分析比较两者的横向加速度响应即可理解上述论断。

根据静稳定裕度的定义，量纲为 1 的长度 K_n 可表示升力增量与相应低头力矩之比，即

$$K_n=-\frac{dC_M}{dC_L} \tag{3}$$

式中，K_n和 C_M均使用相同的参考长度。

因此，C_M相对 C_L的斜率反映了静稳定裕度。在图 3 中，两枚导弹在平衡状态下具有相同的初始 C_L，但导弹 A 比导弹 B 具有更高的静稳定性。

如果控制舵面偏转使导弹 A 和 B 产生了相同的增量力矩——ΔC_{MC}，则导弹 A 产生的 C_L变化（以及对应的侧向过载）将远小于导弹 B。控制舵面偏转产生的侧向过载与 K_n成反比，因为

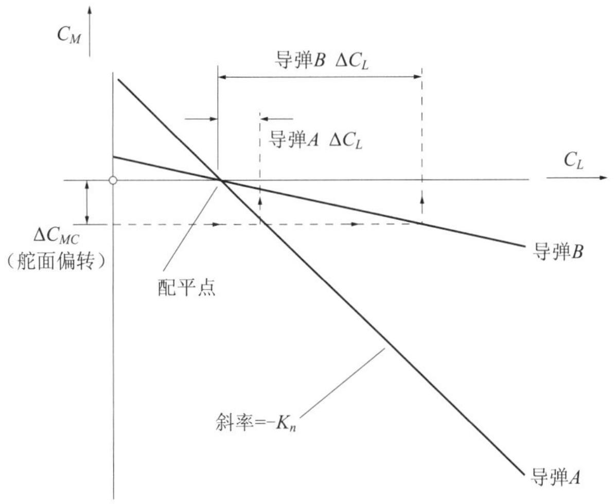

图 3　两枚导弹的稳定性对比

$$\Delta C_L = -\frac{\mathrm{d}C_L}{\mathrm{d}C_M} \cdot \Delta C_{MC} = \frac{1}{K_n} \cdot \Delta C_{MC} \qquad (4)$$

在实际应用中，静稳定性也可用单位控制舵面偏转所获得的迎角增量（见图 4）衡量。静稳定裕度增大时，每单位迎角变化产生的恢复力矩相应增加，故单位气动舵面偏转产生的控制力矩将被较小迎角增量产生的恢复力矩所抵消。静稳定裕度减小时，每单位迎角产生的恢复力矩随之减小，为了平衡相同的控制力矩，配平所需的迎角增量增大，即 $\Delta\alpha/\Delta\eta$ 比值增加。

当静稳定裕度为零时，单位气动舵面偏转仍产生一个有限的迎角变化。这是因为弹体纵向旋转将使控制舵面处的有效迎角减小，从而减小控制力矩[式（2）]。也就是说，控制气动舵面偏转可产生相应的、等比例的导弹迎角增量（对应过载），但这只在以下条件下适用：

（1）力矩特性在使用的迎角范围内保持基本不变；

（2）导弹升力系数在使用的迎角范围内随迎角的增加而增加；

（3）具体足够的推力以克服导弹受到的阻力。

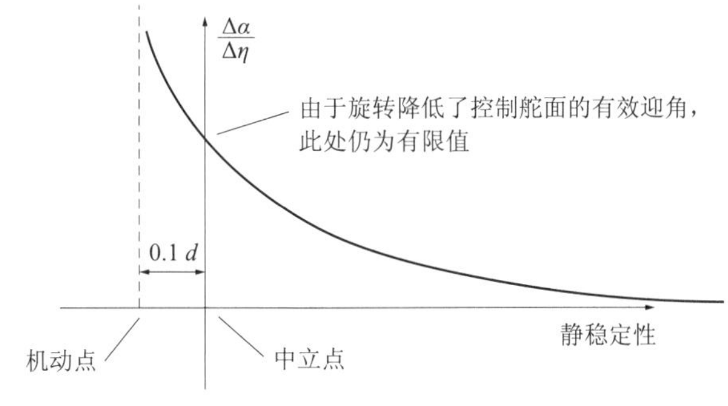

图 4　典型节点上每单位控制偏差所引起的迎角变化

如果满足上述条件，随着重心的继续后移，即静不稳定余量的继续增加，图中曲线迅速趋于陡峭，直至重心到达一个特殊位置，此时输入响应趋于无穷大。这个特殊位置被称为机动点。机动点到导弹重心间的距离被称为机动裕度。为了便于控制导弹，机动裕度必须为正。机动点位置较中性点略偏后（一般后移量约为导弹直径的 1/10）。

在给定的速度下，升力增量大致正比于迎角变化量，而法向加速度增量也正比于升力增量。因此机动裕度反映了单位气动舵面偏转时所获得的法向加速度。也就是说，机动裕度是对导弹机动性的一种度量指标。

3.2　动稳定性

动稳定性研究的是飞行器在平衡状态受扰动后其响应运动的时间历程。鉴于气动参数非线性、交叉耦合特性（见下文）以及飞行器六自由度运动，飞行器运动的详细分析是非常复杂的。

然而，在小扰动情况下，飞行器响应可近似为线性，交叉耦合影响亦较小。因此，可简化上述复杂性，对飞行器的动力学行为进行较深入的研究。

通过线性化和解耦飞行器运动方程，可导出对应的四次特征方程。就导弹而言，这个方程的解通常是两对共轭复根，说明存在两种不同的振荡模态。这两种振荡模态的频率存在很大的差别，其运动方式也相互独立。首先研究振荡周期较短的这个模态，它主要反映了迎角的变化过程。

3.2.1　短周期振荡模态

假设一枚导弹在 1－g 平飞时迎角突然发生变化（例如，遭遇一阵向上突风）。若导弹是静稳定的同时也是动稳定的，但阻尼较小，迎角随时间的变化将是一个逐渐衰减的振荡过程。

迎角首先将迅速回到平衡值，随后，出现反向超调运动，即静稳定性在某种意义上诱导出运动。此后，导弹将在平衡状态附近继续振荡，并逐渐降低振荡峰值。短周期振荡运动亦称为迎角快速调整运动。第 5 卷第 221 章给出了一个更完整的数学处理方法。此处，通过迎角 α 的俯仰运动方程即可准确描述该运动：

$$a\frac{\mathrm{d}^2\alpha}{\mathrm{d}t^2} + b\frac{\mathrm{d}\alpha}{\mathrm{d}t} + c\alpha = 0 \qquad (5)$$

式（5）中，系数 a 表示绕导弹重心的俯仰方向的转动惯量，系数 b 和系数 c 分别表示迎角时间导数变化和迎角变化所产生的相应的俯仰力矩。

显然，若不等式 $4ac>b^2$ 成立，则可得到：

$$\alpha=A\mathrm{e}^{-\mu t}\sin(\omega t+\eta) \tag{6}$$

式中，A 和 η 为积分常数。

因此阻尼振荡呈对数衰减（译者注：此处应当为指数衰减），阻尼系数为

$$\mu=\frac{b}{2a} \tag{7}$$

固有振动频率为

$$\omega=\sqrt{\frac{c}{a}-\frac{b^2}{4a^2}} \tag{8}$$

当亚音速飞行时，$\mathrm{d}C_{LC}/\mathrm{d}\alpha$ 随速度的增加而增加，因此上述阻尼系数和固有频率也随速度的增加而增大（在低速时可视为线性增加）。当超音速飞行时，$\mathrm{d}C_{LC}/\mathrm{d}\alpha$ 随马赫数的增加而降低，阻尼在给定的高度上几乎不随速度变化，固有振动频率则随速度的增加缓慢变化。需注意的是空气密度也对阻尼系数有重要影响。

由于控制舵面到重心的力臂长度比重心的变化范围大得多，故导弹重心位置的变化对阻尼影响不大。然而，迎角变化产生的力矩则在很大程度上依赖静稳定裕度。气动焦点后移增加的静稳定裕度能有效地增加飞行器的运动刚度，从而提高其固有频率（但对于给定的输入会同时降低其迎角的响应幅值）。

以上分析也常用于水平面的动稳定性分析。飞机专业中这种横向运动被定义为风标运动（参见第 5 卷第 220 章）。式（8）给出了开环的风标运动振荡频率。在水平/垂直对称的十字构型导弹中，两个平面的运动振荡频率是相同的。式（8）的计算值对自动驾驶仪和控制舵机伺服机构的设计至关重要。如果导弹需要具备合适的机动性，该频率值应限定在一定的范围内。此外，通常会将人工阻尼项加入控制回路，以改善导弹的动态操纵品质。

3.2.2　长周期模态

第二种纵向稳定性模态是由纵向速度分量上的扰动产生的。研究前进速度上遭遇水平突风后的响应，此时一般无须考虑迎角的变化。前飞速度增加时，阻力增加，进而导弹减速，故导弹在该模态下通常是静稳定的。

导弹处于静稳定时，其前进速度的增加不仅增加阻力，也会增加升力，促使导弹开始爬升。随着动能转化为势能，导弹速度逐渐降低。当其速度下降到低于初始值时，导弹停止抬头上升，并转入下降。因此这种扰动的动态响应是导弹高度增加又降低、前飞速度减小又增大的一种振荡运动。这种振荡被称为长周期模态（见第 5 卷第 221 章）。一般情况下，它表现为非常欠阻尼同时又非常长周期的缓慢振荡，因此仅被导弹自动驾驶仪视为一种简单的低频瞄准误差。

采用能量法可以对这种运动模态进行简化分析。假设导弹从平均高度下落的距离为 h，它的速度增量为 v，则势能损失为 Wh，相应增加的动能是

$$\frac{W}{2g}[v_{\infty}+v]^2-v_{\infty}{}^2 \tag{9}$$

式中，v_{∞} 为导弹受扰前的基准速度。

因此，根据能量守恒定律有

$$Wh=\frac{W}{2g}(2v_{\infty}v+v^2) \tag{10}$$

如果 v 与 v_{∞} 相比是小量，则二阶项 v^2 可以被忽略，得到

$$v_{\infty}v=gh \tag{11}$$

现在，在没有受到干扰的条件下（假设 1－g 平飞），升力等于重量，即

$$W=\frac{1}{2}\rho_{\infty}v_{\infty}^2SC_L \tag{12}$$

如果 L 是下降高度 h 后的升力，则

$$L=\frac{1}{2}\rho_{\infty}(v_{\infty}+v)^2SC_L \tag{13}$$

只算一阶，得到

$$\frac{L}{W}=\frac{(v_{\infty}+v)^2}{v_{\infty}^2}=1+\frac{2v}{v_{\infty}}+\frac{v^2}{v_{\infty}^2}=1+\frac{2v}{v_{\infty}} \tag{14}$$

但是，从式（11）可知 $v=gh/v_{\infty}$，故

$$L=W\left(1+\frac{2gh}{v_{\infty}^2}\right) \tag{15}$$

垂直方向的合力为（$L-W$），对应垂直方向的加速度为$(L-W)/(W/g)$，展开并简化得到

$$W\left(1+\frac{2gh}{v_{\infty}^2}-1\right)\frac{g}{w}=\frac{2g^2}{v_{\infty}^2}h \tag{16}$$

运动方程最终可写成

$$\frac{\mathrm{d}^2h}{\mathrm{d}t^2}=-\frac{2g^2}{v_{\infty}^2}h \tag{17}$$

对应解是简谐运动，周期 T 为

$$T=\frac{\sqrt{2}\pi v_{\infty}}{g} \tag{18}$$

3.3　稳定导数

通常采用空间固定参考坐标系计算导弹性能，

但在研究导弹的稳定性时，一般使用机体坐标系。机体坐标系可采用两种形式：一种是轴随着机体一同旋转的坐标系，另一种是相对大地非旋转的。两种坐标系的 x 轴均与机体轴线重合。在非旋转坐标系中，z 轴始终处于总迎角所在的平面（迎角记为 σ 或 θ），滚转角（λ 或 σ）是总迎角所在平面与垂直平面的夹角。在旋转坐标系中（见图 5），迎角平面和偏航平面固连在机体上，故总迎角（σ 或 θ）分解成迎角 α 和侧滑角 β。

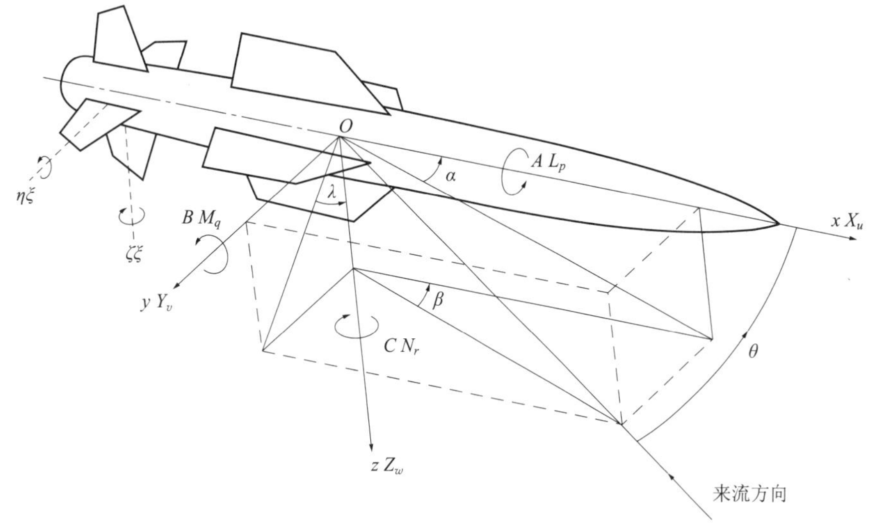

图 5　旋转坐标系

这里使用的坐标系是空气动力学中采用的体轴系。旋转被定义在空间固定的地面坐标系 x_0，y_0，z_0 上，其中 x_0-z_0 为垂直平面、x_0-y_0 为水平平面。由于旋转的非交换性，人们对各种角度的定义进行了约定。旋转顺序依次为绕 x_0 轴滚转、y_0 轴俯仰和 z_0 轴偏航。

稳定导数被记为大写字母时是有量纲的，表示对应变量变化产生的力或者力矩的增量。当被记为小写字母时，则依情况而定。在空气动力学中，记为小写字母的导数通常是量纲为 1 的，无量纲化特征量为 ρ、v_∞、S 和参考长度。在控制领域，记为小写字母的导数值通常有量纲，且以合适的形式写入动力学运动方程中。为避免歧义，这里所引用的导数是力或者力矩的直接导数，并记为大写字母的形式。

力和力矩包括轴向力 X、法向力 Z（与机体轴成直角）、侧向力 Y、俯仰力矩 M、偏航力矩 N 和滚转力矩 L。同时，相对于导弹重心的绕 x 轴、y 轴和 z 轴的转动惯量分别用 A、B 和 C 表示。在小扰动中，这些力和力矩是由线速度 u、v、w 和角速度 p、q、r 六个变量构成的线性函数，由此可以得到与这些速度分量相关的 3 个力和 3 个力矩的 36 个偏导数。这些对线速度的导数被称为静稳定性导数，而对角速度的导数被称为旋转导数。

同理，可以得到力和力矩相对线加速度和角加速度的导数，它们被称为速率导数。需注意的是，小写字母 u、v 和 w 代表扰动速度增量，故这些导数只适用于舵面偏转角和角速度为小量的情况；而导弹前飞速度不是一个小量，用 v_∞ 表示。导数分析中隐含使用了等式 $w/v_\infty=\alpha$ 和 $v/v_\infty=\beta$，并且坐标轴选用了旋转坐标轴系。

在上述共计 72 个一阶导数中，只有少数导数在导弹设计中具有实际意义，关键是要认识这些导数的意义并掌握计算其数值的方法。下面介绍几个常见的稳定导数与速率导数：

$$Z_w=\left(\frac{\partial Z}{\partial w}\right) \tag{19}$$

此为法向力导数，可通过导弹升力线斜率得到：

$$-\frac{1}{v_\infty}\frac{\mathrm{d}N}{\mathrm{d}\alpha} \tag{20}$$

式中，N 由 z 轴所在平面所决定。

$Y_v=(\partial Y/\partial v)$：横向的 Z_w，常为负数。

$M_w=(\partial M/\partial w)$：纵向静稳定导数，是稳定性的直接度量参数，由 Z_w 与静稳定裕度相乘得到，其值为

$$-\frac{1}{v_\infty}\frac{\mathrm{d}M}{\mathrm{d}\omega} \tag{21}$$

$N_v=(\partial N/\partial U)$：横向的 M_w，但符号相反。

$M_q=(\partial M/\partial q)$：代表导弹的俯仰阻尼。若只考虑气动控制舵面的作用，其值为

$$-\frac{1}{v_\infty}\frac{\mathrm{d}_{N_C}}{\mathrm{d}\alpha} \quad (22)$$

这是 M_q 的横向等效，它可以用相同的方法来估计。

$L_p=(\partial L/\partial p)$：代表导弹的滚转阻尼。这相当于横向的 M_q，并可用相同的方式估计。

$L_v=(\partial L/\partial v)$：侧向速度相对侧滑角产生的滚转力矩导数。在亚音速飞行状态下，如果机翼在圆柱形弹体中线上无上反、无后掠，那么这个导数为零；如果机翼前缘后掠，导弹侧滑飞行时一侧机翼升力增加，滚转力矩随之产生，$L_v\neq 0$。在超音速侧滑飞行状态下，机头马赫锥将对左右机翼升力产生不对称影响，故矩形机翼也将产生滚转力矩。

4 气动布局

4.1 简 介

根据导弹的性能需求、特性以及技术的先进性，导弹飞行的可控性和稳定性可通过几种截然不同的方式获得。首先要确定导弹是否需要滚转以获得稳定性，其次要明确导弹的转向控制方式是侧滑转弯还是倾侧转弯。

4.2 滚转稳定弹

早期导弹采用弹体滚转陀螺稳定的方式以达到降低控制系统复杂性与成本的目的。而现代导弹中则由于线扫描成像导引头而采用滚转稳定。是否采用这一气动布局方式尚存在其他考虑因素，这将在下文中展开。

4.3 滚转弹

滚转弹的主要优势是可减少机械的复杂性。因为在最简单的情况下，只需采用俯仰控制或俯仰偏航控制（例如 AIM-9 导弹系列）。其缺点是可用迎角包线受到限制（从而降低了机动性），但这也并非一个关键的设计限制因素。例如，在短程防空系统设计中，可采用先进推进技术与超音速减阻技术降低迎角需求。

4.4 非滚转弹

非滚转意味着必须采用三轴弹体控制和复杂的控制驱动系统（推力控制和/或气动控制）。控制驱动技术的发展降低了对舵机体积的要求、增加了单翼舵控制的可行性，从而使人们可以获得更好的滚转稳定控制。非滚转弹可在任何机动平面上立即响应机动指令，而滚转弹则需一定时间旋转到目标方向再产生机动。此外，非滚转弹还减少了导引头信号处理的难度。

4.5 侧滑转弯和倾侧转弯对比

非滚转弹可以选择采用侧滑转弯（STT）或倾侧转弯（BTT）进行机动控制。

倾侧转弯方式的导弹首先使弹体绕主轴滚转直至机翼或弹体长轴垂直于目标线；此后，导弹保持滚转姿态并进行俯仰机动飞行。此方式的优点是非圆截面弹身或带翼导弹可以获得更高的机动性能；另外，较小的侧滑角也有利于吸气式推进导弹的进气。故倾侧转弯尤其适用于导引头锁定目标前中段的制导机动。该方式的缺点包括：末端机动响应较慢、制导精度退化、难以在恒定的高度上机动。要缓解上述不利因素，可以考虑采用更快的滚转控制作动器、小面或者多镜头弹头，或者在进入末端机动时改为侧滑转弯方式。

侧滑转弯是执行瞬态机动最快速的方式，它要求导弹必须采用“十”字形或三升力面轴对称布局。然而滚转和偏航控制下舵面偏转增加了机身阻力，且大迎角下的自动驾驶将会受到限制。

将侧滑转弯与倾侧转弯控制方式相结合可发挥两者的最佳优势：侧滑转弯方式用于初始机动快速响应，倾侧转弯方式用于最优巡航和持续最大过载机动。

5 控 制

5.1 简 介

导弹设计日渐倾向于使用推力矢量控制的先进导弹系统，然而气动控制对于诸多应用而言仍是一个高效而简单的选择。推力矢量控制可以弥补气动控制的部分缺点。例如，气动控制仅在飞机动压很大时才可产生足够的控制力；在大气密度低的高海拔区域，或飞行速度低时，气动控制将会受到限制。本节只讨论气动控制，而不涉及推力矢量控制。

控制系统的基本功能是响应制导系统产生的横向加速度指令。目前，制导武器上的气动控制只能间接地做到这一点：它们产生的是控制力矩而非力（虽然也有例外，例如偏转机翼控制），导弹响应控制力矩而改变姿态，生成所需的法向力。对飞机而言，控制舵面一般安装在机翼、安定面或者垂尾后缘的铰接活动舵面。除非在一些高速战斗机上，铰接的整个安定面（全动尾翼）可提供升降舵和副翼的控制功能，全动舵面在飞机上并不多见。然而，制导武器则必须采用全动舵面。因为相对于飞机，导弹对迎角和横向加速度的要求更高；同时，全动舵面更容易通过布置获得较小的铰链力矩。

5.2 尾翼控制

制导武器最常用的布局方案是翼身组合体，且主翼布置靠近重心，而其他气动翼面布置在尾部。这些尾翼不仅充当安定面，同时也可作为俯仰、偏航和滚转的全动控制舵面。“十”字形控制舵面通过每一对的对称偏转获得俯仰和偏航的操纵能力。如果需要滚转控制，则一对或两对舵面将反对称偏转，如副翼一般会产生滚转力矩。

位于电机和排气口周围的尾翼是一个有效的气动控制子系统。尾翼控制的优点是：①尾翼偏转产生的尾涡在导弹之后，故尾部控制不会引起过大的滚转力矩。②在大迎角状态下，尾翼控制比单一的鸭翼控制更加有效。已知静稳定的导弹在某迎角附近配平时，尾翼的偏角将减小尾翼处的局部迎角，因此尾翼控制可以产生更大的偏转而不失速。尾翼控制的缺点是：其控制力矩必须与迎角产生的力矩方向相反，这导致产生的局部升力也和既定的升力方向相反；此外，作动器必须布置在接近热推进器外排气口的位置，故电线得从前部制导系统舱段穿过推进系统舱段而引至作动器。

5.3 主翼控制

主翼控制系统包括靠近导弹重心的较大主翼以及一组稳定尾翼（如“天闪”空对空导弹）。主翼偏转为机动飞行提供了升力。由于升力作用点靠近重心，主翼偏转产生的俯仰力矩（或偏航力矩）通常很小；但同时，机翼产生的下洗气流会在尾翼上产生一个向下的力，随之形成的反向控制力矩可诱导产生更大的迎角。

此类控制的优点是：①弹体只需要较小的偏转即可产生所需的机动，从而减小了导引头的跟踪误差；②主翼控制对机动性提供了一个快速响应，特别是对侧滑转弯类的转弯机动；③由于升力是在小迎角下产生的，升致阻力仍然较低，从而改善了其空气动力学性能。

主翼控制尚存在一些缺点。最关键的劣势在于必须提供足够的空间以安装大的作动器（铰链力矩需求较大）。其次，主翼必须安装在导弹的重心位置，这就限制了电机的设计。此外，主翼得具备较大的尺寸方可在满足空气动力效率的基础上满足机动性要求。

5.4 鸭翼控制

鸭翼控制系统包括主翼及距主翼前方较远的一些相对较小的控制舵面，例如AIM-9X“响尾蛇”空-空导弹。全弹升力几乎全部来自主翼，这是因为鸭翼产生的升力效果几乎全部被其在主翼上的下洗作用所抵消，但主翼上的卸载效应有助于产生所需的转向力矩。

鸭式布局在小迎角下是静不稳定的设计，尤其在控制舵面偏角较大的情况下。其原因之一是鸭翼面较主翼具有更大的展弦比，故小迎角下鸭翼面将产生更多的升力。通常，导弹在更高的马赫数下更稳定。当迎角较大时，由于主翼被诱导产生非线性涡升力，主翼将产生比鸭翼更大的升力，从而使导弹更稳定。

鸭翼控制的优点是尽管作动器将占据一定的弹头空间，导航、制导与控制子系统可安装在一起。此外，与尾翼控制相比，鸭翼为静稳定导弹提供了一个向上的过载，以利于其更快响应侧向加速度指令。

鸭翼控制主要有两方面的缺点。其一，鸭翼在大迎角情况下容易失速。使用前置固定鸭翼可缓解这一矛盾（如Python 4/5导弹）。其二，由于鸭翼和其他机翼间存在相互干扰（见5.7.1节），鸭翼有可能在导弹上诱导产生一个滚转力矩。通常采用自由滚转机翼（如Python 4/5导弹）或自由滚转鸭翼来克服这一问题（如Javelin/Starburst导弹）。

5.5 格栅翼

格栅翼又称为晶格翼、桨叶翼等。这些名称源于对升力舵面几何形状的不同描述。例如，俄罗斯三角旗设计局的R-77导弹采用的就是格栅翼（见图6）。格栅翼一般呈矩形，有时有切角，内部有数量众多的小翼，一般以“十”字交叉形配置呈蜂窝状，或相互平行呈阶梯形状。这些格栅小翼相互连接形成一个“平板”，它垂直于机体纵向轴线、平行于机体横截面。格栅翼的展长定义与常规舵面相同，宽度定义限于弹体横截面内且垂直于展长，弦长为“平板”的厚度；弦长的尺寸远小于展长和宽度。在矩形的格栅翼内，小翼通常平行于转轴或与之呈±45°夹角，从而构成了一组大展弦比的升力面，并具有很强的结构抗弯能力。

图6　有格栅翼的俄罗斯三角旗设计局R-77导弹
（由www.wikipedia.org提供）

在亚音速和超音速自由来流中，格栅翼的法向力系数在小迎角时与平面翼相同，当达到高马赫数时，格栅翼将产生更大的法向力。在跨音速区内，由于栅格间流动相互干扰气流发生分离，低于1马赫时，栅格的边界层会限制气流的流动致其堵塞。在这种情况下，格栅翼周围将形成溢流，造成法向力下降。

随着自由来流增加，超过1马赫时，一个激波将出现在栅格的前缘，并向栅格内部后掠。直到马赫数大到激波角斜切离开栅格后缘，激波将在栅格内部反复反射，从而导致法向力损失。迎角变大时，这两种趋势更加明显。这是格栅翼有别于平面机翼之处。小迎角下，C_N相对舵面偏角呈非线性，但当马赫数大于1时，两者将重新呈现线性关系。大迎角下，格栅翼依然有效，而不会表现出典型平面机翼的失速迹象。有研究表明：一般机翼升力峰值的范围为$30°<\alpha<50°$，而格栅翼即使在50°迎角下也未显示出类似平面机翼那样的失速。因此，格栅翼在高机动导弹的应用中极具吸引力。

格栅翼的几何构造具有很大的优势。由于其弦长非常小，铰链力矩也非常小。格栅翼的铰链力矩较平面舵翼低一个量级。因此，要达到与等效平面舵翼相同的动态响应，格栅翼只需安装一个较小的作动器即可。换言之，在作动器大小一定的情况下，格栅翼能比等效平面舵翼提供更好的动态响应。

格栅翼构造的另一个优势在于：其法向力作用在栅翼刚性最强的平面内，而平面舵翼的法向力则垂直于机翼平面。虽然格栅翼与平面舵翼沿展向的压力中心都在40%展长附近，但格栅翼的几何形状能更有效地支持负载，故翼可以设计得较轻。

格栅翼构造的缺点是其轴向阻力较大（是等效平面舵翼的3～4倍），从而不利于导弹平台获得更远的射程。虽然采用减阻技术可在保持其优点的同时显著改善飞行性能，但其轴向阻力仍然大于等效平面舵翼。

然而，轴向阻力对格栅翼的展开（如R-77）有一定的协助作用。轴向阻力可使格栅翼自动展开而无须借助附加的弹簧或作动器；然而，也有学者对这种作用的可靠性提出了质疑。当格栅翼折叠时，体积的减小可以简化导弹在地面及飞机上的存储和搬运。

5.6　导弹对控制舵面偏转的响应

在不同的控制布局下，控制舵面偏转后的响应特征不尽相同（见图7）。控制响应过程包括控制舵面偏转、建立迎角、振荡飞行和稳定飞行。

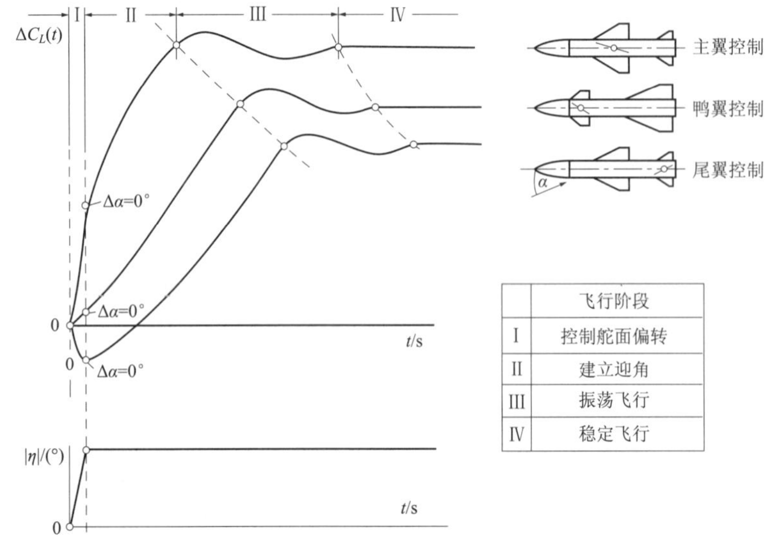

	飞行阶段
I	控制舵面偏转
II	建立迎角
III	振荡飞行
IV	稳定飞行

图7　控制偏转随时间增加而产生的升力增量

5.6.1　尾翼控制

在尾翼控制中，升力的形成有赖于舵面反向偏转 η，因此在初始时刻（时间段Ⅰ）升力是降低的。由于抬头力矩、迎角逐渐增大（时间段Ⅱ），通过（在静稳定作用下）阻尼振荡，导弹到达新的稳定迎角（时间段Ⅳ）。

5.6.2　鸭翼控制

在鸭翼控制中，相同的机动始于舵面正向控制偏转 η，它立即在所需升力的方向上产生额外的升力增量（时间段Ⅰ）。由于鸭翼对主翼的下洗作用，抬头力矩增大，导弹快速建立起迎角（时间段Ⅱ）。阻尼振荡收敛后，获得稳定的迎角（时间段Ⅳ）。

5.6.3　机翼控制

在机翼控制中，大部分升力由机翼偏转直接产生（时间段Ⅰ）。其他升力由生成的迎角提供（时间Ⅳ）。机翼控制的响应速度非常快，但由此产生的高铰链力矩则是该控制的一个显著缺点。机翼控制布局较少被应用，除上述缺点外，可能主要与其对导弹重心（CG）移动的敏感性有关。

如果重心与机翼压心（CP）位置非常接近，主翼控制可以有很好的气动特性。如果重点位于机翼压心之后，机翼抬头力矩的增量将超过尾翼低头力矩，从而降低了静稳定性、提高了响应速度。但对于许多布局方案来说，这种重心位置造成了导弹的静不稳定。如果重心位于机翼压心之前，每单位机翼偏转产生的机动性将大幅减少（由于静稳定性增加），且响应速度下降。只有尾翼产生的抬头力矩大于机翼偏转产生的低头力矩时，迎角才能增加。如果重心向前进一步移动，相同舵面产生的迎角及其产生的升力将减小。

5.7　气动干扰

有两种不同类型的气动干扰。第一种是某个部件影响另一个部件的气动力。例如翼身组合体产生的升力超过了机翼机身单独升力之和，又如机翼下洗流场降低了尾翼的效果。另一个常见的例子是干扰阻力，部件组合后的阻力大于单独部件产生的阻力之和。第二种干扰是力或力矩的产生与预想方向不一致。此类问题都与下洗有关，下面将详细地讨论这种情况。

5.7.1　下洗

图 8（a）中具有椭圆形负荷分布的升力面会在其后方诱导出局部速度场。任何靠近升力面所在平面的下游翼面都将受到局部流场的作用，导致其有效迎角发生变化。如果后翼所在平面能够移动到前翼面的上方或者下方，则可减小这种影响。这正是安装有增升装置的飞机采用高平尾的最主要的原因。高升力意味着大气流环量和强烈的旋涡，而强旋涡则预示着一个强烈的下洗速度。若尾翼安装在靠近涡平面的位置，水平尾翼的效率将降低。

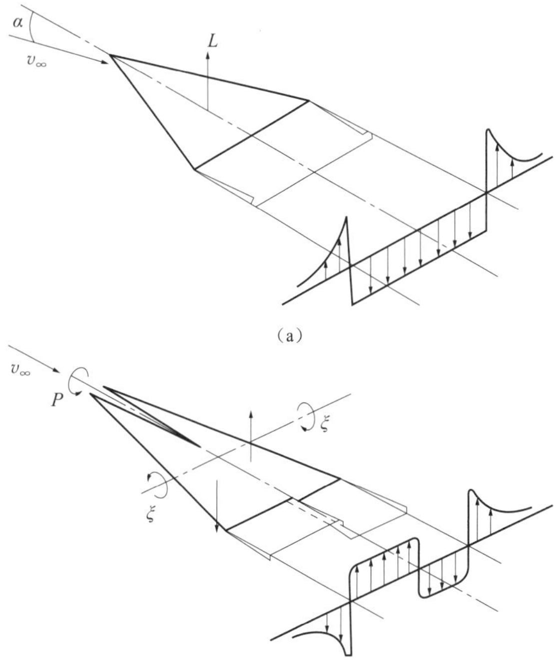

(b)

图 8　诱导速度

（a）椭圆载荷下的升力面；（b）差动偏转鸭翼舵

在前后两翼共面且展长不同情况下，若前翼反对称操纵，例如将鸭翼当副翼使用，那么下洗气流引起的力将变得非常棘手（见图 7）。

图 8 中鸭翼反对称偏转的目的是产生逆时针方向滚转（从后侧观察）。然而诱导的流场在主升力面上产生的附加迎角将产生反向滚转。在正常的鸭翼与主翼面积比例下，主翼产生的滚转力矩起主导作用，因此导弹顺时针方向滚转。随着导弹迎角的增大，鸭翼差动产生的涡系将远离主翼面，使主翼上生成的滚转力矩迅速减小。因此，以某个特定迎角为分界，同一舵面差动指令将产生不同的滚转方向。如果鸭翼远离主翼，这个问题可能不太严重，因为旋涡与主翼可能存在一定的距离，并且由于弹

体涡对差动鸭翼涡的“模糊”作用，这种鸭翼反对称偏转对主翼的不确定滚转力矩方向的诱导影响将发生一定衰减。

通过采用主翼独立滚转控制或其他独立滚转稳定系统，可以解决鸭翼差动的反效问题。

5.7.2 俯仰和偏航组合引起的滚转运动

一个平面内的操纵在其他平面内诱导产生力或力矩的现象称为交叉耦合（例如，纵横向交叉耦合运动）。下面以图 9 所示的“十”字翼布局导弹为例来描述一系列交叉耦合干扰。

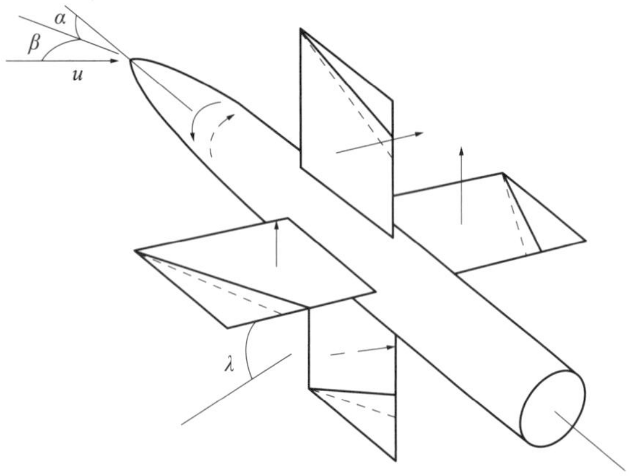

图 9 俯仰和偏航组合引起的滚转

图 9 中的导弹以超音速飞行且只作俯仰和偏航机动，若俯仰与偏航运动不对称，由于翼尖的影响，将产生一个剩余滚转力矩。由此，翼根会受到类似但较小的影响。处于下游的升力面也受到前翼抑制和下洗效应的影响，此影响对于“十”字形鸭翼控制的导弹尤为严重。诱导产生的滚动力矩无法被确切计算，并随总迎角的增大而迅速增大。通常有两个滚转角度，如 0°及 45°下，诱导出的滚转力矩为零，但一般只在其中的一个角度下，导弹是滚转静稳定的。

5.7.3 由偏航指令诱导出的滚转

图 10 所示是偏航指令诱导产生滚转的原理。弹体迎角背风面的分离流有一个低动压区。在相同的偏角下，该区域的方向舵比迎风面的方向舵所产生的气动力小，两片方向舵的净力差即产生一个剩余的滚转力矩。

5.7.4 滚转指令诱导的偏航运动

在图 10 所述的情况下，如果舵面反对称操纵提供一个滚转力矩，则净力差将在导弹尾部产生一

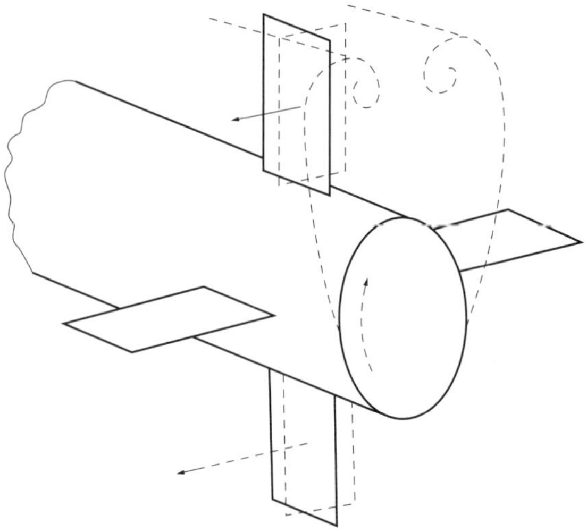

图 10 由偏航指令诱导出的滚转

个侧向力，从而诱导出一个偏航力矩。这两种效果只有在控制舵面安装于导弹尾部时才明显。

5.7.5 滚转角速度引起的俯仰运动

某些导弹为自由滚转。随着导弹滚转角的变化，如果全弹压心沿纵向移动，那么将产生和滚转频率同步的俯仰振荡，并导致动不稳定。

5.7.6 交叉耦合现象的共同点

所有这些交叉耦合现象都与黏性效应有关，包括附面层、分离流、涡流以及三者非线性的影响。因此，交叉耦合很难从理论上进行处理，但对相应数值模型的研究已取得一定进展。

5.7.7 鸭式布局导弹的配平阻力

如果通过鸭翼获得静稳定性，则无法避免稳定飞行中的鸭翼配平载荷。由此，将产生相应的配平阻力和随之而来的性能损失，这在远程导弹（如巡航导弹）设计中表现得非常明显。

6 结　　论

本章对制导武器（导弹）的气动稳定性和控制进行了全面的分析。由此可见，导弹较之固定翼飞机在气动稳定性和控制方面存在其特殊性，从而产生一些特殊问题。因此，现代导弹趋于采用多样化布局，以权衡并优化导弹的各项参数，如机动性、速度、高度、飞行包线、尺寸/重量限制、储运性等。

延伸阅读

Fleeman，E. L.（2006）*Tactical Missile Design*，2nd edn，*AIAA Education Series*.

Blakelock，J. H.（1991）*Automatic Control of Aircraft and Missiles*，2nd edn，*AIAA Education Series*.

Siouris，G. M.（2004）*Missile Guidance and Control Systems*，Springer.

Yanushevsky，R.（2007）Modern missile guidance，*Jane's Missiles and Rockets*，CRC Press.

本章译者：龚正（南京航空航天大学航空宇航学院）

第 228 章

飞机导航

Martin Hagström，Anders Lennartsson
国防研究署航空系统集成部，瑞典

1 引　　言

1.1 导航

简言之，导航即引导飞行器从一个地方到另一个地方的过程，包括对飞行器运动的控制。而作为专业术语，导航定义为确定飞行器相对某参考系的位置、方向和速度的理论与方法。本章将对导航的相关理论和方法进行阐释。

在多数应用中，导航的目的是达到最终目的地并避免碰撞。而其规划和追踪最短路径的能力也不可忽视，它有利于减少运输的时间和成本。

人类有着悠久的航海史。几千年来出现了不少令人神往的伟大远航，但所用的导航技术却非常原始。直至近 1000 年，航海的导航理论、方法和设备才逐渐发展完善。相对而言，航空导航的历史刚超过一个世纪，航天导航的历史则更短。随着飞行器和航天器的发展，现代导航方法和技术应运而生，并日趋实用、可靠和准确。这些技术在一个世纪前只是人类的一种设想。

航空导航与航海导航有许多相似之处。航空导航中的许多重要概念和系统来源于航海导航。两者的区别在于航空导航具有三维空间性。此外，由于飞行速度更快，航空导航必须在更短时间内制定并提供导航决策。对航空导航精度、可用性和可靠性的要求取决于不同的实际应用。例如，飞机飞行时的高度测量是至关重要的；跨大洋飞行对横向定位精度的要求小于低空进场飞行；在管制空域内，空中交通通过不同的海拔高度和航向对飞机进行分流，因此必须将飞行保持在空中交通管制给定的航线和高度上。

1.2 参考系

在确定高度、航向和速度方面，导航无法给出其绝对值。只有相对于某个参考点，才能对这些量值进行评估和计算。参考点不是自然固定存在的，可以由使用者自由选择。很多有用的点可作为导航的参考点。对于机场附近的导航，跑道、机场附近的房屋、湖泊和城镇即提供了这样的参考点，飞行员可通过这些参考点确定相对位置、方向和速度。然而如果视线范围内可借鉴的标识点很少，例如在公海上空飞行、夜间飞行或云中飞行，坐标系就必不可少了。坐标系可用于量化位置、距离、速度和方向。即使在有诸多天然参考点的情况下，坐标系也同样有用。

由于地球的形状非常接近扁球体（Heiskanen 和 Moritz，1967），故长期以来，沿地轴旋转对称的椭球一直被用于描述地面坐标系统的几何形状。这样，只需定义几个点，其他点的位置、经度、纬度、南北两极等就可以推导出来。坐标系的定义与地球三维表面的二维投影——也就是地图——的发展息息相关（Iliffe 和 Lott，2008；Snyder，1987；Strang 和 Borre，1997）。此外，要确立合适的参考点位置，尚需大量的测量和细致的分析方可获得最佳拟配。太空时代之前，曾有多种椭球标准被提出，但每一个标准仅适用于地球局部区域。直至卫星对地测量可提供大量精确结果，覆盖全球的参考椭球模型才被建立起来。正因如此，有诸多不同的参考系（即地图基准）同时存在，约有数百个大洲和国家标准的地图基准，而地区和地方标准的种数则更多。WGS－84，又称为世界大地测量系统1984（美国国防部世界大地测量系统，1984）是现今占主导地位的参考系，地理信息正从其他旧的基准转为此新基准。对于相同的标记点间的距离，WGS－84的测量值与其他地图基准的测量值可相差几百米甚至更大。因此，要达到精确导航，需理解基准的概念，明确建立导航的参考系，并了解导航所处的地理特点。

总之，标记空间点没有统一的方法，也不存在真正绝对的坐标系。但相对参考系，如WGS－84坐标系，可以覆盖整个地球并只产生有限的误差。

1.3 飞机导航的历史和概念

在导航发展初期，飞行限定于白天和低海拔地区。地面导航是一个重要的方法：飞行员或领航员在基本的航线指示器（如指南针）的帮助下按照地图飞行。到20世纪30年代，航班虽然依然较短，但已可覆盖较长距离了。那时的导航方式与航海非常相似，例如，使用指南针、注意补偿风对航迹与航向的影响、运用航位推测法来估计速度。

在20世纪20年代后期，仪表着陆导航系统（ILS）成功建立，从而保证飞机在低可视化条件下也能着陆（Metz，1959）。无线电导航系统首先于20世纪30年代应用于航海，不久便被引入航空领域。飞机仪表也相应改善，可提供更准确的航向和速度指示。

导航的一个关键能力是测量高度，其标准测量设备是气压高度表，用于测量当地静压。由于静压随海拔高度的上升而降低，因此给定一个参考压力即可确定当地的气压高度。在起降阶段，参考压力是机场当地的静压；而在飞行中，常选取海平面或约定的标准压力作为参考值。雷达高度表则利用从地面反射回飞机的雷达脉冲时间差来计算高度。

随着空中交通的增加，对其进行协调和规划的需求日益增长。20世纪30年代，机场附近的空中交通靠塔台与飞行员间的无线电通话进行引导。随后，雷达问世并成为空中交通管制系统测量飞机位置的最佳选择。之后，飞机又配备了识别应答机。由于应答机的信号只需要单向传递而无须通过反射，该设备增加了雷达系统的作用范围。此外，飞机发回的响应信号还提供了飞机的身份、高度等信息，从而为空中交通管制提供了空中交通情况的精确态势。

早期的飞行员可自由选择所需的飞行路线；当空中交通管制日益复杂，飞行员不再享有自选权而必须按照预定的航线飞行。所谓“航线”是指某管制空域内的航点间的连线。其中，管制空域被划分为不同的区域和层次，而航点是通过无线电信标网络确定的。图1展示了一张领航员使用的航站区空域图。飞机导航主要依靠机载系统。此外，陆基导航辅助设备，如无线电信标和测距设备，也是航空导航大系统的重要组成部分，可显著提高系统的准确性和可靠性。

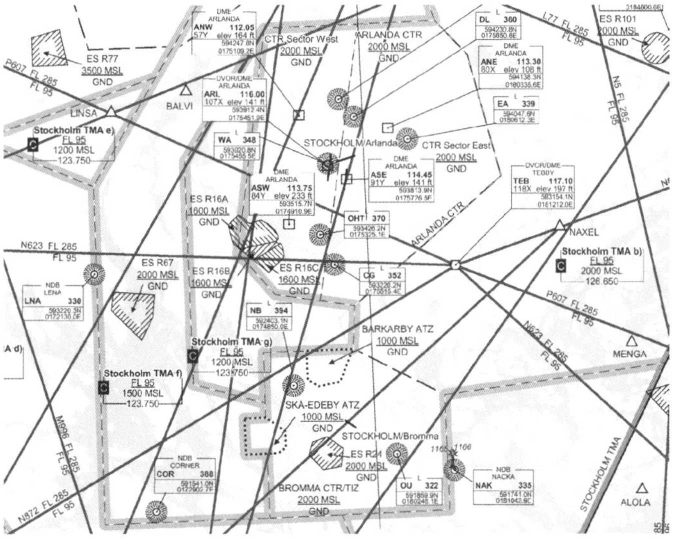

图1 瑞典斯德哥尔摩部分空域图

地图上显示的两个主要机场是阿肯色和斯德哥尔摩，每个管制区（CTR）从地面延伸到海拔2 000 ft上空，其上延伸开来的是不同的航站区（TMA），航站区顶部延伸到飞行高度层FL95，此高度层以上的灰色宽线表示航线，其中大部分延伸至FL285（本图的转载许可由LFV－瑞典空管提供）。

1.4 导航系统、仪器和设备的要求

根据不同的飞机尺寸、操纵特性、执行任务及飞行环境，飞机对导航系统、仪器和设备有着不同的要求。

重量最轻的有人机或许当属滑翔伞，其起飞重量小于100 kg。相比之下，安东诺夫设计局的超大飞机AN-225的最大起飞质量达640 t，略轻的空客A380-800F也超过了590 t。

不同操作特性的飞机需要不同的导航系统。热气球的飞行速度较低，飞行员可直接控制的只有飞行高度。热气球导航系统最有用的特性体现在，它能准确测量速度的大小与方向，从而有助于飞行员估计可达的着陆点。对所有飞机而言，垂直速度的测量固然重要；然而，测量相对于来流的飞行空速或许更关键，这一测量设备是避免固定翼飞机（无论有无动力）进入失速所必须具备的。

飞机是否安装空中导航设备取决于其飞行空域的类型，以及其设备重量。相对于遵循目视飞行规则（VFR）的飞机，遵循仪表飞行规则（IFR）的飞机对导航设备的要求更加严格。遵循仪表飞行规则的飞机必须安装相应设备才可使飞行员在没有外部视觉参考（如看不见地平线）的情况下飞行。

在任何情况下，空中导航的三维性质决定了精确测量高度的关键性。通过气压高度表可进行高度测量。高度表将测得的飞机外部静压转换为基于ICAO标准大气的高度。在起飞和着陆时，高度表依据机场的实际气压进行修正。对于大多数IFR飞行，当在“过渡高度层”（约海拔8 000 ft或2 400 m，取决于气压和机场位置）之上，高度表的标准气压设置为101 325 Pa。当高度表设置为标准气压时，由于真实环境中气压与温度的扰动，仪器显示的高度较之几何高度可能存在较大偏差。但由于周围所有飞机的高度表均采用相同的标准气压，因此飞机间的相对高度被校正在一个很小的误差范围内。

高度通常以英尺为单位。当飞机在过渡高度层以上时，高度常用“飞行高度层”（FL）表示，单位为百英尺。距离作为一种长度度量，在航空界以海里（nm）为单位，1海里等于1 852 m。导航选择的速度单位是节（kts），代表海里每小时。

2 陆基辅助导航设备

2.1 简介

陆基辅助航系统可分为两大类：进场着陆导航系统和航路导航系统。

相对于航路导航系统，进场着陆导航系统对精度和可用性的要求更为严格。两系统均提供高度和横向偏差作为引导参考量，但在高度偏差上，进场着陆导航系统跟踪的是飞机的下滑坡道而不是某恒定高度。天气情况不同，飞行员需要系统提供的引导信息也不同。在能见度非常低的气象条件下，飞机只能通过仪表导引着陆。如果飞机配备了先进的自动驾驶系统，就可以与着陆系统相结合并执行全自动着陆。

传统的仪表着陆导航系统采用无线电导引技术。20世纪70年代引入了基于微波的着陆导航系统（MLS）。未来，基于卫星的导航系统有望被广泛运用，而诸如现代应答器等其他导航方案，也将成为取代旧设备的选择之一。

航路导航设备，直至卫星系统出现之前，只存在基于无线电的导航系统，如信标、罗兰系统C链和其他距离/方位指示系统。这些系统提供了相对于地面某些固定点的方位和距离，而海拔高度必须通过机载设备测定。依靠这些导航设备，飞行员可按照既定的航线进行长距离飞行而无须惯性导航系统（INS）的辅助。

导航任务的另一个重要执行者是ATC。ATC负责交通管理和分配飞行航线。ATC通过雷达监视跟踪空中飞机，并通过发送航线和高度指令引导飞行员。在机场周边的航站区，这是一种常见的导航方式。

新技术的推广主要受限于两方面的因素。其一，由于飞机运营商需对新设备进行大量的投资，故需要花费较长时间在所有飞机上安装该新设备。其二，新技术在推广实施前必须获得由认证机构如美国联邦航空管理局（FAA）或同等机构的验收，这也是一个耗钱耗时的过程。

2.2 仪表着陆导航系统（ILS）

ILS由两套基于无线电的、分别引导高度和方向

的导引系统构成。ILS也可以基于光导系统，其原理与无线电导引方法类似。

横向导引系统，即定位信标，通过两个定向天线发出不同的调制信号（该阵列天线通常布置于跑道尽头）。接收器测量两调制信号之差以确定飞机的横向位置，再通过驾驶舱中的导航仪表指示飞机距离跑道中心线偏左还是偏右。下滑引导系统具有类似的功能。该系统的天线安置于跑道一侧，两个天线波束形成下滑坡面（或下滑路径），与地面（水平位置）呈约3°夹角。调制信号通过机载设备指示相对基准坡面的偏移量。图2为上述理论的示意图。飞机上的显示位置偏差的仪表可以是转向指示器，也可以是集成的现代飞行管理系统（FMS）。

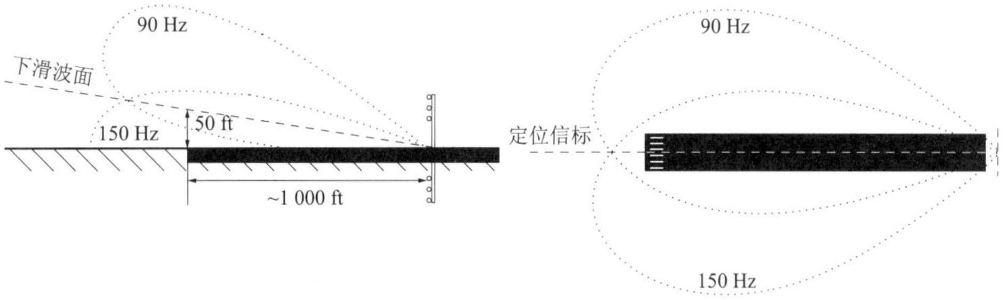

图2　ILS下滑坡面和定位信标示意［转载自维基百科（http：//en. wikipedia. org/wiki/File：ILS illustration. jpg)］

距离测量装置是ILS的一个常规组成部分。它通常包括三个指示点，分别距跑道进场端7 km、1 km和300 m。现代导航系统提供了连续距离测量系统（DMS），其与指示点共同辅助飞行员和导引系统确认参考下滑线与实际飞行轨迹间的偏差。

2010年，国际民航组织对ILS进行了标准化，规范了高程与横、航向的多种不同载波频率。在飞机仪表上，驾驶员只需操作一次即可正确选择配对的载波。

航向定位信标还支持识别系统，该系统可以发送跑道标识的莫尔斯编码信号。

2.3　ILS的种类

国际民航组织（ICAO）根据不同的可用性和准确性划分了多种仪表着陆导航系统。大体而言，可分为三类：CAT Ⅰ类、Ⅱ类、Ⅲ类，其中CAT Ⅲ类又有三个子类A、B和C。CAT Ⅰ类系统允许飞机在能见度在800 m以上、决策高度（在此高度飞行员必须决定继续着陆或开始复飞爬升）大于200 ft（61 m）的情况下着陆。对于CAT Ⅱ，要求着陆能见度大于300 m、决策高度大于100 ft（30 m）。安装有CAT Ⅲ-C系统的飞机可以使用自动驾驶系统着陆而不受任何能见度限制。CAT Ⅲ-C系统还提供了跑道上空的导引信息。

2.4　微波着陆导航系统（MLS）

20世纪70年代人们发明了无源相控阵雷达系统。它通过微波阵列扫描空域发送窄波束到飞机上，而不是让飞机接收全向无线广播信号定位。飞机通过测量不同阵列单元信号的延迟时间，计算自身的位置、速度和方向。该系统比ILS更精确，安装也更简单。MLS曾有望在21世纪末前取代ILS，但卫星导航系统的引进又使MLS的投资被延缓。尽管如此，卫星系统尚不能达到先进的进场和着陆所要求的准确性和可用性，故ILS服役时间已超出原计划。直至2009年，第一个MLS才被安装在伦敦的希思罗机场。

2.5　应答机着陆系统（TLS）

阵列天线等ILS相关设备价格昂贵且维护成本高。在一些机场跑道，由于环境的反射特性，如存在建筑物和山丘，传统的ILS很难甚至无法被安装。TLS使用已有的飞机应答设备来测量飞机的位置，随后将其广播给飞机，以此提供等同于ILS设备的着陆引导信息。

TLS所需的设备成本较低、易于安装，其可移动系统设计简便、易于部署。

2.6　卫星增强系统

全球导航卫星系统（GNSS）为全球航路导航提供了足够精度的连续导航（见第4节）。但它无法保证系统的高可用性，无法广播系统故障消息，也无法达到进场着陆导引要求的精度。为弥补上述不足，相应的地面系统已被开发和部署，以提高系统的性能。

卫星导航系统通过信号从卫星到达接收器所需

要的时间来计算距离。信号直线传播过程中遭遇的地球电磁现象会干扰和延迟测量的时间，但这些延迟在较短时间内是相对稳定的。用一个精确定位的地面固定系统来测量该干扰，则可以计算出卫星导航信号的误差并将该信息发布到移动接收器（如飞机）上。

广域增强系统（WAAS）已被开发出来以覆盖大面积；局域增强系统（LAAS）提供更精确的局部定位，并提供卫星纠错信息，还可以提供类似ILS的信号。部分增强系统部署在陆地上，被称为陆基增强系统（GBAS）。这些系统除了提高精度，还提供信号质量信息和可用性保证，今后将有望获得CAT Ⅲ级助降资格。

卫星增强系统使着陆进场方法趋于简化和灵活，允许飞机沿曲线轨迹精确进场，从而达到节油减噪的目的。

2.7 雷达

雷达系统的工作原理是，首先发出一个以光速传播的高频无线电脉冲，当它碰到物体（目标）后，部分能量从物体反射并被雷达接收，从而可以计算出物体的距离和方位。将雷达系统引入空中交通监控极大地提高了空中交通的容量和安全性。基于上述用途的雷达被称为一次雷达，它只能给出距离和方位信息。当两飞行物过于靠近时则难以区分，这就造成了目标跟踪的问题。

在二次监视雷达（SSR）体系中，目标通过应答器主动回复发射天线信号。应答器既是接收器也是发射器。该解决方案的优点是，其作用距离更长，目标应答器的回复信号可包含更多信息。所有飞机都要安装应答器，以应答来自 SSR 的询问脉冲。SSR 接收的编码信号包括飞机的识别信息和高度。通过测量应答脉冲间的时间延迟和天线的方向，即可计算目标飞机的距离和方位角。现代 SSR 系统使用高分辨率阵列天线，方位精度优于 0.5°，作用距离可达 400 km。

雷达系统是 ATC 的一部分，其导航指令由 ATC 中心发出，通过提供高度、速度和航向指令引导飞行员。在繁忙的管制空域，雷达可能是 ATC 疏通空中交通最重要的导航设备。ATC 还可以利用雷达引导飞机完成 CAT Ⅰ类的进场。

2.8 无方向性信标（NDB）

对于航空和航海而言，信标是最自然也是最古老的地面固定助航设备之一。NDB 发出一个没有任何方向信息的信号。国际民航组织定义 NDB 工作在中低频率（190～1 750 kHz），因此信号可沿地球曲率弯曲。这使得信号在远距离及低海拔情况下均可被接收，但容易受大气和气象条件的干扰。目前，NDB 主要用于仪表进场着陆，以准确修正短距离内的进场方向。

2.9 甚高频全向无线电信标（VOR）

VOR 发出了一个甚高频（VHF，30～300 MHz）无线电信号，内含莫尔斯识别码、方位信息，还可附加语音信息。方位信息由两个移相信号编码，接收设备通过比较两信号的相位差推导出相对 VOR 的磁方位角。VOR 可独立于磁罗盘提供飞机方位信息，且 VHF 信号不受地表弯曲影响、受气象干扰较少。基于 VOR 的导航系统，其精度可与非增强型全球卫星导航系统媲美。航路通过 VOR 网络定义：航路是由多段直线构成的，各段直线间的转折点即两条 VOR 射线的交点或者某个 VOR 站的位置点。

2.10 战术空中导航系统（塔康导航系统，TACAN）

由于 VOR 的精度无法达到美国军方的军事需求，故人们开发了类似 VOR 的基于应答器方案的助航系统。VOR 和 TACAN 通常布置在同一位置，在无线电导航图中被命名为 VORTAN。

2.11 测距装置（DME）

无线电导航的一个基本原理是距离测量，这通过计算无线电信号从发送器到达接收器的传播时间来实现。测距装置（DME）发送两个脉冲信号：飞机向地面站发送的信号，以及地面站应答器的回复信号。飞机记录这些信号的传播时间，从而计算出距离。DME 地面站与 VOR 地面站通常设置在一起。DME 提供的距离精度高于 200 m。

2.12 远程导航 LORAN 系统

LORAN 是一个无线电导航系统。发射机网络发出多个同步信号，接收器测量每个信号从发射到接收传播的时间。通过接收同步化的发射机链的信号差，接收器可以计算出自身的位置和速度。LORAN 形成于第二次世界大战后，最新的 LORAN－C 链拥有长达 1 800 km 的覆盖范围。海上导航需求一直是其发展的驱动力量。LORAN-C链已部署于北美、欧洲和亚洲，俄罗斯有称为CHAYKA的同类系统。

经过长期争论，美国已决定于 2010 年关闭 LORAN-C 系统，加拿大也宣布将紧随其后。只有阿拉斯加的 LORAN-C 链按照国际协议将被维持。GNSS 系统、GPS 系统及其他备用系统被认为足以取代 LORAN-C。国际 LORAN 协会主张将 LORAN 增强为 eLORAN 系统。

3　惯性导航

加速度计可以用来测量物体的线性加速度。由于加速度是位移的二阶导数，通过对加速度计信号两次积分就能够计算出速度的变化及位移。另外，角速率陀螺可用于测量物体的角速度，其与物体姿态的一阶导数有定量关系。通过精确地积分角速度信号，可以计算出相应的旋转位移。根据飞行器的初始位置和方向，连续计算出位移变化，就可得到当前的位置/姿态信息。这是惯性导航的基本理念。实践中，还需要各种传感器技术和数学理论（特别是信号处理与计算技术）以获得高精度/高可靠性的惯性导航系统。

3.1　惯性导航理论

加速度和角速度都是相对于惯性空间的测量量。惯性空间本质上是一个无质量、不旋转、以恒定速度移动的参考体。虽然这只是一个纯粹抽象的概念，但对分析飞行和导航非常有用。

大多数加速度计只能测量一个加速度方向。由于空间是三维的，至少需要三个加速度计以测量物体加速度的所有分量。角速度也有三个分量，故需三个速率陀螺进行测量。角速度的三个分量与航向、俯仰和滚转角三个姿态角的时间导数相关，且这一对应关系依赖于当前姿态，并随姿态的变化而变化。因此，必须精确地积分这些测量分量，才能得到正确的姿态偏移角度。有些系统设立了三个以上的加速度计或速率陀螺，以改善系统的准确性和可靠性。其部分原因是，当多个独立的传感器测量同一量时，可实现传感器的故障检测和隔离。

如果加速度计被立在相对地球的一个固定位置，其垂直向的感应轴将显示存在约 1g 的重力加速度。惯性导航系统必须补偿加速度计测量的重力加速度，这样系统固定不动时运动的加速度即为零。这需要引入一个重力加速度模型，以扣除传感器观测量中的重力加速度的影响，之后再对加速度进行速度与位置的积分。

惯性传感器在较小的时间范围内是非常准确的。这取决于传感器的物理性质，但也与传感器采集数据的速率有关。现代惯性导航系统通常以每秒几千次的速率采样并融合传感器信号。但从长期来看，由此计算出的速度和位置的误差是无限增长的。这与其他类型的导航系统形成反差：其他导航系统的误差是有界的，而其位置更新频率则很低。例如，卫星导航的修正频率为 10～20 Hz。典型的航空惯性导航系统的每小时误差的增加量应低于 1 nm。

3.2　坐标系

航空导航可使用多种不同的坐标系。例如，有一类坐标系统将坐标轴固定在地球上，其原点为地球中心，x 和 y 轴位于赤道平面，x 轴指向本初子午线，z 轴正方向指向北极。这种坐标系在航空领域较为常用，图 3 进一步阐释了其原理。经度、纬度和高度对于飞机驾驶员或导航员而言是更常用的位置信息。纬度和海拔高度可表示为地心的或地理的形式（如地心纬度、地理纬度），后者通常用于导航和航空，两者之间的区别如图 4 所示。给定经纬度，可以确切计算出笛卡儿坐标系下的坐标位置，但逆操作则可能需要求解非线性方程组。

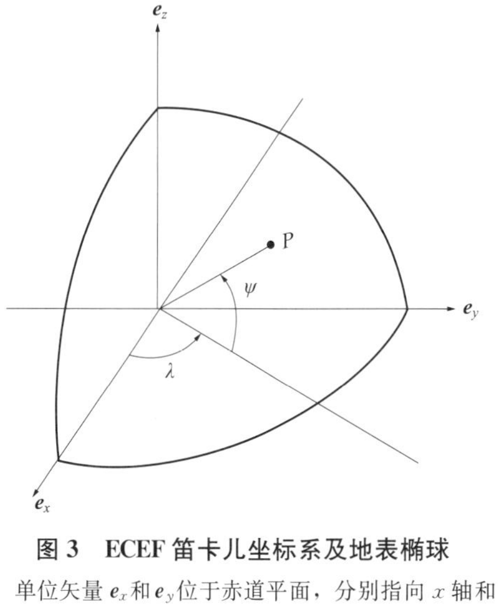

图 3　ECEF 笛卡儿坐标系及地表椭球

单位矢量 e_x 和 e_y 位于赤道平面，分别指向 x 轴和 y 轴；P 点的笛卡儿坐标为 x、y、z；P 点的经度为 λ、地心纬度为 ψ。

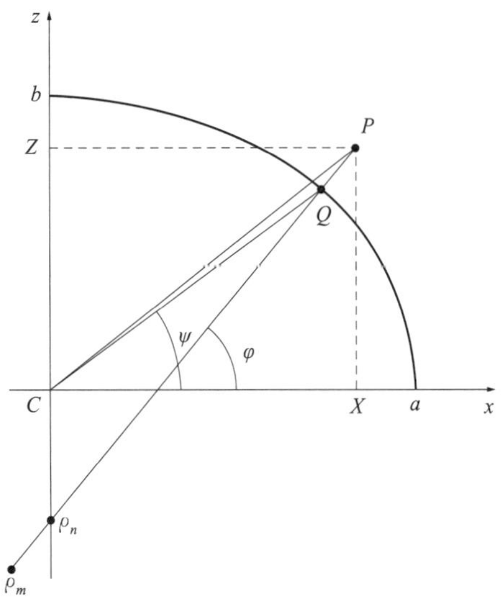

图 4　0°本初子午线截面的几何形状

其中赤道半径为 a，地心和北极之间的距离为 b；P 点的笛卡儿坐标为 X、Y、Z（$Y=0$，垂直于纸面向内）；P 点的地理纬度为 φ、地心纬度为 ψ；线 QP 垂直于椭球交于 Q 点，其长度是海拔高度 h；Q 点的东西向的椭球曲率半径为 ρ_n，在南北向为 ρ_m。

3.3　加速度计

加速度计有多种类型，它们通过不同的物理原理测量相同的量。检测质量类型的加速度计或许最具启发性，其本质是检测加速特定质量块所需要的力。通常通过测量一些电学量来间接测力。例如，检测保持质量块相对于该传感器壳体位置不变所需的电流。当质量块质量已知时，可以由 $F=m\times a$ 计算出加速度。通常情况下，质量块只能沿一个轴移动，该轴是此加速度计的敏感方向。

导航级加速度计具有从零到几百赫兹的带宽。0Hz 的频率必须包括在内，以利于传感器在零速或等速情况下仍正常工作，此时加速度分量为零。其他类型的加速度计不能测量恒定的加速度，故不适用于导航。

3.4　陀螺仪

一个轴对称旋转体，例如旋转的陀螺，在无外部扭矩的作用下，其旋转轴线固定在一个方向上。如果对其施加一个外部转矩，旋转体将绕着由旋转轴矢量和外部转矩矢量构成的平面的法线方向旋转。积分陀螺采用了上述原理，其绕法线方向的转速与外部转矩成正比。速率陀螺测量的是阻止旋转轴移出平面所需的转矩。通过测量这个转矩，即可计算并输出陀螺旋转轴的偏转速度。

此外，还可使用其他的物理原理来测量角速度。分离一束激光，使产生的光束沿一块玻璃中相反的两个方向发送，随后可以测量玻璃的旋转速度。如果玻璃不旋转，光束将在同一时间到达目标传感器；如果它是旋转的，由于光路长度有差异，一束光将比另一束光提前到达目标。通过测量光路差异导致的频移，就能计算出陀螺仪的转动速度。同样的原理也适用于光纤陀螺仪，光束通过绕在卷筒中的光纤线圈发送。总体而言，光纤陀螺仪比环形激光陀螺仪的体积更小、重量更轻，目前多用于进行精确度较低的测量。

3.5　MEMS 传感器

在过去的几十年里，基于微机电系统（MEMS）的新型传感器家族发展起来。此类型传感器的实际敏感器往往小于几毫米。虽然封装和连接会相应增大其体积，但完整的 MEMS 传感器仍比其他惯性传感器要小。

惯性 MEMS 传感器尚达不到其他惯性传感器的精度。但在某些领域，其现有的精度已经足够。惯性测量单元及基于这种技术的完整导航系统已经商品化。多个基于 MEMS 传感器的姿态航向参考系统（AHRS）产品已经获得民航认证。

惯性导航系统（INS）

至少三个加速度计和三个速率陀螺仪构成一组惯性传感器，通常被称为惯性测量单元（IMU）。此单元是惯性导航系统的重要组成部分。惯性导航系统还包括信号处理计算机与数据接口（人机接口或与其他机载系统的接口）。

（1）平台方式。某些惯性导航系统，特别是早期的系统，其传感器都安装在一个平台上。该平台经万向支架安装于飞行器上，并通过基于惯性传感器输入的控制系统保持水平稳定。由此，飞机的姿态即可通过测量万向接头的方位来确定。而位置信息通过加速度计信号的积分获得。这类平台尚有一种变体，即以球体的形式悬浮于充满液体的外壳中，再安装于飞行器上。

（2）捷联方式。捷联惯性导航系统采用传感器直接布置在飞机框架上的方式。该系统的出现迟于平台安装方式。由于运动部件较少，捷联惯性导航系统比平台方式惯性导航系统提供了更高的可靠性，同时对冲击和振动有更强的耐受性。

（3）误差。惯性导航系统的累计位置误差是无限增长的。由于存在加速度计安装偏差以及位置误差增长引起的方向误差，单纯的惯性导航系统的误差增长率很大。通过适当的方法，误差增长率可显著降低。舒勒（1923）提出了位置误差随时间基本为线性增长的舒勒调谐法，可以减小方向误差对定位精度的影响。Strang 和 Borre（1997）、Titterton 和 Weston（1997）基于卡尔曼滤波理论提出了可以估计运行过程中误差变化率的方法。这些估计法可以用来减小误差增长率。引力模型中的误差和位置估计中的误差引起了在垂直方向上的定位发散。即使拥有理想传感器，惯性导航系统的高度偏差也将随时间呈指数增长。针对这种发散的常用解决方法是直接测量高度。通过测量环境静压，获得一个较低精度的高度估计值，从而用于减小高度误差的动态影响。

（4）初始化和校准。惯性导航系统正确初始化后可以提供更高的精度。初始化的实现方式是，静置运行系统几分钟或更长时间，同时提供准确的初始位置。初始化给系统一个评估各种偏差的机会，其所获信息可用来减小误差增长，从而提供较小的导航信息误差。

（5）其他航空仪表。飞机上尚有其他一些基于惯性传感器的航空仪表。转弯倾斜指示器就是一个常见的例子，其中的速度陀螺仪用于指示偏航率。又如，航向指示器是一种当飞机倾转盘旋、磁罗盘产生问题时仍可以提示方向的指示器。飞行员需要间断通过磁罗盘校正航向指示器。另一个例子是姿态指示器（或称作仿真地平仪），它告知飞行员飞机相对地面的俯仰和滚转方向。这类仪表正在逐渐被整合为一种设备——姿态航向参考系统（AHRS）。这种设备利用三轴陀螺仪、加速度计和磁传感器向飞行员提供飞机当前的姿态和航向信息。目前，基于 MEMS 技术的这类设备已通过认证。图 5 展示了飞机上各类仪表的传统排布样式。

（6）发展趋势——与全球导航卫星系统整合。

自 GPS 卫星导航系统发展以来，惯性导航系统的发展目标是与 GPS 接收器进行系统层面的集成。这类集成系统具有很多优点：一方面，惯性传感器可提供高测量速率、在较短时间内保证良好的精度；另一方面，GPS 以较低速率获得位置估算及其有界的误差用于修正。

图 5 某轻型双引擎飞机的六块基本仪表按 T 形排布

从左上角开始依次是：空速指示器、姿态指示器、高度表、转弯协调指示器、航向指示器、垂直速度指示器。其中，姿态指示器、转弯指示器和航向指示器都基于惯性传感器工作。[转载自维基百科（http：//en. wikipedia. org/wiki/File：Six flight instruments. JPG）]

4 卫星导航

从导航的角度来看，卫星导航系统是相对较新的发展方向。卫星系统发送导航信号，接收机解码足够数量的卫星信号后，即可计算出相对于参考坐标系的相对位置。这样一个系统，连同地面站的操纵部分，被称为全球导航卫星系统（GNSS）。

4.1 卫星导航系统

GNSS 是一个为全球导航的卫星系统的通称。第一代系统的代表之一是美国的“导航卫星全球定位系统”，简称 GPS。20 世纪 70 年代，GPS 作为军用导航系统被开发建立；直至 1983 年，韩国航班 007 因导航失误被击落，GPS 才有限地向公众开放其访问权限。20 世纪 90 年代初，商用小型 GPS 接收机开始被推向市场。此外，俄罗斯也开发了类似的系统“GLONASS”。目前，欧洲和中国正在研发并部署此类系统，分别称为“伽利略”和“北斗”。在不久的将来，GPS 和伽利略将相互兼容，从而提升两系统的可用性与定位精度。

第一个投入运行的 GNSS 是 TRANSIT 系统，

它主要由美国海军使用。在1957年苏联发射第一颗人造卫星Sputnik后不久，美国开始了对TRANSIT系统的研发工作，于1960年4月发射了第一颗入轨卫星。1964年，此系统正式服役。TRANSIT系统的导航信息更新速率低，根据观察者所在纬度不同，其更新时间需要一到几小时不等。1996年，TRANSIT系统停止运行，被GPS取代。

4.2　原理

与其他许多已有的无线电导航系统一样，GNSS接收机通过测量信号从发射器（即卫星）到达接收机的时间间隔计算其位置。地基无线电导航系统的发射机间距离较短：卫星间的距离大约是20 200 km，而地基发射器间距最多只有1 200 km。信号从卫星到接收机通过很长一段的真空传递，再通过电离层和对流层。由于电离层和对流层的光速比真空光速略低，故信号将有所延迟，延迟时间取决于卫星倾角和电离层当前状态等因素。考虑到计时的关键性，必须在高精度定位应用中仔细估算时延。

时间间隔是通过比较卫星时钟设定的发射时间及接收器内部时钟的接收时间而确定的。卫星设有非常精确的原子钟，但接收器不可能配备如此昂贵的部件。1 ms的时钟误差将产生相对卫星300 km的测量误差。克服这一误差的方法是：运用多个卫星的测量数据构建一个超定方程组。其中，接收器的时间误差是未知数，如有四颗卫星数据，即可计算出位置估计。同时，GPS也提供了精确的时间信息。图6显示了通过测量与卫星的间距进行定位的原理。卫星的导航信号还包含精确的轨道信息，即所谓的星历数据，以及关于粗轨道和卫星状态的年历信息。计算得到的卫星距离称为伪距。Strang和Borre（1997）在其书中用数学形式给出了详细的解释。

GNSS通常分为三个部分：①卫星属于空间部分。不同的GNSS设计包含20～35颗卫星。由于系统更新和维护，起作用的卫星数量也随之变化。②卫星通过控制部分进行控制和监视。GPS在全球有多个用于控制、通信和监控的站点。③第三部分是用户部分。目前，被认证用于航空的GPS接收机已经达到了FAA的TSO－C129a（1996）的要求。

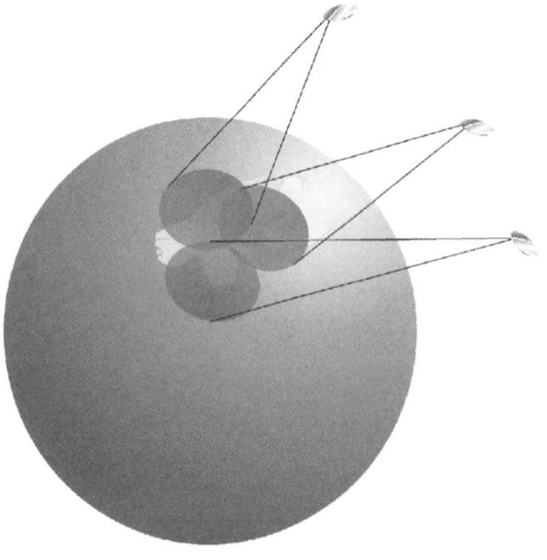

图6　卫星导航原理

如果接收机有一个精确的时钟，通过测量该接收机到三个卫星的距离就能够确定其在三维空间中的位置。实际上，至少需要四个卫星的信号才能定位。（http：//www.automotive-illustrations.com/img/Diagrams/Satellitenavigation.jpg，本图根据Automotive Illustrations的许可进行了重制）

4.3　误差、可用性和精度

GNSS有几种可能的误差来源。信号编码和传输所选择的技术对精度设定了下限。GPS的设置值为±3 m。另一个重要的误差来源于电离层延迟，其可造成±5 m的误差。随时间变化的人造误差曾被故意加入到GPS信号中，即选择性干扰（SA），以防止有人利用GPS对美国开展敌对行动。此误差在水平方向为50 m、在垂直方向约为100 m。因此，GPS在最初并不适于飞机导航，只能作为一个辅助系统。2000年，克林顿总统决定将该干扰信号设置为0 m，并宣布下一代GPS卫星（GPS－Ⅲ）除去发射干扰信号的功能。

关闭SA信号（或将其设置到0 m）的原因之一是差分GPS（DGPS）技术的发展。缓慢变化的误差会对同一区域内的所有卫星导航信号产生相同影响，这一影响可以通过地面固定接收器进行估算。随后，基于估算的修正值可广播至该区域内的接收机。这将减少 SA 的影响，也能解决电离层延迟的问题。

卫星信号相对大气中的其他无线信号较弱。因此，电子迷惑（故意错误给出类似卫星的信号以欺骗接收器，使其给出错误的位置估计）和干扰（有意干扰使其无法区分真正的信号）以及其他干扰都可以使 GPS 设备无法使用。

4.4 增强系统的完好性和精度

对于航空，导航系统的完好性、可用性与准确性同等重要。第一代公开的全球导航卫星系统 GPS 是专为军事设计的，军方可以访问加密的信号，使系统对于人为的或者自然的干扰具有鲁棒性。民间用户没有这样的访问权限和精度，尤其在垂直高度上，精度无法满足高级导航应用。尽管如此，当厂商开发出廉价的 GPS 接收机时，它仍然得到迅速的传播。尽管 GNSS 具有诸多优势，如良好的精确度、全球覆盖性和相对便宜的用户设备，但其在航空应用中暴露的缺点尚需很长时间来克服。GNSS 所存在的问题，包括选择可用性、欺骗和被干扰的风险、航空导航领域 GPS 可用性的确保，延缓了其作为航空导航系统认证设备的进程。

差分 GPS 通过估计并发布 GPS 误差信息对用户接收的 GPS 信号进行补偿，以增加可用性和总体系统性能，进而显著增强导航精度。

现在全球已经开发出几个不同的增强系统。SBAS 是基于卫星的增强系统，通过卫星系统向广域发送校正信息（美国的 WAAS，欧洲地球同步导航覆盖服务 EGNOS，印度、中国和日本也有类似的系统）。陆基增强系统（GBAS）可以实现类似功能，但它通过甚高频（VHF）发送校正信息。

完整性监控对于仪表飞行导航系统是必需的。接收机自主完好性监测（RAIM）是一个评估不同伪距（估计接收机到卫星距离）的函数，用以检测潜在的故障。RAIM 系统的先进功能包括数据排除，即决定一个错误的值能否被识别并排除。要检测出错误，并排除那些被认为发生故障的数据，必须有冗余量。至少需要五颗卫星用来检测故障，六颗用来确定哪个值应被排除。如果 GPS 被用作唯一的导航数据源，飞行前必须进行 RAIM 预测分析，以确保整个飞行过程中有足够数量的可视卫星用于 RAIM。

5 结　论

飞机导航与海上导航有许多共同点，但鉴于飞行的高速度、三维空间性及安全问题，飞机导航系统被引入了更严格的新要求。早期飞机只在白天低空飞行，采用地图和指南针导航；现代飞机可以在没有任何视觉参考情况下，仅依靠仪表信息导航飞行。先进的机载导航系统和地面助航设备共同构成一个可靠而准确的导航系统，使得仪表驾驶成为可能。

导航系统可以分为三类：卫星设备、地面设备与机载设备。主要的机载独立系统是惯性导航系统。它通过测量加速度和角速度，即可推算出飞行的位置和姿态。其他机载设备通过显示航向、俯仰和滚转角等信息辅助飞行员建立态势感知。机载设备还包括与地面和卫星通信或接收信号的设备。

地面系统多数基于无线电，通过信标网络和测距设备进行航路导引；地面系统还支持着陆导航，保证在低能见度情况下依然具备可用性和精确性。基于无线电的地面导航系统发展于航空史的早期。时至今日，装备完善的飞机已可以自主导航甚至自主降落，而无须飞行员的任何输入操纵。

卫星技术逐渐被发展并应用于导航。早在 20 世纪 60 年代，美国就开始利用卫星进行海上导航。"NAVSTAR 全球定位系统"引入后，GPS 被认为将取代很多现有的导航系统。此后，GPS 支持系统的发展和应用逐步达到了导航的可用性和完好性需求，从而使卫星导航系统可以作为主要的航空导航系统。

航空导航是一个广泛的主题，并与航空电子交织在一起。关于这个主题有很多书，既有概述性质的也有更专业的。推荐的延伸阅读材料包括 Collinson (1997)、Kayton 和 Fried (1997)、Spitzer (2007)。

参考文献

Collinson, R. P. G. (1997) *Introduction to Avionics*, Chapman&Hall. ISBN 0−412−48250−9.

Department of Defense World Geodetic System (1984). *Technical Report TR8350.2*, National Imagery and Mapping Agency, June2004.

Heiskanen, W. A. and Moritz, H. (1967) *Physical Geodesy*, W. H. Freeman and Company, Library of Congress Catalog Number 66−24950.

ICAO (2010) ICAO Volume I Annex 10 Radio navigation aids. International Civil Aviation Organization, www.icao.int.

Iliffe, J. C. and Lott, R. (eds). (2008) *Datums and Map Projections For Remote Sensing, GIS and Surveying*. Whittles Publishing. ISBN 978-1420070415.

Kayton, M. and Fried, W. R. (1997) *Avionics Navigation Systems*. John Wiley & Sons, Inc., ISBN 0-471-54795-6.

Metz, H. I. (1959) A Survey of instrument approach systems in the United States. *IRE Trans. Aeronaut. Navig. Electron.*, ANE-6 (2), 78-84. *ISSN* 0096-1639.

Schuler, M. (1923) Die St¨orung von Pendel und Kreiselapparaten durch die Beschleunigung des Fahrzeuges. *Phys. Z.*, 16 (24).

Snyder, J. P. (1987) *Map Projections-A Working Manual*. Number 1395 in *USGS Professional Paper Series*. United States Geological Survey.

Spitzer, C. R. (ed). (2007) *Digital Avionics Handbook: Elements, Software and Functions*, CRCPress, 2 edition, ISBN 978-0-8493-8438-7.

Strang, G. and Borre, K. K. (1997) *Linear algebra, geodesy, and GPS*. Wellesley-Cambridge Press, Wellesley, MA. ISBN 978-0-9614088-6-2.

TSO-C129a (1996) *Airborne Supplemental Navigation Equipment Using the Global Positioning System (GPS)*, Federal Aviation Administration.

Titterton, D. H. and Weston, J. L. (1997) *Strapdown inertial navigation technology*, Peter Peregrinus Ltd. and IEE. ISBN0863412602.

本章译者：龚正（南京航空航天大学航空宇航学院）

第 229 章

制导武器与无人机的导航与路径规划

Farhan A. Faruqi
国防科技组织武器系统部，爱丁堡，澳大利亚

1　导弹和无人机的 GPS 和 INS 问题

1.1　全球定位系统（GPS）

近年来，全球定位系统（GPS）已经成为军民两用的一项重要导航辅助技术。GPS 是美国国防部下属的星基导航系统“导航星工程”（NAVSTAR）的一部分。它包括分布在 6 个轨道上的 28 颗工作星，每个轨道有 4 颗或者更多卫星。这些轨道相对赤道平面的倾角为 55°，轨道间相隔赤经 60°。这些非静止轨道的半径为 26 560 km，轨道周期为 1/2 恒星日（约 11.967 h）。理论上，在地球上大部分地点上，一天 24 h 均可观察到 3 颗或更多的 GPS 卫星，而通过至少 4 颗卫星就足以确定地面观察者的位置。GPS 信号的导航信息包括发送该信号卫星的当前星历表和所有 GPS 卫星的星历年表。星历表的参数可用于校正电离层信号的传播延迟，以及修正卫星时钟与真正 GPS 时间之间的时间偏移量。通过卫星提供的信息，还可以获得接收机与卫星的相对距离（称为伪距）和相对速度（称为伪距率），进而转换为相对固定坐标系的位置和速度。

为了建立导航运动学方程，考虑图 1 所示的几何关系。其中（x，y，z）定义为固定坐标系；S_i（i= 1，2，3，…）是第 i 颗 GPS 卫星的位置，则

$$\| R_i \| = [(x_{S_i} - x_I)^2 + (y_{S_i} - y_I)^2 + (z_{S_i} - z_I)^2] \quad (1)$$

现已知信号从第 i 个卫星发射到接收机的时间为 ΔT_i、光速 c=0.299 792 458 m/ns，故可以得到 $\| R_i \| = c\Delta T_i$。要计算接收机的位置 $\boldsymbol{R}_I = (x_I \quad y_I \quad z_I)^{\mathrm{T}}$，至少需要三个卫星的数据来联立求解方程（1）。

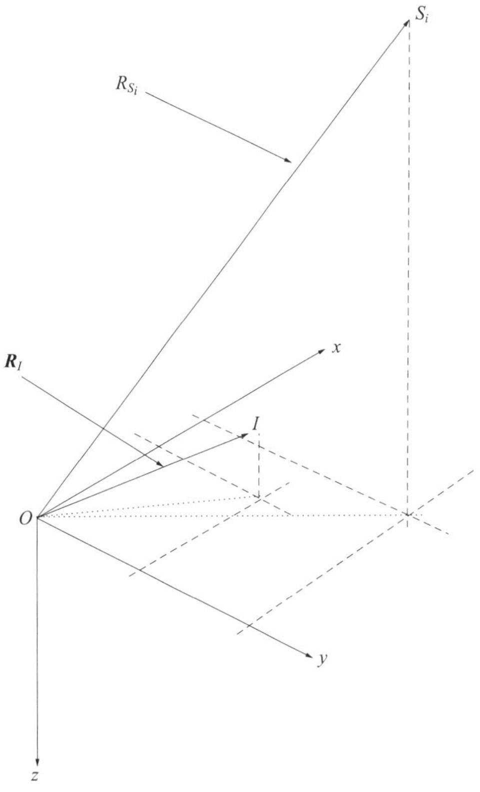

图 1　GPS 导航运动学的几何关系

由于上述方程是非线性的，需要运用类似迭代的求解方法。Grewal、Weill 和 Andrews（2001）提出了一种解决这个问题的方法。目前，GPS 系统中的常用技术包括最小二乘估计（LSE）、卡尔曼滤波（KF）和扩展卡尔曼滤波（EKF）。Jazwinski（1998）建立了这些技术的理论基础。其中，由于 EKF 方法可以兼顾接收机的运动影响，因此通常是最优的选择。卫星在空间中散布合理将有利于更精准地定位（也就是卫星相对物体有不同的角间

距）。反之，如果卫星的角间距很小、定位所需的测量距离差几乎相等，则任何微小的相对误差都会被急剧放大。这种由卫星几何位置造成的精度降低称为精度稀释效应。这种效应会放大其他因素引起的误差，例如时钟偏移。为防止时钟偏差的精度稀释效应，四颗卫星必须保持合适的分布位置（例如，三颗等距隔开的卫星分布在地平线附近，第四颗卫星位于天顶方向，这被认为是有利的卫星分布）。GPS信号均以时钟（GPS时间）作为参考。GPS时间是所有监测站时钟和卫星原子钟的时间组合。它与世界标准时（UTC）的误差一直被控制在1 ns以内。忽略闰秒的UTC由坐落在美国海军天文台的原子钟提供。

与通过伪距计算位置类似，通过伪距率可得到接收机的速度。其相关方程如下：

$$\| V_i \| = \left\{ (u_{S_i} - u_I)^2 + (v_{S_i} - v_I)^2 + (w_{S_i} - w_I)^2 \right\}^{\frac{1}{2}} \tag{2}$$

求解这个非线性方程组需要获得四颗卫星数据并运用LSE或KF方法。典型的GPS导航精度是单机定位精度C/A码（粗）20.0 m、P码5.0 m以下。而差分GPS（DGPS）通过利用一个辅助的参考接收站，可将定位精度减少到1.0 m以下。Groves（2008）对于GPS/ INS给出了全面的阐述。

1.2　惯性导航系统（INS）

INS通过其惯性传感器测量运动，进而确定飞行器相对某特定参考坐标的位置和速度。图2（a）～（d）分别列出了不同的导航任务所需的不同的参考坐标系。

（1）地心惯性坐标系（ECI）以地心为原点，其z轴沿地球自旋轴指向北极、x轴指向春分方向，如图2（a）所示。此坐标系一般用于空间导航。

（2）图2（b）所示是卫星轨道坐标系（SOC），用于GPS星历。

（3）（北东下）当地坐标系（NED）如图2（c）所示。x轴指向北方、y轴指向东部、z轴垂直向下（指向地心）。此坐标系常用于地面附近导航（如船舶、飞机、车辆导航）。请注意，由于飞行器沿地表曲率移动，故经纬度的变化将导致NED坐标系的转动。

（4）机体坐标系（V_B）如图2（d）所示。V_B用来定义机体相对于一个固定坐标系的转动。ψ、θ、ϕ分别是偏航角、俯仰角、滚转角，也称为欧拉角。

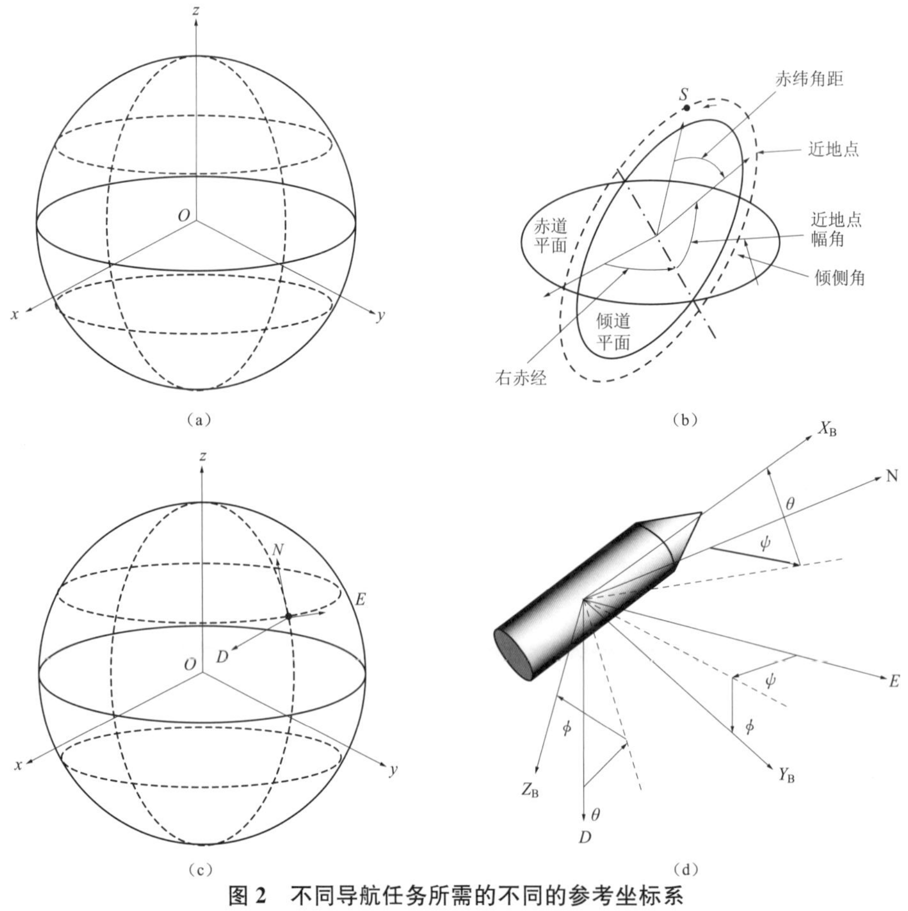

图2　不同导航任务所需的不同的参考坐标系

（a）ECI坐标系；（b）SOC坐标系；（c）NED坐标系；（d）机体坐标系（X_B，Y_B，Z_B）

1.2.1　惯性传感器

在大多数导航应用中，常用的惯性传感器是陀螺仪和加速度计。其他非惯性导航传感器包括视觉传感器和磁力计。本节将关注陀螺仪和加速度计的特性，以及如何通过测量这些量实现惯性导航。

1.2.2　陀螺仪

时至今日，已有多种种类的陀螺仪被用于导航。在不同应用中，陀螺仪根据精确度和成本进行分类。现代导航系统通常运用陀螺仪提供的相对于输出轴的角速率信息建立飞行姿态，而直接测量姿态和位置的传感器却并未得到广泛应用。目前使用的陀螺仪包括：激光陀螺仪（精度高，成本高）、光纤陀螺仪（FOG，中到低级精度）、MEMS陀螺仪（可用于中到低级精度情况）。MEMS陀螺仪非常坚固，可承受非常高的过载。经验指出陀螺仪的准确性取决于其角度漂移值。例如，高精确的陀螺仪的漂移为每小时0.01°～0.1°。对于一个中档陀螺仪，这个数字将在每小时0.1°～1°范围内。低等级（战术级）陀螺仪则每小时漂移1.0°～20°。从导航系统设计师的角度来看，决定陀螺仪精度（或误差源）的关键性能参数包括以下几种：

（1）偏移：输入速率是零时，传感器的任何非零输出；

（2）由制造公差和老化造成的比例因子误差；

（3）输入和输出之间的非线性；

（4）不对称的比例因子（通常是电子元件错配的结果）；

（5）热和其他随机噪声产生的“随机漫步”的噪声效果；

（6）由机械摩擦或激光陀螺仪锁定造成的比例因子死区；

（7）量化误差（在数字输出设备上都存在）。

测量飞行器三维角运动的陀螺仪通常由三个相互正交的陀螺组成。非正交陀螺仪也有其应用（如高速旋转飞行器），但不常见。一组三维相互正交的加速度计与陀螺仪组合成为一个惯性测量单元（IMU）。

1.2.3　加速度计

用于惯性导航的加速度计的原理是基于牛顿第二定律（$F=ma$），通过测量力F来测量加速度a；其中的比例常数m被称为“检测质量”。目前，加速度计的种类很多，如何选择取决于特定的应用。加速度计的误差源类似陀螺仪的误差源，但两者误差产生的具体原因不尽相同。加速度计的误差源包括：①加速度偏移；②比例因子误差；③加速度计的灵敏度（g^2）。

1.3　惯性导航算法

导航系统有两种实现方式：稳定平台系统（SPS）和捷联系统（SDS）。在SPS中，IMU被安装在一个通过万向头支撑并补偿转动的稳定平台上，这样的平台（装有IMU）总是相对于导航坐标系保持固定的指向。SPS在过去是一种较常见的安装方式，由于IMU没有足够的精度应付弹体的大角度迅速变化，它尤其适用于弹道导弹。目前的IMU已大幅度改善了应对机体迅速剧烈变化的能力，因此现代导航系统常选择使用SDS配置（Titterton和Weston，2004）。在SDS中，IMU测量机体轴上的旋转速率和加速度，再将飞机状态（位置、速度和加速度）从机体轴转换到导航轴（或固定轴）中。本节将考虑飞行器相对于一个固定坐标系的导航，以揭示导航的基本原理。假定一个平面非旋转地球，当飞行器移动时机体角度、速度和加速度随时间改变。因此，在一个固定的坐标系中，飞行器的运动可以写为

$$\frac{\mathrm{d}}{\mathrm{d}t}\boldsymbol{R}_I=\boldsymbol{V}_I \tag{3}$$

$$\frac{\mathrm{d}}{\mathrm{d}t}\boldsymbol{V}_I=\boldsymbol{A}_I+\boldsymbol{g}_I \tag{4}$$

为了使用安装在机体上IMU提供的信息，需要将$\boldsymbol{A}_I$从机体轴变换到固定轴。该变换由下式给出：

$$\boldsymbol{A}_I=[\boldsymbol{T}_{\mathrm{B}}^{\mathrm{F}}]\boldsymbol{A}_B \tag{5}$$

式中，

$$[\boldsymbol{T}_{\mathrm{B}}^{\mathrm{F}}]=\begin{bmatrix}(\cos\psi\cos\theta) & (\cos\psi\sin\theta\sin\phi-\sin\psi\cos\phi) & (\cos\psi\sin\theta\cos\phi+\sin\psi\sin\phi)\\(\sin\psi\cos\theta) & (\sin\psi\sin\theta\sin\phi+\cos\psi\cos\phi) & (\sin\psi\sin\theta\cos\phi-\sin\psi\sin\phi)\\(-\sin\theta) & (\cos\theta\sin\phi) & (\cos\theta\cos\phi)\end{bmatrix} \tag{6}$$

计算欧拉角（ψ，θ，ϕ）需要利用机体轴的滚转率（p，q，r）（即捷联式陀螺测量输出），并使用如下关系式进行计算：

$$\frac{\mathrm{d}}{\mathrm{d}t}\begin{bmatrix}\phi\\\theta\\\psi\end{bmatrix}=\begin{bmatrix}1 & \sin\phi\tan\theta & \cos\phi\tan\theta\\0 & \cos\phi & -\sin\phi\\0 & \sin\phi\sec\theta & \cos\phi\sec\theta\end{bmatrix}\begin{bmatrix}p\\q\\r\end{bmatrix} \tag{7}$$

式（3）～式（5），式（7）在每个时间步长上积分以更新位置、速度、加速度值（$\boldsymbol{R}_I$，$\boldsymbol{V}_I$，$\boldsymbol{A}_I$），实现固定坐标系下的导航。上述情况下导航的基本算法如图 3 所示。

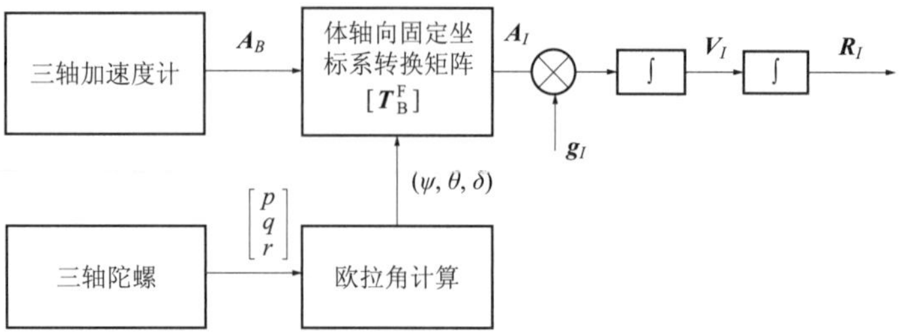

图 3　在固定坐标系中的惯性导航系统原理

备注

（1）由于 $\theta=90°$ 产生的不连续性，使用式（7）计算欧拉角时可能会导致不稳定性；可以使用更高效和稳定的方法计算此转换矩阵（该矩阵也称为方向余弦矩阵；Titterton 和 Weston，2004）。

（2）在扁平地球模型上利用当地坐标系进行飞行器导航，需要将位置、速度和加速度值转换到相应的导航坐标系中，且需考虑地球的自转。

（3）当陀螺仪和加速度计存在误差时，完整的导航方案需要使用 KF。

（4）要启动导航算法，初始条件必须明确，即所谓的初始化问题。可以使用静态初始化方法，或者“从”INS 可以通过已具备准确初始导航信息的“主”导航系统进行快速校准。

164

1.4　GPS/INS 集成

鉴于远程飞行、精密进场与着陆、武器命中等任务对导航可靠性和准确性的需要，耦合或集成式 GPS/INS 系统逐渐成为关注的焦点。该系统有诸多不同的实现方式。一种方式是将 GPS 的输出（飞机的位置和速度）通过 KF 算法用于更新 INS 输出，这种集成被称为松耦合 GPS/INS。另一种方式是将 GPS 的原始输出（伪距和伪距率）与 INS 误差模型相结合，用以估计导航误差并校正状态（如估计的位置、速度、加速度、姿态等），这种集成形式称为紧耦合，它也同样需要 KF 或 EKF 实现数据融合。紧耦合是首选技术，因其避免了 INS 与 GPS 内置过滤器之间的不良耦合，并且在 GPS 或 INS 两者之一失效的情况下，紧耦合系统显得更加稳健。这种 GPS/INS 集成方式又称为导航误差模型，它允许评估与校正 IMU 误差，并在 GPS 中断、数据退化以及发生干扰时辅助导航。Faruqi 和 Turner（2000）设计了一种紧耦合系统，它较复杂并且需要通过调整参数以获得最佳效果。图 4 显示了一个可能的紧耦合 GPS/INS 系统，其中 $\boldsymbol{\omega}_B=(p \quad q \quad r)^{\mathrm{T}}$，$\boldsymbol{\phi}_L=(\psi \quad \theta \quad \phi)^{\mathrm{T}}$，$(\boldsymbol{B},\boldsymbol{F})$ 是 GPS 时钟偏差，δ 表示状态误差，$(X, \hat{X})$ 分别表示变量 X 的真值与最佳估计值。

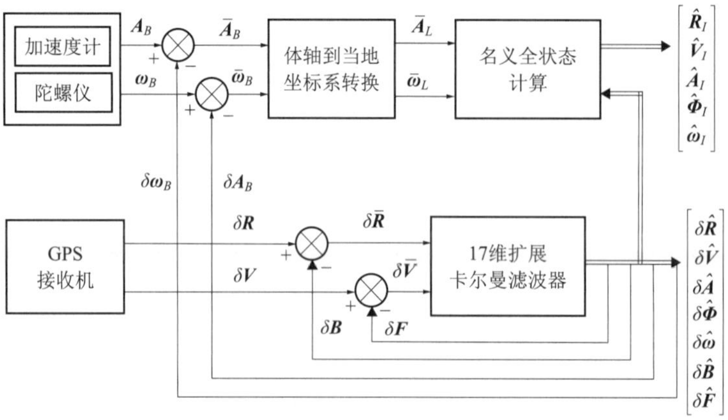

图 4　GPS/INS 组合

2　地形剖面匹配系统(TERPROM)和地形匹配系统(TERCOM)的理论与实践

INS 以高频率（>50Hz）提供导航数据（机体角速率和角加速度），具有相对较低的短期噪声。但是随着时间的推移，由于漂移和偏差的影响，INS 的准确性开始降低。GPS 则能给出良好的长期导航精度，位置精度约为 5 m、速度精度约为 0.1 m/s，但测量结果包含噪声，且无法获得姿态信息。对手的干扰或“选择可用性”的使用，都可能阻断导航信息。为了克服这些缺点，地形参考导航（TRN）被提出作为独立的导航信息源，以增强 GPS 和 INS。TRN 系统中最重要的是地形剖面匹配系统（TERPROM）和地形匹配系统（TERCOM）。

TRN 系统通过飞机（或其他飞行器）相对某基准（如海平面）的高度数据（气压高度）与无线电高度表采集的离地净高，获得地面相对该基准的高度。随后，将该高度与预先存储的空间高度地图进行对比处理，即可获得飞机当前的位置。有两种方法可用于上述信息处理。第一种方法是批处理收集的大量高度测量值，然后与预先存储在数字地图上的地形高度信息进行比较，采用空间高度相关性分析技术寻找最佳匹配点。这就是地形匹配系统的原理（Golden，1980）。另一种方法是利用地形剖面匹配系统（Robins，1988）。将从飞机无线电高度表获得的数据与数字地图中的数据进行逐点对比，寻找每一个可能的匹配数据点，再利用地形梯度数据缩小匹配范围。由此，当飞机飞过某地形区域时，可以通过地形剖面匹配系统不断微调整飞机的位置。导航所需信息包括飞机的位置、速度和姿态，可以通过 KF 技术获得（见图 5）。

TRN 系统较其他形式的导航系统有着很多显著优点，并被普遍用于攻击机和低空飞行的巡航导弹。这些优点包括：

（1）无线电高度表的较高精度使得地形特征易于被检测，进而用于准确和无漂移的导航。实际飞行测试证明地形剖面匹配系统能在低能见度条件下截获目标（Robins，1988），执行其他导航方式无法胜任的任务。

（2）地形剖面匹配系统与前视及地形跟踪雷达结合后极大地提高了攻击机的地形跟踪能力，这是因为地形剖面匹配系统能通过提供前视图景（通过数字地图）优化飞行路径并避开障碍物。这使得飞行员可以利用地形跟踪与路径筛选技术突防而避免被敌人发现。

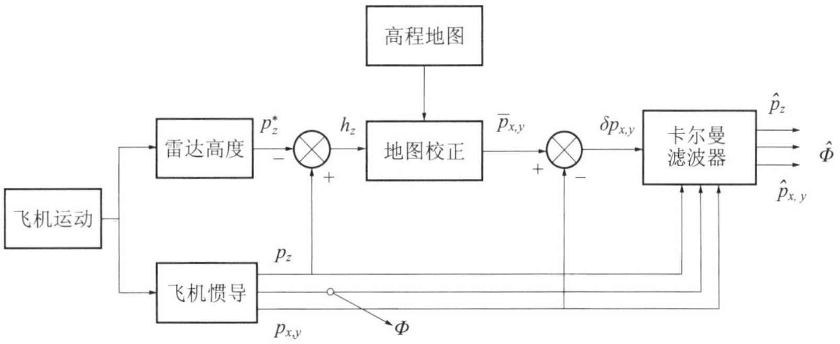

图 5　使用无线电高度表的 TERPROM-KF 实现

确保 TRN 系统有效运行的关键因素之一是地形轮廓必须足够清晰（粗糙），以允许无线电高度表检测到高度剖面的变化。除非提供某些额外装置，否则地形匹配系统和地形剖面匹配系统均无法在一个平坦地形上有效地工作。为克服这一缺点，有以下几种针对平坦地形的辅助导航方法：

（1）通过多普勒雷达测速补充无线电高度表数据。

（2）地形景象匹配系统（TERSMAC），即使用视觉传感器获得飞越过的地面场景图像（如道路、建筑物和其他标志性建筑），进而与预先存储的场景匹配。由于该系统特别适用于城市场景，故常用于监视/战斗无人机的精确导航。

主动激光线扫描系统（LLN）的引入可极大提高 TRN 的准确性（Groves，2008；Handley 等，2003）。主动激光线扫描系统不仅给出了改进的高度数据，而且可以对感兴趣区域的地形或场景建立 3D 图像，故成为同时适用于地形剖面匹配系统和地形景象匹配系统的传感器。

飞机和无人机路径规划

设计、开发和运行无人机的一个关键要素是路径规划。用于路径规划的算法必须满足许多相互矛盾的目标，例如：

(1) 该路径必须能使无人机规避敌方的雷达探测，即到达目标的路径必须是隐蔽的。由于飞机的雷达特征在各个方向上都不一致，路径规划算法应控制飞机沿着一个特定的路径前进，以避免其雷达反射“尖峰”被敌方雷达所察觉。

(2) 除了路径隐蔽以外，还应尽量减少到达目标的路径长度。

(3) 路径规划算法必须考虑到多架无人机协同工作的情况，即多架无人机协同攻击一个或多个目标。

(4) 算法的计算效率要高，以便在遭遇未预见的威胁或发现新目标的情况下，无人机能重新规划并制定路径。

已有多种无人机路径规划技术和算法被提出，本节将概要地介绍其中之一（Bortoff，2000）。该算法根据已知的敌方雷达站位置和目标位置生成一个隐蔽路径。约束优化技术的使用可以实现隐身和路径长度之间的权衡。基于 Voronoi 多边形图并结合已知的雷达站，首先可以得到一个次优的路径。多边形的顶点为离散空间中的点，其边缘即飞机或无人机满足一定飞行方向限制（尽量减少雷达反射）的可能路径。为了避免计算维数问题，该算法首先建立一个较粗调的图，仅包含较少的顶点和边缘，并搜索最佳的解决方案。一旦获得最佳方案，则在前一个图的基础上构造一个新图，同时开始新一轮的搜索。重复上述过程，直到获得最优路径。减少暴露在敌人雷达下的特征可以作为约束条件嵌入优化中。仿真结果表明该技术可以实时产生最佳轨迹。

3 战术导弹制导策略

1950 年 12 月，美制“云雀”导弹作为第一种采用比例导引（PN）的导弹被投入测试。自 1950 年以来，由于 PN 方法简单有效、易于实现，已被大多数雷达（RF）制导和红外（IR）制导导弹所采用。诸多学者曾对 PN 的导引方式进行了研究，通过运用碰撞运动学和最优控制理论论证了其有效性。Sage（1968）建立了这一理论基础。追踪指引（PG）等导引方法可被视为 PN 的一个子集。增强的比例导引（APN）和最优制导引（OGL）等被视为 PN 的变种方法，可以通过估计目标的横向加速度，实现对高机动目标的拦截。OGL 采用了时变增益，从而能显著缩短脱靶距离。

其他形式的拦截导引包括视线导引（CLOS）及其变种，以及乘波导引（BR）。CLOS 及其变种方法使用与 PN 略微不同的原理。所有导引策略的最终目标是成功实现目标拦截。上述所有导引方法可以采用主动、半主动或者被动方式来实施，方式的选择取决于操作要求、成本和拦截场景。Zarchan（1994）、Garnell 和 East（1977）已详细研究了 PN 和 CLOS 系统的原理方法和性能特点。在制导系统的设计和分析过程中，常用的技术方法包括伴随法、协方差分析方法和蒙特卡罗方法（Zarchan，1994；Bucco 和 Weiss，2007）。

3.1 CLOS 及其变种

CLOS 之所以称为“视线导引”，是由于这一导引指令的目的是促使拦截器按照目标追踪器（通常位于拦截器发射点）与当前目标位置的连线进行追踪。典型的 CLOS 轨迹如图 6 所示。图中目标和拦截器的对应位置用带下标“i”的点表示，从发射到撞击两者轨迹用实线表示，虚线表示“i”点时刻的视线。

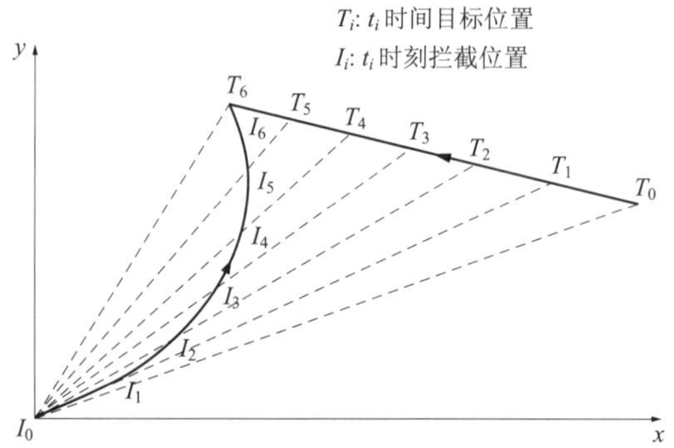

图 6 典型的 CLOS 相遇轨迹

为了导出 CLOS 导航方程，研究图 7 所示的目标拦截运动学。

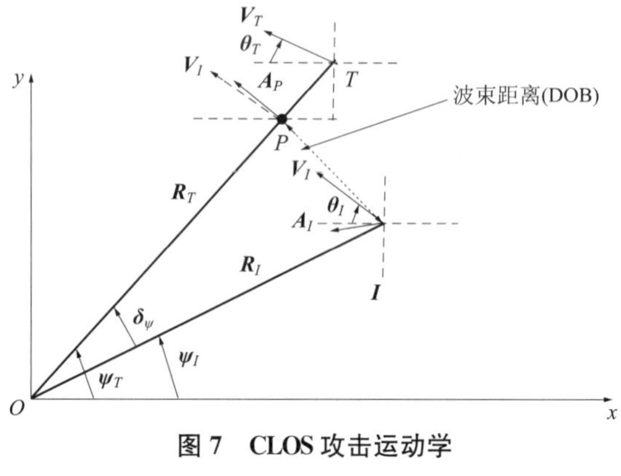

图 7 CLOS 攻击运动学

考虑图 7 所示的目标拦截运动学，为了成功拦截目标：①波束距离（DOB）即拦截器（I 点）到目标 LOS（OT 线段）的垂线距离必须被清零；②拦截器必须成功保持在目标 LOS 线上，也就是说，一旦 DOB 被清零，拦截器必须使用额外的垂向加速度以保持在 P 点上。其中：$OP=R_I$，$\delta\Psi$ 是小量，$\Psi_I\approx\Psi_T$。这个垂向加速度即科里奥利加速度（A_P），它是保证拦截器紧跟目标 LOS 所必需的，其推导过程为（拦截器位于点 P 时）：

$$R_I\dot{\psi}_T=V_I\sin(\psi_T+\theta_I) \tag{8}$$

$$\dot{R}_I=-V_I\cos(\psi_T+\theta_I) \tag{9}$$

式（8）和式（9）分别定义了拦截器垂直和平行于目标 LOS 的速度。将这些方程相对于时间求微分，再经过一些代数运算，即可得到科里奥利加速度为

$$R_I\ddot{\psi}_T+2\dot{R}_I\dot{\psi}_T=V_P\dot{\theta}_T\cos(\psi_T+\theta_I)+\dot{V}_P\sin(\psi_T+\theta_I)=A_P \tag{10}$$

进行拉普拉斯变换，该方程可写为

$$A_P=(R_Is^2+2\dot{R}_Is)\psi_T \tag{11}$$

如果定义拦截器的总加速度为 $A_\perp$，其垂直于目标 LOS、用于清零 DOB 并跟踪 LOS，那么可得到

$$A_\perp=A_D+A_P \tag{12}$$

假设拦截器达到所需的加速度为 $A_\perp^*$，使其能够保持或接近目标 LOS 线，则截击 LOS 线的旋转方程（ψ_I）可为

$$A_\perp^*=R_I\ddot{\psi}_I+2\dot{R}_I\dot{\psi}_I \tag{13}$$

$$\rightarrow\psi_I=\frac{A_\perp}{(R_Is^2+2\dot{R}_Is)} \tag{14}$$

需要注意的是，$A_\perp$ 是输入自动驾驶仪的加速度指令，$A_\perp^*$ 是自动驾驶获得的加速度，两者之间存在动态时延。例如，一阶近似自动驾驶动力学方程可以表示为传递函数的形式，即

$$\frac{A_\perp^*}{A_\perp}=\frac{1}{1+sT_A} \tag{15}$$

利用式（8）～式（15）构造 CLOS 导航框图，如图 8 所示。使用超前-滞后补偿器的目的是增加导引回路的带宽（即导引的响应速度）。K 是“刚性的”增益，科里奥利算子（$R_Is^2+2\dot{R}_Is$）提供了前馈加速度项，使拦截器保持在目标 LOS 视线上。

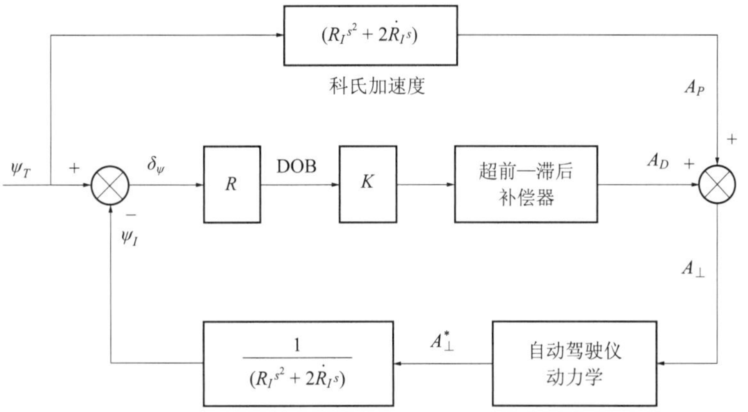

图 8　CLOS 导航框图

在 CLOS 导航的实施中，通常使用两束波（无线电或激光）：一束追踪目标的动向，另一束跟踪拦截器。随后，导引指令发送至拦截器，指引其追上并持续跟踪目标 LOS，直至拦截目标。CLOS 的一个变种是 BR 导航，它只利用一个波束来跟踪目标 LOS。一旦拦截器接收到这个波束的信号，就能利用安装在拦截器上的被动探测器检测到其 DOB，之后使用与 CLOS 相同的方式进行修正。然而，BR 导引过程中不存在由地面上传至拦截器的制导命令，故一般无法进行科里奥利加速度的修正，其后果是拦截器稍落后于目标 LOS 线。除上述情况外，BR 与 CLOS 的轨迹是相似的。CLOS 和 BR 的脱靶距离（MD）均高度依赖于目标速度，脱靶距离随着目标速度的增大而增加。一般 CLOS 的性能略优于 BR。CLOS 和 BR 的拦截器的加速度均随着拦截效益的增强而增大，甚至在最后阶段可能超过拦截器所限制的加速度。MD 性能的改善可以通过适当调整超前-滞后网络和增益 K 来实现。然而，如果导引回路设计的响应过快，CLOS 导引最终将变得不稳定。目标机动情况下，CLOS

和 BR 的 MD 性能高度依赖于攻击时的几何态势和拦截器的加速度限制。如果拦截器的加速度限制明显高于目标的加速度，则可以成功地拦截。

3.2　比例导引（PN）指引

比例导引（PN）的原理是，如果拦截器可以消除“目标-拦截器”瞄准线偏转（LOS）速率，则碰撞（拦截）将会发生。

图 9 展示了一个典型的用于推导和分析 PN 的“目标-拦截器”交战几何结构。其中，点 I、T 分别表示在 t 时刻拦截器和目标的位置。可以看出：

$$v_T=V_T\cos\theta_T\quad v_T=V_T\sin\theta_T \tag{16}$$

$$v_I=V_I\cos\theta_I\quad v_i=V_I\sin\theta_I \tag{17}$$

$$a_{Tx}=-A_T\cos\theta_T\quad a_{Ty}=A_T\sin\theta_T \tag{18}$$

$$a_{Ix}=-A_I\cos\theta_I\quad a_{Iy}=A_I\sin\theta_I \tag{19}$$

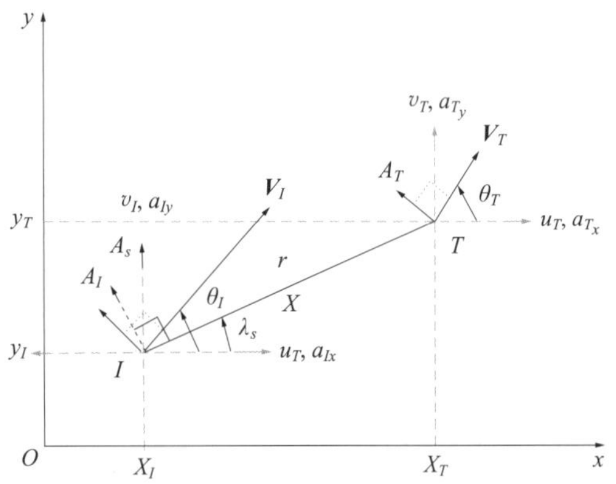

图 9　PN 导航咬合动力学

LOS 角度（λ_s）、视线偏转率（$\dot{\lambda}_s$）、拦截器-目标距离（r），以及接近速度（$V_c=-\dot{r}$）的数学表达式为

$$\lambda_s=\arctan\left(\frac{y_T-y_I}{x_T-x_I}\right)=\arctan\left(\frac{y}{x}\right) \tag{20}$$

$$\Rightarrow\dot{\lambda}_s=\left[\frac{(v_T-v_I)(x_T-x_I)-(u_T-u_I)(y_T-y_I)}{r^2}\right]=\left\{\frac{vx-uy}{r^2}\right\} \tag{21}$$

$$r=[(y_T-y_I)^2+(x_T-x_I)^2]^{\frac{1}{2}}=\{y^2+x^2\}^{\frac{1}{2}} \tag{22}$$

$$\Rightarrow V_c=-\dot{r}=-\left[\frac{(v_T-v_I)(y_T-y_I)+(u_T-u_I)(x_T-x_I)}{r}\right]=-\left[\frac{vy+ux}{r}\right] \tag{23}$$

比例导引（PN）得名于操作指令（即垂直于视线瞄准线的加速度 A_s）与视线偏转率（$\dot{\lambda}_s$）和“导弹-目标”接近速度 V_c 均呈比例关系。导引律的数学表达式可写作

$$A_s=NV_c\dot{\lambda}_s \tag{24}$$

将导引方程（24）改写为拦截器的横向加速度为

$$A_I=A_s\cos(\theta_I-\lambda_s)=NV_c\dot{\lambda}_s\cos(\theta_I-\lambda_s)=N'V_c\dot{\lambda}_s \tag{25}$$

式中，$N'=N\cos(\theta_I-\lambda_s)$。当拦截器速度恒定时，拦截方程（25）等同于

$$\dot{\theta}_I=N''\dot{\lambda}_s \tag{26}$$

式中，$N''=\frac{NV_c}{V_I}\cos(\theta_I-\lambda_s)$。一些设计者已经将表达式（26）引入 PN 设计中。从图 9 可以看出，拦截器航向与 LOS 之间的夹角为 $\theta_L=(\theta_I-\lambda_s)$（也被称为视角或超前角）。在拦截过程中，拦截器和目标在 LOS 垂直方向上的速度分量必须相等，即

$$V_I\sin(\theta_I-\lambda_s)=V_T\sin(\theta_T+\lambda_s) \tag{27}$$

$$\rightarrow\theta_L=(\theta_I-\lambda_s)=\arcsin\left\{\frac{V_T\sin(\theta_T+\lambda_s)}{V_I}\right\} \tag{28}$$

因此，PN 的拦截器应当在碰撞航向（θ_L）上被发射。随后产生的定位误差、拦截器导引头误差、目标机动、前行误差等将通过 PN 导引作用被消除。

3.3　脱靶距离

“目标-拦截器”脱靶距离（MD）是由上述误差源及拦截器自动驾驶动态滞后造成的。MD 被定义为攻击过程中最小的“目标-拦截器”间距（$r_{\min}$）。可以证明，这种情况发生在相对距离矢量垂直于相对速度矢量时。达到 $r_{\min}$ 的时刻 t_f 即为飞行总时间，因此 MD$=r_{\min}=r(t_f)$。

基于式（16）～式（28），可以得到一个二维的“拦截器-目标”模型。运用计算机仿真，该模型即可对 PN 进行分析。仿真输入包括初始目标、拦截器的位置和速度、飞行时间，以及导航常数，进而可以研究上述输入参数对目标机动性能和攻击角度的影响。式（16）～式（28）中的各变量之间的关系原本是非线性的，例如（x，y，u，v），但在实际交战中可以采用某些简化的假设，这样，在尽量符合非线性模型的同时可以使 PN 制导更易于理解分析。线性分析时，假设目标机动很小，“目标-拦截器”相对速度保持不变（$u=-V_c=$常数），并且 $\dot{\lambda}$ 足够小以至于 $\lambda=$常数。之后，选择图 9 中

坐标轴系统的 x 轴作为初始瞄准线。进一步假定 $r\approx x$，$\lambda\approx 0$，目标与导弹分离量等于 y 和 $\mathrm{MD}=y(t_f)$。在上述各项假设条件下，可以推导出以下关系式：

$$r=x\rightarrow V_c=-\dot{r}=-u \tag{29}$$

$$\lambda_s=\frac{y}{r}\rightarrow\dot{\lambda}_s=\left\{\frac{vr+V_c y}{r^2}\right\}=\frac{1}{V_c}\left\{\frac{y}{T_{\mathrm{go}}^2}+\frac{\dot{y}}{T_{\mathrm{go}}}\right\} \tag{30}$$

式中

$$r(t)=\int_{t_f}^{t}\dot{r}\,\mathrm{d}t=V_c(t_f-t)=V_c T_{\mathrm{go}} \tag{31}$$

（注意：$\dot{y}=v$，$\ddot{y}=a_y$）

3.3.1 PN 制导系统的性能特征

图 10 给出了线性化分析 PN 的框图。它允许设计师进行相对简单的模拟，以进一步研究导航常数及目标机动性等参数对 MD 的影响。由时间常数、阶数（一阶，二阶，三阶，……）决定的自动驾驶动态特性对拦截器的 MD 性能影响极大。拦截器的其他参数也会影响 MD 性能，包括拦截器的极限加速度（或饱和效应）以及其探测头的天线整流罩的像差（也称为寄生效应）。

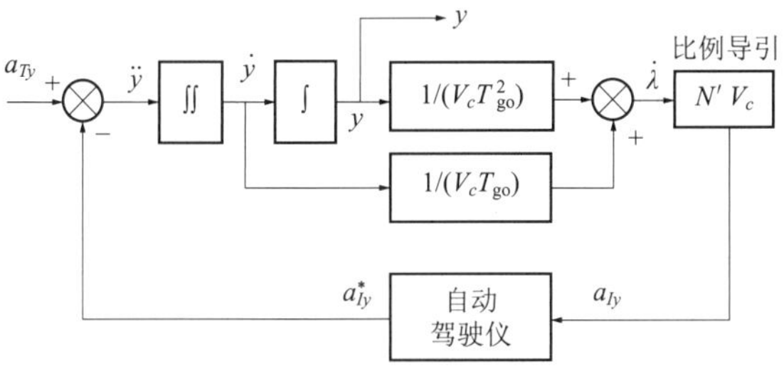

图 10 PN 制导系统框图

在结束本节之前，还要指出两种常见的，尤其适于攻击高机动目标的 PN 变种：增强的比例导引（APN）和最优制导引（OGL）（Zarchan，1994）。其导引律可以表述为

$$\mathrm{APN}\rightarrow A_I=N'V_c\dot{\lambda}_s+k_1\hat{A}_T \tag{32}$$

式中，k_1是 APN 制导常数；$\hat{A}_T$ 是目标的加速度估计值（通常通过卡尔曼滤波器获得）。其计算式为

$$\mathrm{OGL}\rightarrow A_I$$
$$=N'[V_c\dot{\lambda}_s+K_2(T_{\mathrm{go}})\hat{A}_{\mathrm{T}}+K_3(t,T_{\mathrm{go}})\check{A}_I \tag{33}$$

3.3.2 主动、半主动和被动式导引

导引模式或实施方法是指如何使拦截器获得目标，从而产生拦截导引指令。目标位置的 LOS 角度/角速度、距离及距离变化率（接近速度）是由拦截器的导引头或者地面跟踪器产生的。多种方法可实现目标的捕获和跟踪，导引头获得的信息用于计算拦截器的导引律。

1. 主动导引模式

在主动模式下，安装在拦截器上的导引头照射目标并从目标反射的信号中获取导引所需的目标位置、速度及其他状态信息。主动导引模式包括雷达（RF）或主动激光导引头。先进中距空对空导弹（AMRAAM）就是主动 RF 制导导弹的代表。

2. 半主动导引模式

在半主动导引模式中，地面、军舰或战斗机的雷达或激光源照射目标，其反射信号再由拦截器上的导引头所接收。目标反射信号提供目标的位置、速度等信息以用于实现导引律。半主动导引的例子包括SM-2舰船区域防空导弹和“宝石路”激光制导炸弹。

3. 被动导引模式

在被动导引中，不对目标进行人为的照射，而是通过目标反射或放射出的自然辐射（如视觉或红外波段）获得目标信息。目标截获类似人眼观察物体，看到的是太阳光反射的结果。此模式下最常见的是红外（IR）和红外成像（I^2R）导引头。这些导引头能够探测到不同波长的辐射。由于不同物体在不同温度下有其特征性的光谱，因此，导引头可通过复杂的信号处理方法将感兴趣的对象从背景信号中检测出来。从被动目标跟踪中获取的信息可以直接或经加工后用于引导律的实现。先进近距空-空导弹（ASRAAM）是被动制导导弹的代表。

4. 多模导引

目前的研究表明，混合模式（例如 RF 与 I^2R 组合的导引头）有利于在复杂场景中获得更精确的导引结果。不同的组合模式可以满足不同的任务需求。

4 结　　论

本章介绍了制导武器、无人机、飞机的导航和制导技术，并阐释了对这类系统的综合分析方法；在导航技术方面介绍了导弹和无人机的 INS 和 GPS 系统，及从 GPS、INS 或集成 GPS/INS 中获取导航信息的方法；对 TRN 系统（如 TERPROM、TERCOM 和 TERSMAC）的原理与应用进行了讲解；对飞机和无人机的路径规划问题也进行了分析，阐述了一种隐蔽通过敌方区域的最优路径生成方法；介绍了现代制导武器的自动导引策略（如CLOS和PN）以及这些导引技术的分析和综合方法，并对其操作性能进行了讨论；对攻击目标过程中不同的制导阶段以及各种导引模式（主动、半主动和被动）也都进行了讨论。本章旨在帮助读者理解制导武器/导弹的分析和设计技术及其涉及的基本原理。

术　　语

$\boldsymbol{A}_I=(a_{I_x}\quad a_{I_y}\quad a_{I_z})^{\mathrm{T}}$	固定坐标系下飞行器加速度矢量
$\boldsymbol{A}_B$	机体坐标系下飞行器加速度矢量
$\boldsymbol{A}_D$	用于消除DOB的拦截器加速度（垂直于视线瞄准线）
$\overset{*}{\boldsymbol{A}}_I=\left[\dfrac{A_I}{1+sT}\right]$	考虑自动驾驶的时间常数T而得到的拦截器加速度
$\boldsymbol{A}_s$	要求垂直于LOS的拦截器加速度矢量（导引率）
$(a_{Ix},\ a_{Iy})$	拦截器在x轴和y轴的加速度
$a_x=a_{Tx}-a_{Ix}$	x轴上目标-拦截器的相对加速度
$a_y=a_{Ty}-a_{Iy}$	y轴上目标-拦截器的相对加速度
$a_{Tx},\ a_{Ty}$	目标在x轴和y轴的加速度
$(\boldsymbol{B},\ \boldsymbol{F})$	GPS时钟偏差
$\mathrm{DOB}=R_I\delta\psi$	小$\delta\psi$角度下波束距离
$\boldsymbol{g}_I$	固定坐标轴系下重力加速度矢量
$[K_2(T_{\mathrm{go}});K_3(T_{\mathrm{go}})]$	时间变化增益函数
h_z	超过基准面的地形高度
N	导航常数
$\hat{p}_{x,y}$	KF估算飞机的x，y位移
$\bar{p}_{x,y}$	生成地图上飞机的x，y位移
$p_{x,y}$	生成的INS上飞机的x，y位移
$\hat{p}_z$	KF估算飞机在基准面之上的z位移（高度）
p_z	生成INS上飞机高于基准面的z位移（高度）
$\hat{p}_z^*$	无线电测得飞机高于地面的z位移（高度）
$\delta p_{x,y}$	生成地图和生成INS关于飞机x，y位移间的误差
$\boldsymbol{R}_{S_i}=(x_{S_i}\quad y_{S_i}\quad z_{S_i})^{\mathrm{T}}$	固定坐标系下第i颗卫星的位移矢量
$R_T,\ R_I$	目标-拦截器之间的距离
$\boldsymbol{R}_i=\boldsymbol{R}_{S_i}-\boldsymbol{R}_I$	飞行器与第i颗卫星的相对距离
$\boldsymbol{R}_I=(x_I\quad y_I\quad z_I)^{\mathrm{T}}$	飞行器在固定坐标轴系下的位移矢量
r	拦截器-目标间分离距离
$\left[t_f=\dfrac{r(0)}{V_c}\right]$	飞行时间
$T_{\mathrm{go}}=(t_f-t)$	距离结束时间
$[\boldsymbol{T}_{\mathrm{B}}^{\mathrm{F}}]$	从机体坐标系到固定坐标系的3×3转换矩阵
$\boldsymbol{U}_i=\boldsymbol{U}_{S_i}-\boldsymbol{U}_I=\dfrac{\boldsymbol{R}_i}{\\|\boldsymbol{R}_i\\|}$	飞行器到第i个卫星两点之间的矢量
$u_I,\ v_I$	拦截器在x方向和y方向上的速度
$u_T,\ v_T$	目标在x方向和y方向上的速度
$u=u_T-u_I$	目标-拦截器在x轴方向上的相对速度
$v=v_T-v_I$	目标-拦截器在y轴方向上的相对速度
$\boldsymbol{V}_I=(u_I\quad v_I\quad w_I)^{\mathrm{T}}$	飞行器在固定坐标轴系下的速度矢量
$\boldsymbol{V}_i=\boldsymbol{V}_{S_i}-\boldsymbol{V}_I$	飞行器和第i个卫星间的相对速度
$\boldsymbol{V}_{S_i}=(u_{S_i}\quad v_{S_i}\quad w_{S_i})^{\mathrm{T}}$	第i个卫星在固定坐标轴系下的速度矢量
$\boldsymbol{V}_T,\ \boldsymbol{V}_I$	目标与拦截器的速度

$\mathbf{V}_I$，$\mathbf{A}_I$	拦截器的纵向速度和横向加速度
$\mathbf{V}_T$，$\mathbf{A}_T$	目标的纵向速度和横向加速度
x_I，y_I	拦截器在 x 和 y 方向上的位移
$\hat{P}_2^*$	无线电测得飞机高于地面的 z 位移（高度）
$x=x_T-x_I$	目标-拦截器在 x 方向上的相对位移
$y=y_T-y_I$	目标-拦截器在 y 方向上的相对位移
$\boldsymbol{\phi}=(\psi \quad \theta \quad \phi)^{\mathrm{T}}$	欧拉角
$\boldsymbol{\omega}_{\mathrm{B}}=(p \quad q \quad r)^{\mathrm{T}}$	陀螺仪输出量
θ_T，θ_I	目标和拦截器在 x 方向上速度矢量之间的相对夹角
ψ_T，ψ_I	目标-拦截器之间的LOS角
$\delta_\psi=\psi_T-\psi_I$	LOS角的微分量
θ_I，θ_T	拦截器-目标之间的航向夹角
λ_s	LOS角度
APN	增强的比例导引
BR	乘波导引
CLOS	视线导引
CM	对抗措施
ECI	地心惯性坐标系
EKF	扩展卡尔曼滤波
FOG	光纤陀螺仪
GPS	全球定位系统
IMU	惯性测量单元
INS	惯性导航系统
KF	卡尔曼滤波
LLN	主动激光线扫描机
LOS	视线
LSE	最小二乘估计
MD	脱靶距离
MEMS	微机电系统
NED	（北东下）当地坐标系
OGL	最优制导引
PN	比例导引
SDS	捷联系统
SOC	卫星轨道坐标系
SPS	稳定平台系统
TERPROM	地形剖面匹配
TERCOM	地形匹配
x_T，y_T	目标在 x 和 y 方向上的位移
TERSMAC	地形景象匹配
TRN	地形参考导航
UTC	世界标准时

参考文献

Bortoff, S. A. (2000) Path Planning for UAV. *Proceedings of the American Control Conference, Chicago, IL*, pp. 364－368.

Bucco, D. and Weiss, M. (2007) Development of a Matlab/Simulink Tool to Facilitate System Analysis and Simulation via the Adjoint and Covariance Methods. *AIAA MST Conference*.

Faruqi, F. A. and Turner, K. J. (2000) Extended Kalman filter synthesis for integrated global positioning/inertial navigation systems. *J. Appl. Math. Comput.*, **115**, 213－227.

Garnell, P. and East, D. J. (1977) *Guided Weapon Control Systems*, Pergamon Press, Oxford.

Golden, P. J. (1980) Terrain contour matching (TERCOM): a cruise missile guidance aid. *Proc. SPIE Conf.*, **238**, 10－17.

Grewal, M. S., Weill, L. R. and Andrews, A. P. (2001) *Global Positioning Systems, Inertial Navigation and Integration*, JohnWiley & Sons, New York.

Groves, P. D. (2008) *Principles of GNSS, Inertial, and Multisensor Integrated Navigation Systems*, Artech House, London.

Handley, R. J., Groves, P. D., McNeil, P. and Dack, L. (2003) Future terrain reference navigation techniques exploiting sensor synergy. European Navigation Conference, GNSS 2003, Graz, April 22－25, 2003.

Jazwinski, A. H. (1998) *Stochastic Processes and Filtering Theory*, Dover Publications, Mineola, NY.

Robins, A. J. (1988) Recent developments in the "TERPROM" integrated navigation system. *Proc. Inst. Navigat.*, **44**, 58－66.

Sage, A. P. (1968) *Optimum Systems Control*, Prentice Hall, Englewood NJ.

Titterton, D. H. and Weston, J. L. (2004) Strapdown inertial navigation technology, in *IEE Radar, Sonar, Navigation Series* (eds N. Stewart and H. Griffiths), IEE and AIAA, p. 17.

Zarchan, P. (1994) Tactical and strategic missile guidance,

in Progress in Astronautics and Aeronautics (ed. A. R. Seebass), AIAA, Washington, DC, p. 157.

本章译者：龚正（南京航空航天大学航空宇航学院）

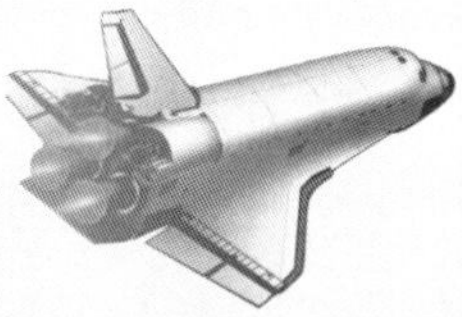

第23部分

飞行控制系统

第 230 章

控制工程基础

Derek P. Atherton
布莱顿萨塞克斯大学工程与设计学院，布莱顿，英国

1 引　　言

控制是一个常用词，牛津词典给出了控制的几种定义，其中最适当的解释是“调节或操纵（一台机器）”。工程师们将控制的原理应用到众多领域，本章关注的是连续动态系统中变量的控制，即控制一些变量，如直流发电机的输出电压，它既可以作为被控变量，也可以是输出量。控制的要求是保持电压恒定或使其幅值按一个给定的特性变化，这可以通过改变电机的驱动速度即输入来实现。在许多工业应用和航天领域，往往需要同时控制几个参数或变量，人们试图找到一个合适的变量，希望调节它时只改变一个被控量而不影响其他变量，但这经常是不可能的。交流发电机的频率和电压可视为双变量控制的一个简单例子，可以通过改变速度和励磁磁场对频率和电压加以控制，但速度的改变对所产生电压的幅度和频率都会有影响，对这种情况，称之为多变量控制。本章仅介绍单变量控制，也就是常说的单输入单输出（SISO）控制。

如果一个人知道某装置在何种输入下会有合适的输出，那么理论上来说，可以借助该知识来控制此装置的输出，这一般称为开环控制。但该方法的主要缺点是，如果环境变化或仪器老化使得上述的知识不准确了，那么，给定的输入将不能产生期望的输出。因此，如果希望精确地控制被控量，那么此被控量必须是可知的，即可测的。然后可以采取行动将其调整到所需要的值。这就引出了图 1 所示的反馈的概念，被控量为可测量的输出 C，与期望值或参考值 R 相比，得到的误差用来调整输出 C。理想情况下，该回路将响应此误差信号，并将误差消除为“0”。但是值得注意的是，只有当测量装置准确时，输出 C 才可能是所需要的值。为了使 SISO 反馈回路具有满意的性能，通常需要一个控制器，如图 1 所示。本章的目的是简要介绍一些用于反馈回路性能研究和控制器设计的分析方法。

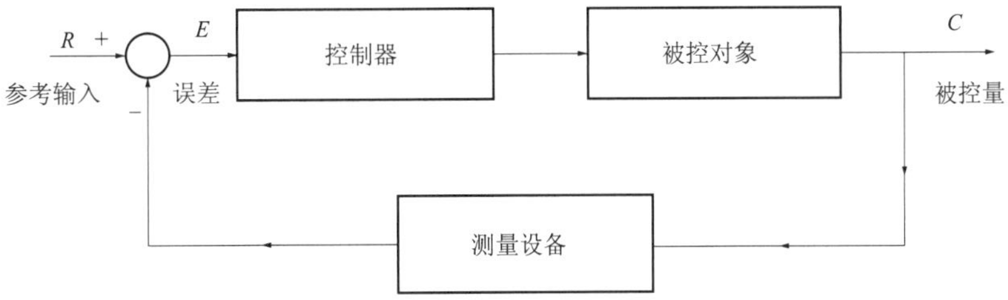

图 1　基本的反馈控制结构

图 1 所示的反馈控制系统可以看成由一系列部件组成。为了了解系统在某种输入时的特性，需要系统各部件的数学模型。部件的数学模型可由物理建模或辨识实验得到。在辨识实验中，通过测量部件的输入和输出信号，可以获得该部件的相关信息。然后进一步，假设可使用线性数学模型来描述部件。实际上，线性系统是不现实的，因为控制阀通常都具有死区，摩擦是非线性的，部件的输出

（如电机的转矩）具有饱和性等特点，这些都是典型的非线性。然而，对于线性系统，人们已经有了一套完整的分析理论，而对非线性系统则没有。对于某些特定的非线性问题，人们有一些理论方法来研究，但它们有些是近似的理论，有些则可能过于严谨而不适合所定义的问题，因此这些理论得到的结果往往非常保守。现在，仿真方法十分有效，因此，线性理论与仿真方法的结合为人们提供了优秀的设计和分析工具。大多数现代控制系统均使用微处理器控制器，因此，尽管许多测量值是连续信号，但在控制系统中它们必须要数字化。和早期的数字控制不同，现在的采样频率可以足够快，这样使用连续系统的分析和设计方法所产生的误差可以忽略不计。因此，主要关注线性连续 SISO 系统的分析和设计。

60 年前出版的一些早期教材经常在标题中使用“伺服机构”一词，如今的控制工程已经有了很大的变化。具有特定功能的硬件已经变得更便宜、更小巧、更可靠并且功能更强大。同样，数学分析和设计的工具已经从计算尺、机械计算器、电子管模拟器变为具有强大分析功能的软件和仿真工具，学生和工程师们可以在台式或手提电脑中使用这些工具。本章对控制工程的介绍正是从软件和仿真工具的介绍出发，本章将利用 MATLAB，并尽量减少理论的赘述。

2　数学模型

如果模型是线性、连续的且不考虑时间延迟，那么它可以写成如下线性微分方程的形式：

$$A(D)y(t)=B(D)u(t) \tag{1}$$

式中，D 表示微分算子 $\mathrm{d}/\mathrm{d}t$；$A(D)$ 和 $B(D)$ 是有关 D 的多项式，其中 $D^i=\mathrm{d}^i/\mathrm{d}t^i$ 表示第 i 阶导数；$u(t)$ 是模型输入；$y(t)$ 是其输出。于是有

$$A(D)=D^n+a_{n-1}D^{n-1}+a_{n-2}D^{n-2}+\cdots+a_1D+a_0 \tag{2}$$

$$B(D)=D^m+b_{m-1}D^{m-1}+b_{m-2}D^{m-2}+\cdots+b_1D+b_0 \tag{3}$$

式中，a 和 b 都是实数。多项式 A 和 B 的阶次分别是 n 和 m，且 $n\geqslant m$。

控制工程分析方法通常使用传递函数或状态空间法来描述对象，这些描述可由式（1）推出或直接通过微分方程获得。如果对式（1）在零初始条件作拉普拉斯变换，则有

$$A(s)Y(s)=B(s)U(s) \tag{4}$$

或简写成

$$A(s)Y=B(s)U \tag{5}$$

假设信号是时间的函数且用小写字母表示，相应的大写字母表示 s 函数，其单位是 s^{-1}。

将式（5）改写成

$$\frac{Y(s)}{U(s)}=\frac{B(s)}{A(s)}=G(s) \tag{6}$$

式中，$G(s)$ 就是式（1）所表示的系统的输入和输出之间的传递函数；$B(s)$ 为分子多项式，其阶次为 m；$A(s)$ 为分母多项式，其阶次为 n，分别由式（2）和式（3）获得，即

$$A(s)=s^n+a_{n-1}s^{n-1}+a_{n-2}s^{n-2}+\cdots+a_1s+a_0 \tag{7}$$

$$B(s)=s^m+b_{m-1}s^{m-1}+b_{m-2}s^{m-2}+\cdots+b_1s+b_0 \tag{8}$$

因为多项式系数 a 和 b 是实数，因此多项式的根必是实数或共轭复数对。分子多项式 $B(s)$ 的根使得传递函数的值等于零，称之为传递函数的零点。同样，分母多项式 $A(s)$ 的根使得传递函数的值趋于无穷大，称之为传递函数的极点。因此传递函数的一般表达式（6）有 m 个零点、n 个极点，其相对阶为 $n-m$，从物理实现的角度考虑，其值不能为负。进一步，如果 $n>m$，则称之为严格正则传递函数；如果 $n\geqslant m$，则称之为正则传递函数。如果根 α_i 和 β_i 已知，那么传递函数也可以写成如下的零极点形式：

$$G(s)=\frac{K\prod_{j=1}^{m}(s-\beta_i)}{\prod_{i=1}^{n}(s-\alpha_i)} \tag{9}$$

状态空间描述法将 n 阶［即 $A(s)$ 的阶次］微分方程转换为 n 个一阶微分方程的方程组。写成微分方程组的方法有多种，因此系统的状态空间描述不唯一，但是无论采用何种状态空间描述，其传递函数都是一致的。当 $B(s)=1$，即传递函数没有零点时，一种常用的方法是取输出 y 和其导数为状态变量。对一般的 $B(s)$，可用相同的状态方程，只是输出方程含有系数 b，因此状态空间方程可写成如下可控标准型：

$$\dot{x}=\begin{bmatrix} 0 & 1 & 0 & \cdot & \cdot & \cdot & \cdot & \cdot & 0 \\ 0 & 0 & 1 & 0 & \cdot & \cdot & \cdot & \cdot & 0 \\ 0 & 0 & 0 & 1 & 0 & \cdot & \cdot & \cdot & 0 \\ \cdot & \cdot & \cdot & \cdot & \cdot & \cdot & \cdot & \cdot & \cdot \\ \cdot & \cdot & \cdot & \cdot & \cdot & \cdot & \cdot & \cdot & \cdot \\ \cdot & \cdot & \cdot & \cdot & \cdot & \cdot & 0 & 1 & 0 \\ \cdot & \cdot & \cdot & \cdot & \cdot & \cdot & \cdot & \cdot & 1 \\ -a_0 & -a_1 & -a_2 & \cdot & \cdot & \cdot & \cdot & \cdot & -a_{n-1} \end{bmatrix} \boldsymbol{x}+\begin{bmatrix} 0 \\ 0 \\ 0 \\ \cdot \\ \cdot \\ \cdot \\ \cdot \\ 1 \end{bmatrix} \boldsymbol{u} \tag{10}$$

$$\boldsymbol{y}=[b_0 \quad b_1 \quad \cdots \quad b_{m-1} \quad 1 \quad \cdots \quad 0]\boldsymbol{x} \tag{11}$$

矩阵形式的状态空间描述有状态方程和输出方程，可以写成

$$\dot{\boldsymbol{x}}=\boldsymbol{Ax}+\boldsymbol{Bu},\ \boldsymbol{y}=\boldsymbol{Cx} \tag{12}$$

式中，$\boldsymbol{x}$ 是 n 维状态向量；$\boldsymbol{A}$ 是 $n\times n$ 维矩阵；$\boldsymbol{B}$ 是 n 维列向量；$\boldsymbol{C}$ 是 n 维行向量。对于 SISO 系统，$\boldsymbol{B}$ 和 $\boldsymbol{C}$ 是向量，用 $\boldsymbol{b}$ 和 $\boldsymbol{c}^{\mathrm{T}}$ 来表示。在状态空间描述中和其他情形下，矩阵 $\boldsymbol{A}$ 和向量 $\boldsymbol{B}$、$\boldsymbol{C}$ 可以有其他特殊形式。有时系统的输入和输出之间也可以直接传递，若再考虑多输入输出（MIMO）系统，则状态空间描述的一般形式为

$$\dot{\boldsymbol{x}}=\boldsymbol{Ax}+\boldsymbol{Bu},\ \boldsymbol{y}=\boldsymbol{Cx}+\boldsymbol{Du} \tag{13}$$

式中，$\boldsymbol{D}$ 是 SISO 系统前馈量。对于 SISO 系统，$\boldsymbol{D}$ 是一个标量。状态空间用来描述 MIMO 系统的数学模型时，字母 $\boldsymbol{B}$，$\boldsymbol{C}$，$\boldsymbol{D}$ 是相应维数的矩阵，$\boldsymbol{A}$，$\boldsymbol{B}$，$\boldsymbol{C}$，$\boldsymbol{D}$ 构成了系统状态空间描述的数学模型。

用 MATLAB 分析时，对象的数学模型 G 可以用以上介绍的任何一种方式描述。G 的传递函数描述采用 G=tf(num，den) 形式指令，其中 num 和 den 分别是分子和分母多项式的系数串。因此，传递函数 $G(s)=\dfrac{2s+1}{s^2+5s+4}$ 可以这样键入：

```
≫num= [2 1];
≫den= [1 5 4];                    (14)
≫ G=tf(num, den)
```

MATLAB 输出是：

$$\frac{2s+1}{s\hat{}2+5s+4} \tag{15}$$

式中，"≫" 是 MATLAB 提示符，"^" 表示幂次，指令末端的分号使指令运行结果不显示出来。

或者，也可以这样键入：

```
≫G=tf( [2 1], [1 5 4])            (16)
```

多项式的根可以通过键入指令 roots 求得，括号里是系数字符串：

```
≫roots (den)
ans=                              (17)
-3
-1
```

传递函数也可以由零点、极点、增益的形式键入，此时 MATLAB 的指令是 $G=$ zpk (zeros，poles，gain)。

状态空间模型可以由指令 $G=$ ss(A，B，C，D) 键入。因此，对上述同样的模型，键入如下指令即定义了其状态空间模型：

```
≫A= [0, 1; -4, -5];
≫B= [0; 1];
≫C= [1, 2];                       (18)
≫D=0;
≫G=ss(A, B, C, D)
```

然后相应的传递函数可由指令 tf(G) 获得。

MATLAB 还可以计算由多个传递函数组合而成的传递函数。串联和并联系统组成的传递函数可分别表示为 $G=G1\times G2$ 和 $G=G1+G2$。图 2 所示的负反馈系统传递函数可以表示为 T=feedback (G，H)。

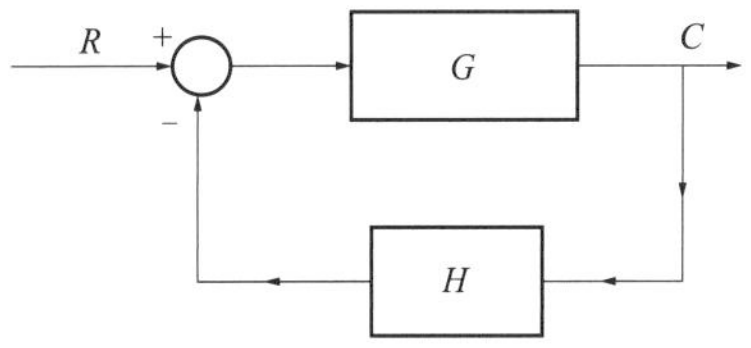

图 2　负反馈系统连接的框图

3　阶跃响应和频域响应

早在 20 世纪 40 年代，控制工程的研究工作就已开展，主要利用传递函数的阶跃响应和频率响应的性质进行分析和设计，这种研究方法称为经典控制。直到 20 世纪 60 年代，人们才开始利用状态空间描述法进行分析和设计。本节首先回顾与传递函数相关的一些基本概念。

单位阶跃信号的拉氏变换是 $1/s$，所以对于单位阶跃信号的传递函数输出信号的拉氏变换为 $Y(s)=G(s)U(s)$，其部分分式形式为

$$Y(s)=\frac{C_0}{s}+\sum_{i=1}^{n}\frac{C_i}{s-\alpha_i} \tag{19}$$

对其作拉氏反变换有

$$y(t)=C_0+\sum_{i=1}^{n}C_i\mathrm{e}^{\alpha_i t} \tag{20}$$

第一项为常数项，有时也写成 $C_0 u_0(t)$，因为拉氏变换定义 $t \geqslant 0, u_0(t)$ 表示零时刻的单位阶跃值。其余都为指数项，如果指数的实数部分 α_i 都小于零，那么这些值随着时间的增加会逐渐衰减至零。称这样的传递函数是稳定的，因为有界的输入将产生有界的输出。因此，如果一个传递函数的极点全部分布在 s 平面的左半部分，那么其就是稳定的。α_i 负的绝对值越大，其对应的指数项衰减至零的速度就越快。对于成对出现的复数极点 α_1，$\alpha_2 = \sigma \pm j\omega$，其对应系数 C_1、C_2 也是复数对，这两项共同组成了式（20）中的 $Ce^{\sigma t}\sin(\omega t+\varphi)$ 项，这就是阻尼振荡衰减项。对于稳定的传递函数，σ 为负值，它决定了振荡的阻尼和频率 ω（角频率）。由此可见，构成系统总体响应的曲线形状是由各极点确定的曲线的形状共同决定的，其各分量的权重由零点决定，因为零点会影响 C 值。

在 MATLAB 中，阶跃响应可由指令 step(G) 获得。对于只有一个极点的传递函数可以写成时间常数的形式：

$$G(s) = \frac{K}{1+sT} \tag{21}$$

其阶跃响应曲线指数递增，最终稳定到终值 K，即 $G(0)$。图 3 给出了 $K=1$ 时归一化的系统阶跃响应曲线。

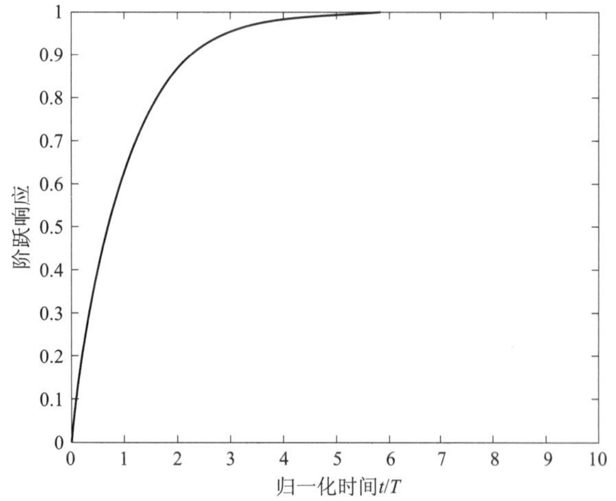

图 3 一阶系统单位阶跃响应曲线

仅有一对复数极点且没有零点的传递函数可以写成如下形式：

$$G(s) = \frac{\omega_0^2}{s^2+2\zeta\omega_0 s+\omega_0^2} \tag{22}$$

其阶跃响应曲线取决于阻尼比 ζ，当以 $\omega_0 t$ 为时间轴时，曲线如图 4 所示。

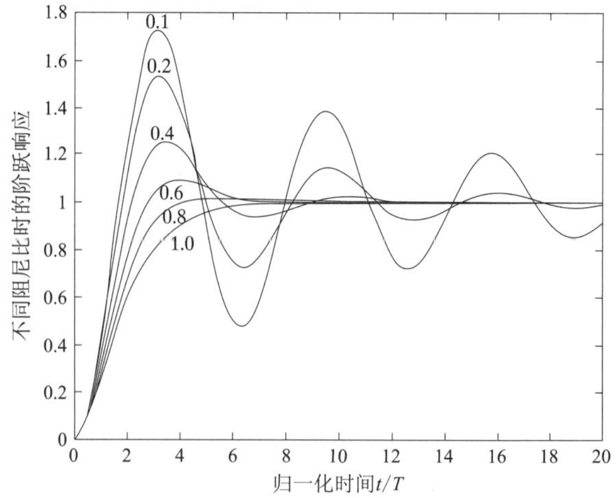

图 4 不同阻尼比的二阶系统单位阶跃响应曲线

式（19）和式（20）中其他任何传递函数的阶跃响应是上述两种传递函数阶跃响应的组合。也可能加上式（20）的第 3 项：仅有一个零点的共轭复根，其阶跃响应曲线是 $Ce^{\sigma t}\sin(\omega t+\varphi)$。人们一般很少提到如何评价零点的影响，有一种方法是将 s 看作微分符号。因此，考虑传递函数 $G(s)=B(s)/A(s)$，$G_0(s)=1/A(s)$（即 $B(s)=1$），如果 $G_0(s)$ 的单位阶跃响应是 $y_0(t)$，那 $G(s)$ 的单位阶跃响应输出是

$$y(t)=\frac{d^m y_0(t)}{dt^m}+\frac{b_{m-1}d^{m-1}y_0(t)}{dt^{m-1}}+\cdots+\frac{b_1 dy_0(t)}{dt}+b_0 y_0(t) \tag{23}$$

式中，b_i 是 $B(s)$ 的系数。这也意味着既然单位脉冲 $\delta(t)$ 是单位阶跃的微分，$G(s)$ 的单位脉冲响应也是其单位阶跃响应的微分。

单位正弦信号 $\sin\omega t$ 的拉氏变换是 $\omega/(s^2+\omega^2)$，如果用部分分式来表示 $Y(s)$，则有

$$Y(s)=\frac{C_{01}+sC_{02}}{s^2+\omega^2}+\sum_{i=1}^{n}\frac{C_i}{s-\alpha_i} \tag{24}$$

对于一个稳定的传递函数 $G(s)$，式（24）中所有指数项之和将最终趋于零，第一项的拉氏反变换可以表示为 $M\sin(\omega t+\varphi)$ ——一个幅值（或振幅）为 M 且相位滞后输入信号 φ 的正弦信号，其中 M 和 φ 是 ω 的函数，这就是 $G(s)$ 的稳态频率响应，简称频率响应。可以证明，它们可以由复数 $G(j\omega)$ 得到，其中 M 是模值，φ 是相角。这是线性系统的一个基本特性，即当输入是正弦信号时，系统的输出信号的频率和输入信号相同，其幅值和相角则是频率的函数。由于 $G(j\omega)$ 是复数，有幅值和相角，那么如果研究其频率性能，需要频率 ω、幅值 M 和相角 φ 三个参数。工程师们常用三种方法绘制

频率信息，即伯德图、奈奎斯特（Nyquist）图和尼科尔斯（Nichols）图，并用这些名字来纪念那些发明这些方法的人。传递函数$G(s)$的所有的信息描述方法在MATLAB中都很容易实现。尽管工程师们经常有自己的偏好，但通常每种图都有其适用的场合。比如伯德图，由于早期计算能力有限，伯德图容易计算的特点使其得到广泛的应用，在很多情况下，人们很容易得到近似的结果。这些方法现在仍然是非常有用的，例如，它们可以帮助在键入MATLAB前检查数据的错误，这里不赘述这些内容。

伯德图包含两个部分，即幅值特性图（M）和相角特性图（φ），它们都是频率ω的函数。对这两个图，其频率为x轴，采用对数坐标轴。对数坐标具有这样的性质，两频率ω_1和ω_2之间中间点的频率为$\omega=\sqrt{\omega_1\omega_2}$。幅值可以用对数或者分贝（dB）为单位，其中dB=20lg$M$，相角是以线性坐标绘制的。伯德证明：没有s右半平面零点的传递函数，其相角与幅值有如下的关系：

$$\varphi(\omega_1)=\frac{1}{\pi}\int_{-\infty}^{\infty}\frac{\mathrm{d}A}{\mathrm{d}u}\lg\coth\frac{|u|}{2}\mathrm{d}uS \qquad (25)$$

式中，$\varphi(\omega_1)$是系统在频率等于ω_1处的相位，$u=\log_e\left(\frac{\omega_1}{\omega_2}\right)$，$A(\omega)=\log_e|G(\mathrm{j}\omega)|$。

从这个表达式可以进一步看出，相角与幅值之间有一个比较好的近似关系：相角等于15°乘以幅值曲线斜率，其中斜率单位是分贝/频程。这个理论非常有用，可以从已知幅值特性估计相角特性。上述绘图方法也意味着由两个传递函数串联组成的传递函数的伯德图是每个子传递函数的伯德图相加。MATLAB用来绘制传递函数G的伯德图的指令是bode(G)。它有一个默认的频率ω的范围，但用户可以用指令bode(G，ω）自定义ω的范围。通常用指令ω=lg space(a，b，n）生成在对数坐标轴10^a和10^b之间的n个点，n的默认值是50。

既然

$$G(\mathrm{j}\omega)=M(\omega)\mathrm{e}^{\mathrm{j}\varphi(\omega)}=X(\omega)+\mathrm{j}Y(\omega) \qquad (26)$$

那么每个ω给出复平面内的一个点，这个点既可以在极坐标中用M和φ绘制，也可以在直角坐标中用X和Y绘制。ω变化时会产生一系列的点，连接这些点就产生一个以ω为参数的轨迹，称之为极坐标曲线或奈奎斯特曲线。对象G的奈奎斯特曲线可由MATLAB指令nyquist(G）或nyquist(G，ω）获得。

尼科尔斯曲线和奈奎斯特曲线类似，它也是ω的函数轨迹，区别在于坐标轴的选择。对尼科尔斯图，纵坐标是幅值，单位是dB，横坐标是相角，单位是度［（°）］。原点位置可以选择在0dB和−180°处，这个原因后面会解释。对象G的奈奎斯特图可由MATLAB指令nichols(G）或nichols(G，ω）获得。

4 基本反馈回路

基本反馈回路包含独立的控制器、被控对象及测量元件，如图5所示。除了参考输入信号R外，设计过程中还需要考虑干扰信号D和测量噪声N。测量元件的动态响应速度应比回路中其他元件的响应速度快很多，因此H往往只是一个数值量。

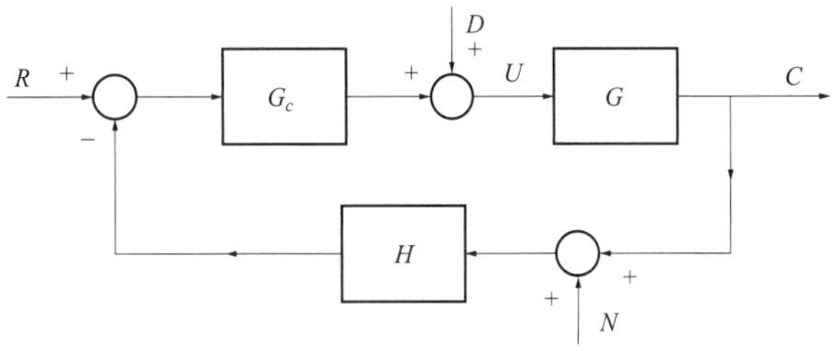

图5 反馈控制系统基本框图

对于如图5所示的闭环系统，很容易证明：

$$C(s)=\frac{G_c(s)G(s)R(s)}{1+G_c(s)G(s)H(s)}+\frac{G(s)D(s)}{1+G_c(s)G(s)H(s)}+\frac{G_c(s)G(s)H(s)N(s)}{1+G_c(s)G(s)H(s)} \qquad (27)$$

对于线性系统，式（27）表明，每个输入对应的输出是互相独立的。上述方程的三个部分的分子分别对应每种输入到输出的前向回路，分母部分都等于1加上回路中各传递函数的乘积。此乘积称为开环传递函数$G_{ol}(s)$，即

$$G_{ol}(s)=G_c(s)G(s)H(s) \qquad (28)$$

假设反馈回路是负反馈，所以如果将闭环回路断开，并输入$V(s)$，那么其返回值是$-G_{ol}(s)\cdot V(s)$。

从R到C的闭环传递函数通常用$T(s)$表示为

$$T(s)=\frac{C(s)}{R(s)}=\frac{G_c(s)G(s)}{1+G_c(s)G(s)H(s)} \qquad (29)$$

它的极点是式（30）的根，即

$$F(s)=1+G_c(s)G(s)H(s)=1+G_{ol}(s)=0 \qquad (30)$$

称式（30）为闭环系统的特征方程。如果它的根全部落在s平面的左半面，那么闭环回路就是稳定的。用分子和分母多项式表示每个模块的传递函数为

$$G_c(s)=\frac{N_c(s)}{D_c(s)},G(s)=\frac{N(s)}{D(s)}\ ,H(s)=\frac{N_h(s)}{D_h(s)} \tag{31}$$

那么闭环系统的传递函数是

$$T(s)=\frac{N_c(s)N(s)D_h(s)}{N_c(s)N(s)N_h(s)+D_c(s)D(s)D_h(s)} \tag{32}$$

需要注意的是：$T(s)$ 的零点是 $G_c(s)$、$G(s)$ 的零点及 $H(s)$ 的极点。

设计者将根据特定的要求设计闭环控制系统，使闭环系统满足指定的要求。部件的选择、建模、闭环系统性能分析计算和控制器参数调整、重新选择部件、重新建模、进行更多的分析、直到满足给定的性能指标，这一循环反复的过程是控制系统设计所不可缺少的。由于一些控制系统使用非线性部件，从而造成被控变量在理想值附近、在有限的周期内出现振荡，设计的主要准则就是确保反馈回路的稳定。评价参考输入 R 和干扰信号 D 的影响是根据它们的阶跃响应的形式，如超调量、调节时间、稳态误差等。下面将讨论系统在跟踪斜坡输入或频率信号时的稳态误差，这就涉及闭环系统的频率响应特性。这在研究噪声 N 的影响时经常用到。

4.1 稳定性

闭环系统稳定的要求是：式（29）所示的闭环传递函数 $T(s)$ 的所有极点都位于 s 平面的左半面。在现代强大的计算工具出现以前，很难计算高阶多项式的根，因此难以判定系统是否稳定。MATLAB 计算多项式根的指令是 roots(ploy)，其中 poly 是以分子、分母多项式的系数串的形式键入，且 s 最高次幂的系数是第一个元素。19 世纪末期，人们提出了著名的劳斯判据，这在大多数控制工程教科书上都有详细介绍。该判据表明：根据多项式（33）中系数组成的劳斯表，可以找到此多项式在 s 平面右半面的根的个数，即

$$F(s)=f_ns^n+f_{n-1}s^{n-1}+\cdots+f_1s+f_0,f_0>0 \tag{33}$$

部件的模型通常由频率响应测试获得，因此，基于频率响应特性的研究成果在早期控制中非常有用。俄罗斯的教科书给出一种 Mikhailov 判据，利用上述多项式的频率响应 $F(j\omega)$ 进行稳定性判断。当 ω 值由零变化到无穷大时，可画出 $F(j\omega)$ 在复数平面上的一条轨迹，如图 6 所示，其曲线从正实轴上的 f_0 处开始，以逆时针方向相继穿过正虚轴、负实轴等，直到其最终趋向无穷。当曲线穿越坐标轴的次数是 $n-1$ 时，多项式的根将都落在 s 平面的左半面，即系统是稳定的。当然，此判据在其他地方很少被提及。

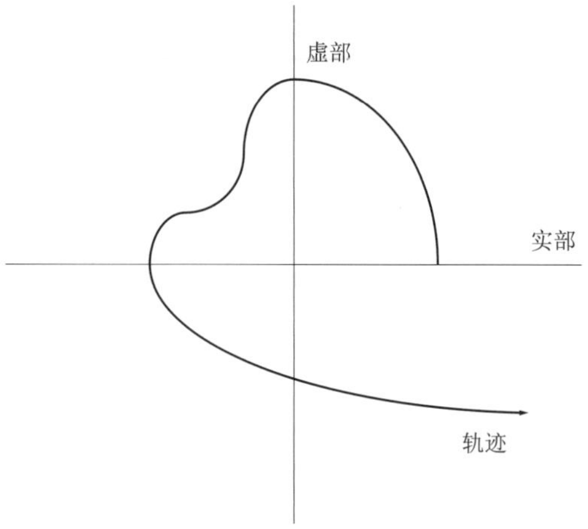

图 6 稳定四阶系统 F（jω）的 Mikhailov 判据例图

奈奎斯特判据也是频率响应法，其最大的优点是可以利用环频率响应来判断闭环系统的稳定性。因为控制器在回路内，所以它对开环频率响应的影响很容易判断。因此，利用开环特性预估闭环性能的方法是非常有用的。奈奎斯特判据可以用复变函数中的柯西定理证明。该判据指出：$F(s)$ 在右半平面极点的个数等于开环频率响应曲线 $G_{ol}(j\omega)$ 顺时针包围点（-1，0）的次数加上 $G_{ol}(s)$ 位于右半平面极点的个数。显然，如果此值等于零的话，那么系统稳定。这里需要对正负频率都绘制奈奎斯特图以找到对点(-1，0)的包围。负频率奈奎斯特图与正频率奈奎斯特图关于实轴对称，可以用 MATLAB 绘制奈奎斯特图。但是，奈奎斯特图在频率为零时其值为无穷大，由于积分项的存在，这导致半圆半径无限大，奈奎斯特图不能封闭，MATLAB 不能表示这种情况。

4.2 回路分析方法

回答了如何判断反馈回路是否稳定后，下面将讨论的是其性能是否满足给定指标的要求，这涉及阶跃参考输入的响应问题。如果发现回路性能不满足给定指标要求，那么接下来的问题是，可以调整控制器以满足性能指标吗？因为控制器在回路中，这个问题就变成如何改变开环传递函数 $G_{ol}(s)$ 来影响闭环传递函数 $T(s)$ 。通过分析简单的传递函数 $G_{ol}(s)$ ，可以评价一些定性的概念：① $G_{ol}(j\omega)$ 频域响应曲线；②如

何选择 $G_{ol}(s)$ 来配置合适的闭环极点。从奈奎斯特判据可知：对一个稳定系统，如果 $G_{ol}(j\omega)$ 轨迹离尼科尔斯图的原点（−1，0）越近，在某种意义上可认为闭环系统的稳定性越差。当反馈 $H(s)=1$ 时，可用 MATLAB 绘制奈奎斯特图等分贝线。如图 7 所示，以 $G_{ol}(s)=\dfrac{3}{s(s+1)(s+2)}$ 为例，这些等分贝线可以表示其幅值大小，从图中可以看出，其奈奎斯特图在点 P 处达到最大值，大约是 10 dB，因此闭环系统的频率响应也在 P 处取得最大值 M_p，约等于 10 dB，其中 P 点的频率约等于 1 rad/s，这点很容易通过闭环系统的频率响应图来验证。相应的，如果开环系统对输入 R 阶跃响应振荡越大，闭环频率响应的谐振也越大。

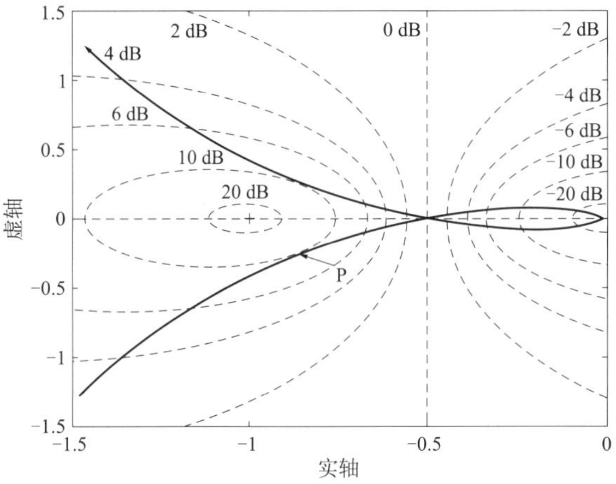

图 7　等分贝线的奈奎斯特图

如图 8 所示，对相同的 $G_{ol}(s)$，用增益裕度和相位裕度来衡量 $G_{ol}(j\omega)$ 与点（−1，0）的距离。增益裕度是闭环系统从稳定变至不稳定所需增加的增益，用 20lg（ON/OP）表示，单位为 dB。图 8 所示的例子中，曲线在−0.5 处穿越负实轴，所以如果此点要穿过 N 点（−1 处），增益需要增加 2 倍，即 20lg2=6 dB。相位移为−180°时的频率称为穿越频率，记作 ω_{pc}，在此例中其值等于1.414 rad/s。X 相角裕度是闭环系统从稳定变至不稳定所需变化的相角。图 8中的 G 点处增益值为 1，即 $OG=1$，若 G 点穿过 N 点，则此处相角需要增加 $\angle GON$，如图 8 所示。用数学表达式来表示，相角裕度$=180°+\angle G(j\omega_{gc})$，$\omega_{gc}$ 是 G 点处的频率，因为 $|G(j\omega_{gc})|=1$，所以其被称为截止频率。在此例中，$\omega_{gc}=0.969$ rad/s，相角裕度是 20.0°。

也可以通过伯德图获得上述信息。图 9 表示的是与上例相同的开环传递函数的伯德图。闭环响应的另一个重要指标是响应速度，可以通过增加

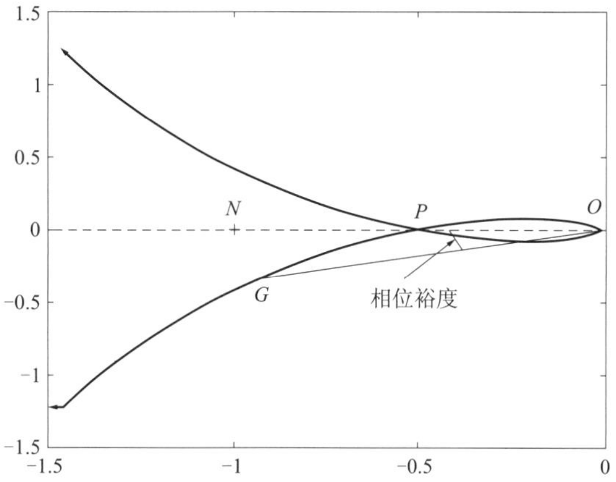

图 8　增益裕度和相位裕度的奈奎斯特图

$G_{ol}(j\omega)$ 的带宽来提高响应速度。

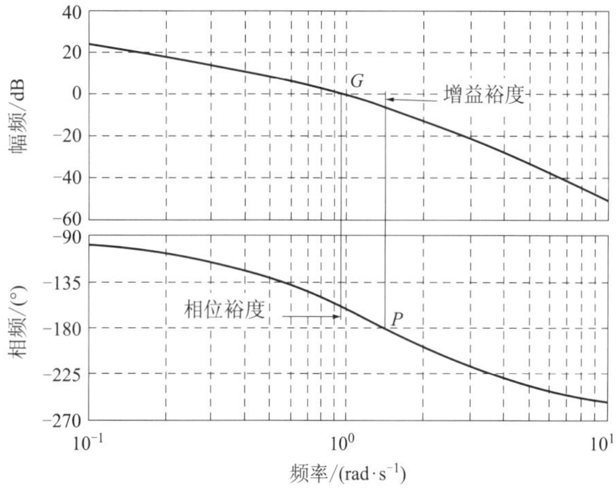

图 9　标明稳定裕度的伯德图

可以用根轨迹法来研究如何改变开环传递函中的参数，比如用开环增益 K 来配置闭环的极点。回路的特征方程为

$$1+KG_{ol}(s)=0 \tag{34}$$

为了表示其根如何随 K 值变化，式（34）可以写成

$$\mathrm{Arg}[G_{ol}(s)]=-180° \tag{35}$$

$$K\,|\,G_{ol}(s)\,|=1 \tag{36}$$

基于上述两个等式，可以绘制 K 值变化时的根轨迹图。MATLAB 中根轨迹绘制指令是 rlocus(G)，这里 $G=G_{ol}(s)$。通过重写特征方程，可以展示 $G_{ol}(s)$ 的根轨迹如何随 $G_{ol}(s)$ 中参数的变化而变化。

从式（32）可知，既可以用 $H(s)$ 也可用 $G_c(s)$ 来改变开环系统的动态响应，从而改变闭环系统的性能。需要注意的是，传递函数 $G_c(s)$ 和 $H(s)$ 互换位置时，无论 $G_{ol}(j\omega)$ 或极点位置都不会改变，但是 $T(s)$ 会改变。

5 控制器设计

许多经典的控制器设计方法是采用标准的传递函数类型作为控制器的，所以控制器设计问题就转变为选择适当的控制器参数的问题。对于很多系统，这种设计方法效果很好，这种方法的另一个优点就是可以根据经验调整控制器的很少的几个参数值。然而，目前普遍在控制器中使用微处理器，这样就可以通过编程执行各种任务。这是控制器的一个巨大变革，它可以自动地进行辨识测试并利用结果来调整控制器的参数。三种常见的控制器分别是：相位超前控制器、相位滞后控制器和 PID 控制器。因为许多系统性能要求对于参考阶跃输入 R 没有稳态误差，前两种控制器用在被控对象传递函数中有积分项的情况下。过程控制中的许多对象，如温度控制，其传递函数没有积分项，这时通常使用 PID 控制器。

5.1 相位超前和滞后

大多教科书中讨论相位超前和滞后控制器设计时常采用频域法和根轨迹分析法，但是这里只介绍频域法。需要根据开环频率响应与闭环性能之间的关系，改善或“重塑”开环频率响应 $G_{\mathrm{ol}}(s)$，使闭环系统达到理想的性能。相位超前和滞后控制器有如下形式：

$$G(s)=\frac{1+sT}{1+s\alpha T} \tag{37}$$

当 $\alpha<1$ 时相位超前，当 $\alpha>1$ 时相位滞后。选择这两种控制器的参数 α 和 T 的常见的一种频域法是先设定一个相角裕度 φ。下面给出的例子对各种控制器的设计都有效。假设对象传递函数为

$$G(s)=\frac{6}{s(1+0.5s)(1+0.1s)} \tag{38}$$

要求设计相应的控制器，使得系统的相位裕度约为 40°。

图 10 和图 11 所示分别为原系统与加入所设计的超前补偿器、滞后补偿器后系统的伯德图的比较。有了伯德图以后，在 MATLAB 中键入 margin(G)，图中将会显示幅值裕度和相位裕度的值，如图 10 所示。

对于超前网络，参数 α 和 T 的值分别是 0.200 和 0.472；对于滞后网络，参数 α 和 T 的值分别是 3.12 和 6.62。应该指出：超前网络可增加系统带宽，但它的传递函数对应的对象有时候可能并不存在；相反，滞后网络会减小带宽。图 12 表明：超前补偿器和滞后补偿器的闭环阶跃响应超调量大致相同，但超前网络响应速度更快，因为系统带宽增加了。如果传递函数式（37）的相对阶为零，若输入单位阶跃信号，那其初始输出就是 $1/\alpha$。因此，对于相位超前补偿器，由于微分冲击效应，当 α 较小时，阶跃输入信号将产生很大的输出值。这意味着上升时间更快，但同时大的阶跃输入会造成系统饱和。图 12 同时也指出，如果将超前补偿器放在反馈回路上，就能避免这个问题，而且响应令人满意。但是，如果将滞后补偿器放在反馈回路上，那么响应会变得非常缓慢且超调量会非常大。

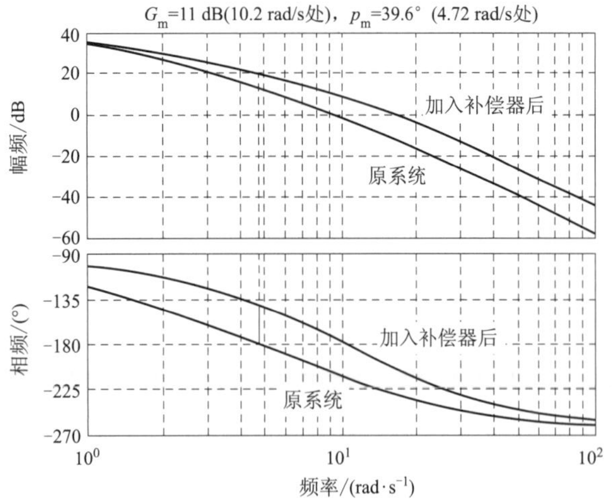

图 10 原系统与加入超前补偿器后的伯德图

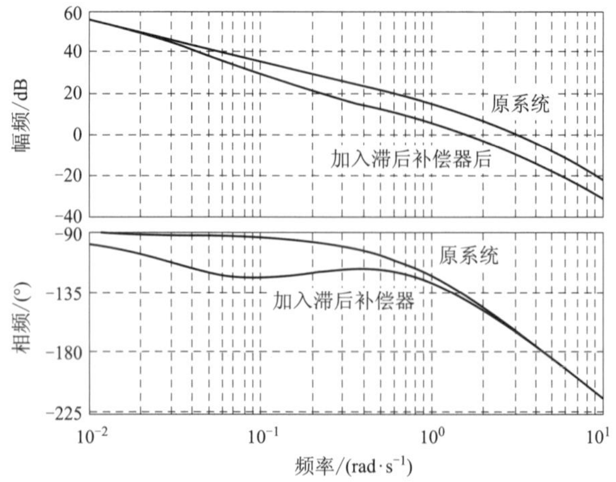

图 11 原系统与加入滞后补偿器后的伯德图

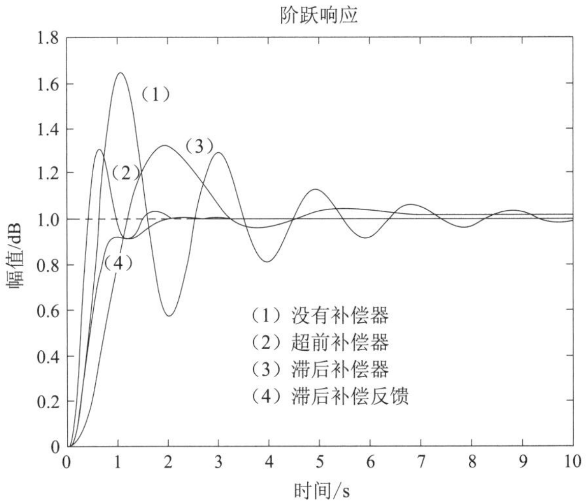

图 12　原系统与分别加入超前和滞后补偿器后的阶跃响应

5.2　PID 控制

PID 控制器的模型有多种，但大多数学术论文均使用如下理想传递函数：

$$G_c(s)=K_c[1+sT_d+(1/sT_i)] \tag{39}$$

其输入是回路误差。

另一种常用的模型具有实数零点的形式：

$$G_c(s)=K_c'(1+sT_1)[1+(1/sT_2)] \tag{40}$$

通过 $K_cT_2=K_c'T_i$、$K_c=K_c'(T_1+T_2)/T_2$、$K_cT_d=K_c'T_1$，式（40）可以转化成式（39）。有时候导数项的输入是系统的输出而不是回路的误差，这时记为 PI－D。PID 控制器避免了前面讨论的超前补偿器所提到的微分冲击现象。实际中，导数项会有附加的时间常数，其形式变为 $sT_d/(1+s\alpha T_d)$，其中 α 值通常为 0.1 左右。

许多 PID 控制的文献参考的都是 Ziegler 和 Nichols 在 1942 年的早期著作。基于两种不同的辨识方法，Ziegler 和 Nichols 提出两种 PID 控制器参数调节方法。一种利用被控对象的开环阶跃响应，另一种就是所谓的回路振荡法。有时间延迟的一阶传递函数模型（FOPDT）适用于许多工程控制，他们针对这种模型的控制器的参数值提出了建议。针对现代技术，他们提出了回路振荡法：首先将控制器设置成 P 模式并调整增益使回路产生振荡。虽然实际上这很难实现，但在理论上它将获得被控对象在 180°相移时的频率和增益。称这一点为临界点或相角穿越点，即奈奎斯特图穿越负实轴点，仅用这一点的信息就可以设置控制器参数。如果被控对象的数学模型已知，可有多种方法来设计控制器参数以满足实际需求，比如基于频率响应法或配置极点法。另外，回路振荡法适用于可自行设定参数的具有微处理器的控制器。如果用继电特性来代替比例项中的增益调节，那么回路会出现可控的极限环。极限环的值也可用于估计临界点的值。如果知道了临界点的值，就可以用多种方式来设定控制器的参数。这种设计方法还可以用于其他类型的控制器，如相位超前控制器，但前提是可以安全地获得极限环。

5.3　状态反馈

正如前面所提到的，由于状态变量选择的不同，系统状态空间模型是不唯一的。但是，可以证明，如果一个系统是可控的，即矩阵 $\boldsymbol{X}=(\boldsymbol{B}\quad \boldsymbol{AB}\quad \boldsymbol{A}^2\boldsymbol{B}\quad \cdots\quad \boldsymbol{A}^{n-1}\boldsymbol{B})$的秩为 n，那么它就可以写成如式（10）和式（11）所示的可控标准型。进一步可以证明，通过图 13 所示的状态反馈（粗线代表状态变量 x），闭环传递函数的极点可以任意配置。这在理论上提供了一个很好的设计闭环系统的方式，但是还存在许多问题，三个主要的问题是：①状态变量必须可测或可估计，这可以根据对象的数学模型和输入 $\boldsymbol{u}$、输出 $\boldsymbol{y}$ 等信息，利用控制软件包来获得；②如果要保持系统线性，那么必须限制反馈回路的增益；③无法改变前向通道中的任何零点。

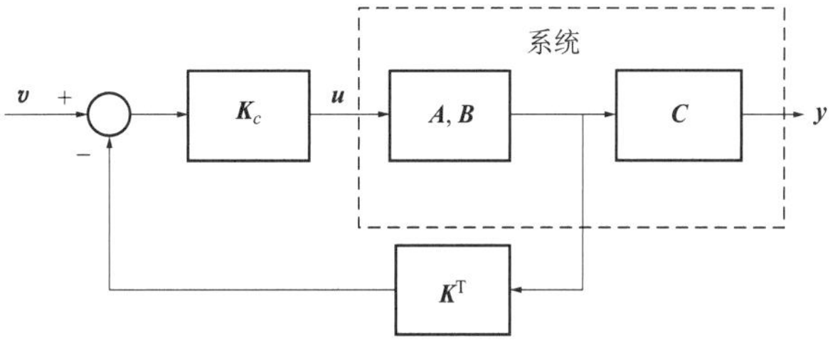

图 13　状态反馈基本框图

状态反馈设计也有好几种方法，当在前向通道中加入积分器以消除阶跃输入的误差时，这些方法同样也适用。MATLAB 为状态空间设计提供了许多工具，且对各种可用的函数都有很好的解释。

6　总　　结

本章对反馈控制系统的基本分析和设计方法作了非常简略的介绍。介绍控制工程基础的文献很多，但它们很少涉及如何随着现代仿真软件的发展，改变控制系统分析和设计方法。

参考文献

Atherton, D. P. (2009) *Control Engineering*, Ventus Publishing ApS. Available free at www. bookboon. com.

Dorf, R. C. and Bishop, R. H. (2005) *Modern Control Systems*, 10th edn, Pearson Prentice Hall.

Franklin, G. F., Powell, J. D. and Emami-Naeini, A. (2002) *Feedback Control of Dynamic Systems*, 4th edn, Prentice Hall.

Nise, N. S. (2000) *Control Systems Engineering*, 3rd edn, JohnWiley & Sons.

Ogata, K. (2002) *Modern Control Engineering*, 4th edn, Prentice Hall.

Wilkie, J., Johnson, M. and Katebi, R. (2002) *Control Engineering: An Introductory Course*, Palgrave.

Xue, D., Chen, Y. and Atherton, D. P. (2007) *Linear Feedback Control: Analysis and Design with MATLAB*, SIAM.

本章译者：江驹、杜洁（南京航空航天大学航空宇航学院）

第 231 章

电传飞行控制系统

Chris Fielding
BAE 系统有限公司空气动力学学科，沃顿，英国

1 引　　言

早期的飞行控制系统（FCS）主要是机械式的，图 1 所示的就是一种以操纵杆和连杆为主的飞行控制系统。这类飞行控制系统将飞行员在驾驶舱中的操纵通过机械连杆装置直接传递到控制飞机机动的控制舵面，使得飞行控制系统具有很高的完备性，表现在飞机失控的概率很低。在大型飞机中，电缆和滑轮系统将代替连杆机构以减轻飞机的重量。

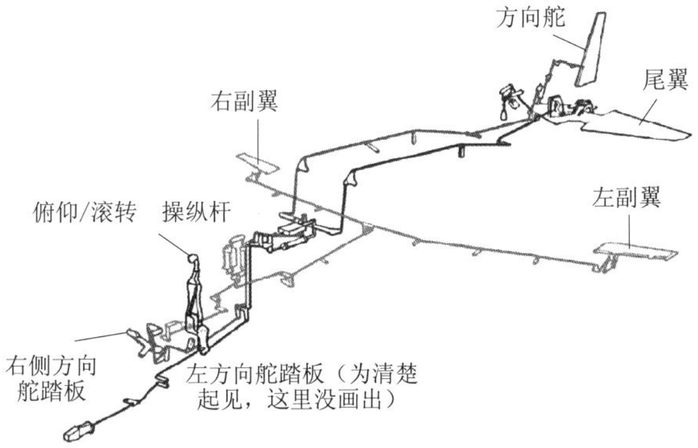

图 1　机械式飞行控制系统

随着技术的发展以及飞机尺寸和速度的不断增大，用来抵抗空气动力从而操纵控制舵面（操纵面）所需的力已增加到超出飞行员能力的程度，因此人们设计了气动力平衡装置和不同种类的调整片以帮助飞行员操纵飞机。随着飞机和其操纵面的进一步增大，需要增加额外的动力源来帮助操纵，因此，人们安装了液压助力器，让操纵控制面所需的力由飞行员和液压助力器共同承担。进一步则是引入了全助力操纵控制，驾驶舱控制与液压助力器之间的机械连杆装置被电信号传递所代替，不再用来传递机械能量。飞行动态特性的影响，如亚音速、跨音速的非线性气动特性，以及自动飞行等要求，使得必须将增稳系统和自动驾驶仪的信号引入基本的人工控制电路。虽然机械连杆机构简单可靠，但电连接和计算机使得信号处理更加容易，可以实现复杂的功能，以改善飞机的安全性等。用电信号代替直接机械连接，就产生了“电传”这一术语，这种电传飞行控制系统使得飞行员可以直接控制飞机的运动，而不是控制产生这些运动的操纵面的偏转角度。

在 20 世纪 60 年代和 70 年代，随着电子技术的革新，那个时代的一些主要项目，如旋风战斗机和通用动力公司的 F-16 变得依赖更复杂的增稳系统和自动驾驶仪，以满足其性能和任务的要求。新一代 FCS 已经发展出技术验证程序，产生了目前的四裕度数字电传系统，如图 2 所示。现在的重点是利用惯导和气流传感器模块提供的信息来进行数值计算，与早期的系统相比，这种系统结构极大地降低了机械的复杂性，但却增加了飞行控制软件功能的复杂性。

为了达到与机械系统相同水平的完备性，电传飞行控制系统必须采用多信号源和多通道计算来提供余度，这些信号交叉监控以便隔离失效的设备，从而确保安全运行。这里包括一个综合的内置测试功能，此功能使得飞机在每一次飞行前能确保系统“安全飞行”并能识别和定位出存在的故障。当前军用飞机的趋势是采用三裕度的飞行控制系统结构，采用交叉通道和通道内监控，使系统的完备性以及相关的系统运行安全性达到要求的水平。

虽然本章是从军用飞机的角度来叙述，但许多

原则同样适用于民用飞机，具体参见相关文献。

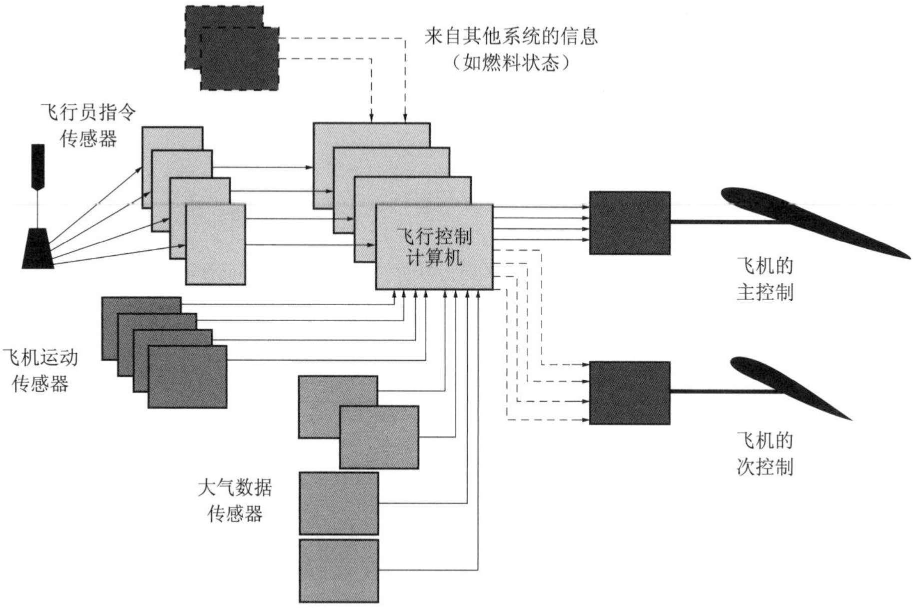

图 2　电传飞行控制系统

2　空气动力与飞行控制

研究飞行机理时，通常的做法是假设机体为刚体，机体坐标系的定义如图 3 所示。刚体动力学有六个自由度，包括三个自由度的平动和三个自由度的绕轴旋转运动。所有作用在此类飞行器上的力和力矩都可以基于这种结构来建模。

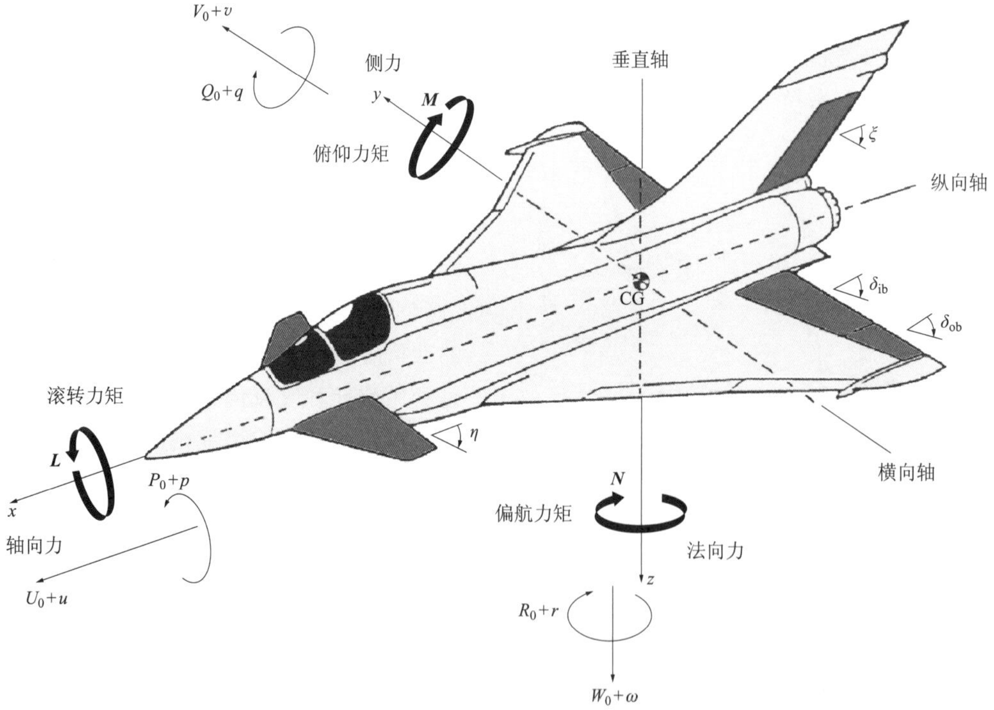

图 3　机体坐标系

图 3 中，CG 为重心；U_0，V_0，W_0，P_0，Q_0 和 R_0 分别为平移速度和旋转速率的平衡点；u，v，w，p，q 和 r 为这些速度的小扰动变化量；η 为鸭翼偏角；δ_{ib} 为内侧襟翼偏角；δ_{ob} 为外侧襟翼偏角；ζ 为方向舵偏角。为了实现飞行控制，需要控制作用在飞机上的力和力矩，从而控制加速度，从而控制飞机的速度、角速度和位移。飞行控制系统通过飞机的飞行操纵面实现对飞机的控制，但同时也必须考虑发动机提供的推力，因为推力也会在机体上产生力和力矩。

在气动设计方面，专家需要综合和平衡令人满意的设计和飞机的控制。飞行控制系统的设计、评定和认证过程必须涵盖飞机配置的许多方面，包括燃料、设备、货物和人员等内部载荷的配置，军用飞机还可能携带外挂。通常针对基准配置的飞机，如轻载的飞机，进行控制系统设计。这涉及使用标称的气动数据，加上一些参数的扰动，这些参数的扰动基于以往项目的经验和对现有风洞数据不确定性的估计。如果对飞机进行了一系列显著不同的配置，如沉重的机翼下挂或机身下的油箱等，那么必须考虑每种“配置组”不同的惯性和空气动力学特性，并对它们分别进行控制律设计。

军用飞机在携带一系列设备后，飞机质量、惯性和重心会发生一定变化，包括对称和非对称的情况。在设计时需要考虑的其他重要因素还有：燃料状态、增升装置、空中减速板、后掠翼（如旋风、F-111)、性能规划、动力装置接口、恢复模态、飞机起落架操作/轮子载荷开关、地面操作等，所有这些都会对稳定性、操作性和机身载荷的设计产生重要的影响。对于所有载荷的组合，飞行控制系统能防止机体应力超限，并且自动预防失速和螺旋。

飞机大迎角飞行时，气流分离、机翼和尾翼的有效性降低、俯仰稳定性变化、操纵面的控制功率降低等会造成非线性气动力学特性。在横侧向方向轴上，当侧滑角变化时，类似的非线性将引起稳定性和控制能力的变化。必须设计飞行控制系统以适应这些影响。对于一个不稳定的飞机，如果不稳定性过高或控制能力不够，则设计是不令人满意的，这时需要飞行员或系统自动地对飞行包线进行限制。

当飞机穿过“跨音速区”，从亚音速加速到超音速，也会带来严重的气动非线性，且此非线性为马赫数的函数，这是由于激波诱导气流分离和空气可压缩的原因，导致飞机气动中心后移。

3 飞行包线和增益调整

飞机的飞行包线通常用马赫数（包括速度和空气可压缩性影响)、高度来描述，包含空气温度和密度的影响。图 4 所示为一个超音速飞机的飞行包线。

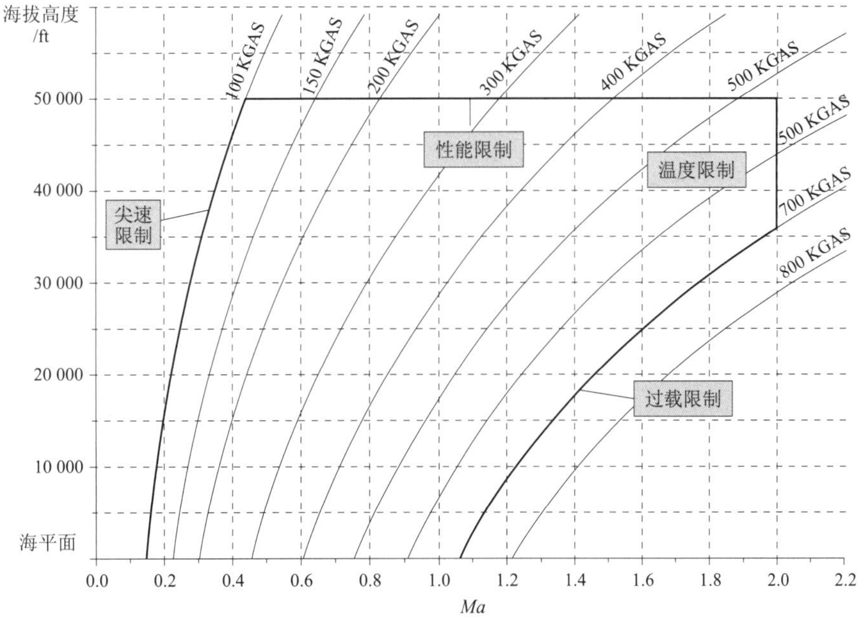

图 4 超音速飞机的飞行包线

飞行包线的边界与一些物理限制有关，例如，失速限制：在大迎角和低动压下，飞机机翼升力不足以支持飞机重力；性能限制：稀薄的大气限制了喷气发动机和环境控制系统的持续运行；温度限制：空气黏性摩擦导致机身温度上升；高动压下过载限制：为抗机体上过度的空气动力载荷提供一个安全裕度。

为了在这样一个包线内设计控制律，必须选择一系列“工作点”进行设计，这样就得到针对这些工作点的一系列局部控制器。在飞行控制律结构中考虑物理作用（如气动压力），可以使设计点的数目最小化。设计点的数目取决于飞行器的复杂性和非线性性，考虑到与迎角、侧滑角、穿越跨音速区等有关的空气动力非线性性，对于超音速战斗机来说设计点可能是几百个。设计任务包括所有自动驾驶仪和系统的备份模态，此外，还要考虑质量、惯性和重心的变化，以及任何外挂带来的严重的气动作用的影响。因此，设计的情况很容易就达到成千上万种，因此，良好的设计过程的自动化就显得至关重要。

通过增益调整技术对各局部设计进行集成，从而构成飞行控制律。在设计增益调整表时要进行折中与妥协，以保持调整表的简单。同样重要的是调整应该具有可靠性和鲁棒性，这体现在信号的可获得性和补偿的精确性。注意，对一个不确定的物理影响进行适当的修正是非常困难的。最初的控制律增益通常采用根轨迹、特征结构配置、最优控制或非线性动态逆等方法进行设计。然后采用时域和频域的方法对设计进行评估和调整，以确保令人满意的飞机操纵性和鲁棒性。

用来调整飞行控制律增益的信息通常来自大气数据系统，一个例子如图 5 所示。它包括一组适当位置的外部探头，对速度大小和方向进行皮托、静压和局部气流的测量。

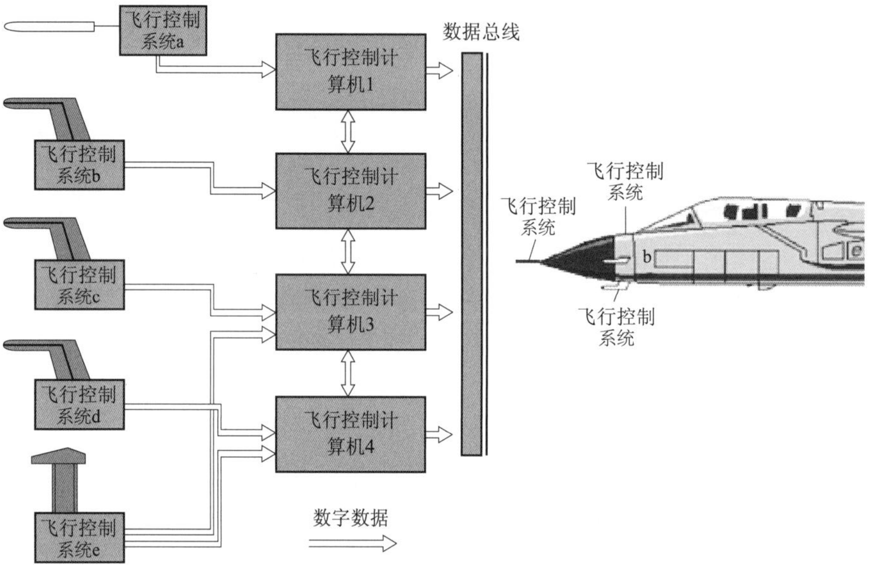

图 5　分布式大气数据系统

a，b，c，d——压力传感器；e——温度传感器

在飞行控制计算中采用局部探头获得测量信息，以便于计算飞机的真实速度矢量，也就是速度的大小和方向，后者被定义为迎角和侧滑角。这些信息可以用于增益调整，并且提供反馈信号，达到飞机稳定和飞行包线限制的目的。大气数据系统的设计是为了提供高度完整的信息，例如，图 5 所示的安排可能提供三个迎角和侧滑角信息、四个空速信息。实际上，大气数据的质量和完整性取决于各个传感器的功能和位置。对于图 5 所示的排列，a 为一个皮托管，b、c 和 d 为多孔探头，用来从压力数据中解算局部气流角。通过从飞机惯性传感器得到的信息对大气数据信息进行补充。

4　系统硬件和实现

飞行控制系统的硬件和软件的实现属于一个专门的领域并涉及跨学科研究，它们对令人满意的系统设计来说至关重要。针对软硬件设备运行所需的环境，需要对设备确定明确而完整的定义，以定义其所需功能的级别、性能和可靠性。设备被设计和制造出来以后，作为系统认证过程的一部分必须进行充分的测试，以表明其符合技术指标，同时证实用来进行控制律设计和验证过程的假设模型也是符合要求的。

系统结构设计时需要采用相应级别的复用技术、相关的裕度管理和综合的机内检测功能等来保证飞行控制系统具有必需的可靠性和完整性。该系统设计以一个综合安全分析为基础，该安全分析可覆盖正常运行模态和故障模态。

飞行控制系统运行所必需的硬件包括先进的传感器和作动系统，采用数字计算和数字接口，如图 6 所示。所有这些硬件部件会给闭环系统带来滞后和延迟，这会降低飞行控制系统的稳定度、限制飞机可达到的性能。由于需要通过滤波来降低柔性机体在控制回路中的响应，因此通常又产生额外的滞后。如第 3 节中描述的那样，飞行控制系统的传感器测量惯性数据如平移加速度、角速度和姿态等，以及大气数据如迎角、侧滑角和空速等。

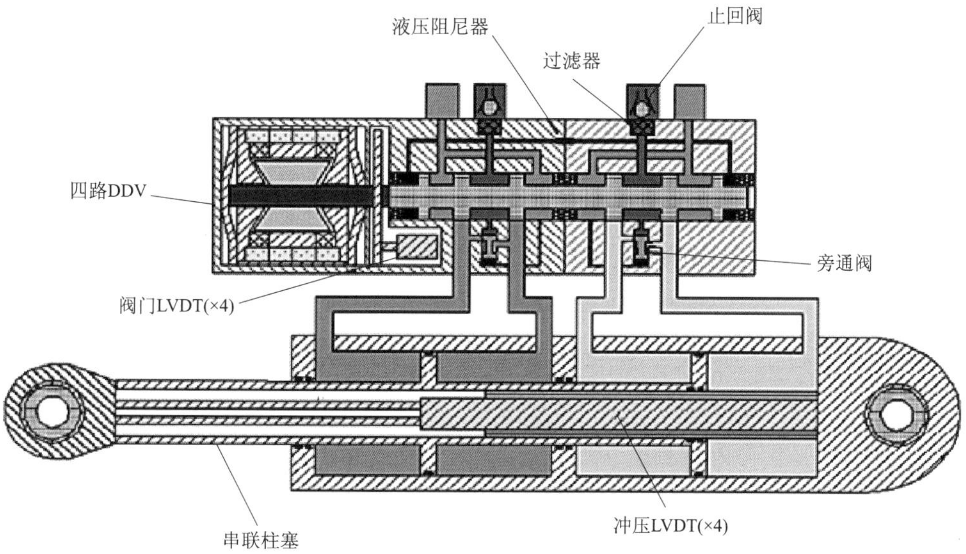

DDV即直接驱动阀，LVDT即线性差动变压器

图 6　典型的现代飞机的作动系统

通常利用一个数字飞行控制计算机进行飞行控制律计算，这种方法提供了极大的灵活性，并允许实现高度复杂的功能，但其缺点是其固有的时间延迟对闭环稳定性带来的影响以及与安全准则相关的软件的许可问题。对于数字控制律，用于设计和仿真的模型必须考虑数字处理的影响，从而真实地表达实际应用并避免在地面或系统飞行测试中出现意外。为了在数据采样之前除去高频分量，需要采用抗混迭滤波器来限制输入信号的带宽。为了满足功能和应用的需求，需要一个规范的控制律设计说明，包括控制律中各元素的顺序和相应的时间。

在军事应用上通常采用相似裕度方法，即三套或四套相同的设备并联使用，以便通过交叉监控来识别和隔离故障设备。通常，复用的数值计算需要模拟和/或机械（稳定的飞机）备份系统来支持，以达到所要求的系统完整性。系统的设计和开发需要确保共模故障（任何同时影响某个复用系统的两个或两个以上通道的软件或硬件故障，称为共模故障）不会发生或发生的概率非常小。这将涉及对电器及液压源、计算机、传感器和作动器通道的物理隔离；在飞行控制计算机（电隔离）之间采用光通信链路并进行交叉监控；整个系统的抗电磁干扰能力；精心设计的裕度管理系统以防止故障传播等。在设计时，共模点的数量应尽可能少，但在有些地方如果无法做到（例如，飞行员界面、作动系统的柱塞和轴承等的机械部分），这些地方的设计必须具有物理鲁棒性。系统建立在全面的故障模式和影响分析以及整个系统广泛的地面测试（包括故障检测）的基础之上，以表明系统满足其安全要求。

5　飞行控制系统的开发

图 7 中的 V 模型描述了飞行控制系统的开发历程：V 形图的左边为飞机设计需求的逐步分解；底层表示硬件和软件的开发；V 形图的右边表示的是逐步的集成和测试。

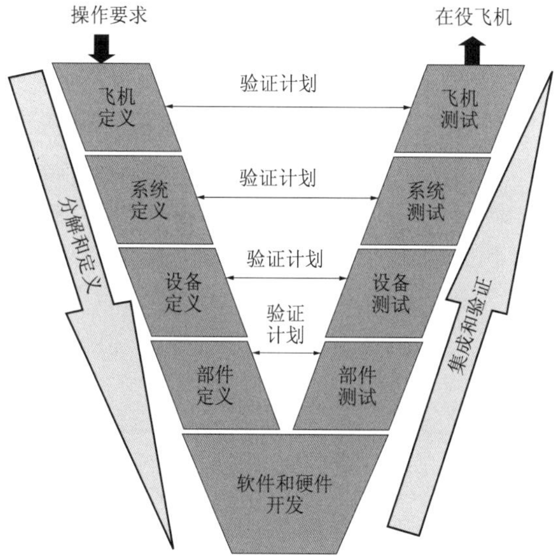

图 7　飞行控制系统研发的 V 形图

V 形图的两边之间表示的是验证测试和确认。基于飞机用户的操作需求，采用自上而下的描述方法，从飞机层开始对飞机进行描述和规范。该系统的规范来自飞机的规范，并包含更详细的要求。这同样适用于设备的规范，它们来自系统的规范。设

备规范可以分为硬件和软件规范，这往往是那些与设备供应商约定的接口。

追溯性和符合性在两个方面提出了相应的需求。一方面，每一个高层要求由一个或多个低层要求表示；另一方面，每一个低层要求都有一个相应的高层要求。供应商用相同的系统方式生产硬件和软件，而对总系统负责的飞机制造商密切监视生产过程。V 形图的底部为设备制造和软件开发。

集成工作在 V 形图的右侧自下而上进行，当顺利通过验证测试后，一个集成步骤完成。对于每一个要求，必须定义适当的测试和一组预期的测试结果，以此来验证系统的符合性。在每一等级的进程中，测试结果被正规地记录，以获得符合性的证据并提供系统的追溯性。V 形图两侧之间的连接定义了不同过程层次上的验证和确认：

（1）在专门的试验台上进行设备测试。

（2）在一个“铁鸟”平台上进行系统测试。

（3）飞机层次的测试首先是在飞行模拟器上和“铁鸟”平台上，其次是进行地面测试，然后是飞行测试。

所有认证和资格测试通过后，飞机进入了服务领域。当飞机成功完成所有工作任务时，飞机的规范最终验证完毕。

6　飞行控制律的开发

飞行控制律设计是为了给人工驾驶和自动飞行的飞机提供增稳和满足飞机控制的要求。控制律结构对系统是否成功至关重要，控制律的设计需要熟知飞行动力学、飞行控制、系统设备工程和如何设计安全系统等方面的知识。飞行控制律的开发伴随着系统的开发，需要一个如上所述的类似过程，但具有更大的灵活性，允许快速的设计迭代与更新，而且设计所采用的工作方式也不需要十分正式。模拟和分析的方法使得飞行控制律功能的开发十分成熟，降低了设计风险或标准误差。

图 8 给出了一个典型的、简化的飞行控制律设计过程。建立设计理念是最重要的决定，它包括以下内容：手动和自动的控制策略、飞机-飞行员接口（接收器、显示器等）、飞行员的控制权限、操纵品质的增强和控制功能的增强（如包线保护）等。飞行控制律的设计理念也取决于飞行控制系统的结构：可用的操纵面和安全的概念（包括裕度管理和相似/非相似部件的使用），同时也受飞机物理特性的影响。在定义控制律结构和设想的功能时，一些重要的设计参数往往不完整，如飞机的气动特性、系统性能等。这些决定了飞行控制系统开发的性能、品质和成本。

飞行控制律的设计过程主要有四个步骤，如图 8 所示。

（1）控制律设计：控制器参数的定义，稳定性的评估和改进后飞机在线性计算机仿真中的响应特性的检验。一旦系统结构和飞行控制律结构确定，就可以设计控制增益、滤波器和非线性函数。

（2）驾驶模拟：评估改进后飞机的操纵品质。

（3）平台测试：验证飞行控制律的硬件实现，保证其在“真实世界”条件下的正确运行。

（4）飞行测试：验证所进行的设计符合飞机规范的要求，满足用户和适航要求。

这四个设计环节都必须非常彻底地进行，以防止在飞机使用时出现未发现的重大设计缺陷。在每个阶段，所需的信息必须被记录并归档，以证明系统符合要求。

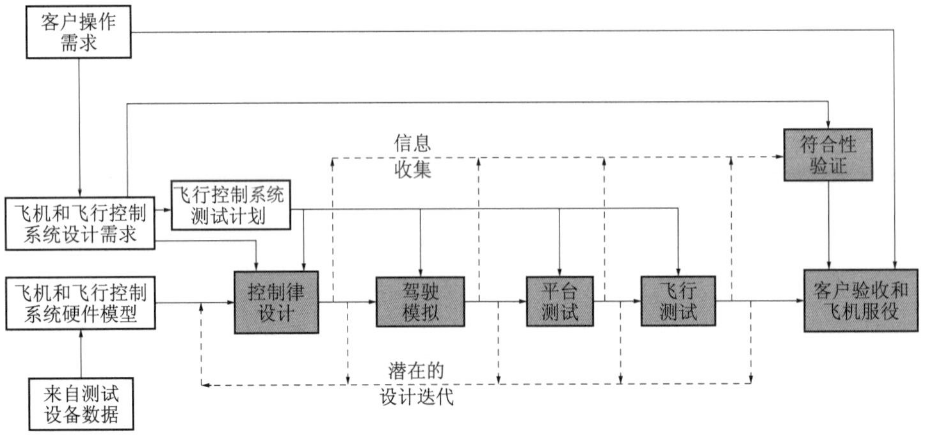

图 8　飞行控制律设计过程

7　驾驶模拟和飞机操纵

设计飞行控制律的目的是提供良好的飞机操纵品质、降低飞行员的工作负荷、阻止飞行员诱发振荡（PIO）。为了得到一个令人满意的设计，需要有适当的设计标准来建立一个具有良好抗干扰能力的鲁棒反馈设计，并提供期望的操作特性。PIO现象，即飞行员的指令无意识地与飞机的响应反相，这一现象在过去已经备受关注。为避免飞行员因振荡而受责备，这一现象也被称为“飞机-飞行员耦合”或“包含飞行员的振荡”。在飞行前，对飞机的操纵品质应该进行验证，该验证需经过一个全面的过程，包括理论分析、离线仿真、空中飞行模拟等环节。

最后，控制律算法和控制策略在飞机的驾驶舱界面（包括接收器、开关和显示器）必须是可实现的。这些必须作为设计的一部分来考虑，并通过控制律与飞行控制策略统一起来。在飞行前，飞行员接口和飞机操纵等采用高逼真的模型、通过人在环模拟进行完全彻底的验证。现在强大的计算能力和图像生成器已应用于工程模拟，可以产生一个非常逼真的操纵环境用来进行飞机操纵评估，从而使模拟器在飞机认证过程中发挥越来越重要的作用。为了避免感知操纵问题，在设计视觉系统时，保证小延时十分重要。在运动造成的视觉感较低且加速度造成的感觉对飞行员来说占主导的情况下，运动感觉就十分重要。图9给出了一个具有外界显示器及NASA液压平台的运动模拟器，它可用于评估喷气式飞机的飞行品质。

建模的研究已经开展了很多年，当飞行控制律的开发从设计和分析转换为飞行仿真环境时，建模的原则依然是保持高度的完整性。从历史发展来看，控制律一般可作为一组功能需求，用Fortran语言表示，以便编译和执行。这使得控制律的开发可采用不断迭代的方式，从而在离线分析和在线仿真之间进行快速转换，以尽早获取飞行员的意见，避免在变换时引入误差的风险。现代的开发工具，如MATLAB/Simulink，利用它们的代码自动生成功能和完整的仿真模型，可以在无人参与的情况下，封装一个高层的定义，产生一个可执行文件。

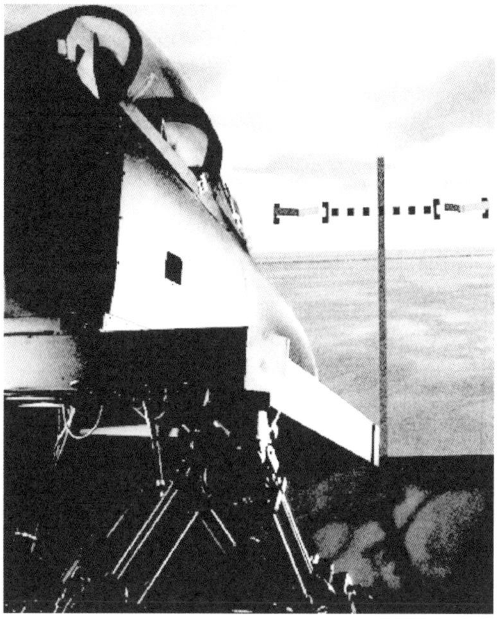

图9　运动模拟器

8　地面和飞行试验

飞行控制系统的所有硬件和软件都要按照一个严格的程序进行完全的测试，以确保每个项目在性能、接口和适航方面符合规范要求。由于部件都是集成的，故采用专门的平台和测试设备，在设备和系统层面进行测试。最后，在飞机开始飞行测试评估之前，飞行控制系统将集成到机体进行一系列的地面测试。对安装的飞行控制系统进行地面和飞行测试，确保其在将来的运行环境中按预期的特性运行。

电磁干扰是一个重要的环境因素，因为它对多裕度的飞行控制系统提供了潜在的共模故障，因此它对电子飞行控制系统来说是一个严重的问题。与飞行控制系统相关的飞行控制计算机、操纵面作动器、传感器单元（惯性和大气数据）、飞行员接口、开关、所有数据总线和电线，都必须被设计成可以抵抗各种形式的电磁干扰。

在飞机第一次飞行前，需对整个飞机进行足够的电磁兼容性（EMC）测试，确保飞机可以在局部电磁干扰的环境下安全飞行。随着测试程序的执行，将进行进一步的电磁兼容性测试，保证飞机对所有级别的电磁威胁都能抵抗。

进行进一步的地面和飞行测试，以解决飞行控制系统和机身结构的相互作用问题。检测飞机刚体运动的飞行控制系统运动传感器同时也检测柔性机身频率更高的结构振动。该传感器输出的高频成分通常需要进行衰减，以防止它们在这个频率上驱动飞机的飞行控制面并进一步激发相应的模态。这可以通过引入模拟或数字滤波器来实现，如在反馈回路中引入陷波滤波器。滤波器设计的主要制约因素是需要满足结构模态的稳定性要求，以及在“刚体飞机”的控制频率范围内使滤波器带来的相位滞后最小，以避免其对飞机操纵带来影响。运输的设备、燃料的状态和飞行条件的影响将导致模型的频率和响应幅值的变化，所以需设计结构模态滤波器来适应这些变化。

初始结构模态滤波器的设计基于有限的机体模型参数，之后，随着综合地面测试，这些模型将被更新。在此综合地面测试阶段进行飞机地面振动和伺服弹性结构耦合测试（见图 10），对机体的“零速度”特性进行辨识。测试数据进一步扩大，甚至包括空速变化的理论影响。验证空气动力对飞机结构模态的影响是非常必要的，为此，采用一种飞行中结构模态激励系统，该系统允许飞行员输入确定性信号，如飞行控制计算机产生的扫频正弦波信号，从而激励飞机操纵面，进而激发机体的结构模态。可以进行在线分析并与预测结果比较。采用类似的技术可以确定飞机的刚体动力学特性并验证控制系统的稳定裕度，以安全、有效和渐进的方式扩大飞行包线。飞机的飞行测试还能够像第 3 节所述那样标定大气数据传感器。

图 10　机体/飞行控制系统结构耦合测试

9　欧洲“台风”战斗机的飞行控制系统

图 11 所示为一架欧洲“台风”战斗机，人们对鸭翼-三角翼配置已经进行了优化，可以满足其操纵性要求。

图 11　欧洲“台风”战斗机

该机机体的俯仰和偏航是气动不稳定的，因此它依赖一个全时限的电传系统提供所需的稳定性。为了稳定一个不稳定的、未改善的飞机，需要先进的飞行控制系统硬件技术。其结果是产生一个高性能的超音速作战飞机，它有以下操纵面：

（1）内侧和两个外侧后缘襟副翼；

（2）内侧和两个外侧前缘缝翼；

（3）两个鸭翼；

（4）一个方向舵；

（5）一个安装在机脊上的减速板。

后缘襟副翼对称地用于俯仰稳定和控制，并对中、低迎角时的性能进行优化。后缘襟副翼也可以不对称使用，用于滚转控制。鸭翼应对称使用并按计划与襟副翼配合工作，以保证俯仰通道的稳定、控制和配平。在大迎角的情况下，配平方案需考虑横向/纵向控制特性，为偏移和旋转提供满意的阻尼。方向舵在整个飞行包线中提供航向控制，并且使飞机在高马赫数和大迎角的情况下稳定。前缘缝翼根据迎角和马赫数，在大迎角和跨音速情况下优化俯仰通道性能和横向/纵向稳定性。

图 12 所示为“台风”战斗机的飞行控制系统示意，这是一个全时全权限的四裕度数字系统，所有的硬件和软件的设计都满足指定的功能并达到规定的完整性，当整个系统故障时，系统没有备份。本系统所采用的传感器可产生以下信息：

（1）俯仰、滚转和偏航速率：其是实现稳定的重要反馈信息。

（2）迎角和侧滑角：用于防止偏移和旋转，也用于增益调整。

（3）法向过载：用于自动过载限制。

（4）马赫数和气压高度：用于必要的参数调整。

（5）俯仰操纵杆、滚转操纵杆和方向舵踏板指令。

（6）从驾驶舱得到的离散指令，如起落架收、放，减速板收、放等。

飞行控制律的主要功能是稳定和控制飞机，包括以下特征：

（1）当飞行员给出快速响应和紧密跟踪指令后，自动配平以满足机动需求。

（2）在滚转机动时保证侧滑最小并自动进行协调转弯。

（3）自动补偿重力矢量和惯性耦合的影响。

（4）对扰动的响应最小，即使在剧烈的扰动时，机头的运动也最小。

飞行控制律更重要的功能是，能自动进行迎角限制、法向过载限制和滚转速率限制，以满足结构载荷的限制，同时，能自动限制操纵面在动态压力下的使用，以避免机身局部应力过大。除此以外，飞机的飞行控制系统还包括一系列基本和先进的自动驾驶仪模态，如典型的自动驾驶仪、飞行监督、自动油门、自动接近、自动攻击和自动恢复（例如飞行员迷失方向时）等。

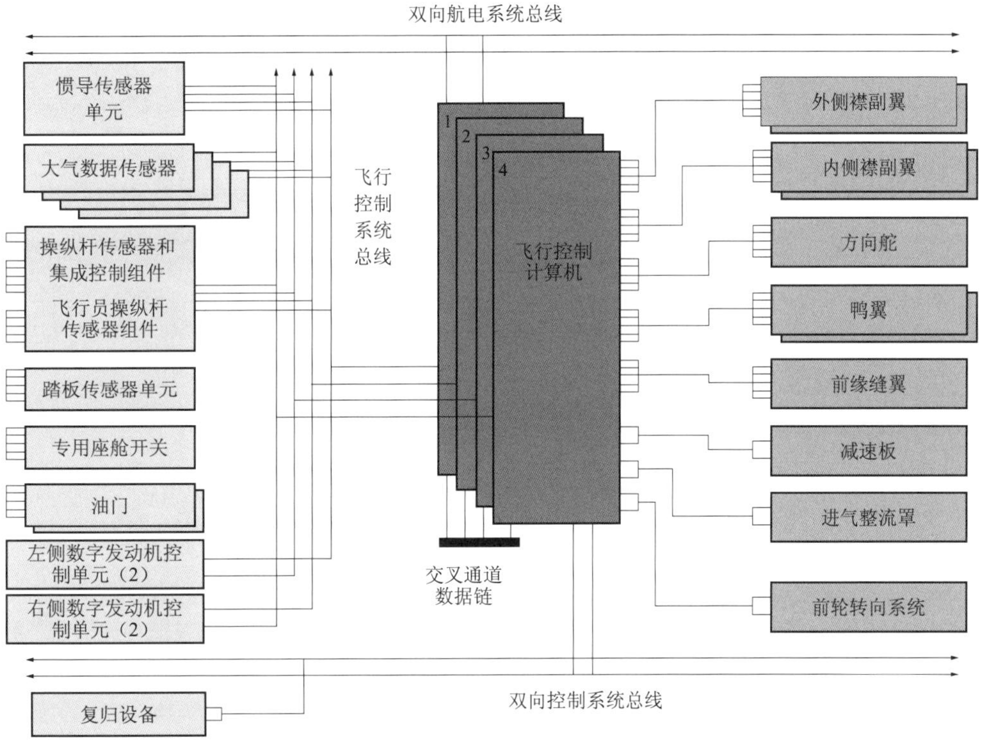

图12　“台风”战斗机的飞行控制系统示意

10　电传飞行控制的优点

电传飞行控制的主要优点是能够在飞行包线内的每一状态点定制系统的特性。这可通过控制律来实现，而控制律可以根据测量的大气数据等飞行条件进行调整。通过电传飞行控制系统可以实现的性能优势如下所述：

（1）通过增稳和扰动抑制，改善自然飞机的动态特性，优化操纵品质。

（2）飞行包线保护功能，通过迎角控制和侧滑角抑制，可以自动防止失速和偏移；通过自动限制法向加速度和滚转速率，防止机身应力过载，最终能够达到“无忧操纵”。

（3）飞机的敏捷性获得提高，即机身快速对准和/或速度矢量的快速变化能力得到提高，从而提高了捕获和避让目标的能力。

（4）飞机性能获得提高，如可控制不稳定的飞机、通过提高升阻比增加了最大升力、提高了飞机的转弯能力。

（5）使用推力矢量增加或替换气动控制，以扩大飞机的传统飞行包线。

（6）由于采用了优化控制或包括推力矢量的配平设置，减小了阻力。

（7）当系统故障或战斗损坏时，采用重构可使任务得以继续或恢复安全。

（8）先进的自动驾驶仪，使得飞行员的工作量显著降低并使武器系统的性能得到发挥。

（9）由于降低了机械复杂度和引入了机内检测，从而降低了维护成本。

然而，伴随着这些性能改善的是成本的显著增加，包括系统复杂度和软件的安全准则等。但在通常情况下，相比可能实现的性能改善和安全性的提高，这一投资是必要的。

11　未来的发展

根据前面章节所述，军用和民用飞机的电传飞行控制系统可以概括如下：

（1）根据安全准则的要求，一个高度集成的系统必须具有很高的完整性。

（2）由于飞行的物理特性和硬件特性，对一个非线性系统必须对其严重的非线性动态作用进行补偿。

（3）一个复杂的系统，需要一个易于飞行员操作的高级人-机接口，从而降低工作负荷。该接口在不同的操作条件下应保证性能良好，即使在故障条件下也应该有满意的性能。

集成度水平将不断提高，这使得通过有效的能量管理可进一步改善系统的性能，同时，集成度的提高降低了设备对空间和重量的要求。此外，这样的系统将利用重构技术和先进的诊断/预测技术来提高系统的可靠性和可维护性，降低使用成本。

对于未来的军用飞机，先进的大气数据系统可提高隐身性能，可能使用激光器件。未来飞机奇特的外形和较少的操纵面数量、较小的尺寸可满足降低可探测性的需求，可能采用推力矢量技术，新开发的气流控制方法将产生高度非线性的气动特性。对于某些任务，图13所示的无人机将可能成为首选的飞行器。这种飞机可能具有最少的液压元件和相应增强了的电气系统，如电作动器，以便长期储存。

强大的计算设备在开发过程中占主导地位，这些设备随时可提供给系统设计者和应用者。预计更多的工作重心将放在基于模型的设计和系统验证上，地面和飞行测试相应地减少，这主要是为了满足不断降低成本的要求。随着模型复杂性的不断增加，人们将越来越多地使用机载的飞机和设备模型及“人工智能”技术。这样的模型可以用于设备性能监测、故障监测和为飞行控制系统的内部控制回路提供指令和数据。值得注意的是，数据的完整性需要与它预期的使用匹配，以保证高度的安全性，这点已被机械和电传所证明。

图13　“乌鸦”无人机

致　　谢

感谢柏林工业大学的Robert Luckner教授在FCS和飞行控制律开发等章节所给予的支持和贡献。

相关章节

第1卷，第70章
第3卷，第136章
第5卷，第213章～第217章
第5卷，第219章、第222章
第5卷，第225章
第5卷，第228章～第229章
第5卷，第230章
第5卷，第232章～第235章
第5卷，第268章
第6卷，第299章
第6卷，第320章
第8卷，第385章
第8卷，第392章～第393章
第8卷，第397章～第398章
第8卷，第403章～第404章

第8卷，第411章

第8卷，第413章

第8卷，第436章

参考文献

Abzug, M.J. and Larrabee, E.E. (2005) *Airplane Stability and Control: A History of the Technologies that made Aviation Possible* Cambridge University Press, UK.

Allerton, D. (2009) *Principles of Flight Simulation*, Wiley. Colgren, R. (2007) *Basic Matlab, Simulink and Stateflow*, AIAA Education Series.

Collinson, R.P.G. (1996) *Introduction to Avionics*, Chapman & Hall.

Cook, M.V. (2007) *Flight Dynamics Principles*, Elsevier Ltd.

Droste, C.S. and Walker, J.E. (1988) *The General Dynamics Case Study on the F-16 Fly-By-Wire Flight Control System*, AIAA Professional Study Series.

Etkin, B. and Reid, L.D. (1996) *Dynamics of Flight-Stability and Control*, John Wiley & Son.

Franklin, J.A. (2002) *Dynamics, Control and Flying Qualities of V/STOL Aircraft*, AIAA Education Series.

Gibson, J.C. (1999) *Development of a Methodology for Excellence in Handling Qualities Design for Fly by Wire Aircraft*. Delft University Press.

Hodgkinson, J. (1999) *Aircraft Handling Qualities*, AIAA Education Series.

Moir, I. and Seabridge, A. (2008) *Aircraft Systems: Mechanical, Electrical and Avionic Subsystems Integration*, Wiley-Blackwell.

National Research Council (1997) *Aviation Safety and Pilot Control-Understanding and Preventing Unfavourable Pilot-Vehicle Interactions*, National Academy Press.

Pratt, R.W. (ed.) (2000) *Flight Control Systems-Practical Issues in Design and Implementation*, IEE Control Engineering Series 57, TJ International.

Raymond, E.T. and Chenoweth, C.C. (1993) *Aircraft Flight Control Actuation System Design*, SAE Book.

Schmidt, L.V. (1998) *Introduction to Aircraft Flight Dynamics*, AIAA Education Series.

Tischler, M.B. (ed.) (1996) *Advances in Aircraft Flight Control*, Taylor & Francis.

Zipfel, P. (2007) *Modeling and Simulation of Aerospace Vehicle Dynamics*, AIAA Education Series.

本章译者：江驹、蔡丽青（南京航空航天大学航空宇航学院）

第 232 章

自适应鲁棒飞行控制

Kevin A. Wise
波音公司，圣路易斯，密苏里，美国

1 引　　言

飞行控制是空气动力学、运动学、推进和控制等多个学科领域中具有挑战性的工作，在设计飞行控制系统时对这些学科进行充分、深刻的理解是十分必要的。控制系统的结构、反馈控制策略及算法对飞行器的成功飞行和获得良好的飞行性能起着至关重要的作用，它们决定了系统的性能、灵敏度、鲁棒性和抗干扰性。

如果模型是精确的，那么控制系统的设计将会容易得多。然而，获得一个可减少不确定性及其他风险的精确的动力学模型需要付出很大的代价。此外，如果考虑部件故障和/或战斗损伤，精确的模型可能就不适用了。图 1 给出了一些典型的影响不确定性的因素，为处理这些不确定性，需要采用自适应鲁棒飞行控制。

图 1　X－45A 在爱德华兹空军基地降落

自 20 世纪 60 年代以来，自适应控制方法已用于解决飞行控制中一些具有挑战性的问题，该方法已被用于实验和飞行器的生产，如 X－15、F－111、F－101、F－8C 和 F－43。初期普遍使用的方法是自调节 PID 控制器，这种方法通过自动调整增益来满足大包线的飞行要求。但是这种方法对不确定模型、传感器噪声、执行器速率和位置饱和等问题十分敏感。随着电传飞行控制系统的出现，这些控制方法逐渐被基于模型的线性增益调节方法所取代。

在 20 世纪 80 年代，线性模型鲁棒自适应控制技术逐渐发展起来，它保证在模型不确定性很大的情况下仍能获得理想的性能。随着对这些线性方法的深入研究，出现了自适应方法、线性参数变化法、非线性方法（如反馈线性化方法和反推算法等）。与经典控制方法一样，这些方法成为工业界的工程师们对线性或非线性系统进行鲁棒控制设计与分析的工具。

自适应控制出现在 20 世纪 80 年代，它是线性增益调节方法的改进。自适应控制系统被开发出来并应用到样机中，增加了样机的自适应控制能力，从而解决系统故障、可变性的问题和提高抗损坏性。这些方法已经在 F－15、F－16、X－36 等飞行器上进行了飞行验证。最近，这种方法已经成功应用到部分武器设备中，并且已投入生产。图 2 给出了一个基本控制系统加上模型参考自适应控制（MRAC）系统的总体结构，基本控制器保证正常条件下的稳定和指令跟踪的实现，模型参考自适应控制则增加了系统的鲁棒性和直接补偿了不确定性。只要飞机响应能够在一个允许的误差范围内跟踪参考模型，就由基本控制器进行控制；如果响应偏离了参考模型的响应，模型参考自适应控制系统将被引入系统并在线调整偏差直至响应回到允许的误差范围内。这种算法不需要预先训练。

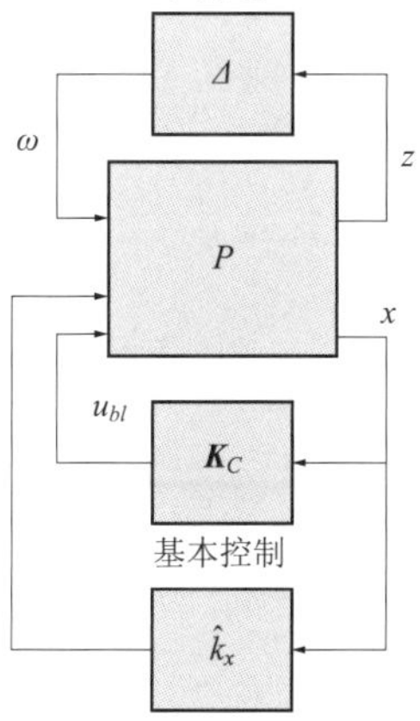

图 2　飞行控制结构

2　纵向线性动力学和基本控制

考虑一个单输入多输出纵向动力学模型，模型的状态量为 $\boldsymbol{\alpha}$，$\boldsymbol{q}$ 和 $\boldsymbol{\delta}_e$（迎角、俯仰角速率和升降舵偏角），模型包括一个升降舵的舵回路二阶模型，相应的开环动力学模型运动方程为

$$\dot{\boldsymbol{\alpha}}=\frac{\boldsymbol{Z}_\alpha}{\boldsymbol{V}}\boldsymbol{\alpha}+\boldsymbol{q}+\frac{\boldsymbol{Z}_\delta}{\boldsymbol{V}}\boldsymbol{\delta}_e$$

$$\dot{\boldsymbol{q}}=\boldsymbol{M}_\alpha\boldsymbol{\alpha}+\boldsymbol{M}_\delta\boldsymbol{\delta}_e+\boldsymbol{M}_q\boldsymbol{q}$$

$$\ddot{\boldsymbol{\delta}}_e=-2\zeta_a\omega_a\dot{\boldsymbol{\delta}}-\omega_a^2(\boldsymbol{\delta}_e-\boldsymbol{\delta}_c)$$

$$\dot{\boldsymbol{x}}_p=\boldsymbol{A}_p\boldsymbol{x}_p+\boldsymbol{B}_p\boldsymbol{u};\boldsymbol{x}_p=[\boldsymbol{\alpha}\quad \boldsymbol{q}\quad \boldsymbol{\delta}_e\quad \dot{\boldsymbol{\delta}}_e]^{\mathrm{T}}$$

$$\boldsymbol{u}=\boldsymbol{\delta}_c$$

$$\boldsymbol{A}_p=\begin{bmatrix}\frac{\boldsymbol{Z}_\alpha}{\boldsymbol{V}} & 1 & \frac{\boldsymbol{Z}_\delta}{\boldsymbol{V}} & 0\\ \boldsymbol{M}_\alpha & \boldsymbol{M}_q & \boldsymbol{M}_\delta & 0\\ 0 & 0 & 0 & 1\\ 0 & 0 & -\omega_a^2 & 2\zeta_a\omega_a\end{bmatrix};\boldsymbol{B}_p=\begin{bmatrix}0\\0\\0\\\omega_a^2\end{bmatrix}\tag{1}$$

输出变量 $\boldsymbol{y}_c$ 为

$$\boldsymbol{y}_c=\boldsymbol{C}_c\boldsymbol{x}_p+\boldsymbol{D}_c\boldsymbol{u}\tag{2}$$

控制的目的是使误差 $\boldsymbol{e}_r=\boldsymbol{y}_c-\boldsymbol{r}$ 趋于零，即保证输出 $\boldsymbol{y}_c$ 跟踪常值指令。利用鲁棒伺服线性二次调节器（RSLQR）方法设计基本控制律。

RSLQR 将积分控制引入 LQR 状态反馈设计中，构成一个一型控制器，实现对常值指令的零稳态误差跟踪。LQR 控制器可以保证良好的稳定性和鲁棒性。自动驾驶仪的状态空间模型为

$$\dot{\boldsymbol{x}}=\widetilde{\boldsymbol{A}}\boldsymbol{x}+\widetilde{\boldsymbol{B}}\boldsymbol{u}+\boldsymbol{F}\boldsymbol{r}$$

$$\boldsymbol{x}=\begin{bmatrix}\int e_r\\ \boldsymbol{x}_p\end{bmatrix};\widetilde{\boldsymbol{A}}=\begin{bmatrix}0 & \boldsymbol{C}_c\\ 0 & \boldsymbol{A}\end{bmatrix};\widetilde{\boldsymbol{B}}=\begin{bmatrix}\boldsymbol{D}_c\\ \boldsymbol{B}\end{bmatrix}\tag{3}$$

将飞行包线根据迎角、马赫数、姿态和动压进行划分并依此设计基于增益调节方法的控制律。另外，在不同飞行状态下对动力学模型线性化，获得线性时不变模型［式（3）］，再利用代数黎卡提方程（ARE）求解无穷时间的 LQR 问题，获得常值状态反馈增益矩阵。LQR 设计步骤如下：

$$\dot{\boldsymbol{x}}=\widetilde{\boldsymbol{A}}\boldsymbol{x}+\widetilde{\boldsymbol{B}}\boldsymbol{u}\widetilde{\boldsymbol{A}},\ \widetilde{\boldsymbol{B}}\text{ 为常数},\ \boldsymbol{x}\in\mathrm{R}^{n_x},\ \boldsymbol{u}\in\mathrm{R}^{n_u}$$

$$\boldsymbol{J}=\int_0^\infty(\boldsymbol{x}^{\mathrm{T}}\boldsymbol{Q}\boldsymbol{x}+\boldsymbol{u}^{\mathrm{T}}\boldsymbol{R}\boldsymbol{u})\mathrm{d}\tau\tag{4}$$

$$\boldsymbol{Q}=\boldsymbol{Q}^{\mathrm{T}}\geqslant0,\ \boldsymbol{R}=\boldsymbol{R}^{\mathrm{T}}>0$$

$$(\widetilde{\boldsymbol{A}},\ \widetilde{\boldsymbol{B}})\text{ 可控},(\widetilde{\boldsymbol{A}},\ \boldsymbol{Q}^{1/2})\text{ 可观测}\tag{5}$$

黎卡提方程为

$$\begin{gathered}\boldsymbol{P}\widetilde{\boldsymbol{A}}+\widetilde{\boldsymbol{A}}^{\mathrm{T}}\boldsymbol{P}+\boldsymbol{Q}-\boldsymbol{P}\widetilde{\boldsymbol{B}}\boldsymbol{R}^{-1}\widetilde{\boldsymbol{B}}^{\mathrm{T}}\boldsymbol{P}=0\\ \boldsymbol{u}=-\boldsymbol{R}^{-1}\widetilde{\boldsymbol{B}}^{\mathrm{T}}\boldsymbol{P}\boldsymbol{x}=-\boldsymbol{K}_C\boldsymbol{x}\end{gathered}\tag{6}$$

由式（6）计算出反馈增益矩阵，因此得到闭环系统为

$$\dot{\boldsymbol{x}}=(\widetilde{\boldsymbol{A}}-\widetilde{\boldsymbol{B}}\boldsymbol{K}_C)\boldsymbol{x}=\widetilde{\boldsymbol{A}}_{Cl}\boldsymbol{x}\tag{7}$$

反馈增益矩阵 $\boldsymbol{K}_C$ 对系统的特性起决定性的影响，其数值的选择非常重要。利用极点配置法选择的反馈增益矩阵所获得的鲁棒性与用 LQR 方法得到的不同，在回路给定点的灵敏度和鲁棒性随反馈增益矩阵的不同而不同。

式（6）中影响反馈增益矩阵 $\boldsymbol{K}_C$ 的 LQR 中的参数矩阵 $\boldsymbol{Q}$ 和 $\boldsymbol{R}$ 的选择有多种方法。通常，增益 $\boldsymbol{K}_C$ 取决于 $\boldsymbol{Q}$、$\boldsymbol{R}$ 的大小，增益幅值的大小与 $\boldsymbol{Q}/\boldsymbol{R}$ 成比例。增益矩阵不能太大，否则传感器噪声也被放大或与系统结构相互影响。可利用相关文献给出的 LQR 设计流程来选择参数矩阵 $\boldsymbol{Q}$ 和 $\boldsymbol{R}$。

LQR 提供的稳定裕度

LQR 能够保证良好的稳定性，对于任意的 LQR 设计，对象输入端的回路传递矩阵和相关的回差矩阵（RDM）满足：

$$\boldsymbol{L}(s)=\boldsymbol{R}^{-1}\widetilde{\boldsymbol{B}}^{\mathrm{T}}\boldsymbol{P}\boldsymbol{\Phi}(s)\widetilde{\boldsymbol{B}}=\boldsymbol{K}_C\boldsymbol{\Phi}(s)\widetilde{\boldsymbol{B}} \tag{8}$$

$$[\boldsymbol{I}+\boldsymbol{L}(s)]\times\lambda_{\min}(\boldsymbol{R})\boldsymbol{I}[\boldsymbol{I}+\boldsymbol{L}(s)]\geqslant\lambda_{\max}(\boldsymbol{R})\boldsymbol{I}$$

$$[\boldsymbol{I}+\boldsymbol{L}(s)]\times(\boldsymbol{I}+\boldsymbol{L}(s))\geqslant\frac{\lambda_{\max}(\boldsymbol{R})}{\lambda_{\min}(\boldsymbol{R})}\boldsymbol{I}\geqslant\boldsymbol{I} \tag{9}$$

$$||[\boldsymbol{I}+\boldsymbol{L}(s)]||^2\geqslant 1$$

也就是说，回差矩阵的模始终大于 1。对于单输入系统，就对象输入而言，相当于奈奎斯特曲线永远不会进入以点（-1，j0）为圆心的复平面上的单位圆内，如图 3 所示。这保证了［-6dB，$+\infty$］的幅值裕度和 $\pm 60°$ 的相角裕度。只有使用最优增益时才能保证这种特性，使用其他增益矩阵时不能保证有此结果。

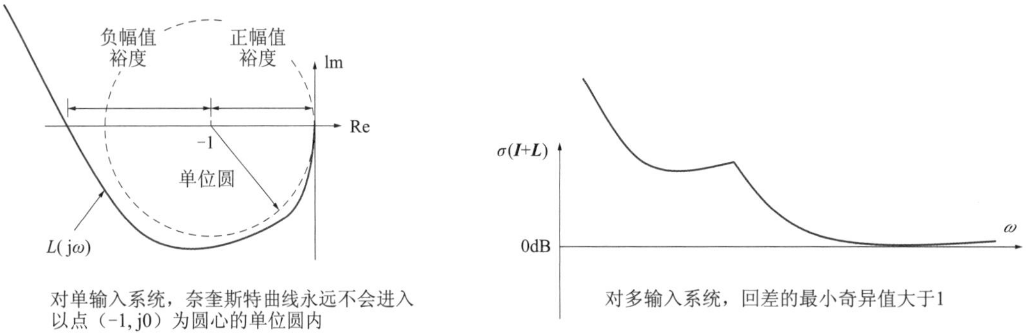

图 3　最优控制的稳定裕度

3　模型参考自适应控制

本节中，利用全状态反馈模型参考自适应控制 $\boldsymbol{u}_{ad}$ 来增强根据式（6）所得到的基本控制器的鲁棒性；利用 $\boldsymbol{u}=\boldsymbol{u}_{bl}+\boldsymbol{u}_{ad}$ 提高不确定系统的稳定性和指令跟踪能力。进行自适应控制的开环系统为

$$\dot{\boldsymbol{x}}=\widetilde{\boldsymbol{A}}\boldsymbol{x}+\widetilde{\boldsymbol{B}}[\boldsymbol{u}+\boldsymbol{f}(x)]+\boldsymbol{F}\boldsymbol{r} \tag{10}$$

式中，$\boldsymbol{f}(x)\in\mathrm{R}^{n_p}$ 表示系统的不确定性或非线性（这将在下一节展开讨论）。式（6）中用于鲁棒伺服控制的基本控制器忽略了这些不确定性，采用控制律

$$\boldsymbol{u}_{bl}=-\boldsymbol{K}_C\boldsymbol{x} \tag{11}$$

将此基本控制代入到式（10）所示的开环系统，得到闭环系统为

$$\dot{\boldsymbol{x}}=(\widetilde{\boldsymbol{A}}-\widetilde{\boldsymbol{B}}\boldsymbol{K}_C)\boldsymbol{x}+\widetilde{\boldsymbol{B}}\boldsymbol{f}(x)+\boldsymbol{F}\boldsymbol{r} \tag{12}$$

$$\dot{\boldsymbol{x}}=\underbrace{(\widetilde{\boldsymbol{A}}-\widetilde{\boldsymbol{B}}\boldsymbol{K}_C)}_{\boldsymbol{A}_{\mathrm{ref}}}\boldsymbol{x}+\underbrace{\boldsymbol{F}}_{\boldsymbol{B}_{\mathrm{ref}}}\boldsymbol{r} \tag{13}$$

该闭环系统（$\boldsymbol{A}_{\mathrm{ref}}$，$\boldsymbol{B}_{\mathrm{ref}}$）满足自动驾驶仪所要求的稳定性和指令跟踪性能。因此，用它作为自适应控制的参考模型为

$$\dot{\boldsymbol{x}}_{\mathrm{ref}}=\boldsymbol{A}_{\mathrm{ref}}\boldsymbol{x}+\boldsymbol{B}_{\mathrm{ref}}\boldsymbol{r} \tag{14}$$

基本控制利用随飞行环境变化的增益调节控制方法来控制参考模型的动特性。

由不同的反馈/前馈结构来产生自适应控制的附加控制 $\boldsymbol{u}_{ad}$，以增强基本控制器的性能。这里，选择一个状态反馈项和一个补偿不确定性 $\boldsymbol{f}(x)$ 的补偿项，此时控制变为

$$\boldsymbol{u}=\boldsymbol{u}_{bl}+\boldsymbol{u}_{ad}=\underbrace{-\boldsymbol{K}_C\boldsymbol{x}}_{\boldsymbol{u}_{bl}}+\underbrace{\hat{\boldsymbol{k}}_x^{\mathrm{T}}\boldsymbol{x}-\hat{\boldsymbol{f}}(x)}_{\boldsymbol{u}_{ad}} \tag{15}$$

式（15）中，$\hat{\boldsymbol{k}}_x$ 是附加的自适应反馈增益，$\hat{\boldsymbol{f}}(x)$ 是匹配系统不确定性 $\boldsymbol{f}(x)$ 的在线近似值，前向神经网络（NN）被用来进行函数逼近，该神经网络采用 N_0 固定的径向基函数（RBF）作为隐层：

$$\begin{aligned}\boldsymbol{f}(x)&=\sum_{i=1}^{N_0}\boldsymbol{\theta}_i\boldsymbol{\phi}_i(x)+\varepsilon\,\boldsymbol{f}(x)\\&=\boldsymbol{\Theta}^{\mathrm{T}}\boldsymbol{\Phi}(x)+\varepsilon\,\boldsymbol{f}(x)\end{aligned} \tag{16}$$

众所周知，当径向基函数的神经元数 N_0 足够大时，存在一个理想的输出层径向基神经网络权重

矩阵 $\boldsymbol{\Theta}$，该矩阵可以在 n_p 空间和 x 域中以近似误差限 ε_0^* 进行函数逼近：

$$||f(x)-\boldsymbol{\Theta}^{\mathrm{T}}\boldsymbol{\Phi}(x)||\leqslant||\varepsilon f(x)||\leqslant\varepsilon_0^*,\forall x\in X_p \tag{17}$$

由于式（16）中矩阵 $\boldsymbol{\Theta}$ 未知，故采用在线估计值 $\hat{\boldsymbol{\Theta}}$ 来代替，这样，函数逼近误差为

$$\begin{aligned}\boldsymbol{f}(x)-\hat{\boldsymbol{f}}(x)&=\boldsymbol{\Theta}^{\mathrm{T}}\boldsymbol{\Phi}(x)+\varepsilon\boldsymbol{f}(x)-\hat{\boldsymbol{\Theta}}^{\mathrm{T}}\boldsymbol{\Phi}(x)\\&=(\boldsymbol{\Theta}-\hat{\boldsymbol{\Theta}})^{\mathrm{T}}\boldsymbol{\Phi}(x)+\varepsilon\boldsymbol{f}(x)\end{aligned} \tag{18}$$

将所有的控制量代入式（10），得

$$\begin{aligned}\dot{\boldsymbol{x}}&=\tilde{\boldsymbol{A}}x+\tilde{\boldsymbol{B}}[-\boldsymbol{K}_C\boldsymbol{x}+\hat{\boldsymbol{k}}_x^{\mathrm{T}}\boldsymbol{x}-\hat{\boldsymbol{f}}(x)+\boldsymbol{f}(x)]+\boldsymbol{Fr}\\&=(\tilde{\boldsymbol{A}}x-\tilde{\boldsymbol{B}}\boldsymbol{K}_C+\tilde{\boldsymbol{B}}\hat{\boldsymbol{k}}_x^{\mathrm{T}})\boldsymbol{x}+\boldsymbol{Fr}+\\&\quad\tilde{\boldsymbol{B}}[\boldsymbol{\Theta}^{\mathrm{T}}\boldsymbol{\Phi}(x)+\varepsilon\boldsymbol{f}(x)-\hat{\boldsymbol{\Theta}}^{\mathrm{T}}\boldsymbol{\Phi}(x)]\\&=[\tilde{\boldsymbol{A}}-\tilde{\boldsymbol{B}}(\boldsymbol{K}_C-\hat{\boldsymbol{k}}_x^{\mathrm{T}})]\boldsymbol{x}+\boldsymbol{Fr}+\\&\quad\tilde{\boldsymbol{B}}[(\boldsymbol{\Theta}-\hat{\boldsymbol{\Theta}})^{\mathrm{T}}\boldsymbol{\Phi}(x)+\varepsilon\boldsymbol{f}(x)]\end{aligned} \tag{19}$$

为得到自适应控制律，导出上述闭环系统与式（14）表示的参考模型的误差动态方程，据此建立自适应增益调整的条件，以实现对所有的有界参考指令 r 跟踪误差有界。在上述过程中，假设匹配条件已经满足，满足这些情况需要存在（不一定要真正知道）一个理想增益 $\boldsymbol{k}_x^{\mathrm{T}}$，使得

$$[\tilde{\boldsymbol{A}}-\tilde{\boldsymbol{B}}(\boldsymbol{K}_C-\boldsymbol{k}_x^{\mathrm{T}})]=\boldsymbol{A}_{\mathrm{ref}} \tag{20}$$

问题的关键是自适应控制如何加入到系统动力学特性中？它能否提高系统的鲁棒性？因此，建立一个系统可实现的参考模型就非常重要。

系统和参考模型之间的跟踪误差表示为 $\boldsymbol{e}=\boldsymbol{x}-\boldsymbol{x}_{\mathrm{ref}}$，对它微分并代入相关的量得

$$\begin{aligned}\dot{\boldsymbol{e}}&=\dot{\boldsymbol{x}}(t)-\dot{\boldsymbol{x}}_{\mathrm{ref}}(t)\\&=\tilde{\boldsymbol{A}}\boldsymbol{x}+\tilde{\boldsymbol{B}}(\boldsymbol{u}+\boldsymbol{f}(x))+\boldsymbol{Fr}-\boldsymbol{A}_{\mathrm{ref}}\boldsymbol{x}_{\mathrm{ref}}-\\&\quad\boldsymbol{B}_{\mathrm{ref}}r\pm\boldsymbol{A}_{\mathrm{ref}}x\\&=\tilde{\boldsymbol{A}}\boldsymbol{x}+\tilde{\boldsymbol{B}}[-\boldsymbol{K}_C\boldsymbol{x}+\hat{\boldsymbol{k}}_x^{\mathrm{T}}\boldsymbol{x}-\hat{\boldsymbol{f}}(x)+\boldsymbol{f}(x)]+\\&\quad\boldsymbol{Fr}-\boldsymbol{A}_{\mathrm{ref}}\boldsymbol{x}_{\mathrm{ref}}-\boldsymbol{B}_{\mathrm{ref}}\boldsymbol{r}\pm\boldsymbol{A}_{\mathrm{ref}}\boldsymbol{x}\\&=\boldsymbol{A}_{\mathrm{ref}}(\boldsymbol{x}-\boldsymbol{x}_{\mathrm{ref}})+[\tilde{\boldsymbol{A}}+\tilde{\boldsymbol{B}}(-\boldsymbol{K}_C+\hat{\boldsymbol{k}}_x^{\mathrm{T}})-\boldsymbol{A}_{\mathrm{ref}}]x+\\&\quad\tilde{\boldsymbol{B}}[\boldsymbol{\Theta}^{\mathrm{T}}\boldsymbol{\Phi}(x)+\varepsilon\boldsymbol{f}(x)-\hat{\boldsymbol{\Theta}}^{\mathrm{T}}\boldsymbol{\Phi}(x)]\\&=\boldsymbol{A}_{\mathrm{ref}}\boldsymbol{e}+\tilde{\boldsymbol{B}}[(\hat{\boldsymbol{k}}_x-\boldsymbol{k}_x)^{\mathrm{T}}\boldsymbol{x}-\\&\quad(\hat{\boldsymbol{\Theta}}-\boldsymbol{\Theta})^{\mathrm{T}}\boldsymbol{\Phi}(x)+\varepsilon\boldsymbol{f}(x)]\\&=\boldsymbol{A}_{\mathrm{ref}}\boldsymbol{e}+\tilde{\boldsymbol{B}}[\Delta\boldsymbol{K}_x^{\mathrm{T}}\boldsymbol{x}-\Delta\boldsymbol{\Theta}^{\mathrm{T}}\boldsymbol{\Phi}(x)+\varepsilon\boldsymbol{f}(x)]\end{aligned} \tag{21}$$

式中，$\Delta\boldsymbol{K}_x=\hat{\boldsymbol{k}}_x-\boldsymbol{k}_x$，$\Delta\boldsymbol{\Theta}=\hat{\boldsymbol{\Theta}}-\boldsymbol{\Theta}$。

注意，只要 $x\in X_p$，$\hat{\boldsymbol{f}}(x)$ 在逼近 $\boldsymbol{f}(x)$ 时的误差估计就是有界的，这要求状态 x 保持在紧集 X_p 中。

使用基于李亚普诺夫方法和Barbalat引理的设计方法，通过在线参数调整可实现输出跟踪有界。这里需要构造一个李亚普诺夫函数，并且保证在增广系统的状态空间的紧子集中，此李亚普诺夫函数对时间的导数为负。

定义李亚普诺夫函数为

$$\begin{aligned}V(\boldsymbol{e},\Delta\boldsymbol{K}_x,\Delta\boldsymbol{\Theta})=&\boldsymbol{e}^{\mathrm{T}}\boldsymbol{P}\boldsymbol{e}+\mathrm{trace}(\Delta\boldsymbol{K}_x^{\mathrm{T}}\boldsymbol{\Gamma}_x^{-1}\Delta\boldsymbol{K}_x)+\\&\mathrm{trace}(\Delta\boldsymbol{\Theta}^{\mathrm{T}}\boldsymbol{\Gamma}_\Theta^{-1}\Delta\boldsymbol{\Theta})\end{aligned} \tag{22}$$

式中，$\boldsymbol{P}$，$\boldsymbol{\Gamma}_x$，$\boldsymbol{\Gamma}_\Theta$是对称正定矩阵，且 $\boldsymbol{P}$ 是下列李亚普诺夫代数方程的唯一解

$$\boldsymbol{P}\boldsymbol{A}_{\mathrm{ref}}+\boldsymbol{A}_{\mathrm{ref}}^{\mathrm{T}}\boldsymbol{P}=-\boldsymbol{Q} \tag{23}$$

对 $\boldsymbol{V}$ 微分得

$$\begin{aligned}\dot{\boldsymbol{V}}=&\dot{\boldsymbol{e}}^{\mathrm{T}}\boldsymbol{P}\boldsymbol{e}+\boldsymbol{e}^{\mathrm{T}}\boldsymbol{P}\dot{\boldsymbol{e}}+2\mathrm{trace}(\Delta\boldsymbol{K}_x^{\mathrm{T}}\boldsymbol{\Gamma}_x^{-1}\dot{\hat{\boldsymbol{k}}}_x)+\\&2\mathrm{trace}(\Delta\boldsymbol{\Theta}^{\mathrm{T}}\boldsymbol{\Gamma}_\Theta^{-1}\dot{\hat{\boldsymbol{\Theta}}})\\=&\{\boldsymbol{A}_{\mathrm{ref}}\boldsymbol{e}+\tilde{\boldsymbol{B}}[\Delta\boldsymbol{K}_x^{\mathrm{T}}\boldsymbol{x}+\Delta\boldsymbol{\Theta}^{\mathrm{T}}\boldsymbol{\Phi}(x)+\varepsilon\boldsymbol{f}(x)]\}^{\mathrm{T}}\boldsymbol{P}\boldsymbol{e}+\\&\boldsymbol{e}^{\mathrm{T}}\boldsymbol{P}\{\boldsymbol{A}_{\mathrm{ref}}\boldsymbol{e}+\tilde{\boldsymbol{B}}[\Delta\boldsymbol{K}_x^{\mathrm{T}}\boldsymbol{x}+\Delta\boldsymbol{\Theta}^{\mathrm{T}}\boldsymbol{\Phi}(x)+\varepsilon\boldsymbol{f}(x)]\}+\\&2\mathrm{trace}(\Delta\boldsymbol{K}_x^{\mathrm{T}}\boldsymbol{\Gamma}_x^{-1}\dot{\hat{\boldsymbol{k}}}_x)+2\mathrm{trace}(\Delta\boldsymbol{\Theta}^{\mathrm{T}}\boldsymbol{\Gamma}_\Theta^{-1}\dot{\hat{\boldsymbol{\Theta}}})\\=&\boldsymbol{e}^{\mathrm{T}}(\boldsymbol{A}_{\mathrm{ref}}\boldsymbol{P}+\boldsymbol{P}\boldsymbol{A}_{\mathrm{ref}})\boldsymbol{e}+2\boldsymbol{e}^{\mathrm{T}}\boldsymbol{P}\tilde{\boldsymbol{B}}[\Delta\boldsymbol{K}_x^{\mathrm{T}}\boldsymbol{x}+\Delta\boldsymbol{\Theta}^{\mathrm{T}}\boldsymbol{\Phi}(x)+\\&\varepsilon\boldsymbol{f}(x)]+2\mathrm{trace}(\Delta\boldsymbol{K}_x^{\mathrm{T}}\boldsymbol{\Gamma}_x^{-1}\dot{\hat{\boldsymbol{k}}}_x)+\\&2\mathrm{trace}(\Delta\boldsymbol{\Theta}^{\mathrm{T}}\boldsymbol{\Gamma}_\Theta^{-1}\dot{\hat{\boldsymbol{\Theta}}})\end{aligned} \tag{24}$$

利用式（23），有

$$\begin{aligned}\dot{\boldsymbol{V}}=&-\boldsymbol{e}^{\mathrm{T}}\boldsymbol{Q}\boldsymbol{e}+2\boldsymbol{e}^{\mathrm{T}}\boldsymbol{P}\tilde{\boldsymbol{B}}\varepsilon\boldsymbol{f}(x)+2\boldsymbol{e}^{\mathrm{T}}\boldsymbol{P}\tilde{\boldsymbol{B}}\Delta\boldsymbol{K}_x^{\mathrm{T}}\boldsymbol{x}+\\&2\mathrm{trace}(\Delta\boldsymbol{K}_x^{\mathrm{T}}\boldsymbol{\Gamma}_x^{-1}\dot{\hat{\boldsymbol{k}}}_x)+2\boldsymbol{e}^{\mathrm{T}}\boldsymbol{P}\tilde{\boldsymbol{B}}\Delta\boldsymbol{\Theta}^{\mathrm{T}}\boldsymbol{\Phi}(x)+\\&2\mathrm{trace}(\Delta\boldsymbol{\Theta}^{\mathrm{T}}\boldsymbol{\Gamma}_\Theta^{-1}\dot{\hat{\boldsymbol{\Theta}}})\end{aligned} \tag{25}$$

利用等式 $\boldsymbol{a}^{\mathrm{T}}\boldsymbol{b}=\mathrm{trace}(\boldsymbol{b}\boldsymbol{a}^{\mathrm{T}})$ 将式（25）重写为

$$\begin{aligned}\dot{\boldsymbol{V}}=&-\boldsymbol{e}^{\mathrm{T}}\boldsymbol{Q}\boldsymbol{e}+2\boldsymbol{e}^{\mathrm{T}}\boldsymbol{P}\boldsymbol{B}\Lambda\varepsilon\boldsymbol{f}(x)+\\&2\mathrm{trace}(\Delta\boldsymbol{K}_x^{\mathrm{T}}\{\boldsymbol{\Gamma}_x^{-1}\dot{\hat{\boldsymbol{k}}}_x+\boldsymbol{x}\boldsymbol{e}^{\mathrm{T}}\boldsymbol{P}\boldsymbol{B}\})+\\&2\mathrm{trace}(\Delta\boldsymbol{\Theta}^{\mathrm{T}}\{\boldsymbol{\Gamma}_\Theta^{-1}\dot{\hat{\boldsymbol{\Theta}}}+\boldsymbol{\Phi}(x)\boldsymbol{e}^{\mathrm{T}}\boldsymbol{P}\boldsymbol{B}\})\end{aligned} \tag{26}$$

人们期望上式的值为负。假设选择自适应参数 $\hat{\boldsymbol{k}}_x$ 和 $\hat{\boldsymbol{\Theta}}$ 为

$$\begin{aligned}\dot{\hat{\boldsymbol{k}}}_x&=-\boldsymbol{\Gamma}_x\boldsymbol{x}\boldsymbol{e}^{\mathrm{T}}\boldsymbol{P}\boldsymbol{B}\\\dot{\hat{\boldsymbol{\Theta}}}&=-\boldsymbol{\Gamma}_\Theta\boldsymbol{\Phi}(x)\boldsymbol{e}^{\mathrm{T}}\boldsymbol{P}\boldsymbol{B}\end{aligned} \tag{27}$$

因此，

$$\begin{aligned}\dot{\boldsymbol{V}}=&-\boldsymbol{e}^{\mathrm{T}}\boldsymbol{Q}\boldsymbol{e}-2\boldsymbol{e}^{\mathrm{T}}\boldsymbol{P}\tilde{\boldsymbol{B}}\varepsilon\boldsymbol{f}(x)\leqslant\\&-\lambda_{\min}(\boldsymbol{Q})||\boldsymbol{e}||^2+2||\boldsymbol{e}||\cdot||\boldsymbol{P}\tilde{\boldsymbol{B}}||\varepsilon_0^*\end{aligned} \tag{28}$$

该式在紧集 E 之外为负，其中，紧集 E 为

$$E=\left\{\boldsymbol{e}:||\boldsymbol{e}||\leqslant\frac{2||\boldsymbol{P}\widetilde{\boldsymbol{B}}||\varepsilon_0^*}{\lambda_{\min}(\boldsymbol{Q})}\right\} \tag{29}$$

实现自适应控制律的关键是引入映射算子，从而使自适应参数有界。

$$\begin{aligned}\dot{\hat{\boldsymbol{k}}}_x&=\mathrm{Proj}(\hat{\boldsymbol{k}}_x,-\boldsymbol{\Gamma}_x\boldsymbol{x}\boldsymbol{e}^{\mathrm{T}}\boldsymbol{P}\widetilde{\boldsymbol{B}})\\ \dot{\hat{\boldsymbol{\Theta}}}&=\mathrm{Proj}[\hat{\boldsymbol{\Theta}},-\boldsymbol{\Gamma}_{\Theta}\boldsymbol{\Phi}(x)\boldsymbol{e}^{\mathrm{T}}\boldsymbol{P}\boldsymbol{B}]\end{aligned} \tag{30}$$

式（29）和有界的自适应参数是保证在相应的紧集中跟踪输出有界的充分条件。式（29）也定义了跟踪误差的大小，表明其上边界与近似域 ε_0^* 的大小成比例。相应的，为减小跟踪误差，需要增大RBF 中基函数的数量以减小近似误差 $\varepsilon\boldsymbol{f}(x)$。此外，需要加入死区以防止参数漂移产生的噪声。当模型误差较小时，死区还可以防止产生自适应控制增量，从而调整基本控制器。也可以在参数自适应控制律中加入阻尼，称为 σ 修正和 e 修正。

4　非线性仿真分析

本节利用仿真结果来表明匹配不确定性系统的鲁棒性。本例中，基本控制器利用积分控制来稳定和跟踪指令。在没有不确定因素时，该基本控制器效果良好。第 3 节设计的 MRAC 用于补偿匹配的不确定性 $\boldsymbol{f}(x)$，其模型为

$$\dot{\boldsymbol{x}}=\widetilde{\boldsymbol{A}}\boldsymbol{x}+\widetilde{\boldsymbol{B}}[\boldsymbol{u}+\boldsymbol{f}(x)]+\boldsymbol{F}\boldsymbol{r} \tag{31}$$

这些匹配不确定性可以是一个非线性的、时变的函数。在此仿真中，假设匹配不确定性是一个线性函数，且刚好与基本控制器抵消，即 $\boldsymbol{f}(x)=\boldsymbol{K}_C\boldsymbol{x}$。本例中的开环系统是不稳定的，因此，在此不确定的条件下，自适应控制律必须保证系统的稳定性和跟踪性。图 4 所示是在一个变自适应学习率的自适应控制系统的作用下，系统对指令信号为 3°迎角的非线性阶跃响应，这里，$\boldsymbol{\Gamma}_x=\boldsymbol{\Gamma}_\theta$ 来自式（27）和式（23），取 $\boldsymbol{Q}=\mathrm{diag}[0\quad 1\quad 1\quad 0\quad 0]$。可以发现，随着自适应学习速率的增加，自适应响应显著改善，且消除了匹配不确定性。当学习速率大于 200 时，不确定性被抵消，且能很好地跟踪参考模型。

仿真结果也表明：自适应控制算法能够很好地消除匹配的不确定性，这里，不确定性必须满足以下形式：

$$\boldsymbol{\Delta}=\widetilde{\boldsymbol{B}}\boldsymbol{f}(x) \tag{32}$$

式中，$\boldsymbol{f}(x)$ 是表示模型不确定性的函数，它可能是非线性的。利用 $\widetilde{\boldsymbol{B}}$ 对 $\widetilde{\boldsymbol{A}}$ 进行不确定性补偿，只能影响矩阵 $\widetilde{\boldsymbol{A}}$ 的最后一行，如下所示：

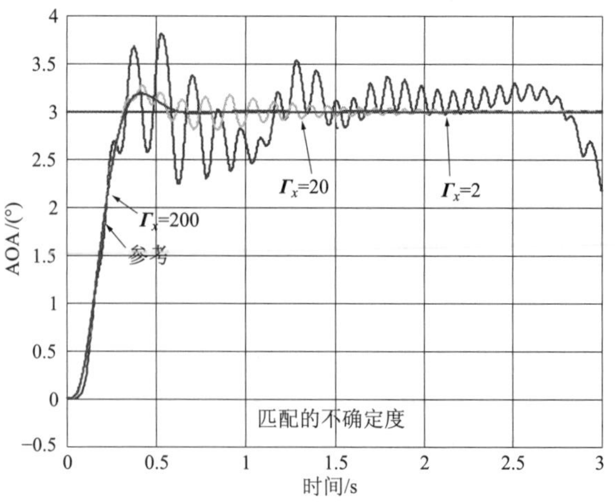

图 4　不确定模型为 $f(x)=\boldsymbol{K}_C x$ 的非线性系统阶跃响应

$$\widetilde{\boldsymbol{A}}=\begin{bmatrix}0&1&0&0&0\\0&\dfrac{\boldsymbol{Z}_\alpha}{\boldsymbol{V}}&1&\dfrac{\boldsymbol{Z}_\delta}{\boldsymbol{V}}&0\\0&\boldsymbol{M}_\alpha&0&\boldsymbol{M}_\delta&0\\0&0&0&0&1\\\times&\times&\times&\times&\times\end{bmatrix};\ \widetilde{\boldsymbol{B}}=\begin{bmatrix}0\\0\\0\\0\\\omega^2\end{bmatrix} \tag{33}$$

这是因为 $\widetilde{\boldsymbol{B}}$ 中除了最后一个元素外，其余均为零。例如，令 $\boldsymbol{A}=\widetilde{\boldsymbol{A}}+\boldsymbol{\Delta}$ 为如下形式：

$$\boldsymbol{A}=\begin{bmatrix}0&1&0&0&0\\0&\dfrac{\boldsymbol{Z}_\alpha}{\boldsymbol{V}}&1&\dfrac{\boldsymbol{Z}_\delta}{\boldsymbol{V}}&0\\0&\boldsymbol{M}_\alpha&0&\boldsymbol{M}_\delta&0\\0&0&0&0&1\\6&9&200&6&12\end{bmatrix} \tag{34}$$

这时，$\widetilde{\boldsymbol{A}}$ 的各列均加入了与 $\widetilde{\boldsymbol{B}}$ 相对应的不同参数的不确定性。图 5 给出了 $\boldsymbol{\Gamma}_x=\boldsymbol{\Gamma}_\theta=[2,\ 20,\ 200,\ 2\ 000]$ 时的非线性仿真结果。当学习速率大于 200 时，响应能准确地跟踪参考指令。

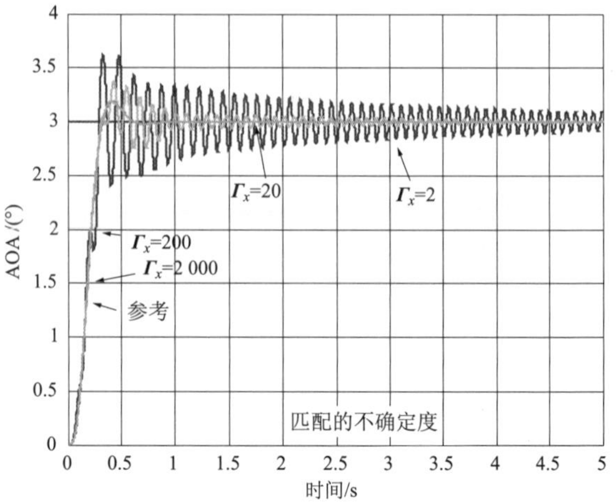

图 5　加入式（33）中的不确定性的非线性系统阶跃响应

5 评　　述

仿真结果表明，MRAC方法对匹配不确定具有很好的鲁棒性。为保证系统的稳定性和跟踪指令的性能，必须满足：不确定性必须在 $\widetilde{\boldsymbol{B}}$ 的空间范围内。

仿真结果同时也表明，为达到理想响应，需要进行调节。MRAC的李亚普诺夫矩阵 $\boldsymbol{Q}$、学习速率 $\boldsymbol{\Gamma}_x$ 及 $\boldsymbol{\Gamma}_\theta$、径向基函数 $\boldsymbol{\Phi}(x)$ 等均可作为调节参数。为达到理想响应，必须准确设计这些参数并且需要根据飞行条件进行预设置。

注意，不能使学习速率过大，线性和非线性的高增益控制对时滞非常敏感，并且随着学习速率的增大，敏感度也增大。式（27）表明，自适应增益是一个一阶微分环节，其值由学习速率决定。如果学习速率过大，数值积分十分困难并且需要很小的步长，这将使数字应用复杂化。

6 总　　结

本章介绍了飞行控制系统的设计，它采用一个基于LQR的基本控制器，再加上一个利用自适应控制的附加控制器，以增强系统对不确定性的鲁棒性。基本控制器具有良好的增益裕度和相角裕度。为提高控制系统的鲁棒性，引入了模型参考自适应控制，它对匹配不确定具有良好的鲁棒性，增强了控制系统的鲁棒性，可以处理多种不确定性。因此，通过线性系统理论、非线性自适应控制理论的完美结合，可以设计具有良好性能和鲁棒性的控制器。

参考文献

Bodden, D. (1998) Self designing controller. Final Report, *WLTR－97－3095*.

Boskovich, B. and Kaufmann, R. E. (1966) Evolution of the Honeywell first－generation adaptive autopilot and its applications to F-94, F-101, X-15, and X-20 vehicles. *J. Aircraft*, **3**, 296－304.

Bryson, A. E., Jr. (1977) Mini issue on NASA's advanced control law program for the F-8 DFBW aircraft. *IEEE Trans. Autom. Control*, vol. AC-22, no. 5 (special issue).

Haykin, S. (1999) *Neural Networks: A Comprehensive Foundation*, 2nd edn, Prentice Hall.

Ioannou, P. A. and Fidan, B. (2006) *Adaptive Control Tutorial*, SIAM.

Lavretsky, E. and Hovakimyan, N. (2004) Positive μ-modification for stable adaptation in a class of nonlinear systems with actuator constraints. American Control Conference.

Montgomery, R. (1973) Adaptive systems research in the NASA. 1973 *IEEE Conf. Decis. Control*, **12**, 378－388.

Narendra, K. S. and Annaswamy, A. M. (2005) *Stable Adaptive Systems*, Dover.

Pomet, J. B. and Praly, L. (1992) Adaptive nonlinear regulation: estimation from Lyapunov equation. *IEEE Trans. Autom. Control*, **37** (6), 729－740.

Stein, G. (1980) Adaptive flight control: a pragmatic view, in *Applications of Adaptive Control*, Academic Press, pp. 291－312.

Urnes, J. Jr. (1991) Self-repairing flight control system. Final Report. *WL-TR－91－3025*.

Urnes, J., Jr. (1999) Intelligent flight control. Final Report. *Boeing Report No. STL 99P0040*.

Weiss, J. and Hoy, S. (1990) Flight control reconfiguration for structurally damaged aircraft. NAECON Conference, Dayton, Ohio.

Wise, K. A. (1999) Reconfigurable systems for tailless fighter aircraft-RESTORE, *AFRL-VA-WP-TR－99－3067*.

Wise, K. A. and Brinker, J. S. (2001) Flight testing of reconfigurable control law on the X－36 tailless aircraft. *J. Guidance Control Dyn.*, **24** (5), 903－917.

Wise, K. A., Lavretsky, E., Zimmerman, J., Francis, J., Jr. and Whitehead, B. T. (2005) Adaptive control of a sensor guided munition. AIAA Paper No. 2005－6385, AIAA GNC Conference.

Wise, K. A., Lavretsky, E. and Hovakimyan, N. (2006) Adaptive control of flight: theory, applications, and open problems. American Control Conference.

Wise, K. A. (2007) A trade study on missile autopilot design using optimal control theory. AIAA paper AIAA－2007－6673, AIAA GNC Conference.

Wise, K. A. (2008) Robust stability analysis of adaptive missile autopilots. AIAA Paper No. 2008－6999, AIAA Guidance, Navigation and Control Conference.

本章译者：江驹、王洪欣（南京航空航天大学航空宇航学院）

第 233 章

非线性飞行系统的自适应控制设计技术

Nishant Unnikrishnan，Sivasubramanya N. Balakrishnan
密苏里科技大学机械和宇航工程系，罗拉，密苏里，美国

1 引　　言

在过去的二十年里，人工神经网络及其在控制系统中的应用迅速发展。一些文献详细介绍了人工神经网络在动态系统控制中的应用及存在的问题；另一些文献概述了人工神经网络在控制系统设计中的各种应用；还有一些文献对基于近似动态规划的一类神经网络控制器的稳定性问题进行了讨论，该文章发表在某期特刊中，该特刊包含多篇基于近似动态规划的神经网络控制器的论文和参考文献。有兴趣的读者可以参阅相关文献，以便对该领域的早期发展有总体的了解。采用神经网络控制器的优点是能够有效地控制非线性系统，包括未建模系统、参数时变系统等。

有些文献证明了利用神经网络，用结构化和系统化的方式辨识和控制非线性动态系统的可能性；有些文献开发了一种直接自适应跟踪控制结构，采用高斯径向基函数网络补偿被控对象的非线性；有些文献提出了一种在线神经网络，它可以用来拟合一个未知函数，可用于机器人控制器设计。这种方法避免了传统自适应控制技术的某些假设限制（如线性模型）。但是，这种技术仅适用于“Brunovsky型”系统，是状态空间中控制变量的一种仿射。某些文献提出了一种使用径向基函数的神经网络，利用自适应输出反馈控制对非线性系统的输出进行跟踪，该网络的权值采用李亚普诺夫设计方法进行调整。

非线性控制设计的一种比较简单又常用的方法是动态逆技术，其本质是基于反馈线性化原理。该方法需要对系统进行适当的变换，使变换后的系统的动态特性为线性形式，所以可以用线性控制设计工具进行控制器设计。这种方法的缺点是对建模误差和参数不准确性很敏感。解决这个问题的方法之一是将 H_∞ 鲁棒控制理论引入动态逆技术中。有的文献在这方面作出了重要贡献，它们提出将神经网络引入动态逆中以抵消逆的误差，该神经网络利用基于李亚普诺夫的方法在线训练（类似某些文献提出的方法）。这种思想已经被推广到许多领域，如基于输出的控制设计、重构控制设计等。许多应用，如飞行控制和流量控制，都证明了该技术的可行性和有效性。2005 年，某些文献首先提出了无模型结构的非线性系统的控制器设计方法。它们采用模型跟踪方法，来设计一个在线“附加控制”，并将之添加到离线设计的标称控制器中，以提高具有未知非线性特性的对象的整体性能。

非仿射模型控制器设计最普遍的方法是在平衡点对模型线性化。虽然这种方法能使控制对象在平衡点足够稳定，但对跟踪问题就比较困难。当用来进行控制器设计的系统模型没有体现系统的不确定性或非线性时，这个困难就尤为明显。另一种方法是求控制对象非线性函数的逆，但这是一个具有挑战性的工作，因为即使函数的逆存在，也不一定能通过解析的方法将其构造出来。有些文献提出了一系列基于隐函数理论的方法，采用神经网络模拟逆系统。

有的文献提出了另一种方法，将非仿射状态方程变换成一种含有控制变量的线性增广形式，从而对此线性系统进行控制。这是通过对状态方程一次求导，使得控制项的导数出现在线性模型中，该控

制项的导数可以用来控制。采用控制项的导数控制一个非仿射系统并不是一个新思想。有的文献给出了实现该方法的程序，其控制对象为非仿射系统。有的文献还给出了上述方法在模型方程参数未知的某无人机（UAV）控制中的一个应用。

本章的目的是根据相关文献提出的原理，对于状态方程的参数不确定性和非建模动态非线性等非仿射系统进行自适应模型跟踪控制器设计。控制器设计分两个步骤：①构建一组神经网络用来拟合在建模时被忽略或由参数不确定性所造成的非建模动态特性；②设计控制器，使实际对象的状态趋于参考模型的状态。控制器采用李亚普诺夫方法进行设计，保证动态误差的稳定性（一致渐进有界性）及神经网络权值的有界性。有的文献提出了一种在系统参数未知的情况下自适应控制器的设计方法，然而，这种自适应控制器无法处理系统运行时引入到系统中的非线性。本研究给出了一种基于在线神经网络的模型跟踪自适应控制器，它既能处理参数不确定性，也能处理系统未建模的动特性，该控制器的这一特性使其在实际应用中具有特殊的意义。

无人机比有人机更小、更轻且更便宜，这就使得无人机在许多需要自主决策的任务中非常有用。无人机动力学模型是非线性的，有许多不确定因素会影响无人机的性能，比如风的影响。在情报侦察这类防御性应用方面，无人机可能会在不友好的环境下经受恶劣的条件。如果受到敌人炮火的袭击，无人机的结构可能会损坏，这样会导致用来设计无人机控制器的对象模型降级，对象参数的改变可能是缓慢的（时变），也可能是剧烈的。根据相关文献提供的无人机模型，本章给出了数值仿真结果。该研究不仅考虑了系统模型中的参数不确定性，也考虑了在建模过程中被忽略或从对象运行过程中引入的非线性。本章其余部分的安排：第 2 节提出了控制设计方法，对本节介绍的两步过程进行解释，神经网络的结构和权值更新规则也在该节进行介绍；第 3 节对一个无人机模型进行仿真研究并给出数值仿真结果；第 4 节给出结论。

2　控制器设计

本章提出的控制器设计过程有两个主要环节。第一，以稳定的方式训练神经网络的权值，从而拟合被控对象中未知的函数。第二，在神经网络拟合了一个未知代数函数（表示未建模的动特性和/或参数不确定性）后，设计一个控制器以实现模型跟踪。下面首先讨论问题的数学描述，然后介绍控制器设计过程的两个环节。

2.1　问题描述

假设一个非线性系统（参考模型）有以下动力学方程：

$$\dot{\boldsymbol{X}}_d = \boldsymbol{f}^*(\dot{\boldsymbol{X}}_d) \tag{1}$$

式中，$\boldsymbol{X}_d \in \mathrm{R}^n$ 为理想的状态向量（轨迹）。假定系统阶次 n 已知，实际研究对象假设有以下结构：

$$\dot{\boldsymbol{X}} = \boldsymbol{f}(\boldsymbol{X},\boldsymbol{U}) + \boldsymbol{d}(\boldsymbol{X},\boldsymbol{U}) \tag{2}$$

式中，$\boldsymbol{X} \in \mathrm{R}^n$ 为实际对象状态轨迹；$\boldsymbol{U} \in \mathrm{R}^n$ 为控制向量（在后面将会讨论）。

假设 1　$\boldsymbol{X}_d$ 和 $\boldsymbol{f}^*$ 有界，$\boldsymbol{f}$ 是一个有界的光滑函数，$\boldsymbol{X}$ 属于紧集 $\boldsymbol{D}$。不确定函数 $\boldsymbol{d}(\boldsymbol{X}, \boldsymbol{U})$ 光滑有界，且 $\|(\partial \boldsymbol{f}/\partial \boldsymbol{U}) + (\partial \boldsymbol{d}/\partial \boldsymbol{U})\| \geqslant \alpha > 0, \forall (\boldsymbol{X}, \boldsymbol{U})$。

这些都不是苛刻的假设，因为 $\boldsymbol{X}$ 代表物理变量，不确定性 $\boldsymbol{d}(\boldsymbol{X}, \boldsymbol{U})$ 在物理系统的描述中通常是有界的。注意，由于 $\boldsymbol{U}$ 是基于有界函数 $\boldsymbol{X}$ 的反馈控制，所以 $\boldsymbol{U}$ 是 $\boldsymbol{X}$ 的一个子集。

代数函数 $\boldsymbol{d}(\boldsymbol{X}, \boldsymbol{U})$ 代表模型中的代数项（此研究仅限于这类未建模动态系统）和参数变化。需要在线设计控制器 $\boldsymbol{U}$，使实际对象的状态跟踪参考模型的状态。换句话说，就是保证当 $t\to\infty$ 时 $\boldsymbol{X}\to\boldsymbol{X}_d$。实现这一目标的一个方法就是利用神经网络拟合 $\hat{\boldsymbol{d}}(\boldsymbol{X}, \boldsymbol{U})$，从而获得函数 $\boldsymbol{d}(\boldsymbol{X}, \boldsymbol{U})$。为此，需要定义一个“近似系统”如下：

$$\dot{\boldsymbol{X}}_a = \boldsymbol{f}(\boldsymbol{X},\boldsymbol{U}) + \hat{\boldsymbol{d}}(\boldsymbol{X},\boldsymbol{U}) + (\boldsymbol{X} - \boldsymbol{X}_a)$$
$$\boldsymbol{X}_a(0) = \boldsymbol{X}(0) \tag{3}$$

通过此方法可确保当 $t\to\infty$ 时 $\boldsymbol{X}\to\boldsymbol{X}_a\to\boldsymbol{X}_d$。显然，这将引入两项任务：①保证当 $t\to\infty$ 时 $\boldsymbol{X}\to\boldsymbol{X}_a$；②保证当 $t\to\infty$ 时 $\boldsymbol{X}_a\to\boldsymbol{X}_d$。这两项任务将在下面小节中分别讨论。选择式（3）所示的近似系统的原因是为了使误差和权重的界有意义。

2.2　获取未知函数和训练神经网络（保证 $\boldsymbol{X}\to\boldsymbol{X}_a$）

这一节将详细讨论拟合 $\boldsymbol{d}(\boldsymbol{X}, \boldsymbol{U})$ 的步骤。

2.2.1　神经网络结构选择

本研究的一个重要思想是将系统的所有通道进

行分离（状态方程分离）。因此，将 n 个独立的神经网络分别拟合 n 个通道的不确定性，这将有利于数学分析。定义 $\boldsymbol{d}(\boldsymbol{X},\boldsymbol{U})\equiv[\boldsymbol{d}_1(\boldsymbol{X},\boldsymbol{U})\cdots\boldsymbol{d}_n(\boldsymbol{X},\boldsymbol{U})]^{\mathrm{T}}$，其中 $\boldsymbol{d}_i(\boldsymbol{X},\boldsymbol{U}),(i=1,\cdots,n)$ 是 $\boldsymbol{d}(\boldsymbol{X},\boldsymbol{U})$ 中的第 i 项，代表第 i 个状态方程的不确定性。由于 $\boldsymbol{d}(\boldsymbol{X},\boldsymbol{U})$ 的每一项都由单独的神经网络表示，因此每个神经网络的输出可以表示为 $\hat{\boldsymbol{d}}_i(\boldsymbol{X},\boldsymbol{U})=\hat{\boldsymbol{W}}_i^{\mathrm{T}}\boldsymbol{\Phi}_i(\boldsymbol{X},\boldsymbol{U})$，如图1所示。

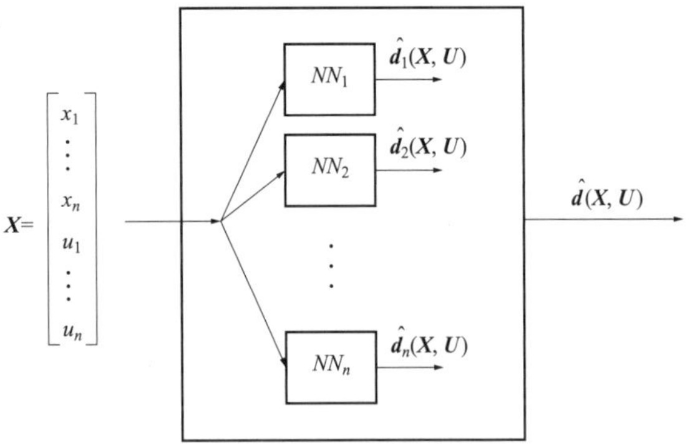

图1　神经网络的结构

在线“不确定性拟合神经网络”可以表示为参数线性化的前馈结构。有的文献采用了径向基函数（RBF），这些函数具有全局近似能力。但是，RBF难以选取基函数的中心，因此需要大量的基函数。某些文献采用单层 $\delta-\pi$ 网络拟合模型的逆误差。研究者通常采用被认为充分代表所拟合的未知项的自然特性的函数构建基函数。对于一个给定的例子，选择基函数没有标准的程序。

本章采用三角基函数神经网络来拟合每个未知函数 $\boldsymbol{d}_i(\boldsymbol{X},\boldsymbol{U})$。为了构建基向量，首先对输入数据进行预处理。在数值计算时，首先产生向量 $\boldsymbol{C}_i$ $(i=1,\cdots,n)$，其中 $\boldsymbol{C}_i=[1\quad \sin(x_i)\quad \cos(x_i)]^{\mathrm{T}}$。基向量由下式生成为：

$$\boldsymbol{\Phi}=\mathrm{kron}(\boldsymbol{C}_n,\cdots,\mathrm{kron}(\boldsymbol{C}_3,\mathrm{kron}(\boldsymbol{C}_1,\boldsymbol{C}_2)),\cdots)\tag{4}$$

kron（$*$，$*$）表示 kronecker 积，定义为

$$\mathrm{kron}(\boldsymbol{Y},\boldsymbol{Z})=[y_1z_1\quad y_1z_2\quad \cdots\quad y_nz_m]^{\mathrm{T}}\tag{5}$$

式中，$\boldsymbol{Y}\in\mathrm{R}^n$，$\boldsymbol{Z}\in\mathrm{R}^m$，表示神经网络权值向量的维数与 $\boldsymbol{\Phi}$ 维数相等。需要注意的是，即使用这种方法选择基函数，基函数的选择仍有很多种可能性，比如选择高斯函数作为基函数。感兴趣的读者可以参考相关文献。

2.2.2　神经网络训练

下面讨论神经网络权值更新技术（即神经网络训练方法），以准确描述未知函数 $\boldsymbol{d}_i(\boldsymbol{X},\boldsymbol{U})$。

设

$$\boldsymbol{e}_{a_i}\equiv(\boldsymbol{x}_i-\boldsymbol{x}_{a_i})\tag{6}$$

由式（2）和式（3）可知，第 i 项可以分解为

$$\dot{\boldsymbol{x}}_i=\boldsymbol{f}_i(\boldsymbol{X},\boldsymbol{U})+\boldsymbol{d}_i(\boldsymbol{X},\boldsymbol{U})\tag{7}$$

$$\dot{\boldsymbol{x}}_{a_i}=\boldsymbol{f}_i(\boldsymbol{X},\boldsymbol{U})+\hat{\boldsymbol{d}}_i(\boldsymbol{X},\boldsymbol{U})+\boldsymbol{x}_i-\boldsymbol{x}_{a_i}\tag{8}$$

式（7）减去式（8），代入式（6）得

$$\dot{\boldsymbol{e}}_{a_i}=\boldsymbol{d}_i(\boldsymbol{X},\boldsymbol{U})-\hat{\boldsymbol{d}}_i(\boldsymbol{X},\boldsymbol{U})-\boldsymbol{e}_{a_i}\tag{9}$$

根据神经网络全局近似特性可知：存在一个具有最优权值向量 $\boldsymbol{W}_i$ 和基向量 $\boldsymbol{\Phi}_i(\boldsymbol{X},\boldsymbol{U})$ 的理想神经网络，它可以以精度 $\boldsymbol{\varepsilon}_i$ 拟合 $\boldsymbol{d}_i(\boldsymbol{X},\boldsymbol{U})\in\boldsymbol{C}$，$[\boldsymbol{X},\boldsymbol{U}]\in\boldsymbol{D}'\subset\mathrm{R}^n$，即

$$\boldsymbol{d}_i(\boldsymbol{X},\boldsymbol{U})=\boldsymbol{W}_i^{\mathrm{T}}\boldsymbol{\Phi}_i(\boldsymbol{X},\boldsymbol{U})+\boldsymbol{\varepsilon}_i\tag{10}$$

假设拟合 $\boldsymbol{d}_i(\boldsymbol{X},\boldsymbol{U})$ 的神经网络的实际权值为 $\hat{\boldsymbol{W}}_i$，拟合函数可以写为

$$\hat{\boldsymbol{d}}_i(\boldsymbol{X},\boldsymbol{U})=\hat{\boldsymbol{W}}_i^{\mathrm{T}}\boldsymbol{\Phi}_i(\boldsymbol{X},\boldsymbol{U})\tag{11}$$

将式（10）和式（11）代入式（9），$\dot{\boldsymbol{e}}_{a_i}$ 的表达式变成

$$\dot{\boldsymbol{e}}_{a_i}=\tilde{\boldsymbol{W}}_i^{\mathrm{T}}\boldsymbol{\Phi}_i(\boldsymbol{X},\boldsymbol{U})+\boldsymbol{\varepsilon}_i-\boldsymbol{e}_{a_i}\tag{12}$$

式中 $\tilde{\boldsymbol{W}}_i\equiv(\boldsymbol{W}_i-\hat{\boldsymbol{W}}_i)$ 为第 i 个神经网络的理想权值向量与实际权值向量之差。注意：因为 $\boldsymbol{W}_i$ 为常数，所以 $\dot{\tilde{\boldsymbol{W}}}=-\dot{\hat{\boldsymbol{W}}}_i$。

一个稳定的权值更新规则如下：

$$\dot{\hat{\boldsymbol{W}}}_i=\gamma_{l_i}\boldsymbol{e}_{a_i}\boldsymbol{\Phi}_i(\boldsymbol{X},\boldsymbol{U})-\gamma_{l_i}\sigma_i\hat{\boldsymbol{W}}_i\tag{13}$$

式中，γ_{l_i} 为第 i 个在线网络的学习速率；σ_i 为确保神经网络权值有界的修正系数，从而省去证明激励条件的持续性。学习速率 γ_{l_i} 是一个设计参数，可以根据设计者的经验和判断得到。σ_i 函数是为了保证权值更新规则的稳定性，这有助于保证实际状态 $\boldsymbol{x}$ 与近似状态 $\boldsymbol{x}_a$ 之差有界。本章的附录A证明了很小的 σ 可以保证很小的误差界，这是人们所希望的。附录A给出了权值更新规则的稳定性证明和 $\hat{\boldsymbol{d}}_i(\boldsymbol{X},\boldsymbol{U})\to\boldsymbol{d}_i(\boldsymbol{X},\boldsymbol{U})$ 误差边界收敛性证明。不确定性/非线性特性代数和的估计值与标称模型一起用来使对象跟踪理想参考轨迹。

2.3　控制作用（确保 $\boldsymbol{X}_a\to\boldsymbol{X}_d$）

在这小节中，假设用神经网络拟合未知函数 $\hat{\boldsymbol{d}}(\boldsymbol{X},\boldsymbol{U})$ 是可行的，现在的任务就是通过以下二阶误差动态系统，使得 $t\to\infty$ 时 $\boldsymbol{X}_a\to\boldsymbol{X}_d$，即

$$(\ddot{\boldsymbol{X}}_a-\ddot{\boldsymbol{X}}_d)+\boldsymbol{K}_d(\dot{\boldsymbol{X}}_a-\dot{\boldsymbol{X}}_d)+\boldsymbol{K}_p(\boldsymbol{X}_a-\boldsymbol{X}_d)=\boldsymbol{0}\tag{14}$$

式中，$\boldsymbol{K}_d$和$\boldsymbol{K}_p$为正定增益矩阵，用来进行控制器设计。$\boldsymbol{K}_d$为微分增益，作用于拟合的状态的微分与理想状态的微分之差。$\boldsymbol{K}_p$为比例增益，作用于拟合状态和理想状态之差。$\boldsymbol{K}_d$和$\boldsymbol{K}_p$都是赫尔维茨对角矩阵。$\boldsymbol{K}_d$和$\boldsymbol{K}_p$的值越大，瞬态响应越快，但超调也越大；$\boldsymbol{K}_d$和$\boldsymbol{K}_p$的值越小，响应速度也越慢。

利用微分的作用进行控制的思想由来已久。对$\dot{\boldsymbol{X}}_a$微分可得

$$\ddot{\boldsymbol{X}}_a=\left(\frac{\partial \boldsymbol{f}}{\partial \boldsymbol{X}}\right)\dot{\boldsymbol{X}}+\left(\frac{\partial \boldsymbol{f}}{\partial \boldsymbol{U}}\right)\dot{\boldsymbol{U}}+\left(\frac{\partial \hat{\boldsymbol{d}}}{\partial \boldsymbol{X}}\right)\dot{\boldsymbol{X}}+\left(\frac{\partial \hat{\boldsymbol{d}}}{\partial \boldsymbol{U}}\right)\dot{\boldsymbol{U}}+\dot{\boldsymbol{X}}-\dot{\boldsymbol{X}}_a \tag{15}$$

将式（1）、式（3）和式（15）代入式（14）中，得

$$\left[\left(\frac{\partial \boldsymbol{f}}{\partial \boldsymbol{X}}\right)\dot{\boldsymbol{X}}+\left(\frac{\partial \boldsymbol{f}}{\partial \boldsymbol{U}}\right)\dot{\boldsymbol{U}}+\left(\frac{\partial \hat{\boldsymbol{d}}}{\partial \boldsymbol{X}}\right)\dot{\boldsymbol{X}}+\left(\frac{\partial \hat{\boldsymbol{d}}}{\partial \boldsymbol{U}}\right)\dot{\boldsymbol{U}}+\dot{\boldsymbol{X}}-\dot{\boldsymbol{X}}_a-\ddot{\boldsymbol{X}}_d\right]+\boldsymbol{K}_d(\boldsymbol{f}(\boldsymbol{X},\boldsymbol{U})+\hat{\boldsymbol{d}}(\boldsymbol{X},\boldsymbol{U})+(\boldsymbol{X}-\boldsymbol{X}_a)-\boldsymbol{f}^*(\boldsymbol{X}_d))+\boldsymbol{K}_p(\boldsymbol{X}_a-\boldsymbol{X}_d)=\boldsymbol{0} \tag{16}$$

假设 2　$[(\partial \boldsymbol{f}/\partial \boldsymbol{U})+(\partial \hat{\boldsymbol{d}}/\partial \boldsymbol{U})]^{-1}$任意时刻都是非奇异的。

由式（16）求控制律$\dot{\boldsymbol{U}}$，得

$$\dot{\boldsymbol{U}}=\left[\left(\frac{\partial \boldsymbol{f}}{\partial \boldsymbol{U}}\right)+\left(\frac{\partial \hat{\boldsymbol{d}}}{\partial \boldsymbol{U}}\right)\right]^{-1}\times\left\{\ddot{\boldsymbol{X}}_d+\dot{\boldsymbol{X}}_a-\dot{\boldsymbol{X}}-\left(\frac{\partial \boldsymbol{f}}{\partial \boldsymbol{X}}\right)\dot{\boldsymbol{X}}-\left(\frac{\partial \hat{\boldsymbol{d}}}{\partial \boldsymbol{X}}\right)\dot{\boldsymbol{X}}-\boldsymbol{K}_d[\boldsymbol{f}(\boldsymbol{X},\boldsymbol{U})+\hat{\boldsymbol{d}}(\boldsymbol{X},\boldsymbol{U})+(\boldsymbol{X}-\boldsymbol{X}_a)-\boldsymbol{f}^*(\boldsymbol{X}_d)]-\boldsymbol{K}_p(\boldsymbol{X}_a-\boldsymbol{X}_d)\right\} \tag{17a}$$

迭代中，由于$\dot{\boldsymbol{X}}_a$是$\dot{\boldsymbol{X}}$的最佳近似，如果$\dot{\boldsymbol{X}}$无法通过测量和观察获得，可以用$\dot{\boldsymbol{X}}_a$代替$\dot{\boldsymbol{X}}$。权值更新规则确保在线神经网络的输出$\hat{\boldsymbol{d}}(\boldsymbol{X},\boldsymbol{U})$收敛到$\boldsymbol{d}$（$\boldsymbol{X}$，$\boldsymbol{U}$）附近。用$\dot{\boldsymbol{X}}_a$代替$\dot{\boldsymbol{X}}$后的控制律为

$$\dot{\boldsymbol{U}}_{\text{imp}}=\left[\left(\frac{\partial \boldsymbol{f}}{\partial \boldsymbol{U}}\right)+\left(\frac{\partial \hat{\boldsymbol{d}}}{\partial \boldsymbol{U}}\right)\right]^{-1}\times\left\{\ddot{\boldsymbol{X}}_d+\dot{\boldsymbol{X}}_a-\left[\boldsymbol{I}+\left(\frac{\partial \boldsymbol{f}}{\partial \boldsymbol{X}}\right)+\left(\frac{\partial \hat{\boldsymbol{d}}}{\partial \boldsymbol{X}}\right)\right]\dot{\boldsymbol{X}}_a-\boldsymbol{K}_d(\dot{\boldsymbol{X}}_a-\dot{\boldsymbol{X}}_d)-\boldsymbol{K}_p(\boldsymbol{X}_a-\boldsymbol{X}_d)\right\} \tag{17b}$$

附录B证明了用式（17b）代替式（17a）进行控制律计算时，所有状态变量的有界性。控制信号可以通过对式（17b）中的控制导数积分得到。附录C证明了对式（17b）控制导数积分得到的控制信号是有界的。

2.4　流程图

第2.2、第2.3节中描述的技术和开发流程可以用图2所示的一个简单流程来表示。

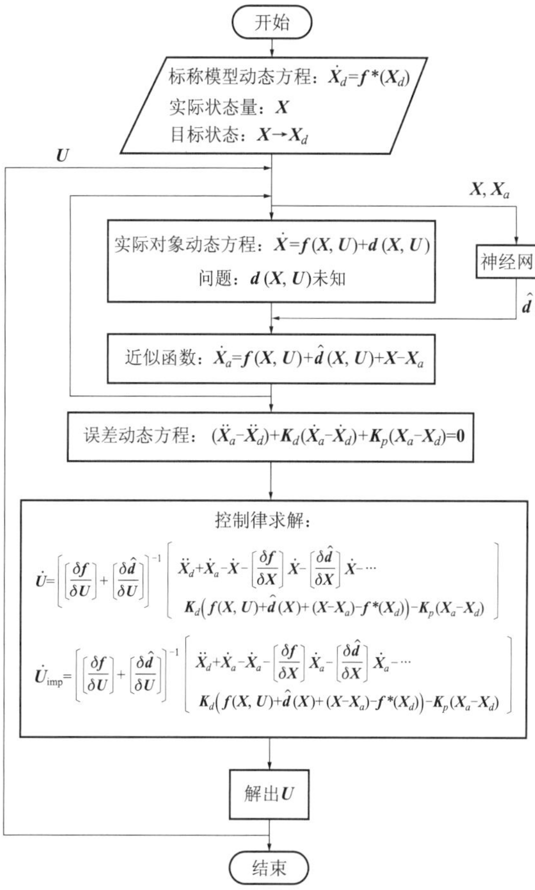

图2　技术流程示意

3　仿真研究

本章研究的对象是一个三自由度的无人机模型。无人机的动力学方程为

$$\begin{aligned}\dot{v}&=g\left(\frac{T-D}{W}-\sin\gamma\right)\\ \dot{\gamma}&=\frac{g}{v}(k_n n\cos\mu-\cos\gamma)\\ \dot{\chi}&=\frac{gk_n n\sin\mu}{v\cos\gamma}\end{aligned} \tag{18}$$

这里考虑的无人机状态变量为飞行速度v、飞行航迹角γ和飞行航向χ。状态模型的控制输入为推力T、载荷因子n和倾斜角μ。g表示重力加速

度，W 为飞机重量，D 为阻力。假设阻力模型为

$$D=0.5\rho v^2 SC_{D_0}+\frac{2Kk_n^2n^2W^2}{\rho v^2 S} \tag{19}$$

式中，k_n 为载荷因子有效性系数，取值范围为 $0\leqslant k_n\leqslant 1$。$k_n>1$ 表示控制器失效。如果控制器控制良好，则 $k_n=1$。表 1 所示为被控对象模型的参数，直接取自相关文献。

表 1 无人机系统参数

参数	数值
密度 ρ/（$\mathrm{km}\cdot\mathrm{m}^{-3}$）	1.225 1
重量 W_g/kg	14 515
参考面积 S/m^2	37.16
最大推力 $T_{\max}$/N	113 868.8
最大载荷因子 $n_{\max}$	7
升致阻力系数 K	0.1
附加阻力系数 C_{D_0}	0.02

相关文献证明了非仿射对象自适应控制器能有效地拟合三个参数的不确定性：附加阻力系数 C_{D_0} 的不确定性、升致阻力系数 K 的不确定性、载荷因子有效性系数 k_n的不确定性。本章的目的是提出有效拟合系统不确定性（未建模非线性项和参数不确定性）的方法并设计控制器使无人机状态跟踪理想的参考状态。注意，忽略阻力项（$0.5\rho v^2 SC_{D_0}$）引入的未建模动特性，同时，相关文献指出，参数的不确定性体现在 K、k_n和 C_{D_0} 中。

设 $\boldsymbol{X}\equiv[V,\gamma,\chi]^{\mathrm{T}}$，$\boldsymbol{U}\equiv[T,n,\mu]^{\mathrm{T}}$，$c_{11}\equiv 0.5g\rho SC_{D_0}/W_g$，$c_{12}\equiv g$，$c_{13}\equiv g/W_g$，$c_{14}\equiv(2gW_g^2)/(W_g\rho S)$，$c_{21}\equiv -g$，$c_{22}\equiv g$，$c_{31}\equiv g$。状态方程变为

$$\dot{x}_1=-c_{11}x_1^2-c_{12}\sin x_2+c_{13}u_1-\frac{c_{14}Kk_n^2u_2^2}{x_1^2}$$

$$\dot{x}_2=c_{21}\frac{\cos x_2}{x_1}+c_{22}\frac{k_nu_2\cos u_3}{x_1}$$

$$\dot{x}_3=\frac{c_{31}k_nu_2\sin u_3}{x_1\cos x_2} \tag{20}$$

无人机理想的参考轨迹为 $[x_{1d}\ x_{2d}]^{\mathrm{T}}=[3\ 000]^{\mathrm{T}}$，航向角需跟踪以下的参考模型的输出：

$$\dot{x}_{m1}=x_{m2}$$

$$\dot{x}_{m2}=-x_{m1}-1.4x_{m2}+r_\chi$$

$$x_{3d}=x_{m1} \tag{21}$$

式中，r_χ为一个 30°航向角加上

$$-r_\chi=\begin{cases}0 & t\leqslant 5\\ 6(t-5), & 5<t\leqslant 10\\ 30, & 10<t\leqslant 20\\ 30(5-0.2t), & 20<t\leqslant 30\\ -30 & 30<t\leqslant 40\\ -30(9-0.2t), & 40<t\leqslant 45\\ 0, & t>45\end{cases} \tag{22}$$

仿真时系统模型参数在 20s 时变为

$$C_{D_0}(t)=0.02[2-\mathrm{e}^{-(t-20)}]$$

$$K(t)=20[1-\mathrm{e}^{-(t-20)}]$$

$$k_n(t)=0.5[1-\mathrm{e}^{-(t-20)}] \tag{23}$$

然而，为设计控制器，假设式（23）给出的参数变化和阻力的非线性项（$-c_{11}x_1^2$）为未知。

近似的系统定义为

$$\dot{x}_{1a}=-c_{12}\sin x_2+c_{13}u_1-\frac{c_{14}Kk_n^2u_2^2}{x_1^2}+\hat{d}_1(\boldsymbol{X},\boldsymbol{U})+x_1-x_{1a}$$

$$\dot{x}_{2a}=c_{21}\frac{\cos x_2}{x_1}+c_{22}\frac{k_nu_2\cos u_3}{x_1}+\hat{d}_2(\boldsymbol{X},\boldsymbol{U})+x_2-x_{2a}$$

$$\dot{x}_{3a}=\frac{c_{31}k_nu_2\sin u_3}{x_1\cos x_2}+\hat{d}_3(\boldsymbol{X},\boldsymbol{U})+x_3-x_{3a} \tag{24}$$

注意，状态模型第一个方程的非线性项和参数不确定性通过神经网络 $\hat{d}_1(\boldsymbol{X},\ \boldsymbol{U})$ 来拟合。同样，第二、第三个方程中状态模型参数的不确定性分别由 $\hat{d}_2(\boldsymbol{X},\ \boldsymbol{U})$ 和 $\hat{d}_3(\boldsymbol{X},\ \boldsymbol{U})$ 来拟合。本章采用三角基函数神经网络来拟合未建模系统的动特性。对于所有的网络，向量 $\boldsymbol{C}_{ij}(i=1,2,3;j=1,2,\cdots,6)$ 有 $\boldsymbol{C}_{i1}=[1\quad \sin x_1]^{\mathrm{T}}$，$\boldsymbol{C}_{i2}=[1\quad \sin x_2]^{\mathrm{T}}$，$\boldsymbol{C}_{i3}=[1\quad \sin x_3]^{\mathrm{T}}$，$\boldsymbol{C}_{i4}=[1\quad \sin u_1]^{\mathrm{T}}$，$\boldsymbol{C}_{i5}=[1\quad \sin u_2]^{\mathrm{T}}$ 和 $\boldsymbol{C}_{i6}=[1\quad \sin u_3]^{\mathrm{T}}$。基向量 $\boldsymbol{\Phi}_i$ 由 $\boldsymbol{C}_i$ 所有元素的乘积组成。利用 Kronecker 积表示神经元的相互作用，则 $\boldsymbol{\Phi}_i$ 表示为

$$\boldsymbol{\Phi}_i=\mathrm{kron}(\boldsymbol{C}_{i6},\mathrm{kron}(\boldsymbol{C}_{i5},\mathrm{kron}(\boldsymbol{C}_{i4},\mathrm{kron}(\boldsymbol{C}_{i1},\mathrm{kron}(\boldsymbol{C}_{i2},\boldsymbol{C}_{i3}))))) \tag{25}$$

式中，kron（$*$，$*$）表示 kronecker 积，$i=1,\ 2,\ 3$。三个用来拟合方程中不确定性的神经网络都由 64 个神经元组成，神经网络的训练参数为$[\gamma_1\quad\gamma_2\quad\gamma_3]^{\mathrm{T}}=[2.5\quad 2\quad 0.75]^{\mathrm{T}}$，$[\sigma_1\quad\sigma_2\quad\sigma_3]^{\mathrm{T}}=[1\mathrm{e}^{-6}\quad 1\mathrm{e}^{-6}\quad 1\mathrm{e}^{-6}]^{\mathrm{T}}$。

控制器设计的第二步是确保 $\boldsymbol{X}_a\to\boldsymbol{X}_d$，$\boldsymbol{X}_d$ 为理想轨迹向量，这可以通过式（14）所示的二阶误差方程来保证。求导式（3），得到误差动态方程 $\ddot{\boldsymbol{X}}_a$ 为

$$\ddot{\boldsymbol{X}}_a=\frac{\partial \boldsymbol{f}}{\partial \boldsymbol{X}}\dot{\boldsymbol{X}}+\frac{\partial \boldsymbol{f}}{\partial \boldsymbol{U}}\dot{\boldsymbol{U}}+\begin{bmatrix}\hat{\boldsymbol{W}}_1^{\mathrm{T}}\left(\dfrac{\partial \boldsymbol{\Phi}_1}{\partial \boldsymbol{X}}\right)\\ \hat{\boldsymbol{W}}_2^{\mathrm{T}}\left(\dfrac{\partial \boldsymbol{\Phi}_2}{\partial \boldsymbol{X}}\right)\\ \hat{\boldsymbol{W}}_3^{\mathrm{T}}\left(\dfrac{\partial \boldsymbol{\Phi}_3}{\partial \boldsymbol{X}}\right)\end{bmatrix}\dot{X}+\begin{bmatrix}\hat{\boldsymbol{W}}_1^{\mathrm{T}}\left(\dfrac{\partial \boldsymbol{\Phi}_1}{\partial \boldsymbol{U}}\right)\\ \hat{\boldsymbol{W}}_2^{\mathrm{T}}\left(\dfrac{\partial \boldsymbol{\Phi}_2}{\partial \boldsymbol{U}}\right)\\ \hat{\boldsymbol{W}}_3^{\mathrm{T}}\left(\dfrac{\partial \boldsymbol{\Phi}_3}{\partial \boldsymbol{U}}\right)\end{bmatrix}\dot{\boldsymbol{U}}+\begin{bmatrix}\hat{\boldsymbol{W}}_1^{\mathrm{T}}\boldsymbol{\Phi}_1\\ \hat{\boldsymbol{W}}_2^{\mathrm{T}}\boldsymbol{\Phi}_2\\ \hat{\boldsymbol{W}}_3^{\mathrm{T}}\boldsymbol{\Phi}_3\end{bmatrix}+\dot{\boldsymbol{X}}-\boldsymbol{X}_a \quad (26)$$

定义

$$\boldsymbol{Q}\equiv\begin{bmatrix}\hat{\boldsymbol{W}}_1^{\mathrm{T}}(\partial \boldsymbol{\Phi}_1/\partial \boldsymbol{X})\\ \hat{\boldsymbol{W}}_2^{\mathrm{T}}(\partial \boldsymbol{\Phi}_2/\partial \boldsymbol{X})\\ \hat{\boldsymbol{W}}_3^{\mathrm{T}}(\partial \boldsymbol{\Phi}_3/\partial \boldsymbol{X})\end{bmatrix},\boldsymbol{R}\equiv\begin{bmatrix}\hat{\boldsymbol{W}}_1^{\mathrm{T}}(\partial \boldsymbol{\Phi}_1/\partial \boldsymbol{U})\\ \hat{\boldsymbol{W}}_2^{\mathrm{T}}(\partial \boldsymbol{\Phi}_2/\partial \boldsymbol{U})\\ \hat{\boldsymbol{W}}_3^{\mathrm{T}}(\partial \boldsymbol{\Phi}_3/\partial \boldsymbol{U})\end{bmatrix} \quad (27)$$

$$\boldsymbol{T}\equiv\begin{bmatrix}\hat{\boldsymbol{W}}_1^{\mathrm{T}}\boldsymbol{\Phi}_1\\ \hat{\boldsymbol{W}}_2^{\mathrm{T}}\boldsymbol{\Phi}_2\\ \hat{\boldsymbol{W}}_3^{\mathrm{T}}\boldsymbol{\Phi}_3\end{bmatrix} \quad (28)$$

式（26）可以写为

$$\ddot{\boldsymbol{X}}_a=\left(\frac{\partial \boldsymbol{f}}{\partial \boldsymbol{X}}+\boldsymbol{Q}\right)\dot{\boldsymbol{X}}+\left(\frac{\partial \boldsymbol{f}}{\partial \boldsymbol{U}}+\boldsymbol{R}\right)\dot{\boldsymbol{U}}+\boldsymbol{T}+\dot{\boldsymbol{X}}-\dot{\boldsymbol{X}}_a \quad (29)$$

控制律由误差的稳态方程式（14）获得。将式（29）代入式（14），将动态误差项展开，可得

$$\left[\left(\frac{\partial \boldsymbol{f}}{\partial \boldsymbol{X}}+\boldsymbol{Q}\right)\dot{\boldsymbol{X}}+\left(\frac{\partial \boldsymbol{f}}{\partial \boldsymbol{U}}+\boldsymbol{R}\right)\dot{\boldsymbol{U}}+\boldsymbol{T}+\dot{\boldsymbol{X}}-\dot{\boldsymbol{X}}_a-\ddot{\boldsymbol{X}}_d\right]+$$
$$\boldsymbol{K}_d(\dot{\boldsymbol{X}}_a-\dot{\boldsymbol{X}}_d)+\boldsymbol{K}_p(\boldsymbol{X}_a-\boldsymbol{X}_d)=0 \quad (30)$$

定义 $\boldsymbol{H}\equiv[(\partial f/\partial \boldsymbol{X})+\boldsymbol{Q}]\dot{\boldsymbol{X}}+\boldsymbol{T}+\dot{\boldsymbol{X}}-\dot{\boldsymbol{X}}_a$，$\boldsymbol{H}_{\mathrm{imp}}\equiv[(\partial f/\partial \boldsymbol{X})+\boldsymbol{Q}+\boldsymbol{I}]\dot{\boldsymbol{X}}_a+\boldsymbol{T}-\dot{\boldsymbol{X}}_a$。整理式（30）可得控制项为

$$\dot{\boldsymbol{U}}_{\mathrm{imp}}=\left(\frac{\partial \boldsymbol{f}}{\partial \boldsymbol{U}}+\boldsymbol{R}\right)^{-1}\times[\ddot{\boldsymbol{X}}_d-\boldsymbol{H}_{\mathrm{imp}}-$$
$$\boldsymbol{K}_d(\dot{\boldsymbol{X}}_a-\dot{\boldsymbol{X}}_d)-\boldsymbol{K}_p(\boldsymbol{X}_a-\boldsymbol{X}_d)] \quad (31)$$

本章中，

$$\frac{\partial \boldsymbol{f}}{\partial \boldsymbol{X}}=\begin{bmatrix}(0.2c_{14}u_2^2) & (-c_{12}\cos x_2) & 0\\ \left(-\dfrac{c_{21}\cos x_2}{x_1^2}-\dfrac{c_{22}u_2\cos u_3}{x_1^2}\right) & \left(-\dfrac{c_{21}\sin x_2}{x_1}\right) & 0\\ \left(-\dfrac{c_{31}u_2\sin u_2}{\cos x_2 x_1^2}\right) & \left(\dfrac{c_{31}u_2\sin u_3\sin x_2}{x_1\cos x_2^2}\right) & 0\end{bmatrix} \quad (32)$$

$$\frac{\partial \boldsymbol{f}}{\partial \boldsymbol{U}}=\begin{bmatrix}c_{13} & \left(\dfrac{-0.2c_{14}u_2}{x_1^2}\right) & 0\\ 0 & \left(\dfrac{c_{22}\cos u_3}{x_1}\right) & \left(-\dfrac{c_{22}u_2\sin u_3}{x_1}\right)\\ 0 & \left(\dfrac{c_{31}\sin u_3}{\cos x_2 x_1}\right) & \left(\dfrac{c_{31}u_2\cos u_3}{x_1\cos x_2}\right)\end{bmatrix} \quad (33)$$

一旦得到控制变量 $\dot{\boldsymbol{U}}_{\mathrm{imp}}$，实际控制 $\boldsymbol{U}$ 可以通过对 $\dot{\boldsymbol{U}}_{\mathrm{imp}}$ 数值积分得到。本章中，采用步长 $\Delta=0.01$ 的欧拉积分获得实际控制信号 $\boldsymbol{U}$。设初始仿真条件 $\boldsymbol{U}(0)=[40\,000\quad 1\quad 0.1]^{\mathrm{T}}$，此值与相关文献的取值相同，便于进行仿真结果比较。设计参数 $\boldsymbol{K}_d$ 和 $\boldsymbol{K}_p$ 取为

$$\boldsymbol{K}_d=\begin{bmatrix}80 & 0 & 0\\ 0 & 40 & 0\\ 0 & 0 & 40\end{bmatrix}\quad \boldsymbol{K}_p=\begin{bmatrix}80 & 0 & 0\\ 0 & 40 & 0\\ 0 & 0 & 40\end{bmatrix} \quad (34)$$

仿真时间为 80 s，确保系统信号在参考信号稳定后能够稳定。图 3 所示是基于标称模型、未采用不确定拟合的状态变量的跟踪性能；图 4 所示是相应的控制曲线图。可以看出，此时三个状态的跟踪性能均不满足要求，控制信号远远超过了规定范围。

图 5 给出了一个好的状态变量跟踪误差曲线；图 6 所示为采用神经网络自适应方案得到的相应的控制信号。从图 5 可见，状态变量的误差很小，满足跟踪性能的要求。这种改善是因为所设计的神经网络具有在线拟合参数不确定性和未建模非线性模型的能力。σ 是减小实际模型状态与拟合模型状态之间误差的另一个设计变量，较小的 σ 能减小 $\boldsymbol{X}$ 与 $\boldsymbol{X}_a$ 之间的误差。增益矩阵 $\boldsymbol{K}_d$ 和 $\boldsymbol{K}_p$ 的选择是确保 $\boldsymbol{X}_a\rightarrow\boldsymbol{X}_d$ 的另一个因素。图 7 显示了神经网络在线拟合实际对象方程中未知不确定性的能力。第一个方程中的未知阻力项引起的不确定性大于第二、第三个方程的参数变化引起的不确定性，所以第一个神经网络的输出幅值大于第二、第三个神经网络的输出幅值，这说明采用单独的神经网络拟合各个状态方程的不确定性是有效的。

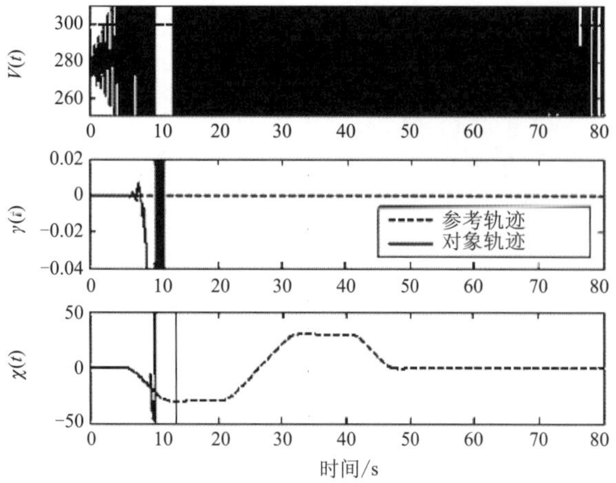

图 3　状态变量跟踪误差曲线（标称控制方案）

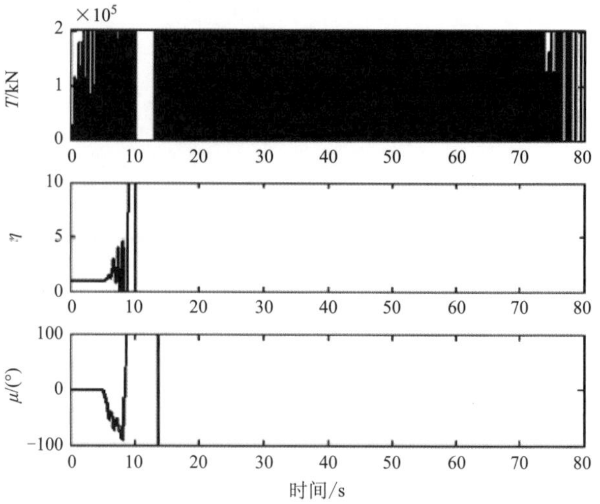

图 4　控制曲线（标称控制方案）

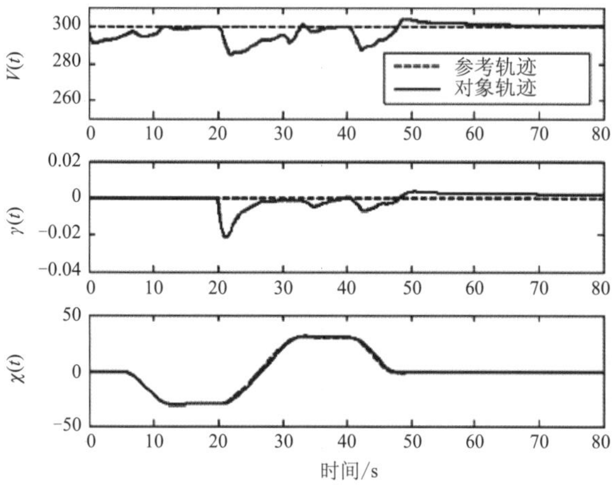

图 5　状态变量跟踪误差曲线（神经网络自适应方案）

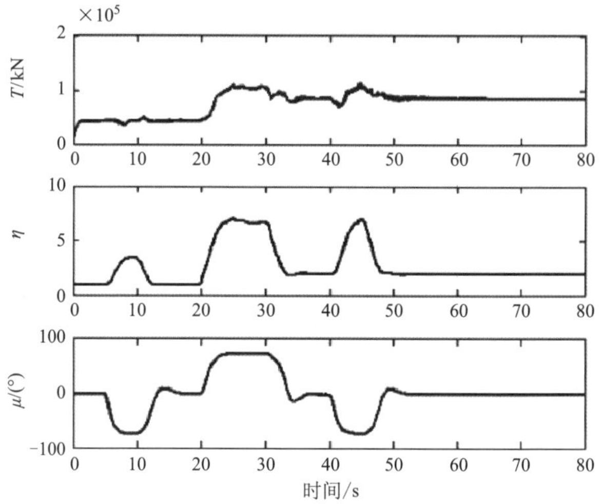

图 6　控制曲线（神经网络自适应方案）

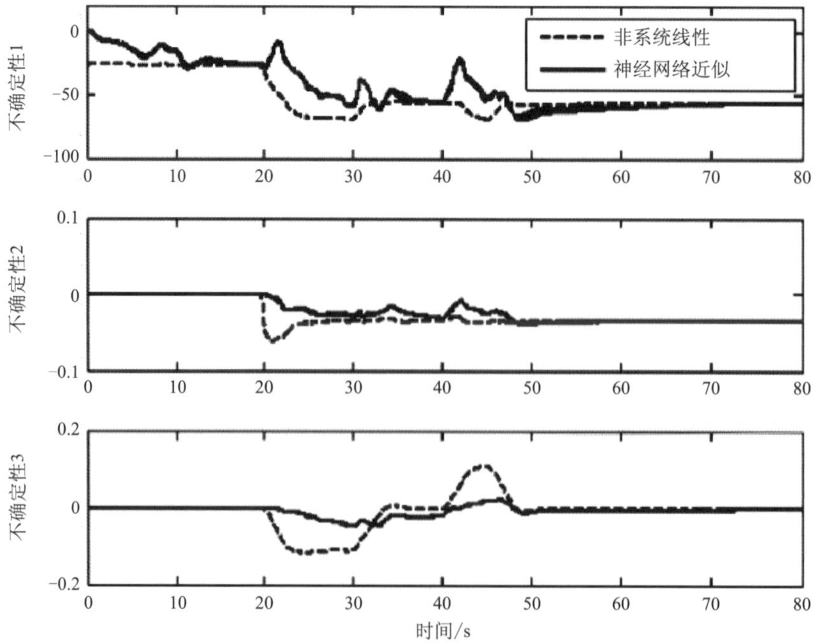

图 7　状态方程的不确定性近似曲线

4 结　　论

动态系统和过程很难精确建模，它们还可能是时变的。拟合未建模项和参数变化并用来调节控制器是至关重要的。本文提出了一种针对一类相当普遍的非线性系统的非仿射模型跟踪神经网络自适应控制器。虽然对状态变量方程求导并构成控制导数的线性形式这一方法并不新颖，但是还没有人试图将这种技术与自适应控制方法结合起来。本文采用神经网络自适应方法来处理参数和未建模系统的不确定性（非线性），再通过一系列步骤将非仿射系统变成仿射控制系统并获得相应的控制。采用此方法需假设所研究的非线性系统的阶次已知，且控制输入的阶次等于系统状态的阶次，但此系统可包括未建模的动特性和/或参数的不确定性。三自由度无人机模型的仿真结果验证了神经网络自适应控制策略的跟踪性能，仿真结果证明了此技术的潜力。

术　　语

$\boldsymbol{d}$	干扰/不确定性向量
$\hat{\boldsymbol{d}}$	神经网络输出
e_a	状态误差
$\boldsymbol{f}$	对象模型函数
$\boldsymbol{f}^*$	参考模型函数
g	重力加速度
k_n	载荷因子有效性系数
K	升致阻力系数
n	载荷因子
ρ	密度
t	时间
ε	近似误差
γ_l	神经网络的学习速率
γ	航迹角
μ	倾斜角
$\boldsymbol{\Phi}$	基函数向量
σ	修正系数
χ	飞行航向
$\boldsymbol{C}$	基向量组成的预处理向量
C_{D_0}	附加阻力系数
D	阻力
$\boldsymbol{K}_d$，$\boldsymbol{K}_p$	正定增益矩阵
S	参考面积
T	推力
$\boldsymbol{U}$	控制向量
v	速度
$\boldsymbol{W}$	最优权值向量
$\hat{\boldsymbol{W}}$	神经网络权值向量
$\tilde{\boldsymbol{W}}$	神经网络权值向量误差
W_g	重量
$\boldsymbol{X}$	对象状态轨迹
$\boldsymbol{X}_a$	网络拟合所得的状态轨迹
$\boldsymbol{X}_d$	理想状态轨迹

附录 A

这部分包括：①证明所提出的在线神经网络权值更新规则将使 e_a 为误差界（后面定义），同时保持误差 e_a 有界；②证明神经网络权值的有界性。在此，假设对象模型（状态方程）的所有通道都是分离的。由于是对单个在线神经网络进行分析，因此省略下标 i。

$$
\begin{aligned}
e_a &\equiv x - x_a \\
\dot{e}_a &= \dot{\boldsymbol{X}} - \dot{\boldsymbol{X}}_a \\
&= f(\boldsymbol{X},\boldsymbol{U}) + \boldsymbol{d}(\boldsymbol{X},\boldsymbol{U}) - f(\boldsymbol{X},\boldsymbol{U}) - \hat{\boldsymbol{d}}(\boldsymbol{X},\boldsymbol{U}) - (x - x_a) \\
&= \boldsymbol{W}^{\mathrm{T}}\boldsymbol{\Phi}(\boldsymbol{X},\boldsymbol{U}) - \hat{\boldsymbol{W}}^{\mathrm{T}}\boldsymbol{\Phi}(\boldsymbol{X},\boldsymbol{U}) + \varepsilon - e_a \\
&= \tilde{\boldsymbol{W}}^{\mathrm{T}}\boldsymbol{\Phi}(\boldsymbol{X},\boldsymbol{U}) + \varepsilon - e_a
\end{aligned}
\tag{A1}
$$

式中，$\tilde{\boldsymbol{W}} \equiv \boldsymbol{W} - \hat{\boldsymbol{W}}$。

对每个状态方程选择一个李亚普诺夫函数：

$$\nu = 0.5(e_a^2) + 0.5(\tilde{\boldsymbol{W}}^{\mathrm{T}}\gamma_l^{-1}\tilde{\boldsymbol{W}}) \tag{A2}$$

式中，γ_l 为在线神经网络的学习速度。

对李亚普诺夫函数求导，得到

$$\dot{\nu} = e_a\dot{e}_a + \tilde{\boldsymbol{W}}^{\mathrm{T}}\gamma_l^{-1} \tag{A3}$$

消去式（A3）中的 $\dot{e}_a$ 项可得

$$\dot{\nu} = e_a(\tilde{\boldsymbol{W}}^{\mathrm{T}}\boldsymbol{\Phi}(\boldsymbol{X},\boldsymbol{U}) + \varepsilon - e_a) + \tilde{\boldsymbol{W}}^{\mathrm{T}}\gamma_l^{-1} \tag{A4}$$

稳定权值更新规则为

$$\dot{\hat{\boldsymbol{W}}} = \gamma_l e_a \boldsymbol{\Phi}(\boldsymbol{X},\boldsymbol{U}) - \gamma_l\sigma\hat{\boldsymbol{W}} \tag{A5}$$

式中，σ 为正定的 σ 修正系数，利用此系数可在权值更新规则中省略激励条件持续性的证明，且确保神经网络权值的有界性。

由于 $\dot{\tilde{\boldsymbol{W}}} = -\dot{\hat{\boldsymbol{W}}}$，故式（A5）可变为

$$\dot{\tilde{\boldsymbol{W}}} = -\gamma_l e_a \boldsymbol{\Phi}(\boldsymbol{X},\boldsymbol{U}) + \gamma_l\sigma\hat{\boldsymbol{W}} \tag{A6}$$

将式（A6）代入式（A3）中，得到

$$\dot{v}=e_a\tilde{\boldsymbol{W}}^{\mathrm{T}}\Phi+e_a\varepsilon-e_a^2+\tilde{\boldsymbol{W}}^{\mathrm{T}}\gamma_a^{-1}[-\gamma_a(e_a\boldsymbol{\Phi}-\sigma\hat{\boldsymbol{W}})] \tag{A7}$$

化简后可得

$$\dot{v}=e_a\varepsilon-e_a^2+\sigma\tilde{\boldsymbol{W}}^{\mathrm{T}}\hat{\boldsymbol{W}} \tag{A8}$$

下面需使 $\dot{v}\leqslant 0$，从而证明之前采用的权值更新规则是稳定的，从而使得实际状态和拟合状态之间的误差有界。为了将式（A8）写成不等式，式（A8）的最后一项可以写为

$$\begin{aligned}\tilde{\boldsymbol{W}}^{\mathrm{T}}\hat{\boldsymbol{W}}&=\frac{1}{2}[2(\tilde{\boldsymbol{W}}^{\mathrm{T}}\hat{\boldsymbol{W}})]\\&=\frac{1}{2}[2\tilde{\boldsymbol{W}}^{\mathrm{T}}(\boldsymbol{W}-\tilde{\boldsymbol{W}})]\\&=\frac{1}{2}(2\tilde{\boldsymbol{W}}^{\mathrm{T}}\boldsymbol{W}-2\tilde{\boldsymbol{W}}^{\mathrm{T}}\tilde{\boldsymbol{W}})\end{aligned} \tag{A9}$$

式（A9）的第一项可以表示为

$$\begin{aligned}2\tilde{\boldsymbol{W}}^{\mathrm{T}}\boldsymbol{W}&=\tilde{\boldsymbol{W}}^{\mathrm{T}}\boldsymbol{W}+\tilde{\boldsymbol{W}}^{\mathrm{T}}\boldsymbol{W}\\&=\tilde{\boldsymbol{W}}^{\mathrm{T}}(\hat{\boldsymbol{W}}+\tilde{\boldsymbol{W}})+(\boldsymbol{W}-\hat{\boldsymbol{W}})^{\mathrm{T}}\boldsymbol{W}\\&=\tilde{\boldsymbol{W}}^{\mathrm{T}}\hat{\boldsymbol{W}}+\tilde{\boldsymbol{W}}^{\mathrm{T}}\tilde{\boldsymbol{W}}+\boldsymbol{W}^{\mathrm{T}}\boldsymbol{W}-\hat{\boldsymbol{W}}^{\mathrm{T}}\boldsymbol{W}\\&=\hat{\boldsymbol{W}}^{\mathrm{T}}(\tilde{\boldsymbol{W}}-\boldsymbol{W})+\tilde{\boldsymbol{W}}^{\mathrm{T}}\tilde{\boldsymbol{W}}+\boldsymbol{W}^{\mathrm{T}}\boldsymbol{W}\\&=-\hat{\boldsymbol{W}}^{\mathrm{T}}\hat{\boldsymbol{W}}+\tilde{\boldsymbol{W}}^{\mathrm{T}}\tilde{\boldsymbol{W}}+\boldsymbol{W}^{\mathrm{T}}\boldsymbol{W}\end{aligned} \tag{A10}$$

将式（A10）代入式（A9），可得

$$\tilde{\boldsymbol{W}}^{\mathrm{T}}\hat{\boldsymbol{W}}=\frac{1}{2}[-(\tilde{\boldsymbol{W}}^{\mathrm{T}}\tilde{\boldsymbol{W}})-(\hat{\boldsymbol{W}}^{\mathrm{T}}\hat{\boldsymbol{W}})+(\boldsymbol{W}^{\mathrm{T}}\boldsymbol{W})] \tag{A11}$$

根据式（A11），式（A8）的最后一项可以写成

$$\sigma\tilde{\boldsymbol{W}}^{\mathrm{T}}\hat{\boldsymbol{W}}=\frac{1}{2}[-(\sigma\tilde{\boldsymbol{W}}^{\mathrm{T}}\tilde{\boldsymbol{W}})-(\sigma\hat{\boldsymbol{W}}^{\mathrm{T}}\hat{\boldsymbol{W}})+(\sigma\boldsymbol{W}^{\mathrm{T}}\boldsymbol{W})] \tag{A12}$$

根据式（A12），式（A8）可以写成

$$\dot{v}=e_a\varepsilon-e_a^2-\frac{1}{2}\sigma\|\tilde{\boldsymbol{W}}\|^2-\frac{1}{2}\sigma\|\hat{\boldsymbol{W}}\|^2+\frac{1}{2}\sigma\|\boldsymbol{W}\|^2 \tag{A13}$$

由于 $e_a\varepsilon\leqslant\frac{e_a^2}{2}+\frac{\varepsilon^2}{2}$，式（A13）可以写成如下不等式：

$$\begin{aligned}\dot{v}&\leqslant\frac{e_a^2}{2}+\frac{\varepsilon^2}{2}-e_a^2-\frac{1}{2}\sigma\|\tilde{\boldsymbol{W}}\|^2-\frac{1}{2}\sigma\|\hat{\boldsymbol{W}}\|^2+\frac{1}{2}\sigma\|\boldsymbol{W}\|^2\\&=-\frac{e_a^2}{2}+\left(\frac{\varepsilon^2}{2}+\frac{1}{2}\sigma\|\boldsymbol{W}\|^2\right)-\frac{1}{2}\sigma\|\tilde{\boldsymbol{W}}\|^2-\frac{1}{2}\sigma\|\hat{\boldsymbol{W}}\|^2\end{aligned} \tag{A14}$$

定义

$$\beta\equiv\left(\frac{\varepsilon^2}{2}+\frac{1}{2}\sigma\|\boldsymbol{W}\|^2\right) \tag{A15}$$

由于 $\dot{v}\leqslant 0$，

$$\frac{e_a^2}{2}\geqslant\beta \tag{A16}$$

重新整理式（A16），可得

$$|e_a|\geqslant\sqrt{2\beta} \tag{A17}$$

可以看出，选择一个足够小的 σ 和足够好的基函数集合，可减少近似误差 ε，从而减小误差界。

接下来将证明权值更新规则是稳定的，权值更新中的所有信号是有界的。

式（A6）可以写为

$$\begin{aligned}\dot{\tilde{\boldsymbol{W}}}&=-\gamma_l e_a\boldsymbol{\Phi}(\boldsymbol{X},\boldsymbol{U})+\gamma_l\sigma(\boldsymbol{W}-\tilde{\boldsymbol{W}})\\&=-\gamma_l\sigma\tilde{\boldsymbol{W}}+\gamma_l[\sigma\boldsymbol{W}-e_a\boldsymbol{\Phi}(\boldsymbol{X},\boldsymbol{U})]\end{aligned} \tag{A18}$$

定义 $\boldsymbol{X}_c\equiv\tilde{\boldsymbol{W}},\boldsymbol{A}\equiv-\gamma_l\sigma,\boldsymbol{B}\equiv\gamma_l,\boldsymbol{U}_c\equiv\sigma\boldsymbol{W}-e_a\boldsymbol{\Phi}\cdot(\boldsymbol{X},\boldsymbol{U})$。

将式（A18）写成线性微分方程的形式：

$$\dot{\boldsymbol{X}}_c=\boldsymbol{A}\boldsymbol{X}_c+\boldsymbol{B}\boldsymbol{U}_c \tag{A19}$$

对于上述具有负定矩阵 $\boldsymbol{A}$ 的线性时不变系统，其解为

$$\boldsymbol{X}_c(t)=\mathrm{e}^{\boldsymbol{A}(t-t_0)}\boldsymbol{X}_c(t_0)+\int_{t_0}^{t}\mathrm{e}^{\boldsymbol{A}(t-\tau)}\boldsymbol{B}\boldsymbol{U}_c(\tau)\mathrm{d}\tau \tag{A20}$$

设 $\|\mathrm{e}^{\boldsymbol{A}(t-t_0)}\|\leqslant \boldsymbol{k}\mathrm{e}^{-\lambda(t-t_0)}$，则上述解的估计值为

$$\begin{aligned}\|\boldsymbol{X}_c(t)\|&\leqslant\boldsymbol{k}\mathrm{e}^{-\lambda(t-t_0)}\|\boldsymbol{X}_c(t_0)\|+\int_{t_0}^{t}\boldsymbol{k}\mathrm{e}^{-\lambda(t-\tau)}\|\boldsymbol{B}\|\|\boldsymbol{U}_c(\tau)\|\mathrm{d}\tau\\&\leqslant\boldsymbol{k}\mathrm{e}^{-\lambda(t-t_0)}\|\boldsymbol{X}_c(t_0)\|+\frac{\boldsymbol{k}\|\boldsymbol{B}\|}{\lambda}\sup_{t_0\leqslant\tau\leqslant t}\|\boldsymbol{U}_c(\tau)\|\end{aligned} \tag{A21}$$

这样的系统是输入状态稳定的，这说明对于所有有界的输入，$\tilde{\boldsymbol{W}}$ 是有界的。因为式（A21）的输入是有界的，$\tilde{\boldsymbol{W}}$ 是有界的，所以 $\hat{\boldsymbol{W}}$ 也是有界的。

附录 B

这节证明用式（17a）给出的可实现控制律代替式（17）给出的控制律进行控制，所得到的状态是有界的。采用可实现控制律的原因是：实际系统状态变量的导数可能不容易测量到。本章中，用拟合的状态变量导数值 $\dot{\boldsymbol{X}}_a$ 代替状态变量导数。要证明在可实现控制律下系统稳定，先定义

$$\begin{aligned}\boldsymbol{e}_d&\equiv\boldsymbol{X}_a-\boldsymbol{X}_d\\\dot{\boldsymbol{e}}_d&\equiv\dot{\boldsymbol{X}}_a-\dot{\boldsymbol{X}}_d\\\ddot{\boldsymbol{e}}_d&\equiv\ddot{\boldsymbol{X}}_a-\ddot{\boldsymbol{X}}_d\end{aligned} \tag{B1}$$

式中，$\boldsymbol{e}_d\in\mathrm{R}^n$。

$\ddot{e}_d$ 的表达式为

$$\ddot{e}_d=\ddot{X}_a-\ddot{X}_d$$
$$=\left[\left(\frac{\partial f}{\partial X}\right)+\left(\frac{\partial \hat{d}}{\partial X}\right)\right]\dot{X}+\left[\left(\frac{\partial f}{\partial U}\right)+\left(\frac{\partial \hat{d}}{\partial U}\right)\right]\dot{U}+\dot{X}-\dot{X}_a-\ddot{X}_d \tag{B2}$$

定义

$$F\equiv\left[\left(\frac{\partial f}{\partial X}\right)+\left(\frac{\partial \hat{d}}{\partial X}\right)\right]$$
$$G\equiv\left[\left(\frac{\partial f}{\partial U}\right)+\left(\frac{\partial \hat{d}}{\partial U}\right)\right] \tag{B3}$$

式（B2）可以写成

$$\ddot{e}_d=(F+I)\dot{X}+G\dot{U}-\dot{X}_a-\ddot{X}_d \tag{B4}$$

式中，$I_{n\times n}$是单位矩阵；F 和 G 是有界矩阵。

控制的解由以下二阶稳态误差方程得到：

$$\ddot{e}_d+K_d\dot{e}_d+K_pe_d=0 \tag{B5}$$

从式（B5）求得的控制导数为

$$\dot{U}=[G]^{-1}[\dot{X}_a+\ddot{X}_d-(F+I)\dot{X}-K_d\dot{e}_d-K_pe_d] \tag{B6}$$

由于在计算控制信号时 $\dot{X}$ 无法得到，所以式（B6）中用 $\dot{X}_a$ 代替 $\dot{X}$ 计算控制导数。改进后的控制导数为

$$\dot{U}_{\text{imp}}=[G]^{-1}[\dot{X}_a+\ddot{X}_d-(F+I)\dot{X}_a-K_d\dot{e}_d-K_pe_d] \tag{B7}$$

改进后的 $\ddot{e}_d$ 包含改进后的控制导数，其表达式为

$$\ddot{e}_{d_{\text{imp}}}=(F+I)\dot{X}+G\dot{U}_{\text{imp}}-\dot{X}_a-\ddot{X}_d \tag{B8}$$

式（B4）减去式（B8）得到

$$\ddot{e}_d-\ddot{e}_{d_{\text{imp}}}=G(\dot{U}-\dot{U}_{\text{imp}}) \tag{B9}$$

用式（B6）和式（B7）代替式（B9）中的 $\dot{U}$ 和 $\dot{U}_{\text{imp}}$，得到

$$\ddot{e}_d-\ddot{e}_{d_{\text{imp}}}=-(F+I)(\dot{X}-\dot{X}_a) \tag{B10}$$

采用式（B7）给出的可实现控制律，式（B5）给出的二阶动态误差方程可变为

$$\ddot{e}_{d_{\text{imp}}}+K_d\dot{e}_d+K_pe_d=0 \tag{B11}$$

式（B4）变为

$$\ddot{e}_d+K_d\dot{e}_d+K_pe_d=-(F+I)(\dot{X}-\dot{X}_a) \tag{B12}$$

式（B12）是一个输入状态稳定系统的表达式。系统的输入是$-(F+I)\dot{e}_a$。这是一个有界的输入，因此式（B12）中系统的状态 e_d 也有界。由于 X_d 是有界信号，对象模型的拟合状态 X_a 也有界，在线权值更新规则确保 X_a 与 X 之间的误差也有界，这就保证了实际对象模型状态 X 也是有界的。这就完整证明了：即使 $\dot{X}$ 的值未知，用改进后的可实现控制律也能保证系统状态有界。

附录 C

本章提出的控制算法可以解决实际控制信号的导数问题。实际控制信号是对由本控制算法得到的控制信号的导数进行积分而获得的。这里将利用中值定理证明通过积分控制信号的导数得到的实际控制信号的有界性。这里提出的证明与某些文献采用的方法类似，但是下文给出的证明概念更清晰，且聚焦于本章所研究的内容和方法。

定义：

$$G(X,U)\equiv f(X,U)+d(X,U) \tag{C1}$$

注意，$G(X,U)$ 是有界的。选择任意有界的 X_0 和 U_0，通过在 $G(X,U)$ 中加上和减去 $G(X_0,U_0)$ 和 $G(X,U_0)$，式（C1）变换为

$$G(X,U)=G(X_0,U_0)+G(X,U_0)-G(X_0,U_0)+G(X,U)-G(X,U_0) \tag{C2}$$

利用中值定理，有

$$G(X,U_0)-G(X_0,U_0)=\frac{\partial G(\xi x,U_0)}{\partial X}(X-X_0) \tag{C3}$$

和

$$G(X,U)-G(X,U_0)=\frac{\partial G(\xi X,u)}{\partial U}(U-U_0) \tag{C4}$$

式中，$\xi x\in[X_0,X]$，$\xi u\in[U_0,U]$。式（C2）变为

$$G(X,U)=G(X_0,U_0)+\frac{\partial G(\xi x,U_0)}{\partial X}(X-X_0)+\frac{\partial G(UX,U)}{\partial U}(U-U_0) \tag{C5}$$

由于 G 关于 X 是连续可微的，$\partial G(\xi x,U_0)/\partial X$ 有界。附录 B 已经证明，对象的状态向量 X 有界。可以看出，式（C5）中的前两项是有界的。若存在一个正常数 c，使得

$$\left\|\frac{\partial G(X,\xi U)}{\partial U}(U-U_0)\right\|\leqslant c\ \forall\,(X,U)\in D \tag{C6}$$

用到假设 1 中的不等式，式（C6）变为

$$\|(U-U_0)\|\leqslant\frac{c}{\alpha} \tag{C7}$$

因为 $\|(\boldsymbol{U}-\boldsymbol{U}_0)\| \leqslant \|\boldsymbol{U}\| - \|\boldsymbol{U}_0\|$，由式（C7）可以得到

$$\|\boldsymbol{U}\| - \|\boldsymbol{U}_0\| \leqslant \frac{c}{\alpha} \tag{C8}$$

由于 $\boldsymbol{U}_0$ 有界，由式（C8）可推出 $\boldsymbol{U}$ 也有界。

致　　谢

本项目由美国国家科学基金会和美国国家航空航天局资助。项目编号：ARMD NRA NNH07ZE A001N－IRAC1。

参考文献

Balakrishnan，S. N. and Huang，Z.（2005）Robust nonlinear control for systems with model uncertainties：a helicopter application. *AIAA J. Guidance Control Dyn.*，**3**，516－523.

Balakrishnan，S. N.，Ding，J. and Lewis，F. L.（2008）Issues on stability of ADP feedback controllers for dynamical systems. *IEEE Trans. Man Syst. Cybern. Part B*，**38**（4），913－917.

Boskovic，J. D.，Chen，L. and Mehra，R. K.（2004）Adaptive control design for nonaffine models arising in flight control. *J. Guidance Control Dynamics*，**27**（2），209－217.

Enns，D.，Bugajski，D.，Hendrick，R. and Stein，G.（1994）Dynamic inversion：an evolving methodology for flight control design. *Int. J. Control*，**59**（1），71－91.

Ham，F. M. and Kostanic，I.（2001）*Principles of Neurocomputing for Science and Engineering*，McGraw Hill，Inc.

Hovakimyan，N.，Nardi，F.，Nakwan，K. and Calise，A. J.（2002）Adaptive output feedback control of uncertain systems using single hidden layer neural networks. *IEEE Trans. Neural Networks*，**13**（6），1420－1431.

Hunt，K. J.，Zbikowski，R.，Sbarbaro，D. and Gawthorp，P. J.（1992）Neural networks for control systems-a survey. *Automatica*，**28**（6），1083－1112.

Jin，L.，Nikiforuk，P. N. and Gupta，M. M.（1995）Fast neural learning and control of discrete time nonlinear systems. *IEEE Trans. Syst.，Man Cybern.*，**25**（3），478－488.

Khalil，H. K.（2001）*Nonlinear Systems*，3rd edn，Prentice Hall. Lane，S. H. and Stengel，R. F.（1988）Flight control design using nonlinear inverse dynamics. *Automatica*，**24**（4），471－483.

Lewis，F. L.，Yesildirck，A. and Liu，K.（1996）Multilayer neural net robot controller with guaranteed tracking performance. *IEEE Trans. Neural Networks*，**7**（2），388－399.

Lewis，F. L.，Jagannathan，S. and Yesilderik，A.（1999）*Neural Network Control of Robot Manipulators and Nonlinear Systems*，Taylor and Francis，Inc.，PA.

Narendra，K. S. and Parthasarathy，K.（1990）Identification and control of dynamical systems using neural networks. *IEEE Trans. Neural Networks*，**1**（1），4－27.

Narendra，K. S. and Lewis，F. L.（2001）Introduction to the special issue on neural net feedback control. *Automatica*，**37**（8），1147－1148.

Ngo，A. D.，Reigelsperger，W. C. and Banda，S. S.（1996）Multivariable control law design for a tailless airplanes. Proceedings of the AIAA Conference on Guidance，Navigation and Control，1996. AIAA－96－3866.

Rysdyk，R. T. and Calise，A. J.（1998）Nonlinear adaptive flight control using neural networks. *IEEE Controls Syst. Mag.*，**18**（6），14－25.

Sanner，R. M. and Slotine，J. J. E.（1992）Gaussian networks for direct adaptive control. *IEEE Trans. Neural Networks*，**3**（6），837－863.

Seshagiri，S. and Khalil，H. K.（2000）Output feedback control of nonlinear systems using RBF neural networks. *IEEE Trans. Neural Networks*，**11**（1），69－79.

Slotine，J. J. E. and Li，W.（1991）*Applied Nonlinear Control*，Prentice Hall.

本章译者：江驹、蔡丽青（南京航空航天大学航空宇航学院）

第 234 章

非线性飞行控制系统

Seungkeun Kim，Antonios Tsourdos，Brian A. White
英国克兰菲尔德大学信息及传感器系自主系统小组，西文汉，英国

1 引　　言

现代飞行器为了追踪/攻击高机动目标并躲避敌机进攻，需要扩大其飞行包线。在此情况下，基于马赫数和高度信息的增益调节方法无法保证飞行器在整个包线中都有良好的性能。增益调节方法的一般步骤包括：①基于飞行的马赫数和高度的范围将飞行包线划分为几十个区域；②对每个区域，在其中某一稳定状态点进行线性化；③针对线性化模型设计线性控制器；④协调并调节不同区域之间的控制器增益。为了更好地从数学角度观察增益调节方法，讨论图 1 所示的线性状态空间动态模型的通用分类法。图 1 中左下角是线性时不变（LTI）模型：

$$\dot{\boldsymbol{x}}=\boldsymbol{A}\boldsymbol{x}+\boldsymbol{B}\boldsymbol{u}$$
$$\boldsymbol{y}=\boldsymbol{C}\boldsymbol{x} \tag{1}$$

式中，$\boldsymbol{u}=\boldsymbol{u}(t)\in \mathrm{R}^m$ 是输入向量；$\boldsymbol{x}=\boldsymbol{x}(t)\in \mathrm{R}^n$ 是状态向量；$\boldsymbol{y}=\boldsymbol{y}(t)\in \mathrm{R}^q$ 是输出向量；$\boldsymbol{A}$，$\boldsymbol{B}$，$\boldsymbol{C}$ 是常数矩阵；$\boldsymbol{A}\in \mathrm{R}^{n\times n}$，$\boldsymbol{B}\in \mathrm{R}^{n\times m}$，$\boldsymbol{C}\in \mathrm{R}^{n\times q}$。这种常见模型是在某飞行状态下进行泰勒展开线性化得到的，该模型在线性控制器的设计中非常有用，但是对于整个飞行包线，其应用受到限制。

通常，可以通过调节局部自动驾驶仪控制器的增益来获得一个全局控制器，从而保证飞行器在整个飞行包线中都有良好的性能。这种全局控制器是一系列针对 LTI 模型所设计的 LTI 控制器的集合，而 LTI 模型是由系统在不同平衡点处的泰勒线性化得到的。当工作点在飞行包线中相应平衡点附近时，就切换到相应的 LTI 控制器。控制器是否需要切换由调节变量所决定，调节变量不同于状态量 $\boldsymbol{x}$ 和输入量 $\boldsymbol{u}$，在这个意义上，它是“外部”变量。

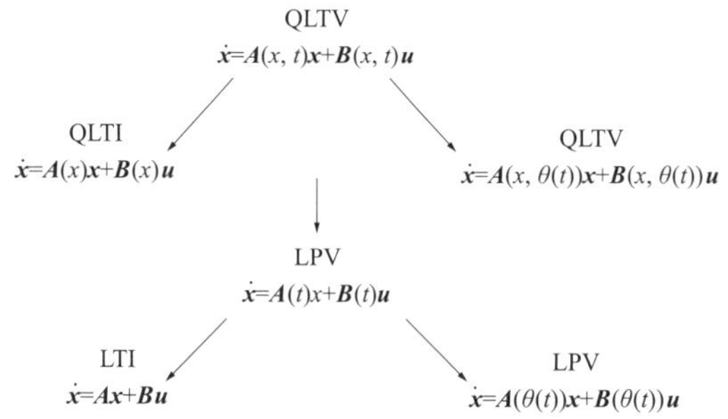

图 1　系统模型的动态转化和它们之间的关系

$x=x(t)$ 是状态，$u=u(t)$ 是输入，$\theta=\theta(t)$ 是外部参数（不同于 $\boldsymbol{x}$ 和 $\boldsymbol{u}$ 的变量）。

直到最近，人们才能用准确的数学方法描述线性变参数（LPV）模型，见图 1 的右下角。该模型为

$$\dot{\boldsymbol{x}}=\boldsymbol{A}[\theta(t)]\boldsymbol{x}+\boldsymbol{B}[\theta(t)]\boldsymbol{u}$$
$$\boldsymbol{y}=\boldsymbol{C}[\theta(t)]\boldsymbol{x} \tag{2}$$

如图 1 所示，矩阵 $\boldsymbol{A}$，$\boldsymbol{B}$，$\boldsymbol{C}$ 不是式（1）所示的 LTI 模型中的常数矩阵，而是时变矩阵。因此。LPV 模型是线性时变（LTV）模型的特例。其中的时变量是由广义的调节变量（即参数 θ）决定的。增益调节要求“调节变量缓慢变化”，这就意味着 θ 的变化应该比 $\boldsymbol{x}$ 和 $\boldsymbol{u}$ 慢得多。这个条件不符合快速机动性能的要求，但 LPV 模型不需要考虑此条件假设，因此它是一个广义的增益调节方式。此特点激发了近期对使用 LPV 方法设计自动驾驶仪的研究热情，因为它使得对快速动态变化的系统也能采用线性控制器。然而 LPV 模型仍然采用一系列线性设计，在每个设计中它无法区分实际干扰与正常的非线性系统的区别，尤其是很难处理大迎角或大角速率情况下的非线性影响。因此，战斗机

的增益调节控制器需附加一种被动式大迎角逻辑预防或限制器。当飞机状态远离线性化点时，特别是在大迎角情况下，将很难保证闭环稳定性。此外，控制器在飞行包线内的每个平衡点处的设计与调节需要进行十分烦琐的、不断反复的试验。但是，目前增益调节法已经在商业和军用飞机领域得到广泛的应用，因为工程师可以利用现有的经典控制理论或工具进行设计，且容易满足载人飞机操纵性能的要求。

简而言之，飞行器是非线性的，而控制器是线性的，这一现象是飞行控制设计的固有矛盾。最近航空航天领域的研究人员一直在努力将非线性控制理论应用到飞行动力学中。Wang 和 Sundararajan 将基于广义线性化的 F－8 飞机纵向模型的非线性飞行控制器与增益调节控制器进行了比较。结果表明，相对于增益调节控制器，非线性控制器受调节变量的影响较小，在迎角初始偏差较大的情况下鲁棒性更强。只有直接研究系统的非线性特性而不是将其看作线性模型的误差才可以进一步改善控制器的性能。因此，在数学描述中必须明确包含非线性动力学，而不是仅仅一笔带过，如图 1 上半部表示的那样。图 1 最上面的是准线性时变（QLTV）模型，它是最一般的结构形式，如下式所示：

$$\left.\begin{aligned}\dot{\boldsymbol{x}}&=\boldsymbol{A}(x,t)\boldsymbol{x}+\boldsymbol{B}(x,t)\boldsymbol{u}\\ \boldsymbol{y}&=\boldsymbol{C}(x,t)\boldsymbol{x}\end{aligned}\right\}\tag{3}$$

相比于图 1 下层的模型，QLTV 模型最主要的特点是它的非线性，矩阵 $\boldsymbol{A}$，$\boldsymbol{B}$，$\boldsymbol{C}$ 取决于状态 $\boldsymbol{x}$。同时要注意，矩阵 $\boldsymbol{A}$，$\boldsymbol{B}$，$\boldsymbol{C}$ 也随时间变化，因此式（3）是时变的。显然，LTV 模型是 QLTV 模型的一个特例，更重要的是，它们都是两种非线性特例，如图 1所示。如果式（3）不显含时间变量 t，可得到如图 1左上角所示的准线性定常（QLTI）模型。图 1 右上角所示是准线性变参数（QLPV）模型：

$$\left.\begin{aligned}\dot{\boldsymbol{x}}&=\boldsymbol{A}[x,\theta(t)]\boldsymbol{x}+\boldsymbol{B}[x,\theta(t)]\boldsymbol{u}\\ \boldsymbol{y}&=\boldsymbol{C}[x,\theta(t)]\boldsymbol{x}\end{aligned}\right\}\tag{4}$$

飞行控制系统的非线性设计方法需要用到上述 QLTV 模型，当然，不同的飞机其模型特点也不一样。基于上述模型分类的知识，本章将研究广泛应用于飞行控制器设计的非线性控制理论，比如反馈线性化、滑模控制、反推法、滚动时域法等。需要注意的是，现在人们往往将两个或更多的非线性方法组合起来应用到飞行控制器的设计中，以保证在不同噪声源和模型不确定时系统的鲁棒性。

2 反馈线性化

在航空航天领域，反馈线性化被称为动态逆。反馈线性化的目的是改变原来的飞机动力学模型并用人们所期望的线性模型代替之。这有助于控制器设计者对非线性动力学系统使用现有的经典线性控制理论。有的文献介绍了一个易于理解的例子，考虑迎角 α 和俯仰角速率 q 的简化的动力学方程，有

$$\left.\begin{aligned}\dot{\alpha}&=q-\frac{1}{Mav_{\mathrm{T}}}\boldsymbol{L}(\alpha)\\ \dot{q}&=\frac{1}{I_y}\boldsymbol{M}(\delta_e,\alpha,q)\end{aligned}\right\}\tag{5}$$

式中，Ma，v_{T}，I_y 和 δ_e 分别表示马赫数、速度、y 轴转动惯量和升降舵偏角。$\boldsymbol{L}$ 和 $\boldsymbol{M}$ 分别表示升力和俯仰力矩。引入一个新的变量 z 为

$$z=q-\frac{1}{Mav_{\mathrm{T}}}\boldsymbol{L}(\alpha)\tag{6}$$

假设速度变化比 α 和 q 慢得多，对式（6）求微分可得（$z=\dot{\alpha}$）

$$\dot{z}=\frac{1}{I_y}\boldsymbol{M}(\delta_e,\alpha,q)-\frac{1}{Mav_{\mathrm{T}}}\frac{\mathrm{d}\boldsymbol{L}(\alpha)}{\mathrm{d}\alpha}z\tag{7}$$

将式（7）右边作为一个伪控制 v，则式（5）线性化为

$$\left.\begin{aligned}\dot{\alpha}&=z\\ \dot{z}&=v\end{aligned}\right\}\tag{8}$$

有了这样的线性模型，可以构建一个线性的迎角自动驾驶仪为

$$v=k_f\alpha_r-[k_{b1}\,k_{b2}]\begin{bmatrix}\alpha\\ z\end{bmatrix}\tag{9}$$

前馈和反馈增益 k_f，k_{b1} 和 k_{b2} 可由各种经典设计工具求得，比如，极点配置、特征结构配置等。最后的工作是如果俯仰力矩 $\boldsymbol{M}$ 可逆的话，由 $v=\frac{1}{I_y}\boldsymbol{M}(\delta_e,\ \alpha,\ q)-\frac{1}{Mav_{\mathrm{T}}}\frac{\mathrm{d}\boldsymbol{L}(\alpha)}{\mathrm{d}\alpha}z$ 重构原始控制输入 δ_e。这个简单的动态逆的概念现已经有限制地应用于战斗机纵向控制，以减少试错法的次数并实现大迎角下的机动。

实际上，得到 δ_e 需要精确的俯仰力矩方程中的气动参数 C_m、C_L 和 $\frac{\mathrm{d}C_L}{\mathrm{d}\alpha}$ 的值。这种模型不确定性导致的鲁棒性问题是将反馈线性化应用到飞行器控制中的一个主要难题。近年来，研究人员采用基于奇异摄动理论、μ 理论、滑模模型误差估计法、自适应神经网络等方法的时标分离技术来保证反馈线

性化的鲁棒性。

本节总结了三种飞行控制设计中使用的非局部线性化方法。这种输入-输出伪线性化的完整过程在第2.3节会介绍，之前的第2.1节和第2.2节介绍伪线性化法，它将增益调节和反馈线性化的优点结合起来。相关文献详细介绍了这种方法在飞行器中的应用，采用伪线性化法对高性能战斗机的纵向动态性进行控制。

2.1 坐标变换的线性化

若给定非线性微分方程：

$$\dot{x}=8x+x^4\triangleq f(x)x(t_0)=x_0 \tag{10}$$

式中，x：$(t_0,\infty)\to\mathrm{R}$。可对它直接积分或求闭区间的显式解。一个常用的方法是作变换 $z=\Phi(x)$，这样最后的方程 $z=z(t)$ 可以用已知的方法求其积分。对方程（10）而言，令 $\Phi(x)=x^{-3}$，可得

$$\dot{z}=-24z-3\triangleq g(z)z(t_0)=z_0\triangleq\Phi(x_0) \tag{11}$$

式（11）是一个线性仿射方程，求其积分比较容易。然后通过 Φ^{-1} 可得到方程（10）的解（注意，Φ 在 $x=0$处是奇异的）。这个过程的几何意义易于理解，如图2所示。方程（10）的右边（RHS）f 是非线性的，将其转化为线性仿射方程（11）的右边（RHS）g。也就是说，通过 Φ 变换，$(x, f(x))$ 平面的非线性关系可转换为 $[z, g(z)]$ 平面的线性关系。通过这个简单的标量例子可看出，找到一个 Φ，使它对所有的 x 可微或全局可微，且有一个全局可微的逆 Φ^{-1}，这是一件很不容易的事。

对上述问题的系统方法是由挪威数学家Sophus Lie在19世纪70年代提出的。其理论表明，只有某些类型的常微分方程可以全局地转换成线性方程。这并不奇怪，否则所有的方程均可以在“错误”的坐标系中转换成线性的了。

2.2 输入-输出反馈线性化

20世纪80年代，Sophus Lie的方法被推广并应用于仿射非线性单输入单输出（SISO）控制系统（比较图1中的QLTI模型）：

$$\left.\begin{aligned}&\dot{x}=f(x)+g(x)ux(t_0)=x_0\\&y=h(x)\end{aligned}\right\} \tag{12}$$

式中，f：$x\to\mathrm{R}^n$，g：$x\to\mathrm{R}^n$，h：$x\to\mathrm{R}$ 在开集 $x\subset\mathrm{R}^n$ 上是平滑的。式（12）中的输出 y 意味着变换 $z=\Phi(x)$不需要对所有的 $x\in x$ 都线性化，而只需要对输出可观的那一部分线性化，但不可观的那一部分必须是稳定的。式（12）中的控制量 u 给线性化过程增加了一个“自由度”，这也是反馈线性化名称的由来。事实上，如果式（12）在 x_0处的邻域内其相对阶 $r<n$，那么有可能找到 $z=\Phi(x)$，将式（12）改写成如下形式：

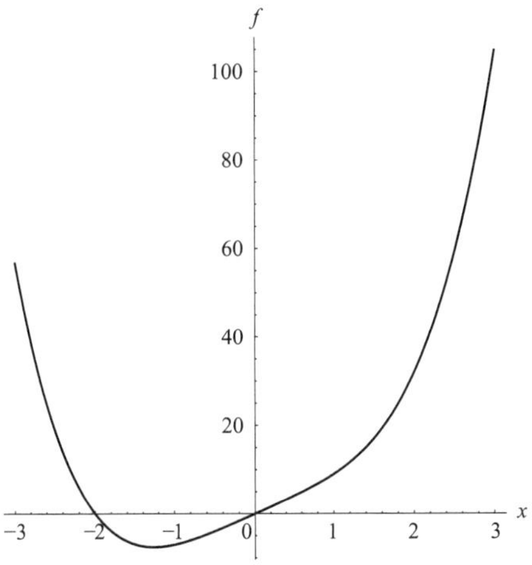

(a)

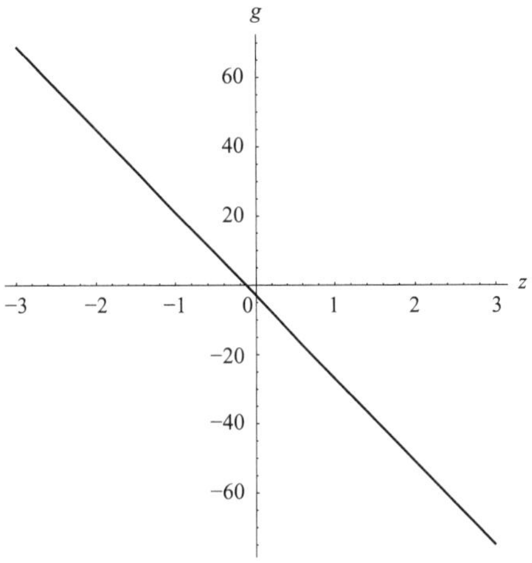

(b)

图2 方程（10）的线性化

(a) $[x, f(x)]$ 平面内方程（10）的右边；(b) $(z, g(z))$ 平面内方程（11）的右边

$$\left.\begin{aligned}&\dot{z}_1=z_2\\&\dot{z}_2=z_3\\&\quad\vdots\\&\dot{z}_{r-1}=z_r\\&\dot{z}_r=b(z)+a(z)u\\&\dot{z}_{r+1}=q_{r+1}(z)\\&\quad\vdots\\&\dot{z}_n=q_n(z)\\&y=z_1\end{aligned}\right\} \tag{13}$$

式中，$a(z)\neq 0$，对所有 z_0 的相应邻域中的 z 都成立，且 $z_0=\Phi(x_0)$。如果 x_0 的邻域与式（12）中的状态空间 x 一致的话，那么这就是全局变换（这通常很难实现）。注意，式（13）仍然是开环的，也就是说，u 依然在方程中，所以还没有使用增加的“自由度”。一个有效的做法是用式（12）的仿射形式：

$$u=\frac{1}{a(z)}[-b(z)+v] \tag{14}$$

式中，伪输入 v 仍然未知。如果得到的 r 阶系统关于状态 z 和输入 v 是线性的，那么可以直接设计稳定控制律 $v=K_1z_1+\cdots+K_rz_r$，其中 $K_i(i=1,\cdots,r)$ 为常数。如果期望输出 y_d 不为零，那么跟踪误差 $e\triangleq y_d-y=y_d-z_1$，其微分为 $e^{(i)}=y_d^{(i)}-z_{i+1}$，$i=1,\cdots,r-1$。因此，跟踪控制律变为 $v=K_1e+\cdots+K_re^{(r-1)}$。将 $z=\Phi(x)$ 和 v 代入式（14），可以得到关于 x 的非线性反馈控制律，所以 Φ 变换可以看作设计非线性反馈控制律方程（14）的一种辅助工具。

注意，另外 $n-r$ 个状态，即式（13）中的 $q_{r+1},\cdots,q_n$ 所定义的状态是不可观的，如果这些状态是稳定的，那么在理论上是可以接受的。

从几何角度来看，上述算法说明由 f 和 g 在 $n+1$ 维（$x_1,\cdots,x_n,u$）空间内定义的非线性曲面转换为另一个 $n+1$ 维（$z_1,\cdots,z_n,v$）空间内的非线性曲面。如果限制在其中的 $r+1$ 维（$z_1,\cdots,z_r,0,\cdots,0,v$）子空间，这个非线性曲面则是一个超平面。因为式（13）中由 $q_{r+1},\cdots,q_n$ 定义的非线性是输出不可观的，所以，从输入输出的角度来看，超平面使 r 阶闭环系统是线性的。

2.3　输入-输出伪线性化

反馈线性化有一些局限性，包括仅仅适用于式（12）所示的仿射系统，很难将此方法扩展到多输入多输出（MIMO）系统。同时，在实际应用中，找到全局变换 Φ 通常是非常困难的。如果条件放宽，仅仅沿着平衡点集线性化而不是在整个空间中线性化，那么上述的一些局限性可以克服。称这种方法为伪线性化，并视其为将反馈线性化的原则应用到增益调节法中。

考虑具有 m 个输入、q 个输出的非线性系统为

$$\left.\begin{aligned}\dot{x}&=f(x,u)\\ y&=h(x)\end{aligned}\right\} \tag{15}$$

式中，f：$x\times u\rightarrow \mathbb{R}^n$ 和 h：$x\rightarrow \mathbb{R}^q$ 是光滑的，$x\subset\mathbb{R}^n$，$u\subset\mathbb{R}^m$ 是开集。假设式（15）的平衡点集与参数 p 相关，$p\in P\subset\mathbb{R}^p$，$P$ 是开集且定义如下：

$$\Psi(p)=\{[x_0(p),u_0(p)]\mid f[x_0(p),u_0(p)]=0\} \tag{16}$$

式中，x_0：$P\rightarrow x$，u_0：$P\rightarrow u$ 至少是可微的。值得注意的是，参数 p 与图 1 中的 θ 不一样，不一定是外部量，即 p 可能与 x 或 u 相关。特别的，p 可能与状态 x 和外部参数 θ 都相关。

令 $\bar{x}(p)\triangleq x-x_0(p),\bar{u}(p)\triangleq u-u_0(p),\bar{y}(p)\triangleq h-h_0(x_0(p))$ 是开环方程(15)在 $\Psi(p)$ 内某个平衡点处泰勒线性化所获得的增量。令 $\boldsymbol{A}(p)\triangleq\partial f/\partial x|_{(x_0(p),u_0(p))}$，$\boldsymbol{B}(p)\triangleq\partial f/\partial u|_{(x_0(p),u_0(p))}$，$\boldsymbol{C}(p)\triangleq\partial h/\partial x|_{(x_0(p),u_0(p))}$，则相应的线性化系统是

$$\left.\begin{aligned}\dot{\bar{x}}(p)&=\boldsymbol{A}(p)\bar{x}(p)+\boldsymbol{B}(p)\bar{u}(p)\\ \bar{y}(p)&=\boldsymbol{C}(p)\bar{x}(p)\end{aligned}\right\} \tag{17}$$

另外，假设式（17）是对 $\Psi(p)$ 内的所有点和所有 $p\in P$ 是完全可控、可观的，且相对阶为 r。

对输入-输出伪线性化的问题就是要找到在 $\Psi(p)$ 空间对如式（15）所示系统的 $z=\Phi(x)$ 变换的约束条件和反馈控制律 $u=k(x,v)$ 的约束条件，这样，最后得到的闭环系统的泰勒线性化与 $\Psi(p)$ 内平衡点的选择和 P 内 p 的选择无关。需要强调的是，与 2.2 节的反馈线性化不同，这里并不是要找到一个全局变换 $z=\Phi(x)$ 和全局反馈控制律 $u=k(x,v)$。只需要找到参数化的曲线簇 $\{\Psi(p)\}|_{p\in P}$ 的约束条件，因此不需要找到全局的变换 Φ 和全局控制律 k，这大大简化了设计过程，但设计出的控制律将只适用于 $\{\Psi(p)\}|_{p\in P}$ 的最接近的邻域，并不适用于整个 $x\times u$ 平面。然而最后得到的闭环系统的泰勒线性化与所有的 p 和 $\{\Psi(p)\}|_{p\in P}$ 内的平衡点都无关。因此通过这种方式，如果工作点在平衡点附近，那么有且仅有一个描述闭环系统动力学的线性模型，且其与工作点的变化率无关。注意，在 $\{\Psi(p)\}|_{p\in P}$ 的最接近的邻域之外，这种设计将无法保证成功。

因此，对如式（17）所示的 SISO 系统，在 $\{\Psi(p)\}|_{p\in P}$ 内对变换 $z=\Phi(x)$ 和反馈控制律 $u=k(x,v)$ 的约束条件给出了（z,v）空间内的泰勒线性化为

$$\left.\begin{aligned}
&\dot{\bar{z}}_1=\bar{z}_2\\
&\dot{\bar{z}}_2=\bar{z}_3\\
&\quad\vdots\\
&\dot{\bar{z}}_{r-1}=\bar{z}_r\\
&\dot{\bar{z}}_r=\bar{v}\\
&\dot{\bar{z}}_{r+1}=\boldsymbol{a}_{r+1}^{\mathrm{T}}[x_0(p),u_0(p)]\bar{z}\\
&\quad\vdots\\
&\dot{\bar{z}}_n=\boldsymbol{a}_n^{\mathrm{T}}[x_0(p),u_0(p)]\bar{z}\\
&\bar{y}=\bar{z}_1
\end{aligned}\right\}\tag{18}$$

式中，只有 n 维向量 $\boldsymbol{a}_{r+1}$，…，$\boldsymbol{a}_n$ 仍与 $\Psi(p)$ 内的平衡点及 P 内的参数有关。由 $\boldsymbol{a}_{r+1}$，…，$\boldsymbol{a}_n$ 定义的状态不可观（但必须是稳定的），式（18）的特性从输入-输出、$\bar{v}$ - $\bar{y}$ 的角度来看是 r 阶线性的，且不随 x_0，u_0，p 的值的变化而变化。这个与方程（15）的开环系统的泰勒线性化方程（17）有很大的不同。

将式（18）与式（13）和式（14）比较，输入-输出伪线性化可以视作具有参数化平衡点集$\{\Psi(p)\}|_{p\in P}$约束的反馈线性化。需要关注的是（x，u）空间内与参数 p 相关的一小部分，比如沿参数化的曲线$\{\Psi(p)\}|_{p\in P}$簇线性化。因此，可以求得沿曲线$\{\Psi(p)\}|_{p\in P}$的关于 Φ 和 k 的切线，$\partial\Phi/\partial x\triangleq T$，$\partial k/\partial x\triangleq F$，$\partial k/\partial v\triangleq G$ 等，而不是整个 Φ 和 k 空间中的值。在特殊情况下，要求对所有 $p\in P$，$T(x_0(p))$可逆。反馈控制律 $u=k(x,v)$ 是平滑的，且满足 $u_0(p)=k[x_0(p),v_0(p)]$，对所有 $p\in P$，$G[x_0(p),v_0(p)]$可逆。关于 k 的两个条件在脚注中用到，即使在那里，k 或 Φ 也不一定要精确可知，就像 $v_0(p)$、$z_0(p)$也不需要精确可知一样，这是因为设计是从方程（17）开始，然后将其变换为式（18）。

沿曲线$\{\Psi(p)\}|_{p\in P}$关于 Φ 变换的切线形式为

$$\bar{z}=\boldsymbol{T}(p)\bar{x}\tag{19}$$

$\boldsymbol{T}$ 由下式给出：

$$\boldsymbol{T}(p)=\begin{bmatrix}\boldsymbol{C}(p)\\ \boldsymbol{C}(p)\boldsymbol{A}(p)\\ \vdots\\ \boldsymbol{C}(p)\boldsymbol{A}^{r-1}(p)\\ \boldsymbol{T}_{r+1}(p)\\ \vdots\\ \boldsymbol{T}_n(p)\end{bmatrix}\tag{20}$$

式中，$\boldsymbol{T}_i(i=r+1,\cdots,n)$ 可由下式得到：

$$\begin{bmatrix}\boldsymbol{T}_{r+1}(p)\\ \vdots\\ \boldsymbol{T}_n(p)\end{bmatrix}\boldsymbol{B}(p)=0\tag{21}$$

这是一个在 $(n-r)n$ 个未知方程中的 $n-r$ 个线性方程组。

沿曲线$\{\Psi(p)\}|_{p\in P}$的关于控制律 k 的切线形式为

$$\bar{u}=\boldsymbol{F}(p)\bar{x}+\boldsymbol{G}(p)\bar{v}\tag{22}$$

式中

$$\boldsymbol{F}(p)=-[\boldsymbol{C}(p)\boldsymbol{A}^{r-1}(p)\boldsymbol{B}(p)]^{-1}\boldsymbol{C}(p)\boldsymbol{A}^{r}(p)\tag{23}$$

$$\boldsymbol{G}(p)=[\boldsymbol{C}(p)\boldsymbol{A}^{r-1}(p)\boldsymbol{B}(p)]^{-1}\tag{24}$$

式（19）～式（24）将 SISO 系统的方程（17）变换为式（18）。当 $\bar{v}=K_1\bar{z}_1+\cdots+K_r\bar{z}_r$，且其中 K_i（$i=1$，…，r）是常数时，就完成了稳定控制律方程（22）的设计。如果期望输出 $\bar{y}_d$ 非零，则跟踪误差定义为$\bar{e}\triangleq\bar{y}_d-\bar{y}=\bar{y}_d-\bar{z}_1$，其导数为 $\bar{e}^{(i)}=\bar{y}_d^{(i)}-\bar{z}_{i+1}$，$i=1$，…，$r-1$。因此，跟踪控制律为 $\bar{v}=K_1\bar{e}+\cdots+K_r\bar{e}^{(r-1)}$。将 $\bar{z}=\boldsymbol{T}(p)\bar{x}$ 和 $\bar{v}$ 代入方程（22）可以得到关于 $\bar{x}$ 的反馈控制律，因此可将变换 $\boldsymbol{T}$ 视作设计反馈控制律方程（22）的辅助工具，所以，推导出的控制律方程（22）需要被代入到方程（17）中。

从几何角度来看，$\{\Psi(p)\}|_{p\in P}$是（$n+m$）维（x，u）空间内的一般曲线。它们是（$n+m+n$）维（x，u，$f(x,u)$）空间内对应曲线的投影，其中 f 是方程（15）的右边。在（x，u，$f(x,u)$）空间中，对曲线$\{\Psi(p)\}|_{p\in P}$上不同点的泰勒线性化将产生不同斜率的直线。变换 Φ 和反馈控制律 k 将$[x,u,f(x,u)]$空间内的一般曲线变换成一条直线 l，其在（z，v）空间内的投影也是条直线 l。在（z，v）空间内直线 l 是曲线$\{\Psi(p)\}|_{p\in P}$在 Φ 和 k 变换下的像。沿直线 l 的泰勒线性化给出了曲线$\{\Psi(p)\}|_{p\in P}$上所有点的切线，称之为直线 l 的斜率。

下面通过一个简单的例子来说明：

$$\left.\begin{aligned}
&\dot{x}_1=x_1\mathrm{e}^{\frac{-x_1}{4}}\cos x_1+x_2+u\\
&\dot{x}_2=x_1+x_2\\
&y=x_2
\end{aligned}\right\}\tag{25}$$

为了简化，平衡点集 $\Psi=\{(x_1,x_2,u)|x_1\mathrm{e}^{\frac{-x_1}{4}}\cdot\cos x_1+x_2+u=0,x_1+x_2=0\}$没有参数化。这些集合是（$x_1$，$x_2$，$u$）空间内的一般的曲线，如图 3 所示。因为方程（25）比较简单，不需要通过式（19）～式（24）的算法，就可以找到状态空间全局转换 Φ 和全

局反馈控制律 k。事实上，如图 4 所示，Φ 由 $z_1=x_2$，$z_2=x_1+x_2$ 所确定，k 可用 $u=-x_1-x_1\cdot e^{\frac{-x_1}{4}}-2x_2+v$ 线性化 Ψ 而得到。换句话说，图 4 中的直线 l 就是曲线 Ψ 在 Φ 和 k 变换下的像。方程 (25)所示的例子说明了局限于 Ψ 内平衡点集的反馈线性化，即伪线性化。

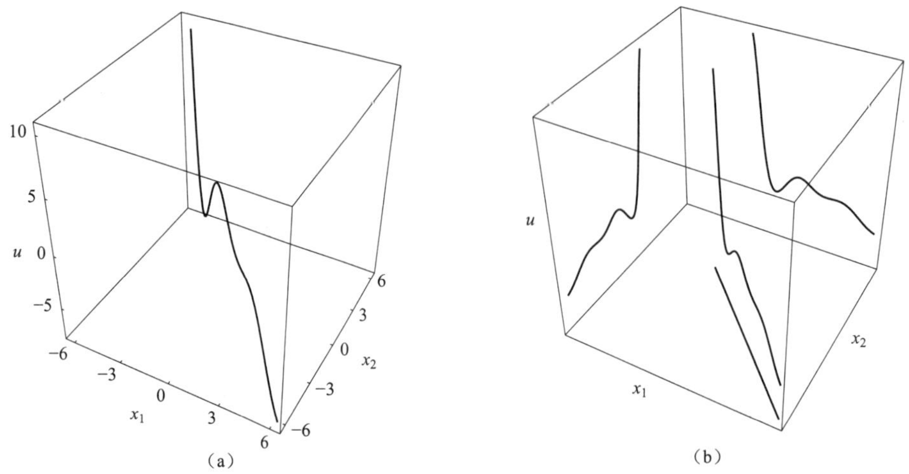

图 3　方程 (25) Ψ 的平衡点集

(a) $(x_1,\ x_2,\ u)$ 空间内的曲线；(b) 曲线及其在各平面内的投影

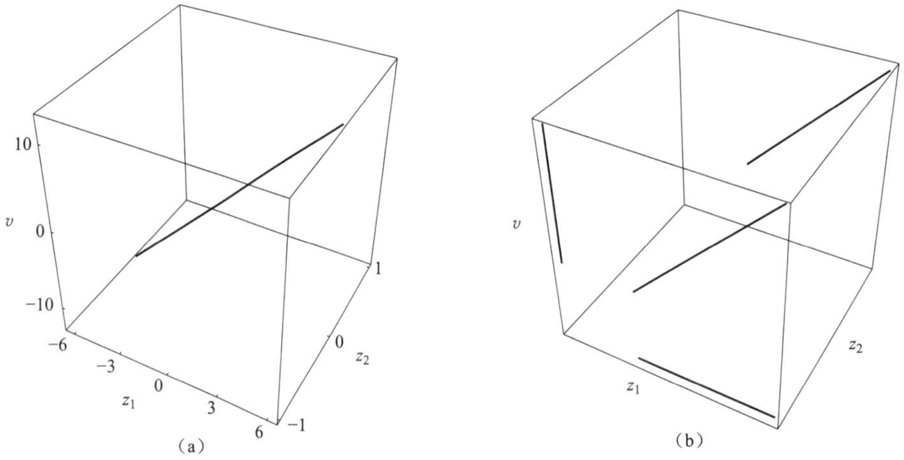

图 4　方程 (25) Ψ 的平衡点集的线性化

(a) 线性化后 $(z_1,\ z_2,\ v)$ 空间内直线；(b) 直线及其在各平面内的投影

3　滑模控制

滑模控制方法可以保证模型不确定的动态系统的闭环稳定性和动态性能。直观来看，滑模控制使系统的轨迹在未来一段时间内沿着滑模面或流形面滑动。滑模控制的优点是对参数变化不灵敏，比如飞行器气动参数的变化，因为采用滑模控制设计出的控制系统十分简单，就像 Bang - Bang 控制那样。在过去的十年中，许多研究者一直努力将滑模控制应用到飞行器系统中。这里总结了基于串联结构和自适应参数预测的滑模控制在飞行器非线性模型中的应用。相关文献详细介绍了滑模控制的背景和应用。

飞行器关于滚转角、迎角、侧滑角和相应角速率的非线性动力学模型为

$$\dot{\phi}=p+\tan\theta(q\sin\phi+r\cos\phi) \tag{26}$$

$$\dot{\alpha}=-p\cos\alpha\tan\beta+q-r\sin\alpha\tan\beta-\frac{\sin\alpha}{mV\cos\beta}(T+F_X)+\frac{\cos\alpha}{mV\cos\beta}F_Z+\frac{g}{V\cos\beta}(\sin\alpha\sin\theta+\cos\alpha\cos\phi\cos\theta) \tag{27}$$

$$\dot{\beta}=p\sin\alpha-r\cos\alpha-\frac{\cos\alpha\sin\beta}{mV}(T+F_X)+\frac{\cos\beta}{mV}F_Y-\frac{\sin\alpha\sin\beta}{mV}F_Z+\frac{g}{V}(\cos\alpha\sin\beta\sin\theta+\cos\beta\cos\theta\sin\phi-\sin\alpha\sin\beta\cos\phi\cos\theta) \tag{28}$$

$$\dot{p}=I_1qr+I_2pq+I_3L+I_4N \tag{29}$$

$$\dot{q}=I_5qr+I_6(r^2-p^2)+I_7M \tag{30}$$

$$\dot{r}=I_2qr+I_8pq+I_4L+I_9N \qquad (31)$$

式中，$I_1\sim I_9$为转动惯量，相关文献给出了其定义；相关文献对气动力和气动力矩的定义为

$$F_X=\left[C_x(\alpha)+C_{x\delta_e}\delta_e+\frac{\bar{c}q}{2V}C_{xq}(\alpha)\right]\bar{q}S$$

$$F_Y=\left[C_y+C_{y\delta_a}\delta_a+C_{y\delta_r}\delta_r+\frac{bp}{2V}C_{yp}(\alpha)+\frac{br}{2V}C_{yr}(\alpha)\right]\bar{q}S$$

$$F_Z=\left[C_z(\alpha,\beta)+C_{z\delta_e}\delta_e+\frac{\bar{c}q}{2V}C_{zq}(\alpha)\right]\bar{q}S$$

$$L=\left[C_l(\alpha,\beta)+C_{l\delta_a}(\alpha,\beta)\delta_a+C_{l\delta_r}(\alpha,\beta)\delta_r+\frac{bp}{2V}C_{lp}(\alpha)+\frac{br}{2V}C_{lr}(\alpha)\right]\bar{q}Sb$$

$$M=\left[C_m(\alpha)+C_{m\delta_e}(\alpha)\delta_e+\frac{\bar{c}q}{2V}C_{mq}(\alpha)\right]\bar{q}S\bar{c}$$

$$N=\left[C_n(\alpha,\beta)+C_{n\delta_a}(\alpha,\beta)\delta_a+C_{n\delta_r}(\alpha,\beta)\delta_r+\frac{bp}{2v}C_{np}(\alpha)+\frac{br}{2V}C_{nr}(\alpha)\right]\bar{q}Sb \qquad (32)$$

因为式（26）～式（28）中的角变量（ϕ，α，β）的变化比式（29）～式（31）中的角速率变量（p，q，r）变化得慢，因此相关文献提出的时标分离法就可以应用于式（26）～式（31）所示的飞行器非线性动力学模型。根据时标分离法，角速率变量（p，q，r）可视为慢速变化的动力学方程式(26)～式（28）的控制输入。如果给定参考指令（φ_r，α_r，β_r），且慢变量（p_r，q_r，r_r）也设计好，确定操纵面输入（δ_e，δ_a，δ_r），可使得式（29）～式(32) 中的快变量跟随慢变量指令（p_r，q_r，r_r）变化。图 5 是串联控制结构框图。

式（26)～式（31）中的快变量与慢变量分别可以写成仿射形式为

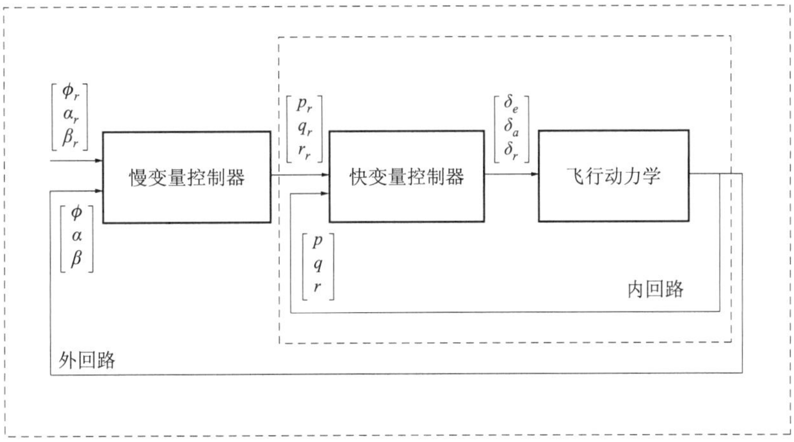

图 5　串联控制结构示意

$$\dot{\boldsymbol{x}}_1=\boldsymbol{f}_1(\boldsymbol{x}_1)+\boldsymbol{g}_1(\boldsymbol{x}_1)\boldsymbol{u}_1+\boldsymbol{v}_1 \qquad (33)$$

$$\dot{\boldsymbol{x}}_2=\boldsymbol{f}_2(\boldsymbol{x}_1,\boldsymbol{x}_2)+\boldsymbol{g}_2(\boldsymbol{x}_2)\boldsymbol{u}_2+\boldsymbol{v}_2 \qquad (34)$$

式中，$\boldsymbol{x}_1=(\phi,\alpha,\beta)^{\mathrm{T}}$；$\boldsymbol{x}_2=\boldsymbol{u}_1=(p,q,r)^{\mathrm{T}}$；$\boldsymbol{u}_2=(\delta_e,\delta_a,\delta_r)^{\mathrm{T}}$；$\boldsymbol{v}_i(i=1,2)$代表未建模变量。由于篇幅限制，这里就不详细介绍$\boldsymbol{f}_i$，$\boldsymbol{g}_i$（$i=1$，2）的定义了。

接下来要推导对快变量和慢变量都适用的滑模控制器。为简单起见，下面将省略下标 i。利用比例-积分反馈的概念，设滑模面为

$$\boldsymbol{S}=e+\boldsymbol{K}\int_0^t e\mathrm{d}t \qquad (35)$$

式中，$e=x-x_r$；$\boldsymbol{K}$是常数增益矩阵，滑模面上的李亚普诺夫函数可定义为

$$V_1=\frac{1}{2}\boldsymbol{S}^{\mathrm{T}}\boldsymbol{S} \qquad (36)$$

V_1关于时间的导数为

$$\dot{V}_1=\boldsymbol{S}^{\mathrm{T}}\dot{\boldsymbol{S}}=\boldsymbol{S}^{\mathrm{T}}(\boldsymbol{f}+\boldsymbol{g}\boldsymbol{u}+\boldsymbol{v}-\dot{\boldsymbol{x}}_r+\boldsymbol{K}e) \qquad (37)$$

为保证$\dot{V}_1<0$，设计如下非线性控制律，即纯滑模控制为：

$$\boldsymbol{u}=\boldsymbol{g}^{-1}[-\boldsymbol{f}-\boldsymbol{v}+\dot{\boldsymbol{x}}_r-\boldsymbol{K}e-\boldsymbol{c}_1\boldsymbol{S}-\boldsymbol{c}_2\,\mathrm{sgn}(\boldsymbol{S})] \qquad (38)$$

式中，$\boldsymbol{c}_1$和$\boldsymbol{c}_2$分别为正定和半正定对角矩阵。因为对一般飞行器的飞行包线，$\boldsymbol{g}_{1\text{-}2}(x)$的行列式值不为零，所以$\boldsymbol{g}$的逆变换总是存在。将式（38）代入式（37）有

$$\dot{V}_1=-\boldsymbol{S}^{\mathrm{T}}\boldsymbol{c}_1\boldsymbol{S}-\boldsymbol{c}_2\|\boldsymbol{S}\|\leqslant 0 \qquad (39)$$

虽然从式（39）来看，系统方程式（33）和式(34) 在平衡点处是稳定的，但实际上由于模型不确定，$\boldsymbol{g}(x)$和$\boldsymbol{v}$是不准确的。为了解决这个问题，用$\boldsymbol{g}(x)$和$\boldsymbol{v}$的估计值重构方程式（38）的控制律为

$$\boldsymbol{u}=\hat{\boldsymbol{g}}^{-1}[-\boldsymbol{f}-\hat{\boldsymbol{v}}+\dot{\boldsymbol{x}}_r-\boldsymbol{K}e-\boldsymbol{c}_1\boldsymbol{S}-\boldsymbol{c}_2\,\mathrm{sgn}(\boldsymbol{S})] \qquad (40)$$

将式（37）代入式（40）可得

$$\dot{V}_1=\boldsymbol{S}^{\mathrm{T}}[-\boldsymbol{c}_1\boldsymbol{S}-\boldsymbol{c}_2\,\mathrm{sgn}(\boldsymbol{S})+\tilde{\boldsymbol{v}}+\boldsymbol{g}\tilde{\boldsymbol{u}}] \qquad (41)$$

其中，$\tilde{\boldsymbol{g}}=\boldsymbol{g}-\hat{\boldsymbol{g}}$，$\tilde{\boldsymbol{v}}=\boldsymbol{v}-\hat{\boldsymbol{v}}$。为设计对不确定参数的自适应预测控制律，$\boldsymbol{g}$，$\boldsymbol{u}$ 可以写成

$$\boldsymbol{g}_1\boldsymbol{u}_1=\begin{bmatrix} p & q & r & 0 & 0 & 0 & 0 & 0 \\ 0 & 0 & 0 & p & r & 0 & 0 & 0 \\ 0 & 0 & 0 & 0 & 0 & p & q & r \end{bmatrix}\begin{bmatrix} -\cos\alpha\tan\beta \\ 1 \\ -\sin\alpha\tan\beta \\ \sin\alpha \\ -\cos\alpha \\ 1 \\ \sin\phi\tan\theta \\ \cos\phi\tan\theta \end{bmatrix}\triangleq\bar{\boldsymbol{u}}_1\boldsymbol{h}_1 \tag{42}$$

$$\boldsymbol{g}_2\boldsymbol{u}_2=\begin{bmatrix} \delta_a & \delta_r & 0 & 0 & 0 \\ 0 & 0 & \delta_e & 0 & 0 \\ 0 & 0 & 0 & \delta_a & \delta_r \end{bmatrix}\begin{bmatrix} q\bar{s}\ (I_3C_{l\delta_a}b+I_4C_{n\delta_a}b) \\ q\bar{s}\ (I_3C_{l\delta_r}b+I_4C_{n\delta_r}b) \\ q\bar{s}\ (I_7C_{m\delta_e}\bar{c}) \\ q\bar{s}\ (I_4C_{l\delta_a}b+I_9C_{n\delta_a}b) \\ q\bar{s}\ (I_4C_{l\delta_r}b+I_9C_{n\delta_r}b) \end{bmatrix}$$

$$\triangleq\bar{\boldsymbol{u}}_2\boldsymbol{h}_2 \tag{43}$$

由式（42）与式（43）可得

$$\tilde{\boldsymbol{g}}\boldsymbol{u}=\bar{\boldsymbol{u}}\tilde{\boldsymbol{h}} \tag{44}$$

式中，$\tilde{\boldsymbol{h}}=\boldsymbol{h}-\hat{\boldsymbol{h}}$。设计一个新的李亚普诺夫函数为

$$V_2=\frac{1}{2}(\boldsymbol{S}^{\mathrm{T}}\boldsymbol{S}+\tilde{\boldsymbol{v}}^{\mathrm{T}}\boldsymbol{\Gamma}_v^{-1}\tilde{\boldsymbol{v}}+\boldsymbol{h}^{\mathrm{T}}\boldsymbol{\Gamma}_h^{-1}\tilde{\boldsymbol{v}}\tilde{\boldsymbol{h}}) \tag{45}$$

式中，$\boldsymbol{\Gamma}_v$ 和 $\boldsymbol{\Gamma}_h$ 为正定对角矩阵。式（45）关于时间的导数为

$$\dot{V}_2=-\boldsymbol{S}^{\mathrm{T}}c_1\boldsymbol{S}-\boldsymbol{c}_2\|\boldsymbol{S}\|+\tilde{\boldsymbol{v}}^{\mathrm{T}}(\boldsymbol{S}-\Gamma_v^{-1}\dot{\hat{\boldsymbol{v}}})+$$

$$\tilde{\boldsymbol{h}}^{\mathrm{T}}(\bar{\boldsymbol{u}}^{\mathrm{T}}\boldsymbol{S}-\boldsymbol{\Gamma}_h^{-1}\dot{\hat{\boldsymbol{h}}}) \tag{46}$$

由式（46）可得自适应控制律为

$$\dot{\hat{\boldsymbol{v}}}=\boldsymbol{\Gamma}_v\boldsymbol{S} \tag{47}$$

$$\dot{\hat{\boldsymbol{h}}}=\boldsymbol{\Gamma}_h\bar{\boldsymbol{u}}^{\mathrm{T}}\boldsymbol{S} \tag{48}$$

将此自适应控制律代入式（46），这样即使动力学模型不确定，也能满足式（39）的条件。因此，任意初始状态都会趋向滑模面 $\boldsymbol{S}=e+\boldsymbol{K}\int_0^t e\mathrm{d}t=0$。当 $t\to\infty$ 时，$\boldsymbol{S}=\boldsymbol{0}$，由 LaSalle - Yoshizawa 定理可知，误差 e 收敛到零。相比于纯滑模控制，称这种方法为自适应滑模控制。

将滑模控制器应用到飞行器中时，主要的问题是在设计的控制器中，式（40）中符号函数的不连续性造成控制器的输入存在抖振现象。从实用角度出发，这种抖振可能会激励未建模高频率动力学特性或损坏执行器的机械系统，最终会导致系统不稳定。一般解决这个问题的方法是用如下饱和函数 $\mathrm{sat}\left(\frac{y}{\varepsilon}\right)$ 代替符号函数：

$$\mathrm{sat}(y)=\begin{cases} y, & |y|\leqslant 1 \\ \mathrm{sgn}(y), & |y|>1 \end{cases} \tag{49}$$

式中，ε 为正常数。因为 $\mathrm{sat}\left(\frac{y}{\varepsilon}\right)$ 线性部分的斜率为 $\frac{1}{\varepsilon}$，ε 值应该尽可能小，以近似符号函数。

4 反推控制

第 3 节设计的时标分离控制器，其飞行器动力学内回路、外回路的控制律是分开设计的。也就是说，内回路控制器通过实际舵面控制信号 $\boldsymbol{u}_2=(\delta_e, \delta_a, \delta_r)^{\mathrm{T}}$ 来控制快状态 $\boldsymbol{x}_2=(p, q, r)^{\mathrm{T}}$，而参考指令 $(p_r, q_r, r_r)^{\mathrm{T}}$ 由外回路给定。在外回路中，慢状态 $\boldsymbol{x}_1$ 是由快状态 $\boldsymbol{x}_2$ 控制的，$\boldsymbol{x}_2$ 可看作控制输入。这种时标分离控制器的主要缺点是它没有考虑控制器的瞬态响应及内回路增益值比外回路大很多的问题。为了解决这个问题，相关文献提出了反推算法（backstepping）并将其用于飞行器的非线性控制。因为都是使用快状态作为慢状态的控制输入，所以反推法与时标分离法看起来差不多，但它不需要时标分离法中的假设条件，因此内环增益不用很大。

在将反推法应用到飞行器动力学之前，先基于相关文献总结反推法。考虑如下串联系统：

$$\dot{\boldsymbol{\eta}}=\boldsymbol{F}(\eta)+\boldsymbol{G}(\eta)\boldsymbol{\xi} \tag{50}$$

$$\dot{\boldsymbol{\xi}}=\boldsymbol{F}_a(\eta,\xi)+\boldsymbol{G}_a(\eta,\xi)\boldsymbol{u} \tag{51}$$

式中，$\boldsymbol{\eta}\in\mathrm{R}^n$，$\boldsymbol{\xi}$，$\boldsymbol{u}\in\mathrm{R}^m$，系统平衡点在原点；$\boldsymbol{G}_a$ 是可逆的。

反推控制法的第一步是设计控制律 $\boldsymbol{\xi}=-\boldsymbol{h}(\eta)$ 使式（50）稳定。利用李亚普诺夫函数 $V(\eta)$，通过控制律 $\boldsymbol{\xi}=-\boldsymbol{h}(\eta)$ 使下式成立，这样就能保证式（50）的稳定性：

$$\dot{V}=\frac{\partial V}{\partial\eta}[\boldsymbol{F}(\eta)-\boldsymbol{G}(\eta)\boldsymbol{h}(\eta)]\leqslant-\boldsymbol{W}(\eta) \tag{52}$$

式中，$W(\eta)>0$。考虑如下李亚普诺夫函数：

$$V_a(\eta,\alpha)=V(\eta)+\frac{1}{2}[\boldsymbol{\xi}+\boldsymbol{h}(\eta)]^{\mathrm{T}}[\boldsymbol{\xi}+\boldsymbol{h}(\eta)] \tag{53}$$

其关于时间的导数为

$$\dot{V}_a=\frac{\partial V}{\partial\eta}[\boldsymbol{F}+\boldsymbol{G}\boldsymbol{h}]+\frac{\partial V}{\partial\eta}\boldsymbol{G}[\boldsymbol{\xi}+\boldsymbol{h}(\eta)]+[\boldsymbol{\xi}+\boldsymbol{h}(\eta)]^{\mathrm{T}}\times$$

$$\left[\boldsymbol{F}_a+\boldsymbol{G}_a u-\frac{\partial\boldsymbol{h}}{\partial\eta}(\boldsymbol{F}-\boldsymbol{G}\boldsymbol{h})\right] \tag{54}$$

将如下控制输入代入式（54），可以使得上述系统稳定且在原点处是渐进稳定：

$$\boldsymbol{u}=\boldsymbol{G}_a^{-1}\left[\frac{\partial \boldsymbol{h}}{\partial \eta}(\boldsymbol{F}-\boldsymbol{G}\boldsymbol{\xi})-\left(\frac{\partial V}{\partial \eta}\boldsymbol{G}\right)^{\mathrm{T}}-\boldsymbol{F}_a-g\{\boldsymbol{\xi}+\boldsymbol{h}(\eta)\}\right] \tag{55}$$

式中，$g>0$。相关文献详细介绍了反推法的证明过程。

下面将反推法应用到式（26）～式（31）所示的飞行器模型中。式（26）～式（31）可以重新写成如下的形式：

$$\dot{\boldsymbol{x}}_1=\boldsymbol{f}_1(\boldsymbol{x}_1)+\boldsymbol{g}_1(\boldsymbol{x}_1)\boldsymbol{x}_2 \tag{56}$$

$$\dot{\boldsymbol{x}}_2=\boldsymbol{f}_2(\boldsymbol{x}_1,\boldsymbol{x}_2)+\boldsymbol{g}_2(\boldsymbol{x}_2)\boldsymbol{u}_2 \tag{57}$$

式中，$\dot{\boldsymbol{x}}_1=(\phi,\alpha,\beta)^{\mathrm{T}},\boldsymbol{x}_2=\boldsymbol{u}_1=(p,q,r)^{\mathrm{T}},\boldsymbol{u}_2=(\delta_e,\delta_a,\delta_r)^{\mathrm{T}}$。此系统与式（50）和式（51）所示的串联系统是等价的。引入如下误差状态变量：

$$\dot{\boldsymbol{z}}_1=\dot{\boldsymbol{x}}_1-\dot{\boldsymbol{x}}_1^d=\boldsymbol{f}_1+\boldsymbol{g}_1\boldsymbol{x}_2-\dot{\boldsymbol{x}}_1^d \tag{58}$$

$$\dot{\boldsymbol{z}}_2=\dot{\boldsymbol{x}}_2-\dot{\boldsymbol{x}}_2^d=\boldsymbol{f}_2+\boldsymbol{g}_2\boldsymbol{u}-\dot{\boldsymbol{x}}_2^d \tag{59}$$

为使系统稳定，可设李亚普诺夫函数为

$$V=\frac{1}{2}\boldsymbol{z}_1^{\mathrm{T}}\boldsymbol{z}_1 \tag{60}$$

对其微分可得

$$\dot{V}=\boldsymbol{z}_1^{\mathrm{T}}\ (\boldsymbol{f}_1+\boldsymbol{g}_1\boldsymbol{x}_2-\dot{\boldsymbol{x}}_1^d) \tag{61}$$

式（62）中的 $\boldsymbol{x}_2^d$ 使系统式(56）稳定，所以，$\dot{V}=-\boldsymbol{z}_1^{\mathrm{T}}\boldsymbol{K}_1\boldsymbol{z}_1\leqslant 0$

$$\boldsymbol{x}_2^d=\boldsymbol{g}_1^{-1}(-\boldsymbol{f}_1+\dot{\boldsymbol{x}}_1^d-\boldsymbol{K}_1\boldsymbol{z}_1) \tag{62}$$

式中，$\boldsymbol{K}_1$是正定增益矩阵。

反推控制法的第二步，考虑如下李亚普诺夫函数：

$$V_a=V+\frac{1}{2}\boldsymbol{z}_2^{\mathrm{T}}\boldsymbol{z}_2=\frac{1}{2}\boldsymbol{z}_1^{\mathrm{T}}\boldsymbol{z}_1+\frac{1}{2}\boldsymbol{z}_2^{\mathrm{T}}\boldsymbol{z}_2 \tag{63}$$

将式（58）、式（59）和式（62）代入 V_a 的时间导数可得

$$\begin{aligned}\dot{V}_a&=\boldsymbol{z}_1^{\mathrm{T}}(\boldsymbol{f}_1+\boldsymbol{g}_1\boldsymbol{x}_2-\dot{\boldsymbol{x}}_1^d)+\boldsymbol{z}_2^{\mathrm{T}}(\boldsymbol{f}_2+\boldsymbol{g}_2\boldsymbol{u}-\dot{\boldsymbol{x}}_2^d)\\&=\boldsymbol{z}_1^{\mathrm{T}}(\boldsymbol{f}_1+\boldsymbol{g}_1\boldsymbol{z}_2+\boldsymbol{g}_1\boldsymbol{x}_2^d-\dot{x}_1^d)+\boldsymbol{z}_2^{\mathrm{T}}(\boldsymbol{f}_2+\boldsymbol{g}_2\boldsymbol{u}-\dot{\boldsymbol{x}}_2^d)\\&=\boldsymbol{z}_1^{\mathrm{T}}(\boldsymbol{g}_1\boldsymbol{z}_2-\boldsymbol{K}_1\boldsymbol{z}_1)+\boldsymbol{z}_2^{\mathrm{T}}(\boldsymbol{f}_2+\boldsymbol{g}_2\boldsymbol{u}-\dot{\boldsymbol{x}}_2^d)\end{aligned} \tag{64}$$

将如下控制输入代入式（54），使 $\dot{V}_a=-\boldsymbol{z}_1^{\mathrm{T}}\boldsymbol{K}_1\boldsymbol{z}_1-\boldsymbol{z}_2^{\mathrm{T}}\boldsymbol{K}_2\boldsymbol{z}_2\leqslant 0$。由此可知，上述系统稳定且在原点处渐进稳定：

$$\boldsymbol{u}=\boldsymbol{g}_2^{-1}(-\boldsymbol{f}_2+\dot{\boldsymbol{x}}_2^d-\boldsymbol{g}_1^{\mathrm{T}}\boldsymbol{z}_1-\boldsymbol{K}_2\boldsymbol{z}_2) \tag{65}$$

式中，$\boldsymbol{K}_2$是正定增益矩阵。最终，反推控制器由式（62）和式（65）构成，其设计过程不需要用到时标分离法中的假设条件。此外，控制输入方程式（65）需要对式（62）微分，因此整个控制器可对参考输入求二阶导数 $\ddot{\boldsymbol{x}}_1^d$，且相比于时标分离控制器，反推控制器考虑到了快状态的瞬态响应。

正如前面讨论的那样，飞行器动力学中的气动参数存在模型误差，因此在自适应算法中 $\boldsymbol{f}_1$，$\boldsymbol{f}_2$，$\boldsymbol{g}_1$，$\boldsymbol{g}_2$必须使用估计值。由推导自适应滑模控制的方法，同样能得到自适应反推控制，相关文献详细介绍了自适应反推法。最近，人们将多层神经网络与反推控制法结合在一起以补偿数学模型与实际飞机系统之间的差异。

5　其他非线性方法

5.1　滚动时域控制

滚动时域控制也称为模型预测控制，最近被应用于各种系统中，包括化工过程、机器人系统等。滚动时域控制可将状态量和控制量的限制转为优化约束条件。考虑如下离散时间非线性轨迹优化问题：

$$J=\min_{u(i)}\Phi[x(i),i]\mid_{i=N}+\sum_{i=0}^{N-1}L[x(i),u(i),i] \tag{66}$$

式中，非线性离散系统动力学、初始条件、末端约束定义为

$$x(i+1)=f[x(i),u(i),i] \tag{67}$$

$$x(0)=x_0 \tag{68}$$

$$\Psi[x(i),i]|_{i=N}=0 \tag{69}$$

滚动时域法的第一步是通过式（67）～式（69）来求解式（66），得到最优序列 $u(i)$，$i=1$，…，$N-1$。滚动时域法的第二步是将最优序列的第一个控制输入，即 $u(0)$，应用到系统中。针对该控制输入，更新状态。重复此步骤。虽然滚动时域法对线性系统的稳定性问题已得到了广泛研究，对非线性系统的研究仍在进行中，目前使用的方法是加入末端状态项或在李亚普诺夫函数优化时对其负值进行限制。

在航空航天领域，Bhattacharya 等利用线性变参数设计法将滚动时域控制器应用到 F-16 飞机的非线性模型中。以线性变参数形式建立 F-16 的非线性动力学模型后，他们设计了全状态反馈观测器并使用滚动时域法改善线性变参数法的性能。Keviczky 和 Balas 对线性、变增益和非线性滚动时域控制方法作了比较研究。为了将滚动时域法控制应用到飞机系统，尤其

是非线性系统，在线计算仍是一个很大的挑战。

5.2 其他控制方法

目前，适用于飞行器系统的非线性控制方法有：反馈线性化、滑模控制、反推控制和滚动时域法。然而，相比于仅用一种控制方法，最近的研究趋势是结合各非线性控制技术的优点而不是仅关注单个的控制方法。例如，神经网络可以补偿反推控制器或滑模控制器中的模型不确定性，以增强其鲁棒性。滚动时域法也可与神经网络、支持向量机等结合，从而获得精确的系统模型信息来进行状态预测。相关文献提出了另一种方法，即由非线性动力学特性引起的 Hamilton - Jacobi - Bellman 方程的解被略去，即将线性二次型最优控制应用到迎角控制中。

6 总 结

本章总结了可用于飞行控制系统设计的非线性控制技术。为利用已有的线性控制理论，本章详细讨论了反馈线性化法和伪线性化法。将时标分离法应用到飞行动力学中不可避免地要遇到系统不确定性问题，因此，本章又讨论了滑模控制。随后，本章讨论了反推控制，其优点是不需要考虑时间分离原则。本章简要介绍了近期引人关注的非线性控制方法——滚动时域法，它需要实时优化。随着现代非线性控制理论的进一步发展，相比于仅使用单一的非线性控制方法，将多种非线性控制方法结合起来应用到飞行控制系统中会更有前途。

注：

(1) 这里的“非局部线性化”表示对一般微分方程或控制系统的线性化，而不是指单个平衡点处的泰勒线性化。

(2) v 是关于 z 和参考信号的函数。

(3) 这里 $\bar{z}\triangleq z-\Phi(x_0(p)),\bar{v}\triangleq v-v_0(p),u_0(p)=k(x_0(p),v_0(p))$。

(4) $(x, u, f(x, u))$ 空间内的曲线完全由 x 和 u 的值决定，因此将 (x, u) 变换到 (z, v) 的新曲线完全由变换 $x=\Phi^{-1}(z),u=k(\Phi^{-1}(z),v)$决定。

参考文献

Adams, R. J., Buffington, J. M. and Banda, S. S. (1994) Design of nonlinear control laws for high-angle-of-attack flight. *J. Guid. Control Dyn.*, **17** (4), 737—746.

Ahn, C., Kim, Y. and Kim, H. (2006) Adaptive sliding mode controller design for fault tolerant flight control system. AIAA Guidance, Navigation, Control Conference, August 2006, Keystone, Colorado, USA.

Bates, D. and Hagstr¨om, M. (2007) Nonlinear analysis and synthesis techniques for aircraft control. in *Lecture Notes in Control and Information Series*, Springer, Berlin.

Belinfante, J. G. F. and Kolman, B. (1972) *A survey of Lie Groups and Lie Algebras with applications and computational methods*, SIAM, Philadelphia.

Bhattacharya, R., Balas, G. J., Kaya, M. A. and Packard, A. (2002) Nonlinear receding horizon control of an F—16 aircraft. *J. Guid. Control Dyn.*, **25** (5), 924—931.

Bryson, A. E. and Ho, Y. C. (1975) *Applied Optimal Control*, Hemisphere, Washington DC.

Garrad, W. L., Enns, D. F., and Snell, S. A. (1992) Nonlinear feedback control of highly manoeuvarable aircraft. *Int. J. Control*, **56** (4), 799—812.

H¨arkegard O. (2001) Flight control design using backstepping. M. S. thesis. Linkoping University, Link¨oping, Sweden.

Hunt, L. R. and Su, R. (1981) Linear equivalents of nonlinear time varying systems. Proceedings of the 4th International Symposium on Mathematical Theory of Networks and Systems, August 5—7, 1981, Santa Monica, CA, pp. 119—123.

Ince, E. L. (1927) *Ordinary differential equations*, Longmans, Green and Co. Ltd, London.

Isidori, A. (1989) *Nonlinear Control Systems: An Introduction*, 2nd edn, Springer-Verlag, New York.

Jakubczyk, B. and Respondek, W. (1980) On linearization of control systems. *Bulletin de l' Acad'emie Polonaise des Sciences S'erie des Sciences Math'ematiques, Astronomiques et Physiques*; **28**, 517—522.

Krastic, B. M., Kanellakopolous, I. and Kokotovic, P. (1995) *Nonlinear and Adaptive Control Design*, Wiley.

Keviczky, T. and Balas, G. J. (2006) Receding horizon control of an F—16 aircraft: A comparative study. *Control Eng. Pract.*, **14**, 1023—1033.

Khalil, H. K. (2002) *Nonlinear Systems*, 3rd edn, Prentice-Hall.

Kim, K. S. and Kim, Y. (2003) Robust backstepping control for slew maneuver using nonlinear tracking function. *IEEE Trans. Control Syst. Tech.*, **11** (6), 822—829.

Lawrence, D. A. and Rugh, W. J. (1994) Input-output pseudolinearization for nonlinear systems. *IEEE Trans. Autom. Control*, **39** (11): 2207—2218.

Lawrence, D. A. (1998) Agenereal approach to input-output pseudolinearization for nonlinear systems. *IEEE Trans. Autom. Control*, **43** (10), 1497—1501.

Lee, T. and Kim, Y. (2001) Nonlinear adaptive flight control using backstepping and neural networks controller. *J. Guid. Control Dyn.*, **24** (4), 675—682.

Morelli, E. (1998) Global Nonlinear parametric modeling with application to F—16 aerodynamics. American Control Conference, Philadelphia, PA.

Reiner, J., Balas, G. J. and Garrard, W. L. (1995) Robust dynamic inversion for control of highly maneuverable aircraft. *J. Guid. Control Dyn.*, **18** (1), 18—24.

Reiner, J., Balas, G. J. and Garrard, W. L. (1996) Flight control design using robust dynamic inversion and time-scale separation. *Automatica*, **32** (11), 1493—1504.

Reboulet, C. and Champetier, C. (1984) A new method for linearizing nonlinear systems: The pseudolinearization. *Int. J. Control*; **40** (4), 631—638.

Shin, D. and Kim, Y. (2004) Reconfigurable flight control system design using adaptive neural networks. *IEEE Trans. Control Syst. Tech.*, **12** (1), 87—100.

Shin, D. and Kim, Y. (2006) Nonlinear discrete-time reconfigurable flight control law using neural networks. *IEEE Trans. Control Syst. Tech.*, **14** (3), 408—422.

Shin, D., Moon, G. and Kim, Y. (2005) Design of reconfigurable flight control system using adaptive sliding mode control-actuator fault. *J. Aerosp. Eng., Proc. Inst. Mech. Eng. Part G*, **219** (4), 321—328.

Sonneveldt, L., Chu, Q. P. and Mulder, J. A. (2007) Nonlinear flight control design using constrained adaptive backstepping. *J. Guid. Control Dyn.*, **30** (2), 322—336.

Stevens, B. L. and Lewis, F. L. (2003) *Aircraft Control and Simulation*, 2nd edn, John Wiley & Sons.

Shtessel, Y., Buffiington, J. and Banda, S. (1999) Multiple timescale flight control using reconfigurable sliding modes. *J. Guid. Control Dyn.*, **22** (6), 873—883.

Xu, H., Mirmirani, M. D. and Ioannou, P. A. (2004) Adaptive sliding mode control design for a hypersonic flight vehicle. *J. Guid. Control Dyn.*, **27** (5), 829—838.

Wells, S. R. and Hess, R. A. (2003) Multi-input/multi-output sliding mode control for a tailless fighter aircraft. *J. Guid. Control Dyn.* **26** (3), 463—473.

Wang, J. and Sundararajan, N. (1996) Extended nonlinear flight controller design for aircraft. *Autommica*, **32** (8), 1187—1193.

Wang, J. and Sundararajan, N. (1995) A nonlinear flight controller design for aircraft. *Control Eng. Pract.*, **3** (6), 813—825.

Zbikowski, R., Hunt, K. J., Dzieli'nski, A., Murray-Smith, R. and Gawthrop, P. J. (1994) A Review of Advances in Neural Adaptive Control Systems. *Technical Report of the ESPRIT NACT Project TP—1*, Glasgow University and Daimler-Benz Research.

本章译者：江驹、杜洁（南京航空航天大学航空宇航学院）

第 235 章

可重构的飞行控制

Youdan Kim，Sungwan Kim
首尔国立大学机械与航天工程学院，首尔，韩国
美国国家航空航天局兰利研究中心动态系统与控制组，汉普顿，弗吉尼亚，美国

1 引　　言

近三十年来，由于航空电子设备和计算机技术的发展，飞行控制系统的性能不断提高。利用电传飞行控制系统，飞机可以在最小稳定裕度的情况下飞行，重量显著减轻且具有飞行包线保护功能。然而，由于飞行控制系统使用越来越多的机械和电子部件以实现更高的性能，这使得飞行控制系统更容易出现各种故障。《航空安全网络》指出：2006 年共有 27 个致命的飞机事故，其中 17 架飞机由于失控而坠毁，5 年的平均“失控”总数占总飞行事故的 54%，10 年的平均“失控”事故占 59%。甚至一个单一的故障都会影响系统的动态特性，产生意想不到的非线性甚至导致灾难性的事故。为了解决这些故障，在过去的三十年里，人们在故障检测、隔离/诊断及重构（FDIR）方面进行了大量的研究。FDIR 是一种控制方法，它可以确保在故障情况下，系统能保持稳定且有一个可以接收的性能。此能力是通过故障检测和隔离（FDI）及相应的控制器重构获得的。

硬件余度，也称为余度管理技术，一般应用在大型运输机和高性能军用飞机系统。由于多传感器、多处理器和多执行机构的应用，飞机可以利用故障检测和诊断（FDD）方法处理相应的故障。然而，硬件余度管理需要额外的重量和空间，需要使用更多的传感器和执行器。为了弥补这个缺点，解析余度法已被许多研究人员广泛研究。使用解析余度方法时，一旦故障发生，控制系统能够检测出故障并调整其控制结构或重新计算控制增益。可重构飞行控制作为解析余度法的一种，受到越来越多的关注。飞行中出现故障时，可重构飞行控制系统通过重构控制系统来获得更好的生存能力。由于容错控制还包括对故障的处理过程，这使得容错控制的概念比可重构控制更为广泛。本章主要研究可重构飞行控制系统，但也可用“容错控制”来代替“可重构控制”。

设计容错飞行控制系统的主要目的是：飞行过程中在保证期望的性能条件下，甚至在传感器、处理器、执行器发生故障，或发动机失效，或机翼、控制面发生损害时，仍能使飞机保持较高的可靠性。目前容错控制方法可以分为两类：①被动容错控制系统；②主动容错控制系统。被动容错控制系统定义为：控制系统对故障具有足够的鲁棒性。主动容错控制系统定义为：当故障出现时，控制系统能够通过重构控制结构或修改控制增益来处理故障。主动容错控制比被动容错控制更有效，因为发生故障时主动容错控制能重构控制增益或控制结构。除此之外，被动容错控制系统以牺牲正常的性能来获得鲁棒性，而且仅限于那些可以通过控制系统本身的鲁棒性来抵抗较低水平的故障。图 1 给出了容错控制方法的类型，一些容错控制方法需要利用 FDD 方法所提供的信息。

主动容错控制方法可分为以下两种：

（1）基于故障检测和诊断（FDD）方法。该方法需要有效且精确的故障检测和诊断算法。尽管这种方法对已知的故障能够提供很好的重构性能，但是对未知或意外的故障，该方法不能保证可重构

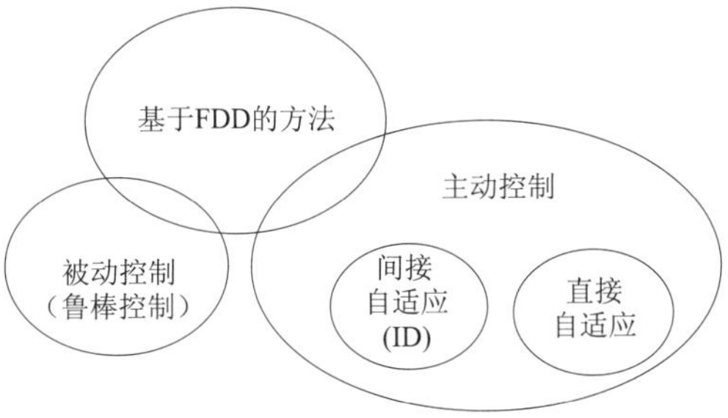

图1　容错控制方法

性，而且当考虑多种故障时，需要具有复杂的多模型应用能力。

（2）基于自适应控制方法。该方法不需要FDD过程，由于取消了FDD过程，容错控制算法简单并且可以迅速地适应未知故障。然而如果系统发生了重大改变（如机翼或控制舵面的大面积损坏），对故障没有任何知识而盲目地去适应，将会是一个潜在的灾难。

基于自适应的控制方法进一步又可分为以下两种：

（1）间接自适应控制方法。

（2）直接自适应控制方法。对间接自适应控制，对象参数是在线预估或辨识的，控制器的增益根据预估的系统进行调整，间接自适应控制可采用许多参数或状态预估算法，如卡尔曼滤波、时域/频域系统辨识算法等。一般来说，系统/参数辨识算法需要持续地输入激励，且当参数数量增加时变得更加复杂。而且，如果系统高度非线性，建立一个合适的数学模型将十分困难。相比之下，直接自适应控制方法能够克服这些困难，因为它不需要明确地预估系统的参数。参数化的系统以控制器的参数来体现，并且不需预估系统的参数而直接更新。图2所示为容错控制器的总体结构。

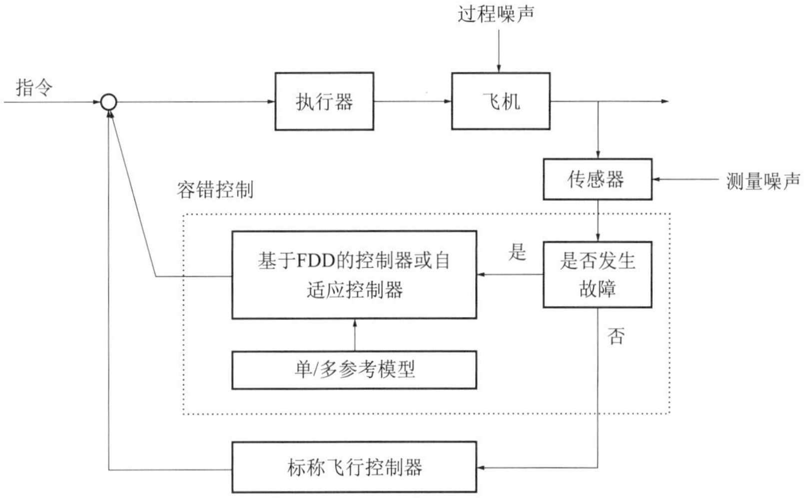

图2　容错控制器的总体结构

2　容错控制方法

2.1　被动容错控制

多种鲁棒控制方法可用来设计被动容错控制器，从而在传感器或执行器故障时提供良好的鲁棒性。在被动控制中，无论是控制器的结构还是控制增益都不变，控制系统有一个固定的鲁棒控制结构，在控制器的设计阶段就将潜在的故障考虑进去。H_∞、H_2 及定量反馈理论（QFT）被广泛地用来设计鲁棒控制器。这种控制方法的实现相对简单，但是只能解决有限的、预先考虑过的故障，而不能处理未预见的故障。

如今，鲁棒控制方法可与其他方法相结合以获得更好的性能。部分被动容错控制方法有：具有增益调整的线性二次型高斯输出反馈控制器、具有自适应滤波的QFT补偿器以及采用线性矩阵不等式的 H_2 鲁棒控制器等。

2.2　主动容错控制

2.2.1　基于故障检测与诊断的容错控制

对于基于FDD的方法，有效且精确的检测和诊断算法十分必要，必须包含与潜在故障相对应的几种故障模型以产生残差（实际输出与预估输出之间的差值），故障由FDD方法检测与诊断。产生残差的方法有很多，如故障检测滤波法、卡尔曼滤波法、部分相关法等。

FDD算法在高性能军用飞机和大型运输飞机的余度管理系统中得到了广泛的应用。一般来说，为了使飞机对某些部分具有容错能力，需要额外的传感器、执行器和处理器。三余度或四余度系统利用余度结构采用表决的方式可以允许飞机在存在一个甚至两个故障时仍能继续正常运作，如图3所示[通道之间利用跨通道数据链（CCDL）进行通信]。

一些飞机甚至有更复杂的系统。例如，波音777的飞行控制系统有三余度控制回路，各回路有一个主飞行计算机（PFC），每个主飞行计算机包含具有不同处理器的三个通道，且每个处理器用独立的编译器进行飞行控制软件的编译。这种余度结构使飞行控制系统具有很高的容错水平，故障概率小于10^{-9}/飞行小时。

根据FDD的结果，余度管理的目的是去除故障组件的作用。如今，FDD算法和其他各种控制结构相结合以设计可行的容错控制器。图4所示为基于FDD的多模型容错控制结构，该多模型容错控制方法需要一个故障模型库。

控制器按照在线检测结果进行重构。对每个故障模型都事先设计好一个合适的控制器，当FDD检测到一个特定的故障模型时，转换器用来选择相应的控制器。近来，交互式多模型滤波器已经广泛应用于FDD进行故障处理，这种控制方法对于已考虑到的故障类型具有良好的快速性和鲁棒性，然而对于未知的故障处理起来却比较困难。

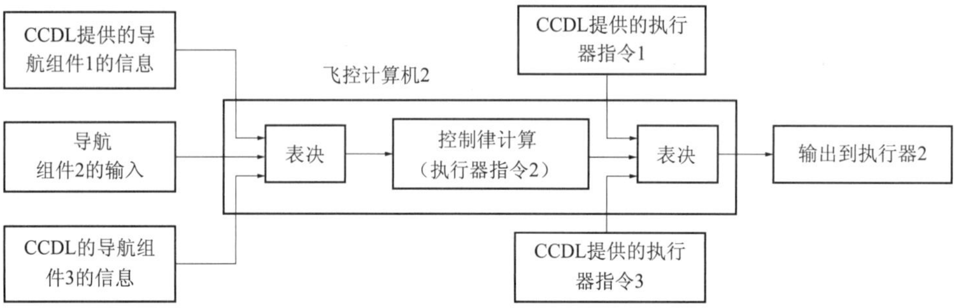

图3 利用跨通道数据链信息的表决过程（三余度飞行控制计算机）

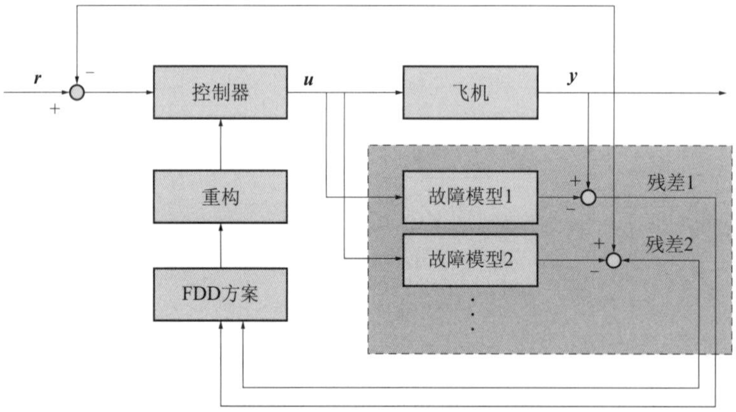

图4 基于FDD的多模型容错控制结构

2.2.2 自适应容错控制

在间接容错控制时，对象的参数是在线预估或辨识的，控制器根据预估的系统进行调整，如图5所示。因为控制器不是直接设计的，而是通过辨识的方法自我调整的，因此这种方法是间接控制方法。为了有效地应用间接控制方法，对故障的尽早检测十分重要，人们现已开发了基于最优停止规则的最小时间变化检测算法。如果故障的检测与诊断足够早并且基于诊断可进行控制器设计的话，那么即使发生故障仍能保证闭环系统的稳定并具有要求的性能。

然而，参数的辨识过程需要持续的输入激励，且当参数数量增加时，辨识变得更为复杂。而且，如果系统具有强非线性，那么将很难建立一个合适的数学模型。因此，如果存在模型不确定性、强非线性、动特性未知、有外界干扰等情况时，很难高精度地辨识一个系统。除此之外，在线辨识和控制器设计需要大量的计算时间，从而影响执行恢复操作的能力。这些都是间接容错控制器设计时具有挑战性的问题。为此，人们在系统在线辨识和实时控制器的设计方面进行了大量的研究。

一些线性时域和频域辨识方法已经运用到线性系统中，改进的卡尔曼滤波器和神经网络被广泛地应用于非线性系统的系统辨识。有多种非线性控制方案可用于控制器的调整，其中，最有发展前景的间接容错控制方案之一就是采用反馈线性化或动态逆方法。

反馈线性化是一种非线性设计方法，可以用来处理系统的未知非线性。运用反馈线性化的容错控制可以总结如下：

考虑如下线性系统：

$$\dot{x}=\boldsymbol{f}(x)+\boldsymbol{g}(x)\boldsymbol{u},\boldsymbol{y}=\boldsymbol{h}(x) \tag{1}$$

式中，$\dot{x}\in \mathrm{R}^n$ 是状态向量；$\boldsymbol{u}$ 是控制输入向量；$\boldsymbol{y}$ 是输出向量；$\boldsymbol{f}(x)$，$\boldsymbol{g}(x)$，$\boldsymbol{h}(x)$ 是足够平滑的函数。假设输出的阶次（$r\leqslant n$）为已知，那么输出的 r 阶导数可写为

$$\boldsymbol{y}^{(r)}=\boldsymbol{f}_h(x)+\boldsymbol{g}_h(x)\boldsymbol{u} \tag{2}$$

通过引入下列变换实现反馈线性化为

$$\boldsymbol{u}=[\boldsymbol{g}_h(x)]^{-1}[\boldsymbol{v}-\boldsymbol{f}_h(x)] \tag{3}$$

式中，$\boldsymbol{y}^{(r)}$ 表示为

$$\boldsymbol{y}^{(r)}=\boldsymbol{v} \tag{4}$$

现在非线性系统已经转换为线性系统，并且转换后的线性系统可以用线性控制器来控制。设计新的伪控制输入 $\boldsymbol{v}$ 使线性化的系统具有理想的动态性能。在此方法中，为实现反馈线性化，所有的非线性和状态都必须已知。图 6 所示为基于反馈线性化的容错控制器的简化结构。为了评估具有故障的飞机动态方程中的非线性 $\boldsymbol{f}_h(x)$ 和 $\boldsymbol{g}_h(x)$，需要采用系统辨识的方法。一些常用的系统辨识方法有：递归最小二乘法、改进的卡尔曼滤波法和神经网络法等。

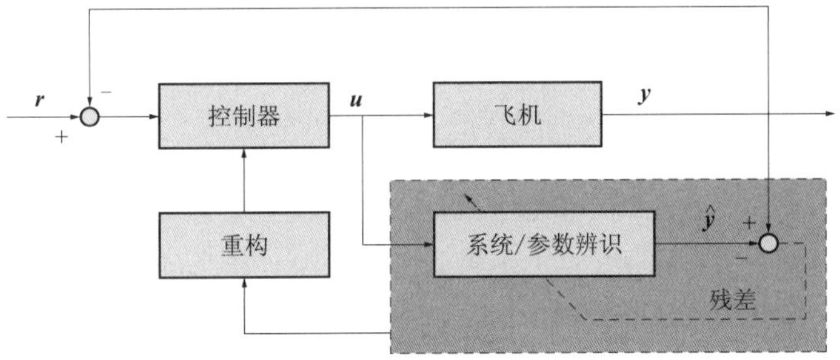

图 5　间接容错控制

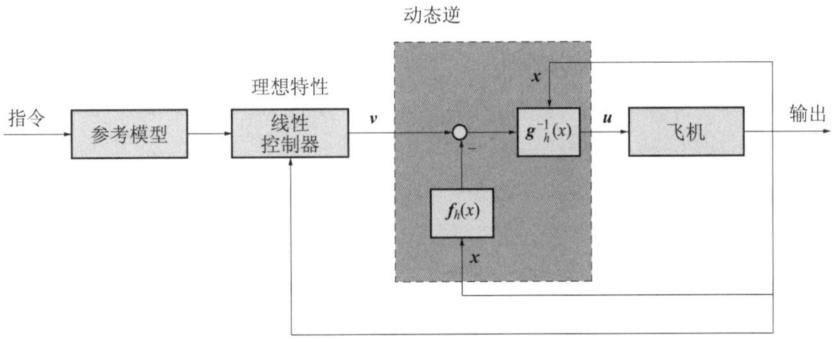

图 6　基于反馈线性化的容错控制器的简化结构

在近似动态逆方法中，近似动态逆被用来代替预估非线性函数。逆控制器需要飞机的动特性、$\boldsymbol{f}_h(x)$和 $\boldsymbol{g}_h(x)$ 的先验知识。在这种情况下，伪控制器的输出信号包含一个稳定的线性控制信号和能够消除模型逆误差的自适应神经网络控制信号。

直接容错控制的优点主要在于控制中不需要精确的参数预估或系统故障辨识。因此，这种方法不需要持续的输入激励和故障飞机的动态模型，而这些正是间接容错控制方法的缺点。

不需要 FDD 算法或辨识方法，直接容错控制方法是基于模型参考自适应控制理论的一种控制方法。这种方法由如图 7 所示的四个重要部分组成：①因为故障而含有未知参数的系统；②能够定义被控系统理想特性的参考模型；③具有可变参数的反馈控制器；④进行重构的参数调整自适应规则。

选择一个具有理想动态性能的参考模型，调整控制增益以使系统的响应接近参考模型的响应，或者在故障发生时渐进跟踪参考模型的响应。然而，

如果在系统故障时无法达到参考模型的性能，那么系统的性能就较差。更重要的是，系统的性能还受所考虑的故障的种类影响。

直接容错控制的方法可以总结如下，考虑如下系统：

$$\dot{\boldsymbol{x}}=\boldsymbol{f}(x)+\boldsymbol{g}(x)\boldsymbol{u},\boldsymbol{z}=\boldsymbol{C}\boldsymbol{x} \tag{5}$$

式中，$\boldsymbol{z}$ 是输出。选择参考模型为

$$\dot{\boldsymbol{x}}_m=\boldsymbol{f}_m(\boldsymbol{x}_m)+\boldsymbol{g}_m(\boldsymbol{x}_m)\boldsymbol{r},\boldsymbol{y}_m=\boldsymbol{C}_m\boldsymbol{x}_m+\boldsymbol{D}_m\boldsymbol{r} \tag{6}$$

式中，$\boldsymbol{r}$ 是参考输入。模型跟踪控制器的任务是使系统的输出 $\boldsymbol{z}$ 跟踪参考模型的输出 $\boldsymbol{y}_m$。

利用实际系统的输出与参考模型输出的差构造控制律，如：

$$\boldsymbol{u}=\boldsymbol{K}_1\boldsymbol{x}+\boldsymbol{K}_2\boldsymbol{r}+\boldsymbol{K}_3\boldsymbol{e}+\boldsymbol{K}_4\boldsymbol{v} \tag{7}$$

式中，$\boldsymbol{K}_i$ 是自适应控制增益矩阵；$\boldsymbol{v}$ 是附加的自适应输入向量。

自适应增益调节规则是：基于李亚普诺夫稳定性原理并使模型跟踪误差最小化。一些在线自适应方案采用神经网络方法。自适应更新规则不需要系统参数信息，这是直接容错控制的一个优点。但是要注意，这种控制方法可能对外部干扰和测量噪声比较敏感，这是因为自适应调节规则受这些因素的影响。

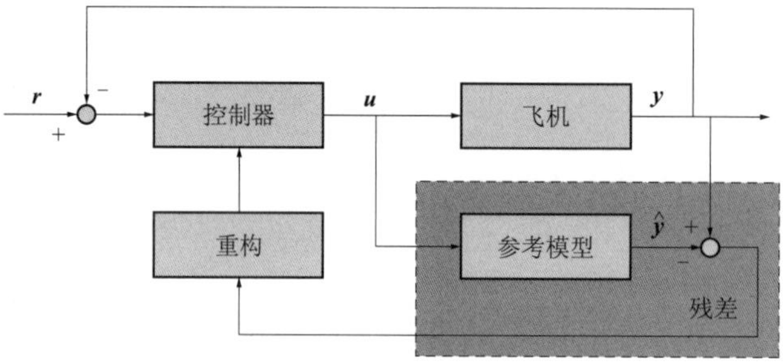

图 7　直接容错控制

2.3　其他容错控制方法

还有许多其他容错控制器设计方法。对于执行器冗余的动态系统来说，可采用控制分配方法，该方法的优点是当执行器发生故障时控制器的结构不需要改变。由于执行器采用余度技术，所需的控制信号将以最优的方式被自动分配给其他正常的执行器。

许多非线性智能控制方法也被运用来进行容错飞行控制系统的设计，如滑模控制、反推控制、预测控制、神经网络控制、模糊逻辑控制和专家系统等。一些研究人员已经运用滑模控制方法成功设计了容错控制器，基于滑模控制的容错控制器不需要重新设计控制器就能检测和隔离故障。

3　结　　论

本章主要讨论了一些可重构飞行控制方法，主要包括：运用鲁棒控制的被动控制方法和运用故障检测与诊断、系统辨识和自适应控制的主动控制方法。基于 FDD 的控制方法需要有效而准确的 FDD 算法，当 FDD 检测到一个特定的故障模型时，一个预先设计好的、与该故障相对应的控制器将被选择。在基于自适应的容错控制中，FDD 过程可以被省略，但为了补偿故障的影响，与故障相关的一些系统参数将被在线辨识和实时调整，控制器将根据被辨识的系统进行调整，这就称为间接自适应控制方法。在直接自适应控制方法中，系统模型是参数化的，且直接调整控制器的参数。

本章仅研究了一些主流的可重构飞行控制方法，每种控制方法都有其优点和缺点。例如，基于 FDD 的重构控制方法相对简单，抗噪声特性优于其他控制方法；多模型控制方法的指令跟踪性能主要取决于所用模型的多少；自适应控制的指令跟踪性能通常要比多模型控制的效果好。直接容错控制方法的计算量比间接控制方法的计算量少，因此，间接控制方法需要采用有效的辨识算法。然而，如果变化后的系统包括很多非线性和不确定性，那么直接自适应控制方法也需要很大的计算量，因为此时它需要更多次的迭代或更多的神经网络节点。

如今，一些容错控制方法已经组合起来使用，以克服各自的弱点，从而产生了多种具有较高性能和复杂控制结构的控制器。目前，包括飞行试验在内的大量研究正在进行，并正为实际应用开发有效的实时算法。

术　语

$\boldsymbol{f}(x)$	非线性系统动特性
$\boldsymbol{g}(x)$	非线性输入矩阵
$\boldsymbol{h}(x)$	非线性输出向量
$\boldsymbol{K}_i$	控制增益矩阵
$\boldsymbol{r}$	参考输入向量
$\boldsymbol{u}$，$\boldsymbol{v}$	控制输入向量
$\boldsymbol{x}$	状态向量
$\boldsymbol{x}_m$	参考模型的状态向量
$\boldsymbol{y}$	输出向量
$\boldsymbol{y}_m$	参考模型的输出向量
$\boldsymbol{z}$	性能输出向量

相关章节

第 5 卷，第 231 章
第 5 卷，第 232 章
第 5 卷，第 233 章
第 5 卷，第 238 章
第 5 卷，第 268 章
第 8 卷，第 436 章

参考文献

Bloom，H. A. P. and Bar-Shalom，Y.（1988）The interacting multiple model algorithm for systems with Markovian switching coefficients. *IEEE Trans. Automat. Contr.*，**33**（8），780—783.

Bodson，M. and Groszkiewicz，J. E.（1997）Multivariable adaptive algorithms for reconfigurable flight control. *IEEE Trans. Cont. Sys. Tech.*，**5**（2），217—229.

Bodson，M. and Pohlchuck，W. A.（1998）Command limiting in reconfigurable flight control. *J. Guid. Cont. Dyn.*，**21**（4），639—646.

Boskovic，J. D.，Bergstrom，S. E. and Mehra，R. K.（2005）Robust integrated flight control design under failures，damage，and statedependent disturbances. *J. Guid. Cont. Dyn.*，**28**（5），902—917.

Brinker，J. S. andWise，K. A.（2001）Flight testing of reconfigurable flight control lawon the X—36 tailless aircraft. *J. Guid. Cont. Dyn.*，**24**（5），903—909.

Burken，J. J.，Lu，P.，Wu，A. and Bahm，C.（2001）Two reconfigurable flight-control design methods：robust servomechanism and control allocation. *J. Guid. Cont. Dyn.*，**24**（3），482—493.

Calise，A. J.，Lee，S. and Sharma，M.（2001）Development of a reconfigurable flight control law for tailless aircraft. *J. Guid. Cont. Dyn.*，**24**（5），896—902.

Cieslak，J.，Henry，D.，Zolghadri，A. and Goupil，P.（2008）Development of an active fault-tolerant flight control strategy. *J. Guid. Cont. Dyn.*，**31**（1），135—147.

Doman，D. B. and Ngo，A. D.（2002）Dynamic inversion-based adaptive/reconfigurable control of the X—33 on ascent. *J. Guid. Cont. Dyn.*，**25**（2），275—284.

Frank，P. M.（1990）Fault diagnosis in dynamic systems using analytical and knowledge-based redundancy-a survey and some new results. *Automatica.*，**26**（3），459—474.

Handelman，D. A. and Stengel，R. F.（1989）Combining expert system and analytical redundancy concepts for fault-tolerant flight control. *J. Guid. Cont. Dyn.*，**12**（1），39—45.

Hess，R. A. and Wells，S. R.（2003）Sliding mode control applied to reconfigurable flight control design. *J. Guid. Cont. Dyn.*，**26**（3），452—462.

Kim，D. and Kim，Y.（2000）Robust variable structure controller design for fault tolerant flight control. *J. Guid. Cont. Dyn.*，**23**（3），430—437.

Kim，K.，Lee，K. and Kim，Y.（2003）Reconfigurable flight control system design using direct adaptive method. *J. Guid. Cont. Dyn.*，**26**（4），543—550.

Kim，S.（1995）Minimal time change detection algorithm for reconfigurable flight control systems. *J. Guid. Cont. Dyn.*，**18**（5），1211—1212.

Kim，S.，Choi，J. and Kim，Y.（2008）Fault detection and diagnosis of aircraft actuators using fuzzy-tuning IMM filter. *IEEE Trans. Aero. Electron. Sys.*，**44**（3），940—952.

Liao，F.，Wang，J. L.，Poh，E. K. and Li，D.（2005）Fault-tolerant robust automatic landing control design. *J. Guid. Cont. Dyn.*，**28**（5），854—871.

Moerder，D. D.，Halyo，N.，Broussard，J. R. and Caglayan，A. K.（1989）Application of precomputed control laws in a reconfigurable aircraft flight control system. *J. Guid. Cont. Dyn.*，**12**（3），325—333.

Ochi，Y. and Kanai，K.（1995）Application of restructurable flight control system to large transport aircraft. *J. Guid. Cont. Dyn.*，**18**（2），365—370.

Pachter，M. and Huang，Y. S.（2003）Fault tolerant flight control. *J. Guid. Cont. Dyn.*，**26**（1），151—160.

Patton，R. J.，Frank，P. M. and Clark，R. N.（1989）*Fault Diagnosis in Dynamic Systems，Theory and Applications*，Prentice Hall，New Jersey.

Ranter，H.（2007）Airliner Accident Statistics 2006. The Aviation Safety Network：http：//aviation-safety.net/.

Shin, D. and Kim, Y. (2004) Reconfigurable flight control system design using adaptive neural networks. *IEEE Trans. Cont. Sys. Tech.*, **12** (1), 87—100.

Shore, D. and Bodson, M. (2005) Flight testing of a reconfigurable control system on an unmanned aircraft. *J. Guid. Cont. Dyn.*, **28** (4), 698—707.

Shtessel, Y., Buffington, J. and Banda, S. (1999) Multivariable timescale flight control using reconfigurable sliding modes. *J. Guid. Cont. Dyn.*, **22** (6), 873—883.

Siwakosit, W. and Hess, R. A. (2001) Multi-Input/multi-Output reconfigurable flight control design. *J. Guid. Cont. Dyn.*, **24** (6), 1079—1088.

Tanaka, N., Suzuki, S., Masui, K. and Tomita, H. (2006) Restructurable guidance and control for aircraft with failures considering gust effects. *J. Guid. Cont. Dyn.*, **29** (3), 671—679.

Tandale, M. D. and Valasek, J. (2006) Fault-tolerant structured adaptive model inversion control. *J. Guid. Cont. Dyn.*, **29** (3), 635—642.

Tang, X. D., Tao, G. and Joshi, S. M. (2003) Adaptive actuator failure compensation for parametric strict feedback systems and an aircraft application. *Automatica.*, **39** (11), 1975—1982.

Tao, G., Chen, S., Tang, X. D. and Joshi, S. M. (2004) *Adaptive Control of Systems with Actuator Failures*, Springer-Verlag, London.

Zhang, Y. and Jiang, J. (2001) Integrated design of reconfigurable fault-tolerant control systems. *J. Guid. Cont. Dyn.*, **24** (1), 133—136.

本章译者：江驹、潘婷婷（南京航空航天大学航空宇航学院）

第 236 章

飞行编队控制

Mario Innocenti，Lorenzo Pollini
美国军需部，空军研究实验室，埃格林空军基地，佛罗里达，美国
意大利比萨大学电气系统及自动化系，比萨，意大利

1 引　　言

多年来，编队飞行问题一直是一个重要的研究课题，人们对它从多个方面进行了研究。在驾驶飞机时编队飞行的优点显而易见，它可以明显地减小阻力、增加航程并且提高载荷。动力学研究和控制领域里存在的主要问题是建模问题，它需要对编队周围复杂的气动力场进行解析表达，还要有可靠的、具有鲁棒性的控制系统来精确地完成位移控制和轨迹跟踪。除了编队控制管理，编队飞行还有一些其他有趣的问题。自主空中加油就是一个例子，无论对驾驶员（加油机和受油机）还是对加油管操作手（如果加油不是通过软管系统完成的）来说，这都是一项要求非常高的工作。从飞行控制系统设计人员的角度来说，在气流扰动环境下对飞机紧密的相对位置进行控制非常具有挑战性。当研究无人机编队飞行时，由于不存在驾驶员操控的可能，上述问题就更为明显了。

如上所述，在处理无人机编队飞行问题时，必须有精确并且可靠的控制器来实现内环稳定和外环的导引。实际上，无人机执行的不同任务对无人机编队的队形提出了许多不同的要求，比如，紧密的编队队形可以提高飞行性能，松散编队可以增加安全性、在执行任务过程中改变编队队形或其他要求。同时，一个成功的控制器必须能够通过附加的或冗余的传感器使得构成编队的飞行器可进行“智能”决策。这一领域的文献数量急剧增加，虽然有些研究是关于有人驾驶飞机的编队飞行，但是大部分工作是关于无人机的。

一些文献对经典的长机—僚机模式的自动飞行和可用 PI 控制解决编队飞行所引起的非线性动力学特性的条件等问题的研究作出了重要的贡献；另一些文献研究了空中加油时的空气动力特性和航向稳定性问题；有的文献给出了基于分析和基于实验的空中加油空气动力学模型；还有的文献研究了无人机编队中基本的空气动力条件，研究了基于分布式线性二次型调节器（LQR）的控制方法的应用前景。近年来，研究工作在不同层面上都指向多无人机组成的大平台，研究其在全尺寸的飞机（NATO - AGARD AR - 31997）、缩小尺寸无人机以及微机电系统（MEMS）飞行中的应用。

2 建　　模

为一个系统设计控制器时需要知道该系统的数学模型。在航空航天领域，为了获得适航等证书，模型需用物理变量或与物理运动直接相关的量来表示（因此，在这类对象的建模过程中一般很少采用神经网络、遗传算法和模糊集合等方法）。在设计过程中常用的做法是：用于控制系统设计与综合的模型是简单的、低阶的，也可能是线性的；用于分析的模型是非线性的，复杂的，基于分析元素、实验数据和系统辨识技术的组合。对于编队的动态建模也是一样的，主要的挑战是如何表示由编队中飞机相对位置较近所产生的空气动力效应（上洗流、下洗流和尾流之间的相互作用）。

研究人员曾经研究过编队飞行中复杂的气动力

场问题，但是研究内容都局限于两架飞机的情形。相关文献总结了研究人员往年的研究工作，其主要是进行控制律开发，这种控制律能够将僚机控制在合适的位置从而最大限度地减小阻力。他们用电流产生的电场来模拟长机对僚机产生的气动干扰，长机用马蹄形涡流模型表示，并假设僚机的升力为椭圆形分布。有的文献用涡流格栅数值表研究了上述问题，同样证明了僚机能够得到明显的收益。有的文献也研究了两架飞机的编队问题，它们描述的设计方法和结果与美国国家航空航天管理局在自主编队飞行（AFF）项目中采用的方法和结果一致。根据笔者所掌握的资料，关于多飞行器编队飞行建模，特别是针对无人机编队建模的文献非常有限，除了图 1 所概括的 Hummel 和 Blake 所作的早期工作外，无其他基于详细分析或者基于实验建模的例子。

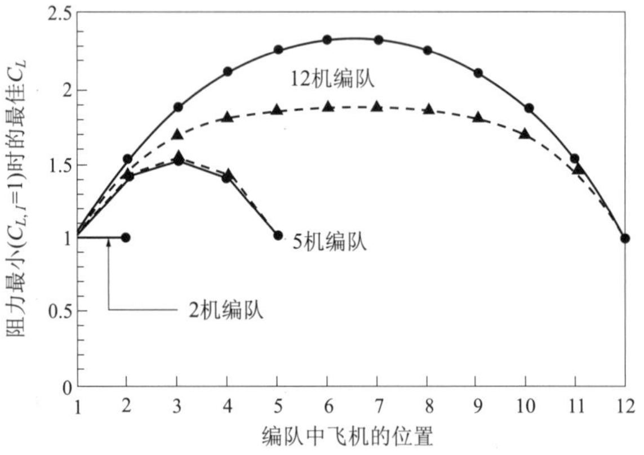

图 1　升/阻比最大时的编队空间分布

某些文献提出了一个用来计算编队中空气动力效应的流程，用以对编队中的上洗流和下洗流对升力体表面所产生的气动效应进行建模。图 2 和图 3 所示为将每个升力面（用升力线表示）和相应的尾涡流进行分段的方法（见第 1 卷第 7 章）。

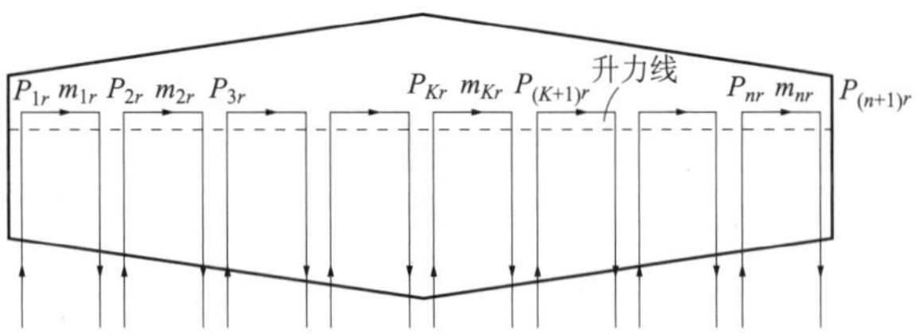

图 2　单升力体基于升力线的涡系分段

对空气动力和力矩系数无须调整即可直接将其引用到运动学方程。将独立飞行和编队飞行产生的作用分开表示非常有用，特别是在设计控制系统的

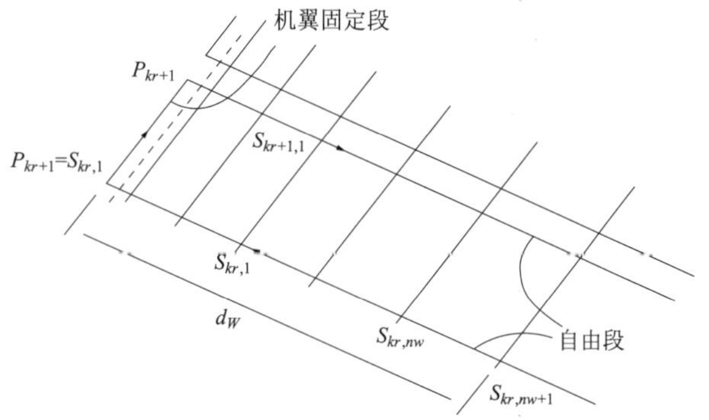

图 3　每个涡系的尾迹分段

时候。此时尾涡流可以看作需要通过控制系统来抑制的干扰，这样就可以得到式（1）所示的一般形式：

$$\begin{pmatrix} C_F \\ C_M \end{pmatrix} = \begin{pmatrix} C_{Fi} \\ C_{Mi} \end{pmatrix} + \begin{pmatrix} C_{Ff} \\ C_{Mf} \end{pmatrix} \tag{1}$$

假设考虑气流坐标系下标准的六自由度非线性刚体模型，式（1）就变为

$$\boldsymbol{F}_a = \begin{bmatrix} X_a \\ Y_a \\ Z_a \end{bmatrix} = \frac{1}{2}\rho v_a^2 S \begin{bmatrix} -C_D \\ C_Y \\ -C_L \end{bmatrix} \tag{2}$$

$$\boldsymbol{M}_a = \begin{bmatrix} L_a \\ M_a \\ N_a \end{bmatrix} = \frac{1}{2}\rho v_a^2 S\bar{c} \begin{bmatrix} C_l \\ C_m \\ C_n \end{bmatrix} \tag{3}$$

表 1 所示是本例中重要的气动参数的变化情况。

表 1　气动系数比较

系数（机体轴）	单架飞机	编队飞行		
		飞机 1	飞机 2	飞机 3
C_x	0.025 037	0.025 422	0.026 517	0.026 517
C_y	0	0	−0.000 082	−0.000 082
C_z	−0.692 947	−0.695 880	−0.703 952	−0.703 952
C_l	0	0	0.000 848	−0.000 848
C_m	0.125 725	0.125 506	0.125 106	0.125 106
C_n	0	0	0.000 124	−0.000 124

考虑图 4 中三机编队的例子，它们在 x 轴和 y 轴上的相对归一化距离分别为 3 m 和 7.5 m。图 5 表示的是尾涡流的形状，在其中一部分尾涡流段的值等于 20，而在另一部分尾涡流段的值等于 10。

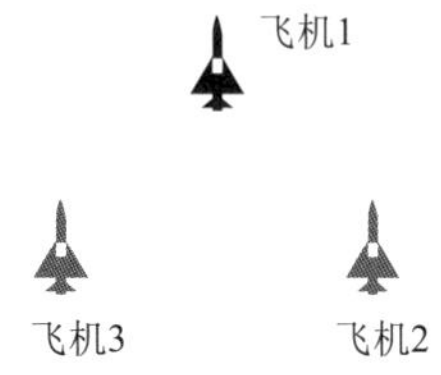

机翼面积S/m^2	0.6
翼展b/m	3
翼根弦长c_r	0.2
升力线斜率$C_{L\alpha}/(1\cdot rad)$	5.878
质量m/kg	10
稳定速度$v_\infty/(m\cdot s^{-2})$	19

图 4　气动力和气动力矩计算所需的测试数据

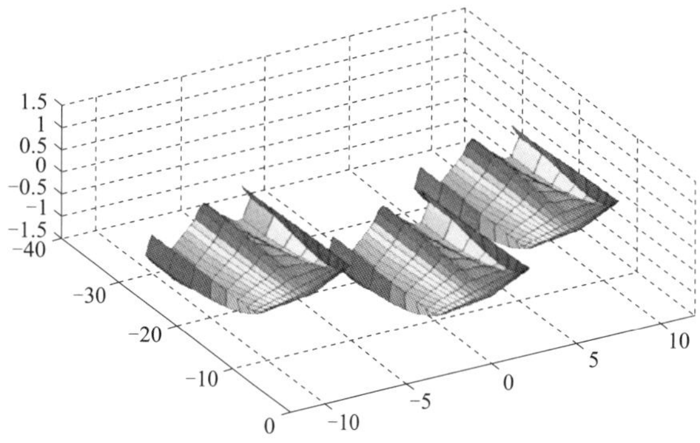

图 5　尾迹形状计算图

3　控制策略

无人机编队的控制和单架无人机的控制并没有较大的差别。其主要差别在于编队控制系统的组成以及编队自身的通信能力。编队控制本质上是一种外环控制系统，可能会被耦合到每架无人机的导航与制导回路中。通信能力决定了为实现编队飞行控制，无人机间所能够交换的信息量或者提供给其他无人机的信息量。

相关文献提出一种仿生建模方法。在长途迁徙飞行中，有些鸟类倾向于编队飞行，它们飞行时相互距离很近，同时保持一个特定的编队几何形状。鸟类编队飞行的主要原因有两个：一个出自空气动力方面的考虑，另一个是因为它们的“社会特性”。在空气动力效应方面，鸟类可利用翼尖涡流产生的诱导速度，例如，在“V”字形编队中每个鸟内侧的翅膀由于涡流得到一个额外的升力，同时也减小了鸟的外侧翅膀所产生的阻力。因此，编队中的每只鸟保持它的相对位置就很重要了。一只或多只鸟偏离位置就会使编队显著地失去空气动力效应。另一方面，天鹅等组成“家庭”群体，后代出生后会和父母共同生活一、两个季节并且和它们一起迁徙飞行。这种编队中的每个个体都熟悉其他的成员，它们聚在一起并不是因为空气动力方面的好处，但是一些其他的鸟类，比如鹳，并不生活在“家庭”的群体中，在迁徙中它们和其他的鸟一起飞行仅仅是为了提高效率（特别是在觅食时和繁殖季节）。为了将鸟类的上述行为应用到飞行器编队中，编队中的飞机不再需要相互参考，但它们需要与一个虚拟点，即编队的几何中心点（FGC）保持指定距离。几何中心点的位置取决于编队中飞机之间的相对距离。

$$\left.\begin{aligned}&\dot{v}=g\left(\frac{T-D}{W}-\sin\gamma\right)\\&\dot{\gamma}=\frac{g}{v}(n\cos\varphi-\cos\gamma)\\&\dot{\chi}=\frac{g\,n\sin\varphi}{v\cos\gamma}\\&\dot{x}=v\cos\gamma\cos\chi\\&\dot{y}=v\cos\gamma\sin\chi\\&\dot{z}=-v\sin\gamma\end{aligned}\right\}\quad(4)$$

当存在扰动时，如果一架飞机偏离了它的位置，其他飞机检测到这一变化后，立即离开预定轨迹，一起机动飞行，以重构编队的几何形状。

一旦再次组成预定的几何形状，所有的飞机会再次按照原先预定的轨迹飞行。式（4）表示在标准参考系下的无人机编队质点模型。

对于一个由 N 个飞机组成的编队，它的编队的几何中心点的运动学特性为

$$\boldsymbol{P}_{FGC}=\begin{bmatrix}\dot{x}_{FGC}\\\dot{y}_{FGC}\\\dot{z}_{FGC}\end{bmatrix}=\frac{1}{N}\sum_{i=1}^{N}\begin{bmatrix}v_i\cos\gamma_i\cos\chi_i\\v_i\cos\gamma_i\sin\chi_i\\-v_i\sin\gamma_i\end{bmatrix}\quad(5)$$

整理式（5），在机体坐标系下的相对位置和动力学特性为

$$\begin{aligned}&\boldsymbol{d}_i^E=\boldsymbol{P}_{FGC}-\boldsymbol{P}_i\\&\boldsymbol{d}_i^k=T_{kE}\boldsymbol{d}_i^E\end{aligned}\quad(6)$$

为了再现迁徙鸟类的自然行为，某些文献基于选定的飞行条件下的一组线性化方程，设计了一个编队控制器（FC），此编队模型的状态空间描述为

$$\begin{aligned}&\dot{\boldsymbol{x}}=\begin{bmatrix}\dot{\boldsymbol{x}}_T\\\dot{\boldsymbol{d}}\end{bmatrix}=\boldsymbol{A}\boldsymbol{x}+\boldsymbol{B}\boldsymbol{u}_c\\&\boldsymbol{y}=\boldsymbol{C}\boldsymbol{x},\boldsymbol{u}_c=[\boldsymbol{u}_T\quad\boldsymbol{u}_P]^T\end{aligned}\quad(7)$$

式中，$\dot{\boldsymbol{x}}_T$是状态向量；$\dot{\boldsymbol{d}}$ 是飞机相对几何中心点

的位置向量。使用LQ伺服技术可以得到一个组合控制器，同时得到合适的增益矩阵和协调参数 f，见式（8）和图6。

$$\boldsymbol{u}_c=(1-f)\cdot\boldsymbol{u}_{\mathrm{T}}+f\cdot\boldsymbol{u}_P=(1-f)\cdot\boldsymbol{K}_{\mathrm{T}}\cdot\boldsymbol{e}_{\mathrm{T}}+f\cdot\boldsymbol{K}_P\boldsymbol{e}_P \tag{8}$$

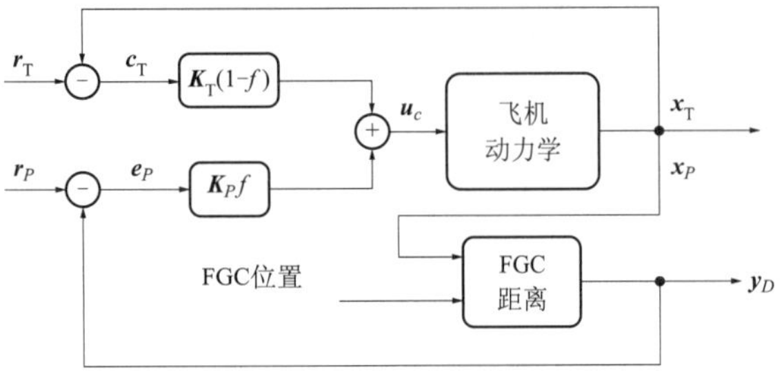

图6　编队控制器框图

图7所示是每架飞机的航向角发生30°变化的仿真结果。图中包含了协调参数 f 从1（位置跟踪优先）变化到0（航迹跟踪优先）的几个值所对应的曲线。

某些文献对编队控制进行了详细的研究，其中的控制器结构如图8所示，该编队控制器应用在一个双回路系统中。

控制器内环的主要任务是完成对速度、高度和航向三个指令 $T_C=(v_C, H_C, \psi_C)$ 的跟踪，它实际上是编队管理系统中预设的自动驾驶仪，并采用线性二次调节器技术进行内环控制器的设计。

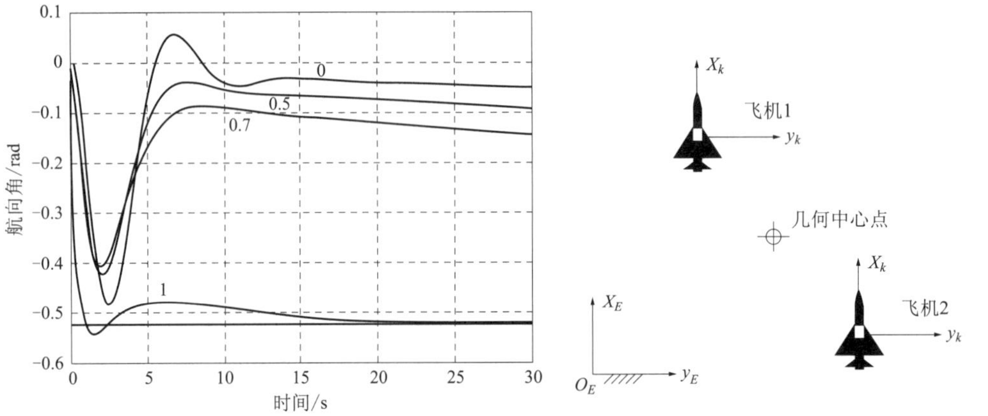

图7　双机编队航向角响应

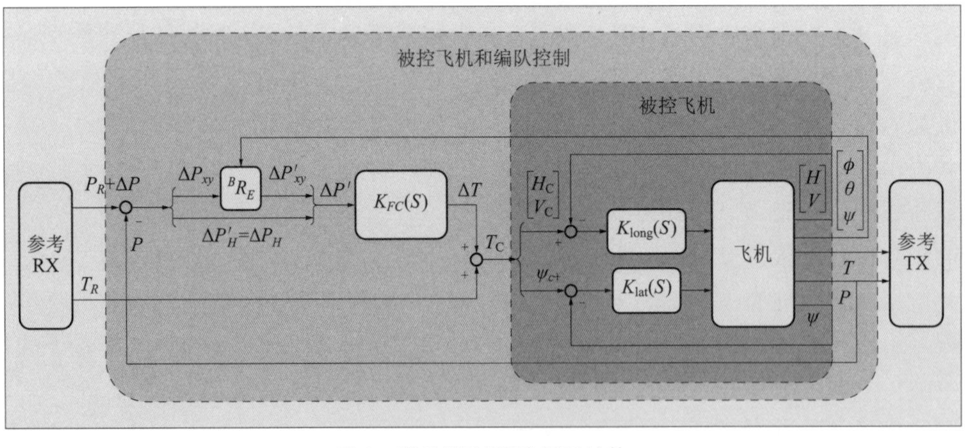

图8　编队控制器的原理结构

选择这一方法的主要原因是：对于相应的速度，该方法可得到合适的增益，同时，该方法是该领域常用的方法。内环使用的模型是标准的线性化模型，且它的纵向和横、侧向是分离的。式（8）表示纵向运动方程，其中包括二阶的发动机推力模型。利用线性二次伺服最优技术，通过使式（9）给出的性能指标最小得到内环系统的增益：

$$\dot{\boldsymbol{x}}_{\mathrm{long}}=\boldsymbol{A}_{\mathrm{long}}\boldsymbol{x}_{\mathrm{long}}+\boldsymbol{B}_{\mathrm{long}}\boldsymbol{u}_{\mathrm{long}}=\boldsymbol{A}_{\mathrm{long}}\begin{bmatrix}u\\w\\q\\\theta\\h\\e_1\\e_2\end{bmatrix}+\boldsymbol{B}_{\mathrm{long}}\begin{bmatrix}\delta_e\\\delta_{th}\end{bmatrix} \tag{9}$$

横、侧向采用相似的过程来计算增益：

$$\int_0^{\infty}(\boldsymbol{y}^{\mathrm{T}}\boldsymbol{Q}\boldsymbol{y}+\boldsymbol{u}_{\mathrm{long}}^{\mathrm{T}}\boldsymbol{R}\boldsymbol{u}_{\mathrm{long}})\mathrm{d}t$$

$$\boldsymbol{y}=[I_5\quad 0]\begin{bmatrix}\boldsymbol{x}_{\mathrm{long}A}\\ \boldsymbol{x}_{\mathrm{long}E}\end{bmatrix} \tag{10}$$

$$\boldsymbol{u}_{\mathrm{long}}=\boldsymbol{K}_{\mathrm{long}}\boldsymbol{x}_{\mathrm{long}}$$

外环编队控制器给内环提供参考轨迹指令，从而按预定轨迹飞行，同时保持编队中飞机的位置。编队控制器（同样采用 LQR 技术）的主要目标是保持编队的几何形状。为了计算自身距离参考点的距离，每架飞机都需要从基于 GPS 的位置传感系统得到自己的位置坐标 $P=(X, Y, H)$，同时从适当的通信通道接收到其他飞机的位置 $P_R=(X_R, Y_R, H_R)$。编队控制器同时负责让每架飞机按预定轨迹飞行。为了验证整个控制系统的性能，对一个三机对角线编队的例子进行多次仿真验证，如图 9 所示。

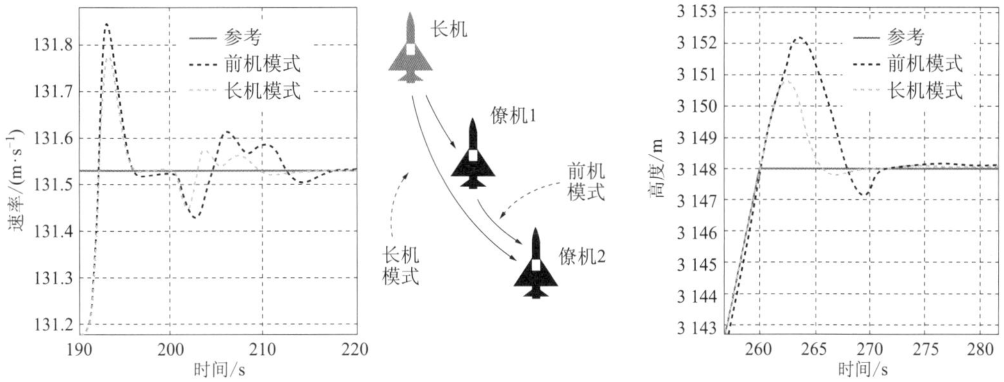

图 9　僚机 2 的仿真响应曲线

每架飞机间 x 轴和 y 轴的相对归一化距离分别为 15 m 和 10 m，但是每架飞机的高度都相同。根据参考对象的不同，对下面两种不同的策略进行仿真。

（1）长机模式：僚机 1 和僚机 2 都将编队中的长机作为轨迹参考。

（2）前机模式：每架飞机都将它前面的飞机作为参考。在这种模式下僚机 1 参考长机，僚机 2 参考僚机 1。图 9 展示了僚机 2 在长机模式和前机模式下对速度指令和高度指令的响应。在前机模式下，由于误差的传播，僚机 2 的瞬态响应较差。由于长机模式沿参考链路没有误差传递，因此基于长机模式的编队控制器表现出更好的瞬态特性。另外，长机模式下的编队结构可能更为危险，因为这种模式下僚机 2 直接和长机联系，它没有与僚机 1 之间距离的信息，因此，无法实现与僚机 1 之间的避碰。

内环和外环控制器一般由负责编队高层功能的管理器和/或决策器进行监管，有很多结构能够实现上述目标，飞行编队的管理可以是集中式也可以是分布式。对于集中式管理，管理器可以是某架飞机或者地面站。集中式的机制有几个缺点：若是基于地面站控制，在某些应用中，编队和管理器之间的通信量可能是无法接受的；另外，编队必须能尽快检测出故障并修复，但是基于地面的管理可能会引入令人无法接受的延迟。基于地面的管理的主要优点是其具有互动能力，并且能作出比机载计算机所能实现的更高水平的“智能”决策。

在分布式管理结构中，每架飞机都有一定级别的自主决策权从而实现编队的重构、导航等任务。分布式管理中的一个问题是决策算法必须在它所管理的所有成员（所有飞机）上都产生确定的结果，为了编队的安全，必须避免冲突决策。但是，分布式管理有许多优点，比如：除了那些只能由地面控制站决定的可能存在的任务更新外，只有飞机间相关的信息需要交换；用以编队保持控制的数据通道同样可以用于交换管理信息；因为飞机间距离较近，可以使用低功率的或者非雷达的通信方式（比如视觉传感器），对于军事应用来说这可能是非常重要的。

飞机间的信息交换可以采取点对点的形式，也可以是广播的形式。对于前者，并不是所有的飞机都接收来自其他飞机的动态和管理信息；对于后者，每架飞机都接收来自其他飞机的数据并且向其他飞机发送数据。上述两种方法，都可以用图论方法来描述飞机间的通信。

可以将飞机视为图中的节点，实际通信通道构成图中的弧线。由于在大部分情况下通信不是双向的，所以弧线是有方向的，这并不会产生局限性，因为两个节点间的双向通信可以用两个相反方向的弧线表示。这个图必须是连通的，如果存在两个子图并且它们之间没有弧线连接，那么这两组飞机就不构成一个编队飞行，实际上它们为两个独立的编队。从传播信息能力的角度来看，通信图应该是冗余的，一旦发生故障，冗余就为重构提供了空间。尽管如此，可以使用某个通道并不意味着必须一直使用此通道。

利用图规划技术可以基于某个代价函数的最优来优化使用通信通道。优化时，每个弧线都有权值，代价函数用弧线的权值来评估每个节点间连接的代价，并通过整个编队中所有信息路径总的代价最小来优化结构。权值的选择有不同的准则，比如，编队控制系统保持飞机之间固定相对距离的能力或者编队安全性。一般情况下，因为位置误差在整个编队中传播并扩大，所以最优算法必须考虑使误差传播路径最短的优化。

用图搜索技术解决最优问题需要几个假设，并且最优通信传输可以被视作所谓的最短路径问题。在这种框架下，假设图中没有环路，可以引入“虚拟长机”这一通用概念，用以作为连接树中的基本元素。假设至少一架飞机知道任务参考飞行轨迹，这个参考轨迹可以被视作有效的编队长机，在图中可以用一个节点表示（虚拟长机，*VL*），这样每架知道任务轨迹的飞机都和 *VL* 有一个通信通道。如果图中存在环路，因为图形必须是连通的，所以它必须包含所有的节点。然而，因为至少一个节点将 *VL* 作为它的唯一的参考，并且根据定义 *VL* 没有输入弧线，*VL* 和将任务轨迹作为参考的节点都不能是环路的一部分，所以图中不可能存在任何环路，并且 *VL* 是可行解树的根节点。一种用于解决最短路径问题的技术是 Dijkstra 算法，它具有多项式的复杂度，能保证解的最优性，并且解是确定的。也就是说，从相同的条件出发，所有的运算都会得到同一个结果。每个节点 i 都有一个势能值 $d(i)$和一个前向节点 $p(i)$，它表示编队中的一个位置并不一定是架飞机。势能值是算法使用过程中的一个临时值，初始值设为$+\infty$，*VL* 是个例外，它的初始势能值是 0。所有节点的初始前向节点的值为 *VL*。Dijkstra 算法经过改进也可以用于求取最优弧线集合之外的最优的冗余通道。假设每个节点需要 m 个可能的通道，那么，它就有 $m-1$ 个冗余通道。也可以用未经改进的算法来寻找最优结果。在最优化过程的结尾，将每个节点的势能值固定。然后对于 S 集合中的节点 i，选择 $m-1$ 个输入弧线，使$d'(i)=d(j)+C_{ji}$的值取最小，这里 j 是一个可能的冗余前向节点，并按照使 $d'(i)$ 增大的顺序排列。这一改进能够计算出次优的结果。这一方法得到的弧线集合可以被视作次优的，因为它们是第二好的选择：移除节点上属于最优路径的输入弧线之后，再次运行该算法所产生的新的最优输入弧线就是最优冗余弧线。

图 10 展示了示例编队中最优通信路径的仿真结果。图 10（a）中，*VL* 和每架飞机都连接在一起，并且没有展示出所有可能的飞机间通信。图 10（b）给出了利用改进后的 Dijkstra 算法所得到的结果，它给出了最优路径（实线）、每个节点的势能值以及冗余的通道。当一个节点变换参考节点并使用次优通信路径时，它的势能值增加，那些源于此节点的所有子树中的节点都需要运行重构过程。因为检测到的故障以及重构后节点新的势能值只需传递给那些属于该最优节点子树的路径上的节点，因此，用于交换编队保持数据的通信通道同样可用于交换势能值更新数据。进一步来说，既然所有节点都完成了重构，新的图是最优的。如果遇到不断发生的故障，这一过程可以重复进行，而不用考虑整个图的最优问题。这意味着任何数量或者任意组合的连续发生的故障都可以用这个基于子树的技术解决，而不影响整个网络图的最优性。

某文献研究了一种与上述不同的决策过程以及它对编队飞行的适用性。这一过程和前面叙述的过程十分不同，它集中在一个固定的基于过程的结构，而不是一个动态结构。编队中飞在最前面位置的是长机，没有别的飞机干扰它的前视传感器（比如气象雷达），并且对于它的机动的约束相对较少。长机决定了所要飞行的编队队形，决策过程被定为编队飞行问题。图 11 所示是使用固定层次法的典型决策结构示意。

设计的第一层根据以下优先级进行决策：首先，所有的飞机必须安全、经济地飞到目的地机场；其次，考虑到限制条件，比如货机的最大及最小载荷系数、在强扰动下减小的空速等；另外，飞机还必须遵守空中交通管制系统所指定的路线、高度和空速，并且飞至给定的航路点从而和其他飞机会合；再次，如果可能，和其他飞机一起利用编队飞行来减小燃油消耗。当决策结构中的第一层作出继续编队飞行的决策后，第二层的模块完成所有关于编队飞行本身的决策。

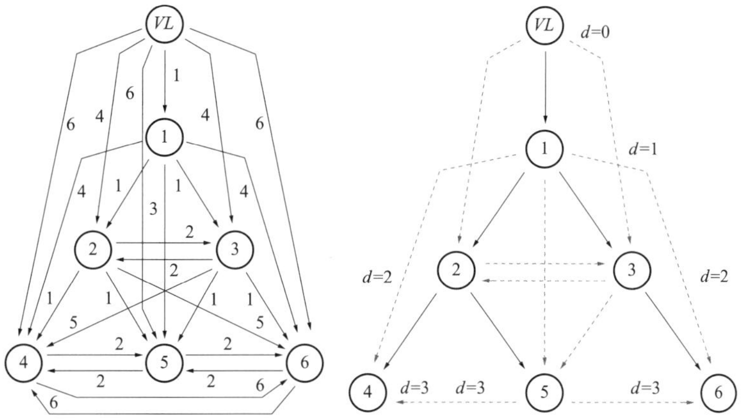

（a）　（b）

图 10　Dijkstra 算法在一个 6 机编队中的应用

（a）最优连接；（b）冗余连接

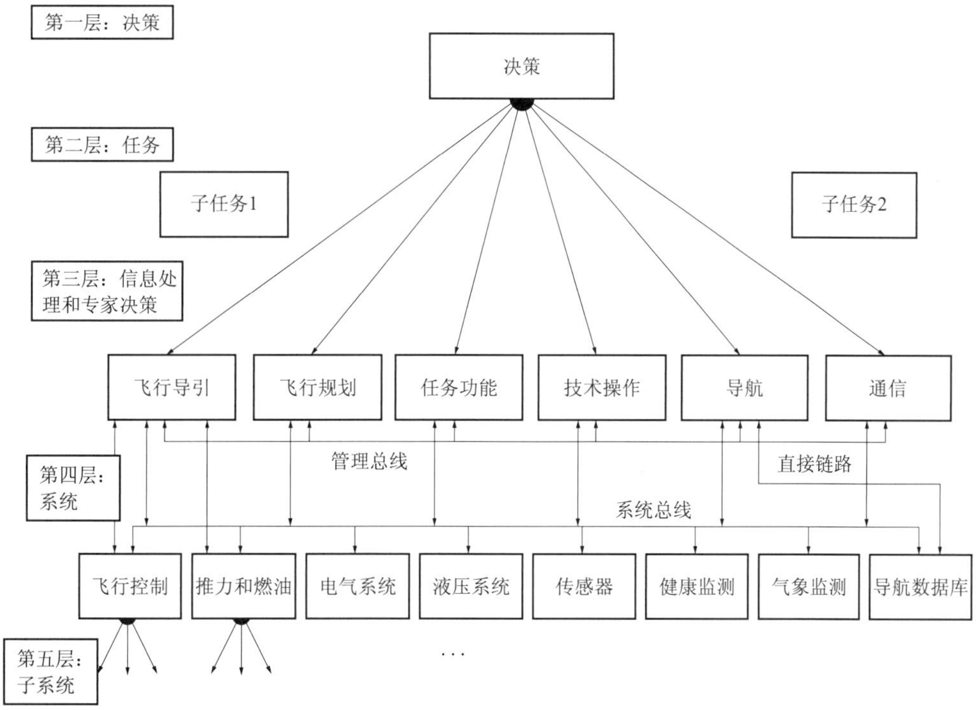

图 11　使用固定层次法的典型决策结构示意

4　重　　构

无人机编队的重构问题本质上有两重原因。一方面是由任务要求、性能问题、避障和其他类似的问题产生的队形重构；另一方面是由单架飞机发生不同类型的故障所引发的重构，以及编队本身的故障所引发的重构。本节描述第二方面的部分内容，关于第一方面的详细研究请参阅关于无人机航迹规划和运动控制的相关文献，本节主要参考图 12 所示的结构。飞机编队控制和管理涉及的主要问题是轨迹跟踪和飞机间相对距离的调整。对于分布式管理，编队中的每架飞机都要互相交换数据，比如位置和轨迹信息。编队中可进行数据通信的结构很多，但并不是所有的结构都有良好的性能。所以，第一步是在不同的信息交换的结构中寻找一个最优的结构。有许多方法可以用于基于代价函数优化通信通道选择和优化，本节采用第 3 节所述的图规划技术来解决这一问题。

一般情况下，因为位置误差在整个编队中传播并扩大，最优算法必须包括使误差传播路径最短的功能。找到一个通信结构的最优方案后，编队管理设计的下一步任务是使这一结构对通信故障具有足够的鲁棒性。当编队中的一架或多架飞机失去信息交换能力（发送或者接收数据的能力），通信就会发生故障。发生故障后，编队就会失去一个或者多

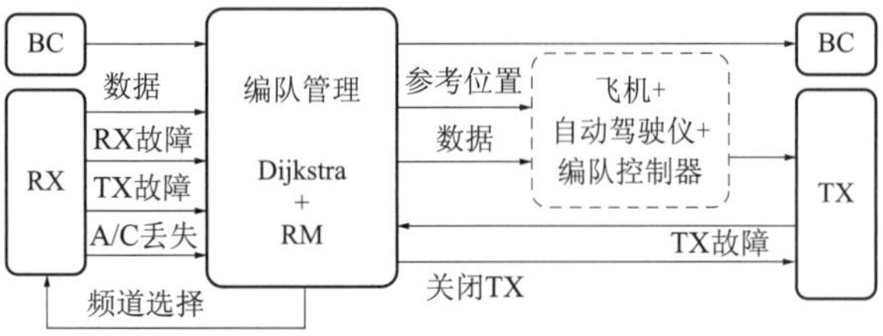

图 12　参考管理和编队控制器

个连接，此时必须寻找一个新的通信结构。由于失去了一个或多个通道，得到的结构不再是最优的，但是对于节点和弧线组成的新的集合而言，这一结果仍是最优的。飞机间的联系结构重新优化算法由故障检测来触发，并且这一算法是分布式的，从而能更快地进行重构。除了编队保持控制系统所必需的信息外，其他信息也必须通过数据通道进行交换。重构过程对所有飞机都是一样的，也就是说每架飞机上存储的描述编队通信的结构图的本地拷贝必须在任何时刻都是完全相同的。在图 12 中，节点上的输出弧线表示它的信息发送能力，输入弧线则表示其信息接收能力。用两个虚拟装置来模拟这些能力：发射机（TX）和接收器（RX）。这些装置是虚拟的，也就是说出现故障就意味着失去这些装置的功能，而不用考虑到底是什么零部件出现故障。

发生一般性故障后，必须启动快速重构流程，从而尽可能快地恢复编队保持能力。当编队通信又恢复到安全结构时，可能有必要转变飞机位置或者将一架飞机移动到空节点，从而使编队中每架飞机的编队保持能力和安全性最大化。既然节点变化的决策是分布式的，完成这一决策的算法必须能够避免在故障后重构时多于一架的飞机因进行相同的重构而发生冲突。即使有足够的通信通道用于编队控制飞行数据交换并进行最优通道重构，也有可能出现最适合进行节点变化决策的飞机没有收到故障信息的状况。为了使所有的飞机都收到关于活动节点（已经被飞机占用的节点）的信息，可采用广播通信方式（BC）以较低的频率发送数据。广播通信方式是异步通信，因为编队必须以尽可能短的延时对故障作出反应。在编队通信结构再次完成优化之后，可能需要移动编队中的飞机来填补丢失的飞机留下的空白位置，或者交换两架或者更多架飞机的位置，从而实现预定的编队队形，并且使编队中所有飞机的编队保持能力和安全性最大。因为编队安全性和精确控制能力是用故障后通信树的总代价来度量的，新的通信代价通常大于或等于原先的代价。通过移动和交换编队中的两架或者更多飞机，那些被分配了无限大的权值的弧线（表示因为发射机或者接收机发生故障而不可用的弧线）可以恢复它们原始的权值，或者获得一个有限的合适的权值，因此，人们可以减少总的通信树的代价。为此，在重构队形的编队重构过程中引入了启发式规则。

下面将给出上述过程的一个应用实例。这个例子完整地执行了重构过程，涉及 Dijkstra 算法、广播通信方式信息交换和重构图的使用。编队中有 6 架飞机，3 号机的发射机和接收机全部发生故障。图 13 展示了一系列的动作：首先，重建完整的通信链路；然后，改变编队以获得最小代价值。监管整个过程的软件采用有限状态机法，并且驻留在每架飞机的编队控制器上。

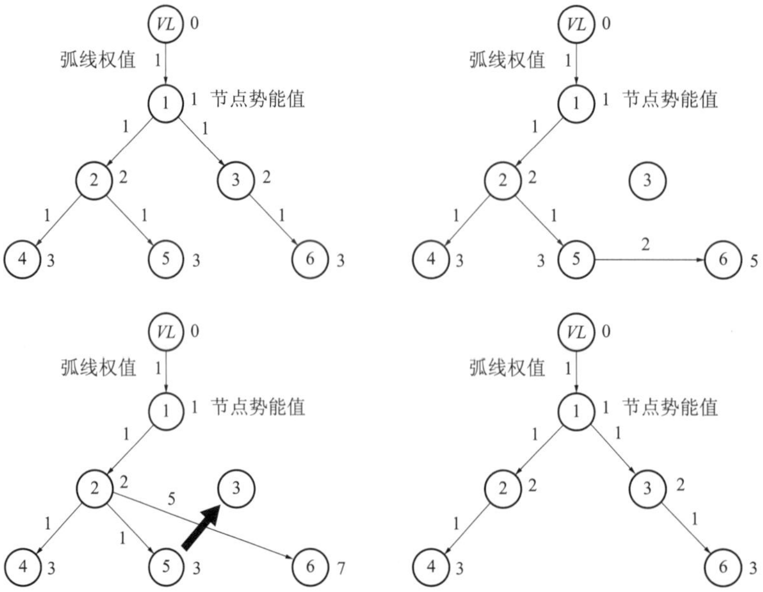

图 13　最小代价图和飞机 3 丢失所引起的重构

5　传感器

编队飞行，特别是需要进行紧密编队或者固定编队时，在很大程度上依赖于飞行控制器。尽管如此，仍然需要可靠的和附加的传感器来保证控制功能的实现。现在，无人机领域的研究方向是视觉合成，用以增加自主飞行器的自主定位和自主操作能力（比如编队飞行和空中加油），同时解决与惯性辅助 GPS 导航相关的一些典型问题，如卫星信号丢失、低价惯性测量器件的漂移的快速估算等。一种可行的 GPS/INS 测量的辅助测量手段是使用基于视觉的传感器，它用在当飞机之间距离接近时。把一套主动或者被动标识标志（发光或者反射/散射光）安装在需要识别的物体上，对编队飞行或者空中加油等不同任务需选择不同的标识标志。图 14 所示是将视觉传感信息引入控制回路的控制结构。

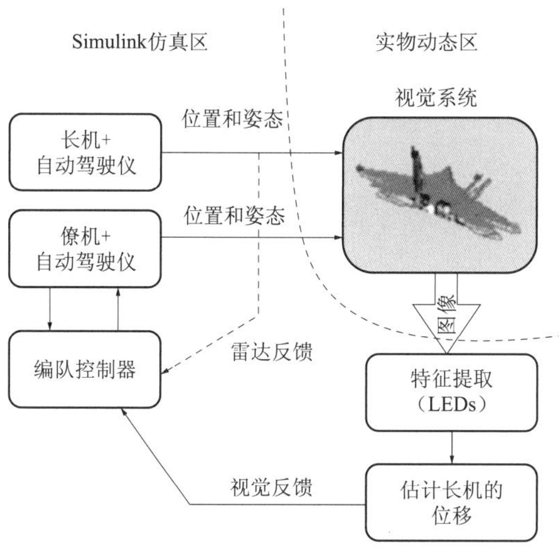

图 14　视觉传感器在编队飞行控制中的应用

视觉算法的应用需要解决所谓的姿态估计问题，也就是构造摄像头（位置已知）与安装了标识标志（标识在机体上的 3D 位置已知）的机体之间的相对位置和姿态信息。为了将基于视觉的导航应用在编队飞行中，需要很高的精度和可靠性。相关文献给出了对广泛应用的 LHM 算法的改进，从而可以解决标准的 LHM 算法所不能解决的情况，比如采集到的 2D 标识信息组成了非凸结构，并且一些标识信息丢失。

6　实　　例

尽管在过去 5～10 年中人们对编队飞行进行了广泛的研究，却很少有实际飞行测试的例子。第一个例子是美国国家航空航天管理局德莱顿飞行研究中心、波音公司和加州大学洛杉矶分校在 2000 年联合开展的自主编队飞行项目（AFF），一些文献详细描述了研究和测试的内容。原计划 AFF 项目有三个阶段：首先是不考虑减小阻力，进行自主状态保持的第一阶段；然后是利用有人驾驶飞机描绘出翼尖涡流位置和它的影响；最后是最重要的第三阶段：测试一个自主阻力减小的系统。但是，这一项目在完成第二阶段后即被取消。

第二个例子是西弗吉尼亚大学进行的一项研究，涉及三架 YF-22 无人机的设计、制造和编队飞行测试，关于该项目的资料有限，但得到的结果却很有意义。这一雄心勃勃的计划始于设计和制造三架 YF-22 喷气战斗机的模型（见图 15）。每个模型长为 3 m，翼展大约为 2 m，重 23 kg，电子设备载重约 5 kg。推进系统包括一个用单级离心压缩机制作的喷气式发动机，压缩机由一个轴流涡轮驱动。

图 15　WVU UAV 飞机编队

这一项目的主要目的是用模型无人机进行编队控制的飞行表演。在项目设定的编队结构中，一个无线电控制驾驶仪对长机进行地面控制，同时要求两架自主式僚机与长机保持预定的相对位置和方向。当进入编队飞行模式时，每架僚机必须是自主式的飞机。在飞机起飞和组建编队时，每架飞机都由一个单独的驾驶仪通过地面信号发射器控制，编队解散后和飞机降落过程中也是如此。当所有的飞机在预定的汇合点到达预定的高度之后，才开始实施自主编队。在 2006 年 6 月，此项目成功完成了一次飞行测试。

7 总　　结

本章描述了关于自主编队飞行的一些问题：建模的一些典型问题、控制设计、组合测量、出现已知故障时的重构等；着重描述了在过去 3～4 年实现的两次实际飞行试验，展现了工业和学术研究两个方面的成就。

参考文献

Blake, W. and Multhopp, D. (1998) Design, performance and modeling considerations for close formation flight. Proceedings of the AIAA Atmospheric Flight Mechanics Conference, August 1998.

Bloy, A.W. and Jouma'a, M. (1995) Lateral and directional stability and control in air-to-air refueling. *ImechE, Part G, J.Aerosp.Eng.*, **209**, 299—305.

Bloy, A. W., West, M. G., Lea, K. A. and Jouma'a, M. (1993) Lateral aerodynamic interference between tanker and receiver in air-toair refueling. *J.Aircraft*, **30**, 705—710.

Brendley, K. and Steeb, R. (1993) Military applications of microelectromechanical systems. *RAND Study MR—175—OSD/AF/A*.

Dargan, J.L., Patcher, M. and D'Azzo, J.J. (1992) Automatic formation flight control. Proceedings of the AIAA Guidance, Navigation and Control Conference, Hilton Head, SC, August 1992.

Giulietti, F., Pollini, L. and Innocenti, M. (2000) Autonomous formation flight. *IEEE Control Syst. Mag.*, **20**, (6).

Giulietti, F., Pollini, L. and Innocenti, M. (2001) Formation flight control: a behavioral approach. Proceedings of the AIAA Guidance, Navigation, and Control Conference GNC01, Montreal, Canada, August 2001.

Giulietti, F., Napolitano, M.R., Capetta, A. and Innocenti, M. (2002) Detailed modeling of multiple aircraft within a close formation flight. Proceedings of the AIAA Atmospheric Flight Mechanics Conference and Exhibit, Monterrey, CA, August 2002.

Gu, Y., Seanor, B., Campa, G., Napolitano, M.R., Pollini, L. and Fravolini, M.L. (2007) Design and flight-testing of nonlinear formation control laws. *Control Eng. Practice*, **15**, 1077—1092.

Hanson, C. E., Ryan, J., Allen, M. J. and Jacobson, S. R. (2002) An overview of flight test results for a formation flight autopilot. Proceedings of the AIAA Guidance, Navigation, and Control Conference, Monterrey, CA, August 2002.

Hillier, F. S. and Lieberman, G. J. (1993) *Introduction to Operation Research*, McGraw Hill, New York.

Hummel, D. (1996) The use of aircraft wakes to achieve power reductions in formation flight. Proceedings of the AGARD FDP Symposium on the Characterization and Modification of Wakes from Lifting Vehicles in Fluid, November 1996, pp.36 1 13.

Innocenti, M., Mancino, G., Garofoli, M. and Napolitano, M.R. (1999) Preliminary analysis of formation flight management. Proceedings of the AIAA, Guidance, Navigation and Control Conference, Portland, Oregon, August 1999.

Innocenti, M., Pollini, L. and Giulietti, F. (2004) Management of communication failures in formation flight. *AIAA J.Aerosp.Comput.Inform.Commun.*, **1**, 19—33.

Knoll, A. and Beck, J. (2006) Autonomous decision-making applied onto UAV formation flight. Proceedings of the AIAA Guidance, Navigation, and Control Conference, GNC06, Keystone, Co., August 2006.

Larson, G. and Schkolnik, G. (2004) *Autonomous Formation Flight*, *MIT Course* 16.886, Spring, Boston, MA.

Lavretsky, E. (2002) F/A — 18 autonomous formation flight control system design. Proceedings of the AIAA Guidance, Navigation, and Control Conference, Monterrey, CA, August 2002.

Napolitano, M.R. (2005) Development of Formation Flight Control Algorithms using 3 YF—22 Flying Models, *Final Report GRANT AFOSR F49620—01—1—0373*, April 2005.

North Atlantic Treaty Organization (1997) Aerospace 2020, *AGARD AR—360*, vols.I and II.

Pachter, M., D'Azzo, J.J. and Proud, A.W. (2001) Tight Formation Flight Control. *AIAA J. Guid., Control, and Dyn.*, **24** (2), 246—254.

Patcher, M., D'Azzo, J.J. and Veth, M. (1996) Proportional and integral control of nonlinear systems. *Int. J. Control*, **64** (4), 679—692.

Pollini, L., Innocenti, M. and Mati, R. (2005) Vision algorithms for formation flight and aerial refueling with optimal marker labeling. Proceedings of the AIAA Guidance, Navigation, and Control Conference, GNC05, August 2005.

NATO Advisory Group for Aerospace Research and Development (1994), Future Use of Unmanned Air Vehicle Systems in the Maritime Environment, *AGARD—AR—307*, vols.1 and 2.

Wang, Z. and Mook, D.T. (2003a) Numerical aerodynamic analysis of formation flight. Proceedings of the 41st AIAA Aerospace Sciences Meeting, Reno Nevada, January 2003.

Wang, Z. and Mook, D.T. (2003b) Numerical aerodynamic

analysis of formation flight. Proceedings of the 41st AIAA Aerospace Sciences Meeting and Exhibit, Reno, NV, January 2003.

Wolfe, J.D., Chichka, D.F. and Speyer, J.L. (1996) Decentralized controllers for unmanned aerial vehicle formation flight. Proceedings of the AIAA Guidance, Navigation and Control Conference, San Diego, CA, August 1996.

本章译者：江驹、欧超杰（南京航空航天大学航空宇航学院）

第 237 章

多机协同控制

Corey J. Schumacher
赖特-帕特森空军基地，空军研究实验室，俄亥俄，美国

1 引　　言

近十年来，应用于海、陆、空的各种军用和民用任务的无人机受到了越来越多的关注。尽管无人驾驶技术面临许多挑战，但它具有很多优势。除了可避免将人置于危险的环境中这一显著优势以外，机载的无人操纵具有更强的忍受力。同时，团队工作提供了一种新的运行模式。本章将主要介绍无人机群（UAVs）在对地多目标攻击时的协同决策和控制问题。本章介绍的概念是通用性的，因此可以扩展到其他问题，诸如无人系统的协同或有人操纵飞行器的任务协同等。

1.1 动　机

一群共同工作以完成同一目标的飞行器称作协同团队。团队协同的主要动机是：一个飞行器团队的总体性能预期将超过单个无人飞行器性能的总和。只有当无人机具有高级自治能力时，协同才能通过利用全球化信息、团队的资源管理来提高性能并增强对故障的鲁棒性。

每一个无人机携带一个能感知环境的有效载荷，通过通信网络可共享传感器的信息，从而使得整个团队可以基于共享的，甚至全球感知的信息而不是各自的当地信息来行动。无人机可以在不确定的环境中作出关于整个团队飞行路径和动作的决定，而不是独自动作。协同决策算法可以在多任务时有效地分配团队的整体资源，此外，共享信息使团队可以补偿某些任务的失败或飞行器的损失。通过协同，团队能重新设置其分布式结构从而使飞行器故障引起的性能降级最小化。

1.2 协同控制结构

可以从多方面描述团队协同决策和控制的控制器的特征，但其中一个关键的问题是信息和制定决策的结构。信息可以高度共享，甚至是全球，或者大范围的信息共享，这时团队更依赖于高性能的预测模型。决策结构可以是集中式的，这被认为需要指令驱动，即通常在单个节点进行计算，然后向整个团队广播解决方案；也可以是分散式的，即由团队中每个单元完成部分计算，最终得到解决方案。

集中式控制的一个问题是，分布式飞行器或智能体的所有状态信息都被送到一个集中的智能体中，在那里由一个大的决策控制程序来进行运算，得到的每个个体的计划或任务再被发送到相应的飞行器中并被执行。这种方法缺少足够的鲁棒性、计算复杂且结构形式不好。好的结构形式意味着控制器的复杂度与团队的大小基本成比例。

最分散的控制结构利用很少的全局信息，在极端情况下，飞行器之间没有通信，只能通过传感器测量其他飞机的动作来推测它们的目标，从而得到参考信息。总的来说，这种方法导致一个宏观层面上的性能，例如，团队能保持一些松散的、名义上的轨道。由于缺少通信和全局位置信息，可获得的系统性能较差。特别是当有明显的耦合约束时，这类控制器的效果较差。

1.3 特　性

本节描述了与协同决策和控制问题相关的三个主要特性，即复杂性、信息的不完整性和可执

行性。

协同决策与控制问题十分复杂，问题的大小(例如飞行器、目标和威胁的数量）是复杂性的一个方面。然而，在诸如作战 ISR、不同任务完成过程中的耦合以及任务安排过程和轨迹优化之间的耦合等，都对复杂性有重要的影响。例如，如果每个飞行器都有一个默认的搜寻任务，那么协同工作将在它们的搜索轨迹中产生附加的耦合。一旦一个目标被搜寻到，它可能需要同时被至少两个飞行器跟踪，且被第三个飞行器攻击，这将进一步加强团队的不同成员轨迹之间的耦合。

大多数协同团队工作时的信息有限且不完整。事实上网络中任何地方都无法获得完整的信息。人们面临的挑战就是在有限的信息下协同工作，以达到完成任务的目标。某个特定等级的团队性能和团队一致性需要一个最小等级的信息共享。这应当包括团队的目标函数、事件子集以及代表飞行器执行任务能力的功能集。从理想的角度来说，应当有足够的信息来保证所有任务都被覆盖并且任务是不变的。同样，飞行器可能有状态预估和预测模型，这使得当无法提供现有信息时可提供相应的信息。信息流也会存在一些缺陷，诸如通信延时、对团队内的不同飞行器可能产生不同的信息等，这会导致产生多种策略，其结果是造成任务分配的不协调，例如错误地分配多个飞行器对同一目标执行相同的任务，同时又使得其他任务没有被分配。

在设计协同决策和控制算法时，必须考虑许多实际因素以确保无人机群在实际任务中的可执行性。这些因素之一就是计算时间，对“实时”运算和协同控制算法作出协同控制决策所需的时间必须比完成任务的时间短得多。例如，假设某一任务要求一旦发现高价值的目标，就必须立刻对其处理，那么由于飞行时间的关系，如果某个无人机离目标很近，那么留给它作出任务决策的时间就很短。在规定时间段内作出决策的能力与协同控制算法及无人机群的数据处理器能力有关。尽管得到最优的协同决策和控制解在计算上来说很棘手，但有可能采用次优算法迅速计算出控制解，并在可用的决策时间窗口中不断改善。

2　协同团队的复杂性

在协同团队中，飞行器之间产生交互式决策过程，同时，单个飞行器的自治能力也被保留。集中控制和分散控制之间有连续性。一个高度分散的团队意味着没有通信，那么在协同团队中就需要一个最低程度的全局通信信息，以获得期望程度的团队性能。

这里，团队被定义为一组在空间上分散的被控对象，也称为具有共同目标的无人机群。空中飞行器可以是一个十分严格的团队，一般来说，一个团队包括一系列成员或智能体，它可以（通常也将）包含人作为操作员、任务完成者（例如目标识别）以及管理者。共同的目标形成了一个团队并产生合作的行为。如果这些飞行器共同工作以达到同一个目标，那么它们被认为是一个团队。同时，团队各成员的额外的个体目标也能鼓励成员选择一个低级别的非合作、中等程度的竞争或完全敌对的行动。

当讨论团队决策和控制问题时，强调非结构的环境/不确定性、组织结构、信息模式和任务耦合是很重要的。在具体个例中，上述因素的某一个可能是决定性的因素，但是它必定包含以上所有因素。不能忽视团队中上述不同因素的相互作用，团队中所有的飞行器通过性能/目标函数和任务约束耦合在一起。

总之，协同控制的性能可以由任务耦合、不确定性、通信延时和部分信息等特性来描述。这些特性的相互作用使得协同最优控制成为一个复杂的问题。目前来看，考虑以上所有因素的协同系统的运作理论尚不存在。通常运用分层法把问题分解为多个更易处理的子问题，但在此过程中丧失了最优性，因为在分解中忽略了某种程度的耦合，这就产生了次优解，但是，它改善了可解性和鲁棒性。通常，鲁棒性是以牺牲最优性为代价的，反之亦然。事实上，最优工作点对问题中参数的变化比较敏感。

协同控制和最优问题可按空间、时间或者沿函数曲线进行分解。形成无人机群的子团队和相应的任务可以采用图论法、集合分割法、相关利益优化法和穷举搜索法等。这样，子团队的最优问题就被简化为多任务分配问题：为每一个团队成员确定其在满足所有约束条件的同时使团队整体目标函数最小的任务序列和时间。单个飞行器完成各自的任务规划，或者在网络中向团队领导发送相应的信息，最好是完整的统计数据。带约束的多任务分配算法包括试探搜索，如分支定界法、禁忌搜索法、遗传算法、广义指派法、线性规划、迭代网络流法以及迭代拍卖法等。造成多任务分配复杂的主要原因是浮动时间约束下的任务耦合，后者引出了车间作业流程优化和调度等问题。

2.1 任务耦合

任务与浮动时间约束之间的耦合是规划无人机团队任务（比如对敌军空中防御的压制、大范围的搜寻和破坏等）时要考虑的主要问题。在协同框架内解决多任务分配面临着许多问题，其中主要的是如何将分配问题从对特定任务路径规划中解耦出来的能力。这就意味着将任务和路径规划作为代价，并将此代价用于之后的分配过程。假设这些计算在分配完成后依然有效，甚至对巡回序列也是如此，除非可以产生所有可能的巡回序列，否则，对任务链进行分配时将会产生次优解。

同样，任务分配也可对时间解耦。例如，首先指定任务，然后给出任务的顺序和优先级。这一步可以简单地按照最先要做的任务、其次要做的任务等来安排任务时间，或者对于任务时间也可以在飞行器之间进行协商，直到一个满足所有时间约束条件的任务时间集产生。这里假设这些任务时间是相同的，且接近最优分配。在处理耦合时，有时可解耦的假设可能是不能被满足的，这时，无法分配所有任务，同时出现明显程度的次优解，也即比较差的性能。如果任务的耦合很强、分解更困难的话，最优性就无从谈起，算法会产生混乱，可行性也得不到保证。

2.2 不确定性

一些团队合作中的主要问题是不确定性而不是任务耦合，对于那些目标辨识、目标定位、威胁辨识以及威胁位置预先未知的任务来说，正是这种情况。有些信息可能是已知的，但其余的是用先验概率分布估计的，这时人们面对的挑战是计算当前采取的某个决定或动作的预期值。比如说，如果无人机群把资源使用在当前的目标上，那么就可能没有资源留给那些后发现的或有更高价值的目标。同时，当前采取的行动可能降低不确定的等级。不确定性可以用信息论的概念来评估。可能的选择也许只是简单地沿着风险最小化的途径，或是沿着在未来使得可能的选择最大化的途径。当然，最安全和最中庸的决策通常不是最好的决策。此外，不确定性的主要来源是敌方对我方无人机群的行动所采取的相应行动。研究不确定性的方法有：随机动态规划和马尔科夫决策过程、贝叶斯网、信息论以及在没有信息情况下的博弈论等。

2.3 通　信

协同控制的基本前提是：无论何时、无论多少，只要需要，无人机群就能保证通信。对于所有的网络延迟，如果这些延迟与事件之间的时间相比足够长的话，它们就可能完全抵消团队合作（协同控制）所带来的好处。控制系统中反馈通道的延迟会导致系统不稳定。这里，一个重要的选择是团队决策是同步还是异步。同步意味着对所有的飞行器来说有个公共的（也是最新的）数据库。如果局地有某事件发生，那么该事件和所有相关的信息在网络内部共享，且基于新事件的决策只有在该事件发生后才会确定。在这种协议下，某个执行者会减缓整个团队的工作并使团队完成关键任务的能力大打折扣，因此需要采取策略来保持团队的一致性和性能。同步的团队协议经常与具有冗余的集中式决策方法一起使用，这时团队中的每个成员为整个团队解决同样的决策问题，然后确保进行集中优化。

然而，异步决策协议虽然对延迟的鲁棒性更强，但更难验证和证明运行的正确性。它们易受网络内不一致的信息影响，会导致决策循环、混乱和不可行。事件发生的概率越高，这些问题就变得越困难，因为输入的频率可能超过了系统的带宽。一些有用的协议有：共识表决法、并行计算和负载平衡法、车间作业调度法和合同网法等。然而，因为存在着错误信息和大量的延时，成员之间可能永远达不成共识。实际上，错误的信息严重地削弱了协同控制的优势。这种情形在某种程度上与反馈控制的情况相类似：在测量信噪比较高的情况下，反馈控制优于开环控制，这时应利用反馈的优势。然而，如果测量的噪声很大，这时最好忽略测量值，转而选择开环（前馈或者基于模型的）控制。

2.4 不完整信息

和协同团队一样，分散控制也具有有限的，或者说不完整的信息特征，在网络中的任何地方都无法获得全部信息。现在面临的挑战是如何在有限的、分散的信息条件下协同完成任务，并获得一定程度的最优解。

团队性能的等级和团队的一致性要求一个最低程度的共享信息，例如，团队目标函数、相关事件的子集（如不断冒出的目标信息）、部分状态向量（如无人机群的燃油状态）等。必须有足够的信息来确保所有的任务都已被考虑到，并且任务是一致的，这些都建立在具有“足够的统计意义”的条件上。同样，飞行器可能用状态预估和预测模型来提供局部无法获得的信息。有趣的是，飞行器可能有不同的目标函数以及不一致的和延迟的信息，这些信息会导致冲突，需要仲裁和协商。特别是错误的信息会导致协同团队的性能变差，这时使用非协同控制可能效果会更好。

3　任务分配举例

无人机协同团队问题可能十分复杂，即使对相对小的团队来说也是如此。一般来说，可用的理论和方法一次只能解决问题的一到两个方面。人们经常对一种快捷、可行、鲁棒性强的解，而不是最优解感兴趣。由于有许多中等规模的无人机，比如4～8个令人感兴趣的飞行器，MILP法和随机动态规划法等在这种规模下或许足够快，有可能产生集中式最优解。因此，算法的可扩展性或许并不总是一个限制因素。

如果需要进一步分散化，主要的限制就是任务耦合。当并非所有的任务一开始就需要解决时，可采用一个简单的水平分层过程，以减小任务的耦合性。然而，这对完成任务的性能甚至可行性都有显著的影响。同样，受局部化的影响，除了对那些任务耦合最弱的情况，拍卖法或分散式限制满意法等算法会导致大量的信息阻塞，最终，错误信息和信息延迟会完全抵消协同合作的优势，这与传感器噪声很大进而导致丧失反馈的优势从而采用开环控制的情况很相似。

这一节介绍一种对无人机协同团队进行多目标任务分配的方法。这种情况涉及大范围军事搜索（WASM），即多种同类的无人机群必须协同工作从而对多目标完成多任务工作。WASM 对协同决策和控制的研究是一个很好的开始，该例子展现了多智能体合作的许多重要特性，这些特性在无人机组队中会遇到，当然，在作战无人机的运行中还有一些额外的复杂要求，如威胁规避等。分配问题可以用有容量限制的转运问题的公式来解决，在每一个阶段，对每一个飞行器最多分配一项单一的任务。

3.1　大范围军事搜索

进行大范围军事搜索的是小功率的无人机群，每个无人机携带一个涡轮喷气引擎和充足的燃料，能飞行适当的时间。它们受飞行在更高高度上的大型飞机的指挥并形成团队。每一个飞行器都能搜寻、识别和攻击目标。当以一个协同团队而不是个体的形式应用时，它们能更有效地执行任务。无论何时，只要任何一架飞行器更新了目标信息，该信息就能在飞行器间传输。

3.2　需要完成的任务

首先研究 N_v 个同时被调用的飞行器，每一个飞行器的寿命都是 30 min。令

$$V=\{1,2,\cdots,N_v\} \tag{1}$$

是调用的无人机群的集合。根据摧毁目标所得的“分值”，将搜索得到的目标分到已知的类别中。当目标被发现时用 n 给它们编号，因此，$n=1,2,\cdots,N_t$，N_t 是被发现的目标数，且

$$T=\{1,2,\cdots,N_t\} \tag{2}$$

是这些目标的集合。令 V_n 代表目标 n 的值。假设 WASM 开始时没有任何关于目标数量和位置的信息，假设 WASM 有一个能扫描飞行器前方区域的激光探测、定距传感器（LADAR）和一个能按给定概率辨识目标的自动目标识别（ATR）软件。自动目标识别的处理需要一个能够提供目标被正确分类的概率或“置信度”的系统，只有对一个潜在目标辨识的置信度比较高时，才对目标进行攻击，高的置信度可能要求来自不同视角的多重观察。

3.3　任务定义

WASM 能完成四种不同的任务：搜索、分类、攻击和验证。在任何时间点需要执行什么样的任务取决于可用的目标信息。

搜索包含用定距传感器寻找未知的目标。由于协同搜索已被广泛地研究，这里就不再讨论。为了协同任务分配，假设已有一个预先规定的搜索模式，例如割草机式搜寻，即飞行器预先被分配了搜索范围，如果搜索完成，就能确保搜索区域的全覆盖。如果一个 WASM 离开它的搜索路径去执行其他任务，那么当它返回来再次搜寻时，它将返回到之前离开搜索模式的那个点，然后继续搜索。一旦一个潜在的或推测性的目标被锁定，就需要执行分类任务。分类是第二个（或者第三个）成像和来自不同视角的目标的自动识别，用于提高目标辨识的置信度。一旦一个推测的目标被归类为真实的目标，就需要执行攻击任务了。为完成攻击，WASM 下降高度至目标的上方，然后爆炸，在自我毁坏的同时也希望摧毁目标。然后目标被另一个 WASM 成像来

完成验证任务，证实目标真的被摧毁了。如果目标依旧存活，另一个 WASM 会被安排任务并对它进行攻击。令

$$M=\{C, A, V\} \quad (3)$$

是对每一个目标的任务集合，其中 C，A，V 分别代表分类、攻击以及验证。

优先级和任务约束

对每个目标需要执行的三个任务（分类、攻击和验证）必须按特定的顺序完成。因此，协同规划算法必须确保合适的顺序，以及任务间可能的额外的延迟，如攻击和验证之间需有大量的延迟以允许烟雾或碎片散开。此外，每一项任务有特定的限制。因此，简单把一个目标分配给三个 WASM，并且允许每个 WASM 在它到达的时候就开始它的任务是不可能的。分类需要特殊的观测角度，依赖于目标方位与之前的视角，并且，其探测距离和 WASM 安装的前端传感器的扫描距离相等。攻击可以从任何合适的角度开始，但需要 WASM 在用定距传感器定位目标后俯冲到目标上方。验证在传感器探测距离内执行，这点和分类相同，但是可以从任何角度来执行。

图 1 给出了常见任务的状态转移图，其中 P_C，P_K 和 P_V 代表成功执行一次分类、攻击和验证的概率，分别为 0.9，0.8 和 0.95，它们被用作本例的门槛值。

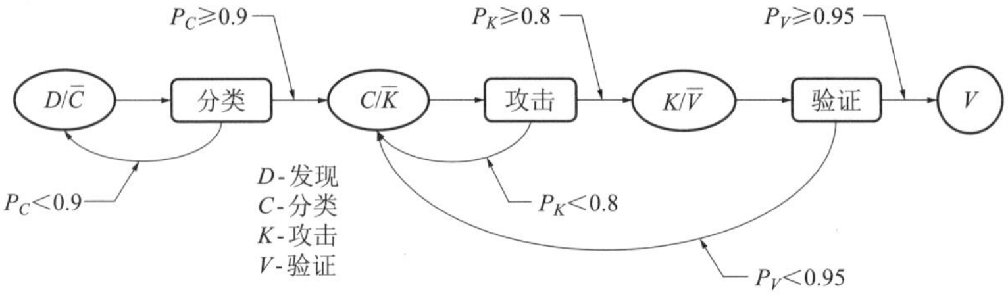

图 1　目标状态转换图

3.4　容量制约转运分配问题

当任何一个新目标被找到，或产生一个未被分配的任务时（例如，验证表明之前攻击的目标没有被摧毁），就要运行分配算法，以确定无人机团队的哪一个成员来完成给定的任务。对于即将讨论的最简单的协同规划算法来说，对每一个已知的目标仅安排一项任务。当任务完成后，下一个任务才被分配。最终，对目标的所有要求的任务都将完成，除非该目标的优先级特别低，这时无人机群就会转而继续搜索其他未知目标。

对于这种分配问题，人们使用一种叫作容量制约转运分配问题（CTAP）的线性规划。CTAP 作为一个时间相位网络优化模型，用来完成任务分配。模型在离散的时间点和所有的军用飞机上同时运行，每次运行时给每一个飞行器分配一项任务。每当有新信息进入系统时（主要是因为发现了新目标，或者已知目标的状态发生了改变），模型就被解算一次，这种线性规划可以由网络流程图来描述，如图 2 所示。这里有 N_v 个无人机群和 N_t 个已知目标、N_v 个源、N_t 个潜在的未搜索的任务，以及最多 N_v 个可能的搜索任务。每一个目标对应于一个可能的任务，对每一个飞行器分配一个任务，即搜索、分类、攻击及验证四个任务中的一个。

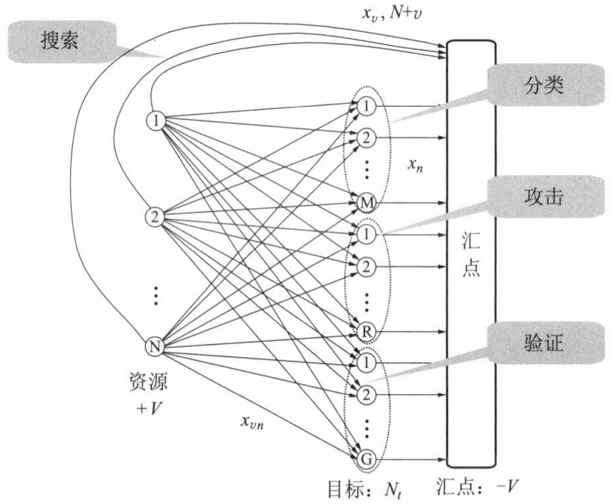

图 2　无人机的 CTAP 网络流程

这种简单的分配算法只关注目前要求的任务，对将来可能需要的任务一无所知。例如，直到分类的任务成功完成以后，才能分配攻击任务。同样，即使很需要进行验证任务，也只有等到攻击任务完成以后，才能分配进行验证。这种简单方法的好处是，对任务的每个阶段的优化问题可以很快地求出解，从而满足应用的实时性。该方法的缺点是，关于未来任务的一些已知信息（如攻击任务之后要求进行验证）并未被利用。然而，CTAP 方法对具有任务优先级约束的情况来说是一种有效的任务分配

策略，因为它自然地满足任务优先级的约束。这种“简单的”方法在任务不确定的或动态的情况下也是有用的。

CTAP网络的优化模型可以表示为

$$\max J = \sum_{v,n} c_{vn}^{k} x_{vn} \tag{4}$$

约束条件为

$$x_{v,N+v} + \sum_{n=1}^{N} x_{vn} = 1, \forall v = 1,\cdots,N_v \tag{5}$$

$$x_n - \sum_{v=1}^{V} x_{vn} = 0, \forall n = 1,\cdots,N_t \tag{6}$$

$$\sum_{v} x_{v,v+n} + \sum_{n} x_n = N_t \tag{7}$$

式中，$x \in \{0，1\}$ 是二进制决策变量；变量 c_{vn}^{k} 是飞行器 v 在对目标 n 执行 k 任务后的收益，也称为价值或权值（其中 $k=0$ 对应于搜索，$k=1$ 对应于分类，$k=2$ 对应于攻击，$k=3$ 对应于验证）。搜索仅仅对应于 $n=0$ 时的汇点。回顾图2，x_{vn} 是指对某个目标进行飞行器分配；$x_{v,N+v}$ 是指对搜索任务分配某个飞行器；x_n 用于确保满足流量平衡的约束。式（5）确保每个飞行器 v 仅被分配一项任务。式（6）是流量平衡约束，要求对每个流入任务节点的流 x_{vn} 都有一个流出的流 x_n。式（7）要求 N_t 项任务被分配。考虑到每个 x 都是二进制的，这些约束条件保证了每个飞行器仅被分配一项任务，或者是搜索任务，或者是对目标执行相应的任务；同时，每个目标执行的某一任务也仅被分配给一个飞行器。如果对目标执行任务的价值低于现有的搜索任务的价值，那么就可能不对目标分配执行相应的任务。

3.5 权值计算

有很多方法可以将权值 c_{vn}^{k} 分配给不同的任务。其中一个简单的方案是基于任务完成的成功率对任务进行权衡，不需要对期望值进行全概率计算。最大权值被分配给攻击具有最大价值的目标，而其他任务则产生较小的价值。总的来说，被选中的权值将保证在执行特定任务时，丢失搜索时间的可能性最小。决定搜索、分类、攻击和验证等任务的权值的方式各不相同。

假设有 P 个不同类型的目标，每个目标的给定价值为 V_p，被击毁的概率为 P_{k_p}，其中 $p=1,\cdots,P$。令 $\overline{V}$ 为 $V_p * P_{k_p}$，$\forall p$ 中的最大值，$\overline{p}$ 为对应此最大值时 P 的值。那么，$\overline{V}$ 是攻击目标时的最大可能的价值。注意到，由于存在失败的可能性，所以，攻击目标所获得的价值小于实际摧毁目标的价值。

决定飞行器行为的一个关键因素是搜索的权值与对目标采取行动的权值之比。对于WASM来说，每个飞行器在执行攻击任务时都竭尽全力，因此，一个 N 个WASM的团队能够做得最好的是，攻击 N 个 p 型目标。因此，权值应该这样选择：飞行器应该攻击任何已确定为最大价值的目标，但没必要去攻击一个低价值的目标，尤其是在还有大量燃油剩余的情况下。相应的，搜索的初始权值与攻击最大价值目标时的权值相等，但随着燃料的使用，搜索的权值持续减小。令 T_f 为飞机剩余的可飞行时间，T_0 为飞行器起飞时具有的初始持续时间。那么，搜索的权值可以设为：

$$c_{v0}^{0} = \overline{V} \times T_f / T_0 \tag{8}$$

在起飞后的任意时刻，搜索的权值将总是低于攻击最大价值目标的权值。搜索的权值随着时间线性减小，因此，决策算法更愿意进行攻击和“用尽”可用的搜索飞行器。

令 P_{id_n} 为自动识别软件已经辨识出的目标 n 的置信度，那么，飞行器 v 攻击 p 型目标 n 的权值可用下式计算：

$$c_{vn}^{2} = P_{id_n} \times P_{k_p} \times V_p \tag{9}$$

然而，这种选取攻击权值的方法有一个缺陷，即对一个具有不同种类的飞行器的团队，在执行攻击任务时，大家具有相同的权值。一个更好的方案是将攻击的优先权交给那些可以更快执行攻击任务的团队中的队员。因此，下面修改式（9）。假设飞行器 v 在 t_{vn} 时刻攻击目标 n，令

$$t_n^{\min} = \min_{v} t_{vn} \tag{10}$$

对于 $i=1,\cdots,n$，飞行器 i 攻击目标 j 的修改后的权值为

$$c_{vn}^{2} = P_{id_n} \times P_{k_p} \times V_p \times \frac{t_n^{\min}}{t_{vn}} \tag{11}$$

经过这一修改，最短路径的攻击值没有改变，而其他飞行器执行该任务的权值被降低。

飞行器 v 试图对目标 n 进行分类的权值可以这样计算：假设的分类概率乘以攻击目标所产生的期望值，再加上在分类任务完成后该飞行器继续搜索的价值。考虑剩余的搜索时间（价值），对获得搜索与分类之间权值的平衡十分关键。因此，飞行器 v 试图将目标 n 分类为 p 型的权值为

$$c_{vn}^{1}=P_{c1}\times P_{k_p}\times V_p+\bar{V}\times(T_f-T_{c1})/T_0 \tag{12}$$

式中，T_{c1}为飞行器执行分类任务并回到其搜索路径所需的总时间；P_{c1}为预期的完成分类任务的成功率。

验证任务的权值取决于目标被攻击后仍然存活的可能性。飞行器v对p型目标n进行验证的权值可以表示为

$$c_{vn}^{3}=P_v\times(1-P_{k_p})\times P_{id_n}\times V_p+\bar{V}\times(T_f-T_{ver})/T_0 \tag{13}$$

与分类相似，式中，P_v是成功完成验证任务的假设概率；T_{ver}是执行验证任务和回到其搜索任务所需的总时间。如果将之运用到混合矩阵，且不同的目标有不同的概率的话，则会产生一个更详细的权值计算表达形式。

3.6　仿真结果

本节将给出CTAP算法应用到WASM问题中的仿真结果。在该例中，八个飞行器搜索某个区域，该区域包含三个不同类型的目标，因此，它们具有不同的价值。目标相关信息见下表。

表　目标相关信息

目标	类型	价值	位置（X，Y）
1	1	10	(4 000，0)
2	2	8	(3 500，−8 500)
3	1	10	(18 000，−11 500)

目标的位置（X，Y）以英尺表示，目标还有方向，它会影响自动识别的过程和理想的视线角，但是在路径长度计算时不考虑这一因素，因为它对定位任务仅起到间接的影响。执行搜索任务的飞行器初始化的队形为一行的形式，总共有30 min的飞行时间，但只有15 min的剩余飞行时间。这就是假设飞行器已经执行了15 min的搜索任务，并找到了一群潜在的目标。

计算所有可能任务的价值以及飞行器与目标分配的组合，然后将之送到CTAP算法进行处理。在第一个目标被发现之前（$T=0$ s时），飞行器和目标的位置关系如图3（a）所示。其中，黑色边框矩形代表搜索飞行器的传感器轨迹，数字代表飞行器的位置，带有飞行器编号的线代表飞行轨迹。目标被标记为1～3。

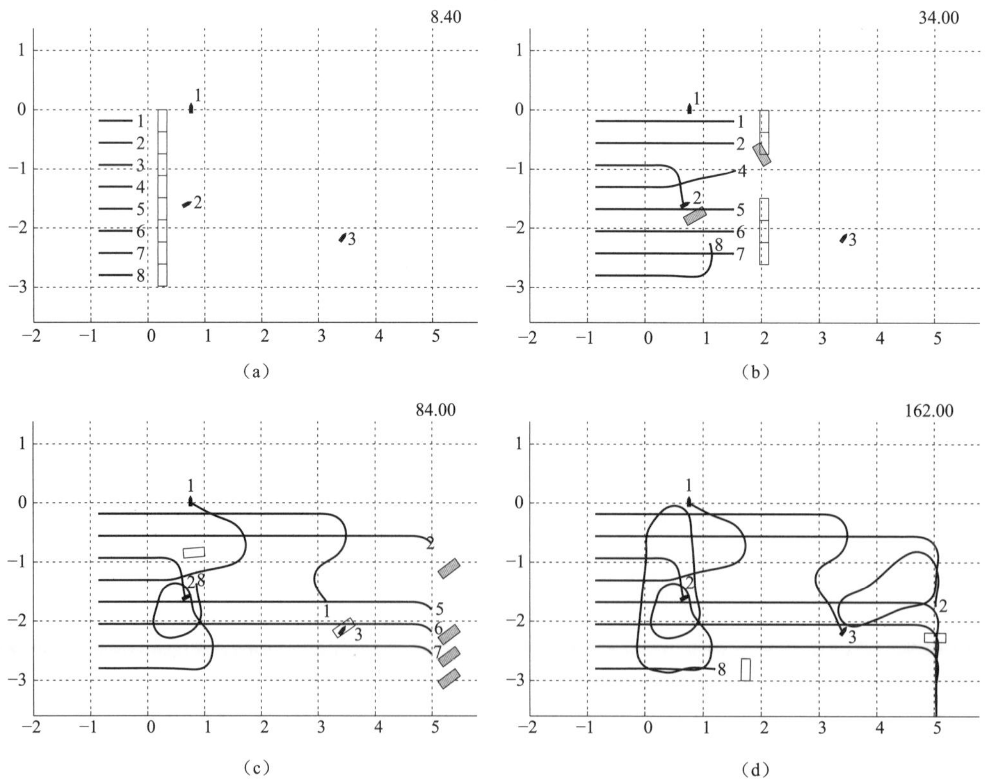

图3　CTAP实例的飞行轨迹

(a) 初始位置；(b) 第一次攻击；(c) 第二次攻击；(d) 最后攻击

图 3（b）所示为 $T=34$ s 时的情景。此时，飞行器几乎同时发现两个目标。当目标 2 被发现时，飞行器 3 被分配对其进行分类。在对目标 2 完成分类后，飞行器 3 将被分配对其进行攻击。通常情况下，对目标执行最后自动识别的飞行器会被安排去摧毁这个目标，但是这并不是绝对的，特别是如果某一飞行器的剩余油量比其他飞行器少，那么它更有可能被安排去摧毁目标。然后，飞行器 8 被分配对目标 3 进行成像，并证实其已经被摧毁。飞行器 4 被安排去对目标 1 进行分类。图 3 中，这两个飞行器的传感器轨迹为灰色，表示这两个飞行器的搜索功能已被冻结起来，其传感器无法工作，直到它们从被分配的任务中改出。其余所有未被分配的飞行器继续执行搜索任务。

图 3（c）所示为 $T=84$ s 时的情景。此时，第三个目标已经被检测出来。飞行器 4 已经完成对目标 1 的分类和攻击。飞行器 8 已经证明目标 2 被摧毁，现在继续对目标 1 执行同样的任务。飞行器 1 正在对目标 3 成像以便将其分类，然后被分配对其进行攻击。最后，图 3 展示了对三个目标执行任务的飞行器的完整轨迹。飞行器 2 对目标 3 已完成验证，飞行器 2 和飞行器 8 已经转回到搜索任务。

在这个例子中，所有被发现的目标都被执行了所有的任务。在这种情形里，所有被发现的目标均具有足够的价值。如果飞行器有大量的燃料剩余，使得搜索任务有较高的价值，那么这个飞行器就可能忽略那些低价值目标（不去攻击那些低价值的目标），而去搜索价值较高的目标，直到它们的燃料剩余量很低。这种行为的例子可参见相关文献。

3.7　CTAP 方法的功能和局限

这里介绍的 CTAP 方法对解决协同任务分配问题是一个强大而灵活的工具，很多任务分配问题都可以用这种方法解决。由此产生的优化问题可以非常快速地得到解决，所以它适合实时应用。对于上述 8 个飞行器这种常见规模的典型问题，CTAP 方法可以在零点几秒的时间内解决之。然而，CTAP 方法有几个很大的局限。

第一个局限是所有必要的信息需要在同一地点、某同一时刻获得。该方法不能在异步或分布式的情况下实现。这是因为，一方面，决策算法必须以集中的形式运行，即所有的计算必须在一个地方执行，然后，将任务分配在团队中广播；同时，需要一个隐式的协同结构，即必要的消息（如团队和目标状态、任务价值）必须在所有团队成员中同步，以便它们能够运行同一个优化问题。

CTAP 的第二个局限是它的灵活性有限，进入分配问题的所有任务需要相互独立，在这个方法中，仅含有非常有限的约束。对于经典的 N 对 N 武器目标分配问题和将搜索考虑为一项可能的任务而由此产生的 N 对 N 分配问题的 WASM 问题来说，CTAP 方法是理想的。当然，也有一些扩展，例如，增加可能的任务，由此而产生 N 对 M 的分配问题，其中 $M>N$，且仅仅有 N 个任务被分配。除此之外，问题可能反过来，N 可能大于 M，M 个目标被分配给 N 个飞行器。或者像前一节所述通过创建“伪目标”，将额外的任务分配给每个目标。然而，CTAP 不能够直接包含任何时间约束，且不能处理任务之间的耦合。最明显的例子就是在 WASM 问题中任务过程的约束原则，即分类必须在攻击之前完成，攻击必须在验证之前完成等。无法将这些约束直接引入 CTAP。为了将耦合和时间约束直接引入优化问题中，需要用到诸如混合整数线性规划及动态规划等更复杂的方法。

4　结　　论

本章对无人机的协同控制进行了有限的介绍，还有许多挑战性问题本文并未涉及，例如，运行的相互作用、对手的反应、欺骗、多目标协调等，关于这些问题的更多知识可以在参考文献中找到。另外，本章的很多信息来自参考文献，更多详细的讨论可在这些文献中找到。

相关章节

第 8 卷，第 436 章

参考文献

Balas, E. and Carrera, M. C. (1996) A dynamic subgradient-based branch and bound approach for set covering. *Oper. Res.*, **44**, 875－890.

Balas, E. and Padberg, M. (1976) Set partioning: a survey. *Oper. Res.*, **18**, 710－760.

Bertsekas, D. P. (1988) The auction algorithm: a distributed relaxation method for the assignment problem. *Annals Oper. Res.*, **14**, 105－123.

Bertsekas, D. P. (1992) Computational Optimization and

Applications. *Comput. Optimization Appl.*, **1**, 7—66.

Bertsekas, D. P. and Tsitsiklis, J. N. (1989) *Parallel and Distibuted Computation: Numerical Methods*, Prentice-Hall.

Burkard, R. E. and Cela, R. (1998) Linear Assignment Problem and Extensions. *Tech. Rep.* 127, Karl-Franzens University of Graz.

Dantzig, G. B. (1963) *Linear Programming and Extensions*, Princeton University Press.

Gallager, R. J. (1968) *Information Theory and Reliable Communication*, Wiley.

Goldberg, A. B. and Tarjan, R. E. (1990) Solving minimum cost flow problems by successive approximation. *Math. Oper. Res.*, **15**, 430—466.

Ho, Y. and Chu, K. (1972) Team decision theory and information structures in optimal control problems -Part I. *IEEE Trans. Autom. Control*, **AC—17**, 15—22.

Jensen, F. (1996) *An Introduction to Bayesian Networks*, Spring Verlag.

Kempka, D., Kennington, J. L., and Zaki, H. A. (1991) Performance characteristics of the Jacobi and the Gauss-Seidel versions of the auction algorithm on the Alliant FX/8. *ORSA J. Comput.*, **3** (**2**), 92—106.

Kuhn, H. (1953) Extensive games and the problem of information. *Ann. Math. stud.* (28), Princeton University Press.

Luce, R. D. and Raiffa, J. (1989) *Games and Decisions: Introduction and Critical Survey*, Dover Publications Inc.

Marschak, J. and Radner, R. (1972) *Economic Theory of Teams*, Yale University Press.

Olfati-Saber, R. and Murray, R. M. (2002) Consensus protocols for networks of dynamic agents. Proceedings of the American Control Conference.

Papadimitriou, C. H. and Steiglitz, K. (1982) *Combinatorial Optimization: Algorithms and Complexity*, Prentice-Hall.

Puterman, M. L. (2005) *Markov Decision Processes: Discrete Stochastic Dynamic Programming*, *Wiley Series in Probability and Statistics*, Wiley.

Rasmussen, S. J., Chandler, P. R., Mitchell, J. W., Schumacher, C. J., and Sparks, A. G. (2003) Optimal vs. heuristic assignment of cooperative autonomous unmanned air vehicles. Proceedings of the 2003 Guidance, Navigation, and Control Conference, AIAA.

Rasmussen, S. J., Chandler, P. R. and Schumacher, C. J. (2002) Investigation of single vs multiple task tour assignments for UAV cooperative control. Proceedings of the 2002 Guidance, Navigation, and Control Conference, AIAA.

Sandholm and Thomas. (1993) An implementation of the contract net protocol based on marginal cost calculations. Proceedings of the Eleventh National Conference on Artificial Intelligence, AAAI.

Schumacher, C. J., Chandler, P. R. and Rasmussen, S. J. (2001) Task allocation for wide area search munitions via network flow optimization. Proceedings of Guidance, Navigation, and Control Conference, AIAA.

Shima, T. and Rasmussen, S. (2009) *UAV Cooperative Decision and Control: Challenges and Practical Approaches*, SIAM.

Stone, L. D. (2004) *Theory of Optimal Search*, 2nd edn, Military Applications Society.

Sycara, K. and Liu, J. S. (1996) Multi-agent coordination in tightly coupled task scheduling. Proceedings of the International Conference on Multi-Agent Systems.

本章译者：江驹、潘婷婷（南京航空航天大学航空宇航学院）

第 238 章

多飞行器的综合健康监测

Nicolas Léchevin，Camille A. Rabbath，Chun－Yi Su
加拿大肯考迪亚大学机械与工业工程系，蒙特利尔，加拿大

1 引　　言

尽管每架无人机都安装了故障检测、诊断和容错控制系统，但是，如果出现执行器、传感器、通信装置失效或机体受伤等飞行关键部件故障，无人机编队的效果将不复存在。无人机执行器的故障会降低飞行器的性能，编队中单架无人机的失效（LOE）也将严重影响编队的整体性能。例如，一个在正常条件下控制效果最优的飞行控制器，当执行器降级工作时，将使闭环控制系统的控制性能变为次优。在编队飞行中某架无人机飞行效能的降低将会对队形保持产生不利影响，并导致编队整体燃料消耗的增加。为了弥补这一缺点并使无人机编队能够有效完成任务，无人机编队需要装备一种协调的、分布式的健康监测系统。许多学者提出了一些能够在一定程度上保证无人机编队飞行性能的方法。有的文献研究了在信息流故障情况下的编队重构问题，这些研究利用图论和 Dijkstra 算法在信息流出现故障时产生队形变换指令和进行通信链路的最佳重构；有的文献提出了一种编队在通信故障时的交互式多模型故障检测和隔离（FDI）方法；有的文献提出了一种多飞行器指令——控制式控制结构，它采用地面实时、集中式任务规划和飞行器健康管理；有的文献研究了机器人编队中故障在机器人之间动态传播的问题，提出了一种分散式、基于模型的突发故障检测方法。

本章主要研究编队层面上的突发性故障和非突发性故障的故障检测问题。当部件级故障检测和修复系统（CL－FDR）无法补偿部件损坏造成的影响并可能危害编队飞行时，将会用到本章提出的故障检测器。例如，同时发生多个执行器故障或飞行器间通信丢失可能导致整个编队飞行方向和飞行特性异常。编队中的每个飞行器都装备部件级故障检测和修复系统以及编队层面的故障检测器，后者探测附近飞行器的信息并通过通信网络获取大量其他的信息。本章提出的综合健康监测系统由系统模型、分别用于检测突发和非突发故障的故障检测器、当某个检测器的状态发生变换时被触发的指令调节器等组成，如图 1 所示。值得注意的是，除上述综合健康监测系统外，图 1 中还有一个完整的自修复系统，另有一个分布式决策模块，用来进行路径规划和轨迹生成。更进一步，编队需具有与命令控制中心通信的能力，从而保证在必要时可执行新的任务。

故障检测器涉及阈值选择问题。必须研究阈值的选择，从而使得虚警率在可接收范围内的同时使检测时间和漏警率最小。基于飞行器动力学模型设计编队突发故障检测器的设计方法有利于得到这些阈值的边界。由于对阈值边界推导没有任何假设条件可用，本章采用一种随机寻找算法寻找非突发故障检测器的近似最优阈值边界。

2 综合控制和故障检测

编队中的每个飞行器都安装了自动驾驶仪和编队控制器。有的文献给出的基于编队局部信息的外环控制器可用于编队的稳定，在这种控制结构中，每个飞行器只测量其附近的几个飞行器的信息。假设无人机自动驾驶仪已调整好，则可用一个简化的、

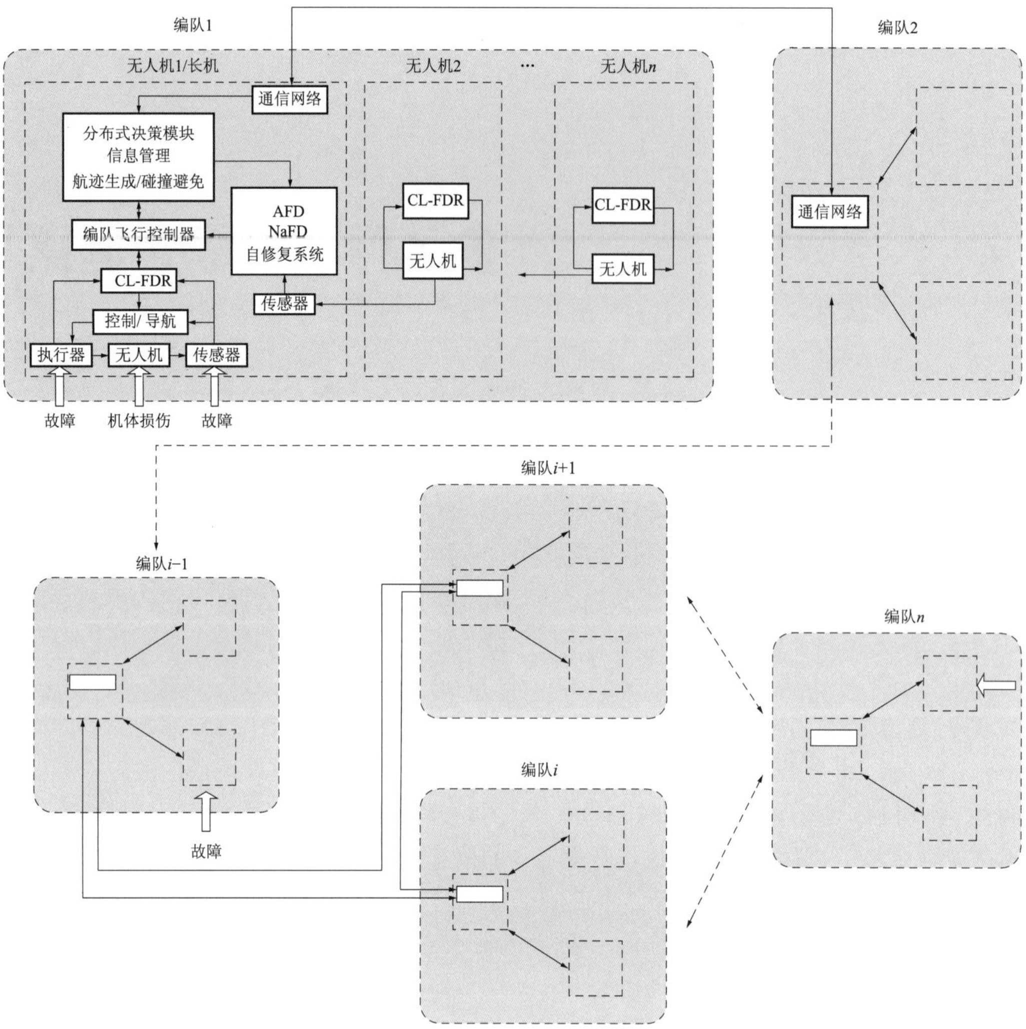

图1　无人机编队综合控制和健康监测系统

线性的、不确定的编队动力学模型来设计故障检测器。这里假设，不管一个无人机的飞行姿态如何，只要它相邻的无人机通过测量它们之间的相对距离认为它的飞行轨迹位置正确，则相邻的无人机就认为该无人机是正常的。

具有 n 架无人机的编队 $\boldsymbol{v}=[1,2,\cdots,n]$ 中，第 i 架无人机的线性、基于参数不确定性的模型如下：

$$\dot{\boldsymbol{q}}_i=\boldsymbol{A}_i(\alpha_i)\boldsymbol{q}_i+\boldsymbol{B}_i(\alpha_i)\underbrace{\begin{bmatrix}h_i\sum\limits_{j\in N_i}k_i(x_j-x_{ij}^*)\\ h_i\sum\limits_{j\in N_i}k_i(y_j-y_{ij}^*)\\ z_t\end{bmatrix}}_{v_{i1}-v_{i2}}\tag{1}$$

$$\begin{bmatrix}x_i\\ y_i\\ z_i\end{bmatrix}=\begin{bmatrix}1&0&0&0&0&0\\0&0&1&0&0&0\\0&0&0&0&0&1\end{bmatrix}\boldsymbol{q}_i\tag{2}$$

式中，$j\in N_i$，N_i是 ν 集合中无人机 i 所检测到的附近所有无人机的集合，且有

$$\begin{bmatrix}x_{ij}^*\\ y_{ij}^*\end{bmatrix}=\rho_{ij}^*\begin{bmatrix}\cos(\lambda_{ij}^*+\psi_i)\\ \sin(\lambda_{ij}^*+\psi_i)\end{bmatrix}\tag{3}$$

式中，x_i，y_i和z_i代表无人机 i 的位移；ψ_i代表无人机 i 的航向角；z_t代表根据任务需求预先设定的无人机编队高度；ρ_{ij}^* 和 λ_{ij}^* 分别代表编队中无人机 i 和 j 之间的距离和视线角；$\boldsymbol{q}_i\in\mathrm{R}^{n\times 1}$是状态向量，其中 $n=6$。

由于飞行器工作在一个时变的工作环境下，从而造成模型参数的不确定。式（1）中的模型可工作在一个大的飞行包络中，这使得设计者必须考虑参数的不确定性。在对参数不确定但有界的数学模型设计具有鲁棒性的控制器和观测器时，常采用多面体插值法，这一方法曾用于某战斗机建模和容错飞行控制系统的设计。更准确地说，状态空间矩阵在式（4）所表示的｛$\boldsymbol{A}_{i1}$，…，$\boldsymbol{A}_{is}$｝和｛$\boldsymbol{B}_{i1}$，…，$\boldsymbol{B}_{is}$｝多面体矩阵内变化：

$$
\begin{aligned}
\boldsymbol{A}_i(\alpha) &= \sum_{j=1}^{s} \alpha_{ij}\boldsymbol{A}_{ij} \\
\boldsymbol{B}_i(\alpha) &= \sum_{j=1}^{s} \alpha_{ij}\boldsymbol{B}_{ij}
\end{aligned} \tag{4}
$$

不确定参数 α_i 满足

$$
\Gamma_i = \left\{(\alpha_{i1},\cdots,\alpha_{is}) \middle| \sum_{j=1}^{s}\alpha_{ij} = 1, \alpha_{ij} \geqslant 0\right\} \tag{5}
$$

矩阵 $\boldsymbol{A}_i(\alpha)$ 可以分解为一个标称矩阵 $\boldsymbol{A}_i^* = \boldsymbol{A}_i(\alpha^*)$ 与一个偏差矩阵 $\widetilde{\boldsymbol{A}}_i(\alpha)$ 的和，这个偏差矩阵 $\widetilde{\boldsymbol{A}}_i(\alpha)$ 与 $\boldsymbol{A}_i(\alpha)$ 同源，对矩阵 $\boldsymbol{B}_i(\alpha)$ 也有同样的结果。

$$
\begin{aligned}
\widetilde{\boldsymbol{A}}_i(\alpha) &= \sum_{j=1}^{s} \alpha_{ij}\widetilde{\boldsymbol{A}}_{ij} \\
\widetilde{\boldsymbol{B}}_i(\alpha) &= \sum_{j=1}^{s} \alpha_{ij}\widetilde{\boldsymbol{B}}_{ij}
\end{aligned} \tag{6}
$$

需要注意的是，对一个所有无人机均相同的无人机编队而言，如果对整个编队设计一个突发故障检测器（AFD），需要用多面体表示形式，尽管该形式有些保守。实际上，突发故障检测器取决于每架无人机的简化模型，编队中的每架无人机都装备AFD，并根据 $\boldsymbol{A}_i(\alpha)$ 和 $\boldsymbol{B}_i(\alpha)$ 对其进行调整。3.6节①给出了一个采用单多面体的例子，它也获得了令人满意的性能。

图 2 给出了典型的执行器故障，包括锁死（LIP）、满偏（HOF）、自由浮动、失效。满偏中的 $1-u(t_f)/u_{\mathrm{HOF}} \approx 1$ 和 $\theta_{\mathrm{HOF}} \approx \pi/2$ 是两种典型的突发性故障。锁死、自由浮动和满偏中的 $\theta_{\mathrm{HOF}} \leqslant \pi/2$ 是本章所研究的三种典型的非突发性故障。简而言之，非突发性故障的动态特性比突发性故障的动态特性缓慢。对这两类故障而言，一种检测技术对一类故障的检测效果要好于对另一类故障的检测效果，反之亦然。

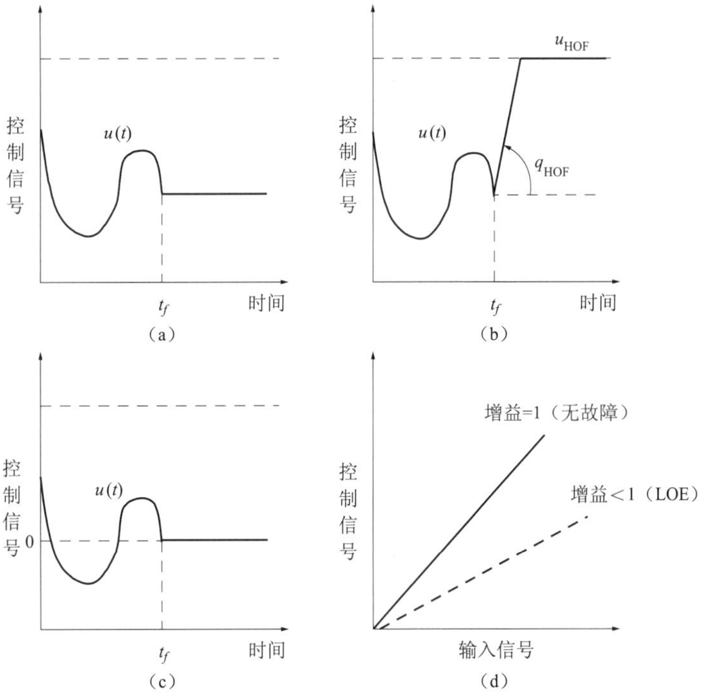

图 2　执行器故障示意

（a）锁死；（b）满偏；（c）自由浮动；（d）失效

3　分布式故障检测

3.1　突发性故障检测

3.1.1　鲁棒观测器的设计

在无人机编队飞行时最坏的情况是同时发生通信丢失和僚机上的部件出现故障，并且僚机上的部件级故障检测和恢复系统无法解决这一部件故障，本节设计了一种基于观测器的分布式突发故障检测器来解决这一问题。某无人机编队中发生故障及引起的一系列事件如图 3 所示：首先，编队中的无人机 i（$i \in N_k$）在 t_f 时刻发生故障；然后，无人机 i 在 t_f+t_1 时刻出现了人们不希望的飞行轨迹，由于编队飞行，产生了无人机间的耦合效应；最后，突发故障检测器在 t_f+t_d 时刻检测到无人机 k 出现了

① 编者注：原书如此。

错误，自修复机制立即启动，使得无人机 i 赶上编队中的其他无人机。

其中，图 3（a）表明无人机 k 的运动受到故障无人机 i 的影响，无人机 k 需要快速故障检测器来检测附近无人机的故障，从而保持编队队形；图 3（b）表明无人机 i 故障前后无人机 k 的实际轨迹和期望轨迹。

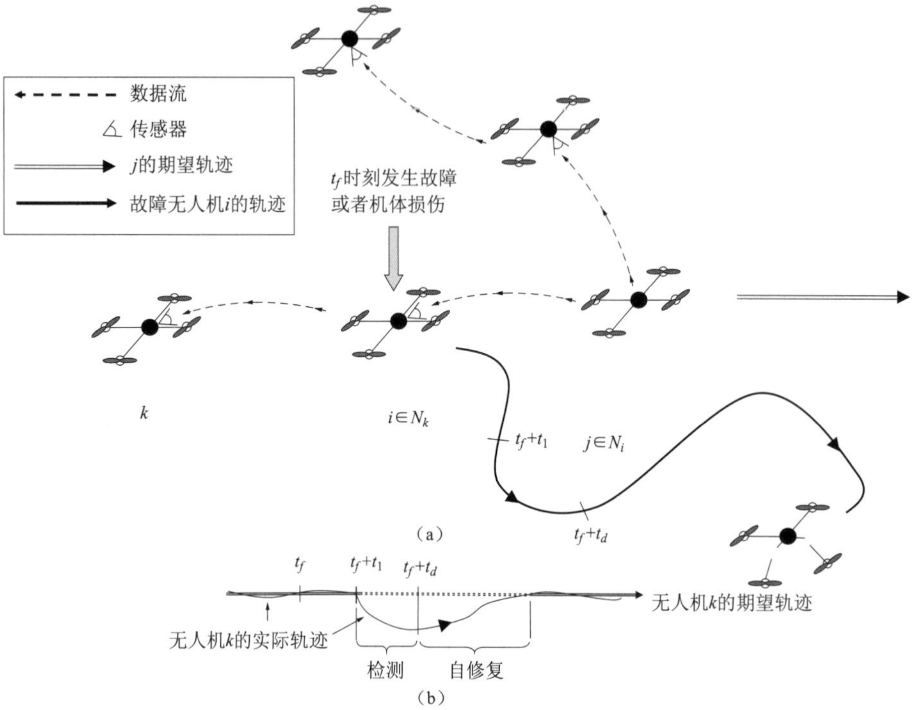

图 3　编队层面突发故障检测器

图 4（a）展示了用来完成编队自修复的突发故障检测器的结构，突发故障检测器由基于模型的观测器和比较器组成；图 4（b）表示比较器将观测器得到的残差和阈值进行比较。

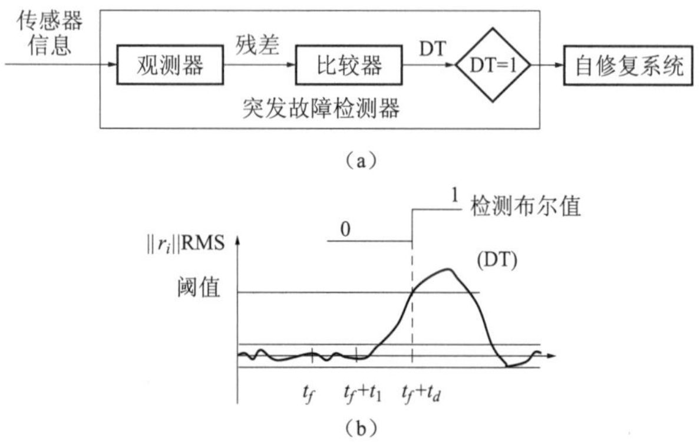

图 4　突发故障检测器

系统没有故障时，观测器产生的残差在“0”附近变化，残差的波动主要来自测量噪声和模型的不确定性，此问题可通过所设计的观测器的鲁棒性来解决。同时这个观测器还必须对无人机 i 发生的故障敏感。如图 3 所示，无人机 i 上的编队控制器反馈无人机 i 和无人机 j 之间的距离信息，但如果无人机 j 不是无人机 k 的相邻无人机（即 $j \notin N_k$），则无人机 k 无法得到这些信息。

这些观测器必须满足两方面要求。首先，它必须对式（1）中模型参数的不确定性具有良好的鲁棒性。再者，观测器必须能补偿 $j \notin N_k$ 情况，即使残差只对故障信号敏感，对那些与故障无关的外部信号不敏感。前者通过鲁棒滤波技术来实现，后者则通过用 $\boldsymbol{A}_i^*$ 和 $\boldsymbol{B}_i^*$ 替代式（1）中的 $\boldsymbol{A}_i$ 和 $\boldsymbol{B}_i$，再通过对标称模型求逆来实现。

观测器（$\boldsymbol{A}_{F,i}$，$\boldsymbol{B}_{F,i}$，$\boldsymbol{C}_{F,i}$）的结构如图 5 所示，其中无人机 i 的标称模型的逆用于重构无人机 j 的笛卡儿坐标（x_j，y_j），这些坐标是编队控制器所需要的信息。$\hat{x}_j$ 和 $\hat{y}_j$ 是估计值，它们受测量噪声的影响，利用低通滤波器消除（x_k，y_k）+（x_{ki}，y_{ki}）和模型求逆时的干扰。注意，这里采用标称模型代替实际的、部分已知的模型，所以，当标称无人机 i 发生故障（δ）时，需将附加的扰动 δ^* 与故障 δ 一起加入 $\hat{x}_j$ 和 $\hat{y}_j$ 中。调整串联的低通滤波器和微分环节，使得与突发故障 δ 及逆系统相关的扰动 δ^* 最终转化为残差信号 r_i 中的高频成分。因为模型误差具有低频特性，这样，信号 r_i 中的模型误差就可以被区分出来。

因为 x_j 和 y_j 估计的不精确性和模型的不确定性，需要强调观测器的鲁棒性。为此需要建立观测器、无人机 i 的标称逆模型、多面体模型的估计误差的动态特性等。如图 6 所示，多面体模型由故障信号 δ 和在计算系统逆模型时使用的 $\boldsymbol{A}_i^*$ 和 $\boldsymbol{B}_i^*$ 所产生的建模误差 μ 两个外源性信号来激励，因此误差的动特性可以用图 6 中的矩阵来表示，图中 $\boldsymbol{A}_i(\alpha)$ 和 $\boldsymbol{B}_i(\alpha)$ 与观测器矩阵 $\boldsymbol{A}_{F,i}$ 和 $\boldsymbol{B}_{F,i}$ 线性相关。为了减少扰动 μ 对残差 r_i 的影响，需要计算观测器矩阵 $\boldsymbol{A}_{F,i}$，$\boldsymbol{B}_{F,i}$ 和 $\boldsymbol{C}_{F,i}$，这些矩阵可由解下面最小 L_2——增益问题——获得。

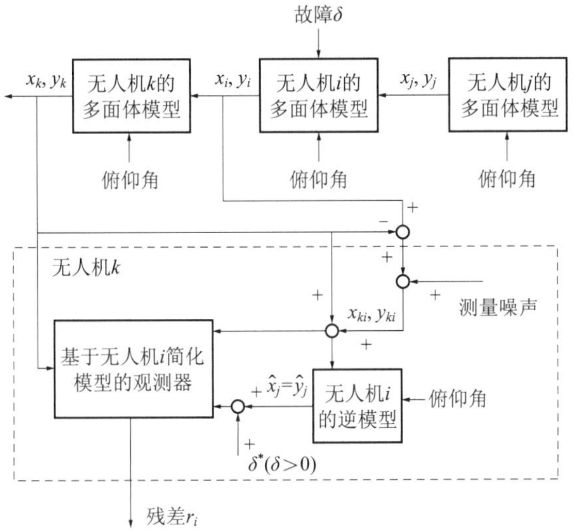

图 5　无人机 k 上的突发故障检测器

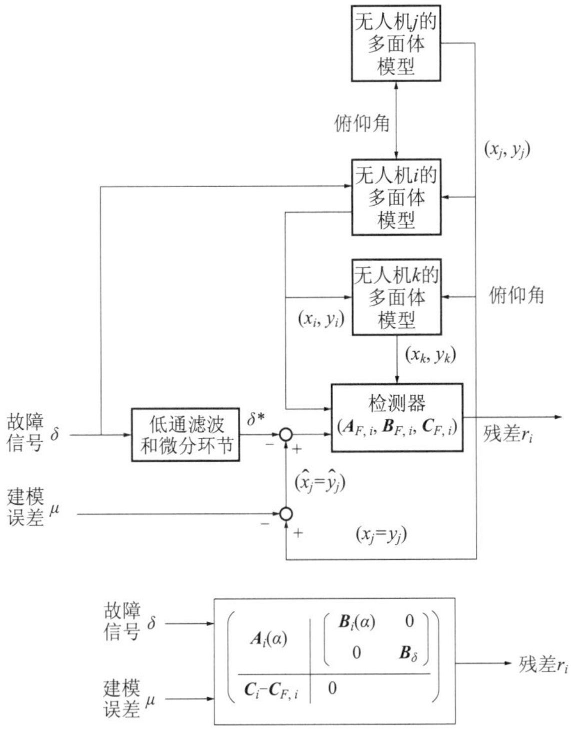

图 6　从误差得到观测器增益的过程

估计误差的动态特性$(\boldsymbol{A}_i(\alpha), \boldsymbol{B}_i(\alpha), \boldsymbol{C}_i-\boldsymbol{C}_{F,i}, 0)$：

$$\min_{\boldsymbol{A}_{F,i}, \boldsymbol{B}_{F,i}, \boldsymbol{C}_{F,i}} \{\gamma; \| T_{w r_i}(\alpha) \|_\infty < \gamma, \alpha \in \Gamma_i\} \tag{7}$$

式中，

$$T_{w r_i}(\alpha) = (\boldsymbol{A}_i(\alpha_i), \boldsymbol{B}_i(\alpha_i), [\boldsymbol{C}'_i - \boldsymbol{C}_{F,i}], 0) \tag{8}$$

式（7）表示的优化目标可通过解相应的线性矩阵不等式实现（如果有解的话）。线性矩阵不等式的求解可用 Mathworks 中的线性矩阵不等式（LMI）工具箱或 Scilab 等软件很方便地实现。

3.1.2　阈值的选择

相关文献指出，无人机 k 上装备的用来检测无人机 i 故障的突发故障检测器的阈值 $J_{\text{th},i}$ 必须满足以下条件：

$$J_{\text{th},i} \geqslant (a_{i1} + \varphi_{i1}(\rho_{i0}^*)) \| H_1(s) \widetilde{\boldsymbol{A}}_i(s) \|_\infty + \| H_2(s) \|_\tau \tag{9}$$

式中，$a_{i1} > 0$，φ_{i1} 是一个增函数；ρ_{i0}^* 是僚机 i 与长机之间的相对距离。$\|\cdot\|_\infty$、$\|\cdot\|_\tau$ 分别表示无穷范数和 2 范数，H_1 和 H_2 是取决于观测器矩阵的传递函数，残差的拉氏变换的形式为

$$z_i(s) = H_1(s) \widetilde{\boldsymbol{A}}_i Q_i(s) + H_2(s) + G_i(s) \delta(s) \tag{10}$$

式中，Q_i 与观测器的状态空间向量以及经过低通滤波的故障信号有关。

由式（9）可知，阈值 $J_{\text{th},i}$ 是一个增函数，因此，与长机较远的僚机的阈值较与长机较近的僚机的阈值大。另一方面，相关文献证明了最小可检测的故障的下界是 $J_{\text{th},i}$ 的一个正定递增函数，因此僚机与长机的距离直接影响到可用突发故障检测器检测突发性故障的范围，同时也影响虚警的概率。

3.2　非突发性故障检测

3.1 节中的故障检测器对锁死和自由浮动等故障无效，无法完成编队健康监测。非突发性引起的故障是缓慢变化的，因此残差 r_i 始终低于阈值，3.1 节中的检测器对这种故障不敏感，如图 4（b）所示。为检测无人机编队飞行中可能出现的非突发性故障，某文献给出了一种基于信号的分布式检测器。本章提出了一种阈值自动选择近似最优算法，从而使以检测时间、虚警率、漏警率为代价函数的值最小。

非突发故障检测器（NaFD）基于无人机编队中的信号冗余和编队固有的耦合特性。考虑图7（a）所示的正常非故障情况，这个编队中的每架无人机都装备了分布式的编队飞行控制器，长机 $k_{j,i} \in N_{j_i}$ 进行绕障机动。由于编队的耦合作用，该机动造成的干扰传递到僚机 $j_i \in N_i$，并进一步影响到无人机 i，通过检

测无人机航向角 ψ 得知无人机运动的变化。为了将重心放在概念而不是数学上，本章假设无人机作水平机动飞行。根据图 7（b）中的无人机航向角曲线可以看出，僚机的航迹与长机的航迹相似。图 7（b）给出了 j_i 与 i 的分段轨迹，包括由于长机 $k_{j,i}$ 进行绕障机动且长机 $k_{j,i}$ 与僚机 j_i 间存在耦合，从而产生 j_i 和 i 的航迹曲线的动态变化，但变化是有延迟的，即 $t_{i,1}>t_{j,1}>t_{k,1}$。

从图 7（a）中可以看出长机绕过障碍后沿直线飞行；从图 7（b）可以看到，长机 $k_{j,i}$ 的偏航角在［$t_{k,1}$，$t_{k,2}$］时间段内发生变化然后稳定在新的值，僚机 i 和 j_i 分别经过［$t_{i,1}$，$t_{i,2}$］和［$t_{j,1}$，$t_{j,2}$］的延时也稳定在与长机相同的航向。

因为无人机编队耦合使得无人机的特性可以相互传递，所以，非突发性故障检测器根据 $\psi_{k_{j,i}}$ 和 ψ_i 之间的关联性，可以用无人机 i 来检测无人机 j_i 的故障特征。本章假设最坏的情况，无人机 j_i 的信息无法提供给无人机 i 或认为该信息不可靠。

如图 8（b）所示，无人机 j_i 发生故障后会产生一个新的稳态航向角或一个偏移的航迹。无人机 j_i 在 t_f 时刻发生的故障导致它出现不正常动作，而这种动作会在延迟 $\bar{t}_{i,1}$ 后传递给无人机 i，所以在 $t_f+\bar{t}_{i,1}$ 时刻，无人机 i 的航向角 ψ_i 也会变得与原来的 $\psi_{k_{j,i}}$ 不同。比较图 7 所示的绕障机动，这时，$t>t_{i,2}$ 即编队完成了绕障机动后，$\psi_i(t)-\psi_{k_{j,i}}(t)$ 趋近于零。

图 8（a）表示某个故障导致无人机 j_i 脱离编队中的其他无人机；图 8（b）表示如果存在通信网络，ψ_i 和 ψ_{j_i} 会通过通信网络传输。t_f 时刻发生的故障使整个编队最终稳定在新的状态和航向。

如图 9 所示，比较 ψ_i 和 $\psi_{k_{j,i}}$ 就可以得到 t_k 时刻的故障检测信号 T，图 9（a）表示无故障的情况，图9（b）表示有故障的情况。将航迹角曲线分为两类：时不变的和时变的，分别对应于图 9 中的 $H'(i)=0$ 和 $H'(i)=1$，从而得到故障检测信号 T。无人机 i 在［t_k-NT_s，t_k］时间段内采集 ψ_i 和 $\psi_{k_{j,i}}$，在 t_k 时刻获得：

$$Y_{1,N_{k_{j,i}}}(k_{j,i})=\{\psi_{k_{j,i}}(T_s),\cdots,\psi_{k_{j,i}}(NT_s)\}$$
$$Y_{1,N_i}(i)=\{\psi_i(T_s),\cdots,\psi_i(NT_s)\} \tag{11}$$

式中，N 是一个整数；T_s 是采样周期。注意，图 7、图 8中的信号都是理想的无噪声信号，但这是不现实的。实际信号都有测量噪声，包括阵风扰动的影响，因此需要通过统计检验来确定 $H'(i)$ 在时刻 t_k 是 0 还是 1。一旦无人机 i 得到 t_k 时刻的 $H'(i)$ 和 $H'(k_{j,i})$ 值，将 $H'(k_{j,i})$ 在［t_k-t_{dc}，t_k］内的值与 $H'(i)$ 在 t_k 时刻的值比较就得到故障检测信号 T。直观来说，如果 $H'(i)$ 和 $H'(k_{j,i})$ 相同就说明没有故障发生，否则说明在［t_k-t_{dc}，t_k］时段内发生了故障。

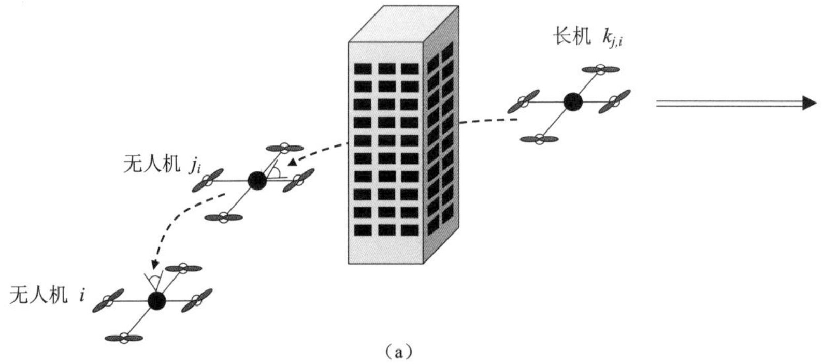

（a）

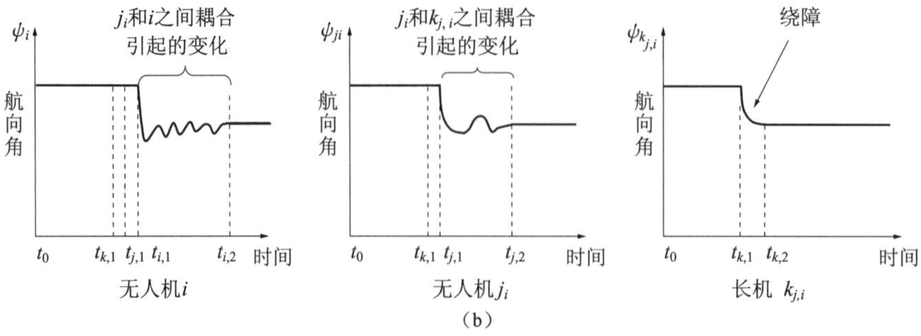

（b）

图 7　正常编队的绕障机动

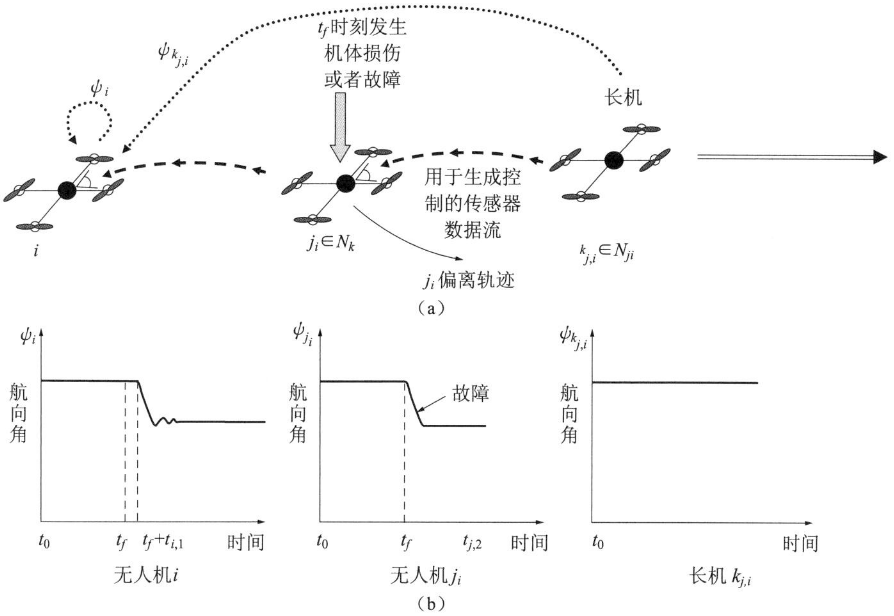

图8　基于编队耦合和冗余的非突发性故障检测

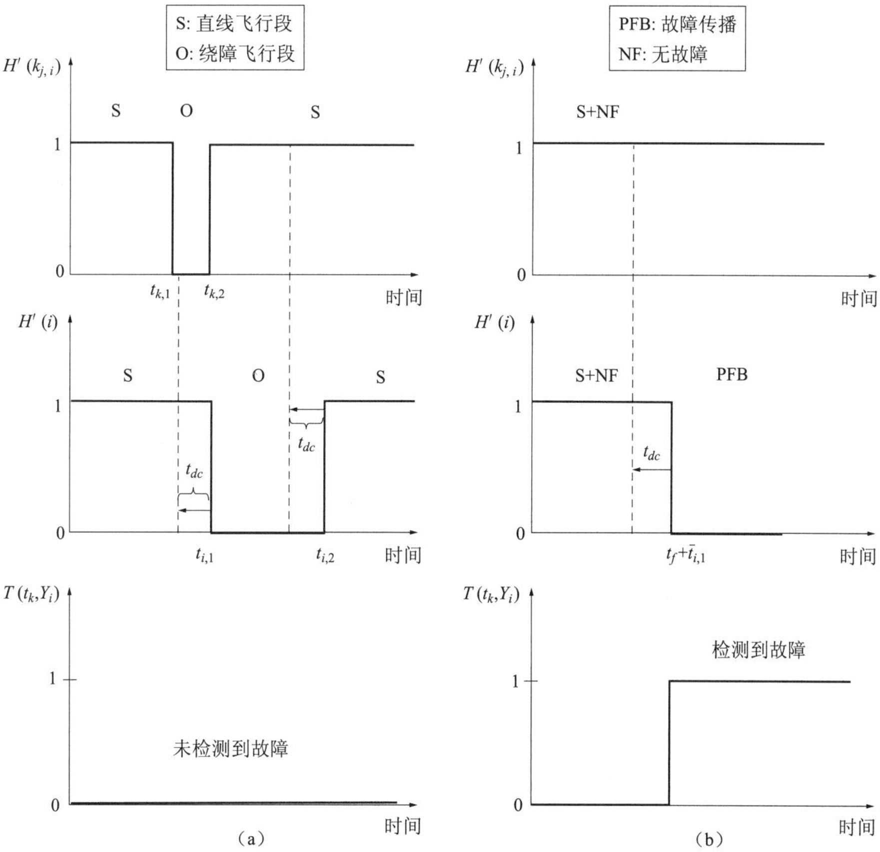

图9　故障检测过程示意

令

$$Y_i = \{Y_1, N_{k_{j,i}}(k_{j,i}), Y_1, N_i(i)\} \tag{12}$$

上述讨论可总结如下：

$$T(t_k, Y_i) = \begin{cases} 1 & \text{如果 } H'(i) \text{在时刻 } t = t_k \text{ 不等于 } H'(k_{j,i}), \\ & \text{对所有 } t \in [t_k - t_{dc}, t_k] \\ 0 & \text{如果 } H'(i) \text{在时刻 } t = t_k \text{ 等于 } H'(k_{j,i}), \\ & \text{对所有 } t \in [t_k - t_{dc}, t_k] \end{cases} \tag{13}$$

式中，t_k 表示检测完成的时间；t_{dc} 表示检测的时间段。

4 非突发性故障检测的自动阈值选择

相关文献提出的用式（13）进行统计检验的方法取决于两个阈值 v_i 和 $v_{k_{j,i}}$，确定 v_i 和 $v_{k_{j,i}}$ 是使用式（13）的一个重要步骤，这两个值要根据所要求的虚警率和允许的漏警率来确定。值得注意的是，测量噪声和大气扰动对飞机动态特性影响的敏感性也是影响 v_i 和 $v_{k_{j,i}}$ 的重要因素。为了提高确定 v_i 和 $v_{k_{j,i}}$ 的速度，在给定一些运算条件以后，可以利用基于迭代计算的近似最优寻优算法对 v_i 和 $v_{k_{j,i}}$ 进行任务前的自动计算。模拟退火算法、遗传算法和交叉熵算法等都能为复杂的最优问题提供全局近似最优解。因为交叉熵算法具有应用简单和收敛快的特点，本章用它来解决非突发故障检测器中的阈值自动选取问题。下一节，该算法会被用到装有非突发故障检测器的编队飞行器中。

为了减少检测时间 t_{detec}、误警率 p_{F}、漏警率 p_{MD}，建立的代价方程为

$$d(t_{\text{detec}},p_{\text{F}},p_{\text{MD}};v_l)=\alpha_d d(t_{\text{detec}};v_l)+\alpha_{\text{F}}p_{\text{F}}+\alpha_{\text{MD}}p_{\text{MD}}$$

$$d(t_{\text{detec}};v_l)=\frac{1}{N_l}\sum_{i=1}^{N_l}t_{\text{detec}}$$

$$t_{\text{detec}}=\begin{cases}(t_d-t_f)/\Delta & \text{如果}\ t_d\in[0,\Delta]\\ 1 & \text{其他}\end{cases}\tag{14}$$

式中，$l=1$，…，N，$v_l=(v_{i,l},\ v_{k_{j,i},l})$ 是服从高斯分布的阈值对，它们用上述交叉熵算法进行更新；α_d，α_{F} 和 α_{MD} 是满足 $\alpha_d+\alpha_{\text{F}}+\alpha_{\text{MD}}=1$ 条件的正的权值；N_l 是根据测量误差和大气扰动来计算 $d(t_{\text{detec}};\ v_l)$，$p_{\text{F}}$，$p_{\text{MD}}$ 所需的运算次数；Δ 是一个待整定参数，以保证检测时间不超过 $t_f+\Delta$；t_d 是检测故障用的时间。式（14）所表示的代价随检测时间、误警次数、漏警次数的增加而增大。

图 10 所示是这一算法的基本结构，其中的 u_g 代表阵风扰动，w 代表测量噪声，f 和 X 分别代表动态过程向量和状态向量。

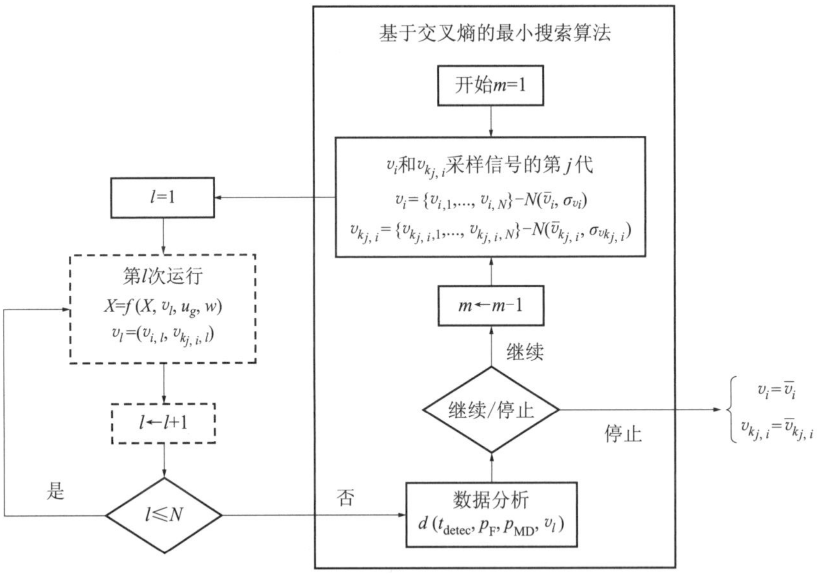

图 10 基于迭代计算的 NaFD 阈值自动搜索

首先，从独立、同分布的随机序列 $v_{i,l}$ 和 $v_{k_{j,i},l}$ 中采样得到 $v_i=\{v_{i,1},\cdots,v_{i,N}\}$ 和 $v_{k_{j,i}}=\{v_{k_{j,i},l},\cdots,v_{k_{j,i},N}\}$。任何双参数的分布序列均可用来生成 $v_{i,l}$ 和 $v_{k_{j,i},l}$，为简便起见，本章选择高斯分布的$N(\bar{v}_i,\sigma_{v_i})$ 和 $N(\bar{v}_{k_{j,i}},\sigma_{v_{k_{j,i}}})$。

然后，对于每对 $v_l=(v_{i,l},v_{k_{j,i,l}})$，$l\in\{1,\cdots,N\}$ 都进行 N_l 次运算，运算前都要对 3.6 节[①]介绍的伪随机测量噪声和阵风扰动初始化。运行结果用来计算检测时间、误警率 $\hat{p}_{\text{F}}$ 和漏警率 $\hat{p}_{\text{MD}}$，将后两个值代入式（14）就可得到 $d(t_{\text{detec}},\hat{p}_{\text{F}},\hat{p}_{\text{MD}};v_l)$。

最后，分析仿真结果，为下次迭代选择新的、调整后的采样值（$\bar{v}_i$，σ_{v_i}）和（$\bar{v}_{k_{j,i}}$，$\sigma_{v_{k_{j,i}}}$），从而使得 $d(t_{\text{detec}},\hat{p}_{\text{F}},\hat{p}_{\text{MD}};v_l)$ 减小。从 $\hat{d}_l$（t_{detec}，$\hat{p}_{\text{F}}$，

① 编者注：原书如此。

$\hat{p}_{\mathrm{MD}}$；v_l）中选择 ρN 个最优值，且 $\hat{d}_1<\hat{d}_2<\cdots<\hat{d}_{[\rho N]}$。利用下式：

$$\bar{v}_i=\frac{1}{\rho N}\sum_{l=1}^{\rho N}v_{i,l}$$
$$\sigma_{v_i}^2=\frac{1}{\rho N}\sum_{l=1}^{\rho N}(v_{i,l}-\bar{v}_i)^2 \tag{15}$$

更新（$\bar{v}_i$，σ_{v_i}）和（$\bar{v}_{k_{j,i}}$，$\sigma_{v_{k_{j,i}}}$），从而使阈值的最优密度的 Kullback-Leibler 散度最小。这里，通常采用 $y_m=\alpha u_m+(1-\alpha)y_{m-1}$，$\alpha\in(0,1)$平滑 $\bar{v}_i$ 和 σ_{v_i}，u_m对应式（15）在第 m 次迭代中的 $\bar{v}_i$，而 y_m 对应平滑后的 $\bar{v}_i$，对 σ_{v_i} 的操作也有类似的效果。（$\bar{v}_{k_{j,i}}$，$\sigma_{v_{k_{j,i}}}$）的计算方法与（$\bar{v}_i$，σ_{v_i}）一样。

当标准差 σ_{v_i} 和 $\sigma_{v_{k_{j,i}}}$ 的值小于给定的一个很小的值时，算法停止，这样就产生了一个中心在期望的近似最优阈值的窄高斯分布。这个算法必须对（$\bar{v}_i$，σ_{v_i}）和（$\bar{v}_{k_{j,i}}$，$\sigma_{v_{k_{j,i}}}$）进行初始化，且对初始化的值需要仔细选取。如果将初始值 $\bar{v}_i$ 和 $\bar{v}_{k_{j,i}}$ 设为一些较小的正数，而 σ_{v_i} 和 $\sigma_{v_{k_{j,i}}}$ 为较大的正数，则近似最优的阈值很可能是局部最优。但是，如果采用大的初始值则会导致算法收敛变慢。

5　仿真与分析

本章用由 9 架小型无人机组成的编队对综合故障检测系统进行测试，每架无人机均采用六自由度非线性模型，且用自动驾驶仪和分布式编队控制器构成闭环系统，相关文献给出了这个系统的详细模型。由 GPS 和航向角传感器提供的采样信号和测量噪声都被引入反馈回路中。如图 11 所示，这个编队中的每架无人机 i 都只和其前一个无人机 $i-1$ 相耦合。相关文献给出了具体模型和参数，并提出了两种故障检测器。要求无人机编队绕一个正方形区域飞行，每个边的飞行时间为 100 s。每架无人机上都装备了突发故障检测器和非突发故障检测器，这样无人机 7 和无人机 2 就能分别检测出无人机 6 发生的满偏故障和无人机 2 发生的自由浮动故障。一旦无人机 7 和无人机 2 上的故障检测器检测到无人机 6 和无人机 2 发生故障，自修复机制就会建立无人机 1 与无人机 2、无人机 5、无人机 6 之间的耦合。第一次仿真时不考虑阵风扰动，目的在于说明：尽管有测量噪声，所有的故障都能被检测到，并且无人机运动到正方形的拐角时也不产生误警。式（5）用来设定最终将被仿真调整的仿真初始阈值 $J_{\mathrm{th},i}$。取：$J_{\mathrm{th},3}=0.12$，$J_{\mathrm{th},4}=0.12$，$J_{\mathrm{th},5}=0.12$，$J_{\mathrm{th},6}=0.125$，$J_{\mathrm{th},7}=0.125$，$J_{\mathrm{th},8}=0.13$，$J_{\mathrm{th},9}=0.13$。阈值 v_i（$i=1$，…，9）是在无阵风条件下反复试凑得到的，这里令 $v_3=0.3$，$v_{l_{2,3}}=0.3$，它们在后面的仿真中被用作近似最优阈值的初始值，加入阵风扰动后执行最优阈值搜索算法。

图 11 展示了编队在 75 s、150 s、200 s 时的状态。故障在 150 s 时被激发，此时无人机 2 和无人机 6 都已经飞过正方形的角。无人机在 200 s 时的状态显示无人机 2 和无人机 6 已经脱离了编队，但是剩余的无人机已经重新组成了原来的队形。突发故障检测器和非突发故障检测器检测故障所需要的时间分别是 5 s 和 10 s。图 12 展示了位于无人机 2 和无人机 6 附近的无人机沿 x 轴方向的轨迹图，图 12（a）所示是无人机 1、无人机 2 和无人机 3 的轨迹，其中无人机 2 发生了自由浮动的故障，图 12（b）所示是无人机 5、无人机 6 和无人机 7 的轨迹，其中无人机 6 发生了满偏的故障；y 轴方向的情况与之类似，由于篇幅的限制，这里没有给出。无人机 3 和无人机 7 在［150 s，$150+t_d$ s］时间段内一直跟随故障无人机，直到经过 t_d时间检测到故障，然后它们就开始跟随编队中剩余的无人机，并试图保持减少了飞行器数量的编队的队形。

现在分析编队中加入阵风扰动后的阈值 v_3 和 $v_{l_{2,3}}$ 的自动选取情况。这里的阵风扰动服从 Dryden 分布，即

$$\left.\begin{aligned}u_g&=u_{gc}+\sigma_u\left(\frac{2a_u}{T_s}\right)^{1/2}\frac{N(0,1)}{s+a_u}\\u_{gc}&=-u_{510}\left[1+\frac{\ln(h/510)}{\ln 51}\right]\\a_u&=\frac{U_0}{600},\sigma_u=2|u_{gc}|,u_{510}=12fts^{-1}\end{aligned}\right\}\tag{16}$$

式中，s 代表拉普拉斯算子。阵风扰动的速度在一般飞行器飞行速度的 70%附近波动。

图 10 所示的迭代算法用来寻找阈值 v_3 和 $v_{l_{2,3}}$ 以使式（14）中的代价最小。权值 α_d，α_{F}，α_{MD}各设为 1/3；算法的初始阈值设为无阵风时的阈值，也就是 $v_3=0.3$，$v_{l_{2,3}}=0.3$。其他参数设置为 $N_l=100$，$N=50$，$\alpha=0.7$，$\rho=0.1$，$\Delta=30$。应用交叉熵寻优算法得 $v_3=1.004\ 8$，$v_{l_{2,3}}=0.204\ 2$。利用 Monte - Carlo 仿真获得的平均检测所用时间为

13s。漏警率和误警率分别是 0 和 2%，而当 $v_3=0.3$，$v_{l_{2,3}}=0.3$（即无环境影响时）时得到的漏警率和误警率则要求太高。因此非突发故障检测器中使用这种算法得到的阈值与环境设定有关，设定的条件发生变化时，阈值需要重新计算。

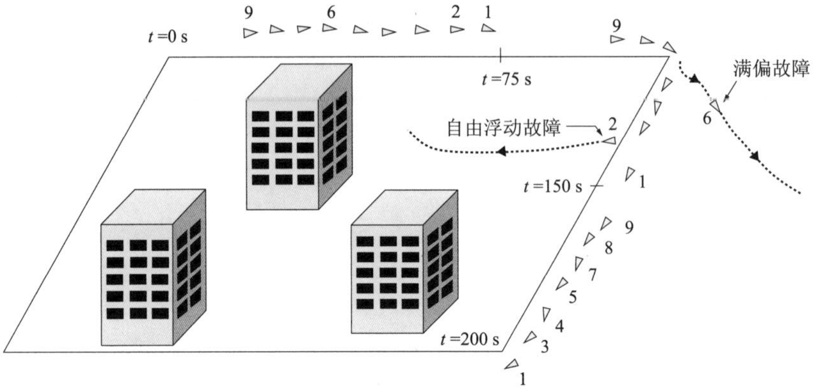

图 11　三个不同时刻的编队队形示意

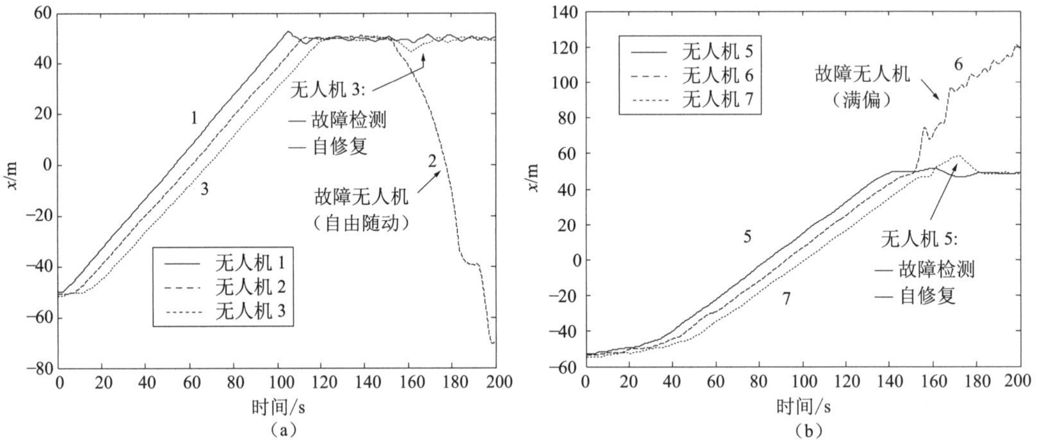

图 12　无人机沿 x 轴方向的轨迹

致　　谢

本文得到加拿大自然科学和工程研究委员会基金 STPGP 350889-07 的资助。

参考文献

Basseville, M. and Nikiforov, I. V. (1993) *Detection of Abrupt Changes*, Prentice-Hall, Englewood Cliffs, NJ.

Boskovic, J. D., Bergstrom, S. E. and Mehra, R. K. (2005) Robust integrated control design under failures, damage, and statedependant disturbances. *J. Guid. Cont. Dyn.*, **28** (5), 902—917.

Daigle, M. J., Koutsoukos, X. D. and Biswas, G. (2007) Distributed diagnosis in formations of mobile robots. *IEEE Trans. Robot.*, **23** (2), 353—369.

Gahinet, P., Nemirovski, A., Laub, A. J. and Chilali, M. (2004) LMI control toolbox-for use with MATLAB. User's Guide, Version 1.0.9, The MathWorks, Inc, Natick, MA.

Giulietti, F., Pollini, L. and Innocenti, M. (2000) Autonomous formation flight. *IEEE Cont. Syst. Mag.*, **20** (6), 34—44.

Innocenti, M. and Pollini, L. (2004) Management of communication failures in formation flight. *J. Aerosp. Comput. Inf. Commun.*, **1**, 19—35.

Juang, J. G. and Cheng, K. C. (2006) Application of neural networks to disturbances encountered landing control. *IEEE Intelligent Trans. Syst.*, **7** (4), 582—588.

L'echevin, N., Rabbath, C. A. and Sicard, P. (2006) Trajectory tracking of leader-follower formations characterized by constant lineof-sight angles. *Automatica*, **42** (12), 2131—2141.

L' echevin, N. and Rabbath, C. A. (2007) Robust decentralized fault detection in leader-to-follower formations of uncertain, linearly parameterized systems. *J. Guid. Cont. Dyn.*, **30** (5), 1528—1535.

L'echevin, N. and Rabbath, C. A. (2009) Decentralized detection of a class of nonabrupt faults with application to formations of unmanned airships. *IEEE Trans. Cont. Syst. Technol.*, **17** (3), May 2009, pp. 505—519.

Liang, F., Wang, J. L. andYang, G.-H. (2002) Reliable Robust Flight Tracking Control: AnL-MIApproach, *IEEE Transactions on Control Systems Technology*, vol. 1, No. 1, pp. 76—89.

Mehra, R. K., Boskovic, J. D. and Li, S. M. (2000) Autonomous formation flying of multiple UCAVs under communication failure. IEEE Position Location and Navigation Symposium, San Diego, pp. 371—378. doi: 10.1109/PLANS.2000.838327.

Pollini, L., Giulietti, F. and Innocenti, M. (2000) Robustness to communication failures within formation flight. American Control Conference, pp. 2860—2866.

Poor, H. V. (1994) *An Introduction to Signal Detection and Estimation*, Springer, Princeton, NJ.

Rubinstein, R. Y. and Kroese, D. P. (2004) *The Cross-Entropy Method-A unified Approach to Combinatorial Optimization, Monte-Carlo Simulation and Machine, Information Science and Statistics*, Springer, New York.

Scilab 5.1.1 (2009) The Scilab Consortium Scilab Manual, 2009. Online http://www.scilab.org/.

Tuan, H. D., Apkarian, P. and Nguyen, T. Q. (2003) Robust filtering for uncertain nonlinearly parameterized plants. *IEEE Trans. Signal Processing*, **51** (7), 1806—1815.

Valenti, M., Bethke, B., Fiore, G., How, J. and Feron, E. (2006) Indoor multi-vehicle flight testbed for fault detection, isolation, and recovery. AIAA Guidance, Navigation, and Control Conference and Exhibit, August 21—24, 2006, Keystone, Colorado. AIAA Paper no. 2006—6200.

本章译者：江驹、欧超杰（南京航空航天大学航空宇航学院）

第 239 章

旋翼机飞行控制

Tim Clarke
约克大学电子系，黑斯林顿，英国

1 引　　言

本章介绍直升机飞行控制系统的应用。本章将研究对象限制为民用或军用的单旋翼直升机而不是用于体育竞技飞行的小型单/双座飞机。

2 背景介绍

首先介绍旋翼机飞行控制系统的背景。为确保飞行员能够安全有效地飞行，首先要考虑必须满足哪些条件。下面先考虑控制问题，抛开严格的数学问题，研究基本问题的本质和意义，因此，要着眼于最佳的应用实例（即所研究的问题是否代表当前的实际应用水平）。其次，要讨论研究的目的是否合适。如果一个直升机的升级将导致飞行员的工作负荷增加、难度增大，那么该研究工作就失去了主要的意义。那么，为什么将自动飞行控制系统（AFCS）放在研究的首位呢？这是因为自动飞行控制系统可以：

（1）弥补固有稳定性的不足。大多数直升机在飞行包线内具有不稳定性。后面将对一定空速范围内定直平飞的旋翼倾斜的直升机模型进行简单的讨论，由此分析基本稳定性的变化。

（2）提高操纵和驾驶品质。良好的操纵和驾驶品质可以对飞行员的工作产生积极的影响，从而使其更有效地完成任务。这在直升机需要大机动和精确飞行时显得尤为重要。

（3）确保机动动作的实现。一些机动动作在恶劣的环境下难以安全而有效地完成，一个合适的自动驾驶仪可以使它们更容易、更一致地实现机动动作。

（4）减轻飞行员的负担。处于放松状态且具有良好环境感知能力的飞行员可以更有效地飞行。

（5）满足 IFR 认证。为实现全效飞行，直升机需要全天候飞行。为实现 IFR 认证，确保适当而良好的飞行品质，自动飞行控制系统是绝对必要的。

通常情况下，通过对基本飞行器的适当设计来实现上述所有的目标是不可能的，可以通过自动飞行控制系统对设计进行补充和折中。

2.1 从操作的角度来分析

这里，从专业飞行员的角度来讨论问题。

在评估工作负荷和有效性时，首先要考虑更广泛的目标。飞行员必须决定完成任务的过程，即考虑为成功完成任务需要做些什么。乍看之下，“任务”这个词含有军事意义，但是，这一概念同样适用于民用方面。对于民机飞行员，“任务”可能是确保乘客安全到达目的地，且不使他们感到焦虑和不适。然而，无论是军用还是其他方面的应用，都必须在于不利条件下保证生存或持续飞行等选择之间进行平衡。不利条件包括：作战时的敌对动作、不利的大气扰动、糟糕的可视条件、降水或结冰、系统故障等。

为此，必须考虑飞行员的“工作环境”以及飞行员感觉和接收到的其他“信息”对提高任务完成有效性的重要意义。这些信息提供了对环境的感知能力，它们可以定义为飞行员对于下面讨论的一些关键因素的连续认知以及对所研究的直升机在实际环境中性能的评价。在一些大多与风速和风向有关的情况下，飞行控制的一些动作，尤其是纵、横向周期运动和脚蹬运动等将会受到限制。飞行员借助控制感知系统，认识和熟悉主要飞行控制的局限性，从而了解控制的各种限制。在一些飞行情况下，如近地悬停时，设定的功率很高，可用功率和所需功率之间的余量就可能会很小。同样，在恶劣的环境条件下（如恶劣的温度和高度等）以最大起飞重量起飞时，或一个关键的引擎出现故障时，飞行员都必须表现出良好的飞行技能。

从工程角度来看，作用于运动系统的力矩的大小“决定了”功率等级。发动机功率通常处于闭环控制状态以满足转速恒定的要求。然而，如果系统的总功率需求超过了可用功率，转子的转速将会下降。如果发动机控制系统试图保持功率输出，力矩将会增加。所谓的过转矩限制是仅允许在特殊情况下短时间使用，并且要对传动系统进行连续的监视。

在繁忙的环境下，必须保证任何控制系统不能模糊不清或扭曲变形以致给飞行员提供错误的信息。一个设计不良的控制系统容易受到许多上述因素的影响。

下面进一步讨论飞行控制系统。可以从飞行控制本身来确认飞行员所需的一些关键特征。受控运动和控制力之间的关系、直升机响应特性及大小与平稳并逐渐建立的力位移之间的关系等可能是逻辑的，也可能基于直觉的。同时，还有一些必要的幅值较小的突发性的力与力的变化梯度应该相互匹配。不可逆控制也应该如此，它无法感受实际的控制力，也无法感受其他控制所引起的飞行控制运动趋势，例如干扰或控制的混合所造成的结果。当撤销施加在弹簧感知系统上的杆位移后，俯仰通道至少要能够回到预设的配平平衡位置。在所有通道上的力和杆位移与直升机的响应应该始终保持协调一致。对飞行指令的响应的要求是：对于一个给定飞行路径的机动飞行应该是一个自然的飞行过程。

2.2 从系统的角度来分析

现在回到飞机本身，控制的重要意义是什么？未增稳的直升机是不稳定、非线性和强耦合的，例如，具有主旋翼和左推尾桨的单旋翼直升机。以一个简单的、非线性的、桨盘倾斜的直升机模型为例，该直升机可以在从悬停到 126 kts（233 km/h 或 145 mi[①]/h）的空速范围内水平飞行。图 1 给出了在这些工作点处线性化的飞机模型的极点轨迹。事实上，在飞行速度范围内，该直升机是不稳定的。

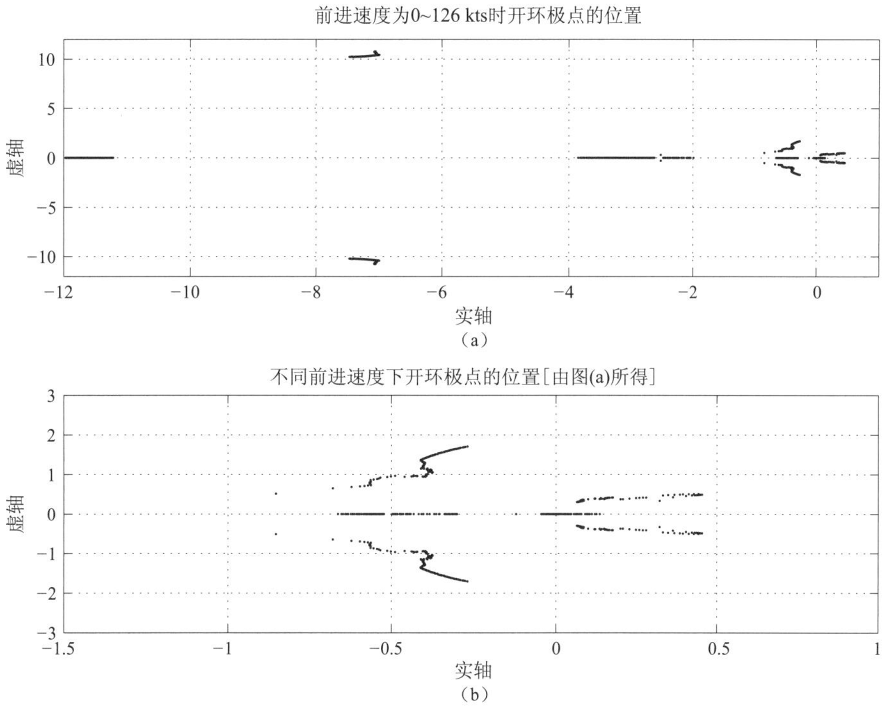

图 1 单旋翼直升机根据空速的极点运动轨迹

① 1 mi（英里）=1.609 344 km（公里）

速度较大时，轻度不稳定的振荡模式占主导地位，纵向周期变距模式类似固定翼飞机的长周期特性，但是具有不同的飞行力学特性。

速度较小时，会出现横向不稳定，可能会产生所谓“落叶”模态的风险，“落叶”模态是一个机身转动和平动相耦合的发散振荡模态。振荡周期主要随速度不稳定性的增加而增加，随阻尼的增加而减小。它会受前向空速的影响，可以通过减小静态速度稳定性和增加速率阻尼以减小该振荡模态。从直升机设计的基本角度来看，可以通过增加桨叶转动惯量、铰链位置的有效偏移、转子重心高度和减小直升机总转动惯量等影响该模态。如果需要在给定速度下增加直升机的俯仰阻尼，可以通过增加尾翼大小来实现。然而这将在重量和振动等方面带来潜在的代价，并需与低速操纵性进行折中。另一个方法是采用控制策略，例如采用适当的速率反馈。

那么在采用自动飞行控制系统时，最主要的问题是什么呢?

2.3 目标的相符性

在选择自动飞行控制系统时，最主要的挑战是定义需求，从而确保结果满足目标要求。需求将定义系统所需的所有属性，但可能仍然无法保证系统完全符合目标要求。控制律和内环增稳将会极大地影响飞机的性能。

飞行控制系统的应用不应破坏飞行员对飞机的正常操纵，否则会影响飞行员的工作负荷。自动驾驶模式的选择和控制通道的转换应该合理分组，在特定时间时采用哪种模式和通道要有明确的提示。最重要的是，飞行员必须能够通过使用飞行控制系统驾驭自动驾驶系统。这样，在任何时候，执行不需思考的开关动作就可以将飞行控制系统的任何一部分切除。所以，从操纵的角度来看，一个良好的直升机飞行控制系统的设计是十分重要的，特别是与传统的固定翼飞机相比，直升机飞行控制系统更为重要。

2.4 飞行控制的方法

造成飞行员工作负荷大的主要原因有两个。

首先，三个控制的作用、周期变距、主旋翼和尾桨总距等的影响通常并不局限在某个特定轴上。例如，总距的增加引起一个垂直方向上的响应，同时也会引起机身偏航。因此，飞行员需要通过踏板适当调整尾桨桨距，以补偿该偏航响应，防止飞机的偏航旋转。另一种补偿这种影响的常见方法是在直升机中采用适当的控制联动。在上面的例子中，这种联动将会随总距的增加自动地移动方向舵脚蹬以增加尾桨桨距。除了最基本的直升机外，其他直升机均采用控制联动，总距/偏航和总距/俯仰都是最常见的联动方式。联动可以被认为是一种前馈控制方式。

其次，直升机本质上是不稳定的，因此，如果没有飞行控制系统，飞行员要不断进行调整以维持飞行状态。直升机的自动稳定系统通过感知飞机运动和根据飞行控制需求自动进行调整。一个基本的增稳系统（SAS）利用飞机的角速率（主要是滚转和俯仰）反馈来提高飞机的稳定性、抑制干扰和确保基本的响应特性。作为自动稳定装置（ASE）的一部分，机体的姿态和航向也被引入到反馈回路中。ASE 允许飞行员可以在一段时间内松杆飞行，但是，飞行员仍需要控制直升机的飞行路径。自动驾驶系统可通过控制所要求的飞行路径从而进一步减轻飞行员的工作量。例如，一个基本的自动驾驶仪可以使飞机保持在预设的空速、高度和航向下飞行。因此，一个自动飞行控制系统将包括用于保证基本稳定性的 SAS 或 ASE 系统和用于飞行路径控制的自动驾驶仪。

2.4.1 SAS

SAS 系统用于提供速率阻尼，也可以提供短期的姿态稳定。然而，它作为自动驾驶仪的输入，在设计时要特别注意。在简单的固定翼飞机中，偏航阻尼器就是 SAS 系统，可用于改善荷兰滚特性，如图 2 所示。

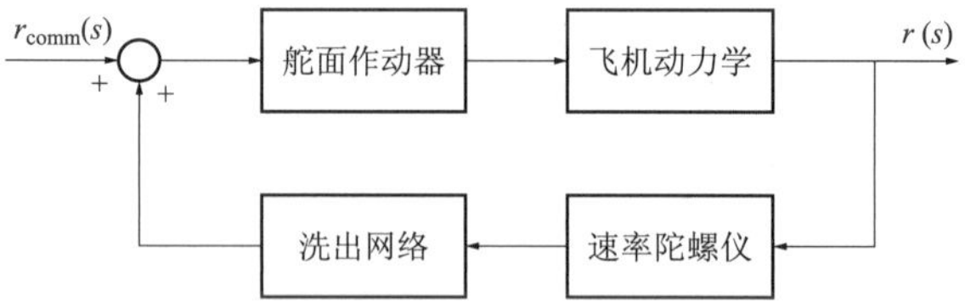

图 2 作为固定翼飞机的偏航阻尼器

洗出网络确保由速率陀螺仪检测出的瞬态响应经偏航阻尼器的反馈通道传输，而固定的驾驶仪指令相应被滤除掉。通过传递函数和频率响应可以很好地反映洗出网络的特性。

洗出网络的传递函数为

$$H(s)=\frac{s}{s+a}$$

当 $a=2$ 时，$H(s)$ 的频率响应如图 3 所示。

注意，由于低频增益较小，所以信号中的低频分量如飞行指令信号被滤除，高频分量如影响偏航阻尼器的荷兰滚运动的振荡信息得以通过，并且使振荡受到相应的抑制。

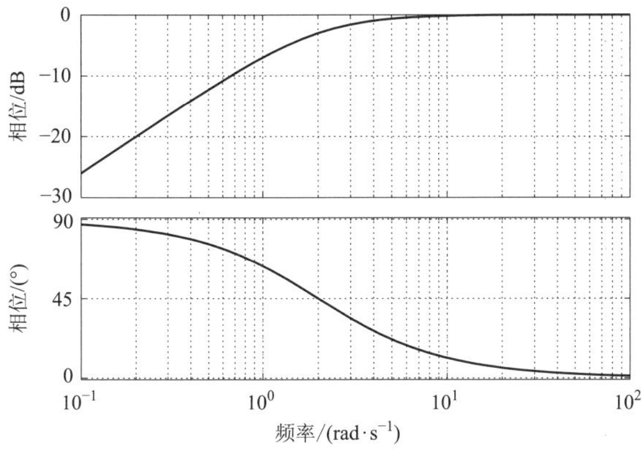

图 3 洗出网络的频率响应

SAS 具有许多优点，如：

(1) SAS 控制律方法简单且具有鲁棒性，只需要简单而可靠的速率传感器即可（当然，必须解决传感器漂移的问题）。

(2) SAS 能够随飞行条件和/或重心位置的变化而自动处理，不需要提供配平输入。

(3) 当没有机身转动时，不论直升机的姿态如何，SAS 的输出都将趋于零。

(4) SAS 不会影响长周期的操纵杆位置、姿态和速度之间的关系，SAS 系统对飞行员来说是透明的（感觉不到的）。

下面介绍 SAS 采用的一些策略。首先，要采取措施减小 SAS 对飞行员的影响。其次，要能改善松杆飞行时的性能。只要速率陀螺仪的漂移可以忽略不计（实际情况并非如此），SAS 就能实现姿态保持。如果在简单的控制律中加入对速率的积分，就可以适当提高姿态保持能力。为了保证姿态误差是短期的，积分作用也必须是短期的。这可以通过一个具有较大时间常数的一阶（低通）滤波器来实现。为了确保该系统不与飞行员命令相冲突，在操纵杆位移开关被触发时，该系统的作用必须被断开。

这些都需要一些逻辑和开关模式，从而增加了系统的复杂性。另一种方法是采用前馈信号，该信号与操纵杆位移成比例并经过一个时间常数和增益可调的洗出网络成形。

2.4.2 ASE

SAS 使用速率反馈作为主要输入以增加稳定性。速率陀螺仪容易产生长期漂移，这就是 SAS 只能实现短期姿态保持的主要原因。对于长期姿态保持，以姿态传感器如垂直陀螺仪作为输入是明智的。然而，如果没有适当的增益调整，它将改变直升机的特性，如姿态对飞行员输入或速率反馈的响应。为了得到起飞和飞行时均良好的操纵品质，速率反馈是必需的。在由飞行员操纵的较大的机动飞行中，切除姿态信号并保持用于增稳的速率反馈信号是十分必要的。这可以通过以下方式实现：

(1) 通过驾驶杆输入限定姿态增益或进行增益输出硬限幅。

(2) 利用与驾驶杆输入成比例的信号“抵消”姿态陀螺仪产生的信号。

此外，还必须考虑基准点的概念。在一个特定平衡状态下飞行的直升机，在飞行员指令下进行机动飞行，要么通过姿态反馈回到初始姿态，要么在完成机动飞行后保持一个新的姿态。在控制中，一个基准点就是一个设置点。在某些情况下，飞行员可能希望机动后回到基准点（姿态）。在其他情况下，基准点会随着机动飞行或者新的飞行条件而变化。无论是哪种情况，ASE 需要一些方法来管理这些基准并处理飞行员输入信号，否则这些信号可能被当作系统的干扰信号。

如果设计得当，ASE 系统的主要优势概括如下：

(1) ASE 可以实现长期姿态保持，且其不取决于飞行时间和曾经的机动飞行。

(2) 在机动飞行时，如果飞行员失去方向感，当其释放驾驶杆后，ASE 可以使直升机回到基准位置。

2.4.3 自动驾驶仪

由于 SAS 和/或 ASE 建立了人工增稳和短期松杆飞行能力，飞行员的工作负荷得到减轻。现在，考虑自动驾驶仪的作用，它可以提供下面 3 种功能：

(1) 对于速度和高度的长期稳定性（保持模态）。

(2) 在特定飞行路径的自动飞行，例如在基准高度上前飞和悬停的切换或协调转弯。

(3) 导航模态，如自动 ILS/MLS 导航或 VOR、TACAN 和 GPS 导航系统。

2.5 保持模态

自动驾驶仪提供了一种控制功能，它超越了 SAS 和 ASE 的稳定作用。自动驾驶仪经常与 SAS

和ASE一起工作。利用自动驾驶仪的保持模式，飞行员在该通道上可松杆飞行，但可能会利用控制单元或者总距和纵向控制的切换开关来选择和调整适当的基准点。保持模态可在理想飞行条件下（例如空速、高度和/或航向）或在跟踪俘获过程中使用。在这两种情况下，直升机的自然特性为AFCS设计者们提供了多种选择。这里，以高度保持为例进行讨论。

高度保持可以借助大气压力传感器信号（通常在远离地面和非终端空中交通管制的情况下）和无线电高度表信号（靠近地面的精确控制）来实现，可以通过主旋翼总距或纵向周期变距来控制。可能的空速范围（悬停到高速前飞、低速侧飞和后飞）、横向机动性和进一步减小飞行员工作负荷的需求，使自动驾驶仪的设计十分复杂。

（1）垂直速度和/或垂直加速度可以用于改善沉浮阻尼或提高直升机在受控垂直机动时的瞬态响应特性和精度。

（2）在高度保持控制律中引入倾斜角可以补偿当直升机在旋转时法向加速度的变化和随之产生的高度变化。

（3）它可通过一个通常位于总距操纵杆上的按钮调整高度基准点。

在贴水面飞行尤其是高海况下贴水面飞行时，高度控制可能会降低飞行性能和驾驶质量，因此必须对高度测量进行平滑，对驾驶质量和飞行性能进行折中。同样，气压测量受测压滞后和高频噪声的影响，人们经常用互补滤波、卡尔曼滤波和其他数据融合技术来处理低频高度测量信号和高频惯性加速度测量信号以产生平滑的高度测量信号。

2.6　转换控制

转换模态是提供飞行路径控制的重要模态。它们可以自动实现从前飞向悬停和从悬停到前飞的转换。转换模态是一种主要的海军模态，例如用于反潜作战的声呐浮标的重复吊放，但是现在已经用于搜索和营救工作。许多良好的操作手段可以使过渡过程尽可能的快，但要受到安全性和乘坐人员舒适性的约束。其他必须解决的问题包括进入自旋的风险、发动机故障的恢复、进入旋涡状态和由于控制律需求过多的控制而产生的作动器饱和等。

2.7　导航模态

与高度、航向和空速等可用的保持模态一样，导航模态通常通过滚转轴运作。它们可以利用VOR、TACAN、DME、ILS、MLS或GPS导航系统得到的导航数据，沿飞行轨迹或航路点自动提供飞行路径。在航空、航天工业领域，驾驶和导航［通常为飞行管理系统（FMS）］的关系不是始终一致的。然而，在所有自动驾驶仪的设计和使用中有一些共同的、必须解决的重要问题，可以概括为模态的可用性、兼容性、展示性和透明性。

可用性依赖于直升机是否处于适当的飞行状态（飞行包络）、飞行数据是否可用（传感器的状态）、作动器是否具备必需的能力（权限）、自动驾驶仪是否处于可用状态（错误状态）等。兼容性要求模态或子模态的入口条件一致、没有冲突且满足它们运行的正确顺序。展示性是以一种清晰且没有歧义的方式，把在任何时间正在使用的那些模态或子模态完整地提供给飞行员，这可以通过位于主仪表显示器（EFIS）或分离信号面板上的有字符说明的按钮来实现。最后，透明性是指自动飞行控制系统以如下方式处理飞行员干预的能力：当驾驶杆松开后确保飞机回到初始飞行状态或一个新的飞行状态，并且在飞行员机动飞行时不对飞行员的操纵产生干扰。

3　总　　结

对直升机设计实用的飞行控制律所采取的步骤不过是一个更广泛、更重要的过程的开始，对这个过程本章已经通过阐述一些基本的问题而进行了介绍。可见在直升机中应用自动飞行控制系统的动机和原因：如果没有控制系统，直升机将是一个非常不友好的飞行器，因为它具有高工作负荷、宽广的工作条件和同样宽广的潜在的飞行变化特性。不稳定性、非线性和强耦合性更显示了自动飞行控制系统的作用。因此，从这样的观点出发，完全有必要建立一个一致而且透明的系统以管理这些特性的改进并提高安全性。本章阐述了那些刺激飞行控制系统设计师们紧迫感的一些问题，但还需要更多的章节对这些问题进行全面的探索，从而提出更多需要解决的问题。

附　　注

（1）为保持悬停状态下的配平，直升机要采用右滚转姿态来平衡尾桨推力并产生俯仰抬头姿态来平衡主旋翼倾斜和重心后移。低速飞行时，飞行员通过配平实现零侧滑和较小的滚转角。在飞行速度大于 50 kts 时，飞行员将采取“机翼水平”的姿态并有一个小的侧滑角。

（2）未加控制的固定翼飞行器具有速率响应特性。因此，纵向驾驶杆输入将产生随驾驶杆输入量增大而增大的俯仰角速率。

相关章节

第 1 卷，第 14 章
第 5 卷，第 218 章
第 5 卷，第 223 章
第 5 卷，第 224 章
第 5 卷，第 226 章
第 7 卷，第 328 章
第 7 卷，第 334 章
第 7 卷，第 343 章

参考文献

Newman，S.（1994）*The Foundations of Helicopter Flight*，Edward Arnold.

Padfield，G. D.（1996）*Helicopter Flight Dynamics*，Blackwell Science Ltd.

Prouty，R. W.（1990）*Helicopter Performance Stability，and Control*，Robert E. Krieger Publishing Company.

Prouty，R. W. and Curtiss，H. C.（2003）Helicopter control systems：a history. *J. Guidance，Control Dyn.*，**26**（1），12—18.

本章译者：江驹、王洪欣（南京航空航天大学航空宇航学院）

第 240 章

制导武器的飞行控制

Peter M. G. Silson，Barry A. Stacey
英国克兰菲尔德大学国防与安全学院信息与传感器系，西文汉，英国

1 引　　言

导弹与飞机、潜艇一样，都是一个具有 3 个线运动、3 个角运动的六自由度运动体。

图 1 给出了导弹弹体运动的六个变量（每个变量对应一个运动的自由度），它们描述了弹体坐标系中的速度。U，v，w 是线运动速度；p，q，r 是角运动速度。

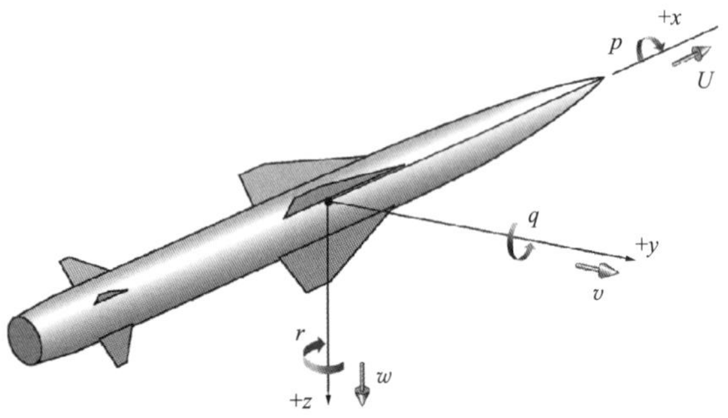

图 1　六自由度导弹示意

U 是导弹的纵向瞬时速度，通常火箭的推力沿纵轴方向。其他五个速度均为扰动速度，它们是在配平状态或正常飞行状态值附近的小的变化量或偏差量。

为了确保稳定和令人满意的飞行，需要控制机体的部分或全部运动，也就是说要监测与控制这些状态量的特性和它们与期望值的偏离程度。

值得注意的是，表示导弹动力学特性的 6 个运动方程是非线性的并且存在耦合。但在初步设计时，通常忽略非线性因素，建立线性传递函数模型，从而可采用完善的线性系统设计方法进行控制器设计。此外，许多导弹是纵轴对称的，这使得设计者可忽略耦合作用，也就是说可以不考虑水平面与垂直面之间的耦合运动。

机体变量并不是需要进行控制的唯一参数。导弹要求从发射点飞到指定的目标，有时还需要以特定的下沉角到达目标。为了实现这一目标，还需要对一些其他变量进行观测和控制，比如导航坐标系而不是弹体坐标系中的高度变量。此外，仅仅了解导弹的理想飞行航迹或者导弹在飞行过程中任何一点的理想姿态（例如横滚角）也是不够的，还需知道导弹飞行中的实际状态。例如，如果导弹偏离了预定轨迹，需要：

（1）利用导弹上的陀螺仪、加速度计等提供的信息，了解导弹的状态；

（2）向导弹的控制舵面发送校正指令；

（3）确保导弹正确地响应这些指令；

（4）设计自动驾驶仪并将其装载到导弹上。

2　导弹自动驾驶仪的作用

导弹自动驾驶仪的作用是确保导弹能够快速、有效地响应指令信号，同时能够抵抗使导弹偏离轨迹的各种不希望的干扰，如侧风干扰。自动驾驶仪不仅用于导弹，它们也用于飞机和船舶的控制，甚至用在汽车的“巡航控制系统”的子系统中。

注意，导弹所需控制的状态变量取决于飞行任务。例如，以下是一些在不同任务中可能需要控制的变量：

（1）飞行高度（如掠海飞行时）。

（2）航向（如巡航导弹）。

（3）爬升率（如地对空导弹）。

(4) 转弯半径（空中格斗的空对空导弹需要大过载。注意，一个恒定的转弯半径是通过向弹体施加一个恒定升力的侧向分量或一个合适的倾斜角度来实现的。根据牛顿定律，这些侧向力产生向心加速度。利用侧向力控制转弯是减小脱靶量最快的方法，所以许多导弹采用此方法）。

(5) 滚转角（巡航导弹和其他许多吸气式导弹均像飞机那样通过滚转改变方向）。

(6) 滚转速率（一些导弹可以以一个固定的速率滚转）。

通常需要不同的自动驾驶仪独立控制上述变量。自动驾驶仪具有与图 2 相似的结构。在图 2 中，增加涡轮推进巡航导弹的速度的指令将作用于推力控制系统，导弹的速度由真实的空速指示器（或更可能的是通过弹载的加速度计测量纵向加速度，再通过积分获得纵向速度）进行监测。指令速度减去实际速度得到速度偏差，如果检测到有速度偏差，则计算出修正的动作指令并执行，直到误差为零，从而表明该导弹以正确的速度飞行。类似算法也可直接用来控制其他变量。总之，自动驾驶仪是一个反馈结构，它包括监测、纠正、驱动等环节以及被控通道的机体动力学特性。

了解输出对指令的响应是很重要的。响应既不能太慢，也不能振荡过大。有关自动驾驶仪设计的问题将在后面讨论。图 3 所示是单位阶跃输入下一个欠阻尼系统的输出响应，如在 1°阶跃俯仰指令下，俯仰自动驾驶仪产生的俯仰角运动的响应。该响应有随时间迅速衰减的振荡，最终收敛到期望的值，这是一种稳定特性。大多数自动驾驶仪的响应都是这种模式。

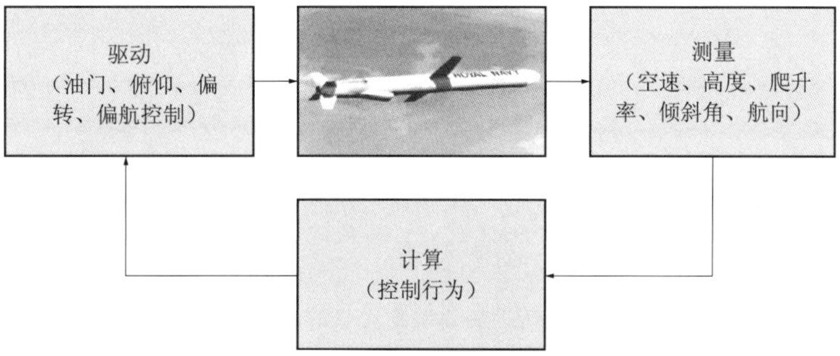

图 2　基本反馈控制回路

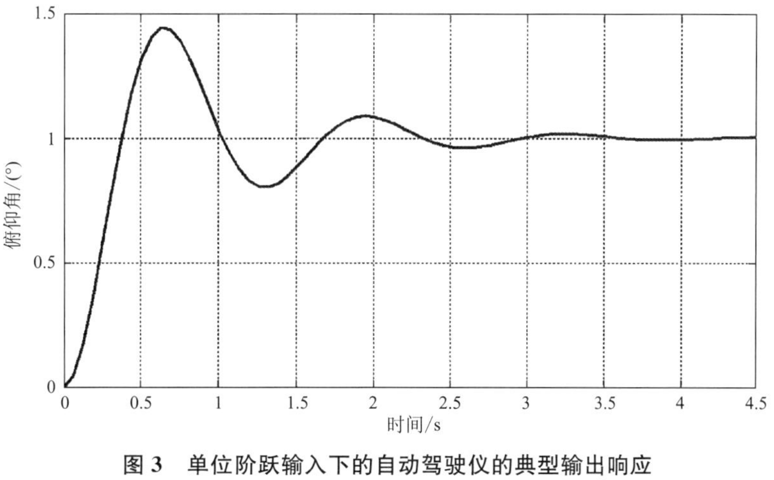

图 3　单位阶跃输入下的自动驾驶仪的典型输出响应

因此，自动驾驶仪需要具备一些功能，其中最基本的是：

(1) 确保服从指令，也就是说确保弹体的响应符合其收到的指令要求。

(2) 确保抗干扰。侧风等影响被称为“干扰”。这时自动驾驶仪起调整作用，比如，对于一个滚转稳定的导弹，任何对滚转的扰动都应被抵消掉。

(3) 确保在整个飞行包线中有相同的或可接受的响应特性。在整个飞行过程中，飞行参数的变化，如燃料燃烧致使重心（导弹旋转的中心点）变化或由于迎角的变化而产生的气动中心（升力的等效作用点）的变化等，使得飞行特性也发生变化。

为进一步研究控制算法，图 4 给出了一种经典的滚转控制自动驾驶仪的基本结构，它给出了经典的自动驾驶仪中的基本部件，如下所述：

（1）输入或指令信号（通常是电压信号）。

（2）比较器（或误差测量装置）：计算输入和输出之间的差（或差的函数）。

（3）伺服机构（执行器）：例如电动机。

（4）控制舵面：例如一个可动的尾翼（或推力矢量机构）。

（5）被控对象。

（6）传感器：用来测量选定的输出变量。

（7）补偿器模块：由设计者选择，用来改变响应的特性，或使不稳定的系统稳定。此模块不一定总是在反馈回路中。

图 4 也给出了干扰输入，这些干扰作为真实的输入在不同的地点加入回路，但系统不应该响应这些信号，设计良好的自动驾驶仪回路应该能够抵抗这些不希望的干扰信号。对反馈控制方法的进一步讨论，请参阅第 5 卷第 230 章。

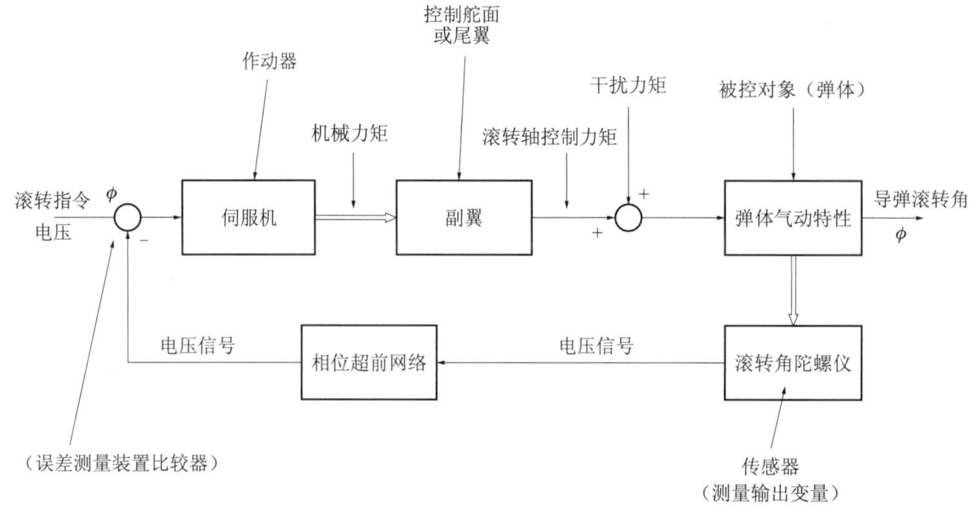

图 4　滚转控制自动驾驶仪的基本结构

3　制导回路

导弹的任务就是摧毁指定的目标。为了达到这个目的，导弹从发射到撞击都需要制导。导弹的制导系统生成的指令确保导弹沿着合适的路径飞向目标。导弹在路径（或轨迹）上的位置需要测量，如果发现导弹不在正确的位置上或飞行方向发生错误，就需修正导弹的飞行轨迹。

制导系统和人们所熟悉的自动驾驶仪相似，也是一种控制回路。它们协同工作：制导系统发出指令给自动驾驶仪，制导回路是外回路，自动驾驶仪是内回路。

制导的方式有指令制导、跟踪制导和导航制导三种。

这些内容在第 7 卷第 326 章将进一步阐述，同时在相关文献中也有叙述。

4　控制策略

在更深入地研究自动驾驶仪之前，了解控制策略非常重要。控制策略的作用是使偏航的导弹回到正确的轨道上来。

战术导弹的两个最常用的控制策略是：①侧滑转弯（STT）；②倾斜转弯（BTT）。

4.1　控制策略一：侧滑转弯

考虑图 5 所示的一种由地面指挥、采用光学瞄准的非滚转导弹。导弹在点 M，目标在交叉线的中心。为了使导弹与目标重叠，可采用两种控制策略中的一种进行控制，即使导弹同时向左、上方移动，直至达到目标的顶部，也就是交叉线的中心。该方法常用于具有“十”字形排列的四个鸭翼和四个尾翼的战术导弹，可以证明，这是使导弹最快返回预定轨道的控制策略，大部分敏捷的格斗导弹（地对空导弹和空对空导弹）常使用这种策略，例如苏联的 SA-3。

导弹通常有自由旋转、旋转角度控制和旋转角速率控制三种旋转控制方式。

最经济的选择是让导弹自由旋转，但这也意味着将丢失许多信息，如导弹处在滚转周期的什么位置。对于制导炮弹或一些反坦克导弹，自由旋转或许是可以接受的，但通常情况下这是不能接受的，例如，导弹贴着海平面飞行的时候需要高度传感器（如激光传感器）指向海平面。但是，如果控制导弹旋转，那么在滚转的大部分时间里，传感器无法指向海平面。同样，一个自由旋转的导弹无法正确理解和执行发射平台发出的“向上”指令，因为它无法确定在何时应该控制哪一个舵面。随弹体一起旋转的舵面其控制的相位不断地变化，极易引起混乱。

如果导弹在周期性旋转中知道它在360°中的位置，上述问题可获得解决。这样可以采用角度解算等方法保证“向上”（或其他）信号被正确地发送到相应的控制舵面（或舵面的组合）中，从而克服混乱的问题。

旋转弹还会带来其他影响，如图像导引时会出现图像模糊和拖影，或由于旋转与横向加速度存在耦合，从而使导弹在下降段产生螺旋运动，增大脱靶量。

因此，对旋转弹通常要进行旋转速率控制（旋转速率一般为 2～3 rad/s）。当需要使用旋转（如飞行器的再入）时，旋转速率的控制必须是精确的而不是随机的，这时必须进行旋转速率控制。采用侧滑转弯技术的导弹一般允许旋转。

巡航导弹和反舰导弹（ASMS）采用旋转位置控制技术，即倾斜转弯技术，该策略将在 4.2 节中介绍。

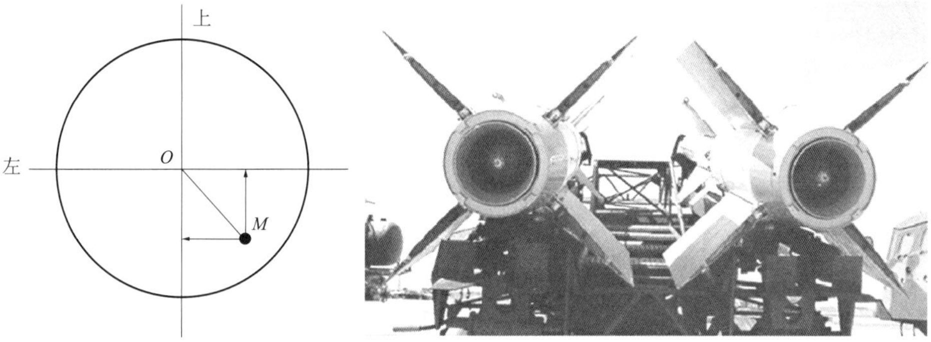

图 5　侧滑转弯控制

4.2　控制策略二：倾斜转弯

倾斜转弯控制策略要求如下：

（1）导弹滚转一个角度 φ，使它的翼面倾斜角和它与目标连线 MO 一致（见图 6）。

（2）延 MO 方向上产生升力，使导弹沿着 MO 方向向上移动，直至与目标在中心重叠。

这种策略用于飞机和一些吸气式导弹，如巡航导弹，因为它在攻击目标时要求轨迹与机体之间的夹角较小。采用吸气式发动机的飞行器的许多事故就是因为轨迹与机体之间的夹角太大，使得进气太少而导致熄火。侧滑转弯控制策略比倾斜转弯控制策略的响应速度更快。对于上述策略的进一步讨论，请参阅相关文献。

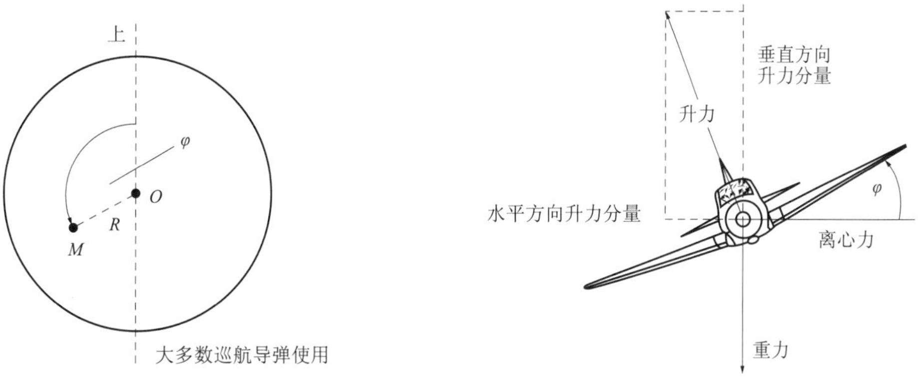

图 6　极坐标法控制（倾斜转弯）

5 自动驾驶仪的进一步讨论

5.1 指令信号

引起导弹运动变化的原因有两个。第一，响应预先设定的制导指令。例如，在任务规划时，巡航导弹的飞行航路点或方向变化点往往都是预先规划好的，在导弹飞向目标的过程中，当其到达空间中某个特定点时，其运动方向就会按规划进行改变。

第二，响应目标的运动。如果目标的移动与预计不符，则导弹需相应地改变航向，从而保证在一个新的位置与目标相遇。对于自寻的导弹，指令信号由导引头获得，经弹载制导律计算和滤波后送到自动驾驶仪并采取相应的动作。对指令制导导弹系统，制导指令通过数据链从指令中心被发送至导弹。

5.2 输出测量

自动驾驶仪需要测量感兴趣的输出变量，如果需要通过速率反馈来改变阻尼从而提高机体的稳定性，可能还需要测量输出的变化率。通常角度由陀螺仪测量、角速率由速率陀螺仪测量、加速度由加速度计测量，高度可以用激光或气压计测量。测量同一个变量可以选用不同的测量装置。这些测量装置有些使用了运动部件，如框架式陀螺仪和力平衡式质量加速度计。而现代导弹更多地使用固态器件，如用激光陀螺仪测量角速率、用应变计测量加速度等。对此，相关文献中有详细说明。

5.3 气动升力的产生

保持导弹运动所需的空气动力（升力）来自以下一个或全部部位：

（1）导弹的机翼/导流片。

（2）导弹的弹体。

（3）导弹的控制面。

如图7所示，导弹飞行在平衡（或配平）状态，直到被要求改变状态，如改变方向。变化过程是这样的：首先，通过改变气动舵面，如平尾、鸭翼，或其他舵面来改变气动力。这将导致平衡或配平飞行条件发生变化，弹体将产生滚转。滚转改变了气流与翼面的相对方向，从而使得迎角或攻角发生变化，同时产生附加的气动力。所有的气动力的和被认为等效地作用在气动中心。导弹将不停地调整，直到负责监控此运动的控制器认为导弹已达到规定的新状态为止。对导弹设计者来说，现在需要进一步了解哪些控制舵面是可用的。

有些导弹不采用或部分采用气动力进行控制，这将在后面介绍。

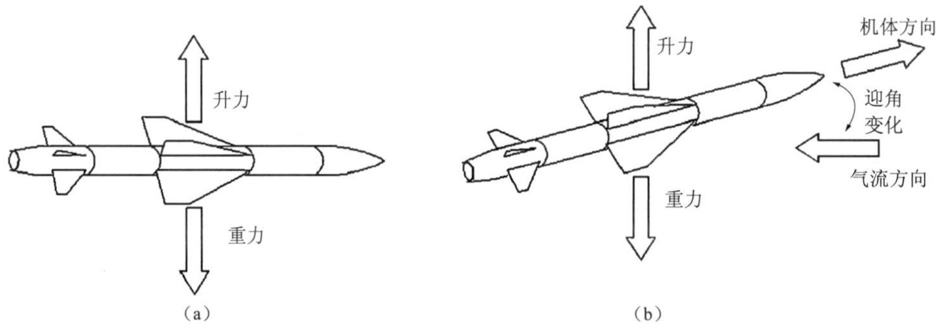

图7 平衡飞行状态

（a）升力需要平衡重力；（b）迎角产生升力

5.4 气动控制舵面

上面列出的导弹的所有变量都可以通过改变相应控制舵面的姿态（角度）来按要求进行改变，用来进行变量控制的气动舵面有：

（1）方向舵（控制偏航或航向）。

（2）升降舵/升降副翼（控制俯仰或爬升）。

（3）副翼（利用方向舵和升降舵的差动控制滚转）。

为了保持导弹的平衡飞行（如直线平飞或按指令飞行），必须产生相应的力。假如导弹在大气中以一定的速度飞行，空气动力可产生相应的力，升力便是其中之一。力＝质量×加速度，升力与机体垂直，产生法向加速度。为了产生升力，导弹必须以一定的迎角飞行。

改变控制舵面的角度时，舵面附近的气流将发生扰动，从而产生升力并由此产生一个相对导弹重心的转动力矩。因此，导弹弹头便会随控制舵面的偏转而偏转，导弹的飞行路径便会发生改变。这一响应过程会随导弹的不同而不同，同时也是速度、高度和其他变量的函数。人们不希望导弹周期性地转动，所以需要监测导弹的指向，一旦达到所需的方向便停止转动。

如果控制舵面发生偏转，导弹的机翼、机体以及其他翼面等还将产生附加的升力，所有升力都假设作用在气动中心。在稳定的导弹中，气动中心在导弹重心的后方，两者的距离被称为静稳定余量。

举个例子，在定高飞行时，导弹必须产生足够的升力来平衡重力。要产生这样的升力，弹体需要以一个合适的迎角飞行，如图 7（b）所示。要上升到一个新的高度，需要增迎角，以一个更大的迎角飞行。

根据空气动力学理论，导弹所产生的升力，不仅取决于导弹的尺寸和“布局”，还取决于其他因素，如：

（1）导弹的速度。

（2）空气密度（它是高度的函数，因此，在海平面或在 10 km 的高空，它们的值不一样）。

（3）导弹重心的位置（随时间的推移，由于燃烧燃料，重心的位置常常会改变）。

（4）导弹气动中心的位置（随迎角变化）。

导弹在发射和撞击阶段的速度会有所不同。例如 SAM 导弹，在地面上（或海平面）发射，并爬升到更高的高度，那里大气层更稀薄、气压更低。飞航导弹需要速度和大气压力来产生生力（升力），从而改变导弹的运动状态，如改变运动方向。正如上面分析的那样，导弹在地球表面，以持续的高速飞行时，比较容易产生气动力。而在高空，由于空气压力低，同时，导弹中的火箭燃料已用完，导弹的速度在降低，这时产生气动力就比较困难。在发射和撞击阶段，导弹的飞行包线会发生变化，在有些情况下这种变化还是很大的。

导弹飞行时，要求气动力和力矩不断变化以跟踪改变导弹飞行方向或高度的指令，或抵抗各种干扰。有时可能还需要改变控制策略，就像汽车需要换挡。例如，火箭燃料的消耗使得重心转移，导弹的动态性能也发生变化，这时需改变控制策略。

5.5　控制舵面位置的确定

可以通过施加控制指令到位于不同位置的控制舵面，如后部的尾翼、前部的鸭翼或中部的机翼来调整导弹，如图 8 所示。

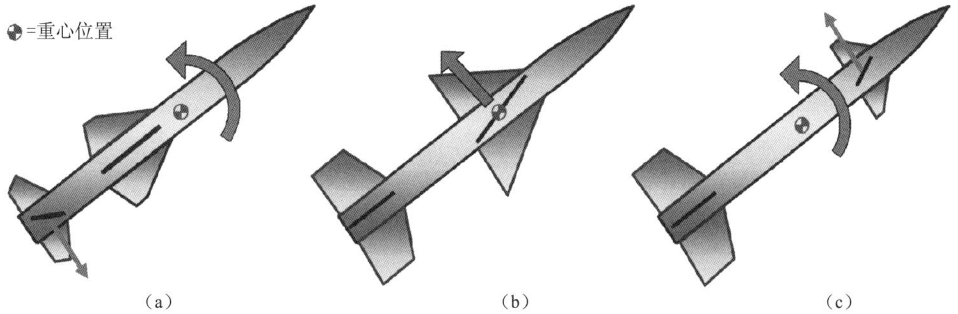

图 8　舵面的位置及控制

（a）尾翼控制；（b）机翼控制；（c）鸭翼控制

5.5.1　尾翼控制

尾翼控制是最常见的一种导弹控制形式，它的优点如下所述：

（1）机动性强（见前面对侧滑转弯控制策略的说明），但不如鸭翼控制。

（2）执行机构可位于导弹的后部，不需要与通常装在导弹前部的导引头及弹头争空间。

移动尾部舵面有以下两种方式：

（1）固定尾翼，移动襟翼，如飞机的控制。

（2）全动尾翼，在大迎角失速时不易熄火，如苏 AA－12。

5.5.2　鸭翼控制

鸭翼控制也很常见，尤其是在短距格斗导弹如“响尾蛇”导弹，或水平较低的防空导弹如英国的“标枪”及其换代产品“星光”中获得使用。该控制具有如下优点：

（1）在小迎角时具有高机动性（但在大迎角时

不怎么有效，除非使用“分离式鸭翼”）。

（2）比尾翼控制拥有更快的初始反应速度。

（3）比尾翼控制导弹的总升力更大。

鸭翼控制的缺点如下所述：

（1）下洗气流作用在机翼上，可能诱发滚转。

（2）通常需要固定尾翼以保证稳定。

（3）与导引头和弹头争夺前部空间。

近期出现了一种分离式鸭翼系统，一组固定的翼面后跟一组可动的鸭翼，在大迎角时，这种结构可比单独的鸭翼提供更好的性能。分离式鸭翼系统的一个例子如图 9 所示。

图 9　“响尾蛇”导弹（显示分离式鸭翼）

5.5.3　尾翼控制与鸭翼控制的动态运动

尾翼控制导弹与鸭翼控制导弹的动态特性不同，特别是在响应的早期阶段。图 10 所示为在加速度为 $1g$ 的相同阶跃信号输入作用下，尾翼控制导弹和鸭翼控制导弹的响应曲线，纵轴为加速度，横轴为时间。

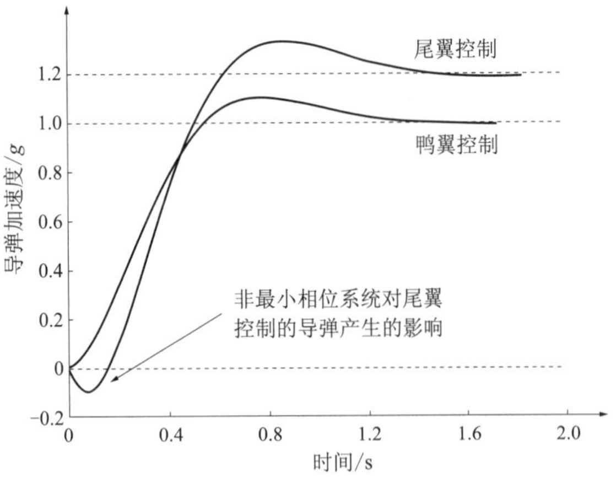

图 10　鸭翼与尾翼控制的阶跃响应

注意，图 10 中采用尾翼控制的导弹，开始时导弹并没有按指令抬头，相反，是尾部抬起。直到其弹体和机翼积累了足够大的升力以抵消尾翼的升力，导弹才按正确的方向爬升。这是“非最小相位系统”的特性，超出了本章讨论的范围。

相反，采用鸭翼控制的导弹，其控制舵面产生的升力与舵面变化引起的弹体和机翼所产生的升力的方向是一致的，这是鸭翼控制具有较快的初始响应和较大升力的原因。尽管如此，上述鸭翼控制的缺点依然存在。

5.5.4　机翼控制的动态运动

许多早期的导弹，如“麻雀”“HARM”“贼鸥”等均采用机翼控制方法，其优点如下：

（1）为达到给定的加速度，所要求的弹体运动（迎角）变化较小。这点对吸气式导弹尤为重要，因为在大迎角的情况下，吸气式导弹无法正常吸气，容易熄火。

（2）尽管机翼控制需要较大的电机来驱动，也需要直径较大的弹体，但这也使得机翼的装卸比较容易且不损坏弹体。机翼的易装卸的特性在存储空间有限时十分有用。

（3）采用鸭翼控制，下洗气流将引起滚转，所以需要较大的机翼，从而使导弹的重量比采用其他舵面控制的重。机翼控制无此问题。

5.5.5　非气动舵面控制方法

气动舵面控制需要空气和运动（导弹的速度），但有时以上介绍的控制舵面控制方法不可用，如：

（1）在导弹发射初始阶段或导弹飞行末段火箭的燃料已用尽时，速度均不高，无法提供足够的气动力。

（2）在高空，特别是太空，空气稀薄，同样也无法提供足够的气动力。

非轴向推力控制提供了另外的控制手段，常用的解决方法有（见图 11）：

（1）推力矢量控制（TVC）：通过偏转尾喷口的方向来改变机体姿态。

（2）喷气反作用控制：通过喷气的反作用来偏转导弹。

可以通过偏转尾喷管调节片、喷射液体或气体、偏转喷气叶片、转动尾喷口等方法进行非气动力控制。喷气反作用控制有时也称为 Bang Bang 控制。“小猎犬”导弹在其飞行的末段就采用此方法。进一步的讨论可参见第 7 卷第 344 章和第 5 卷第 227 章。

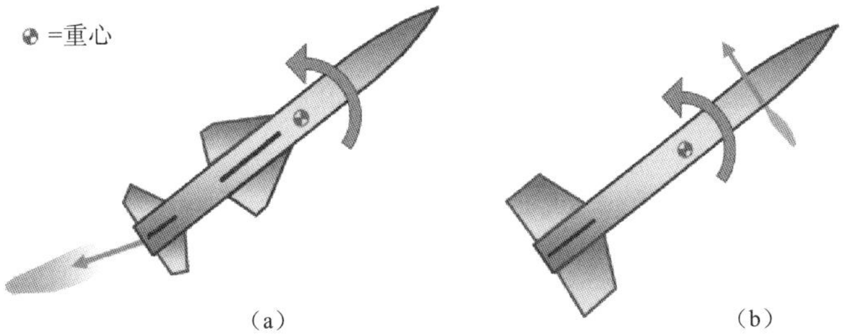

(a)　　　　　　　　(b)

图 11　非气动力控制方法

(a) 推力矢量控制；(b) 喷气反作用控制

5.6　作动器

作动器是一个伺服机构，用来改变推力矢量控制技术中的喷口或喷管叶片的方向，或在气动力控制中偏转舵面。根据驱动舵面、喷嘴等所需的能量与速度，可采用以下作动器：

(1) 电机。

(2) 液压作动器（具有最佳的功率/重量比）。

(3) 气动执行器（采用热的或冷的气体）。

(4) 电磁作动器（电动力）。

(5) 其他特殊方法（如移动重心）。

改变舵面或喷口方向只是工作的一部分，另一部分工作是什么时候停止舵面或喷口的改变。为此，必须监测那些感兴趣的变量，如：

(1) 滚转角或航向角：采用角度陀螺仪或自由陀螺仪测量。

(2) 滚转角速率：采用角速度陀螺仪或受限陀螺仪测量。

(3) 过载：采用加速度计测量。

对舵面或喷口的位置（角度）进行现场测量并与期望的值比较，利用作动器伺服系统，这两者之差通过反馈回路进行修正。作动器回路嵌套在自动驾驶仪控制回路中。

5.7　扰动和参数变化

图 12 所示是导弹上的干扰源，必须采用闭环控制抵消这些干扰，从而保证导弹按期望的特性飞行。

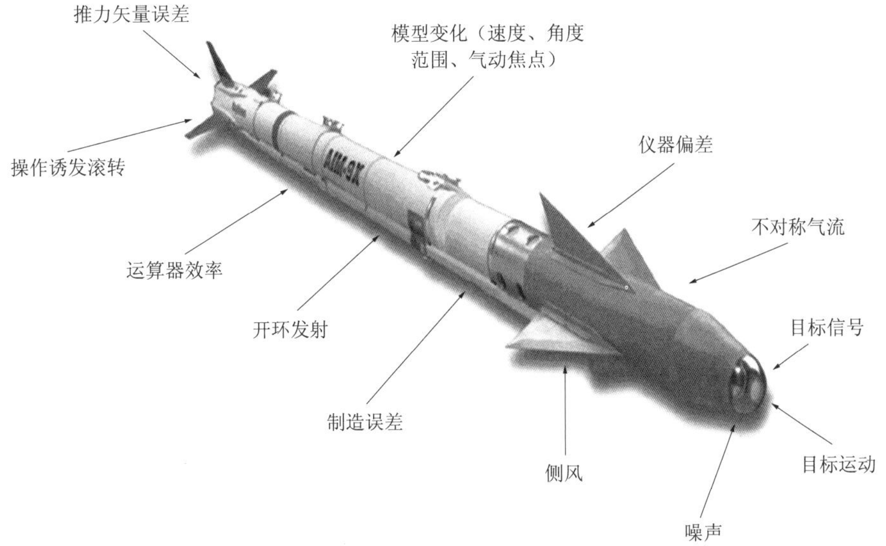

图 12　导弹上的干扰源

5.8　弹体运动（运动方程，模型）

自动驾驶仪是导弹控制中一个必不可少的元素。在设计自动驾驶仪之前，需要知道弹体的模型。导弹的不同飞行阶段需要不同的模型。例如：发射阶段是快速加速，中段是恒速定高飞行，末段时速度下降，因此，不同阶段的气动参数不同。对每个阶段都要设计独立的自动驾驶仪并需要进行平滑切换。

参考图 1 所示的六自由度运动，导弹中感兴趣的变量有滚转角速率 p、俯仰角速率 q、偏航角速率 r、飞行速度 U（沿 x 轴方向）、侧滑速度 v（沿 y 轴方向）和沉浮速度 w（沿 z 轴方向）。

小写字母表示稳定飞行（配平状态）时的小扰动，只有飞行速度 U 例外。吸气式导弹的 U 能通过推力来控制。采用火箭发动机的导弹，其燃烧是以预先设定的方式进行的，所以直到出现液态燃料，U 才能被主动控制。下面的方程是针对火箭助推情况，完整的导弹六自由度方程见式（1）和式（2）。

首先是刚体的力方程，这里 U 是导弹的实际飞行速度而不是扰动速度。

$$\left.\begin{aligned} F_x&=X=m(\dot{U}+qw-rv)\\ F_y&=Y=m(\dot{v}+rU-pw)\\ F_z&=Z=m(\dot{w}-qU+pv)\end{aligned}\right\}\tag{1}$$

式中，m 是导弹质量。

第二个是刚体的力矩方程：

$$\left.\begin{aligned} M_x&=L=A\dot{p}-(B-C)qr+D(r^2-q^2)-\\ &\quad E(pq+\dot{r})+F(rp-\dot{q})\\ M_y&=M=B\dot{q}-(C-A)rp+E(p^2-r^2)-\\ &\quad F(qr+\dot{p})+D(pq-\dot{r})\\ M_z&=N=C\dot{r}-(A-B)pq+F(q^2-p^2)-\\ &\quad D(rp+\dot{q})+E(qr-\dot{p})\end{aligned}\right\}\tag{2}$$

式中，A，B，C 是转动惯量；D，E，F 是惯性积。

这些方程的完整的推导可参考相关文献。

如果刚体导弹关于其纵轴对称，那么式（1）和式（2）中的一些变量可以忽略，从而简化方程。因此对一个非滚转的纵向对称导弹，其 $p=0$，D，E，F 可忽略不计，此时导弹的动力学模型为

$$\left.\begin{aligned} F_X&=X=m(\dot{U}+qw-rv)\\ F_Y&=Y=m(\dot{v}+rU)\\ F_Z&=Z=m(\dot{w}+qU)\end{aligned}\right\}\tag{3}$$

$$\left.\begin{aligned} L&=A\dot{p}\\ M&=B\dot{q}\\ N&=C\dot{r}\end{aligned}\right\}\tag{4}$$

5.8.1　建模中的其他假设

控制系统设计的有效性取决于用于设计的模型的准确性。通常在开始时对问题进行简化，只有在需要时才引入更高的复杂性。初步设计时一般基于线性系统分析，如传递函数或线性微分方程组。线性系统分析方法可忽略：

（1）硬非线性项，如饱和、间隙。

（2）软非线性项，如平方项。

（3）通道间的交叉耦合。

（4）参数的时变性（在飞行的一个给定阶段采用其中某一个点处的模型）。

这种方法也试图降低方程的阶次。如果二阶方程已能描述系统的主要动态特性，为什么要采用七阶方程呢？设计完成后设计人员必须能够证明其决定是正确的，同时其设计在实践中必须是可行的，比如对模型的变化具有鲁棒性。

5.8.2　导弹方程的输入

式（3）和式（4）的右边是表示导弹运动的、随时间变化的参数 U，v，w 以及 p，q，r；其左边是作用在导弹每个自由度方向上的力（X，Y，Z）和力矩（L，M，N）的总和。力和力矩有以下两种类型：

（1）希望的，如舵面或推力矢量的输入。

（2）不希望的，如重心的偏移或侧风干扰。

系统特性随飞行条件的变化而改变，影响运动特性的因素如下：

（1）导弹的速度。

（2）导弹的高度。

（3）导弹的迎角。

控制系统必须能够应对这些变化，当然，首先必须知道这些变化。在弹体坐标系中，控制输入通常使用下列符号：

（1）方向舵 ζ（*zeta*）。

（2）升降舵 η（*eta*）。

（3）副翼 ξ（*xi*）。

至此，已经有了微分方程组中的变量和输入，还需一些参数（例如质量弹簧阻尼系统中的 M，B，K）。质量和转动惯量是目前唯一涉及的导弹参数，完整的导弹除了质量和转动惯量外还有干扰（如侧风，m/s）、控制舵面的运动（如方向舵偏角，rad/s）等参数，它们通过力和力矩的形式作用在弹体的不同部分。

考虑简化后的 F_Y 方程为

$$F_Y=m(\dot{v}+rU)=Y\tag{5}$$

力 Y 来自以下三个方面：

（1）侧向干扰引起的侧滑速度 v。

（2）干扰或期望运动导致的弹体偏航速率 r。

（3）方向舵希望的偏角 ζ。

通过乘以适当的增益（即气动导数），这些作用转化为 y 方向的力。这时，式（5）变为

$$F_Y = m(\dot{v}+rU) = Y = Y_v v + Y_r r + Y_\zeta \zeta \quad (6)$$

Y_v，Y_r，Y_ζ 是气动导数，这些导数在大部分飞行包线中是变化的，所以方程也会相应地改变。通常将飞行包线划分成不同区域（如发射阶段、巡航阶段），采用每个区域里"中间部分的导数"作为该区域参数的系数，得到相应的常系数微分方程。

5.8.3　气动导数

传递函数描述导弹的输出与给定输入的关系，有了气动导数，就可以写出传递函数。图 13 给出了在不同迎角时某尾翼控制型导弹的滚转与副翼偏转角之间的关系。此图来自相关文献，是"十"字形导弹，在海平面以马赫数 1.9 飞行。

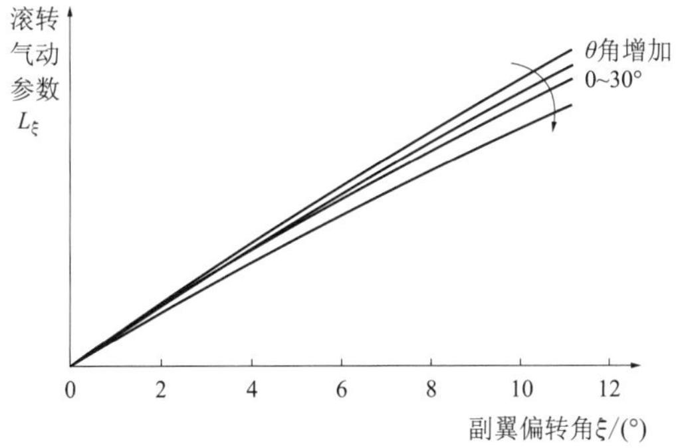

图 13　气动导数变化曲线

滚转的导数可由曲线的斜率得出，先不考虑符号，有

$$L_\xi = \frac{\partial L(\xi)}{\partial \xi} \quad (7)$$

此导数十分敏感，它表明在导弹飞行过程中副翼对滚转的影响程度。阻尼系数为负值，与力或力矩方向相反。

5.8.4　俯仰和偏航轴向导数

根据空气动力学原理，偏航产生的法向力为

$$F = \frac{1}{2}\rho U^2 S C_Y \quad (8)$$

式中，ρ 是气体密度；U 是导弹速度（纵向）；S 是参考面积（例如，弹体的主截面）；C_Y 是法向力系数（侧滑角的函数）。

注意，如果机身是对称的，C_Z 的值（俯仰平面）等于 C_Y（偏航平面）。图 14 引用自相关文献，给出某导弹在不同马赫数时，法向力系数 C_Y 与侧滑角的关系。

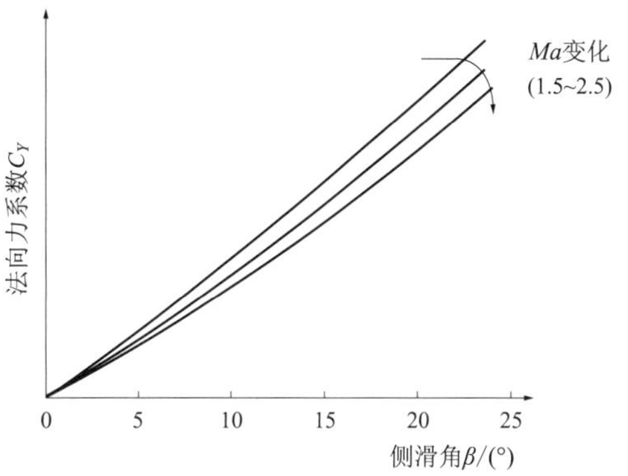

图 14　法向力系数 C_Y 与速度及侧滑角的关系

相关文献给出了对迎角 α 和侧滑角 β 的气动导数：

$$\left.\begin{aligned} Z_\alpha &= \frac{\partial C_Z}{\partial \alpha}\frac{1}{2}\rho U^2 S \\ Y_\beta &= \frac{\partial C_Y}{\partial \beta}\frac{1}{2}\rho U^2 S \end{aligned}\right\} \quad (9)$$

因此可得到作用在导弹上的力，如 $Y_\beta \beta$。

5.8.5　导弹的传递函数

只考虑偏航运动。对方程进行简化并对质量和转动惯量进行归一化，可得

$$\left.\begin{aligned} a_Y &= \dot{v}+rU \\ a_Y &= \frac{F_Y}{m} = Y_v v + Y_r r + Y_\zeta \zeta \\ \dot{r} &= \frac{N}{C} = n_\zeta \zeta + n_r r + n_v v \end{aligned}\right\} \quad (10)$$

三个方程、三个未知数，可以消去其中两个变量，例如，如果希望得到 a_Y 与 ζ 的函数关系，则消去 r 和 v。

首先，

$$r = \frac{a_Y - sv}{U} \quad (11)$$

然后，忽略 Y_r（通常是小量），得：

$$v = \frac{a_Y - Y_\zeta \zeta}{Y_v} \quad (12)$$

再进行一定的代数运算，可得传递函数为

$$\frac{a_Y}{\zeta} = \frac{Y_\zeta s^2 - n_r Y_\zeta s - (n_\zeta Y_v - n_v Y_\zeta)}{s^2 - (Y_v + n_r)s + (Y_v n_r + U n_v)} \quad (13)$$

式（13）表示某导弹的横向加速度 a_Y 与方向舵 ζ 之间的关系。这是一个开环模型，表示尾翼控制型导弹未控的弹体运动特性。

式（13）所示的传递函数模型通常作为控制系统设计的出发点。图 4 给出的自动驾驶仪结构中标记为"被控对象"的模块通常用这样的描述。状态

方程（状态空间法）描述法很常用，也很有用，但是由于篇幅的限制，在这里不进一步讨论。一些文献给出了导弹动态特性和建模的全面讨论。

5.9　自动驾驶仪设计（补偿作用）

开环系统不可能如人们所希望的那样对输入进行响应。由于反馈有监控的作用，因此它是有效的。然而，仅仅增加一个简单的单位反馈不一定会有多好的效果，实际上，它可能不是增加弹体的稳定性而是破坏它的稳定性。设计一个反馈系统（自动驾驶仪）使得闭环系统具有期望的特性，如在精度、稳定性、响应速度等方面符合设计规范，这本身就是一个讨论的主题。阅读相关文献可更全面地理解传递函数或状态空间方法。某些文献还包括控制系统设计师常用的设计工具，如伯德图或根轨迹技术。

如前所述，由于速度、高度、重心等的变化，导弹的动态特性在飞行包线中会发生改变。在某些情况下，如短程反坦克导弹，单一的、固定的自动驾驶仪在整个飞行包线中均能保证令人满意的性能。更多的情况是，需要改变自动驾驶仪的增益甚至结构，从而保证在气动参数变化很大时，仍能保持相同的动态特性。

图 15 所示是一个简单的增益调整的例子，就像汽车的换挡，不过这里按预先设定的方式进行增益调整。

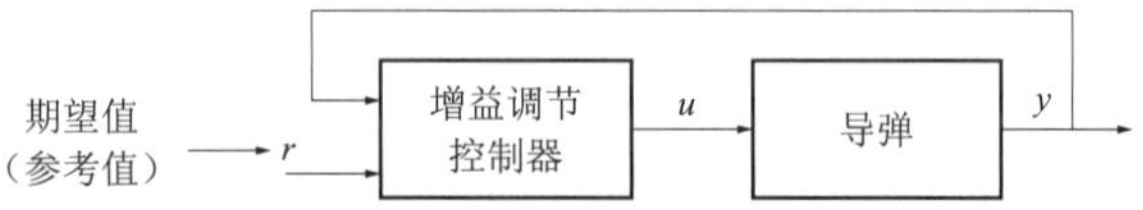

图 15　增益调整型自动驾驶仪的结构

对于先进的、非线性自动驾驶仪的设计方法，参见第 5 卷第 232 章和第 234 章。

6　小　　结

本章对复杂的导弹飞行控制和自动驾驶仪进行了介绍。制导导弹自动驾驶仪的设计涉及：正确地选择控制策略、控制舵面的确定、执行机构（作动器）的安排等。本章涵盖这些领域，但是必须记住，这些环节的选择不是孤立的，它们受系统中其他参数的影响，如射程、速度、推进系统（见第 7 卷第 325 章）、制导策略、性能要求（见第 7 卷第 326 章）等。

由于篇幅的限制，本章仅对这专题进行了简要的介绍，对于那些希望更深入了解相关内容的读者，请参阅相关文献。

参考文献

Blakelock, J. H. (1991) *Automatic Control of Aircraft and Missiles*, 2nd edn, John Wiley & Sons, Inc., New York.

Garnell, P. and East, D. J. (1980) *Guided Weapon Control Systems*, Elsevier, Amsterdam.

Ogata, K. (2009) *Modern Control Engineering*, 5th edn, Prentice Hall, Upper Saddle River.

Siouris, G. M. (2004) *Missile Guidance and Control Systems*, Springer-Verlag, New York.

Sparks, C. A. and Lee, R. G. (1997) *Guided Weapons (Land Warfare, Brassey's New Battlefield Weapons Systems and Technology Series into the 21st Century, Vol. 5)*, Potomac Books, Washington, DC.

Titterton, D. H. and Weston, J. L. (2004) *Strapdown Inertial Navigation Technology*, 2nd edn, IET and AIAA, London and Reston.

Yanushevsky, R. (2007) *Modern Missile Guidance*, CRC Press, Boca Raton.

Zarchan, P. (2002) *Tactical and Strategic Missile Guidance (Progress in Astronautics and Aeronautics)*, AIAA, Reston.

本章译者：江驹、雷安旭（南京航空航天大学航空宇航学院）

第 241 章

静态障碍物的避障

Madhavan Shanmugavel，Antonios Tsourdos，Brian White
英国克兰菲尔德大学信息与传感器系自主系统小组，西文汉，英国

1 引　　言

路径规划的主要目标之一就是避障。避障是指自主系统想避开某些东西，如威胁、禁飞区、限制区或本小组的其他自主系统。本章所说的“飞行器”是指具有自主系统的飞行器，避障同时保证了障碍物和飞行器的安全。避障是路径规划中的一个简单算法，因此，对于避障的研究会直接关系到路径规划，避障的结果是在感兴趣的地点之间得到一条无碰撞的路径。假设有一个环境 E，其中存在空间为 C_{obst} 的障碍物，余下的空间则为 $C_{\text{free}}=E/C_{\text{obst}}$。寻找两点 P_s 和 P_f 之间的连接，使其避开给定空间中的障碍，从而在 C_{free} 中获得一条路径 r，它可以用下面的映射表示：

$$r:[0\quad 1]\to C_{\text{free}} \tag{1}$$

并且

$$C_{\text{free}}\cap C_{\text{obst}}=\varnothing \tag{2}$$

其中，$r(0)=P_s, r(1)=P_f$，P_s 为初始位置，P_f 为终止位置。

避障是为了避免与障碍物发生冲突，从而为飞行器安全导航。当两个物体试图在同一时间出现在同一地点时，就会发生路径冲突。避障方法必须基于可获得的障碍物的信息，障碍物的大小、形状和运动性是处理障碍物的重要信息。此外，这些信息是否能够提前获取也很重要。对静态障碍物，信息中的前两个参数（大小、形状）在路径规划中起关键作用。通过将飞行器尺寸简化成一个质点，同时按比例扩大障碍物的大小，可大大简化路径规划中的空间构造问题。关于多面体障碍物的避障问题已在机器人领域进行了广泛的研究，在凸多面体障碍物环境下的路径规划问题是计算几何学领域中正在研究的问题。如何在多面体障碍物中得到具有曲率约束的路径一直是一个 NP 难题。在对多飞行器进行合作/协调的路径规划时，该问题变得更加复杂。

处理静态障碍物避障的一般方法为路线图方法和势场法，对这些方法的综合研究见相关文献。这些用于解决路径规划的方法，它们或者通过构造无障碍空间 C_{free} 或者是在障碍空间 C_{obst} 中隔离障碍而产生路径。接下来，首先简单地回顾和讨论这些方法。

2 静态障碍物规避介绍

对已知的静态障碍物，通常采用全局路径规划器进行处理，例如 Voronoi 图（泰森多边形）法、网格分解法、势场法或全局优化技术。如果障碍物对于时间是固定的（静态），则问题相对容易处理；而当障碍物的位置是动态变化的，则需要在规划前对障碍物的运动轨迹进行预估。在以上两种情况下，障碍物的出现不仅会导致路径重新规划，而且对通信、任务分配、资源分配以及其他任务功能都将重新调整。此外，当飞行器的数量增加时，静态障碍物间的路径规划会变得更加困难。

2.1 Voronoi 图法

Voronoi 图法利用多边形网格块将障碍物隔离，使不同的障碍物以最小近邻原则属于不同的网格。如图 1 所示，Voronoi 图通过网格块隔离出不同区域，不同网格块共享多边形的边，最终的

Voronoi图是一个由直线连接节点所形成的网络。

可利用 A^* 等搜索算法来寻找起点 P_s 与终点 P_f 之间的路径或线路。

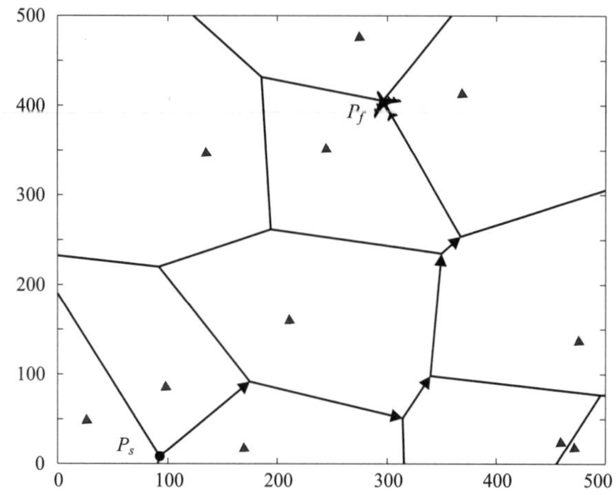

图 1　利用 Voronoi 图进行路径规划

P_s为起始位置，P_f为目标位置，三角点为障碍或威胁。

2.2　网格分解法

网格分解法是将给定的区域划分为许多网格，如图 2 所示，通过连接没有障碍物的网格的中心，形成一条折线路径，那些被障碍物占用的网格则被剔除。

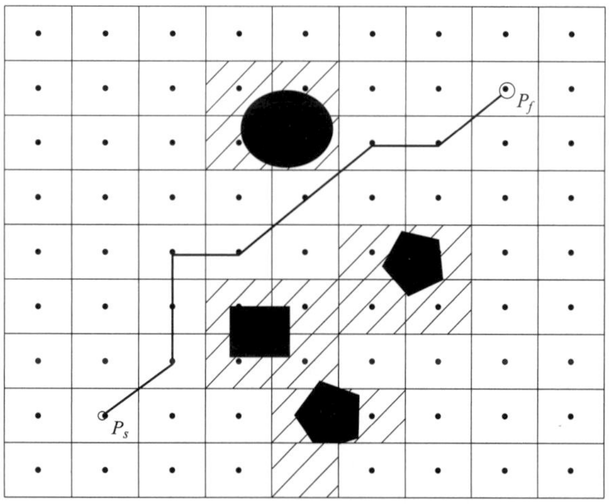

图 2　利用网格分解法进行路径规划

P_s代表起始位置，P_f代表目标位置，去除障碍物占据的网格，连接空方格，形成路径/线路。

2.3　可见图法

通过连接包含障碍物的多边形的边，可见图在希望的点之间提供了一个连接，在障碍物环境中可见此路径（因为路径利用了多边形障碍物的边）。同样可由搜索算法得到相应的路径。图 3 展示了这种方法的示意。

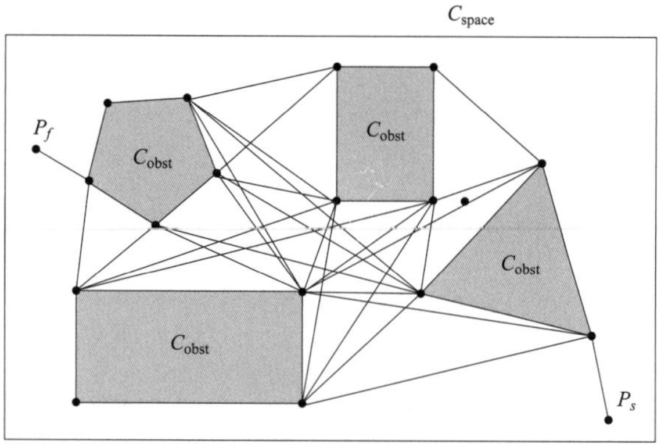

图 3　所有可见线路的网络

2.4　势场法和基于采样的方法

势场法首先由 Khatib 提出，这种方法将目标位置作为吸引势场而将障碍/威胁作为排斥势场。无人机在吸引势场中将自然地被拉向目标位置。假设用 $P(x, y)$ 表示飞行器的位置，飞行器运动位置 P 处的势能用标量函数 $U(p)=U_a(p)+U_b(p)$ 表示，其中 U_a 为吸引势场，U_b 为排斥势场。这种方法最初受局部极小值的困扰，后来人们提出了许多改进方法。快速搜索随机树法（RRT）通过在给定的空间随机选择一个节点，从而产生一个轨迹树。每一个分支在添加到树前都将进行碰撞检测，只有无碰撞的分支才可加入树中，直至将起点与目标点连接起来。基于概率的路线图法（PRM）是通过扩大数据库中的图/树的规模，最终实现起点与终点的相连，通过向图中加入在给定空间中选择的无碰撞邻居从而使数据库中的图/树不断扩大。

3　避障研究

如第 2 节所提到的，避障算法与路径规划密切相关，因为避障算法会使路径重新规划。许多文献都介绍了路径规划的应用，例如，使飞行器被雷达、传感器或地对空导弹探测的风险最低，使潜艇被传感器探测的风险最低，使目标被探测器探测到的概率最大，机载防撞系统等。

机器人的空间构造原则是将机器人的尺寸缩小成一个质点，同时按比例放大障碍物的尺寸。这种方法可以有效地利用 Voronoi 图法、可见图法、基于概率的路线图法等算法，将给定的地图地标和障碍物位置添加到搜索数据库中，该数据库以图形或树的形式形成一个由节点和边构成的网络，用来隔离障碍物。搜索算法用来选择网络中的节点，通过这些节点将起点和终点连接起来。

利用势场法进行避障的方法获得了很多的研究，在此方法中，目标和障碍物分别产生吸引场和排斥场。在多无人机路径规划时，势场能被用来避开障碍物，这里，障碍物的杀伤力用一个具有相应半径的圆来表示。

在研究飞行器防撞时，人们一般都假设飞行器在一个恒定的高度飞行。有的文献利用分析和离散优化的方法在二维空间产生一条风险最低的路径，其约束条件是存在任意数量的传感器且路径长度有约束；有的文献采用混合整合线性规划法（MILP）进行避障。但这些方法都不能提供可飞行的路径。与其他方法不同，这里，首先要考虑可飞行的路径，并以此来解决避障问题。避障圆圈被用于多移动机器人的避障研究，当两个机器人在同一个圆圈内相互合作，以期在同一时间占据同一地方时，其他机器人需在圆圈外等候。然而，这种方法仅适用于移动机器人，并不适用于空中机器人（无人机）。

可采用优化和搜索算法在杂乱的环境中找出需要的路径。有的文献讨论了用于二维空间避障的分支与边界优化方法；有的文献研究了在障碍之间找出路径的进化优化方法；有的文献采用 A^* 算法在已知障碍物及冲突中间找到相应的路径。通常，障碍物被认为是固体物质，如椭圆体、长方体、立方体、角锥体等。对于寻找路径来说，最优控制是不错的选择。但是，鉴于障碍物、飞机和约束条件的数量，算法的运算量和复杂度将是巨大的。

三维空间中避障的路径规划更加复杂，其原因是，无论是无人机还是障碍物，它们可以有更多的运动方向。同时，其他约束条件，特别是最短长度准则，在三维空间中也更复杂。因此，大多数避障算法在避障时往往采用比较简单的机动。另外一个问题是要为路径规划者提供三维空间信息。相关文献提出了分叉树表示法，在该表示法中，空间被分为一系列可搜寻的区域或单元格，将势场法应用到分叉树的每个单元格，计算相应的势能，从而产生一条无冲突路径。

避障研究的另一方向是民用空域中无人机的使用，要求无人机装备与商用飞机相同的防撞算法。目前商用飞机使用空中告警及防撞系统（TCAS），它利用来自装有应答器的飞机，或可能的话来自地面的位置及高度的数据，发出相应的建议和忠告（RA）。有的文献讨论了在民用空域中使用无人机的安全性问题，有的文献论述了合作轨迹的产生问题，以避免飞行器空中交通碰撞。

4　静态障碍物规避

在规避威胁之前，首先要探测它们。实际中，威胁通常由传感器来探测。对于障碍物探测来说，有几种可用的传感器，如超声波、红外线、图像和激光。传感器也可以根据测量范围来分，所谓测量范围是指传感器能够探测到威胁的距离。一旦探测到可能产生碰撞或威胁，就必须重新规划路径。如果飞机周围存在虚拟的安全区域 R_{safe}，所谓的避障就是 R_{safe} 和 C_{obst} 之间的交集为空集。如果不为空集，路径规划者必须重新规划路径，即

$$C_{obst} \cap R_{safe} = \varnothing \tag{3}$$

除了了解障碍物的运动特性（静态或动态）之外，事先获知它们的位置信息也非常有用。地图通常可以给出经纬度，位置信息将有助于在面对障碍物时选择合适的机动方向。如果不考虑静态障碍物的大小和形状，在二维空间中，可能选择的避撞方向是障碍物的左边或右边，如图 4 所示。在高维空间中，可供选择的数量更多。例如，如果将二维的圆扩展到三维空间的球面，那么可选择的数量将是无穷的。然而，鉴于飞机的动力学约束，只有有限数量的选择是可行的。

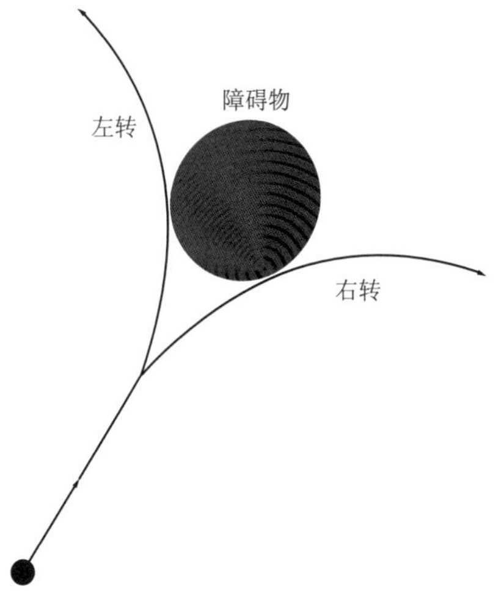

图 4　二维空间中的避障

在二维空间，避障只有两个选择：左转或右转。

5 应急规划

对已知静态障碍物的避障，最好采用离线方法处理。假定障碍物事先未知，那么必须使用应急算法，以避免碰撞。势场法是一种应急算法，一旦飞机出现在障碍物附近，该算法可将飞机从该障碍物推出。另一种方法是“感知-避免”法，对在民用空域中使用的无人飞行器来说，它是最重要的研究内容之一。如前所述，避障最简单的方法就是左转或右转。某文献介绍了应急避障的一个应用。该方法的思路是：在当前位置和下一个航路点的中间产生一个航路点 M，如图 5 所示。假定点 M 位于障碍物的安全圆上，则重新规划的轨迹通过 M，并到达下一个航点。点 M 的选择方法是：使得由连接当前位置与交叉点 X_1 或 X_2，以及障碍物 C 的中心所形成的三角形的面积最小。过障碍物 C 的中心，作线段 X_1-X_2 的垂线，与安全圆相交，得到点 M 和 N。如果中心 C 位于线段 X_1-X_2 的左边，选择 M 位于障碍物区域的左边；反之亦然。初始路径为 $r(t)$，重新规划的路径由 $r_1(t)$ 和 $r_2(t)$ 组成。

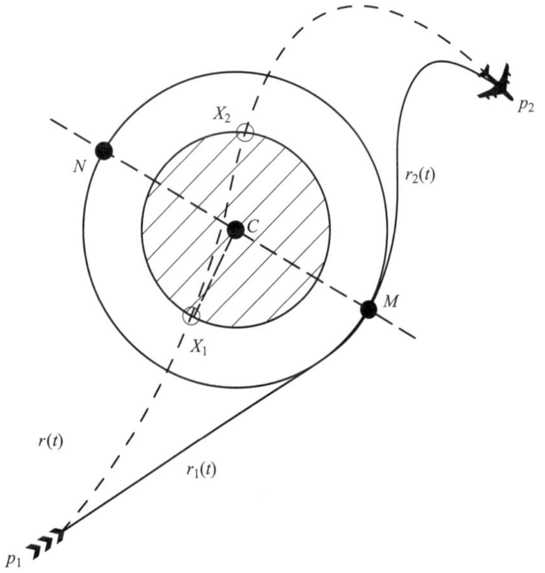

图 5 通过中间点处理障碍威胁

6 总 结

本章讨论了在威胁环境中的路径规划问题，本章讨论了两种解决方案：通过测量交集或者测量距离来避障。可通过重新规划飞行路径来避免威胁，重新规划的路径通过增加航路的曲率或生成更多的航路点来实现。上述方法都已用仿真结果加以说明。

参考文献

Agarwal, K., Biedl, T., Lazard, S., Robbins, S., Suri, S. and Whitesides, S. (2002) Curvature-constrained shortest paths in a convex polygon. *SIAM J. Comput.*, **31** (6), 1814—1851.

Assaf, D. and Sharlin-Bilitzky, A. (1994) Dynamic search for a moving target. *J. Appl. Prob.*, **31** (2), 438—457.

Beard, R., McLain, T., Goodrich, M. and Anderson, E. (2002) Coordinated target assignment and intercept for unmanned air vehicles. *IEEE Trans. Robo. Automat.*, **18** (6), 911—922.

Benkoski, S. J., Monticino, M. G. and Weisinger, J. R. (1991) A Survey of the search theory literature. *Naval Res. Logist.* **38** (4), 468—494.

Bicchi, A. and Pallottin, L. (2000) An optimal cooperative conflict resolution for air traffic management systems. *IEEE Trans. Intell. Transport. Syst.*, **1** (4), 221—232.

Bortoff, S. (2000) Path-planning for unmanned air vehicles. *Proc. Am. Control Conf.*, **1**, 364—368.

Chan, Y. K. and Foddy, M. (1985) Real Time Optimal Flight Path Generation by Storage of Massive Data Bases. Proceedings of the IEEE NEACON 1985, Institute of Electrical and Electronics Engineers, New York, 516—521.

Eagle, J. N. and Yee, J. R. (1990) An optimal branch-and-bound procedure for the constrained path, moving target search problem. *Oper. Res.*, **38** (1), 110—114.

Eele, A. and Richards, A. (2009) Path-planning with avoidance using nonlinear branch-and-bound optimization. *J. Guidance, Control Dyn.* **32** (2), 384—394.

Eun, Y. and Bang, H. (2006) Cooperative control of multiple Unmanned aerial vehicles using the potential field theory. *J. Aircr.* **43** (6), 1805—1814.

Fujimori, A., Ogawa, Y. and Nikiforuk, P. N. (2002) A modification of cooperative collision avoidance for multiple robots using the avoidance circle. *Proc. Instn. Mech. Engrs.*, *Part-I*, *J. Syst. Control Eng.*, **216**, 291—299.

Hebert, J., Jacques, D., Novy, M. and Pachter, M. (2001) Cooperative Control of UAVs. Institute of Aeronautics and Astronautics.

Hsu, D. Latombe, J. C. and Kurniawati, H. (2006) On the probabilistic foundations of probabilistic roadmap planning. *Int. J. Rob. Res.*, **25** (7), 627—643.

Kim, J. O. and Khosla, P. K. (1992) Real-time obstacle avoidance using harmonic potential functions. *IEEE Trans. Rob. Autom.* **8**, 338—349.

Khatib, O. (1985) Real time obstacle avoidance for manipulators and mobile robots. *IEEE Int. Conf. Rob. Autom.* **2**, 500—505.

Kitamura, Y., Tanaka, T., Kishino, F. and Yachida, M. (1995) 3D path planning in a dynamic environment using an octree and an artificial potential field. *Proc. IEEE/RSJ Int. Conf. Intell. Rob. Syst.* **2**, 474—481.

Kitamura, Y., Tanaka, T., Kishino, F. and Yachida, M. (1996) Realtime path planning in a dynamic 3 Denvironment. *Proc. IEEE/RSJ Int. Conf. Intell. Rob. Syst.* **2**, 925—931.

Koopman, B. O. (1980) *Search and Screening: General Principles with Historical Applications*. Elmsford, Pergamon Press, New York.

Latombe, J. C. (1991) *Robot Motion Planning*, Kluwer Academic Publishers, Boston, MA.

LaValle, S. M. (2006) *Planning Algorithm*. Cambridge University Press, New York.

Li, S. M., Boskovic, J. D., Seereeram, S., Prasanth, R., Amin, J., Mehra, R. K., Beard, R. and McLain, T. W. (2002) Autonomous hierarchical control of multiple unmanned combat air vehicles (UCAVs). *Am. Control Conf.*, *Anchorage*, *AK* (1), 274—279.

Lozano-Pérez, T. (1983) Spatial planning: A configuration space approach. *IEEE Trans. Comput.*, **C—32** (2), 108—120.

Mangel, M. (1984) Search theory, *Lecture Notes*. Springer-Verlag: Berlin.

McLain, T. (2000) Cooperative rendezvous of multiple unmanned air vehicles. AIAA Guidance, and Control Conference, Aug. 2000, NC, Denver, AIAA—2000—3269.

Reif, J. andWang, H. (1998) The complexity of the two dimensional curvature-constrained shortestpath problem. Proceedings of the Third Workshop on the Algorthimic Foundations of Robotics on Robotics, WAFR 98, MA.

Richards, A. and How, J. P. (2002) Aircraft Trajectory PlanningWith Collision Avoidance Using Mixed Integer Linear Programming. *Am. Control Conf.* 1936—1941.

Sasiadek, J. and Duleba, I. (2000) 3D Local trajectory planner for UAV. *J. Intell. Rob. Syst.*: *Theor. Appl.*, 29, 191—210.

Shanmugavel, M., Tsourdos, A., Zbikowski, R. and White, B. A. (2009) Co-operative path planning of multi-pleUAVs using dubins paths with clothoid arcs. *Control Engineering Practice*.

Stone, L. D. (1975) *Theory of Optimal Search*, Academic Press, New York.

Thomas, L. C. and Eagle. J. N. (1995) Criteria and approximate methods for path-constrained moving-target search problems. *Naval Res. Logist.* **42**, 27—38.

Vian, J. L. and More, J. R. (1989) Trajectory optimization with risk minimization for military aircraft. *AIAA J. Guidance*, *Control*, *and Dyn.* **12** (3), 311—317.

Washburn, A. R. (1990) Continuous autorouters, with an application to submarines. *Research Report*, *NPSOR*—91—05, Naval Postgraduate School, Monterey, CA.

Washburn, A. R. (1983) Search for a Moving Target: The FAB Algorithm. *Oper. Res.* **31**, 739—751.

Williams E. D. (2004) Airborne collision avoidance system. 9th Australian Workshop on Safety Related Programmable Systems, Australia, 97—110.

Yang, H. I. and Zhao, Y. J. (2004) Trajectory planning for autonomous aerospace vehicles amid obstacles and conflicts. *J. Guidance*, *Control Dyn.* **27**, 997—1008.

Zabarankin, M., Uryasev, S. and Pardalos, P. (2002) Optimal risk path algorithms, *Cooperative Control and Optimization* vol. 66 (R. Murphey and P. Pardalos ed.), pp. 271—303.

Zeitlin, A. D. and McLaughlin, M. P. (2007) Safety of cooperative collision avoidance for unmanned aircraft. *IEEE Aerosp. Electron. Mag.*, **22** (4), 9—13.

Zheng, C., Li, L., Xu, F., Sun, F. and Ding, M. (2005) Evolutionary route planner for unmanned air vehicles. *IEEE Trans. Rob.*, **21** (4), 609—620.

本章译者：江驹、雷安旭（南京航空航天大学航空宇航学院）

第24部分

雷　达

第 242 章

天线与电磁波传播：雷达、导引头与传感器，跟踪以及目标识别

Peter S. Hall
伯明翰大学，伯明翰，英国

1 天线基础

1.1 天线辐射原理

天线是射频电路与辐射电磁波的接口（Balanis，2005；Rudge 等，1986），在几乎所有的雷达和无线通信系统中都有着广泛的应用。当导体上的电流变化时（即存在交流电），则产生电场和磁场，此时能量将以电磁波的形式向远离导体的方向传播。图 1 所示为一个偶极子天线辐射时产生的电场环，其中偶极子天线将在第 2 节进行介绍。电场环现象是电磁辐射的基本特征。对于偶极子天线，其主要能量向偶极子的两侧传播，而在偶极子所指方向上则几乎没有能量辐射。所有的天线在不同方向上的辐射都具有类似的性质，这被称为方向性，将在 1.2 节进行介绍。

接收时的现象则完全相反。如果电磁波入射到天线，则（天线）导体上会感应产生电流。这一过程与电磁波发射是完全互易的。如果电磁波从导线侧面入射，感应产生的电流就强；如果电磁波从导线所在方向上入射，就只能感应产生很微弱的电流。

阻抗是电路中电压与电流的比值。为了使负载（例如负载扬声器）能够从信号源（例如高保真功放）获取能量，确保信号源的阻抗与负载一致是非常重要的。大多数用于雷达的射频电路都将（特征）阻抗设定为 50 Ω。电磁波中的类似参数被定义为电场与磁场强度的比值。当电磁波从天线发出并在自由空间中传播时，其阻抗大约为 377 Ω。上述两个数值的不同清楚地表明，天线也具有阻抗变换器的功能。同时，与大多数工作在低频段的铁芯线圈阻抗变换器一样，天线也具有一个阻抗变换值以及一个损耗或者效率参数。

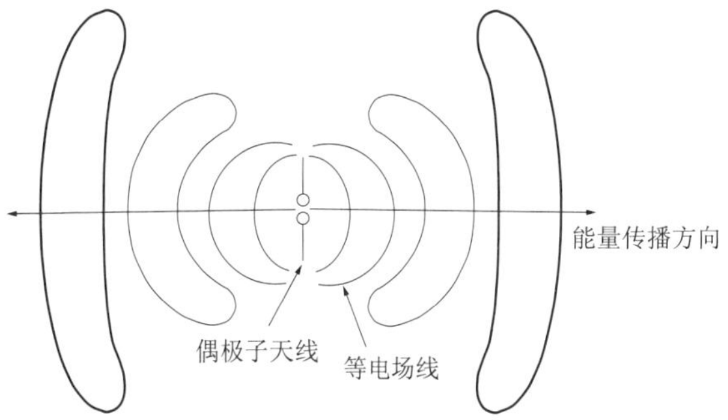

图 1 偶极子天线的辐射

1.2 天线参数

阻抗变换和辐射方向性的概念引出了一系列定义天线性能的重要参数。

首先介绍输入阻抗。辐射现象是一种能量损失，可以用辐射电阻来表示。同时，由于金属的非理想导电性以及介质材料损耗的影响，天线本身也存在阻性损耗。因此，输入阻抗同时具有阻性分量以及容性/感性分量，且通常随频率而快速变化，特别是对于谐振天线（例如偶极子天线）尤其如此。天线输入阻抗与天线、发射机之间连接电缆的阻抗相匹配是非常重要的（在很多情况下取 50 Ω），二者之间的任何差异都会使一部分发射机发出的能量被反射回发射机。如果这种反射很明显，

则可能导致发射机失谐。一些保护装置，如隔离器或环行器可以用来防止这一问题。大多数天线是互易的，这意味着其在发射和接收时具有相同特性，即天线的接收阻抗等于其发射阻抗，因此接收时的阻抗匹配同样也是非常重要的。图 2 所示为一个典型天线极坐标下的辐射方向图。图中曲线到原点的距离表示相应方向上的电磁辐射强度。可以看到，大多数能量被引向了一个狭窄的角度范围。这一角度范围被称为主瓣。一个天线如果具有这种形式的辐射方向图，则被称为方向性天线，其具有方向性增益。而全向天线则是向所有方向均匀地辐射，因此其方向图是圆形。在远离主瓣的方向，辐射相对较弱。此时如果存在峰值，则被称为旁瓣和后瓣。两瓣之间的角度称为零陷。天线的波束宽度通常定义为辐射功率降为一半时两点间的角度间隔。而零点到零点的波束宽度有时也被使用。

对于大型天线，例如稍后会提到的阵列天线或者反射器天线，其旁瓣控制可以由锥化天线区域内的激励幅度分布来实现。也就是说，天线中心区域的激励幅度要强于边缘区域。图 2(b) 显示了这样做带来的方向图变化。锥化会增加波束宽度，但更重要的是其能够降低旁瓣电平。对于均匀激励分布，旁瓣电平约比主瓣峰值低 13 dB；而图 2(b) 显示的旁瓣电平低于峰值 20 dB 以上。由于旁瓣会导致虚假目标以及目标跟踪时的错误，因此许多雷达都具有比这低得多的旁瓣。

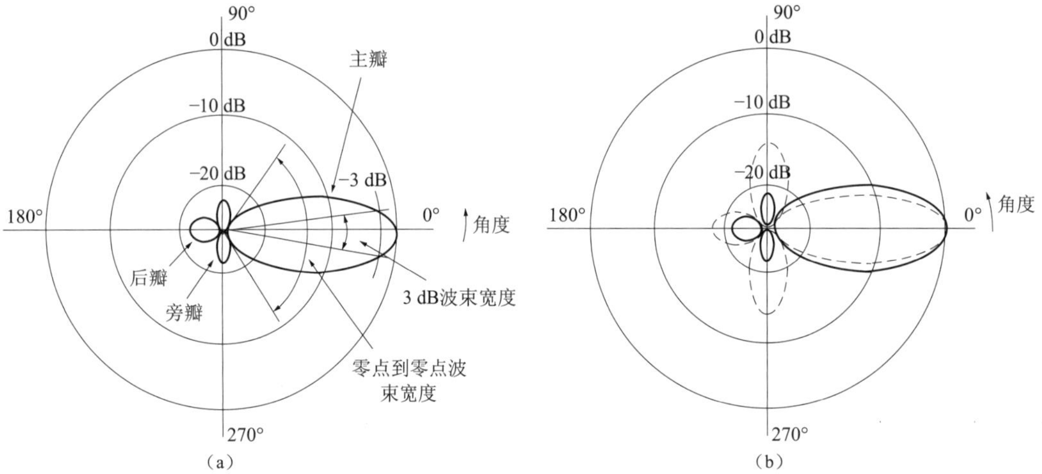

图 2　典型的方向性天线辐射方向图

(a) 重要参数定义；(b) 均匀（实线）和锥化（虚线）激励分布下天线方向的比较

由于辐射是在三维空间中进行的，故需要在两个相互垂直的平面上分别定义辐射方向图。如果上述两个平面的辐射方向图都是圆的，或者更准确地说天线在所有方向上辐射相等，则被称为等方性。这种情况在实际中是不可能实现的，但却是表示天线增益的基础，其单位为 dBi（相对于全向天线的 dB 数）。天线的方向性增益是指主瓣方向上的辐射峰值功率与同样方向上等方性天线的辐射功率之比。如果考虑天线损耗的影响，则上述度量就被称为功率增益。此时假设两天线的输入功率相等，且等方性天线的效率为 100%。天线增益的计算存在一些简化公式，例如：

$$D=\frac{43\ 000}{(\theta_1\theta_2)} \tag{1}$$

式中，D 为方向性增益；θ_1 和 θ_2 分别为两个平面上的波束宽度（单位为度）。如果天线辐射面的面积为 A，则方向性增益也可以表示为

$$D=\frac{A}{4\pi\lambda^2} \tag{2}$$

式中，λ 为工作频率对应的波长。天线的波束宽度与天线尺寸有关。对于一维的情况，如果尺寸为 a，则波束宽度可以表示为

$$\theta=\frac{\lambda}{a} \tag{3}$$

天线的波束宽度需要在一定的频段内保持可接受的范围。电磁辐射是有极化的，也就是说辐射电场存在特定方向上的震荡，且这一方向通常与辐射方向垂直。天线辐射可以是水平极化、垂直极化等，如果震荡方向在能量传播过程中存在旋转，则被称为圆极化。

2　天线种类

2.1　线天线

在各种天线中，线天线最为简单，也是分析其他更复杂的天线的基础（Pozar，1998）。图 1 所示的偶极子天线就是线天线。基于双线传输线馈电的情况，可以分析该天线的工作机理。如果传输线开路，则阻抗失配会使传输线上产生指向发射机的反射波。入射波与反射波相互影响，形成驻波，如图 3 所示。显然，由于开路点的阻抗无穷大，因此开路端的电流必然为零。考虑驻波现象，则传输线上存在很多这样的电流零点，每个间隔半波长。而在这些零点之间，则是电流峰值。传输线上离开路端最近的电流峰值距离开路端四分之一波长，如果在这一点上将双线传输线向外弯折，就形成了一个半波振子。弯折过程对传输线上的电流分布没有影响，也就是说偶极子两端电流为零，中心位置则为电流峰值。偶极子天线辐射能力强，其在水平方向上具有全向辐射；而在垂直方向上，则具有“8”字形方向图，且在沿偶极子方向上方向图存在零陷。偶极子天线的方向性增益为 1.64，极化方向为天线长度方向，也就是说垂直安装的偶极子天线具有垂直极化。

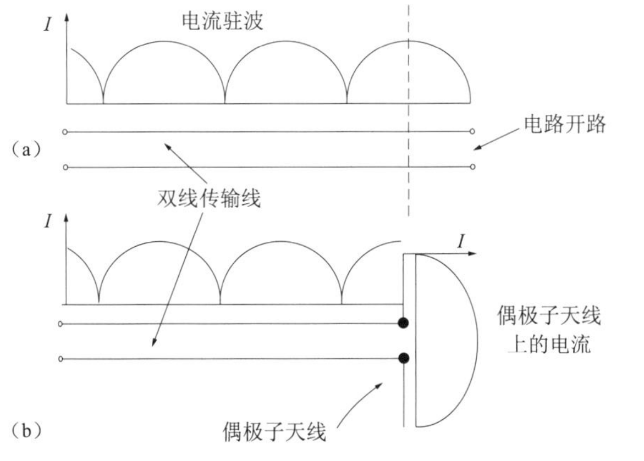

图 3　电流驻波

（a）双线传输线；（b）双线传输线馈电偶极子天线

偶极子天线是谐振天线，因此如果频率变化，其性能将迅速恶化。这是由于开路传输线上驻波峰值的位置是与频率相关的，故偶极子中央的电流强度也会随频率变化。这会对天线的输入阻抗产生很大的影响。在谐振频率上，偶极子天线的阻抗为73 Ω，无电抗部分。当频率变化时，电阻的变化虽然很小，但是电抗会迅速增加。这会导致严重的失配，因此偶极子天线的带宽只能限制在一个很小的范围内。可以通过加宽导线宽度或者使其渐变的方式增加偶极子天线的带宽。遵循这一思路产生了蝴蝶结天线及其三维形式：双锥天线。

如果在偶极子导线的馈电点上沿其法线方向安装一个金属平面，并将偶极子的下半部分移除，就形成了一个四分之一波长单极子天线，如图 4(a) 所示。该天线的输入阻抗为偶极子的一半。如果金属平面无限大，则其在平面上方具有与偶极子类似的方向图。如果地平面是有限的，则在平面下方也存在辐射，这种情况下单极子天线的方向图同样与偶极子相仿，只是上下不对称。

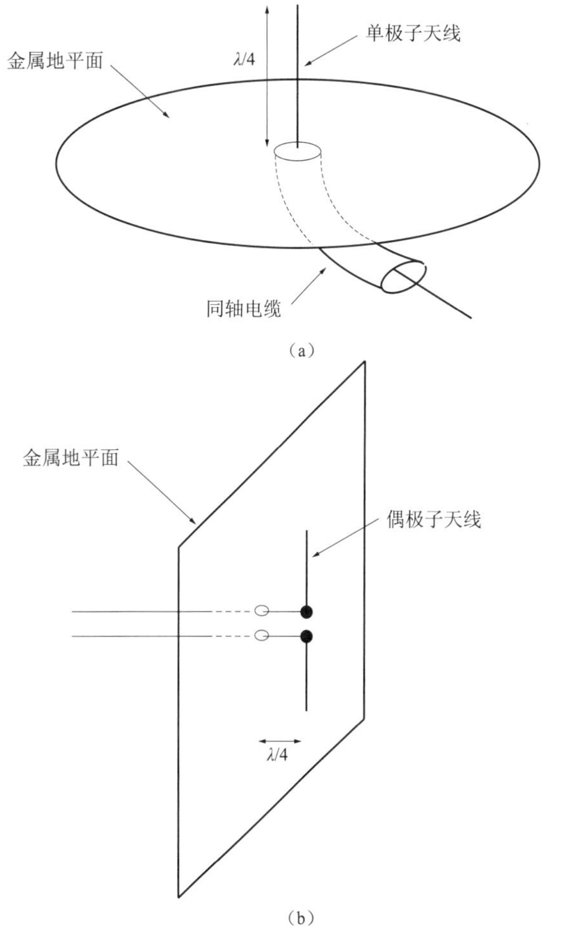

图 4　金属地平面上的天线

（a）单极子天线；（b）偶极子天线

单极子天线（例如鞭状天线、刀形天线等）在车辆和航空器上有着广泛的应用。这种天线的一个重要特征是其可以直接从同轴电缆馈电。同轴电缆具有良好的柔软性和屏蔽性能，因此被广泛应用于天线与收发机的连接，而双线传输线则屏蔽性能较差。由于单极子天线沿地平面方向辐射，因此其非常适合通信领域的应用，而对于雷达等要求辐射方向远离地平面的传感器而言则不太适用。为了解决这一问题，偶极子天线也可以背靠地平面安装，如图4（b)所示。此时偶极子与地平面之间的间距是非常重要的，如果间距远小于四分之一波长，天线的输入阻抗会受到很大的影响，从而使得在远离地平面的方向上几乎没有辐射。而当间距为四分之一波长时，偶极子天线向地平面辐射，电磁波到达再返回的波程为半波长。因此上述反射波与偶极子天线远离地平面的辐射波是同相的，天线总辐射较强。偶极子天线背靠地平面安装被广泛应用于天线阵列，特别是相控阵，稍后将对其进行介绍。

2.2　印刷电路天线

印刷电路天线的想法主要来源于减小天线厚度的需要。例如对于较低的微波频段，地平面上的偶极子天线厚度太大，因而无法安装在飞行器和导弹上（Waterhouse，2007)。微带线是收发机中最常用的传输线媒介。其由电路线、地平面和介质层三部分组成，其中电路线与地平面之间由介质层隔开。微带线在辐射方面与双线传输线在很大程度上是相同的。图5所示为一个微带贴片天线，其中矩形金属片与地平面之间的间隔通常小于十分之一波长，二者间由介质层隔开。金属贴片由微带线提供激励，且一条边长约为半波长。上述贴片可以看作一个由每个端口都开路的较宽微带线所形成的谐振器。关于微带贴片天线的辐射机理可以给出如下一种理解：电磁波在微带线的开路端口间反复震荡，而每次反射都会辐射一小部分能量。许多次反射的叠加形成了一个较强的电磁辐射。该贴片的主要辐射方向是远离地平面的。同偶极子天线类似，上述微带贴片天线基于一个半波长结构工作，故其也是窄带的。采用低导电性的厚介质层可以增加带宽，但一般只能达到5%～10%。上述微带贴片天线的增益为6.4dBi，极化方向与半波长边平行。金属贴片除了矩形外也可以采用其他形状，例如圆形和三角形。贴片天线可以很容易地实现圆极化，对贴片开槽则可以使天线工作在两个不同的频率上。

微带贴片天线可以和收发机电路集成在一起，这是其最为显著的特征之一。图5所示的馈电可以与同一基板上的滤波器、功放以及混频器相连接。但是由于射频电路需要高质量的元件以实现良好的选择性和敏感性，故这些元件必须安装在高导电性的薄介质层上。天线与射频电路对介质层的这种矛盾需求，意味着将二者集成在同一块基板上会面临诸多限制。但这类问题也存在一些解决方案。图6所示的一种分层结构就被用于一种被称为“智能蒙皮”的共形相控阵。其顶部的厚介质层用于贴片天线，而下面较薄的介质层则用于射频电路，再往下则是电源和冷却模块。

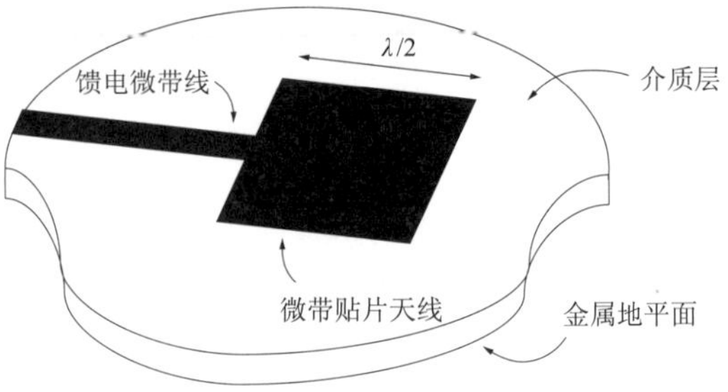

图5　微带贴片天线

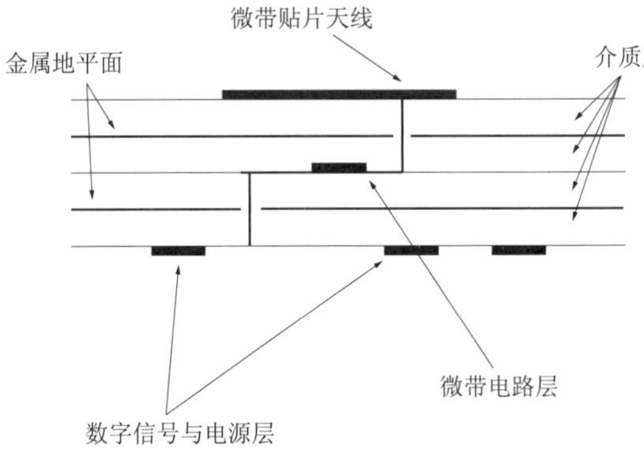

图6　“智能蒙皮”天线截面概念图

微带贴片天线是印刷电路天线的一个范例。这一术语清楚地表明：与印刷电路相同，这类天线可以采用光刻技术制造。其制造过程相当成熟且成本低，而且能够实现多层制造。当然，像“智能蒙皮”这样将不同类型的材料整合为一体的部件，其制造过程还是相当复杂的。

2.3　反射器天线与透镜天线

将反射器天线与透镜天线归为一类是因为它们都基于准光学原理，即从某种意义上来说，它们的工作原理都可以从射线光学的角度理解。图7（a）展示了一个主焦点馈电的抛物面反射器天线。如图7（b)所示，电磁辐射从馈源发出，经过相同波程到达反射器前缘所在平面，因此在该平面上会产生一个均匀相位的波前，从而形成一个从天线方向辐射出的窄波束。焦点上的馈源可以是一个简单的偶极子，为了获得更好的性能，也可以采用经过特殊设计的波导喇叭。反射器天线制造简单，可以在宽频带上实现窄波束，且旁瓣容易控制。其方向性系数可以由式（2）给出，其中 A 为反射器前向平面的面积，而波束宽度则近似满足式（3）。由于馈源会阻挡一些前向传播的能量并将其反射回抛物面，因此会导致天线效率下降，旁瓣上升以及产生交叉极化，采用偏置反射器可以在一定程度上改进性能。反射器天线曾被用于早期雷达，其采用机械旋转方式实现波束方向的扫描，如今这种天线在民用卫星电视接收、射电天文以及卫星通信等领域依然发挥着作用。

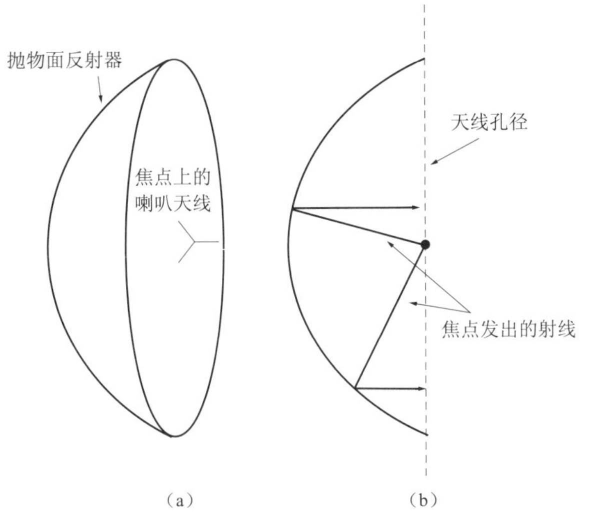

图 7　抛物面反射器天线

（a）焦点为喇叭天线的抛物面结构；（b）射线从焦点经过等距离传播到达孔径，在天线空间上形成等相位场

透镜天线的工作原理与光学透镜类似，只是制造透镜的材料一般为低损耗塑胶。这种天线在毫米波以及更高的频段上是非常有用的。它们已经被应用于 77GHz 汽车雷达和 95GHz 导弹导引头。

2.4　阵列天线

可以将一定数量的偶极子或贴片天线整合在一起，安装在同一个地平面上，这样做可以获得波束宽度更窄的方向图，同时也可以采用相控阵技术实现波束扫描。一个由一组贴片天线组成的小型阵列天线如图 8 所示。天线阵列适合采用光刻技术进行制造，因为此时一个阵元和一个阵列的制造成本并没有什么区别。

对于大型阵列天线，方向性系数可以近似表示为

$$D \approx N D_e \tag{4}$$

式中，N 为总的阵元数目；D_e 为每个阵元的方向性系数。另外，方向性系数也可以通过式（2）给出，其中 A 表示阵列所占的面积，为

$$A = (N_x - 1) d_x (N_y - 1) d_y \tag{5}$$

式中，N_x 和 N_y 分别为 x 轴和 y 轴方向上的阵元数

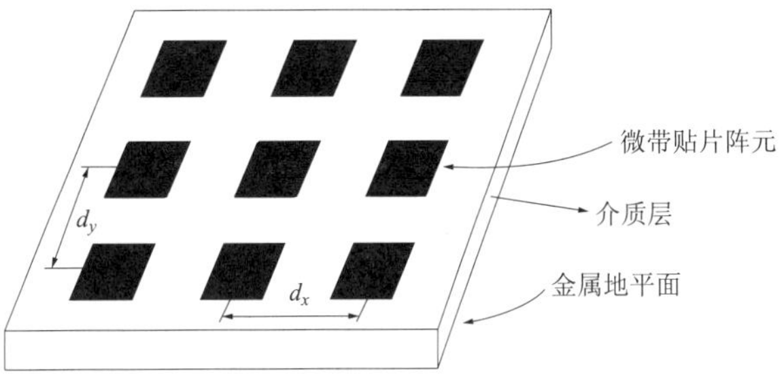

图 8　微带贴片阵列天线

目（N_x 和 N_y 都大于 1）。后面将在 3.2 节中对天线阵列作进一步讨论。

3　波束扫描

3.1　机械扫描

相对于相控阵而言，使固定波束天线作物理运动是一种低成本的替代方案。但这一方案的主要缺点是扫描率较低，与之相比相控阵可以实现波束的快速扫描，在几毫秒内即可改变波束方向。作为一种折中，通常可以在一维平面内采用机械扫描，而在另一维则用相控阵或者多波束阵列。

3.2　相控阵

阵列天线的波束辐射方向取决于阵元间距 d 以及每个阵元的馈电相位 φ（Mailloux，1994）。图 9 所示的是图 8 中的阵列在某一维上的几何结构。可以看出，当波束指向指定方向时，各阵元上激励电压的相位差恰好可以补偿这一方向上各阵元间的波程差 d' 所产生的电磁波相位变化。在满足上述条件的情况下，各阵元的辐射能量可以到达指定方向上的一个远场点，此时这些能量是叠加的。而在其他方向上，能量既有叠加也有抵消，因此总能量通常会低于主瓣的峰值。如果各阵元的激励相位发生变化，那么波束指向也会随之改变。

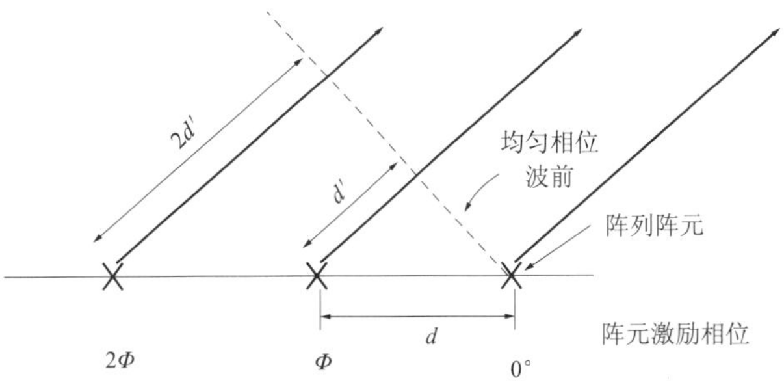

图 9　相控阵操作（根据距离 d'、$2d'$ 等产生的相位差来调整阵元相位激励，使得虚线为均匀相位波前）

阵元的尺寸是决定阵元间距的因素之一。对于贴片天线，其半波长介质层的尺寸通常为0.3～0.4波长。如果阵元间距过小，会产生较强的互耦，从而对相位波束控制的效果产生不利的影响。通常间距会在0.5～0.8波长中选取。对于阵元间距为0.5波长的情况，波束扫描范围可以达到（偏离法线方向）60°，如果超出这个范围，就会出现栅瓣。栅瓣是在主瓣相反方向上出现的附加波瓣，对于雷达系统而言，这会导致检测到虚假目标。

在图9所示阵列的两维轴向上加载信号，通过改变信号的相位，就可以实现两维波束指向的角度控制。因此从原理上讲，阵列天线的每个阵元都需要实现任意的馈电相位，这大概是相控阵设计中最复杂和昂贵的部分。对于大功率雷达，这种相移可以用基于波导的铁氧体移相器实现；而对于低功率的应用场合，二极管开关线型移相器应用广泛。通常一个4bit移相器的相位状态间隔为22.5°，可以实现平滑的波束扫描。某些阵列需要实现非常窄的波束，也可以使用位数更多的移相器。为了降低相控阵列的总体成本，可以采用阵元稀疏技术，即不在所有的阵列位置上安装阵元和移相器。这样做会使扫描不那么平滑，旁瓣也会升高，但在性能可以接受的前提下，能够使阵元数低于50%。

在以上简要介绍中，假设所有阵元均等功率激励。这样做的好处是能够形成最窄的波束宽度，但是这也使得第一旁瓣仅比主瓣低13 dB。对于许多雷达来说，这是完全不能接受的。为了降低旁瓣电平，需要对阵元激励从阵列中心到边缘进行锥化，但这会轻微地增加波束宽度，降低增益。

3.3　多波束阵列

相控阵列需要使用电子设备独立地控制每个阵元所辐射的信号相位，这样做成本非常高。多波束阵列是一种低成本的替代方案，图10阐述了其概念。阵列天线各阵元与一个多端口波束成形器相连，每个端口对应一个指向不同的波束。在波束扫描时，将单个收发机在不同端口间切换，也可以使用多个收发机，这样多个方向的波束可以同时操作。尤其是后者在目标速度非常快以至于很难使用波束扫描的应用场合是很有效的。

多波束阵列的缺点是波束成形器较为复杂。这会使设计过程非常烦琐，但使用印刷电路制造技术可以使其以相对较低的成本进行生产。图11所示

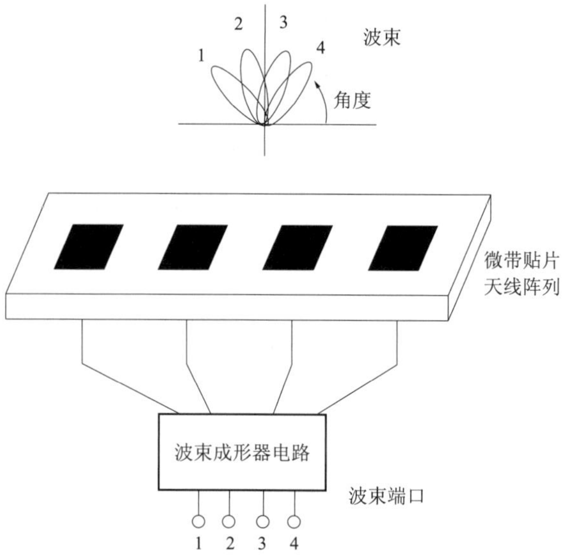

图10　多波束阵列概念图

当信号作用于端口时，会以正确的相位激励所有的天线阵元，从而产生一个波束，波束端口不同则波束指向不同。

为一个四阵元阵列采用四波束巴特勒（Butler）矩阵波束成形器的图例。这个矩阵的带宽相对较窄，且设计复杂度和损耗随阵列规模的增大而迅速增加。一种低成本的替代方案称为Blass矩阵，这种方案在一些预警雷达中与机械扫描结合使用。如果需要较大的带宽，则可以使用Rotman透镜。此时阵元端口与波束端口间以一个并行平面波导连接，整个装置可以简单地安装在上、下两个地平面之间。Rotman透镜的带宽是非常宽的，因此被应用于电子战干扰天线。

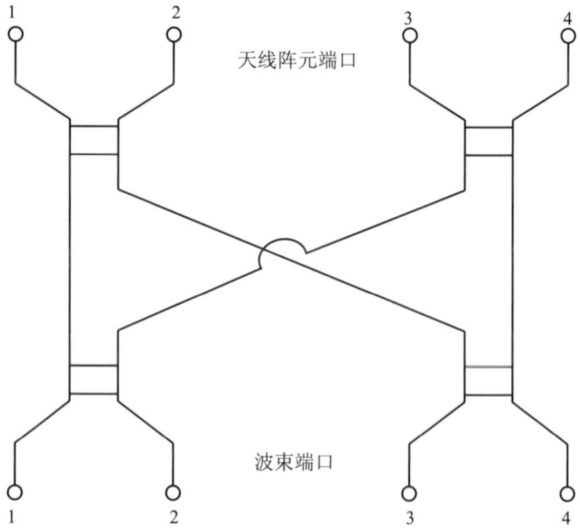

图11　巴特勒矩阵波束成形器的结构

传输线可以是微带线、带状线、同轴电缆或波导。

4　目标跟踪天线

天线可以用来测定入射信号的到达角，因此在雷达系统中可以用于目标跟踪（Hall 等，1991）。图 12 所示为一个偏移入射信号来向的波束。如果天线是旋转的，且波束方向可以看作一个圆锥，那么就可以得到天线与信号间的夹角。由于波束是旋转的，那么接收信号的幅度会随旋转而周期变化，只有在扫描圆锥的轴线与信号来向重合时，接收信号的幅度才不会发生变化。因此，接收信号的幅度变化与角度误差（扫描圆锥轴线与目标方向的夹角）成正比，而接收信号的相对相位变化则表示目标在锥体圆周上的位置。这种跟踪天线被称为圆周扫描，在一些早期的雷达和导弹上有应用。但是，这种方法相对而言比较容易被电子战方法所欺骗。

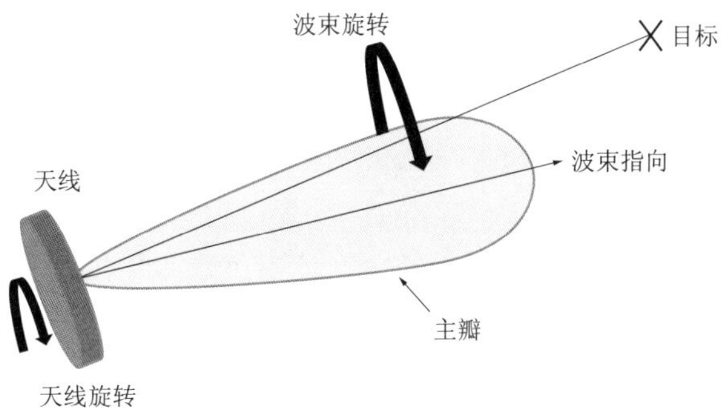

图 12　圆锥扫描目标跟踪

天线波束与目标轴线保持一定偏移角，由于天线的机械转动，将在目标周围画出一个圆锥。

在比幅跟踪系统中（如图 13 所示），天线被设计成围绕一个圆锥布置四个波束。通过比较每个波束的接收信号，可以获得两个平面上的角度误差。当上述装置用于雷达系统时，只需要一个脉冲即可获得目标角度，而圆周扫描系统则需要很多脉冲才能够实现目标测向。因此，这种方法也称为比幅单脉冲跟踪。通过比较各波束接收信号的相对相位（而不是幅度）可以提高精确度。这种方法称为比相跟踪。在使用比相跟踪法时，波束无须偏离圆锥轴线，因而可以利用整个孔径来形成波束。提取四个象限接收信号的相位即可确定目标的方向。这种技术也被用于相控阵以实现目标跟踪功能。

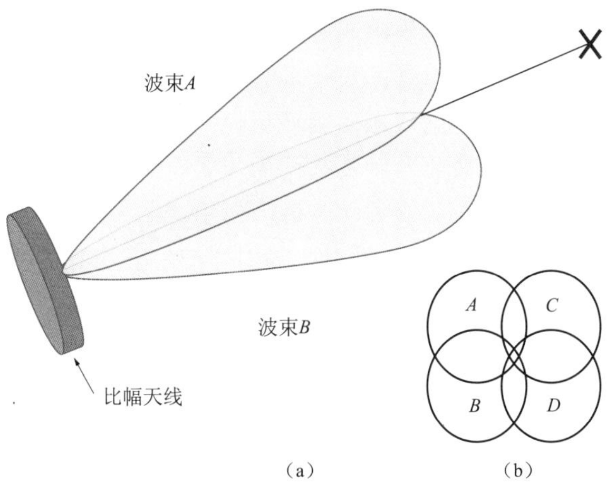

图 13　比幅天线

（a）垂直平面沿天线轴有两波束；

（b）跟踪时水平和垂直面内四波束的布局

5　无线电波传播

5.1　传播模型

无线电波传播中最简单的情况是两个与环境无关的天线之间的传输（Barlay，1986），这也称为自由空间传播。天线的接收功率 P_r 与两天线间的距离 d 之间的关系可以表示为

$$P_r = P_t G_t G_r \left(\frac{\lambda}{4\pi d}\right)^2 \tag{6}$$

式中，P_t 为发射天线的辐射功率；G_t 和 G_r 分别为两个天线的增益；λ 为波长。因此如果需要增加接收功率，可以通过增加天线增益或者增加波长（也就是降低频率）来实现。最重要的是，接收功率是随距离的平方变化的。

如果天线都放置在一个无限大的理想导体地平面上，则上述方程也可以写成：

$$P_r = P_t G_t G_r \left(\frac{h_t h_r}{d^2}\right)^2 \tag{7}$$

式中，两天线的高度 h_t 和 h_r 应远小于天线距离 d。此时接收功率随天线距离的 4 次方而变化。而在现实环境中，由于真实地面覆盖有植被、建筑等物体，功率衰减是变化的，且依赖频率以及具体环境。

大气损耗也会降低接收功率。图 14 描述了在纯净大气环境下大气衰减随频率的变化关系。功率衰减因子可以由大气衰减率（单位 dB/km）与天线间的距离相乘得到。可以看出，在低频段（低于 1 GHz），大气衰减小到可以忽略，而在较高的频率上，则较为明显，大致来说这种影响随频率的升高而增强。如果一个频段衰减较大，则其被称为衰减频段。如果需要限制对接收天线的传播或者需要防止传输距离以外的天线接收到信号，从而发现发射机的存在，就可以使用衰减频段。同时，也有一些频段衰减较小，则其被称为传播窗口。如果最小化发射机功率很重要，就可以使用这些频段。

从图 14 还可以看出，降雨会带来额外的衰减，其程度取决于降雨量以及传播路线中降雨区的范围。在长距离无线链路中，往往只有一部分路径由于局部降雨的影响而存在明显的衰减。一般而言，由降雨产生的衰减的程度随频率的上升而增强，特别是当波长与雨滴尺寸相当时会变得非常显著。雾、云以及战场烟雾等因素会对光学传播系统有影响，而对于电磁波，只有在非常高的频率上，这些因素才会变得重要，在低频频段以及微波系统中是可以忽略的。

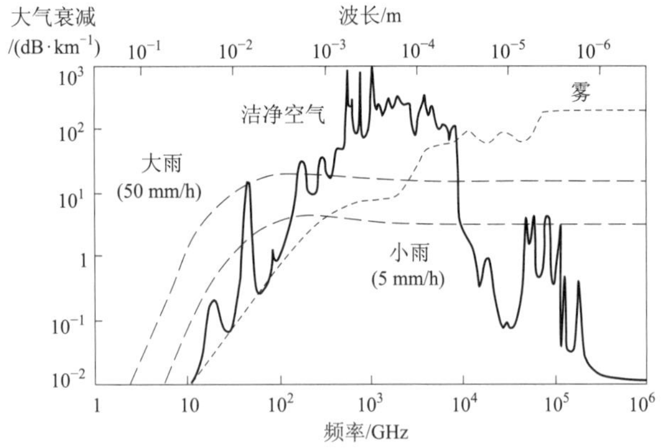

图 14 大气衰减

“——”——洁净空气中的衰减；“— — —”——雨中衰减；“------”——雾中衰减

5.2 不同频段上的传播

在很低的频段上（低于 1 MHz），上层大气可以被看作导体，其与地球表面一起构成了一个波导。这就使得电磁波可以沿着视界地平线传播很长的距离，甚至环绕地球。上述频率的电磁波在海水中也具有良好的传输特性，因而被用于潜艇间通信。

在高频频段（3～30 MHz），由于电离层可以将电磁波能量反射回地面，因此可以实现超视距传输。所有的无线电波都存在衍射现象，因此当无线电波遇到障碍物时会出现弯折，从而使电波不再沿直线传播。通常来说，衍射现象随频率的升高而增强。在高频频段，考虑到电离粒子与无线电波间的相互影响以及粒子密度随高度的变化，一般而言无线电波入射电离层后会向下弯折。粒子的密度受以下一些因素的影响，包括日照时间、季节、位置以及会带来传播特性极端变化的其他因素等。

在甚高频频段（30～300 MHz），近地以及低空大气的密度变化会影响无线电波的传播。与高频频段相同，在甚高频频段，电磁波入射电离层时也会向下弯折，因此实现超视距传播也是可能的，只是传播距离要远小于高频频段。在甚高频链路计划中，假设地球半径为真实值的 4/3 是充分的。同时，由于电离层的密度特性是变化的，在一些特殊情况下由于管道效应的影响，电波传输距离也可能非常远。

在超高频（300 MHz～3 GHz）及其以上的频段，无线电波的传输路径可以被看作一根直线，但它对建筑等物体的反射和衍射现象也会变得显著。

参考文献

Balanis, C. A. (2005) *Antenna Theory, Analysis and Design*, 3rd edn, John Wiley, New Jersey. ISBN 0－471－66782－X.

Barlay, L. W. (Ed.) (1986) *Propagation of Radiowaves*, 2nd edn, Peter Perigrinus, IET, London. ISBN 0－85296－102－2 & 978－0－85296－102－5.

Hall, P. S., Garland-Collins, T. K., Picton, R. S. and Lee, R. G. (1991) *Radar, Brassey's Battlefield Weapon Systems and Technology Series*, Brassey's, London. ISBN 0－08－037710.

Mailloux, R. J. (1994) *Phased Array Antenna Handbook*, Artech House, Norwood. ISBN 0－89006－502－0.

Pozar, D. M. (1998) *Microwave Engineering*, 2nd edn, John Wiley, New Jersey. ISBN 0－471－17096－8.

Rudge, A. W., Milne, K., Olver, A. D. and Knight, P. (1986) *Handbook of Antenna Design*, Peter Peregrinus, IET, London. ISBN 0－886341－052－9.

Waterhouse, R. (Ed.) (2007) *Printed Antennas for Wireless Communications*, JohnWiley, Chichester. ISBN 978－0－470－51069－8.

本章译者：潘捷，周建江（南京航空航天大学电子信息工程学院）

第 243 章

雷达基础与应用

Andrew G. Stove
泰利斯英国公司航空航天分部，克劳利，英国

1 引　　言

本章围绕雷达做什么和怎么做两个问题进行综述，并通过一些常见雷达应用的例子举例说明。而其他章节则是针对雷达的某个特定方面作更深入的阐述。

同时，本章只是对雷达这个大的领域作了简要介绍，研究者如果希望获取各主题更细节的讨论，建议参考一些更专业的雷达著作。Kingsley 和 Quegan (1999) 对这个领域作了更加细致的讨论，但这本书仍然是针对（受过教育的）一般读者。Skolnik (2001) 写了一本很好的通用教材，很多时候这本书被当作“标准”参考书使用。而 Skolnik (2007) 的新书则涉及了一些更加深入的主题。Stimson (1998) 的书同样也是一本很全面的专著，特别是在机载雷达方面。

雷达的主要功能是向目标辐射射频能量，并从回波中检测是否存在一个远距离“物体”（“目标”）。雷达一般都具有以下的部分或全部的功能：

(1) 测量目标的距离和方位，多数雷达都具有这样的功能；

(2) 利用回波信号的多普勒频移测量目标速度在雷达径向上的分量；

(3) 将“目标”的概念扩展到陆地、海洋、气候甚至大气折射率的变化等方面。

一些特殊的雷达（如测量容器中液体位置的雷达液位计以及用于超速摄影机的传感器）只能测量距离或速度中的一个。一些老式雷达不能测量多普勒频移，但通过采用固态技术这样的手段可以在某种程度上实现该功能。当雷达信号从陆地、海面或者雨区等固定或者缓慢移动的目标返回时，会产生“杂波”。多普勒测量对于检测“杂波”背景下的小型动目标是非常重要的。

一些雷达还可以测量其他的一些目标特性，例如入射电磁波极化的变化轨迹以及目标内部各独立反射源的位置等，这些功能有助于更好地将目标从其他目标或者杂波中识别出来。

图 1 给出了一个简单的雷达模块框图。

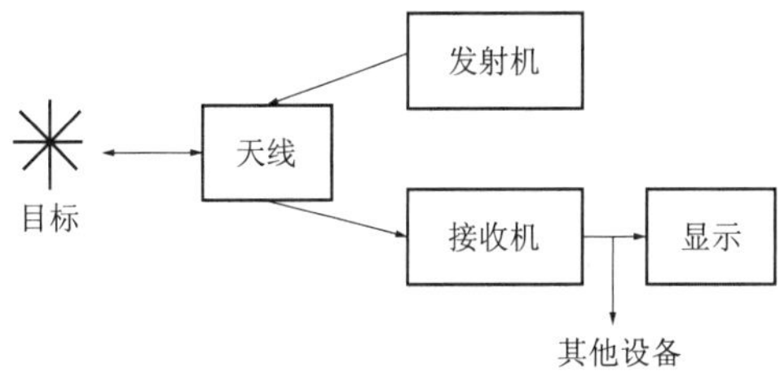

图 1　雷达的基本模块框图

一个发射机产生的信号由天线辐射出去，信号从目标反射回来被同一天线接收，并由接收机进行放大、滤波和检测。检测过程可以通过显示设备，由雷达操作员来完成，也可以将信息自动传给其他系统（如火控系统）来实现，或者二者同时进行。这一框图概括了很多系统的共性，是理解雷达原理的一个很好的模型。

在实际雷达中还有很多其他信号，例如发射机与接收机之间的同步信号、提供给接收机或显示器的天线方向指示信号等，但为了简化原理，这些附加信号没有在图中显示。而且，现代雷达接收机通常同时采用数字处理和模拟处理。

2 雷达性能

对雷达性能的理解与分析基于以下四个方面：

（1）雷达距离方程告诉我们：在自由空间中，雷达的接收功率随目标距离的 4 次方而减小；

（2）雷达检测目标的过程是基于目标的统计性这一客观事实；

（3）在很多应用场合，将感兴趣的目标从返回的带杂波的信号中分离出来是很重要的；

（4）信号在雷达、目标以及背景之间传播的多径效应影响。

2.1 雷达距离方程

雷达距离方程被用来在给定雷达和单个目标的情况下计算接收信号的功率。这一方程由传统的无线电发射和接收公式推导而来，同时考虑了目标功率反射特性的影响。

2.1.1 雷达散射截面面积

雷达散射截面面积是用来量化当目标向雷达反射电磁波时，雷达接收能量大小的性能指标。其通常缩写为 RCS，但有时也写成 REA（全称为雷达回波面面积，Radar Echoing Area）。

从某种意义上来说，雷达散射截面面积是一个人造概念，但却是非常有用的。该参数是这样定义的：假设目标等效于截面面积 σ 上收集雷达辐射的所有能量，并以全向天线向外辐射。基于 RCS 的标称模型如图 2 所示。

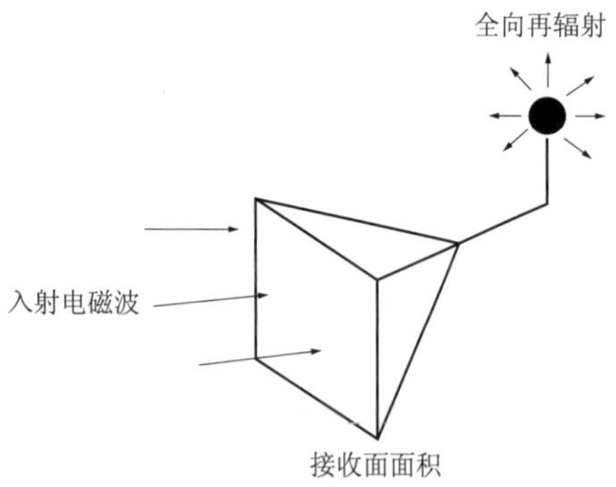

图 2 雷达散射截面面积的概念

由于物体不同部分的反射相互影响，因此真实物体的实际散射特性通常是非常复杂的，而且随观察角度的变化而快速变化。图 3 所示为一架战斗机的 RCS 随角度变化的例子。

图 3 中径向为 RCS 的分贝数，三个圆分别对应 1 m²、10 m² 和 100 m²，角度为目标的观察角。图 3 的上方为机头指向，下方为机尾指向，图的两侧则显示出 RCS 的“闪烁”特性。可以认为 RCS 的方向图是对称的。

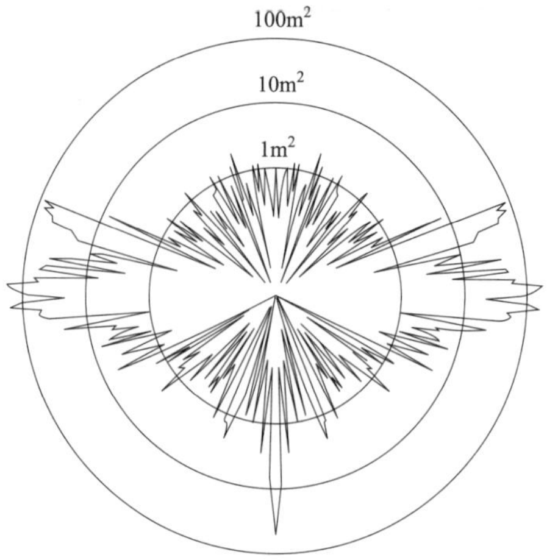

图 3 复杂目标的雷达散射截面面积分布
（数据处理经英国泰利斯公司许可）

实际目标的 RCS 通常由其起伏特性的平均值来定义。这种起伏特性通常由 Swerling Ⅰ到 Swerling Ⅳ 模型来分类（Swerling，1960）。其中第Ⅰ类和第Ⅱ类模型被称为瑞利衰落，此时给定 RCS 出现的概率密度可以由 RCS 值的负指数给出。而第Ⅲ类和Ⅳ类模型的起伏则没有那么剧烈。这些模型的定义可以在 Skolnik（2001）的书中找到。在上述四种起伏模型中，在奇数类模型下单个雷达间歇中的衰落是相关的，而在偶数类模型下单个间歇内衰落是不相关的。对于目标不存在衰落的人为情况，不同的作者通常将其称为第 0 类或第Ⅴ类。在雷达领域，目标起伏特性的建模方法是一个引人注目的问题，Skolnik（2001）在其著作中对此作了更加详细的讨论。如果圆球的尺寸远大于波长，则该球体的 RCS 为其物理横截面面积。

对于隐身飞机一类的目标，其 RCS 值远小于自身的物理截面面积。这可以通过两种技术途径实现：一是仔细选择机体的材料，使得入射能量大部分被吸收而不是被反射（例如 B－2 轰炸机）；二是精心设计目标外形，使得回波能量不向照射雷达方向反射。例如 F－117 就采用了后一种技术。

相反，在一些应用场合，例如小型船舶为了增强其雷达可观测性，可以采用一些特殊设计的反射器使目标 RCS 远大于其物理面面积。通过使用角反射器，能够将较宽角度范围内的能量有效地反射回雷达，从而实现上述目的。图 4 描述了其原理。

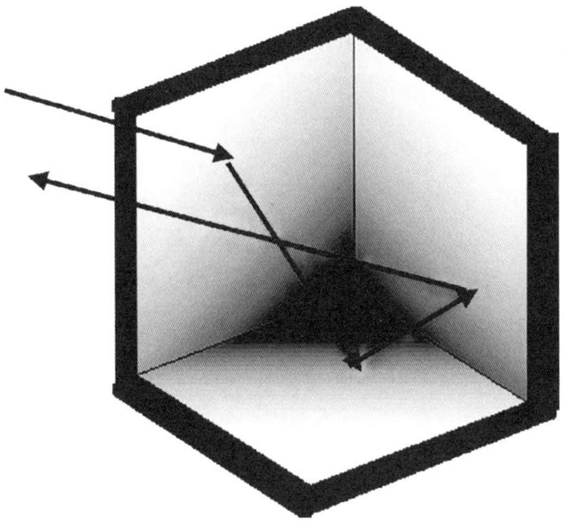

图 4　角反射器的工作原理

一般来说，一束射线入射到角反射器时，将经过三次反射沿入射相反方向返回。因此，雷达角反射器与安装在汽车和自行车尾部的光学被动角反射器是类似的。

2.1.2　极　化

雷达所辐射的电磁波信号的电场、磁场以及传播方向相互垂直，且存在固有的极化方向。对于线极化的情形，场的方向是固定的；而对于圆极化，场的方向是旋转的，但电磁波与磁场仍保持相互垂直。当电磁波从目标返回时，信号的极化会发生改变，但一般而言极化的变化并不会产生决定性的影响。但有一种情况例外，当雷达使用圆极化时，单次反射会改变电磁场旋转的方向。也就是说，当天线发射圆极化电磁波时，将不会接收经过奇数次反射的回波。利用这一性质，雷达可以只接收经过两次反射的回波，即入射目标的信号反射到目标的另一部分上，最终反射回雷达所在方向所产生的回波，从而滤除雨滴的反射信号。幸运的是，人造物体等复杂目标通常包含足够的“偶跳”反射体，因此这些目标可以被上述雷达所探测。但是，由于角反射器的回波共经过三次反射，故这种工作模式会滤除角反射器的主要回波，造成敏感性下降。

另一方面，极化对海面杂波有着重要的影响，对此将在 244 章第 5 节作更深入的讨论。

由于实现多极化信号处理功能会增加雷达，特别是天线系统的复杂度，因此大多数雷达事实上只使用单一极化。当然，如果使用多极化的好处能够弥补雷达系统复杂度增加所付出的代价，也可以在雷达中采用多极化体制。

2.1.3　传播因素

假设发射机天线增益为 G，发射功率为 P_t，则距离 r 处的目标的功率谱密度为：

$$P_a = \frac{P_t G}{4\pi r^2} \tag{1}$$

通过定义 RCS，所有方向上的反射总功率可以写成：

$$P_b = \frac{P_t G \sigma}{4\pi r^2} \tag{2}$$

式中，σ 为目标的 RCS，则反射回雷达的接收信号功率为：

$$P_r = \frac{P_t G A_e \sigma}{(4\pi)^2 r^4} \tag{3}$$

式中，A_e 为雷达天线的有效孔径，其与天线增益存在以下关系：

$$A_e = \frac{G\lambda^2}{4\pi} \tag{4}$$

式中，λ 为波长。结合式（3）和式（4），可以得到雷达距离方程的“经典”形式为：

$$P_r = \frac{P_t G^2 \lambda^2 \sigma}{(4\pi)^3 r^4} \tag{5}$$

为了计算接收机的信噪比，需要首先给出接收机的噪声电平：

$$P_n = kTBN \tag{6}$$

式中，k 为玻尔兹曼常数；T 为接收机的绝对温度；B 为信号带宽；N 为接收机的噪声系数。如果接收机放置在室温下，则通常可以假设 kT 为 −174dB · m/Hz，则信噪比可以写成：

$$\mathrm{SNR} = \frac{P_t G^2 \lambda^2 \sigma}{kTBN\ (4\pi)^3 r^4} \tag{7}$$

式中，P_t 为峰值发射功率；B 为发射信号带宽。在这种情况下，如果雷达使用脉冲压缩（见第 245 章第 5 节），则式（7）中的信噪比需要乘以脉冲压缩比 G_c，通常脉冲压缩比会略小于信号带宽与脉冲持续时间 τ 的乘积：

$$\mathrm{SNR}_{pc} = \frac{P_t G^2 \lambda^2 \sigma G_c}{kTBN\ (4\pi)^3 r^4} \tag{8}$$

式中

$$G_c \approx B\tau \tag{9}$$

有一种更有效但不太直观的理解方式，若将式（7）中的 P_t 看作平均功率，将 B 则看作雷达信号总相关时间的倒数，则 P_t/B 可以看作总辐射能量。这种方式不需要给出脉冲压缩增益的精确表达。

雷达距离方程还有很多更复杂的版本。例如考虑雷达的扫描行为、传播损耗、接收机和处理损耗等，有其他一些著作对其进行了讨论，但所有这些都是以上述公式为基础的。

在雷达距离方程中，其分母项与雷达到目标间距离的4次方成正比，这一特性在雷达设计中是非常重要的。也就是说，为了使雷达的作用距离增加一倍，在其他因素不变的情况下，发射机功率需变为原来的16倍才能实现上述目标，此时雷达发射功率变得很高。雷达发射与接收信号间的动态范围很大，这也是很多雷达采用脉冲体制将发射和接收信号从时间上分离的主要原因。

2.1.4　远　场

值得注意的是，雷达距离方程存在一个限制条件，即该方程只能应用于“远场”。当目标与雷达相对较近时，其RCS值将随距离变化。因此，严格来说这就要求雷达与目标间的距离趋向无穷。类似的，式（1）所述的传播公式也只能应用于天线间距离较大的情况。在实际中，上述公式可以在雷达与目标间满足远场条件时安全地使用，即距离满足：

$$r_{\mathrm{far}} > \frac{2d^2}{\lambda} \tag{10}$$

式中，λ 为辐射波长；d 为雷达天线或目标的最大尺寸。

对于上述关系不能满足的情况，例如观测地球表面的辐射计，观测云团的气象雷达，检测潜在危险电缆的试验雷达等，就需要对雷达距离方程进行修正。

2.2　检测过程

作为接收机的一部分，几乎所有的雷达都需要通过对接收信号进行处理来检测是否存在目标，并在信号电平超过一定阈值时进行提示。但当没有信号入射时，噪声也可能是杂波仍会出现在接收机中。此时，如果接收功率超过检测阈值，就会出现“虚警”。噪声中信号检测过程的细节在Skolnik（2001）文献中作了讨论，而Marcum（1960a，1960b）的讨论则更加细致一些。这些论述共同构建了雷达检测理论的基础。

2.2.1　匹配滤波器理论

匹配滤波器理论的目的是建立一种最优滤波器设计方法，使得滤波后接收机进行检测时的信噪比最大化，Cook和Bernfeld（1967）在其专著的第5卷245章对此进行了讨论。匹配滤波器理论的结果表明，为了实现最大的信噪比，则滤波器的冲击响应应为发射信号的时间反转。

Cook和Bernfeld（1967）推导了上述理论的一个推论：信号检测的最优敏感性取决于信号的平均功率而不是其峰值功率或波形。另一个非常有用的类似推论是，距离分辨力取决于信号带宽，而不是信号的形状。信号功率谱的细节决定了匹配滤波器输出的时域旁瓣，而这决定了在邻近大目标时，识别一个小型目标的难易程度。

大功率雷达通常发射脉冲信号，这样做一方面可以采用脉内调制增加其带宽，同时可以用匹配滤波器“压缩”接收信号，既获得窄脉冲的分辨力，又能够融合长发射脉冲的所有能量。直观上来看，这就意味着匹配滤波器能将信号能量压缩进一个窄脉冲。

2.2.2　检测曲线

设计和分析雷达的关键在于处理好检测概率、虚警概率和信噪比之间的相互关系。图5所示为稳定（Swerling 0/V模型）目标反射单脉冲时上述变量间的变化曲线。

图5中不同的曲线表示不同的虚警概率，最左边的曲线为虚警概率10^{-1}，而最右边的虚警概率为10^{-12}，中间各曲线对应的虚警概率等间隔步进。如果目标存在瑞利衰落（Swerling Ⅰ或者Swerling Ⅱ模型），则其单脉冲检测曲线如图6所示。

上述曲线集都是由Swerling（1960）和Marcum（1960a，1960b）两人著作中的数据，并用Meyer和Mayer（1973）书中的方法推导得出的。对于多脉冲积累的情况，检测曲线集也可以通过构造得出，具体信息可参见Skolnik（2001）的著作，其近似计算需要遵循以下准则：

（1）当n个脉冲进行相干积累时，信噪比增加n倍。

（2）对于无衰落目标，当n个脉冲进行相干积累时，矫正后的有效信噪比提升约为$n^{3/4}$。

（3）对于衰落目标，如果能够对大约5个及以上独立采样作相干积累，则衰落不会造成损耗或增益。也就是说在上述情况下，只要脉冲积累数目一致，衰落目标与稳定目标的回波性质就大致相同。

由图5和图6可以看出，对于无衰落的情况，信噪比与检测概率之间的变化曲线是非常陡峭的。

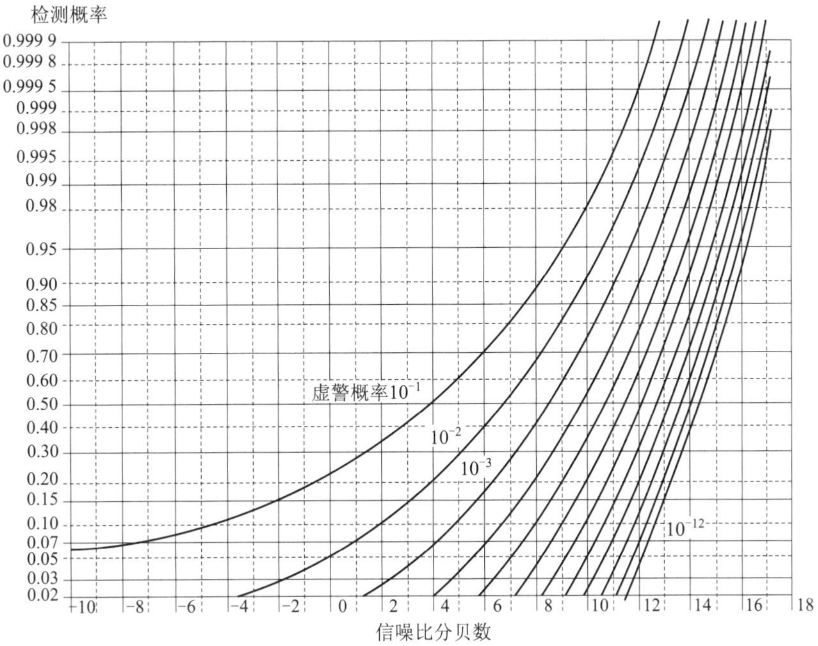

图 5　稳定目标的检测曲线

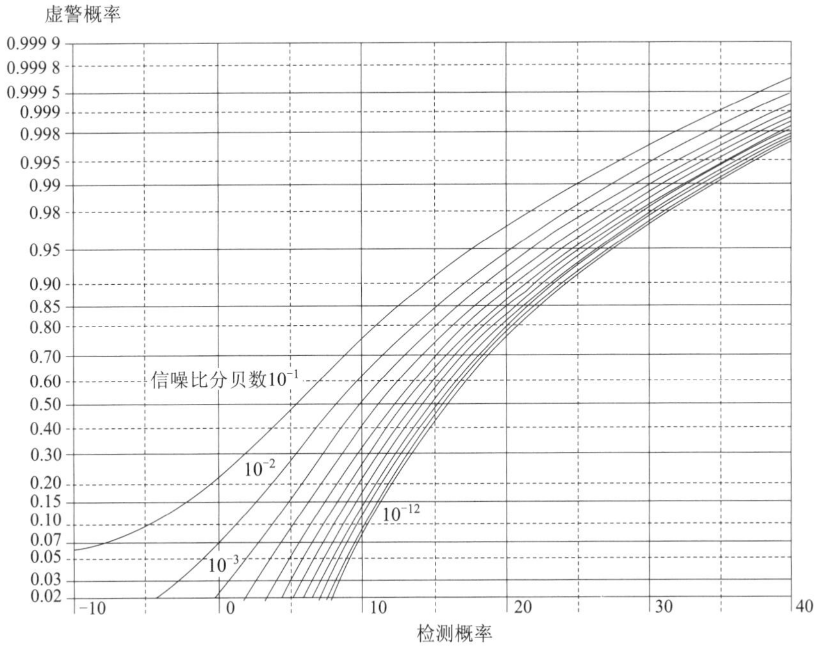

图 6　瑞利衰落目标的检测曲线

也就是说，对于无衰落或者衰落很快的情况，当信噪比低于一个有效值时（例如 11 dB），检测概率随距离的增加而急剧下降。而对于衰落目标，检测概率与信噪比变化曲线的斜率要平缓的多，因此检测概率随距离增加而产生的下降也要慢一些。另外，对于慢衰落目标，由于瞬时 RCS 值可能衰减到一个很低的值，因此要实现高检测概率，则所需要的平均信噪比会变得非常高。“稳定”与“起伏”目标的检测曲线在 40% 检测概率附近交叉。低于这个值，则起伏目标会因为 RCS 值的偶然升高而获得更好的性能。

同样可以注意到，不同虚警概率的检测曲线是靠在一起的，因此增加虚警概率对噪声中的检测概率的影响很小。还可以得到另一个经验性的结论，对于稳定目标的一组典型检测概率和虚警概率，如果后者改变一个数量级，则为了获得同样的检测概率，信噪比大约需改变半个分贝。

典型的雷达虚警概率一般在 10^{-6} 量级上。举例来说，如果雷达的作用范围为 0～200 km（大约为 100 nmile），距离分辨力 40 m，共 5 000 个距离单元。如果波束宽度为两度，那么总共就有 900 000 个检测单元，10^{-6}的虚警概率也就是在雷达的每次扫描中平均发生 1.1 次虚警。

2.3 杂 波

第 244 章第 5 节描述了如何在杂波环境下检测目标。“杂波”是环境的回波，在这些环境中，陆地、海面和降雨都是最常见的例子。雨杂波的性质与“噪声”非常相似。而其他类型的杂波其统计分布则具有非常明显的“长尾”特征，也就是说在这些类型的杂波的影响下，信号电平高于平均值的概率要远大于只存在热噪声的情况。因此，为了控制虚警概率，在杂波中检测目标需要高得多的检测阈值。同时由于分布函数的长“尾”特性，对虚警概率和检测概率进行折中的变化曲线也比只有噪声的情况要平缓一些，这就为用不同的方法抑制杂波开辟了新的思路。

当杂波功率明显大于噪声时，就无法通过增加发射功率或降低接收机的噪声系数来提高雷达性能。为了提高杂波影响下的雷达性能，可以通过降低分辨单元尺寸和提高距离、多普勒或角度的分辨力来降低杂波的电平。由于多数杂波随时间起伏，因此也可以对杂波进行解相关，通过使其统计特性更加理想来减少杂波的影响，但这需要付出时间或者带宽的代价。

2.4 多 径

雷达距离方程是基于自由空间传播建立的。由于地球表面的影响，当雷达波从地面反射时，雷达与目标之间会出现第二条传播路径，此时接收信号会交替出现增强和减弱的现象。特别是当反射信号与地球表面的掠射角较小时，即雷达与目标离地面都比较近且距离较远时，由于入射信号与反射信号的相位相反，因此直射信号与反射信号会相互抵消。对于稍许有利一些的情况，例如航海雷达，多径效应使得雷达距离方程中“r^4”的传播特性变为“r^8”。幸运的是，在航空电子系统中很少碰到这么不利的情况，但是一种雷达设计分析方法应当包含对多径效应是否可能对性能产生严重影响的评估。Skolnik（2001）在其著作的第 8.2 节为这种分析提供了有用的信息。

还应当注意到，在一些反常的气候条件下（这种情况在世界上的某些地方可能并不那么罕见），其电波传播规律可能与前面理论预测的 r^4 以及 r^8 的传播规律相比有一些变化，这种变化可能是有利的，也可能是不利的。

3 雷达的优缺点

雷达能够在气象条件下对远距离目标进行高精度的距离测量，这是其一个独一无二的能力。但雷达也有一个缺点，那就是其工作在一个相对比较长的波长上（相对于红外或光学传感器而言），这就意味着即使只是实现比较一般的角度分辨力都需要使用较大的天线。微波天线的分辨力可以近似表示为

$$\theta \approx \frac{\lambda}{d} \tag{11}$$

式中，θ 为以弧度为单位的波束宽度；d 为孔径宽度。例如波长为 10 cm，宽为 6 m 的天线，其波束宽度约为 1°，也就是说该天线在 200 km 距离上只能实现3 km的横向距离分辨力，而典型距离分辨力一般低于 100 m。

为了在远距离上发现较小的目标，雷达需要较高的发射功率，通常其峰值功率达数十千瓦，平均功率也会有几千瓦，这也是使用雷达的另一个不利因素。这往往意味着雷达发射机会庞大、复杂、昂贵，还需要大量的能源供应。而接收机则必须在毫秒量级的时间内耐受信号功率输入，从而在接收机前端接收比热噪声更微弱的信号。

4 一些新体制雷达

绝大多数雷达都采用单个大型发射机向天线馈电，通过机械旋转实现视场内的角度分辨。这一节会讨论两种不同的雷达体制：合成孔径雷达［见 Stimson（1998）第 37，38 章］和电扫描阵列天线雷达［见 Skolnik（2001），第 9 章］。这些技术多年前被应用于一些特殊的雷达，而现在其应用正变得更加广泛。

4.1 合成孔径雷达

传统雷达的横向距离分辨力有限，而合成孔径雷达则提供了解决这一问题的方案。对于合成孔径雷达，本书会在第 246 章第 5 节中进行更细致的讨论，这一节仅仅是作一个简要介绍。对于合成孔径雷达，当雷达沿直线移动时，由于雷达信号的相干特性，可以将回波信号收集在一起以合成天线孔径，这一孔径可以达到 1 km 或者更高。因此，合

成孔径雷达可以实现很高的角度分辨力，其横向距离分辨力甚至可以与距离分辨力相同。正是由于这样的性质，合成孔径雷达可以生成“像图画一样”的雷达图像，如图 7 所示。

图 7 中对雷达图像的一些显著特征进行了标注：宽的暗色带（低雷达反射率）由河流的回波生成，其支流在图中也很容易识别。在河岸边可以看到由泥滩形成的阴影；大面积的规则明亮区域（图例中以网格线标出）表示建筑区；在标注“A”的区域，可以看到其中明亮一些的部分是地块边界上的篱笆。

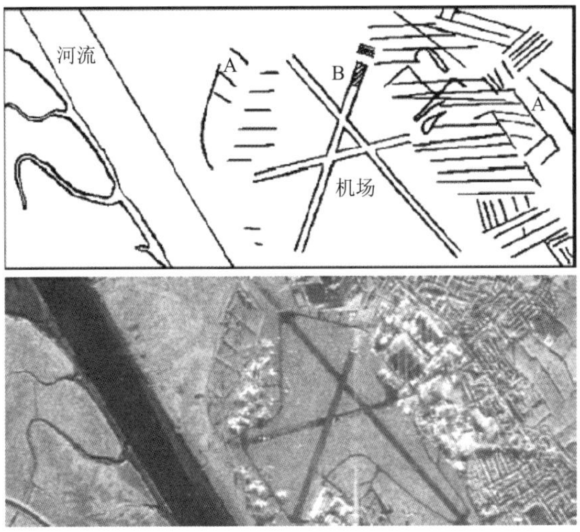

图 7　合成孔径雷达图像以及示意
（再加工经泰利斯英国公司授权）

图 7 中的机场跑道也是很明显的。而对于雷达图像解读员来说，其可能更感兴趣的部分是跑道末端的明亮图像，即标注“B”的区域，那是一些停车场上的汽车。

当然，和任何一种技术一样，合成孔径雷达也有其局限性。大部分合成孔径雷达及其演变版本都要求目标在雷达通过合成孔径的时间内保持静止。过去，合成孔径雷达主要用于天基雷达领域，其非常固定的轨道使得实现相对容易。而现在，由于现有的技术能力能够在空中实时完成所需的信号处理，因而合成孔径雷达技术在机载雷达领域的应用正变得越来越广泛。

4.2　有源阵列

传统雷达的另一个不足是：大型天线在从一个观测角转向另一个时，旋转速度比较有限。这一不足限制了其观测不同目标以及重访某个特定观测角度时的灵活性。电扫描阵列天线可以克服这一问题。这一方案是将大量的阵元孔径组成一个天线，利用惠更斯原理确定各阵元辐射器的相位，使得形成的波束能够在各期望指向角度间的变化。在实际中，为了防止波束宽度性能严重恶化，多数天线的设计扫描角度会限制在±45°。尽管存在很多技术可以形成孔径以及产生各辐射器的相位，但在当前的很多应用中，最受青睐的方案是将每个阵元视作具有自身功能的小雷达，各阵元都包含发射机、接收机和收发开关，并使用移相器来形成波束。采用这一方案的另一个好处是每一个阵元的发射机都可以是固态的，因此整个阵列可以用固态发射机的方式实现，这种方式与电子管实现相比具有很大的优越性。虽然电扫描阵列有很多不同的设计方案，但由于具有独立收发阵元的有源阵列能够采用不同的方法将固态功率器件集成在一起，从而获得雷达所需要的发射机功率，因此有源阵列可能在未来的雷达设计中占据统治地位。

5　雷达显示

图 8 所示为一种“传统”的雷达显示方式——“平面位置显示”格式。

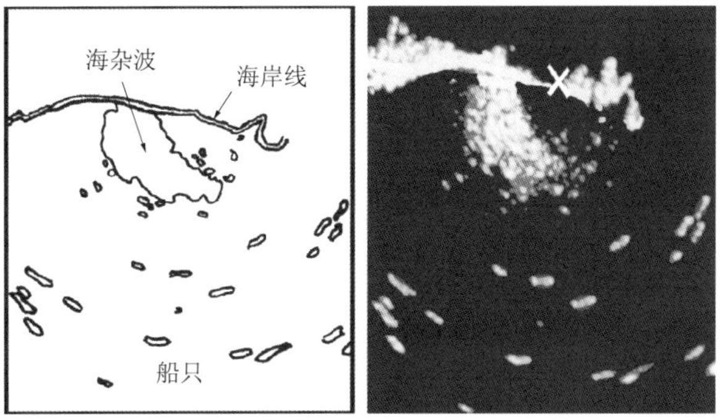

图 8　基本雷达显示图像以及示意
（复制经泰利斯英国公司授权）

图 8 中雷达的位置大致在标注“X”的点上，探测结果只作了很少的处理就进行显示。可以看出，其角度分辨力适中。雷达被放置在海岸附近，海岸线在图中大致沿左右方向延伸。在海岸线后方可以看到地杂波，而在海岸线下方雷达前方的弧形区域，可以看到海杂波，且雷达左边的杂波强度明显大于右边。在显示画面的下方，明显可以看见有几艘船。在显示画面的最右边，由于陆地干涉的影响，海岸线变得晦暗不清。

过去，上述图像会直接显示在长余晖阴极射线管上，但几乎所有的现代雷达都会将信号数字化并将其显示在常见的电脑显示屏上。

图 9 展示了一种更加“综合”的显示方式来表现一部雷达搜索一个战场的结果。

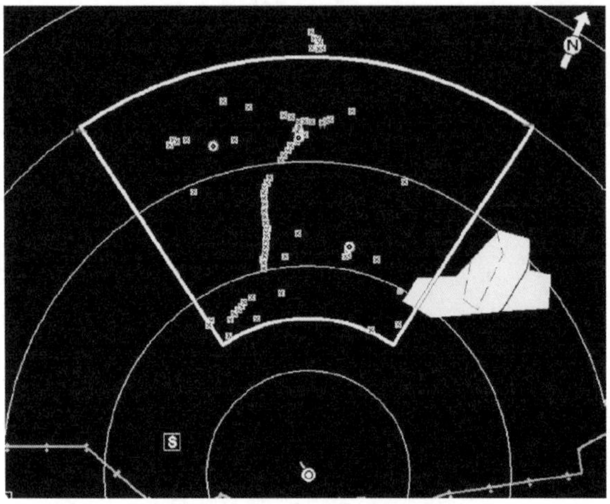

图 9　经过处理的雷达显示图
（复制经泰利斯英国公司授权）

图 9 显示了多种地图图标，这使其能够在具体的环境中显示雷达回波。探测结果在经过处理后再进行显示，可以看到图中所示为沿着道路行进的一列车队。

6　雷达类型

各种雷达在尺寸和复杂性上都有很大区别。尽管需要高发射功率以探测远距离目标，多数雷达体积巨大，但如果只需要在近距离工作，那么构建一个紧凑的雷达系统也是可能的。图 10 所示是不同体积雷达的比较，图中既有为探测远距离飞机而设计的大型雷达的发射机，也有工程师手上拿着的防盗报警器，从中可以看出不同雷达尺寸的变化范围。事实上，这种雷达尺寸的变化是非常正常的，因为防盗报警器只需要几米的作用距离，而大型雷达需要几百千米。

图 10　雷达发射机的尺寸范围
（复制经泰利斯荷兰公司授权）

这一章将主要对航空航天系统中常见的雷达类型作一简要介绍。

6.1　雷达频段代号

雷达频段通常以频段字母作为代号。最通用的频段代号由 IEEE－100（2000）标准定义。国际电信联盟（ITU）没有给分配给雷达的频段定义相应的频率代号，而不同的频段在使用时具有完全不同的性质，因此雷达频段代号是非常有用的。

表 1 所示是一些最常用的频段代号。

表 1　雷达频段代号

雷达频段	大致频率范围	北约频段代号
P	420～450 MHz	B
L	1.2～1.4 GHz	D
S	2.7～3.7 GHz	E/F
C	5.2～5.9 GHz	G
X	8.5～10.5 GHz	I/J
Ku	13.4～14 GHz	J
Ku	15.7～17.7 GHz	J
K	24.05～24.25 GHz	K
Ka	33～36 GHz	K
V	69～64 GHz	M
W	76～81 GHz	M
W	92～100 GHz	M

北约频段代号在欧洲应用广泛，但其实它并不那么适用于雷达。相反这种方式在频率规划，特别是电子战领域更受欢迎。

对于 Ka 频段以上的频段代号，则倾向于使用具体的频率代替。

6.2　对空监视雷达

对空监视雷达是用于从陆地观察飞行器的大型陆基雷达，其不仅用于航空交通管制，也用于侦测潜在的地方飞行器。这种雷达可能固定安装，也可能在陆地上机动，或是安装在船上。由于小尺寸并不是这类雷达的设计目标，它们会使用大型天线从而在使用较低射频频率（L或S频段）的同时保持足够的角度分辨力。这类雷达往往采用长脉冲来实现高平均功率，而为了得到理想的距离分辨力则需要相对较大的带宽，因此长期以来对空监视雷达大都采用脉冲压缩技术。

6.3　跟踪雷达

跟踪雷达的功能在于跟随单个目标，从而在足够高的数据更新率下获取尽可能精确的目标位置信息，以引导对目标的攻击。从航空电子设备的角度来说，陆基跟踪雷达是一种经常遇到的威胁。

6.4　气象雷达

气象雷达是在航空航天领域常见的另一种陆基雷达，其主要功能是通过降雨率与雨滴反射率之间的基础关系测量降雨率。[详见 Kingsley 和 Quegan（1999）专著的 9.1 节]。

6.5　无线电高度计

无线电高度计可能是最常见而又最不常用的机载雷达，其一般安装在飞机的下方以测量飞机离地面的高度。无线电高度计的带宽通常为 100 MHz，中心频率为 4.3 GHz 左右，可以实现米级的距离分辨力。其发射机功率一般只有几瓦特，通常使用调频连续波波形（Griffiths，1990），用分置的天线实现同时收发。

6.6　机载气象雷达

机载雷达的另一个常见应用是探测雨云。这种功能的雷达与陆基的气象雷达类似，但通常工作在更高的频率上。这种雷达被安装在很多飞机上，因此必须紧凑、重量小且成本低。

6.7　空中预警雷达

空中预警雷达与陆基对空搜索雷达承担着相同的任务，但前者能够在远距离上发现抵抗飞行的目标，而从地面上看，这些目标都藏在地平线以下。由于空中预警通常是这种雷达载机的主要任务，因此只要平台能够承载，空中预警雷达的天线可以尽可能的大，因此与其他机载雷达相比，可以采用更低的频率（S频段或者更低）。

与多数其他机载搜索以及跟踪雷达一样，现代空中预警雷达使用基于多普勒额动目标显示系统[Stimson（1998），第 24 章作了讨论]，从而在地面和海面杂波背景下探测低空飞行目标。

6.8　多功能雷达

前文所述的雷达都是为某个特定功能量身定做的。当需要在单个平台上实现多个功能时，为了节约空间、重量、功率以及减少训练和维护成本，就要求一部雷达具有完成多种任务的能力。

6.9　机载作战雷达

当前，机载作战雷达大都集成了对空搜索、对地搜索、地形跟踪、目标跟踪以及导弹制导等功能。不少现役的系统仍然采用高敏捷机械扫描天线，但电扫描系统正在接管这一领域。无论是行波管发射机馈电的无源移相器阵列，还是使用有源固态阵元的阵列，二者在电扫描雷达领域都有应用。同空中预警雷达一样，机载作战雷达需要进行相干处理以在杂波背景下发现目标，因此这类系统也会采用多普勒处理来从杂波中分离运动目标。

地形跟踪雷达通过测绘地形等高线，能够使飞行器（通常是高速战斗机）以很高的速度安全地进行超低空飞行，从而最小化被发现的概率。

6.10　对海侦察雷达

海上巡逻机的主要任务是搜索海上船只，从而监控专属经济区，完成渔业保护、反走私，以及类似的搜索、救援等任务。对于这类雷达，探测潜艇潜望镜的能力也是同样重要的。由于海上船只速度较慢，因此不能采用动目标显示技术探测海杂波背景下的小型目标。对海侦察雷达通常采用改进的非相干检测方法，这将在第 244 章第 5 节中进行讨论。如今，这类雷达也可以采用相干处理模式来探测快速移动的船只以及低空飞行器。而采用图像模式（例如 SAR 模式），则可以帮助雷达操作者识别探测到的船只。同时，空中预警雷达一般也具有对海侦察模式，因为将上述功能增加到空中预警雷达硬件中绝对物有所值。

许多已有的对海侦察雷达仍然采用磁控管发射机[Stimson（1998），第 2 章]。这种结构制造简单，相对可靠而且成本低，但不能很好地支持相干和合成孔径模式。稍稍现代一些的系统采用行波管，而有源阵列在这一领域也已经开始出现。

6.11　战场监视雷达

战场监视雷达是一类特殊的军用机载雷达。这种雷达利用合成孔径模式来探测固定目标，其目的是希望通过提供足够的目标分辨力，来使经过良好训练的操作员能够识别目标。如果需要在杂波背景下识别相对慢速的陆地机动目标，雷达则会转为多普勒模式［也被称为“地面动目标显示（GMTI)”］。这种雷达的一个重要特点，是其需要对雷达平台的速度进行认真细致的补偿，因为这一速度往往远大于目标的速度。

7　雷达对抗

在这段介绍的最后部分，必须考虑如何对抗雷达（Boyd 等，1978）。由于雷达在获取信息方面如此有效，因此阻止它们这么做也就具有了重要的意义。同样的，军用雷达的设计者也必须考虑可能的对抗手段，从而使得雷达设计能够抵制这种影响。

首先介绍的一种对抗手段是截获雷达的发射信号。广义来说，这种方法可以分为三个层次：

（1）ELINT：电子情报。

（2）ESM：电子支援措施，这是一种更加贴近战术层面的操作。

（3）RWR：雷达告警接收机，这是一种警告其搭载平台已经被即将到来的攻击锁定的自我保护系统。

对于 ELINT/ESM 系统，其目的在于通过探测敌方雷达的位置和使用情况，来获取关于敌方计划的有用信息。在截获的基础上，下一步就是对敌方雷达进行干扰。给敌方接收机发射噪声，或者制造假目标以混淆敌方操作手和处理程序，这些都是实现上述目标的有效手段。而另一种方法则是发射反辐射导弹，这类导弹可以寻到雷达发射机，但由于导弹非常昂贵，因此这种方法只会在威胁非常严重时才会使用。

8　结　　论

本章介绍了雷达的一些主要特性：

（1）雷达的类型多种多样；

（2）雷达工作的频率范围很宽；

（3）雷达的应用范围广泛；

（4）不同类型的雷达其复杂度差别很大。

本章简要地揭示了这样一个事实：雷达系统的性能在一定程度上是可以预测的，对于雷达这样一个复杂系统而言，这可能确实有些令人惊讶，但这种预测依赖于对目标雷达特性以及目标周围环境的充足信息。

对这些主题的进一步讨论，本章只能作一个简要的论述，本书将在以后几章作更加深入的论述。

参考文献

Boyd，J. A.，Harris，D. B.，King，D. D. and Welch，H. W.（1978）*Electronic Countermeasures*，Peninsula Publishing，Los Altos.

Cook，C. E. and Bernfeld，M.（1967）*Radar Signals-an Introduction to Theory and Application*，Academic Press，New York.

Griffiths，H. D.（1990）New ideas in FM radar. *Electron. Commun. Eng. J.*，**2**，185－194.

IEEE－100（2000）*The Authoritative Dictionary of IEEE Standards Terms*，7th edn，IEEE Press，New York.

Kingsley，S. and Quegan，S.（1999）*Understanding Radar Systems*，SciTech Publishing，Rayleigh.

Marcum，J. I.（1960a）Studies of Target Detection by a Pulsed Radar，*Rand Research Memorandum RM－754*，December 1947，reprinted in *IEEE Trans. Information Theory*，**6**，59－144.

Marcum，J. I.（1960b）Studies of Target Detection by a Pulsed Radar：Mathematical Appendix，*Rand Research Memorandum RM－753*，July1947，reprinted in *IEEE Trans. Inf. Theory*，**6**，145－267.

Meyer，D. P. and Mayer，H. A.（1973）*Radar Target Detection*，Academic Press，New York.

Skolnik，M. I.（2001）*Introduction to Radar Systems*，3rd edn，McGraw-Hill，New York.

Skolnik，M. I.（ed.）（2007）*Radar Handbook*，3rd edn，McGraw-Hill，New York.

Stimson，G. W.（1998）*Introduction to Airborne Radar*，2nd edn，Scitech Publishing，Mendham.

Swerling，P.（1960）Probability of Detection for a Fluctuating Target，*Rand Research Memorandum RM－1217*，March 1954，reproduced *in IEEE Trans. Inf. Theory*，**6**，269－308.

本章译者：潘捷，周建江（南京航空航天大学电子信息工程学院）

第 244 章

陆地和海洋的后向散射

Simon Wattl 和 Keith D. Ward
泰利斯英国公司航空航天分部，克劳利，英国
Igence 雷达有限公司，Harcourt Barn，马尔文仪器公司，伍斯特，英国

1 引　　言

雷达的接收信号由目标回波、热噪声以及自然环境的后向散射等部分组成。如果这些自然环境中的散射并非人们所期望的，则称为杂波。产生杂波的原因可能是陆地、海洋、天气（特别是降雨）、鸟类和昆虫等目标的回波。对于某些雷达来说，环境的后向散射是有用信息。例如合成孔径雷达可以用于地面或者海面成像。而对于其他很多雷达应用来说，自然环境的回波是不希望收到的，雷达必须具有分辨杂波和目标的能力。

自然环境的后向散射随雷达参数、观察角度以及环境情况等因素的影响变化很大。因此，无论对于雷达的设计者还是使用者来说，杂波的数学模型都是非常有用的。杂波模型作为仿真雷达系统和对其建模的一部分，其应用贯穿雷达的设计、开发和使用等过程的始终，在预测新雷达的性能、雷达设计比较以及深入理解信号处理算法的预期性能等方面有着重要的作用。

实际中采用的后向散射模型有些基于粗糙表面散射体的物理特性以及电磁学模型而建立，这些方法在对降雨和海面的后向散射建模时是相当成功的。但在其他一些环境中，由于后向散射的机理及其应用环境过于复杂，上述方法不再使用，因而需要基于对实际雷达数据的分析，建立经验性模型。

对于雷达设计者来说，任何一个有价值的后向散射模型都必须建立起雷达信号的期望特征与应用环境、雷达参数、观察角度等因素之间的联系。同时，理解各种模型的应用范围和局限性也是非常重要的。这里所讨论的模型以及雷达设计中所使用的各类模型，充其量只是试图描述一些典型的或者平均的情况。这些模型通常只是表示了大量测量结果的平均值，而在实际中其具体数值会在期望均值周围较宽的范围内分布。在特殊情况下，真实的环境可能与模型预测的平均值相去甚远。因此，基于模型的雷达设计方法必须具有处理各种实际环境的能力，而这些实际情况可能超出模型参数的范围。

尽管存在这些问题，人们仍然可以得到一些性能优良的自然环境后向散射模型，这对于成功的雷达设计也是至关重要的。本章着重论述地面和海洋的后向散射。第 2 节介绍了粗糙表面的散射特性。这有助于深入理解散射机理，并使人们可以直接建模某些特殊情况的后向散射。第 3 节论述了后向散射体的特性，这部分需要一些数学模型和推导。第 4 节讨论了地杂波的建模，而第 5 节则介绍了海杂波的相关内容，第 6 节对本章作了总结。

2　粗糙表面的散射

为了对雷达杂波的物理机制进行建模，就要对表面散射和电磁散射过程进行讨论，这将为计算雷达杂波的性质提供理论基础。然而，要利用上述方法获得准确而通用的结果也是非常困难的，因此通常会使用一些近似。

对表面散射特性的描述可以通过考虑一些单个目标来建立，例如建筑、树木以及草坪等形成的地

杂波或单个海浪形成的海杂波。将这些单个目标结合在一起，就可以形成一个雷达照射的广阔区域。同时，整个表面也可以由统计学模型近似，其特征包括高度分布和空间谱。对于海面，可以将海浪高度近似为高斯分布，因此其表面高度 h 的概率密度函数可以写成：

$$P(h)=\frac{1}{\sqrt{2\pi\sigma_h}}\exp\left(\frac{-h^2}{2\sigma_h^2}\right) \quad (1)$$

令空间功率谱密度函数为 $S_h(k)$，其中 k 为海浪空间频率（即幅度为 2π/波长，指向为电波传播方向的矢量），则区域 k 内表面高度的方差可以由 $S_h(k)$ 在相应区域内的积分得到。因此整个表面的高度方差 σ_h^2 可以由所有 k 上的积分给出：

$$\sigma_h^2=\int_{所有\ k}S_h(k)\mathrm{d}k_x\mathrm{d}k_y \quad (2)$$

将所有方向 k 上的 $S_h(k)$ 集合在一起，即得到“全向高程谱（omnidirectional elevation spectrum）”$S_h(k)$。图 1 所示为 Elfouhaily 模型（Elfouhaily，Chapron 和 Katsaros，1997）的全向高程谱，可以看出风速越大则浪高越高，浪高的方差 σ_h^2（即曲线下方的面积）也会因此增加。利用这些模型，就为在不同的风速、风区和气象稳定性（这最终取决于不同的海水和空气温度）条件下评估系统性能提供了可能。

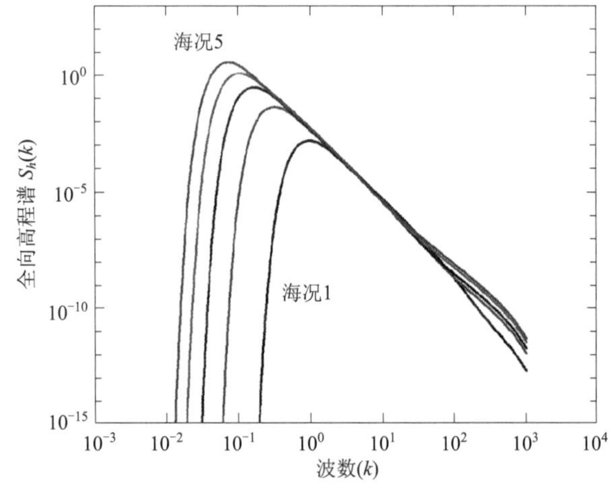

图 1　在海况 1（最右边曲线）～海况 5（最左边曲线）下由 Elfouhaily 模型得出的全向高程谱［该图已得到 Ward、Tough 和 Watts 的许可（2006）——c 工程技术研究所］

在定义了散射表面的基础上，就可以利用麦克斯韦方程组（Stratton，1945）以及一些数值方法（例如时域有限差分）计算某特定雷达照射下表面的散射场。时域有限差分（Finite Difference Time Domain，FDTD）方法是利用差分方程将时域和空域上的电磁场数值进行离散化，从而实现电磁场的数值计算。对于电磁场入射散射体表面的情况，可以用一个适当的边界条件等效（对于海杂波则将海水视为复杂介质）。但是计算雷达杂波需要处理较大的表面，此时上述方法非常费时且实现困难，因此还很少有成功应用的报道。

一种更常见的方法是用积分方程将上述问题在频域表达，这种方法是用矢量格林公式由麦克斯韦方程组推导得到，被称为 Stratton - Chu 方程（Stratton，1945）。这种方法是用电磁场沿目标表面积分来表示封闭曲面内某点的电磁场［该方法有时也被称为全局边界值问题（Global Boundary - Value Problem，GBVP）］。将其应用于雷达散射问题，上述方程组要应用两次：第一次是计算表面的场分布（考虑从雷达入射的电磁波和表面其他点上的电磁场）；第二次是计算目标表面的电磁场向雷达方向的辐射传播。与 FDTD 相比，直接将积分方法扩展到杂波表面散射并不会有多大改进，但从积分方法出发而产生的一系列近似则在某些特定的掠入角上适用于雷达杂波。

要覆盖从 0°～90°的掠入角范围需用到三种近似方法，对应于高、中、低掠入角，三种近似通常被称为镜面区、平滑区和干涉区。对积分方程法进行近似的细节可以参见相关文献（Ward，Tough 和 Watts，2006），这里简述如下：

（1）镜面区指的是高掠入角的情形，此时海水的非理想导电性和介质属性对散射的影响很小，也就是说表面可以看作一个理想导体。而且散射体表面场分布对其他表面的影响很小，而多次散射的影响则可以忽略。这两个简化条件使积分方程可以简化为“物理光学”（或基尔霍夫）近似，使用这种方法可以很容易地计算粗糙表面的杂波平均功率。上述结果表明，在大掠入角情况下，镜面（像镜子一样）散射占主体地位。在这一区域，散射与雷达的极化无关，垂直（VV）和水平（HH）极化所产生的后向散射特性相同。

（2）平滑区发生在中等掠入角情形，此时后向散射的主体是谐振散射，这种散射主要是由散射表面一些雷达照射波长一半左右大小的小褶皱（粗糙面）所产生的。散射表面的粗糙性在大范围内相互叠加，散射也受到这种大范围粗糙面的影响。对于这类所谓复合散射模型，可以从大范围结构上电磁场的“切平面近似（Tangent Plane Approximation，

TPA)”出发（TPA 假设大型结构上某点的场与这一点上无限大切平面上的相同），用积分方程的摄动法进行计算。在平滑区，散射受电磁波极化影响（水平极化比垂直极化具有更强的平均回波），但散射功率随掠入角的变化比镜面区慢得多。

（3）对于低掠入角对应的干涉区，复合模型不再适用。原因有二：一是需要对用于大型结构上无畸变场的切平面近似法进行调整以考虑阴影和多径干扰；二是杂波功率变得很小，使得其他（前面忽略的）表面特征变得重要起来。例如在陆地存在一些孤立的树木、房屋等离散结构，在海面上也有非线性破碎波事件。在干涉区，存在一个临界角度，这个角度依赖于大型结构的均方高度和雷达波长，低于这个角度则杂波功率会迅速下降。

应用 Elfouhaily 海谱（图 1 所示）对海杂波散射作近似，在远距离深海环境和稳定气象条件下，单位区域上的平均杂波的雷达散射截面面积（通常称为 σ^0）如图 2 所示。上文讨论的三种区域在垂直和水平极化下的特性（即镜面区快速下降，平滑区相对平缓，而干涉区则在低于临界角度后迅速下降）

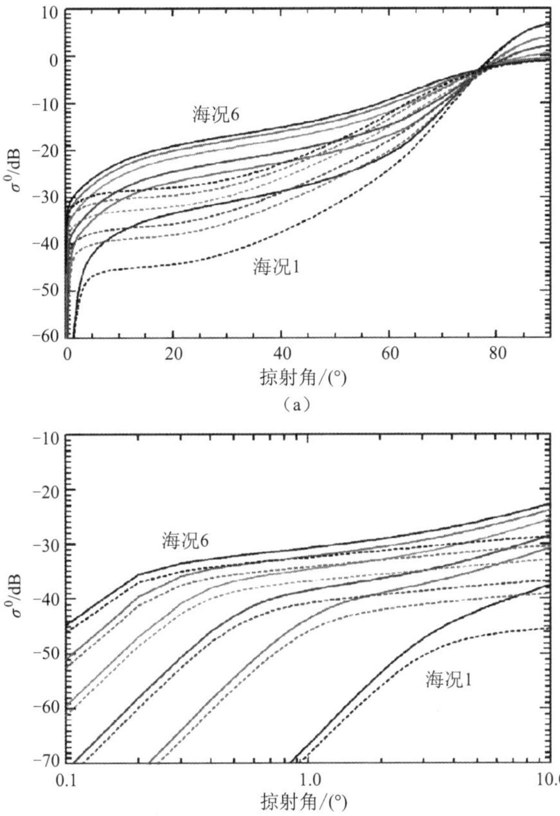

图 2　平均杂波的雷达散射截面面积

图 2（a）和图 2（b）计算了 X 波段（10GHz）海杂波随掠入角变化的 σ^0，实线为垂直极化，点线为水平极化，从海况 1～海况 6。

在图 2 中可以得到验证。将这些结构扩展到其他情况（例如气象条件不稳定、浅水环境和有限距离）会产生一些有趣的现象，这有助于解释雷达在沿海地区所遇到的性能异常。

3　雷达杂波的特性

大致来说，雷达杂波可以用下列特征来描述：

（1）σ^0，归一化的雷达散射截面面积或反射率；

（2）幅度统计（概率密度函数）；

（3）多普勒功率谱；

（4）空间相关性。

本章描述了这些基本概念，下面将进一步介绍如何用这些特征对陆地和海面环境建模。

3.1　归一化 RCS，σ^0

对于陆地和海面局部区域的后向散射，最简单的建模方法是将多个被雷达照射的空间均匀分布散射体进行复合。雷达照射产生的后向散射的幅度与照射表面的面积成正比。因此将杂波块的总体雷达散射截面面积 σ 用照射面面积 A_c 进行归一化，则可以定义归一化的杂波 RCS 或杂波反射率 σ^0：

$$\sigma^0=\sigma/A_c \tag{3}$$

因此，σ^0 通常用相对于 1 m^2 的分贝数每 m^2 面积表示，即 $dB\cdot m^2/m^2$。

对于脉冲雷达，照射区域取决于雷达距离分辨力、到雷达的距离、天线波束形状以及局部掠入角等，如图 3 所示。

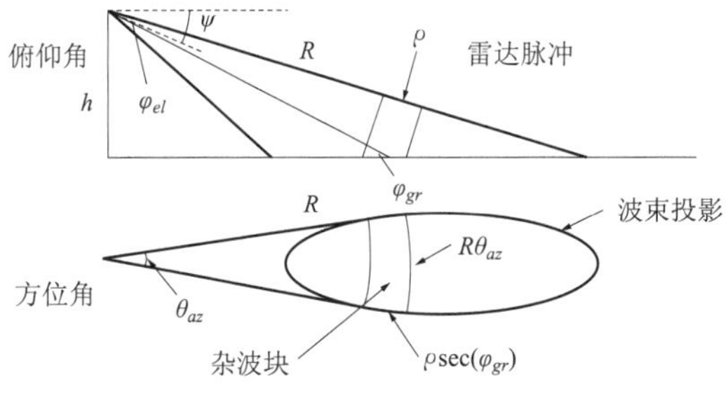

图 3　被照射杂波块的尺寸

（该图已得到 Ward、Tough 和 Watts 的许可）

杂波块的面积可以由方位向波束宽度和脉冲长度定义为

$$A_c=\alpha\rho R\theta_{az}\sec(\varphi_{gr}) \tag{4}$$

式中，θ_{az} 为天线方位向波束宽度；φ_{gr} 为局部掠入角；距离分辨力 ρ 与雷达带宽 B 相关，即 $\rho=\dfrac{c}{2B}$。

因子 α 考虑了实际压缩后的脉冲形状和方位向波束形状，包括距离和方位向旁瓣（$\alpha=1$ 对应矩形脉冲和波束形状）。如果假设矩形脉冲形状和高斯型方位向波束形状（θ_{az} 定义为单向 3dB 波束宽度），则 α 值为 0.753。

利用地球表面的弯曲特性，雷达波束与海面的掠入角 φ_{gr} 可以写成：

$$\varphi_{gr}=\arcsin\left(\frac{h}{R}+\frac{h^2}{2r_eR}-\frac{R}{2r_e}\right) \tag{5}$$

式中，h 为雷达高度；r_e 为地球半径（乘以 4/3 以考虑大气折射）；R 为斜距。相应的雷达波束与水平面的俯角为

$$\psi=\sin^{-1}\left(\frac{R^2+h^2+2r_eh}{2R\ (r_e+h)}\right) \tag{6}$$

最后需要说明的是，σ^0 是由经验测量结果得出的，因此不可避免地包含了多径散射等传播因素的影响，故通常假设所定义的 σ^0 包含了所有传播因素的影响。如果出现表面波导等反常的传播现象时，上述假设将不再适用，这可能对杂波的后向散射产生明显影响。

3.2 幅度统计特性

如上文所述，一种杂波的简化模型是假设杂波是被照射的杂波块内，空间上多个均匀分布散射体的回波，则通过散射场或其幅度 E 的概率密度函数，可以构建一个简单的统计学模型，从而利用其计算雷达性能的一些有用特征。

由 N 个散射体产生的散射电压场 E 可以写成：

$$E=\sum_{i=1}^{N}\sqrt{\sigma_i}\exp(\mathrm{j}\varphi_i) \tag{7}$$

式中，σ_i 为一个独立散射体的 RCS；φ_i 为每个散射体的随机相位（由散射体表面到雷达的实际距离确定）。

假设散射体数目 $N\geqslant1$，则根据中心极限定理，可以构建杂波的高斯或者瑞利模型：

$$P(E_I,E_Q)=\frac{1}{\pi x}\exp(-(E_I^2+E_Q^2)/x);\quad -\infty\leqslant E_I,E_Q\leqslant\infty \tag{8}$$

式中，x 为杂波回波的平均强度；E_I，E_Q 分别为雷达接收信号的同相和正交分量，则信号包络和强度的概率密度函数可以写成：

$$P(E)=\frac{2E}{x}\exp(-E^2/x);E=\sqrt{E_I^2+E_Q^2};-\infty\leqslant E\leqslant\infty$$

$$P(z)=\frac{1}{z}\exp(-z/x);z=E^2;-\infty\leqslant z\leqslant\infty \tag{9}$$

式中，杂波回波的平均强度 x 为瑞利杂波模型的单参数。在进行雷达性能预测时，该参数可以与雷达方程中的接收杂波功率直接联系。

对于海雷达在低分辨力、高掠入角观测时的海杂波环境，上文所述的复高斯过程是建模雷达后向散射的有效方法。而对于高分辨力雷达，一个指定的杂波单元可能只包含很少的几个独立散射体，此时基于中心极限定理而建立的高斯模型将不再适用。

对于高分辨力雷达，不同杂波单元的散射体数目可能变化明显，因此不同单元杂波的平均强度 x 也会发生变化，这就需要用复合分布来描述非高斯杂波。通常，Gamma 分布可以很好地建模 x 的起伏特性：

$$P(x)=\frac{b^v}{\Gamma(v)}x^{v-1}\exp(-bx) \tag{10}$$

由式（10）可得 E 的概率密度函数，被称为 K 分布，这一结果通常被应用于海杂波建模（Ward，Tough 和 Watts，2006）和 SAR 陆地图像统计（Oliver 和 Quegan，1998），即

$$P(E)=\frac{4b^{(v+1)/2}E^v}{\Gamma(v)}K_{v-1}(2E\sqrt{b}) \tag{11}$$

式中，K 为第二类修正贝塞尔函数。该分布由标量参数 b 和形态参数 v 确定，这些参数取决于雷达参数和环境条件。

一个非高斯散射的例子如图 4 所示，在相同的平均电平下，比较高斯杂波［瑞利分布，见图 4（a）］和 K 分布尖峰杂波［见图 4（b）］的幅度。

其他的概率密度函数也被用来匹配雷达后向散射的观测数据。早期的尝试包括对数正态分布和 Weibull 分布。这些模型得到应用主要是由于其在解析形式上容易驾驭，但其并没有显示出像 K 分布那样的潜在复合结构（见第 5 节）。其中，对数正态分布（Trunk 和 George，1970）是从一个均值为 m，方差为 σ^2 的正态或高斯分布出发，对其数值取对数。因此，可以得到：

$$P(z)=\frac{1}{z\sqrt{2\pi\sigma^2}}\exp\left(-\frac{(\log(z)-m)^2}{2\sigma^2}\right);z\geqslant0 \tag{12}$$

而 Weibull 模型（Fay，Clarke 和 Peters，1977）中信号强度 z 的概率密度函数为

$$P(z)=\beta\frac{z^{\beta-1}}{\alpha^{\beta}}\exp(-(z/a)^{\beta});z\geqslant0 \tag{13}$$

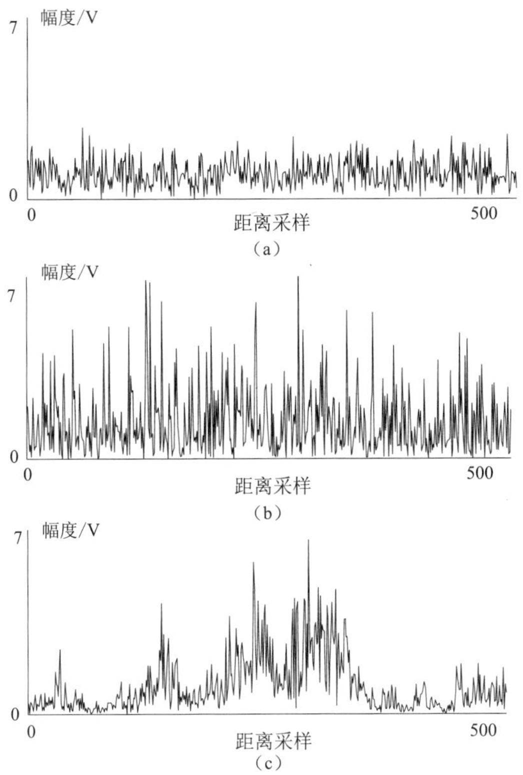

图 4　杂波的空间相关性（该图的引用得到了 Ward，Tough 和 Watts 的许可）

(a) 瑞利噪声；(b) K 分布杂波，形状参数 $v=0.5$，相关长度为 0 个距离采样；(c) K 分布杂波，相关长度为 30 个采样，每个范例的平均幅度均为 1

3.3　多普勒谱

回到式（7）所述的简化高斯散射模型，如果照射区域内的散射体不是静止的，而是运动的，则其会导致接收信号随时间起伏。现在需要考虑，在这种情况下接收信号具有怎样的形式。已知：

$$E(t)=\sum_{i=1}^{N}\sqrt{\sigma_i}\exp[\mathrm{j}\varphi_i(t)] \tag{14}$$

则信号的时域起伏可以用自相关函数来表示：

$$R(\tau)=\lim_{T\to\infty}\frac{1}{T}\left|\int_{-T}^{T}E(t)\cdot E(t+\tau)\mathrm{d}t\right| \tag{15}$$

则功率谱可以根据维纳-辛钦定理，由自相关函数的傅里叶变换得到：

$$S(w)=\int_{-\infty}^{\infty}R(\tau)\exp(-\mathrm{j}w\tau)\mathrm{d}\tau \tag{16}$$

功率谱是一个多普勒辐射频率 $w=2\pi f$ 的函数，其表示的是回波的强度。其中 w 为多普勒频率。

为了解析表达的方便，杂波的多普勒谱通常建模为高斯（负平方指数幂）形态：

$$S(f)=S_0\exp\left(-\frac{f^2}{2\sigma_f^2}\right) \tag{17}$$

式中，σ_f^2 为功率谱的标准差。由于多普勒谱取决于杂波散射体的移动，因此其也可以由散射体的速度谱来表示，其中多普勒频率 $f=2v/\lambda$，传播速率为 v，雷达波长为 λ。在实际中，谱的均值可能不为零，例如海浪的后向散射。除了杂波的相干运动之外，外频谱也会随着雷达天线的扫描而改变。杂波回波会因为天线波束形状的影响而产生幅度调制，这将导致额外的多普勒扩展。

3.4　空间相关性

陆地和海面的后向散射在很多情况下会在空间上有变化，例如前面讨论的海杂波就是如此。对于高斯统计特性的空间均匀杂波，单个的杂波回波可以由式（7）表示，且两个完全不同的块的回波是不相关的。在实际中，在不同距离或方位角上包含空间均匀表面杂波的雷达回波不相关的条件，是这些回波能够被雷达用 3dB 方位向波束宽度或距离分辨力 ρ 分离开来。

对于非高斯杂波，则会存在海浪等大型结构。此时，局部杂波强度 x 可能变化，并显示出空间结构或相关性。图 4 比较了在有、无空间相关性的情况下，K 分布模型的杂波回波，并且与相关平均电平的瑞利噪声进行了比较。

4　地杂波

在常见的杂波种类中，地杂波是最难建模的。可能除了树木、开阔地或者沙漠等局部区域，地杂波几乎从不具有空间均匀性。由于自然或人工边界（河岸、篱笆、树林边界等）、地表平面的显著局部变化和许多离散散射体（岩石、孤立的树木、路标、建筑等）的影响，地杂波几乎普遍存在陡峭变化的情况，而在都市环境下可以想象更加复杂。

为了建模的方便和数学上容易处理，地杂波经常用“平坦”地面上均匀分布散射体这样一种相当简单的方式进行建模。当然，大面积陆地的杂波幅度，是极不可能用单个具有稳定后向散射功率的高斯统计模型来描述的。如果后向散射系数表示全局平均后向散射，则 K 分布、对数正态分布等幅度分布经常被用来拟合测量数据。更加细节化的陆地后向散射建模则往往需要特定地点的模型。Billingsley（2002）对非常细节化的展示地杂波的性质与统计特性给出了一个完美的参考。更多有用的数据资源可以在 Long（1983）、Barton（2005）、Skolnik（2001）、Moore（2008）以及 Ulaby 和 Dobson

(1989) 文献中找到。

4.1 低掠入角下的归一化杂波 RCS，σ^0

在低掠入角的情况下，地杂波回波会变得非常陡峭。由地形高度变化和人造地标等形成的阴影也会变得非常明显。在这种情况下，将离散散射体和陡峭分布的杂波分离开来将是非常困难的，无论这些散射体是人造的或天然的。MIT 林肯实验室的 Billingsley 等人针对很多种类的地域，建立起低掠入角情况下地杂波数据的庞大数据库。测量工作在横跨北美的 42 个地点进行，频率覆盖甚高频（167 MHz）到 X 波段（9.2 GHz），距离分辨力分为 150 m、36 m 和 15 m 三种，极化方向包括水平极化和垂直极化。由于在起伏地域上定义局部掠入角存在困难，因此只记录雷达的俯角［式(6)］，即只考虑地球曲率而不考虑局部地形斜率的影响。

表 1 简述了林肯实验室的测量结果。由于杂波归一化 RCS 随极化和分辨力的变化的很小（1 dB 或 2 dB），表中该参数由其中间值表示，即对水平极化、垂直极化以及所有距离分辨力求均值。

表 1 不同地域类型和雷达频率下平均地杂波反射率的中间值（该表的引用得到了 Billingsley 的许可）

地域类型	甚高频	σ^0 的中间值① 频率段—— 超高频	L 波段	S 波段	X 波段
都市	−20.9	−16.0	−12.6	−10.1	−10.8
山脉	−7.6	−10.6	−17.5	−21.4	−21.6
森林/高凸起 （地面倾斜＞2°） 高俯角（＞1°） 低俯角（≤0.2°）	 −10.5 −19.5	 −16.1 −16.8	 −18.2 −22.6	 −23.6 −24.6	 −19.9 −25.0
森林/低凸起 （地面倾斜＜2°） 高俯角（＞1°） 中间俯角（0.4°～0.1°） 低俯角（≤0.3°）	 −14.2 −26.2 −43.6	 −15.7 −29.2 −44.1	 −20.8 −28.6 −41.4	 −29.3 −32.1 −38.9	 −26.5 −29.7 −35.4
农田/高凸起 （地面倾斜＞2°）	−32.4	−27.3	−26.9	−34.8	−28.8
农田/低凸起 一般低凸起（＞1°） （1°＜地面倾斜＜2°） 极度低凸起（＞1°） （地面倾斜＜1°）	 −27.5 −56.0	 −30.9 −41.1	 −28.1 −31.6	 −32.5 −30.9	 −28.4 −31.5
沙漠、沼泽或草地 （极少不连续） 高俯角（＞1°） 低俯角（≤0.3°）	 −38.2 −66.8	 −39.4 −74.0	 −39.6 −68.6	 −37.9 −54.4	 −25.6 −42.0

由表 1 可以看出，不同类型的地域其反射率变化是非常大的。对于机载雷达，其观测的地域快速变化，从而使得雷达性能变化很难预测。Billingsley (2002) 指出，在非常低的掠入角下，大部分明显的地杂波来自地域内空间局部性的或者离散而垂直的高大标志物。区域中的低地通常会被遮挡，从而导

① 对于给定的频段、水平极化和垂直极化、高（15 m 和 36 m）和低（150 m）距离分辨力，在若干组分类的测量结果中获取中值。

致空间上零散的后向散射响应。在非常低的掠入角情况下，如果发生遮挡，则杂波的统计特性可以表示为Weibull分布。对于高一些的掠入角，遮挡会少一些，杂波后向散射增强，对于俯角大于6°的情况，杂波可以表示为瑞利分布。

4.2　中等掠入角下的归一化杂波RCS

尽管地面的实际情况通常很难获得，但在中等掠入角下，能够获得更多的杂波测量结果。在后向散射的平滑区（见第2节），杂波反射率近似地与掠入角 φ_{gr} 的正弦函数成比例，从而可以用参数 γ 定义杂波归一化RCS：

$$\gamma=\frac{\sigma^0}{\sin\varphi_{gr}} \tag{18}$$

Barton（2005）报道了一些典型的 γ 值，如表2所示。

其他一些地杂波的经验模型可以参考Moore（2008）、Morchin（1990）和Currie（1987）文献。

表2　在不同地域类型下的 γ 典型值

地域类型	平均 γ/（$\mathrm{dB\cdot m^2\cdot m^{-2}}$）
山脉，城市	−5
植被覆盖丘陵	−10
起伏丘陵	−12
农田，沙漠	−15
平地	−20

4.3　离散散射体

在非常低的掠入角下，地面散射会变得非常零散而陡峭，很大程度上取决于局部的高大结构。在高一些的掠入角下，均匀区域地形的分散杂波模型变得更加有用。但是由于天然或者人工物体的影响，在很多情况下仍然会出现一些非常大的离散散射体。Barton（2005）通过分析文献中一些结果，建议RCS为 10^4 m² 的离散杂波的典型密度为0.2 $\mathrm{km^{-2}}$；RCS为 10^3 m² 的杂波密度为0.5 $\mathrm{km^{-2}}$；RCS为 10^2 m² 的杂波密度为2 $\mathrm{km^{-2}}$。RCS达 10^6 m² 那么大的离散散射体也是可能遇到的，Long，Mooney和Skillman（1990）建议 10^6 m² RCS目标的密度约为0.004 $\mathrm{km^{-2}}$，10^5 m² RCS的目标的密度约为0.04 $\mathrm{km^{-2}}$。

4.4　多普勒谱

如果采用高斯形的多普勒谱模型，地杂波速度谱的典型标准差的大致范围为0～1 m/s，具体值取决于地域类型和飞行速度。

通过对地杂波记录的大量观察，Billingsley（2002）指出典型的频谱并非高斯形的，但可以用一个直流分量和一个指数衰减交流分量很好地建模。直流分量表示固定散射体（地面、岩石、树干等）的回波，而交流分量表示运动散射体（叶子、树干等）的回波。尽管Billingsley的经验模型起初只被应用于被风吹动的树木，但通过调节直流/交流的比例，其也可以表示其他的地域类型。因此一个单元内含有风吹杂波的速度功率谱密度可以写成：

$$P_{\mathrm{tot}}(v)=\frac{r}{r+1}\delta(v)+\frac{1}{r+1}P_{\mathrm{ac}}(v)$$

$$P_{\mathrm{ac}}(v)=\frac{\beta}{2}\exp(-\beta|v|),-\infty<v<\infty \tag{19}$$

式中，$\delta(v)$ 为直流分量，delta函数；$P_{\mathrm{ac}}(v)$ 为交流分量；r 为交流/直流比；v 为多普勒速度，m/s；β 为经验形状参数。

对于风吹树木，参数 r 可以由下式得到：

$$10\lg r=-15.5\lg w-12.1\lg f_0+63.2 \tag{20}$$

式中，w 为风速，mile/h；f_0 为雷达载波频率，MHz。

表3所示为指数形状参数 β 的经验拟合结果。可以认为，多普勒谱会受到树木种类、季节、单元大小、极化、距离、掠入角等因素的影响，但是这些变化在很大程度上可以归结为测量数据的一系列随机波动。

表3　风吹树木多普勒谱对参数 β 的经验拟合
（该引用得到了Billingsley的许可）

风况	风速/（$\mathrm{mile\cdot h^{-1}}$）	指数交流分量形状参数 $\beta/\mathrm{ms^{-1}}$	
		典型值	极限值
软风	1～7	12	—
微风	7～15	8	—
和风	15～30	5.7	5.2
强风	30～50	4.3	3.8

5　海杂波

与地杂波相比，海杂波的建模技术出现得相对早一些，但也存在一些困难。从直觉上来说，可以按照风速和方向对经验性的海杂波数据进行归类，从而对环境进行识别。只要有足够长的时间，风就能够与海洋达到平衡，特定的风速会产生相应的浪高和海浪谱。但不幸的是，平衡在天气变化之前往往无法实现，因此上述假设只能有限程度地得到满足（或者称“海面年轻”）。此时远处的大浪和起伏海面会以涌浪的形式向关注区域传播，从而改变海浪谱。而且，如第 2 节所述，杂波特性明显地依赖于小型波浪，而这受到风摩擦速度的影响，最终取决于空气与海水的温度差异。最后，其他一些因素，例如潮流变化、表面波的旋涡能量交换等，都会影响浪高和海浪谱。综上所述，对于一个给定的风速，海况仍然具有很宽的变化范围。

研究者们早已注意到这种不确定性，但多年来在采集数据时极少关注对环境的测量。一般来说，测量的参数为海况，一种对浪高的粗糙分类。因此存在很多描述在不同雷达频率、极化和掠入角下归一化 RCS 变化的经验模型。在某些情况下，不同条件下的归一化 RCS 可能相差很多个 dB，但一般而言，它们都近似地与图 5 和图 6 所示的结果有相同的趋势。图 5 所示为风速为 15 kts，雷达频率为 3～10 GHz 时杂波的平均特性。上述结果来自 NRL 4FR 数据集（Daley，1973），其表明在镜面区和平滑区，杂波特性与第 2 节的讨论和阐述是一致的。图 6 所示为佐治亚理工学院建立的 10 GHz 经验模型（Horst，Dyer 和 Tuley，1978），该模型来源于对 20 世纪 70 年代后期大量海杂波数据的综合，其覆盖了掠入角小于 10°的区域，这是图 5 没有涉及的。从中可以看出，图 6 所述模型在干涉区其杂波特性与第 2 节的描述和阐释相同。因此，可以认为，通过对大量采集数据进行分析，可以获得杂波归一化 RCS 的特性，而电磁散射计算能够重现这种特性的主要趋势。进一步的工作在于针对特殊地点和沿海环境验证和改进模型，因为此时“平均”情况不再适用。

对于高和中等掠入角的情况，海杂波的统计特性是近似高斯的，这一结论在上文第 3 节中利用大量散射体的中心极限定理作了论证。对于低掠入角的情况，杂波的统计特性明显偏离高斯分布，人们往往经验性地采用对数正态分布、Weibull 分布、K 分布等进行建模。而且，在这种情况下，杂波的相关性质与概率分布具有同样的重要性。图 7 和图 8 描述了掠入角为 1°时的情况。

图 7（a）显示了固定雷达频率上的接收信号幅度［式（11）中的 E］，从图中可以看出在任何距离上，回波都以大约 10 ms 的特征时间起伏。这是由于杂波块内的散射体随着海水的内部运动而运动，从而改变了它们之间的相位关系。这种变化的相干斑可以用频率捷变进行脉冲间的解相关，如图 7（b）所示。这两幅图都表明，局部的平均电平［式（10）中的 x］随距离变化，且不受频率捷变的影响。图 7 中的总时间（1/8 s）在任何距离上都不足以使 x 发生变化。对各独立距离单元上回波的起伏进行分析，可以看出杂波的概率密度函数如式（9）所述为瑞利分布。在图 8 中，采用平均化来消除相干斑分量，由此图中所示即为约 120 ms 内的局部平均功率 x。在前 60 m，雷达为水平极化，然后变为垂直极化。从垂直极化数据可以看出其局部均值具有波浪状分布。从水平极化数据中仍然可以检测到一些波动斑的残余，但杂波变得零散了许多，有一些生命周期为 1 s 左右的杂波尖峰。这种特征与第 2 节所述的低掠入角近似散射模型是一致的。对于垂直极化，海杂波主要服从复合模型（对阴影和多径干扰作调整）。在水平极化情况下，共振散射要低得多，而对碎波的散射（其一阶近似与极化无关）则要强得多，并显示出若干孤立杂波尖峰的形式。

当雷达系统处理海杂波时，例如在门限检测前进行脉间积累，雷达会如图 7 所示逐个脉冲采样数据。因此，当采用频率捷变技术获取相干斑的独立采样时，局部平均功率 x 在积分器输入端是高度相关的。因此，为了精确地对雷达性能建模，采用如 K 分布等复合分布是非常重要的，因为这样就能够表现这种相关特性。

尽管电磁散射模型能够定性地揭示海杂波数据的一致性，但是其在进一步更加细致地反映电磁散射与观测数据统计模型间的联系方面并没有什么进展。因此，当前最好的统计学模型依然是经验性的。利用图 8 所示的一类数据，可以看出（Ward，Tough 和 Watts，2006）局部平均功率 x 的概率分布与 Gamma 分布［式（10）］拟合良好。通过分析 I 波段（9～10 GHz）的实验数据，给出一个形状参数 v 关于雷达、环境和几何参数的经验模型。该模型为：

$$\lg v=\frac{2}{3}\lg(\varphi_{gr}^{0})+\frac{5}{8}\lg(A_c)-k_{pol}-\frac{\cos(2\theta_{sw})}{3} \tag{21}$$

式中，φ_{gr}^{0} 为掠入角，以度（°）为单位；A_c 为雷达照射面积；k_{pol} 为极化独立参数（垂直极化为 1.39，水平极化为 2.09)；θ_{sw} 为相对于浪涌方向的姿态角(如果没有浪涌，则最后一项可以省略)。

对于 Weibull 和对数正态分布，目前没有已知的形态参数模型。

与归一化 RCS 及其统计特性一样，海杂波的多普勒谱也随环境的变化而变化。在逆风情况下，对于给定的风速 U，可以给出在低掠入角下平均杂波速度谱的一个高斯形简单模型（Wetzel，1990)，其中平均速度 v_{mean} 和标准差 v_{sd} 可以写成（单位为 m/s)：

$$\begin{aligned} v_{mean}^{(VV)} &= 0.25 + 0.13U \\ v_{mean}^{(HH)} &= v_{mean}^{(VV)} + 0.185 \\ v_{sd} &= v_{mean}^{(HH)} \end{aligned} \tag{22}$$

通过对大量实验数据的观察，有很多方法可以改进这个简单模型。当雷达扫描方向偏离逆风方向时，平均速度近似地与风矢量在视线上的分量成比例，而标准差则近似保持不变。此时，多普勒谱的形状会向风的方向稍微倾斜，其形状会随局部平均功率 x 的变化，以一种复杂的规律变化，其中 x 服从复合 K 分布，并依赖于极化和海况。所以，独立频率滤波器（在雷达多普勒处理以后）上幅度分布的形状参数是随频率变化的，这就给脉冲多普勒和动目标显示（MTI）雷达系统中虚警概率的控制带来了困难。因此，需要进行更多的研究，以开发定量模型来对这些影响建模。

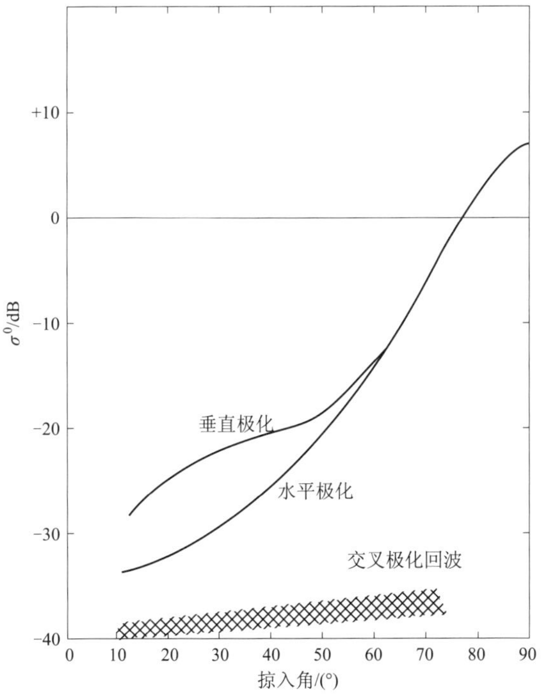

图 5　掠入角大于 10°，平均风速（15 kts)，雷达频率为3～10 GHz 时杂波特性的趋势

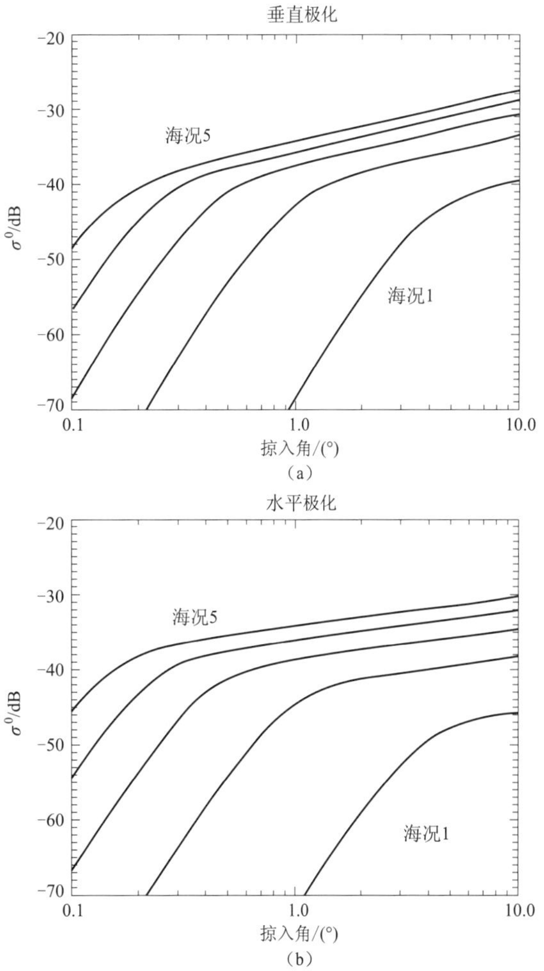

图 6　掠入角低于 10°时的杂波特性

频率为 9.5 GHz，海况 1～海况 5，图示为佐治亚理工学院模型随掠入角变化的曲线。

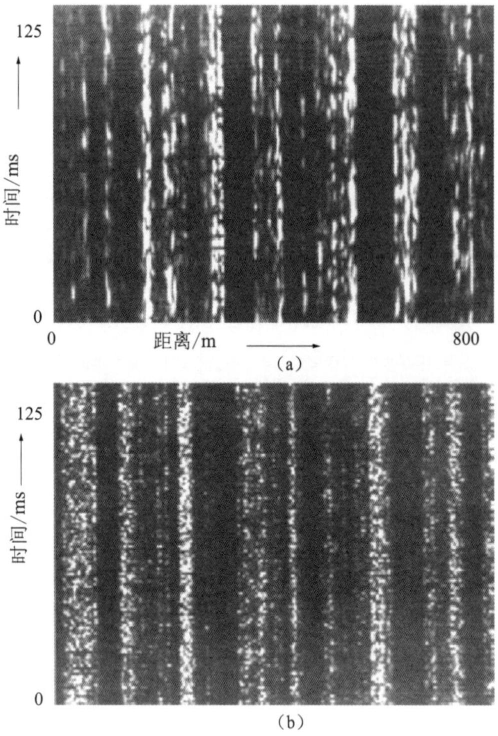

图 7 海杂波的距离-时间密度（1）

（a）固定频率雷达的回波；（b）脉间频率捷变的回波

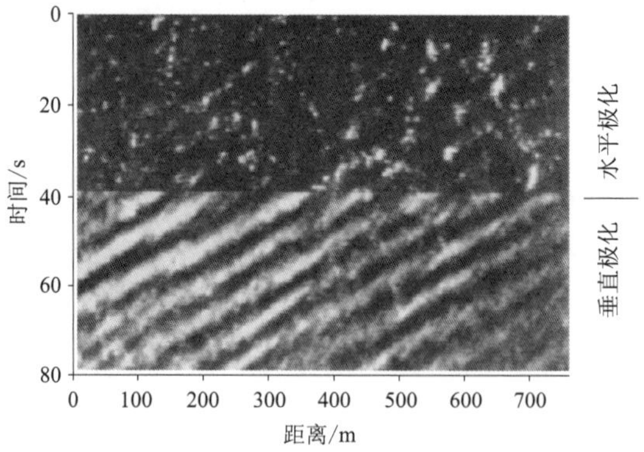

图 8 海杂波距离-时间密度（2）

通过平均 250 个脉冲以去除相干斑，从而显示出内在的变化关系；60 s 后，雷达从垂直极化变为水平极化。

6 总　　结

本章基于电磁计算和实验观测，对陆地和海面的雷达后向散射特性进行了论述。大体上来说，两个方法得到了类似的结果，但要对很多细节方面的影响作出一致的解释还有很多工作要做。这里论述的模型对于雷达性能精确建模具有重要的意义。

相关章节

第 5 卷，第 242 章
第 5 卷，第 243 章
第 5 卷，第 245 章

参考文献

Barton, D.K. (2005) *Radar System Analysis and Modeling*, Artech House, p.122.

Billingsley, J.B. (2002) *Low Angle Radar Land Clutter, Measurements and Empirical Models* (co-published by), William Andrew; Scitech and Institution of Electrical, Engineers.

Currie, N.C. (1987) Clutter characteristics and effects, in *Priciples of Modern Radar* (eds J. L. Eaves and E. K. Ready), Van Nostrand Reinhold, New York, pp.281—340.

Daley, J.C. (1973) Wind dependence of radar sea return. *J. Geophys. Res.*, **78**, 7823—7833.

Elfouhaily, T., Chapron, B. and Katsaros, K. (1997) A unified directional spectrum for long and short wind-driven-waves. *J. Geophys. Res.*, **102** (C7), 15781—15796.

Fay, F. A., Clarke, J. and Peters, R. S. (1977) Weibull distribution applications to sea clutter. *IEE Conf. Publ.*, **155**, 1012.

Horst, M.M., Dyer, F.B. and Tuley, M.T. (1978) Radar Sea Clutter model. *Int. IEEE AP/S URSI symposium*.

Long, M.W. (1983) *Radar reflectivity of land and sea*, Artech House.

Long, W. H. D., Mooney, D. and Skillman, W. A. (1990) Pulse doppler radar, *in Radar Handbook* (ed. M. Skolnik), 2nd edn, McGraw Hill, New York, chap.17, pp.17.11—17.16.

Moore, R.K. (2008) Ground Echo, in *Radar Handbook* (ed. M. Skolnik), 3rd edn, McGraw Hill, New York, chap.16.

Morchin, W.C. (1990) *Airborne Early Warning Radar*, Artech House, Norwood, MA, ch.4.

Oliver, C.J. and Quegan, S. (1989) *Understanding Synthetic Aperture Radar Images*, Artech House, Norwood, MA.

Stratton, J. A. (1945) *Electromagnetic Theory*, Section 8.14, McGraw Hill, New York.

Trunk, G. V. and George, S. F. (1970) Detection of targets in non-Gaussian sea clutter. *IEEE Trans AES*-*6*, *September*, pp. 620-628.

Ulaby, F. T. and Dobson, M. C. (1989) *Handbook of Radar Scattering Statistics for Terrain*, Artech House, Norwood MA.

Ward, K. D., Tough, R. J. A. and Watts, S. (2006) *Sea Clutter: Scattering, the K Distribution and Radar Performance*, Institution of Engineering and Technology.

Wetzel, L. B. (1990) Sea clutter, in *Radar Handbook* (ed. M. Skolnik), 2nd edn, chap. 13, McGraw Hill, New York.

本章译者：潘捷，周建江（南京航空航天大学电子信息工程学院）

第 245 章

雷达波形设计与信号处理

Nadav Levanon
特拉维夫大学电子工程与系统系，特拉维夫，以色列

1 引　　言

波形是雷达系统的基本特征，它决定了许多雷达性能参数。选择好的波形可以使雷达：

（1）获得良好的延时（距离）和多普勒（速度）分辨力。

（2）以较低的峰值功率获得较高的信号能量。

（3）有效利用频谱。

（4）具有充足数量的同组信号（一种电子对抗手段）。

雷达通常使用窄带信号，顾名思义，其带宽远小于载波频率。同时，为了使用小型天线，雷达往往需要较高的载波频率，其通常在微波波段。实际的系统带宽则需要在距离分辨力与硬件之间寻求折中，因为要获得较高的距离分辨力就要大带宽，而从硬件系统的角度考虑则倾向于窄带设计。

大信号带宽是通过调制载波实现的，调制参数可以是幅度、频率和相位三个波形参数中的任何一个。对于早期雷达，唯一可能的调制方式是对一个功率振荡器（例如磁控管）进行开关键控。大带宽来自一个非常窄的脉冲。为了获得高脉冲能量以探测远距离目标，脉冲需要具有很高的峰值功率。

磁控管的局限性在于频率和相位不稳定。现代雷达的硬件可以产生频率和相位控制良好的波形，这使得雷达“相干”，并且能够实现频率和相位调制，但这种相干性也受到雷达的工作环境、传播介质以及目标散射特性的影响。相干雷达的频率或相位调制能够增加长脉冲的带宽，使其具有窄脉冲的某些特性，被称为“脉冲压缩”。这也是波形设计和处理的主要目标。

大带宽能够产生较高的时延（距离）分辨力，而长信号相干时间则能够带来高多普勒（速度）分辨力。但长持续时间并不一定意味着长时间的连续发射，而是需要长时间的相干处理。因此，对于长相干处理来说，由许多间隔较大的窄脉冲组成的相干序列是一种常见的波形。相干处理时间（Coherent Processing Interval，CPI）的长度受到一些因素的限制，这主要包括天线在目标上的驻留时间以及目标反射回波在多长时间内能保持相干性。

杂波、噪声和干扰使得雷达需要在非常低的信噪比（Signal - to - Noise Ratio，SNR）下检测目标。通常使用“滤波器组”来检测低信噪比目标以及估计其参数。当一个滤波器的输出高于一个阈值时，则与该滤波器对应的目标就被探测到了。而参数估计的准确度则等价于滤波器的主瓣宽度。因此，这些滤波器在相应领域（延时、多普勒、方位角等）的响应就应当具有低旁瓣，因为高旁瓣会掩盖邻近目标（见图 1）。

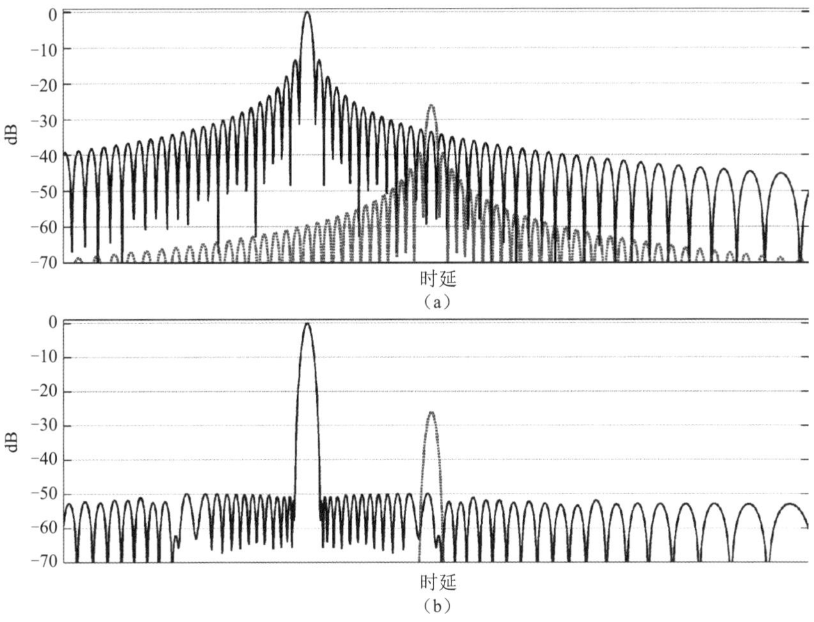

图 1 压缩脉冲的时延响应

(a) 不使用旁瓣消减；(b) 使用旁瓣消减

2 窄带信号

一个实窄带信号 $s(t)$ 可以有多种数学表达，其原形可表示为

$$s(t)=g(t)\cos[w_c t+\varphi(t)] \tag{1}$$

式中，$g(t)$ 为瞬时自然包络；w_c 为载波角频率；$\varphi(t)$为瞬时相位。

另一个版本，二项形式可以写成：

$$s(t)=g_c(t)\cos w_c t-g_s(t)\cos w_c t \tag{2}$$

当式（3）成立时，两种形式是等价的，即

$$g_c(t)=g(t)\cos\varphi(t),g_s(t)=g(t)\sin\varphi(t) \tag{3}$$

对同一信号的第三种形式还可以写成：

$$s(t)=\mathrm{Re}\{u(t)\exp(\mathrm{j}w_c t)\},u(t)=g_c(t)+\mathrm{j}g_s(t) \tag{4}$$

式中，变量 $u(t)$ 为信号的复包络（Complex Envelope，CE）；$u(t)$ 包含了信号除载波频率以外的所有信息。这不仅体现了信号的数学实质，也反映了经同步检测、采样和模数转换（Analog - to - Digital Conversion，ADC）等步骤以后输出信号量化的实际情况。而这些步骤，在现代雷达接收机中，会在脉冲压缩和多普勒处理之前进行。可以看到，复包络的幅度等于自然包络。由于复包络包含了信号的所有信息，而且在接收机的信号处理阶段也得到了实际应用，因此从这一点出发，相对于实信号 $s(t)$，本章将更多地讨论复包络 $u(t)$。在后面，“信号”一词表示信号的复包络。

3 匹配滤波器和模糊函数

通信接收机的任务是在噪声中发现对方发射的消息是什么，而对于雷达接收机来说，发射信号是已知的，它需要回答在特定的延迟单元内是否存在目标，还是仅仅是噪声。回答这个问题的最佳方式是使用匹配滤波器（Matched Filter，MF）。在加性白噪声环境下，对于已知信号时延的最优估计，可以通过有噪接收信号与已知发射信号的互相关得到。匹配滤波器的冲击响应 $h(t)$ 是已知发射信号复包络的延时加时域反转。对滤波器的冲击响应与接收信号的复包络作卷积，就等价于上述互相关：

$$h(t)=Cu^*(t_0-t) \tag{5}$$

式（5）包含两个参数：其中 C 为一任意常数，V・s；t_0为已经确定的时延。经过上述滤波器，输出信噪比可以最大化，从而通过阈值交叉判断接收数据是否确实为信号。由于因果律的限制，t_0应大于或等于有限的信号持续时间；$()^*$ 表示复共轭。

在 t_0时刻，匹配滤波器的输出为 CE，其中 E 为有限持续时间信号的能量，上述结论与波形无关，此时信噪比为 $2E/N_0$，其中 N_0为白噪声的功率密度谱（单边），而匹配滤波器在其他时延上的输出严重依赖于波形设计。

如前文所述，对于给定的信号，针对其设计的匹配滤波器的输出为该信号的自相关。但是，对于移动的点目标，其反射信号的中心频率存在多普勒频移：

$$v=\frac{2\dot{R}}{\lambda} \tag{6}$$

式中，$\dot{R}$ 为距离变化率；λ 为波长。多普勒频移 v 使得接收信号的复包络变为 $u(t)\exp(\mathrm{j}2\pi vt)$。在这种情况下，匹配滤波器的输出信号时间函数将不再具有像自相关函数那样，关于延时 τ 的一维函数那样的形态。相反，该信号的形态为一个关于 τ 和 v 的二维函数在固定多普勒频率上的切面。这个二维函数被称为模糊函数（Ambiguity Function，AF）。上述概念由 Woodward 在其 1953 年出版的著作中作了介绍（Woodward，1953）。Woodward 在 2009 年由于其“在雷达波形设计，特别是 Woodward 模糊函数这一波形和匹配滤波器分析的标准工具等方面的基础性的卓越工作”而获得 Dennis J. Picard 奖。对模糊函数的定义有多种不同的形式，这里给出其中一种：

$$|\chi(\tau,v)|=\left|\int_{-\infty}^{\infty}u(t),u^*(t-\tau)\exp(\mathrm{j}2\pi vt)\mathrm{d}t\right| \tag{7}$$

但是，雷达波形的模糊函数并不是任意设计的，因为其必须满足三个基本属性：

（1）模糊函数在原点存在值为 1 的峰值，在其他任何地方的函数值都不大于 1。

（2）$|\chi(\tau,v)|^2$ 曲面下方的体积等于 1。

（3）模糊函数是关于原点对称的。

其中前两条属性假设信号幅度被归一化，从而使信号具有单位能量。这两个属性表明，人们可能设计出一个具有“理想”延时和多普勒分辨力的信号，也就是说使信号的模糊函数为原点上一个无旁瓣的脉冲。而第三个属性则表明，只要画出两个象限即可确定模糊函数。下文中，将只画出对应于正多普勒频率的第Ⅰ和第Ⅱ象限。

令式（7）中 $v=0$，即可获得模糊函数在零多普勒频率下的切面，即为 $u(t)$ 自相关函数的幅度。令式（7）中 $\tau=0$，即可获得模糊函数在零延时下的切面。可以看出，该切面为 $u(t)$ 幅度的函数，且与任何相位或幅度调制无关。

4 线性频率调制脉冲

模糊函数的解析表达通常并不容易推导，多数情况下模糊函数是通过数值计算得到的。幸运的是，如式（8）所示，最常用的脉冲压缩波形，线性调频脉冲，其模糊函数可以简单地计算得出，如式（9）所示。通过将总的调频斜率 Δf 置零，式（8）和式（9）将退化为持续时间为 t_p 的无调制矩形脉冲的复包络和模糊函数。

$$u(t)=\frac{1}{\sqrt{t_p}}\exp\left(\mathrm{j}\pi\frac{\Delta f}{t_p}t^2\right),\quad -\frac{1}{2}t_p\leqslant t\leqslant\frac{1}{2}t_p,\text{其他为零} \tag{8}$$

$$|\chi(\tau,v)|=\left|\left(1-\frac{|\tau|}{t_p}\right)\frac{\sin\left[\pi(t_pv-\tau\Delta f)\left(1-\frac{|\tau|}{t_p}\right)\right]}{\pi(t_pv-\tau\Delta f)\left(1-\frac{|\tau|}{t_p}\right)}\right|,\quad |\tau|\leqslant t_p,\text{其他为零} \tag{9}$$

利用式（9），令 $\Delta f=0$，则可得到持续时间为 t_p 的无调制矩形脉冲的复包络和模糊函数（见图 2）。

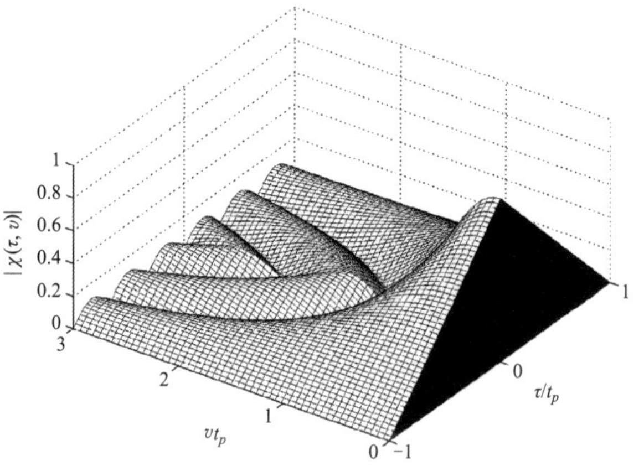

图 2 无调制矩形脉冲的模糊函数

在图 2 中，时延轴以脉冲宽度进行量纲为 1 化。类似的，多普勒轴以多普勒频偏与脉冲宽度的乘积量纲为 1 化。由图 2 可以清楚地看到，零多普勒频率切面为三角形，这是一个矩形包络无调制脉冲的自相关函数。而零延时切面则具有 sinc 函数形态，如式（10）所示：

$$|\chi(0,v)|=\left|\frac{\mathrm{sinc}(\pi t_pv)}{\pi t_pv}\right| \tag{10}$$

零延时切面对于矩形脉冲是通用的，不会随相位或频率调制而发生变化。但其他信号的模糊函数则有明显不同，如图 3 所示，为时间带宽积 $t_p\Delta f=20$ 线性调频脉冲的模糊函数。其零多普勒切面的归一化主瓣宽度（第一零点）从 1 降为 $1/(t_p\Delta f)$。此时，固定体积的模糊函数集中在一个狭窄的对角刀刃上，一直扩展到很高的多普勒频偏值。这种具有刀刃形模糊函数的信号称为多普勒宽容信号。对这一点将在讨论脉冲序列时作详细阐述。

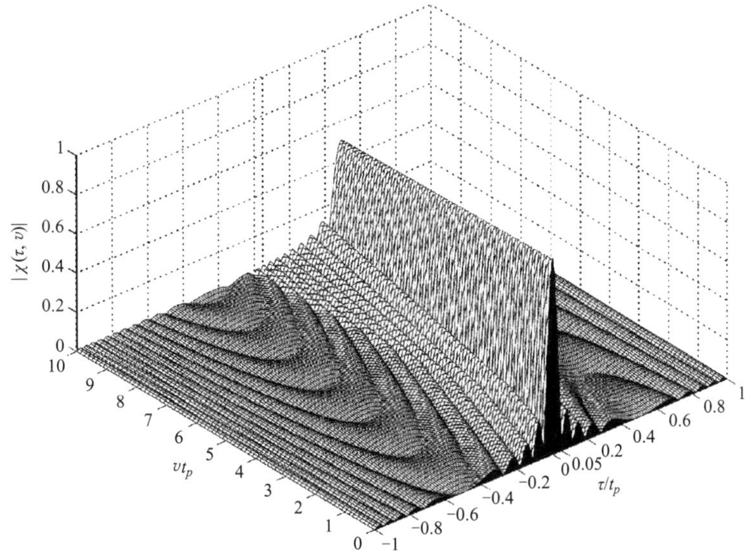

图 3 时间带宽积为 20 的线性调频脉冲的模糊函数

从图 3 可以看出的另一个显著特征是其相对高的旁瓣。为解决这一问题，可以将线性调频信号用非线性调频信号代替。此时，信号处于中心频率的时间多，而处于边界频率的时间少。图 1 所示的旁瓣缩减就是通过将线性调频信号［见图 1（a）］用非线性调频信号［见图 1（b）］代替来实现的。

5 相位编码脉冲

线性调频信号最初出现于第二次世界大战时期，直到现在仍然有着广泛的应用。相位编码则是另一种有效的脉冲压缩方式。将脉冲持续时间 t_p 等分为持续时间 t_b 的 M 个区间，每个区间称为一个“比特”，因此 $t_p=Mt_b$。每个比特都具有不同的相位，相位编码可以分为两个大类：二相编码和多相编码。二相序列采用两个相差为 π 的不同相位，而多相序列的值包括量化相位值（例如使用 0，π/2，π，−π/2 的四相编码）以及非量化值。关于相位编码序列的详细表格可参见相关文献（Levanon 和 Mozesin，2004），这里不会列出很多例子。本章仍将考虑脉冲压缩，因此将寻找具有非周期自相关函数的信号。当考虑连续波雷达的周期性波形时，将寻找具有良好周期性自相关函数（PACF）的信号。

5.1 二相序列

二相调制的硬件实现要早于多相调制，这类技术的典型代表是巴克（Barker）码序列。这种编码的独特属性是其主瓣与峰值旁瓣比（Mainlobe - to - Peak Sidelobe Ratio，PSLR）为其码长 M。已知最长的巴克码序列长度为 13，其序列为｛1111100110101｝，其中“1”表示复包络＋1，而“0”表示－1。巴克码序列的思路可以推广到最小峰值旁瓣（Minimum Peak Sidelobe，MPSL）序列。因此，已知 PSLR＝M/2 的最长二相编码，其长度为 M＝28，例如序列｛1000111100010001000100101101｝。当 PSLR＝M/3 时，最长码长M＝51，例如｛110100100100101010010001001100010001111111000111000｝。对于 PSLR＝M/4 的情形，Nunn 和 Coxson 发现了码长为 M＝82 的序列（用十六进制表示）：｛3CB25D380CE3B7765695F｝，而 PSLR＝M/5 的已知最长二相序列，码长 M＝113，为｛1E90FC54B4E259765D3FF7628CDCE｝。上述序列中，如果其长度不是 4 的整数倍，为了使用十六进制表示，在将之转化为十六进制之前，在二进制编码的左边添加若干个零。

基于巴克码或者 MPSL 序列的波形，其模糊函数为图钉形。如图 4 所示，MPSL113 的模糊函数在原点处有一狭窄谱峰，而其低旁瓣延伸到整个信号宽度延时和很大的多普勒频移。时延的第一零点在$\tau=t_b$，这从 MPSL113 的自相关函数中就可以看出，如图 5 所示。

二相序列可以由一个类噪声发生器产生。由式（11）产生的混沌序列就是一个例子，该序列的值为 0～1，近似服从均匀分布概率密度函数。设阈值为 0.5，则会产生一个近似随机的二相序列，且该序列中 0 和 1 的概率相同。相应的，设置三个阈值则可产生四相随机序列。

$$x(n+1)=4x(n)[1-x(n)],0<x(1)<1 \quad (11)$$

选择不同的初始值会产生不同的序列，上述序列生成器可以产生很多不同的序列。但是，这类随机或近似随机序列也存在一些问题，它们的自相关函数的旁瓣较高。考虑码长 $M=45$ 的情况，共存在 2^{45} 种不同序列。只有大约 30 种能够满足 PSLR 为$M/3$，大约 10^{12} 种满足 PSLR$=M/12$。因此，随机挑选的序列是几乎没有可能具有良好的自相关函数的。

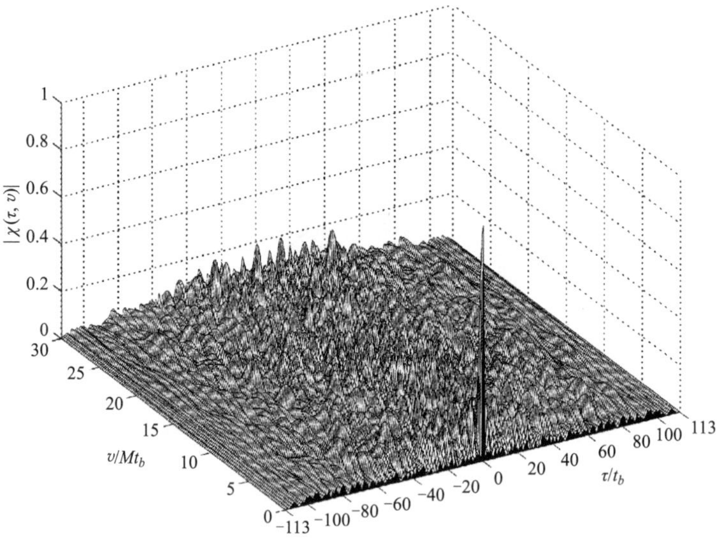

图 4　MPSL113 序列的模糊函数

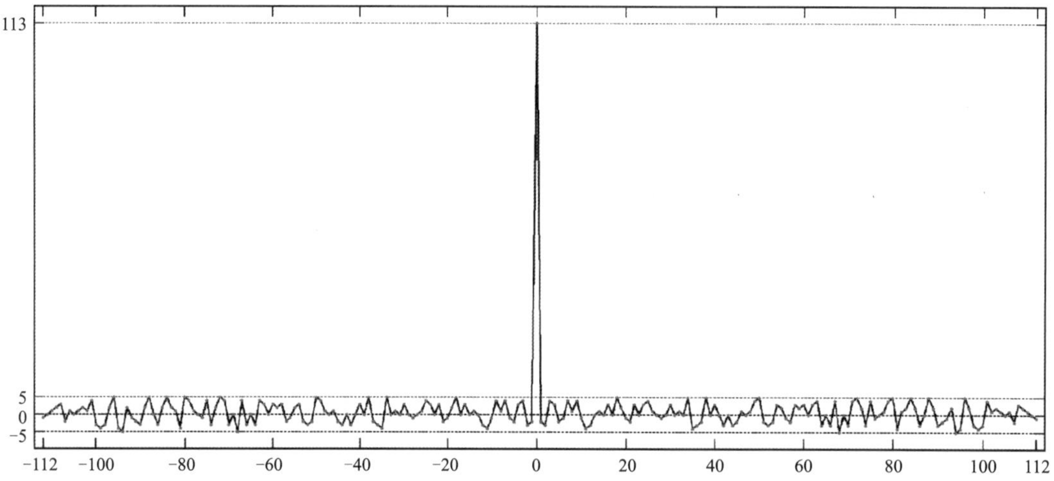

图 5　MPSL113 序列的自相关函数

5.2　多相序列

引入更多的相位值（非二相）可以实现更低的旁瓣，但是其最外侧的旁瓣通常为 1（对于任意的多相或二相序列）。多相序列大致可分为两类：广义巴克码序列和 Chirp－like 序列，其中 Chirp－like 序列与线性调频信号有关联。如果广义巴克码序列的自相关函数的长度为 M，则相应的 PSLR$\leqslant M$。对于构造广义巴克信号，目前并不存在系统性的方法。已知的最长广义巴克码序列（Nunn 和 Coxson，2009）的长度为 77。其以弧度表示的相位序列如下：

{0 0 0.484 5 1.360 3 1.463 4 1.380 1 0.692 7 0.787 3 1.069 2 2.389 1 3.118 2 3.318 4.662 8 5.193 3 5.816 2 1.971 3 2.726 4 2.525 7 2.602 8 2.219 3 1.172 6 1.478 1 4.834 7 6.275 7 1.810 1 1.413 9 0.083 3 0.309 2 4.079 2 4.663 2.145 7 1.482 2 5.772 6 0.060 5 3.283 9 0.351 6 1.066 6 4.730 9 3.736 7 6.134 5 0.548 3.936 5 3.593 1 5.762 6 0.864 6 3.565 3 3.184 7 6.213 9 0.573 1 3.905 1 6.009 8 3.928 7 4.151 8 1.696 1 3.477 3 0.867 9 2.909 4 5.618 6 0.796 1 4.548 5 2.671 3 5.766 8 3.685 5 2.294 8 1.122 4 4.474 2 1.349 8 6.132 9 3.752 1 0.547 3.490 2 0.296 8 3.403 1 1.183 8 5.230 7 2.527 3 6.153 6}。

上述编码的峰值旁瓣比 PSLR＝77，而长度同为 77 的二相 MPSL 码的 PSLR＝77/4，差了约 12 dB。而另一方面，要产生 77 个不同相位也不是那么简单的事情。

Chirp－like 序列是另一类重要的多相序列。由于其与线性调频编码相关，因此被命名为“Chirp”。这种与线性调频信号的关系在于上述序列是通过对线性调频信号的连续相位演变进行相位采样得到的。Levanon 和 Mozeson（2004）文献的第 6 章讨论了许多这类序列的细节。这里只给出 Lewis 和 Kretschmer 的 $P3$ 和 $P4$ 码的公式：

$$P3:\varphi_m=\frac{\pi}{M}(m-1)^2, m=1,2,\cdots,M \tag{12}$$

$$P4:\varphi_m=\frac{\pi}{M}(m-1)(m-1-M),\quad m=1,2,\cdots,M \tag{13}$$

在 $P4$ 序列中最大元素间的相位变化发生在序列末尾，而 $P3$ 序列则发生在序列中间。这表明 $P4$ 码对带宽边缘的低功放增益更不敏感。与线性调频信号的模糊函数类似，Chirp－like 序列的模糊函数为对角刀刃形。$P3$、$P4$ 以及其他 Chirp－like 序列都具有完美周期自相关函数，这里“完美”指的是具有零旁瓣。这一性质使得这类波形对周期连续波雷达很有吸引力。如 Felhauer（1994）所述，相位序列及可以通过对线性调频信号的连续相位演变进行采样得到，类似的也可以通过对非线性调频信号进行相位采用得到。这种相位序列能够实现更低的自相关函数旁瓣和更宽的主瓣宽度。

6 相干脉冲序列

单个脉冲，即使经过脉冲压缩，其长度对于多普勒分辨力而言也太短了。因此，为了获得足够高的多普勒分辨力，需要通过发射和处理相干脉冲序列来增加雷达的相干处理时间。在图 6 显示了这一处理的实质。在图 6 中，上方的图片为转化到中频（Intermediate Frequency，IF）的实信号。中频功放后连接的同步检波器将产生被检测信号复包络的同相分量 g_c 和正交分量 g_s，如式(3) 所示。由于多普勒频偏的影响，g_c 和 g_s 并非常量。可以明显看出，如果图 6 中只包含一个脉冲的话，是无法分辨多普勒频偏的。但当相干处理时间内包含至少一个多普勒周期，且每个多普勒周期内有足够多的采样（脉冲）时，多普勒频率可以被无模糊地估计。

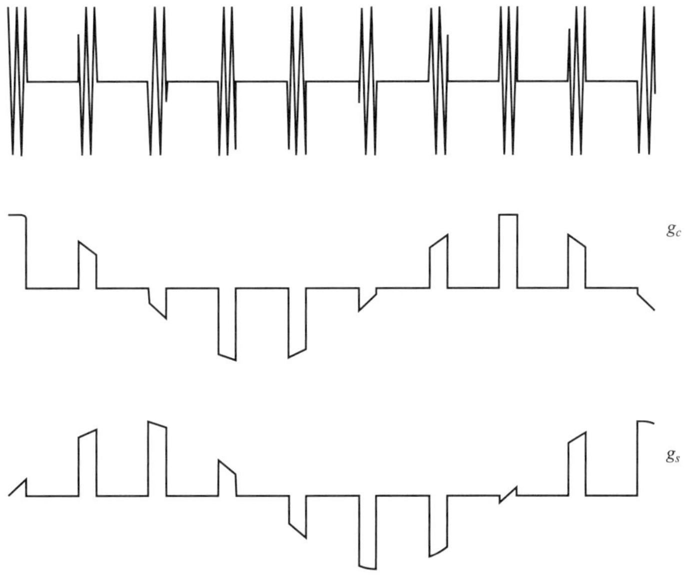

图 6　多普勒频移脉冲同步检测的同相和正交分量

对于一部典型的脉冲多普勒雷达，在一个目标上的驻留时间内包含的脉冲数要大于相干处理的脉冲数。在这种情况下，雷达的性能可以用周期模糊函数（Periodic Ambiguity Function，PAF）来描述（Levanon 和 Mozeson，2004）。N 个重复周期为 T_r 的相同脉冲，其周期模糊函数为单个脉冲周期的 Woodward 模糊函数 $|\chi_{T_r}(\tau,v)|$ 与一个多普勒频移 v 的函数的乘积：

$$|\chi_{NT_r}(\tau,v)|=|\chi_{T_r}(\tau,v)|\left|\frac{\sin(N\pi vT_r)}{N\sin(\pi vT_r)}\right| \tag{14}$$

则多普勒分辨力为 $\sin(N\pi vT_r)/[N\sin(\pi vT_r)]$ 的第一个零点，即 $v=1/(nT_r)$，这比单个脉冲的多普

勒分辨力 $v=1/t_p$ 低几个数量级。利用压缩脉冲构造相干脉冲序列，可以使雷达设计者能够控制延时和多普勒分辨力。图 7 所示为 8 个线性调频脉冲所组成的相干序列的周期模糊函数，其占空比为 0.2，脉冲压缩比为 20。

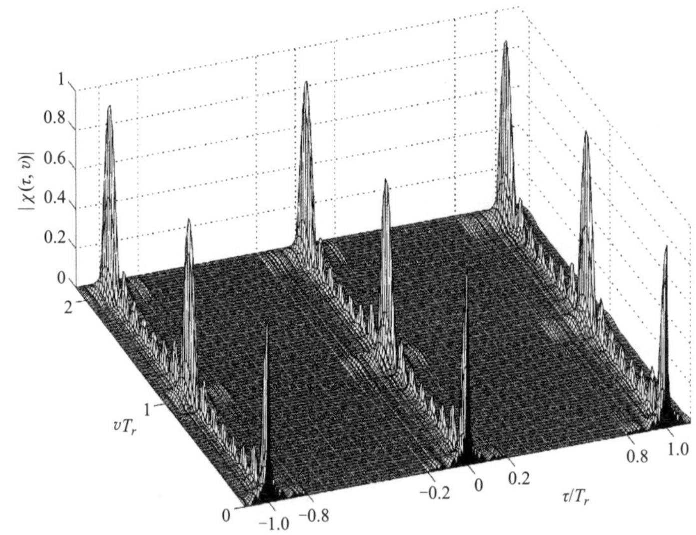

图 7　8 个线性调频脉冲所组成相干序列的周期模糊函数

图 7 所示的周期模糊函数被称为“针床”。该函数在两个维度上都具有窄主瓣，同时其在时延域的多个脉冲重复间隔和多普勒域的多个脉冲重复频率上都有许多模糊谱峰。一个“针床”形周期模糊函数的水平切面如图 8 所示。这一切面所显示出的是雷达的时延和多普勒分辨力以及模糊特性。可注意到，时延模糊度与多普勒模糊度的乘积为 1。一个模糊谱峰意味着模糊谱峰所在时延-多普勒坐标上的目标或杂波回波，将被错误地认为其在时延-多普勒坐标原点上。例如，对于多普勒频偏维上重复出现的谱峰，其重复周期为脉冲重复频率。也就是说针对指定多普勒频偏而设计的匹配滤波器将在零多普勒频偏的固定目标上也检测到强回波。这一固有问题被称为“盲速”。

除了模糊问题以外，由于接收机在脉冲发射时会被阻塞，因此单站雷达发射脉冲序列还受到遮蔽距离的影响。为了克服模糊和遮蔽问题，在驻留期间，脉冲重复频率是可以变化的，被称为参差重频。尽管存在一些不足，相干压缩脉冲序列仍然是非常常见的雷达波形。

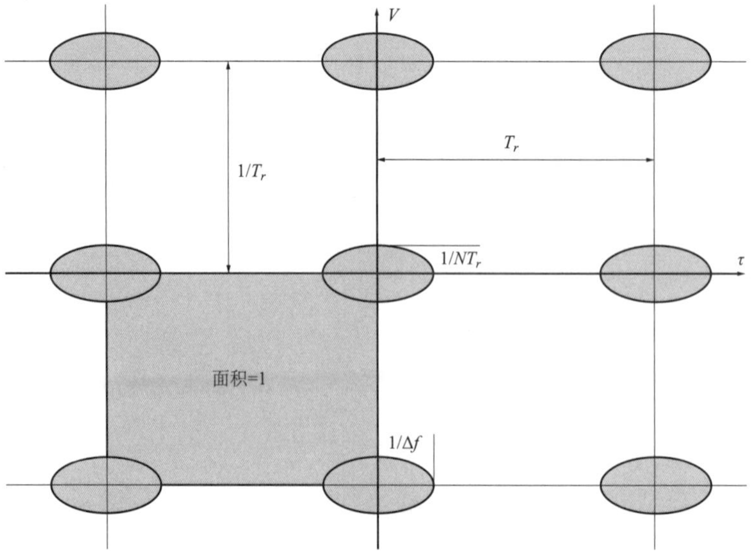

图 8　“针床”形周期模糊函数的水平切面

7 失配滤波器

匹配滤波器是一种理想处理器，其输出具有最高的信噪比。但是当使用匹配滤波器时，降低距离旁瓣的任务完全取决于波形选择。如果可以容忍少量的信噪比损失，那么对匹配滤波器的一些偏离就成为一种选择，这会使雷达设计者具有更大的自由度以获得理想的时延-多普勒响应。

一种简单而非常有效的失配滤波器设计方法，是最小化时延响应的积分旁瓣（Integrated Sidelobes，ISLs）。仅有的附加参数是控制滤波器的长度，该长度应大于或等于信号序列的长度。通常，积分旁瓣电平随着滤波器长度的增加而下降，但信噪比损失也会增加。为了以较小的信噪比损失获得良好的积分电平降低，所选择信号本身的自相关函数需要具有低旁瓣。在这种情况下，失配滤波器相对于匹配滤波器偏离较小，因此信噪比损失很低。对于给定的信号，设计一个最小积分旁瓣滤波器只需要一个简单的矩阵操作（Griep，Ritcey 和 Burlingame，1995；Levanon 和 Mozeson，2004）。

在图 9 中，使用巴克 13 序列信号来比较长度均为 50 的匹配滤波器与最小积累旁瓣滤波器的时延响应。当滤波器设计为最小化积分旁瓣时，容易看出峰值旁瓣比得到改进（22～49 dB），而信噪比损失只有 0.21 dB。需要指出的是，失配滤波器相对而言是多普勒容忍的，这在图中没有显示。

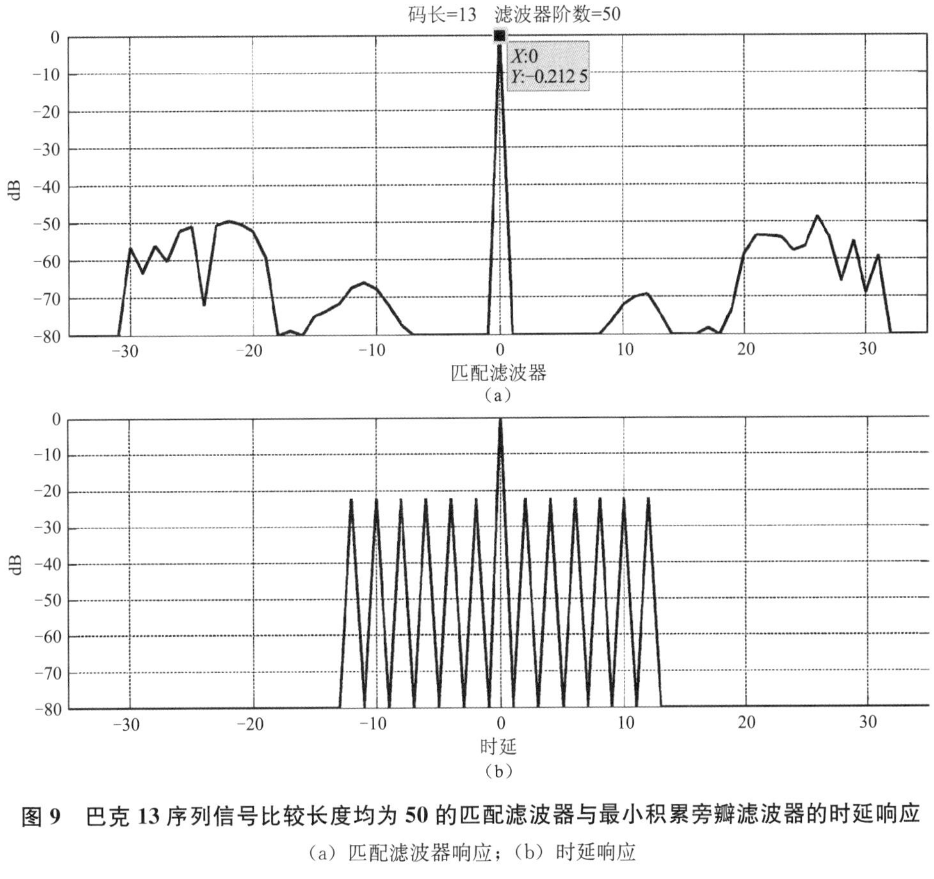

图 9 巴克 13 序列信号比较长度均为 50 的匹配滤波器与最小积累旁瓣滤波器的时延响应

(a) 匹配滤波器响应；(b) 时延响应

8 连续周期波形

在脉冲压缩中，若增加实际的脉冲持续时间，雷达就可以使用低峰值功率发射机。而最大的可能脉冲持续时间就是脉冲间隔，这将使雷达转变为连续波（Continuous Wave，CW）雷达。在连续波雷达中，峰值功率和平均功率是相同的。连续波雷达能够使用像 $P3$ 和 $P4$ 信号［式（13）和式（14）］那样具有完美周期自相关函数的波形。连续波形的多普勒响应是一个相干处理周期数的函数，可以由周期模糊函数给出［式（14）］。因此，连续波雷达中 $P4$（或 $P3$）信号的时延-多普勒响应与图 7 所示的相干脉冲序列的响应是非常类似的，但却没有时延旁瓣。连续波具有两个优点：理想的时延响应和低峰值功率，但同时也需要实现收发同时，这是必须权衡的。

9　展望与新进展

本章对正在发展的雷达波形领域作了介绍，并指出了其中的要点。随着系统设计、数字信号处理以及硬件方面的发展和进步，产生了新的需求和挑战，新的波形应运而生。一个突出的例子就是多基地雷达多输入多输出雷达。这类雷达同时使用多个雷达发射机，其发射波形相互正交。这一要求是对传统雷达波形要求的推进和发展。相应的一类新的信号为多载波波形，其每个子载波的调制是不同的。另一个雷达波形设计的发展方向是最小化谱旁瓣。解决上述问题的一种方法是将尖锐的矩形比特波形改为更加平滑的高斯窗 sinc 函数型比特波形。后两个例子都借鉴了通信波形。这里需要指出通信波形和雷达波形开发的一个主要不同。为了通信业的利益，人们通常会将波形信息分发给各个制造商和用户，这样才能够使用户间相互通信，即使他们使用不同供应商的设备。这就是为什么在通信业有如此多的标准的原因。在雷达领域则相反。由于显而易见的原因，雷达制造商总希望其波形不为人所知。保密延缓了进步。由于本章的讨论的材料都严格来源于公开文献，因此很有可能没能涉及一些类别的波形开发。

参考文献

Felhauer，T.（1994）Design and analysis of new P（n，k）polyphase pulse compression codes. *IEEE Trans. AES*，**30**，865－874.

Griep，K. R.，Ritcey，J. A. and Burlingame，J. J.（1995）Polyphase codes and optimal filters for multiple user ranging. *IEEE Trans. AES*，**31**，752－767.

Levanon，N. and Mozeson，E.（2004）*Radar Signals*，JohnWiley &Sons，New York.

Nunn，C. J. and Coxson，G. E.（2009）Polyphase pulse compression codes with optimal peak and integrated sidelobes. *IEEE Trans. AES*，**45**，775－781.

Woodward，P. M.（1953）*Probability and Information Theory*，*With Applications to Radar*，Pergamon Press，Oxford.

本章译者：潘捷，周建江（南京航空航天大学电子信息工程学院）

第 246 章

合成孔径雷达

Antonio Moccia
那不勒斯费德里克二世大学航空工程系，那不勒斯，意大利

1 引　　言

大体上来说，合成孔径雷达（Synthetic Aperture Radar，SAR）是一种线性 Chirp 雷达。这种雷达发射和接收的信号为频率调制有限时间脉冲。得益于其非连续波体制，合成孔径雷达可以是单站的（参见第 5 卷第 210 章）①，即只有一个发射和接收天线，因此特别适用于航空航天系统搭载。合成孔径雷达是一种相干成像雷达，利用回波信号的幅度和相位，不仅可以显示照射点和扩展目标的后向散射特性，还能够测量其距离和多普勒参数。因此，合成孔径雷达迅速成为主要的遥感系统，一种地球表面和地下高分辨力成像、三维高度建模以及动目标检测和识别的信息源。由于雷达能够无视阳光照射条件而在任何大气条件下工作，最近 30 年来人们开发出了多种机载和星载合成孔径雷达，广泛应用于土地利用、植被、原油泄漏、海洋成像以及两极冰川研究等地球和行星科学的民用和军事领域（Henderson 和 Lewis，1998）。另外，合成孔径雷达也出现了一些新的结构和应用，包括多天线结构等（Cherniakov，2008）。

出于内容完整性的考虑，这里需要指出的是，由于很多因素的影响，相对于光电系统而言，合成孔径雷达在实际应用中还需要一些附加条件。首先，由于在垂直观测条件下会产生相同的雷达-目标距离行程，故机载和星载合成孔径雷达都要求大倾角观测以避免目标产生回波模糊。事实上，正如下文将论述的，合成孔径雷达能够通过回波的到达时间和相对多普勒频率来区分目标。对于机载雷达，典型的天底偏角值为 30°～60°，而星载雷达则为 20°～40°。同时，合成孔径雷达所成图像相对于平面视角和距离相关几何投影特性而言是扭曲的。具体来说，当地面斜率快速变化时，这种变化会导致其他形式的模糊，但同时这一性质也可以用来定量地测量地面海拔和斜率。由于微波波长远大于可见光，因此自然和人造目标的微波后向散射特性通常与视觉效果不同，这就需要新的图像分类和解译方法，同时这也会提供大量的新信息（见第 5 卷第 211 章和第 215 章）②。例如水面对微波辐射表现出镜面反射的性质，因此稳定而平静的水面对于单站合成孔径雷达来说是“不可见”的。但是海况参数（例如海浪的高低起伏）、污染物以及船只等目标由于其后续散射性质，是能够被检测出来的。另一个有趣的例子与植被的微波互感有关。考虑到树叶的尺寸，反射电磁波主要来自植物顶端，且波长较短（比如 X 波段，λ 为 2～4 cm），随着波长的增加，树冠下的体积散射逐渐增强，电磁波穿透树叶，此时反射主要由树干和地面产生，且波长较长（分布在 λ 为 20～30 cm 的 L 波段与 λ 可达 1 m 的 P 波段之间）。甚至下层土壤也会对回波产生影响，从干燥的表面土层到更深的区域，只要选择适当的波长以及雷达，都能够对其进行探测。而且，合成孔径雷达能够在任何时间、任何气象条件下工作，随着观测频率的提高，其应用范围更加广泛。但受到数据更新和通信速率以及电路功耗等因素（因为其需要产生很高的占空比）的影响，上述思路也存在一

① 编者注：原书如此。
② 编者注：原书如此。

些限制。同时，合成孔径雷达还需要至少在载体上安装一个较大的可控外部天线。

本章将论述合成孔径雷达系统的主要结构、特性和性能，以此说明合成孔径雷达的工作与空天平台运动与控制之间存在密切联系，且这种雷达与光电系统等其他遥感传感器相比对空天平台资源的要求更高。通过简化的数学模型，本章给出的分析对合成孔径雷达的特性与应用潜力给出了一个简洁而严谨的概述。

2　基本几何模型与假设

为了对理解以后的章节建立必要的基础，下面将对合成孔径雷达的基本几何模型作简要介绍。首先，需要指出的是，合成孔径雷达的成像能力可以分为距离向（与飞行方向垂直）和方位向（与飞行方向平行）。在此基础上，将分辨率定义为分辨邻近目标的能力，即能够分离其雷达回波的两点的最短距离，则可以进一步定义斜距分辨率和方位角分辨率。其中，斜距分辨率是在照射方向（即航迹法线方向）上测量的，因此可以方便地变换为地面距离分辨力以说明分辨地面上各散射点的能力。而方位向分辨率是沿航迹方向测量的，这也是表征分辨地面目标能力的指标之一。

天线对发射和接收微波辐射的影响（见第5卷第209章）① 是影响合成孔径雷达性能的重要方面。首先重提一个重要假设，由于机载/星载天线与照射区域之间的距离很大，因此可以采用平面波假设，即虽然微波辐射实际上是球面传播，但是可以认为观测区域的波前为平面，从而简化了数学模型。大多数合成孔径雷达的天线为均匀照射的矩形阵列，若其沿航迹方向与跨航迹方向的维数分别为 d 和 l。天线所表现出的发射/接收方向图依赖于波长和天线尺寸，可以表示为一个具有半峰值功率响应（第一副瓣衰减－3dB）的二维 sinc 函数，在孔径角度上天线的方位和俯仰波束宽度可以表示为

$$\varphi\approx\frac{\lambda}{l} \tag{1}$$

$$\beta\approx\frac{\lambda}{d} \tag{2}$$

在实际中，天线的辐射是全向的，其能量分布相当复杂，依赖于天线特性以及馈电等因素。但在下文中，将假设天线的角度孔径由其波束宽度定义，且具有平坦辐射方向图（单位常数增益），因此可以忽略由类 sinc 函数方向图引起的旁瓣等因素的影响。尽管旁瓣幅度要明显低于主瓣，但被旁瓣照射的明亮目标（例如人造金属目标）仍然可能产生强回波，从而干扰主瓣入射的微弱反射信号。通过天线馈电加权，可以主瓣展宽为代价获取低旁瓣的天线辐射特性。但是考虑到本章的主要目标，这些特殊问题都将被忽略。最后，为了内容的完整性，需要指出式（1）和式（2）的等式右边还应当包含一个天线的辐射因子，其值略小于1。但是，这只是给出了基础性的结果，分辨力的数量级并不会因为采用了简化模型就发生显著的改变。

为简便起见，假设航空航天平台、飞机或空间飞行器沿直线水平运动，即高度和速度恒定，无姿态扰动，合成孔径雷达天线被严格固定在平台上。合成孔径雷达天线将沿平台速度矢量垂直方向照射地面，且天线波束宽度中心的指向（视轴方向）相对局部垂线具有恒定天底偏角。正如下面将要提到的，随着合成天线构造时间区间的缩短，上述假设并不那么严格。当然，可以用更精巧而冗长的数学公式来表示更复杂的几何模型和动态特性。如果需要论述当前模型可能的扩展，本章将对此作简要介绍。

3　距离分辨率

如图1所示，假设地面上两个明亮点目标嵌在完全吸收背景中，位于同一距离俯仰角平面上，该平面与天线的速度矢量 **V** 垂直，且两个目标都在天线波束宽度内。使用点目标作为例子很适合评估雷达的分辨力，这也符合针孔光学原理。有一种三面体角反射器，即一个金属的、由凹陷三角形组成的金字塔三面体，其各边等长且垂直于入射方向，而顶点处于合成孔径雷达天线相反的方向上。这种角反射器是一种非常好的雷达反射器，广泛应用于合成孔径雷达性能评估和接收回波测量等领域。由于金属角反射器在其内部、侧面以及一些特定的指向上具有镜面反射特性，因此入射反射器正面三角形孔径的所有电磁辐射会同时产生后向散射，从而形成强烈而稳定的回波。用于合成孔径雷达测量的最优角反射器的体积可以由辐射波长以及期望反射回波强度推导得出（Curlander 和 Mcdonough，1991）。这一简单而完善的被动系统使得信号只因距离而衰减，

① 编者注：原书如此。

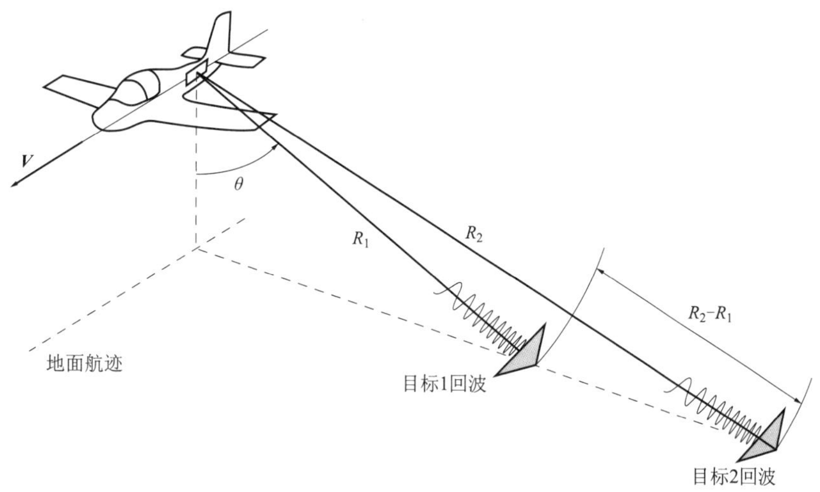

图 1　用来定义斜距分辨率的距离俯仰角平面的基本合成孔径雷达的几何模型

而目标表面的辐射特性在这一应用中可以被忽略。

严格来说，区分两个目标回波的能力取决于 Chirp 信号的持续时间 τ，实际上需要满足下列不等式：

$$\frac{2R_2}{c}-\frac{2R_1}{c}>\tau \tag{3}$$

可以验证，当满足式（3）时，接收回波是不同的（见图 2）。具体的，考虑一个余弦线性频率调制的 Chirp 信号，则斜距和地面距离分辨率可以定义为

$$\Delta r=\frac{c\tau}{2} \tag{4}$$

$$\Delta r_g=\frac{c\tau}{2\sin\theta} \tag{5}$$

由于人们只对高分辨率的情况感兴趣，例如期望获得从飞机或者空间飞行器上检测米级或亚米级距离两个目标的能力。在这种情况下，雷达观察入射角的不同是可以忽略的。

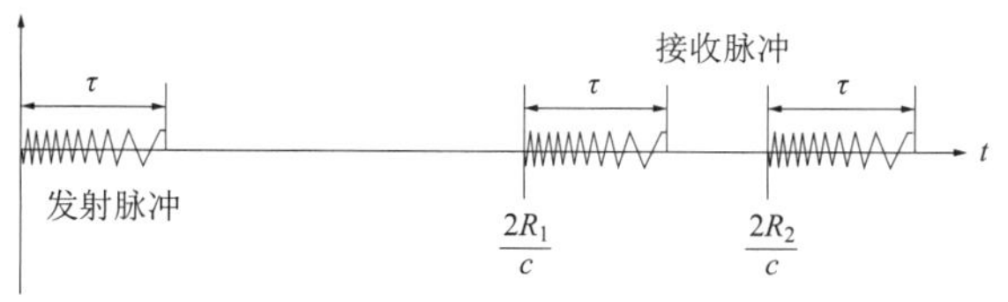

图 2　两个点目标回波的时域图

显然，提高距离分辨率的最佳途径是降低脉冲持续时间。从理论上来说，脉冲可以具有无限的分辨率。但是，要产生一个非常短的恒定能量脉冲需要复杂的雷达和天线电子设备，而爆发式的辐射方式对电路板上的电源以及冷却单元也提出了很高的要求。

为了解决上述问题，可以将后向散射回波与一个参考信号进行自相关，从而压缩 Chirp 信号的持续时间。在信号分析中，将这一过程应用于经过采样的周期脉冲序列和经过下变频的频率调制函数，则称为匹配滤波（见第 5 卷第 212 章）①。对于具有同相（余弦）和正交（正弦）分量的数字化复指数序列，利用快速傅里叶变换可以在频域有效地实现上述过程。图 3 展示了一个实信号输入时，上述过程的连续时域实现方案。通过一个自相关积累过程，可以在时域实现接收回波和参考 Chirp 信号的自相关。其中，参考 Chirp 信号是雷达发射信号的完美复制品，由雷达超稳定晶振组成的雷达时间与脉冲参考单元产生。可以看到，经过压缩后的脉冲为一个峰值为 $2R/c$ 的 sinc 函数。假设两点间的距离分辨率为该点的响应能量且为峰值响应能量的一半（Ulaby，Moore 和 Fung，1982），sinc 函数的 −3dB 衰减示意如图 3 所示，则对于一个压缩后持续时间为 $1/B$ 的 Chirp 信号，可以重写距离分辨率方程。这就意味着，更大的频率调制 Chirp 信号带宽可以带来更短的压缩后 Chirp 信号持续时间，从而实现更好的、独立于原始 Chirp 信号持续时间 τ 的雷达分辨率：

$$\Delta r=\frac{c}{2B} \tag{6}$$

$$\Delta r_g=\frac{c}{2B\sin\theta} \tag{7}$$

距离向压缩也会带来信号幅度上的优势。事实上，压缩后脉冲的幅度为原始信号的 $\sqrt{B\tau}$ 倍。因此，大带宽意味着可以减小发射 Chirp 信号的峰值功率。为简单起见，图 3 中的压缩脉冲为单位幅度。

需要指出的是，由于雷达目标间信号传播的影响，接收信号回波与参考信号间存在一个相移，显然这对应于时延 $2R/c$。由于 $c/V\geqslant 1$，可以假设在雷达照射时间内平台是静止的，即采用所谓“stop -

① 编者注：原书如此。

start”近似（Barber，1985），可以计算出上述相移。在此基础上，可以通过假设两个独立的时间参考，来简化系统的动态特性：快时间或距离时间 t，可以用来刻画以光速传播的发射和接收脉冲；而对于慢时间或方位向时间 t_a，每当天线以平台速度沿其轨迹成功进行一次位置移动，则该时间步进一次。可以定义脉冲重复间隔（Pulse Repetition Interval，PRI）或者等价的脉冲重复频率（Pulse Repetition Frequency，PRF）来描述天线沿航迹运动的位置，每个位置对应于瞬间发射/接收一个脉冲。故对于每个脉冲以及雷达-目标位置，相位项是恒定的。因此，尽管与雷达距离相同的所有目标具有相同的相位项，但这不影响距离压缩。所以，在沿方位向的每个驻留点上，点目标的回波为一个时延 sinc 函数与一个复指数的乘积，即

$$\exp\left\{-j2\pi f_0\frac{2R(t_a)}{c}\right\}=\exp\left\{-j2\pi\frac{2R(t_a)}{\lambda}\right\}\tag{8}$$

总结这一节的内容，需要强调的是合成孔径是在非常初始的步骤上处理复数序列（相量）。因此，雷达数据的获取、存储以及传输是非常耗费航空航天系统的数据管理以及通信资源的。板上实时处理可能减少传输的数据数量，但是这需要快速计算单元。

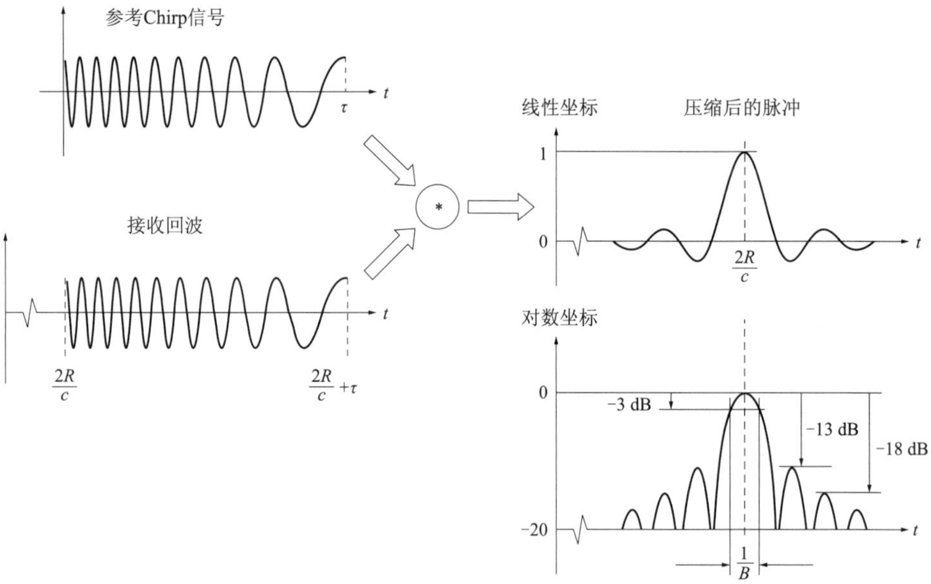

图 3　距离向压缩略图

通过将参考 Chirp 信号与接收回波进行自相关，可以获得压缩后的脉冲持续时间 $\frac{1}{B}\leqslant\tau$。

4　方位向分辨率

下面接着讨论沿航迹方向的分辨率。图 4 描述了定义实孔径雷达（Real Aperture Radar，RAR）方位向分辨率的基本定量模型。在这种情况下，对于两个具有同一天底偏角且平行于平台地面航迹方向的角反射器，雷达分辨这两个目标的能力取决于天线的方位向孔径角 φ：如果两个距离相同且都处于方位向孔径内的点目标同时入射，则它们是无法分辨的。假设角度很小，则实孔径雷达的方位向分辨率可以定义为

$$\Delta a_{\mathrm{RAR}}=VT\approx R_0\varphi\tag{9}$$

式中，T 表示平台覆盖分辨距离所需要的时间区间，而这段距离等于天线以恒定速度 V 产生的辐射足迹，这就是实孔径雷达的方位向分辨率。需要指出一个有意思的现象：分辨率依赖于速度-时间积，式（4）中的 $c\tau$ 和式（9）中的 VT 都是如此。

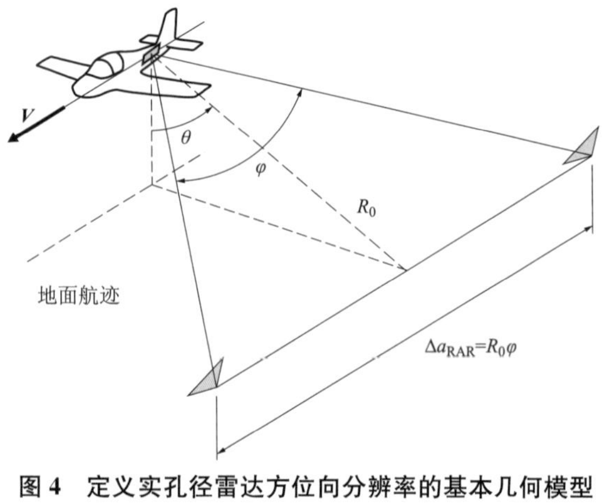

图 4　定义实孔径雷达方位向分辨率的基本几何模型

由此可以看出，对于大斜距以及厘米级辐射波长，合成孔径雷达可以达到的方位向分辨率是不那么令人满意的。雷达采用厘米级波长的原因主要在

于：避免微波频谱的大气衰减，同时也是考虑到航空/航天平台能够搭载的天线尺寸的因素。具体来说，通过增加方位向的天线尺寸 l，就可能降低 T，从而提高实孔径雷达的方位向分辨率。就像前面所述距离分辨率中的 Chirp 信号持续时间一样，这也不是一个现实的选择。

解决这一问题的方法同样基于对方位向回波进行压缩。为了更好地理解这种可能性，首先需要进一步深入剖析天线方位向孔径内单个点目标的相位历史。参考图 5，令角度 φ 的中心位于点目标上，假设在方位向时间参考帧的起点天线的视轴指向角反射器，得出照射时间内雷达-目标斜距的抛物线变化（见图 6）为

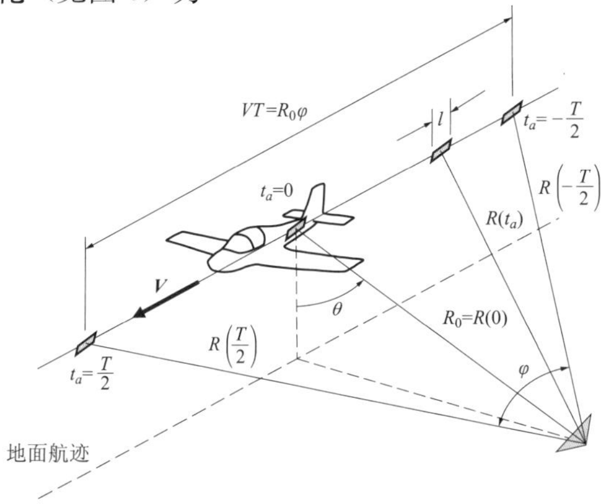

图 5　定义方位向分辨率的基本几何模型

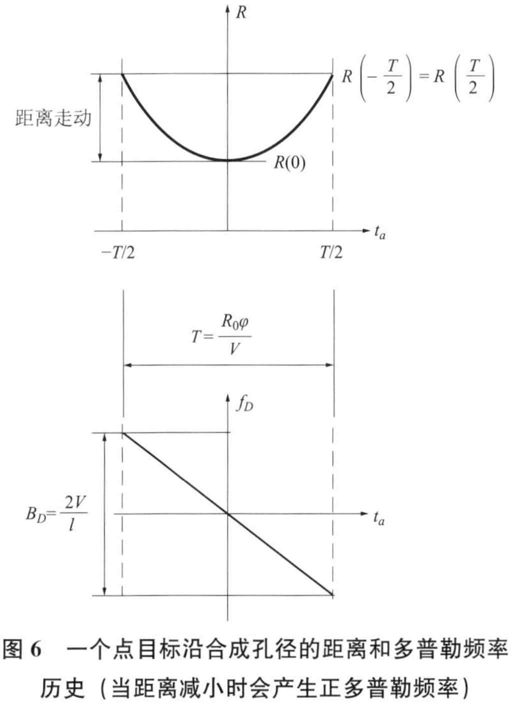

图 6　一个点目标沿合成孔径的距离和多普勒频率历史（当距离减小时会产生正多普勒频率）

$$R(t_a)=\sqrt{R_0^2+V^2t_a^2}\approx R_0\left(1+\frac{1}{2}\frac{V^2t_a^2}{R_0^2}\right) \quad (10)$$

由此，可以通过距离压缩回波［式（8）］峰值的相位来表达由于相对运动产生的一个线性多普勒频率调制。其计算公式为

$$2\pi\left(-\frac{2}{\lambda}\frac{\mathrm{d}R}{\mathrm{d}t_a}\right)=2\pi f_D(t_a) \quad (11)$$

$$f_D(t_a)=-\frac{2}{\lambda}\frac{V^2t_a}{R_0} \quad (12)$$

换句话说，信号在方位向上也是频率调制的，因此同距离向一样，只要有一个合适的参考信号进行自相关运算，该信号同样可以压缩。在天线视轴方向上相对于目标的多普勒频率称为多普勒中心频率，在当前的几何模型下该频率为零，则整个可以获得的多普勒带宽为

$$B_D=f_D\left(-\frac{T}{2}\right)-f_D\left(\frac{T}{2}\right)=\frac{2V^2T}{\lambda R_0}\simeq\frac{2V}{\lambda}\varphi\simeq\frac{2V}{l} \quad (13)$$

这就使得合成孔径雷达可以参照式（6）所示距离分辨中所做的那样，通过压缩方位向 Chirp 信号来提高方位向分辨率为

$$\Delta a=\frac{V}{B_D}\approx\frac{l}{2} \quad (14)$$

式中，时间长度 T 表示合成孔径的持续时间，也称为相干积累时间，这表明合成孔径雷达是通过对一系列后向散射回波的相位进行处理来构建合成孔径，或者说方位向匹配滤波常量的，从而揭示了其与信号分析过程之间的联系。依赖于平台的高度和速度以及天线特性，对于低轨航天器 T 一般为 0.5～1 s 量级，而飞机则为 0.3～0.8 s，而 B_D的量级则分别为1 500～3 000 Hz 和 150～250 Hz。

方位向压缩的参考函数是一个必须引起特别关注的问题：与距离向可以直接过渡稳定参考信号的情况不同，在方位向处理中，在积累时间内点目标的多普勒历史会受到天线运动和观测几何位置的影响。一般而言，星载系统相对于机载系统而言具有更平滑的飞行轨迹，但无论如何，安装具有惯性导航和 GPS 测量单元的综合导航系统（参见第 5 卷第 228 章）都是很有益的。

图 7 描述了无扰动情况下的距离徙动效应：合成孔径中的斜距变化会导致方位向时间内各位置的不连续，同时也使得在快时间参考帧内后向散射回波位置发生变化。因此，为了推导点目标的相位历史，就需要沿着抛物线包络跟踪 sinc 函数的峰值。总体的距离漂移称为距离走动（见图 6），而距离变化曲线则依赖于抛物线［式（10）］的二次项。通过图 7 可以确定目前被接受的简单几何模型，当目标在天线视轴上且平台速度垂直于视线时，多普

勒带宽以零多普勒中心频率为轴分布于两侧。显然，平台高度和速度以及合成孔径雷达指向角度的变化都会影响多普勒带宽和距离徙动。特别的，对于星载合成孔径雷达，为了推导多普勒历史还需要考虑地球旋转。同时，多普勒中心频率也不总是零，多普勒频率变化率也不一定呈线性，距离徙动曲线也可能相当复杂，从而需要精巧而特别的处理——通常这称为运动补偿。星载合成孔径雷达会频繁地进行偏航转向机动，也就是说会在一个给定角度的局部垂直方向周围作周期旋转，该角度由地球切向速度与航天器轨道速度的比值确定。这样做有两个好处：使得合成孔径雷达天线对准航天器-地面的相对垂直方向成为可能，因此多普勒中心频率几乎为零；同时，可以使天线与太阳能电池板与相对速度平行，因此可以降低大气阻力，从而增加任务寿命或减少轨道调整的次数。

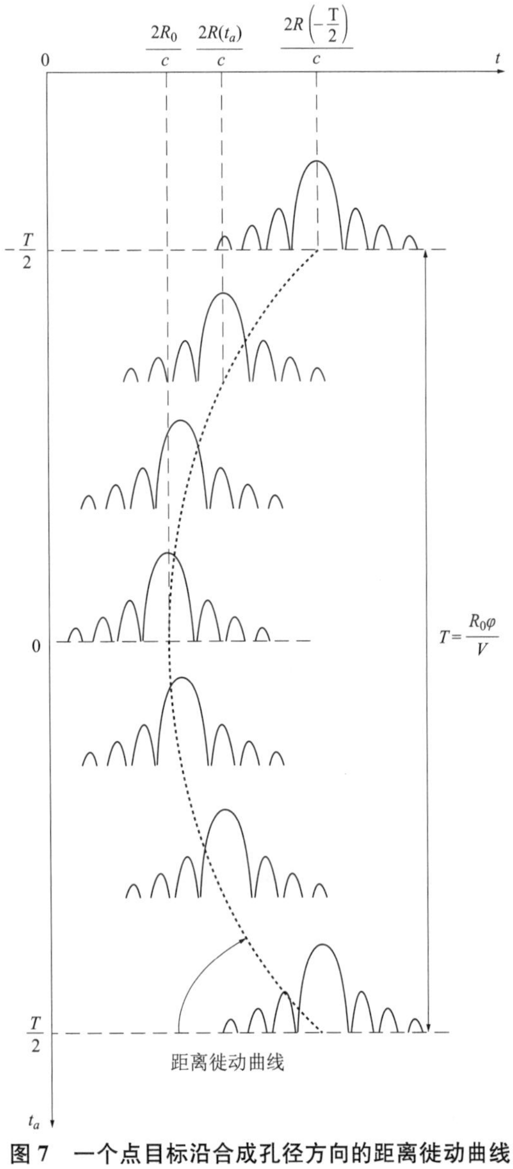

图7　一个点目标沿合成孔径方向的距离徙动曲线

基本上，在任何情况下，方位向压缩都需要二维分析，也可能通过采用一些近似算法与距离向压缩同时进行（Richards，2005）。

在经过合成孔径雷达聚焦以后，每一个地面目标都会被表示为一个二维 sinc 函数与一个复指数的乘积，其中 sinc 函数的宽度（−3dB 衰减）依赖于斜距和方位向分辨率，而复指数包含一个复数地面后向散射系数和一个依赖于距离的相位项，即

$$\exp\left\{-2\mathrm{j}\pi\frac{2R_0}{\lambda}\right\} \tag{15}$$

换句话说，就是式（8）的二维扩展。考虑一个吸收背景下的单个点目标，则可以推导出表示合成孔径雷达冲击响应的点扩展函数。正确的合成孔径雷达聚焦是使得目标处于一个与综合孔径一样大的天线的视轴上，并由 Chirp 带宽定义的短脉冲进行照射。在线性和空时不变系统的假设下，合成孔径雷达的图像被看作这些回波的总和。地面图像像素由一个相量与一个复指数［式（15）］的乘积表示，其中相量由单元内所有独立散射体的回波聚焦得到，而复指数为一个依赖于像素-雷达距离的特殊相位项。很多散射体的回波相干地叠加在一起会产生相干斑（Ulaby，Moore 和 Fung，1982），这在雷达和激光散射中很常见，主要是由相对于波长而言的粗糙表面导致的。

到目前为止，人们都认为天线波束宽度在航空航天平台上是严格固定的，这也是合成孔径雷达最常见的工作环境。但是，可以想象一部沿航迹方向的可旋转天线，那么就需要在接近目标时预测照射区域，在离开时延迟目标丢失的时间。这种技术称为聚束模式，其在机械旋转和电扫描天线中都有着成功的应用。随着相干积累时间的增加，增加合成天线孔径、扩展多普勒带宽成为可能，从而对于特定目标，可以用连续覆盖为代价，极大地提升方位向分辨率，这对一些搜索和探测应用是非常有益的。

合成孔径雷达可以利用多普勒带宽提高分辨率，因此这种雷达技术可以与 Carl A. Wiley 在 1951 年发明的多普勒波束锐化方法（Wiley，1985）相结合。今天，合成孔径雷达（或者说聚焦合成孔径雷达）的概念被很多技术文献广泛接受，以此凸显利用合成天线来获得与一个非常巨大的实天线（长度由 VT 给出，对于航天器，其典型值为 3～7 km，而飞机则为 60～100 m，因此可以由单个航空航天系统实现，这即使在考虑多平台飞行信息的情况下也是很难想象的）类似特性的创造性。这完全归功于

信号聚焦由频率调制信号的匹配滤波实现的处理步骤。需要指出的是，聚焦这一概念也被称为脉冲压缩，是从光学领域引入的。事实上，早期的合成孔径雷达系统也都是光学的，合成孔径雷达的方位向压缩就是对电磁辐射进行的一种类似光学聚焦的相干处理步骤。只是这些电磁辐射来自不同的路径并同时聚焦到一个点上。但在今天，数字合成孔径处理技术被广泛采用（Cumming 和 Wong，2005；参见第 5 卷第 245 章）。

模　糊

式（14）表明，采用尽可能小的实天线可以提高综合孔径的分辨率。但这一结论需要进一步讨论。首先需要指出的是脉冲重复频率是对多普勒带宽的采样频率，因此对于给出的简化几何模型，其多普勒带宽以零多普勒中心频率为中心（见图 8），需要满足的奈奎斯特采样定律为

$$\mathrm{PRF}>2f_D\left(-\frac{T}{2}\right)=B_D\approx\frac{2V}{l} \tag{16}$$

同时，由于有天线俯仰角所定义的合成孔径雷达俯仰向扫描宽度的影响，会形成位于“近距（Near Range，NR）”和“远距（Far Range，FR）”之间的地面照射区，这就需要防止在“远距”上的第 n 次回波与“近距”上的第$n+1$次回波产生模糊（见图 9），即

$$\frac{2(R_{\mathrm{FR}}-R_{\mathrm{NR}})}{c}<\frac{1}{\mathrm{PRF}}=\mathrm{PRI} \tag{17}$$

重写式（16）和式（17），可得

$$\frac{c}{2(R_{\mathrm{FR}}-R_{\mathrm{NR}})}>\frac{2V}{l} \tag{18}$$

由图 8 和式（2）可以推导得出：

$$R_{\mathrm{FR}}-R_{\mathrm{NR}}\approx R_0\beta\tan\theta\approx\frac{R_0\lambda}{d}\tan\theta \tag{19}$$

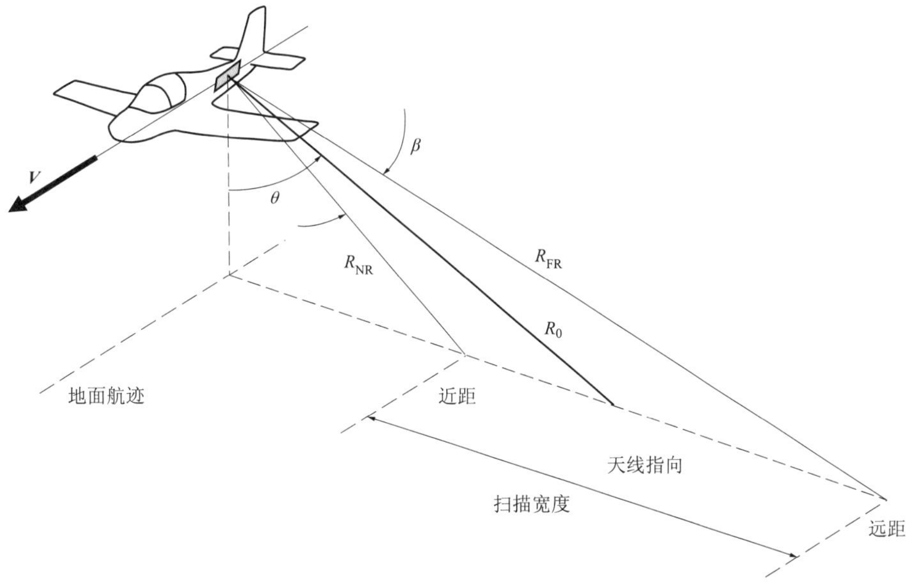

图 8　研究合成孔径雷达模糊的合成孔径雷达的俯仰向孔径、扫描宽度和基本几何模型

对于矩形天线孔径，则需要满足下列不等式：

$$ld>\frac{4VR_0\lambda}{c}\tan\theta \tag{20}$$

以避免产生模糊。很容易验证，对于星载合成孔径雷达天线，需要平方米量级的天线面积，而对于机载系统则需要几分之一平方米的天线面积。另外，需要重新指出的是，如雷达方程所述，雷达也需要大型天线来增强其收集反射能量的能力（Ulaby，Moore 和 Fung，182；参见第 5 卷第 243 章）。

为了使图 9 和相关计算简单明了，可以假设：

$$\frac{2(R_{\mathrm{FR}}-R_{\mathrm{NR}})}{c}\gg\frac{1}{B} \tag{21}$$

这样就无须在“远距”回波的末尾增加 Chirp 信号的长度，为了增强合成孔径雷达雷达的覆盖能力和可重现性，经常需要相对大的扫描宽度。例如，对于机载合成孔径雷达典型的扫描范围为 2～20 km，星载合成孔径雷达则为 10～100 km。但考虑到 SAR 应用中数据率这样一个非常迫切的“瓶颈”问题，更好的分辨率往往意味着更小的扫描宽度。

图 8 显示了影响距离分辨率的因素。虽然斜距分辨率不随俯仰角变化，但由于式（7）所述的独特几何投影，地面距离分辨率是从“近距”到“远距”而增强的。因此，可以得到一个推论，一幅依赖距离的雷达图像其几何失真是可以计算和补偿的。关于方位向分辨率，假设在整个俯仰角范围内

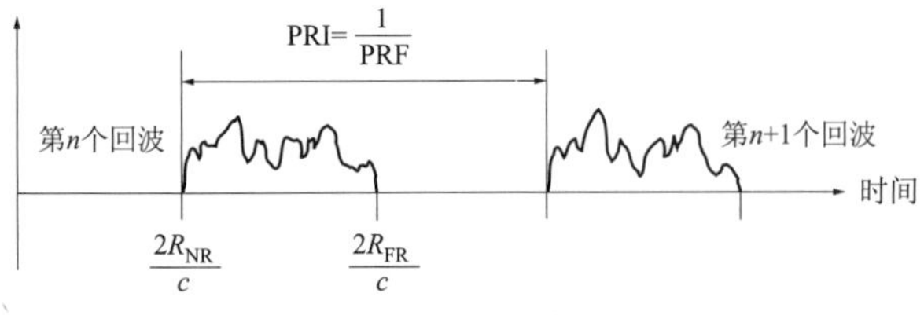

图 9 两个沿合成孔径成功地面回波的定性时域图

沿航迹方向天线孔径不变，则孔径的地面投影随距离而增加，因此在“远距”产生的综合孔径要大于“近距”的。

5 多基址结构

在合成孔径雷达中使用多基址结构，就是使用分离放置的单个或多个发射和接收天线，利用合成孔径雷达的相位测量能力，基于聚焦图像的相干融合来扩展其应用范围。为简便起见，在下文中将介绍两种研究和实验最为广泛的结构。这两种结构都是使两个天线在一个相对短的相互距离上沿同一基线飞行。在下一节，将给出一些未来发展的想法。

参考图 10，考虑两个沿平行轨迹运动的天线，无姿态扰动，有相同的恒定速度和高度，水平分布在一个不变跨航迹基线 B_y 上。假设其中一个天线工作在发射/接收（Tx/Rx）模式，而另一个工作在只接收（Rx-only）模式，就可能同时构建两幅合成孔径雷达的图像。图 10 表示了共同俯仰角平面上一个高度为 h 的点。假设基线相对于天线的高度可以忽略，则可以进一步简化：

（1）两个天线间斜距的视线 R' 和 R'' 与点对于参考基准的地面目标高度 h 可以认为是平行的（假设与平面波近似有关）。

（2）由两天线间的角度间隔而产生的地面后向散射特性的差异是可以忽略的。正如前面指出的，每个向量为一个采样单元内所有表面散射体回波的总和。特别的，对于自然扩展目标，地面会随照射角度的变化表现出不同的统计特性（基线解相关）。

（3）两幅合成孔径雷达的图像间存在可以忽略的几何学和辐射测量方面的差异。因此，可以基于图像自相关，用一个小像素碎片顺序的误差来进行图像间的注册过程。在这一过程中，也可以使用平台运动信息。

根据已有的模型假设，两幅图像中相同地面区域所对应的像素只在相位上有不同，而两点到飞行器的距离则可以由式（15）计算。特别的，通过用发射/接收天线 $[-2\pi(2R'/\lambda)]$ 和只收天线 $[-2\pi((R'+R'')/\lambda)]$ 之间的相位差来计算干涉相位，可以将干涉相位与合成孔径雷达观测的天底偏角联系起来：

$$\Phi=\frac{2\pi}{\lambda}(R''-R')=\frac{2\pi}{\lambda}B_y\sin\theta \tag{22}$$

以此就可以从相位以及可测量的几何变量出发推导地面高度为

$$h=H-R'\cos\theta \tag{23}$$

这一操作是对两幅注册过的复图像进行相干处理（用一幅图像与另一幅的复共轭相乘来构建干涉图），这样可以消除每个相量中共同的后向散射相位项，而只保留与路程差成比例的相位项。

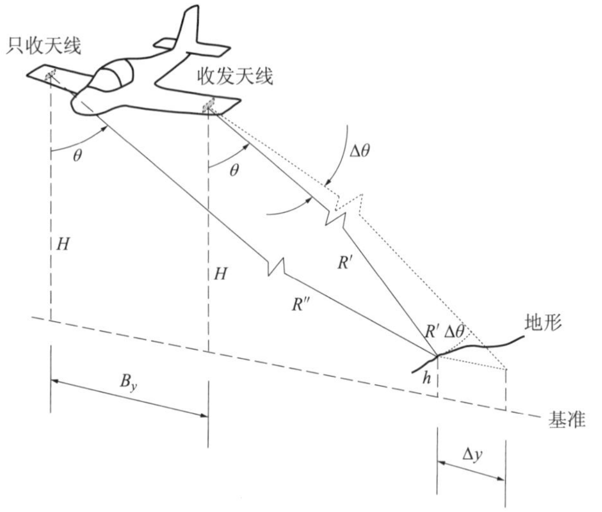

图 10 跨航迹干涉合成孔径雷达的基本几何模型

实线斜距表示高度俯仰角，虚线表示以入射角为变量的相位变化函数。

上述技术称为跨航迹干涉合成孔径雷达，在 1974 年首先由 Graham 采用一部机载合成孔径雷达干涉仪应用于地球观测。从那以后，依靠诸多星载和机载平台的高分辨率/高清度成像应用，如地形测绘、测地学以及防灾等（Rosen 等，2000），该技术得到了充分验证，成为一种能够在部分辐射波长上工作的技术，并且可以与 DGPS 等地基测量系统有效融合。但是，必须指出的是，要使得跨航迹干涉合成孔径雷达技术成为一种实用的工具，还有一些关键问题需要解决。首先，考虑单天线干涉合成孔径雷达，由式（2）可以推导得出其角度孔径。同时，由于只对良好的角度和高度辨别感兴趣，需要假设 $\lambda/B_y\leqslant1$，则式（22）可以写成：

$$\Phi=\frac{2\pi}{\lambda}B_y\sin\theta\gg2\pi \tag{24}$$

换句话来说，基线的斜距分量远大于波长，但是众所周知，一个复数的相位位于［0，2π］区间内，被称为“包裹相位”。这一相位已经由干涉图获得，但其并不是被称为绝对相位的 Φ。因此，需要进行相位展开，以此来恢复关于波长的大整数，从而消除相位模糊并计算 Φ。可以有若干种方法实现上述处理，这些方法都需要精确的高度信息和图像中指定点的地面位置以作为基准点（地面控制点），人造角反射器或自然亮散射点都可以用于该任务。

一般而言，更长的基线意味着一部更加敏感的干涉仪，而高度测量也会变得更精确。但是基线长度的增加也存在一个与相位位于［0，2π］区间有关的限制因素。为了有效地实现相位展开以及精确地获得跨航迹方向的俯仰角，就需要邻近像素的干涉相位差小于 2π，否则就无法恢复整数倍的波长，高度计算也就无法实现。由于天底偏角的影响（甚至在恒定地面海拔的情况下），更长的基线就意味着在跨航迹方向上具有更快的相位变化。事实上，由式（22）可以计算与两点间的干涉相位差相对应的天底偏角间隔 $\Delta\theta$ 和图 10 中的点线。假设 $\Delta\theta \leqslant \theta$，则

$$\Delta\theta=\frac{\lambda}{B_y\cos\theta} \tag{25}$$

因此该相位变化所对应的地面距离为

$$\Delta y=\frac{R'\Delta\theta}{\cos\theta}=\frac{R'\lambda}{B_y\cos^2\theta} \tag{26}$$

需要通过考虑地面距离分辨率以及地形等因素对该参数进行选择，以实现平滑的相位展开。

适用于精确地形分析的基线选择依赖于图像质量，而图像质量与相位噪声以及地面斜率有关（基本上就是邻近分辨单元间的海拔变化），这个问题显然超出了本章的目标。但是需要指出的是，可以根据期望的海拔测量精度，以辐射波长和干涉处理的函数的形式，定义一个最优的基线长度。例如，从 λ 为 1 cm 量级的 Ka 波段直到前面提到的 L 波段，垂直于视线方向（$B_y\cos\theta$）的基线分量的幅度为 $10^1\sim10^3$ m 量级。同时，在需要定量分析的应用环境中，基线测量的精度也是一个重要的问题：对于星载干涉合成孔径雷达，厘米级的基线矢量估计精度大致对应于米级精度的海拔估计绝对误差。

需要指出的是，如果引入适当的数学工具，上述分析中的一些简化假设是可以去除的。例如：

（1）如果存在三个基线分量或者航迹更加复杂，则需要由式（22）计算基线的最终斜距分量。在这种情况下，需要更复杂的图像处理过程以处理不同的几何投影问题。

（2）如果两个天线在空间平台上，则需要在海拔计算过程中考虑地球曲率的影响。

（3）如果两个天线是独立工作的，即每个天线都进行收/发，则需要将式（22）中的因子 2 改为因子 4。

只要可以获得足够的间隔，两个天线可以安装在统一的航空航天平台上，否则就需要两个独立的平台。对于后者，两个天线也可以不同时工作（用重复轨道干涉代替目前提到的单轨道干涉），这么做在逻辑上有一些优点，例如：单个平台可以以适当的轨道重复覆盖一个宽广区域，虽然这么做会带来基线测量方面的问题，主要是地面散射特性的变化（时域解相关）会使数据质量严重下降。

作为一种特殊情况，沿航迹的重轨干涉合成孔径雷达可以应用于视场内的动目标检测以及测量目标沿视线的速度。假设两个合成孔径雷达天线沿相同轨迹运行，二者间存在一个较短的时间间隔，称为时滞，则两幅图像具有相同的几何结构，因此，在固定场景下，两幅注册图像的对应像素具有相同相位。另一方面，也可以利用相同目标聚焦回波的相位差来计算径向速度（目标速度的视线分量）v_R（见图 11）：

$$\Phi=\frac{4\pi}{\lambda}\left[R\left(\frac{B_x}{V}\right)-R(0)\right]=\frac{4\pi}{\lambda}\cdot\frac{B_x}{V}v_R \tag{27}$$

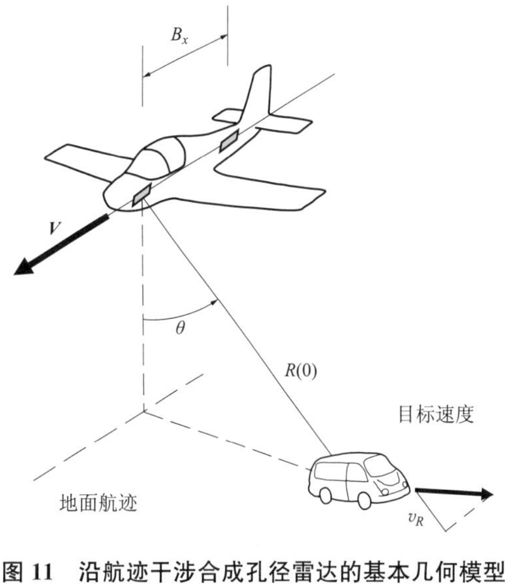

图 11 沿航迹干涉合成孔径雷达的基本几何模型

需要指出的是，为了避免对应相量间的相位差大于 2π，从而导致其不可测，可测量的速度是有限的。同时，快速目标需要非常短的沿航迹基线 B_x，故在临界情况下，相同天线可能分裂产生多个相位

中心。假设沿航迹基线为 20～40 m 量级，则随着选择波长的变化，星载系统能够检测的最大径向速度为 6～24 m/s，而对于机载系统，其 5～10 m 量级基线的最大可测速度 v_R 为 1～3 m/s 量级。

另外，如果时滞大幅增加，则可能改变能够观测现象的时间尺度。这是差分干涉合成孔径雷达的基础，即通过多次重复通过轨道，轨道间由适当的时域和空域基线隔开，就能够侦察和测量由地震、火山运动或沉降等所导致的以波长为尺度、较为细微的地壳变化。

6 未来的发展

可以预测，未来的合成孔径雷达系统将有很大可能采用由一组以一定结构工作的天线（参见第 5 卷第 236 章和第 260 章）协同测量同一地理位置的模式。大致上来说，不同于用具有足够大带宽的单个天线照射沿航迹方向上的指定目标从而形成合成孔径的传统模式，可以想象使用一系列相互独立且完全分开的不同天线同时指向同一目标，则可以形成一个分布式（或多基址）的合成孔径。尽管协同使用更多的系统会带来一些关键的技术问题，例如精确时间同步、收发天线间的指向以及精确测量和控制天线间的相对间隔等，但研究者们还是提出了很多新的想法（Cherniakov，2008），并使之在民用和军事领域得到了广泛的应用。

为简单起见，根据天线间基线的大小，其结构大致可以分为两类：密集结构和松散结构。对于前者，可以想象就是一组聚集在一起的发射和/或接收天线，因此需要更严格的控制。由于这种模式将合成孔径雷达的功能分配到若干较小的单元上，这就为获得分辨率、收发信号能力、操作鲁棒性、可靠性和持续性以及可能的重构特性等方面的优势提供了可能。为了实现天线波束宽度的协作指向和操作，人们开发出一些特殊技术并进行了概念验证。

对于长基线合成孔径雷达结构，它必然导致观测视角的巨大差异，从而产生与人造以及自然目标的后向散射特性有关的“多角度”数据，因此具有更好的辨别和分类能力。对于这类方法的探索是非常有益的，当然人们对此的认识还不算深入。例如，在搜索和动目标检测应用中，开发具有对单基地照射具有隐身能力的技术是相对可以承受的，而此时其他方向的回波则很难减小。而且，通过多角度观测，可以利用多普勒和距离测量获得多个速度分量。基于上述思路，人们提出了若干种结构并成功进行了实验。在这些结构中，既有或多或少采用类似合成孔径雷达天线分离飞行的系统（机载和星载），也有采用了大型发射天线（通常为星载）和分布式简单接收机（机载、星载或地基）的混合系统。

近年来，基于外部辐射源构建多基址系统（这种想法已经存在）和独立工作微波源的思路，出现了一种被称为寄生式合成孔径雷达的新型系统。由于这类系统具有较长的相干积累时间［特别是在具有稳定的平台间通信（见第 5 卷第 252 章）或导航星座（见第 5 卷第 261 章）的情况下］，尽管发射机需要针对不同应用设计，但具有足够强度的自由信号却可以由低成本被动接收机所接收，从而能够实现中等的分辨率和受约束的观测几何结构。尽管这种混合技术被成功开发，但对这样一种融合了无线导航和高分辨率微波遥感的多平台系统仍然需要继续研究。

总之，需要指出的是，要充分利用这些新的多基址结构，就要求同时采用原有的处理方法和数据融合算法，从而处理复杂几何结构上的合成孔径雷达数据以实现新的民用和军事应用。

术　语

CR	角反射器
DGPS	差分全球定位系统
FR	远距
GPS	全球定位系统
NR	近距
PRF	脉冲重复频率
PRI	脉冲重复间隔
RAR	实孔径雷达
Rx-only	只接收模式
SAR	合成孔径雷达
Tx/Rx	发射/接收模式
Δa	SAR 方位向分辨率
Δa_{RAR}	RAR 方位向分辨率
Δr	斜距分辨率
Δr_g	地面距离分辨率
Δy	地面距离间隔
B	Chirp 信号带宽
B_D	多普勒带宽
B_x	基线的沿航迹分量

B_y	基线的跨航迹分量
c	光速
d	俯仰向上的天线长度
f_0	载波频率
f_D	多普勒频率
h	地面高度
H	天线高度
l	方位向上的天线长度
R	斜距
R'	目标与收/发天线间的斜距
R''	目标与只收天线间的斜距
R_0	视线上的斜距
R_1	点目标 1 的斜距
R_2	点目标 2 的斜距
R_{NR}	近距离
R_{FR}	远距离
t	距离时间
T	合成孔径的持续时间
t_a	方位向时间
$\mathbf{V}$	天线的速度矢量
v_R	目标速度的视线分量
β	天线波束宽度的俯仰孔径角
λ	辐射波长
θ	入射角
φ	天线波束宽度的沿航迹方向（方位向）的孔径角
Φ	绝对干涉相位
τ	脉冲持续时间

相关章节

第 5 卷，第 228 章
第 5 卷，第 236 章
第 5 卷，第 242 章
第 5 卷，第 243 章
第 5 卷，第 244 章
第 5 卷，第 245 章
第 5 卷，第 248 章
第 5 卷，第 252 章
第 5 卷，第 260 章
第 5 卷，第 261 章

参考文献

Barber，B.C.（1985）Theory of digital imaging from orbital synthetic-aperture radar. *Int. J. Remote Sensing*，**6**，1009—1057.

Cherniakov，M.（ed.）（2008）*Bistatic Radar：Emerging Technology*，John Wiley & Sons Ltd，Chichester，England.

Cumming，I. G. and Wong，F. H.（2005）*Digital Processing of Synthetic Aperture Radar Data：Algorithms and Implementation*，Artech House Remote Sensing Library，Boston，MA.

Curlander，J. C. and McDonough，R. N.（1991）*Synthetic Aperture Radar Systems & Signal Processing*，*Wiley Series in Remote Sensing*，John Wiley & Sons，Inc.，New York.

Graham，L.C.（1974）Synthetic interferometer radar for topographic mapping. *Proc. IEEE*，**62**，763—768.

Henderson，F. M. and Lewis，A. L.（1998）Principles and applications of imaging radar，in *ASPRS Manual of Remote Sensing*（ed. Reyerson R. A.）3rd edn，vol. 2，Wiley Interscience，New York.

Richards，M. A.（2005）*Fundamentals of Radar Signal Processing*，McGraw-Hill Professional，Electronic Engineering，New York.

Rosen，P. A.，Hensley，S.，Joughin，I. R.，Li，F. K.，Madsen，S. N.，Rodriguez，E. and Goldstein，R. M.（2000）Synthetic aperture radar interferometry. *Proc. IEEE*，**88**，333—382.

Ulaby，F. T.，Moore，R. K. and Fung，A. K.（1982）*Microwave remote sensing：Active and Passive*，*Vol. II-Radar Remote Sensing and Surface Scattering and Emission Theory*，Addison-Wesley，Advanced Book Program，Reading，Massachusetts.

Wiley，C. A.（1985）Synthetic Aperture Radar，a paradigm for technology evolution. *IEEE Trans. AES*，**21**，440—443.

本章译者：潘捷，周建江（南京航空航天大学电子信息工程学院）

第 247 章

导弹雷达导引头

Chris J. Baker，Anthony Zyweck
澳大利亚国立大学电子与计算机科学学院，堪培拉，首都地区，澳大利亚

1　现代雷达制导导弹的特征

现代武器系统在制导技术方面的选择很多（参见第5卷第229章）。全球定位系统（Global Positioning System，GPS）以及低成本精确惯性导航传感器的出现，极大地提高了现代武器系统的制导能力。GPS辅助惯性导航系统对于制导预定的固定目标或未移动目标是非常有效的。对于可重新部署目标也可以采用这类制导模式，因为武器系统可以在飞行过程中更新目标位置。现代导航/制导系统从位置（如加速度计）和姿态（如陀螺仪）传感器、GPS传感器或其他来源获得输入信息。尽管现代导引头仍然使用导航系统辅助，但它们的主要功能已经是目标的运动状态估计。

对于制导运动目标，末端导引头是最有效的。目标的运动状态估计既可能很复杂，如目标运动状态的完全估计，也可能很简单，如相对于导弹速度矢量指向目标的视线（Line Of Sight，LOS）。

早期的射频（Radio Frequency，RF）导弹一般采用半主动制导，而更现代化的导弹则倾向于采用弹载主动末端制导。但也存在一些小众应用，如采用半主动结构提供附加的发射功率孔径，以此来提升照射重要目标的功率密度。但是，也没有特别的理由说明为什么导弹不能同时使用半主动和主动制导模式。导弹采用主动导引头的优势在于在末端制导阶段不需要外部的火控支持，这样在海空防御作战中，就可以将外部火控资源应用于其他任务，而且可以使火控支持“离开现场”，从而增加在空对空作战中的生存能力。

由于主动导引头的功率孔径（Power - Aperture，PA）有限，因此将导弹的飞行过程分为中段制导和末端制导两个部分。同时，导弹还可以分为发射后锁定（Lock-on After Launch，LOAL）模式和发射前锁定（Lock-on Before Launch，LOBL）模式，后者被广泛应用于红外制导导弹。发射后锁定的概念也不局限于射频导弹，事实上，使所有的精确制导武器通过数据链得到飞行中目标更新（In - Flight Target Updates，IFTU）的能力是一个有力的发展趋势。通过采用IFTU技术，导弹可以在中段制导过程中获取足够的信息，因此导引头无须在发射前锁定目标。

现代射频导弹的典型特性如图1所示。其关键特性在于在末端寻的和中段制导中通过数据链实现IFTU辅助。

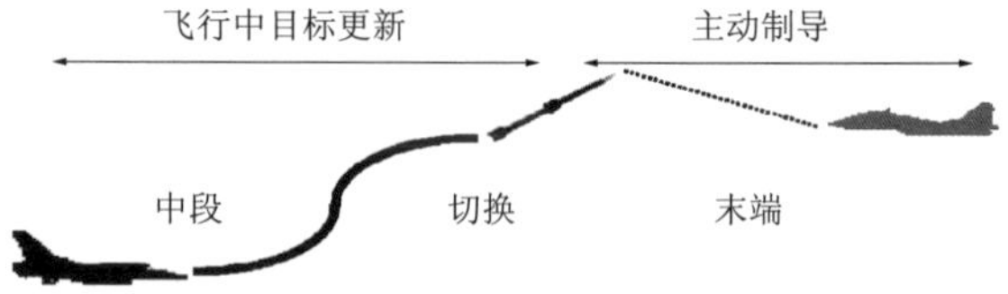

图1　现代射频导弹的典型特性

1.1　中段制导

定义中段制导的标准是其不需要末端导引头提供制导所需的目标运动状态信息。从某种意义上来说，这种导弹制导方式是开环的，因为此时导弹不需要通过射频导引头感知目标的运动状态。中段制导通常都采用由某些惯性传感器组成的惯性导航系统。惯性传感器的原始输入信息通过惯性测量单元（Inertial Measurement Unit，IMU）进行处理，来

提供导弹的位置、姿态及其衍生信息。对于导弹自身位置的估计可以用GPS广播信号等其他信息源进行增强。而中段制导中目标运动状态的估计可以采用最近已知目标位置外推这种简单的方法，也可以用通过数据链接收连续IFTU的复杂一些的解决方案。

1.2 自动末端制导

导弹的末端导引头可以是传统的主动射频导引头、被动射频寻的导引头，也可以是两种导引头的结合。末端制导是一个闭环过程，从导引头获取的信息被直接应用于制导系统以计算其拦截过程。对于基本的目标拦截制导，需要达到的主要目标是获取相对于导弹速度到目标的视线方向。更精巧的制导算法可能要求目标运动状态的额外信息，例如目标正交于视线的角速度或者导弹到目标的距离。

末端导引头估计目标视线的精度和更新率是决定导引头目标拦截脱靶量的主要因素。

1.3 中段制导到自动末端制导的目标切换

从中段制导（开环）到自动末端制导（闭环）的过渡过程称为“切换”。而成功“切换”的一个关键步骤就是导引头对目标的搜索和捕获过程。对于目标搜索和捕获过程的细致讨论超出了本章的范围，但可以立即指出的是，目标运动状态的初始确定度越高，则目标搜索和捕获过程就越简单、越容易成功。对于接收IFTU信息的导弹，末端搜索和捕获过程是提示搜索，这是由于此时人们已知目标的运动状态具有有界的不确定性。

2 射频导引头的任务

2.1 射频导引头和机载截击雷达功能的主要区别

导弹导引头和机载截击（Airborne Intercept，AI）雷达跟踪目标的目的是不同的。AI雷达跟踪目标的原因很多，但最常见的是保持态势感知和提供火控解决方案。本书第5卷第243章给出了基本的雷达理论，Stimson（1998）对现代截击雷达作了很好的介绍。导弹导引头的任务是跟踪潜在的可能截获目标。对于导引头来说，跟踪一个不因为导弹逼近而进行机动的目标是没有什么意义的，但也有例外，有时需要估计和跟踪射频干扰源以减轻其负面影响。同时，导引头在目标截获方面也存在一些物理和时间上的约束：

（1）导弹搜索覆盖的关注区（Field Of Regard，FOR）在角度上要小于AI雷达。

（2）导弹搜索一个目标角度所花费的时间要小于AI雷达。

（3）导弹通常不会大范围地跟踪分布在宽大角度内的多个目标。

（4）导弹跟踪的目标数目没有AI雷达那么多，因为AI雷达需要同时完成态势感知和火控任务。

由于以上所述的这些因素的影响，与AI雷达相比，导弹导引头对波束指向捷变能力的需求有所降低。而波束指向捷变能力是使用电扫描阵列（Electronically Steered Array，ESA）的主要优点之一。

2.2 闭环制导导引头

射频导引头的目的在于向导弹提供信息以实现对预定目标的闭环制导。导弹制导系统的类型决定了射频导引头所需要提供的信息。对于一个简单的追踪导引系统，就需要导引头提供相对于导弹速度与当前到目标的视线角度。而对于基于比例导航的制导系统，视线及其衍生信息则是最起码的信息需求。更复杂的制导系统可能需要到目标的距离、目标运动状态其他分量的精确估计以及导弹本身的附属信息（例如燃料存量）等数据的支持。

现代导弹射频导引头通常整合了其他传感器系统，从而利用附加信息增强惯性以及基于卫星的导航系统的性能。需要指出的是，导引头提供的是导引头坐标系目标信息，这一坐标系是与天线坐标系相联系的。导引头所看到的“图像”受到自身运动等因素的影响，需要对其进行滤除以实现单纯目标信息的估计。对于一些简单的制导算法，如追踪制导等，就不需要对目标与导弹的诱导运动进行分离，因为一旦导弹的速度矢量指向目标，只要导弹能够追上目标，则最终必然可以实现对目标的拦截。

2.3 半主动导引头

从20世纪50年代出现第一部半主动导引头开始，半主动导引头在射频导引头中占有统治性地位已经超过60年了。在一些应用中，采用半主动模式工作的射频导引头仍然是理想的选择。相对于更加昂贵和复杂的主动导引头而言，半主动导引头提供了一种相对简单而低成本的解决方案。在某些应用场合，需要通过半主动雷达照射来提供附加的发生功率。

2.4 反辐射寻的导引头

反辐射寻的（Anti - Radiation Homing，ARH）导弹是被设计用来攻击敌方雷达、通信系统等辐射源的。ARH 导引头必须能够截获、检测、分选和识别观测目标所发出的信号。专用 ARH 导弹已经服役好几十年，而新一代的专用武器系统也在开发中。尽管没有实质性的理由表明 ARH 与其他传统功能不能共存，但专用 ARH 导引头和传统导引头还是有一些关键性的区别的，如下所述：

（1）被动与主动模式的区别：ARH 导引头都是不发射电磁波的。

（2）ARH 导引头通常都具有大得多的工作频率范围和更宽的瞬时频率覆盖能力，这样可以增加信号的截获概率。

（3）ARH 导引头能够处理连续波（Continuous Wave，CW）和脉冲信号。

（4）ARH 导引头需要知道其攻击目标辐射信号的指定特性，从而增强其从其他信号中搜索、检测和分选期望信号的能力。

3 射频导引头主要功能的评价指标

为了开发新的雷达系统或与已有系统进行比较，需要进行系统级折中，此时雷达的功率孔径积经常被提及。众所周知，功率孔径积是在某些要求（如搜索范围、搜索帧时间、目标雷达散射截面面积、作用距离等）确定的情况下衡量雷达搜索能力的一种有效性能指标或者标准。事实上，由于功率孔径积指标得到了广泛认可，在美国与苏联的《反弹道导弹条约》中也包括了 300 W/m^2 的雷达指标限制。关于其他雷达功能，如跟踪、火控等的性能指标还没有公开，尽管它们很早以前已为人所知。最近，Jaska（2005）的论文对相关的指标及其衍生指标作了一个简便且容易接受的说明。对于在相同发射和接收孔径假设下的性能指标，将在导弹导引头设计的部分作简要介绍。

3.1 范围搜索

在搜索范围、搜索帧时间、目标 RCS 以及作用距离给定的情况下，雷达的性能评价指标可以由功率孔径积给出，如式（1）所示：

$$\text{Volume search metric} \backsim PA \tag{1}$$

注意到，功率孔径积是与工作频率无关的，但其他一些雷达搜索距离方程中的关键因素，如大气衰减、目标 RCS 等，都依赖于雷达的工作频率。因为一般都可以通过其他途径得到目标位置的一些先验信息，因此具有良好导航系统的现代导引头通常只会搜索一个非常有限的范围。早期导引头的搜索范围会宽得多，这样才能补偿由较差的导弹导航系统而导致的目标（相对）位置不确定性。时至今日，尽管功率孔径积依旧是衡量导引头性能的重要标准，但其他的衡量尺度，如下一节将要讨论的功率孔径增益（Power - Aperture - Gain，PAG），在现代导引头使用的问题上发挥着更加重要的作用。

3.2 提示目标捕获

所谓提示目标捕获，就是在已知相对于雷达坐标系目标运动状态先验估计范围的情况下，对目标进行的局部雷达搜索。提示目标捕获意味着天线波束可以直接指向目标，而无需要在角度范围内对目标进行搜索，这样做使得人们能够与通常的范围搜索相比更快地捕获目标，从而在实际应用中获得明显优势（Barton，2000）。由于在提示捕获中，目标存在的先验知识及其平均状态的估计范围已知，则雷达可以采用特殊设计的驻留策略进行目标捕获。因此，可以根据情况，精心选择雷达波形以及其他驻留特性以消除对未知目标进行标准范围搜索时产生的检测敏感性下降的问题。例如，通过提示目标捕获，可以在目标期望距离和多普勒频率的基础上为一个相关处理区间选择合适的脉冲重复频率、脉冲宽度，从而确保目标检测不会因为距离以及主瓣多普勒杂波而受到影响。如果波束指向机构能够提供连续的波束指向控制，则波束的峰值就可以准确地指向目标方向，这就与已确立的雷达目标跟踪过程一致。提示目标捕获的性能指标是 PAG，注意到孔径与波长 λ 有密切联系，可以表示为 $A=G\lambda^2$，则 PAG 如式（2）所示：

$$\text{Cued acquisition metric} \backsim PAG=\frac{PA^2}{\lambda^2} \tag{2}$$

因此，提示目标捕获一般而言是射频导引头的主要目标捕获模式。

3.3 跟 踪

所谓跟踪，就是基于给定的目标重访时间以及/或最大可用雷达资源，维持对目标运动状态优质且不断更新的估计。对于跟踪的具体讨论可参见本书第 5 卷第 251 章。跟踪的性能评价指标是 PAG，注意到孔径与波长 λ 有密切联系，可以表示为 $A=G\lambda^2$，则 PAG 如式（3）所示：

$$\text{Tacking metric} \backsim \text{PAG}=\frac{\text{PA}^2}{\lambda^2} \qquad (3)$$

注意到，对于固定的孔径，更高的工作频率可以增加增益和方向性，从而有利于提高跟踪性能。这就解释了为什么跟踪雷达通常工作在较高的频段。

3.4 火 控

火控的目的在于提供精确的目标运动状态的估计范围，从而使其能够被武器系统拦截或者击中。一个典型的火控要求可以描述为重访目标的间隔不超过某个特定的时间，还有一种典型的火控要求为目标运动状态的不确定性必须保持在一个指定范围内。为了成功地攻击目标，不管雷达有什么样的资源限制，都必须满足火控要求。但是雷达必须在必要的情况下适应目标欺骗或电子对抗的环境，因而这种不受限制的资源使用方式是与通常态势感知中的跟踪功能冲突的，此时对于雷达资源使用以及重访率等都存在一些约束。由于火控中需要使用大量雷达资源，通常雷达只专注于这一特定功能。

导引头是整个火控系统的前端，其为导弹制导系统提供精确的目标运动状态的估计范围。火控的性能评价指标是 PAG，注意到孔径与波长 λ 有密切联系，可以表示为 $A=G\lambda^2$，则 PAG 如式（4）所示：

$$\text{Fire control metric} \backsim \text{PAG}^4=\frac{\text{PA}^4}{\lambda^4} \qquad (4)$$

可以看出，PAG 的评分与波长的 4 次方成比例，这就解释了为什么几乎所有的火控雷达都工作在较高频段。

4 现代射频导引头的组成

4.1 引 言

本节对雷达导引头的主要组成部分作简要介绍。正如前面所讨论的，在很多应用场合都采用导引头提供目标拦截能力，也因此产生很多不同类型，采用不同方法和相应技术的导引头。为简便起见，只讨论主动相干雷达导引头，这可能是目前应用最为广泛的结构，也很自然地成为今天大多数预研项目的研究目标。

图 2 所示为一个雷达导引头的主要部件简要框图。其中第一个重要部件是天线。通常通过环行器与天线相连的是发射机/功放和射频接收机，这几个模块基于一个本地振荡器进行相干处理。发射机由一个低功率激励源驱动，在现代导引头中，其产生的信号通常由直接数字合成（Direct Digital Synthesis，DDS）模块产生。射频和中频（Intermediate Frequency，IF）接收机的后级通常连接数字化处理模块，由此产生的数字信号输入信号处理器。数据处理器在信号处理器后面，完成诸如计算目标相对于天线指向的目标位置，给天线伺服机构提供校正信号以使得天线指向尽可能接近目标，从而获得最优的角度敏感性。除此之外，导引头其他部件的接口和一些部件，如空调电源等，也需要被纳入紧凑封装的导引头中。

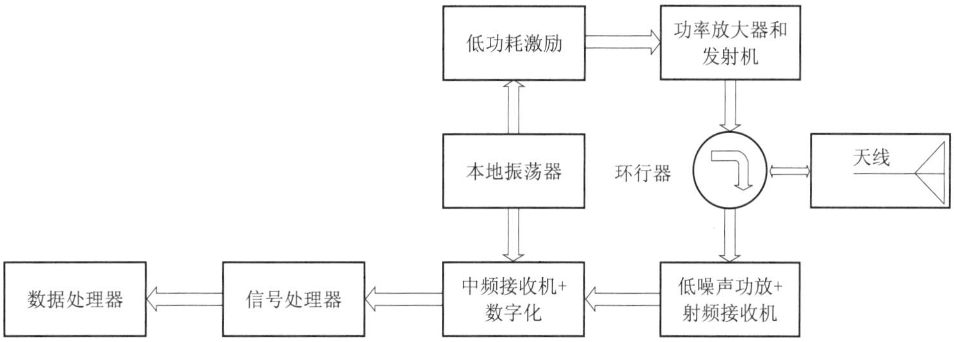

图 2　典型射频导引头组件框图

4.2　天线组件

天线通常安装在具有惯性稳定功能的万向架上，因此其指向和运动是能够控制的，与导弹的单体及其运动无关。天线需要一个合适的关注区以实现其设计功能。天线的关注区需要在导弹进行目标拦截时保持对选定目标的末端跟踪。天线的视场（Field Of View，FOV）则与导引头所要求的测角精度密切相关。同时，天线也应当能够滤除杂波和干扰。早期的天线倾向于抛物面设计这样的空间馈电，而一些新设计则能够很好地使用平面开槽波导设计等更加紧凑的馈电方式。空间馈电天线通常更加简单，而且能够提供更好的操作性以及瞬时带宽，因此在一些应用中，如 AGM－88 先进反辐射导弹（Advanced Anti－Radiation Guided Missile，AARGM），空间馈电曲面型天线仍然受到青睐。对于所有的机械旋转天线，其重量必须尽可能小，这样才能确保天线稳定机构能够作出合适的响应。天线的稳定机构通常相当复杂，而在一些最近的设计中，人们通过引入电子辅助技术来实现精确指向，并采用更便宜而低性能的姿态传感器和作用机构实现稳定。早期的天线由于其与机载截击雷达相比在增益和旁瓣方面不需要非常高标准的特殊要求，因此在设计上相对比较简单。而现代导引头天线主要由于其在敌对干扰环境下工作的需要，对天线设计提出了更苛刻的要求。

4.3　射频发射机

用于雷达导弹导引头的发射机类型繁多，但固态射频功率发生器还没有得到广泛应用，这可能是由于其与电子管功放相比，在效率方面存在不足。对于相干导引头结构，首先由一个主振荡器为参考产生一个低功率信号，并将其放大到高功率。而在接收时，该主振荡器也被用来作为相干解调的参考。也有一些更常见的相干发射机结构，如行波管和速调管放大器。

4.4　射频和中频处理

与有源电扫描阵列（Active Electronically Steered Array，AESA）在第一低噪声接收机后进行波束成形不同，导引头一般在第一低噪声接收机以前进行波束成形。通过射频处理，可以滤除带外干扰，也能够实现初步的或最终的波束成形或子阵划分。由于拦截目标的需要，导引头在其飞行期间具有非常宽（>80 dB）的接收功率电平动态范围，这就使得导引头需要具有良好的前端增益控制，同时也就需要相应的接收机过载保护。射频子系统可以提供包括单脉冲处理所需传统通道在内的若干种输出。起始步骤的接收机是非常重要的，通常决定了系统的噪声特性和总体敏感度。大多数接收机的增益通常由后级功放和滤波环节决定。

中频处理紧跟射频处理步骤进行，目的在于进一步去除无用信号，从而为以后的功放和分选步骤奠定基础。现代高速数字化器件的出现，使得以前许多由中频处理的功能改由数字处理进行。

4.5　数字化

模-数转换器（Analogue－to－Digital Converter，ADC）是现代导引头设计的重要组成部分。ADC 需要在动态范围、带宽（对高分辨率导引头才需要考虑）以及成本间进行折中。一个高稳定度的本地振荡器能够作为主参考源用于测量信号相干性（相对相位）。中频信号通常在经过一个外差式同相正交相位解调器以后进行数字化，而在现代系统中，则是在数字化后用希尔伯特变化进行数字解调。

4.6　信号和数据处理

现代雷达导引头的核心是信号和数据处理模块，这是导引头的“大脑”，决定了导引头和导弹如何应对感知到的信息。在导引头中包括越来越多的处理器成为一种趋势。信号处理器和数据处理器关键性的不同在于前者在编程上相对困难，功能相对狭窄，但数据量大、吞吐率高。而数据处理器则灵活一些，更易于编程，数据量小一些，但能完成更加复杂的顶层功能，吞吐率较低。由于现代计算机体系的发展，现在信号和数据处理功能也出现了一些模糊。因此，在工程应用中，越来越多地采用现成的商业处理单元，尽可能减少特制硬件成为一种趋势，除非性能或安全方面有要求才会有例外。此外，导引头所能承担的处理功耗也受到弹上环境空间有限的制约。

5　先进射频导引头的发展趋势

射频导引头的发展趋势与机载截击雷达类似。本节主要讨论能够应用于射频导引头的雷达的发展趋势。

与其他雷达一样，人们都希望导引头具有较低的天线旁瓣。低接收旁瓣能够滤除旁瓣杂波和非主瓣干扰。低发射旁瓣也有助于降低旁瓣杂波，更重要的是能够降低发射信号被敌方截获的概率。防止信号被截获是导引头电子防护（Electronic Protection，EP）的最佳方式之一。

由于在导弹接近以及拦截目标时，目标反射信号的强度会迅速增加，因此导弹导引头接收机需要具有很宽的工作动态范围。当需要在强干扰环境下检测小目标时，导引头还需要满足瞬时动态范围的要求。

武器系统采用如坐标导航、主动导引头以及ARH等多种制导信息源是一种趋势。已经有一些专用武器采用ARH传感器，也有一些导引头具有干扰寻的（Home - On - Jam，HOJ）能力。为了应对更加复杂的威胁环境，需要这些被动ARH导引头具有更宽的工作带宽。

对于要求高标准电子防护的导引头来说，波束指向捷变是很有用的，但波束形状捷变更加重要。无论是波束形状还是波束程序捷变都能够提升天线子系统的空间自由度（Degree Of Freedom，DOF）。无源电扫描阵列（Passive Electronically Steered Array，PESA）能够提供阵元级波束成形相位控制，但AESA可以通过提供相位和幅度控制实现更大的控制/捷变余度。对于应用于空对空、空对地等不同功能、不同方向图的天线，其空间自由度的增加将有助于抑制主瓣和旁瓣干扰，增强抗杂波能力，提高目标视线角的估计精度。需要指出的是，天线波束电扫描（波束指向捷变）的能力和天线所提供的空间自由度（波束形状捷变）不是一回事，尽管应用于电扫描阵列的技术通常都能很方便地用来提供天线的空间自由度。

5.1 导引头工作频率的提高

众所周知，对于火控系统应用来说频率越高越有利。前面的章节也解释过，这是由于火控系统的性能与频率的4次方成比例。更高的工作频率使得导引头能够在不增加瞬时带宽和中心频率比值的情况下获得更大的绝对瞬时带宽。同时，更高的工作频率也能够带来更大的工作带宽。大工作带宽会使得截获接收机的任务复杂化，因而有助于提升导引头的电子防护能力。同时，这也有助于提升对友方发射机和被动射频传感器的频率兼容性。

高工作频率能够在物理孔径固定的情况下增加有效电孔径的尺寸。大尺寸的电孔径能提升天线的增益和方向性，这对电扫描阵列的实现以及提供天线的空间自由度也是非常重要的。导引头的工作频率越高，实现导引头所需的器件尺寸和重量越小，这对导弹导引头来说实用价值尤其显著。

导弹技术发展的其他趋势也在支持高频率导引头的方向。导弹中段导航技术的进步以及通过IFTU获得的高质量外部提示，使得在导弹飞行中，中段制导与自动末端制导间可以更晚切换，这就为降低导弹导引头的捕获距离提供了可能。同时，使用AESA低截获概率（Low Probability of Intercept，LPI）雷达的低观测性（Low Observable，LO）平台使载机可以长时间地在导弹中段制导阶段提供高质量的提示信息。随着更加强大的发射后不管武器以及第三方目标指示与控制系统的发展，武器的成本和复杂度会进一步降低，而导引头通常在武器的成本和复杂度方面占有主要位置。

对于导弹导引头的应用，频率增加也会带来一些不利影响。首先，大气衰减会显著增加，特别是由降雨等体杂波引起的衰减更加严重。当前的技术限制也会给在高频率产生高平均功率带来困难。

如果能够获得无误差的理想中段提示，则导引头增益和方向性的提升会显著降低目标的捕获距离。在实际中，导弹的中段提示都是不理想的，由于很多因素的影响其总会有一定的误差。例如，在远距导弹应用中，导弹导航误差在整个切换误差中具有关键地位。采用GPS辅助惯性导航系统，就可以有效降低导航误差的影响，从而提供高频导引头所必需的紧切换框。

5.2 导引头瞬时带宽增加

一般来说，人们总是希望能够提高导引头在其主要的三个观测变量——角度、距离和多普勒——上的精确度和分辨率。本章讨论距离的导引头观测量。

随着现代射频导引头的发展，导引头的瞬时带宽不断增加。大的瞬时带宽通常与目标识别有关（见第5卷第248章），在当前的政治环境下，不太可能在没有首先明确地识别目标的情况下发射武器。能够想到的一个例外是空对地应用，此时武器系统指向一组目标，导引头会根据指定的目标特性（如履带式或轮式载具）选择指定的目标。

相对于滤除虚假目标和电子对抗这样的明显需求而言，确定目标的种类和飞行状态就显得不那么重要了。导弹导引头所需要实现的真正目标是提高对目标的选择性，也就是说，导弹必须正确地攻击选定的目标。因此，尽管目标识别并不是雷达导引头的主要功能，但大瞬时带宽依旧具有重要优势。

大瞬时带宽能够提升导引头的分辨力、识别率和精度。距离分辨率和识别率的提升对于目标选择性、抗杂波和电子防护非常重要。对于不同类型的目标和杂波，大瞬时带宽都能够提升在杂波环境下的信号检测敏感度。同时，采用大瞬时带宽，可以使分辨各独立的目标散射中心成为可能，从而减低目标的角闪烁和幅度闪烁。

非常重要的一点是，如果某个观测变量（如距离）的分辨率得到提升，就可以进一步对其他观测变量（如角度和多普勒）产生影响。使用大带宽获得的非运动学目标属性也能够通过航迹关联提升目标的测量性能。这种使用目标特征的方式称为特征辅助跟踪（Feature - Aided Tracking，FAT），采用这种技术也能够实现瞄准点选择。

5.3　导引头特征缩减

导弹在空对空作战中的有效射程与作战时间内目标的运动学行为密切相关。导弹攻击一个受约束目标的有效射程比攻击一个自由运动目标大上三倍也不是什么不寻常的事情。依据上述特性，产生了“cranking”“beaming”等空战战术，它们被称为战斗机飞行员的必备技能。为了实现最大的有效射程，就需要在导弹飞行过程中使受约束目标尽可能保持约束，也就是说使目标不要察觉导弹正试图进行拦截。

对于导弹来说，当其面向前半球时，主要的远距离特征是其 RCS。导弹的 RCS 通常来源于其导引头的天线。能够被控制的导引头射频发射机同样也是明显的特征源。在某些场景下，如航迹云等视觉特征也可能变得非常明显。

当导弹接近目标时，存在一个时间和距离范围，此时导弹距离目标足够近而使目标无法通过机动逃脱导弹的攻击。这一相对于目标的距离范围称为非逃逸区（No Escape Zone，NEZ）。当导弹位于非逃逸区内时，导弹逼近目标的信息并不能提升目标的生存能力。因此，对于远距离目标攻击任务，降低导弹及其导引头的特征就是最为重要的任务。

由于导弹导引头在远距离上可能并不能具有任何制导功能，而且导引头天线是导弹主要的射频辐射源，也是导弹前向 RCS 的主要成因，因此导弹导引头在远距离上的特征缩减就变得简单一些。在远距离，一个导弹导引头天线装载的简单策略，就可以在导弹拦截的早期显著降低其 RCS。

5.4　数字化扩展

对信号的数字化越来越向天线靠近是新一代雷达系统的一个发展趋势，这种思路也被引入主动雷达导引头。通过数字化，可以将雷达信号处理链提升到中频接收机步骤，甚至有些雷达系统直接在射频进行数字化。对于某些导弹导引头工作频率足够低的情况，这并不是不可能的。增加数字化模块的目的在于减少不可靠、不稳定、沉重而复杂的模拟模块，获得高精度、高可靠、可重现这样一些采用数字处理带来的优势。例如，在数字域可以很简单地校正高功率功放产生的信号畸变，也可以消除两个中频通道对接收信号进行正交解调而产生的通道偏差。数字化还能够为在不同模式下工作而对导引头进行重构提供可能。例如，导引头可以在搜索和跟踪中采用不同的瞬时带宽。此外，数字化还可以在更加敌对的干扰环境中，更精确地计算相对于天线视线的目标位置。

5.5　通过复用增加自由度

数字化的另一个好处是可以更简单地处理复用带来的自由度。一部雷达可以获得多个自由度，但它未必有能力同时使用所有的自由度。一个简单的例子就是，一个导引头在某一瞬间只能使用其工作带宽的某一部分。另一个例子是，一个单接收机的导引头通过时域复用实现和通道与差通道。同时，针对跟踪和瞄准点选择特别设计的、独立的复用波形是一件值得期待的事情。例如，带宽相对窄的波形可以适用于跟踪，而宽带波形则更适用于高距离分辨率成像和瞄准点选择。这两种波形可以在同一复用平台上运行，在这一平台上独立地建立两个数字流，并且可以与天线指向和末端距离跟踪的精细化相结合。

5.6　空间自由度与电子防护

相对于 AI 雷达，导弹导引头需要更好的电子防护，这是因为火控级质量的数据对电子攻击（Electronic Attack，EA）的容忍度要小于态势感知数据，后者对数据质量的要求比较多样。

有一个常见的误区是，认为电扫描阵列的电子防护能力比机械扫描阵列的更强。电扫描阵列能够提供波束指向的捷变特性，但是除了跟踪在角度上远离主要关注目标的干扰源的情况以外，在使用单脉冲角度估计时，电扫描阵列并不能带来任何电子防护优势。空间电子防护的重要能力是由波束的形状捷变带来的，更具体地说是增加天线波束成形时的空间自由度（Brookner 和 Howell，1986；Hatke，1997；Zatman，1999）带来的。电子防护是由附加的空间自由度带来的，而不是波束的电扫描能力。当然，应用于电扫描阵列的技术毫无疑问可以用于波束形状捷变。

附加的空间自由度也可以在设计适当的机械旋转天线上实现。传统方法中用来感知和阻塞低占空比旁瓣干扰的守护通道就是一个利用附加空间自由度实现电子防护的经典例子。利用附加天线通道来感知并阻塞或者消隐旁瓣和主瓣干扰的方法被用于机械扫描天线已经有很多年了。

6 结　论

现代导弹是若干子系统组成的高度集成化的典型范例，各子系统间相互协作，引导导弹攻击目标。拦截运动目标的关键在于导引头，对于各种天气、昼夜条件以及远距离的环境，射频导引头都是优先选择。由于导弹制导与机载监视的要求不同，射频导引头与其更大的近亲 AI 雷达间存在显著的功能差异，由于诸多因素的影响，导弹制导功能的要求需要导引头采用更高的频率，同时现代射频导引头也展现出集成化的趋势。采用更高的工作频率、更大的瞬时带宽和工作带宽是射频导引头发展的方向。在大多数复杂的射频导引头设计中，人们都对降低导引头特征的急迫要求作了考虑，从而提高导弹的有效作战距离和与低可观测目标发生平台的兼容性。由于目标自卫系统变得越来越复杂，在射频导引头设计中增强目标的辨别力和电子防护能力也是重要的发展趋势。

术　语

AARGM	先进反辐射导弹
ADC	模-数转换器
AESA	有源电扫描阵列
AI	机载截
ARH	反辐射寻的
CPI	相干处理时间
CW	连续波
DDS	直接数字合成
DOF	自由度
EA	电子攻击
ECM	电子对抗
EP	电子防护
ESA	电扫描阵列
FAT	特征辅助跟踪
FOR	关注区
FOV	视场
GPS	全球定位系统
HOJ	干扰寻的
IF	中频
IFTU	飞行中目标更新
IMU	惯性测量单元
IQ	同相和正交相位
LO	低可观测性或本地振荡器
LOAL	发射后锁定
LOBL	发射前锁定
LOS	视线
LPI	低截获概率
MSA	机械旋转天线
MTBF	失败平均间隔时间
NEZ	非逃逸区
PA	功率孔径
PAG	功率孔径增益
PESA	无源电扫描阵列
PRF	脉冲重复频率
RCS	雷达截面面积
RF	射频
TWT	行波管
P	功率
A	孔径
G	增益
λ	波长

参考文献

Barton，D.（2000）Maximizing firm-track range on low-observable targets. *Radar Conference，2000. The Record of the IEEE 2000 International*，May 7－12，2000，Alexandria，VA. IEEE，Piscataway，NJ，pp. 24－29.

Brookner，E. and Howell，J.（1986）Adaptive-adaptive array processing. *Proc. IEEE*，**74**（4），602－604.

Hatke，G. F.（1997）Superresolution source location with

planar arrays. *Lincoln Lab. J.*, **10** (2), 127—146.

Jaska, E. (2003) Optimal powe r-aperture balance. In Radar Conference, 2003. *Proceedings of the 2003 IEEE*, May 5— 8, 2003, Huntsville, AL. IEEE, Piscataway, NJ, pp. 203—209.

Stimson, G. W. (1998) *Introduction to airborne radar*, SciTech Pub Mendham, NJ.

Zatman, M. (1999) Degree of freedom architectures for large adaptive arrays, in *Conference Record of the Thirty-Third Asilomar Conference on Signals, Systems, and Computers*, October 24—27, 1999, Pacific Grove, CA, vol. 1 pp. 109—112.

本章译者：潘捷，周建江（南京航空航天大学电子信息工程学院）

第 248 章

自动目标识别

Amit K. Mishra, Bernard Mulgrew
印度理工学院电子与通信工程系，古瓦哈提，印度爱丁堡大学数字通信研究所，爱丁堡，英国

1 引 言

光学图像、红外图像（Infrared IR）、雷达距离像或者一维雷达数据和合成孔径雷达图像（SAR）都是战场环境下获取信息的部分途径。一旦用户得到监测数据，下一步就是从中检测感兴趣的物体或目标并且识别它们。目标识别可以由专业人员进行或是自动识别，也可以由专业人员用一些半自动算法完成。自动目标识别（Automatic Target Recognition，ATR）有很多优势，在一些应用中甚至是不可或缺的。这就是自动目标识别几十年来得到广泛研究的原因。特别是随着不同军事平台上高性能计算的应用，自动目标识别算法无论是在基于命令控制的集中体制还是分布式雷达系统中都变得普及。Bhanu（1986）以及 Brown 和 Swonger（1989）都对不同的 ATR 策略作了很好的描述。

光学图像的关注区域通常具有高分辨率。因此，光学图像的目标检测和识别大多由人工进行。计算机一般只用来增强图像质量，从而为专业人员提供辅助。一般而言，红外和前视红外（Forward - Looking IR，FLIR）系统是重要的监视设备。FLIR 图像一般分辨率不高。特别是图像中包含很多人造物体时，从 FLIR 图像中检测和识别目标是一项很有挑战性的工作。类似的，如果目标不是金属的，则基于 FLIR 的自动目标识别会更具有挑战性。由于雷达具有全天候、全昼夜的工作能力，因此在很多军事应用中，雷达系统是最常用的监测系统之一。本章将专注于雷达的自动目标识别系统。

当自动目标识别系统能够获得两维的场景信息以后，自动或者半自动目标识别系统变得流行起来。因此，随着机载 SAR 系统的应用，针对 SAR 的自动目标识别成为主要的研究和发展方向。

当然，也有一些文献讨论使用目标的一维高分辨距离（High Range Resolution，HRR）像来实现自动目标识别（Liao，Runkle 和 Carin，2002；Zwart 等，2003）。基于 HRR 的自动目标识别性能较差，并且有其适用范围的限制（例如寻的导弹）。大多数现代机载雷达系统都具有一些 SAR 功能，因此本章主要专注于基于 SAR 的自动目标识别。

根据感兴趣场景的不同，自动目标识别技术可以用于地面目标、空中目标以及水面目标。这些不同的场景对自动目标识别提出了不同的挑战，需要采用不同的方法来优化自动识别算法的性能。对于应用于地面目标的自动目标识别系统来说，地杂波是主要的挑战之一。类似的，海杂波也是水面目标自动目标识别系统的主要限制因素。此外，如果自动目标识别是基于 SAR 图像实现的，则相干斑噪声（Touzi，2002）就是普遍的问题，有时甚至会严重影响自动目标识别系统的性能。

基于 SAR 图像的自动目标识别处理过程可以分为以下三个主要步骤（Novak 等，1997）：

（1）检测/预筛选：通常获得的 SAR 图像都包含一片相当大的战场区域，因此在同一幅图像中会有若干个目标。第一步是选择关注区（Region Of Interest，ROI）。SAR 图像中的人造目标通常具有比环境杂波更明亮的像素，因此可以通过搜索图像中的明亮像素区域，并与一定的阈值（根据成像场景和目标参数进行选择）相比较来实现预筛选操作。如果存在严重的杂波噪声，就需要在这一步骤中使

用特殊场景杂波噪声消除算法。为了在这一步骤中获得一致的性能，需要进行有效的恒虚警（Constant False Alarm Rate，CFAR）检测算法。同时，相干斑也是这一步骤的主要挑战之一，因此通常需要采用一些有效的相干斑滤波器（Touzi，2002）。

（2）判别：预筛选步骤给出了可能的关注区（ROI）。在判别步骤，需要对ROI进行进一步处理来消除在预筛选步骤中产生的可能虚警。该步骤的输出是一个更确切的ROI。通过上述操作，给步骤能够确定目标的一些显著特征（如朝向和目标区域等）。本步骤的算法还需要具有鲁棒的恒虚警性能。这一步骤的输出是目标位于区域中心的单位尺寸ROI，很多时候这也称为目标裁剪。

（3）分类：这是自动目标识别系统的最后一步，其输入具有一些主要特征（如朝向和目标区域）并经过裁剪的目标。在这一步骤中，需要从裁剪目标中提取其他特征。最终，这些特征被用来对目标进行分类。分类算法的选择取决于许多关键因素，如工作场景、环境中的期望目标、图像分辨率等。尽管一些分类方面的专业文献［如Duda，Hart和Stock（2001），Fukunaga（1990）］认为分类和识别功能具有明显的区别，但SAR自动识别方面的文献还是倾向于认为分类与识别这两个概念是可以互换的。

上面描述的这些步骤可能不是在所有的自动目标识别系统中都划分得那么明确，特别是判别和分类两个步骤的界限往往不是那么清晰。需要指出的是，大多数基于SAR的自动目标识别的相关文献都专注于最后一步——分类。

下一章将讨论SAR自动目标识别问题所面临的主要挑战及其特点。第3节介绍了通常用来评价SAR自动目标识别中模式识别算法的评价标准。第4节简要介绍了公开文献中涉及的SAR自动目标识别的主要方法。这一节还将讨论使用新体制雷达（如双基雷达和组网雷达系统）的SAR自动目标识别。最后一节对本章作了总结，并对理想的SAR自动目标识别系统谈了作者的一些看法。

2 雷达自动目标识别的挑战

在防务应用领域，自动化和半自动系统的需求在不断增长。如果SAR成像功能已经被集成到机载系统中，那么SAR自动目标识别系统就会极大提升现有系统的价值。同时，地基目标SAR自动目标识别系统对于使用无人机的战场监视应用也是非常重要的。

但是，SAR自动目标识别比光学图像的自动目标识别要更加复杂。例如，考虑图1所示的两幅军用目标的光学和SAR图像，这些图像可以从移动和静止目标获取和识别（Moving and Stationary Target Acquisition and Recognition，MSTAR）数据库获得（https：//www. sdms. afrl. af. mil/datasets/mstar/）。这些SAR图像的分辨率为0.3 m×0.3 m。

其中一个目标为带有后舱的ZIL131型卡车，是一种载人车辆。另一个目标为Ahilka自行高射炮。显然，这些目标的光学图像差别很大，但没人可以说它们的雷达图像也是如此。

上述例子在某种程度上展示了成功开发基于SAR图像的自动目标识别系统所面临的挑战：SAR图像质量问题。根据定义，无线电波的波长无法小于1 mm。因此，SAR图像的最佳分辨率显然要比这个差。而且，为了保持对树叶的穿透能力，毫米波雷达很少实际应用。因此，SAR图像的分辨率要比光学图像差得多。针对这一现实，产生了散射中心模型。这一理论将目标对无线电波的响应看作有限个散射点响应之和，这些散射点称为散射中心，图1所示的目标就被看作不同尺寸和密度的散射点之和。这就使得基于SAR图像的目标识别成为一项具有挑战性的任务。

SAR自动目标识别算法的一些主要挑战如下所述：

（1）由于SAR图像的分辨率低，提取鲁棒的特征就成为一项艰巨的任务。很多研究者尝试了很多创造性的方法，例如使用更好的模型来考虑散射中心，使用红外或光学相机等附加传感器来校准模型中散射中心的位置等。

（2）SAR自动目标识别的另一个主要问题是散射中心的动态特性（Rihaczek和Hershkowitz，1996，2000）。散射中心的密度和位置随目标的朝向而变化，这就导致从不同角度看时，同一目标的SAR图像可能像别的目标。对于高分辨率的SAR图像，这一问题尤为严重。因此，最近很多研究者专注于动态散射中心的鲁棒建模。

（3）成像系统的结构对产生的SAR图像有着重要的影响。传感器平台的位置，系统使用的频段、极化等，所有这些不同的因素都会改变目标的SAR图像。因此SAR自动目标识别算法必须对这些变化具有足够的鲁棒性。

（4）基于目标模板的统计学分类方法是最为成功的 SAR 图像自动目标识别算法。但是，这类算法需要大量的训练数据，这就使得设计 SAR 自动目标识别系统成本高昂。

ZIL131卡车光学图像

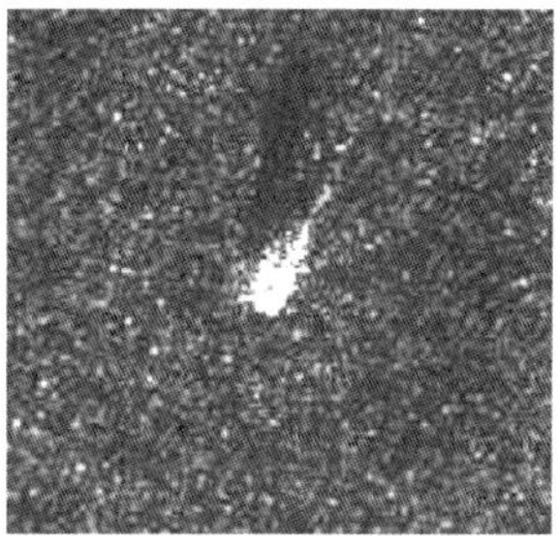

ZIL131卡车SAR图像

高射炮光学图像

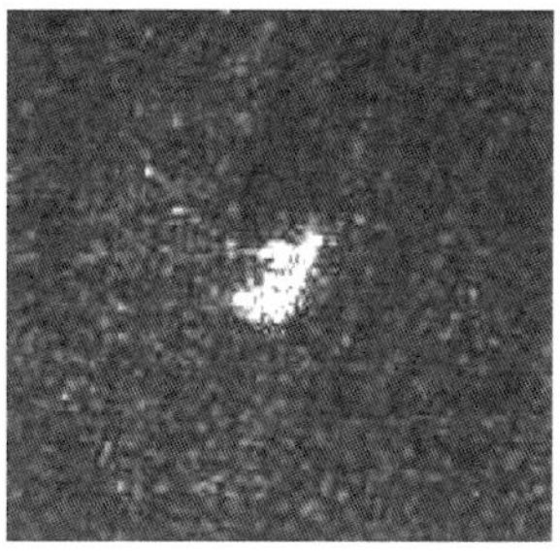

高射炮SAR图像

图 1　MSTAR 数据库中两种目标的光线图像和 SAR 图像（https：//www. sdms. afrl. af. mil/datasets/mstar/）

3　评价指标

对不同分类算法进行比较总是一个艰巨的任务。首先，分类算法的性能通常与特别的分类任务高度相关。一个算法适用于某些任务，但对于另一个分类问题却未必是个好主意。其次，比较分类算法性能的基础也和特定的任务有关。SAR 自动目标识别测试是一个复杂而困难的问题。因此，SAR 自动目标识别的分类算法需要用若干个评价指标来衡量。本节将介绍其中一些主要的评价指标。

3.1　混淆矩阵

混淆矩阵是表示 SAR 自动目标识别测试结果的最容易理解的方式之一。混淆矩阵的元素是在所有测试图像中某一类图像的百分比。混淆矩阵的第（i，j）个元素表示在所有测试数据中属于第 i 类的目标被识别成第 j 类的百分比。下面是一些可以从混淆矩阵中提取的信息。考虑 M 类分类测试，则混淆矩阵的维数为 $M \times M$。

（1）第 i 类的分类正确率为 P_{cc_i}，其可以由混淆矩阵第（i，j）个元素表示，即

$$P_{cc_i} = CM(i, j) \tag{1}$$

式中，$CM(i, j)$ 为混淆矩阵第（i，j）个元素。

（2）给定分类算法的总体分类正确率 P_{cc} 可以表示为

$$P_{cc} = \frac{1}{M}\sum_{i=1}^{M} P_{cc_i} \tag{2}$$

（3）第 i 类的分类错误率 P_{mc_i} 表示属于第 i 类目标测试图像中被识别为其他类的次数，可以由混淆矩阵计算为

$$P_{mc_i} = \left(\sum_{j=1}^{M} CM(i,j)\right) - CM(i,j) \tag{3}$$

（4）第 i 类的虚警概率 P_{fa_i} 表示属于其他类目标的测试图像中被识别为第 i 类的次数，可以表示为

$$P_{fa_i} = \frac{1}{M-1}\left[\left(\sum_{j=1}^{M} CM(i,j)\right) - CM(i,j)\right] \tag{4}$$

3.2　小训练数据集性能

雷达目标识别是分类应用的一个典型例子，但在这一背景下，要获得足够大的训练数据集却是不可能的。首先，获取训练数据集花费很大，其次，实际的战场环境在自动目标识别系统的训练阶段是未知的。因此，研究在训练数据有限的情况下自动目标识别算法的性能对于雷达自动目标识别系统而言是至关重要的。同时，对于小训练数据下分类器的行为模式也是需要研究的问题。需要指出的是，很少有公开文献报道自动目标识别算法在这一评价指标下的性能。

3.3 拒绝和接受能力

对于一个实际的自动目标识别系统来说，这是一组可能相互矛盾的要求。如果自动目标识别算法在测试阶段遇到一个完全新的类别的目标，那么应该拒绝它。如果自动目标识别算法由一组指定目标的样本进行训练，而在测试阶段遇到相同目标的不同样本，人们就希望自动目标识别算法能够识别并接受该样本。在公开文献中，有少量论文讨论了自动目标识别算法在面对这些要求时的性能。

为了测试自动目标识别算法拒绝未知目标的能力，在训练阶段可以将某一类排除，而在测试阶段则使用所有类别目标的数据。在训练阶段被排除的那类目标，在测试中被拒绝的可以定义为该类的拒绝率。人们总是希望理想的自动目标识别算法能够具有100%的拒绝率。在SAR自动目标识别中广泛使用的MSTAR数据库中，T62坦克有8个不同样本，在测试前，将其中一些样本与其他目标样本一起用来训练自动目标识别算法。在测试阶段，则使用T62坦克的其余SAR图像样本。一个理想的自动目标识别算法应当能够辨别这些新的T62样本，即接受率为100%。

3.4 接收机工作特性曲线

在检测问题中，接收机工作特性（Receiver Operating Characteristic，ROC）曲线反映虚警概率和检测概率之间的关系。从分类问题的角度来说，这一术语可以变为分类错误概率和分类正确概率。在某些文献中，自动目标识别算法有以下两种不同的ROC曲线产生方法：

（1）基于分类阈值的ROC曲线。这是一种经典的开放式分类器方法（Velten等，1998）。假设问题所采用的自动目标识别算法为最近邻域分类器，给定阈值距离τ，则判决标准为

$$a_{\text{tst}} \in C_i \Leftarrow |a_{\text{tst}}, C_{n,i}| \leqslant \tau \tag{5}$$

式中，a_{tst}为测试图像；C_i表示第i类；$|a_{\text{tst}}, C_{n,i}|$为测试图像与第$i$类中最近的测试图像间的欧氏距离。对于一个给定的测试图像，可能有以下三种情况：

① 测试图像如果只在一类目标上满足式（5）的条件，就判决属于这一类。

② 如果测试图像在不止一个类别上满足式（5）的条件，则可以称其属于多类目标，即混淆目标。

③ 当测试图像对于训练集中的任何一类都不满足式（5）的条件时，则称其为新目标。

对于给定的τ和目标类型，自动目标识别可以给出某一类目标的正确分类和错误分类的数目。如果测试集中属于某个特定类别目标的样本数目为N，其中正确识别为此类的样本数目为M，则分类正确概率（P_{cc}）可以定义为

$$P_{cc} = \frac{M}{N} \tag{6}$$

在给定τ的自动目标识别作业中，如果测试数据集中不属于某个特定类的图像数目为$N1$，而在这些图像中被判别为该类的图像数目为$M1$，则分类错误或虚警概率（P_{fa}）可以定义为

$$P_{fa} = \frac{M1}{N1} \tag{7}$$

对于给定的目标，将不同τ值下P_{cc}相对于P_{fa}变化的曲线画出，则为自动目标识别算法对该目标的ROC曲线。

（2）基于特定分类风险因子的ROC曲线。另一种考查ROC曲线的方法是测试自动目标识别算法的性能，以获知其分辨特定类别目标的有效性（DeVore和O'Sullivan，2002）。可以通过对每个目标类别构造一个风险因子来对其进行分析。例如，对于基于最近邻域算法的自动目标识别算法可知：

$$a_{\text{tst}} \in \arg\min_i (|a_{\text{tst}}, C_i| - \gamma_i) \tag{8}$$

式中，γ_i为第i类风险因子。某一类风险因子γ_i越高，则丢失该类就越困难，同时也就越容易将其他类目标误认为该类。例如对于机载雷达自动目标识别应用来说，肩扛式导弹发射器就是一种高风险目标。对于高风险目标，需要分类算法具有高度的有效性，即使只是有一点点类似的目标都不能逃过监视。在此情况下，对危险目标赋予高风险因子就是理想的策略。对于给定的γ_i值和目标类别，正确分类和虚警概率由式（6）和式（7）定义。随着γ_i的变化，某一特定类目标的ROC曲线由自动目标识别算法确定。

在验证自动目标识别算法的性能时，需要提取上述两种不同类型的ROC曲线。由于它们属于两种不同的范式，所以选择哪一种最好还是交给最终用户去决定。

4 主要自动目标识别算法

在下面几个小节中，将讨论公开文献中报道的

SAR 自动目标识别的主要研究工作。

4.1 经典 SAR 自动目标识别算法

对于任何基于图像的目标识别任务而言，模板匹配和贝叶斯分类器都是非常经典的方法。早期 SAR 自动目标识别领域的研究者对这两种方法作了详尽的研究。从公开文献来看，它们是最成功的 SAR 自动目标识别算法之一。

4.1.1 基于模板匹配的 SAR 自动目标识别

美国国防预研计划局（Defense Advanced Research Project Agency，DARPA）资助的半自动智能图像处理（Semi-Automated IMINT Processing，SAIP）项目是 SAR 自动目标识别的领跑者。在这一计划下开发的大部分自动目标识别算法（Novak 等，1997；Novak，Owirka 和 Weaver，1999）都采用模板匹配方法。对于地面目标，由于有足够数量的 SAR 图像数据来进行训练过程，故这一思路是可能实现的。这些数据库最早由 DARPA 和空军研究实验室（AFRL）于 1995 年开始采集建立，该计划被称为移动和固定目标捕获识别（the Moving and Stationary Target Acquisition Recognition，MSTAR）。在这一计划中，采用 X 波段水平极化 SAR 传感器采集了大量的 SAR 图像数据，以 360°聚束模式对大量不同的军用载具进行了成像，分辨率为 0.3 m×0.3 m。人们在对 MSTAR 数据库在原始图像分辨率方面进行了处理和缩减后进行了公开发布（https：//www.sdms.afrl.af.mil/datasets/mstar/），从而将其可以为更多的研究所用。因此，在测试和验证大多数公开文献中的自动目标识别算法方面，MSTAR 数据库是被广泛应用和接受的数据源。

另一方面，MIT 林肯实验室对 SAR 自动目标识别进行了详尽的实验，完整验证了自动目标识别处理的整个步骤和细节问题，其成果也成为这一方面的标准来源之一。在实测数据以及与用户群体充分交流的基础上，这一系列工作将为任意传感器自动目标识别的研究提供参考。

4.1.2 贝叶斯分类器 SAR 自动目标识别

另一种算法是经典贝叶斯方法，它据说也可以获得最好的自动目标识别结果。O'Sullivan 等基于贝叶斯技术对该领域的应用作了细致的开创性研究，并用 MSTAR 数据库进行了验证（DeVore 和 O'Sullivan，2002）。在公开文献报道中，这一系列成果是 SAR 自动目标识别领域中性能最好的方法之一。而且，上述工作还对不同模型进行了测试，表明 SAR 图像目标的条件高斯模型是 SAR 自动目标识别应用的最佳选择。

4.2 一些其他的 SAR 自动目标识别算法

在这一节中，将讨论一些其他处理 SAR 自动目标识别问题的主要算法。因篇幅所限，这一讨论是有限的，并不详细展开。

4.2.1 使用全极化数据的 SAR 自动目标识别

极化信息在获取目标物理特性和散射体形状方面具有重要意义。根据最近的一些报道，在可以预见的将来，机载平台上的全极化雷达将会变得相当普及（Wolfang，2000；Keydel，2003）。其中一些工作对利用全极化 SAR 增强 SAR 自动目标识别性能进行了讨论（Novak 等，1993；Sadjadi，2002b）。

4.2.2 基于散射中心模型的 SAR 自动目标识别

人造物体的 SAR 图像通常可以用被称为散射中心的有限个离散散射体进行近似（Akyildiz 和 Moses，1999）。这些中心的位置和属性信息可以由 SAR 图像进行估计，并反作用于识别。这类方法可以归纳为两个主要步骤。首先，从 SAR 图像中提取散射中心（Bhalla 和 Liang，1996）。其次，估计独立散射中心的特征（这些特征依赖于建模散射中心的模型复杂度）（Gerry 等，1999）。这些特征又反过来被应用于目标识别（Chiang，Moses 和 Potter，2000）。

4.2.3 基于 SAR 复数数据的 SAR 自动目标识别

尽管 SAR 图像是复数的，但相位信息一般可忽略的。在一些有限制条件的研究中，研究者发现与只考虑幅度的数据相比，采用复数数据能够提升识别性能 10～100 倍。上述工作同时也给出了复数数据分类应用的范围。还有其他一些方法（DeVore 和 O'Sullivan，2002）也采用了复数数据。

雷达数据的复数特性在处理高分辨率雷达数据时变得更加有用。在高分辨率雷达数据中，散射中心的分散更加显著。因此，传统的图像处理方法不能成功应用。在这种情况下，雷达数据的复数特性能够有效地对分散的散射中心（Rihaczek 和 Hershkowitz，2000）建模。

4.2.4 基于非线性信号处理方法的 SAR 自动目标识别

在过去的若干年中，非线性信号处理领域掀起了研究的高潮。受此影响，在过去的 20 多年里，不少研究者将非线性技术应用于 SAR 自动目标识别，并获得了更好的性能。非线性自动目标识别方法有三个主要方面。一是采用非线性信号处理方法进行 SAR 图像增强，例如非线性旁瓣缩减（Stankwitz 和 Taylor，2006）和中值滤波（Owirka，Verbout 和 Novak，1999）等。增强的 SAR 图像反过来又提高了自动目标识别算法的性能。二是在分类应用的特征提取中使用非线性算法，例如基于分形特征的自动目标识别（Novak 等，1997；Mishra，Feng 和 Mulgrew，2007）。三是在自动目标识别中使用非线性分类器，如支持向量机（Zhao 和 Principe，2001；Middelmann，Ebert 和 Thoennesen，2007）、径向基函数网络（Zhao 和 Bao，1996）等。

4.2.5 新体制雷达系统的自动目标识别

在过去的 20 年里，新体制雷达系统在不同的应用背景下都得到了广泛研究。这一节将讨论采用双基地雷达、多基地雷达和前向散射雷达三种新结构雷达的自动目标识别。

双基地和多基地雷达是对单基地雷达系统的扩展。因此，人们总是希望双基地和多基地雷达的性能能够优于简单的单基地雷达。在最近的研究中（Mishra，2006），如果满足下列条件，则双基地雷达的自动目标识别是可能实现的：

（1）双基地角保持小于某一特定阈值；

（2）如果双基地角增加则对应的系统带宽需要增加；

（3）具有足够数量的多角度目标反射训练数据。

在最近的另一研究中（Vespe，2006），研究人员分析了组网雷达系统的自动目标识别应用。随着组网系统雷达传感器数目的增加，自动目标识别性能明显增强。同时，上述分析表明，适当地选择组网结构也能够提升自动目标识别性能。

还有一项最近的研究成果（Cherniakov 等，2006），作者研究了应用前向散射雷达识别地上载具目标的方法。前向散射雷达对于近距离监视应用是很有效的。

5 结　　论

雷达自动目标识别算法和理论纷繁复杂，每年都会有新的进展。这一章讨论了自动目标识别系统的主要步骤和评价任何自动目标识别系统的一些评价指标。在此基础上，还讨论了公开文献中主要的 SAR 自动目标识别方法。在这一总结部分，将指出一些发展的趋势和自动目标识别研究的前瞻：

（1）未来的雷达系统将会在单基地雷达的基础上，具有有限的双基地或多基地能力，也可能安装多极化传感器。这会给自动目标识别系统带来更丰富的信息。但是，传统的 SAR 自动目标识别理论与光学自动目标识别算法是非常相似的。这就需要在多传感器融合方面提出创新性的方法来增强自动目标识别的性能。

（2）由于雷达系统的多样性，未来的系统将会在同一平台上部署不同的传感器，如光学、红外以及激光等。光学图像具有最后的分辨率，但是有一些非光学传感器所获得的靶向特征无法从光学传感器获得。这就需要充分利用所有这些不同类型的传感器，设计新的算法和策略来增强自动目标识别性能。这也需要对目标理解和建模投入比算法开发更多的关注和努力。

（3）随着上述各种传感器的发展，由于时间和处理能力方面的原因，自动目标识别算法的训练过程也变得越来越昂贵。但是，通过在目标理解和建模方法领域付出适当的努力，新的自动目标识别系统将会具有最小化训练数据的能力。传统的最近邻域和贝叶斯方法需要被基于软树（soft tree）的识别算法所取代，从而获得更广泛的特征理解和适应能力。

注　　释

1. 杂波噪声是由场景中非目标物体产生的非期望反射。

2. 相干斑是所有相干成像系统中都存在的乘性噪声，是由散射波的干涉导致的。

参考文献

Akyildiz，Y. and Moses，R.（1999）A scattering center model for SAR imagery，in SAR Image Analysis，Modeling，and

Techniques, *SPIE Proceedings Series*, Society of Photo-Optical Instrumentation Engineers, Bellingham, WA, INTERNATIONAL (1988) (Revue) SPIE, ETATS-UNIS, Bellingham, WA, (1999) (Monographie), vol.3869, pp.76—85. ISBN 0—8194—3464—7.

Bhalla, R. and Liang, H. (1996) Three dimensional scattering centre extraction using shooting and bouncing ray technique. *IEEE Trans. Antenna Propag.*, **44**, 1445—1453.

Bhanu, B. (1986) Automatic target recognition: State of the art survey. *IEEE Trans. Aerospace Electron. Syst.*, AES—**22** (4), 364—379.

Brown, W. M. andSwonger, C. W. (1989) Aprospectus for automatic target recognition. *IEEE Trans. Aerospace Electron. Syst.*, **25** (3), 401—410.

Cherniakov, M., Abdullah, R., Jancovic, P., Salous, M. and Chapursky, V. (2006) Automatic ground target classification using forward scattering radar. *IEE Proc. on Radar, Sonar & Navigation* **153** (5), 427—437.

Chiang, H. -C., Moses, R. L. and Potter, L. C. (2000) Model based classification of radar images. *IEEE Trans. Inf. Theory*, **46** (5), 1842—1845.

DeVore, M. D. and O'Sullivan, J. A. (2002) Performance complexity study of several approaches to ATR from SAR images. *IEEE Trans. Aerospace Electron. Syst.*, **38** (2), 632—648.

Duda, R. O., Hart, P. E. and Stork, D. G. (2001) *Pattern Classification*, John Wiley and Sons, Inc.

Fukunaga, K. (1990) *Introduction to Statistical Pattern Recognition*, Academic press.

Gerry, M. J., Potter, L. C., Gupta, I. J. and van der Merwe, A. (1999) A parametric model for SAR measurements. *IEEE Trans. Antenna Propag.*, **47** (7), 1179—1188.

Keydel, W. (2003) Perspectives and visions for future SAR systems. *IEE Proc. Radar Sonar Navigation*, **150** (3), 97—103.

Liao, X., Runkle, P. and Carin, L. (2002) Identification of ground targets from sequential HRR radar signatures. *IEEE Trans. Aerospace Electron. Syst.*, **38** (4), 1230—1242.

Middelmann, W., Ebert, A. and Thoennessen, U. (2007) Automatic Target Recognition in SAR Images Based on a SVM Classification Scheme, vol. 4432. Lecture notes in computer science. Proceedings of 8th International Conference on Adaptive and Natural Computing Algorithms, Part II, pp.492—499.

Mishra, A. K. (2006) *Ground Target Classification for Airborne Bistatic Radar*. PhD thesis, University of Edinburgh.

Mishra, A. K., Feng, H. and Mulgrew, B. (2007) Fractal feature based radar signal classification, in IET International Conference on Radar Systems, October 15—18, 2007, Edinburgh, UK, on pages 1—4.

Novak, L. M., Burl, M. C., Irving, W. W. and Owirka, G. J. (1993) Optimal polarimetric processing for enhanced target detection. *IEEE Trans. Aerospace Electron. Syst.*, **29** (1), 234—243.

Novak, L. M., Halversen, S. D. Owirka, G. J. and Hiett, M. (1997) Effects of polarization and resolution on SAR ATR. *IEEE Trans. Aerospace Electron. Syst.*, **33** (1), 102—115.

Novak, L. M., Owirka, G. J. and Weaver, A. L. (1999) Automated target recognition using enhanced resolution SAR data. *IEEE Trans. Aerospace Electron. Syst.*, **35** (1), 157—174.

Owirka, G. J., Verbout, S. M. and Novak, L. M. (1999) TemplatebasedSARATRperformance using different image enhancement techniques, in *SPIE Algorithms for Synthetic Aperture Radar Imagery*, vol.3721, Society of Photo-Optical Instrumentation Engineers, Bellingham, WA, INTERNATIONAL SPIE, Bellingham WA, ETATS-UNIS (1999) (Monographie) pp.302—319.

Rihaczek, A. W. and Hershkowitz, S. J. (1996) *Radar Resolution and Complex-image Analysis*, Artech House Publishers.

Rihaczek, A. W. and Hershkowitz, S. J. (2000) *Theory and Practice of Radar Target Identification*, Artech House Publishers.

Sadjadi, F. (2002a) Image Classification in Complex Spaces. *IGARSS* 2002, pp.2504—2506.

Sadjadi, F. (2002b) Improved target classification using optimum polarimetric SAR signatures. *IEEE Trans. Aerospace Electron. Syst.*, **38** (1), 38—49.

Stankwitz, H. C. and Taylor, S. P. (2006) Advances in non-linear apodization. *IEEE AES Mag.*, **21** (1), 3—8.

Touzi, R. (2002) A review of speckle filtering in context of estimation theory. *IEEE Trans. Geosci. Remote Sensing*, **40** (11), 2392—2404.

Vespe, M. (2006) *Multi-Perspective Radar Target Classification*. PhD thesis. University College London.

Velten, V., Ross, T., Mossing, J., Worrell, S. and Bryant, M. (1998) Standard SAR ATR evaluation experiments using the MSTAR public release dataset. *Research Report, Wright State University*.

Wolfgang, M. B. (2000) Recent Advances in Polarimetric interoferometric SAR Theory and Technology and its Application. *MIKON* 2000, vol.3, pp.212—229.

Zhao, Q. and Bao, Z. (1996) Radar target recognition using radial basis function neural network. *Neural Network*, **9**

(4), 709—720.

Zhao, Q. and Principe, J. C. (2001) Support vector machines for SAT ATR. *IEEE Trans. Aerospace Electron. Syst.*, **37** (2), 643—654.

Zwart, J. P., van der Heiden, R., Gelsema, S. and Groen, F. (2003) Fast translation invariant classification of HRR profiles in a zero phase representation. *IEE Proc. Radar Sonar Navigation*, **150** (6), 411—418.

本章译者：潘捷，周建江（南京航空航天大学电子信息工程学院）

第 249 章

光电传感器原理

Mark A. Richardson，David B. James
克兰菲尔德大学信息与传感器系，谢林汉姆，英国

1 引 言

拉丁语词汇“infra”的意思是“以下”，因此红外（IR）区的电磁波谱位于可见光频谱以下。红外区段的频谱又可以进一步分为近红外（Near IR，NIR）——0.7～0.3 μm、中红外（Middle IR，MIR）——3～6 μm、远红外（Far IR，FIR）——6～15 μm 和极红外（Extreme IR，EIR）——15～1000 μm。基于可见光的图像增强和低光度摄像系统往往使用反射能量（阳光、月光或者星光），而红外或热成像系统依赖于目标自身辐射的能量和强度。环境光照度并不直接影响对能量的检测。所有温度高于绝对零度的物体都会发射一段波谱连续的电磁辐射，而这些辐射绝大部分处于红外区。所谓热成像，就是将自然界中微小的温度差异转化为类似电视的视频图像，只是热成像不需要光源照射，因此热成像系统在白天和黑夜都能有效工作。

最初红外系统的军事应用出现在第一次世界大战期间，用来进行短距离保密通信。第一次世界大战以后，红外系统迅速发展，特别是检测器等元器件的开发取得了长足进步。在第二次世界大战期间，交战双方都使用了红外通信，此外德国人试验了一种坦克火控系统，而盟军则开发了一种狙击手望远镜或称“暗光望远镜”，其通常也被昵称为“Tabby”。第二次世界大战后，红外技术迅速发展，人们开发出用于检测战斗机尾喷管和灼热表面的设备。从 20 世纪 60 年代开始，通过对检测部件进行低温冷却，人们实现了对常温物体热辐射的检测。随着 Joule-Thomson 微型冷却器的发展，其能够达到足够的低温条件，从而使得热成像在技术上成为可能。

2 红外辐射机理

分析成像系统设计和性能的主要立足点是目标发出的辐射。任何物体，无论是固体、液体还是气体，只要其温度大于绝对零度（－273℃或 0K），都会发出电磁辐射。如果物体与其环境处于热平衡状态，则其同一时间内辐射和吸收的能量相同，且其红外辐射为连续频谱。

2.1 黑体辐射

所谓黑体，是指无论波长如何，吸收一切入射辐射能量的物体。这种物体的辐射称为黑体辐射，其只与物体的绝对温度有关。

2.1.1 普朗克辐射定律

普朗克辐射定律（1900）给出了在某个绝对温度 T（Kelvin）上黑体辐射的谱分布。将不同军用目标的温度以图表示（见图 1），可以看到普朗克辐射定律的重要意义。可以清楚地看到，温度为300 K的目标在远红外区且失去了绝大部分的辐射。从图 1 中还可以看出，随着温度的增加，总辐射能量（曲线下方的面积）迅速增加，而且每条曲线表现出在某个特定波长上存在最大值，且温度越高该波长越短。普朗克定律可以表示为

$$W_\lambda=\frac{C_1}{\lambda^5\left[\exp\left(C_2/\lambda T\right)-1\right]} \qquad (1)$$

式中，W_λ 为辐射谱，W/（m^2·μm）；C_1 为第一辐射

常数（$2\pi hc^2$），值为 $3.74\times10^8\ \mathrm{W/(m^2\cdot\mu m^{-4})}$；$C_2$ 为第二辐射常数（hc/k），值为 $1.44\times10^4\ (\mu\mathrm{m}\cdot\mathrm{K})$，$h$ 为普朗克常数，c 为光速，k 为波尔兹曼常数。

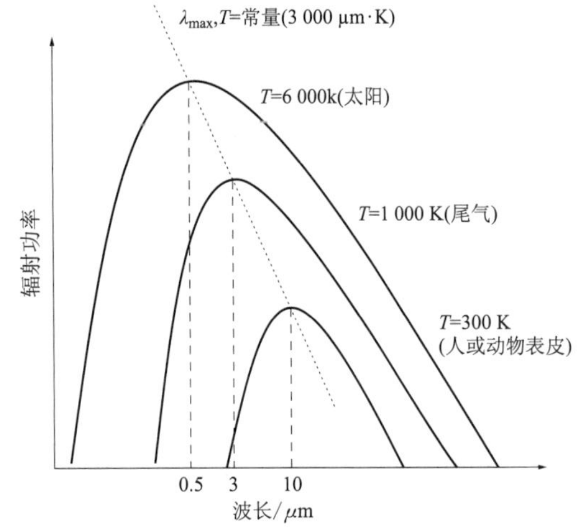

图 1　普朗克辐射定律

2.1.2　史蒂芬-玻尔兹曼定律

如果将普朗克定律在整个波长上作积分，则得到表示给定温度下黑体总辐射的史蒂芬-玻尔兹曼公式为

$$W=\sigma T^4 \tag{2}$$

式中，$\sigma=5.67\times10^{-8}\ \mathrm{W/(m^2\cdot K^4)}$（史蒂芬-玻尔兹曼常数）。

2.1.3　维恩位移定律

如果把普朗克公式相对波长求微分，则可以求得最大值，从而得到黑体的维恩位移定律为

$$\lambda_{\max}T=常量=2\,898\ \mu\mathrm{m}\cdot\mathrm{K} \tag{3}$$

式中，$\lambda_{\max}$ 为最大辐射所在的波长，所以对于 $T=6\,000\ \mathrm{K}$（太阳光球的近似温度），$\lambda_{\max}\backsim0.5\ \mu\mathrm{m}$，而对于 $T=300\ \mathrm{K}$（人体的近似温度），$\lambda_{\max}\backsim10\ \mu\mathrm{m}$。

2.2　辐射率

对于实际物体，其辐射可以通过引入一个“效率”因子来描述，被称为“辐射率”，符号为 ε。黑体此时被作为一个标准，其辐射率为单位值，即辐射率为 1。因此，实际物体的辐射率值可简化为实际物体辐射能量与相同温度的黑体辐射间的比值。故实际物体的辐射率通常是小于单位值的。辐射率是材料类型、表面工艺的函数，并随波长和温度而变化。实际物体可以分为两类：

（1）灰体，即 ε_λ 独立于 λ，这是典型的固体。

（2）选择性辐射体，即 ε_λ 随 λ 变化，这是典型的气体辐射体。

为了获得实际物体的辐射，可以将普朗克辐射公式与辐射率相乘，如图 2 和图 3 所示。一些辐射率的典型值见表 1。

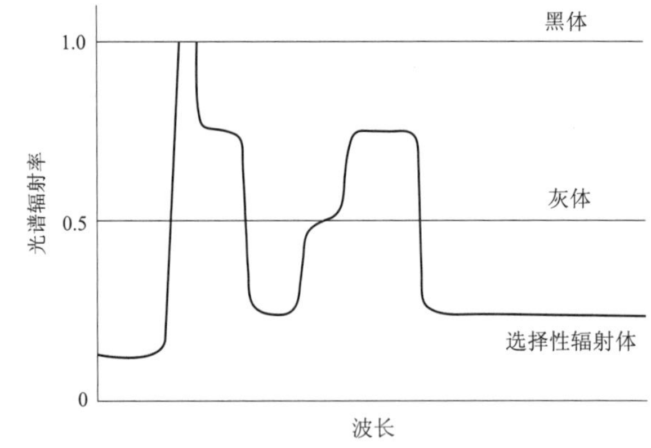

图 2　光谱辐射率

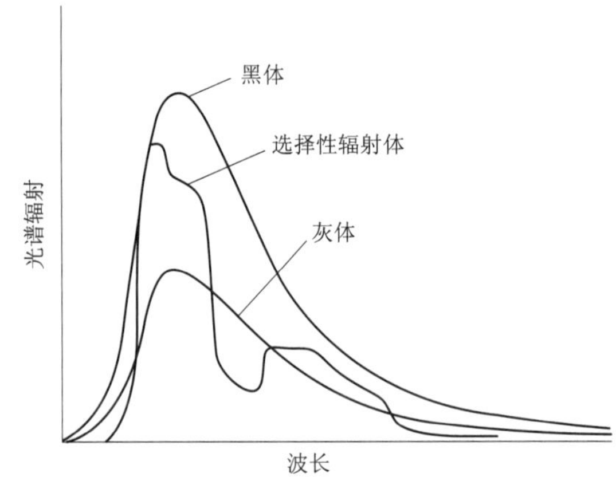

图 3　光谱辐射

表 1　辐射率

材料	辐射率
铝	—
磨光薄板	0.05
阳极氧化膜表	0.55
黄铜	—
磨光薄板	0.03
重度氧化	0.61
铜	—
磨光薄板	0.05
重度氧化	0.78
砖	0.93
水泥	0.94

续表

材料	辐射率
沙子	0.90
油	—
干	0.92
湿	0.95
木材	0.90
人类皮肤	0.98

从这些数值可以看出，强反射体（光洁金属反射率 $r\backsim 1$）是弱辐射体，其辐射率较低。而弱反射体（严重氧化的金属、人类皮肤等）是强辐射体，其辐射率较高。同时，表面处理的光滑程度（相对于波长）对物体表面的辐射率有着重要的影响（光滑的铜壶具有低辐射值，这就是为什么茶壶可以使热水保温时间长一些）。假设材料表面没有或者只有极少的辐射传输，则通过观察可得：

$$\varepsilon=1-r \tag{4}$$

当目标温度高于背景时，控制和集地目标表面的辐射率就成为红外伪装的起点。

2.3　热对比

监视系统是通过某些对比的结果或背景的不连续性来检测目标是否存在的。在可见光和近红外频段，可以利用反射率的变化进行比较。而对于热成像，这种对比就不是比较目标与背景间辐射差异这么简单的事情了。由于实际物体的辐射率小于单位值，而物体表面具有有限的反射率，因此目标表面辐射出的能量分为两个部分，一是直接分量，其与温度和表面辐射率有关，二是背景和其他邻近目标的反射分量。背景辐射受到一个或多个目标的影响，因此其热对比是很难预测的，除非能够建立一些假设。有时反射分量在辐射中占主要地位，特别当物体位于观察者 45°方向时，冷空气向上反射，对比就不那么明显（例如路虎越野车或直升机机头罩的挡风玻璃）。一般来说，热对比依赖于背景和目标间辐射率和温度的差异。通过考虑黑体情况，可以获得热对比的近似值（图 4）：

$$C=\frac{W_{\text{target}}-W_{\text{background}}}{W_{\text{target}}+W_{\text{background}}} \tag{5}$$

如果

$$W_{\text{target}}\approx W_{\text{background}}=T \tag{6}$$

则

$$W=\sigma T^4 \tag{7}$$

$$C=\frac{\Delta W}{2W} \tag{8}$$

$$\Delta W=4\sigma T^4\Delta T \tag{9}$$

因此

$$C=\frac{4\sigma T^3\Delta T}{2\sigma T^4}=\frac{2\Delta T}{T} \tag{10}$$

图 4　一架战斗机的建模“白点”图像

3～5 μm 频谱区域；注意到灼热的引擎进气口和更热的喷射尾气以及飞机座舱盖上的冷空气反射。

例如，如果背景温度为 $T=293$ K，目标是一辆坦克，迎面，未开火，那么感知到的温度差异可能只有 1℃，即 $\Delta T=1$℃，因此热对比则为 0.006 8 或 0.68%，属于低对比的情况。

3　传输率

3.1　大气中的红外辐射传输率

和可见光相同，红外辐射在大气中的传输受到分子、气溶胶以及颗粒等产生的吸收和散射效应的影响。在这两个过程中已经证实，在红外波段以吸收为主，而在可见光波段以反射为主。图 5 所示为在典型西北欧大气环境下海平面以上约 1 nmile（1.9 km）测量得到的各频率传输百分比。该图综合了分子与气溶胶散射和吸收的效果，但水汽、二氧化碳和臭氧分子的选择性吸收占有主要地位。该图清楚地显示了若干高传输率的区域，这些被称为“大气窗口”的区域被高吸收率区域隔开。用于热成像的主要窗口一般在 3～5 μm 和 8～14 μm 处。

在每个窗口内，随着湿度的增加，传输率会减小，特别是 8～14 μm 窗口尤其敏感。一般来说，夏季大气湿度较大，而冬季较为干燥，因此夏季的大气传输窗口会小于冬季，特别是 8～14 μm 窗口尤为明显。通过探索两个窗口在典型夏季和冬季环境下分子吸收的贡献，以及在晴朗和雾霾环境下的气溶胶吸收和散射，可以得到下列结论：

（1）8～14 μm 窗口的传输分子以吸收为主。

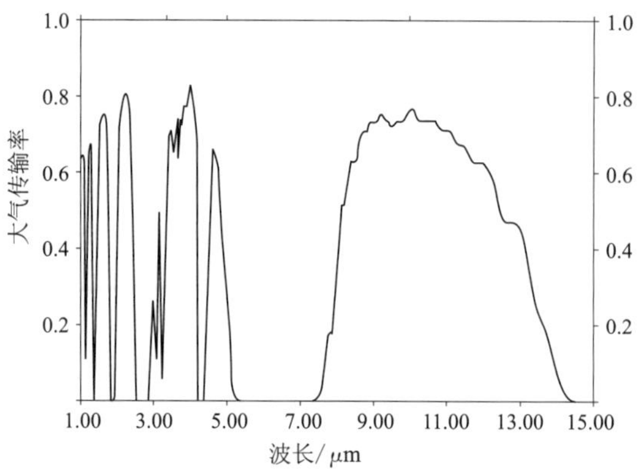

图 5　在典型西北欧大气环境下海平面以上约 1 海里的大气传输率

（2）3～5 μm 窗口在夏季和冬季受气溶胶影响较大。

（3）对于短距离（小于 10 km），8～14 μm 窗口在多数环境下具有更好的大气传输性能。

（4）只有在高湿度和极端晴朗的可视环境下，3～5 μm窗口才具有传输性能上的优势，特别是在距离大于 10 km 的情况下尤其如此。

3.2　霾、雾、云和雨的影响

红外辐射的传输性能要优于可见光波段，特别是在雾霾环境下尤其明显。这是由于雾霾环境中颗粒的平均尺寸约为 0.5 μm，相对红外线波长来说很小，因此霾和烟中颗粒的散射是可以忽略的。另外，由于空气中水滴的尺寸为 5～15 μm，因此雾和云的散射是比较强烈的。这也是为什么热成像系统在雾和厚重云层中，无论用哪个大气窗口，其性能都比较差。降雨对热成像设备性能的影响体现在两个方面，一是降雨会在物体表面附着一层薄薄的水层，从而降低场景的热对比；二是它会对两个窗口的大气传输特性产生几乎相同的影响，特别是在大雨中尤其如此。在上述环境中，大气衰减大约为每千米 20%，因此经过 5 km 传输就只剩 33%左右了。

4　红外系统

4.1　系统组成

每个热成像系统都是为某个特殊任务而设计的，并按系统性能最优的原则，根据指定的波长范围和目标环境类型，以检测性能和分辨率最大化为目标选择部件。但无论针对何种任务，所有的热成像系统都具有以下组件：

（1）光学部件：采集红外能量。

（2）检测器：将辐射能量转换为电信号。

（3）电子部件：放大和处理信号。

（4）显示：将视频信号显示给人眼。

光学部件

对于光学红外系统，如红外望远镜和导弹导引头，均不适合使用可视化玻璃。这是由于玻璃中水分子所产生的吸收效应，会使其在大于 2.7 μm 的频段光学不透明。因此需要采用替代材料，这些材料应具有以下特性：

（1）在 3～5 μm 窗口或 8～14 μm 窗口中具有理想的光学传输特性。

（2）机械强度，能够耐受热冲击（某些应用）、高腐蚀以及防酸雨。

另外，制造镜头材料必须具有实现无像差和“色彩”校正的光学特性。大多数合适的材料都具有高折射率，因此其表面需要使用特殊覆盖层以降低反射。锗是制造热成像仪镜头最常见的材料，其折射率约为 4。这就意味着在其表面，36%的能力会被反射回去，因此在经过多层表面后，其总的传输能量会小到令人无法接受。因此，在光学元件表面使用抗反射覆盖层就显得很必要。针对不同的外层和内层表面应用，人们开发出了一系列覆盖层。对于外层表面，可以采用类似钻石结构的碳覆盖层，能够使表面传输率从无覆盖的 64%提高到 94%，从而满足系统的高表面传输率要求，同时具有良好的抗腐蚀性能。

4.2　红外辐射检测

按照检测器材料颗粒吸收能量的方式，红外检测器主要有两大类：热检测器和光子检测器。

4.2.1　热检测器

热检测器是利用入射辐射加热检测器材料表面的现象来工作的。因此，信号源入射将导致检测器材料温度上升，如果所选择的材料具有一些与温度有关的性质（如电阻），则这种特性的变化会产生与入射能力呈比例地输出（一般为电信号）。热电堆、热敏电阻、测辐射热计以及热释电检测器都是热检测器的例子。由于检测器只是要求某些能量来实现温度的升高，而不在乎其波长，因此如果检测器是完美黑体，则热检测器的响应将趋近于与波长无关。但是，由于热检测器固有的热容量，热检测器响应的变化是非常缓慢的，所以这就限制了其处理快速变化（如运动目标）的能力，但热释电检测器例外。一般而言，热检测器是不适合作热成像仪的。同时，热检测器的固有热容量也意味着其敏感度要低于光子检测器（约低 100 倍）。但热检测器也有一个显著的优点，就是其非常显著的温度依赖性，因此这类检测器是不需要冷却的，因为冷却会破坏检测器感知信号的能力。这一优良特性使其有可能与二维读取技术相结合应用于下一代步枪瞄准器。

4.2.2 光子检测器

在光子检测器中，入射光子与检测器材料中的电子存在直接的相互作用。检测器的响应与吸收光子的数目成比例。有两种可能的相互作用方式：光电发射效应和内光电效应。由于中远红外频率区域内的光子相对于目前可以获得的任何光电阴极的工作区都太小，因此光电发射效应不适合检测中远红外辐射。而内光电效应则可以应用于上述区域，这被称为光电相互作用，此时光子的能量被转给检测器材料价带内的电子，这些能量将使电子跨越材料的带隙进入导带，留下一个类似正电荷的电子空位或者说“孔洞”，如图 6 所示。由于上述过程与热容量无关，因此光子检测器的响应比热检测器要快得多。

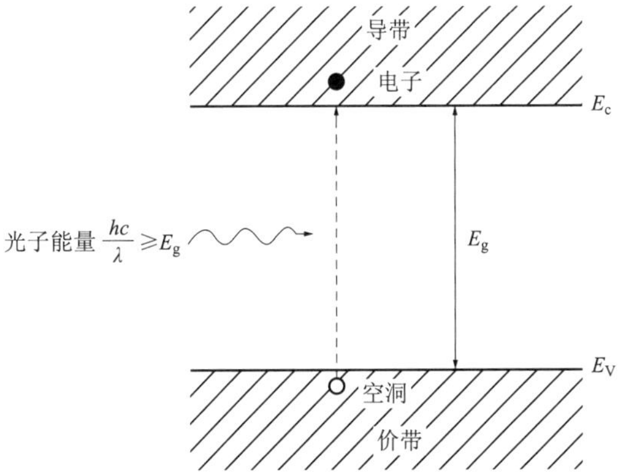

图 6 内电子效应

如果入射到光子检测器的光子能量小于带隙，电子则无法跨越带隙，因此光子检测器存在一个长波长的截止限制，即大于此波长的检测器会无响应。该截止频率可以表示为

$$\text{Photon Energy}=\frac{hc}{\lambda_c}=E_g \tag{11}$$

式中，λ_c为截止波长；E_g为带隙能量。

因此，为了检测不同波长的光子，就需要不同带隙的材料。表 2 给出了一个光子检测器截止波长的列表。

表 2 光子检测器的截止波长

材料	符号	截止波长/μm
硅	Si	1.1
锗	Ge	1.65
硫化铅	PbS	3.1
锑化铟	InSb	6.2
碲镉汞合金（CMT）	CdHgTe	12.3

故锑化铟可以用来制作 3～5 μm的检测器，而碲镉汞合金可以用来覆盖 8～14 μm 区域中的8～12 μm段。内光电效应可以进一步分为两种类型：光导型（Photo - Conductive，PC）和光伏型（Photo - Valtaic，PV）。光导型的检测器材料通常为纯本征材料，其电子受到激励而穿越带隙会增加检测器材料的电导率；而光伏型检测器则由检测器材料的p - n结组成，电子受激励跨越带隙会改变结上的电压。

4.3 冷　却

随着光子波长的增加，检测器的带隙要求会降低。这会导致一个问题：越来越多的电子具有充足的能量（由检测器材料的温度产生的热能）跨越价带和导带的带隙。这些热激励电子是检测器噪声的主要来源，并且随着带隙越来越小，最终这种噪声可能淹没光子所产生的信号。显然，这一问题的解决方案就是冷却检测器的材料，这一电子就不会具有跨越带隙的热能。一般而言，带隙越小，冷却的要求越高。

当代的热成像仪大多使用 Joule - Thomson 微型冷却器（简称 JT 冷却器）。当气体先膨胀然后冷却时，会产生 Joule - Thomson 效应。最容易获取的气体就是空气，将其干燥并压缩（通常超过 300 个大气压）。将压缩空气注入 Joule - Thomson 冷却器，这是一种末端带小孔的螺旋形逆流换热器。螺旋管道被精确地嵌入真空杜瓦瓶的玻璃凹槽中。当气体在螺旋管末端膨胀并冷却时，玻璃凹槽将使空气从螺旋式逆流换热器外流出，并冷却螺旋管道。由于此时螺旋管中的空气向下流动，因此其会被略微冷却直到其到达末端，而在末端空气会膨胀并进一步冷却。这一过程不断持续，直到螺旋管末端的温度达到大约－196℃（77K），即氮气的液化温度（空气中的主要成分）。因此，在螺旋管的末端会有一些液氮的“积水”，而检测器材料位于凹槽的另一面，因此其温度大约为 77 K。真空杜瓦瓶降低了外部空气的热传输问题，且杜瓦瓶前端的窗口材料通常为锗。JT 冷却器的结构如图 7 所述。

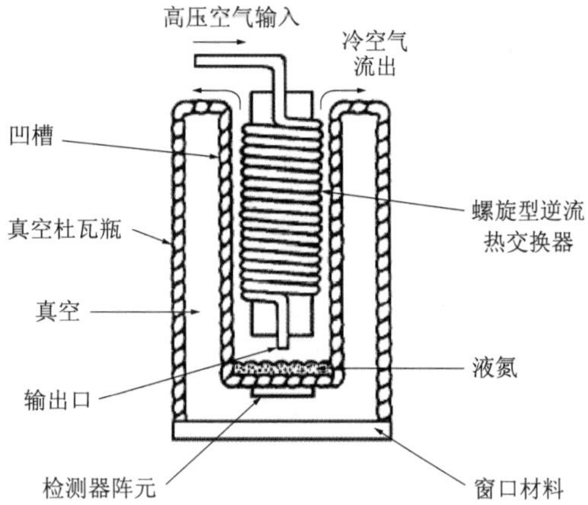

图 7　Joule - Thomson 微型冷却器

典型的冷却时间为几十秒量级，具体与热成像仪的应用有关，但也有些冷却器的冷却时间为 1 s 甚至更少。另一种正变得流行的冷却技术是斯特灵循环冷却器。这是一种密封的气体（通常为氢）存储装置，其中包括压缩空间和膨胀空间。压缩空间变热而膨胀空间变冷。这些斯特灵引擎通常需要 20 W左右的电能来进行大约几分钟的冷却。这对于机载或者舰上的应用来说并不是个问题，但是对于要求快速进入工作状态的手持系统来说就是个不小的麻烦。

5　热成像系统

5.1　复杂度

在设计一个热成像系统时，人们会面对两个紧迫的问题。红外检测器阵列及其冷却系统非常昂贵而难于制造。而且，越复杂的检测器阵列其电子复杂度就越高。因此，人们当然可以选择一种“简单”的检测器阵列，这种阵列成本低，电子系统要求也低，但这就可能需要一个复杂而昂贵的“扫描器”。

5.2　单阵元扫描

最简单的检测器显然是单阵元的。入射信号通过一组透镜聚焦到“物体空间”中的视景上。通过两个反射镜的协同运动，可以实现阵元在场景中垂直（俯仰）和水平（方位）的扫描（图 8）。由于只有一个阵元可以“观测”视景，因此需要在时间上进行采样来获取一系列图像点（通常至少 10 000 个点），且图像必须具有使眼睛舒适的速率（通常为 25 帧/s 以上以避免闪烁）。这就意味着系统扫描的速度必须很快，即检测器观测场景中某一部分的时间（凝视时间）必须非常短。这反过来意味着检测器对于场景中的任何部分都只能接收很小的一段信号，因此受到低信噪比的影响，会产生一幅热敏感的图像。同时，快速扫描也意味着扫描机构本身的机械结构会很难制造且造价昂贵，特别是轴承和电机。这种设备的高度敏感性使得其很少被应用于军用监视系统，但在商业和医疗成像系统中可以找到相关例子。

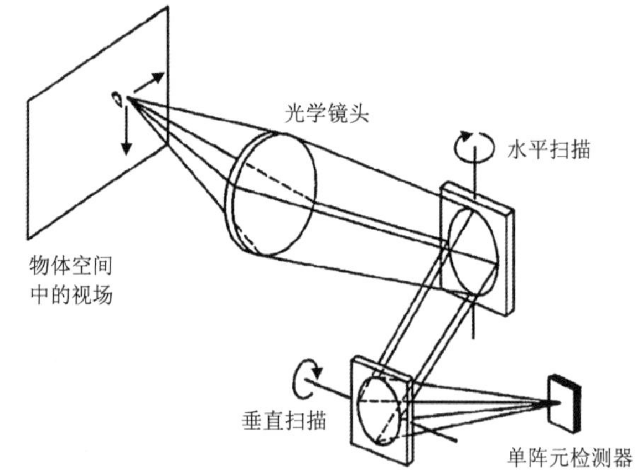

图 8　单阵元扫描

5.3　并行扫描

在并行扫描系统中，视景由垂直阵列上若干检测器阵元进行扫描。而在每个场景的水平方向，则由扫描机构来产生图像数据中的若干条线，这些线的数目与检测器阵列的阵元数目一致。对于给定的数据率，并行扫描能够大幅度降低扫描速度。这意味着更长的凝视时间和更高的信噪比（需要指出的是，使用 N 个阵元的检测器阵列可以提升信噪比 $\sqrt{N}$倍，这是由于随着凝视时间增加 N 倍，噪声是随机且不相干的，因此只会增加$\sqrt{N}$倍）。

每个检测器阵元及其相应的处理/放大电路都必须是均匀的或者进行过校正（增益和相移调整），否则会产生有斑点的图像。一般而言，这种检测器响应的非均匀性会限制阵列的长度。当前服役的这类系统，其阵列通常具有几十个阵元。为了在图像中获得更多的分辨线条，就需要在处理过程中融合某种形式的垂直扫描。这种扫描通常按照某种步长或“条块”进行，即阵列首先对场景中一个条块进行水平扫描，然后垂直扫描机构下降一格，则阵列会扫描第二个“低一些”的条块，依此类推。实现这种思路的方法之一是使用两个独立的镜子，一个快速旋转水平扫描镜和一个慢一些“摆动”的垂直镜。另一种方法是使用由多个镜面组成的旋转镜，从而对每个条块改变俯仰角（图 9）。

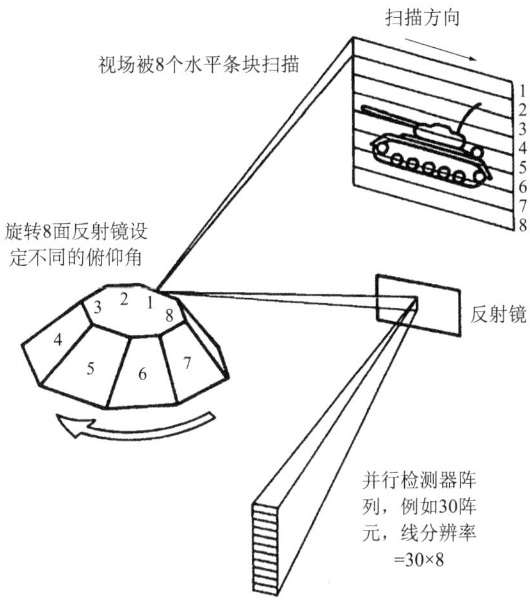

图 9　并行扫描机械

未来的系统可能采用由数百个阵元组成的阵列（成为长线阵），从而只产生一或两个条块。采用这种设备获得的图像质量可能会变得很高。

5.4　串行扫描

串行扫描用若干检测器阵元进行水平方向的扫描，但此时的检测器阵元须水平安装（图 10）。可以看到，场景信息在通过各检测器后再加一个与扫描速度有关的短时延。如果将每个独立检测器阵元的信号加在一起（通过适当的时延并利用电路相加），则对于 N 个阵元，信号的幅度将增加 N 倍，而噪声增加$\sqrt{N}$倍，因此信噪比增加$\sqrt{N}$倍。

串行整合还有助于平均阵元间的非均匀性，但其缺点是电子系统的复杂度增加。串行扫描可以被看作一种更加敏感的单传感器，且其扫描速率与单传感器相同。因此，人们制造出串行和并行阵元相结合的阵列，称为串并扫描（图 11）。该系统的电路相当复杂，而且对阵列内部的检测器阵元进行电连接也是相当困难的。正是这些困难导致了 SPRITE 检测器阵列的出现。

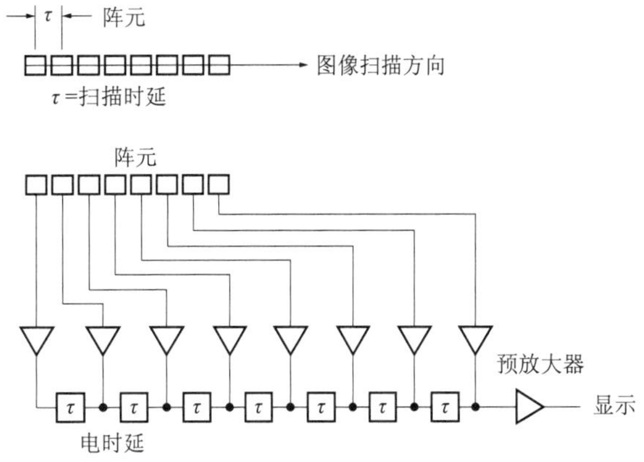

图 10　串行扫描

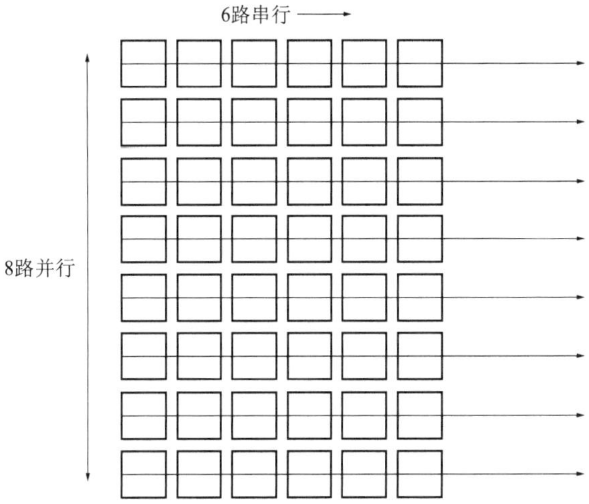

图 11　串并扫描

5.5　SPRITE 阵列

在 SPRITE 阵列中，其阵元是原先的 10 倍宽。检测器材料用电流源进行偏置，这使得红外辐射所产生的流动载体向读出区“漂移”。如果漂移速度与 SPRITE 阵列对场景进行扫描的速度匹配，那么所有与某特定场景局部相对应的载体在到达读出区时将同相，这使得信噪比变为$\sqrt{N}$倍（其中 N 近似为 SPRITE 阵列的长度除以宽度）。因此，与标准的串行扫描相比，这种方法极大地降低了电子系统的复杂度和连接的困难性（图 12）。

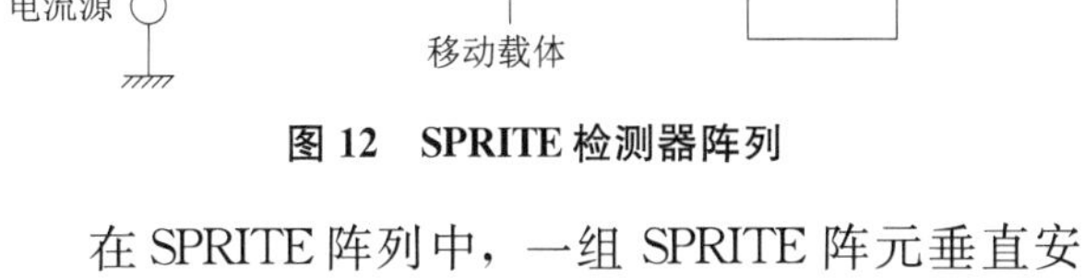

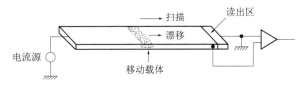

图 12　SPRITE 检测器阵列

在 SPRITE 阵列中，一组 SPRITE 阵元垂直安装，并行扫描。这种阵列是当前较好的热成像仪的基础。

5.6 两维凝视阵列（焦平面阵列）

如果能够制造足够多阵元的两维凝视阵列，那么就无须扫描。与扫描系统相比，其优点和缺点都很分明。

其优点如下所述：

“无须扫描”意味着：

（1）机械复杂度降低。

（2）由于不需要扫描电动机，可能降低了功耗要求。

（3）对环境更加鲁棒（在冲击/压力下不会有机械故障）。

（4）凝视时间：由于两维阵列的电读出数据很快，因此两维系统可以用整个帧的时间来“凝视”一幅场景，而扫描系统的凝视时间要短得多。如果“凝视”时间增加 N 倍，则信噪比会增加$\sqrt{N}$。因此，在相同的有效图像格式下，两维阵列天然地比扫描系统更敏感。

其缺点如下所述：

（1）检测器更加复杂。

（2）电路更加复杂。

（3）大量的检测器阵元需要物理上的电连接（导出），导致制造技术上的困难。

（4）更多的检测器阵元使得阵元间的非均匀性变得更加严重，故需要对原始数据进行更多的电子校正，因此更加昂贵、复杂且耗电。

但是，将红外检测器阵元与硅电耦合器件（Charge Coupled Device，CCD）集成，可以克服导出问题。如果检测器不具有像硅那样的晶体结构（例如碲镉汞合金检测器阵元），则这种技术被称为“掺杂”（在美国被称为“Z 平面”）。当检测器“凝视”视景时，CCD 相当于一个红外检测器材料产生电荷的存储装置，而当检测器工作在“转移模式”时，CCD 则相当于读出器件。一个具有这种混合结构的阵元如图 13 所示。

限制光子检测器的两位阵列尺寸的因素是检测器材料。目前，已经可以制备 256×256 的商用锑化铟阵列，512×512 的阵列花费一定代价也能获得。

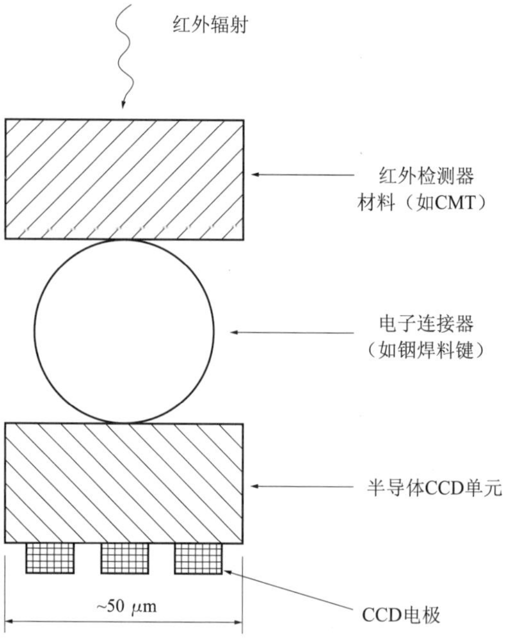

图 13　两维凝视阵列中“一个”阵元的混合结构

5.7 未来的热检测器

这里需要指出的是，硅读出结构可以与热释电材料（一种热检测器）联合使用，这是本章前面提到的未来的步枪瞄准器的基础。目前，这类器件在英国和美国都在进行紧张的研发，当这种器件可以完全量产的时候，其将与第三代图像增强设备一样便宜。

5.8 其他系统

5.8.1 远程地面传感器

有很多种入侵告警系统采用单传感器-热检测器来监测辐射物体的存在。在军用系统中，其通常与声学或地震传感器联合使用。商用的“安全照明”系统在物体进入监视区时，采用单阵元热检测器来切换照射方向。

5.8.2 红外线扫描

红外线扫描是一种机载系统，主要用于侦察机和无人机，作为传统相机的补充提供夜视能力。机体的运动使得扫描沿飞行方向进行，而通过旋转棱镜或反射镜进行的机械扫描则实现跨航线方向的扫描。红外检测器获取的信号被用来进行滚动显示，或作为视频数据记录下来留作以后分析。

5.9 导弹制导

红外寻的或热寻的导弹已经服役很多年了。对于飞机目标，合适的红外检测器通常工作在 3～5 μm波段。而用来“锁定”的主要发射源一般为尾喷焰和目标上非常灼热的引擎部分。检测器的输出信号被反馈到导弹的控制面，使其飞向目标。一些最新一代的红外寻的导弹采用了扫描阵列或凝视两维阵列，从而具有完整的成像能力（这些导引头通常称为“成像 I^2R”）。这些 I^2R 系统具有非同寻常的能力，极难被目标所欺骗。

5.10 红外搜索和跟踪

IRST 通常是用来进行扫描大范围关注区（直至360°全方位角覆盖）的系统。当探测到一个红外目标时，IRST 系统会简单地对其存在进行告警并持续跟踪它。大多数 IRST 系统通常不会提供完全电视画质的目标图像。这些系统在 3～5 μm 和 8～14 μm 都可以工作。

6 激　　光

目标所发射的电磁辐射（如红外等）对于获取目标信息是非常有用的。但在某些情况下，目标的辐射非常弱或者其距离很远，则通过传统的被动技术就很难探测到目标。因此就需要提供一些额外的光源对目标进行照射，从而增强其电磁（光）辐射强度。这通常使用某种可见光频段的照射设备来实现。

6.1 激光器的原理

激光器是一种在紫外、可见和红外频段产生和放大光源（电磁辐射）的光学设备。第一部激光器于 1960 年出现，它将激励发射的原理从微波频段扩展到可见光谱。

6.1.1 激光器的工作原理——一种两级系统

如果考虑一种光学材料，其原子和中子位于一个较低的未激励能级 E_1 ［图 14（a）］，但可以应用外部“泵”对原子施加激励［图 14（b）］。如果这个“泵”足够给力，那么就可能激励大部分原子进入更高的激励能态 E_2，其中 $E_2>E_1$。因此能级占据数变得“反转”了，或者说存在“粒子数反转”的状态，如图 14（b）和图 15 所示。

在正常情况下，这些原子最终会逐步释放到较低的曾经占据的能级上。这一过程会导致超出的能量（等于能隙，$E_g=E_2-E_1$）被释放，这就可能产生光子的电磁辐射。这是一种随机现象，就像我们看到的白炽灯那样，是一种自发辐射，如图 14（c）所示。

如果考虑一个光子入射到发射材料上，而光子具有的能量等于能隙 E_g，则光子所对应的电磁波将导致能隙的振荡。从结果看，能级的波动与入射光子产生了共鸣。因此，能量系统会产生轻微的不稳定。这种不稳定会导致原子被释放到更低的能级上。如果发生这样的情况，它们的多余能量就会激发出光子。认识和理解激光现象的关键点在于，最初的光子还存在，并没有被吸收，而且现在有两个光子了。这两个光子具有相同的能量，都为能量转换带隙，所以它们具有相同的波长 λ 和一样的传播方向。如果粒子数反转持续下去，那么就有两个光子作进一步的受激发射，因此就产生了一种级联的放大效应。在这一过程中，材料就可能获得某种“增益”。激光材料的增益与受激发射的概率以及吸收发生的概率成比例，可以写成：

$$\text{Gain}\propto P_{SE}-P_{abs} \tag{12}$$

同时，所有具有相同能量（即具有相同波长）的生成光子其传播也是同相的，也就是说它们是相干的，如图 16 所示。

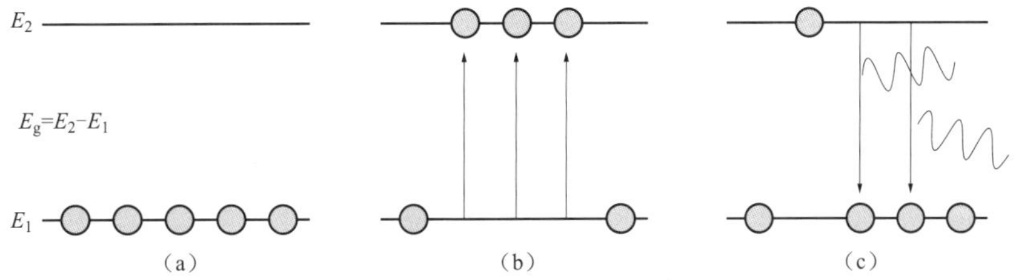

图 14　能级

（a）未激励状态；（b）粒子数反转状态；（c）发生自发辐射，电子被发射

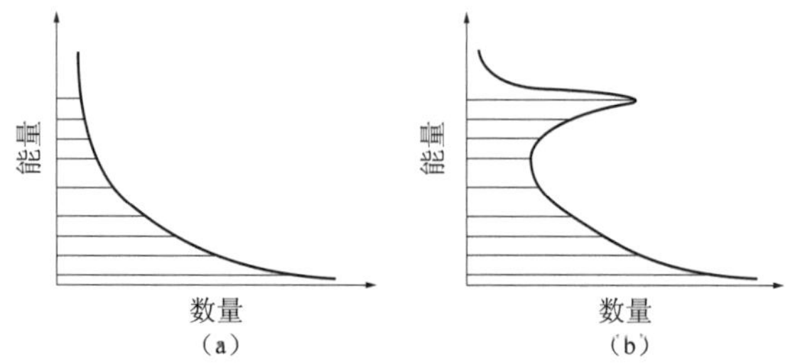

图 15　能级：能量与粒子数的函数

(a) 未激励材料；(b) 粒子数反转

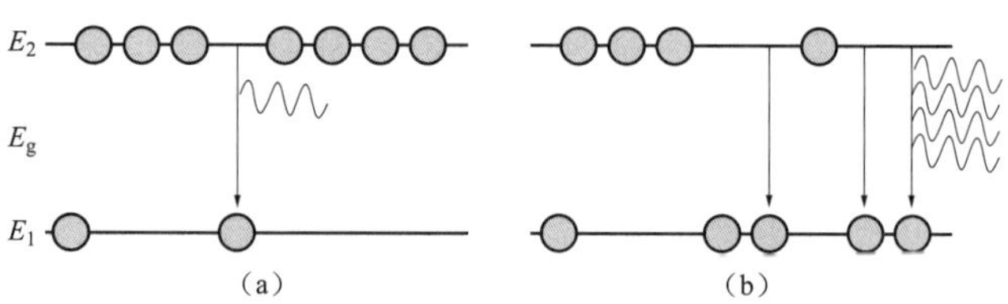

图 16　当释放发生时，电子被辐射

(a) 光子通过自激振荡产生新的光子；(b) 光子是相干的

在上述简单系统中，光子由受激发射产生，并在其离开材料时被系统丢失。在激光器中，用高反射率（$r=1$）反射镜将这些光子重新射入材料。这些反射镜构成了一个“空腔”。简单来说，如果使用两个反射镜，那么光子会被反射回材料四次。显然，使用这样的空腔会增强受激发射，并使得光子沿同一方向射出。而任何其他方向上的发射光子都会丢失。如果某个反射镜的反射率较低（$r<1$，通常为1%～10%），那么一定比例的光子会从空腔中被释放出来，形成一个喷射光子波束。所以，系统实际上是通过受激辐射实现了电磁辐射（或光）的放大效应。将上述过程的首字母连在一起就得到一个新的名称：LASER。

6.1.2　激光器激励

激光并不是简单地由外部“推动力”的激励来实现的，要能够发射激光，就需要克服激射阈值。在阈值以下，自激发射会在激励与释放过程中占主要地位，此时没有相干激光产生，只有在激射阈值以上才会产生激光（图 17）。

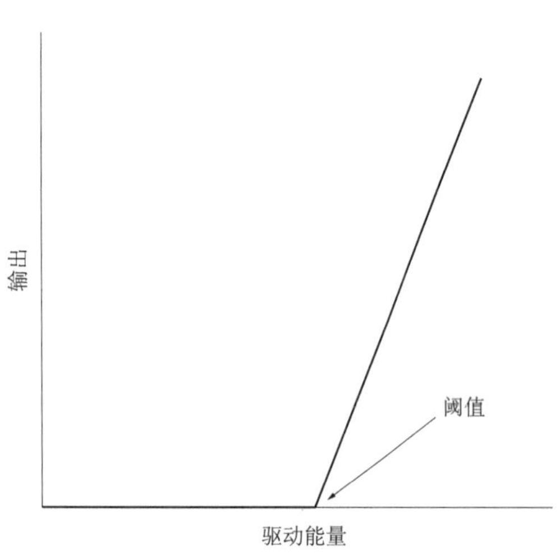

图 17　激射阈值

这种激励或“推动”的过程随激光系统的不同也会发生变化。一般来说，激光器激励可以是脉冲式的，也可以是连续波。对于脉冲型激光器，其光输出是一个短脉冲；而对于一般激光器，其输出是连续的，因此被称为连续波。

（1）对于固态激光器（例如掺钕钇铝石榴石激光器），其激励通常为闪光灯。

（2）对于气体放电激光器（例如二氧化碳激光器），使用直流电、射频脉冲电弧放电或电子流进行激励。

（3）对于半导体激光器则使用直流电注入激励。

（4）化学激光器使用化学放热反应激励。

（5）气动激光器使用热泵激励。

（6）液体染料激光器使用闪光灯或其他激光器激励。

如果激光器是脉冲型的，则一般采用快速的（微秒到毫秒级）脉冲。有一些可以进一步缩短激光脉冲时间的技术，其中最常见的是 Q 开关。而对于连续波激光器，则工作时间相对较长。

简单来说，连续波和脉冲工作模式的选择受到以下因素的限制：

（1）介质的物理特性，需要其具有短生命周期的粒子数反转。

（2）推动/激励过程。

（3）长时间工作的损害影响。

（4）长周期工作的波束恶化。

6.1.3　激光器空腔

正如上文讨论的，可以通过将发射光子反射回激光材料来增强其受激发射过程，这可以由两个反射镜组成的空腔来实现，这两个反射镜通常称为后镜和前镜，或耦合器。图 18 展示了几种不同的激光器空腔。

基本的空腔类型有以下几种：

（1）平面并行。其由两面完全平行的反射镜组成，虽然很简单，但由于很难将两面镜子对准，因

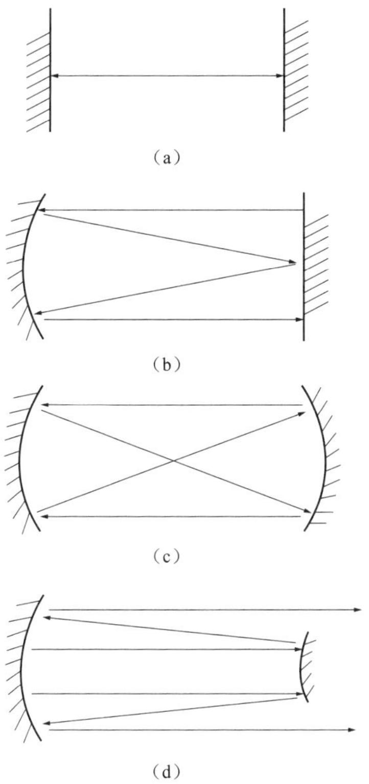

图 18　四种基本的空腔类型

(a) 平面并行；(b) 半共焦；(c) 共焦；(d) 正支共焦

此这种空腔并不常见。

(2) 半共焦。其由一面平面反射镜与一面焦距为 f 的凹面镜组成，两镜间隔为 f，这种类型的对准要容易一些。

(3) 共焦。其由两面焦距为 f 的凹面镜组成，二者间距为 $2f$。

(4) 正支共焦。需要指出的是，该类型与其他结构在输出时，100%镜面反射不同，其反射并不覆盖整个波束区域。从图 18 可以看出，其波束在剖面上为环状。

前三种空腔类型称为“稳定”型，这表明其平行于空腔轴线的初始光线总是能够在镜面间被来回反射四次，即使在轻微失准时也可以。而图 18 (d) 中的正支共焦型空腔是不稳定的，也就是说其不具备稳定型空腔的性质。

6.2　激光器实现——三级和四级系统

到目前为止，本章讨论的激光器都是简单的两级系统。这对于描述激光器的工作原理比较有用，但却不实用。这是因为要使一个激光器正常工作，激励和未被激励的分子原子都是需要的。

为了使激光器工作，需要在高能态的原子比低能态的多，从而形成粒子数反转，但同样需要保持这种状态，因此就需要一种机制，使得原子能够在不吸收所需要的光子的情况下保持这种能态。如果只有两种可能的能态，且只能通过吸收光子作为能量来源，这是不可能支撑所需要的功放增益的。这是因为在一个光子通过一个粒子数反转后，许多原子会回到原来的低能态。因此，即使在最好的情况下，也只能希望激励和未激励的原子之比能够为 50∶50，因此在实际中增益为 1。

在实际中，原子可以有许多可能的能态。这就使得人们可以使用一些外部激励使得原子进入更高的第三能态。这样，它们就可以释放回“激光”激励能态，而不需要吸收“激光”光子（见图 19 和图 20）。

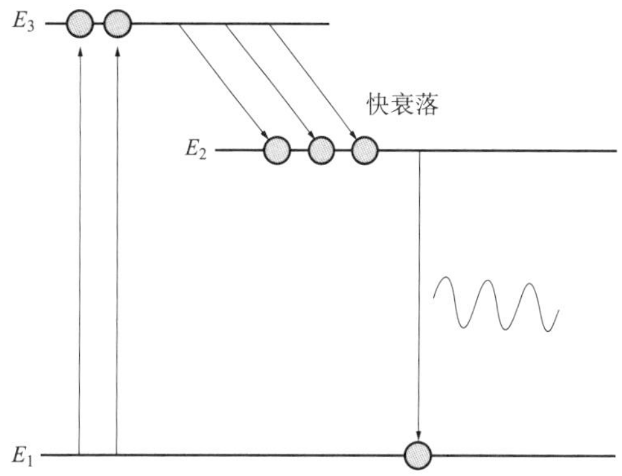

图 19　三级激光器系统

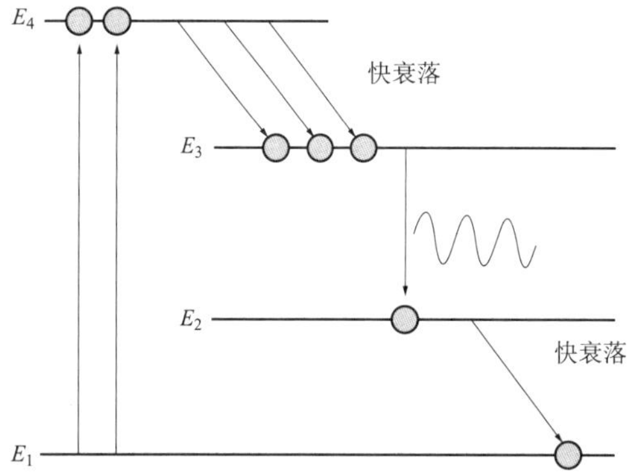

图 20　四级激光器系统

在三级或四级的激光系统中，发射光子的能态如下所述：

(1) 在三级系统中从一个中间能态下降到最低能态。

(2) 在四级系统中从一个中间能态下降到另一个中间能态。

在四级系统中，能态 E_2 会快速衰落回 E_1 而被“清除”，因此四级系统在保持粒子数反转方面与三级系统有关。也就是说，四级激光器要比三级更有效。

第一种激光器（Maiman 的红宝石激光器）就是三级激光系统，其效率仅为 0.1%，而掺钕钇铝石榴石激光器是四级系统，其效率为 1%～2%。

在所有的电子系统中，有很多电子能态，且自激发射在受激发射中占主体。因此相对而言，激光器的效率是非常低的。系统的能量损失主要体现在非相干光、噪声以及放热上。

6.3　激光器波束

尽管相对于其他电磁辐射源来说，激光器的效率很低，但其所具有的一项特殊性质使其脱颖而出。激光器的输出可以是一个非常短的脉冲，而且光线可以包含在一个非常窄的波束中。这就意味着激光器的光照强度要远高于周围的光环境，通常在很远的距离上都只有一个很小的激光点。

激光器的波束形状（从上文提到的稳定型空腔射出）一般为理想的高斯型。因此，在一个半径点 r 上的波束强度 I 可以表示为（图 21）：

$$I=I_0\exp\left(\frac{-2r^2}{w_0^2}\right) \tag{13}$$

式中，I_0 为峰值强度；w_0 为在 $1/e^2$ 强度水平上的波束半径，在这一半径上强度下降约 86%。

图 21　高斯型波束像

6.4　激光波束与扩散

发射的激光波束在其传播过程中会扩散、展开。通常，激光波束的扩散用弧度（rad）或者毫弧度（mrad）表示。波束的最小衍射限制扩散角 θ_{min} 可以表示为

$$\theta_{min}=1.22\frac{\lambda}{d} \tag{14}$$

式中，d 为激光波束的直径；λ 为激光的波长。通常，激光波束的扩散最多到 20 倍的衍射限制，多数系统的扩散为 0.1～1 mrad。

由图 22 可以看出，当激光波束传播一段距离后，就可以确定其波束的尺寸（面积）。如果在距离 R 上激光波束的直径为 D（两倍于其半径 r），那么就可以用下列公式确定激光波束在距离 R 上的面积 A：

$$\begin{aligned}&r=\frac{d}{2}\approx\frac{D+R\theta}{2}\\&A=\pi r^2\\&A=\frac{\pi(d+R\theta)^2}{4}\\&A=\frac{\pi(R\theta)^2}{4}\end{aligned} \tag{15}$$

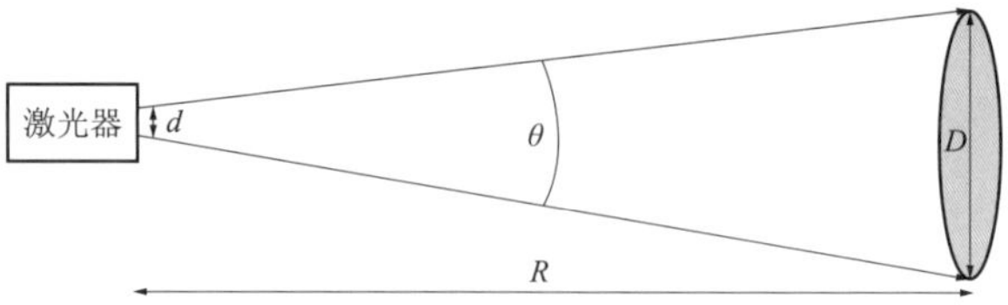

图 22　激光器波束发散

注意到，对于上述计算，可以假设初始波束直径 d 相对于最终波束直径非常小，即 $d\ll D$，因此 d 可以被忽略，从而进一步简化分析。

6.5　常见激光器的类型

常见激光器的类型如表 3 所示。

表 3　常见激光器的类型

激光器材料	输出波长 λ/nm
氯化氙准分子	308
氩气	488～515
Rhodamine 6G（染料）	590
氦氖	633
红宝石	694
紫翠玉	700～815
砷化镓	850
钇铝石榴石（Nd：YAG）	1 064
铒	1 540
钇铝石榴石（拉曼频移）	1 540
钬	2 060
氟化氢	2 500
氟化氘	3 800
二氧化碳	10 600

6.6　波长覆盖

虽然有关波长覆盖的内容不在本章的范围内，但需要指出的是，尽管激光器的输出具有离散特性，即通常其只有单一波长，或者说至少是在一个很窄的带宽上，波长覆盖技术还是可以获得的。这些技术使得激光器可以改变其波长，或者说可以使其转变到另一个波长上，这样可以使激光器工作在没有激光器材料可以正常传播的电磁频谱区域。

最常见的例子是倍频（或者二分频激光波长），此时大多使用掺钕钇铝石榴石激光器，波长1 064 nm的输出被分频到532 nm，从而将光转入可见光区。这些技术包括拉曼频移、光学参数化振荡器以及染料频移。

7　总　　结

目前，红外技术正在不断快速发展。具有更高空间和热分辨率的热成像系统正不断涌现。未来的系统可能是并行扫描、长基线阵列或完全二维凝视阵列，与现有系统相比，无论哪一种系统都将在更远的距离发现目标。热成像仪是一种不依赖环境照明的被动系统，因此其能够在夜间具有和白天一样的性能。在晴朗的大气环境下，热成像系统通常优于视觉监视系统，并且可以穿透战场烟雾、霾以及轻雾。但是在浓雾和降雨环境下，若雨滴尺寸接近或者超过了红外波长，这将导致严重的散射，从而降低热传播的距离，此时只比视觉距离稍好一些。在这些气象条件下，热成像仪需要雷达系统的辅助，因为雷达系统受雨雾的影响较小。和成像系统的开发一样，激光器的发展也很迅速。在未来的发展方面，可以采用染料频移、拉曼频移和光学参数化振荡器等技术来增强激光器波长的多样性。

延伸阅读

本章只是对一个非常宽广领域的简要介绍。对于希望进一步研究的读者来说，下列文献是值得阅读的：

Richardson，M. A. et al.（1997）*Surviellance and Target Acquisition Systems*，2nd edn，Brassey's.

Lloyd，J. M.（1975）*Thermal Imaging Systems*，Plenum.

Siegman，A. E.（1986）*Lasers*，University Science Books.

Shimoda，K.（1991）*Introduction to Laser Physics*，Springer.

Hecht，J.（1992）*The Laser Guidebook*，McGraw Hill.

本章译者：潘捷，周建江（南京航空航天大学电子信息工程学院）

第 250 章

光电成像与跟踪系统

Mark A. Richardson，David B. James
克兰菲尔德大学信息与传感器系，谢林汉姆，英国

1 引　　言

在苏联入侵阿富汗的战争中，有 250 架飞机（固定翼或旋翼）被红外制导地对空导弹击落，而且这还是在那些战士缺乏训练的情况下。据统计，大约 80%的作战飞机损失是由红外制导导弹造成的（地对空导弹和对空对空导弹）(Jane's International Defense Review，2004)。

1973 年，两枚苏制红外制导地对空导弹（SA－7）在罗马被发现，其打算攻击的目标是以色列的民用飞机。从那开始，有 30 架民用飞机被红外制导地对空导弹击落，近 1 000 人丧生（Jane's International Defense Review，2004)。

2003 年 2 月，一份美国国会报告显示，全球地对空导弹的持有者超过 500 000 人，有 27 家不同的军事组织和恐怖组织拥有这种武器（Jane's Intelligence Review，2003；DelBoca，2003；Hunter，2002)。

2 红外寻的导弹导引头

2.1 第一代导引头

图 1 所示为第一代导引头系统的基本组成。这类系统通常被称为自旋扫描导引头，其通常应用于早期的红外制导导弹中，可以对目标产生严重威胁。

场景中产生的红外辐射在穿过导弹头罩以后，通过卡塞格伦望远镜在一个自旋（旋转）调制盘上形成图像。检测器（一般为非冷却硫化铅）将上述被消减的红外信号转化为电信号。在调制盘上，使用传感器进行相位敏感检测，从而将误差信号转化为俯仰变化和偏航。自动增益控制（Automatic Gain Control，AGC）被用来防止电子功放和滤波器的饱和。装有万向头的导引头可以使关注区（Fields Of Regard，FOR）大于 90°。

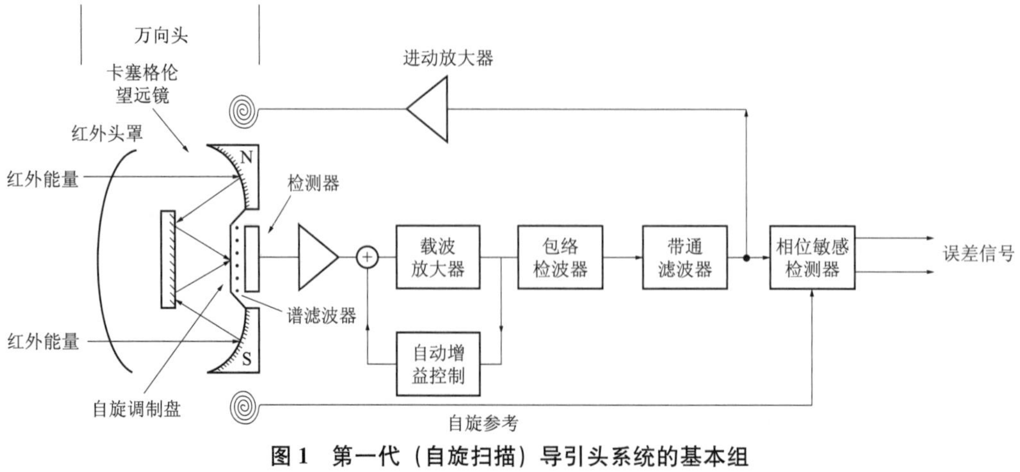

图 1　第一代（自旋扫描）导引头系统的基本组

人们开发出若干种调制盘设计以优化其跟踪性能，其中最简单的一种是朝阳调制盘，如图 2 所示。其中有一个零相端口，该端口只传输 50%的辐射，以此来设定导引头内自动增益控制模块，并产生相对于测量点的信号相位。而其他部件则是 100%和 0%传输交替进行，从而产生一个幅度调制信号。图像越靠近轴线，则所产生方波的幅度越小。因此，上述过程能够产生一个时间参考波形，以提供图像相对于导引头视觉轴线（调制盘的中心）的空间信息。

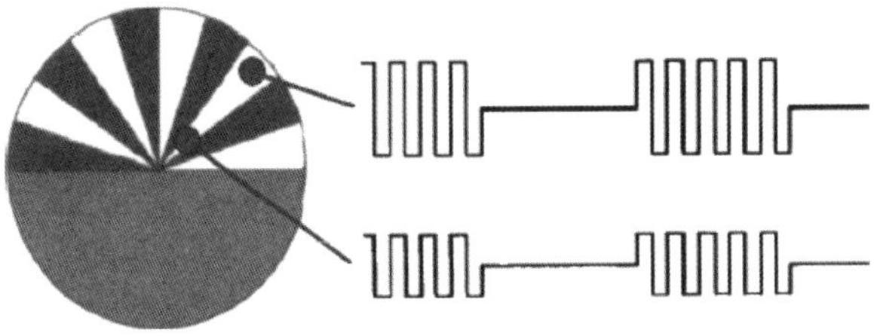

图 2 朝阳调制盘（显示了幅度调制和零相位段）

根据幅度调制的程度可以将合法目标从红外源背景中分离出来。大型的信号源，如云，会产生小的（如果有的话）调制，因此当调制盘经过其目标感知段时，不会识别到任何单个的热点。

这一代导引头中使用的非冷却硫化铅检测器通常的峰值敏感度小于 3 μm。因此，这类系统一般工作在 2～2.7 μm 的近红外大气窗口。这就使得这种导弹只能进行追尾攻击，因为检测器只能分辨引擎中的热金属，以及尾流中喷射出的更热的水汽。

对朝阳调制盘的改进包括在调制盘中增加弯曲射线，从而降低被直边缘红外发射机欺骗的可能（图 3）。

图 3 改进后的第一代调制盘

Strela－2 导弹（SA－7“圣杯”）是第一代红外制导导弹的一个典型范例，于 1968 年装备苏联红军。可以说，SA－7 是这些武器中结构最简单的其中之一（图 4）。尽管这种导弹只能用于追尾攻击，但对没有装备电子对抗（Counter Measure，CM）系统的飞行器而言，其仍然是主要威胁。该导弹装备碰炸引信，最小作战高度为 50 m。这类武器通常被称为便携式防空系统（Man－Portable Air Defense System，MANPADS）。

图 4 SA－7 采用第一代导引头

当这种导引头控制导弹弹体时，目标将位于导弹视场（Field of View，FOV）的中心，但由于轴向敏感度的限制，瞄准将来回摆动。由于目标位于调制盘中心时调制幅度很小，这会使导引头失去所有的精细目标信息。这使得导弹即使在目标横向速度很小的情况下命中率也不高。在第二代系统中，人们采用光轴旋转解决了轴向不敏感的问题。

2.2 第二代导引头

第二代导引头（通常称为圆锥扫描）采用固定调制盘和一个旋转的光学系统，其对于轴线上的目标会形成方波，从而消除第一代系统中的轴向不敏感问题。如图 5 所示，第二反射镜是倾斜的，且第一和第二反射镜均可旋转，故固定调制盘上的图像存在环形章动。

第二代系统中的调制盘通常称为货车轮型调制盘，如图 6 所示。

当目标处于导引头轴线上时，调制盘上的图像会出现有中心的环形章动，从而产生恒定方波（无频率变化，这是很多系统接收部件的工作频率）。当目标偏离轴向时，导引头会产生调频波形。同时，旋转光学系统上也安装有传感器以计算俯仰和偏航所需的轴向偏差。

更加敏感的检测器材料也被不断用于增强导引头的全向跟踪性能。采用锑化铟类材料的冷却检测器工作在 3～5 μm的中红外大气窗口。而工作在更长波长的导引头可以探测到引擎中较冷的部件、机体上的热部分，以及尾流中的冷却二氧化碳喷射物，从而获得更宽的攻击角度。冷却检测器有很多种，一般认为最常见的是带有一小瓶氩气或氮气或干燥空气的 JT 冷却器。

第二代系统的范例是随处可见的 AIM - 9L（响尾蛇），如图 7 所示。

在便携式防空导弹中也有这类系统的例子，如美国的“红眼”、基础型的“毒刺”以及苏联的 Strela - 3（SA - 14）。中国的 QW - 1（前卫）及其巴基斯坦制造的版本 Anza Mk1 可能也采用了这代系统。

第二代（圆锥扫描）导引头也有其他一些类型，如法国的“西北风”便携式防空导弹。该系统仍然使用圆周章动，但其没有调制盘，而是用“十”字形分布的检测器替代，以产生调频输出（图 8）。因此，当目标处于轴线上时，系统产生一个方波（四个等间距检测器的输出），而当目标偏离轴线时，会产生频率调制的方波（不等距检测器输出）。苏联的 Igla（SA - 16“手钻”）和 Igla - 1（SA - 18“松鸡”）以及中国的 QW - 2 和巴基斯坦造的 Anza Mk2 可能也采用了这类导引头。

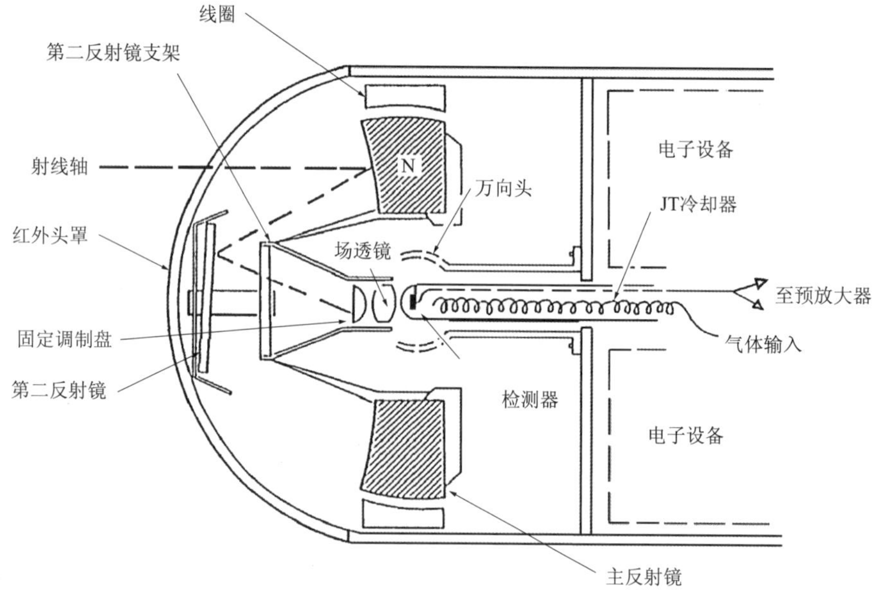

图 5　第二代导引头的原理

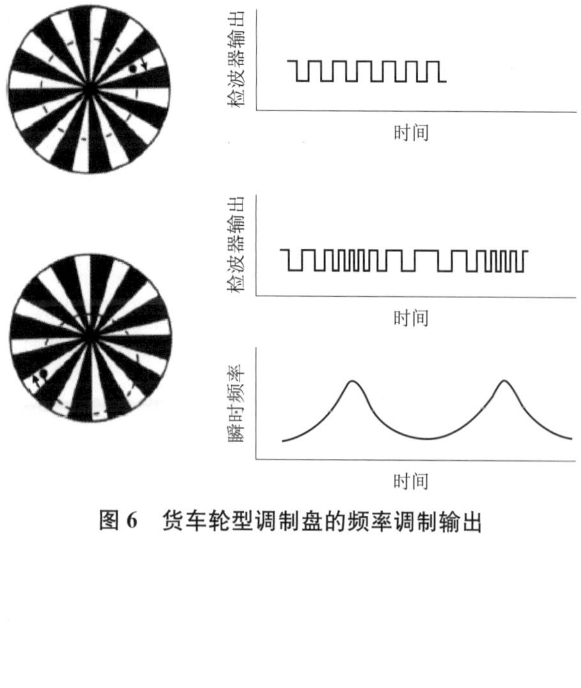

图 6　货车轮型调制盘的频率调制输出

图 7　AIM - 9L，第二代导引头系统

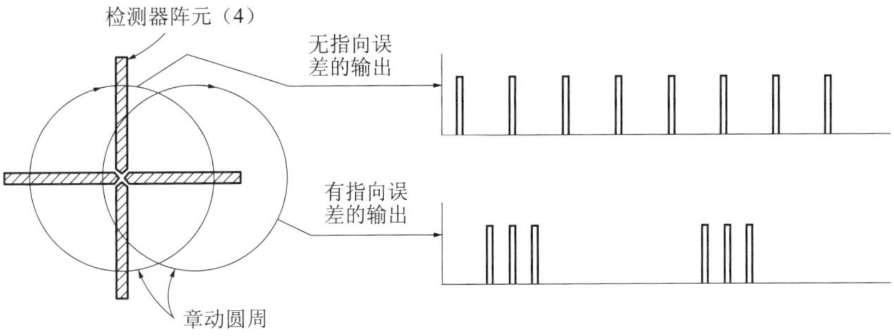

图 8 “十”字形检测器显示频率调制输出

2.3 第三代导引头

第三代导引头通常称为伪像系统，这是由于这类导引头通过将红外信号在检测器上移动来产生一个目标的模拟像。这通过旋转一组反射镜或者 Risley 棱镜来实现（图 9）。扫描方向图的形状随着反射镜或棱镜的相对旋转速率和旋转方向而改变。

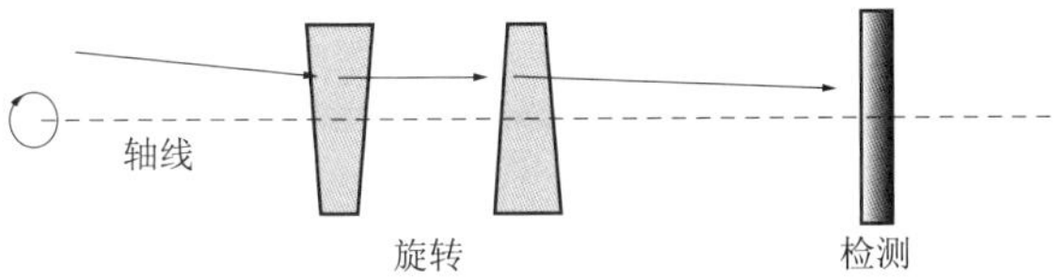

图 9 Risley 棱镜产生伪像扫描

尽管可以对扫描方式进行优化从而获得不同的特性，但应用最广泛的还是玫瑰扫描。因为这种扫描方式在完成每个“玫瑰花瓣”以后会重访轴线方向（图 10）。

第三代导引头的主要优点是减小了检测器的瞬时视场，从而增加了锁定距离，并提高了电子对抗的鲁棒性。

毒刺-可重复编程微处理器（Stinger - RMP）便携式防空导弹是第三代红外制导导弹的一个例子。其采用了更加鲁棒的光斑滤除机制以及红外/紫外双模检测器进行玫瑰扫描。紫外检测器通过寻找阴性对照信号来检测受到机体遮挡的阳光瑞利散射。从目标尾流接收的红外信号必须与恢复得到的紫外特征进行比对，从而实现对有效目标的验证。红外检测器采用氩气 JT 冷却器，其工作时间小于 5 s，如图 11 所示。

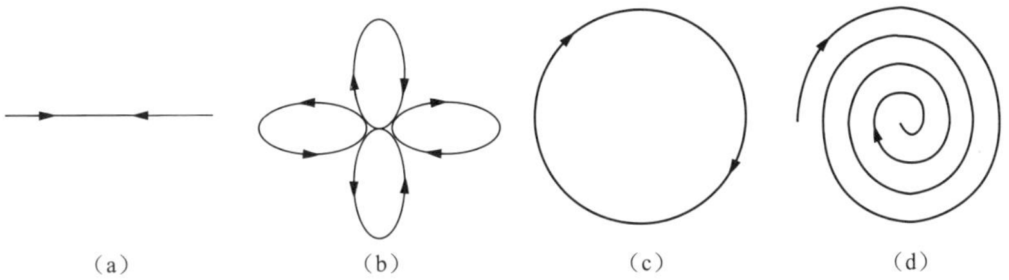

图 10 Risley 扫描模式

(a) 直线形；(b) 玫瑰形；(c) 圆周形；(d) 螺旋形

图 11 Stinger - RMP 第三代导引头系统

需要指出的是，苏联的 SA - 16/SA - 18 导弹所采用的紫外检测器电子对抗（守卫）通道，也属于第三代导引头。

2.4 第四代导引头

第四代导引头的特征是采用了多个检测器，从而在焦平面上产生目标图像，因此通常也称为红外成像（Imaging Infrared，I²R）导引头。这些独立的检测器可以线性排列，通过扫描产生图像，也可以采用凝视焦平面阵列。进一步发展的方向可能是采用彩色红外导引头，以此提高其电子对抗能力。

尽管阵列导引头对干扰具有更强的鲁棒性和更低的敏感性，但是与前面几代系统相比还是过于昂贵，因此其应用还不很广泛。图像尺寸和计算能力也是这一代导引头所面临的关键问题之一。显然图像的像素越少，计算越简单，但是对目标的分辨率也越差。图 12 所示为一个典型目标在凝视阵列上所成的图像。

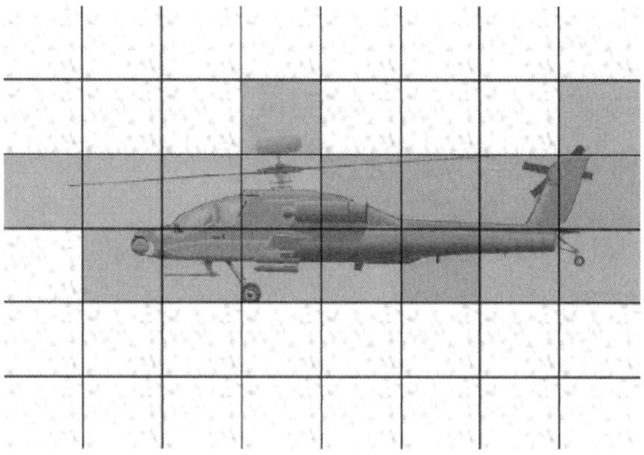

图 12　一个典型目标在凝视阵列上所成的图像

采用第四代红外导引头的导弹很多，如美国的毒刺 block2 型便携式防空导弹，原计划在 2000 年左右装备部队，配有 128×128 或 256×256 的 3～5 μm锑化铟凝视焦平面阵列，从根本上提高了目标获取能力（特别是在地杂波背景下）。但由于成本原因，计划延期了。但从一种类似被搁置的武器系统——标枪反坦克导弹——的情况来看，有理由相信这种便携式防空导弹会以较快的速度（5 年）装备部队。该导弹装备凝视焦平面阵列导引头，但美国军队目前搁置了其服役计划。

从目前来看，多数第四代系统均应用于空对空导弹领域，例如：

（1）德国 IRIS－T 近距空对空导弹，装备由两个交错配置的 64 阵元线性锑化铟检测器阵列，工作在 3～5 μm 的中红外区，具有 180°视场和主动激光引信。

（2）以色列的“怪蛇 4”，配备固定式导引头，可以与飞行员显示头盔相结合，可以实现 60°角的离轴发射，据说还装备了双色全景式红外凝视阵列（据称“怪蛇 5”会采用休斯公司的三红外频段 128×128 凝视焦平面阵列）。

（3）英国的 ASRAAM 近距空对空导弹，采用 128×128 锑化铟凝视阵列检测器，工作在 3～5 μm 中红外频段，具有 180°视场，可以用飞行员显示头盔指示目标，并且能够选择目标飞行器上的瞄准点。该导弹采用了撞击和主动激光引信。

（4）美国 AIM－9X（下一代“响尾蛇”），不久前该项目正处于工程制造与发展阶段。其采用了与 ASRAAM 导弹相同的凝视阵列，同样也可以用飞行员头盔指示目标。据称，该导弹采用了自适应和先进的处理技术，从而具有更好的目标捕获性能和抗红外电子对抗的能力。

3　平台存活力

为了降低飞行器平台被攻击的风险以及消除被攻击的后果，显然有很多事情可以去做或者去尝试。这一概念通常称为存活力。一些存活力的选项/概念如图 13 所示。

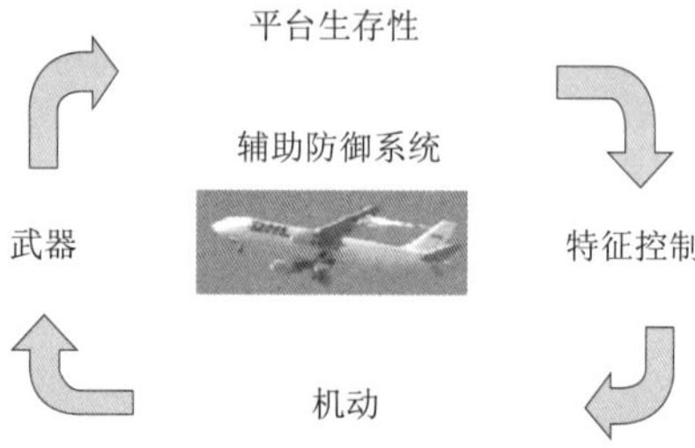

图 13　平台存活力的概念

3.1　特征控制

显然，降低目标在导引头工作频段内的红外特征，有助于减小被红外制导防空导弹击中的概率。但对于大部分飞行器，特别是民用飞行器，很少考虑其红外特征，而且目前服役的飞行器可能还要服役很多年，因此这些改动往往都是一些应用技术，或需要大量的改装工作。这类技术对引擎效率、质量以及空气动力学性能都不能有什么影响，否则燃料消耗问题就会显现出来，而这对于高度竞争的商业环境是不能接受的。

3.2　机　动

在军用领域，目标的机动显然是非常重要的因素。相反，民用飞行器的机动能力则是严重受限的。特别是民用飞行器在标准最后接近过程中的 3°下滑轨迹和标准起飞剖面部分，受威胁区域是非常大的，在沿航迹方向上几十千米范围内均可观测。

3.3　武　器

同样，在军用领域对威胁进行定位和火力对抗是可行的，但这显然不适合民用领域。

3.4 辅助防御系统

辅助防御系统无论在军用领域或民用领域都能够发挥最大的作用。军用系统同样可以适用于民用领域，从而极大地减轻民用飞行器对红外制导地对空导弹攻击的可能后果。显然，实际的系统仍然需要在成本、可维护性、维护时间以及失败率和飞行器性能之间进行权衡。

4 激光应用

自从1960年最早的红宝石激光器（λ=693.4 nm）出现以来，激光器的种类和性能都有了令人瞩目的进步。从家庭激光娱乐系统到激光指示器，激光器在每一个家庭中都发挥着其应有的作用。激光器的军事应用可能最为人所知。接下来，本书将展示一些激光器的常见军事应用。

4.1 测　距

在20世纪60年代，激光测距仪发明以前，对目标的测距技术相对粗糙，人们或是利用分划板上的光学标志，或是利用具有良好飞行特性的第二武器（通常是枪）的弹道来实现。随着激光测距仪的出现，人们可以以小于几米的误差测量到目标的距离。

激光测距仪采用激光脉冲（通常持续时间<50 ns），其原理如图14所示。

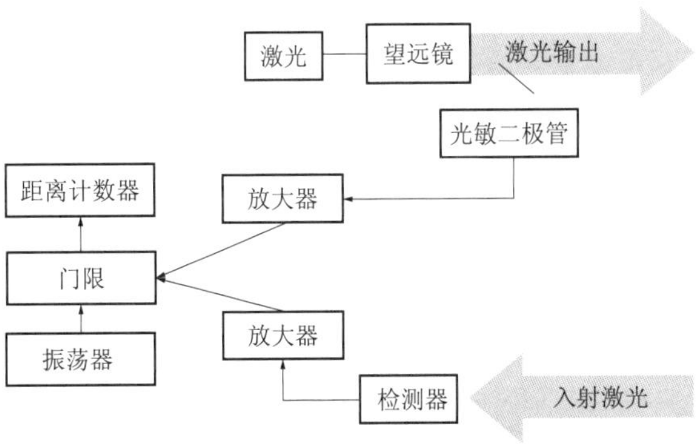

图14　激光测距仪的原理

为了减轻激光器的初始发散，发出的激光脉冲通常通过一个望远镜进行定向。波束中的一小部分激光（<1%）由波束分路器进行采样，并发送到光敏二极管上。此时产生的信号被放大，计数器开始计数。

当发射脉冲入射到观测目标时，激光会被目标散射。其中一些光线会被反射回安装有检测器的测距仪。然后，对检测器发出的信号进行放大和应用，同时停止计数。

系统可以通过计数器确定光线到达目标并返回的时间，再利用光速就可以计算出到目标的距离 R：

$$R=\frac{c(T_1-T_0)}{2} \tag{1}$$

式中，c 为光速；T_1 和 T_0 为激光脉冲发射和被检测到的时间。分母“2”是考虑到了激光脉冲到达目标并返回的两倍路程。

将激光脉冲应用于测距，利用其高峰值功率密度和短脉冲持续时间，可以有效增强其测距精度。多数现代测距仪都采用纳秒级脉冲，并基于自相关算法来保证测量到的是峰值与峰值间的时间，从而进一步提高精度。典型的测距仪指标如下：

(1) 中等重复周期，约为1 Hz。
(2) 小于50 ns的脉冲长度。
(3) 发散<0.3 mrad。
(4) 掺钕钇铝石榴石激光器技术，λ=1 064 nm。
(5) 激光器能量约为50 mJ。
(6) 距离约为10 km。

在进行距离测量时，波束发散是一个关键指标。为了保证只有期望目标表面被照射，尺寸小于0.3 mrad的波束发散是非常重要的，这样可以使波束尺寸保持在0.3 m/km。发散越大，则光线泄漏的风险就越大，从而可能由于前景和背景表面的反射而产生虚假信号。

第一种激光测距仪使用红宝石激光器（λ=694.4 nm），但这已经被更成熟的掺钕钇铝石榴石激光器（λ=1 064 nm）所取代。随着激光技术的进一步发展，出现了铒激光器和拉曼频移掺钕钇铝石榴石激光器，这两种激光器都工作在1.54 μm。当激光射向人眼时，会聚焦到视网膜上，而人眼对脉冲激光造成的伤害非常敏感，这也是激光技术不断发展的重要原因。

4.2 激光雷达

激光雷达与微波雷达的主要不同是激光雷达使用激光器作为电磁辐射源，因此波长更短。当使用微波雷达时，目标处会出现介质不连续的情况，从而反射传输的电磁波，故金属物体通常会产生较强的反射。

相反的，非金属物体和材料会产生较弱的微波雷达反射，而有些材料的反射可能根本无法检测，从而在微波波段能够实现有效的隐身，特别是对于气溶胶（烟、云等）这样的小目标尤其如此。微波雷达所面临的问题可以由更短的激光波长来解决，利用激光可以更有效地从小目标“反射”。在实际中，光事实上是不会反射的，更准确地说是从目标散射。

激光具有相对窄的波束宽度和扩散，以及较短的脉冲长度（在多数测距仪应用中可以低至10^{-9}s），这样的物理特性使得激光雷达相对于微波雷达而言可以获得较高的分辨率。

一个简单的激光雷达系统建立在激光测距原理（前面已经介绍）的基础上。利用激光器扫描场景，并在一定的角度范围内进行距离测量，其原理图如图 15 所示。

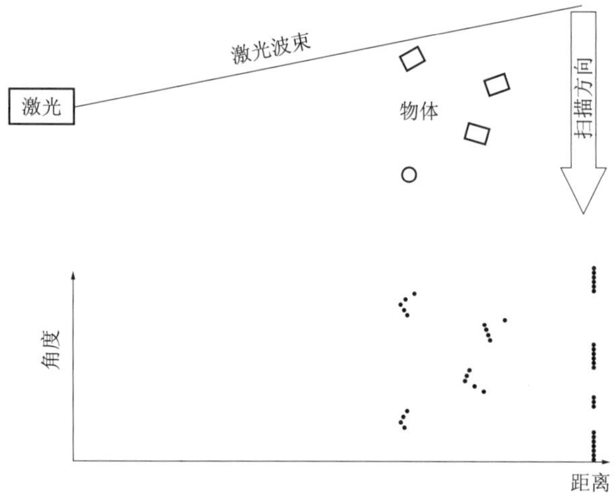

图 15　激光雷达系统扫描场景示意

对于很小的物体，如烟、细微颗粒、水滴等，其散射通常称为后向散射，因为被检测到的光是向入射光源（和检测器）的相反方向散射的。散射过程可以更精确地分为瑞利散射、梅散射和拉曼散射三类。

多普勒激光雷达（又称为 LADAR）利用后向散射激光的微小多普勒频移来测量目标速度。从一个移动物体“反射”回的光线频率可以表示为

$$f'=f_0\left(1\pm\frac{v}{c}\right) \tag{2}$$

式中，f_0为激光源的频率；c 为光速；v 为物体的速度。使用符号“±”是因为“+”表示物体靠近光源，而“−”表示物体远离光源。需要指出的是 $v \ll c$，因此f'是很小的。对于可见光（$\lambda=500$ nm），目标速度为 800 m/s（朝向激光器），$f_0=6\times10^{14}$ Hz，则$f'=6.000\ 016\times10^{14}$ Hz，因此 $\Delta f=1.6\times10^{9}$ Hz。

4.3　目标指示

激光目标指示是利用从目标散射的激光对武器进行制导的过程。激光目标指示在 1968 年由美国空军在越南战争中首次公开使用，其采用红宝石脉冲激光器指示目标，并用导引头检测反射激光，以鸭翼修正炸弹航迹，从而攻击目标。一个典型的例子是“铺路爪”激光制导炸弹（Laser Guided Bomb，LGB），如图 16 所示。

图 16　“铺路爪”激光制导炸弹

指示过程包括用一个激光器发出波束指向选定目标，该激光器可以安装在机载炸弹上，也可以在离炸弹较远的其他飞机或地面上。一般情况下，炸弹被释放后，会沿目标的大致方向做自由落体运动（或者更准确地说是“滑行”）。当炸弹接近时，激光照射目标。通常采用脉冲激光以获得较高的峰值功率。炸弹上的检测器接收到目标散射的激光照射，通过调整炸弹上的鸭翼操纵炸弹，从而使其向激光照射点“滑行”。激光制导炸弹是无动力的，也不直接发射波束，它们只是对目标散射的激光作出响应。一个典型的攻击过程如图 17 所示。

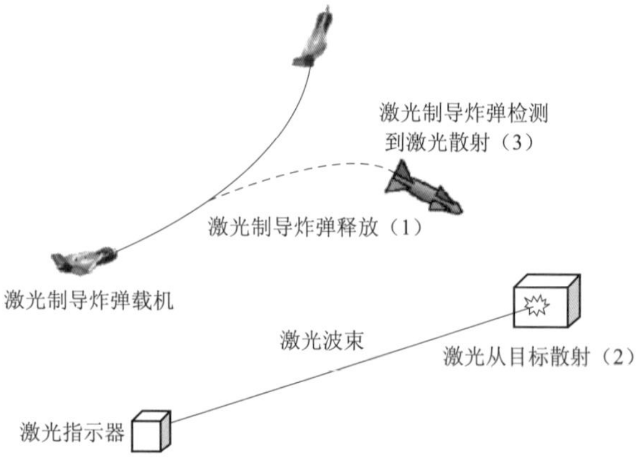

图 17　典型的激光指示器的与攻击流程

典型的激光目标指示器的参数如下：

（1）高重复频率，可达 20 Hz。

（2）发散约为 0.1 mrad。

（3）脉冲宽度约为 15 ns。

（4）掺钕钇铝石榴石激光器技术，λ=1 064 nm。

（5）激光能量为 100 mJ。

（6）距离约为 10 km。

尽管脉冲重复频率通常为 20 Hz，但激光脉冲序列中会对重复频率和/或“爆发”时间内的脉冲数据进行编码。每个激光制导炸弹会被设置成对单个编码指示波束作出相应。这样就可以在同一环境中使用很多的激光制导炸弹，而不存在相互攻击其他炸弹目标的风险。在一个典型的激光制导炸弹的攻击过程中，炸弹接近目标的时间大约持续1 min，但激光目标指示器通常只在炸弹飞行的最后 5～12 s 工作。与激光测距相同，激光目标指示希望采用发散相对小的激光，以确保目标能够被适当地照射，而不受前景和背景的影响。

基于激光测距仪的相关讨论中已经提到的原因，激光目标指示器从掺钕钇铝石榴石激光器（λ=1 064 nm）向“人眼安全”的 1.54 μm 波长演进是一个大致的发展趋势。

4.4 目标标记

激光目标标记是显示物体为友方目标的简单过程，无需实际的测距或对激光入射点进行武器引导。该功能通常利用激光指示器在可见光频段实现，或者在近红外频段用激光指示器进行图像增强（夜视镜）。这种技术可以用于地面部队，与红外指示器一起为飞行员使用夜视仪的友方飞机标记目标，但不会用于制导武器。其关键要求是光电（Electro - Optic，EO）系统需要对所使用的激光波长作出响应。该技术适用于已知敌方没有检测激光的适当光电系统的情况。当然，对于一个主动过程可以采用一些低截获技术（Low Probability of Intercept，LPI），故该技术还是可以被认为是隐蔽的。

4.5 激光炫目

如果一个系统采用光电传感器，那么就可能使用激光将其致盲。这就需要激光处于传感器/检测器带宽内，也就是说，在所使用的激光波长范围内，传感器存在响应。典型光电系统的工作波长见下表。

表 典型光电系统的工作波长

光电系统	大致响应范围/μm
人眼	0.4～0.7
图像增强（夜视瞄准镜）	0.5～1（实际响应随类型变化）
导弹导引头（中红外）	2.5
热成像仪（远红外）	8～12

需要指出的是，表中列出的系统可能仍然允许大于这个范围的激光穿过其传感器，但表中列出的是系统响应对激光波长的要求。因此，人眼的光传输波长约为 1.4 μm，但响应一般限制在 0.4～0.7 μm频段区域，故 1 μm 波长的光可以在人眼中传输，但观察者看不到光。

炫目或者说面纱样炫目，简单来说就是使检测器对激光或者周围环境的入射光线饱和。对于多数检测器，其炫目阈值只要几微瓦特/平方厘米就可以使传感器/检测器出现某种程度的饱和。对于各种激光器来说，这些阈值是非常低的，因此有理由假设激光炫目可以采用相输出功率对低的连续波激光器，如激光指示器或一些连续波实验室设备。同时，需要知道炫目是一种暂时现象。一旦激光源从场景中移开，图像就会恢复正常，没有任何永久或者持续的效果。对于人眼的情况，在被激光照射后的暂时性失明会持续数分钟直至数小时。

在炫目或饱和的情况下，由于激光要远强于周围环境，故检测器系统将不能探测到周围环境在饱和区范围内的任何光强变化。随着炫目能量的增加，饱和区域的水平和大小也会增加，具体的情况则取决于检测器的类型。

图 18 所示为一个热成像仪发生炫目时的图像。造成这一炫目效果的激光可能是由二氧化碳激光器发出的，因为这种激光器的输出波长能够被热成像仪所检测。图像清楚地显示在视场内出现饱和区域，无法显示所观测的场景和细节。

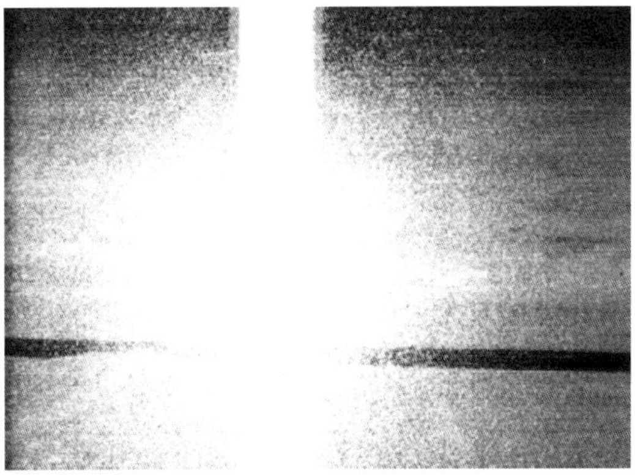

图 18 热成像仪在远红外（8～12 μm）的炫目

在图 19 中，一部彩色相机被绿色激光指示器照射而产生炫目。这是一种很有趣的现象，因为该场景与人眼发生目眩时的感受很相似。但需要指出的是，在这种情况下，人会产生厌恶反应，同时激光还会使观察者产生痛感。

图 19　绿色激光指示器给彩色相机造成的炫目

随着低价连续波激光指示器的扩散，在世界范围内将其用于攻击飞行器平台的风险正不断增加。至今已有数百名飞行员（包括民用和军用）报告发生激光“事件”，即他们被来自的地面的激光源致盲。从安全角度考虑，这些事件需要得到密切关注，尽管到目前为止还没有这类原因所导致的飞机失事事故。

4.6　损　伤

由于激光脉冲具有非常高的峰值功率密度，其很容易被用来对光电系统和人眼造成永久性的损伤。光电系统的原理是将来自场景的光线收集起来并聚焦到检测器/传感器上。由于聚焦过程的存在，物镜上的光强会在经过可达 10^5 增益后映射到传感器上，因此传感器（或其他焦平面光学器件）在激光损毁效果下非常脆弱。

和目眩不同（入射检测器的光线需要在“带内”），造成损伤的要求在于脉冲激光必须进入检测器/传感器，而不需要关心其对激光波长的响应。对于通常遇到的激光脉冲长度范围（$10^{-6}\sim10^{-9}$ s），大多数材料的激光损伤阈值约为 1 J/cm²。损伤发生的过程取决于不同的材料，但通常来说是热驱动的，即一定的激光能量作为热能被材料吸收，从而导致材料某个非常局部区域的膨胀。其所导致的热不连续会对材料造成损伤，或随着温度的上升，使材料上某端口发生蒸发。上述效果在视网膜伤害中可以观察到。由于脉冲激光的危险性，其需要在安全标准下被严格控制，特别在需要人眼暴露的场合尤其如此。人眼对于激光损伤是非常脆弱的，这是由于人的视网膜中有一层色素上皮细胞（Retinal Pigmented Epithelium，RPE）。该层细胞包含用来吸收光线的黑色素颗粒，可降低眼内的杂散散射光。是 RPE 层也会吸收入射激光，因此黑色素颗粒会变热而破裂。伤害的严重性取决于破裂的程度，1 mJ 的激光聚焦到人眼视网膜上，将会导致已经验证的出血性病变。具体的损伤情况如图 20 所示。

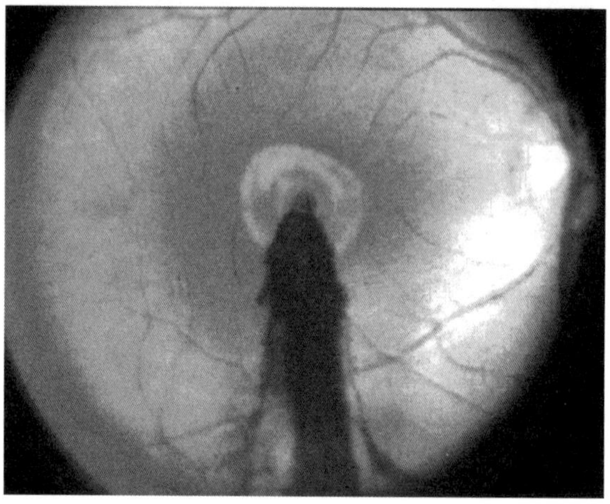

图 20　脉冲激光造成的严重出血损害

图 20 所示的伤害情况是永久性的，不可恢复，并会致盲，尽管某些间接视力可能会保留。如图 20 所示，图像中央聚集在视网膜上的凹陷和斑点（这里是视锥细胞、视柱细胞等感光器所在）受到大量损伤，即使伤口可以愈合，但感光器已被永久破坏。

4.7　激光回归反射检测

对于回归反射检测过程的研究正得到越来越多的关注。简单来说，这既是所谓“猫眼”效应。

所有的光学系统都装有检测器或传感器，而且都是安装在光学系统内的焦平面上时，以保证图像或场景在观察时是聚焦的。在成像过程中，当光线（光子）入射到传感器上时，会有一部分光子不是被吸收和检测而是从检测器表面反射。如果是这种情况，透镜等成像光学元件会重新收集这些反射光，并定向回光源。其原理如图 21 所示。

图 21 展示了一个简单的光学系统，其由物镜、成像透镜和检测器等组成。此外一个光学元件安装在中间的焦平面上，在实际中这可能是视野中的一

个“十”字线或瞄准标志物，也可能是其他类似的东西。如图 21 所示，激光（黑实线）沿轴线照射，因此激光位于系统视场的中央。由每个焦平面的反射（灰实线）可以很容易地对“射线”进行跟踪。此时，由焦平面上元件所反射的光会射回光源。这就是回归反射和“标准”的镜面反射的关键区别：在回归反射情况下，入射光射回光源。这一过程被用来增强机动车道中央和两边反射柱的可见性。回归反射检测也可以应用于军事领域。所有的军用平台使用光电传感器回归反射检测可以提供一种简单的反伪装手段。需要牢记的是，回归反射检测本身是一个主动过程，当激光波长位于光电器件检测带宽内时，激光本身就会被对方所侦知。但对于防御坚固且自身并不隐蔽的区域，隐蔽性的缺乏可能并不是问题。同时，需要注意到为了检测回归反射光线，入射光无论处于检测系统视场中的哪个位置，都必须先从其主要方向上入射。因此，“视场重合”假设是必需的。

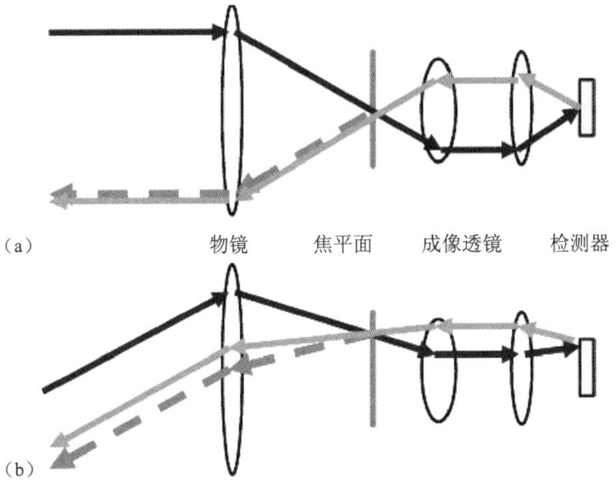

图 21　回归反射现象

(a) 沿轴向；(b) 离轴

由于任何靠近焦平面的表面都会成为一个回归反射源（图 22），因此几乎所有的光学系统/瞄准具都存在一定程度上的回归反射现象。光学系统的可检测性是由回归反射截面积 S 来衡量的，其定义为单位立体角内的反射光与单位面积内的入射光之间的比值，因此 $S=I_R(\mathrm{W/sr})/I_0(\mathrm{W/m^2})$，故回归反射截面面积的单位为 $\mathrm{m^2/sr}$。

下面列出了一些光学系统回归反射截面面积的典型值：

（1）人眼：0.001 $\mathrm{m^2/sr}$。

（2）瞄准具（低倍）：10 $\mathrm{m^2/sr}$。

（3）瞄准具（高倍）：500^+ $\mathrm{m^2/sr}$。

图 22　由鳄鱼眼睛的回归反射产生的照片闪烁

（4）CCD 阵列相机：750^+ $\mathrm{m^2/sr}$。

（5）图像增强器：1 000^+ $\mathrm{m^2/sr}$。

不同观测设备的特征是有差异的，但上述数值可以作为参考。如今，观测设备的特征可以在采购过程中定制，因此可以采取措施来降低观测设备的特征。

上述技术除了在军事领域的应用以外，在民用场合也受到越来越多的关注，如反狗仔队、VIP 保护、通用反监视，甚至探测在电影院内用来偷拍电影的隐蔽相机。

5　结　　论

从 20 世纪 50 年代第一部红外导引头用于导弹以来，其表现出了强大的生命力。本章通过从自旋扫描导引头到更加先进的鲁棒成像导引头的发展变化，展示了红外导引头技术不断演进的过程，并论述了每种技术的差异。此外，本章还介绍了常见测距用激光器的基本原理以及激光雷达和目标指示器在激光武器制导中的应用，讨论了激光炫目、激光损伤等新的激光应用。同时，利用入射激光在观测设备内焦平面附近表面所产生的回归反射，激光器还可应用于反侦查。

参考文献

DelBoca，R.（2003）（Vice-president of Infrared Countermeasure Systems for Northrop Grumman Corporation）（March 2003）*Testimony to the House Transportation and Infrastructure Committee-Aviation Subcommittee*.

Hudson，R. D.（1969）*Infrared Systems Engineer Ring*，Wiley.

Hunter，T. B.（2002）*The proliferation of MANPADS*，Jane's.

Jane's International Defence Review，April 2004.

Jane's Intelligence Review，January 2003.

延伸阅读

Anderberg，B. *et al*.（1993）*Laser Weapons：The Dawn of a*

New Military Age, Plenum Publishing.

Hock, Richardson, Butters, Walmsley, Ayling, and Taylor (2005) The MANPAD Threat to commercial aircraft. *Battlefield Technol.*, **8** (2).

Richardson, M. A. *et al*. (1997) *Surviellance and Target Acquisition Systems*, 2nd edn, Brassey's.

本章译者：潘捷，周建江（南京航空航天大学电子信息工程学院）

第 251 章

目标跟踪

Jason F. Ralph
利物浦大学电气与电子工程系，利物浦，英国

1 引　　言

跟踪算法是现代雷达和光电传感系统不可缺少的组成部分，广泛应用于军事领域，包括导弹制导、目标指示和地理定位、弹道导弹防御、反炮兵作战、机载预警、侦察与监视等。除了国防应用以外，目标跟踪技术在空中交通管制、执法监视系统、通信系统、交通车流管理甚至分析足球比赛和其他运动项目等方面都有着重要价值。本章主要关注军事领域的跟踪问题，这也是驱动现代跟踪技术发展的主要动力。

跟踪算法的功能在于对一组有噪测量值进行解译，以此来产生所有探测到目标的一致航迹。通过计算与每个物体的检测/测量历史相对应的轨迹（航迹），判断或确定物体的身份，并预测其未来的运动或者确定其可能从哪里来。物体的位置、速度或者其他测量值都可以用来判断其是否是一个可能的威胁（例如一枚正在接近的导弹）或潜在的目标（例如对于防空系统来说，一架正在接近的飞机）。这些信息同样有助于确定目标是否为友方——一个传感器产生的虚警。在优化作战流程的过程中，预测威胁或目标的运动是非常重要的。例如，根据这些信息，就可以确定对抗的手段或利用导弹防御系统进行相应的机动或指引武器系统从而提高拦截概率。

跟踪算法在雷达和光电传感器（例如红外成像仪）系统中有着广泛的应用。这些传感器被用来探测飞机、导弹以及其他载具，测量其（相对于传感器的）位置以及其他的运动状态。雷达系统通常可以获得相对精确的距离信息（通过发射-接收时延），但其角度位置精度以及物体的径向速度（通过测量载波的多普勒频移）的精度要相对差一些。被动光电系统一般能够提供精确的角度位置信息，但距离信息则需要通过一系列的角度测量（被动测距）或对同一物体进行多角度观测（立体视觉）得到。这两种被动光电测量系统估计距离的方法的精度都要小于雷达系统。当然，可以增加一部激光测距仪，以使传感器主动工作而被更早发现为代价，对测量性能进行增强。

每个传感器会产生一系列探测结果和有噪测量值，这就需要将其“拼接”在一起，从而对于每个被监视的目标都能够形成一条连续的航迹。雷达和光电传感器的测量结果受到噪声以及测量质量等诸多因素的影响，但是使用一定的算法和技术，可以使构造的航迹服从某个相同的特征。获取物体的测量值，然后就可以与某个已存在的航迹相关联。如果测量值与某个已有航迹不是足够接近，那么它就不属于已经探测到的任何一个目标，此时就需要产生一个新的航迹。将测量值及其关联的航迹传给一个状态估计算法，那么就可以更新航迹状态（位置、速度等）。如果一个航迹没有获得与之相关联的新测量值，那么可以用以前的测量值对其进行更新。若在一段时间内都没有发现与之相关联的合适测量值，则将其删除。状态估计算法（见 2.2 节）是一个跟踪系统的核心，但如果没有相应的辅助算法进行测量——航迹关联和航迹维护（创建和删除），那么只要传感器发生虚警或是多目标情况，其将会导致跟踪器产生虚假的或是次优的航迹。测量值与航迹的失配会降低状态估计的精度，而虚警

则会产生足够多的航迹，从而影响跟踪器的计算效率，也会增加失配的风险。

关于目标跟踪的文献很多，大量的研究论文涉及从基础算法到实际应用的广泛领域。为了对这些材料作一个大致综述，本章推荐几部很好的参考书籍，它们覆盖了跟踪和状态估计的主要方面（Blacman，1986；Bar-Shalom，Li 和 Kirubarajan，2001）。

2 单目标跟踪

本节从介绍一个简单问题——单目标和可靠传感器开始，进一步扩展到离散测量和虚警。这么做的目的在于逐步分析和理解跟踪过程的每个要素，从而建立一个鲁棒的现代跟踪系统。这一过程的关键在于传感器的测量值和观测目标/航迹状态矢量中所有数值的能力。给定一系列测量值，可以用状态估计滤波器（卡尔曼滤波器）估计目标状态和期望精度，这有助于减少非理想目标检测和虚警所带来的问题。

2.1 测量和状态估计

目标跟踪算法的主要目的在于获取对描述传感器所检测目标位置和移动参数的估计。这些估计将建立起表示目标运动状态的连续历史或航迹。更准确地说，其表示了跟踪系统对物体运动状态的知识。传感器不一定直接测量每个运动状态，其中一些状态必须通过其他直接测量状态推导得到。例如，雷达测量目标的相对位置，则由位置变化的时间函数就可以推导出飞行器的三维速度，还可以利用载波多普勒频移计算出的目标径向速度对上述结果进行性能增强。状态矢量中运动状态的数目随不同的应用而变化。多数跟踪算法跟踪目标的位置和速度，有的也跟踪加速度。它们也可以包括其他应用所需的特殊变量，例如在反炮兵作战中，对接近弹丸阻力特性的估计通常有助于确定弹丸类型及其初始发射点（Johnson，1973；Hutchins 和 Pace，2006）。

对于二维系统，状态矢量包括四个状态：两个位置变量（x 和 y）以及相应的速度（u 和 v）。状态矢量与测量值之间的关系可以由函数 $\boldsymbol{H}(\boldsymbol{X})$ 表示，其作用于状态矢量 $\boldsymbol{X}$，从而获得相应的测量值。例如，如果直接测量得到两个位置变量，而没有速度信息，则测量值退化为线性矩阵，即

$$\boldsymbol{H}(\boldsymbol{X})=\boldsymbol{H}\cdot\boldsymbol{X}=\begin{bmatrix}1&0&0&0\\0&0&1&0\end{bmatrix}\cdot\begin{bmatrix}x\\u\\y\\v\end{bmatrix}=\begin{bmatrix}x\\y\end{bmatrix}\tag{1}$$

测量矩阵的作用在于从状态矢量中选择被传感器测量的参量。矩阵 $\boldsymbol{H}$ 为 $m\times n$ 矩阵，其中 n 为矢量 $\boldsymbol{X}$ 中包含状态的数目，m 为测量状态的数目。这是一个时间的函数，在不同时间点上测量得到不同的数值。对于更复杂的情况，函数可以是一个或多个状态的非线性函数，见 4.1 节。

尽管测量操作不需要获得状态矢量中的所有运动参数，但重要的是所有状态对于测量状态必须是可观测的。例如，速度和加速度可以通过对成功测量位置求导而获得。对于由 n 个状态描述的离散时间线性系统，其从时间步 $k\rightarrow k+1$ 的动态演化可以表示为：

$$\boldsymbol{X}(k+1)=\boldsymbol{F}(k)\cdot\boldsymbol{X}(k)+\boldsymbol{G}(k)\cdot\boldsymbol{U}(k)\tag{2}$$

式中，$\boldsymbol{F}(k)$ 为系统（状态转移）矩阵；$\boldsymbol{G}(k)$ 为与控制集 $\boldsymbol{U}(k)$ 相关联的输入增益，可观测性可以通过构造可观测性矩阵来确定：

$$Q_O=\begin{bmatrix}\boldsymbol{H}\\\boldsymbol{H}\cdot\boldsymbol{F}\\\vdots\\\boldsymbol{H}\cdot\boldsymbol{F}^{n-1}\end{bmatrix}\tag{3}$$

如果可观测性矩阵是满秩（即有 n 个线性独立的行或列）的，则所有状态可以被观测，这与线性系统的可控性标准类似，只是将 $\boldsymbol{G}$ 换成了 $\boldsymbol{H}$。对于目标跟踪应用，能够控制的是跟踪传感器而不是物体的航迹，这称为“非协作”（虽然自始至终都是以离散系统作为例子，但对连续时间系统表达的推广也是可以直接获得的）。

测量值是非理想的，会由于传感器的分辨率或其他不精确因素而产生的物理限制导致测量结果包含噪声。通常，测量误差由其协方差矩阵 $\boldsymbol{R}(k)$ 定义，这是二阶统计量，表示误差互相关的期望。对于高斯分布的简单情况，测量误差的白噪声统计特性（即时域不相关）可以完全由矩阵 $\boldsymbol{R}(k)$ 确定。对于更复杂的测量噪声，通常需要高阶模统计量或完整的概率密度函数（Probability Density Function，PDF）。

2.2 卡尔曼与稳态滤波器

最常见的状态估计算法是卡尔曼滤波器，这是多数实际跟踪算法的基础，为许多航空航天系统，特别是跟踪和导航系统提供了有效工具（Bar - Shalom，Li

和 Kirubarajan，2001)。最初的论文（Kalman，1960）是一篇经典文献，但介绍性的文档通常更容易理解一些，du Plessis（1967），Welch 和 Bishop（2006）以及 Gershenfield（1999）文献都是很好的范例。

卡尔曼滤波器的主要优势在于：

（1）它是递归的——它只要求当前状态和当前测量值，而不需要对整个测量值的时间序列重新处理。

（2）它可以最小化状态的协方差，这是最常见的衡量测量误差的指标。

（3）对于高斯白噪声，它是最优的，即使在测量噪声不是高斯白噪声时，其性能通常也非常好。

（4）其实现相对简单。

卡尔曼滤波器包括三个主要步骤：测量、新息和预测。卡尔曼滤波器的迭代特性使得对于不同的实现方式，其预测和测量步骤的顺序是不同的。通常其顺序是预测、测量和新息。这取决于是否将第一次测量作为滤波器的一部分。可以使用第一次的测量值来产生状态矢量中每个状态的估计值，从而实现滤波器的初始化。如果其中一些状态不能直接测量［如式（1）的情况］，则可以由第一次的测量值进行初始状态估计。例如，通过两个位置测量值的差分可以得到速度。

在每一个时间步 k，给定当前状态矢量的估计，测量矩阵 $\boldsymbol{H}(k)$ 被用来确定测量的期望结果，由 m 维测量状态矢量 $\boldsymbol{Y}(k|k)$ 表示：

$$\boldsymbol{Y}(k \mid k)=\boldsymbol{H}(k)\cdot X(k) \tag{4}$$

这一定量表达给出了在时间步 k 测量值的“最佳猜测”。在时间步 k 的实际测量值为 m 维矢量 $\boldsymbol{Y}(k)$，期望测量值与实际测量值间的差值 $\Delta\boldsymbol{Y}(k)=\boldsymbol{Y}(k)-\boldsymbol{Y}(k|k)$ 表示由新测量值提供的新信息。从这个意义上来说，如果实际测量值与期望值完全相同，则测量就没有为状态矢量提供任何新的或期望之外的信息，而只是确认了已知情况。差值 $\Delta\boldsymbol{Y}(k)$ 因此也被称为新息，可以用来更新/新息状态矢量：

$$\boldsymbol{X}_{+}(k)=\boldsymbol{X}(k)+\boldsymbol{K}(k)\cdot(\boldsymbol{Y}(k)-\boldsymbol{Y}(k|k)) \tag{5}$$

式中，$\boldsymbol{K}(k)$ 为 $n\times m$ 的矩阵，称为卡尔曼增益矩阵。卡尔曼增益矩阵被用来最小化状态矢量期望误差的协方差。卡尔曼滤波器不仅跟踪状态，同时也通过估计 $n\times n$ 协方差矩阵 $\boldsymbol{S}_X(k)$ 来跟踪状态矢量的期望误差。随着系统的进化，由成功测量所带来的附加信息会使期望误差不断缩小（即提高状态估计的准确性）。卡尔曼增益矩阵由 $\boldsymbol{S}_X(k)$ 所确定的状态矢量期望误差和 $m\times m$ 协方差矩阵 $\boldsymbol{R}(k)$ 所确定的期望测量误差决定：

$$\boldsymbol{K}(k)=\boldsymbol{S}_X(k)\cdot\boldsymbol{H}(k)^{\mathrm{T}}\cdot[\boldsymbol{H}(k)\cdot\boldsymbol{S}_X(k)\cdot\boldsymbol{H}(k)^{\mathrm{T}}+\boldsymbol{R}(k)]^{-1} \tag{6}$$

对 $\boldsymbol{K}(k)$ 的选择能够最小化状态矢量的期望误差，其协方差矩阵可以表示为：

$$\boldsymbol{S}_X(k_{+})=[\boldsymbol{I}_{n\times n}-\boldsymbol{K}(k)\cdot\boldsymbol{H}(k)]\cdot\boldsymbol{S}_X(k) \tag{7}$$

式中，$\boldsymbol{I}_{n\times n}$ 表示 n 维单位矩阵。式（5）所示的卡尔曼状态更新方程的目的在于对每个测量值作加权平均，且每个权值与对应测量值的期望误差成反比。如果没有获得测量值，则新息过程就不会进行，将采用未修正的状态矢量进行预测。

在每个时间步上，利用状态转移矩阵，就可以通过当前状态及其误差预测下一个时间步的期望状态和期望误差。由式（2）更新状态估计，$\boldsymbol{X}(k_{+})\rightarrow\boldsymbol{X}(k+1)=\boldsymbol{F}(k)\cdot\boldsymbol{X}(k_{+})$［为简单起见忽略控制项 $\boldsymbol{U}(k)$］，则误差可以更新为：

$$\boldsymbol{S}_X(k+1)=\boldsymbol{F}(k)\cdot\boldsymbol{S}_X(k_{+})\cdot\boldsymbol{F}(k)^{\mathrm{T}} \tag{8}$$

在没有其他因素影响的情况下，误差协方差会随着越来越多测量值的获得而不断变小直至消失，而估计则会变得越来越准确。但测量过程的离散特性和线性系统的限制使得预测步骤通常包含一些由实际跟踪动态系统的不完全特性所导致的微小误差。例如，对于前述的二维系统，四维状态矢量 $\boldsymbol{X}=[x, u, y, v]^{\mathrm{T}}$，其系统矩阵可以表示为：

$$\boldsymbol{F}(k)=\boldsymbol{F}=\begin{bmatrix}1 & \Delta t & 0 & 0\\ 0 & 1 & 0 & 0\\ 0 & 0 & 1 & \Delta t\\ 0 & 0 & 0 & 1\end{bmatrix} \tag{9}$$

即需要假设物体在每个有限时间步长 Δ 内匀速运动。解决这一问题的方法是修正更新协方差矩阵的方法，在式(8) 中增加一个处理噪声项，以此来描述预测步骤的非理想性：

$$\boldsymbol{S}_X(k+1)=\boldsymbol{F}(k)\cdot\boldsymbol{S}_X(k_{+})\cdot\boldsymbol{F}(k)^{\mathrm{T}}+\boldsymbol{Q}(k) \tag{10}$$

式中，$\boldsymbol{Q}(k)$ 为描述预测过程不精确程度的 $n\times n$ 协方差矩阵。过程噪声会使预测步骤的期望误差轻微增加。

实际跟踪系统中的过程噪声矩阵取决于系统中的期望不准确度的类型。例如，式（9）所示的系统矩阵假设物体匀速运动，这在多数应用中是不现实的。为了引入变速效果，一种很自然的想法就是假设目标速度近似恒定，但目标会受到一些微小的扰动（加速度），这可以由一个等效噪声项来表示。造成这种扰动的因素很多（目标机动、阻力等），累积效应也可等价为噪声，这些因素不稳定且不可预测。如果假设在每个时间步内加速度的起伏 Δa 为常数，则相应的速度和位置误差为$(\Delta a)(\Delta)$和$(\Delta a)(\Delta)^2/2$，这称为离散白噪声加速度模型（Bar-shalom，Li 和 Kirubarajan，2001）。如果加速度的起伏与 x 和 y 不相关，则处理噪声协方差矩阵可以写成：

$$\boldsymbol{Q}(k)=\boldsymbol{Q}=\begin{bmatrix}\frac{1}{4}(\Delta t)^4 & \frac{1}{2}(\Delta t)^3 & 0 & 0\\ \frac{1}{2}(\Delta t)^3 & (\Delta t)^2 & 0 & 0\\ 0 & 0 & \frac{1}{4}(\Delta t)^4 & \frac{1}{2}(\Delta t)^3\\ 0 & 0 & \frac{1}{2}(\Delta t)^3 & (\Delta t)^2\end{bmatrix}\sigma_a^2 \tag{11}$$

式中，σ_a为加速度的标准差（即“典型”的时间步间的加速度起伏）。在很多时候，典型起伏的大小是无法先验获知的，此时 σ_a 就成为一个设计参数，需要根据具体的应用进行优化。这也是调节卡尔曼滤波器来优化跟踪器性能的主要途径。

综上所述，卡尔曼滤波器可以归纳为以下几个步骤：

（1）获取新的测量值$\boldsymbol{Y}(k)$；

（2）产生期望测量$\boldsymbol{Y}(k\mid k)=\boldsymbol{H}(k)\cdot\boldsymbol{X}(k)$；

（3）计算卡尔曼增益矩阵$\boldsymbol{K}(k)=\boldsymbol{S}_X(k)\cdot\boldsymbol{H}(k)^{\mathrm{T}}\cdot[\boldsymbol{H}(k)\cdot\boldsymbol{S}_X(k)\cdot\boldsymbol{H}(k)^{\mathrm{T}}+\boldsymbol{R}(k)]^{-1}$；

（4）由新息更新状态估计 $\boldsymbol{X}_+(k)=\boldsymbol{X}(k)+\boldsymbol{K}(k)\cdot(\boldsymbol{Y}(k)-\boldsymbol{Y}(k\mid k))$；

（5）更新估计误差 $\boldsymbol{S}_X(k_+)=[\boldsymbol{I}_{n\times n}-\boldsymbol{K}(k)\cdot\boldsymbol{H}(k)]\cdot\boldsymbol{S}_X(k)$；

（6）预测状态矢量 $\boldsymbol{X}(k+1)=\boldsymbol{F}(k)\cdot\boldsymbol{X}(k_+)$；

（7）预测估计误差 $\boldsymbol{S}_X(k+1)=\boldsymbol{F}(k)\cdot\boldsymbol{S}_X(k_+)\cdot\boldsymbol{F}(k)^{\mathrm{T}}+\boldsymbol{Q}(k)$；

（8）重复步骤（1）～（7）。

因为卡尔曼滤波器是在每个状态更新时都对协方差进行最小化，而在高斯白噪声情况下误差特性完全由协方差矩阵定义，因此对于线性系统，当测量噪声为高斯白噪声时，卡尔曼滤波器是最优的。而对于其他情况，多数时候卡尔曼滤波器的性能是相当好的，特别是在系统近似线性的情况下，这是由于中心极限定理确保了随着测量值数目的增加，测量噪声的累积效应是趋近高斯分布的。但也有少数情况，测量噪声具有无限方差，则其不是高斯稳定的，也不服从中心极限定理。在这种情况下，卡尔曼滤波器需要被修正为最小化一种不同的有界统计特性——“拖尾”协方差（Sournette 和 Ide，2001）。

在很多情况下，对于平稳状态卡尔曼滤波器会很快收敛，此时获得新测量值（新息）而导致的估计误差降低与处理噪声造成的估计误差增加相平衡，卡尔曼增益矩阵趋近于固定值。也可以利用卡尔曼滤波器的这一收敛特性，将卡尔曼增益矩阵固定为该渐进值。但这样做是次优的，因为此时对每个测量值的加权并非最小化短时段内的协方差。但是，就长时间周期而言，当卡尔曼滤波器收敛时，稳态滤波器可以通过将卡尔曼增益矩阵固定在渐进值而获得精确的状态估计。“alpha - beta”和“alpha - beta - gamma”滤波器就是这种滤波器的例子（Bar - Shalom，Li 和 Kirubarajan，2001），其无须在每一个时间步计算卡尔曼增益矩阵，就可以估计目标的位置和速度状态。由于稳态增益矩阵的解析表达可以根据目标机动能力推导得到，故这种类滤波器是有用的（Bar - Shalom，Li 和 Kirubarajan，2001）。

滤波器的运行也可能沿时间反向进行，故可以用后来的测量数据降低前面跟踪过程中状态估计的误差。因此，反向滤波器通常称为平滑跟踪器。这类滤波器没有标准卡尔曼滤波器的迭代形式，因为所有已有的测量值需要被保留并在后来的每个时间步中重新处理，但其对跟踪时间反向的目标是有用的，例如反炮兵作战或导弹防御系统。

2.3 航迹关联和维护

在讨论卡尔曼滤波器时，是假设测量值以恒定时间间隔产生（每个时间步一次），且每个测量值与跟踪目标时相对应。但不幸的是，跟踪问题很少这么简单。在实际中，测量通常是间歇性的，且会由于检测虚警而复杂。例如，用雷达跟踪低空飞行目标时就会因为地面物体的雷达回波而使问题复杂；在杂波环境下用光电传感器跟踪导弹也是一件困难的事情。在每一个时间步都需要对测量值进行验证以确定其是来自跟踪的目标，还是来自地面物体或是虚警。在目标跟踪过程中由虚警所造成的失配主要会造成两大影响。一是由于引入的虚警测量值与目标相比具有不同的噪声特性，从而增大实际跟踪误差。估计误差传递给卡尔曼滤波器会改变实际误差的概率分布，从而使滤波器变得次优。二是航迹会逐步被“锁定”在虚警而不是真实目标上。一旦若干个虚警被关联到航迹上，则跟踪状态会更多地反映虚警的特性而不是目标，从而增大失配的可能性。这是很多导弹对抗系统的基础（例如光电对抗中的闪光弹）。

有很多方法可以用来验证测量值、跟踪器产生的目标位置估计以及该位置上的误差估计。如果新测量值离已有的航迹太远，就不可能对应于跟踪的物体。当测量值与航迹间的距离超过一定阈值时，可以用门限函数来防止关联。距离尺度可以是简单的（欧氏）距离，即新测量值与预测航迹间差值的绝对值，可以由新息向量的范数$\|\Delta \boldsymbol{Y}(k)\|$给出，也可以通过卡尔曼滤波器获得协方差矩阵的估计，从而采用 Mahalanobis 距离尺度：

$$\boldsymbol{D}_M(k)=\sqrt{\Delta \boldsymbol{Y}(k)^{\mathrm{T}}\boldsymbol{S}_R(k)^{-1}\Delta \boldsymbol{Y}(k)} \qquad (12)$$

式中，$\boldsymbol{S}_R(k)=\boldsymbol{H}(k)\cdot \boldsymbol{S}_X(k)\cdot \boldsymbol{H}(k)^{\mathrm{T}}+\boldsymbol{R}(k)$，为残余协方差矩阵；$\boldsymbol{D}_M$是衡量新测量值与已有航迹估计之间统计显著性差异的有效度量，如果残余误差服从高斯分布，则其服从 m 自由度的χ^2分布，故可以根据统计似然度来设置$\boldsymbol{D}_M$的阈值（门限）。如果发生第一类错误（即将有效测量值排除在航迹之外）可接受错误概率为 ε：

$$\boldsymbol{P}(\boldsymbol{D}_M<\boldsymbol{D}_{\text{threshold}})=\frac{\gamma(m/2,\boldsymbol{D}_{\text{threshold}}/2)}{\Gamma(m/2)}=1-\varepsilon \qquad (13)$$

$\gamma(a,x)$ 为不完全 Gamma 函数，$\Gamma(a)$ 为 Gamma 函数（Abramowitz 和 Stegun，1964）。对虚警信号的不正确关联称为第二类错误，而门限阈值则需要在最小化两类错误的要求间寻求平衡，接纳真实测量值而排除虚假目标。为了降低虚警概率，目标通常具有一些恒定或近似恒定的物理特征，对于光电传感器，这可以是目标的强度或由强度分布或形状推导得出的几何特征。这些特征通常最好在航迹创建以后再应用，因为运动状态的估计误差一般较大，如果因此设置较大的窗口以包含上述可能的误差范围，则窗内发生的虚警会被错误地关联到航迹上。

除了产生虚警以外，跟踪系统还必须容忍传感器丢失一些目标测量值的可能性。对于低对比度或低特征目标，检测概率远低于 1。漏检测的存在使状态估计滤波器只需要根据当前状态作出预测（并估计误差）。如果发生一系列的漏检，状态将不会再被新的测量值更新，状态误差会变大，虚警误关联的几率也会增加。在极端的情况下，在一段时间内没有获得的测量值，则航迹会被删除，即显示没有目标。当目标航迹被删除以后，如果又获得了新的测量值，则航迹会被重新初始化（创建）。对航迹创建前所需获取测量值的数目提出要求，也是降低跟踪虚警似然度的另一种途径，因为虚警往往比目标更加不连续。控制航迹创建和删除的参数和应用相关，一般根据传感器检测概率、虚警概率以及其他工作环境确定。

3　多目标跟踪

本节将跟踪问题推广到多目标情形，此时目标的个数和位置也可能时变。多目标跟踪算法的一部结构与单目标跟踪算法情形类似：由传感器产生检测结果/测量值，将测量值与目标航迹或虚警相关联。如果关联航迹的状态矢量由测量数据更新，则检查产生的新航迹以清除冗余信息。二者的主要不同在于，航迹维护算法的复杂度和引入测量值与不同可能航迹进行关联的多重假设。更新每个航迹状态矢量的状态估计过程与单目标情况是相同的，使用卡尔曼滤波器（见 2.2 节）或更先进的算法（见第 4 节）。

3.1　测量值-航迹关联

对于单目标，在虚警数目较少的情况下，测量值与航迹的关联是相对直接的。每个测量值只需要作一次决定：测量值是来自跟踪的目标，还是相反？当有不止一个目标时，就需要判断测量值究竟来自哪个目标或航迹。当目标进行机动或聚集在一起时，这就显得尤为重要。当两个航迹相互接近时，带噪的测量值会与不只一条航迹相关联，从而造成航迹模糊，如图 1 所示。测量值与航迹的关联路径通常有若干种，而如果目标间的间隔与航迹的尺寸或测量值的不确定性类似，那么这些关联路径就是等可能的。如果这种情况发生，理想的解决方法是基于不同路径排序的多重假设算法，从而可以根据一系列测量值属于某航迹的估计概率来进行航迹关联（见 3.3 节）。

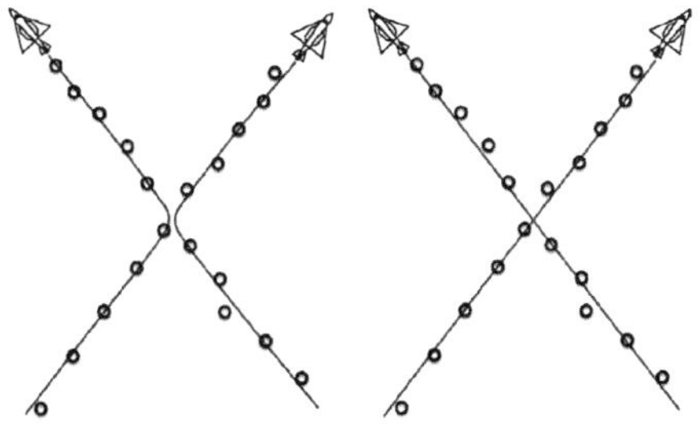

图 1　两个具有相同测量值集合的不同轨迹

当航迹完全分开，几乎没有发生关联模糊的可能时，多目标跟踪问题与单目标跟踪是类似的，可以通过基于距离尺度或贝叶斯似然度的门限函数来进行航迹关联。多目标跟踪的主要不同在于判断满足门限阈值的航迹可能不止一条，故需要基于当前系统维护的航迹数目、场景内航迹的几何分布以及背景虚警概率的期望来确定一个检测结果是否与一个给定航迹相关联。

对于在时间步 k 上，具有 $N(k)$ 个活跃航迹［记作 $T_K(k), K=1,\cdots,N(k)$］，$M(k)$ 个测量值集合［记作 $Y_J(k), J=1,\cdots,M(k)$，每个对应 m 个测量状态］的系统，需要构造一个 $M(k)\times[N(k)+2]$ 的测量值——航迹关联矩阵，例如：

$$\boldsymbol{M}_{\text{assoc}}(k)=\begin{bmatrix} & \vdots & T_1(k) & T_2(k) & T_3(k) & \cdots & T_{N(k)} & \vdots & T_{\text{new}}(k) & FA \\ \cdots & \vdots & \cdots & \cdots & \cdots & \cdots & \cdots & \cdots & \cdots & \cdots \\ Y_1(k) & \vdots & 0 & 1 & 0 & \cdots & 0 & \vdots & 0 & 0 \\ Y_2(k) & \vdots & 0 & 0 & 0 & \cdots & 0 & \vdots & 1 & 0 \\ Y_3(k) & \vdots & 0 & 0 & 1 & \cdots & 0 & \vdots & 0 & 0 \\ \vdots & \vdots & \vdots & \vdots & \vdots & \ddots & \vdots & \vdots & \vdots & \vdots \\ Y_{M(k)}(k) & \vdots & 1 & 0 & 0 & \cdots & 0 & \vdots & 0 & 0 \end{bmatrix} \tag{14}$$

每个测量值应与一个且只能与一个已有的航迹相关联，如果其不能与现有航迹相关联，则其将与一个新航迹或虚警相关联（即 $\boldsymbol{M}_{\text{assoc}}$ 的最后两列，分别记作 $\boldsymbol{T}_{\text{new}}$ 和 $\boldsymbol{FA}$），因此矩阵 $\boldsymbol{M}_{\text{assoc}}$ 每一行的和为 1。同时，与每个已有航迹相关联的测量值的数目［前面 $N(k)$ 列］为零或 1，因为每个目标的检测概率［$P_D^{(K)}$］是小于 1 的。不能保证在每一个时间步上每个已有航迹都能够被新测量值所更新，同时没有与现有航迹想相关联的测量值可能是真的目标航迹，也可能是虚警。在实际中，为了限制创建航迹的数目，在建立一个完整航迹之前，需要与该航迹相关联的测量值达到一定数目（见 3.2 节）。间歇性的虚警测量值将被关联到虚警类别上，这样就不会产生虚假航迹。

一种常见的方法是利用估计得到的每个航迹的状态误差以及背景虚警的分布模型，从而以式(12) 所述 Mahalanobis 距离确定最近邻域，这与 2.3 节讨论的单目标情形是一致的。由此可以计算每个测量值与各航迹相关联的概率（或给定分布假设，也可以与虚警关联）。在没有虚假目标概率分布先验信息的情况下，最常见的假设是虚假目标在空间上服从均匀分布，故其发生概率服从平均虚警概率为 $\widetilde{N}_{\boldsymbol{FA}}$ 的泊松分布。当传感器视场内出现新目标时，通常也采用同一假设，平均概率为 $\widetilde{N}_{\text{new}}$ (Cox 和 Hingorani，1996)。

所有可能的关联矩阵会按照概率大小进行排序。其中相对概率根据多种因素构造，如测量值与对应航迹间的距离、未关联航迹/漏检的数目以及虚警和新目标的数目等。如果跟踪误差是高斯的，则基于 Mahalanobis 距离的测量值-航迹关联概率可以表示为：

$$\boldsymbol{P}_M[\boldsymbol{Y}_J(k),\boldsymbol{T}_K(k)]=|2\pi\boldsymbol{S}_R^{(J,K)}(k)|^{\frac{1}{2}}\exp\left\{-\frac{1}{2}[\boldsymbol{D}_M^{(J,K)}(k)]^2\right\} \tag{15}$$

式中，$\boldsymbol{D}_M^{(J,K)}(k)=\Delta\boldsymbol{Y}^{(J,K)}(k)^{\mathrm{T}}(\boldsymbol{S}_R^{(J,K)})^{-1}\Delta\boldsymbol{Y}^{(J,K)}(k)$ 为第 J 个测量值与第 K 个航迹间的 Mahalanobis 距离，$\boldsymbol{S}_R^{(J,K)}$ 为第 J 个测量值与第 K 个航迹的参与协方差。对于所有具有关联测量值的航迹，有：

$$\boldsymbol{P}_{\text{mah}}[\boldsymbol{M}_{\text{assoc}}(k)]=\prod_{K=1}^{N(k)}\boldsymbol{P}_M[\boldsymbol{Y}_J(k),T_K(k)]\sum_{J=1}^{M(k)}[\boldsymbol{M}_{\text{assoc}}(k)]_{J,K} \tag{16}$$

式中，求和 $\sum_{J=1}^{M(k)}[\boldsymbol{M}_{\text{assoc}}(k)]_{J,K}$ 表示 $\boldsymbol{M}_{\text{assoc}}(k)$ 中第 K 列的和，当航迹具有关联测量值时为 1，反之则为 0。N_{det} 个关联航迹和 $N_{\text{miss}}=N(k)-N_{\text{det}}$ 个漏检的概率可以表示为：

$$\boldsymbol{P}_{\text{det}}[\boldsymbol{M}_{\text{assoc}}(k)]=$$

$$\frac{(N_{\boldsymbol{FA}})!(N_{\text{new}})!}{M(k)!}\prod_{K=1}^{N(k)}\begin{bmatrix}(\boldsymbol{P}_D^{(K)})^{\sum_{J=1}^{M(k)}[\boldsymbol{M}_{\text{assoc}}(k)]_{J,K}} \\ \times(1-\boldsymbol{P}_D^{(K)})^{1-\sum_{J=1}^{M(k)}[\boldsymbol{M}_{\text{assoc}}(k)]_{J,K}}\end{bmatrix} \tag{17}$$

式中，$N_{\text{new}}=\sum_{J=1}^{M(k)}[\boldsymbol{M}_{\text{assoc}}(k)]_{J,N(k)+1}$，$N_{\boldsymbol{FA}}=$

$\sum_{J=1}^{M(k)}[\boldsymbol{M}_{\text{assoc}}(k)]_{J,N(k)+2}$，虚警和新航迹的概率由相应的概率密度函数 $p_{FA}(N_{FA})$ 和 $p_{\text{new}}(N_{\text{new}})$ 给出。如果分布为泊松分布，即：

$$p_{\bar{z}}(z)=\frac{(\bar{z})^{z}\mathrm{e}^{-\bar{z}}}{z!} \tag{18}$$

式中，z 为 N_{new} 或 N_{FA}。由这些因子可以计算出总的关联矩阵概率：

$$P_{\text{assoc}}^{(\text{tot})}[\boldsymbol{M}_{\text{assoc}}(k)] =\frac{(\bar{N}_{\text{new}})^{N_{\text{new}}}(\bar{N}_{FA})^{N_{FA}}}{V}\boldsymbol{P}_{\text{mah}}[\boldsymbol{M}_{\text{assoc}}(k)]\boldsymbol{P}_{\det}[\boldsymbol{M}_{\text{assoc}}(k)] \tag{19}$$

式中，V 为归一化常量——概率需要以所有可能的关联矩阵作归一化。

可能的关联矩阵的空间通常相当稀疏，因为存在大量非常不可能的关联，这对应于那些离现有航迹状态估计非常远的测量值。在这样的情况下，有时可以通过分别最大化每行的概率的方法，从而选择能够最大化所有关联总体概率的关联矩阵。但是，当测量值可以通过不止一种路径与一条航迹关联时，可以寻找能够最大化所有可能组合总体概率 $P_{\text{assoc}}^{(\text{tot})}[\boldsymbol{M}_{\text{assoc}}(k)]$ 的关联矩阵，从而解决上述问题。对 $P_{\text{assoc}}^{(\text{tot})}$ 的最大化可以通过标准的最优化技术实现，但由于问题的稀疏特性，通常可以使用模糊矩阵来简化搜索策略。模糊矩阵是一个类似关联矩阵的 $M(k)\times[N(k)+2]$ 矩阵，其只在测量值处于航迹状态门限函数范围内（此时测量值与航迹可能是关联的）或一个新航迹或虚警出现时，该位置元素才不为 0（Cox 和 Hingorani，1996）。

3.2　航迹的创建和删除

单目标跟踪系统的航迹维护算法相对简单。如果在某个固定时间范围内没有测量值产生或航迹误差变得太大，则该航迹会被设置为静止或非激活状态，直到获得另一个测量值。当跟踪不止一个目标时，若目标个数未知，就需要一些更加复杂的航迹维护算法。航迹的数目通常随时间不断变化，当一系列检测结果表示同一物体测量值的一致集合时，航迹将会被创建，当一段时间过去却没有获得关联测量值时，航迹会被删除。

航迹的创建通常要求一定数目的测量值被关联到同一物体的航迹上。创建航迹所需的测量值一般取决于传感器的期望虚警概率。虚警概率越高，则一系列虚假检测结果离得足够近而使其关联在一起从而产生一个虚假航迹的可能就越高。对于光电成像仪等传感器来说，背景场景保护杂波，因此虚警概率在空间上是不均匀的。这使得由杂波导致的预警聚集在一起，从而增加了虚假航迹被创建的概率。在这样的情况下，保持连续的虚假目标跟踪就是有用的，因为这可以防止产生大量杂波导致的短持续时间虚假航迹，从而避免影响跟踪算法的计算效率。在某些情况下，可固定跟踪航迹的最大数目以限制跟踪算法的复杂度。此时为了创建一个新航迹，其对应的一系列测量值必须足够迫使一条已有航迹被删除，即测量值属于新航迹的似然度必须大于某个已有航迹的似然度。

当航迹数目达到最大限制时，当某条航迹在一段时间内没有新测量值关联时，或基于其作为未关联航迹集合的概率，在统计学意义上判定其终结时，航迹将会被删除（Cox 和 Hingorani，1996）。和单目标跟踪的例子一样，由于动态误差的影响，当没有新测量值被关联到航迹上时，状态估计误差会增加，从而展宽测量值-航迹关联的门限函数，因此航迹被关联到虚警的似然度也会增加。因此，控制删除过程的参数取决于所使用传感器的检测概率和虚警概率。

除了创建和删除以外，通常还需要定义其他的航迹维护功能以提供“簿记”能力，以简化跟踪历史。常见的例子是“航迹链接”和“航迹聚类”功能。如果一个有效目标航迹因为在一段时间内没有新测量值关联而被删除，但对应的目标依旧在传感器的视场内，如果传感器又检测到目标，则航迹会被再次创建，例如一个目标被跟踪，但其被遮蔽了（如移动到场景中的其他物体背后），当目标被遮蔽时，不会产生任何检测结果，因此航迹会被删除。一旦目标从遮蔽物体后方移出，检测过程又会产生新的测量值。“航迹链接”算法就是尝试辨别在不同点上但可能属于相同目标的航迹，并且将断裂的航迹链接起来。航迹聚类算法的功能与之类似，但其针对在空间上聚集且具有某些共同特征（如运动状态）的航迹。由此就可以指示出若干编队移动的物体，或被间歇性检测到而测量值被两个或更多航迹关联从而影响其他目标的单个物体。对于上述情况，将组队物体当作单目标进行跟踪或将间歇性的航迹合并到单一的一致航迹上，都可能有助于降低算法复杂度。对于编队飞行的多个目标，还需要不断估计每组目标的个数，从而将组内目标分离并分别跟踪。这种组跟踪方法可见 Blackman（1986）

文献的第 11 章。

3.3 多重假设跟踪器和解模糊

处理能够与不止一条航迹相关联的观测值的最好方法，是为每种可能的关联创建一个航迹集合。每个不同的航迹集合称为一个假设，记时间步 k 上的第 i 个假设为 $\Theta^{(i)}(k)$，其中 $i=1$，…，$N_{\text{hyp}}(k)$。这些假设由相同的测量值集合得出，但其包含的航迹历史显示其对获取数据的不同解释，即不同的关联矩阵，$\Theta^{(i)}(k)=(\boldsymbol{M}_{\text{assoc}}^{(i)}(1),\cdots,\boldsymbol{M}_{\text{assoc}}^{(i)}(k))$。可以根据当前航迹历史的优劣来对每个假设进行排序，从而反映目标的潜在行为特征。这一操作通常是利用多个时间步（当然也可能是整个航迹历史）上测量值-航迹关联的概率/似然度进行的（Blackman，1986）。对每种假设中所有目标的关联似然度在整个航迹历史内作积分，并将每个时间步上的不同 $P_{\text{assoc}}^{(\text{tot})}$ 值合并，从而得出每种假设的概率 $P_{\text{hyp}}^{(i)}$：

$$P_{\text{hyp}}^{(i)}[\Theta^{(i)}(k)]=\prod_{r=1}^{k}P_{\text{assoc}}^{(\text{tot})}[\boldsymbol{M}_{\text{assoc}}^{(i)}(r)] \quad (20)$$

在任何时间点上都排名最靠前的假设可能性最大，因此被作为跟踪问题的偏好解。当情况变化时，就需要更多的测量值，似然度也会发生变化，原先排名相对低的假设也可能因为新测量值的缘故而得到增强。例如，两架飞机被雷达跟踪，一架是快速机动的战斗机，另一架是慢一些的运输机，初始的测量数据可能显示目标“1”为战斗机而目标“2”为运输机，但由于目标“2”的快速机动，概率会被重新加权，从而基于新的数据颠倒原先的目标分类。最初的多重假设跟踪（Multiple Hypothesis Tracking，MHT）算法由 Reid（1979）提出。

这种方法的主要问题是计算量太大。对于每种可能的模糊，需要至少两种假设，每种包含若干航迹，则所有假设所包含的总航迹数据会随时间指数增加，从而占据越来越多的计算资源（存储器和处理时间）。多目标跟踪系统的挑战在于将算法的计算量要求控制在能够获得的计算资源范围之内。如 2.3 节所述，利用门限函数去除一些通常不会发生的关联假设，能够降低跟踪系统的复杂度，但在很多情况下，包含所有合理的假设仍然是不现实的（Nagarajan，Chidambara 和 Sharma，1987）。解决这一问题最常见的方法是 Cox 和 Hingorani（1996）提出的基于基本多重假设跟踪器有效实现的算法。

Cox 和 Hingorani 提出的算法采用式（20）中各独立的概率对数（对数似然度），从而使排名最高的假设在所有可能假设中具有最大的总体关联度。该最大化过程可以由标准代价函数最小化任务计算，这类问题有很多标准的算法可以得到问题的当前最优解（Murty，1968）。这一最优解将从假设列表中移除，并用相同的方法在没有前述假设的情况下找到第二个最优假设。将这一过程反复迭代，从而找到最好的 $N_{\text{hyp}}(k)$ 个假设，并传递给下一个时间步（$k+1$）和下一个迹关联集合。如 Reid（1979）所述，Cox - Hingorangi 算法只需要考虑群内的航关联模糊问题，Kurien（1990）还提出了一种用来存储航迹的有效树结构，因此这种算法还可以在航迹和测量值聚集成群的情况下简化问题。同时，算法还可以在一个固定的时间步 $k_{\max}$上修剪假设树，以进一步降低计算量（Kurien，1990）。该算法的基础在于假设可以在有限的时间步内分辨任何潜在的模糊。在时间步 $k=k'$上，假设航迹树包含回溯时间步 $k=k'-k_{\max}$上的元素。在后来的时间步$k=k'+1$上，修剪算法会选择 $k=k'-k_{\max}$上的航迹树分枝，使得其所有下位分枝的概率最大化。保留该分枝，并将 $k=k'-k_{\max}$上的其他分枝删除。

4 敏捷目标和先进跟踪器

标准卡尔曼滤波器假设系统的测量值及其动态演进是线性的。这两个过程均由矩阵表示，其更新和演进过程为线性矩阵方程（见 2.2 节）。显然，不是所有的传感器系统都是线性的，有很多是非线性的。非线性矩阵的动态特性通常与敏捷目标相关联。采用线性状态转移矩阵意味着接受这样一个假设：运动特性中所有预料之外的变化都表示为式（10）中的处理噪声项。过程噪声的标准模型倾向于假设目标机动的变化是随机、无偏且不相关的。在实际中，目标机动在时间步之间是高度相关的，可以用非线性状态转移过程来建模。本节将讨论标准卡尔曼滤波器在非线性系统中的常见扩展，以及一些处理敏捷目标的方法。

4.1 扩展卡尔曼滤波器

为了处理非线性测量或非线性动态演进过程，一种自然的想法是对标准卡尔曼滤波器进行扩展，对式（2）和式（4）进行修正，将当前估计状态附近的非线性特征局部线性化为矩阵表示，并用其代替协方差更新方程中的状态转移和测量矩阵。只要非线性特征不是非常强，这么做就是有效的。为了获得良好的近似效果，在状态空间区域中的系统非线性特性需要近似线性，这样才可以掩盖误差。对于非线性测量和动态演进，测量和状态转移方程变为

$$\boldsymbol{Y}(k|k)=\boldsymbol{H}[k,X(k)] \tag{21}$$

$$\boldsymbol{X}(k+1)=\boldsymbol{F}[k,X(k_+)] \tag{22}$$

而相应的卡尔曼增益方程和预测协方差为

$$\boldsymbol{K}(k)=\boldsymbol{S}_X(k)\cdot\boldsymbol{H}'(k)^{\mathrm{T}}\cdot[\boldsymbol{H}'(k)\cdot\boldsymbol{S}_X(k)\cdot\boldsymbol{H}'(k)^{\mathrm{T}}+\boldsymbol{R}(k)]^{-1} \tag{23}$$

和

$$\boldsymbol{S}_X(k+1)=\boldsymbol{F}'(k)\cdot\boldsymbol{S}_X(k_+)\cdot\boldsymbol{F}'(k)^{\mathrm{T}}+\boldsymbol{Q}(k) \tag{24}$$

式中

$$\boldsymbol{H}(k)=\left.\frac{\partial\boldsymbol{H}}{\partial\boldsymbol{X}}\right|_{X=X(k)} \tag{25}$$

$$\boldsymbol{F}'(k)=\left.\frac{\partial\boldsymbol{F}}{\partial\boldsymbol{X}}\right|_{X=X(k_+)} \tag{26}$$

在当前状态估计中进行非线性扩展，以引入测量值与状态转移过程以及状态估计间的相互依赖为代价，保持了标准卡尔曼滤波器的线性特征。依赖当前状态矢量的风险在于，如果状态估计错误，会导致错误的状态转移或测量过程，那么线性化也将是不正确的，从而增加以后状态估计的不准确度。在使用扩展卡尔曼滤波器时，不准确度的增加是其特有问题，通常需要引入额外的检查步骤以确保滤波器的误差不会导致错误的状态估计。

为了使标准卡尔曼滤波器能够对误差分布实现非线性演进，另一个相关的发展方向称为无迹卡尔曼滤波器（Julier 和 Uhlmann，1997）。与标准卡尔曼滤波器和扩展卡尔曼滤波器更新状态矢量和状态误差协方差估计的思路不同，无迹卡尔曼滤波器在状态矢量周围产生一组由当前协方差估计确定的点（这些点称为“sigma 点”）。在每个时间步对这些 sigma 点进行选择，使得其均值和协方差与当前状态矢量以及估计误差的协方差匹配。然后，用系统的非线性表示对这些 sigma 点进行更新，对于一个给定的分布，可以得到新的均值和协方差。由于这些点在非线性作用下演进，状态估计及其估计误差通常会比线性化的扩展卡尔曼滤波器要精确一些。无迹滤波器与蒙特卡洛方法也有不同，其对 sigma 点的选择是确定性的（见 4.2 节）。sigma 点的集合是很小的，但其能够很好地精确表达单峰误差分布的演进。对于更加复杂的分布，显然需要能够估计误差分布的滤波器。

4.2 粒子滤波器

当测量值和处理噪声为高斯分布，且非线性特征相对较弱时，卡尔曼滤波器及其变体在很多情况下能够获得良好的状态估计。但如果系统的非线性特征足够强，则即使在输入噪声为高斯分布的情况下，状态误差的分布也会是高度非高斯的。在这种情况下，卡尔曼滤波器并不足够鲁棒。较强的非线性特征往往导致多模分布，即误差无法用单个高斯分布建模，即使使用扩展或无迹卡尔曼滤波器也不行。解决这一困难情况，最受欢迎的一种方法称为粒子滤波器（Gordon，Salmond 和 Smith，1993；Arelampalam，Maskell，Gordon 和 Clapp，2002）。粒子滤波器用一组采样点对误差分布及其演进进行近似，这组点从系统非线性作用所服从的分布中得出。这些采样点/粒子（也称为支持点）在每个时间步结束时，被用来构造新的分布估计。每个采样点有一个对应的权值（重要性），粒子滤波器利用这些能够增殖的支持点及其权值，来估计系统状态以及潜在的误差分布。

粒子滤波器的目标在于估计状态误差的后验分布，即获得所有测量值以后的状态矢量概率分布 $p(\boldsymbol{X}(k)\mid\boldsymbol{Y}(0),\cdots,\boldsymbol{Y}(k))$。因此，最初的目标是利用 N_s 个采样点（$\boldsymbol{X}_i(k),i=1,\cdots,N_s$）及其权值（$w_i(k)$）来构造一个近似的先验分布：

$$p(\boldsymbol{X}(k)\mid\boldsymbol{Y}(0),\cdots,\boldsymbol{Y}(k))\simeq\sum_{i=1}^{N_s}w_i(k)\delta[\boldsymbol{X}(k)-\boldsymbol{X}_i(k)] \tag{27}$$

式中，$\delta(\boldsymbol{X})$ 为 delta 函数。利用这一近似概率密度，通过蒙特卡洛方法可以近似得出对函数 $f(k)$ 期望值的估计。

$$E[f(k)]=\int f[\boldsymbol{X}(k)]p(\boldsymbol{X}(k)\mid\boldsymbol{Y}(0),\cdots,\boldsymbol{Y}(k))\simeq\sum_{i=1}^{N_s}w_i(k)f[\boldsymbol{X}_i(k)] \tag{28}$$

基础型滤波器（Gordon，Salmond 和 Smith，1993）用似然函数更新采样点 $\boldsymbol{X}_i(k)\rightarrow\boldsymbol{X}_i(k_+)$：

$$q_i=\frac{p[\boldsymbol{Y}(k-1)\mid\boldsymbol{X}_i(k-1)]}{\sum_{j=1}^{N_s}p[\boldsymbol{Y}(k-1)\mid\boldsymbol{X}_j(k-1)]} \tag{29}$$

式中，$p(\boldsymbol{Y}\mid\boldsymbol{X})$ 为在给定状态矢量 $\boldsymbol{X}$ 的情况下获得一个测量值 $\boldsymbol{Y}$ 的概率。对于这个给定的似然函数，可以从均匀分布 u_i 中选取一个点，并用下列方法选取采样点 $\boldsymbol{X}_r(k-1)$：

$$\sum_{j=1}^{r-1} q_j < u_i \leqslant \sum_{j=1}^{r} q_j \tag{30}$$

从而获得一组新的采样点/粒子。

这意味着新的采样点集合 $\boldsymbol{X}_i(k_+)$ 是对以前的集合 $\boldsymbol{X}_i(k)$ 的重新加权，新集合中每个不同采样点的比例类似一个简单的加权，其比例由相对似然度确定，且粒子的位置服从式（29）所示的测量状态。

预测步骤就从这 N_s 个采样点出发，利用状态转移函数更新这些点。为了顾及动态模型中不准确度的影响，引入由处理噪声分布得出的随机采样点集 $v_i(k)$，

$$\boldsymbol{X}_i(k+1)=\boldsymbol{F}[k,\boldsymbol{X}_i(k_+),v_i(k)] \tag{31}$$

从而在时间步 k 得到一个与权值 $w_i(k+1)$ 相对应的新点集。

基本型的粒子滤波器需要采样点的初始分布 $p(\boldsymbol{X}(0))$，测量值 $p(\boldsymbol{Y}(k)\mid\boldsymbol{X}(k))$ 的似然函数（其等价于已知潜在的非线性测量交互以及测量噪声分布）和处理噪声的概率密度函数 $p(v(k))$。这种方法是迭代/递归的，相对容易实现。其主要的计算量来自对采样点/粒子的数目要求，以充分地表现潜在的非线性分布。因此，有一些计算方法被用来降低采样点的数目，也出现了一些基本型粒子滤波器的不同变体以克服其他一些相关问题（Arulampalam 等，2002）。更先进版本的基本型粒子滤波器和更通用的序列蒙特卡洛方法也被成功地广泛应用［最近的综述见 Doucet 和 Johansen，(2009)］。

4.3 交互多模型

完全的多重假设跟踪器是最优的，但计算效率差。Cox－Hingorangi 算法简化了计算，但其计算量仍很大。限制时间步之间传递的假设数目能够极大地减少计算量，提高算法效率，但会降低跟踪器的性能。关于这一问题，一个替代性的方法是交互多模型（Interacting Multiple Model，IMM）算法（Bar-shalom，Chan 和 Blom，1989；Mazor 等，1998）。这一方法是次优的，但是计算简单，且通常对跟踪敏捷、机动目标具有鲁棒性。IMM 算法使用多个并行的跟踪器（或移动模型）来跟踪不同的可能目标，它对每个跟踪器输出进行加权，从而提高对目标运动的估计精度。每个滤波器的权值在每个时间步都重新计算，这些权值由航迹输出和航迹测量的协议确定。通常，跟踪滤波器为简单的卡尔曼滤波器，其具有不同过程噪声矩阵，以表示不同的目标机动状态。大的过程噪声表示目标作高过载机动，而小过程噪声则对应于目标的小幅度机动。IMM 算法适应目标行为快速变化的能力是其主要的优点之一。

对于基础的 IMM 算法（Mazor 等，1998），如果有 N_{tr} 个跟踪滤波器，每个滤波器在时间步 k 产生一个跟踪状态估计 $\boldsymbol{X}^{(j)}(k)$ 和估计协方差矩阵 $\boldsymbol{S}_X^{(j)}(k)$（$j=1,\cdots,N_{tr}$），与每个滤波器相关联的当前概率为 $p^{(i)}(k)$，则在后面的时间步中将会采用混合滤波器状态和误差矩阵：

$$\boldsymbol{X}_0^{(j)}(k)=\frac{1}{C^{(j)}}\sum_{i=1}^{N_{tr}}\boldsymbol{p}_{i,j}p^{(j)}(k)\boldsymbol{X}^{(j)}(k) \tag{32}$$

$$\begin{aligned}\boldsymbol{S}_{X_0}^{(j)}(k)=&\frac{1}{C^{(j)}}\sum_{i=1}^{N_{tr}}\boldsymbol{p}_{i,j}p^{(j)}(k)\times\\&\Big[\boldsymbol{S}_X^{(j)}(k)+[\boldsymbol{X}^{(i)}(k)-\boldsymbol{X}_0^{(j)}(k)]\times\\&[\boldsymbol{X}^{(i)}(k)-\boldsymbol{X}_0^{(j)}(k)]^{\mathrm{T}}\Big]\end{aligned} \tag{33}$$

式中，$C^{(j)}$ 为航迹归一化常数，$C^{(j)}=\sum_{i=1}^{N_{tr}}\boldsymbol{p}_{i,j}\,p^{(j)}(k)$，$\boldsymbol{p}_{i,j}$ 为运动模型到实际发生间的转移概率矩阵。利用式（33）给出的混合误差协方差矩阵，可以将第 j 个滤波器应用于式（32）所述的第 j 个混合滤波器状态以及近似运动模型（例如处理噪声 $\boldsymbol{Q}^{(j)}$）。一旦滤波器被用来更新状态，则权值也会被更新：

$$p^{(j)}(k+1)=\frac{1}{C}\Lambda^{(j)}(k)C^{(j)} \tag{34}$$

式中，C 为全局归一化因子；$\Lambda^{(j)}$ 为从第 j 个滤波器获得新息 $\Delta\boldsymbol{Y}^{(j)}(k)$ 的似然函数。对于参与协方差为 $\boldsymbol{S}_R^{(j)}(k)$ 的高斯分布误差，其似然度为

$$\begin{aligned}\Lambda^{(j)}=&\mid 2\pi\boldsymbol{S}_R^{(j)}(k)\mid^{\frac{1}{2}}\times\\&\exp\left\{-\frac{1}{2}[\Delta\boldsymbol{Y}^{(j)}(k)^{\mathrm{T}}(\boldsymbol{S}_R^{(j)})^{-1}\Delta\boldsymbol{Y}^{(j)}(k)]^2\right\}\end{aligned} \tag{35}$$

则在时间步结束时，最终的混合状态估计和混合协方差矩阵为

$$\boldsymbol{X}(k+1)=\sum_{j=1}^{N_{tr}}p^{(j)}(k+1)\boldsymbol{X}^{(j)}(k+1) \tag{36}$$

$$\begin{aligned}\boldsymbol{S}_{\boldsymbol{X}}(k+1)=&\sum_{j=1}^{N_{tr}}p^{(j)}(k+1)\times\Big[\boldsymbol{S}_X^{(j)}(k+1)+\\&[\boldsymbol{X}^{(j)}(k+1)-\boldsymbol{X}(k+1)]\\&[\boldsymbol{X}^{(j)}(k+1)-\boldsymbol{X}(k+1)]^{\mathrm{T}}\Big]\end{aligned} \tag{37}$$

与 MHT 算法相比，IMM 算法在计算复杂度方面有一些优势。在其迭代过程中，跟踪器和每个滤波

器对应权值的确定同时进行。使用多个跟踪器/运动模型意味着系统是模块化的，可以对各独立的跟踪器进行修改、替换，而不需要对整个算法重新设计。

5 总　　结

雷达和光电传感器能够收集数据，但其测量值是有噪声的且有时不可靠。物体并不总是能够被检测到，且传感器固有的不准确度使得其作出的判断会包含误差。本章所述的目标跟踪理论就是用来将这些测量值转换为一致的目标/威胁轨迹集合。跟踪算法的结构通常具有标准形式：数据对准、测量值-航迹关联、状态估计和航迹维护。首先，检测结果被对准到一个通用的参考帧上，并构造航迹。对准的测量值被关联到已有的航迹或被用来产生新的航迹。通常，这种关联过程是基于概率或其他距离尺度进行的。然后测量值与已有的状态估计融合从而形成航迹（位置、速度等）。对于敏捷或机动目标的情况，这样做可以提高估计的精度并更新运动状态。最后，检查航迹集合，看其是否可以简化、合并、链接看起来具有共同属性的航迹或移除不再产生新测量值的航迹。

对于简单的目标跟踪系统，可以使用基于一些距离设定的简单最近邻域关联技术（如2.3节所述的似然度门限技术）以及线性卡尔曼滤波器（见2.2节）这样的基本状态估计技术。而对于存在多个目标或虚警数量较大或敏捷目标快速机动的情况，上述技术会面临一些困难。

在每个时间步都会产生一些测量值，这些测量值可能与不止一条航迹关联，每个可能的关联都需要被考虑。每一种可能的关联（或假设）都需要在时间步之间传递，因此这些模糊会导致跟踪结构的计算复杂度迅速增加。为了有效地跟踪多个假设，就需要在给定的计算资源内，选择最大后验概率的假设。这是3.3节所述多重假设跟踪器的基础。在这样的情况下，跟踪算法需要在复杂度和跟踪解的精度与可靠性之间进行折中。遍历所有可能的假设会得到最优的航迹估计，但是可靠性差一些的求解方法往往更受人青睐，因为它们可以实时实现。

对于在测量值之间可以改变其运动状态的敏捷目标，为了表达目标的运动特性，算法会更加复杂。简单卡尔曼滤波器（见2.2节）所采用的线性运动模型在描述机动目标时通常是不准确的。卡尔曼滤波器的非线性变体或是交互多模型（见4.3节）等更复杂的状态估计技术通常可以更好地捕获具有非线性特征的目标。交互多模型方法在时间步之间传递多个可能的运动状态，并通过最大化后验概率对类似测量值-航迹假设的输出进行选择。对于目标运动特性和/或测量过程非线性的系统，就需要建模目标的演进过程并利用序列蒙特卡洛方法或“粒子”滤波器技术（见4.2节）来测量概率密度函数。像多重假设跟踪器那样，复杂的状态估计技术通常计算量较大，但对于特殊应用，可以设计有效的跟踪器，其既不要求很多的计算资源，也不用在精度和可靠性方面作太多妥协。

致　　谢

感谢 QinetiQ PLC 公司的 K. L. Edwards OBE 教授和利物浦大学的 N. Oxtoby 博士对本章文稿的准备所提供的帮助。

参考文献

Abramowitz, M. and Stegun, I. A. (1964) *Handbook of Mathematical Functions with Formulas, Graphs, and Mathematical Tables*, Dover.

Arulampalam, M. S., Maskell, S., Gordon, N. and Clapp, T. (2002) A tutorial on particle filters for online nonlinear/ non-Gaussian Bayesian tracking. *IEEE Trans. Signal Proc.*, **50** (2), pp. 174—188.

Bar-Shalom, Y., Chang, K. C. and Blom, H. A. P. (1989) Tracking a maneuvering target using input estimation versus the interacting multiple model algorithm. *IEEE Trans. Aerosp. Electron. Sys.*, **25** (2), 296—300.

Bar-Shalom, Y., Li, X. R. and Kirubarajan, T. (2001) *Estimation with Applications to Tracking and Navigation*. Wiley & Sons, Ltd.

Blackman, S. (1986) *Multiple Target Tracking with Radar Applications*. Artech House.

Cox, I. J. and Hingorani, S. L. (1996) An efficient inplementation of Reid's Multiple Hypothesis Tracking algorithm and its evaluation for the purpose of visual tracking. *IEEE Trans. Pattern Anal. Mach. Intell.*, **18** (2), 138—150.

Doucet, A. and Johansen, A. (2009) Particle filtering and smoothing: fifteen years later, in *Handbook of Nonlinear Filtering* (eds D. Crisan and B. Rozovsky), Oxford University Press, in press.

du Plessis, R. M. (1997) Poor Man's Explanation of

Kalman Filters or How I Stopped Worrying and Learned to Love Matrix Inversion. *Rockwell International Technical Note* (Taygeta Scientific Incorporated, reprint 1997).

Gershenfeld, N. (1999) Filtering and State Estimation, in *The Nature of Mathematical Modelling*. Cambridge Press.

Gordon, N., Salmond, D. and Smith, A. F. M. (1993) Novel approach to nonlinear and non-Gaussian Bayesian state estimation. *IEE Proc. Pt. F*, **140** (2), 107—113.

Hutchins, R.G. and Pace, P. E. (2006) Studies in trajectory tracking and launch point determination for ballistic missile defense. *Proceedings of Signal and Data Processing of Small Targets* vol. 6236 (ed. Drummond OE), SPIE, Bellingham, WA. Paper 62360Y/1—8.

Johnson, S. L. (1973) Radar target idenitification system. US Patent 3733603, awarded May 1973.

Julier, S.J. and Uhlmann, J. K. (1997) A new extension of the kalman filter to nonlinear systems. *Proceedings of Signal Processing, Sensor Fusion, and Target Recognition* Ⅵ, vol.3068, (ed. Kadar I.), SPIE, Bellingham, WA, pp. 182—193.

Kalman, R. E. (1960) A New Approach to Linear Filtering and Prediction Problems. *Trans. ASME-J. Basic Eng.*, **82** (1), 35—45.

Kurien, T. (1990) Issues in the design of pratical multitarget tracking algorithms. in *Multitarget-Multisensor Tracking Advanced Applications* (ed. Bar-Shalom Y.), Artech House, Norwood, MA, pp.43—83.

Mazor, E., Averbuch, A., Bar-Shalom, Y. and Dayan, J. (1998) Interacting Multiple Model Mehtods in Target Tracking: A Survey. *IEEE Trans. Aerosp. Electron. Sys.*, **34** (1), 103—123.

Murty, K. G. (1968) An algorithm for ranking all the assignments in order of increasing cost. *Oper. Res.*, 16, 682—687.

Nagarajan, V., Chidambara, M.R. and Sharma, R.N. (1987) Combinatorial problems in multitarget tracking-a comprehensive solution. *IEE Proc. Pt. F.*, **134** (1), 113—118.

Reid, D.B. (1979) An algorithm for tracking multiple targets. *IEEE Trans. Automat. Contr.*, **24** (6), 843—854.

Sournette, D. and Ide, K. (2001) The Kalman-L′evy filter. *Physica D*, **151** (2), 142—174.

Welch, G. and Bishop, G. (2006) An Introduction to the Kalman Filter. Technical Report University of Carolina. *TR* 95—041 http://www.cs.unc.edu/w? elch/media/pdf/kalman intro.pdf (accessed 12 January 2009).

本章译者：潘捷，周建江（南京航空航天大学电子信息工程学院）

第25部分

轨迹和轨道力学

第 252 章

轨道力学基础

David A. Vallado
分析图形有限公司空间标准创新中心，斯普林斯，科罗拉多，美国

1 运动方程

航天工程是一个结合多学科知识、多元化的领域。几个世纪前人们推导的运动方程看似简单，但即使到了今天它们在技术上仍充满挑战。开普勒三大定律和牛顿定律是运动方程的基础。

约翰·开普勒（1571—1630）发现了天体运动的三大定律。开普勒三大定律是理解卫星轨道运动规律的关键。

其第一定律：各行星的轨道均为椭圆形，太阳位于它的一个焦点上。

其第二定律：行星与太阳的连线在相等时间内扫过的面积相等。

其第三定律：行星运动周期的平方与行星至太阳平均距离的 3 次方成正比。

但是，开普勒三大定律只描述了行星的运动而没有给出行星运动的解释。它们解决了运动学规律，但是动力学问题一直没有得到解决，直到艾萨克·牛顿（1642—1727）打开了其中的奥秘。1665 年，当牛顿还是剑桥大学的一名学生时，一场毁灭性的流行性瘟疫迫使大学关闭了二年，一直到 1667 年的春天重新开放。这一阶段后来证明是牛顿一生最富有创造力的时期。在此期间他发现了著名的牛顿三大定律：

其第一定律：任一物体将保持静止或匀速直线运动的状态，除非有作用在物体上的力强迫其改变这种状态。

其第二定律：动量变化速率与作用力成正比，与其作用力的方向相同。

其第三定律：对每一个作用力，总存在一个大小相等的反作用力；或者可以表述为，两个物体之间的作用力和反作用力在同一直线上，大小相等，方向相反。

牛顿还发现了万有引力定律：

$$F_g=-\frac{Gm_{\oplus}m_{\rm sat}}{r^2}\frac{r}{|\boldsymbol{r}|} \tag{1}$$

牛顿第二定律和牛顿万有引力定律是几乎所有轨道运动研究的出发点，尤其是当结合了开普勒三大定律之后。刚体保持其运动状态是一个全新的概念。大多数人很熟悉牛顿第二定律，它可以表述为动量变化速率与作用力成正比。对于一个固定的质量系统：

$$\sum \boldsymbol{F}=\frac{\mathrm{d}(m\boldsymbol{v})}{\mathrm{d}t}=m\boldsymbol{a} \tag{2}$$

这表明，在假设质量恒定的情况下，作用在物体上的力的总和 $\boldsymbol{F}$ 等于质量 m 乘以物体的加速度 $\boldsymbol{a}$。虽然方程写成矢量形式，但是它代表了三个标量的大小（$F_i=ma_i$，$i=1\sim3$）。

2 二体问题

二体假设是检验轨道运动的一个非常重要的关系。对于二体运动方程的推导，先要假设一个理想的惯性系统：固定于惯性空间，或者具有固定指向且以恒定速度移动的惯性系统。假设一个只包含地球（质量为 $m_{\oplus}$）和卫星（质量为 $m_{\rm sat}$）的二体系统。在此惯性系统中，地球作用在卫星上的引力为

$$\boldsymbol{F}_g=-\frac{Gm_{\oplus}m_{\rm sat}}{r^2}\frac{\boldsymbol{r}}{r} \tag{3}$$

地球和卫星相对惯性系统原点的位置矢量分别表

示为 $\boldsymbol{r}_{\oplus}$ 和 $\boldsymbol{r}_{sat}$。利用牛顿第二定律，假设卫星质量远小于（数量级远小于）中心天体质量（此处为地球），忽略卫星质量，使用引力常数 μ 代替 $Gm_{\oplus}$：

$$\ddot{\boldsymbol{r}}=-\frac{\mu}{r^2}\frac{\boldsymbol{r}}{r} \tag{4}$$

式（4）为基本二体方程。只有在前述假设成立的情况下，式（4）才成立。此二阶非线性矢量微分方程是研究的基础。

3　轨迹解的基本属性

3.1　圆锥曲线

开普勒发现卫星的运动轨迹可以通过圆锥曲线来描述。图 1 表明了多种圆锥曲线是如何被发现的。

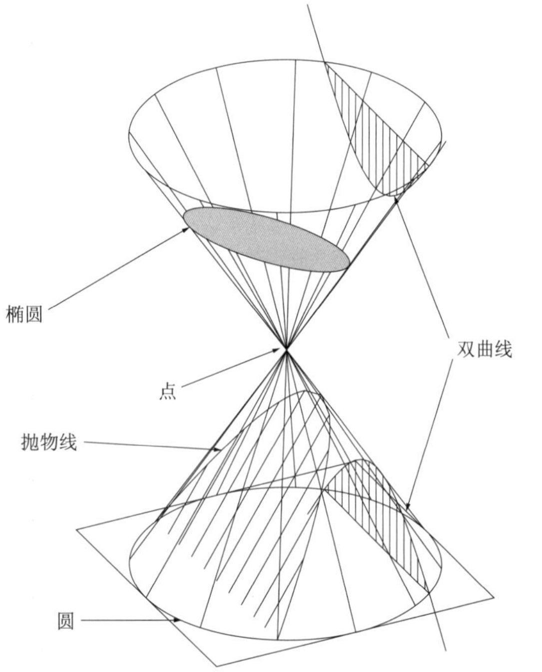

图 1　圆锥曲线［转载自 Vallado（2007）］

用一个平面与圆锥体相切得到圆锥曲线。当平面垂直于旋转轴时，截线为一个圆形，而平面平行于旋转轴，得到双曲线（如图所示为一对）。平面平行于外表面产生抛物线。其他曲线均为椭圆。除了特殊情况，此时平面在表面上（为直线轨道）或者平面只通过定点（此时为点）。

圆和椭圆是地球卫星的两种轨道。其他圆锥曲线用来描述其他特殊任务，例如导弹、星际航天器飞离或再入地球大气层。

3.2　轨道要素

使用一组轨道要素来描述空间轨道。其中一组是用来描述二体运动方程的开普勒轨道要素。前三个轨道要素用来描述轨道的形状、大小以及轨道指向。半长轴（大小）来自圆锥曲线的几何定义，是主轴的一半。偏心率描述了轨道的形状，取值范围在圆（0.0）、椭圆（0.0～1.0）、抛物线（1.0）以及双曲线（大于 1.0）之间变化。倾角描述了轨道相对垂直方向的倾斜程度。最后的 3 个轨道要素描述了卫星在任意时刻的特定位置（图 2）。升交点赤经表示相对于春分点位置卫星穿过赤道的位置（从南到北）。近地点纬度幅角表示卫星轨道距离地球最近的点。真近点角确定了卫星在轨道上以近地点为基准的确切位置。

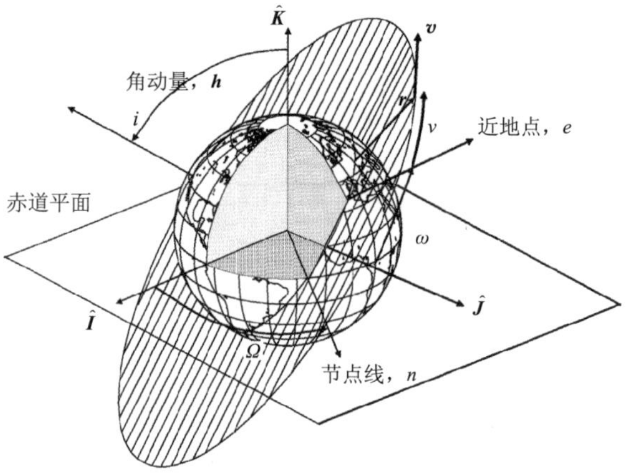

图 2　经典轨道要素［转载自 Vallado（2007）］

6 个经典轨道要素为：半长轴 a；偏心率 e；轨道倾角 i；升交点赤经 Ω，其通常简称为节点；近地点纬度幅角 ω；真近点角 n。

3.3　运动常量

当使用二体运动方程时，会发现几个很有用的运动常量。

3.4　角动量

可以推导一个与质量无关且是轨道常数的角动量表达式。采用位置矢量叉乘二体方程推导动量矩常矢量 $\boldsymbol{h}$。注意，动量的含义通常不包括质量，所以是单位动量矩矢量。因为 $\boldsymbol{h}$ 等于 $\boldsymbol{r}$ 叉乘 $\boldsymbol{v}$，所以它的矢量方向必然垂直于轨道所在的平面。对于二体运动，卫星运动必然被限制在这个平面内，其称为轨道平面。这样，选定任意一对同一位置、同一时刻的位置和速度矢量唯一确定一个动量矩常矢量。这是一个解决轨道问题非常有用的常数：

$$\boldsymbol{h}=\boldsymbol{r}\times\boldsymbol{v}=\text{常数} \tag{5}$$

3.5　能量常量

推导独立于质量的轨道运动能量常数——单位

机械能或以 y 表示（SME）——速度矢量点乘二体方程。方程两边对时间积分，消除微分，方程右边也变成常数。这个常数称为 SME，y。这个方程常被称为能量积分或者活力方程：

$$\xi=\frac{v^2}{2}-\frac{\mu}{r}+c \tag{6}$$

式中，c 的值是任意的，可以得到 $y=0$ 的情形。物理界使用 $c=m/r_{\oplus}$。y 随着高度和速度变化。在地球表面 $y=0$。在天体动力学中，c 定义为 0。使用这个定义，同样的概念仍然适用：越高越快，需要的能量越大。然而当静止在地球表面时，能量以负值开始。同样，能量是动能与势能之和（不包含质量项）。势能（$-\mu/r$）在航天动力学中经常出现。

3.6 轨道方程

开普勒第一定律表明各行星轨道均为椭圆形或者圆锥曲线。二体方程描述了一个小质量物体绕一个大中心天体的轨道路径。轨道方程虽然简单，但是给了人们很大的启示。动量矩常矢量叉乘二体方程，经过转化，得到轨道方程：

$$r=\frac{p}{1+e\cos(n)} \tag{7}$$

式中，p 为半通径，等于 $a(1-e^2)$；n 为真近点角。注意到偏心率 e 定义了轨道的形状。式（7）没有将运动轨迹仅仅限制在椭圆上，而是验证和拓展了开普勒第一定律。

3.7 轨道周期

开普勒第二定律和第三定律，表明轨道在相等时间内扫过的面积相等，轨道周期 P 的平方与半长轴的 3 次方成正比

$$P=2\pi\sqrt{\frac{a^3}{\mu}} \tag{8}$$

3.8 速度公式

速度公式可以通过能量积分方程 SME 得到：

$$v=\sqrt{\frac{2\mu}{r}-\frac{\mu}{a}} \tag{9}$$

4 摄动理论

摄动是正常的、理想的、不受扰动的、轨道运动的偏差。由于其他天体的摄动（例如太阳和月亮）和其他摄动力（非球形引力摄动、大气阻力和太阳光压摄动）的影响，真实运动轨迹会偏离出无扰动（二体）轨道。

理解梯度、加速度（单位力）和函数的概念是非常重要的。实际上梯度是一个方向导数，给出了在特定方向的标量函数的变化率（Kreyzing，1983）。它是一个矢量，用微分算子符号 ∇ 表示，表明梯度变化的过程。如果标量函数是一个关于单位势能的势函数，那么梯度则表示物体运动的加速度，例如中心天体引力场的势函数。

因为摄动力分析要用到两个概念，所以区别开单位力（通常是对加速度积分得到）和势是非常重要的。通常使用扰动函数和扰动力来分析摄动。扰动力简单地表明（在某一坐标系）卫星轨道摄动影响的单位力（加速度）。非保守力，例如太阳光压摄动和大气阻力的影响，通常被建模为单位力扰动函数。扰动函数是摄动函数和非摄动函数简单作差。对保守力建模以描述轨道摄动，例如中心天体非球形摄动和三体引力。

势函数是从数学的角度描述保守力特性，例如球形天体的中心引力（$U_{2\text{-body}}=\mu/r$）。一些专家通过对扰动势加负号将扰动函数区别出来。考虑到二者是相等的，只要保持正确的符号约定即可。非球形中心天体的势函数 U 以球形势函数（$U_{2\text{-body}}$）作为第一项。当中心天体是地球时，重力势经常用来描述非球形势函数。

为了检查摄动因素对轨道要素的影响，必须描述它们是如何随时间变化的。摄动对轨道运动的影响包括周期项影响和长期项影响。

长期项对于特定轨道要素的影响随着时间线性变化，或者在某些情形下，与时间的阶数成正比，例如二阶。随着时间的增长，长期项的误差导致无限制的误差增长。长期项是解析理论长时间退化的主要因素。地球的主要摄动力是 J_2，它导致了所有三种摄动影响。可以作一阶近似假设并以其作为主要的变化，也可以推导更高阶数的解。周期项变化要么是短周期项，要么是长期项，它取决于影响重复的时间长度（见图 3）。

短周期项通常以轨道周期或更小的周期重复；长周期项的周期显著长于一个轨道周期。长周期项主要对升交点赤经和近地点纬度幅角有影响，能持续几个星期、一个月或更久。这表明高度为400 km的卫星的短周期项影响周期高达 100 min，而地球同步轨道卫星的短周期项影响周期大约是 24 h。当一个快变量（例如真近点角）是摄动的主要影响时，

短周期项产生影响。当研究解析和半解析理论时，这些定义非常重要。因为周期项暗示了数值仿真的步长，通常采用平均理论消除短周期项影响，因此对剩下的长期项和长周期项影响可以采用大步长的数值积分——半解析理论的本质。

可以根据轨道要素的相对变化率，将它们分为快变量或者慢变量。即使没有摄动因素，快变量在一个轨道周期里变化很大。例如平近点角、真近点角和偏近点角在一个轨道周期内改变360°或在笛卡儿坐标系中改变很大。慢变量（半长轴、偏心率、倾角、近地点纬度幅角等）在一个轨道周期内变化很小。摄动引起了这些变化。若没有摄动因素，所有的慢变量轨道要素将保持不变，然而快变量持续变化。

可以用星历来描述带摄动的卫星运动——一系列有序的位置和速度矢量。在任意时间，可以根据二体方法采用矢量方法推出轨道要素。对应的位置速度矢量确定了任意时刻的密切轨道要素。密切椭圆定义为摄动力突然消失后卫星运行的二体轨道。因此轨道上的每一点都对应一组密切轨道要素。密切轨道要素是随时间真实改变的轨道要素，包括了周期项（长周期项和短周期项）和长期项影响。它们代表了高精度轨迹，对包括实时的瞄准和跟踪操作在内的高精度仿真非常有效。

作为对比，平均轨道要素是一段选定时间（或者一段适当的角度，例如真近点角）的平均，因此变化平稳且不包括短周期变化。注意到平均轨道要素依靠一些没有指定的平均时间间隔。有多种平均轨道要素，理解它们是如何定义和使用是非常重要的。平均轨道要素对长时间范围的任务设计非常有用。

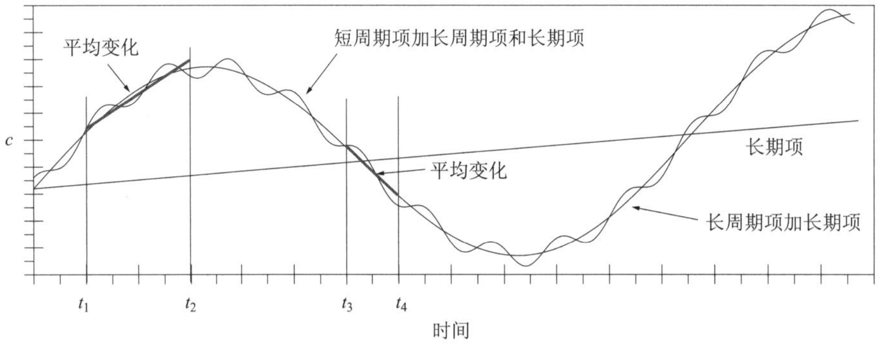

图3　摄动力对轨道要素的影响

c表明所有轨道要素的变化，直线表明长期项影响，大震荡线表明长期项加长周期项影响，小震荡线结合了三种摄动项，表明了短周期项影响，两个算例结果明显夸大但代表了可能的误差结果。

4.1　摄动力

轨道预报和轨道确定的精度在很大程度上依靠所有影响卫星或者航天器在空间轨道运动的力的建模。到目前为止，最大的摄动影响是引力摄动，然后是大气阻力、三体摄动、太阳光压摄动和其他诸如潮汐等较小的摄动。Vallado（2005）文献阐述了多种力对两个不同高度的卫星的相对影响。图4表明物理力对在500 km高度位置有偏差，97.6°倾角卫星的影响量级。

大部分摄动，例如潮汐摄动、三体引力和相对论效应都是非常小的，但是有高精度要求时则需要考虑。可选择卫星参数来说明力模型的影响。大气阻力系数c_D=2.2，太阳光压系数c_R=1.2，面质比A/m=0.04 m²/kg。仿真时间为2003年1月4日，作为纪元时刻去预报太阳活动的温和周期（太阳通量$F_{10.7}$～140）。除了引力算例是与下一个近似算例对比外（2×0对比二体，12×12对比2×0，24×24对比12×12，70×70对比24×24），所有对比算例均采用二体轨道。这些对比很好地展现了单个摄动因素的影响。一些力之间存在耦合，特别是引力和大气阻力，但是它们的影响要小于单个摄动的影响。随着时间的推移，它们有了显著的增长，但是仍然远小于主导摄动力。万有引力模型如图5所示。

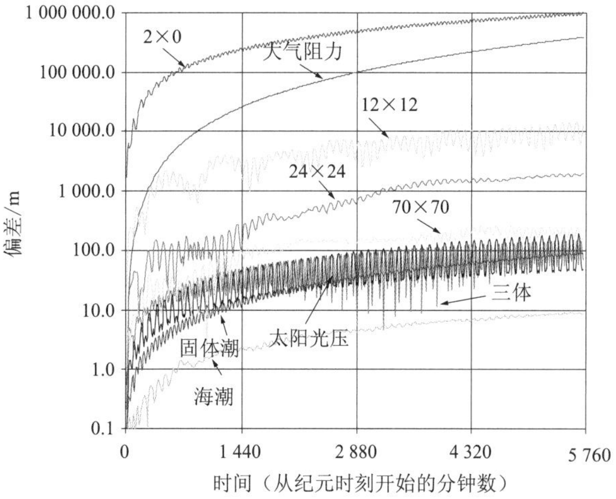

图 4 力模型对比

该图表明不同的摄动力在同一初始状态，经过一段时间（4天）的位置偏差。除了引力与近似引力对比外，每个对比都对应一个二体星历。“12×12”是 WGS-84/EGM-96 的2×0 引力场星历与 WGS-84/EGM-96 的 12×12 引力场星历的对比，“24×24”是 WGS-84/EGM-96 的 24×24 引力场星历与 WGS-84/EGM-96 的 12×12 引力场星历的对比。三体是二体星历与一个三体星历的对比。

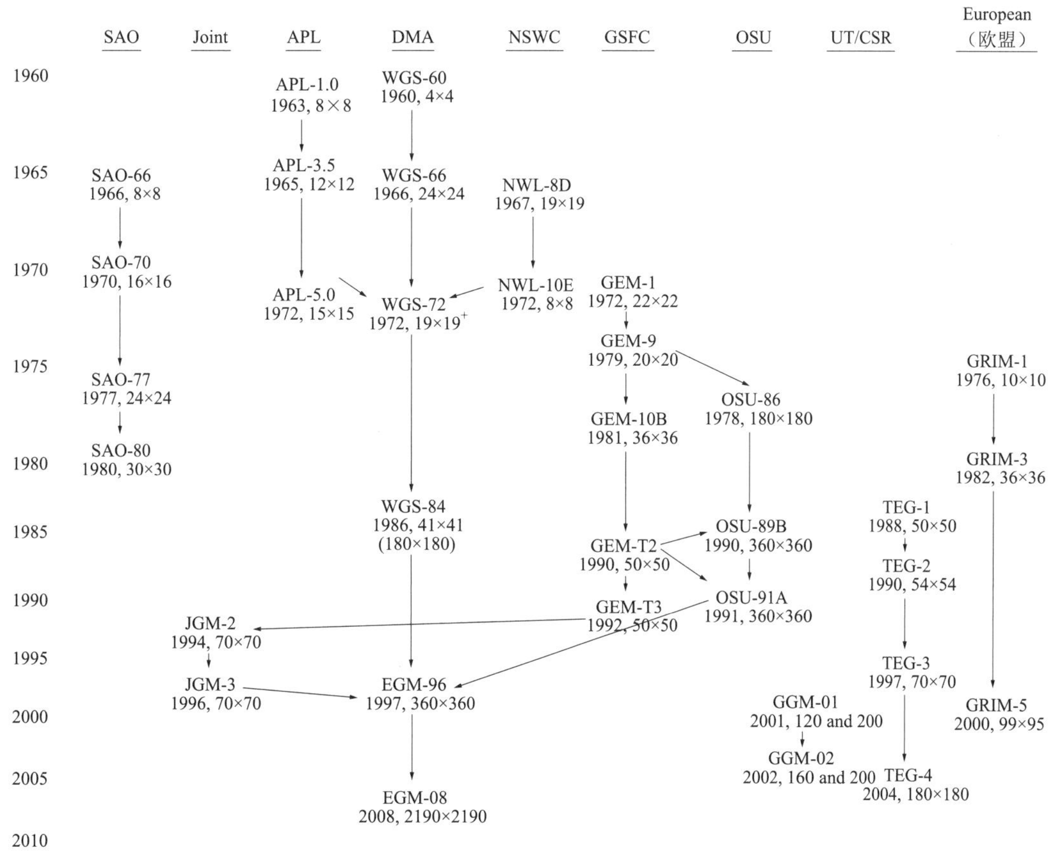

图 5 万有引力模型

该模型来自戈达德空间飞行中心（GFSC）、俄亥俄州立大学（OSU）、奥斯丁德州大学（UT）、欧盟的联合引力模型（JGMs）。地球引力模型（EMG）结合 JGMs 和国防测绘局的工作，从 1972 年的 GEM-1 开始，戈达德地球模型一年提出一次。偶数模型包含卫星和表面的重力数据；奇数模型包含唯一的卫星数据；标准地球（SAO）和应用物理实验室（APL）的模型属于第一类模型。基本信息来自 Vetter（1994；私下交流，2001），授权来自 Vallado（2007）。

4.2 引 力

在地固坐标系，地球引力方程一般使用球形谐函数描述。对卫星的地球引力势函数基本表达式，通常被描述成以地球质心为原点的势函数的形式：

$$V=\frac{\mu}{r}\left[1+\sum_{n=2}^{\infty}\sum_{m=0}^{n}\left(\frac{r_{\oplus}}{r}\right)^{n}P_{nm}(\sin\varphi_{\text{gcsat}})(C_{nm}\cos m\lambda_{\text{sat}}+S_{nm}\sin m\lambda_{\text{sat}})\right] \tag{10}$$

式中，μ 是地球引力常数，r 为卫星轨道半径，φ_{gcsat} 和 λ_{sat} 是卫星的地理坐标，$r_{\oplus}$ 是地球半径，n 和 m 分别为阶数，C_{nm} 和 S_{nm} 为引力系数。加速度可以简单地表示成势函数的正梯度。式(10) 中勒让德多项式为

$$P_{nm}(\sin\varphi_{\text{gcsat}})=(\cos\varphi_{\text{gcsat}})^{m}\frac{\mathrm{d}^{m}}{\mathrm{d}(\sin\varphi_{\text{gcsat}})^{m}}P_{n}(\sin\varphi_{\text{gcsat}})$$

$$P_{n}(\sin\varphi_{\text{gcsat}})=\frac{1}{2^{n}n!}\frac{\mathrm{d}^{m}}{\mathrm{d}(\sin\varphi_{\text{gcsat}})^{m}}(\sin^{2}\varphi_{\text{gcsat}}-1)^{n} \tag{11}$$

当 $m=0$ 时，勒让德函数（多项式或者相关函数）是带谐项，当 $m=n$ 时，其为扇谐项，当 $m\neq n$ 时，其为田谐项。

为了计算，通常表达式为归一化的形式。以 $\bar{P}_{nm}$，$\bar{C}_{nm}$ 和 $\bar{S}_{nm}$ 代替 P_{nm}，C_{nm} 和 S_{nm}：

$$\bar{P}_{nm}=\left[\frac{(2n+1)k(n-m)!}{(n+m)!}\right]^{1/2}P_{nm}$$

和

$$\begin{pmatrix}\bar{C}_{nm}\\ \bar{S}_{nm}\end{pmatrix}=\left[\frac{(n+m)!}{(2n+1)k(n-m)!}\right]^{1/2}\begin{pmatrix}C_{nm}\\ S_{nm}\end{pmatrix} \tag{12}$$

$m=0$ 时，$k=1$，$m\neq0$ 时，$k=2$。

当使用了归一化系数时，必须使用对应的归一化勒让德函数：

$$P_{nm}=\frac{\bar{P}_{nm}}{\Pi_{nm}} \tag{13}$$

则 $\bar{C}_{nm}\bar{P}_{nm}=C_{nm}P_{nm}$，$\bar{S}_{nm}\bar{P}_{nm}=S_{nm}P_{nm}$ 和标准模型被保留。

第一次地球引力场模型和地球形状的标准化的尝试开始于 1961 年。目前，一些之前的引力场模型在科学界有多种用途。这些模型由多种测量手段获得。

可以从每一个引力场模型定义一组参数。这些数值可以用来形成对其他数值的保守函数。最好的方法是使用同一组数值，最大限度地减少转换错误（见表 1）。

表 1 定义参数的基础——EGM-96

地球半长轴	$a=R_{\oplus}$	6 378 136.3m
地球扁率	$1/f$	1.0/298.257
地球角速度	$w_{\oplus}$	7 292 115.8553×10^{-11} rad/s^1
地球引力常量	$Gm(\mu)$	3.986 004 415×10^5 km^3/s^2

4.3 大气阻力

自从发射第一颗人造卫星以来，经验性航天动力学的大气密度模型在真实环境中的应用已经得到了广泛研究。大气密度对低于 1 000 km 的卫星会有显著的阻力影响，但是它的影响在高于海拔阈值时可以观察到。基本加速度方程为

$$\boldsymbol{a}_{\text{drag}}=-\frac{1}{2}\rho\frac{c_{\text{D}}A}{m}\boldsymbol{v}_{\text{rel}}^{2}\frac{\boldsymbol{v}_{\text{rel}}}{|\boldsymbol{v}_{\text{rel}}|} \tag{14}$$

式中，大气密度 ρ 主要依赖于大气模型、极紫外 EUV、$F_{10.7}$、地磁活动指数 K_{p} 和预报能力 a_{p} 和大气组成等。这里有很大的可变性，许多参数可能会有显著的变化。密度和外大气温度是现在流行的测量参数。密度参数也许是轨道确定中误差的最大来源。

c_{D}：阻力系数与卫星形状和卫星材料有关，但是最终是一个很难定义的参数。Gaposchkin（1994）提到 c_{D} 受到反射、分子含量、纬度等复杂的相互作用。当卫星材料保持恒定时它会改变，但是不会改变很多。

A：横截面面积不断变化（除非有精确的姿态控制，或者卫星是一个球体）。这个变量的变化取决于具体的卫星结构。宏模型通常用于在轨道确定中建立太阳光压加速度模型，但是很少用于大气密度。应用这项技术对大气密度预报有很大的优势。

m：质量一般是恒定不变的，但推进、烧蚀等会改变质量的值。

$\boldsymbol{v}_{\text{rel}}$：相对旋转大气的速度依赖先验估计的准确度和差分校正处理的结果。因为它一般较大，且是平方，在加速度的计算中是一个非常重要的因素。

弹道系数（$BC=m/c_{\text{D}}A$——在某些系统中是逆变换）通常用来将质量、面积、阻力系数联系起来。它会改变，有时是一个很大的因素。在高精度要求时，联合参数建模不是最好的，因为它包括了其他随时间变化的参数，此时分开建模较好。有很多大气密度模型，图 6 展示了其中一些较经典的模型。

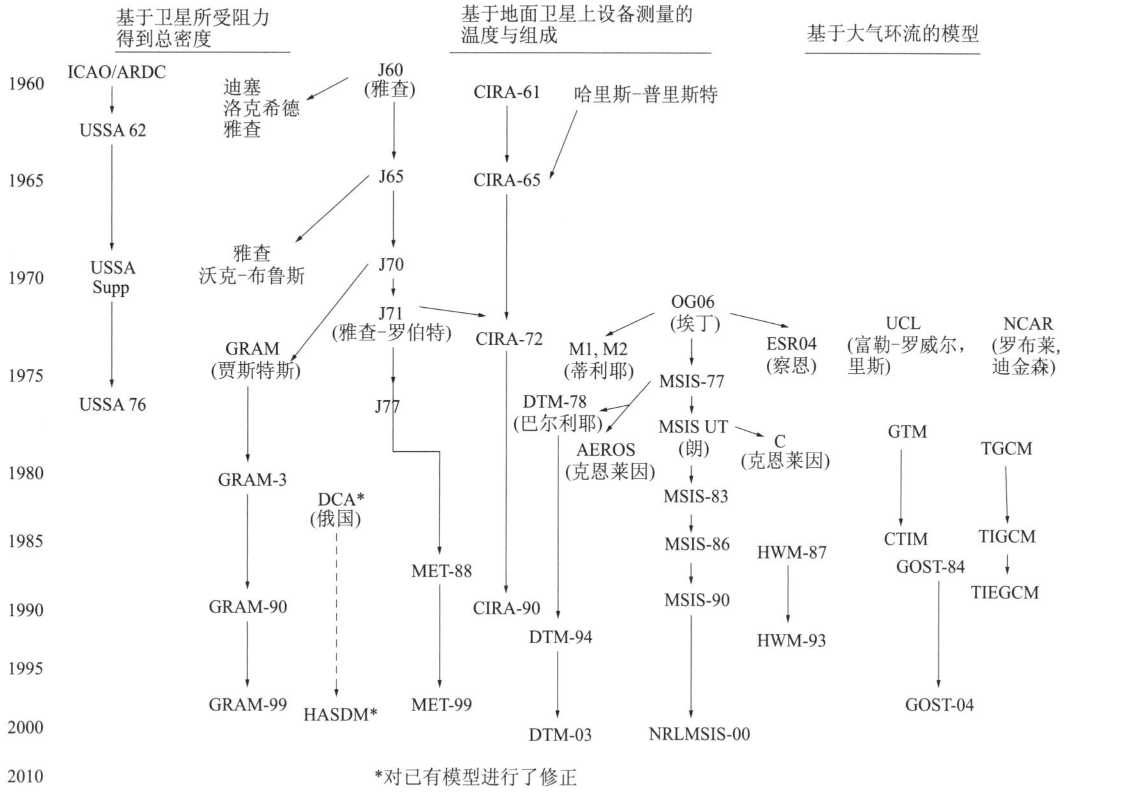

图 6 大气模型：多种模型

在整个三类别之间的信息流是有限的（Marcos 等，1993），当前使用的主要模型是标准大气模型，USSA76；Jacchia-Roberts 的变化，J71，J77 和 GRAM90；COSPAR 国际参考大气，CIRA90；质谱非相干散射，MSIS 00；阻力温度模型，DTM；马歇尔工程热层（MET）；俄罗斯的 GOST 和大气环流模型。

很多资料提到当确定在卫星上大气阻力的影响时，当前的大气模型导致了大约 15％的不确定性。事实上，这是预测不准确度的集合，包括太阳辐射通量和地磁指数、数学模型的不完善、卫星与大气分子间相互作用的不精确的信息以及其他。

阻力计算的主要输入是大气密度（通过一个指定的模型处理）、弹道系数和数据的指数。质量和横截面面积通常假设为已知因素，对大气阻力的估计允许合理的近似假设。大气密度模型的改变依赖很多因素，包括卫星轨道、太阳活动强度、地磁活动。指数改变非常快，因此在操作中使用最新值是非常重要的。

要理解大气阻力的影响，一般有三种观察是非常重要的——大气密度模型的区别、输入数据处理的区别和采用方法的不同。Vallado（2005）进行了一系列测试，通过相同的飞行动力学方法和不同的太阳天气数据，来确定给定卫星情况下各种大气密度模型的不同。状态矢量、纪元时刻、弹道系数以及太阳光压系数（m/c_rA_{sun}）在所有运算中全部是常值。基线采用 Jacchia－Roberts 大气密度模型。仿真实施于一段平均太阳通量的时间（2003 年 1 月 4 日，$F_{10.7}$～140）。最小的太阳通量周期呈现了较小的变化（$F_{10.7}$～70）。最大周期将呈现较大的变化（$F_{10.7}$～220）。图 7 说明了 JERS 500 km 高度、97.6°倾角的卫星的结果。其他仿真针对不同的卫星进行，轨道更低、偏心率更大的轨道结果更加明显。

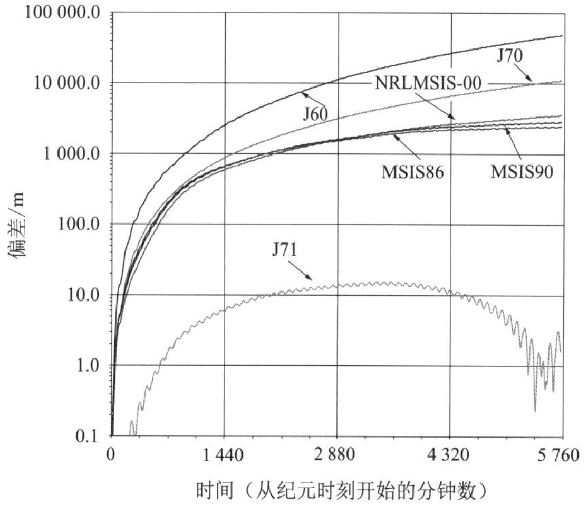

图 7 大气阻力灵敏度算例（1）

JERS 位置差异显示，海拔高度约 500 km，97.6°倾角。Jacchia－Roberts 密度是所有运行 3 h 插值的基线。图中显示的变化是通过简单地选择不同的大气密度模型来实现的。

试验也进行不同的输入数据的处理，如图 8 所示。

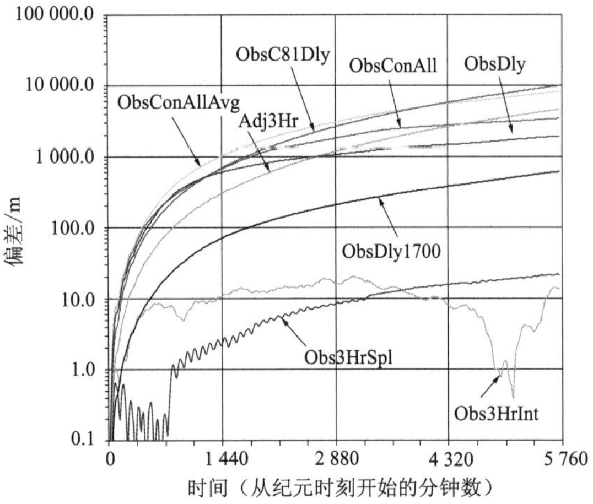

图 8　大气阻力灵敏度算例（2）

JERS 位置差异显示，海拔高度约 500 km，97.6°倾角。Jacchia - Roberts 密度是所有运行 3 h 插值的基线。该图显示了太阳天气数据处理的各种选项的影响。选项包括使用可观测的、可调整的太阳通量，固定的或插值的数值，以及各种时机的选择。需要注意的是，不同模型（图 7）和太阳数据选项的相对影响大致相同，当阻力的影响成为主要摄动项时，任何瞬态影响都会很快消失。

以计算机代码建模的大多数模型，没有按照相关文献中推导的明确定义。因此，计算机代码通常包含很多捷径和许多额外的工作，这可能是内部的研究结果和信息，而不是原来的工作。这使得大气密度模型的对比非常困难。

比较图 7 和图 8，不同的大气模型显示了差异性，作者将这些差异与同一模型的不同数据处理方式进行了对比，有可能两个都错的。虽然每个大气模型都经过精心设计，但太阳天气数据的每个程序的处理方式增加了很多的不确定性，再加上缺乏全面的独立评估观测数据的可行性，以及无法准确预测空间天气数据，所以它不可能成为一种通用的方法。

4.4　三体引力

虽然每个天体都有三体引力的影响，月亮、太阳、金星和木星对地球卫星都有最大的影响。这些也被称为作用在卫星上的 n -体摄动力。对这些摄动力采用点质量方程来计算。然而，太阳和月亮还包含一个在点质量摄动物体和扁圆形地球之间间接的相互作用的影响。因此三体摄动影响包含直接和间接的点质量的三体摄动。

一个单独三体引力的加速度的一般形式为：

$$\boldsymbol{a}_{3\text{-body}}=-\frac{G(m_{\oplus}+m_{\mathrm{sat}})\boldsymbol{r}_{\oplus\cdot\mathrm{sat}}}{\boldsymbol{r}^3_{\oplus\cdot\mathrm{sat}}}+Gm_3\left(\frac{\boldsymbol{r}_{\mathrm{sat}\cdot 3}}{\boldsymbol{r}^3_{\mathrm{sat}\cdot 3}}-\frac{\boldsymbol{r}_{\oplus\cdot 3}}{\boldsymbol{r}^3_{\oplus\cdot 3}}\right)\tag{15}$$

两个接近相等矢量的差会引起一些数值问题，因此 Roy（1988）推导了可以直接得到结果的形式：

$$Q=\frac{\boldsymbol{r}^2_{\oplus\cdot\mathrm{sat}}+2(\boldsymbol{r}^2_{\oplus\cdot\mathrm{sat}}\boldsymbol{r}_{\mathrm{sat}\cdot 3})(\boldsymbol{r}^2_{\oplus\cdot 3}+\boldsymbol{r}_{\oplus\cdot 3}\boldsymbol{r}_{\mathrm{sat}\cdot 3}+\boldsymbol{r}^2_{\mathrm{sat}\cdot 3})}{\boldsymbol{r}^3_{\oplus\cdot 3}\boldsymbol{r}^3_{\mathrm{sat}\cdot 3}(\boldsymbol{r}_{\oplus\cdot 3}+\boldsymbol{r}_{\mathrm{sat}\cdot 3})}$$

$$\frac{\boldsymbol{r}_{\mathrm{sat}\cdot 3}}{\boldsymbol{r}^3_{\mathrm{sat}\cdot 3}}-\frac{\boldsymbol{r}_{\oplus\cdot 3}}{\boldsymbol{r}^3_{\oplus\cdot 3}}=\boldsymbol{r}_{\mathrm{sat}\cdot 3}Q-\frac{\boldsymbol{r}_{\oplus\cdot\mathrm{sat}}}{\boldsymbol{r}^3_{\oplus\cdot\mathrm{sat}}}\tag{16}$$

解析和数值模型主导着航天动力学程序。因为可以提供足够的精度，许多应用程序使用了解析方法。然而，精确的轨道预报往往需要喷气推进实验室（JPL）数值模型的额外精度来提供几千年时间跨度的高精确星历。

4.5　太阳光压

光子从太阳撞击到卫星表面，被卫星吸收（或者反射——镜面反射和漫反射）变成光子脉冲到卫星上，即为太阳光压（SRP）产生的摄动力。相比大气阻力，太阳光压不会随高度变化，其主要影响是偏心率和近地点纬度幅角的微小变化。太阳光压的影响主要依靠卫星的质量和表面积。具有很大的太阳能电池板的卫星的太阳光压影响显著，例如通信卫星和全球定位卫星。在大地精密测量轨道的情况下，暴露的卫星表面的复杂模型通常采用有限元计算机代码实现。

没有大量文献研究过太阳光压，但是这就像大气阻力一样带来了许多相同的挑战，对于许多卫星来说，相比其他摄动力，太阳光压的影响要小得多。考虑如下基本方程：

$$\boldsymbol{a}_{\mathrm{srp}}=-\rho_{\mathrm{SR}}\frac{c_R A_{\mathrm{sun}}}{m}\frac{\boldsymbol{r}_{\mathrm{sat\text{-}sun}}}{|\boldsymbol{r}_{\mathrm{sat\text{-}sun}}|}\tag{17}$$

式中，ρ_{SR}表示入射的太阳光压，其取决于一年的时间和太阳能输出强度。

c_R表示反射系数，表明材料的吸收和反射性能，得到卫星对太阳光压摄动的敏感性。

A_{sun}表示横截面面积（相对于太阳）不断地变化（除非有精确的姿态控制，或者它是球形）。这个变量可以由 10 个或更多的因素改变，取决于具体的卫星结构。宏模型常常被用于地球同步轨道卫星。这里的面积与计算大气阻力的横截面面积不同。如果卫星姿态是已知的，人们可能会发现在每个时间点随时间变化的横截面面积，从而提高预报的精度。

m 表示质量，其一般恒定不变，但推进、烧蚀等会改变质量的值。

$\boldsymbol{r}_{\text{sat-sun}}$表示力的方向，其取决于卫星太阳的矢量——同样与大气阻力不同。

太阳光压的精确建模非常具有挑战性，这有很多原因。一个明显的因素就是使用了包含卫星经过地球阴影时间的模型。该模型可能采用多种形式，包括一个简单的圆柱形模型，它建立了精确的本影和半影区域。模型还要考虑地球的大气层对阴影区域的衰减效应。有些程序通过使用比地球的物理尺寸稍大的有效地球半径（例如 23 km）来解决问题。依赖卫星处于阴影时间的长度，这些模型的选择会对预报产生显著影响。

因为在一个积分步长内，卫星经常从阳光照射区进入阴影区，因此确定进出地球阴影的确切时间非常重要。通常需要某种类型的迭代就可以得到精确的进出时间。

使用单一值表示入射太阳发光度，或者等量的1AU 的通量也可以改变摄动值。总的入射太阳发光度会有季节性的变化，其可以体现在这些数据中。

最终，使用光从太阳到卫星的时间来修正卫星位置会影响计算结果。主要有三个方法：认为从太阳到卫星的光的时间为瞬时、使用到中心天体的光的延迟，以及利用到卫星的光的延迟。

针对一些选定卫星，人们进行了一系列的测试以确定这项影响。太阳光压灵敏度算例如图 9 所示。

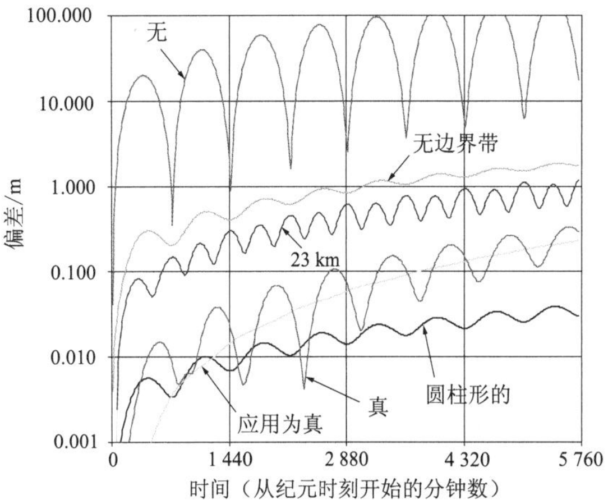

图 9　太阳光压灵敏度算例

遇到日食的 GPS 的位置偏差，基线是一个双锥形的阴影（本影/半影）模型，使用无阴影（无）模型产生最大的偏差；一个简单的圆柱形模型引入适度偏差；阴影边界减弱（无边界）和有效地球大小（23 km）产生显著的偏差，光从太阳到卫星的时间和修订卫星位置也将引起偏差；主要有三个方法：认为从太阳到卫星的光的时间为瞬时（真）、使用到中心天体的光的延迟（应用为真），以及利用光到卫星的时间延迟（基线）。

4.6　潮汐摄动

极潮、海潮和固体地球潮汐造成了地球对卫星的潮汐效应影响。在过去的几年，从地球观测卫星，通过 TOPEX 和 GRACE 的大多数数据可以得到一个明确的模型。通过过去 20 年间对卫星观测资料的整理，原来的刚体地球模型已经慢慢变为弹性地球模型。极潮、固体地球潮汐和海潮模型的基础见于 IERS 公约，（麦卡锡，1992，1996），麦卡锡和佩蒂特（2003）进行了更新。潮汐模型没有推导出类似重力和大气模型的变化，但是也有几种不同的处理方法。

如果需要精确比较，正确使用这些模型将是一个重要方法。现在存在着多种模型，但是其中没有一个被认为是“优先模型”而被作为标准方法。

极潮定义了由弹性地球所产生磁极的旋转变形。可使用 C21 和 S21 系数建模描述地球的势能。固体潮的影响计算是对球谐系数的修正，与海潮的影响一样。

4.7　反照率

反照率辐射是从地球上发射的压力，它会对卫星产生微小的摄动力。地球的反照率的影响可以媲美某些轨道配置（如太阳同步轨道）。反照率产生的加速度普遍以二阶球面带谐项模型来表示，并且将地球各层面的影响综合起来确定总的影响。

4.8　其他摄动力

随着轨道确定和轨道预报精度的提高，人们在分析中也包含了其他摄动力的影响。对 GPS 数据的应用往往必须考虑广义相对论所造成的拱线旋转。GPS 信号也必须对广义相对论效应和原子钟进行校正。广义相对论的影响是非常小的，也只有需要低于厘米级的精度时才变得非常重要。

卫星推进也可以是一个显著的摄动力。许多卫星使用任务机动操作和轨道保持。发动机点火引起的力可大可小。本章对它们不介绍任何细节，但是在任务规划和精密定轨建模中要考虑某些要求时，需要引入这些力。

5　航天动力学的主要问题

有许多航天动力学问题需要讨论。下面来看一下应用和分析的两大问题：以航天动力学分析为基础的轨道预报和轨道确定。

5.1　轨道预报

目前已有多种轨道预报算法，正如前面讨论的一样，在轨道预报的过程中需要考虑多种摄动力的影响。一般来说，解析法、数值法以及半解析法是常用的方法。然而，找到解析解或者参数变化的主要方法可能既是解析方法也是数值方法。其基本的区别就是采用位置速度状态矢量还是轨道要素作为状态参数。回顾原来对力模型的讨论，可以发现每种方法的好处。

在允许的条件下最好是直接积分。解析方法足够精确并且提供了一个快速解，但是取决于运动方程和需求精度的级数截断是非常困难的。有了正确的步长，数值方法是足够准确的，但是这非常棘手，尤其是长时间预报非常耗时。半解析方法综合了解析方法和数值方法的优点。

5.1.1　解析方法

一般摄动技术用近似解析解代替了原来的运动方程。近似解在一定时间间隔内捕捉了运动的本质特征，并允许解析积分。这种方法依赖于一系列的摄动加速度展开且从变量方程的变化推导得到。在实践中，人们将结果表达式截断以简化理论。这个方法加快了运算速度但是降低了精度。与数值方法不同，解析方法提供在有限时间内的近似的或者“一般”的结果，且接受任何初始输入条件。解的质量随着时间的推移而下降，但是需要记住的是数值解的精度也下降——不同的原因导致不同的降低速度。解析解相比数值解更难推导，但是解析方法更便于理解摄动源。

5.1.2　数值方法

数值积分包括所有必需的摄动加速度的运动方程。因为涉及数值积分，可以把数值方法看成一个特定的、特殊的、只对特定数据准确的（初始状态和力模型参数）方法。为了对 Cowell 公式进行数值积分，必须对每个摄动力建立数学模型，通常采用的形式如下：

$$\boldsymbol{a}=\frac{\mu r}{r^3}\boldsymbol{r}+\boldsymbol{a}_{\text{non-spherical}}+\boldsymbol{a}_{\text{drag}}+\boldsymbol{a}_{\text{3-body}}+\boldsymbol{a}_{\text{srp}}+\boldsymbol{a}_{\text{tides}}+\boldsymbol{a}_{\text{albedo}}+\boldsymbol{a}_{\text{other}} \tag{18}$$

数值积分也可以用于参数变异方程（后面讨论），在这种情况下要对一组轨道要素进行数值积分。要形成一个星历，则需要将密切轨道要素转换成适当的状态向量。

虽然数值方法可以给出非常准确的结果，往往可在分析中建立“真相”，但由于它们的特殊性，人们不能在不同问题中使用同一数值方法。因此，新的数据意味着新的积分，这增加了计算时间。美国国家航空航天局在 20 世纪 60 年代末 70 年代初开始了第一个复杂的数值积分。美国海军在 1997 年展示了首个全数字卫星编目维护操作。现在的个人电脑已经足够快，可采用数值积分方法计算复杂的摄动。然而，由于电脑字符长度的限制，会有截断和舍入误差。这些误差会随着时间的增长降低数值方法的精度。但是更大的影响来自未来的非保守力模型的知识的匮乏，因此误差随着时间不断增大。

5.1.3　半解析方法

半解析方法结合数值方法和解析方法的优点以得到准确度和效率最好的组合。其结果可能非常准确且算法相对快速。该算法适用于大多数情况。人们选择半解析方法，主要是因为它有能力处理不同轨道的应用。大多数半解析方法提高了精度和计算效率，但是文档（包括有条理的计算机代码）的可行性和适用性常常是其重要的鉴别方法。如果一种方法不是完全解析也不是数值方法，就认为它是半解析方法。

5.1.4　参数变异法

大多数解析法和数值方法依赖于运动方程的参数变异形式，最初是由 Eulaer 和 Lagrange（1873）提出的。因为轨道要素（二体问题中是常数）是变化的，所以称整个过程为参数变异（VOP）法。Lagrange 和 Gauss 都推出了 VOP 方法来分析摄动——Lagrange 方法用于保守力，而 Gauss 方法用于非保守力。选择的轨道要素不同则形式不同。

使用 VOP 技术，可以针对轨道要素分析摄动影响。这在任务规划和分析中是非常有用的。人们希望得到尽可能多的描述摄动力模型的理论。大多数实用的解析理论只限于中心天体和大气阻力。三体引力和太阳光压的解析表达式很不常见，这主要是因为它们对许多轨道的影响很小。此外，每当精度要求人们考虑三体引力和太阳光压的影响时，数值积分通常很容易加入所有摄动力的影响。

5.2　轨道确定

通过传感器观测来确定轨道很困难，但它却是非常重要的。第5卷第255章将深入讨论这一主题，这里介绍一些基本概念和术语。两个主要的方法是最小二乘法和卡尔曼滤波器，每个都有几个变化。基础的数学理论是统计数学，因为要使用包括噪声的额外观测来寻求最优估计。因为这些方法需要积分或者对状态进行更新，因此这些方法被称为微分修正。需要注意的是术语“微分修正”可等价地描述线性和非线性最小二乘法，有时甚至是滤波处理。

非线性最小二乘是在一般轨道确定中常遇到的问题。这个问题是很难直接解决的，所以人们用迭代更新修正线性最小二乘法。序贯最小二乘法使用包含新的观测量的先验最小二乘估计。

滤波是依据当前的观测结果来确定当前状态。使用滤波指更新状态和使用每一个新观测的协方差矩阵的卡尔曼滤波（线性和扩展）。结合未来的数据，平滑技术改进了先前的状态。当结合滤波器使用时，平滑技术沿数据反向进行，从滤波最后的状态估计开始。

5.3　使用星历表分析

在航天动力学的实际操作中可以使用通过状态预报的星历表（本身是轨道确定的结果），也可以通过计算预报状态。决定收集状态矢量的时刻可以让人们完成很多分析，这在实际任务中非常有用。

星历的第一次使用是在规划一个新卫星任务时。依靠初始轨道要素的选择，通过仿真卫星位置可以推导星历表。可以结合多种场景确定满足任务要求的最优轨道要素。

人们对两颗卫星碰撞的时刻非常感兴趣，称之为碰撞分析。由于卫星数量的增加，精确确定两颗卫星可能存在的接近事件变得越来越重要，必要时须施加机动以避免碰撞。保持机动燃料消耗最小且不消耗宝贵的燃料以进行不必要的机动非常重要。SOCRATES（http：//www.celestrak.com/SOCRATES/）提供了每天的两行轨道根数（解析理论）的公布、通告、搜索和分析的介绍。同时地球同步卫星也在努力地进行这项工作。在这里，运营商提供高品质的星历，与其他已知的卫星的位置结合计算碰撞事件。运营商的卫星的高精度保证了碰撞不会发生，这使得机动非常少见。

与碰撞分析类似，应注意多卫星之间可能发生的互相干扰。地面源也可以干扰通信信号，其可以通过淹没信号（干扰），或者产生足够的静电降低接收阈值而使主信号不再有用。

另一个相关问题是激光信息交流问题。研究用于传送信息的激光器变得越来越流行，潜在的无意照射需要现代技术以确定干扰区间。

6　总　　结

本章简短地介绍了基础航天动力学及其公式和方程的概况，两体运动的基础、经典轨道要素、运动常数以及其他航天动力学问题的解。它们本质上是天体动力学主要问题的解的基础。使用所得的轨道星历，许多实际问题是可解的，包括保证卫星不碰撞的避撞处理、通过计算来确定两对象之间的可见性、调度传感器能力来观测卫星，以及其他。

注　　意

Vallado 和 Kelso（2005）认为所需要的文档应无缝衔接才可以应用。当前的文档数据可以在 http：//celestrak.com/SpaceData. 下载。

参考文献

Gaposchkin，E.M.（1994）Calculation of satellite drag coefficients，*Tech.Rep.998*. MIT Lincoln Laboratory，MA.

Kreyzig，E.（1983）*Advanced Engineering Mathematics*，5th edition，John Wiley Publishing，New York.

Lagrange，J. L.（1873）*Collected Works*，vol. 6，Paris，Gauthier-Villars.

Marcos，F.A.，Baker，C.R.，Bass，J.N.，Killeen，T.L. and Roble，R.G.（1993）Satellite drag models：current status and prospects. Paper AAS－93－621 presented at the *AAS/AIAA Astrodynamics Specialist Conference*，*1993*，*Victoria*，*BC*，*Canada*.

McCarthy，D.（1992）*IERS Technical Note ♯13*. U.S. Naval Observatory.

McCarthy，D.（1996）*IERS Technical Note ♯21*. U.S. Naval Observatory.

McCarthy，D.and Petit G.（2003）*IERS Technical Note ♯32*. U.S.Naval Observatory.

Newton, S. I. (1687) *Mathematical Principles of Natural Philosophy*. University of California Press, Berkeley, CA.

Roy, A.E. (1988) *Orbital Motion*, 3rd edition, NewYork, JohnWiley & Sons, p.211.

Vallado, D.A. (2005) An analysis of state vector propagation using differing flight dynamics programs. Paper AAS 05-199 presented at the *AAS/AIAA Space Flight Mechanics Conference*, *Copper Mountain*, *CO*.

Vallado, D. A. (2007) *Fundamentals of Astrodynamics and Applications*, 3rd edition, Springer/Microcosm, Hawthorne, CA.

Vallado, D.A. and Kelso, T.S. (2005) Using EOP and solar weather data for real-time operations. Paper USR 05-S7.3 presented at the *US/Russian Space Surveillance Workshop*, *August 22-26*, *2005*, *St Petersburg*, *Russia*.

Vetter, J.R. (1994) The evolution of earth gravity models used in astrodynamics. *APL Tech. Digest*, *John Hopkins*, **15** (4), 319-335.

本章译者：韩潮、徐明（北京航空航天大学宇航学院）

第 253 章

任务设计与轨迹优化

Cesar A. Ocampo，Dennis V. Byrnes
德克萨斯大学航空航天工程与机械工程系，奥斯汀，德克萨斯，美国喷气推进实验室
飞行动力学、自动系统部，帕萨迪纳，加利福尼亚，美国

1 引　言

航天器任务设计的定义是在满足一系列要求的基础上确定一个或多个航天器的运动轨迹。在某种程度上，任务设计的内容包括确定航天器要达到运动轨迹所需机动的大小与方向。在有些问题中，这些机动可以近似为瞬时速度冲量。更接近实际的模型则把机动看成有限持续时间、有限大小推力的变轨（见第 2 卷第 95，第 100，第 110，第 111，第 112，第 113，第 114 章）。大多数机动是通过星载发动机实现的，工作时消耗推进剂，但也有一些其他类型的推进系统不消耗推进剂，例如太阳帆（参见第 2 卷第 118 章、第 5 卷第 259 章）。

任务设计得到的运动轨迹可能是可行解，也可能是某项指标下的最优解。可行解仅仅满足问题的约束条件。计算可行解的过程一般称为寻靶，其主要内容是确定满足一系列等式约束变量的取值。作为设计流程的一部分，由运动轨迹结果计算或测量得出的标量成本函数的最大值或最小值的过程称为轨迹优化。优化过程要求确定各独立可调整变量的取值，在各变量满足可行解约束条件下使目标函数取得极值。在给定方案的要求下，典型的目标函数跟消耗推进剂的质量相关。对于其他问题，变轨任务的持续时间更加重要。在这种情况下，在容许推进剂的范围内，需要使轨道转移花费时间最短。值得注意的是，目标函数可以根据任务需求灵活选取。

航天器力学模型的保真度和复杂度的选择和问题要求有关。运动方程中包含航天器状态量的变化，状态量至少要包括航天器的位置、速度和质量。受力模型要包括自然力和控制力。自然力包括重力、气动力和太阳光压；控制力是由推进系统产生的推进力，对控制力可以直接进行调整，以改变航天器的轨迹。

本章介绍了跟弹道飞行运动和控制飞行运动相关的基本概念。研究主要限制在三自由度模型里，该模型把航天器看成质点，主要研究加速度。控制力加速度被限制为普通发动机产生的加速度，发动机工作时比冲恒定，并提供大小有限的推力。

2 运动方程

航天器的状态矢量 $\boldsymbol{x}$ 是由位置矢量 $\boldsymbol{r}$、速度矢量 $\boldsymbol{v}$ 和质量 m 组成的列向量。

$$\boldsymbol{x}(t)=\begin{bmatrix}\boldsymbol{r}(t)\\ \boldsymbol{v}(t)\\ m(t)\end{bmatrix} \tag{1}$$

在三自由度系统中，$\boldsymbol{x}$ 的维度是 $n=7$。独立变量是时间 t，状态变量满足下面的一阶常微分方程，即运动方程：

$$\frac{\mathrm{d}\boldsymbol{x}}{\mathrm{d}t}=\frac{\mathrm{d}}{\mathrm{d}t}\begin{bmatrix}\boldsymbol{r}\\ \boldsymbol{v}\\ m\end{bmatrix}=\begin{bmatrix}\boldsymbol{v}\\ \boldsymbol{g}(\boldsymbol{r},\boldsymbol{v},m,t,\boldsymbol{a})+\dfrac{T(t)}{m(t)}\boldsymbol{u}(t)\\ -\dfrac{T(t)}{c(t)}\end{bmatrix} \tag{2}$$

式（2）中，$\boldsymbol{g}$ 是单位质量受到的弹道加速度（无控制力），$\boldsymbol{a}$ 是包含特定参数的常矢量，这些参数

描述了加速度模型；T 是发动机的有限推力，$\boldsymbol{u}$ 是推力方向上的单位矢量，c 是发动机的排气速度。T，c，$\boldsymbol{u}$ 是控制变量，但本章研究中使用的简化发动机模型中，只有 T，$\boldsymbol{u}$ 是需要满足约束条件的控制变量，c 是给定的一个常数。$\boldsymbol{g}$ 的简化形式中包含一个常值（$\boldsymbol{g}=\boldsymbol{k}$），这个常值描述的是运动在保守力场模型中（$k=0$）或者在天体表面附近，但不考虑气动力（$k\neq0$）。$\boldsymbol{g}$ 的另一种形式是线性化的加速度模型：

$$\boldsymbol{g}(\boldsymbol{r},\boldsymbol{v})=\boldsymbol{A}\begin{bmatrix}\boldsymbol{r}\\ \boldsymbol{v}\end{bmatrix} \tag{3}$$

式（3）中，$\boldsymbol{A}$ 是常矩阵。这个模型是由相对复杂的加速度模型中平衡点线性化推导得到的。围绕中心天体圆周运动的航天器附近的加速度模型就是线性化的一个实例（Clohessy 和 Wiltshire，1960；见卷 5 第 260、第 269 章）。另外一个线性化的实例是圆形限制性三体问题中平衡点附近的加速度模型（Szebehely，1967；见卷 5 第 257 章）。

$\boldsymbol{g}$ 的最简单的非线性模型是中心天体引力加速度：

$$\boldsymbol{g}(\boldsymbol{r})=-\frac{\mu}{r^3}\boldsymbol{r} \tag{4}$$

这个公式是航天器环绕中心天体运动的经典运动模型。μ 是中心天体的引力常数，它的定义是万有引力常数 G 和中心天体质量 m_{cb} 的乘积（$\mu\equiv Gm_{\mathrm{cb}}$）。引力加速度是由两个物体之间的牛顿重力加速度产生的，大小与两个物体之间的距离的平方成反比。本章中，其中一个物体是航天器，质量跟中心天体的质量 m_{cb} 相比可以忽略。式（4）是二体模型，二体模型已经得到了很好的结果（Bate，Mueller，White，1971；见卷 5 第 252 章），具体包括积分求解状态矢量、解决轨道边值问题、描述轨迹特性的半解析流程。

更接近实际的受力模型添加了其他自然加速度：

$$\boldsymbol{g}(\boldsymbol{r},\boldsymbol{v},m,t)=-\frac{\mu_{\mathrm{cb}}}{r^3}\boldsymbol{r}-\sum_{j=1}^{n_b}\mu_j\left[\frac{\boldsymbol{r}-\boldsymbol{r}_j(t)}{|\boldsymbol{r}-\boldsymbol{r}_j(t)|^3}+\frac{\boldsymbol{r}_j(t)}{\boldsymbol{r}_j^3(t)}\right]+\boldsymbol{a}_{\mathrm{drag}}+\boldsymbol{a}_{\mathrm{srp}}+\boldsymbol{a}_{\mathrm{pert}} \tag{5}$$

这个模型主要研究在三体引力加速度和其他加速度比较重要的力场中运行的航天器的动力学。式（5）假设中心位于主天体，引力常数为 μ_{cb}。其他项包含其他 n_{b} 个天体的引力加速度，其他天体相对中心天体的位置矢量 $\boldsymbol{r}_j(t)$ 是时间的函数。三体中每个天体的引力常数用公式 $\mu_j=Gm_j$ 计算。如果航天器在大气层的外层运动，必须引入大气阻力加速度 $\boldsymbol{a}_{\mathrm{drag}}$，$\boldsymbol{a}_{\mathrm{drag}}$ 与航天器的速度，质量和外形有关（参见卷 5 第 256 章）。如果其中一个或者多个天体对外辐射光线，例如恒星，需要考虑加速度 $\boldsymbol{a}_{\mathrm{srp}}$、$\boldsymbol{a}_{\mathrm{srp}}$ 的大小和其与该星体的距离、航天器的属性。其他的摄动加速度包含在 $\boldsymbol{a}_{\mathrm{pert}}$ 项中，这些项可能包括任何星体的非球形质量分布。

其他的动力学模型可以直接通过式（5）推导得到。一般情况下，加速度是状态参量和时间的显函数，可能还包含其他一些非状态自变量。图 1 为在包含一些自然加速度和控制加速度的实际受力模型下航天器轨迹的演变概念图，其中控制加速度由发动机推力产生。

对于实际的受力模型，为了解决式（2）所描述的状态方程，需要利用数值方法。系统一般是显含时间的，并包含控制项 $\boldsymbol{u}_{\mathrm{c}}$。状态方程有下面的形式：

$$\dot{\boldsymbol{x}}=\boldsymbol{f}(t,\boldsymbol{x},\boldsymbol{u}_{\mathrm{c}},\boldsymbol{a}) \tag{6}$$

系统的初值是 $\boldsymbol{x}(t_0)$，计算时间为 t_0 到 t_f。从 t_0 到 t_f 积分的过程可能要分段进行，因为状态变量和控制变量有可能不连续，最常见的情况是在脉冲机动后速度矢量和质量发生不连续变化。航天器质量不连续变化还有可能是在飞行过程中获得或丢弃舱段质量造成的。如果存在控制矢量 $\boldsymbol{u}_{\mathrm{c}}$，其也有可能不是连续变化的。

假设在已知 $\boldsymbol{u}_{\mathrm{c}}(t)$ 的条件下，利用显式或隐式数值积分的方法，状态方程式（6）的初值问题总是可解的。Hindmarsh（2001），Shampine 和 Gordon（1975）等已经给出了式（6）的鲁棒性的数值算法和代码。该算法得到的轨迹是开环轨迹。轨迹设计与优化过程能够提供一组最优的开环轨迹。如果在实际任务的执行过程中选用这组轨迹，需要根据这组标称（参考）轨道进行闭环控制来对航天器进行导航与操控（见卷 5 第 254、第 255 章）。

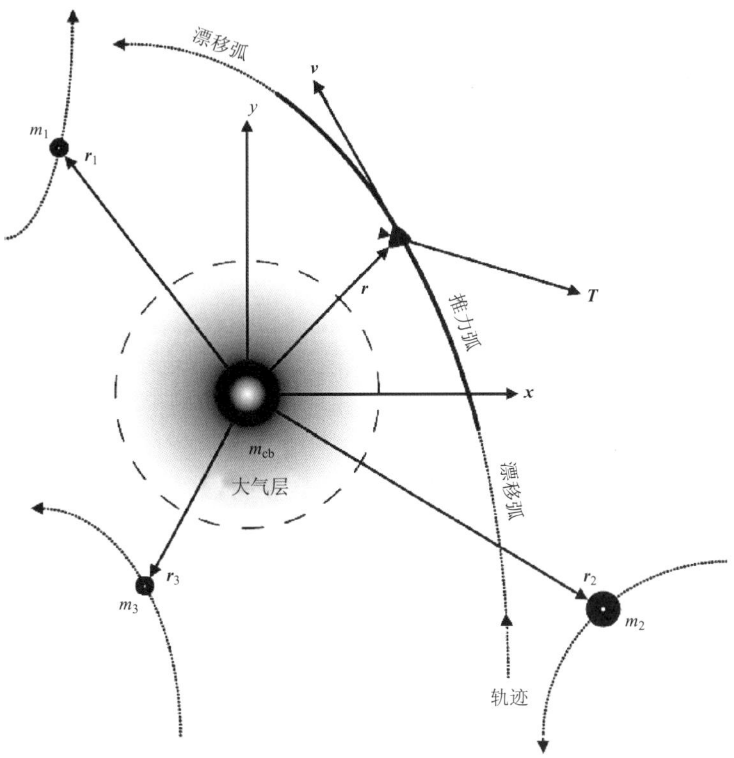

图1 实际受力模型下的航天器

（中心位于固连在质量 m_{cb}的主天体的非旋转参考坐标系中）

3 基础概念

3.1 脉冲机动

航天器由一个轨道转移到另一个轨道需要采取机动，最简单的机动形式是脉冲机动。脉冲机动会造成航天器速度的瞬时变化。脉冲机动用来近似有限推力的机动，尤其适用于推力与质量的比值很大的情况。对式（2）设置 $T=0$，并且允许 $\boldsymbol{v}$ 和 m 的不连续变化，就是脉冲机动的模型。机动的幅值跟机动消耗的推进剂质量成正比，因此要尽量使脉冲机动的总和最小。如果在任意一个时刻速度矢量为 $\boldsymbol{v}^-$，脉冲机动为 $\Delta\boldsymbol{v}$，则机动后速度矢量为

$$\boldsymbol{v}^+=\boldsymbol{v}^-+\Delta\boldsymbol{v} \tag{7}$$

上标"－"和"＋"用来区分脉冲机动实施前和实施后的速度。式（7）中可以利用余弦定理来表示各矢量模值的大小关系，令 α 为 $\boldsymbol{v}^-$ 和 $\boldsymbol{v}^+$ 之间的夹角：

$$\Delta v=\sqrt{(\boldsymbol{v}^-)^2+(\boldsymbol{v}^+)^2-2(\boldsymbol{v}^-)(\boldsymbol{v}^+)\cos\alpha} \tag{8}$$

3.2 基本的轨道转移机动

从二体模型可以推出一系列基本的轨道转移机动和轨迹，由基本的轨迹可以形成更复杂的轨迹。这些简单的机动有以下特征：在远地点或近地点实施；与初始轨道和终止轨道相切。

在共面的两个圆形轨道之间的最小冲量、有限时间、双脉冲转移是霍曼（Hohmann）转移。霍曼转移是一条半椭圆轨道，与转移前后两条圆轨道都相切。脉冲的大小等于两个切点处速度差值的绝对值；轨道转移时间是转移椭圆轨道半长轴的函数，也可以表示为初始轨道和终止轨道半长轴的函数；两次脉冲的和是内圈圆轨道半径和外圈圆轨道半径的显式函数。霍曼转移是构建其他类型转移的基础模型。例如，由近地轨道向月球轨道转移的一阶近似就是霍曼转移；由地球飞往其他行星的内切轨道或外切轨道的单程转移也是霍曼转移。

值得注意的是，在任意两个圆轨道之间，霍曼转移并不总是最小冲量的脉冲转移方式。根据较大圆轨道半径和较小圆轨道半径的比值的大小，双椭圆轨道转移和双抛物线轨道转移可能有更低的脉冲值（Battin，1999；Prussing 和 Conway，1993）。

图2显示了中心体圆轨道之间几种轨道转移类型的几何构形。关于以上提到的多种类型的轨道转移的结合的脉冲机动方式，Doll 和 Gobetz（1969）有更深入的研究。

3.3 航天器转移类型

三类基本的航天器转移分别为航天器拦截、航

天器交会与轨道转移。航天器拦截只要求在终止时刻 t_f 与目标的位置相同；航天器交会则要求在终止时刻 t_f 与目标的位置和速度都相同。尽管拦截与交会的终止时刻 t_f 可以作为一个自由变量，但目标条件是时间的显式函数。为了确定在拦截/交会时刻目标的状态量，需要已知目标的初始状态量和纪元时刻。轨道转移要比轨道交会受到的约束少。轨道转移中目标条件不是时间的显式函数，即航天器进入目标轨道的位置与终止时间 t_f 无关。轨道转移仅在力场不随时间显式变化时有效。例如，在二体模型中轨道转移可以在二次圆锥轨道中定义；在圆形限制性三体模型中，只有当运动方程在旋转坐标系中表示并消除运动方程中显含时间的项的影响，才可以定义轨道转移。如果力场随时间变化，那么这个力场中的任何轨道都与初始状态和纪元时刻一一对应。在随时间变化的力场中，轨道转移与下面的转移相似：目标的状态由初始状态、初始时间、终止时间唯一确定。图 3 所示为三类基本转移类型的示意。

一般来说，航天器转移在初始和终止约束流形 θ 和 ψ 之间进行，流形的曲面维数小于或等于 n。前面提到的基本的转移类型是该集合的简单子集。把航天器最优转移问题推广到连接任意约束流形的最佳相空间轨迹 $\boldsymbol{x}(t)$ 确定问题是很有意义的。相空间轨迹可能是不连续的，但独立变量时间 t 总是连续的。

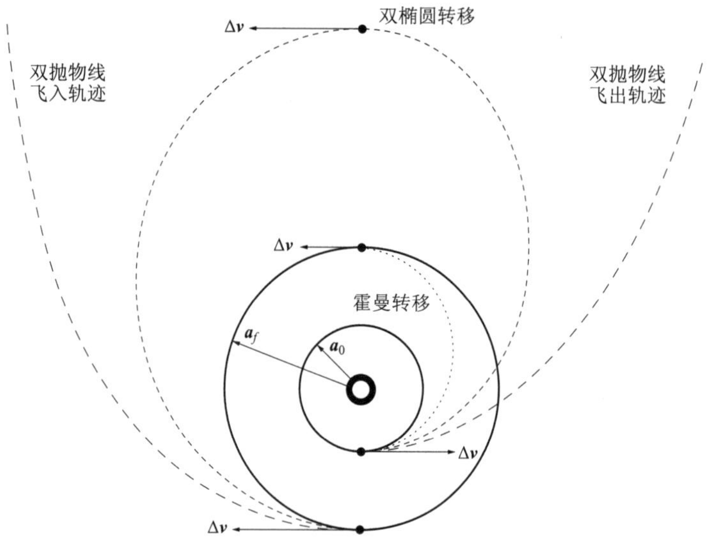

图 2　二体问题中共面圆轨道之间的基本轨道转移轨迹

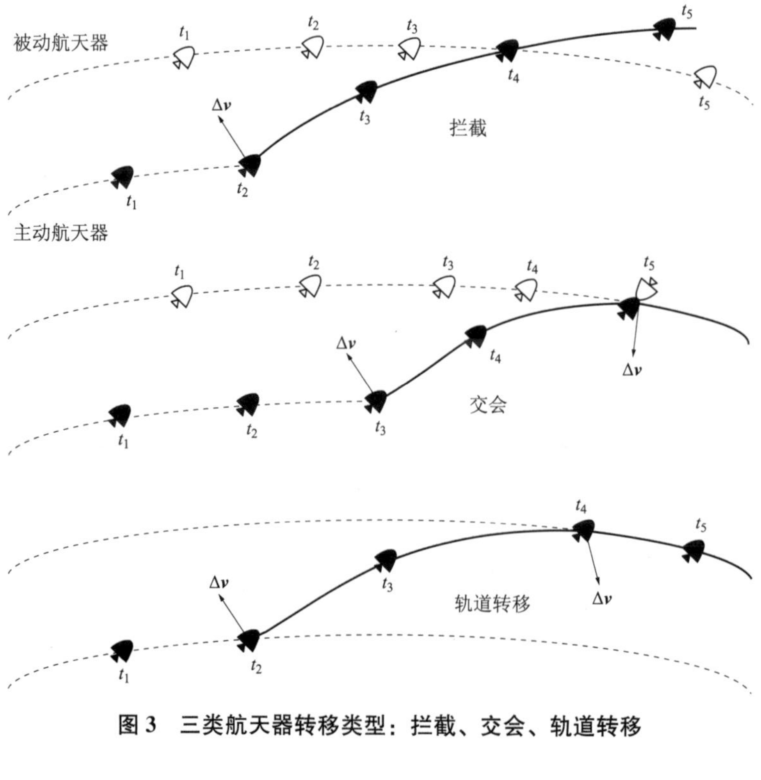

图 3　三类航天器转移类型：拦截、交会、轨道转移

3.4 轨道边值问题

对于大多数航天器转移问题，需要考虑任意的初始和终止位置。一个基本问题是在给定转移时间内，在两个指定的位置之间确定轨迹弧段。这是经典的轨道边值问题，在二体模型中这被称为兰伯特（Lambert）问题。兰伯特问题的说明和详细解答可以参考其他文献（Battin 和 Vaughan，1984；Gooding，1990；Prussing 和 Conway，1993）。

一般来说，在任意力场模型下，兰伯特问题可以定义为在纪元时刻 t_0、位置 $\boldsymbol{r}_0$ 处确定初始速度 $\boldsymbol{v}_0$，使得轨迹在时刻 t_f、位置 $\boldsymbol{r}_f$ 处终止。在轨道动力学中这是一个经典的命题，有许多方法能解决兰伯特问题。兰伯特问题的结果可以用来构造图 3 中基本的转移类型和更复杂的转移轨迹。

举个例子，假设航天器在 t_0 时刻的位置为 $\boldsymbol{r}_0$，速度为 $\boldsymbol{v}_0^-$。希望在 t_0 时刻实施一次脉冲机动，使得航天器在 t_f 时刻拦截目标航天器。目标航天器在 t_f 时刻的位置为 $\boldsymbol{r}_f$，在 t_0 时刻需要的速度为 $\boldsymbol{v}_0^+$，这个速度通过求解轨道边值问题得到。因此需要的脉冲机动为 $\Delta\boldsymbol{v}_0=\boldsymbol{v}_0^+-\boldsymbol{v}_0^-$。如果航天器需要与目标航天器交会，在 t_f 时刻需要的速度为 $\boldsymbol{v}_f^+$，即目标航天器的速度。t_f 时刻的机动为 $\Delta\boldsymbol{v}_f=\boldsymbol{v}_f^+-\boldsymbol{v}_f^-$，其中 $\boldsymbol{v}_f^-$ 为追踪航天器在转移轨迹上在 t_f 时刻的速度。

轨道边值问题的结果会产生可行解。如果有些变量是自由变化的，还可以提出优化问题。例如，如果 t_0 时刻或 t_f 时刻是自由变量，对于轨道转移总脉冲量（$\Delta\boldsymbol{v}_0+\Delta\boldsymbol{v}_f$）可以寻找最小值。

3.5 引力辅助机动

引力辅助机动是利用万有引力和星体的运动来改变航天器的能量和角动量的，能量和角动量选取不同的参考坐标系，一般不固连在某个天体上。天体力学的守恒律是引力辅助机动的基础。系统总的能量和角动量是守恒的，但是与其相互作用（行星与航天器）的某个个体的动力特性（能量和角动量）可以变化。在航天器轨迹问题中，当参考坐标系中心在特定的天体上（不提供引力辅助的天体）或者一系列天体的质心时，才会出现引力辅助机动。提供引力辅助的天体相对于参考坐标系是运动的，因为航天器的质量相对于提供重力辅助的星球的质量是可以忽略的，所以航天器的能量和角动量发生巨大变化时不影响天体的运动。结果就是航天器的动量和角动量都发生变化，这些变化量称作“引力辅助变化量” $\Delta\boldsymbol{v}_{ga}$。航天器相对于引力辅助天体的轨迹为双曲线轨道。引力辅助机动已经成功地运用在许多先驱性行星际任务和探月航天器任务中，例如 Pioneer、Voyager、Galileo、ISEE-3 等任务。

为了理解这一类机动，可以参照图 4 中航天器飞越天体时速度的变化。假设有一个以太阳为中心的行星际轨迹，轨迹会飞越一颗行星。在以太阳为中心的坐标系中，飞越是瞬时的。航天器飞越前的速度为 $\boldsymbol{v}^-$，飞越后的速度为 $\boldsymbol{v}^+$，行星的速度为 $\boldsymbol{v}_{planet}$，假设飞越过程中近似保持恒定不变。所有这些速度的参考系均为以太阳为中心的坐标系。航天器飞越前和飞越后相对行星的相对速度矢量定义为：

$$\boldsymbol{v}_{rel}^-=\boldsymbol{v}^--\boldsymbol{v}_{planet}\quad \boldsymbol{v}_{rel}^+=\boldsymbol{v}^+-\boldsymbol{v}_{planet} \tag{9}$$

相对于行星的相对速度实际上是双曲线轨道的超额速度 $\boldsymbol{v}_\infty$，更清晰的表达是：

$$\begin{aligned}\boldsymbol{v}^-&=\boldsymbol{v}_{planet}+\boldsymbol{v}_\infty^-\\ \boldsymbol{v}^+&=\boldsymbol{v}_{planet}+\boldsymbol{v}_\infty^+\end{aligned} \tag{10}$$

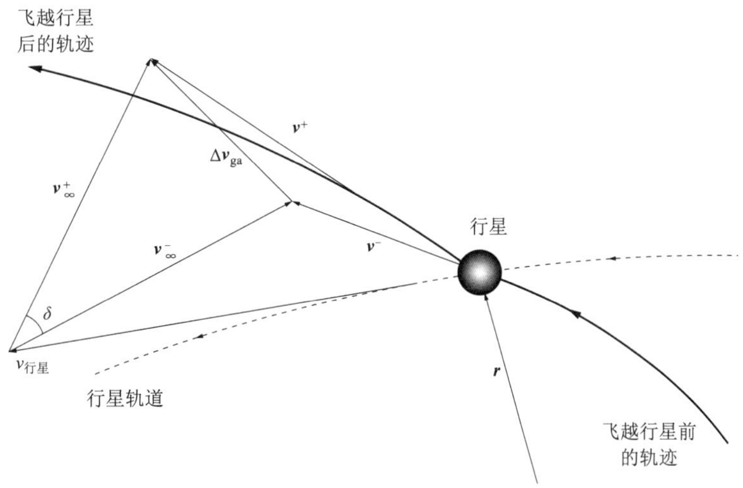

图 4 环绕太阳飞行的航天器飞越行星时在引力辅助作用下的速度变化

式中，$\boldsymbol{v}_\infty^-$和$\boldsymbol{v}_\infty^+$是双曲线轨道的入射和射出超额速度。如果航天器在飞越的过程中没有其他机动，那么航天器在飞越天体的过程中相对于天体的能量将是守恒的，要求$|\boldsymbol{v}_\infty^-|=|\boldsymbol{v}_\infty^+|$。但是，飞越将会使双曲线超额速度由$\boldsymbol{v}_\infty^-$到$\boldsymbol{v}_\infty^+$转一个$\delta$的角度，$\delta$是双曲线轨道偏心率的函数，而偏心率又是双曲线轨道最小飞越半径的函数，最小半径即近拱点$\boldsymbol{r}_\mathrm{p}$。双曲线轨道超额速度矢量的转向造成了相对太阳的速度的变化$\Delta\boldsymbol{v}_\mathrm{ga}$。注意到$\boldsymbol{v}^-\neq\boldsymbol{v}^+$，$\delta$的取值不同，$\boldsymbol{v}^-$会小于、等于或大于$\boldsymbol{v}^+$。引力辅助机动$\Delta\boldsymbol{v}_\mathrm{ga}$由下式给出：

$$\Delta\boldsymbol{v}_\mathrm{ga}=\boldsymbol{v}^+-\boldsymbol{v}^-$$
$$\Delta\boldsymbol{v}_\mathrm{ga}=\boldsymbol{v}_\infty^+-\boldsymbol{v}_\infty^- \tag{11}$$

并且$\Delta\boldsymbol{v}_\mathrm{ga}$不会是零。

在行星际轨迹设计中，为了满足飞越后相对太阳的一些条件，通过选择飞越的时刻和三个标量元素来限定$\Delta\boldsymbol{v}_\mathrm{ga}$。同时，$\Delta\boldsymbol{v}_\mathrm{ga}$自身受到至少两个标量函数的约束，分别为：

$$\boldsymbol{v}_\infty^-=\boldsymbol{v}_\infty^+\text{和}\ \boldsymbol{r}_\mathrm{p}\geqslant\boldsymbol{r}_{\mathrm{p}_\mathrm{min}} \tag{12}$$

式中，$\boldsymbol{r}_{\mathrm{p}_\mathrm{min}}$是为避免航天器撞上行星表面或进入行星大气层而选的最小飞越半径。图 5 显示的是以行星为中心的双曲线轨道，它与图 4 所示的引力辅助机动是对应的。

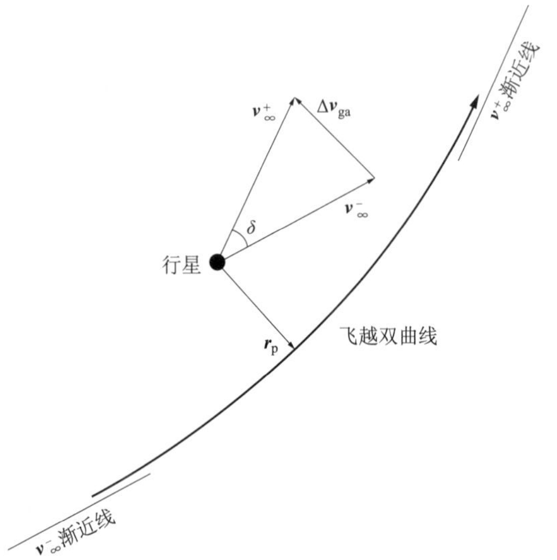

图 5 以引力辅助天体为中心的双曲线轨道

为了完成真实飞越轨迹的建模，瞬时引力辅助转化为相对于飞越天体的真实完整的双曲线轨道。由双曲线的入射和出射速度$\boldsymbol{v}_\infty^-$和$\boldsymbol{v}_\infty^+$、近拱点飞越半径$\boldsymbol{r}_\mathrm{p}$可以计算得到近似的双曲线轨道。需要用数值算法将该双曲线轨道与以太阳为中心的入射与出射轨迹联系起来，因为加速度模型中包含了两个或两个以上的天体。Sims，Longuski 和 Staugler (1997) 研究了复杂行星际轨迹优化问题中引力辅助技术的应用，并结合实例进行了验证。

3.6 火箭方程式和有限推力机动

利用牛顿第二定律，根据火箭方程式（见卷 2 第 94 章），得到带质量变量的火箭的方程为：

$$m\frac{\mathrm{d}\boldsymbol{v}}{\mathrm{d}t}=-b\boldsymbol{c}+\boldsymbol{f}_\mathrm{ext} \tag{13}$$

式中，m是火箭（带发动机的航天器）的质量；b是质量流率；$\boldsymbol{c}$是排气速度矢量；$\boldsymbol{f}_\mathrm{ext}$是所有外力的合力。发动机的推力矢量用$-b\boldsymbol{c}$来表示，$b$是正数，但是火箭质量随时间的变化率却是负值：

$$\frac{\mathrm{d}m}{\mathrm{d}t}=-b=-\frac{T}{c} \tag{14}$$

当外力$\boldsymbol{f}_\mathrm{ext}=\boldsymbol{0}$时，火箭方程的冲量解是

$$\Delta\,\boldsymbol{v}=-\boldsymbol{c}\ln\frac{m_0}{m_f} \tag{15}$$

式中，m_0和m_f分别是冲量前和冲量后的质量。冲量的大小为

$$\Delta v=c\ln\frac{m_0}{m_f} \tag{16}$$

可以根据初始质量计算末态质量的值：

$$m_f=m_0\,\mathrm{e}^{-\Delta v/c} \tag{17}$$

机动过程中消耗的推进剂质量为：

$$m_\mathrm{prop}=m_0-m_f=m_0(1-\mathrm{e}^{-\Delta v/c}) \tag{18}$$

另外一个相关的参数是比冲I_sp，定义是火箭在地球表面单位重量的推进剂所能产生的冲量。比冲的值等于火箭排气速度的值比地球表面重力加速度的值：

$$I_\mathrm{sp}=\frac{c}{g} \tag{19}$$

可以得到以下几个结论：对于给定的任务，使总脉冲$\Delta\boldsymbol{v}_\mathrm{total}$最小等效于使末态质量最大；如果所有脉冲的排气速度$\boldsymbol{c}$相同，并且无非机动质量间断，末态质量最大又等效于使消耗推进剂的质量最小。而且，排气速度或比冲越大，发动机的效率越高，为了达到要求，冲量$\Delta\boldsymbol{v}$所需要的推进剂质量越小。

实际的空间机动推力大小是有限的。有限推力指的是有限点火，“有限推力”与“有限点火”这两个词可以相互代替。冲量的近似值可以作为有限点火建模的初始估计值。描述有限点火的变量有起始时间$t_{\mathrm{b}0}$，终止时间$t_{\mathrm{b}f}$和单位方向向量$\boldsymbol{u}$。方向向量的方向是否能随时间改变取决于航天器姿态控

制系统的能力。在有限点火的过程中保持推力方向恒定是最简单和最常见的控制模型。肯定还有更复杂的控制模型，满足在达到相同结果的条件下，能够减少推进剂的消耗量。

假设时刻 t_i 和冲量 $\Delta \boldsymbol{v}$ 的值是已知的，跟冲量等价的有限点火机动构造如下：有限点火过程中的质量是时间的线性函数：

$$m(t)=m(t_0)+\frac{\mathrm{d}m}{\mathrm{d}t}(t-t_0) \tag{20}$$

有限点火起始时间为 t_{b0}，终止时间为 t_{bf}，所以燃烧时间为 $\Delta t_b=t_{bf}-t_{b0}$，末态质量为

$$m_f=m_0+\frac{\mathrm{d}m}{\mathrm{d}t}\Delta t_b \tag{21}$$

这样可以得到 Δt_b。采用一阶近似，有限点火的中点时刻位于脉冲的实施时刻，

$$t_{b0}=t_i-\frac{\Delta t_b}{2}$$

$$t_{bf}=t_i+\frac{\Delta t_b}{2} \tag{22}$$

推力的方向矢量沿脉冲的速度矢量方向，

$$\boldsymbol{u}=\frac{\Delta \boldsymbol{v}}{\Delta v} \tag{23}$$

有限点火产生的加速度大小可变，但方向恒定，

$$\frac{T}{m(t)}\boldsymbol{u}$$

$$t_{b0}\leqslant t\leqslant t_{bf} \tag{24}$$

因为一般情况下外力 $\boldsymbol{f}_{ext}\neq \boldsymbol{0}$，因此只要把脉冲转换成有限点火，原始的目标约束条件可以不必满足。脉冲机动的变量是 t_i 和 $\Delta \boldsymbol{v}$，有限点火的变量则是 t_{b0}，t_{bf}，$\boldsymbol{u}$，其中 $|\boldsymbol{u}|=1$ 且 $t_{bf}\geqslant t_{b0}$。这些变量是机动目标和优化的部分变量。目标函数为给定初始质量基础上使消耗推进剂最少或最终质量最大。假设机动过程中没有质量突变，在点火的过程中推力的方向是固定的。为了满足脉冲机动所达到的同样的目标约束条件，计算出有限点火的相关结果；根据有限点火机动所消耗的推进剂质量 m_{prop}，利用式（18）可以计算出新的脉冲冲量值 Δv。这个值与原始的冲量值之间的差别称为“引力损失”。人们希望尽可能使这个值变小，对于外力 $\boldsymbol{f}_{ext}$ 任意时，必须通过优化方法实现。

图 6 给出了一种由脉冲机动向最优有限点火机动转换的可能的步骤示意。根据航天器姿态控制系统的能力，有限点火的方向可以保持惯性固定，可以以恒定的角速率旋转，也可以利用最优控制的理论来计算非线性的旋转轨迹。这个过程总结来说是复杂度增加的数值连续过程，特别是当推力大小趋近于较小的值，如小推力轨迹时。

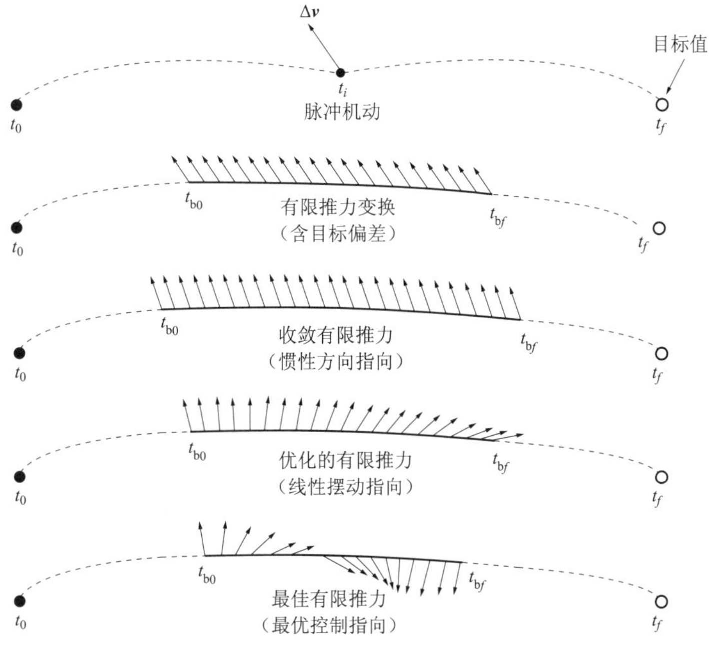

图 6　由脉冲机动向最优有限点火机动的转化示意

3.7　轨迹线性化和状态转移矩阵

对于一般力场的任何轨迹，包括可能出现的状态间断情况（例如脉冲导致速度跳变），可能包含有限推力的机动情况，都可以对包含跟轨迹相关的摄动项的方程进行线性化处理。在寻靶和任务设计

的背景下，线性化是为了把轨迹上不同时间的摄动因素联系起来，这样可以选择一些独立的特性使轨迹满足一系列的边界条件。线性化系统的解通过一个雅克比矩阵（即状态转移矩阵 $\boldsymbol{\Phi}$）跟摄动实现线性映射。状态转移矩阵的定义是在时刻 t_f 的状态量对在时刻 t_0 的状态量的梯度，

$$\boldsymbol{\Phi}(t_f,t_0)=\frac{\partial \boldsymbol{x}(t_f)}{\partial \boldsymbol{x}(t_0)} \tag{25}$$

对于任意的状态矢量 $\boldsymbol{x}$ 一阶运动矢量方程为

$$\dot{\boldsymbol{x}}=f(t,\boldsymbol{x}) \tag{26}$$

在时刻 t_f，状态量总变化的一阶线性化结果用摄动项 t_0、$\boldsymbol{x}_0$、t_f 表示：

$$\mathrm{d}\boldsymbol{x}_f\approx\delta\boldsymbol{x}_f+\dot{\boldsymbol{x}}_f\mathrm{d}t_f=\frac{\partial \boldsymbol{x}_f}{\partial \boldsymbol{x}_0}\delta\boldsymbol{x}_0+\dot{\boldsymbol{x}}_f\mathrm{d}t_f \tag{27}$$

前面已经假设在 t_0 或 t_f 处没有状态量的突变（即 $\Delta\boldsymbol{x}_0=\Delta\boldsymbol{x}_f=\boldsymbol{0}$）。在 t_0 时间常量状态摄动项 $\delta\boldsymbol{x}_0$ 跟总的状态变分 $\mathrm{d}\boldsymbol{x}_0$ 和初始时刻的变分 $\mathrm{d}t_0$ 满足

$$\mathrm{d}\boldsymbol{x}_0\approx\delta\boldsymbol{x}_0+\dot{\boldsymbol{x}}_0\mathrm{d}t_0 \tag{28}$$

将之代入式（27），得到

$$\mathrm{d}\boldsymbol{x}_f\approx\frac{\partial \boldsymbol{x}_f}{\partial \boldsymbol{x}_0}(\mathrm{d}\boldsymbol{x}_0-\dot{\boldsymbol{x}}_0\mathrm{d}t_0)+\dot{\boldsymbol{x}}_f\mathrm{d}t_f \tag{29}$$

状态转移矩阵满足含初始条件的一阶矩阵微分方程（Battin，1999）

$$\dot{\boldsymbol{\Phi}}(t,t_0)=\frac{\partial \boldsymbol{f}(t,x)}{\partial \boldsymbol{x}(t)}\boldsymbol{\Phi}(t,t_0)$$
$$\boldsymbol{\Phi}(t,t_0)=\boldsymbol{I} \tag{30}$$

由式（29）可以得到终态状态对变量 t_0、$\boldsymbol{x}_0$、t_f 的梯度的形式

$$\frac{\partial \boldsymbol{x}_f}{\partial \boldsymbol{x}_0}=\boldsymbol{\Phi}(t_f,t_0)\quad \frac{\partial \boldsymbol{x}_f}{\partial t_0}=-\boldsymbol{\Phi}(t_f,t_0)\dot{\boldsymbol{x}}_0\quad \frac{\partial \boldsymbol{x}_f}{\partial t_f}=\dot{\boldsymbol{x}}_f \tag{31}$$

图 7 显示的是当终端时刻固定或自由两种情况下，摄动状态量和标称参考轨迹 $\boldsymbol{x}(t)$ 之间关系的示意。

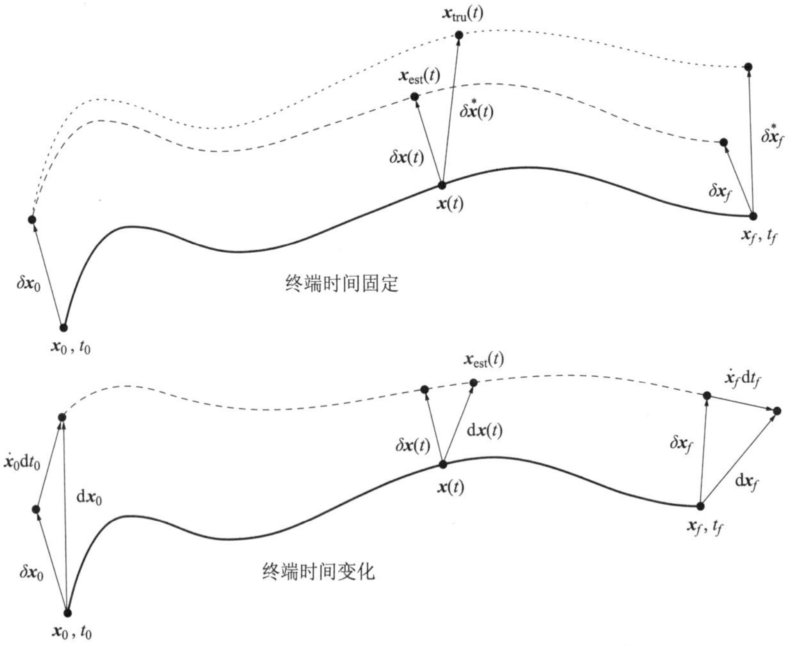

图 7　终端时刻固定和自由时摄动状态量和标称轨迹的关系

图 7 的上方图形中，$\boldsymbol{x}_{\mathrm{tru}}(t)$ 表示的真实状态是真实数值积分得到的轨迹，它是把变摄动项应用在标称轨道状态 $\boldsymbol{x}_0$ 上得到的。状态转移矩阵用来估计真实摄动下轨迹与标称轨迹的区别；预计轨迹是 $\boldsymbol{x}_{\mathrm{est}}(t)$。如果终止时间 t_f 是固定的，则

$$\boldsymbol{x}_{\mathrm{est}}(t)=\boldsymbol{x}(t)+\delta\boldsymbol{x}(t)$$
$$\delta\boldsymbol{x}(t)=\boldsymbol{\Phi}(t,t_0)\delta\boldsymbol{x}(t_0) \tag{32}$$

对于一般情况，

$$\boldsymbol{x}_{\mathrm{est}}(t)=\boldsymbol{x}(t)+\mathrm{d}\boldsymbol{x}(t)$$
$$\mathrm{d}\boldsymbol{x}(t)=\boldsymbol{\Phi}(t,t_0)(\mathrm{d}\boldsymbol{x}_0-\dot{\boldsymbol{x}}_0\mathrm{d}t_0)+\dot{\boldsymbol{x}}_f\mathrm{d}t_f \tag{33}$$

线性化和线性化的应用是设计轨道中非常重要的工具，主要用来确定独立变量 t_0、$\boldsymbol{x}_0$、t_f 集的子集，从而得到满足规定的终态状态条件 $\overset{*}{\boldsymbol{x}}_f$。在轨迹设计和寻靶中，也可以采用相同的线性化方法来计算更复杂的状态矢量，这些状态矢量可以包含控制项和力学模型参数。对于一般的任务设计问题，状态转移矩阵可以组成基于梯度的寻靶和优化算法中梯度的一部分。

结合一个实例，考虑在一般力场中的轨道边界问题，仅使用状态矢量位置 $\boldsymbol{r}$ 和速度 $\boldsymbol{v}$，状态向量

和运动方程分别为

$$\boldsymbol{x}(t)=\begin{bmatrix}\boldsymbol{r}\\ \boldsymbol{v}\end{bmatrix}$$

$$\dot{\boldsymbol{x}}(t)=\begin{bmatrix}\boldsymbol{v}\\ \boldsymbol{g}(t,\boldsymbol{r},\boldsymbol{v})\end{bmatrix} \tag{34}$$

对于这个模型，

$$\frac{\partial \boldsymbol{f}(t,x)}{\partial \boldsymbol{x}(t)}=\begin{bmatrix}\boldsymbol{0} & \boldsymbol{I}\\ \partial \boldsymbol{g}/\partial \boldsymbol{r} & \partial \boldsymbol{g}/\partial \boldsymbol{v}\end{bmatrix} \tag{35}$$

假设轨迹的初始条件为 t_0 时刻 $\boldsymbol{r}_0$，$\boldsymbol{v}_0$，终止条件 t_f 时刻 $\boldsymbol{r}_f$，$\boldsymbol{v}_f$。为了使终止位置是给定值 $\overset{*}{\boldsymbol{r}}_f$ 而不是 $\boldsymbol{r}_f$，需要的初始速度 $\overset{*}{\boldsymbol{v}}_0$ 很容易得到。在 t_f 和 t_0 之间分割状态转移矩阵

$$\boldsymbol{\Phi}(t_f,t_0)=\begin{bmatrix}\boldsymbol{\Phi}_{11}(t_f,t_0) & \boldsymbol{\Phi}_{12}(t_f,t_0)\\ \boldsymbol{\Phi}_{21}(t_f,t_0) & \boldsymbol{\Phi}_{22}(t_f,t_0)\end{bmatrix} \tag{36}$$

上式中每一个子矩阵的维数相同，大小是 $\boldsymbol{\Phi}(t_f, t_0)$ 的一半。如果 t_f 和 t_0 是固定的，那么 $\overset{*}{\boldsymbol{v}}_0$ 的一阶近似是

$$\overset{*}{\boldsymbol{v}}_0\approx\boldsymbol{v}_0+[\boldsymbol{\Phi}_{12}(t_f,t_0)]^{-1}[\overset{*}{\boldsymbol{r}}_f-\boldsymbol{r}_f] \tag{37}$$

需要迭代计算式（37）。每一步迭代得到的轨迹作为新的标称值，对 $\boldsymbol{\Phi}(t, t_0)$ 进行重新评估，以不断更新轨迹。

4 轨迹设计和优化:基础解法

轨迹设计和优化问题可以分成两种主要的类型。第一类是严格地获得满足约束的解；第二类包含第一类，并产生了新的特性，结果要求一些标量性能函数取得极值。

令 $\boldsymbol{x}_p$ 为 $n\times1$ 的列向量，变量的组合是有限集，构造一个函数，产生一个 $m\times1$ 的列向量 $\boldsymbol{c}$，它是 $\boldsymbol{x}_p$ 的显式或隐式函数，

$$\boldsymbol{c}=\boldsymbol{c}(\boldsymbol{x}_p) \tag{38}$$

式中，$\boldsymbol{x}_p$ 是自变量矢量；$\boldsymbol{c}$ 中的元素受到约束。这些约束的定义方式决定了要解决的问题的类型，令 $\boldsymbol{c}$ 的约束方式如下：

$$\boldsymbol{c}^l\leqslant\boldsymbol{c}(\boldsymbol{x}_p)\leqslant\boldsymbol{c}^u \tag{39}$$

式中，$\boldsymbol{c}^l$ 和 $\boldsymbol{c}^u$ 分别是上界和下界的常矢量。$\boldsymbol{c}$ 的第 j 个元素是一个标量函数 c_j，定义一个等式约束

$$c_j^l=c_j^u=\overset{*}{c}_j \tag{40}$$

$\overset{*}{c}_j$ 是需要的目标值。简单的单边不等式约束可以用下式表示：

$$-\infty\leqslant c_j\leqslant c_j^u \text{或} c_j^l\leqslant c_j\leqslant+\infty \tag{41}$$

在实际运算中（如计算机代码），通常用非常大的负数或正数来代替 $-\infty$ 和 $+\infty$。

假设对于 $\boldsymbol{x}_p$ 的任意一个值，只有唯一的 $\boldsymbol{c}$ 与之对应，并且 $\boldsymbol{c}$ 是连续的，对 $\boldsymbol{x}_p$ 的一阶导数和二阶导数都连续。假设 $\boldsymbol{c}$ 中的所有元素都是连续且独立的，对任何以梯度为基础的方法需要计算雅克比矩阵：

$$\boldsymbol{D}=\frac{\partial \boldsymbol{c}}{\partial \boldsymbol{x}_p} \tag{42}$$

数值差分运算方法是估计 $\boldsymbol{D}$ 的最简单和最常用的方法（Dennis 和 Schnabel，1983；Gill，Murray 和 Wright，1982；见卷 8 第 430 章）。最精确的估计利用基于状态转移矩阵的变分法（Zimmer 和 Ocampo，2005；Ocampo 和 Munoz，2009）。这个方法的唯一缺点是每个问题都需要单独处理，为了推导函数和变量之间的关系需要提前作大量的准备工作。重点强调一下，$\boldsymbol{D}$ 的精确估计是任何以梯度法为基础的解题方法里最重要的单步运算。

在定义了自变量矢量和函数矢量后，接下来出现的基本问题构成了轨迹设计和优化流程的基础。

4.1 非线性方程求根问题

在这类问题中，$\boldsymbol{x}_p$ 和 $\boldsymbol{c}$ 有相同的维数（$n=m$），函数矢量受到等式约束：

$$\boldsymbol{c}(\boldsymbol{x}_p)=\overset{*}{\boldsymbol{c}}_j \tag{43}$$

函数矢量还受到下面的约束：

$$\overset{*}{\boldsymbol{c}}_j\leqslant\boldsymbol{c}(\boldsymbol{x}_p)\leqslant\overset{*}{\boldsymbol{c}}_j \tag{44}$$

重新定义约束为更清晰的等式约束：

$$\boldsymbol{d}(\boldsymbol{x}_p)\equiv\boldsymbol{c}(\boldsymbol{x}_p)-\overset{*}{\boldsymbol{c}}_j=\boldsymbol{0} \tag{45}$$

这是一个非线性求根问题，非线性方程系统为

$$\boldsymbol{d}(\boldsymbol{x}_p)=\boldsymbol{0} \tag{46}$$

这个问题可以通过标准的以梯度法为基础的非线性求根算法解决。不能保证只存在一组解，也有可能存在多个解的情况。鲁棒性最好的算法基于人们熟知的 Newton－Raphson 迭代公式、最速下降法，和不断更新雅克比矩阵的 Broyden 迭代公式（Dennis 和 Schnabel，1983）。

轨道边值问题是一个三维求根问题的实例，其中

$$\boldsymbol{x}_p=\boldsymbol{v}(t_0)\boldsymbol{d}(\boldsymbol{x}_p)=\boldsymbol{r}(t_f)-\overset{*}{\boldsymbol{r}}_f=\boldsymbol{0} \tag{47}$$

$\overset{*}{\boldsymbol{r}}_f$ 是目标位置矢量。在 $\boldsymbol{d}$ 域内计算上述方程需要已知初始位置向量 $\boldsymbol{r}_0$（$\boldsymbol{v}_0$ 可以由 $\boldsymbol{x}_p$ 计算得到）、转移时间 t_f-t_0，以及从 t_0 到 t_f 积分轨迹来计算任何

力场模型中 $\boldsymbol{r}(t_f)$ 的能力。

能够解决这类问题的数值代码的例子是 Harwell 子程序库下的 NS11 程序（http：//hsl. rl. ac. uk/archive/hslarchive. html）。还有其他的一些程序，它们都被归入数值软件库非线性方程求解器的类中。

4.2　大中取小问题

这类问题对 $\boldsymbol{c}$ 的约束条件跟非线性求根问题［式（45）］的约束条件相近，唯一不同的是对 m 和 n 的关系没有进行约束。下面是一个标准的大中取小问题，寻找函数的局部极小值：

$$J=\max|[\boldsymbol{d}(\boldsymbol{x}_{\mathrm{p}})]_j|, j=1,\cdots,m \tag{48}$$

如果 $n=m$，这类问题的解跟非线性求根问题的解是等效的；如果非线性求根问题有解，则大中取小问题的解是 $J=0$。如果 $n<m$，系统是超定的，大中取小问题的解一般是 $J>0$，这跟非线性大中取小数据拟合的结果一致。如果 $n>m$，系统是欠定的，如果对于给定的 $\boldsymbol{x}_{\mathrm{p}}$ 中 n 个变量推出的 m 个变量的某个子集，非线性求根问题有零根，那么大中取小问题的解是 $J=0$，这个解跟 $\boldsymbol{x}_{\mathrm{p}}$ 初始状态估计的最小范数解是一致的。

如果转移时间在轨道边值问题中是一个自由变量，通过解大中取小问题可获得最小范数的解：

$$\boldsymbol{x}_{\mathrm{p}}=\begin{bmatrix}\boldsymbol{v}(t_0)\\ t_f-t_0\end{bmatrix}\quad \boldsymbol{d}(\boldsymbol{x}_{\mathrm{p}})=\boldsymbol{r}(t_f)-\overset{*}{\boldsymbol{r}}_f=\boldsymbol{0} \tag{49}$$

这个问题中，$\boldsymbol{x}_{\mathrm{p}}$ 的维度是 $n=4$，$\boldsymbol{d}$ 的维度是 $m=3$。

作为一个实例，Harwell 子程序库下的 VG11/12 算法（http：//hsl. rl. ac. uk/archive/hslarchive. html）在处理这一类问题时表现出较好的鲁棒性和效率。

4.3　约束优化问题

在一个优化问题中，$\boldsymbol{c}$ 中任意一个元素 c_j，如果 $c_j^l\neq c_j^u$，c_j 可以取到最小值或最大值。这个元素称为目标函数、性能指标或性能函数。问题是确定 $\boldsymbol{x}_{\mathrm{p}}$ 的值，使得在约束下 c_j 取得极值，如果还有 $\boldsymbol{c}$ 中的其他元素，也使它们取得极值。预期的有效约束的数量要少于 $\boldsymbol{x}_{\mathrm{p}}$ 中的变量数。以上所述是非线性约束优化的一般问题（见卷 8 第 428、第 431、第 435 章）。Betts（1998，2001），Gill，Murray，Wright（1982，2005），Nocedal，Wright（1999）等的论文已经对此问题作了很好的阐述。这些方法都基于序列二次规划算法（SQP），目前这种算法被认为代表了研究的先进水平。它能够保证在满足一阶条件优化的条件下（Kuhn - Tucker 条件），至少存在一个局部解。

受到式（39）的约束，函数矢量 $\boldsymbol{c}$ 是一个 $m\times1$ 的列向量，其中一个元素是性能函数。自变量矢量 $\boldsymbol{x}_{\mathrm{p}}$ 是一个 $n\times1$ 的列向量，受到有效约束的数量为 m_{active}，小于或等于 n。

以轨道边值问题为例，令航天器在 t_0 时刻的状态量为 $\boldsymbol{r}_0$，$\boldsymbol{v}_0^-$，希望在 t_f 时刻达到目标状态量 $\overset{*}{\boldsymbol{r}}_f$ 和 $\overset{*}{\boldsymbol{v}}_f$。$t_0$ 是固定的，但 t_f 是自由的。转移通过两次脉冲实现，分别是 $\Delta\boldsymbol{v}_0$ 和 $\Delta\boldsymbol{v}_f$，目标是使这两次机动过程中脉冲的大小之和（$\Delta v_0+\Delta v_f$）最小，可以写成：

$$\boldsymbol{x}_{\mathrm{p}}=\begin{bmatrix}\Delta\boldsymbol{v}_0\\ \Delta\boldsymbol{v}_f\\ t_f\end{bmatrix}\boldsymbol{c}(\boldsymbol{x}_{\mathrm{p}})=\begin{bmatrix}\Delta v_0+\Delta v_f\\ t_f\\ \boldsymbol{r}_f\\ \boldsymbol{v}_f^+\end{bmatrix} \tag{50}$$

式中，目标函数是 $\boldsymbol{c}$ 中的第一个元素。$\boldsymbol{c}$ 的计算按照以下步骤进行：

$$\begin{bmatrix}\boldsymbol{r}_0\\ \boldsymbol{v}_0^-\end{bmatrix}+\begin{bmatrix}\boldsymbol{0}\\ \Delta\boldsymbol{v}_0\end{bmatrix}=\begin{bmatrix}\boldsymbol{r}_0\\ \boldsymbol{v}_f^+\end{bmatrix}\xrightarrow{\int_{t_0}^{t_f}f(\cdot)\mathrm{d}t}\begin{bmatrix}\boldsymbol{r}_f\\ \boldsymbol{v}_f^-\end{bmatrix}+\begin{bmatrix}\boldsymbol{0}\\ \Delta\boldsymbol{v}_f\end{bmatrix}=\begin{bmatrix}\boldsymbol{r}_f\\ \boldsymbol{v}_f^+\end{bmatrix} \tag{51}$$

$\boldsymbol{c}$ 的约束条件为：

$$\begin{bmatrix}0\\ 0\\ \overset{*}{\boldsymbol{r}}_f\\ \overset{*}{\boldsymbol{v}}_f\end{bmatrix}\leqslant\left[\boldsymbol{c}(\boldsymbol{x}_{\mathrm{p}})=\begin{bmatrix}\Delta v_0+\Delta v_f\\ t_f-t_0\\ \boldsymbol{r}_f\\ \boldsymbol{v}_f^+\end{bmatrix}\right]\leqslant\begin{bmatrix}+\infty\\ +\infty\\ \overset{*}{\boldsymbol{r}}_f\\ \overset{*}{\boldsymbol{v}}_f\end{bmatrix} \tag{52}$$

作为数值代码的一个例子，基于 SQP 的数值程序 VF13（http：//hsl. rl. ac. uk/archive/hslarchive. html）和 SNOPT（http：//www. sbsi-sol-optimize. com/asp/sol productsnopt. html）在解决这类问题中都表现出了鲁棒性和高效性。VF13 程序更适用于致密问题，这类问题的雅克比矩阵中的零元素相对较少，自变量数量的量级在 100 左右。SNOPT 程序普遍适用于致密问题与稀疏问题，可以应付有上千个自变量的问题。

5　脉冲轨迹的设计与优化

考虑这样一类问题，在满足初始时刻 t_0 和终止时刻 t_f 一系列边界条件的基础上，寻找多脉冲轨迹。轨迹中最多含 n 次脉冲机动。假设航天器上只安装一个发动机，发动机的排气速度为 c，初始质量为 m_0。目标是使消耗推进剂的质量最小。速度脉冲总量是

$$\Delta v_{\text{total}} = \sum_{i=1}^{n} \Delta v_i \tag{53}$$

所以末态质量为

$$m(t_f) = m_0 \mathrm{e}^{-\Delta v_{\text{total}}/c} \tag{54}$$

目标函数是

$$J = \min \Delta v_{\text{total}} \text{或} J = \max\, m(t_f) \tag{55}$$

两个目标函数中前者有效的条件是在所有脉冲机动过程中使用同一台发动机（相同的排气速度 c），并且质量间断的唯一原因是机动过程中消耗的推进剂质量变化。如果不满足这两个条件，必须直接运用第二个目标函数 $J=\max\, m(t_f)$。初始和终端边界条件用端点时刻和状态的隐函数来表示

$$\boldsymbol{\theta}(t_0, \boldsymbol{x}_0) = \mathbf{0} \quad \boldsymbol{\theta}: p \times 1 \tag{56}$$

$$\boldsymbol{\psi}(t_f, \boldsymbol{x}_f) = \mathbf{0} \quad \boldsymbol{\psi}: q \times 1 \tag{57}$$

状态矢量的维度是 $n_x=7$，其中 $p \leqslant n_x+1$，$q \leqslant n_x+1$。p 和 q 的实际值跟具体问题有关，要注意不要对问题过约束。自变量矢量是

$$\boldsymbol{x}_{\mathrm{p}} = (t_0\ \boldsymbol{r}_0\ \boldsymbol{v}_0\ m_0\ t_1\ \Delta\boldsymbol{v}_1 \cdots t_n\ \Delta\boldsymbol{v}_n\ t_f)^{\mathrm{T}} \tag{58}$$

对于时刻的约束是

$$t_i \leqslant t_{i+1}, i=0,\cdots,n-1 \tag{59}$$

$$t_n \leqslant t_f \tag{60}$$

用 $J=\min\Delta v_{\text{total}}$ 作为目标函数，则适合的函数矢量为

$$\begin{bmatrix} 0 \\ \mathbf{0} \\ 0 \\ 0 \\ 0 \\ 0 \\ 0 \\ \mathbf{0} \end{bmatrix} = \left[\boldsymbol{c}(\boldsymbol{x}_{\mathrm{p}}) = \begin{pmatrix} \Delta v_{\text{total}} \\ \theta(t_0, \boldsymbol{x}_0) \\ t_1 - t_0 \\ t_2 - t_1 \\ \vdots \\ t_n - t_{n-1} \\ t_f - t_n \\ \psi(t_f, \boldsymbol{x}_f) \end{pmatrix} \right] \leqslant \begin{bmatrix} +\infty \\ 0 \\ +\infty \\ +\infty \\ \vdots \\ +\infty \\ +\infty \\ 0 \end{bmatrix} \tag{61}$$

如上所述，初始时刻 t_0 和终止时刻 t_f 是自由变量。不需要假设或要求在 t_0 或 t_f 时刻实施脉冲机动，但可行解可能是在这两个时刻有机动，这种情况下 $t_1=t_0$ 或 $t_n=t_f$。根据力场模型，无须在这两个端点时刻实施机动，也可以计算出满足 t_0 或 t_f 边界条件的解。

脉冲转移轨迹优化的先驱性工作在 20 世纪的下半段展开（主要有 Edelbaum，1967；Lawden，1963；Jezewski，1975；Marec 等，1979）。特别的，这些研究工作成功地把最优控制理论的结果和处理变量（这个问题中是速度和质量）不连续变化问题结合在一起。这样，可以把一系列必要条件作为脉冲轨迹优化需要满足的条件的额外补充。主矢量 $\boldsymbol{p}$ 和变化率 $\dot{\boldsymbol{p}}$ 由 Lawden 在 1963 年提出，由最优控制理论推导得到的最优性必要条件就被写成了主矢量和其变化率的函数。状态转移矩阵在这里扮演了关键角色，因为它可以用来研究沿一组解特性的演变。

实例：　多脉冲地月转移的公式

考虑由近地轨道（LEO）向近月轨道（LMO）转移的多脉冲机动，机动的纪元时刻 t_{epoch} 是给定的。假定脉冲的最大次数为 4。结果收敛到局部最优解时，有些机动的幅值可能是零。下面将给出一组典型的公式。起始近地轨道是圆轨道（$\overset{*}{e}_0=0$），半长轴为 $\overset{*}{a}_0$，相对于赤道平面的倾角是 $\overset{*}{i}_0$，其余的轨道要素任意。航天器的初始质量是 m_0。绕月的终端轨道要求是圆轨道（$\overset{*}{e}_f=0$），半长轴为 $\overset{*}{a}_f$，相对月球赤道平面的倾角为 $\overset{*}{i}_f$。初始时刻 t_0 自由，由纪元时刻 t_{epoch} 给定。初始状态矢量 $\boldsymbol{r}_0$，$\boldsymbol{v}_0$ 受约束，满足地球赤道坐标系的初始边界条件：

$$\boldsymbol{\theta}(t_0, \boldsymbol{x}_0) = \begin{bmatrix} a(t_0, \boldsymbol{r}_0, \boldsymbol{v}_0) - \overset{*}{a}_0 \\ e(t_0, \boldsymbol{r}_0, \boldsymbol{v}_0) - \overset{*}{e}_0 \\ i(t_0, \boldsymbol{r}_0, \boldsymbol{v}_0) - \overset{*}{i}_0 \end{bmatrix} = \mathbf{0} \tag{62}$$

终端状态矢量则要满足月球赤道坐标系的终端边界条件约束

$$\boldsymbol{\psi}(t_f, \boldsymbol{x}_f) = \begin{bmatrix} a(t_f, \boldsymbol{r}_f, \boldsymbol{v}_f) - \overset{*}{a}_f \\ e(t_f, \boldsymbol{r}_f, \boldsymbol{v}_f) - \overset{*}{e}_f \\ i(t_f, \boldsymbol{r}_f, \boldsymbol{v}_f) - \overset{*}{i}_f \end{bmatrix} = \mathbf{0} \tag{63}$$

一般来说，初始状态矢量 $\boldsymbol{r}_0$，$\boldsymbol{v}_0$ 可以写成自变量矢量 $\boldsymbol{x}_{\mathrm{p}}$ 的形式。作为首次尝试，使初始状态矢量直接满足初始约束，并把其余轨道要素当成变量会带来很多方便。所以在 t_0 时刻用轨道要素 $\overset{*}{a}_0$，$\overset{*}{e}_0$，$\overset{*}{i}_0$ 定义轨道，升交点赤经 Ω_0 和纬度幅角 u_0 组成变量的一部分。纬度幅角是轨道中位置参考的一个变量，它通过运动方向的升交点来测量。如果轨道是圆轨道，那么用纬度幅角来替换真近点角。这个位置的纪元时刻是 t_0。这样变量矢量可以写成

$$\boldsymbol{x}_{\mathrm{p}} = (t_0\ \Omega_0\ u_0\ t_1\ \Delta\boldsymbol{v}_1\ t_2\ \Delta\boldsymbol{v}_2\ t_3\ \Delta\boldsymbol{v}_3\ t_4\ \Delta\boldsymbol{v}_4\ t_f)^{\mathrm{T}}_{1\times 20} \tag{64}$$

需要对 $\boldsymbol{x}_{\mathrm{p}}$ 有一个初始的估计，获得这个初始估计是该流程中很一个重要的环节，已经超出了本章的研究范围。但是，有必要作一些说明。分析所得的信息和对问题的了解，从而能够为 $\boldsymbol{x}_{\mathrm{p}}$ 中所有或部分变量的估计提供帮助。目标是获得一组能落在解决优化问题算法的收敛域中的初始估计。收敛域通常是未知的，所以需要得到的也是未知的一组解附

近的估计。因此除了假设至少存在一组局部最优解外，分析有必要使用所有可用的信息，期望可以得到一组收敛的解，这组解满足约束条件，但不必是全局最优的。如果至少能够找到一组近乎可行的解，那么这组解极有可能落在收敛域中。对于特定问题可以开发自主初值猜测估计的程序和算法。这些算法几乎总是（即使如此，但还是不能完全保证）可以找到近乎可行，收敛到局部最优解的结果。例如，这类算法最近已经解决了该类地月转移问题（Jesick 和 Ocampo，2009；Ocampo 和 Saudemont，2009）。

在 t_0 时刻，利用 $\boldsymbol{x}_{\mathrm{p}}$ 中的轨道要素可以计算状态矢量 $\boldsymbol{r}_0$，$\boldsymbol{v}_0$。在轨道的状态量 $\boldsymbol{r}_0$，$\boldsymbol{v}_0$，m_0 可以通过从 t_0 到 t_f 积分获得。对于这个脉冲的轨迹，在各个脉冲之间质量是连续变化的；在发出脉冲的瞬间，质量会有突变。因为在受力场模型中考虑了自然加速度项，如太阳光压，这些项与航天器的质量有关，因此质量也作为状态矢量的一部分。状态矢量由 t_0 到 t_f 的演变历程为

$$
\left\{\begin{pmatrix}\boldsymbol{r}_0\\ \boldsymbol{v}_0\\ m_0\end{pmatrix}\xrightarrow{\int_{t_0}^{t_1} f\sim \mathrm{d}t}\left[\begin{pmatrix}\boldsymbol{r}_1\\ \boldsymbol{v}_1^-\\ m_1^-\end{pmatrix}+\begin{pmatrix}\boldsymbol{0}\\ \Delta\boldsymbol{v}_1\\ \Delta m_1\end{pmatrix}=\begin{pmatrix}\boldsymbol{r}_1\\ \boldsymbol{v}_1^+\\ m_1^+\end{pmatrix}\right]\xrightarrow{\int_{t_1}^{t_2} f\sim \mathrm{d}t}\right.
$$
$$
\left[\begin{pmatrix}\boldsymbol{r}_2\\ \boldsymbol{v}_2^-\\ m_2^-\end{pmatrix}+\begin{pmatrix}\boldsymbol{0}\\ \Delta\boldsymbol{v}_2\\ \Delta m_2\end{pmatrix}=\begin{pmatrix}\boldsymbol{r}_2\\ \boldsymbol{v}_2^+\\ m_2^+\end{pmatrix}\right]\xrightarrow{\int_{t_2}^{t_3} f\sim \mathrm{d}t}
$$
$$
\left[\begin{pmatrix}\boldsymbol{r}_3\\ \boldsymbol{v}_3^-\\ m_3^-\end{pmatrix}+\begin{pmatrix}\boldsymbol{0}\\ \Delta\boldsymbol{v}_3\\ \Delta m_3\end{pmatrix}=\begin{pmatrix}\boldsymbol{r}_3\\ \boldsymbol{v}_3^+\\ m_3^+\end{pmatrix}\right]\xrightarrow{\int_{t_3}^{t_4} f\sim \mathrm{d}t}
$$
$$
\left[\begin{pmatrix}\boldsymbol{r}_4\\ \boldsymbol{v}_4^-\\ m_4^-\end{pmatrix}+\begin{pmatrix}\boldsymbol{0}\\ \Delta\boldsymbol{v}_4\\ \Delta m_4\end{pmatrix}=\begin{pmatrix}\boldsymbol{r}_4\\ \boldsymbol{v}_4^+\\ m_4^+\end{pmatrix}\right]\xrightarrow{\int_{t_4}^{t_f} f\sim \mathrm{d}t}\begin{pmatrix}m_f\\ \boldsymbol{r}_f\\ \boldsymbol{v}_f\end{pmatrix} \tag{65}
$$

其中 $$\Delta m_i = m_i \mathrm{e}^{-\Delta v_i / c}\ (i=1,\cdots,4) \tag{66}$$

以第一个元素作为目标函数的可能的函数矢量为

$$
\begin{bmatrix}0\\0\\0\\0\\0\\0\\ \overset{*}{a}_f\\ \overset{*}{e}_f\\ \overset{*}{i}_f\end{bmatrix}\leqslant\left[\boldsymbol{c}(\boldsymbol{x}_{\mathrm{p}})=\begin{pmatrix}\Delta v_{\mathrm{total}}\\ t_1-t_0\\ t_2-t_1\\ t_3-t_2\\ t_4-t_3\\ t_f-t_4\\ a(t_f,\boldsymbol{r}_f,\boldsymbol{v}_f)\\ e(t_f,\boldsymbol{r}_f,\boldsymbol{v}_f)\\ i(t_f,\boldsymbol{r}_f,\boldsymbol{v}_f)\end{pmatrix}\right]\leqslant\begin{bmatrix}+\infty\\+\infty\\+\infty\\+\infty\\+\infty\\+\infty\\ \overset{*}{a}_f\\ \overset{*}{e}_f\\ \overset{*}{i}_f\end{bmatrix} \tag{67}
$$

在评估 $\boldsymbol{c}$ 中的一些元素时，需要进行坐标转换，来计算对应月球的状态量里面的轨道要素。

6　有限推力轨迹的设计与优化

对于满足条件的轨迹（①包含一个或多个有限点火弧段；②需要满足一系列约束；③使标量目标函数取得极值），这类问题可以通过把问题转换为前面几节中提到的基本解法中的一种来解决。选用哪一个解法取决于控制模型的选择。有两个选择：

（1）参数控制模型。这类模型的建模和求解是最简单的，又称为直接法。控制通过一系列容许函数集合来描述，这些集合的参数是自变量矢量 $\boldsymbol{x}_{\mathrm{p}}$ 的部分变量。计算结果与最优控制理论获得的结果相比是次优的。问题转换成了约束优化问题。运动方程的组织形式决定了该使用哪种直接法，有两类常用的直接法：

① 显式数值积分法。状态方程的数值积分变成初值问题，在运动方程中直接运用控制函数。因为状态量的中间和末态边界条件只有在解答过程的末段才能完全满足，所以这类方法又称为打靶法。无论解是否收敛，运动方程可以在轨迹上任意一点都满足。

② 隐式数值积分法。对在时间轴上按系统划分的序列节点上的状态和控制量都要进行猜测。每一次迭代边界条件都要满足，只有结果收敛时运动方程在末端才能满足。这类方法又称为配置法。

（2）最优控制模型。这类问题的结果是目标函数的最优解，但是更难建模和解决，又称为间接法。得到的控制函数是状态量和协态变量的显式函数，对于有上界和下界的控制，控制结果是 Bang-Bang 控制。如果控制模型是旋转单位矢量，矢量的顶端约束在一个单位球面上，那么控制函数将变成一个光滑的非线性函数。问题变成一个多点边值问题，可以利用前面讨论过的任何一个基础算法解决。其区别是选用哪些变量作为函数矢量。对这个模型的清楚介绍需要一个专门的完整章节。对于最优控制问题的一般研究，可以参考 Leitmann（1966），Bryson 和 Ho（1975），Hull（2003），Vincent 和 Grantham（1997），Pontryagin（1962）等的研究。对于最优控制理论在航天器轨迹优化问题中的直接应用的研究，可以参考 Lawden（1963）和 Marec（1979）的文章。对于这个方法在轨迹设计与优化软件系统中的计算机应用研究，可参考 Ocampo（2003，2004）。

只举例说明第一种方法（参数控制模型），假设发动机有恒定的排气速度 c。控制变量是推力的大小 T 和推力的单位方向矢量 $\boldsymbol{u}$。约束条件为

$$0 \leqslant T(t) \leqslant T_{\max} \, |\boldsymbol{u}(t)| = 1 \tag{68}$$

对于给定的初始质量 m_0，目标是使末态质量 m_f 取得最大值。

参数化推力矢量模型

对于每一段有限推力段，需要确定推力的值 $T(t)$ 和单位方向矢量 $\boldsymbol{u}(t)$。假设只要 $T(t)$ 的值确定后，在轨迹的某一段推力保持恒定。把轨迹划分为有限持续时间的分段，各段之间相互联系，这是非常方便的。单位推力方向矢量通过两个球面角 α，β 参数化

$$\boldsymbol{u}(t) = \begin{bmatrix} \cos\beta(t)\cos\alpha(t) \\ \cos\beta(t)\sin\alpha(t) \\ \sin\beta(t) \end{bmatrix} \tag{69}$$

通过这样的参数化，约束 $|\boldsymbol{u}(t)|=1$ 自然满足，不需要再显式地添加它作为约束函数。球面角可能的取值函数集合为

$$\alpha(t) = \alpha_0 + \dot{\alpha}_0(t-t_0) + \frac{1}{2}\ddot{\alpha}_0(t-t_0)^2 + a_\alpha \sin(\omega_\alpha(t-t_0) + \phi_\alpha) \tag{70}$$

$$\beta(t) = \beta_0 + \dot{\beta}_0(t-t_0) + \frac{1}{2}\ddot{\beta}_0(t-t_0)^2 + a_\beta \sin(\omega_\beta(t-t_0) + \phi_\beta) \tag{71}$$

其中，$t_0 \leqslant t \leqslant t_f$，式（70）和式（71）的每一个常数都可以是 $\boldsymbol{x}_{\mathrm{p}}$ 中的一个元素。

根据定义，球面角 α，β 的函数中包含常数项、线性项、二次项和三角函数项，对于大多数实际应用，常数项和线性项就足够了。但是，在某些小推力的应用中，三角函数项可能会非常重要。推力的单位矢量 $\boldsymbol{u}(t)$ 可以定义在任意参考坐标系中，一般来说它定义在与运动方程相同的坐标系中。但根据应用不同，仍有许多其他坐标系可以选择。例如，一个可选择的坐标系是跟随速度矢量旋转的密切参考坐标系。右手正交坐标系统的两个坐标轴分别是沿速度方向和瞬时角动量的单位矢量方向。例如基于速度方向的坐标系对长持续时间、小推力螺旋逃逸和捕获的轨迹非常有用。

下面介绍利用约束优化的有限点火参数化来控制模型的设置。

n 段轨迹弧段有序连接在一起，每个序列的起始和终止时间称为节点。假设这些弧段通过显式数值积分法进行积分计算。定义每一弧段的变量有持续时间、推力的大小 T、式（70）和式（71）中所有定义推力方向单位向量的参数。所有这些变量都是 $\boldsymbol{x}_{\mathrm{p}}$ 的元素。这些变量受到的约束的最小集合，包括式（68）所给出的 T 的有界性，每一弧段的持续时间必须是非负的。其他的约束包括描述推力方向单位矢量 $\boldsymbol{u}(t)$ 的一些或全部参数的限制。因为推力 T 可以是 0，所以在整个求解过程中会自然出现漂移段。第一个弧段是从 t_0 到 t_1，最后一个弧段是从到 t_{n-1} 到 t_n，终止时间是 $t_f=t_n$。

设 $\boldsymbol{s}_i$ 是每个弧段 i（$i=1$，…，n）的推力方向单位矢量参数的向量：

$$\boldsymbol{s}_i = [\alpha_{0i} \; \dot{\alpha}_{0i} \; \ddot{\alpha}_{0i} \; a_{\alpha i} \; \omega_{\alpha i} \; \phi_{\alpha i} \; \beta_{0i} \; \dot{\beta}_{0i} \; \ddot{\beta}_{0i} \; a_{\beta i} \; \omega_{\beta i} \; \phi_{\beta i}]^{\mathrm{T}} \tag{72}$$

考虑航天器在边界条件下的转移

$$\boldsymbol{\theta}(t_0, \boldsymbol{r}_0, \boldsymbol{v}_0) = \boldsymbol{0} \qquad \boldsymbol{\psi}(t_f, \boldsymbol{r}_f, \boldsymbol{v}_f) = \boldsymbol{0} \tag{73}$$

初始质量 m_0 是给定的，终端质量 m_f 要求达到最大，变量矢量 $\boldsymbol{x}_{\mathrm{p}}$ 为

$$\boldsymbol{x}_{\mathrm{p}} = (t_0 \; \boldsymbol{r}_0^{\mathrm{T}} \; \boldsymbol{v}_0^{\mathrm{T}} \; t_1 \; T_1 \; \boldsymbol{s}_1^{\mathrm{T}} \; t_2 \; T_2 \; \boldsymbol{s}_2^{\mathrm{T}} \cdots \; t_n T_n \boldsymbol{s}_n^{\mathrm{T}})^{\mathrm{T}} \tag{74}$$

如果对 $\boldsymbol{s}_i$ 的元素没有约束，函数向量 $\boldsymbol{c}$ 为

$$\begin{bmatrix} \boldsymbol{0} \\ 0 \\ 0 \\ \vdots \\ 0 \\ 0 \\ 0 \\ \vdots \\ 0 \\ \boldsymbol{0} \\ 0 \end{bmatrix} \leqslant \left[\boldsymbol{c}(\boldsymbol{x}_{\mathrm{p}}) = \begin{bmatrix} \boldsymbol{\theta}(t_0, \boldsymbol{r}_0, \boldsymbol{v}_0) \\ t_1 - t_0 \\ t_2 - t_1 \\ \vdots \\ t_n - t_{n-1} \\ T_1 \\ T_2 \\ \vdots \\ T_n \\ \boldsymbol{\psi}(t_f, \boldsymbol{r}_f, \boldsymbol{v}_f) \\ m(t_f) \end{bmatrix} \right] \leqslant \begin{bmatrix} \boldsymbol{0} \\ +\infty \\ +\infty \\ \vdots \\ +\infty \\ T_{\max} \\ T_{\max} \\ \vdots \\ T_{\max} \\ \boldsymbol{0} \\ m_0 \end{bmatrix} \tag{75}$$

$\boldsymbol{c}$ 的最后一个元素是目标函数。最优解（约束优化问题）往往显示出 Bang-Bang 的推力控制特性，在漂移段 $T=0$，在有限推力段 $T=T_{\max}$。在这个条件下，可以使用 $\boldsymbol{x}_{\mathrm{p}}$ 和 $\boldsymbol{c}$ 的约化式。额外的信息包括预先知道在何时何地出现推力弧段。最低程度上，要形成推力/漂移弧段的序列。所有推力弧段强制使 $T=T_{\max}$，所有漂移弧段强制使 $T=0$。除了把每一段的变量 T 剔除外，只有 $T_{\max}$ 弧段需要推力方向单位矢量的参数。这样处理好像会对解的结构产生约束，其实不然，因为当弧段收敛到零持续时

间时，意味着在轨迹某段本来存在的推力弧段可能会消失，如果用漂移段代替会得到更优的结果。一个重要的假设是在这种解中允许存在足够多的弧段，因为新的弧段不会无缘无故出现，除非重新用更多的弧段分析问题。

7　行星际轨迹设计与优化实例

为了阐明本章所讨论的一些概念，对一个完整的行星际轨迹进行了设计和优化。问题是将一个航天器由近地停泊轨道转移到木星轨道，使之作为一颗环绕木星旋转的卫星。轨迹利用了对金星和地球间的行星际飞越，使用一种推进系统飞离地球（逃逸段），在剩余机动中使用更高效的、功率稍小的推进系统（巡航/捕获段）。该实例虽是假想的任务，但是为了使其有趣和实用，已包含了足够的细节。

问题描述和流程

航天器的初始质量是 m_0，初始时刻在近地圆形停泊轨道上，相对地球赤道有一个轨道倾角。其安装有给定最大推力的发动机，能产生一定脉冲以实现逃逸机动。在这之后，推进舱段和耗尽的燃料舱被丢弃。在木星，航天器入射到与木卫二的平均轨道半径相同的圆轨道。目标是使进入木星轨道的航天器质量最大。除非有其他说明，在逃逸地球段和捕获土星段的其他轨道要素都是自由变量。航天器可以飞跃其他行星，虽不约束这一条，但要尽量减少携带推进剂的质量。问题的数据在下表中给出。

表　地球-金星-地球-地球-木星（EVEEJ）行星际轨迹问题的数据

参考历元	t_{epoch}	06/01/2010 00：00：00.000	TDB
参考坐标系	frame	太阳为中心的平黄道 J2000 坐标系	——
球形地球停泊轨道半径	a_0	6 578.140	km
轨道倾角	i_0	25.5	(°)
初始质量	m_0	2 000.0	kg
出发段最大推力	T_{1max}	1 000.0	N
出发段比冲	I_{sp1}	500.0	s
出发段/储槽质量	m_{stage}	100.0	kg
巡航段/到达段最大推力	T_{2max}	50	N
巡航段/到达段比冲	I_{sp2}	2 000.0	s
金星最小飞越半径	r_{pmin_vens}	6 551.8	km
地球最小飞越半径	r_{pmin_canth}	6 878.0	km
木星最终圆轨道半径	a_f	671.034.0	km
参考历元是在地球动力学质心时间尺度下给定的			

由于没有讨论空间限制，这个问题的难点在于对解的初值估计。需要得到这类问题的初值估计，初值估计应建立在对力场模型有一定理解的基础上。对于不同的问题，有很多自动获得初值估计的方法。利用本章中提到的寻靶和优化方法，这些结果会变得更加完善。

一款叫 Copernicus（Ocampo，2003，2004）的轨迹设计和优化系统曾用来解决这个实例的各个方面。这个系统使得初值估计、必要的寻靶、解的次优化变得容易。Copernicus 使用的一个基本的策略是允许使完整的轨迹建模为不相关的轨迹弧段，这项技术也被成功运用在其他软件系统中，例如称为 CATO（Byrnes，Bright，1995）的高精度轨迹优化软件。这种想法的概念逻辑示意如图 8 所示。初始估值是一组脉冲轨迹，对于涉及的行星采用零范围影响（ZSOI）模型，即将所有行星假设为零质量的点，航天器将沿绕太阳的真实星历轨迹运行。在 ZSOI 模型中，在近地轨道的逃逸脉冲将航天器送入零能量的抛物线轨迹。同理，在木星附近的捕获脉冲使航天器从零能量轨迹进入木星的捕获轨道。引力辅助机动转换为对应的脉冲机动，同样满足与引力辅助变轨相关（能量守恒，最小飞跃半径）的约束。初始脉冲轨迹估计通过选择航天器最终质量为目标函数进行优化得到。因为不是所有的机动都是用相同的排气速度进行的，所以必须把航天器的终端质量作为目标函数。下一步是使用行星真实的引力场来构建从近地停泊轨道开始的完整的逃逸轨迹，飞越其他行星时的双曲线飞越轨迹和抵达木星时的捕获轨迹，所有轨迹都满足以该天体为中心的轨道约束。在这一步中，产生了一个不可用的、不相连的一组轨迹。下一步是调整问题中的所有变量，使其满足状态连续性约束，采用高精度的力场模型产生最优的、完整的脉冲轨迹。从这个结果，把所有的航天器脉冲机动转换为有限点火机动。

图 9 显示了以太阳为中心的最优脉冲解，这是一个飞越金星一次和飞越地球两次的轨迹。航天器一共执行了三次决定性的脉冲机动，分别是地球逃逸机动、两次飞越地球之间的深空机动和木星捕获机动。

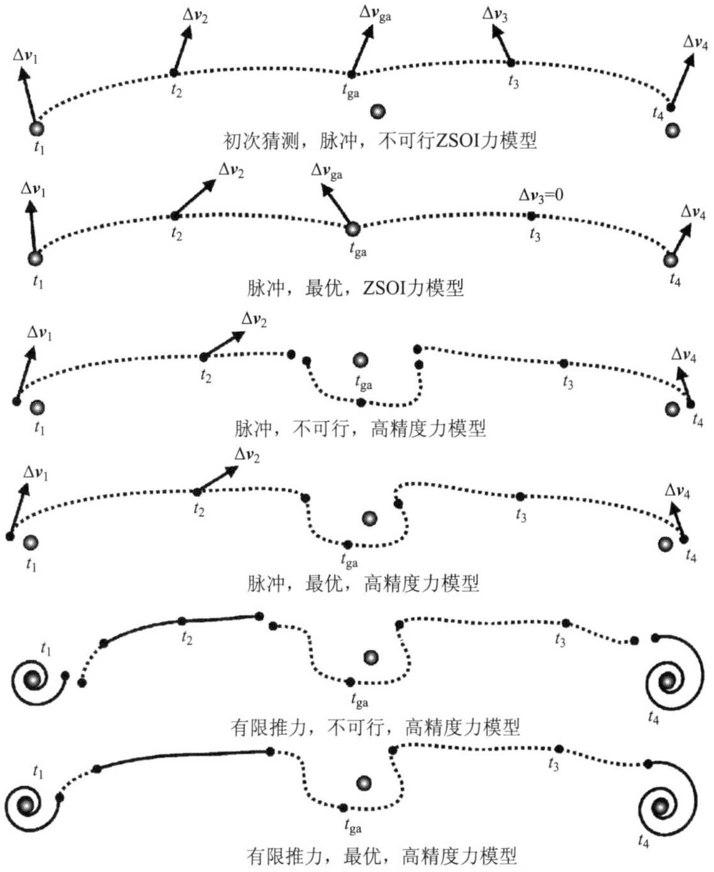

图 8 构建最优有限点火行星际轨迹的流程

（ZSOI 指的是零半径球面影响）

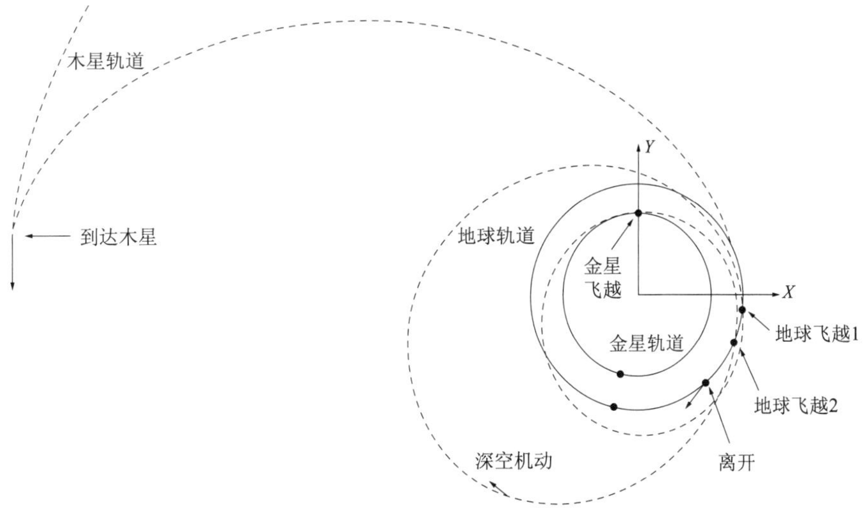

图 9 在太阳为中心的 J2000 坐标系中 EVEEJ 的最优脉冲解

（转移时间约为 6 年）

有限点火轨迹是从最优脉冲轨迹中构建得到的，把每次决定性的脉冲机动转换为完整的有限点火机动。参数化推力控制模型被用于有限点火建模。在逃逸时，推力方向指向向量建立在与速度关联的地球参考坐标系中，在这个坐标系中，推力矢量可以线性转动。图 10 展示了地球逃逸段和两次飞越地球段（其中一次飞越位于最小近地点边界上）。图 11 显示了飞越金星时最大近地点的值。因为这一段机动非常短，使其机动方向转动并没有什么好处，因此深空机动建模为一次惯性固定机动。在木星处的捕获机动跟地球逃逸段的建模类似，只是速度是相对于以土星为中心的坐标系。图 12 显示了有限点火的捕获机动和最终的捕获轨道。

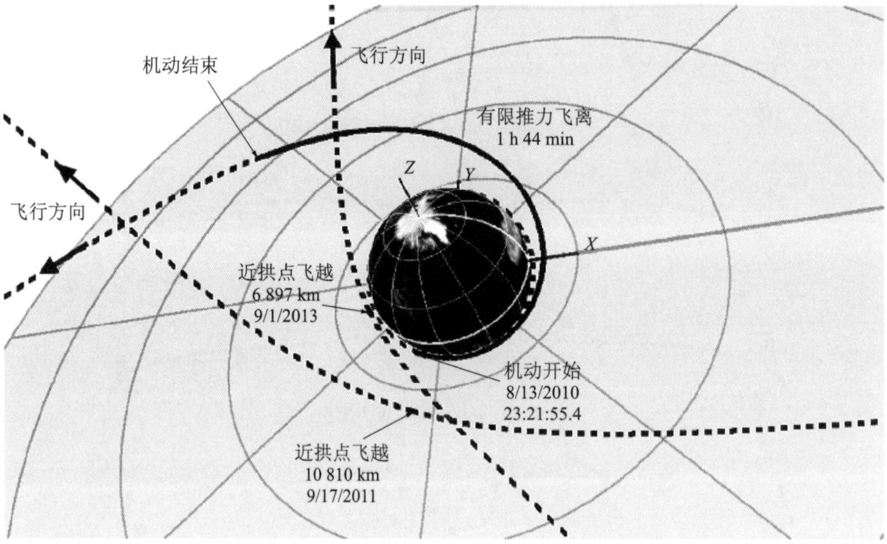

图 10　有限点火、逃逸和飞越地球

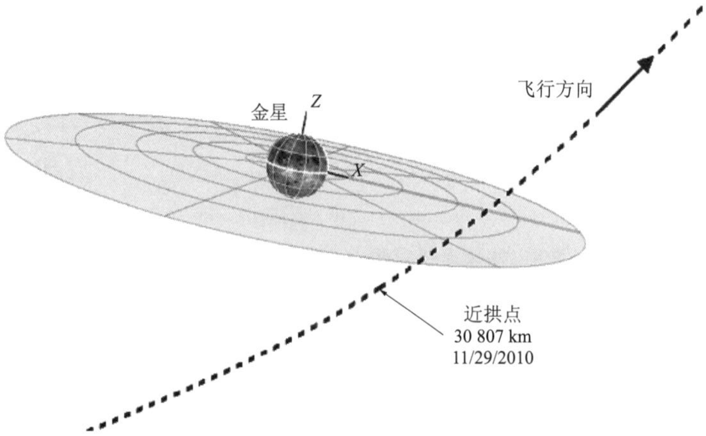

图 11　飞越金星

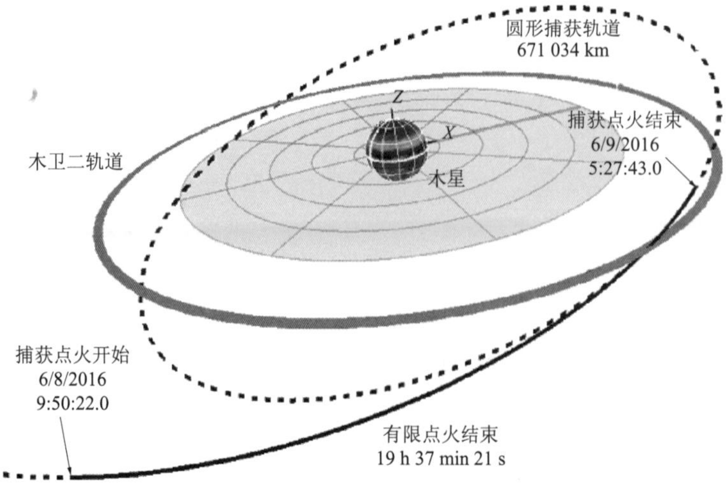

图 12　木星处捕获有限点火

使用ZSOI模型的最优脉冲方法送到轨道的最终质量是766 kg；对于完整的最优脉冲解/高精度解是607 kg；对于最优有限点火的解是445 kg。ZSOI模型最优脉冲解和完整的/高精度解的结果产生差别的原因跟近地轨道逃逸段和木星圆轨道捕获段付出的高代价有关。最优有限点火的解的送达质量更小，这可以归结为引力损失的影响。但是所有的结果都是在问题假设和约束的条件下的局部最优解。

8 总 结

本章提出了与现代任务设计与轨迹优化技术相关的若干基本想法与问题。首先是对航天器动力学的建模，把航天器看成一个受自然（固有）加速度和控制加速度的影响的三自由度质点。运动方程的具体形式跟分析的问题相关，其中一些方程是线性化模型，带有固有限制，但是在分析结果的特性时非常有用。最简单的非线性模型是标准的相对二体问题，与更真实的模型相比，二体的结果是有效和合理的近似。最后，需要考虑真实的、更复杂的模型，其包含了其他天体的加速度项和其他的非引力加速度项。为了解决系统方程，采用数值积分法，必须注意这些数值方法的结果，因为数值方法的固有计算误差不可忽略。

作为有限点火机动和引力辅助机动的近似，本章研究了脉冲机动。本章讨论了最基本的脉冲转移机动，利用它们可以理解和构建更复杂的转移轨迹。本章提出了在已知脉冲机动的基础上构建有限点火机动的简单流程，对得到的有限点火机动进行进一步处理，通过数值连续流程产生含更多控制细节的有限点火机动，例如推力矢量的转向和更小的推力值。

为了解决寻靶和优化问题，提出了许多基本的解法，包括多维非线性求根问题、大中取小问题和约束优化问题。使用这些方法需要的关键任务是对自变量和函数向量的合适定义。这些向量的相对大小、函数向量的约束方式、函数向量的某一个元素是否被选作目标函数决定了该选用哪种类型的方法。所有类型的脉冲和有限点火轨迹问题通过选择合适的参数化控制函数都可以转化为上述基本问题。由于受到篇幅的限制，本章没有详细讨论的一个重要问题是最优控制问题，最优控制原理可以用来建模和处理脉冲和有限点火轨迹，前面提出的任何基础解法都可以使用，使用时要同时满足一阶最优控制的必要条件。

状态转移矩阵作为与标称参考轨迹比较检验摄动项性质的工具被提出，它还可以用来联系轨迹上依赖位置变化的摄动项和轨迹上特定点独立的摄动项。状态转移矩阵有很多应用，最重要的是能够产生最精确的梯度矩阵，这些矩阵是以梯度法为基础的基本解法所需要的。这些梯度法可以通过使用更好操作的、精度稍差的数值有限差分法进行计算。

根据讨论的主题，可以看出任务设计与轨迹优化问题是多学科过程，包含了机械、微分方程、非线性方程、最优控制、参数优化和相关数值方法等学科。对于更真实和更一般的问题，需要结果的初值估计。获得这个估计值跟具体的问题相关，但是通过利用对简单问题的了解和相关结果可以实现。对于任何类型的任务设计和轨迹优化问题都能够成功获得有效结果的能力，取决于能否成功地把问题中的每一个基本元素都通过积分得到平稳解。利用解法中的数值方法，可以使解空间的收敛域集中在某点附近，从而尽量减少收敛域对初值估计的依赖性。理解动力学、建模、参数化和问题的合理设置是非常关键的。

术 语

所有标量使用字母——数字或希腊符号，可以是大写或小写字母。向量是一维的列阵，使用粗体，一般用小写字母。一些向量要写成转置的形式，它们用两条非常小的相互垂直的线条标记。矩阵是二维的列阵，使用粗体，大写字母。上标、下标和上下文有关。

向量的大小用欧几里得范数表示，写成标量形式，例如向量 $\boldsymbol{a}$ 的大小是 $a=|\boldsymbol{a}|=\sqrt{\boldsymbol{a}^{\mathrm{T}}\boldsymbol{a}}$。

$\boldsymbol{x}$	状态矢量
$\boldsymbol{r}$	位置矢量
$\boldsymbol{v}$	速度矢量
m	质量
t	时间
$\boldsymbol{g}$	单位质量受到的弹道加速度（重力加速度矢量）
$\boldsymbol{a}$	参数矢量
$\boldsymbol{u}$	推力方向上的单位矢量
T	推力
c	排气速度

μ	引力常数
$\boldsymbol{A}$	系统矩阵
i, j	整数型/指数，计数器
$\Delta \boldsymbol{v}$	机动脉冲速度矢量
α	两个矢量之间的夹角或赤经球面角
β	高程或倾斜球面角
b	质量流率
I_{sp}	比冲
g	地球表面的重力加速度
$\boldsymbol{\Phi}$	状态转移矩阵
$\boldsymbol{D}$	雅克比矩阵
J	性能指标或性能函数
$\boldsymbol{x}_p$	寻靶矢量或优化变量
$\boldsymbol{c}$	函数向量
$\boldsymbol{\theta}$	初始状态矢量约束
$\boldsymbol{\psi}$	最终状态矢量约束
$\boldsymbol{s}$	推力控制的参数矢量

相关章节

第 2 卷，第 94 章
第 2 卷，第 95 章
第 2 卷，第 100 章
第 2 卷，第 110 章
第 2 卷，第 111 章
第 2 卷，第 112 章
第 2 卷，第 113 章
第 2 卷，第 114 章
第 2 卷，第 118 章
第 5 卷，第 252 章
第 5 卷，第 254 章
第 5 卷，第 255 章
第 5 卷，第 256 章
第 5 卷，第 257 章
第 5 卷，第 259 章
第 5 卷，第 260 章
第 5 卷，第 269 章
第 8 卷，第 428 章
第 8 卷，第 430 章
第 8 卷，第 435 章
第 8 卷，第 451 章

参考文献

Bate, R. R., Mueller, D. D. and White, J. E. (1971) *Fundamentals of Astrodynamics*, Dover Publications.

Battin, R. H. and Vaughan, R. M. (1984) An Elegant Lambert Algorithm. *J. Guid. Cont. Dynam.*, **7**, 662—670.

Battin, R. H. (1999) *An Introduction to the Mathematics and Methods of Astrodynamics, Revised Edition. AIAA Education Series.*

Betts, J. T. (1998) Survey of numerical methods for trajectory optimization. *J. Guid. Cont. Dynam.*, **21** (2), 193—207.

Betts, J. T. (2001) *Practical Methods for Optimal Control Using Nonlinear Programming*. SIAM.

Bryson, A. E., Jr and Ho, Y. C. (1975) *Applied Optimal Control*. Hemisphere Publishing.

Byrnes, D. V. and Bright, L. E. (1995) Design of High-Accuracy Multiple Flyby Trajectories Using Constrained Optimization. 1995AAS/AIAA Astrodynamics Specialist Conference Proceedings, Halifax, Nova Scotia, Canada.

Clohessy, W. H. and Wiltshire, R. S. (1960) Terminal guidance system for satellite rendezvous. *J. Aerosp. Sci.*, **27**, 653—658.

Dennis, J. E. and Schnabel, R. B. *Numerical Methods for Unconstrained Optimization and Nonlinear Equations*, Prentice Hall.

Doll, J. R. and Gobetz, F. W. (1969) A survey of impulsive trajectories. *AIAA J.* 7 (5), 801—834.

Edelbaum, T. N. (1967) Howmany impulses. *Astronautics and Aeronautics*, AIAA, 64—69.

Gill, P. E, Murray, W. and Wright, M. H. (1982) *Practical Optimization*, Academic Press.

Gill, P. E., Murray, W. and Wright, M. H. (2005) SNOPT: An SQP algorithm for large-scale constrained optimization. *SIAM Rev.*, **47**, 1—33.

Gooding, R. H. (1990) A procedure for the solution of Lambert's orbital value problem. *Celest. Mech.*, **48**, 145—165.

Hindmarsh, A. C. (2001) *Brief Description of ODEPACK-A Systematized Collection of ODE Solvers.*, www.netlib.org/odepack.

Hull, D. G. (2003) *Optimal Control Theory for Applications*, Springer-Verlag.

Jesick, M. and Ocampo, C. (2009) Automated lunar free return trajectory generation 2009 AAS/AIAA Space Flight Mechanics Conference Proceedings, Savannah, GA. AAS 2009—192.

Jezewski, D. J. (1975) Primer vector theory and applications. *NASA Technical Report R—454*, NASA Johnson Spaceflight Center, Houston.

Lawden, D. E. (1963) *Optimal Trajectories for Space Navigation*, London Butterworths.

Leitmann, G. (1966) *An Introduction to Optimal Control*,

McGraw-Hill.

Marec, J. P. (1979) *Optimal Space Trajectories*, Elsevier Scientific Publishing Company.

Nocedal, J. and Wright, S. J. (1999) *Numerical Optimization*. Springer-Verlag.

Ocampo, C. (2003) An architecture for a generalized spacecraft trajectory design and optimization system. *International Conference on Libration Point Missions and Applications Proceedings*, World Scientific Publishing.

Ocampo, C. (2004) Finite burn maneuver modeling for a generalized spacecraft trajectory design and optimization system. *Astrodynamics, Space Missions, and Chaos*, Annals of the New York Academy of Sciences, 1017, 210—233.

Ocampo, C. and Munoz, J. P. (2009) Variational equations for a generalized spacecraft trajectory model. *Proceedings of the 19th Space Flight Mechanics Meetings*, 2009, Savannah, GA. AAS—09—255. To appear in the *J. Guid.*, *Control Dyn.*

Ocampo, C. and Saudemont, R. (2009) Initial trajectory model for a multi-maneuver moon to earth abort sequence *2009 AAS/AIAA Space Flight Mechanics Conference Proceedings*, Savannah, GA. AAS 2009—195. To appear in the *J. Guid.*, *Control Dyn.*

Pontryagin, L. S., Boltyanskii, V. G., Gamkrelidze, R. V. and Mishchenko, E. F. (1962) *The Mathematical Theory of Optimal Processes*, Interscience, New York.

Prussing, J. E. and Conway, B. A. (1993) *Orbital Mechanics.*, Oxford.

Shampine, L. F. and Gordon, M. K. (1975) *Computer Solution of Ordinary Differential Equations*, Freeman.

Sims, J. A., Longuski, J. M. and Staugler, A. J. (1997) V_∞ Leveraging for interplanetary Missions: Multiple-Revolution Orbit Techniques," *J. Guidance, Control, Dyn.*, 20 (3), 409—415.

Szebehely, V. (1967) *Theory of Orbits*, Academic Press.

Vincent, T. L. and Grantham, W. J. (1997) *Nonlinear and Optimal Control Systems.*, John Wiley & Sons.

Zimmer, S. and Ocampo, C. (2005) Analytical gradients for gravity assist trajectories using constant specific impulse engines. *J. Guidance Contr. Dyn.*, 28 (4), 753—760.

本章译者：韩潮、徐明（北京航空航天大学宇航学院）

第 254 章

星际导航

Lincoln J. Wood

加州理工学院喷气推进实验室，帕萨迪纳，加利福尼亚，美国

1 引　　言

在过去的 50 年里，曾有很多无人航天器穿梭于太阳系中，搜集了很多当地的和遥感的科学观测信息。太阳系的各大行星都曾被探测过或飞越过。比如金星、火星、木星、土星都已被航天器造访过。另外，一些绕大行星的天然小卫星也被探测过。航天器已经在金星、火星和土星的小卫星（土卫六）着陆过。另外航天器在极少数情况下飞越过或撞击过一些小行星和彗星。关于这些任务的详细描述可以参见“http：//science1. nasa. gov/planetary-science/missions/”。

在几乎所有的任务中，能否准确地确定和控制航天器的路径，直接决定了任务的成败，这章将以月球到地球-太阳平动点转移为背景，讲述星际任务中是怎样导航的。

2 星际任务中的导航目标

航天器导航是通过确定航天器的当前位置并预测将来的路径，并与参考路径进行比较，以控制航天器停留在一定的偏差范围内的过程。航天器导航是一个非常复杂的过程，首先搜集航天器的位置、速度信息的数据和其他相关数据，其次是处理这些数据，生成对航天器位置、速度、时间关系的估计，进一步计算出需要怎样的控制，以将航天器控制到参考轨道上。完成这样的计算需要相当精确的航天器动力学模型和观测信息。

所有的星际任务都至少包含一个天体，或许令航天器完成对它的飞越（或以某种方式撞击）或者通过星载发动机减速，把航天器配置到天体的轨道上。无论何种情况，当航天器接近该天体时，都需要进行测量；航天器的轨道信息也是基于这些测量来获得的。随着测量过程不断进行，不断获得测量信息，当根据测量信息预测获得的交会信息与设计的偏差较大时，需要进行若干次中途轨道修正机动（TCMs），如图 1 所示。通常在交会条件前几天或几小时，当最后一次轨道修正机动之后，释放探测器的条件便已经固定而无法改善了。然而，随着额外信息的搜集和轨道计算结果的产生，轨道的预测可以比它原先控制得更加精确。同时在最后一次轨道机动后，可以进一步调整星上天线指向，以便能更好地向地面传回科学信息。随着航天器不断靠近目标，虽然不能再改进航天器的轨道和其天线指向，但却能对进一步获得的测量信息验证导航信息，并为轨道重构提供依据。

许多星际任务都涉及将一个航天器配置到围绕某个特定天体运行的轨道上，而不是飞掠、撞击或轻轻地着陆到这些天体上。在这种情况下，航天器的轨道必须以连续数据的形式给出，以保证将来科学测量数据与航天器被记录的位置、其精确指向和仪器的工作编排的相关性。此外，某些任务要求对轨道进行控制，以使航天器能在特定的照明条件下，在特定的地貌上飞行。

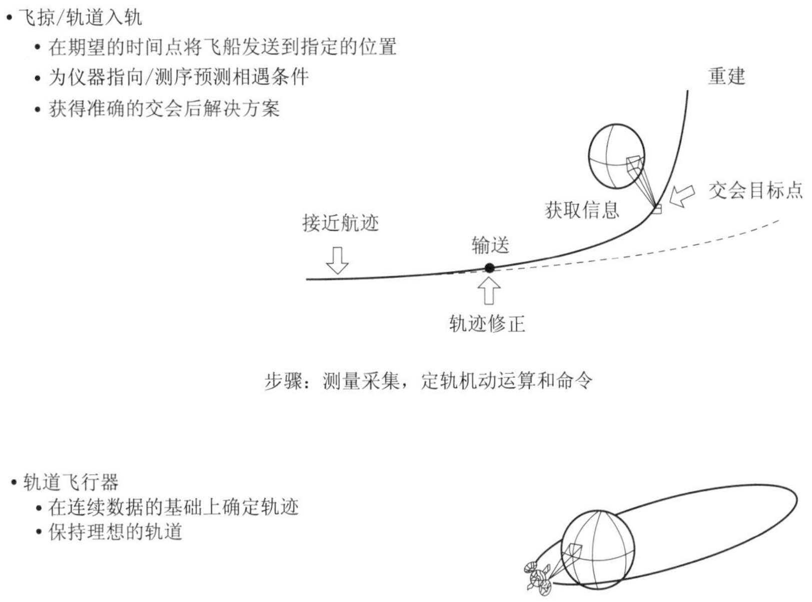

图 1　不同行星任务阶段的导航目标

3　深空导航系统

深空导航过程可以看作一个以参考轨道路径作为输入，以实际的轨道路径作为输出的反馈控制系统，如图 2 所示。这一节将介绍反馈系统框架中的各个元素，尤其是航天器轨道动力学（建模）、各种导航需要的观测信息和如何处理这些信息以估计航天器的位置速度，并计算需要的中途轨道修正。

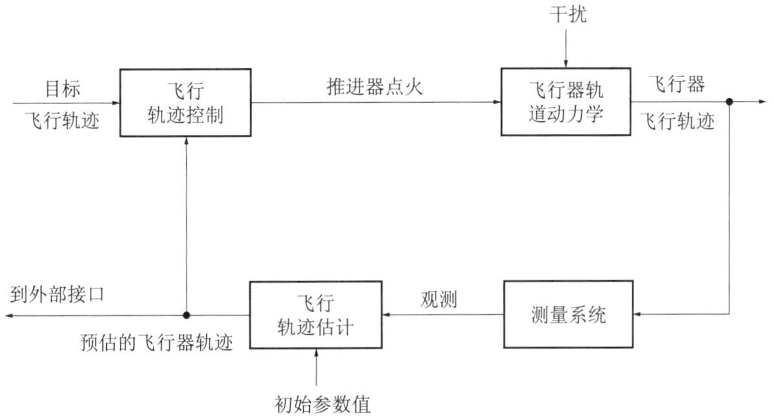

图 2　深空导航系统

3.1　航天器轨道动力学及建模

航天器在轨道上受到的加速度由很多因素共同产生。其中最主要的是万有引力。在某一特定时期一个天体的万有引力占主导地位。关于航天器（或天然卫星）的轨道运动形式，几百年前的开普勒、牛顿和其他科学家就已经给出。对于球对称质量分布的大质量天体，其轨道为椭圆或双曲线，大部分其他力、保守力或非保守力，相对于中心引力来说相对较小，将使航天器的轨道发生细微的扰动。精确地推导航天器的轨道需借助数值积分。

为精确地描述航天器的运动，对其他摄动力也需要考虑，如非中心天体产生的多体摄动（如中心天体）、非对称引力场、相对论效应。太阳系中的天体质量都不均匀，因此它们都有非常复杂的重力场，通常采用球谐函数来描述。中心天体引力球谐函数展开式的各系数的估计是导航过程的一部分。相对论效应对航天器的运动及通信信号传播会产生微妙的影响，深空测量系统的敏感性将在一定程度上捕获这些微小的影响信息。

航天器星载火箭发动机将不时地对其轨道进行控制修正。航天器的轨道机动不能被准确地建模和估计。航天器的姿态控制通常采用微小的火箭发动机或喷气机实现，虽然它们旨在控制航天器的指向，但也会对轨道产生影响。此外与姿态指令控制无关的气体泄漏也会对轨道产生影响。所有这些有意、无意施加的推力产生的影响，都是导航系统要估计的。

航天器在被大气包围的天体周围运动的时候还会受到大气阻力。大气阻力模型中的各参数的估计也是导航过程的一部分。

太阳光压对轨道产生微小的扰动，在航天器对光的吸收性及反射性已知的情况下可以进行建模估计或由导航系统估计。

3.2 测量系统

地面与航天器之间的无线电通信链接是星际导航最常用的测量方式。地基远程通信系统是一个由射电望远镜组成的测量网络，如美国国家航空航天局的深空网络（DSN）。深空网络（DSN）由三个庞大的天线组成，分别在加利福尼亚州的 Goldstone、澳大利亚的堪培拉和西班牙的马德里。每个天线集群都由几个直径为 34 m 的天线和一个直径为 70 m 的天线组成。三个天线集群分布在北半球和南半球，同时几乎沿地球经度均匀分布，保证了每个星际航天器在任意时刻至少被一个天线跟踪到。深空网络（DSN）同时还在加利福尼亚州的帕萨迪纳拥有一个中心计算设施，用于计算生成上行指令，同时接收各观测站的跟踪信息。

值得注意的是，目前世界上其他航天机构也有类似的测量设施，如 ESA、JAEA、RFSA，但它们都没有深空网络的全球覆盖性。

3.2.1 多普勒信息

航天器上的天线可以接收来自地面天线的指令，反过来，航天器上的天线发送一个携带科学和工程数据的相位调制信号给一个或多个地面站。与深空探测器之间的通信通常采用 S 和 X 波段的微波信号，例如美国的深空探测器采用 S 波段通信的时候，上行链路频率为 2.1 GHz，下行链路频率为 2.3 GHz；采用 X 波段通信的时候，上行链路频率为 7.2 GHz，下行链路频率为 8.4 GHz。（更高频率位于 Ka 波段的 32 GHz 的下行链路，目前也已经投入使用。）

最早的美国深空网络接收到的来自深空探测器的无线电导航测量信息中包含有多普勒信息。当航天器与地面站之前存在相对运动时，航天器接收到的来自地面站的电磁信息存在频率偏移，这便是多普勒效应。航天器观测到的多普勒频移与航天器地面站之间的相对速度在其二者之间的视线方向投影呈正比关系。

最简单的多普勒测量是在下行链路中，计算地面站接收到的来自航天器的存在多普勒频移的信号和地面站估计的航天器发射时的信号之间的偏差。因为地面站时钟和星载时钟之不同步（地面站时钟的精度远高于星载时钟），所以在单程的多普勒测量中存在固有的偏差。

为了使地面站和航天器之间的钟差影响最小，通常采用双程测量，即地面站不断地发射，同时不断地接收。为了区别于航天器接收和发射的信号，航天器将接收到的来自地面站的信号的频率增加若干倍，（如 S 波段链路时，增加 240/221 倍）同时（通过相位锁定环路）将频率增加后的信号转发回地面站。如果航天器和地面站之间的距离增加（减小），由于多普勒效应，航天器接收到的信号频率会相应地降低（增加）；同时在下行链路中，地面站接收到的来自航天器的信号也会因为多普勒效应相应改变。只要地面站和航天器之间有双边信号通信，多普勒效应就必然存在。

深空网络对双程多普勒测量有很高的精度和稳定性。测量通过集成频率无损数（周期）表示，即地面站接收到的信号频移（经由航天器转发器将频率增加特定倍数）和航天器接收到的信号频移之差。

多普勒信息受随机误差和系统误差的影响。随机误差包括接收机的噪声，时钟抖动，多普勒计数量化误差，多普勒提取相位噪声，地面设备路径延迟相位噪声及频率标准不稳定性等。当前 X 波段多普勒信息一分钟标准差为 0.06 mm/s（Border，Lanyi and Shin，2008）。

3.2.2 测距信息

除了通过多普勒信息测量航天器与地面站之间的相对速度在二者视线上的投影，二者之间的距离也可以测量获得。例如，深空网络利用二进制码序列获取技术测量航天器与地面站之间的往返距离（Mudgway，2001）。该测量方法假设精确的制导无线电波的传输速度，则传输时间和二者之间的距离成正比。该方法在 X 波段测量的标准差为 0.75 m，包括随机噪声和系统噪声的影响（Border，Lanyi 和

Shin，2008）。该标准差为采用双程测距的单程距离测量精度。为保证精确的双程多普勒信息和距离测量，需要保持高精度的时间同步。达到米级的测量精度需要地面跟踪站的时间精度在亚纳秒级，或时钟稳定性优于10。

3.2.3　多普勒和距离信息内容

表征航天器位置的方式有多种。地心直角坐标系是其中的一种，通常将 $x-y$ 平面选择为地球赤道平面，x 轴指向春分点位置，z 轴为地球的自转轴，指向北极，如图 3 所示。该坐标系统为深空探测航天器的内部软件坐标系统。无线电测量轨道确定时，考虑球坐标更为方便。因此，航天器相对地球的位置可以由航天器相对地心的径向距离 r，和两个角 α 和 δ 描述。若采用天文学标准术语，则俯仰角 δ 定义为航天器与地心的连线与赤道平面的夹角。方位角 α 定义为航天器与地心的连线在赤道平面上的投影与春分点矢量之间的夹角。

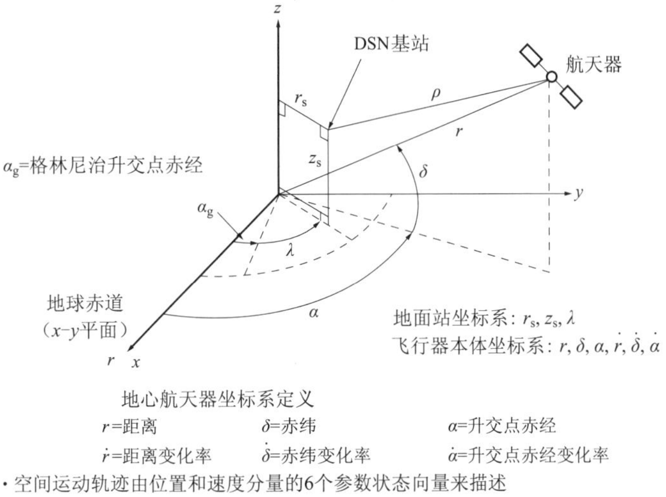

图 3　航天器轨迹信息的基本元素

航天器的轨迹可以由六个参量表示，这六个参量可由多种形式表示。一种简单的表示即在某个时间点航天器的位置和速度分别由三个参数描述。因此，可以采用笛卡儿坐标系下的 x，y，z 坐标及其一阶导数，或极坐标系下的 r，α，δ 及其一阶导数来描述航天器的轨道状态。

此外，需要注意的是航天器动力学模型是相对于地心的，而跟踪站不会建在地心，而是在地面其他地方。因此，跟踪站的位置信息也非常重要。跟踪站的位置信息通常被描述为其到地球自转轴的距离 r_s、其相对于赤道面的距离 z_s，以及其相对于本初子午线的经度 λ。

乍一看，从距离变化率的时间序列测量数据和航天器与位于旋转的地球表面上的观测站的视线信息两者中，显然得不到航天器的三维位置与速度信息。但是，事实上观测站并不在地心，也不在极轴上，因此并不能简单地考虑绕地心的旋转速度。

对于远距离的航天器，站点相关的距离变化率等于航天器距地心的变化率以及观测站绕地心转动在航天器视线方向的投影。这样，多普勒数据信号大约是一个以 24 h 为周期的正弦信号，叠加上航天器对地心的距离变化率（见图 4）。正弦信号的相位与航天器的升交点赤经呈线性相关，振幅与航天器的地心赤纬的余弦成正比。

这样，多普勒数据的时间序列可以通过升交点赤经和赤纬的余弦推出航天器的方向（Hamilton 和 Melbourne，1966）。多普勒数据对赤纬的敏感性与 $\sin(\delta)$ 呈比例，这导致在赤纬接近零时，轨道确定精度退化。在上面描述的简单模型中，出现了奇异，并且给予多普勒的轨道确定的不确定性偏差迅速增长。幸运的是，赤纬在飞向类地行星的过程中变化相对较快，因此在地球赤道平面附近的奇异不会持续很久。

规避多普勒数据在 0°赤纬的难题的一个方法是利用航天器与两个不同维度的观测站的距离数据。图 5 说明了这个概念。如果两个观测站间的基线向量含有较大的南北成分，两个观测站到飞行器距离的差别将主要依赖航天器的赤纬。图 6 说明了主要的误差来源以及不同距离的测量方法。

- 双向距离和多普勒直接测量视线的航天器状态分量
- 地球自转的昼夜信息同样能提供角度状态信息

$$\dot{\rho}=\dot{r}+(r_s\,\omega\cos\delta)\sin\omega\,(t-t_m)+观测误差$$
这里t_m是子午线交叉时间

图4　测距和多普勒追踪

- 地面站差分距离和距离变化率提供了一个瞬时的角度位置和速度分量的几何测量信息

  - 差分距离：$\rho_1-\rho_2 \longrightarrow \theta$
  - 差分多普勒：$\dot{\rho}_1-\dot{\rho}_2 \longrightarrow \dot{\theta}$

角精度$\alpha\dfrac{测量延时精度}{基线长度}$

图5　利用不同观测站数据的角度追踪

- 主导误差
  - 未校准的媒介延迟
  - 基站时钟偏移
  - 未校准的测量设备延迟
  - 基线的不确定性
  - 测量精度（有限测距信号带宽）

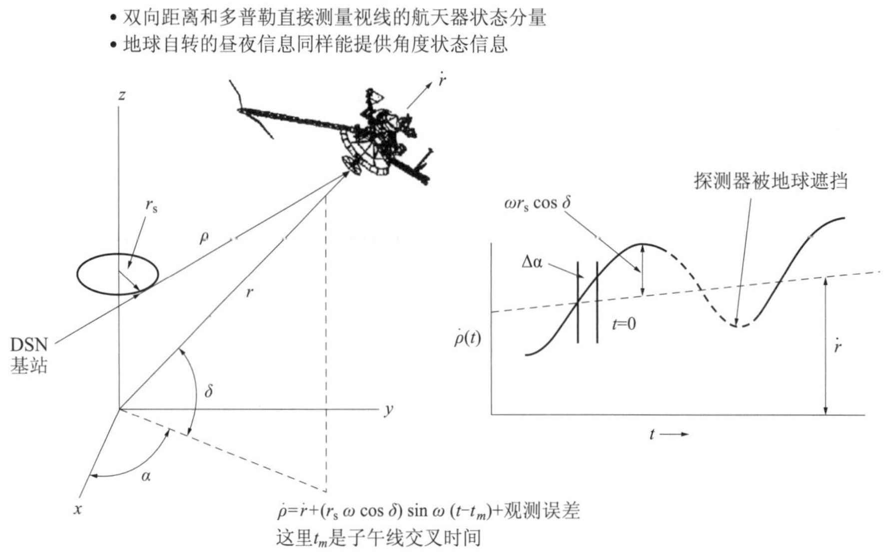

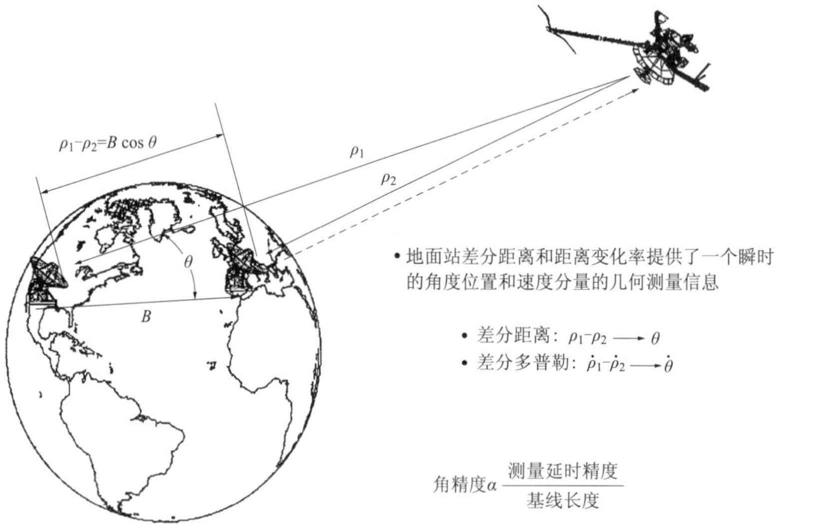

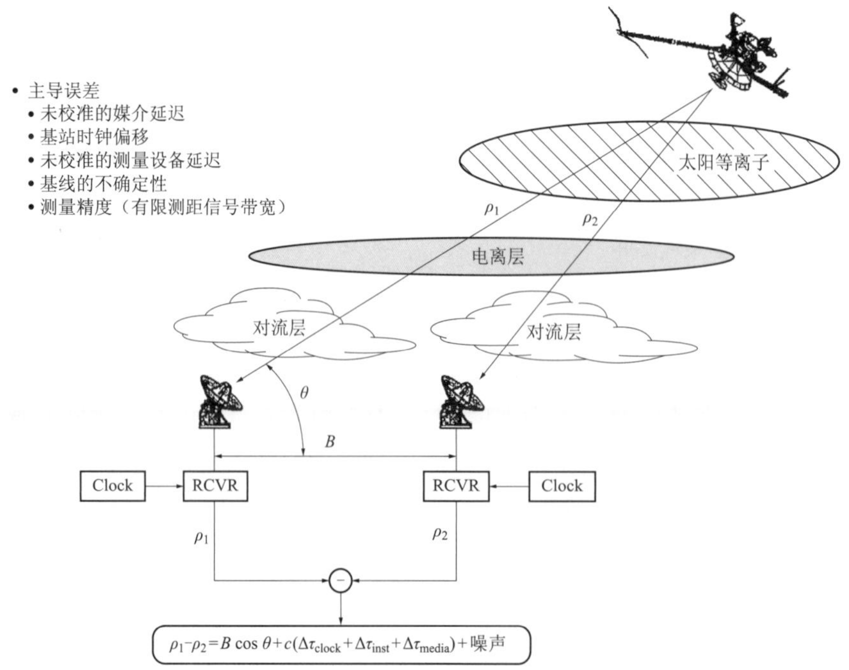

图6　不同距离测量误差

3.2.4 甚长基线干涉测量法

图 7 显示了两个分开很远的天线从同一个远距离电磁波源接收广播信号的情况。通过关联接收到的两个观测站的信号，信号到达时间的差别能够被计算出来，从而得到信号源与两基站之间基线向量的夹角。(测量的时间延迟由实际的几何学延迟加上由观测站时间补偿造成的延迟以及信号在电离层、对流层、测量仪器中传输造成的延迟。）利用分开很远的天线来研究远距离电磁波源的方法叫作甚长基线干涉测量法（Very Long Baseline Interferometry，VLBI）。它有数量众多的科学应用，也包括相关的导航应用。

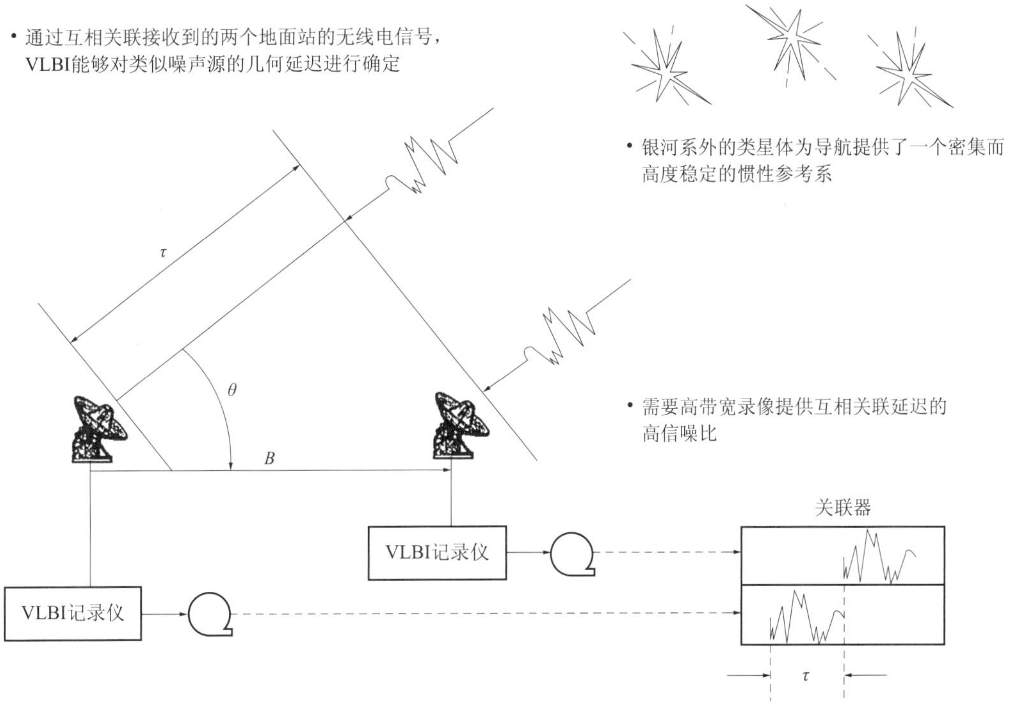
• 通过互相关联接收到的两个地面站的无线电信号，
VLBI能够对类似噪声源的几何延迟进行确定
• 银河系外的类星体为导航提供了一个密集而
高度稳定的惯性参考系
• 需要高带宽录像提供互相关联延迟的
高信噪比
τ
θ
B
关联器
VLBI记录仪
VLBI记录仪
τ

图 7 甚长基线干涉测量法（VLBI）

VLBI 的一个导航应用涉及航天器及与其略成角度的已知位置处电波源（或类星体）的 VLBI 观测的差分，如图 8 所示。这与上面提到的距离差分概念在内容上是相似的，但是更精确。显式差分移除或充分地减少了常见误差的影响。观测站的时间步长以及测量仪器组的延迟能够被全部取出。由未校准媒介的影响以及基线向量模型不准确造成的误差能够在很大程度上减少，误差在差分过程中消除的程度取决于航天器与类星体之间角度、观测之间的时间补偿（两个不同的目标是交替观测的，而不是同时观测），以及信号在频谱特征上的相似程度。

类星体有跨越数千兆赫的、接近平坦的频谱的宽频信号。航天器的信号是频带有限的，而且可能包括因 VLBI 跟踪而增加的频段。多重频段用于解决航天器延迟的非单值性（最宽的频段间隔是 X 射线波段的 38 MHz）。由航天器的测量决定的延迟叫作差分单项距离测量（DOR）。航天器和类星体间不同的延迟叫作 ΔDOR。

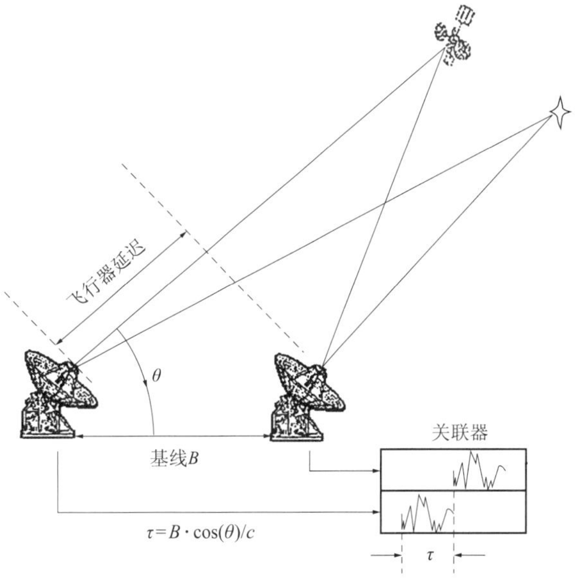
飞行器延迟
θ
关联器
基线B
τ=B·cos(θ)/c
τ

图 8 航天器-类星体角差分技术

当前的 ΔDOR 测量误差标准差约为 2.5 nrad (Border，Lanyi 和 Shin，2008)。这个角度测量精度比从全部观测站传递的多普勒数据所推出的结果要好得多，而且避免了后续的几何奇异。然而，实时的航天器跟踪需要在一个正常的观测时段有两个分开较远的观测站，并且天线指向需要从航天器离开并在观测期间至少有几分钟指向类星体。

3.2.5　光学导航

在与远距离自然天体交会前的最后几个月，航天器轨道精度能够通过光学数据而得到提高。光学测量能够通过星载科学成像仪器获得。这些光学仪器满足严格的高分辨率标准，同时还满足行星与其天然卫星进行科学成像所要求的动态量程规范，并能很好地完成光学导航（Owen 等，2008）。用目标行星及其卫星的成像与恒星背景对比，即可得到导航信息，如图 9 所示。航天器角位置的确定依赖于数据的精确度。

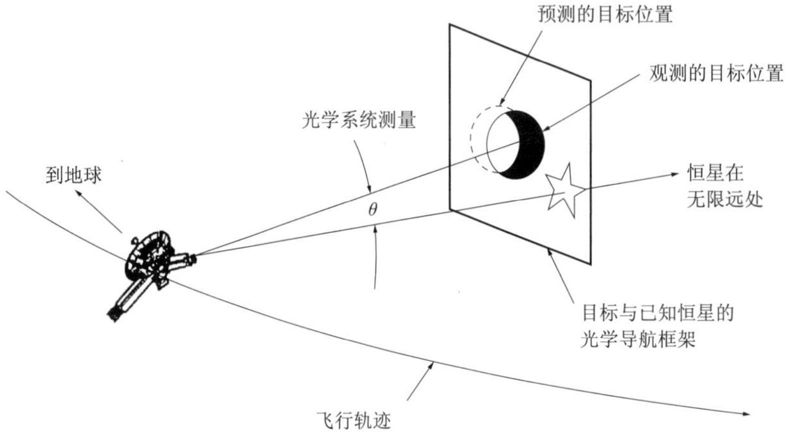

图 9　导航测量——光学数据

在电磁波测量数据的例子中，光学数据获得的导航精度是目标相关的，而不是地球相关的。由于目标体的误差影响最小化，而且当进入最终飞行轨迹修正时，航天器离目标比离地球近，因此这是一个相当大的优势。由于光学方法直接观测角度，与多普勒数据不同，测量效果对几何关系敏感。光学数据获得的最终位置的准确度受到了从目标边缘到其引力中心的光学图像的终端处理的影响。

3.2.6　初始数据

初始导航敏感器包括陀螺仪和加速度计。其中只有加速度计测量飞行器平移。它们探测到作用在航天器上的除自然引力外的所有力。它们在发射和进入大气应用中非常有用，而且其空气动力非常大。它们还用于测量（有时控制）飞行器的推进。在大多数案例中，它们并不能有效地测量非推进航天器在远离星体大气时的非引力。

3.3　飞行路径估计

无线电测量数据（多普勒、距离以及可应用的 ΔDOR）是从观测站接收到的电磁信号中抽取的数据。对光学数据在航天器上进行数字化编码，利用与电磁波导航数据传输同样的下行信号进行传输。所有的导航数据都被传到中央设备中，在电脑存储器中缓冲。低质量的数据被移除，编辑后的数据备好，用于轨道估计进程。

星际航天器的位置和速度通过相关子系统的测量数据的处理，并结合非常准确的航天器动力学模型来进行估计。无论哪种类型，由于新的测量是要被累加的，测量值会与期望值进行比较。期望值基于对航天器位置和速度以及其他估计量的最新估计。真实测量值与期望值的差异，被作为测量残差反馈到参数估计算法中，用于更新一些最优方式下的参数估计。这个估计过程通常利用加权最小而成校正自由参数来使测量的残差最小化。这个过程不仅要考虑测量的准确性还要考虑测量前已知的不同参数。对航天器位置、速度以及其他相关的参数的更新，结合作用在航天器上的力的模型，来预报轨道。这个过程如图 10 所示。这个估计过程不断迭代直到收敛。

数据处理工作传统上由大型地面软件系统来做。这个软件包括星际航天器受力模型和复杂但准确的观测数据模型。人们开发出了计算高效、数值稳定的估计算法，并将之应用于确定航天器的运行轨道。系统中有许多大型模块，其中之一是轨迹模块，它考虑所有作用在航天器上的主要的作用力，从假定的初始条件开始进行数值积分来得到轨迹（Moyer，1971）。方程建立在地球平均赤道春分点

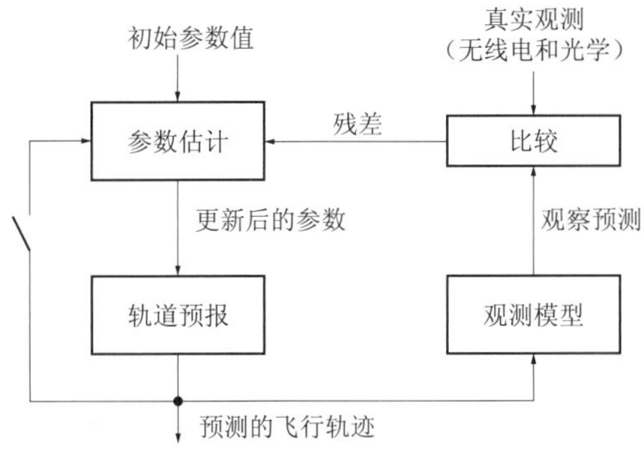

图 10 飞行路径估计框图

2000.0 笛卡尔坐标系。数值积分利用变阶预测修正方法。

第二大模块计算根据每一个实际测量所模拟出的可观测值，同时计算测量值对轨迹初始条件的偏微分；还可能计算对多个其他的轨迹和观测模型参数的偏导数，例如结合了行星引力场的行星位置坐标、由于 TCM 和其他航天器事件造成的速度离散变化、航天器气体泄漏反作用力、其他非引力加速度、观测站位置以及测量偏差（Moyer，2003）。这些因素都导致了大规模的估计问题。

在对可用的观测数据进行滤波时，与航天器位置和速度相关的时间保持常值（批估计模式）或在数据处理期间周期性提前（批序列估计模式）。只有后一种方法能有效地处理随时间随机变化的关键变量。

根据之前的定义，用于更新航天器位置和速度以及其他参数的观测数据残差称为预处理残差（pre - fit residual）。如果观测的期望值参数在估计过程完成后被估计出来，并且减去真实测量值的话，结果就叫作后处理残差。对后处理残差的检验提供了对轨道确定结果可靠性的评估。这些残差均值应该为零，且随机分布，而不是随时间系统分布。后处理残差的均方根应该是与假定的观测数据统计误差一致。

这些计算在大型主机运行了数年。最终，具有数百万行代码的软件随着计算能力的提升转移到微型计算机和台式工作站中。

一些行星任务已经使用自主星载导航。这一方法用于由光速延迟所导致的地面站通过计算不能获取需要导航精度的情况。

最终的估计过程结果是最符合观测结果的数值积分轨迹。深空导航要求的高精度依赖于准确的观察测量、准确测量的时间信息、准确的数值计算算法以及影响航天器观测的物理现象的准确模型。分表观测模型应用于数据处理过程。通过在所有轨迹和观测计算中使用双精度量，在多普勒和距离计算中应用相对光时算法完成了分表模型。这一算法考虑了光速被重力阻滞以及从太阳系重心坐标时间到地球站合适时间的转换。

必须被准确建模的物理现象包括那些直接影响测量的值以及通过影响航天器运动从而影响测量的值。这包括地球上的跟踪站、地球的旋转运动、地球、月亮以及其他太阳系中的行星和卫星的平动、太阳系多体引力场以及无线电波信号传播媒介的影响等。所有这些现象都在轨道确定软件中建模。许多都需要独立的且支持脱机的项目来提供所需精确度的参数值。这些支持功能的描述将在下面的子章节中阐释。

除了满足行星航天器的高精度导航需求，无线电计量和光学数据的处理还能够用于确定许多具有科学价值的、能够达到前所未有的精度的量。这些量包括行星及其卫星的质量和质量分布，这些物体的轨道要素以及与总体相关的参数等。

3.4 导航支持功能

由于决定星际任务成功与否的导航精度通常是参考其他自然天体而不是地球，因此需要得到许多太阳系天体的星历（位置和速度）。

行星星历主要通过对行星及其卫星相对背景恒星的光学及其他天体观测数据获得。其主要利用一个多世纪以来的地基望远镜观察，利用大型无线电天线对一些行星及其卫星进行雷达测距，例如加利福尼亚 GlodStone 的 70 m 的 DSN 天线的数据，还有过去行星任务中得到的航天器无线电测量以及光学测量的数据。计算软件不断处理观测数据，生成非常精确的星历。由于有了新的测量技术，人们可以获得更多的可用数据，过去几十年中行星星历的精度有了显著的提高。现在的行星星历精度从1 km到数百千米不等，取决于可用观测的数量和质量以及观测所持续的时间。

小行星和彗星的星历由类似的方法得出。然而，可用的高质量观测较少。此外，彗星在飞临近日点的时候由于受热气化而受到相应的非引力的阻碍。这些无法准确知道的力使得对未来轨道的预测变得非常困难。

行星自然卫星的星历通过基于地球的天体观测盘、CCD 成像测量、无线电测量以及与行星交会过程中的光学数据来得到。然后通过数值积分来预报在复杂多体引力场系统下自然卫星的运动。

大多数地基天体测量帮助定位行星及其他太阳系天体关于恒星星表的位置。可见恒星表的参考坐标系必须和用于无线电测量的自然无线电源的参考坐标系相联系。

行星及其卫星的重力场结构模型通过球面谐波函数描述的势函数表示。其展开系数利用经过其他天体的航天器的多普勒跟踪数据而准确获得。

DSN 跟踪站的位置坐标可以在轨道确定软件中利用之前行星交会任务得到的多普勒数据以及通过 VLBI 技术得到的数据计算出来。DSN 跟踪站对地表位置的误差标准差在 2 cm 左右（Border，Lanyi 和 Shin，2008）。

地球旋转速率缓慢减小，并且在很长的时间区间内每天长度不等地不规则地减小几毫秒。此外，地球质量分布的改变也导致其旋转轴方向随时间变化，每年变化约 10 m。这些不规律的表现能通过数学序列展开计算，其中的参数由几个世纪来的天文观测以及 VLBI 和 GPS 卫星观测确定。这些地球转动变化存在计算机文件中，作为校准应用在电磁波观测的计算中。

有了足够的涉及大量银河系外的自然无线电源以及多元地面天线的 VLBI 测量，确定球面不同源的位置以及地球表面不同天线的位置变得可能。这项技术提供了一种方法来持续提高对 DSN 地表固定站的位置以及地球旋转和磁极移动的模型的认识。对于地球定位参数，目前能够将误差标准差确定在 3 m 左右（Border，Lanyi 和 Shin，2008）。

地球对流层折射导致了信号路径在极点延迟2 m，在地平线上 6°仰角方位延迟 20 m（Thormton 和 Border，2003）。对流层延迟是大气中干湿成分共同作用的结果。干的成分导致了 95%的极点延迟，其与大气表面压力成正比，因而相对容易估计。湿的成分与信号路径上的水蒸气密度成正比，而且非常不稳定。极点对流层延迟的误差标准差（经过校准）目前能达到 1 cm（Border，Lanyi 和 Shin，2008）。

无线电信号经过诸如地球电离层或行星际空间的等离子体介质，特别是离太阳近的时候，会经历相速度的增长以及群速的相对减小。对信号的累积影响与信号路径上的电子密度成正比。电离层延迟随着天和季节的变化而变化。电离层的大小对 X 波段在极点处的影响为白天 20～60 cm，晚上减少一个量级。太阳等离子体产生的 X 波段的延迟范围为1～75 m，取决于信号路径对太阳的接近程度以及太阳活动的程度。通常在太阳-地球探测角为 20°时8 h的追踪过程中延迟浮动 1 m（Thornton 和 Border，2003）。

沿信号路径的带电粒子的影响可以通过分析接收到的不同频率的下行多普勒数据来校正。例如在 S 波段和 X 波段可用的情况下使用这一方法，由于相互作用对反平方频率的依赖性，X 波段数据较少受到等离子体相互作用的影响。因此，过去几十年的更好的通信频率减少了电力鞘和空间等离子体等造成的误差。GPS 卫星的观测在校正对流层和电离层媒介延迟上非常有用。视线上的电离层延迟（经过校正）的误差标准差目前约为 2.5 cm（Border，Lanyi 和 Shin，2008）。

3.5　轨迹修正机动

在行星任务中，将估计的飞行路线与任务要求的期望路线进行比较。如果两个飞行路径在一定的误差范围内不一致，需要计算轨迹修正机动。对速度变化参数的计算由另一个地面软件模块完成。通常考虑到对后续任务的重新设计，将适合的命令传输到航天器上进行机动。所有机动对未来轨迹的影响，如科学观测几何的结果、预期的推进剂消耗都在机动实施前通过仿真验证。

进行深空任务时常常需要进行一些推进机动。发射误差通常在航行的第一个月进行修正。由行星影响造成的轨迹偏差也在同时被消除或减少。从地球向远距离天体的转移过程中，可能需要一次大型深空机动来以燃料高效的方式到达天体。当航天器接近天体时，要实施一次或更多的修正机动来引导航天器到期望的交会几何。航天器经常利用中间行星的引力辅助飞行来实现以最省燃料的方式飞到目标天体。

TCM 的时间选择要求轨迹控制越精确越好，同时花费最少的推进剂。航天器轨道的精确确定对每次机动的计算至关重要。

如果航天器要绕行一个巨大天体，则其需要在最靠近的点进行制动。一旦航天器捕获行星进入行星绕行轨道，有时就要通过进入行星大气层来减小轨道的大小和周期，以最小化燃料的使用，这一过程叫作空气动力制动。通过修正机动进行的轨道保持要求，维持轨道性质来满足科学数据采集以及航天器安全的需要。

星际航天器的推进，历史上通过某种化学反应来进行。现在人们不定期地使用氙离子推进器。利用太阳能被作为能源，氙离子在航天器内加速并被作为离子束喷射出来，根据工作电源水平产生0.02～0.1 N

的推力。化学推进的深空轨迹特点是长时间滑行，短时间推进。相反电推进任务包括很大一部分时间的推进，在推进毫无优势的时候关闭发动机。

3.6　深空导航系统的概念性表述

导航系统用于实施无人星际任务，包括地面观测网、航天器的相关元素、地面计算系统及软件等众多支持功能。图 11 总结了组成整个用于深空任务的典型导航系统的测量、通信、计算和推进的要素。图的右边展示了航天器接收地面站的命令，并向地面站传输数据的过程。观测站从收到的无线电信号中抽取出无线电测量数据。图 11 的左边描述了用于计算航天器轨道和轨迹修正参数的地面处理系统。

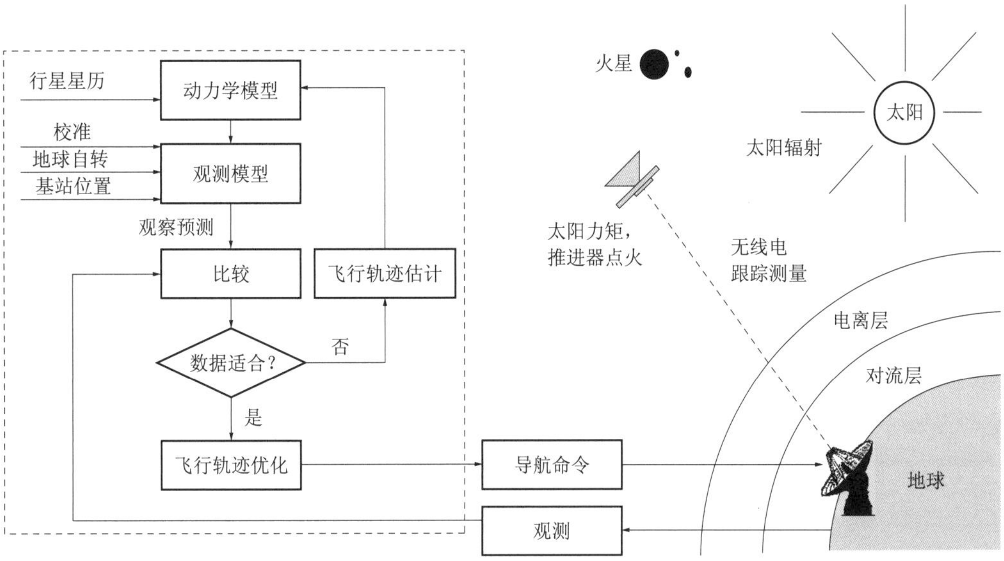

图 11　深空导航系统的概念性描述

4　星际任务中的导航精度

飞行导航精度至少要根据距目标天体距离以及任务几何细节的不同，随着任务的变化而变化。太阳系自然天体的发射误差主要来自与目标相关的轨道确定误差。机动通常在目标交会前很短的时间内进行。机动的大小以及方向误差造成的位置误差通常在交会完成前没有时间明显增长。

值得注意的是，无线电测量精度和光学测量精度不是唯一决定航天器轨道确定精度的量。航天器产生加速度的力以及目标星体位置的误差同样是影响精度的重要因素。星际航天器上的加速度能够被建模精确到 10～12 km/s^2 量级，但是这取决于航天器的设计。

每种测量数据类型都有它的优点和局限性。没有哪种数据类型在所有的情况中都是最好的。多数数据类型提供了相互补充的信息，而不是复制信息。

在巡航和接近阶段，无线电测量数据最直接地测量了航天器相对地球而不是待捕获天体的速度和位置。在航天器离星体足够近从而被引力场显著加速的时候，电磁测量数据开始推算相对位置速度。这发生在与像木星这样的大型行星交会前的数周，或者与火星这样的小型行星交会前的几天或更短的时间。对大多数太阳系天体来说，光学数据用于在交会前数周提高导航精度。

当航天器在行星的约束轨道内时，与从很远的地方接近它相反，无线电测量数据总是包括大量的行星引力场信息。行星引力场的不规则性限制了轨道确定的精度，并部分影响了预报变化的能力。

定量描述广泛有效的深空导航精度是很困难的。一些典型的航天器发射精度包括：在火星顶部达到 1 km（几何距离约为 300 000 000 km）以及在土星的、有冰的天然卫星达到 10 km（几何距离约为 1500 000 000 km）。

最初三十年的星际探索遇到的导航挑战以及获得的精度在 Melbourne（1976）和 Wood（2008a）文献中进行了总结。第四个十年的挑战与精度在 Wood（2008b）文献中进行了总结。

5　结　　论

本章描述了轨道动力学、测量获得、飞行路径估计，以及在星际导航中的飞行路径控制的作用。

通过对作用在远距离航天器上的力仔细建模以及对包含位置速度以及其他量的可用测量数据的应用，可以获得非常高的导航精度。上述测量数据可以通过航天器与地面站间的通信链路或者星上图像系统获得。复杂的计算技术用于准确估计航天器的位置速度和对其他大型软件系统有用的量。

致　　谢

本章阐述的研究属于与美国国家航空航天局签订的合同，是在加州理工学院喷气推进实验室进行的。

相关章节

第 5 卷，第 252 章
第 5 卷，第 253 章
第 5 卷，第 255 章
第 5 卷，第 257 章
第 5 卷，第 258 章
第 5 卷，第 261 章
第 7 卷，第 373 章
第 8 卷，第 395 章

参考文献

Border，J. S.，Lanyi，G. E. and Shin，D. K.（2008）Radio metric tracking for deep space navigation，in *Advances in the Astronautical Sciences*：*Guidance and Control 2008*，vol. 131（eds M. E. Drews and R. D. Culp），Univelt，San Diego，pp. 309－328.

Hamilton，T. W. and Melbourne，W. G.（1966）Information content of a single pass of Doppler data from a distant spacecraft，in *The Deep Space Network*，*Space Programs Summary 37－39*，vol. III，Jet Propulsion Laboratory，Pasadena，CA，pp. 18－23.

Melbourne，W. G.（1976）Navigation between the planets. *Sci. Ame.*，**234**，58－74.

Moyer，T. D.（2003）*Formulation for Observed and ComputedValues of Deep Space Network Data Types for Navigation*，John Wiley and Sons Inc.，Hoboken，NJ.

Moyer，T. D.（1971）Mathematical Formulation of the Double-Precision Orbit Determination Program（DPODP），*Technical Report 32－1527*，Jet Propulsion Laboratory，Pasadena，CA.

Mudgway，D. J.（2001）*Uplink-Downlink*：*A History of the Deep Space Network 1957－1997*，NASA SP－2001－4227，Washington，DC.

Owen，W. M.，Jr.，Duxbury，T. C.，Acton，C. H.，Jr.，Synnott，S. P.，Riedel，J. E. and Bhaskaran，S.（2008）A brief history of optical navigation at JPL，in *Advances in the Astronautical Sciences*：*Guidance and Control 2008*，vol. 131（eds M. E. Drews and R. D. Culp），Univelt，San Diego，pp. 329－348.

Thornton，C. L. and Border，J. S.（2003）*Radio metric Tracking Techniques for Deep-Space Navigation*，John Wiley and Sons Inc.，Hoboken，NJ.

Wood，L. J.（2008a）The Evolution of Deep Space Navigation：1962－1989，in *Advances in the Astronautical Sciences*：*Guidance and Control 2008*，vol. 131（eds M. E. Drews and R. D. Culp），Univelt，San Diego，pp. 285－308.

Wood，L. J.（2008b）The Evolution of Deep SpaceNavigation：1989－1999，in *Advances in the Astronautical Sciences*：*The F. Landis Markley Astronautics Symposium*，vol. 132，（eds J. L. Crassidis，J. L. Junkins，K. C. Howell，Y. Oshman and J. K. Thienel）Univelt，San Diego，pp. 877－898.

本章译者：韩潮、徐明（北京航空航天大学宇航学院）

第 255 章

卫星轨道的确定

George H. Born，Brandon A. Jones
科罗拉多大学科罗拉多中心航天动力学研究所，波尔得，科罗拉多，美国

1 引　　言

轨道确定的方法可分为两种，经典的（或确定性的）轨道确定和现代的（或基于统计数据的）轨道确定。在经典方法中，观测误差不予考虑，问题简化为仅仅通过处理最少的测量数据来确定轨道。在观测量个数和未知量个数之间存在一种对等关系。现代的轨道确定问题意识到了观测误差的影响，并且为了减小观测误差的影响，观测量的个数要多于被估计参数的个数。现代的轨道确定方法起源于19世纪初，当时，Legendre（1806）试图确定行星轨道，他意识到了观测误差的重要性，并且提出了一种以最小二乘解来减小这种误差的方法。Gauss（1809）为这种最小二乘法提出了一种概率基础理论，这与Fisher（1912）提出的最大似然法非常类似。Gauss（1809）早就使用过这种方法，并且历史学家们（Cajori，1919）普遍认为Guass创立了这种方法。高斯符号至今仍在使用。Laplace（1812）对计算方法和统计基础作了改进。Markov（1898）在概率论数学基础的工作中，阐明了许多与最小二乘相关的概念。Helmert（1900）把这种应用拓展到了天文学和测地学。在20世纪，Kolmogorov（1941）和Wiener（1949）把这个问题和现代系统理论联系起来，并且为处理跟踪数据的序贯滤波算法打下了基础。在1959年，Swerling对连续轨道确定问题给出了首个概念性的方法。Kalman（1960）为一类线性动态系统观测的序贯处理提出了一种数学上严谨的方法。在后期的一项工作中，Kalman和Bucy为扩展卡尔曼滤波提出了一种方法，这就是一般非线性轨道确定问题的序贯法。随后，Kalman在1960年发表了相应的论文，在接下来的30年中有一系列关于这个问题的出版物出版。Sorenson（1970）给出了关于最小二乘法历史发展的一份总结。

本章将要描述估计轨道卫星状态的计算数据处理技术。这个问题将会导致观测与卫星的历元状态之间的非线性关系。因此，用现代系统理论的术语来说，本章将关注非线性动态系统的估计，这种估计利用了对系统状态非线性函数的观测量，其中观测量会受到随机误差和系统误差的影响。尽管物理模型的主要焦点是轨道确定，但是问题将转化到现代系统理论的状态空间理论中。这样，计算方法将适用于一系列问题，包括导弹制导、姿态控制、经济体系分析、化学过程控制，及一系列生产过程。一旦这些过程的定义方程式转化为状态空间表达式的形式，这里的计算方法就可以使用了。

在20世纪60年代，无线电频率及光学测量系统的精度、卫星运动动力学模型与原始计算手段相结合的分析手段，使地球轨道卫星的位置精度受限于几百米以内。在20世纪70年代，这些领域的技术全面提升，尤其是在数学力学模型以及在计算能力方面，这使得20世纪70年代中期定轨精度达到几十米，20世纪70年代末期精度达到几米以内。在20世纪80年代，地球重力场模型（包括固体潮和海潮），以及表面力影响的建模方面都有了很大的发展。所有这些提升，都在很大程度上归因于计算能力的发展，这些提升使得20世纪末的定轨精度达到几十厘米。海洋学和测地学的科学家们逐步增长的需求也激励了定轨精度的提升。尤其是在过去的20年里，对进行海洋地形测量的高度测量卫星的厘米级精度的

要求激发了史无前例的建模水平的提升。这些研究使这项技术有了更大的进步。1992 年发射的海洋卫星 TOPEX/Poseidon 轨道的径向部分的精度接近 2 cm（均方根），所有分量达 8 cm（均方根）（Tapley et al.，1994；Schutz et al.，1994；Marshall et al.，1995；Bertiger et al.，1995）。在 2001 年和 2008 年发射的高度测量卫星中，径向分量的计算精度达 1cm，而利用 GPS、SLR 和 DORIS 数据（Luthche et al.，2003）进行处理以后，所有分量的 RSS 达到 4 cm。在近实时状态下（3～5 h），利用 GPS 数据（Desai 和 Haines，2003）计算的 Jason-1 和 Jason-2 的径向分量（均方根）优于 2.5 cm。以下部分的讨论主要集中在估计轨道的技术手段上，这里采纳的方法将延续 Tapley 和 Ingram（1973），Tapley，Schutz 和 Born（2004），以及 Tapley（1989）给出的方法。

2　轨道确定过程的线性化

对于一般的轨道确定问题，主要的关系式包括下列非线性表达式：

$$\dot{\boldsymbol{X}}=F(\boldsymbol{X},t),\boldsymbol{X}(t_k)\equiv\boldsymbol{X}_k \tag{1}$$

$$\boldsymbol{Y}_i=G(\boldsymbol{X}_i,t_i)+\boldsymbol{\varepsilon}_i;i=1,\cdots,l \tag{2}$$

式中，$\boldsymbol{X}_k$ 是 t_k 时刻未知的 n 维状态矢量；$\boldsymbol{Y}_i$（$i=1$，2，…，l）是 p 维观测矢量，可以用来获得未知量 $\boldsymbol{X}_k$ 的一个最佳估计（即 $\hat{\boldsymbol{X}}_k$）。一般来说，$p<n$，$m=p\times l\gg n$。式（1）和式（2）所表示的公式可以被描述为：①系统的状态无法直接观测到；②观测与状态之间存在非线性关系；③在任何时刻，观测量的个数少于状态矢量元素的个数，$p<n$；④$\boldsymbol{\varepsilon}_i$ 代表观测误差。在这些影响下，确定航天器轨道的问题就是非线性估计（或轨道确定）问题。如果状态矢量和观测矢量能够线性表示，那么线性估计理论中的很多有用的手段就可以用到轨道确定的问题中了。

如果参考轨迹可以得到，并且真实轨迹 $\boldsymbol{X}$ 和参考轨迹 $\boldsymbol{X}^*$ 在期望的时间间隔内足够接近，那么在每一个时刻真实的运动轨迹就可以在参考轨迹处泰勒展开。如果这个表达式排除高阶项，那么状态与参考轨迹的偏差可以用一套具有时变系数的线性微分方程来描述。观测偏差和状态偏差之间的线性关系可以通过一个类似的级数展开获得。那么，需要估计全部状态矢量的这类非线性轨道确定问题就可以转化为确定与参考解偏差的线性轨道确定问题。

为了说明这个线性化过程，令 $\boldsymbol{x}$ 为 $n\times1$ 的状态偏差矢量，$\boldsymbol{y}$ 为 $p\times1$ 的观测偏差矢量，定义如下：

$$\boldsymbol{x}(t)=\boldsymbol{X}(t)-\boldsymbol{X}^*(t),\boldsymbol{y}(t)=\boldsymbol{Y}(t)-\boldsymbol{Y}^*(t) \tag{3}$$

由此可见：

$$\dot{\boldsymbol{x}}(t)=\dot{\boldsymbol{X}}(t)-\dot{\boldsymbol{X}}^*(t) \tag{4}$$

式（1）和式（2）在参考轨迹处按泰勒级数展开得到

$$\begin{aligned}\dot{\boldsymbol{X}}(t)=F(\boldsymbol{X},t)=F[\boldsymbol{X}^*(t)]+&\\ \left[\frac{(\partial F(\boldsymbol{X},T))}{\partial\boldsymbol{X}(t)}\right]^*[\boldsymbol{X}(t)-\boldsymbol{X}^*(t)]+&\\ O_F[\boldsymbol{X}(t)-\boldsymbol{X}^*(t)]&\\ \boldsymbol{Y}_i=G(\boldsymbol{X}_i,t_i)+\boldsymbol{\varepsilon}_i=G(\boldsymbol{X}_i^*,t_i)+&\\ \left[\frac{\partial G}{\partial\boldsymbol{X}}\right]_i^*[\boldsymbol{X}(t)-\boldsymbol{X}^*(t)]_i+&\\ O_G[\boldsymbol{X}(t)-\boldsymbol{X}^*(t)]+\boldsymbol{\varepsilon}_i&\end{aligned} \tag{5}$$

式中，$[\quad]^*$ 表明偏导数矩阵是在参考解 $\boldsymbol{X}^*(t)$ 的基础上求得的，而 $\boldsymbol{X}^*(t)$ 是利用特定初始条件 $\boldsymbol{X}^*(t_0)$ 对式（1）积分得到的。符号 O_F 和 O_G 表示展开过程中包含 $\boldsymbol{X}(t)-\boldsymbol{X}^*(t)$ 且阶次高于一阶的项。假设高阶项相比一阶项来说是小量，从而把式（5）中高于一阶的项忽略掉，并且如果使用条件 $\dot{\boldsymbol{X}}^*(t)=F(\boldsymbol{X}^*,t_i),\boldsymbol{Y}_i^*=G(\boldsymbol{X}_i^*,t_i)$，式（5）可被写成：

$$\begin{aligned}\dot{\boldsymbol{x}}(t)&=\boldsymbol{A}(t)\boldsymbol{x}(t)\\ \boldsymbol{y}_i&=\widetilde{\boldsymbol{H}}_i\boldsymbol{x}_i+\boldsymbol{\varepsilon}_i(i=1,\cdots,l)\end{aligned} \tag{6}$$

式中，

$$\boldsymbol{A}(t)=\left[\frac{\partial F(t)}{\partial\boldsymbol{X}(t)}\right]^*,\widetilde{\boldsymbol{H}}_i=\left[\frac{\partial G}{\partial\boldsymbol{X}}\right]_i^* \tag{7}$$

因此，原来的非线性估计问题就可以被式（6）所描述的线性估计问题所代替，其中

$$\boldsymbol{x}(t)=\boldsymbol{X}(t)-\boldsymbol{X}^*(t),\boldsymbol{x}_i=\boldsymbol{X}(t_i)-\boldsymbol{X}^*(t_i) \tag{8}$$

并且

$$\boldsymbol{y}_i=\boldsymbol{Y}_i-G(\boldsymbol{X}_i^*,t_i) \tag{9}$$

注意，如果原来的微分方程 $\dot{\boldsymbol{X}}=F(\boldsymbol{X},t)$ 表示的系统是线性的，那么 $F(\boldsymbol{X},t)$ 的二阶及更高阶的偏导数为零$\left(\frac{\partial^i F}{\partial\boldsymbol{X}^i}=0,\ i\geqslant2\right)$。式（5）中的 $G(\boldsymbol{X}_i,t_i)$ 也符合这种说法。因此，对于一个线性系统，没有必要处理状态或观测偏差矢量或参考解。然而，对于轨道确定问题，$F(\boldsymbol{X},t)$ 和 $G(\boldsymbol{X}_i,t_i)$ 关于 $\boldsymbol{X}(t)$ 总是非线性的，因此需要处理偏差矢量和参考轨迹来线性化系统。

在本章，大写的 $\boldsymbol{X}$ 和 $\boldsymbol{Y}$ 分别代表状态矢量和

观测矢量，而小写的 $\boldsymbol{x}$ 和 $\boldsymbol{y}$ 表示式（3）所定义的状态偏差矢量和观测偏差矢量。然而，这种标记法不总是成立，有时 $\boldsymbol{x}$ 和 $\boldsymbol{y}$ 也分别指状态矢量和观测矢量。

3　状态转移矩阵

式（6）的第一式代表一个具有时变系数的线性微分方程表示的系统，$[\quad]^*$ 表示 $\boldsymbol{X}$ 的值是方程 $\dot{\boldsymbol{X}}=F(\boldsymbol{X},t)$ 的一个特定解，而此时 $\dot{\boldsymbol{X}}=F(\boldsymbol{X},t)$ 具有初始状态 $\boldsymbol{X}(t_0)=\boldsymbol{X}_0^*$。方程 $\dot{\boldsymbol{x}}=\boldsymbol{A}(t)\boldsymbol{x}(t)$ 的通解可表示为

$$\boldsymbol{x}(t)=\boldsymbol{\Phi}(t_i,t_k)\boldsymbol{x}_k \tag{10}$$

式中，$\boldsymbol{x}_k$ 是 $\boldsymbol{x}$ 在 t_k 时刻的值，即 $\boldsymbol{x}_k=\boldsymbol{x}(t_k)$；矩阵 $\boldsymbol{\Phi}(t_i,t_k)$ 为状态转移矩阵，它描绘状态从一个时刻到另一个时刻的微小变化。$\boldsymbol{\Phi}(t_i,t_k)$ 具有下列有用的性质，这些性质可以根据式（10）得以证明：

$$\left.\begin{aligned}&\text{性质 1. }\boldsymbol{\Phi}(t,t_k)=\boldsymbol{I}\\&\text{性质 2. }\boldsymbol{\Phi}(t_i,t_k)=\boldsymbol{\Phi}(t_i,t_j)\boldsymbol{\Phi}(t_j,t_k)\\&\text{性质 3. }\boldsymbol{\Phi}(t_i,t_k)=\boldsymbol{\Phi}^{-1}(t_k,t_i)\end{aligned}\right\} \tag{11}$$

通过对微分方程式（10）（注意 $\boldsymbol{x}_k$ 是常量）求导可以得到 $\boldsymbol{\Phi}(t_i,t_k)$ 的微分方程。

$$\dot{\boldsymbol{x}}(t)=\dot{\boldsymbol{\Phi}}(t,t_k)\boldsymbol{x}_k \tag{12}$$

把式（12）代入式（6）中的第一式并利用式（10）可得到

$$\dot{\boldsymbol{\Phi}}(t,t_k)\boldsymbol{x}_k=\boldsymbol{A}(t)\boldsymbol{\Phi}(t,t_k)\boldsymbol{x}_k \tag{13}$$

由于条件对所有的 $\boldsymbol{x}_k$ 必须满足，由此得到

$$\dot{\boldsymbol{\Phi}}(t,t_k)=\boldsymbol{A}(t)\boldsymbol{\Phi}(t,t_k) \tag{14}$$

其中初始条件为

$$\dot{\boldsymbol{\Phi}}(t,t_k)=\boldsymbol{I} \tag{15}$$

4　观测量和历元状态的关系

注意到式（6）中第二个式子有一个未知的状态矢量 $\boldsymbol{x}_i$，它与每一个观测量 $\boldsymbol{y}_i$ 相对应。因此，利用状态转移矩阵把所有的观测量表示成单历元状态的形式是非常有帮助的，这样可以把未知的状态矢量的数目由 $l\times n$ 个降到 n 个。利用式（10），式（6）的第二式可以写成在 t_k 时刻状态的形式：

$$\begin{aligned}\boldsymbol{y}_1&=\widetilde{\boldsymbol{H}}_1\boldsymbol{\Phi}(t_1,t_k)\boldsymbol{x}_k+\boldsymbol{\varepsilon}_1\\\boldsymbol{y}_2&=\widetilde{\boldsymbol{H}}_2\boldsymbol{\Phi}(t_2,t_k)\boldsymbol{x}_k+\boldsymbol{\varepsilon}_2\\&\vdots\\\boldsymbol{y}_l&=\widetilde{\boldsymbol{H}}_l\boldsymbol{\Phi}(t_l,t_k)\boldsymbol{x}_k+\boldsymbol{\varepsilon}_l\end{aligned} \tag{16}$$

式（16）现在包含 $m=p\times l$ 个观测量，并且只有 n 个未知的状态元素。如果 $\boldsymbol{\varepsilon}_i$（$i=1,\cdots,l$）为零，则式（16）中任意 n 个线性独立的方程都可以用来确定 $\boldsymbol{x}_k$。

如果使用下面的定义：

$$\boldsymbol{y}\equiv\begin{bmatrix}\boldsymbol{y}_1\\\vdots\\\boldsymbol{y}_l\end{bmatrix};\boldsymbol{H}\equiv\begin{bmatrix}\widetilde{\boldsymbol{H}}_1\boldsymbol{\Phi}(t_1,t_k)\\\vdots\\\widetilde{\boldsymbol{H}}_l\boldsymbol{\Phi}(t_l,t_k)\end{bmatrix};\boldsymbol{\varepsilon}\equiv\begin{bmatrix}\boldsymbol{\varepsilon}_1\\\vdots\\\boldsymbol{\varepsilon}_l\end{bmatrix} \tag{17}$$

并且为了简便而省略 $\boldsymbol{x}_k$ 的下标，那么式（16）可如下表示：

$$\boldsymbol{y}=\boldsymbol{H}\boldsymbol{x}+\boldsymbol{\varepsilon} \tag{18}$$

式中，$\boldsymbol{y}$ 是一个 $m\times1$ 的矢量；$\boldsymbol{x}$ 是一个 $n\times1$ 的矢量；$\boldsymbol{\varepsilon}$ 是一个 $m\times1$ 的矢量；$\boldsymbol{H}$ 是一个 $m\times n$ 的映射矩阵，其中 $m=p\times l$ 是观测量的总数。如果 p 或 l 足够大，那么必要条件 $m>n$ 就满足了。然而仍然面临着 m 个未知的观测误差量，这样总共有 $m+n$ 个未知量，仅有 m 个方程。最小二乘标准提供了一个条件：利用 m 个观测误差得到 t_k 时刻 n 个状态变量的解。

5　最小二乘解

最小二乘解选择 $\boldsymbol{x}$ 的估计值作为最终解，这个估计可以使计算得到的观测残差的平方和达到最小。换句话说，就是选择 $\boldsymbol{x}$ 使下列性能指标达到最小（Lawson 和 Hanson，1974）：

$$J(\boldsymbol{x})=1/2\boldsymbol{\varepsilon}^{\mathrm{T}}\boldsymbol{\varepsilon} \tag{19}$$

最小二乘准则最早是由 Gauss（1809）提出来的，至今仍在广泛使用。计算观测误差的平方和对性能指标来说是个合理的选择。如果采用其他定义方式，例如，计算观测误差的和，就会出现这种现象：非常大的观测误差若有相互抵消的加减号，通过求和，计算出来的观测误差将会恒为零。然而，不管观测误差是正还是负，它的平方将为正，并且式（19）所定义的性能指标将会消失（当且仅当每一个观测误差恒为零时）。如果 $\boldsymbol{\varepsilon}$ 如式（18）所定义，将之代入式（19）可得到下列式子：

$$\begin{aligned}J(\boldsymbol{x})&=1/2\boldsymbol{\varepsilon}^{\mathrm{T}}\boldsymbol{\varepsilon}=\sum_{i=1}^{l}1/2\boldsymbol{\varepsilon}_i^{\mathrm{T}}\boldsymbol{\varepsilon}_i\\&=1/2(\boldsymbol{y}-\boldsymbol{H}\boldsymbol{x})^{\mathrm{T}}(\boldsymbol{y}-\boldsymbol{H}\boldsymbol{x})\end{aligned} \tag{20}$$

注意到式（20）是关于 $\boldsymbol{x}$ 的二次函数，结果是这个表达式将有一个唯一的最小值，当

$$\frac{\partial J}{\partial \boldsymbol{x}}=0, \delta \boldsymbol{x}^{\mathrm{T}} \frac{\partial^2 J}{\partial \boldsymbol{x}^2} \delta \boldsymbol{x}>0 \tag{21}$$

时，对于所有的 $\delta \boldsymbol{x} \neq 0$，第二个条件意味着对称矩阵

$$\frac{\partial^2 J}{\partial \boldsymbol{x}^2} \tag{22}$$

是正定的。

对式（20）进行第一种操作得到

$$\frac{\partial J}{\partial \boldsymbol{x}}=0=-(\boldsymbol{y}-\boldsymbol{H}\boldsymbol{x})^{\mathrm{T}} \boldsymbol{H}=-\boldsymbol{H}^{\mathrm{T}}(\boldsymbol{y}-\boldsymbol{H}\boldsymbol{x}) \tag{23}$$

满足式（23）的 $\boldsymbol{x}$ 的值为 $\boldsymbol{x}$ 的最优估计，称之为 $\hat{\boldsymbol{x}}$，因此

$$(\boldsymbol{H}^{\mathrm{T}} \boldsymbol{H}) \hat{\boldsymbol{x}}=\boldsymbol{H}^{\mathrm{T}} \boldsymbol{y} \tag{24}$$

并且由式（23）可以得到

$$\frac{\partial^2 J}{\partial \boldsymbol{x}^2}=\boldsymbol{H}^{\mathrm{T}} \boldsymbol{H} \tag{25}$$

如果 $\boldsymbol{H}$ 满秩，那么 $\boldsymbol{H}^{\mathrm{T}}\boldsymbol{H}$ 是正定的。

式（24）称为标准方程，$\boldsymbol{H}^{\mathrm{T}}\boldsymbol{H}$ 称为正规矩阵。注意到矩阵 $\boldsymbol{H}^{\mathrm{T}}\boldsymbol{H}$ 是 $n \times n$ 的对称矩阵，并且如果矩阵是正定的（$\boldsymbol{H}$ 的秩为 n），那么最优估计的解为

$$\hat{\boldsymbol{x}}=(\boldsymbol{H}^{\mathrm{T}} \boldsymbol{H})^{-1} \boldsymbol{H}^{\mathrm{T}} \boldsymbol{y} \tag{26}$$

式（26）就是众所周知的式（18）所表示的线性观测状态关系中 $\boldsymbol{H}^{\mathrm{T}}\boldsymbol{H}$ 的最优估计的最小二乘解。关于观测 $\boldsymbol{y}$ 和一个特定的 $\hat{\boldsymbol{x}}$ 的值，观测误差 $\hat{\boldsymbol{\varepsilon}}$ 的最优估计的值可以由式（18）计算如下：

$$\hat{\boldsymbol{\varepsilon}}=\boldsymbol{y}-\boldsymbol{H} \hat{\boldsymbol{x}} \tag{27}$$

如果状态偏差矢量上的一个先验信息 $\bar{\boldsymbol{x}}_0$ 已知，并且相关的协方差矩阵 $\bar{\boldsymbol{P}}_0$ 已知，标准方程变成（Tapley Schutz 和 Born，2004）：

$$(\boldsymbol{H}^{\mathrm{T}} \boldsymbol{P}^{-1} \boldsymbol{H}+\bar{\boldsymbol{P}}_0^{-1}) \hat{\boldsymbol{x}}_0=\boldsymbol{H}^{\mathrm{T}} \boldsymbol{R}^{-1} \boldsymbol{y}+\bar{\boldsymbol{P}}_0^{-1} \bar{\boldsymbol{x}}_0 \tag{28}$$

6 批处理计算算法

假设期望估计参考时刻 t_0 处的状态偏差矢量为 $\boldsymbol{x}_0$。给出一系列初始条件 $\boldsymbol{X}^*(t_0)$，一个先验性的估计 $\boldsymbol{x}_0$ 和相关的误差协方差矩阵 $\bar{\boldsymbol{P}}_0$，则批处理的计算算法通常使用式（28）所表示的 $\hat{\boldsymbol{x}}_0$ 的标准方程。在这里，t_0 是一个任意的时刻，并且式（28）中所有的量都假设已经通过式（16）、式（17）中的适当的状态转移矩阵映射到了这个时刻。在处理一个线性化的系统时，式（28）一般可以迭代到收敛，即 $\hat{\boldsymbol{x}}_0$ 不再改变。注意，式（28）中需要累积计算的是 $\boldsymbol{H}^{T}\boldsymbol{R}^{-1}\boldsymbol{H}$ 和 $\boldsymbol{H}^{T}\boldsymbol{R}^{-1}\boldsymbol{y}$。如果 $\boldsymbol{R}$ 是一个分块对角矩阵——尽管在任何时刻观测量之间可能存在相关性，但是观测量在时间上无关——对这些矩阵可以累积计算如下：

$$\boldsymbol{H}^{\mathrm{T}} \boldsymbol{R}^{-1} \boldsymbol{H}=\sum_{i=1}^{l}[\widetilde{\boldsymbol{H}}_i \boldsymbol{\Phi}(t_i, t_0)]^{\mathrm{T}} \boldsymbol{R}_i^{-1} \widetilde{\boldsymbol{H}}_i \boldsymbol{\Phi}(t_i, t_0) \tag{29}$$

$$\boldsymbol{H}^{\mathrm{T}} \boldsymbol{R}^{-1} \boldsymbol{y}=\sum_{i=1}^{l}[\widetilde{\boldsymbol{H}}_i \boldsymbol{\Phi}(t_i, t_0)]^{\mathrm{T}} \boldsymbol{R}_i^{-1} \boldsymbol{y}_i \tag{30}$$

一般选择 $\boldsymbol{X}^*(t_0)$ 使 $\bar{\boldsymbol{x}}_0=0$，$\bar{\boldsymbol{P}}_0$ 应该反映初始状态矢量 $\boldsymbol{X}^*(t_0)$ 中元素的相对精度。理论上，$\bar{\boldsymbol{x}}_0$ 和 $\bar{\boldsymbol{P}}_0$ 反映信息，并应被作为和观测数据融合在一起的数据来看待，如式（28）所示。结果是，$\boldsymbol{X}_0^*+\bar{\boldsymbol{x}}_0$ 在每次迭代的开始时刻都应保持常值。由于初始条件矢量 $\boldsymbol{X}_0^*$ 在每一次迭代后都会被 $\hat{\boldsymbol{x}}_0$ 的值所增广，即 $(\boldsymbol{X}_0^*)_n=(\boldsymbol{X}_0^*)_{n-1}+(\bar{\boldsymbol{x}}_0^*)_{n-1}$，保持 $\boldsymbol{X}_0^*+\bar{\boldsymbol{x}}_0$ 为常值，会得到 $\bar{\boldsymbol{x}}_0$ 的下列表达式：

$$\begin{aligned} \boldsymbol{X}_0^*+\bar{\boldsymbol{x}}_0 &=(X_0^*)_{n-1}+(\bar{\boldsymbol{x}}_0)_{n-1}=(\boldsymbol{X}_0^*)_n+(\bar{\boldsymbol{x}}_0)_n \\ &=(\boldsymbol{X}_0^*)_{n-1}+(\bar{\boldsymbol{x}}_0)_{n-1}+(\bar{\boldsymbol{x}}_0)_n \end{aligned} \tag{31}$$

或

$$(\bar{\boldsymbol{x}}_0)_n=(\bar{\boldsymbol{x}}_0)_{n-1}-(\hat{\boldsymbol{x}}_0)_{n-1} \tag{32}$$

7 估计的传递协方差矩阵

估计 $\hat{\boldsymbol{x}}_j$，利用式（10），可以被映射到之后的任意时刻 t_k。

$$\bar{\boldsymbol{x}}_k=\boldsymbol{\Phi}(t_i, t_j) \hat{\boldsymbol{x}}_j \tag{33}$$

传递协方差矩阵的表达式可以通过下式获得：

$$\bar{\boldsymbol{P}}_k=E[(\bar{\boldsymbol{x}}_k-\boldsymbol{x}_k)(\bar{\boldsymbol{x}}_k-\boldsymbol{x}_k)^{\mathrm{T}}] \tag{34}$$

基于式（33），式（34）变为

$$\bar{\boldsymbol{P}}_k=E[\boldsymbol{\Phi}(t_k, t_j)(\hat{\boldsymbol{x}}_j-\boldsymbol{x}_j)(\hat{\boldsymbol{x}}_j-\boldsymbol{x}_j)^{\mathrm{T}} \boldsymbol{\Phi}^{\mathrm{T}}(t_k, t_j)] \tag{35}$$

由于状态转移矩阵是确定的，由此可得

$$\bar{\boldsymbol{P}}_k=\boldsymbol{\Phi}(t_k, t_j) \boldsymbol{P}_j \boldsymbol{\Phi}^{\mathrm{T}}(t_k, t_j) \tag{36}$$

式（33）和式（36）可用来映射从 t_j 到 t_k 时刻的状态估计和相关的协方差矩阵。

8 序贯估计算法

现在考虑另一种批处理方法，在这种方法中，观测量一经接收就立刻被处理。这种序贯处理算法的一个优势是求逆的矩阵与观测矢量有相同的维数。因此，如果观测量被单独地处理，只有标量部分需要获取 $\boldsymbol{x}_k$ 的估计。这种算法最初被 Swerling 所发展，但是它得到更广泛的赞许是 Kalman 的功劳。事实上，这里所讨论的序贯估计算法往往指卡尔曼滤波器。许多文献和教材都在描述并提供卡尔

曼滤波器的变量。Sorenson（1985）收集的论文包含许多该领域内领先的文章。另外，还有 Bierman（1977），Liebelt（1967），Tapley 和 Ingram（1973），Gelb（1974），Maybeck（1979），Grewal 和 Andrews（1993），以及 Montenbruck 和 Gill（2000）相关文献。

假设已知 $\hat{\boldsymbol{x}}_{k-1}$，$\boldsymbol{P}_{k-1}$ 和 $\boldsymbol{y}_k$，想要得到 $\hat{\boldsymbol{x}}_k$。第一步是利用式（33）和式（36）把 $\hat{\boldsymbol{x}}_{k-1}$，$\boldsymbol{P}_{k-1}$ 更新到 t_k 时刻。即

$$\bar{\boldsymbol{x}}_k=\boldsymbol{\Phi}(t_k,t_{k-1})\hat{\boldsymbol{x}}_{k-1} \tag{37}$$

$$\bar{\boldsymbol{P}}_k=\boldsymbol{\Phi}(t_k,t_{k-1})\boldsymbol{P}_{k-1}\boldsymbol{\Phi}^{\mathrm{T}}(t_k,t_{k-1}) \tag{38}$$

现在利用式（28）来求解 $\hat{\boldsymbol{x}}_k$：

$$\hat{\boldsymbol{x}}_k=(\widetilde{\boldsymbol{H}}_k^{\mathrm{T}}\boldsymbol{R}_k^{-1}\widetilde{\boldsymbol{H}}_k+\bar{\boldsymbol{P}}_k^{-1})^{-1}(\widetilde{\boldsymbol{H}}_k^{\mathrm{T}}\boldsymbol{R}_k^{-1}\boldsymbol{y}_k+\bar{\boldsymbol{P}}_k^{-1}\bar{\boldsymbol{x}}_k) \tag{39}$$

注意到这需要一个 $n\times n$ 的逆矩阵，其中 n 是状态偏差矢量 $\hat{\boldsymbol{x}}_k$ 的维数。可以把式（39）重新写成一个 $p\times p$ 的逆矩阵的形式，其中 p 是观测偏差矢量 $\boldsymbol{y}_k$ 的维数。一般来说 $n>p$，因此，这种形式的方程的计算效率会更高。利用 Schur 等式（Tapley，Schutz 和 Born，2004），有

$$(\boldsymbol{A}+\boldsymbol{BC})^{-1}=\boldsymbol{A}^{-1}-\boldsymbol{A}^{-1}\boldsymbol{B}(\boldsymbol{I}+\boldsymbol{CA}^{-1}\boldsymbol{B})^{-1}\boldsymbol{CA}^{-1} \tag{40}$$

令

$$\begin{aligned}\boldsymbol{A}&\equiv\bar{\boldsymbol{P}}_k^{-1}\\ \boldsymbol{B}&\equiv\widetilde{\boldsymbol{H}}_k^{\mathrm{T}}\boldsymbol{R}_k^{-1}\\ \boldsymbol{C}&\equiv\widetilde{\boldsymbol{H}}_k\end{aligned} \tag{41}$$

那么式（39）中的第一项，即估计误差的协方差矩阵

$$\boldsymbol{P}_k=(\widetilde{\boldsymbol{H}}_k^{\mathrm{T}}\boldsymbol{R}_k^{-1}\widetilde{\boldsymbol{H}}_k+\bar{\boldsymbol{P}}_k^{-1})^{-1} \tag{42}$$

变为

$$\boldsymbol{P}_k=\bar{\boldsymbol{P}}_k-\bar{\boldsymbol{P}}_k\widetilde{\boldsymbol{H}}_k^{\mathrm{T}}\boldsymbol{R}_k^{-1}(\boldsymbol{I}+\widetilde{\boldsymbol{H}}_k\bar{\boldsymbol{P}}_k\widetilde{\boldsymbol{H}}_k^{\mathrm{T}}\boldsymbol{R}_k^{-1})^{-1}\widetilde{\boldsymbol{H}}_k\bar{\boldsymbol{P}}_k \tag{43}$$

利用 $\boldsymbol{D}^{-1}\boldsymbol{E}^{-1}=(\boldsymbol{ED})^{-1}$，可以把这项 $\boldsymbol{R}_k^{-1}(\boldsymbol{I}+\widetilde{\boldsymbol{H}}_k\bar{\boldsymbol{P}}_k\widetilde{\boldsymbol{H}}_k^{\mathrm{T}}\boldsymbol{R}_k^{-1})^{-1}$ 写成 $(\boldsymbol{R}_k+\widetilde{\boldsymbol{H}}_k\bar{\boldsymbol{P}}_k\widetilde{\boldsymbol{H}}_k^{\mathrm{T}})^{-1}$。因此，式（43）可以写成

$$\boldsymbol{P}_k=\bar{\boldsymbol{P}}_k-\bar{\boldsymbol{P}}_k\widetilde{\boldsymbol{H}}_k^{\mathrm{T}}(\boldsymbol{R}_k+\widetilde{\boldsymbol{H}}_k\bar{\boldsymbol{P}}_k\widetilde{\boldsymbol{H}}_k^{\mathrm{T}})^{-1}\widetilde{\boldsymbol{H}}_k\bar{\boldsymbol{P}}_k \tag{44}$$

注意，这里包含一个 $p\times p$ 的矩阵的逆，如果每一个时刻的观测量是标量，如范围，那么它将是一个标量的逆。在任何情况下，如果需要，每次可以只处理一个观测量，这样就只需要一个标量的逆。为了这样做，$\boldsymbol{R}_k$ 必须是一个对角矩阵，即观测误差之间互不相关（如果 $\boldsymbol{R}_k$ 不是对角阵，参考去相关变换：Tapley，Schutz 和 Born，2004）。

可以进一步简化式（44），在式（44）中定义一个称为卡尔曼增益矩阵或最优增益矩阵的量：

$$\boldsymbol{K}_k=\bar{\boldsymbol{P}}_k\boldsymbol{H}_k^{\mathrm{T}}(\boldsymbol{R}_k+\widetilde{\boldsymbol{H}}_k\bar{\boldsymbol{P}}_k\widetilde{\boldsymbol{H}}_k^{\mathrm{T}})^{-1} \tag{45}$$

把式（44）写成如下形式：

$$\boldsymbol{P}_k=(\boldsymbol{I}-\boldsymbol{K}_k\widetilde{\boldsymbol{H}}_k)\bar{\boldsymbol{P}}_k \tag{46}$$

把式（46）代入式（39）得到

$$\begin{aligned}\hat{\boldsymbol{x}}_k&=(\boldsymbol{I}-\boldsymbol{K}_k\widetilde{\boldsymbol{H}}_k)\bar{\boldsymbol{P}}_k(\widetilde{\boldsymbol{H}}_k^{\mathrm{T}}\boldsymbol{R}_k^{-1}\boldsymbol{y}_k+\bar{\boldsymbol{P}}_k^{-1}\bar{\boldsymbol{x}}_k)\\&=(\boldsymbol{I}-\boldsymbol{K}_k\widetilde{\boldsymbol{H}}_k)\bar{\boldsymbol{P}}_k\widetilde{\boldsymbol{H}}_k^{\mathrm{T}}\boldsymbol{R}_k^{-1}\boldsymbol{y}_k+\bar{\boldsymbol{x}}_k-\boldsymbol{K}_k\widetilde{\boldsymbol{H}}_k\bar{\boldsymbol{x}}_k\end{aligned} \tag{47}$$

利用式（47）的第一项，即

$$(\boldsymbol{I}-\boldsymbol{K}_k\widetilde{\boldsymbol{H}}_k)\bar{\boldsymbol{P}}_k\widetilde{\boldsymbol{H}}_k^{\mathrm{T}}\boldsymbol{R}_k^{-1}\boldsymbol{y}_k \tag{48}$$

可以替换 $\boldsymbol{K}_k$ 的表达式，可以这样写：

$$\begin{aligned}&[\boldsymbol{I}-\bar{\boldsymbol{P}}_k\widetilde{\boldsymbol{H}}_k^{\mathrm{T}}(\widetilde{\boldsymbol{H}}_k\bar{\boldsymbol{P}}_k\widetilde{\boldsymbol{H}}_k^{\mathrm{T}}+\boldsymbol{R}_k)^{-1}\widetilde{\boldsymbol{H}}_k]\bar{\boldsymbol{P}}_k\widetilde{\boldsymbol{H}}_k^{\mathrm{T}}\boldsymbol{R}_k^{-1}\boldsymbol{y}_k\\&=\bar{\boldsymbol{P}}_k\boldsymbol{H}_k^{\mathrm{T}}[\boldsymbol{I}-(\widetilde{\boldsymbol{H}}_k\bar{\boldsymbol{P}}_k\widetilde{\boldsymbol{H}}_k^{\mathrm{T}}+\boldsymbol{R}_k)^{-1}\widetilde{\boldsymbol{H}}_k\bar{\boldsymbol{P}}_k\widetilde{\boldsymbol{H}}_k^{\mathrm{T}}]\boldsymbol{R}_k^{-1}\boldsymbol{y}_k\end{aligned} \tag{49}$$

分解出 $(\widetilde{\boldsymbol{H}}_k\bar{\boldsymbol{P}}_k\widetilde{\boldsymbol{H}}_k^{\mathrm{T}}+\boldsymbol{R}_k)^{-1}$，得到：

$$\begin{aligned}&=\bar{\boldsymbol{P}}_k\widetilde{\boldsymbol{H}}_k^{\mathrm{T}}(\widetilde{\boldsymbol{H}}_k\bar{\boldsymbol{P}}_k\widetilde{\boldsymbol{H}}_k^{\mathrm{T}}+\boldsymbol{R}_k)^{-1}[\widetilde{\boldsymbol{H}}_k\bar{\boldsymbol{P}}_k\widetilde{\boldsymbol{H}}_k^{\mathrm{T}}+\boldsymbol{R}_k-\widetilde{\boldsymbol{H}}_k\bar{\boldsymbol{P}}_k\widetilde{\boldsymbol{H}}_k^{\mathrm{T}}]\times\\&\quad\boldsymbol{R}_k^{-1}\boldsymbol{y}_k\\&=\bar{\boldsymbol{P}}_k\widetilde{\boldsymbol{H}}_k^{\mathrm{T}}(\widetilde{\boldsymbol{H}}_k\bar{\boldsymbol{P}}_k\widetilde{\boldsymbol{H}}_k^{\mathrm{T}}+\boldsymbol{R}_k)^{-1}\boldsymbol{y}_k\\&=\boldsymbol{K}_k\boldsymbol{y}_k\end{aligned} \tag{50}$$

因此，式（47）变为

$$\hat{\boldsymbol{x}}_k=\bar{\boldsymbol{x}}_k+\boldsymbol{K}_k(\boldsymbol{y}_k-\widetilde{\boldsymbol{H}}_k\bar{\boldsymbol{x}}_k) \tag{51}$$

序贯处理算法或卡尔曼滤波器，一般分为时间和量测（或观测）的更新，即在时刻 t_k，时间更新为

$$\begin{aligned}\bar{\boldsymbol{x}}_k&=\boldsymbol{\Phi}(t_k,t_{k-1})\hat{\boldsymbol{x}}_{k-1}\\ \bar{\boldsymbol{P}}_k&=\boldsymbol{\Phi}(t_k,t_{k-1})\boldsymbol{P}_{k-1}\boldsymbol{\Phi}^{\mathrm{T}}(t_k,t_{k-1})\end{aligned} \tag{52}$$

量测更新为

$$\begin{aligned}\boldsymbol{K}_k&=\bar{\boldsymbol{P}}_k\widetilde{\boldsymbol{H}}_k^{\mathrm{T}}(\boldsymbol{R}_k+\widetilde{\boldsymbol{H}}_k\bar{\boldsymbol{P}}_k\widetilde{\boldsymbol{H}}_k^{\mathrm{T}})^{-1}\\ \hat{\boldsymbol{x}}_k&=\bar{\boldsymbol{x}}_k+\boldsymbol{K}_k(\boldsymbol{y}_k-\widetilde{\boldsymbol{H}}_k\bar{\boldsymbol{x}}_k)\\ \boldsymbol{P}_k&=(\boldsymbol{I}-\boldsymbol{K}_k\widetilde{\boldsymbol{H}}_k)\bar{\boldsymbol{P}}_k\end{aligned} \tag{53}$$

接下来，更新 t_{k+1} 时刻的时间和量测。一直重复这个过程直到所有的观测值被处理完并且最终时刻的 $\hat{\boldsymbol{x}}$ 和 $\boldsymbol{P}$ 被解算完毕。

9 序贯计算算法

序贯地计算估计的算法可被概括如下：

给定 t_k 时刻的 $\hat{\boldsymbol{x}}_{k-1}$，$\boldsymbol{P}_{k-1}$，$\boldsymbol{X}_{k-1}^*$ 和 $\boldsymbol{R}_k$，以及观测量 $\boldsymbol{Y}_k$（在初始时刻 t_0，它们为 $\boldsymbol{X}_0^*$，$\hat{\boldsymbol{x}}_0$，$\boldsymbol{P}_0$）。

（1）从 t_{k-1} 时刻到 t_k 时刻积分：

$$\dot{\boldsymbol{X}}^*=F(\boldsymbol{X}^*,t)\boldsymbol{X}^*(t_{k-1})=\boldsymbol{X}_{k-1}^*$$

$$\dot{\boldsymbol{\Phi}}(t,t_{k-1})=\boldsymbol{A}(t)\boldsymbol{\Phi}(t,t_{k-1})\boldsymbol{\Phi}(t_k,t_{k-1})=\boldsymbol{I} \tag{54}$$

（2）计算：

$$\bar{\boldsymbol{x}}_k=\boldsymbol{\Phi}(t_k,t_{k-1})\hat{\boldsymbol{x}}_{k-1}$$
$$\bar{\boldsymbol{P}}_k=\boldsymbol{\Phi}(t_k,t_{k-1})\boldsymbol{P}_{k-1}\boldsymbol{\Phi}^{\mathrm{T}}(t_k,t_{k-1}) \quad (55)$$

（3）计算：

$$\boldsymbol{y}_k=\boldsymbol{Y}_k-G(\boldsymbol{x}_k^*,t_k),\widetilde{\boldsymbol{H}}_k=\frac{\partial G(\boldsymbol{X}_k^*,t_k)}{\partial \boldsymbol{X}} \quad (56)$$

（4）计算量测更新：

$$\boldsymbol{K}_k=\bar{\boldsymbol{P}}_k\widetilde{\boldsymbol{H}}_k^{\mathrm{T}}(\widetilde{\boldsymbol{H}}_k\bar{\boldsymbol{P}}_k\widetilde{\boldsymbol{H}}_k^{\mathrm{T}}+\boldsymbol{R}_k)^{-1}$$
$$\hat{\boldsymbol{x}}_k=\bar{\boldsymbol{x}}_k+\boldsymbol{K}_k(\boldsymbol{y}_k-\widetilde{\boldsymbol{H}}_k\bar{\boldsymbol{x}}_k)$$
$$\boldsymbol{P}_k=(\boldsymbol{I}-\boldsymbol{K}_k\widetilde{\boldsymbol{H}}_k)\bar{\boldsymbol{P}}_k \quad (57)$$

（5）用 $k+1$ 代替 k，返回第一步。

如果在 t_0 时刻有一个观测量，则需要更新的是量测值而不是时间。注意到由于 t_k 时刻的观测量在其他时刻不会被累加，就像批处理的情形一样，所以不用状态转移矩阵来乘 $\widetilde{\boldsymbol{H}}_k$。另外，注意到在每个观测时刻，状态转移矩阵的微分方程被重置了。如果在每个时刻有多于一个的观测量，并且以标量的形式来处理它们，那么在每个时刻处理完第一个观测量后要设置 $\boldsymbol{\Phi}(t,t_i)=\boldsymbol{I}$。$\boldsymbol{P}$ 和 $\hat{\boldsymbol{x}}$ 在下一次观测时刻才更新。t_k 时刻非线性系统状态的估计为 $\hat{\boldsymbol{X}}_k=\boldsymbol{X}_k^*+\hat{\boldsymbol{x}}_k$。

无论是批处理算法还是序贯处理算法，它们的共同缺点是：如果真实的状态和参考状态不能足够接近，那么式（6）所描述的非线性假设可能就不合理，估计过程可能会发散。下面要讨论的扩展的序贯估计算法可以克服非线性假设的不足。

序贯估计算法的第二个不好的特点是随着观测量数目的增大，状态估计误差的协方差矩阵可能会趋近于零。图 1 证实了随着离散观测量的处理，状态估计误差协方差矩阵轨迹的变化过程。就像图 1 所示，轨迹在观测量之间增加，在每一次观测之后减小。因此，协方差矩阵元素的大小将根据密度、信息内容和观测的精度而减小。

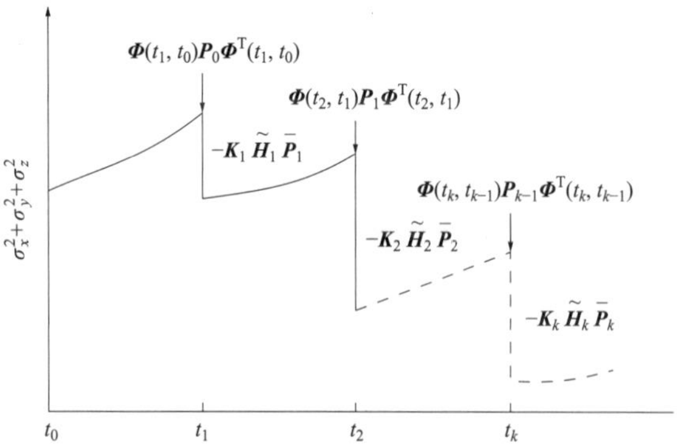

图 1　状态估计误差协方差矩阵的追踪轨迹
［转载于 Tapley，Schutz 和 Born（2004）］

估计算法的测试表明：随着 $\boldsymbol{P}_k\to\boldsymbol{0}$，增益趋向于零，估计过程将变得对观测量不敏感。其结果是，估计将会发散，这或许是由线性化过程引入的误差、计算误差，或由不完整的数学模型所引入的误差导致的。为了克服这个问题，在状态传递方程中往往加入过程噪声。

除了这两个问题之外，卡尔曼滤波器还可能会由于式（57）所描述的协方差量测更新所带来的数值困难而发散。协方差矩阵可能会失去它的对称特性，并且当用有限精度数值运算的计算机进行计算时可能会变得不再正定。尤其是当一个大的先验协方差被高精度观测数据所减小时，这个等式不会产生一个对称的正定的结果。

为了防止这些问题，也有一些其他的替代算法，普遍使用的一个形式是 Bucy 和 Joseph（1968）给出的等式：

$$\boldsymbol{P}_k=(\boldsymbol{I}-\boldsymbol{K}_k\widetilde{\boldsymbol{H}}_k)\bar{\boldsymbol{P}}_k(\boldsymbol{I}-\boldsymbol{K}_k\widetilde{\boldsymbol{H}}_k)^{\mathrm{T}}+\boldsymbol{K}_k\boldsymbol{R}_k\boldsymbol{K}_k^{\mathrm{T}} \quad (58)$$

注意到这个式子总会得出一个对称的 $\boldsymbol{P}_k$，尽管对于缺乏观测的系统，它可能会丢失它的正定性。

10　扩展的序贯估计算法

为了减小因在式（6）所示的线性化过程中忽略了高阶项而引入的误差的影响，人们有时会使用扩展的序贯估计算法。这种算法通常是指扩展的卡尔曼滤波算法。序贯算法和扩展的序贯算法之间最主要的不同是，扩展的序贯算法在每次观测后都会更新参考轨迹来反映真实轨迹的最优估计。例如，处理完第 k 个观测量后，t_k 时刻状态矢量的最优估计是用来为参考轨迹提供新的初始条件：

$$(\boldsymbol{X}_k^*)_{\mathrm{new}}=\hat{\boldsymbol{X}}_k=\boldsymbol{X}_k^*+\hat{\boldsymbol{x}}_k \quad (59)$$

利用 $\hat{\boldsymbol{X}}_k$ 作为参考轨迹致使 $\bar{\boldsymbol{x}}_{k+1}=0$。在每一个观测时刻，参考轨迹和状态转移矩阵的结合被重置，并且方程从 t_k 到 t_{k+1} 积分。那么 $\hat{\boldsymbol{x}}_{k+1}$ 的估计可由下式计算：

$$\hat{\boldsymbol{x}}_{k+1}=\boldsymbol{K}_{k+1}\boldsymbol{y}_{k+1} \quad (60)$$

式中，$\boldsymbol{K}_{k+1}$ 和 $\boldsymbol{y}_{k+1}$ 是基于新的参考轨道而计算的。那么，参考轨道通过结合 $\hat{\boldsymbol{x}}_{k+1}$ 和到 t_{k+2} 的过程而在 t_{k+1} 时刻进行更新。为了传播到下一个观测时刻而把每一个观测点的估计融合到参考轨迹上，这个过程导致了参考轨迹成了非线性状态估计的预测，例如，$\boldsymbol{X}^*(t)=\hat{\boldsymbol{X}}(t)$。

在实际情况中，利用第一个观测来更新参考轨迹不是一种好的想法，尤其是当观测中包含很强的噪声时。当一些观测量被处理以后，$\hat{x}$ 的估计将会稳定，轨迹更新就可以开始了。

扩展的序贯算法的优点是可以更快地收敛到最优估计上，这是因为在线性化过程中引入的误差受到约束。另外，由于状态估计偏差 $\hat{x}$ 不需要在观测量之间映射，因此，没有必要计算状态转移矩阵。估计误差的协方差矩阵 $\boldsymbol{P}(t)$ 的时间更新可以通过对矩阵微分方程（apley，Schutz 和 Born，2004）的积分来获得。

$$\dot{\bar{\boldsymbol{P}}}(t)=\boldsymbol{A}(t)\bar{\boldsymbol{P}}(t)+\bar{\boldsymbol{P}}(t)\boldsymbol{A}^{\mathrm{T}}(t)=\boldsymbol{B}(t)\boldsymbol{Q}(t)\boldsymbol{B}^{\mathrm{T}}(t) \tag{61}$$

11 扩展的序贯计算算法

计算扩展的序贯估计的算法可以概括如下：

给定：$\boldsymbol{P}_{k-1}$，$\hat{\boldsymbol{X}}_{k-1}$，$\boldsymbol{Y}_k$，$\boldsymbol{R}_k$。

（1）从 t_{k-1} 时刻到 t_k 时刻积分：

$$\dot{\boldsymbol{X}}^*=F(\boldsymbol{X}^*,t),\boldsymbol{X}^*(t_{k-1})=\boldsymbol{X}_{k-1}^*$$

$$\dot{\boldsymbol{\Phi}}(t,t_{k-1})=\boldsymbol{A}(t)\boldsymbol{\Phi}(t,t_{k-1}),\boldsymbol{\Phi}(t,t_{k-1})=\boldsymbol{I} \tag{62}$$

（2）计算：

$$\bar{\boldsymbol{P}}_k=\boldsymbol{\Phi}(t_k,t_{k-1})\boldsymbol{P}_{k-1}\boldsymbol{\Phi}^{\mathrm{T}}(t_k,t_{k-1})$$

$$\boldsymbol{y}_k=\boldsymbol{Y}_k-G(\boldsymbol{X}_k^*,t_k)$$

$$\widetilde{\boldsymbol{H}}_k=\frac{\partial G(\boldsymbol{X}_k^*,t_k)}{\partial \boldsymbol{X}} \tag{63}$$

（3）计算：

$$\boldsymbol{K}_k=\bar{\boldsymbol{P}}_k\widetilde{\boldsymbol{H}}_k^T[\widetilde{\boldsymbol{H}}_k\bar{\boldsymbol{P}}_k\widetilde{\boldsymbol{H}}_k^T+\boldsymbol{R}_k]^{-1}$$

$$\hat{\boldsymbol{X}}_k=\boldsymbol{X}_k^*+\boldsymbol{K}_k\boldsymbol{y}_k$$

$$\boldsymbol{P}_k=(\boldsymbol{I}-\boldsymbol{K}_k\widetilde{\boldsymbol{H}}_k)\bar{\boldsymbol{P}}_k \tag{64}$$

（4）用 $k+1$ 代替 k，返回第一步。

12 通过正交变换求最小二乘解

避免在正规方程中遇到的一些数值问题的一种可选的方法将在下面的讨论中描述。这种方法通过在信息列阵（$\boldsymbol{H}$，$\boldsymbol{y}$）中运用连续的正交变换而得出解。通过这种方法可以提高数值精度。考虑到二次的性能指标 $J(\boldsymbol{x})$，它可以使观测误差 $\boldsymbol{\varepsilon}=\boldsymbol{y}-\boldsymbol{H}\boldsymbol{x}$ 的加权平方和达到最小（此时，假设没有先验信息，即 $\boldsymbol{P}^{-1}=\boldsymbol{0}$，$\bar{\boldsymbol{x}}=\boldsymbol{0}$）：

$$J(\boldsymbol{x})=\boldsymbol{\varepsilon}^{\mathrm{T}}\boldsymbol{W}\boldsymbol{\varepsilon}=\|\boldsymbol{W}^{\frac{1}{2}}(\boldsymbol{H}\hat{\boldsymbol{x}}-\boldsymbol{y})\|^2$$

$$=(\boldsymbol{H}\boldsymbol{x}-\boldsymbol{y})^{\mathrm{T}}\boldsymbol{W}(\boldsymbol{H}\boldsymbol{x}-\boldsymbol{y}) \tag{65}$$

如果 $\boldsymbol{W}$ 不是对角阵，$\boldsymbol{W}^{1/2}$ 可以通过 Cholesky 分解来计算，或者可以使用白化变换，这样 $\boldsymbol{W}=\boldsymbol{I}$。为了记法的方便，在式（65）中使用 $-\boldsymbol{\varepsilon}$。

最小二乘估计问题（和最小方差估计及极大似然估计问题，在一定的约束下）的解是通过寻找使性能指标 $J(\boldsymbol{x})$ 最小的 $\hat{x}$ 的值而得到的，选择 $m\times m$ 的正交矩阵 $\boldsymbol{Q}$，这样得到

$$\boldsymbol{Q}\boldsymbol{W}^{\frac{1}{2}}\boldsymbol{H}=\begin{bmatrix}\boldsymbol{R}\\\boldsymbol{O}\end{bmatrix},\ \boldsymbol{Q}\boldsymbol{W}^{\frac{1}{2}}\boldsymbol{y}=\begin{bmatrix}\boldsymbol{b}\\\boldsymbol{e}\end{bmatrix} \tag{66}$$

式中，$\boldsymbol{R}$ 是一个 $n\times n$ 的秩为 n 的上三角矩阵；$\boldsymbol{O}$ 是一个 $(m-n)\times n$ 的零矩阵；$\boldsymbol{b}$ 是一个 $n\times 1$ 的列向量；$\boldsymbol{e}$ 是一个 $(m-n)\times 1$ 的列向量。

式（66）给出的结果假设 $m>n$，且 $\boldsymbol{H}$ 的秩为 n，利用式（66），式（65）可以写成

$$J(\boldsymbol{x})=\left\|\begin{bmatrix}\boldsymbol{R}\\\boldsymbol{O}\end{bmatrix}\boldsymbol{x}-\begin{bmatrix}\boldsymbol{b}\\\boldsymbol{e}\end{bmatrix}\right\|^2 \tag{67}$$

展开得到

$$J(\boldsymbol{x})=\|\boldsymbol{R}\boldsymbol{x}-\boldsymbol{b}\|^2+\|\boldsymbol{e}\|^2 \tag{68}$$

式（68）中只有第一项是 $\boldsymbol{x}$ 的函数，使 $J(\boldsymbol{x})$ 达到最小的 $\boldsymbol{x}$ 的值可以通过下式获得：

$$\boldsymbol{R}\hat{\boldsymbol{x}}=\boldsymbol{b} \tag{69}$$

性能指标的最小值变为

$$J(\hat{\boldsymbol{x}})=\|\boldsymbol{e}\|^2=\|\boldsymbol{W}^{\frac{1}{2}}(\boldsymbol{H}\hat{\boldsymbol{x}}-\boldsymbol{y})\|^2 \tag{70}$$

即 $\|\boldsymbol{e}\|^2$ 是观测残差矢量范数的平方，对于一个线性系统，它与式（70）所确定的观测残差的加权平方和相等。

正交变换方法的优势是它直接对 $\boldsymbol{H}$ 进行操作，并且 $\boldsymbol{H}^{\mathrm{T}}\boldsymbol{H}$ 不会出现。如果 $\boldsymbol{H}$ 是病态的，那么问题就会在形成 $\boldsymbol{H}^{\mathrm{T}}\boldsymbol{H}$ 时显现。

13 状态噪声补偿算法

除了非线性的影响，动态模型误差的影响也会导致估计的发散（Schlee，Standish 和 Toda，1967），并且，处理完足够多的观测量之后，卡尔曼增益矩阵和估计算法对进一步的观测不再敏感，$\boldsymbol{P}_k$ 将渐进趋于零。这种状况会导致滤波发散。防止这种发散的一种方法是认识到传播这种状态估计的线性化方程存在误差，并且通过假设线性化动态的误差可被过程噪声所容纳来弥补。这种方法人为地增大了估计的误差协方差矩阵，防止卡尔曼增益矩阵接近零矩阵。

通常使用状态噪声补偿（SNC）和动态模型补

偿（DMC）两种方法把过程噪声加到系统中，在SNC中，假定系统加速度受白噪声扰动：

$$\ddot{\boldsymbol{x}} = \boldsymbol{u}(t) \tag{71}$$

DMC假设未知的加速度可以被一种线性随机微分方程所描述，这种方程就是人们所熟知的一阶Gauss－Markov过程：

$$\dot{\eta}(t) + \beta\eta(t) = u(t) \tag{72}$$

式中，$u(t)$ 是一个白色的零均值高斯过程；β 是时间常数的倒数。

在很多出版物中，包括Tapley，Schutz和Born（2004）以及Maybeck（1979），有关于过程噪声的更多细节。SNC可以把卡尔曼增益矩阵保持在一个适当的水平，以至于滤波不会发散。然而，滤波器中包含未模化加速度的确定部分，DMC也可以提升这部分的估计精度。

14 高阶滤波器

差分滤波器是几种新型估计手段中的一种，这几种新型估计手段共同称为基于sigma点的卡尔曼滤波器（SPKF）。一阶（DD1）和二阶（DD2）差分滤波器（Nørgaard，Päulsen和Ravon 2000）是Schei（1997）引入的对滤波的一种归纳，并且是SPKF类估计的两个例子。在Ito和Xiong（2000）文献中可以看到其他例子。类似基本的卡尔曼滤波器，SPKF试图确定一种状态估计以使得残差的 L_2 范数达到最小。SPKF方法与标准卡尔曼滤波器的区别在于：SPKF不传播线性化的动态系统，但是会传播一系列围绕当前估计的点，从而形成改良的条件均值和协方差的近似值。特别的，差分滤波利用多维插值公式来逼近非线性变换。这种方法的结果是，滤波不需要系统动态的偏导数（雅克比矩阵）的存在性知识，也不需要量测方程。SPKF相比基本的卡尔曼滤波器有额外的优势：它们容易被扩展来求解最小 L_2 范数滤波问题的二阶解，当系统和量测方程非线性时，这会提高估计精度。要知道，SPKF使用最小 L_2 范数量测更新，因此它同卡尔曼滤波器一样，会受到非高斯量测误差敏感性的影响。

另一个高阶滤波方法是无迹卡尔曼滤波器（Julier和Uhlmann，2004）。这里，同样的非线性影响可被融合到协方差传播中来获得更好的不确定性测量。其效果相当于DD2（Karlgaard和Schaub，2006，2007）。

15 轨道确定实例

下面介绍利用无迹卡尔曼滤波器进行轨道确定过程的应用实例。考虑一颗与三个地面站相关联的地球卫星的一些模拟距离及速度观测值。卫星的轨道是近圆的，与太阳同步的，高度是790 km。量测噪声是高斯分布的，具有零均值和标准偏差：1 m，0.1 m/s。无论什么时候，只要卫星对任何一个地面站是可视的，观测量就可以在10 s内获得。模拟的真实重力场利用球带的谐波 J_2，J_3 项，并且有指数形式的大气密度模型阻尼卫星。然而，除了密度和阻力模型，滤波动态模型仅包含重力摄动 J_2 项。在所有其他模型参数没有偏差的情况下，滤波器用来估计卫星的状态、位置和速度。这样，滤波器误差的唯一来源是排除掉 J_3 引力项。如果 J_3 项包含在了动态系统中，滤波将会收敛到真实答案上。

当没有过程噪声时，位置误差在径向、迹向、横向坐标中的表述如图2所示。滤波饱和，意味着协方差跌落至接近零。由于动态模型支配着滤波估计的进程，所以估计误差随着状态发散而随时间增长。滤波饱和时刻的横向误差会成为一种未来量测无法解决的偏差。如图3所示，滤波器逐渐地不符合数据，结果中，均方根值的范围是8.75m，远高于测量噪声标准偏差 σ。这样，在滤波模型中忽略引力场的 J_3 项造成了一种模型误差，这种误差需要补偿以提高滤波效果。

过程噪声以状态噪声补偿的形式来防止滤波饱和。SNC假设模型误差是高斯的，具有零均值和一个给定的标准偏差 σ_{SNC}。这个变量 σ_{SNC} 用来调整滤波过程噪声。

图4表明了滤波残差的变化以及在不同 σ_{SNC} 值下的状态误差。对于小量来说，过程噪声在协方差矩阵上添加相对较小的偏差，产生的结果相当于没有添加过程噪声。对于较大的 σ_{SNC} 值，滤波开始较好地吻合数据，观测残差开始降低。这个过程产生了一个最小的状态误差（6×10^{-6} m/s²），但是位置残差的均方根还没有降到 σ_{P} 以下。随着 σ_{SNC} 的上升，位置误差不再继续下降，但是速度误差增加。对于增加的 σ_{SNC}，由于滤波优先处理新的观测量，所以，滤波误差接近量测噪声的精度限制。增加的速度误差证明了滤波器不能估计有 J_3 模型误差的状态，并降低了滤波精度。因此，在模型误差存在的情况下，很好地吻合数据不一定是可取的。

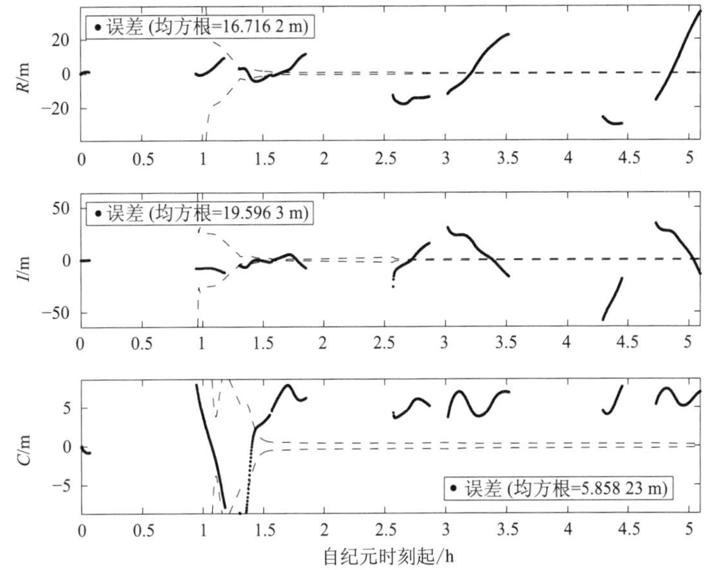

图 2　在无过程噪声的情况下，位置误差和 3σ 协方差随时间的变化［转载于 Tapley，Schutz 和 Born（2004）］

100 min 后计算均方根的值，3D 均方根位置误差是 26.25 m。

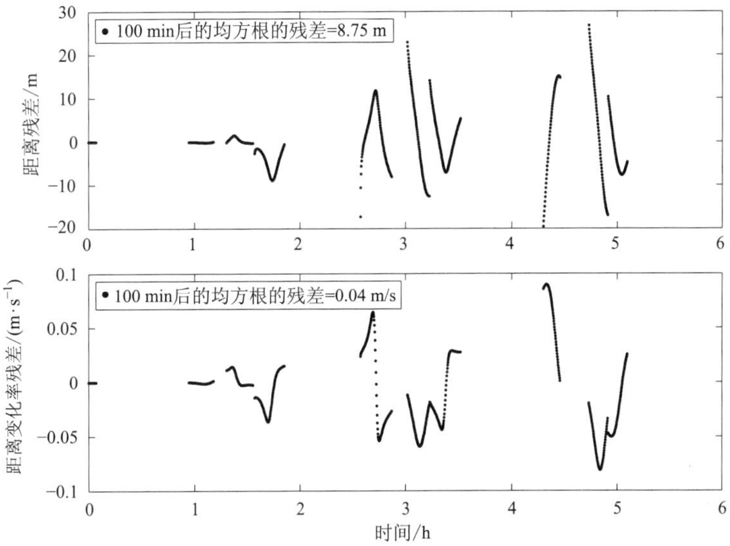

图 3　无过程噪声情况下的滤波残差［转载于 Tapley，Schutz 和 Born（2004）］

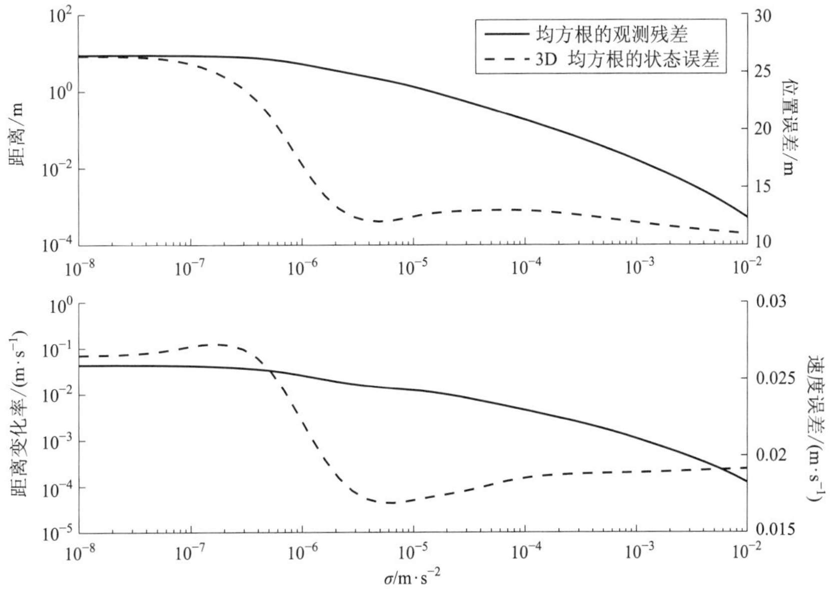

图 4　观测残差和状态误差随 σ_{SNC} 的变化［转载于 Tapley，Schutz 和 Born（2004）］

现实中的应用很可能没有一个最优均方根值的估计。因此，对于一个给定的滤波设计，其他的一些手段也用来确定 σ_{SNC}。对于这个例子，对在观测噪声下的位置和速度的量测残差均方根选取最小值。图 5 证明了滤波器在适应观测方面具有改进的效果。均方根值在测量噪声水平以下，然而在滤波过程中，系统的误差仍然很明显。

最后，图 6 证明了其对于过程噪声较好的滤波效果。1.5 h 以后横向误差不会再导致滤波估计偏差。在理想情况下，99％的误差应该降到 3σ 协方差范围以内；只有 27.5％的点在这些限制以内，这表明滤波协方差是滤波精度的一个最优估计。

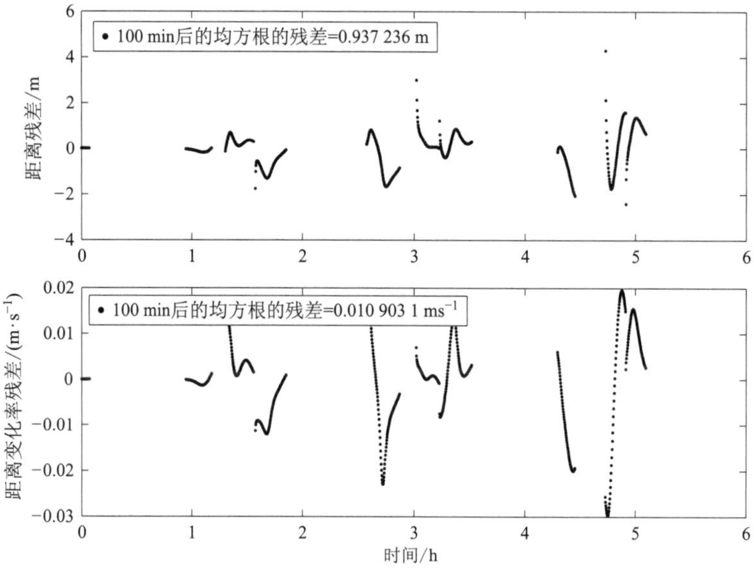

图 5　$\sigma_{SNC}=1.5\times10^{-5}$ m/s² 时的滤波残差［转载于 Tapley，Schutz 和 Born（2004）］

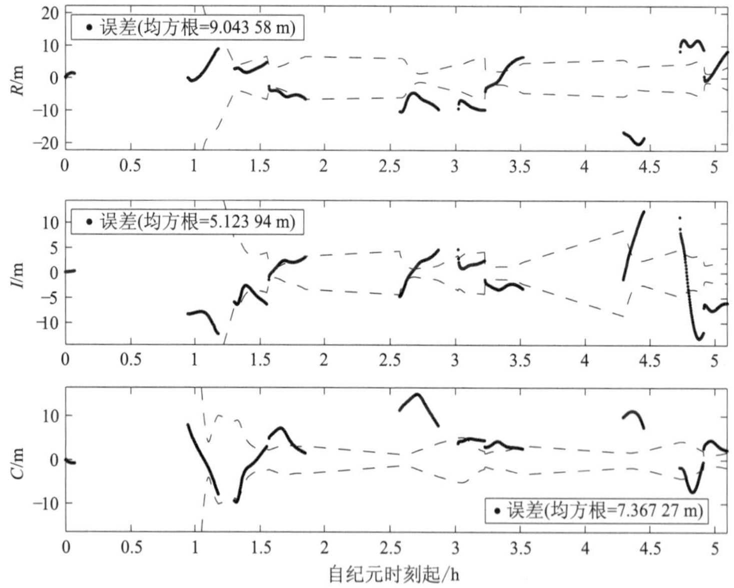

图 6　$\sigma_{SNC}=1.5\times10^{-5}$ m/s² 时的滤波位置误差以及 3σ 协方差［转载于 Tapley，Schutz 和 Born（2004）］

100 min 后计算均方根的值，3D 均方根位置误差是 12.73 m。

16　结　　论

本章描绘了地球卫星轨道确定的基本内容，然而本章没有声称对于这个问题的研究已经到了实施一个轨道确定项目的程度，本章回顾了基本的理论和计算算法。参考文献列表中的许多文献和书籍都给出了必要的软件程序的详细信息。

致　　谢

作者非常感谢 Elsevier Academic 出版社对 Tapley，Schutz 和 Born（2004）文献的使用提供的帮助。

术　　语

$\boldsymbol{X}$	n 维状态矢量
$\boldsymbol{X}^*$	参考轨迹
$\boldsymbol{Y}$	p 维观测矢量
$\boldsymbol{x}$，$\boldsymbol{y}$	状态和观测偏差矢量
$\boldsymbol{\varepsilon}$	观测误差
$\boldsymbol{O}_k$	t_k时刻的矢量或矩阵
$\hat{\boldsymbol{x}}$	状态偏差矢量的估计
$\bar{\boldsymbol{x}}_0$	先验的状态偏差矢量
$\bar{\boldsymbol{P}}_0$	先验的状态协方差矩阵
$\boldsymbol{P}$	状态协方差矩阵的估计
$\boldsymbol{R}$	观测协方差矩阵
$F(\boldsymbol{X},\ t)$	滤波动态模型
$G(\boldsymbol{X},\ t)$	滤波观测模型
$\boldsymbol{A}(t)$	状态偏导数矩阵
$\widetilde{\boldsymbol{H}}$	观测偏导数矩阵
$\boldsymbol{\Phi}(t_i,\ t_k)$	从 t_k到t_i的状态转移矩阵
$J(\boldsymbol{x})$	性能指标
$E(x)$	x 的期望值
$\boldsymbol{K}$	卡尔曼增益矩阵
$\boldsymbol{W}$	加权矩阵
$\boldsymbol{Q}$	过程噪声的协方差矩阵
$\boldsymbol{u}(t)$	白的，零均值的高斯过程
$\eta(t)$	Gauss - Markov 过程
β	时间常量的倒数
σ	标准差
J_x	重力项 x

相关章节

第 5 卷，第 256 章
第 5 卷，第 257 章
第 6 卷，第 278 章

参考文献

Bertiger, W., Bar-Sever, Y., Christensen, E., Davis, E., Guinn, J., Haines, B., Ibanez-Meier, R., Jee, J., Lichten, S., Melbourne, W., Muellerschoen, R., Munson, T., Vigue, Y., Wu, S., Yunck, T., Schutz, B., Abusali, P., Rim, H., Watkins, W. and Willis, P. (1995) GPS precise tracking of TOPEX/Poseidon: Results and implications. *J. Geophys. Res.*, **99** (C12), 24 449－24 462.

Bierman, G. J. (1977) *Factorization Methods for Discrete Sequential Estimation*, Academic Press, New York.

Bucy, R. and Joseph, P. (1968) *Filtering for Stochastic Processes*, John Wiley & Sons, New York.

Cajori, F. (1919) *A History of Mathematics*, MacMillan Co, New York.

Desai, S. D. and Haines, B. J. (2003) Near real-time GPS-based orbit determination and sea surface height observations from the Jason－1 mission. *Mar. Geodesy*, **26**, 187－199.

Fisher, R. A. (1912) On an absolute criteria for fitting frequency curves. *Mess. Math.*, **41**, 155－160.

Gauss, K. F. (1809) *Theoria Motus Corporum Coelestium* (Translated into English: C. H., Davis, *Theory of the Motion of the Heavenly Bodies Moving about the Sun in Conic Sections*, Dover, New York, 1963.)

Gelb, A. (ed.) (1974) *Applied Optimal Estimation*, MIT Press, Cambridge, MA.

Grewal, M. S. and Andrews, A. P. (1993) *Kalman Filtering: Theory and Practice*, Prentice Hall.

Helmert, F. R. (1900) *Zur Bestimmung kleiner Fl¨achenst¨ucke des Geoids aus Lothabweichengen mit R¨ucksicht auf Lothkr¨ummung*, Sitzungsberichte Preuss, Akad. Wiss. Berlin, Germany.

Ito, K. and Xiong, K. (2000) Gaussian filters for nonlinear filtering problems. *IEEE Trans. Autom. Contr.*, **45** (5), 910－927.

Julier, S. J. and Uhlmann, J. K. (2004) Unscented filtering and nonlinear estimation. *Proc. IEEE*, **92** (3), 401－422.

Kalman, R. E. (1960) A new approach to linear filtering and prediction theory. *J. Basic Eng.*, **82** (1), 35－45.

Kalman, R. E. and Bucy, R. S. (1961) New results in linear filtering and prediction theory. *J. Basic Eng. Ser. D*, **83** (1), 95－108.

Karlgaard, C. D. and Schaub, H. (2006) Comparison of Several Nonlinear Filters for a Benchmark Tracking Problem. AIAA Guidance, Navigation and Control Conference; Keystone, CO; Aug. 21－24. Paper No. 2006－6243.

Karlgaard, C. D. and Schaub, H. (2007) Huber-based divided difference filtering. *AIAA J. Guidance, Control, and Dynamics*, **30**, 885－891.

Kolmogorov, A. N. (1941) Interpolation and extrapolation

of stationary random sequences. *Bull. Acad. Sci. USSR Math. Series*, **5**, 3—14.

Laplace, P. S. (1812) *Th'eorie Analytique de Probabilit'es*, Paris. (The 1814 edition included an introduction *Essai Philosophique sur les Probabilit'es* which has been translated into English: A. I. Dale *Philosophical Essay on Probabilities*, Springer-Verlag, New York, 1995.)

Lawson, C. L. and Hanson, R. J. (1974) *Solving Least Squares Problems*, Prentice—Hall, Englewood Cliffs, NJ (republished by SIAM Philadelphia PA 1995).

Legendre, A. M. (1906) *Nouvelles m'ethodes pour la d'etermination des orbites des com'etes*, Paris.

Liebelt, P. B. (1967) *An Introduction to Optimal Estimation*, Addison—Wesley, Reading, MA.

Luthcke, S. B., Zelenski, N. P., Rowlands, D. D., Lemoine, F. G. and Williams, T. A. (2003) The 1—centimeter orbit: Jason—1 precision orbit determination using GPS, SLR, DORIS and altimeter data. *Mar. Geodesy*, **26**, 399—421.

Markov, A. A. (1898) The law of large numbers and the method of least squares. *Izbr. Trudi.*, *Izd. Akod. Nauk*, USSR, **1951**, 233—251.

Marshall, J. A., Zelensky, N. P., Klosko, S. M., Chinn, D. S., Luthcke, S. B., Rachlin, K. E. and Williamson, R. G. (1995) The temporal and spatial characteristics of TOPEX/Poseidon radial orbit error. *J. Geophys. Res.*, **99** (C12), 25331—25352.

Maybeck, P. S. (1979) *Stochastic Models, Estimation and Control*, vol. 1 Academic Press, New York.

Montenbruck, O. and Gill, E. (2001) *Satellite Orbits: Models, Methods and Applications*, Springer, New York.

Nørgaard, M., Poulsen, N. K. and Ravn, O. (2000) New developments in state estimation for nonlinear systems. *Automatica*, **36**, 1627—1638.

Schei, T. S. (1997) A finite—difference method for linearization in nonlinear estimation algorithms. *Automatica*, **33**, 2053—2058.

Schlee, F. H., Standish, C. J. and Toda, N. F. (1967) Divergence in the Kalman filter. *AIAA J.*, **5** (6), 1114—1120.

Schutz, B., Tapley, B. D., Abusali, P. and Rim, H. (1994) Dynamic orbit determination using GPS measurements from TOPEX/Poseidon. *Geophys. Res. Ltrs.*, **21** (19), 2179—2182.

Sorenson, H. W. (1970) Least squares estimation: from Gauss to Kalman. *IEEE Spectrum*, **7** (7), 63—68.

Sorenson H. W. (ed.) (1985) *Kalman Filtering: Theory and Applications*, IEEE Press, New York.

Swerling, P. (1959) First order error propagation in a stagewise differential smoothing procedure for satellite observations. *J. Astronaut. Sci.*, **6**, 46—52.

Tapley, B. D. (1973) Statistical orbit determination theory, in *Recent Advances in Dynamical Astronomy* (eds B. D. Tapley and V. Szebehely), D. Reidel, Dordrecht, The Netherlands, pp. 396—425.

Tapley, B. D. and Ingram, D. S. (1973) Orbit determination in the presence of unmodeled accelerations. *Trans. Auto. Cont.*, AC—**18** (4), 369—373.

Tapley, B. D. (1989) Fundamentals of orbit determination, in *Theory of Satellite Geodesy and Gravity Field Determination*, vol. 25, Springer—Verlag, pp. 235—260.

Tapley, B. D., Ries, J., Davis, G., Eanes, R., Schutz, B., Shum, C., Watkins, M., Marshall, J., Nerem, R., Putney, B., Klosko, S., Luthcke, S., Pavlis, D., Williamson, R. and Zelensky, N. P. (1994) Precision orbit determination for TOPEX/Poseidon. *J. Geophys. Res.*, **99**, 24 383—24 404.

Tapley, B. D., Schutz, B. E. and Born, G. H. (2004) *Statistical Orbit Determination*, Elsevier Academic Press, Burlington, MA.

Wiener, N. (1949) *The Extrapolation, Interpolation and Smoothing of Stationary Time Series*, John Wiley & Sons, New York.

本章译者：韩潮、徐明（北京航空航天大学宇航学院）

第 256 章

地球轨道环境

Alessandro Rossi
信息科学与技术学院国家研究委员会，比萨，意大利

1 引　　言

第一颗低椭圆轨道人造卫星是由苏联在 1957 年 10 月 4 日发射的 Sputnik 1，其在约 3 个月之后重新进入大气层。之后，环地球的空间开发导致地球轨道过度拥挤，伴随产生了所谓的地球轨道环境问题。自从第一颗人造卫星 Sputnik 1 发射以来，许多从低地轨道到地球静止轨道的不同类型轨道相继被开发并投入使用，就像很多年前著名的虚拟科幻作家亚瑟·克拉克假设的一样。

第 2 节将描述绕地卫星的主要特征（见卷 6 第 246 章），第 3 节将详细分析近地球空间的不同区域，并指出影响航天器运动的主要扰动。

2 地球轨道上的空间目标群

目前美国战略司令部将所有未分类的在轨航天器记录在册（TLE）。在这个编目中，约有12 800 个目标以及它们当前的轨道参数（截至 2009 年 1 月 1 日）。

这些记录在册的目标的极限尺寸在低于几千千米的条件下（由于传感器功率和观测数据处理过程的限制）是 5～10 cm，在更高的轨道尺寸条件下是 0.5～1 m（直到静止轨道）。这些轨道的 TLE 数据依赖美国太空监视网络（SSN）的维护。这个网络是由在世界范围内分布（主要是在美国领土）的 25 个雷达和光学传感器组成的。

在 TLE 轨道数据中，只有 7%的物体是正在运行的卫星，大约 20%是非有效运行的航天器，大约 14%是发射卫星入轨的火箭的上级残骸。从 Sputnik 1 发射至今，约有 6 600 个有效载荷被发射，大约发射了 4 600 次。在已经发射的航天器中，大约有 3 400 个卫星和 3 500 个火箭上级残骸返回到大气层，剩余的仍占在轨道中运行的大型物体的很大一部分。在编目中大型物体的质量占在轨物体质量的 99%。

在编目中大约 13%的物体是发射任务的遗留碎片。这些相对小型的碎片大部分是在最初发射阶段产生的（如传感器罩、用来减缓航天器自旋的 *yo*-*yo* 的质量等）。此外，在 1961 年 6 月 20 日，Transit 4A 火箭发射阶段的爆炸第一次开始产生大量的碎片，编目中大约一半的物体都是由在轨运行中大约 200 次的分裂所生成的碎片。

小于几厘米的物体群被分散的雷达通过统计学的方法测量到。然而直到大约 10 年前，碎片残骸仍被认为是唯一存在于空间的小粒子。后来雷达和现场测量检测出了一系列新的令人意想不到的碎片。

位于美国波士顿的 Haystack 雷达执行观测活动首先发现，在大约在 900 km 轨道高度，出现一个主峰的密度大于 1 cm 的物体群（见图 1）。这个密度峰值部分是由于带大量钠-钾液态金属的俄罗斯海洋监视卫星（RORSAT）液滴向外泄漏。这种液体被用作产生电力的核反应堆的冷却剂，为防止重返地球大气层可能出现的风险，通常反应堆的核心连同这些液体被航天器排泄到飞行环境中。在这片轨道区域已经被观测到有大约 70 000 个直径为 0.5 mm～5.5 cm的液滴。

另一个未知的碎片区域，为位于约 2 900 km 的轨道高度。通过强有力的 Goldstone 雷达，Goldstein，

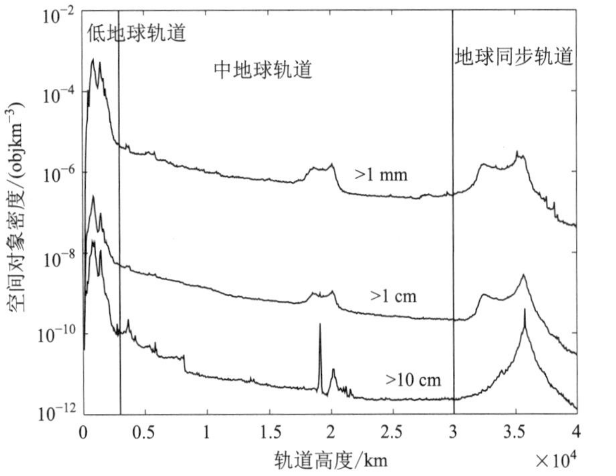

图 1　空间对象的密度作为高度的函数为三个不同大小的临界值

Goldstein 和 Kessler（1998）发现长 1.77 cm 的铜偶极子残余物，这些残余物是在 1961 年和 1963 年由美国通信实验卫星 Midas 3 和 Midas 6 释放到太空的。按照预计，这些残余物会在大约 5 年之后重新进入大气层，但是它们中的一部分在被发射后，就粘在一起，这使得它们的面质比降低了，从而延长了它们的轨道寿命。据 Goldstone 的观测，在 2 400～3 100 km 的轨道高度区域内有大约 40 000 个类似的集群。

Haystack 雷达的观察也帮助人们发现了另一个令人意想不到的重要的空间碎片，它就是来自固体火箭发动机推进剂燃烧产生的氧化铝（Al_2O_3）粒子（见第 2 卷第 95 章）。在燃烧过程中大量的亚毫米大小的粒子被释放出来，事实上固体火箭发动机（SRM）排气很可能是 10～100 μm 碎片的主要来源。对于 100 μm 到厘米级的碎片，固体火箭发动机排气以及暴露在空间环境的航天器表面所产生的碎片也是主要的来源。在某些情况下（特别是尾部燃烧），固体火箭发动机推进时释放的废物是厘米量级的（Jackson 等，1997），特别是在低倾角的情况下，航天器较为频繁地工作，在低于 400 km 的高度和高于 2 500 km 的高度，厘米级的碎片大部分都是由这些推进废物颗粒产生的。通过目前的观测和模拟计算可估计出，大于或等于1 cm的不可跟踪的颗粒总数大约是 500 000，其中约 150 000 个对象被认为是来自“风云一号”卫星的碎片，大于 1 mm 的颗粒的数量据推测会超过 3×10^8。

3　轨道区域

针对三种不同大小的空间目标，图 1 分别显示出在三段轨道高度区域中空间密度分布的情况：低地球轨道（LEO，低于 2 000 km）、中地球轨道（MEO，2 000～30 000 km）和地球同步轨道（GEO，超过 30 000 km）。

为了得到空间目标在这些巨大区域的分布，研究物体在轨道空间内的轨迹点是很有用的。图 2 绘制了编目中的空间目标的轨道半长轴和轨道倾角的关系。它根据空间目标的目的和发射基地，把它们分为不同的“族”或“星座”。接下来的部分将详细给出对图 1 中的三个主要的地球空间的描述。

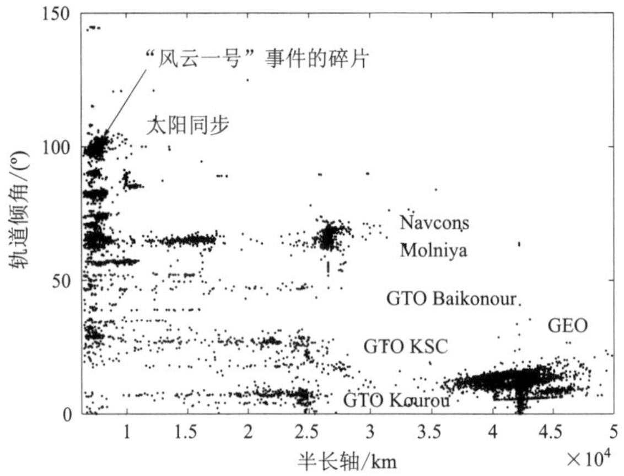

图 2　编目中的空间目标的轨道半长轴和倾角的分布关系

箭头指向“风云一号”事件的碎片。

3.1　低地球轨道

低地球轨道是在地球周围的空间迄今为止最拥挤的区域。图 3 是图 1 的细节展示，清楚地展示出其不均匀的密度分布，其中的最高峰值为 800～1 000 km。出现这种情况是因为在这片区域存在大量的执行地球观测、监视和通信的相关民事和军事任务的卫星和一些发射火箭的上级残骸。在图 2 中的低地球轨道，不同“族”的航天器很容易被区分，例如，在太阳同步轨道的卫星（轨道倾角大约为 100°）、在极地轨道的卫星（轨道倾角大约为 90°）、一些俄罗斯 Cosmos 卫星（轨道倾角为 60°～80°）和一些在肯尼迪航天中心发射的低轨卫星（轨道倾角大约为 27°）。

由于空气阻力的作用，空间目标的密度在低于约 500 km 的高度后（见图 3）迅速下降。图 4 显示了影响环地球物体的轨道的主要加速度数量级。除了地球引力这个主要作用，其他几个扰动项也是改变航天器不遵循二体轨道运动规律的因素。大气阻力摄动是低轨航天器的最主要的摄动因素，它使得物体的轨道能量降低，导致其逐渐坠落到大气中。这个主要的下降过程减少了地球周围空间的拥挤的程度。空气阻力加速度α_D与大气密度ρ、航天器相对大气的速度v_r、航天器面积A、航天器质量M的关系如下：

$$\alpha_D = -\frac{1}{2}C_D\frac{A}{M}\rho v_r^2 \tag{1}$$

式中，C_D是一个描述大气与卫星的表面材料的相互作用的量纲为1系数，v_r是空间目标相对大气的速度（King-Hele，1987；Montenbruck 和 Gill，2000；见第6卷第278章）。另一方面，大气密度随着海拔高度的增加呈指数减小，所以这个摄动只有在离地球表面800 km以内是有效的。一个半径为250 km的圆轨道的航天器的轨道寿命还不到20天（假设$A/M=0.01\ m^2/kg$），需要频繁的轨道机动来保持轨道高度（$\Delta V \approx 570\ m \cdot s^{-1} \cdot$年$^{-1}$）。当轨道高度约为400 km时，轨道寿命将增加到大约200天（相对应位置保持ΔV降低到大约24 $m \cdot s^{-1} \cdot$年$^{-1}$），而在约800 km以上的高度，空气阻力需要花费数百年才能使一颗典型卫星脱离轨道。从图4可看出，虽然许多其他的摄动项也作用于低轨卫星，但它们并不会引起轨道半长轴的长期变化。

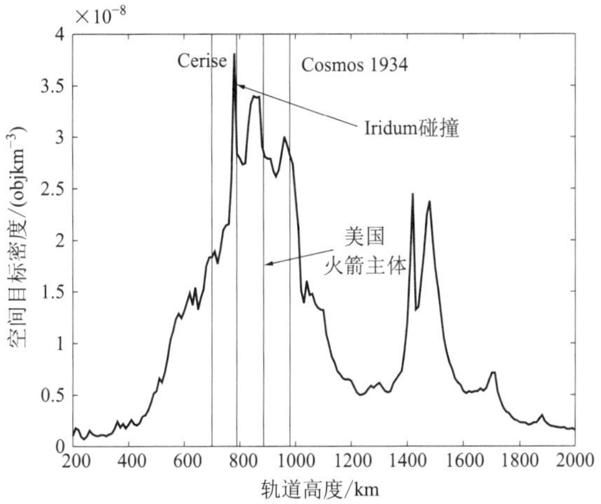

图3　在低地球轨道直径大于10 cm的空间目标的密度与轨道高度的函数关系

垂直的线条标记出4次已知的在轨道上意外发生的碰撞的位置。Cerise碰撞：发生在1996年7月24日，一个来自阿丽亚娜上级部分爆炸产生的大约10 cm的碎片，以15 km/s的相对速度击中了法国微卫星Cerise的重力梯度杆（Alby，Lansard 和 Michal，1997）。Thor Burner 2A火箭体碰撞：发生在2005年1月17日，在一个圆形的逆行轨道上，美国的上级部分与中国的上级部分的碎片（之前爆炸的）产生碰撞。Cosmos 1934碰撞：一颗失效的俄罗斯卫星与来自类似卫星Cosmos 926的碎片在一个高倾斜轨道上相撞。Iridium 33-Cosmos 2251碰撞：发生在2009年2月10日，Iridium星座中正在运行的Iridium 33与俄罗斯已经报废的通信卫星Cosmos 2251相撞。

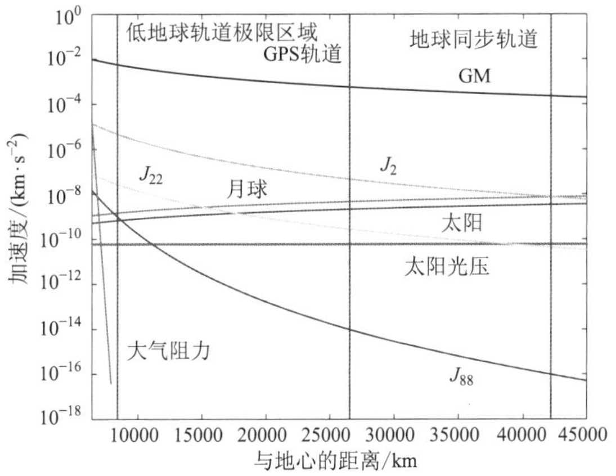

图4　影响地球卫星轨道的不同摄动的数量级

假定为计算空气阻力和太阳光压辐射的加速度的面质比为$A/M=0.01\ m^2/kg$，采用一个简单的指数型的大气密度模型进行空气阻力加速度的计算，竖线标示出高于地球表面2 000 km的位置（典型的低地球轨道极限区域）、GPS轨道的高度和地球同步轨道的半径。

地球的非球型引力的摄动主要改变卫星轨道的角度参数。重力势摄动的主要影响是轨道回归点 $\dot{\Omega}$ 的长期变化（注意：对于顺行轨道节点延迟，对于逆行轨道节点超前）和近地点岁差 $\dot{\omega}$ 的变化。这些效应大多和地球扁率相关的 J_2 项有关（Kaula，1966）。$\dot{\Omega}$ 和 $\dot{\omega}$ 的变化率可以写成：

$$\dot{\Omega}\sim-\frac{3}{2}nJ_2\left[\frac{R_{\oplus}}{a(1-e^2)}\right]^2\cos i \qquad (2)$$

$$\dot{\omega}\sim\frac{3}{2}nJ_2\left[\frac{R_{\oplus}}{a(1-e^2)}\right]^2\left(2-\frac{5}{2}\sin^2 i\right) \qquad (3)$$

式中，$n=\sqrt{GM_{\oplus}/a^3}$，是平均角速率（$M_{\oplus}$ 是地球的质量，G 为引力常数）；$R_{\oplus}$ 是地球的赤道半径；a，e 和 i 分别是轨道半长轴、偏心率和倾角（见第 5 卷第 252 章）。从图 4 可以发现，由于轨道高度较低，为精确模拟卫星的轨道情况，应该考虑更高阶的摄动项（如 8×8）。尽管如此，这些短周期和长周期摄动对导航和控制低轨道人造卫星的影响也并不是那么重要（Montenbruck 和 Gill，2000；Wertz，1999；Chobotov，2002）。

值得注意的是，低地球轨道是具有高碰撞风险的区域。图 3 指出，在低地轨道的高密度区域发生了有史以来最严重的两次意外碰撞。特别应该提到，发生在 2009 年 2 月 10 日的碰撞事件，一颗来自 Iridium 卫星星座（Iridium 33）正常工作的卫星和一颗报废的俄罗斯通信卫星 Cosmos 2251 在西伯利亚上空 789 km 的高度相撞。这是第一次两个大型航天器相互撞击，并产生了两个大型的碎片云，这两个碎片云含有成千上万厘米级的空间目标，它们和其他的 Iridium 卫星星座长时间以复杂的方式相互作用（Rossi，Valsecchi 和 Farinella，1999；Rossi，Valsecchi 和 Perozzi，2004）。在低地球轨道区域，单位时间内的平均碰撞概率 $P_i>10^{-9}\,\mathrm{m}^{-2}$/年（Rossi 和 Farinella，1992）。

内在固有碰撞概率定义为两个物体（半径为 R 和 r）之间的碰撞概率。这代表着在时间间隔 t 内，两个轨道粒子间的预期碰撞数，可以表示为 $P_i(R+r)^2t$（Rossi 和 Valsecchi，2006）。在低地球轨道，碰撞的平均速度是 $V=9.65\pm0.88$ km/s（Rossi 和 Farinella，1992），这意味着参与碰撞的能量是巨大的，大约为 10^5J，即使对于一个厘米级的物体（对应于一个质量约 1.5 g 的物体）也是如此（见第 6 卷第 307 章）。

3.2　中地球轨道

中地球轨道可以大致定义为低地球轨道和地球同步轨道之间的区域。图 5 详细展示了该区域中物体空间密度的分布情况。分布在此区域的主要是导航星座（见第 5 卷第 261 章）。导航星座是提供全球覆盖的自主定位的全球性的卫星系统。在图 2 中可以发现导航卫星（代号为 Navcons）集中在 $a\approx$ 26 000 km，$i\approx56°$ 的区域。美国的 GPS（全球定位系统）卫星（$a\approx$26 560 km，$i\approx55°$）和俄罗斯的 GLONASS 卫星（$a\approx$25 510 km，$i\approx64.8°$）是两个目前已经部署的导航星座。欧洲的 GALILEO 和中国的"北斗"系统将在未来几年发射部署，其轨道类似圆形的中地球轨道。可以发现俄罗斯通信卫星的集群所在的 Molniya 轨道非常接近 Navcon 集群（$a\approx$26 000 km，$i\approx63°$，$e=0.7$）。俄罗斯领土大多在高纬度地区，在那里地球同步轨道圈在地平线上所成的角度非常小（甚至低于地平线）。因此，地球同步轨道卫星不适合这些地区的通信，从苏联时代开始，通信卫星就被放在这些高偏心率，所谓的 63°临界倾角的轨道上。从式(3) 可以看出，$i\approx63°$ 和 $\dot{\omega}=0$ 时，轨道的近地点几乎被冻结。因此，Molnyia 卫星发射至初始 $\omega=270°$ 的轨道上，它们的远地点被冻结在北半球，根据开普勒第二定律，轨道的大部分时间都在远地点附近，可以被地球的北部区域长时间有效地看到。

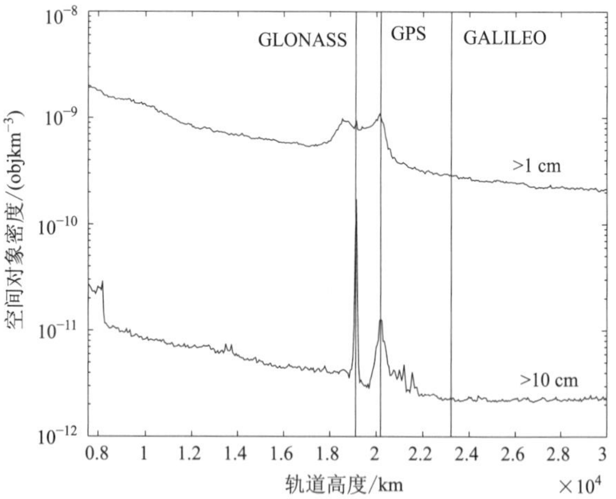

图 5　在中地球轨道直径大于 10 cm 的空间目标的密度与高度的函数

竖线标记出 GPS、GLONASS 和 GALILEO 轨道的位置。

从图 2 可以看到，有三个水平条纹的点，分布在从低地球轨道到轨道高度为 26 000 km 的区域。此区域中的物体位于轨道半长轴为 $a\sim$25 000 km 的地球转移轨道（GTO）上。这些物体大多数是卫星从 Kourou（欧洲航天局阿丽亚娜火箭，$i\approx7°$）、肯尼迪航天中心（$i\approx27°$）、Baikonour 发射场（$i\approx48°$）

发射后在上升阶段遗留下的。大多数发射（见第7卷第360章）不能把有效载荷直接运送到地球同步轨道的高度（见3.3节）。有效载荷通常停留在一个近地点在500～700 km的高度，远地点接近地球同步轨道的椭圆轨道上，这就是所谓的地球转移轨道。在地球转移轨道的远地点的轨道速度约为1.64 km/s，而地球同步卫星的轨道速度约为3 km/s。在地球转移轨道的远地点发动机点火使得卫星进入地球同步轨道。如果运载器使有效载荷停留在的圆形的低轨道，则需要两次机动变轨以使卫星进入地球同步轨道。首先，在低地球轨道点火进入地球同步转移轨道，然后如上所述，在远地点点火使得轨道圆化，这是一个典型的霍曼转移过程（见图6）（见第5卷第253章）。地球转移轨道的倾角是由发射点的纬度和发射方位角即发射的方向来决定的。为了利用地球自转产生的能量，大部分发射任务都是朝东发射的（考虑到发射基地的安全准则），所以如图2所示，初始轨道倾角和其发射场的位置几乎完全匹配。

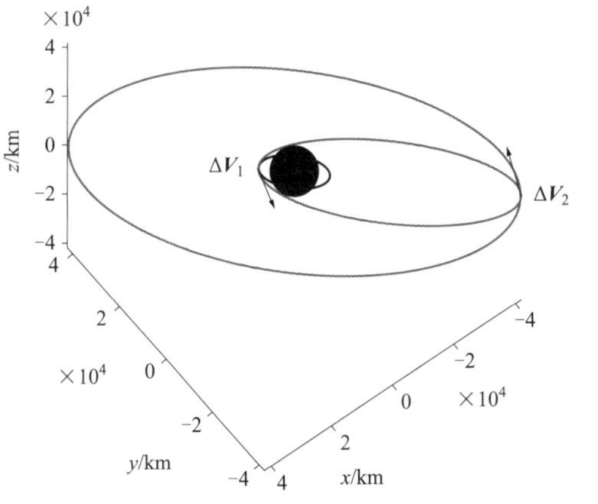

图6　从低地球轨道进行霍曼转移的示意

从半径约为6 740 km的轨道到半径约为42 164 km的低地球轨道，通过一个地球转移轨道（a=24 470 km，e=0.723），图中标出两次轨道转移点火的位置（$\Delta\boldsymbol{V}_1$和$\Delta\boldsymbol{V}_2$，向量的大小不是按真实比例绘制的）。

火箭的上面级用于把卫星送至地球同步轨道，其经常被遗留在地球同步转移轨道上。如果地球同步转移轨道的近地点足够低，使得能受到足够有效的大气阻力的作用，火箭可以在几年后重新进入大气层，但是处于更高的远地点（$r_a \geqslant$600 km）的火箭上面级残骸可以在轨道上运行几十年，带来低地球轨道和中地球轨道的空间碎片污染。

从图4中可以发现，随着距离地球中心越来越远，各种类型的摄动开始变得重要。虽然J_2项仍然是最主要的影响，太阳和月亮的引力场摄动也变得不容忽视。日月引力引起偏心率、倾角、升交点赤经和近地点产生长期的变化。日月摄动和空气阻力共同作用使得某些高偏心率的轨道的低近地点高度降低，加速其轨道的衰减（Frazier，Culp和Rosborough，1989）。另一方面，由于缺乏足够的大气，对于中地球轨道空气阻力是可以忽略不计的。另一项非引力摄动开始发挥作用：太阳辐射压力。太阳辐射压力源自航天器的表面吸收和反射的光子，其大小又取决于航天器的面积质量比（Milani，Nobili和Farinella，1987）。对于面积质量比为0.01～0.1的典型的轨道航天器，太阳辐射压力主要是使轨道的偏心率和近地点在长周期产生变化。对于有着太阳能电池帆板和天线的大型的高轨卫星（大型的地球同步轨道通信卫星），它对轨道改变还是起着重要作用的。其通过轨道机动来保持其轨道的正常运行（见3.3节）。在这里特别要注意的是，地球卫星所受到的真实摄动的情况要比图4所描绘的更复杂。在卫星运动、地球的自转和摄动物体的运动之间，不同类型的共振可以产生长期的摄动干扰，比之前给定的单个摄动的作用更复杂（Kaula，1966；Gedeon，1969；Sochilina，1982；Chao，2005）。

特别的，轨道的周期等于半个恒星日（≈12 h）的中地球轨道导航航天器，受制于2∶1平均运动共振。从分析的角度来看，这种共振可以通过Kaula卫星运动理论来研究（Kaula，1966；1969；Sochilina Gedeon，1982）。在平均运动共振下，公约数的确切条件是相对于卫星轨道进动平面地球旋转α次的过程中，卫星执行β节点周期运动（α和β是互质的整数，在中地球轨道情况下的值分别是1和2）。在这个区间之后，卫星相对地球的路径会发生重复，导致共振。其近似条件是，卫星的平均运动是β/α乘以地球旋转的角速度。值得注意的是，虽然强烈的共振并不总是在卫星轨道上发生，轻微的共振屈服于主要的摄动是常见的特征。

2∶1共振会引起中地球轨道偏心率的长期变化，例如，可以改变导航星座的构型（Deleflie，M'ris和Exertier，2006）。最近，一个由三体引力和重力势摄动引发的更为复杂的共振被发现，它可能使导航卫星轨道的偏心率发生长周期的改变，对于长期处理报废卫星和火箭上面级残骸是严重的危害（Chao和Gick，2004；Chao，2005；Rossi，2008）。日月共振出现在拱点和节点的连线的长期运动与太阳和月亮的平均运动可公约的时候。

由于空间目标的密度较低，在中地球轨道碰撞概率比在低地球轨道小两个量级。尽管如此，在GPS / GLONASS的高度，一般的平均碰撞速率仍然能达到5 km/s，这使得即使厘米级碎片碰撞产生的能量也会严重危害到轨道运行环境（Rossi，Valsecchi和Perozzi，2004）。

3.3　地球同步轨道

最后，在图2中可注意到地球同步轨道卫星（$a \approx 42\ 000$ km，$e \approx 0$，$15° \geqslant i \geqslant 0°$）。地球同步轨道是一个轨道周期等于地球自转周期的轨道。准确的地球同步轨道半长轴 $a_{sync}=42\ 164$ km，对应高度 $h_{sgnc}=35\ 786$ km。大部分通信和气象卫星被放置在这一特殊的轨道，于是对于地面站的天线指向和控制就会变得容易，因为所指向的物体看起来是不动的。虽然这片区域十分重要，但地球同步轨道范围内的航天器和碎片仍然不是十分确定的，这主要是由于物理距离阻止了雷达的观测。专用的光学观测活动展示出这个轨道区域环境（Schildknecht，2007）。地球同步轨道区域的主要特性是没有任何自然衰落的机械特性，例如空气阻力，每颗地球静止轨道的卫星都被放置在一个约0.1°经度宽度的“轨道槽”内。由于这些原因，尽管在物理层面感觉很巨大，有用的地球同步轨道空间实际非常有限，如果不可用的卫星或者空间碎片占用了“轨道槽”，那片区域将变得不可用。此外，任何在该区域的碎片将几乎永远待在那。

图7显示了编目中直径大于1m的空间目标的轨道倾角 i 和升交点赤经 Ω 的分布关系。在图中可以清晰地分辨出两个主要的空间对象群。通过机动控制使轨道倾角保持在0°左右的卫星，其升交点赤经 Ω 几乎是随机分布的。不受控制的老卫星的轨道倾角在不断地振荡，每当达到最大值 $i_{max}=15°$ 后，就又跳回到0°，这个周期大概是53年。造成升交点赤经 Ω 和轨道倾角 i 的这种特殊分布的原因是太阳、月亮和地球扁率的摄动。通过图4可注意到，在大于6个地球半径的地方，由于地球扁率的影响，作用于航天器的加速度平衡是如何大幅度地改变，以及第三体摄动如何变得与它们相当。这些效应导致轨道平面倾角的岁差运动，包括轨道倾角 i 的振荡。

在地球同步轨道区域，考虑到地球同步卫星的典型的大尺寸太阳帆板和天线，对太阳光压的研究变得十分重要。在图4中，为避免混乱，只显示了一条太阳光压加速度的值（对应于 $A/M=0.01$ m²/kg）。更大的面质比在地球同步轨道上的航天器上也很常见，其导致了更大的加速度（在图中，水平直线对应这些物体）。太阳光压辐射的主要影响是诱发轨道偏心率 e 长周期（即大约每年一次）的变化。太阳光压辐射对航天器的影响，导致轨道半长轴、轨道倾角和升交点赤经的长期复杂的变化（Milani，Nobili和Farinella，1987）。

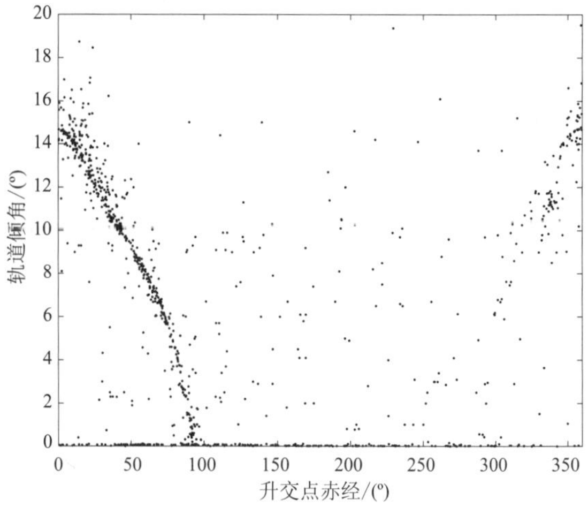

图7　在地球同步轨道直径大于1 m的空间目标的升交点赤经和轨道倾角的分布关系

重力势产生的引力摄动主要以共振效应的形式出现，其源于卫星轨道周期和地球自转之间1∶1的平均运动共振。地球同步卫星会与地球引力场系数产生共振，包括低阶的地球引力场系数，甚至（$l-m$）价1次 m 系数差值，特别是与地球赤道椭圆率相关的 J_{22} 项（Kaula Seeber，1966，2003）。这种共振会使卫星的经度在两个平衡稳定的位置产生长周期的摆动（大约1 000天），分别位于经度75°和245.5°E（两个不稳定的平衡点位于经度161.8°和348.5°E）。

由于上述摄动，一旦卫星不能正常运行，其轨道倾角和轨道偏心率都将偏离标称的零值（见图7）。这意味着，它们以几百米每秒的相对速度开始穿越正常运行轨道，远远高于那些正在运行的共轨道的地球同步卫星。为了保护正在地球同步轨道运行的卫星，减少与失效的航天器碰撞的风险，国际组织空间碎片协调委员会（IADC）划定了一个受保护的区域。国际组织空间碎片协调委员会是一个政府间的组织，其目的是共同研究和解决空间碎片问题（见第6卷第284章）。这个保护区被定义为以地球同步轨道为中心的圆环，向地球同步轨道高度上下扩展200 km，±15°的倾角偏差（见第6卷

第 308 章)。每一个航天器在寿命结束的时候都应该转移到废弃的轨道上,这个废弃的轨道的近地点高于地球同步轨道高度 ΔH (km),在这里给出 ΔH 的计算公式:

$$\Delta H = 235 + C_r \times 1\ 000 \frac{A}{M} \tag{4}$$

式中,A 是卫星平均横截面积,m^2;M 是卫星质量,kg;C_r 是辐射压力系数(通常介于 1 和 2 之间),这个系数反映了航天器上太阳辐射传播、吸收和反射的数量(IADC,2002)。对于 ΔH 需要考虑到相关的摄动,它是太阳光压辐射预期引起的扰动加速度的函数。ΔH 的目的是防止有东西干扰地球同步轨道保护的区域。正常的运行通常是在所谓的同步环中,即地球同步轨道高度上下75 km和±1°的倾角偏差。受保护的区域扩展至±200 km,为航天器的轨道转移创建一个机动走廊(即加上一个保险),±15°的倾角偏差是考虑到正常的地球同步轨道的卫星没有轨道倾角的控制。

4 总结和未来的趋势

在 20 世纪 70 年代后期,空间碎片研究的先驱 Donald J. Kessler 发表了开创性的论文,论文中假设了一个环绕地球的空间碎片带,并描述了地球轨道空间对象之间的碰撞级联(Kessler 和 Cour - Palais,1978)。30 多年后,Iridium 33 - Cosmos 2251 事件清楚地表明,轨道空间对象之间的碰撞已成为真正的威胁。

最近的一系列建模研究表明(Liou 和 Johnson,2008),在最拥挤的低地球轨道区域(见图 3),大于 10 cm的空间对象的数量快速增长,即使没有任何新的空间活动,航天器之间的碰撞在轨道上也已经发生了。这意味着这些区域已经达到空间目标的临界密度,所谓的碰撞级联已经开始了。

虽然这些结果部分依赖模型的假设,但它们很清楚地指出,需要对碎片管理的问题进行必要的改变。人们在国际层面上已经实施了一些缓解措施,如在卫星寿命即将结束时,降低其运行轨道,防止任务结束时航天器意外爆炸等(IADC,2002)。应该对空间中所有正在运行的卫星进行避撞的练习。这需要能够在具有一定精度的探测。跟踪和确定轨道上,对成千上万的空间对象进行监视的强大网络,目前的设施还不能够完全做到。复杂的编目工作可能无法阻止碎片的不断扩散,在不久的将来,航天器主动从轨道上撤出可能是唯一有效的解决空间安全的方式。

参考文献

Alby, F., Lansard, E. and Michal, T. (1997) *Collision of Cerise with Space Debris*, Second European Conference on Space Debris, Proceedings ESA SP-393 (Darmstadt), 589-594.

Chao, C. C. and Gick, R. A. (2004) Long-term evolution of navigation satellite orbits: GPS/GLONASS/GALILEO, *Adv. Space Res.* **34**, 1221-1226.

Chao, C. C. (2005) *Applied Orbit Perturbation and Maintenance*. The Aerospace Press, El Segundo, California, American Institute of Aeronautics and Astronautics.

Chobotov V. A. (2002) *Orbital Mechanics, 3rd edn*. American Institute of Aeronautics and Astronautics (AIAA Education Series).

Deleflie, F., M′etris, G. and Exertier, P. (2006) Long-period variations of the eccentricity vector valid also for near circular orbits around a non-spherical body, *Cel. Mech. Dyn. Astr.* **94**, 83-104.

Frazier, W., Culp, R. D. and Rosborough, G. (1989) Semianalytical study of high-eccentricity orbit evolution, *Astrodynamics*, **71** Part II, Univelt Incorporated, San Diego, CA, pp. 1251-1264.

Gedeon, G. S. (1969) Tesseral resonance effects on satellite orbits, *Cel. Mech. Dyn. Astr.* **1**, 167-189.

Goldstein, R. M., Goldstein, S. J. and Kessler, D. J. (1998) Radar observations of space debris, *Planet. Space Sci.* **46**, 1007-1013.

Hughes, S. (1980) Earth satellite orbits with resonant lunisolar perturbations. I. Resonances dependent only on inclination, *Proc. R. Soc. Lond. A.* **372**, 243-264.

IADC (2002) *IADC Space Debris Mitigation Guidelines*, IADC-02-01.

Jackson, A., Eichler, P., Potter, R., Reynolds, A. and Johnson, N. (1997) *The Historical Contribution of Solid Rocket Motors to the One Centimeter Debris Population*, Second European Conference on Space Debris, Proceedings ESA SP-393 (Darmstadt), 279-284.

Kaula, W. M (1966) *Theory of Satellite Geodesy*. Blaisdell, 1966. (Dover, November 2000).

Kessler, D. J. and Cour-Palais, B. G. (1978) Collision frequency of artificial satellites: the creation of a debris belt, *J. Geophys. Res.* **83**, 2637-2646.

King-Hele, D. (1987) *Satellite Orbit in an Atmosphere*. Blackie and Son Ltd., London.

Liou, J.-C. and Johnson, N. L. (2008) Instability of the

present LEO satellite populations, *Adv. Space Res.* **41**, 1046—1053.

Milani, A., Nobili, A. and Farinella, P. (1987) *Non Gravitational Perturbations and Satellite Geodesy*. Adam Hilger Ltd., Bristol and Boston.

Montenbruck, O. and Gill, E. (2000) *Satellite Orbits: Models, Methods, and Applications*. Springer, Berlin and Heidelberg (Germany).

Rossi, A. and Farinella, P. (1992) Collision rates and impact velocities for bodies in low Earth orbit. *ESA J*. **16**, 339—348.

Rossi A., Valsecchi G. B. and Farinella, P. (1999) Risk of collision for constellation satellites, *Nature* **399**, 743—744.

Rossi, A. and Valsecchi, G. B. (2006) Collision risk against space debris in Earth orbits *Celest. Mech. Dyn. Astr.* **95**, 345—356.

Rossi, A., Valsecchi, G. B. and Perozzi, E. (2004) Risk of collision for the navigation constellations: the case of the forthcoming GALILEO, *J. Astronaut. Sci.* **52**, 455—474.

Rossi, A. (2008) Resonant dynamics of medium Earth orbits: space debris issues. *Celest. Mech. Dyn. Astr.* **100**, 267—286.

Schildknecht, T. (2007) Optical surveys for space debris, *Astronom. Astrophys. Rev.* **14**, 41—111.

Seeber, G. (2003) *Satellite Geodesy*. de Gruyter, Berlin. Sochilina, A. S. (1982) On the motion of a satellite in resonance with its rotating planet, *Cel. Mech. Dyn. Astr.* **26**, 337—352.

Wertz, J. R. (1999) *Space Mission Analysis and Design*. Kluwer Academic Publishers.

本章译者：韩潮、徐明（北京航空航天大学宇航学院）

第 257 章

平动点轨道和三体问题

Kathryn Davis，Rodney L. Anderson
科罗拉多大学航空工程科学系，波尔得，科罗拉多，美国

1 引　　言

三体问题的提出可以追溯到 17 世纪牛顿的工作。在解决了二体问题后，牛顿试图找到三体问题的一个闭合形式的解析解，这个解直到今天仍然难以获得。欧拉在 18 世纪 70 年代利用旋转坐标系发展了限制性问题的解。与欧拉一起，拉格朗日研究了这类三体问题，计算出五个平动点的位置，这些点通常被称为平动点或拉格朗日点。Jacobi 研究了圆形限制性三体问题，发现了一个运动积分，人们以他的名字将之命名为 Jacobi 积分。尽管研究者们尝试找到更多的运动积分，Bruns 发现不可能找到其他的显式表示的首次积分。19 世纪末，庞卡莱在三体问题的研究上取得了若干进展，包括：发展了周期解的理论、描述了动力系统中混沌的存在。这些工作奠定了现代动力系统研究的基础。

动力学系统理论

动力学系统理论是用来描述复杂动力系统长期的、定量的特性，该理论利用微分或差分方程将系统的当前状态与未来的某一状态关联起来。动力学系统理论包含众多的分析复杂动力系统（如三体问题）的有力方法，这些方法包括寻找固定点的解或周期轨道解。庞卡莱提出了在相空间中利用映射分析动力学系统的理论，在这些映射中，动力学出现了一些奇异的现象。庞卡莱还引入了动力学系统中混沌的概念，混沌系统可以简单地定义为对初始条件敏感、具有非周期特性的动力学系统。

2 三体问题

三体问题描述的是三个天体在多引力作用下的运动，这三个天体被假定为具有球对称的引力场，这样每个天体都可以被视为质点。在限制性三体问题中，第三个天体的质量（如航天器）与其他两个天体相比可以忽略不计，这两个天体统称为大天体，其中质量较大的称为主天体，质量较小的称为次天体。两个大天体遵循二体运动的开普勒定律，并且不受质量忽略不计的第三个天体的影响。为简化限制性三体问题，可以进一步添加假设。在椭圆形限制性三体问题（ERTBP）中，两个大天体作椭圆运动。在圆形限制性三体问题（CRTBP）中，两个大天体绕系统的质心作圆周运动。如果进一步限制三个天体的运动在同一个平面内，则称之为平面圆形限制性三体问题（PCRTBP）。

圆形限制性三体问题的几何关系如图 1 所示。定义质心惯性坐标系，原点在质心，轴用（α，β，γ）表示。进一步说，定义质心旋转坐标系，原点在质心，轴用（x，y，z）表示，x 轴从原点指向次天体，z 轴指向系统角动量的方向，与质心惯性坐标系的 γ 轴重合，y 轴的指向满足右手定则，该坐标系的旋转角速度与两个大天体相对运动的角速度相同，在该坐标系下可以方便地描述第三个天体的运动。

2.1　量纲为 1 的量

对有量纲的限制性三体问题可以进行无量纲化，以两个大天体之间的距离作为单位长度，以主

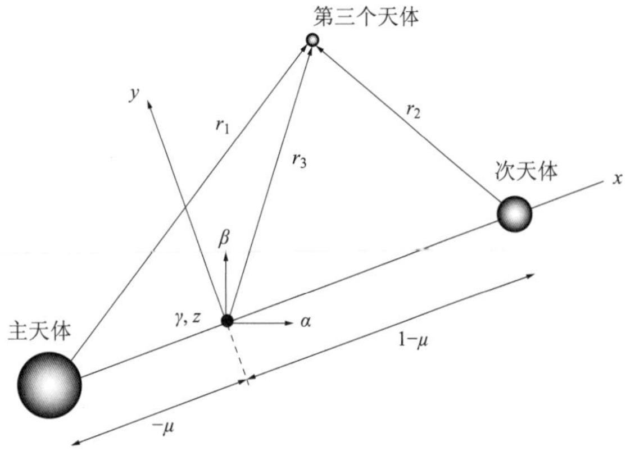

图 1 圆形限制性三体问题的几何关系

天体的运动角速度的倒数作为单位时间，如此可以将系统简化为单变量问题，该变量就是次天体的质量与系统总质量的比值，用 μ 来表示，μ 可以表示为

$$\mu=\frac{m_2}{m_1+m_2} \tag{1}$$

式中，m_1 和 m_2 分别是主天体和次天体的质量，并且 $m_1 \geqslant m_2$，$\mu \in [0,\ 0.5]$。任何三体系统的相空间与 μ 高度相关，日-地系统和地-月系统中 μ 的值如表 1 和表 2 所示。

表 1 地-月系统中平动点的位置（$\mu \approx 0.012\ 15$）

平动点	归一化		标准值（有量纲）	
	x	y	x/km	y/km
LL_1	0.836 9	0	321 719	0
LL_2	1.155 7	0	444 256	0
LL_3	−1.005 1	0	−386 356	0
LL_4	0.487 85	0.866 03	187 534	332 909
LL_5	0.487 85	−0.866 03	187 534	−332 909

表 2 日-地/月系统中平动点的位置（$\mu \approx 3.040\ 4 \times 10^{-6}$）

平动点	归一化		标准值（有量纲）	
	x	y	x/km	y/km
EL_1	0.990 0	0	148 099 945	0
EL_2	1.010 1	0	151 105 252	0
EL_3	−1.000 0	0	−149 598 212	0
EL_4	0.500 0	0.866 0	74 798 556	129 555 688
EL_5	0.500 0	−0.866 0	74 798 556	−129 555 688

如果把两个大天体之间的距离设为 1，那么主天体和次天体在 x 轴上的坐标分别是 $-\mu$ 和 $1-\mu$。

2.2 运动方程

通过牛顿力学来推导 CRTBP 的运动方程，大天体被当作点质量，施加于无质量的第三个天体的力可以表示为如下量纲量：

$$\sum \boldsymbol{F} = m_3 \ddot{\boldsymbol{r}}_{s/c} = -G\frac{m_3 m_1}{r_1^3}\boldsymbol{r}_1 - G\frac{m_3 m_2}{r_2^3}\boldsymbol{r}_2 \tag{2}$$

如果系统是无量纲的，第三个天体在惯性系下的加速度可以表示为

$$\ddot{\boldsymbol{r}}^{I}_{s/c} = -\frac{1-\mu}{r_1^3}\boldsymbol{r}_1 - \frac{\mu}{r_2^3}\boldsymbol{r}_2 \tag{3}$$

可以将上述方程转换到旋转坐标系下的运动学方程，如下式所示：

$$\begin{aligned} \ddot{x} &= 2\dot{y} + x - (1-\mu)\frac{x+\mu}{r_1^3} - \mu\frac{x-1+\mu}{r_2^3} \\ \ddot{y} &= -2\dot{x} + y - (1-\mu)\frac{y}{r_1^3} - \mu\frac{y}{r_2^3} \\ \ddot{z} &= -(1-\mu)\frac{z}{r_1^3} - \mu\frac{z}{r_2^3} \end{aligned} \tag{4}$$

式中，r_1 和 r_2 等于第三个天体到主天体和次天体的距离，分别为

$$r_1 = \sqrt{(x+\mu)^2 + y^2 + z^2} \tag{5}$$

$$r_2 = \sqrt{(x-1+\mu)^2 + y^2 + z^2} \tag{6}$$

式（4）的详细推导可以参见 Szebehely（1967）文献。

2.3 Jacobi 常量

CRTBP 中存在一个质心旋转坐标系中的运动积分，这个运动积分可以通过将式（4）的三个方程分别乘以 $2\dot{x}$、$2\dot{y}$ 和 $2\dot{z}$ 并相加、积分获得，称为 Jacobi 常量。

$$C = 2\Omega - V^2 \tag{7}$$

$$\Omega = \frac{1}{2}(x^2+y^2) + \frac{1-\mu}{r_1} + \frac{\mu}{r_2} \tag{8}$$

$$V^2 = \dot{x}^2 + \dot{y}^2 + \dot{z}^2 \tag{9}$$

在 CRTBP 中，除非第三个天体受到两个大天体之外的扰动，其 Jacobi 常量会一直保持不变，因此 Jacobi 常量类似二体问题中的能量。需要注意的是，Jacobi 常量只是质心旋转坐标系中位置和速度的量纲为 1 的函数。

对于给定的 Jacobi 常量，第三个天体的运动被限制在特定的空间区域，因为速度不能包含虚数分量，这也引出了禁闭区域的概念。令式（7）中的速度等于零，可以得到 CRTBP 中的禁闭区域，如图 2 所示。给定 Jacobi 常量的天体要想穿越禁闭区

域，只能对其施加非保守力，比如推力。

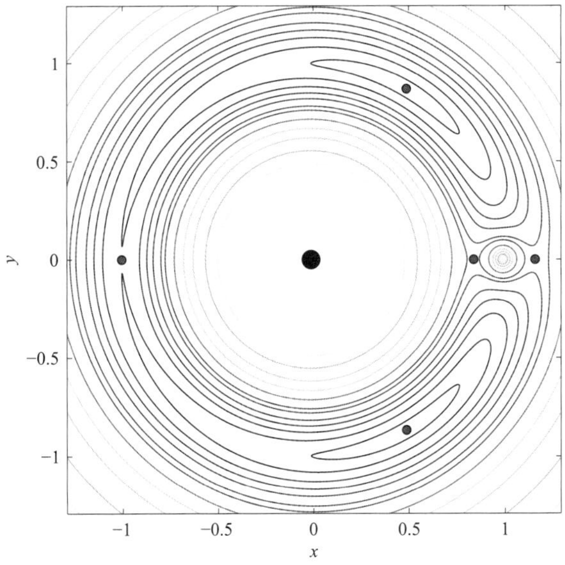

图 2　地-月系统中不同的 Jacobi 常量对应的禁闭区域

2.4　平动点

图 2 中的等高线图展示了 CRTBP 中的 5 个平衡点的位置，也被称为平动点或拉格朗日点。在平动点处，重力加速度与向心加速度相互抵消。如果式（4）中会合坐标系的速度和加速度等于零，且第三个天体处于 $x-y$ 平面上，则可以获得以下方程：

$$x-(1-\mu)\frac{x+\mu}{r_1^3}-\mu\frac{x-1+\mu}{r_2^3}=0 \tag{10}$$

$$y-(1-\mu)\frac{y}{r_1^3}-\mu\frac{y}{r_2^3}=0 \tag{11}$$

将 y 设为零，可以求得与 μ 有关的三个共线平动点 L_1、L_2、L_3 的位置。通过式（10）和式（11）也可以找到两个三角平动点，这些点与两个大天体组成等边三角形。一般的，L_1 位于主天体和次天体之间，L_2 位于沿 x 轴正向次天体的远端，L_3 位于沿 x 轴负向主天体的远端，L_4 位于上等边三角形的顶点，L_5 位于下等边三角形的顶点。欧拉和拉格朗日分别找到了共线平动点和三角平动点，地-月系统的 5 个平动点的分布如图 3 所示（$\mu \approx 0.012\ 15$）。

如果在会合坐标系中，放在平动点处的小质量物体没有初始速度，它会相对两个大天体保持静止。但是，在平动点附近对运动方程进行线性化表明共线平动点是不稳定的，这意味着处于这些平动点的小质量物体在轻微扰动的作用下会偏离原位置。也可以从图 2 中的共线平动点附近的零速度曲线得到这个结论。在图中，共线平动点是鞍点，而三角平动点在零速度曲线之中。如果质量比 $\mu<$

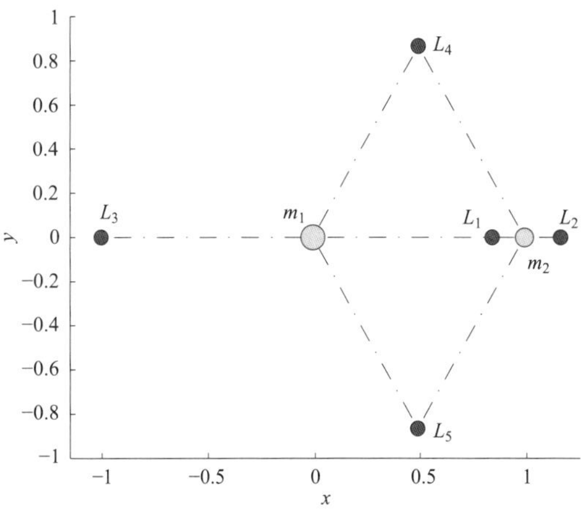

图 3　地-月系统中 CRTBP 的 5 个平动点在质心旋转坐标系中的位置

0.038 5，那么三角平动点是稳定的，比如在日-木系统（$\mu \approx 9.54\times10^{-4}$）中，在 L_4 和 L_5 附近有大量的特洛伊小行星。

通常使用缩写来表明平动点系统，如 EL_i 表示日-地/月系统，LL_i 表示地-月系统，表 1 和表 2 展示了地-月系统中平动点的量纲为 1 的位置和有量纲的位置。

3　平动点轨道

在 CRTBP 中，存在无数的周期性轨道和拟周期性轨道符合运动方程，小质量物体可以绕两个大天体之一或 5 个平动点之一作周期运动。许多学者已经对周期性轨道族进行了深入研究，主要有 Moulton（1920）、Broucke（1968）、Farquhar 和 Kamel（1973）、Breakwell 和 Brown（1979）、Gómez 等（2001）、Hénon（2003）等。对平动点轨道（LPO）的研究主要集中在共线平动点轨道，因为它与任务设计的关系最为密切。平动点轨道可以划分为几种类型，其中之一是 Lissajous 轨道，它以法国物理学家 Jules Lissajous 命名，是一类旋绕成圆环面却不会闭合的拟周期轨道。Halo 轨道是一种特殊的 Lissajous 轨道，平面内的频率和平面外的频率是相等的，是周期性轨道，其命名也是恰如其分的，因为从主天体观察 Halo 轨道好像是次天体周围的一道光晕（Farquhar，1971）。Halo 轨道是三维的，如果进一步将之限制到二维，则其变成了 Lyapunov 轨道。Halo 轨道和 Lyapunov 轨道是典型的对称轨道，在一个周期内会穿过 x 轴两次。另外，也存在其他复杂的周期性 LPO 族，比如垂直轨道（Paffenroth 等，2001）或穿过 x 轴 $2N$ 次的轨道。目前，可以通过解析或数值的方法计算近似平动点轨道。

3.1　近似解析解

过去的研究已经提出了三体问题中计算轨道近似解析解的方法。最早的研究是在20世纪初期，Plummer（1903）利用傅里叶级数展开式找到了共线平动点轨道的平面周期解。在20世纪70年代，Heppenheimer（1973）、Farquhar和Kamel（1973）利用Lindstedt和Lindstedt－Poincaré方法研究了解析解。Richardson和Cary（1975）考虑第四个天体的引力的摄动影响和两个大天体轨道的偏心率的影响，利用逐次逼近法和双时间尺度法得到了椭圆限制性三体问题的一个四阶解。之后，Richardson（1980）利用逐次逼近与类似Lindstedt－Poincaré方法的方法，找到了CRTBP中对共直线平动点Halo类型轨道的一个三阶解析解。Gómez等（2001）基于给定的μ值和指定的所选轨道的振幅，发展了一种半解析方法，可以用来确定限制性三体问题中更高阶的共线平动点Halo轨道，该方法之所以是半解析的，是因为给定μ的取值，Halo轨道x、y、z坐标的傅里叶级数展开式的系数是迭代计算出的。

三阶或四阶逼近提供了对平动点附近轨道的特性定量描述的可能。但是，这类逼近对任务设计来说已经足够，并且通常将解析逼近与数值计算技术结合生成精确的轨道。实际上，人们通常利用Richardson－Cary展开式根据周期轨道的初始条件猜测初值，然后利用微分算法对初值进行修正来生成接近真实轨道的解。

3.2　微分修正

3.2.1　单重打靶法

在CRTBP中，名为“单重打靶法”的微分修正算法可以用来构建简单的周期性轨道，它是由Howell（1984）提出的，其基本思想是利用$x-z$平面的对称性来寻找周期轨道，具体步骤如下：初始状态在$x-z$平面上，且在x轴和z轴上没有速度分量，对初始状态正向积分，直到穿过$x-z$平面；如果其与$x-z$平面是垂直的，则轨道是周期性的，如果不是，可以通过状态转移矩阵的信息修正初始条件，逐次迭代找到一条周期轨道，当$|\dot{x}|$和$|\dot{z}|$小于指定阈值（如10^{-8}）时，可以认为轨道是周期性的。但是，值得注意的是，如果要使误差非常小，就必须积分到$y=0$这个点。

图4显示了地-月系统中L_2点的Lyapunov轨道族的部分轨道。图5显示了地-月系统中L_2点的Halo轨道。按照惯例，靠南的轨道在$x-y$平面下花费了比周期的一半更长的时间，相反的，靠北的轨道在$x-y$平面上花费了比周期的一半更长的时间。

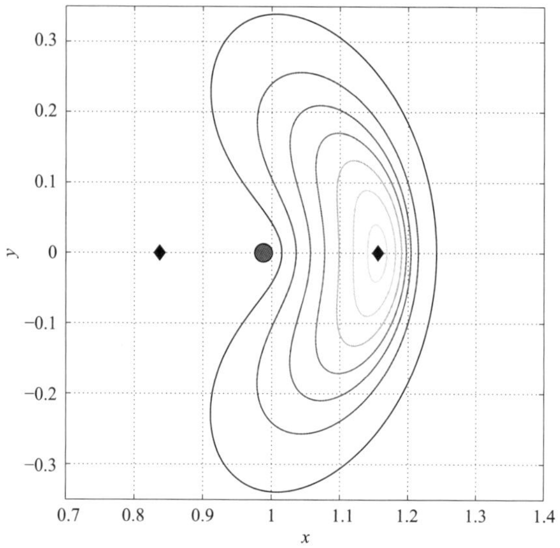

图4　地-月系统L_2点的Lyapunov轨道

月球以圆圈表示，L_1点和L_2点以菱形表示。

图6显示了日-地/月系统中的Lissajous轨道，轨道外推约6.3年，该Lissajous轨道在y轴和z轴上的幅值分别是500 000 km和400 000 km。

单重打靶法在寻找对称的周期轨道时表现良好，但是当对其他更复杂的轨道进行完整分析时，则需要更通用的技术，比如多重打靶法。

3.2.2　多重打靶法

多重打靶法是通过同时调整一系列状态来构建一条满足给定的各种约束的复杂轨道，包括两步：第一步保证位置是连续的；第二步保证速度是连续的。通常，两步迭代过程一直进行，直到第一步和第二步的迭代结果的精度满足要求。多重打靶法的步骤简单介绍如下，更详细的介绍请参见Wilson（2003）文献：

第一步，为了创建一条位置连续的轨道，需要若干“片点”或轨道上状态的猜测初值。除最后一个点外，每个点的速度都要更新，以保证达到下一个片点的位置和速度。因此，在该步收敛后，该轨道位置是连续的，但在每一个片点处需要作轨道机动（Δ**V**s）。如果是圆锥曲线，则本质上是一个二体Lambert问题。状态转移矩阵决定了当前片点的速度改变对下个片点位置的影响。

第二步，每个片点的位置和历元时刻，包括最后一个点，都通过最小二乘方法进行调整，使整条轨道上的 $\Delta\boldsymbol{V}$ 最小。在第一步之后，会得到一条位置不连续、需要更小 $\Delta\boldsymbol{V}$ 的轨道，第二步的目标是使每一个内部片点的出入速度相等。尽管第二步经常用来生成完全连续的轨道（目标是 $\Delta\boldsymbol{V}_i=\boldsymbol{V}_i^+-\boldsymbol{V}_i^-=\boldsymbol{0}$），也可以用来生成确定轨道机动量的轨道计算（$\Delta\boldsymbol{V}_i$可以设成非零向量）。另外，可以对每一个片点的轨道倾角、半长轴或其他要素添加约束，从而满足设计要求。

片点的选择对于算法的收敛影响很大。第一步必须在两个相邻的片点之间才能收敛，如果各片点之间的位置不够接近，第一步可能会发散。当片点按时间均匀分布时，第二步的表现最好。另外，如果在轨道最不稳定的部分添加额外的片点，计算会收敛得更快。

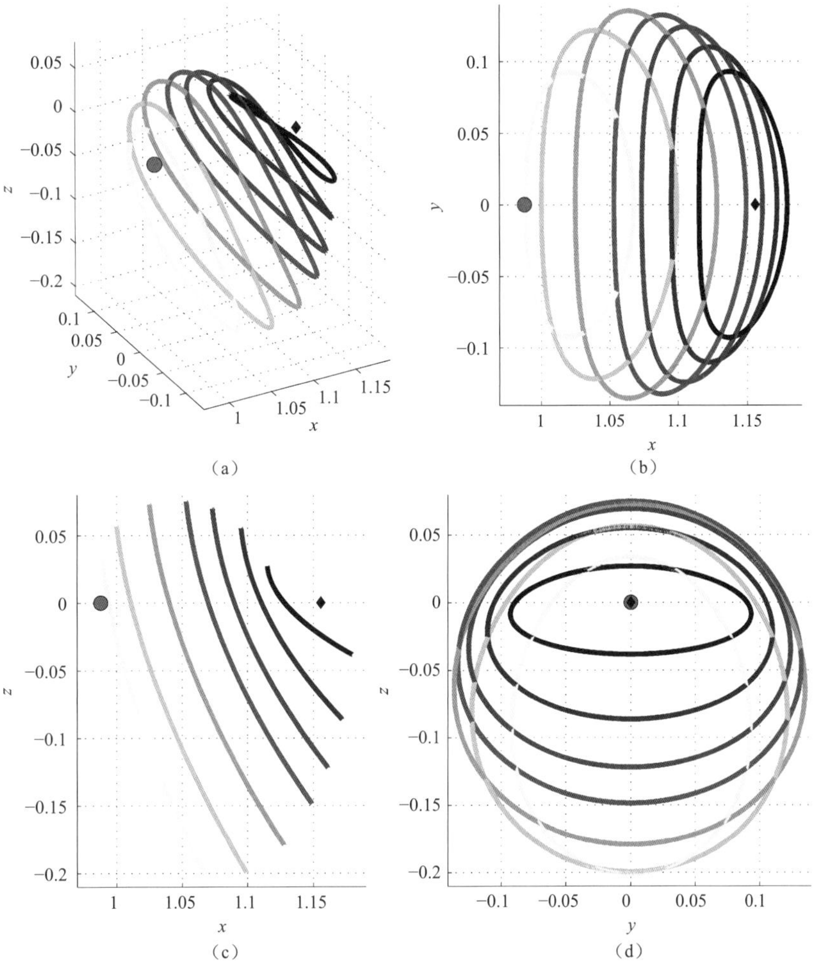

图 5 从四个视角观察的地-月系统中 L_2 点的 Halo 轨道

(a) 3D 视角；(b) $x-y$ 平面；(c) $x-z$ 平面；(d) $y-z$ 平面

其中月球以圆圈表示，L_2 点以菱形表示

3.3 稳定性

周期轨道的稳定性分析可以提供很多有用的信息，而稳定性分析可以采用单值矩阵进行。单值矩阵可以通过状态矩阵预报一个完整的轨道周期获得，比如：

$$\boldsymbol{M}=\boldsymbol{\Phi}(T,t_0) \tag{12}$$

单值矩阵的特征值可以用来确定轨道的稳定性，CRTBP 中的单值矩阵的六个特征值 λ_i 可以是实数或复数，并且按比例缩放，比如：

$$\boldsymbol{M}\boldsymbol{V}_i=\lambda_i\boldsymbol{V}_i \tag{13}$$

式中，$\boldsymbol{V}_i$是与λ_i对应的特征向量。Broucke（1969）发现由于状态转移矩阵是对偶的，单值矩阵的特征值成对出现。在 CRTBP 中，由于 Jacobi 积分的存在，其中一个特征值会始终等于 1。因此，CRTBP 的单值矩阵的六个特征值分别是：

$\{\lambda_1, \lambda_2=\lambda_1^{-1}, \lambda_3, \lambda_4=\lambda_3^{-1}, \lambda_5=1, \lambda_6=1\}$

Russell（2006）在 Bary 和 Goudas（1967）等工作的基础上，推导了六个特征值的计算过程。

特征值的实数部分用 $\mathrm{Re}(\lambda_i)$ 表示，扰动的形式决定了扰动影响标称轨道上小质量物体的方式。假设 ε 是与特征值 λ_i 对应的特征向量方向上的扰动，则扰动是：

（1）指数式衰减：$-1<\mathrm{Re}(\lambda_i)<1$。

（2）指数式增长：$\mathrm{Re}(\lambda_i)>1$ 或者 $\mathrm{Re}(\lambda_i)<-1$。

（3）既不增长也不衰减：$\mathrm{Re}(\lambda_i)=1$ 或者 $\mathrm{Re}(\lambda_i)=-1$。

特征值的虚数部分对指数式增长或衰减没有任何影响。

根据单值矩阵的特征值的集合，可以将周期轨道分为不稳定、稳定和中性稳定三类。如果某条轨道有至少一个特征值满足 $\mathrm{Re}(\lambda_i)>1$ 或 $\mathrm{Re}(\lambda_i)<-1$，则该周期轨道是不稳定的。如果所有的特征值都满足 $-1<\mathrm{Re}(\lambda_i)<1$，则该周期轨道是稳定的。如果至少有一对特征值满足 $\mathrm{Re}(\lambda_i)=1$，则该周期轨道是中性稳定的。如前所述，CRTBP 中的每一条周期轨道至少有一对特征值满足 $\mathrm{Re}(\lambda_i)=1$，因此，这对特征值在轨道稳定性的分类中通常被忽略不计。

稳定性指数用 v 表示，可以由不稳定周期轨道的单值矩阵的最大特征值 $\lambda_{\max}$ 计算得到：

$$v=\frac{1}{2}(\lambda_{\max}+\lambda_{\max}^{-1}) \tag{14}$$

稳定周期轨道的稳定性指数等于 1，而不稳定周期轨道的稳定性指数大于 1（Howell，1984），稳定性指数越大，周期轨道的稳定性就越差。

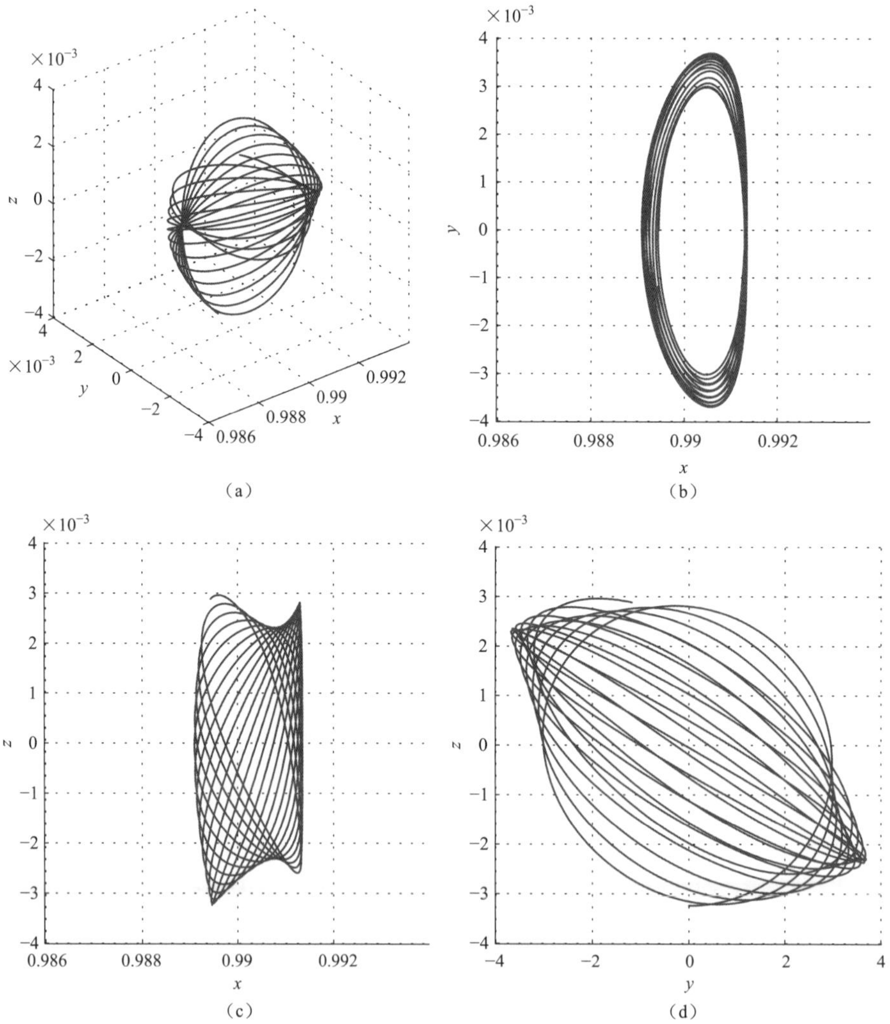

图 6　从四个视角观察的日-地/月系统中一条 Lissajous 轨道的三阶解析解

（a）3D 视角；（b）$x-y$ 平面；（c）$x-z$ 平面；（d）$y-z$ 平面

4 不变流形

平动点轨道通常是不稳定的，每条不稳定的周期轨道都会有至少一个稳定的和不稳定的特征值，以及对应的特征向量。如果位于不稳定周期轨道上的小质量物体在不稳定方向上受到扰动，它会以指数方式沿平滑的轨迹偏离标称轨道。相反的，给定正确初始条件的小质量物体会以指数方式沿平滑的轨迹接近不稳定周期轨道，并最终从稳定的方向抵达稳定周期轨道。这类以指数形式背离和收敛的轨道分别称为不稳定的流形和稳定的不变流形，其中的“不变”指的是在预报时间内，流形上的点会保持在流形上。

不稳定流形包括一类所有可能的轨道（W^U），当位于标称轨道上的小质量物体受到这类轨道不稳定特征向量方向上的扰动时，它会来回移动。这类轨道随时间以指数形式漂移，或者可以说，如果回溯时间，小质量物体会以指数形式接近标称轨道。

稳定流形包含另一类所有可能的轨道（W^S），在这类轨道上，小质量物体可以抵达标称轨道。与W^U不同，W^S包含了所有小质量物体随时间沿其以指数形式靠近标称轨道的轨迹。

周期轨道的稳定流形和不稳定流形可以在轨道上的任一点处找到，这些流形可以由单值矩阵 $\boldsymbol{M}$ 的特征值计算出来，$\boldsymbol{M}$ 中已经包含了整条轨道的稳定性信息。为了找到轨道上每一点处的流形，首先必须使用状态转移矩阵对稳定和不稳定的特征向量沿轨道进行外推：

$$\boldsymbol{v}_j^U=\boldsymbol{\Phi}(t_j,t_0)\boldsymbol{v}^U \tag{15}$$

$$\boldsymbol{v}_j^S=\boldsymbol{\Phi}(t_j,t_0)\boldsymbol{v}^S \tag{16}$$

在式（15）和式（16）中，$\boldsymbol{v}^U$是与最大实数特征值相对应的特征向量；$\boldsymbol{v}^S$是与其倒数指定不稳定方向的特征值相对应的特征向量；$\boldsymbol{\Phi}(t_j,t_0)$ 是特征向量与某个时刻 t_j 之间的映射。

如果已知某个时刻的稳定和不稳定的特征向量[由式（15）和式（16）计算得到]，那么对受扰动的状态预报若干时间便可以得到流形。对于周期轨道，不稳定流形可以由在不稳定方向受扰动的状态向前预报得到，同样地，稳定流形可以由对在稳定方向受扰动的状态向后预报得到。t_j时刻受扰动的状态可以由下式得到：

$$\boldsymbol{X}_{j,\mathrm{pert}}^U=\boldsymbol{X}_j\pm\varepsilon\frac{\boldsymbol{v}_j^U}{|\boldsymbol{v}_j^U|} \tag{17}$$

$$\boldsymbol{X}_{j,\mathrm{pert}}^S=\boldsymbol{X}_j\pm\varepsilon\frac{\boldsymbol{v}_j^S}{|\boldsymbol{v}_j^S|} \tag{18}$$

式中，ε 是某个小扰动。

图 7 显示了日-地/月系统中 L_2 点的 Lyapunov 轨道的不稳定流形（W^U）和稳定流形（W^S），由于 CRTBP 内在的对称性，这两类流形是关于 x 轴对称的，标称轨道的稳定性指数表示了对于给定的扰动值流形背离/接近的速度，指数越大，表明流形会更快地背离标称轨道。值得注意的是，在式（17）和式（18）中可以添加或去除任一扰动，这导致产生了两个半流形。对于 L_1 点和 L_2 点附近的轨道，其中一个半流形初始时会朝向次天体，而另一个半流形初始时会背离次天体。

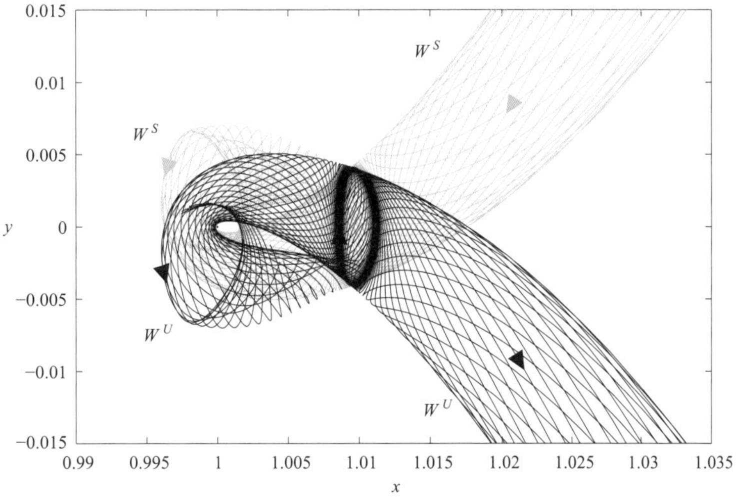

图 7 日-地/月系统中的一条 Lyapunov 轨道的稳定流形和不稳定流形（箭头代表运动方向）

实际上，理论的不稳定周期轨道的不变流形无法在有限时间内抵达轨道，但可以任意地接近。因为上述方法在稳定或不稳定的方向上添加了有限的扰动，所以用该方法计算出的流形是理论流形的数值近似，扰动越小，计算出的流形越接近理论流形。如果扰动过大，近似就会失效，扰动一般取无量纲的 1×10^{-6} 量级。

5　平动点轨道间的自由转移

在三体系统中，对某一不稳定的周期轨道，其不稳定和稳定的流形之间的轨道通常是大范围的，人们对限制性三体问题中使用流形进行轨道转移设计的方法已经进行了广泛研究。Conley（1968）和 McGehee（1969）证明了同宿连接轨道的存在，这是一类正向和反向均渐进于不稳定周期轨道的轨道，位于同一个平动点附近或同一周期轨道的稳定流形和不稳定流形的相交处，一个典型的同宿连接轨道的例子是地-月系统中 L_1 点附近的 Lyapunov 轨道，如图 8（a）所示。

相反地，异宿连接轨道是连接不同平动点或周期轨道的轨道，位于某一周期轨道的不稳定流形和另一周期轨道的稳定流形的相交处。Koon et al.（2000）在数值上证明了不同周期轨道之间异宿连接轨道的存在性，一个典型的异宿连接轨道是连接地-月系统中 L_1 点和 L_2 之间的 Lyapunov 轨道，如图 8（b）所示。

已有证据表明，不变流形、同宿连接轨道和异宿连接轨道在太阳系中的物质分布和传输中起到了重要作用（Koon 等，2000；Gómez 等，2004；Wilczak 和 Zgliczyński，2005）。举例来说，彗星 Oterma 和 Gehrels 3 的轨道似乎投影在日-木系统中连接 L_1 点和 L_2 点的不变流形，并且 Koon 等（2000）发现，彗星 Oterma 的轨道紧跟着一条同宿-异宿链。人们还发展了一种设计既定行程的数值方法，以此来描述彗星 Oterma 的谐振变换。

同宿连接轨道和异宿连接轨道为 CRTBP 中不稳定周期轨道之间更广泛的转移奠定了基础。值得注意的是，同宿连接轨道和异宿连接轨道只存在于具有相同能量的轨道之中。如果想要在具有不同能量的轨道之间进行转移，则至少需要进行一次轨道机动。

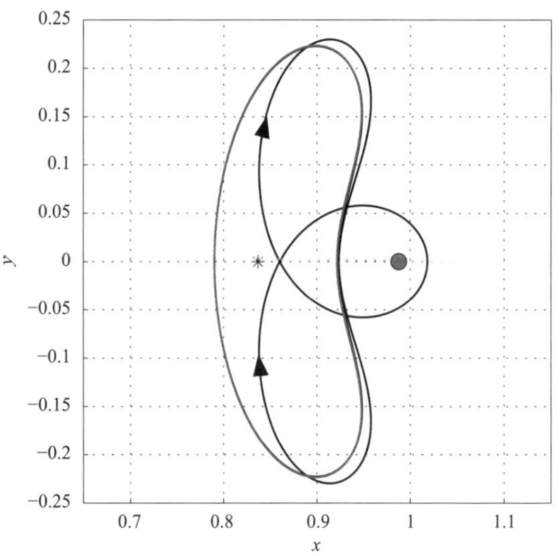

（a）

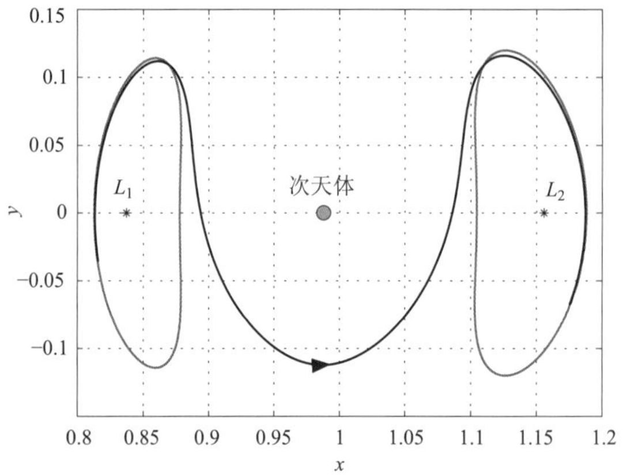

（b）

图 8　地-月系统中质心旋转坐标系下的同宿连接轨道

（a）同宿连接轨道；（b）异宿连接轨道

6　星历表计算

CRTBP 具有简化的运动方程，允许设计人员快速和准确地确定和设计包含 LPO 和不变流形的初步轨道。对于任务的具体实施，理论设计的轨道必须要转换成更加实际的系统，例如 Standish（1998）描述的太阳系 JPL 星历模型。理论上，通过微分修正方法，才能得到轨道的完整星历表，比如前文提到的算法。使用微分修正算法不仅允许构建位置和速度保持连续的轨道，而且允许构建包含轨道机动的轨道。除此之外，三体系统的轨道也可以直接由更复杂的模型（比如 ERTBP）计算得到。通常，通过由 ERTBP 模型计算得到的近似 Halo 轨道或 Lissajous 轨道可以直接进行微分修正得到完整星历表，从而获得完整的轨道，而在 CRTBP 中计算得到的轨道特别容易受到偏心率和额外的扰动的影响。尽管有这些影响，在 CRTBP 的类似问题中计算轨迹的完整星历表通常也是可行的。

7 平动点任务

平动点轨道之所以受到航天任务的青睐，是因为其具有若干引人注目的特性，例如，日-地系统中 L_1 点附近的轨道具有不受太阳干扰的视野，是作为太阳观测任务的良好平台；日-地系统中 L_2 点附近的轨道将太阳、地球、月球的辐射量降至最小，使卫星在热的方面保持稳定；处于日-地系统中的 LPO 中的航天器不需要应对可能损坏卫星电源系统的行星日食的情况，并且可以改变 LPO 的大小以避免太阳或地球掩星事件；Lissajous 轨道也可以被设计用来满足有限时间内的一系列约束。

到现在为止，已经有若干航天任务利用了三体轨道，本章只是进行简单的介绍，详细的介绍可以参见 Dunham 和 Farquhar（2003）文献。

第一个采用三体周期轨道的航天器是 International Sun-Earth Explorer－3（ISEE－3）。ISEE－3 于 1978 年发射进入日-地系统中 L_1 点附近的 Halo 轨道，并在该位置上搜集到了太阳风的信息。1982 年，ISEE－3 实施了若干机动转移进入地-月系统的 L_1 点。在停留月球附近 15 个月后，ISEE－3 被重新命名为 International Cometary Explorer（ICE），进入了一条领先地球并与彗星 Giacobini-Zinner 轨道相交的日心轨道。1985 年 9 月，ICE 穿过了这颗彗星的等离子彗尾。

Hiten 由日本在 1991 年发射，是第一颗采用低能转移方式的奔月航天器。Hiten 最初被设计作为一颗地球轨道卫星，为另一颗奔月航天器提供通信中继作用。但是，当绕月轨道上的探测器任务失败后，Hiten 采用由 Belbruno 和 Miller（1990）提出的弱稳定边界（WSB）地月转移轨道，这是第一次使用 WSB 转移进行轨道设计，也是第一次不需要捕获机动的奔月任务。

Solar and Heliosphere Observatory（SOHO）于 1995 年发射，进入日-地系统中 L_1 点的一条 Halo 轨道。SOHO 是欧洲航天局和美国航空航天局的国际合作项目，其主要目的是研究太阳的内核、日冕和太阳风等。

Advanced Composition Explorer（ACE）于 1997 年发射，是为了测量和比较若干物质样本的组成成分，包括日冕、太阳风、当地的星际介质、银河物质以及其他星际粒子群。ACE 正运行在日-地系统中 L_1 点的一条 Lissajous 轨道上。

Wilkinson Microwave Anisotropy Probe（WMAP）于 2001 年发射进入日-地系统中 L_2 点的一条 Lissajous 轨道，进行宇宙背景辐射研究。

Genesis 是第一个采用动力系统理论和不变流形进行设计的任务，于 2001 年发射进入日-地系 L_1 点的一条 Halo 轨道，花费了大约两年的时间收集太阳风的样本。为了日照情况下再入时对航天器进行定位，Genesis 通过远至日-地系统中 L_2 点的转移轨道返回地球，图 9 展示了 Genesis 采用的轨道，关于 Genesis 的更多信息可参见 Howell 等（1997）和 Lo 等（2000，2001）文献。

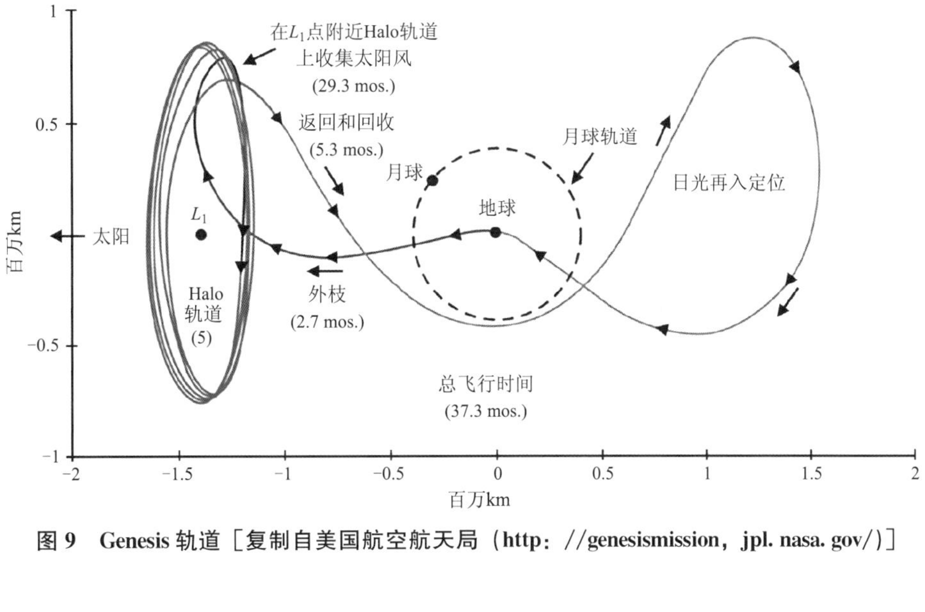

图 9 Genesis 轨道［复制自美国航空航天局（http：//genesismission，jpl. nasa. gov/）］

大型红外望远镜 James Webb Space Telescope（JWST）已于 2014 年发射，并驶向日-地系统中 L_2 点，主要搜寻大爆炸后宇宙形成时第一颗恒星和星系发出的光，以及研究星系进化的信息。

2010 年，Artemis 任务的两颗航天器将首次实现在地-月系统的平动点处进行导航和站位保持，航天器最开始位于地心大椭圆轨道，然后利用众多的月球摄动、月球飞掠以及延伸至地-日系统平动点的低能转移段，渐进地靠近和进入地-月系统中 L_1 点和 L_2 点附近的平动点轨道。该任务的主要目的是观察月球环境、遥远的地球磁尾和太阳风。

8 结论及未来展望

关于平动点轨道的研究未来充满机遇，LPO 和不变流形在任务设计中的令人振奋的新应用不断涌现。地-月系统的 LPO 现已被用来进行月球导航和通信中继，日-地系统的 LPO 也已被应用于各种空间探测任务——从搜寻形成宇宙的第一个大质量黑洞到对太阳系之外恒星的可居住区内的行星直接成像。另外，各种各样的木星卫星系统的 LPO 不变流行可以直接连接起来，形成木星卫星之间的行程。

尽管到目前为止已经有很多任务在日-地系统中航行，但还没有任务在其他的三体系统（比如地-月系统）中航行，尽管运动方程在所有的三体系统中是相同的，但轨道的动力学特性可以差别很大。在不同的三体系统之间，质量分数和时间尺度差别巨大，并且在日-地系统中的任务实施技术应用到其他三体系统中时可能需要替换。

相关章节

第 5 卷，第 252 章
第 5 卷，第 253 章
第 5 卷，第 254 章
第 5 卷，第 255 章
第 5 卷，第 258 章

参考文献

Belbruno，E. A. and Miller，J. （1990） A Ballistic Lunar Capture Trajectory for the Japanese Spacecraft Hiten. *Technical Report IOM 312/90.4－1731*－EAB, Jet Propulsion Laboratory，Cal. Tech.

Bray，T. A. and Goudas，C. L. （1967） Doubly-symmetric orbits about the collinear Lagrange points. *The Astronom. J.*，**72** （2）.

Breakwell，J. V. and Brown，J. V. （1979） The halo family of 3－dimensional periodic orbits in the Earth－Moon restricted 3－body problem. *Celestial Mech.*，**20** 389－404.

Broucke，R. A. （1968） Periodic Orbits in the Restricted Three－Body Problem with Earth－Moon Masses. *Technical Report 32－1168*，Jet Propulsion Laboratory，Cal. Tech.

Broucke，R. A. （1969） Stability of periodic orbits in the elliptic，restricted three－body problem. *AIAA J.*，**7** （6），1003－1009.

Conley，C. （1968） Low energy transit orbits in the restricted three body problem. *SIAM J. Appl. Math.* **16** （4），732－746.

Dunham，D. W. and Farquhar，R. W. （2003） Libration point missions，1978－2002，in *Libration Point Orbits and Applications：Proceedings of the Conference*，Aiguablava，Spain（eds G. Gomez，M. W. Lo，and J. J. Masdemont）. World Scientific Publishing Company.

Euler，L. （1767） Du muto rectilineo trium corporum se mutuo attrahentium. *Novi Commentarii Academiae Scientarum Petropolitanae*，**11**，144－151.

Farquhar，R. W. （1971） The Utilization of Halo Orbits in Advanced Lunar Operations. *Technical report*，*NASA TN D－6365*.

Farquhar，R. W. and Kamel，A. A. （1973） Quasi－periodic orbits about the translunar libration point. *Celest. Mech.*，**7** （4），458－473.

G′omez，G. Jorba，A. Llibre，J. Martinez，R. Masdemont，J. and Sim′o，C. （2001） *Dynamics and Mission Design near Libration Points*，vols I-IV，World Scientific Publishing Co.，Singapore.

G′omez，G. Koon，W. S. Marsden，J. E. Masdemont，J. and Ross. S. D. （2004） Connecting orbits and invariant manifolds in the spatial restricted three－body problem. *Nonlinearity*，**17** （5），1571－1606.

H′enon，M. （2003） New families of periodic orbits in Hill’s problem of three bodies. *Celestial Mech. Dyn. Astr.*，**85**，223－246.

Heppenheimer，T. A. （1973） Out－of－plane motion about libration points：Nonlinearity and eccentricity effects. *Celestial Mech.*，**7**，177－194.

Howell，K. C. （1984） Three－dimensional，periodic，“Halo” orbits. *Celes. Mech.*，**32** （1），53－71.

Howell，K. C. Barden，B. T. Wilson，R. S. and Lo，M. W. （1997） Trajectory design using a dynamical systems approach with application to genesis. *AAS/AIAA Astro-*

dynamics Specialist Conference, number AAS 97—709, Sun Valley, Idaho, August 4—7. AAS/AIAA.

Koon, W. S. Lo, M. W. Marsden, J. E. and Ross, S. D. (2000) Heteroclinic connections between periodic orbits and resonance transitions in celestial mechanics. *Chaos*, **10** (2), 427—469.

Lagrange, J. (1873) Essai sur le probl'eme des trois corps, in *Prix de l' Acad'emie Royale des Sciences de Paris, tome IX*, volume 6 of *Oeuvres de Lagrange*, Gauthier—Villars, Paris, pp. 272—282.

Lo, M. Serban, R. Petzold, L. Koon, W. Ross, S. Marsden, J. and Wilson, R. (2000) Halo Orbit Mission Correction Maneuvers Using Optimal Control. *Technical Report*, Jet Propulsion Laboratory.

Lo, M. W. Williams, B. G. Bollman, W. E. Han, D. S. Hahn, Y. S. Bell, J. L. Hirst, E. A. Corwin, R. A. Hong, P. E. Howell, K. C. Barden, B. and Wilson R. (2001). Genesis mission design. *J. Astronaut. Sci.*, **49** (1), 169—184.

McGehee, R. P. (1969) Some homoclinic orbits for the restricted three body problem. PhD thesis. University of Wisconsin, Madison, Wisconsin.

Moulton, F. R. (1920) *Periodic Orbits*, Carnegie Institution of Washington, Washington.

Paffenroth, R. C. Doedel, E. J., and Dichmann, D. J. (2001) Continuation of periodic orbits around lagrange points and auto 2000. *AAS/AIAA Astrodynamics Specialist Conference*, number AAS 01—303, Quebec City, Quebec, July 30—August 2.

Plummer, H. C. (1903) On oscillating satellites—2. *Mon. Not. Roy. Astronom. Soc.*, **64** (2), 98—105.

Poincar'e, H. (1892) *Les M'ethodes Nouvelles de la M'ecanique C'eleste*. Gauthier—Villars et fils, Paris, 1892.

Richardson, D. L. Analytical construction of periodic orbits about the collinear points. *Celestial Mech.*, **22**, 241—253.

Richardson, D. L. and Cary, N. D. (1975) A uniformly valid solution for motion of the interior libration point for the perturbed elliptic — restricted problem. *AIAA/AAS Astrodynamics Specialist Conference*, number AIAA 75—021. AIAA/AAS.

Russell, R. P. (2006) Global search for planar and three—dimensional periodic orbits near europa. *J. Astronaut. Sci.*, **54** (2), 199—226.

Standish, E. M. (1998) Jpl planetary and lunar ephemerides, de405/le405. Interoffice Memo IOM 312. F—98—048, Jet Propulsion Laboratory, August 26.

Szebehely, V. (1967) *Theory of Orbits: The Restricted Problem of Three Bodies*, Academic Press, New York.

Wilczak, D. and Zgliczy'nski, P. (2005) Heteroclinic connections between periodic orbits in planar restricted circular three body problem. part ii. *Comm. Math. Phys.*, **259** (3), 561—576.

Wilson, R. (2003) Derivation of differential correctors used in GENESIS mission design. *Technical Report JPL IOM* 312. Ⅰ—03—002, Jet Propulsion Laboratory.

本章译者：韩潮、徐明（北京航空航天大学宇航学院）

第 258 章

动力学环境任务

Ryan P. Russell

佐治亚理工学院，古根海姆航空航天工程学院，亚特兰大，佐治亚，美国

1 介 绍

根据开普勒数百年前的观察，两个引力质点的相对运动轨迹是一规律的圆锥曲线（见第 5 卷第 252 章）。在低能量限制下圆锥曲线转为一个椭圆并且其运动是周期性而且稳定的。而且，一个具有放射性对称密度球体的引力势与一个位于该球体中心的质点的引力势完全相同。尽管当考虑高精度地球轨道飞行器应用（见第 5 卷第 255、第 256、第 261 章）时，许多摄动力的作用不容忽视，但所有摄动的总和还不到起主要作用的地球二体引力的千分之一。因此，一个地球低轨弹道飞行器的运动近乎周期性，而且其定性运动也是随时间逐渐变化的。由于这些原因，当与太阳系内空间任务中其他感兴趣的地方相比时，可以认为近地环境其实是具有良好的动力学特性的。这一章的目的在于，考虑地球以外空间的动力学系统，其摄动力相对于开普勒二体问题不能再被忽略。这样大摄动影响的动力学系统空间任务的著名案例包括月球任务；盛大的太阳系旅行以及引力辅助飞掠的行星际卫星系统；绕主要行星的卫星的轨道器，比如木星的 GALILEO 卫星、土星的卫星土卫六和土卫二；还有到非常小的不规则星体的任务，比如彗星、小行星和小的行星卫星。

从通用模型比如行星际轨道优化（见第 5 卷第 353 章）和平动点轨道器的限制性三体问题（见第 5 卷第 257 章）的拼接圆锥曲线出发，本章讨论对飞行器起主要作用的摄动力。本章根据不同的动力学模型讨论了空间科学和空间区域的任务目标。在过去的以及计划中的这些动力学环境丰富的空间任务中，本章着重注意轨道力学和它对任务以及轨道设计的影响。本章的一个主要结果是给出了一个轨道设计参考，它对多目标体的动力学环境的主要摄动项的相对重要性进行了量化。

2 摄动、相关模型和任务

当考虑地球低轨以外的空间任务时，不同精度水平的动力学模型都是相对的。三体（TB）、非球形（NSG）和太阳光压（SRP）力通常是外层空间中造成飞行器非开普勒运动的主要因素。在下面的章节中，将概述这些摄动项和其他轨道环境的主要摄动项，以及它们的大致模型以及相关目标。

表 1 列出了空间科学任务的不同目标星体，这些星体被分成三类：行星、行星卫星、彗星与小行星。表 1 给出了相关的轨道和动力学参数，目的是进行对比，并为下面的关于相关环境下的空间任务的主要摄动项的讨论设定一个环境。

2.1 推 进

飞行器飞行过程中的推进会导致其严重偏离开普勒轨道。对于一个初级的任务设计来说，通过传统的化学火箭发动机提供推进机动是对飞行器速度矢量进行连续改变的很好的模型。如今的科技又有了离子推进和电推进可供选择，这使燃料效率提高了大约一个数量级。然而，发动机受限于动量交换率，因此冲量的假设不再成立。在这个“小推力”问题中，推进力加速度要比常见的摄动加速度小了

表 1　空间科学任务目标星体的物理和动力学参数

天体	引力常数/($km^3 \cdot s^{-2}$)	半径(R)/km	中心天体	半长轴(a)/km	偏心率(e)	周期(T)	质量比(μ)	H：u半径(H)/km	到太阳的距离(s)/km	三体引力项，$\alpha_{TB}\|r=R$	太阳光压项 $\alpha_{SRP^{a,b}}\|r=R$	太阳光压项，$\alpha_{SRP^{a,b}}\|r=H$
水星	2.20E+04	2 439.7	太阳	5.791E+07	0.2056	88.0	1.66E.07	2.21E+05	5.79E+07	9.01E.07	4.03E.07	3.30E.03
金星	3.25E+05	6 051.8	太阳	1.082E+08	0.0068	224.7	2.45E.06	1.01E+06	1.08E+08	1.43E.07	4.82E.08	1.34E.03
地球	3.98E+05	6 371.0	太阳	1.496E+08	0.0167	365.3	3.00E.06	1.50E+06	1.50E+08	5.14E.08	2.28E.08	1.26E.03
火星	4.28E+04	3 389.5	太阳	2.279E+08	0.0934	687.0	3.23E.07	1.08E+06	2.28E+08	2.04E.08	2.58E.08	2.64E.03
木星	1.27E+08	69 911.0	太阳	7.783E+08	0.0484	4335	9.53E.04	5.31E+07	7.78E+08	1.52E.09	3.18E.10	1.84E.04
土星	3.79E+07	58 232.0	太阳	1.427E+09	0.0539	10757	2.86E.04	6.51E+07	1.43E+09	4.76E.10	2.20E.10	2.75E.04
天王星	5.79E+06	25 362.0	太阳	2.871E+09	0.0473	30703	4.36E.05	7.01E+07	2.87E+09	3.16E.11	6.74E.11	5.14E.04
海王星	6.83E+06	24 622.0	太阳	4.498E+09	0.0086	60228	5.15E.05	1.16E+08	4.50E+09	6.37E.12	2.19E.11	4.87E.04
冥王星	8.73E+02	1 151.0	太阳	5.906E+09	0.2488	90615	6.58E.09	7.67E+06	5.91E+09	2.25E.12	2.17E.10	9.67E.03
月球	4.90E+03	1 737.5	地球	3.844E+05	0.0554	27.5	1.22E.02	6.13E+04	1.50E+08	1.52E.05	1.38E.07	1.71E.04
火卫一	7.11E.04	11.1	火星	9.376E+03	0.0151	0.32	1.66E.08	1.66E+01	2.28E+08	2.00E.01	1.67E.05	3.72E.05
火卫二	9.85E.05	6.2	火星	2.346E+04	0.0002	1.26	2.30E.09	2.15E+01	2.28E+08	1.61E.02	3.76E.05	4.50E.04
木卫一	5.96E+03	1 821.6	木星	4.218E+05	0.0041	1.77	4.71E.05	1.06E+04	7.78E+08	3.42E.03	4.60E.09	1.54E.07
木卫二	3.20E+03	1 560.8	木星	6.711E+05	0.0094	3.55	2.53E.05	1.37E+04	7.78E+08	9.95E.04	6.28E.09	4.81E.07
木卫三	9.89E+03	2 631.2	木星	1.070E+06	0.0013	7.16	7.81E.05	3.17E+04	7.78E+08	3.81E.04	5.78E.09	8.40E.07
木卫四	7.18E+03	2 410.3	木星	1.883E+06	0.0074	16.69	5.67E.05	5.01E+04	7.78E+08	7.40E.05	6.68E.09	2.89E.06
土卫十	1.27E.01	89.4	土星	1.515E+05	0.0068	0.38	1.00E.09	1.05E+02	1.43E+09	4.11E.01	1.55E.07	2.14E.07
土卫一	2.50E+00	198.2	土星	1.855E+05	0.0196	2.41	4.32E.07	9.73E+02	1.43E+09	5.64E.03	3.86E.08	9.28E.07
土卫二	7.20E+00	252.1	土星	2.380E+05	0.0047	3.51	1.24E.06	1.77E+03	1.43E+09	1.91E.03	2.17E.08	1.07E.06
土卫三	4.12E+01	533.0	土星	2.947E+05	0.0001	4.83	7.11E.06	3.93E+03	1.43E+09	1.66E.03	1.69E.08	9.20E.07
土卫四	7.31E+01	561.7	土星	3.774E+05	0.0022	7.01	1.26E.05	6.09E+03	1.43E+09	5.22E.04	1.06E.08	1.25E.06
土卫五	1.54E+02	764.3	土星	5.271E+05	0.0010	11.56	2.66E.05	1.09E+04	1.43E+09	2.29E.04	9.32E.09	1.90E.06
土卫六	8.98E+03	2 575.5	土星	1.222E+06	0.0288	40.81	1.55E.03	9.80E+04	1.43E+09	1.21E.05	1.81E.09	2.63E.06
土卫七	3.73E.01	135.0	土星	1.501E+06	0.0232	55.56	6.43E.08	4.17E+03	1.43E+09	2.26E.05	1.20E.07	1.15E.04
土卫八	1.21E+02	735.6	土星	3.561E+06	0.0293	203.0	2.08E.05	6.79E+04	1.43E+09	8.48E.07	1.10E.08	9.40E.05
土卫九	5.53E.01	106.6	土星	1.295E+07	0.1634	1408	9.55E.08	4.10E+04	1.43E+09	1.17E.08	5.05E.08	7.48E.03
天卫五	4.40E+00	235.8	天王星	1.299E+05	0.0013	1.41	7.60E.07	8.22E+02	2.87E+09	1.57E.02	7.67E.09	9.31E.08
天卫一	8.64E+01	578.9	天王星	1.909E+05	0.0012	2.32	1.26E.05	3.08E+03	2.87E+09	4.41E.03	2.35E.09	6.68E.08
天卫二	8.15E+01	584.7	天王星	2.660E+05	0.0039	3.82	1.19E.05	4.21E+03	2.87E+09	1.78E.03	2.55E.09	1.32E.07
天卫三	2.28E+02	584.7	天王星	4.363E+05	0.0011	8.02	3.34E.05	9.74E+03	2.87E+09	1.44E.04	9.09E.10	2.52E.07
天卫四	1.92E+02	761.4	天王星	5.835E+05	0.0014	12.40	2.82E.05	1.23E+04	2.87E+09	1.58E.04	1.83E.09	4.78E.07
海卫一	1.43E+03	1 352.6	海王星	3.548E+05	0.0000	5.88	2.09E.04	1.46E+04	4.50E+09	5.31E.04	3.17E.10	3.69E.08
海卫二	2.06E+00	170.0	海王星	5.514E+06	0.7507	360.2	3.01E.07	2.56E+04	4.50E+09	1.94E.07	3.47E.09	7.88E.05
冥卫一	1.03E+02	603.6	冥王星	1.754E+04	0.0022	5.71	1.06E.01	5.75E+03	5.91E+09	7.72E.04	5.06E.10	4.59E.08
“系川”小行星	2.10E.09	0.2	太阳	1.981E+08	0.2801	556.5	1.58E.20	3.45E+01	1.98E+08	7.31E.08	1.65E.03	7.21E+01
小行星433	4.46E.04	8.4	太阳	2.181E+08	0.2228	643.0	3.36E.15	2.27E+03	2.18E+08	3.42E.08	1.67E.05	1.21E+00
小行星951	6.34E.05	6.1	太阳	3.306E+08	0.1731	1200	4.78E.16	1.79E+03	3.31E+08	2.63E.08	2.68E.05	2.32E+00

续表

天体	引力常数/(km³·s⁻²)	半径(R)/km	中心天体	半长轴(a)/km	偏心率(e)	周期(T)	质量比(μ)	H∶u半径(H)/km	到太阳的距离(s)/km	三体引力项，$\alpha_{TB}\|r=R$	太阳光压项 α_{SRP}[a,b] $\|r=R$	太阳光压项，α_{SRP}[a,b] $\|r=H$
小行星5535	3.86E.06	2.4	太阳	3.309E+08	0.0633	1202	2.91E.17	7.06E+02	3.31E+08	2.62E.08	6.81E.05	5.89E+00
火土神星	1.78E+01	265.0	太阳	3.533E+08	0.0887	1326	1.34E.10	1.25E+05	3.53E+08	6.29E.09	1.58E.07	3.54E.02
玛蒂尔德星	6.89E.03	26.4	太阳	3.958E+08	0.2671	1572	5.19E.14	1.02E+04	3.96E+08	1.14E.08	3.23E.06	4.86E.01
谷神星	6.32E+01	476.2	太阳	4.137E+08	0.0792	1680	4.76E.10	2.24E+05	4.14E+08	6.40E.09	1.05E.07	2.32E.02
艾女一载客太星	2.75E.03	16.0	太阳	4.286E+08	0.0432	1771	2.07E.14	8.16E+03	4.29E+08	5.02E.09	2.53E.06	6.59E.01
坦普尔1号彗星	7.55E.06	3.0	太阳	4.673E+08	0.5169	2017	5.69E.17	1.25E+03	4.67E+08	9.30E.09	2.73E.05	4.71E+00
怀尔德2号星	2.24E.06	2.0	太阳	5.167E+08	0.5374	2345	1.68E.17	9.18E+02	5.17E+08	6.88E.09	3.35E.05	7.07E+00
御丽星	1.79E.05	4.0	太阳	5.182E+08	0.6402	2355	1.35E.16	1.84E+03	5.18E+08	6.82E.09	1.67E.05	3.53E+00
保瑞丽彗星	3.86E.06	2.4	太阳	5.397E+08	0.6245	2503	2.91E.17	1.15E+03	5.40E+08	6.04E.09	2.56E.05	5.89E+00

不止一个量级。在这样的情况下，如果摄动力引起了不期望的影响，比如偏心率（e）的长期增长，那么可控性就是一个潜在的问题了，必须加以注意以避免这样的情形。因为小推力加速度很小，与那些重力和其他摄动应用具有技术相似性，在某些情况下求平均值可以导致快速的初始设计和优化（Edelbaum，1965；Gao 和 Kluever，2005）。尽管推进系统对任何空间任务都至关重要，但是本章的大部分内容只考虑飞行器的弹道动力学。对飞行器控制感兴趣的读者可以看轨道优化和空间飞行器轨道的最优控制问题（见第5卷第253章；Lawden，1963；Bryson 和 Ho，1969）。

2.2　多体和星历问题

除了绕小星体（比如彗星和小行星）的轨道任务之外，另一种形式（TB 或 NSG）的重力仍然是动力环境任务的最大摄动力。额外引力体的引入会导致开普勒运动的摄动，摄动力的大小取决于额外引力体的临近距离和质量。即使在只有一个额外引力体的情况下，如果其产生的飞行器的重力加速度与主要天体的大致相同，那么飞行器的运动将不再是圆锥曲线（见图9、图12、图13）。根据初始的条件，飞行器的运动经常是混乱而不稳定的，这与规律的开普勒运动形成鲜明对比。那些研究太阳系、银河系、银河系团的天文学家对多体引力问题很感兴趣。空间任务、多体问题是与天体星历计算最相关的问题。

天体运动的大致模型是与飞行器运动独立的，因此，在多体引力影响下的飞行器的高保真重力仿真在技术上说并不是一个多体问题。相反，它是一个星历问题，它的加速度项包括时间依赖函数、预计算位置函数，以及天球定位函数（见第5卷第254章）。运动方程中的时间附属使该问题变得不再保守，许多与保守动力学系统相关的好结论都不再可用。与大部分飞行器环境的主要摄动（NSG、TB 和 SRP）相比，完全的星历问题通常是一个二阶或者更高阶的影响。根据以上可得，对这个很费计算量的星历问题的考虑通常是为了分析任务的详细状态。早期的时候，各种各样接近多体引力问题影响的低保真模型被普遍应用。这些简化的模型保留了动力学基本模型，这在很大程度上降低了计算难度。更重要的是，这些简化的模型可以让人深入了解相关问题，其通常会导致全球性分析。可以注意到，多元简化模型可以用于大致捕获没有牺牲性缩减形式的动力学影响。这样的例子有，施加在限制性三体问题的星体之一上的非球形引力场，或者施加在一个小行星质点模型上的太阳光压和第三体潮影响（Scheere 和 Marzari，2002）。

2.3　拼接圆锥曲线模型和重大旅游轨道

拼接圆锥曲线模型是对多体动力学问题的粗糙的估计，它假设在一个给定的时刻飞行器只受一个星体的重力场的作用。拼接圆锥曲线模型通常应用于天体系统的逃逸、捕获和引力辅助飞掠，这样的天体系统由一个大的主天体和任意数量的绕飞次天体组成（比如太阳-行星系统或行星-卫星系统）。至于哪颗星体是主动的引力体，这取决于飞行器对次要星体影响球（SOIs）的相对位置。由表1可知，数量H或者下面将要讨论的Hill球半径，是星体影响球（Wiesel，1997）的数量标准。为了避免确定沿一条轨道的准确转变位置以及时间的问题，一个通用的高级简化模型假定了影响球半径为零。这个“零点拼接圆锥曲线模型”假设绕次天体的双曲线轨道会即刻发生，在主中心框架内的目标点是次天体的准确位置。这个高度简化的零点模型使人们可以对行星之间和卫星之间的轨道设计进行快速探索，它已经被广泛应用到几乎所有这样的任务中。图1所示是行星之间以及卫星之间由拼接圆锥曲线模型设计的飞行路线。图2所示是次天体附近双曲线（高能圆锥曲线）的三维示意。

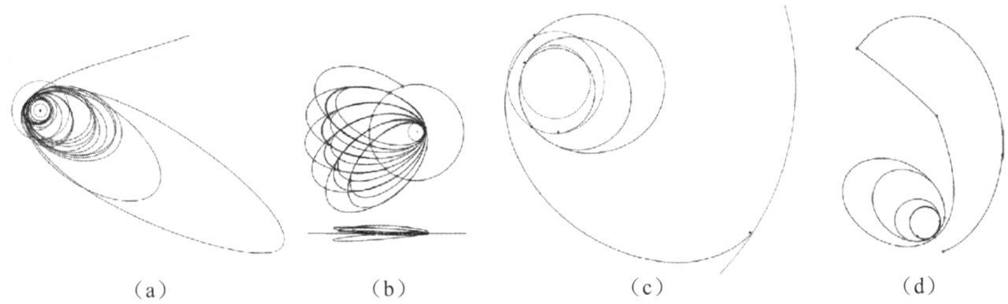

图1 行星之间及卫星之间由拼接圆锥曲线模型设计的飞行路线

(a) 木星卫星飞行；(b) 绕土星的土卫六和土卫二循环飞行（Russell和Strange，2009）；
(c) E-V-E-J（地球-金星-地球-木星）轨道；(d) E-V-E-E-E-J-S-J小行星，2001 TW229轨道

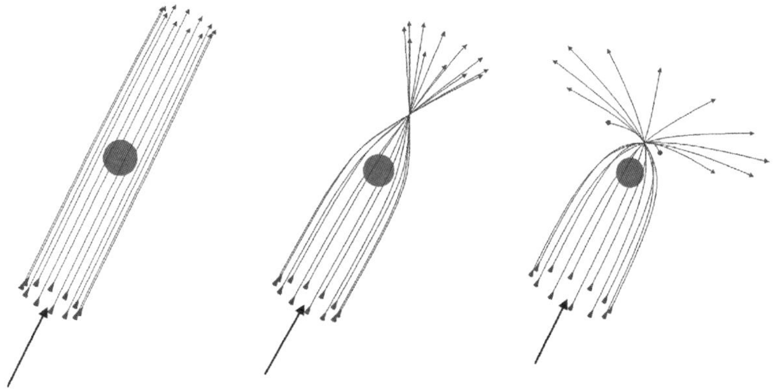

图2 三维引力辅助产生的可能双曲线

从（a）到（c）v_∞依次增加（渐近线是单箭头）。

零点模型降低了质量比例，减小了双曲线飞掠的靠近路线半径，提高了精度。因此，无量纲化的比率R/a和H/a就是拼接圆锥曲线模型精度的指标。对比表1中的比率可以发现，对行星之间的轨道以及行星系统轨道两者而言，前者应用零点拼接圆锥曲线模型更加精确。这个经验法则稍后将会在α_{TB}的引入中得到证实，α_{TB}是三体摄动的一个更为正式的相对比率。注意到大部分的彗星和小行星质量不够大，不足以提供足够重力辅助飞掠［见图2(a)］。因此，拼接圆锥曲线模型适用于把相对太阳较小的天体作为目标，但是近距离相遇几乎不能承受双曲线轨道的影响。

在拼接圆锥曲线模型中，与次天体的碰撞会使飞行器的速度发生剧烈改变，这像是轨道中的一个扭结（见图1）。速度改变的大小和方向由飞掠体的质量、飞行器的速度和飞掠的几何形状（见图2）决定。重力辅助的弹道飞掠会使得$\boldsymbol{v}_\infty$（飞行器相对于飞掠体的速度）完全旋转，在飞掠过程中飞掠体相对于主天体的速度保持不变（见图3）。飞掠转向角是飞掠前和飞掠后$\boldsymbol{v}_\infty$的夹角，由双曲线几何学可以得出，其作为近接近点、飞掠体的G_m以及$v_\infty = |\boldsymbol{v}_\infty|$的一个简单函数（见第5卷第253章）。$\boldsymbol{v}_\infty$矢量在拼接圆锥曲线模型中起重要的作用。$\boldsymbol{v}_\infty$球（见图3）是解释重力辅助飞掠拼接圆锥曲线的视觉工具。绕飞可以使$\boldsymbol{v}_\infty$旋转，因此可以改变飞行器相对于主天体的速度矢量（大小和方向）。在行星

之间以及卫星之间的重力辅助飞掠的设计以及预分析中，v_∞球都是非常有用的（Russell 和 Ocapo，2005；Strange，Russell 和 Buffington，2007）。

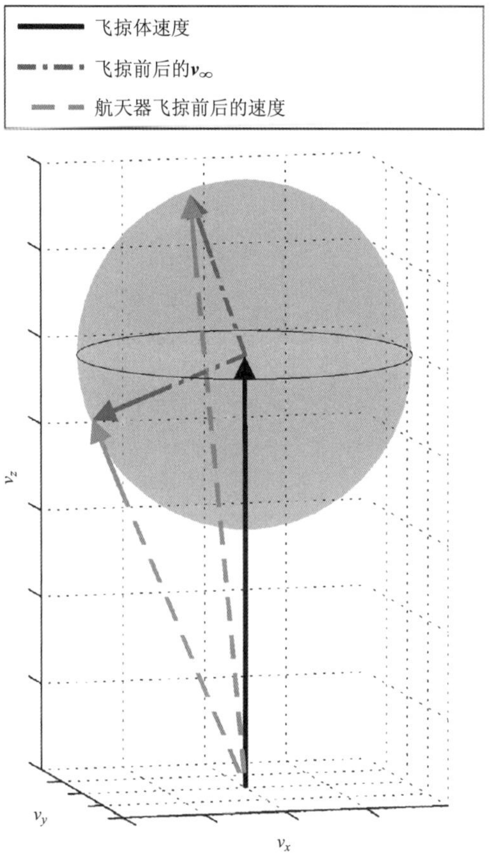

图 3　三维空间中的 v_∞ 球示例

一个著名的行星间旅行的例子是 1977 年的 Voyager 2 号任务，Voyager 2 号是第一个到达气体大行星（木星、土星、天王星、海王星）其中一个并在它的最终双曲线轨道上逃出太阳系的飞行器。更多关于拼接圆锥曲线模型和潜在的最优问题的详细内容可见第 5 卷第 253 章。虽然拼接圆锥曲线法是基于质量和几何论证的，用于星际旅行的更好的动力学估计，但是卫星际旅行由于其迅速的时间尺度而产生了更多的设计挑战。一个单独的返回式行星际旅行的飞行时间量级是数年，然而一个单独的返回式卫星际旅行的飞行时间量级是数天（见表 1）。因此由飞掠体周期标准化的飞行时间是比行星卫星旅行更长的数量级，因此相关的设计空间也会大得多。除了"自由返回"解决方案外，多圈 Lambert 问题也起到重要的作用，它使飞行器可以绕一个天体飞行多圈直到几何上满足飞行到另一个天体的正确条件（Russell 和 Ocampo，2005；Uphoff，Roberts 和 Friedman，1976）。

飞往木星的 Galileo 工程和当前飞往土星的 Cassini 工程是目前唯一的两个行星卫星旅行任务。Galileo 工程与 Callisto 工程的区别在于，前者有四个大卫星（木卫- IO，木卫二，木卫三和木卫四）提供比较大的飞掠机动能力，而后者只有一个大卫星（土卫六 ）来控制路线。因此 Cassini 工程包括了到 Titand 重复性的自由返回飞行以及不断与小天体的近距离接近，这会对飞行器绕土星中心的轨道起到微小的作用。在土星系中借助小卫星引力的飞行其实是可行的，但是需要比 Cassini 飞行器更小的能量（比如，小于 v_∞）。这样低能量的飞行服从于行星卫星轨道器的有效捕获和逃逸，目前人们正在考虑把它用到未来的任务中（Campagnola，Strange 和 Russell，2010）。

2.4　Tisserand 示意图和 v_∞ 杠杆作用

可以看出，v_∞守恒与 Tisserand 常量守恒是等价的，继而与限制性三体问题的 Jacobi 积分常量等价。Tisserand 用他的运动常量表达轨道要素各项，以此来确认与木星接近前后的彗星。同理，v_∞ 的大小在飞掠前后也是守恒的，这个守恒原理激发了 Tisserand 示意图的产生，它是一个基于能量的有用工具，可用于估计多体飞行时关于时间的到达轨道与边界（Strange 和 Longuski，2002）。图 4 所示为一个木卫二和木卫三的 Tisserand 示意图范例，其中标注的曲线是常量 v_∞线。一次飞掠产生的效果是沿图上的常量 v_∞线移动。图中每条曲线上的点意为在一个最小的飞掠高度（50 km）的基础上一次飞掠所能穿过的距离。比如，对于木卫三，从v_∞～2 km/s图的顶部开始，至少需要三次绕飞才可以飞行到近地点低于木卫二的轨道。假设其相位调整正确，以一个在 1.75～4.3 km/s 范围内的速度 v_∞在能量角度是可以到达木卫二的。可以通过向附近星体附加 Tisserand 示意图并沿 v_∞轮廓曲折前进来设计整个飞行过程。

与引力辅助飞掠相比，在 Tisserand 示意图上与 v_∞示意图正交的运动需要一次脉冲机动。利用 v_∞杠杆作用可以有效地改变 v_∞，它在飞掠拱点反向施加一次切向脉冲机动（Sims，Longuski 和 Staugler，1997）。该机动的效率级数是 10，也就是说，其 v_∞ 的该变量是脉冲机动的 10 倍。Cassini 工程、至水星的 Messenger 工程、计划中的至木星的 Juno 工程、计划中的至水星的 BepiColombo 工程，还有许多未来工程的任务研究，都采用 v_∞ 杠杆作用作为调节行星际轨道发射和到达能量的有效机制（通常叫作地球引力辅助 Δ 或"Delta VEGA"；

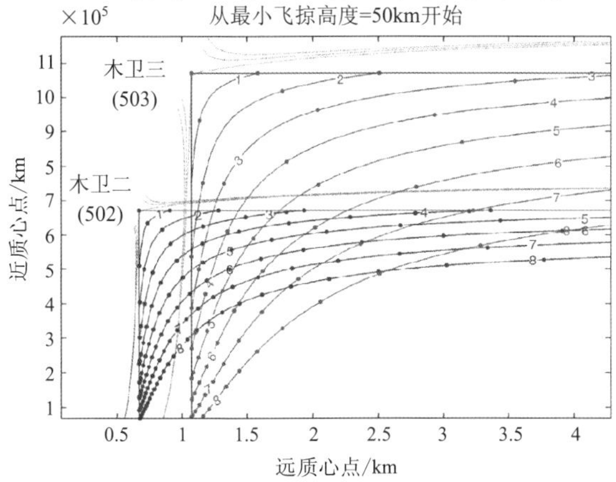

图 4 木卫二和木卫三的 Tisserand 图示意

Sweetser，1993)。

2.5 非球形引力：最重要的项

开普勒运动是根据两个具有相互引力影响的质点体（或者放射性对称球形）推导出来的。如果其中之一是飞行器，那么该系统的质心基本位于较大质量星体的中心，而且飞行器的形状与运动无关。另外，非球形的大质量星体对飞行器的运动具有显著的影响。对于近球形体，比如行星和比较大的行星卫星，引力势的球面谐波级数是最自然、最常见的代表（见第5卷第252、第254、第255章）。对地球来说，代表赤道凸出部分的 J_2 项的影响数量级是其他所有项总和的100倍。因此，人造地球卫星的“主要问题”就被认为是二体加 J_2 项，数十年内人们已经研究出了许多种有用的分析结果(Deprit 和 Arnold Rom，1970)。

因为比较大的行星，比如木星和土星，是快速旋转的并且由气体组成，它们的引力势相对于其自旋轴对称，包括最主要、最大的 J_2 项在内的几个带状项可以被描述得很好。除了 J_2 项可以由旋转体物理解释外，对于同步旋转的行星卫星，$C_{2,2}$ 项也具有明显的物理意义。当行星卫星的旋转速度与绕行星的轨道速度呈1∶1的比例时，在行星卫星固连系中三体力场的一阶项是静态的。经过一段时间后，静态场会把行星卫星轨道改变为一个主轴指向行星的三轴椭球。该形变会引起 J_2 项和 $C_{2,2}$ 项的作用变强。对于处于流体静力平衡内的星体而言，量纲为1化的 $C_{2,2}/J_2$ 比值理论上为10/3(Schuber，2004)。流体静力平衡假设主要应用于主行星卫星轨道器的初始设计中，比如木卫二、木卫三、土卫六和土卫二。尽管在飞掠星体时可以通过放射性测量技术测得 $C_{2,2}$ 和 J_2 的值，但是对于这些项以及更高阶的项的高精度估计是不可能优先于轨道任务的。

2.6 非球形引力：冻结轨道和低轨月球轨道示例

到目前为止，月球是唯一一颗飞行器曾环绕飞行过的行星卫星。经过一段很长的月球探测器发展历史，从阿波罗时代到20世纪90年代的科学任务时代（Hiten、Clementine 和 Prospector）到近期世界范围内的探月工程（SMARAT1、SELENE、Chang'e、Chandranaan－1，LRO）的重新兴起，月球高度非球形化的引力场模型也因此被建立得很好，从不面向地球的“远边”除外。美国国家航空航天局计划中的GRAIL工程将会在两颗共轨卫星（与取得巨大成功的地球GRACE工程类似）上使用精密激光，这将会把人们对月球重力场的认识提高至少一个数量级。

众所周知，月球引力场多起伏，如图5所示(Konopliv，1993)。因此，大家也熟知，任意选择的月球低轨卫星如果不加控制将会在几个月内就会撞到月球表面。偏心率和近地点幅角不变的特殊轨道，即“冻结轨道”，在非球形势能场可以平衡(Elipe 和 Lara，2003)。找到这样的轨道和轨道簇是非常烦琐枯燥的，尤其是当要考虑月球引力场中的许多必要项时。特别是把非球形势能场平均到快速变量中，然后将之应用到拉格朗日行星方程中以得到轨道要素的平局变化率更是烦琐。根据初始轨道要素，解代数方程，使偏心率和近地点幅角的平均值趋于零。通过一系列临近解的计算，可以得到冻结轨道簇。通常在不同的高度下，轨道设计者会把冻结偏心率作为倾角的函数来得到解析空间。注意到冻结轨道的设计原理也可以应用到其他星体上，这需要包括三体摄动或者除去非球形引力。通常，平均势能会彻底导致系统退变至正交，其稳定的冻结轨道仅仅是衰减空间圆形流中间的平衡点(Broucke，2003)。

可供平均化技术选择的是，月球固连系中的周期性轨道可以用来获得非平均问题的平衡(Russell 和 Lara，2007)。这些高阶月球冻结轨道得益于月球重力场中任意数量项的结论，而且也说明了地球引力的一阶影响。周期性轨道能用于所有月球高度，然而平均化方法通常仅限于忽略地球影响的月球低轨道或忽略月球非球形影响的月球高轨道。

平均和周期轨道技术在其他行星卫星和小星体的科学轨道设计中都起到重要作用。尽管力学、洞察和结果都来源于同样的基础原理，但是重要摄动项却随应用（NSG、TB、SRP 或这三项的任意组合）的不同而改变。

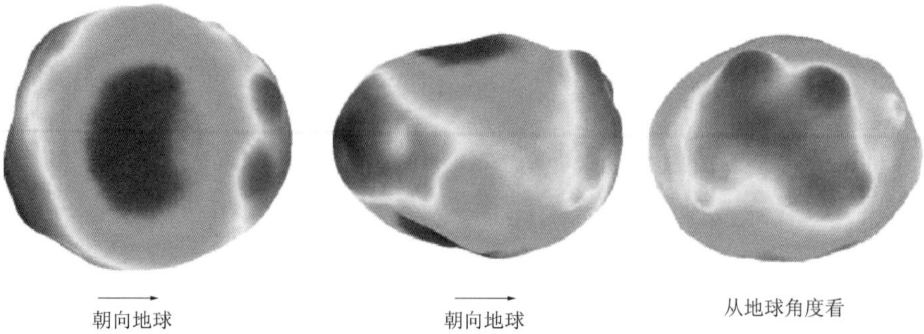

图 5　地球卫星的典型引力不规则图形，辐射方向夸张

2.7　小星体引力

给定一个足够大的级数，求函数足够代表任意的势能场。然而，高度非球形的星体可能会额外要求许多项，而且众所周知，当从最小的球内部估算的时候，级数表达式是发散的，该球包括有吸引力的球体，称为 Brillouin 球。常见的对 Brillouin 球内部计算势能的补救方法包括质量密集（三维有限元）模型和更常见的多面模型（Werner 和 Scheeres，1997；Park，Werner 和 Bhaskaranz，2010）。在质量密集模型中，将体积积分近似为点质量或立方体质量之和，继而产生了有限元网格；多面法通过表面网格对表面进行近似积分（在连续质量的情况下）。尽管与递归球函数法相比这两种方法的计算都很烦琐，但是这些技术已经使向不规则星体的靠近可行，其他方法则是不可行的。还应注意到，插入法在计算速度上会导致大的性能增益，而且是由大的存储要求获得的（Colombi，Hirani 和 Villac，2008）。图 6 表示了狗骨形状的小行星 Kleopatra 的高度非线性模型，它由位于波多黎各的阿雷西博望远镜观测得到。图 7 和图 8 分别表示了由小行星灶神星和 Toutatis 的非球形引力导致的对开普勒运动的摄动。对于月球轨道器，在小星体的轨道设计与前面介绍的平均法和（或）周期轨道分析一样，都沿同样的线前进（Scheeres 和 Marzari，2002；Hu 和 Scheeres，2005；Scheeres，2007；Scheeres，1996）。摄动模型的选择由对小行星的接近度及其物理和轨道参数决定（见表 1）。对于远离彗星或小行星的轨道，太阳辐射光压和第三体作用起到非常重要的作用，通常是要考虑的。接下来的章节将阐明这些项以及它们各自的重要性。

对于小星体探索的飞行案例包括美国国家航空航天局的 NEAR Shoemaker 工程，它是第一个绕飞并着陆于小行星的飞行器。2000 年，它成功着陆于小行星 Eros（尽管它并没有被设计成一个着陆器），完成了其使命。2005 年，日本太空发展署（JAXA）的 Hayabusa 号飞行器着陆于超小行星 Itokawa 并尝试搜集样本并返回地球。质量非常小的 Itokawa 允许一次翱翔，这与远程控制的轨道站保持策略是相违背的（Broschart 和 Scheeres，2005）。美国国家航空航天局的 Dawn 号飞行器目前正在通往小行星灶神星和谷神星的途中。Dawn 号飞行器将是第一个绕飞两个小行星的飞行器，它已经创了 Δv 的消耗纪录。因为 Dawn 号飞行器是一个小推力工程，而灶神星的非球形引力仍然未知，所以 Dawn 号飞行器绕灶神星的低轨飞行的可控性缺乏将会是一个隐患。因此，在低轨任务状态之前，高轨任务期间应对引力场作合适的精度估计（图 7）。对 Dawn 工程来说，球函数是一个足够的 NSG 模型，这是因为，对于任务的持续性而言，飞行器在目标星体的 Brillouin 球外面仍然是安全的。欧洲航天局于 2004 年发射 Rosetta 号飞行器，它在 2004 年飞掠小行星司琴星，在 2008 年飞掠小行星 Stein，并计划在彗星 67P/Churyumov - Gerasimenko 上着陆以研究其核心。在过去，不着陆仅绕飞其他小星体的项目有 NASA 的 Galileo，Stardust 和 Deep Space1 号，它与多颗星体近距离相遇，包括小行星 Asteriod、小行星 AnneFrank、双小行星 Iaa - Dacty1、彗星 Wild2、彗星 Braille 和彗星 Borelly。

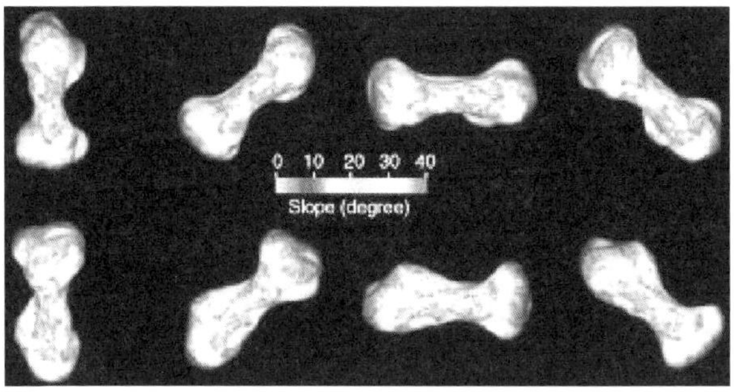

图 6 高度非球形小行星 Kleopatra 的典型形状模型（图转自 NASA/JPL）

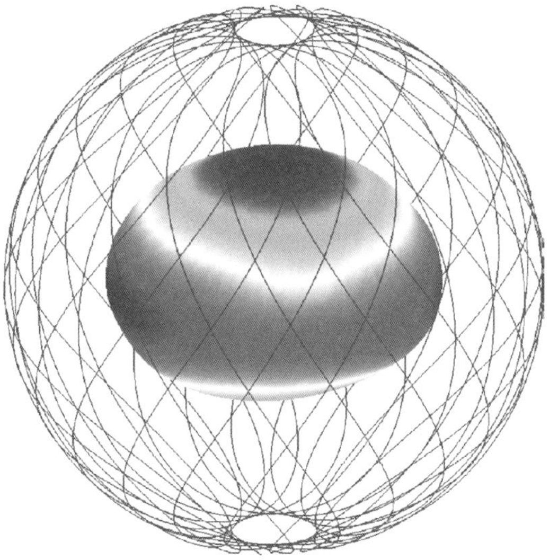

图 7 金星附近的周期轨道

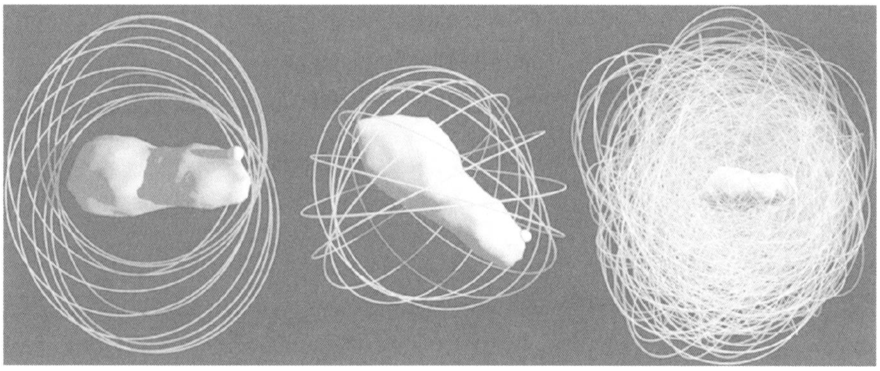

图 8 高度非球形小行星 Toutatis 的典型形状模型（图转自 NASA/JPL）

2.8 第三体引力：限制性问题

尽管对于大多数环地空间任务来说，摄动二体模型已经足够，但是太阳系中许多人们感兴趣的地方用简化三体模型来描述会更好。行星系统和行星卫星系统的长期轨道演变自然导致了绕主星体的大二级星体轨道的近圆化以及接近孤立化。在空间飞行力学章节中，在这些近圆、近孤立的轨道上的大量天体使限制性三体问题的重要性更加显著。这里，主星体与二级星体绕它们的系统重心以不变的分离距离旋转，这使它们的简单旋转框架保持稳定。这个自动的 Hamiltonian 系统保留了著名的 Jacobi 积分（C），因此它使运动的还原和分类更加方便。空间飞行区域得益于三百年来物理学家、天文学家和力学家们的工作，他们很早之前就注意到了限制性三体问题的重要性（见第 5 卷第 257 章）。尽管在合适的时间跨度下级数解存在且平均化方法导致了维数和全球洞察的减少，但是通用的逼近形式解并不存在。因此，问题的数值求解通常是不可避免的。

限制性三体问题中周期轨道以一个持续性家族成员的方式存在，该家族内 C 是一个通用参数。这些等价的家族提供了绘图的基础和对其他质量测量的状态空间的理解（Szebehely，1967）。而且，周期轨道可以作为最终的目标轨道或者连接多个任务状态的航路点轨道。另外，近期动力学系统理论的应用导致了一种新的轨道设计范例的出现（见第 5 卷第 257 章）。从这个角度来看通过状态空间内的混乱状态，轨道将自然不稳定动力发展到了高效导航。限制性三体问题内不稳定的周期轨道被植入状态空间区域，这些区域内充满了稳定与不稳定方向。尽管本地动力要求推进以保持稳定，但是稳定与不稳定方向的共存为表面看起来互异的地区提供了转移机制（见第 5 卷第 257 章）。图 9 所示为在二级星体附近的特殊周期轨道示例，图 10 所示为开发稳定分歧动力学的弹道捕获（Russell 和 Lam，2007）。

图 11 所示为在木星-木卫三限制性三体问题中的

一个 3∶4 的周期轨道示例。每个轨道的大部分都是绕木星而远离木卫三的近开普勒轨道。四个环代表了非旋转轨道的远地点。放大图表示不同的家族成员在不同的接近距离下都有木卫三飞掠。靠近木卫三的结果对轨道的影响更大，这可由弯曲证明。之前讨论过的拼接圆锥曲线模型对这种低高度飞掠机器对木星中心轨道的影响建模时采用了合理的初始值。然而，随着逼近运动远离木卫三，拼接圆锥曲线假设不再成立而且要求正式的三体模型，比如限制性三体问题。事实上途中最远的逼近轨道（~80 000 km）比 H 的两倍还要大，H 是影响球（SOI）的距离标准。从数值试验可知，如此高度的木星飞掠，轨道要素实际是改变的，然而飞掠过程中不能有二体力学建模。拼接圆锥曲线法要求 v_{∞}，它是在影响球无限远处的速度。然而，在这个例子中，飞行器永远都不会处于影响球内，因此木卫三的引力也肯定不会起决定作用。

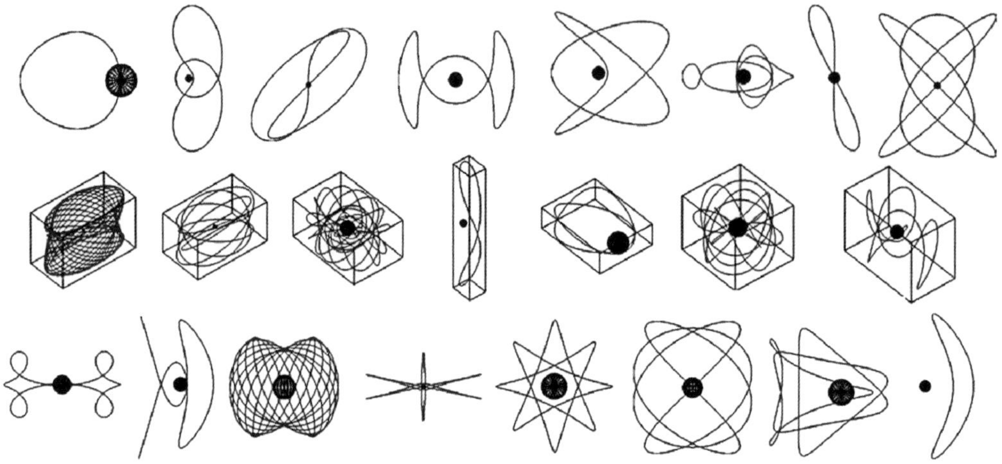

图 9　在木星-木卫二限制性三体问题中绕木卫二的高周期轨道示例

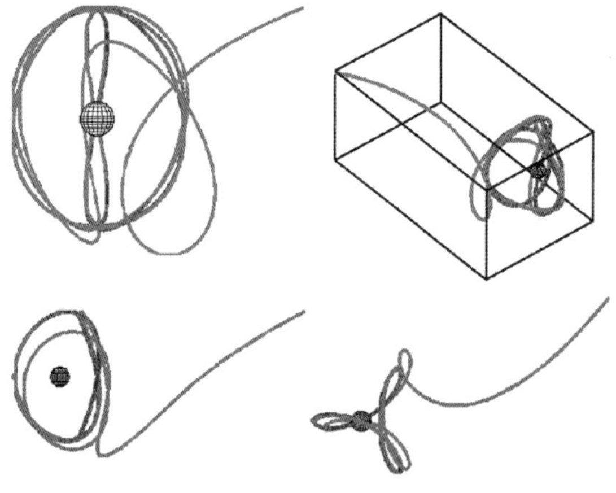

图 10　木卫二上沿稳定流的周期轨道弹道捕获

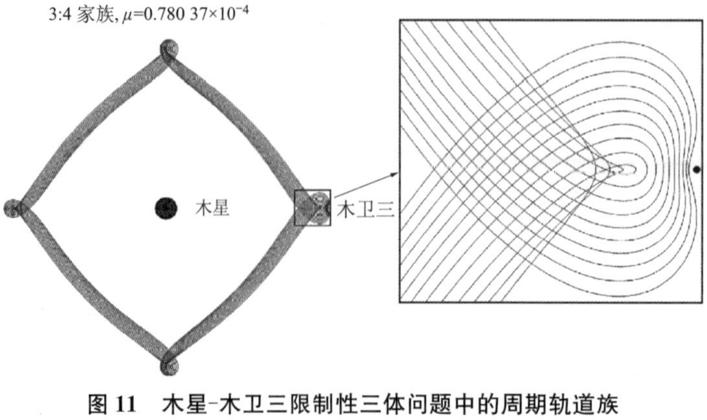

图 11　木星-木卫三限制性三体问题中的周期轨道族

该轨道族共振比为 3∶4，木卫三和飞行器分别为 3 和 4。

2.9 第三体引力：Hill 模型和行星卫星轨道器

限制性三体问题存在许多版本，广泛应用于动力学环境任务的分析中。Hill 模型是限制性三体问题的限制情况，这里其分离距离趋向无限远，同时二级星体与主星体的质量比趋向零（Szebehely，1967）。这个模型仅适用于二级星体无限远处，而且由于运动方程中质量比这一参数被消除，因此，对于轨道为近圆且质量比很小的二体系统来说，在二级星体附近的运动解决方案是可行的。这些条件在太阳系中很常见，比如表 1 中描述的许多二体目标的小质量比和小偏心率。

Hill 模型最初由 G. W. Hill 推出并使用，他将月球的运动描述为太阳-地球系统限制性三体问题的子情况，这与前人考虑的地-月摄动二体问题恰恰相反（Szebehely，1967）。由于 Hill 模型起初是基于月球理论的，所以地-月系统的大质量比使该模型无法适用于月球附近人造卫星的运动。而且，Hill 模型作为三体问题的限制性状态，不能将其与 Hill 方程（也叫 C-W 方程）相混淆，Hill 方程常用于两个处于近圆轨道上的无重力星体的相对运动天体力学研究中（见第 5 卷第 260 章）。

Hill 球代表了影响球（SOI）的一个标准模型。Hill 半径（H）与限制性三提问题中平动点 L_1 和 L_2 的距离类似（见第 5 卷第 257 章）。一个形体的物理半径与 Hill 半径之比表示（但并不是线性相关）该星体附近对飞行器操控包含第三体项的相对重要性。相对重要性的一个更直接的、量纲为 1 的标准是 $\alpha_{\mathrm{TB}} = (m/M)\sum_{n=3}^{\infty}(n-1)\varepsilon^n \approx 2\mu\varepsilon^3$，式中 $\varepsilon = r/a$，a 是星体绕主星轨道的半长轴，m 和 M 分别是二级星体和主星体的质量。该表达式的推导条件是假设飞行器在二级星体和主星体之间与二级星体距离为 r 的地方。将 ε 泰勒展开为摄动项，将以二级星体为中心的运动方程的惯性形式下的二体项分开。表 1 给出了由星体半径评估的每个星体的 α_{TB}。当 r 以 H 为标准进行评估的时候，比率 α_{TB} 大约以 2/3 为阶数逼近目标值，这与 Hill 模型的思想以及 Hill 半径的定义一致。表 1 清楚地表明，当考虑低轨道时，相比于行星或彗星以及小行星，第三体摄动与行星卫星最相关。

从某种意义上来说，Hill 球是一个 Roche 限，它代表了一个星体可能半径上的保守上限（Wiesel，1997）。在 Hill 球之外，由于第三体潮汐力的存在，表面的游离颗粒将会被除去。从表 1 中可以看出，火星的一颗小卫星火卫一的半径占据了其 Hill 球的大约 67%。注意到 Roche 限也可以以旋转力的形式进行定义，而不是潮汐力。如此看来，许多小行星和彗星的平均半径都接近这个 Roche 极限（Scheeres，1996）。实际上，小星体的倾角稳定的飞行器轨道通常可能会超出 Hill 半径的 1/3～1/2。在近平面状态下，远距离逆行轨道（DROs）在这样远的距离上依然稳定。图 12 和图 13 分别描绘了木卫三和土卫二的倾角稳定轨道。第一个是一个循环椭圆（近地点幅角非冻结），第二个仍然接近圆。平均来说，这两个轨道大致占据了各自 Hill 球的一半，而且把稳定边界的外极限外推。轨道要素的明显的短周期和上周期变化显然是源自第三体摄动。

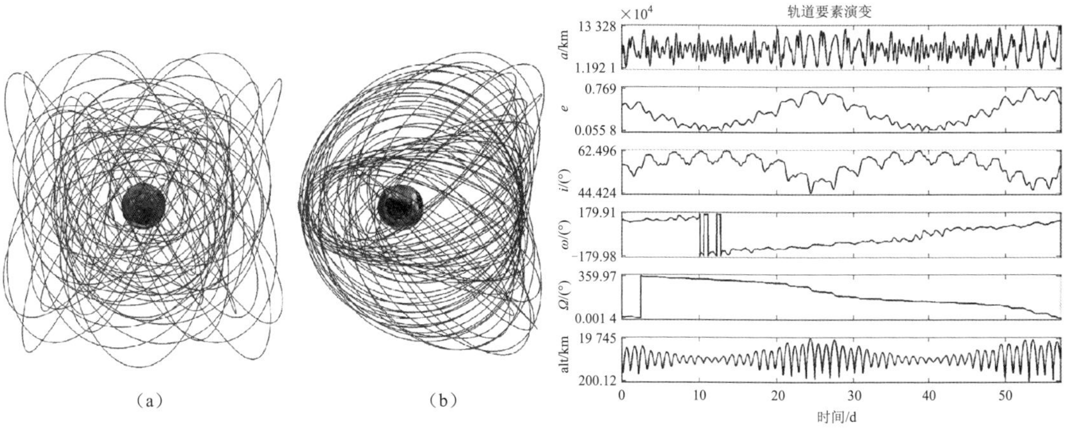

图 12 在木星摄动严重影响下木卫三处的稳定科学轨道

（该轨道由 56 个飞船循环、Hill 模型和一个 4×4 的球函数引力场计算所得。）

（a）固连；（b）惯性

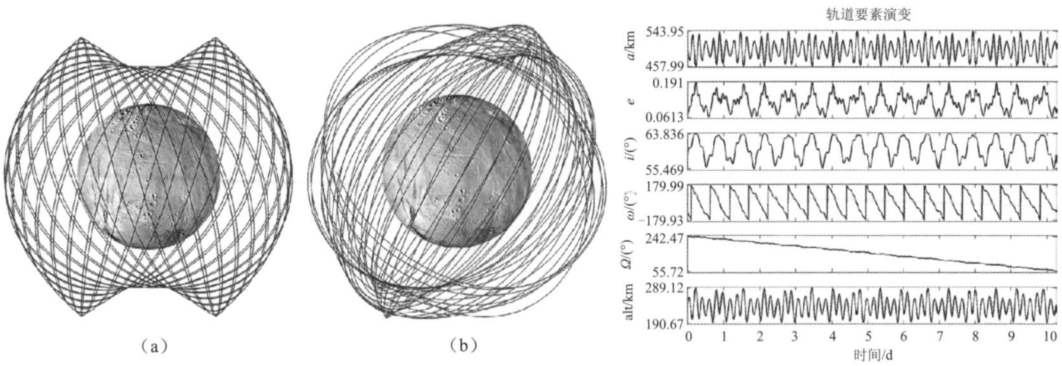

图 13 在土星摄动严重影响下的土卫二处的稳定科学轨道

(在 35 次飞船循环，土卫二完成接近 8 次之后，该轨道出现周期性，引力场模型包括典型的 J_2，J_3和 $C_{2,2}=10/3J_2$。)

(a) 固连；(b) 惯性

尽管同步旋转的星体一般都会有重要的 J_2 和 $C_{2,2}$ 项，但是在大多数主要的行星卫星中，非同寻常的大的第三体摄动是轨道设计的主要障碍。为保证全球覆盖率、足够的表面绘图以及潮汐膨胀指向，一般都会要求轨道有较大的倾角、较低的高度以及较小的偏心率。不幸的是，在第三体摄动比较严重的环境中，大倾角轨道是不稳定的，这已被大家所熟知（Scheeres，Guman 和 Villac，2001）。由此出现了一个行星卫星轨道设计的主要目标：把近极点、近圆的不稳定轨道的寿命最大化（Paskowitz 和 Scheeres，2006）。

2.10 第三体引力：椭圆情况

椭圆限制性三体问题是另外一个常见的解释主星体和二级星体之间相对轨道椭圆性的三体模型（Broucke，1969；Scheeres 和 Marzari，2002）。随着分离距离的波动，旋转系中的星体不再稳定。当几何预测准确时，时间依赖的引入使 Jacobi 积分失效。尽管复杂性增加，但是当考虑至某些星体的空间任务时，比如水星以及许多彗星和小行星的高度非圆形轨道，这个模型还是必要的。

2.11 地-月系统

地-月系统的动力学环境可以说是独一无二的。地球离太阳相对较近，月球严重非球形化，月球轨道不在赤道平面内（由于存在太阳扭矩，其倾角每 18.6 年在 18.3°和 28.6°之间周期性变化），而且，其轨道也不是圆形的，平均偏心率是 0.055。与其他的行星系统或行星际系统不同，地-月轨道的边界条件的与众不同的方面在于，它有好多边界起源于或者接近主星体。

由于质量比 μ 很大，零点拼接圆锥曲线模型几乎完全失效。从表 1 可以看出，地-月系统的质量比是 1/81，这比其他所有行星卫星的质量比大了差不多两个数量级。在阿波罗时代，其他形式的拼接圆锥曲线法（非零半径）和变量应用非常好，比如多曲线理论。如今，主要是由于计算的进步，任何形式的月球拼接圆锥曲线法都在正式的三体模型的帮助下取得了跳跃性进展。由于太阳对月球影响较大以及月球偏心率较大，即使限制性三体问题也只是对地-月-飞行器系统的一阶估计。1991 年，日本对 Hiten 号飞行器的成功拯救是显示太阳引力对地月轨道重要性的最好示例（Belbruno 和 Miller，1993)。通过对四体（地-月-日-飞行器）问题的研究，月球上完整的弹道捕获已成为可能，并且也比传统的快速转移节省了接近 20%的 Δv。尽管机械失败可能会导致任务失败，但是这些“弱稳定转移”使得 Hiten 号飞行器的月球转移和捕获成为可能。月球转移与低能量转移密切相关，与其相联系的是 Halo 轨道任务和周期轨道的稳定/不稳定流（参见第 5 卷第 257 章)。

2.12 太阳辐射光压

任何投影在太阳光照射方向上面积不为零的表面都会受到电磁场辐射的压力（见第 5 卷第 255，第 254 和第 259 章)。尽管太阳是最主要的光源，但是其他从太阳反射光线或热量的星体也会对飞行器的加速度有微小的影响。除了太阳能航行任务（见第 5 卷第 259 章)，SRP 和其他光压源通常只在高精度仿真中比较重要，比如详细任务设计、定轨或者遥感应用（见第 5 卷第 254、第 255、第 261 章)。

SRP 作为主要加速度的一类任务是到小星体的轨道任务，比如彗星和小行星。没有 SPR 时，在离小星体非常近的轨道上主要的摄动是非球形引力。对于大多数小行星和彗星来说，Hill 球向外延伸到数百个星体半径（特别像地-月系统的比值）。从表 1 中可以清楚地看出，当在星体半径处进行评估时，α_{TB}是相对较小的。因此，与行星和大多数行星卫星相比，小星体表面附近的轨道第三体引力摄动相对较为良性。当小星体附近的飞行器所受的太阳引力加速度本身很大时，几乎有相等的加速度作用在小星体上。因此，相对于小星体的净摄动就很小了。另外，SRP 只会作用在飞行器和主星体上，并不会对小星体产生加速度。因此，在来自彗星或小行星的小引力项内容中，小的太阳光压作为摄动会对飞行器产生较大的净作用。

与估计第三体摄动相对作用的方法类似，人们发现 SRP 量纲为 1 化的相对重要性为 $\alpha_{SRP}=Br^2/(S^2Gm)$，式中 $B=Q/z$，它与引力参数 G_m 的单位相同。太阳压常为 Q，对球形飞行器来说，其值大约为10^8 kg・km^3/(s^2・m^2)。飞行器的质量面积比为 z，单位是 kg/m。S 是到太阳的距离，r 是与小星体的距离，二者单位相同。人们从摄动项大小的简单比值 B/S^2 到绕二级星体的惯性运动方程中二体项的简单比值推导出了 α_{SRP}的表达式。表 1 给出了每个星体的 α_{SRP} 值，以 $r=R$ 和 $r=H$ 估计。当第三体摄动为太阳（和行星、彗星和小行星的情况一样）且$r=H$时，α_{SRP} 与无量纲参数$\widetilde{\beta}$呈比例 $\left(\sim\frac{1}{2}\right)$，$\widetilde{\beta}$由 Scheeres（Scheeres，Marzari，2002）在把与椭圆三提问题等价的 Hill 模型包括在内时引入。表 1 给出了假设每个星体各自的质量面积比为 20 kg/m^{22}时的 α_{SRP}。表 1 表明，与行星卫星或行星轨道器相比，当考虑小行星或彗星任务时其 SRP 的重要性是前者的 2～4 倍。图 14 给出了表 1 中每个星体的 α_{SRP}值和 α_{TB}值，它在星体和 Hill 半径进行估计。该图给表 1 中的摄动参数提供了视觉概览，是对星体附近飞行器的动力学环境进行快速探索的有用参考。

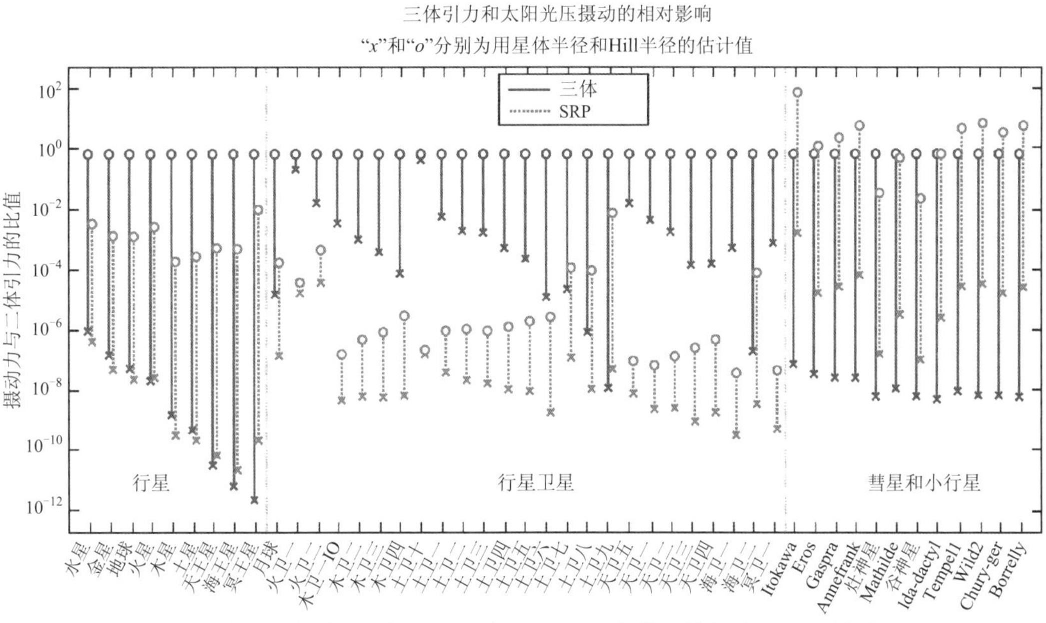

图 14　在所选择的感兴趣处太阳光压（α_{SRP}）与第三体摄动（α_{TB}）的对比

注意到在表 1 和图 14 中没有包含其他的摄动项 NSG，这是因为对许多星体来说没有精确的引力模型。基于观测的视觉模型提供了大致的估计，但是只有之前飞行器到达过的星体才有精确的引力模型。显然，小行星、彗星和非常小的行星卫星的 NSG 项比行星和大行星卫星的 NSG 项更重要。

3 结　　论

本章对在空间探索中具有高优先权目标的动力学环境的主要摄动项进行了研究，内容包括轨道力学以及过去、现在和将来空间任务的初步设计技术。非球形引力、第三体引力和太阳光压是对开普勒二体运动影响最大的三个力。对于轨道任务来说，根据特殊目标形体的质量、几何形状和轨道性质，有必要对这些轨道摄动进行不同形式的组合。对于高度非球形星体（比如彗星和小行星）的低轨道来说，非球形引力项是最重要的。行星足够大，所以其引力场可以进行较好的扁球模型化，这会引起开普勒运动的较大却相对良性的偏离。引力场起伏严重的行星卫星（比如月球）长时间会对低轨道产生可怕的影响。然而，在大多数主要的行星卫星上，第三体引力项才是导致倾斜轨道不稳定的主要原因。飞行器远离彗星和小行星这样的小星体的轨道时除了受第三体引力影响外，还受到太阳光压的严重影响。为了对比在不同星体的轨道器上的这些动力学影响，人们推导出了衡量第三体引力和太阳光压相对重要性的无量纲参数，并用于行星、大行星卫星和一些典型彗星及小行星附近的环境。轨道设计者可以参考结果参数，对未来空间任务可能目标的动力学环境进行快速校正。除轨道任务之外，本章还讨论了使用圆锥曲线拼接法的巨大旅行轨道、引力辅助飞掠和杠杆推力机动，以及正规的三体轨道，比如周期轨道和与它们相关的稳定与不稳定流。

相关章节

第 5 卷，第 252 章
第 5 卷，第 253 章
第 5 卷，第 254 章
第 5 卷，第 255 章
第 5 卷，第 256 章
第 5 卷，第 257 章
第 5 卷，第 258 章
第 5 卷，第 259 章
第 5 卷，第 260 章
第 5 卷，第 261 章

参考文献

Belbruno，E. A. and Miller，J. K. （1993） Sun－perturbed earth－tomoon transfers with ballistic capture. *J. Guidance*，*Control*，*Dyn.* ，**16** （4）.

Broschart，S. B. and Scheeres，D. J. （2005） Control of hovering spacecraft near small bodies：application to Asteroid 25143 Itokawa *J. Guidance*，*Control*，*Dyn.* ，**28** （2），343－354.

Broucke，R. A. （1969） Stability of periodic orbits in the elliptic，restricted three－body problem. *AIAA J.* ，**7** （6），1003－1009.

Broucke，R. A. （2003） Long－term third－body effects via double averaging. *J. Guidance Control Dyn.* ，**26** （1），27－32.

Bryson，A. E. and Ho，Y. C. （1969） Optimization Problems for Dynamic Systems；Optimization Problems for Dynamic Systems with Path Constraints，in *Applied Optimal Control*，Blaisdell Pub. Co. ，Waltham，Mass.

Campagnola，S. ，Strange，N. J. and Russell，R. P. （2010） A fast tour design method using non－tangent V－infinity Leveraging transfers，to appear，Celestial Mechanics and Dynamical Astronomy，accepted June 2010.

Colombi，A. ，Hirani，A. N. ，and Villac，B. F. （2008） Adaptive Gravitational Force Representation for Fast Trajectory Propagation Near Small Bodies，*J. Guid. Cont.* ，*and Dyn.* ，**31** （4），1041－1051.

Deprit，A. and Arnold Rom，A. （1970） The main problem of artificial satellite theory for small and moderate eccentricities. *Celestial Mech.* ，**2**，166－206.

Edelbaum，T. N. （1965） Optimum power－limited orbit transfer in strong gravity fields. *AIAA J.* ，**3** （5），921－925.

Elipe，A. and Lara，M. （2003） Frozen orbits about the moon. *J. Guidance*，*Control*，*Dyn.* ，**26** （2），238－243.

Gao，Y. and Kluever，C. A. （2005） Analytic orbital averaging technique for computing tangential－thrust trajectories. *J Guidance*，*Control*，*Dyn.* ，**28** （6），1320－1323.

Hu，W. and Scheeres，D. J. （2005） Spacecraft motion about slowly rotating asteroids. *J. Guidance Control Dyn.* ，**25** （4），765－775.

Konopliv，A. S. ，Sjogren，W. L. ，Wimberly，R. N. ，Cook，R. A. and Vijayaraghavan，A. （1993） A high resolution lunar gravity field and predicted orbit behavior. Paper AAS 93－622.

Lawden，D. F. （1963） *Optimal Trajectories for Space Navigation*，Butterworth & Co. ，London，pp. 5－59.

Park，R. S. ，Werner，R. A. and Bhaskaranz，S. （2010） Estimating small－body gravity field from shape model and navigation data. *J. Guidance*，*Control*，*Dyn.* ，**33** （1），212－221.

Paskowitz，M. E. and Scheeres，D. J. （2006） Design of science orbits about planetary satellites：application to europa. *J. Guidance*，*Control Dyn.* ，**29** （5），1147－1158.

Petropoulos，A. E. ，Kowalkowski，T. D. ，Vavrina，M. A. ，Parcher，D. W. ，Finlayson，P. A. ，Whiffen，G. J. and Sims，J. A. 1st ACT global trajectory optimisation competition：results found at the jet propulsion laboratory. *Acta Astronaut.* ，**61** （9），806－815.

Russell，R. P. （2006） Global search for planar and three－dimensional periodic orbits near europa. *J. Astronaut. Sci.* ，**54** （2），199－226.

Russell，R. P. and Lam，T. （2007） Designing ephemeris capture trajectories at europa using unstable periodic orbits. *J. Guidance*，*Control*，*Dyn.* ，**30** （2），482－491.

Russell，R. P. and Lara，M. （2007） Long－life lunar repeat ground track orbits. *J. Guidance*，*Control*，*Dyn.* ，**30** （4），982－993.

Russell，R. P. and Ocampo，C. A. （2005） Geometric analysis of freereturn trajectories following a gravity—assisted flyby. *J. Spacecraft Rockets*, **42** (1), 138—151.

Russell, R.P. and Strange, N.J. (2009) Planetary moon cycler trajectories. *J. Guidance, Control, Dyn.*, **32** (1), 143—157.

Scheeres, D.J. (2007) Orbit mechanics about small asteroids. *Paper presented at the 20th International Symposium on Space Flight Dynamics*, Annapolis, Maryland, September 24—28.

Scheeres, D.J. and Marzari, F. (2002) Spacecraft dynamics far from a comet. *J. Astronaut. Sci.*, **50** (1), 35—52.

Scheeres, D.J., Ostro, S.J., Hudson, R.S. and Werner, R.A. (1996) Orbits close to asteroid 4769 castalia. *Icarus*, **121**, 67—87.

Scheeres, D.J., Guman, M.D. and Villac, B.F. (2001) Stability analysis of planetary satellite orbiters: application to the europa orbiter. *J. Guidance, Control, Dyn.*, **24** (4), 778—787.

Schubert, G., Anderson, J.D., Spohn, T. and McKinnon, W.B. (2004) Interior Composition, Structure and Dynamics of the Galilean Satellites, in *Jupiter, The Planet, Satellites, and Magnetosphere* (eds) F. Bagenal, T. Dowling, W. McKinnon, Cambridge Planetary Society, Cambridge, England.

Sims, J.A., Longuski, J. and Staugler, A. (1997) V—infinity leveraging for interplanetary missions: multiple—revolution orbit techniques. *J. Guidance, Control, Dyn.*, **20** (3), 409—415.

Strange, N.J. and Longuski, J.M. (2002) Graphical method for gravity—assist trajectory design. *J. Spacecraft Rockets*, **39** (1), 9—15.

Strange, N.J., Russell, R.P. and Buffington, B. (2007) Mapping the V—infinity globe. AAS/AIAA Astrodynamics Specialist Conference and Exhibit, Mackinac Island, MI. Paper AAS 07—277.

Sweetser, T. (1993) Jacobi' s Intergal And Deltav Gravity Assist (DeltaV EGA Trajectories). AIAA/AAS Astrodynamic Specialist Conference, Victoria, BC, Canada. Paper AAS 93—635.

Szebehely, V. (1967) *Theory of Orbits. The Restricted Problem of Three Bodies*, Academic Press, New York.

Uphoff, C., Roberts, P.H. and Friedman, L.D. (1976) Orbit design concepts for jupiter orbiter missions. *J. Spacecraft Rockets*, **13** (6), 348—355.

Werner, R. and Scheeres, D. (1997) Exterior gravitation of a polyhedron derived and compared with harmonic and mascon gravitation representations of asteroid 4769 castalia. *Celestial Mech. Dyn. Astron.*, **65**, 313—344.

Wiesel, W.E. (1997) *Spaceflight Dynamics*, McGraw—Hill.

本章译者：韩潮、徐明（北京航空航天大学宇航学院）

第 259 章

太阳帆动力学与控制

Bernd Dachwald
亚琛应用技术大学航天科技系，亚琛，德国

1　太阳帆推进的优势及其应用

在众多雄心勃勃的太空任务计划中，其可行性关键取决于用来提供所需速度增量（ΔV）的推进系统的能力。化学推进系统是目前最常用的空间推进系统。但在执行需要高速度增量（ΔV）的太空任务时，低比冲的特性使其迅速达到自身极限。避免化学推进系统低加速能力的标准方法是使用（增加）重力协助，这种方法以不灵活的任务剖面及延长的任务时间为代价。太阳帆完全依赖太阳辐射压力推动，理论上能够产生无限的推进能力（只要航天器不飞得距离太阳太远）。此种推进方式为高速度增量任务提供了潜在的可行性。这种具有挑战性的高速度增量任务包括快速到达太阳系外的任务（McInnes，2004；Dachwald，2005）、大倾角太阳轨道任务（Macdonald，等，2006；Dachwald，Seboldt 和 Lammerzahl，2007）、彗星交会任务（Hughes 和 McInnes，2004），多个小行星会和任务（Dachwald 和 Seboldt，2005）、偏转小天体任务（McInnes，2004b；Wie，2005），以及维持飞船在“奇异的”非开普勒轨道任务（McInnes，1998）。

2　历史与发展现状

空间推进中使用太阳帆的概念可以追溯到俄罗斯航天先驱康斯坦丁 E. 齐奥尔科夫斯基，更早的想法应该归属于弗里德里希·詹德（McInnes，1999）。虽然一般的想法是很简单的，但是制造体积大、质量轻的结构对此种方法的应用提出了重大挑战，建造这种结构在以往几乎是不可行的——直到最近。尽管截至本章写作时没有真正的太阳帆在太空飞行，但是俄罗斯（Znamya 2 号在和平号空间站的，1993）和日本（日本空间科学研究所部署在一颗探空火箭上的，2004）都已经进行了太阳帆状结构在空间的部署。欧洲（Leipold 等，2003）和美国（Johnson，Young 和 Montgomery，2007）已经报道了太阳帆的地面展开测试。不幸的是，前三次发射太阳帆并将之送入太空的尝试，均因火箭发射失败而告终（由行星协会在 2001 年和 2005 年两次发射的宇宙 1 号，以及由美国航空航天局在 2008 年发射的 NanoSail－D）。

3　基础太阳辐射压力模型

太阳帆从太阳光子动量中获得推进力。当光子被太阳帆吸收时，它们的动量被转移到吸收体，当光子被镜面反射时，这种动量的转移加倍。根据牛顿第二定律，这种动量的改变导致吸收或反射体受到一个作用力。单位表面区域的作用力称为太阳辐射压强（SRP），并且作用在物体上的合力叫作太阳辐射压力。与太阳距离为 r 的太阳辐射压强为

$$P=\frac{S_0}{c}\left(\frac{r_0}{r}\right)^2=P_0\left(\frac{r_0}{r}\right)^2=4.563\left(\frac{r_0}{r}\right)^2(\mu\text{N/m}^2) \tag{1}$$

式中，$S_0=1\ 368\ \text{W/m}^2$，为距离太阳 $r_0=1\text{AU}$（1 天文单位）的太阳辐射通量，即所谓的太阳常数；c 为光在真空中的速度。由于太阳辐射压强十分小，因而太阳帆必须十分大并且足够轻，以获得显著的加速。

施加在太阳帆上的太阳辐射压力可以方便地被描述为两个单位向量。第一个是帆板法（单位）向

量 $\boldsymbol{n}$，该向量垂直于帆板表面，并且总是指向远离太阳的一侧。第二个是推力单位矢量 $\boldsymbol{f}$，该向量沿太阳辐射压力方向（仅在非常简化的理想反射情况下，$\boldsymbol{n}$ 和 $\boldsymbol{f}$ 是一致的）。令 $O=\{\boldsymbol{e}_r, \boldsymbol{e}_t, \boldsymbol{e}_h\}$ 为以太阳为中心的正交右手极坐标系，这里 $\boldsymbol{e}_r$ 为从太阳指向航天器的单位向量，$\boldsymbol{e}_h$ 为垂直于轨道平面的单位向量（方向沿航天器轨道角动量方向），$\boldsymbol{e}_t$ 满足右手定则（$\boldsymbol{e}_r\times\boldsymbol{e}_t=\boldsymbol{e}_h$，见第 9 节）。在 O 坐标系下，用来描述太阳帆姿态的太阳帆法向量 $\boldsymbol{n}$，可以通过帆板俯仰角 α 及帆板时钟角 δ 来表示。而用来描述推力（$\boldsymbol{F}=F\boldsymbol{f}$）的推力单位向量 $\boldsymbol{f}$ 的方向，可以通过推力圆锥角 θ 以及帆板时钟角 δ 来表示（见图 1）。

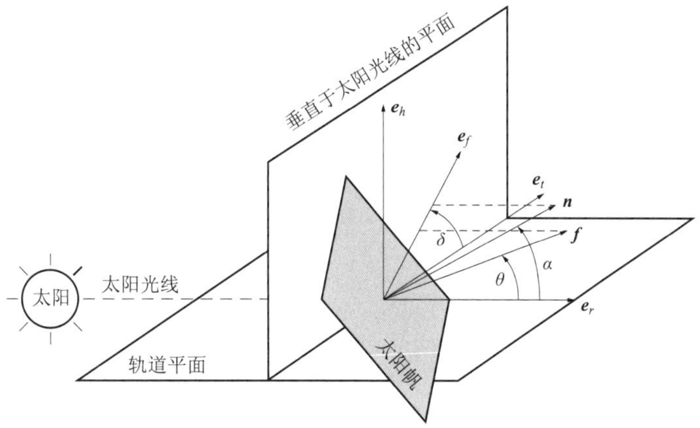

图 1 帆板法向量和推力单位向量的定义

设计的薄膜帆前侧覆盖着高反射性质的涂层（如铝），并且通常在背面具有高发射性质的热涂层（如铬）。对薄膜帆板光学特性不同级别的简化会导致计算太阳辐射压力大小和方向的不同模型，其中最简单的一个是理想太阳帆模型。

3.1 理想太阳帆模型

理想太阳帆模型，记为“理想反射”（IR）模型，其假定帆板表面是理想反射的。施加在面积为 A 的理想帆板上的太阳辐射压力为（McInnes，1999）：

$$\boldsymbol{F}=2PA\cos^2\alpha\boldsymbol{n} \tag{2}$$

在一些介绍太阳帆的相关文献中，有时也采用一种简化的太阳帆模型，此模型使用整体帆板效率参数 η（因此，称这种模型为 ηIR）。该参数意在涵盖帆板在负载下的非完美反射和帆偏转/翘曲。使用此帆板效率参数，作用于帆板的太阳辐射压力可以描述为：

$$\boldsymbol{F}=2\eta PA\cos^2\alpha\boldsymbol{n} \tag{3}$$

由于 ηIR 模型相对于 IR 模型来说，其推力始终沿着帆板法线方向（$\boldsymbol{f}\equiv\boldsymbol{n}$），这就使太阳帆的力学分析处理变得容易，因此 ηIR 模型被广泛使用。但是正如后面提到的，此模型仅仅提供了一个太阳辐射压力的粗略近似，所以除了非常初步的任务可行性分析，一般不推荐使用。一种更好地对太阳辐射压力的描述可以通过所谓的光学太阳帆模型获得。

3.2 光学太阳帆模型

对于一个全面的任务分析，必须引入一种比 IR 模型更加复杂的太阳帆模型。此模型考虑了实际太阳帆薄膜的（热）光学系数。下文称此模型为“光学反射”模型（OR）。该模型是 Sauer（1977）在 20 世纪 70 年代为太阳帆轨迹优化问题提出的，Forward（1990）对此进行了更加深入的研究。在 OR 模型中，帆板薄膜的光学特性用吸收系数 $\tilde{\alpha}$、反射系数 ρ、透射系数 τ 以及发射系数 ε 表示，并且存在一个约束条件 $\tilde{\alpha}+\rho+\tau=1$。假设太阳帆反射一侧的 $\tau=0$，吸收系数为 $\tilde{\alpha}=1-\rho$。由于并非所有的光子都受到镜面反射，因而反射系数被再次划分为镜面反射系数 ρ_s，漫反射系数 ρ_d 和背面反射系数 ρ_b，满足 $\rho_s+\rho_d+\rho_b=\rho$。假设 $\rho_b=0$，上述限制条件可以等价地描述为 $\rho_d=(1-s)\rho$，其中令 $\rho_s=s\rho$，s 为镜面反射因数。发射系数 ε 描述区域 A 表面在绝对温度 T 时的发射功率 E，$W=\varepsilon\sigma T^4A$，其中斯蒂芬-玻尔兹曼常数 $\sigma=5.670\ 51\times10^{-8}\ \mathrm{W/(m^2\cdot K^4)}$。太阳帆正反面的发射系数分别为 ε_f 与 ε_b。发射和漫反射光子的角度分布分别用太阳帆正反面的非朗伯系数 B_f 和 B_b 描述。至此，OR 模型下的太阳帆薄膜光学特性可以使用如下一组参数表示：$P=\{\rho, s, \varepsilon_f, \varepsilon_b, B_f, B_b\}$。根据 Wright（1992）文献，正面材料为高反射率铝制涂层，背面材料为高发射率铬涂层的帆板，其光学系数为 $P_{\mathrm{Al|Cr}}=\{\rho=0.88, s=0.94, \varepsilon_f=0.05, \varepsilon_b=$

0.55，$B_f=0.79$，$B_b=0.55\}$。通过使用这些光学系数，施加在太阳帆板上的太阳辐射压力可以分解为沿 $\boldsymbol{n}$ 的法向分量 $\boldsymbol{F}_n$，以及沿 $\boldsymbol{t}$ 方向的切向分量 $\boldsymbol{F}_t$（图2）。这里有：

$$\boldsymbol{F}_n=2PA\cos\alpha(a_1\cos\alpha+a_2)\boldsymbol{n}$$
$$\boldsymbol{F}_t=-2PA\cos\alpha a_3\sin\alpha\boldsymbol{t} \tag{4}$$

式中，光学太阳辐射压力系数如下：

$$a_1\triangleq\frac{1}{2}(1+s\rho)$$
$$a_2\triangleq\frac{1}{2}\left[B_f(1-s)\rho+(1-\rho)\frac{\varepsilon_f B_f-\varepsilon_b B_b}{\varepsilon_f+\varepsilon_b}\right]$$
$$a_3\triangleq\frac{1}{2}(1-s\rho) \tag{5}$$

总的太阳辐射压力可以写为

$$\boldsymbol{F}=2PA\cos\alpha\Psi\boldsymbol{f} \tag{6}$$

式中，

$$\Psi\triangleq[(a_1\cos\alpha+a_2)^2+(a_3\sin\alpha)^2]^{1/2} \tag{7}$$

这里 Ψ 仅依赖俯仰角 α 与太阳帆薄膜的光学系数。注意式（2）与式（6）形式上的整齐性：式（6）中 Ψ 替换了式（2）中的一个 $\cos\alpha$，式（6）中 $\boldsymbol{f}$ 替换了式（2）中的 $\boldsymbol{n}$。式（2）中另一个 $\cos\alpha$ 保持不变，因为它描述了帆板受光照的投影面积。向量 $\boldsymbol{e}_r$ 与 $\boldsymbol{f}$ 之间的角叫作推力圆锥角 θ，而向量 $\boldsymbol{f}$ 与 $\boldsymbol{n}$ 之间的角叫作中线角度 Φ。它可以通过下式进行计算：

$$\Phi=\arctan\left(\frac{a_3\sin\alpha}{a_1\cos\alpha+a_2}\right) \tag{8}$$

得到推力圆锥角 $\theta=\alpha-\Phi$。太阳辐射压力还可以写在以径向矢量 $\boldsymbol{e}_r$，垂直于 $\boldsymbol{e}_r$ 方向的单位矢量 $\boldsymbol{e}_f$ 以及沿着 $\boldsymbol{f}$ 在 $\boldsymbol{e}_t-\boldsymbol{e}_h$ 平面投影的坐标系中（见图2）。$\boldsymbol{F}$ 沿 $\boldsymbol{e}_r$、$\boldsymbol{e}_f$ 方向的分量可以通过 $\boldsymbol{F}_n$ 与 $\boldsymbol{F}_t$ 获得：

$$\begin{bmatrix}\boldsymbol{F}_r\\ \boldsymbol{F}_f\end{bmatrix}=\begin{bmatrix}\cos\alpha & -\sin\alpha\\ \sin\alpha & \cos\alpha\end{bmatrix}\begin{bmatrix}\boldsymbol{F}_n\\ \boldsymbol{F}_t\end{bmatrix} \tag{9}$$

即

$$\boldsymbol{F}_r=2PA\cos\alpha(a_1\cos^2\alpha+a_2\cos\alpha+a_3\sin^2\alpha)\boldsymbol{e}_r \tag{10a}$$

$$\boldsymbol{F}_f=2PA\cos\alpha\sin\alpha(a_1\cos\alpha+a_2-a_3\cos\alpha)\boldsymbol{e}_f \tag{10b}$$

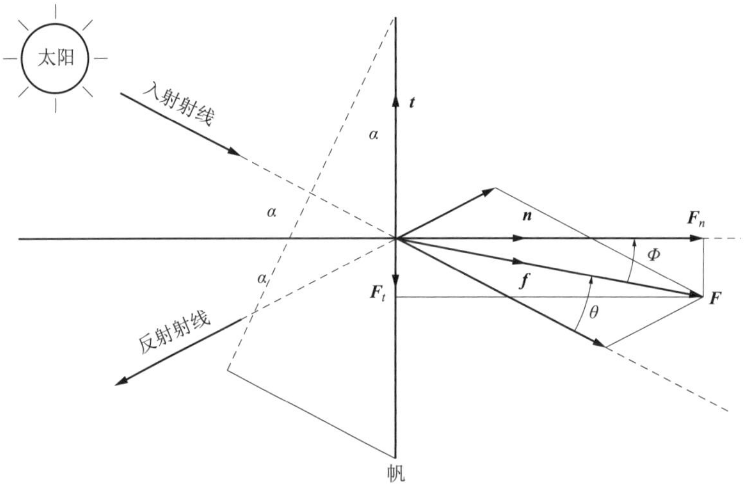

图2　一个非完全反射帆上的太阳辐射压力

3.3　太阳帆模型比较

对于 IR 模型与 ηIR 模型，太阳辐射压力总是垂直于帆板表面，即 $\boldsymbol{f}\equiv\boldsymbol{n}$。因此，这两种模型为太阳帆动力学提供了一种简单的分析方法，但是简化了帆板法向的太阳辐射压力分量 $\boldsymbol{F}_n$ 并且完全忽视了帆板切向的太阳辐射压力分量 $\boldsymbol{F}_t$。因为在其简化过程中，以上两种方法忽略了推力圆锥角的偏差。图3表明这种偏差会随着入射角的增加而增大。其结果是，OR 模型下的太阳辐射压力不仅比 IR 模型下的小（对 ηIR 模型也进行了考虑），方向也更加准确（见图3，俯仰角为72.6°，存在一个最大的推力圆锥角为55.5°）。以上各种模型下的太阳辐射压力矢量可以通过一种所谓的“SRP 力泡”进行阐述。图4所示为对应每一种太阳帆模型的 SRP 力泡，太阳辐射压力矢量围成一个闭合曲线（矢量首尾相连）。从太阳帆动力学的角度来说，IR 模型与 μIR 模型是等价的，因为这两种力泡的形状是相同的。帆面积按比例增加可以抵消帆效率 η 的减小，因而这两种力泡有相同的形状和大小。这种等效的情况在 OR 模型上不适用。即使力泡大小相同，它们的形状也是不同的。在随后的部分里，只使用更为一般的 OR 模型（除了在拉格朗日平动点附近的运动）。IR 模型的方程可以通过 OR

模型的简化方程容易地得到（令 $a_1=1$，$a_2=a_3=0$，并且 $\Psi=\cos\alpha$，$\Phi=0$）。

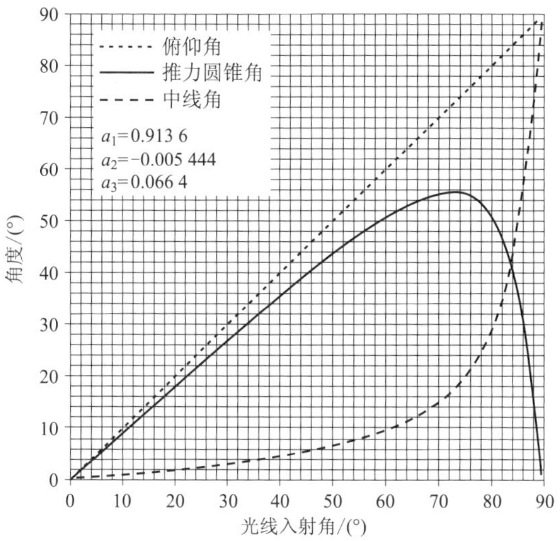

图 3　OR 模型下的帆板俯仰角、推力圆锥角和中线角

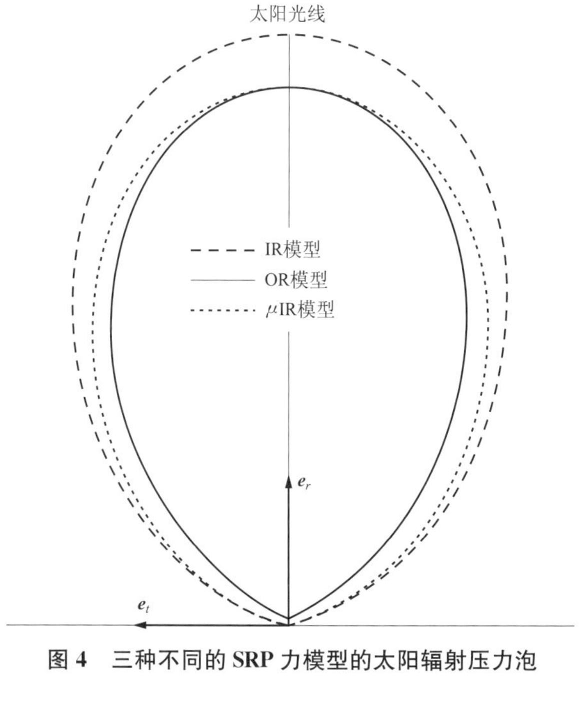

图 4　三种不同的 SRP 力模型的太阳辐射压力泡

4　太阳帆性能参数

太阳帆的性能通常用特征加速度或者亮度值来衡量。特征加速度 a_c 的定义为在 $r_0=1\text{AU}$ 时，作用在太阳帆上的太阳辐射加速度，其方向垂直于太阳线方向（$\boldsymbol{n}\equiv\boldsymbol{e}_r$）。从式（6）和式（7）可以得到质量为 m 的太阳帆的特征加速度为

$$a_c=\frac{2P_0A}{m}(a_1+a_2) \tag{11}$$

亮度值 β 的定义为作用在太阳帆上垂直于太阳线的太阳辐射加速度与太阳重力加速度（μ/r^2）之比。

$$\beta=\frac{a_c(r_0/r)^2}{\mu/r^2}=\frac{a_c}{\mu/r_0{}^2} \tag{12}$$

式中，$\mu/r_0{}^2=5.930\ \text{mm/s}^2$ 为太阳重力加速度在 1AU 太阳的距离。将式（11）、式（12）分别代入式（6），就可以得到就特征加速度或者亮度值而言的太阳辐射压力，如下：

$$\boldsymbol{F}=ma_c\left(\frac{r_0}{r}\right)^2\cos\alpha\Psi\boldsymbol{f}=\beta\frac{\mu m}{r^2}\cos\alpha\Psi\boldsymbol{f} \tag{13}$$

5　轨道动力学与控制

太阳帆轨道动力学在很多方面与小推力航天器轨道动力学相似。但是后者可以将推力方向指向任意需要的方向，而太阳帆的推力向量被限制在 SRP 力泡的表面，总是指向背离太阳的方向。在这种情况下，一种普遍的误解为太阳帆只能飞离太阳。但是，实际上，通过控制太阳帆相对太阳的指向，太阳帆能够增加轨道能量（当 $\boldsymbol{F}\cdot\boldsymbol{v}>0$）或者降低轨道能量（$\boldsymbol{F}\cdot\boldsymbol{v}<0$）。在以太阳为中心的情况下，当失去轨道能量时，它们螺旋地飞向太阳；当获得轨道能量时，它们螺旋地飞离太阳，如图 5 所示。用太阳帆法向量 $\boldsymbol{n}$ 或者俯仰角 α 与时钟角 δ 描述的太阳帆的姿态，能够通过推力方向提供控制，即 $\boldsymbol{F}=\boldsymbol{F}(\boldsymbol{n})=\boldsymbol{F}(\alpha,\delta)$。大体来说，如果 $\boldsymbol{d}$ 代表沿着所需（局部最优）推力方向的单位矢量，则 $\boldsymbol{f}$ 必须指向使 $\boldsymbol{F}\cdot\boldsymbol{d}$ 最大的方向，太阳辐射压力沿着 $\boldsymbol{d}$ 的方向。对于 IR 模型以及 μIR 模型，局部最优姿态 $\boldsymbol{n}^*$（或者 α^* 和 δ^*）可以从 $\boldsymbol{d}$ 解析导出（McInnes，1999）。对于 OR 模型，导出解析解是不可能的。太阳帆控制问题的关键在于确定局部最优帆板姿态 $\boldsymbol{n}^*$，以满足局部最优推力单位矢量 $\boldsymbol{f}^*$。

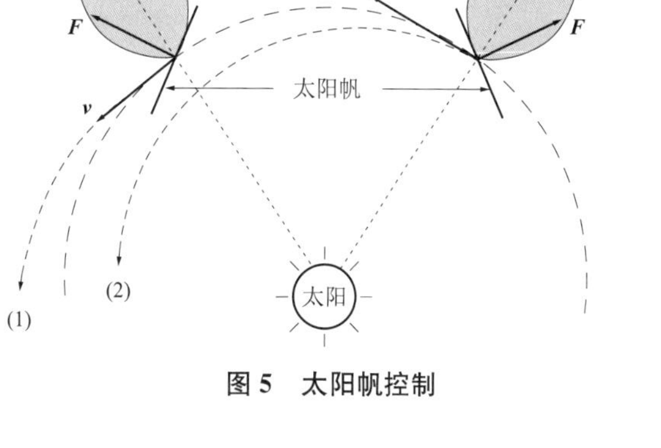

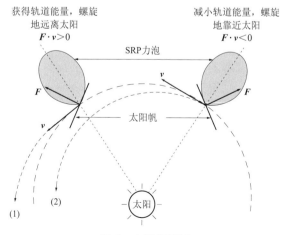

图 5　太阳帆控制

5.1　以太阳为中心的运动

太阳帆（见图 5）的日心平移运动能够方便地被描述在一个日心黄道球形参考坐标系 ε（见附录）。忽略二阶影响（例如，重力和非重力的扰动力），太阳帆运动的矢量方程是：

$$\ddot{\boldsymbol{r}}=\frac{\boldsymbol{F}}{m}-\frac{\mu}{r^2}\boldsymbol{e}_r=\beta\frac{\mu}{r^2}\cos\alpha\Psi\boldsymbol{f}-\frac{\mu}{r^2}\boldsymbol{e}_r \tag{14}$$

沿 ε 坐标系求解该方程，得到运动方程如下：

$$\begin{aligned}\ddot{r}&=r\dot{\vartheta}^2+r\dot{\varphi}^2\cos^2\vartheta+\beta\frac{\mu}{r^2}u_1-\frac{\mu}{r^2}\\ \ddot{\varphi}&=-2\frac{\dot{r}\dot{\varphi}}{r}+2\dot{\varphi}\dot{\vartheta}\tan\vartheta+\beta\frac{\mu}{r^2}\frac{u_2}{r\cos\vartheta}\\ \ddot{\vartheta}&=-2\frac{\dot{r}\dot{\vartheta}}{r}-\dot{\varphi}^2\sin\vartheta\cos\vartheta+\beta\frac{\mu}{r^2}\frac{u_3}{r}\end{aligned} \tag{15}$$

这里 u_1 到 u_3 是三个控制方程：

$$\begin{bmatrix}u_1(\alpha)\\ u_2(\alpha,\delta)\\ u_3(\alpha,\delta)\end{bmatrix}=\frac{\Psi\cos\alpha}{a_1+a_2}\begin{bmatrix}\cos\theta\\ \cos(\delta+\zeta)\sin\theta\\ \sin(\delta+\zeta)\sin\theta\end{bmatrix} \tag{16}$$

上述方程仅依赖于 α 和 δ（θ 由 α 定义，ζ 是当地的 ε -O 转动角，见图 11）。

考虑以太阳为中心的太阳帆运动，帆板薄膜的温度是一个关键问题。由于帆板薄膜有非常低的热惯性，可以假设它总是处在平衡温度，从而达到等同的吸收和发射辐射通量：

$$\begin{aligned}(1-\rho)S(A\cos\alpha)&=\varepsilon_f\sigma T^4A+\varepsilon_b\sigma T^4A\\ (1-\rho)S_0\left(\frac{r_0}{r}\right)^2\cos\alpha&=(\varepsilon_f+\varepsilon_b)\sigma T^4\end{aligned} \tag{17}$$

求解式（17）的第一个方程，得到 T 满足

$$T=\left[\frac{1-\rho}{\varepsilon_f+\varepsilon_b}\cdot\frac{S_0r_0^2}{\sigma}\cdot\frac{\cos\alpha}{r^2}\right]^{1/4}\propto\left(\frac{\cos\alpha}{r^2}\right)^{1/4} \tag{18}$$

对于一个给定的太阳距离，帆板温度除了与帆板光学系数有关，还依赖且只依赖于俯仰角。在 1AU 的太阳距离下，一个垂直于入射辐射方向的 Al | Cr 涂层的太阳帆薄膜，其温度为 $T_0=263.6$K（-9.6°C）。相比之下，Al | Al 涂层的太阳帆薄膜，其平衡温度为 $T_0=412.5$K（$+139.3$°C）。显然，帆板能够承受的最高温度限制了飞行的距离，但是最近太阳距离不仅取决于帆板薄膜的光学系数，同时也取决于俯仰角。约束条件是：

$$r\geqslant r_{\min}=\left[\frac{1-\rho}{\varepsilon_f+\varepsilon_b}\cdot\frac{S_0r_0^2}{\sigma}\cdot\frac{\cos\alpha}{T_{\max}^4}\right]^{1/2} \tag{19}$$

$$\alpha\geqslant\arccos\left(\frac{\varepsilon_f+\varepsilon_b}{1-\rho}\cdot\frac{\sigma}{S_0r_0^2}r^2T_{\max}^4\right) \tag{20}$$

因此，只要给的俯仰角足够大，太阳帆也可以飞得离太阳很近（Dachwald，Seboldt 和 Lammerzahl，2007）。这种相互关系使轨道优化相当困难：太阳帆越靠近太阳，太阳辐射压强以及加速度越大。但是越接近太阳可能会要求更高的非最佳俯仰角，产生一个较小的太阳辐射压力，从而减小加速度。对一个最优轨迹，必须找到 r 与 α 之间的最优权衡（Dachwald，2005）。

5.2　以行星为中心的运动

以太阳为中心和以行星为中心的太阳帆板运动（即在行星引力范围内），其主要差别在于太阳光线总是来自同一方向。因此，在轨道的某些部分，无法在期望方向上产生推力分量，即 $\boldsymbol{F}\cdot\boldsymbol{d}<0$。在轨道的这些部分，帆板指向必须与入射光平行，也就是使 $\boldsymbol{F}=\boldsymbol{0}$。图 6 展示了在一个假定轨道上，结合 SRP 力泡，得到的帆板在不同位置的状态。背面带有热涂层的太阳帆必须在短时间内转过 180°，这使以行星为中心的太阳帆运动的姿态控制系统比以太阳为中心的轨道更具挑战性。

以行星为中心的太阳帆运动可以方便地用球坐标系进行描述。由于此时行星为引力体，以行星为中心的（赤道）参考系 $\boldsymbol{\varepsilon}_{r\oplus}=\{\boldsymbol{e}_{r\oplus},\boldsymbol{e}_{\vartheta\oplus},\boldsymbol{e}_{\varphi\oplus}\}$，其坐标原点为行星质量中心。在该参考系下，太阳帆矢量运动方程为

$$\ddot{\boldsymbol{r}}_{\oplus}=\frac{\boldsymbol{F}}{m}-\frac{\mu_{\oplus}}{r_{\oplus}^2}\boldsymbol{e}_{r\oplus}=\beta\frac{\mu_{\odot}}{r_{\odot}^2}\cos\alpha\Psi\boldsymbol{f}-\frac{\mu_{\oplus}}{r_{\oplus}^2}\boldsymbol{e}_{r\oplus} \tag{21}$$

这里 $\boldsymbol{r}_{\oplus}=r_{\oplus}\boldsymbol{e}_{r\oplus}$ 为行星-航天器矢量，$\boldsymbol{r}_{\odot}=r_{\odot}\boldsymbol{e}_{r\odot}$ 为太阳-航天器矢量（$\mu_{\oplus}$ 和 $\mu_{\odot}$ 分别为行星和太阳的引力系数）。如果轨道内的外围行星大气仍然存在，同时需要考虑大气阻力，并且大气阻力也依赖帆板姿态。Mengali 和 Quarta（2005）推导出存在大气阻力的情况下近似最优的帆板控制率。

5.3　在拉格朗日点的运动

对于在拉格朗日点的太阳帆运动，在有两个主要质量 m_1（太阳）、m_2（行星），以匀角速度 ω 同向旋转的参考坐标系下，考虑理想太阳帆（IR 模型），如图 7 所示（圆形限制性三体问题）。帆板法向量在旋转参考坐标系下固定。质量的单位取 $G(m_1+m_2)=1$。在定义了 $\mu=m_2/(m_1+m_2)$ 的系统中，两质量体的质量为 $\mu_1=1-\mu$，$\mu_2=\mu$。长度单位根据统一两个质量的持续分离来选择。在旋转系下太阳帆运动的矢量方程如下：

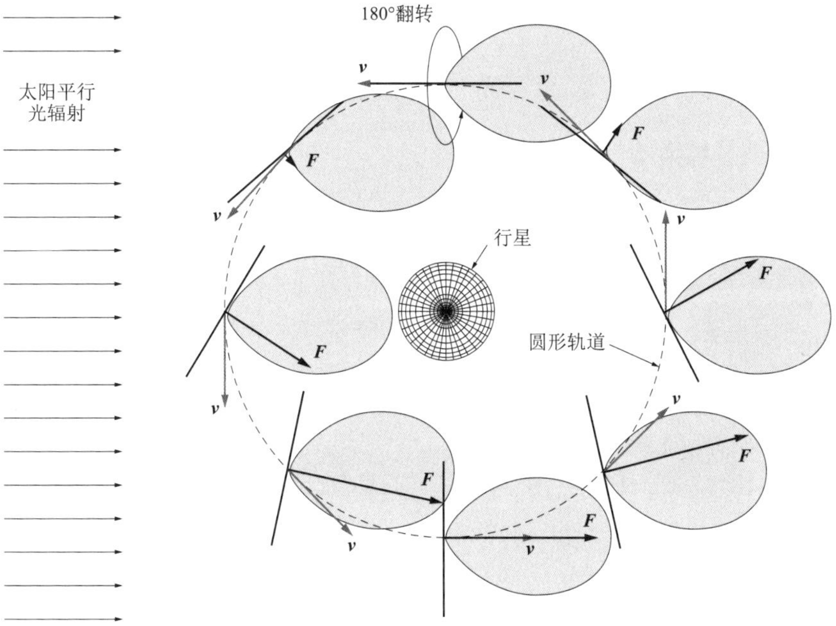

图 6　以行星为中心的运动

$$\ddot{\boldsymbol{r}}=\frac{\boldsymbol{F}}{m}-\nabla \boldsymbol{U}-2\boldsymbol{\omega}\times\dot{\boldsymbol{r}} \tag{22}$$

式中，三体重力势能U以及太阳辐射压力$\boldsymbol{F}$的定义为

$$U=-\left[\frac{1}{2}(x^2+y^2)+\frac{1-\mu}{r_1}+\frac{\mu}{r_2}\right]$$

$$\boldsymbol{F}=\beta\frac{(1-\mu)m}{r_1^2}\cos^2\alpha\boldsymbol{n} \tag{23}$$

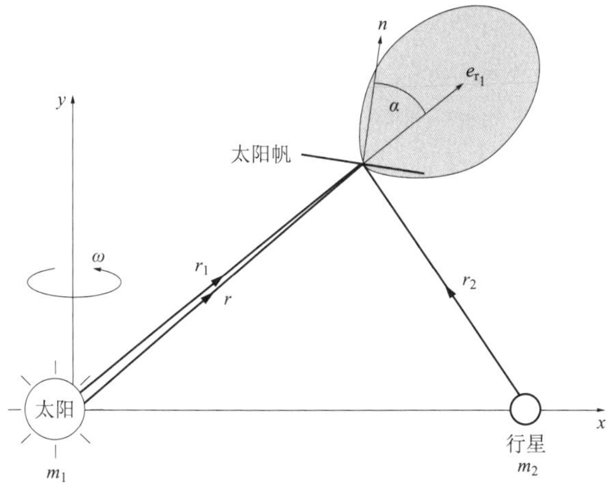

图 7　圆形限制性三体问题中的太阳帆航行

这里，帆船位置矢量定义为$\boldsymbol{r}_1=(x+\mu,y,z)$，$\boldsymbol{r}_2=[x-(1-\mu),y,z]$。旋转系下的平衡解为：

$$\nabla\boldsymbol{U}=\frac{\boldsymbol{F}}{m} \tag{24}$$

五个经典拉格朗日点是方程$\nabla\boldsymbol{U}=\boldsymbol{0}$的解，这意味着$\alpha=90°$，使得$\boldsymbol{F}=\boldsymbol{0}$。但是对于$\alpha<90°$，太阳辐射压力允许新的人造平衡解的生成。将式（24）两边同时叉乘$\boldsymbol{n}$，得到所需的太阳帆法矢量为

$$\nabla\boldsymbol{U}\times\boldsymbol{n}=0\Rightarrow\boldsymbol{n}=\frac{\nabla\boldsymbol{U}}{|\nabla\boldsymbol{U}|} \tag{25}$$

式（25）可以用来得到太阳帆俯仰角α。将式（24）两边点乘$\boldsymbol{n}$即可获得所需的帆板亮度值，对于一个平衡解，有下式：

$$\beta=\frac{r_1^2}{1-\mu}\cdot\frac{\nabla\boldsymbol{U}\cdot\boldsymbol{n}}{\cos^2\alpha} \tag{26}$$

由于β和$\boldsymbol{n}$是可以选择的，五个经典的拉格朗日点可以被无穷多组人工平衡解代替。又因为$\boldsymbol{F}$总是指向背离太阳的方向，新解可能存在的区域由$\boldsymbol{e}_{r_1}\cdot\nabla\boldsymbol{U}\geqslant 0$约束，该区域的边界由等式确定。边界表面有两种拓扑断开的表面S_1和S_2，这两个面确定了靠近m_2的平衡解存在区域。图 8 表示了对地球-太阳系统常数β的表面。一般来说，当$\alpha\to 90°$时，伴随着$\beta\to\infty$，常数β的表面渐近地接近这些边界。

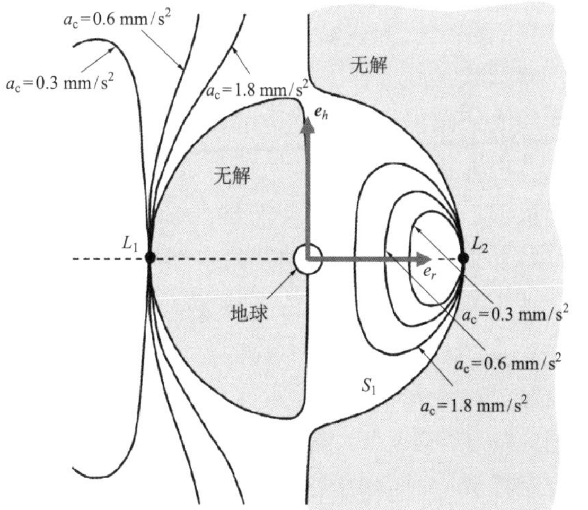

图 8　在地球-太阳系统下的人工太阳帆的解
($a_c=\beta\cdot 5.930\ \mathrm{mm/s^2}$)

6　高等太阳辐射压力模型

对于太阳帆动力学的精确描述，OR 模型描述的太阳辐射压力仍然不够复杂。它建立在假定帆板薄膜是一个具有常（热）光学性质的平面。最近提出的几种太阳帆模型能够克服这一假设的限制。

6.1　广义太阳帆模型

Rios - Reyes 和 Scheeres（2005）提出了一种针对任意形状和光学表面特性的力和力矩的分析描述方法。在此广义太阳帆模型中，太阳帆的差分面积元 dA 被应用到了式（4）和式（5）之中，故而：

$$\mathrm{d}\boldsymbol{F}_n = 2P\cos\alpha\,(a_1\cos\alpha + a_2)\,\mathrm{d}A\boldsymbol{n} \tag{27a}$$

$$\mathrm{d}\boldsymbol{F}_t = -2P\cos\alpha a_3\sin\alpha\mathrm{d}A\boldsymbol{t} \tag{27b}$$

注意 Rios-Reyes 和 Scheeres（2005）使用了不同的符号：他们将太阳辐射压力沿两个单位矢量方向进行分解，分别定义为 $\hat{\boldsymbol{n}}\equiv-\boldsymbol{n}$ 和 $\hat{\boldsymbol{t}}\equiv-\boldsymbol{t}$，并且它们的 a_i 值为这里使用 a_i 值的两倍。太阳帆上所受合力可以通过式（27）在帆板面积上的积分得到：

$$\boldsymbol{F} = \int_A (\mathrm{d}\boldsymbol{F}_n + \mathrm{d}\boldsymbol{F}_t) \tag{28}$$

太阳帆上力的一般方程为

$$\boldsymbol{F}=2P[a_2\boldsymbol{J}^2\cdot\boldsymbol{e}_r-2\rho s\boldsymbol{e}_r\cdot\boldsymbol{J}^3\cdot\boldsymbol{e}_r-a_3(\boldsymbol{J}^1\cdot\boldsymbol{e}_r)\boldsymbol{e}_r] \tag{29}$$

物理量 $\boldsymbol{J}^m(m\in\{1,2,3\})$ 是表面法向量的积分，变量 m 为其张量的阶数，定义为法向量外积在帆板表面的积分：

$$\boldsymbol{J}^m = \int_A \hat{\boldsymbol{n}}^m\mathrm{d}A = \int_A \underbrace{\hat{\boldsymbol{n}}\hat{\boldsymbol{n}}\ldots\hat{\boldsymbol{n}}}_{m}\mathrm{d}A \tag{30}$$

它们完全依赖表面法矢量，也就是太阳帆表面的几何形状。式（29）是一个针对任意形状常光学特性的太阳辐射压力的完全解析公式，但是这种形式也有可能适用于变光学性质的太阳帆的太阳辐射压力求解：在积分中加入光学太阳辐射压力系数 a_i。由于 $\boldsymbol{J}^m$ 是完全对称的，每一个张量在其 3^m 个独立项中仅含有 $3m$ 个独立变量。所以一般情况下，式（29）中的三个积分由 3+6+9=18 个数字来确定。由于张量由积分定义，总是有可能通过加入相应的 $\boldsymbol{J}^m$ 项来增加额外的太阳帆单元（例如姿态控制襟翼）。而作用在帆板上力矩的计算需要额外 36 个数（Rios - Reyes 和 Scheeres，2005）。广义太阳帆模型的优势在于它提供了一种作用在任意形状和光学表面特性帆板上的太阳辐射压力与力矩的解析描述。所需常数可以单独计算。

6.2　修正的太阳帆模型

Mengali 等（2007）通过实验数据提出了一种太阳帆模型的修正模型。在这个模型中，假定一些太阳帆的光学太阳辐射压力系数依赖入射光（或者俯仰角 α、帆板薄膜表面粗糙度 h，以及帆板薄膜温度 T）。在修正的太阳帆模型中：

（1）假定反射系数依赖俯仰，即 $\rho=\rho(\alpha)$。

（2）假定镜面反射系数依赖俯仰角，帆板薄膜表面粗糙，即 $s=s(\alpha, h)$。

（3）假定帆板正反面的发射系数依赖帆板薄膜的温度，即 $\varepsilon=\varepsilon(T)$。

多项式的依赖关系可以用来近似那些光学系数的变化。由于其复杂性，这里不作说明。因为那些依赖关系，$a_1=a_1(\alpha,h), a_2=a_2(\alpha,h,T), a_3=a_3(\alpha,h)$。太阳帆船轨迹优化表明：就 OR 模型来说，该模型可能会缩短任务时间（≈5%～10%）。帆板薄膜表面的粗糙度在很大程度上影响了最优航行控制。

6.3　光学太阳帆退化模型

以光学系数 $p\in P$ 为参数的超薄金属聚合物太阳帆薄膜的光学特性很可能受到空间环境的不利影响，但是其实际的降解行为在很大程度上还是未知的。上述几种太阳帆模型均未考虑这种光学太阳帆的退化（OSSD）。假设光学太阳帆降解的仅是太阳光子和粒子（考虑太阳系内部以及远离行星大气与磁场进行的合理简化），并且太阳辐射通量不依赖时间（不考虑太阳活动的一般情况）。Dachwald 等（2006）提出了一个参数化的太阳帆模型，该模型允许描述光学太阳帆的退化。在他们的模型中，光学太阳帆的退化依赖帆船的行驶历程，通过在时间区间 $t-t_0$ 太阳帆所接收到的量纲为 1 的太阳辐射量（SRD）$\sum(t)$ 来衡量。这种方法使得光学系数依赖于时间以及太阳辐射量，即 $p(t)=p\left(\sum(t)\right)$。太阳帆上作用的太阳辐射量（单位：[J/m²]）为

$$\widetilde{\sum} \triangleq \int_{t_0}^{t} S\cos\alpha\mathrm{d}t' = S_0 r_0^2 \int_{t_0}^{t} \frac{\cos\alpha}{r^2}\mathrm{d}t' \tag{31}$$

通过式（31），得到距离为 1AU 且表面垂直于太阳的每年的太阳辐射量为 $\widetilde{\sum}_0 = S_0\cdot 1\mathrm{yr} = 1.576\,8\times10^{13}\,\mathrm{J/m^2}$。使用 $\widetilde{\sum}_0$ 作为参考值，则太阳辐射量被定义为量纲为 1 的形式，如下：

$$\sum \triangleq \frac{\widetilde{\sum}(t)}{\widetilde{\sum}_0} = \left(r_0^2\int_{t_0}^{t}\frac{\cos\alpha}{r^2}\mathrm{d}t'\right)/1\mathrm{yr} \quad (32)$$

$\sum$ 依赖于太阳帆的太阳距离历程以及姿态历程。太阳粒子引起的退化可以包含进 $\sum$，并且不需要单独考虑（Dachwald 等，2006）。式（32）可以写成微分形式，具体如下：

$$\dot{\sum} = \frac{r_0^2}{1\mathrm{yr}}\cdot\frac{\cos\alpha}{r^2} \quad \text{其中} \sum(t_0)=0 \quad (33)$$

式（33）为运动方程提供了一个附加的微分方程。太阳辐射量模型假设 p 在 $p(t_0)=p_0$ 和 $\lim\limits_{t\to\infty}p(t)=p_\infty$ 之间以指数方式变化：

$$p = p_\infty + (p_0 - p_\infty)\mathrm{e}^{-\lambda\sum} \quad (34)$$

退化常数 λ 与“半衰期太阳能辐射量” $\hat{\sum}$ 相关 $\left[\text{即} \sum = \hat{\sum}\text{，这意味着 } p=(p_0+p_\infty)/2\right]$，如下：

$$\lambda = \frac{\ln 2}{\hat{\sum}} \quad (35)$$

通过对所有光学系数 p 引入退化因数 d 以及半衰期太阳能辐射量 $\hat{\sum}$，自由参数的个数能够从 12 个（除了 6 个 p_0 之外的 6 个 p_∞ 以及 6 个 $\hat{\sum}_p$）减少到 2 个。随着时间的增加，帆板的反射率随之减小，帆板变得更加迟钝并且发射率增加。假定 $\rho_\infty=\rho_0/(1+d), s_\infty=s_0/(1+d)$，并且 $\varepsilon_{f_\infty}=(1+d)\varepsilon_{f_0}$。因为太阳辐射量对 ε_b，B_f 和 B_b 的变化更加不敏感，可以假设它们均为常数。至此，光学系数的退化

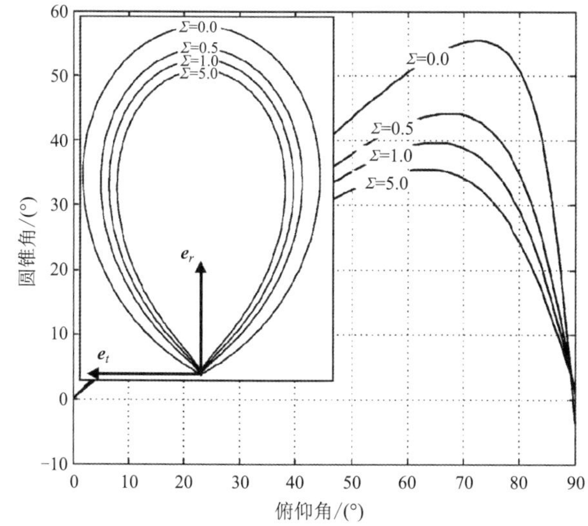

图 9 太阳辐射量在 SRP 力泡以及最大推力圆锥角上的影响

可以写成量纲为 1 的形式：

$$\frac{\rho}{\rho_0} = \frac{s}{s_0} = \frac{1+d\mathrm{e}^{-\lambda\sum}}{1+d}$$

$$\frac{\varepsilon_f}{\varepsilon_{f_0}} = 1 + d(1-\mathrm{e}^{-\lambda\sum}) \quad (36)$$

图 9 显示了太阳辐射量在太阳帆动力学上可能产生的影响：SRP 力泡缩小，以及最大推力圆锥角减小。太阳辐射量在太阳帆船任务性能上的潜在作用已由 Dachwald 等（2006）与 Dachwald 等（2007）描述。

7 姿态动力学与控制

太阳帆的平移运动与转动是耦合的，因为推力的大小和方向取决于帆板的姿态。因此，精确的推力矢量控制需要精确的姿态控制。与传统航天器相比，太阳帆具有很大的惯量矩，并且其为柔软而有弹性的结构（膜）。这就导致其模态频率非常低，而由于其阻尼比低，该结构的振幅和振荡周期是非常高的（Sickinger，Herbeck 和 Breitbach，2006）。结果是，航天器中心载体的姿态变化不会马上改变帆板姿态。帆板将会在很长时间的延迟后跟随中心体的指令姿态，且在新的姿态处摆动很长时间。因此，太阳帆结构的刚度是实现灵活性的一个主要因素。由于在行星轨道中的太阳帆航行需要快速姿态机动，而在星际空间中的太阳帆航行一天只需要满足几度的姿态变化。这种情况使在行星轨道中的太阳帆航行比在星际空间中的太阳帆航行要难得多。太阳帆姿态动力学与控制是一个复杂的、具有挑战性以及充满活力的研究领域，这里只能涉及其中的一些基础。一个更加详细的方法可以在 Wie（2004）、Wie 和 Murphy（2007），特别是 Wie（2008）文献中看到。

7.1 姿态动力学

忽略太阳帆所受扰动力矩的作用，刚性太阳帆转动的欧拉动力学方程如下：

$$\begin{aligned} \boldsymbol{I}_x\dot{\boldsymbol{\omega}}_x-(\boldsymbol{I}_y-\boldsymbol{I}_z)\boldsymbol{\omega}_y\boldsymbol{\omega}_z&=\boldsymbol{T}_x\\ \boldsymbol{I}_y\dot{\boldsymbol{\omega}}_y-(\boldsymbol{I}_z-\boldsymbol{I}_x)\boldsymbol{\omega}_z\boldsymbol{\omega}_x&=\boldsymbol{T}_y\\ \boldsymbol{I}_z\dot{\boldsymbol{\omega}}_z-(\boldsymbol{I}_x-\boldsymbol{I}_y)\boldsymbol{\omega}_x\boldsymbol{\omega}_y&=\boldsymbol{T}_z \end{aligned} \quad (37)$$

这里（$\boldsymbol{\omega}_x$，$\boldsymbol{\omega}_y$，$\boldsymbol{\omega}_z$）是角速度矢量，（$\boldsymbol{I}_x$，$\boldsymbol{I}_y$，$\boldsymbol{I}_z$）是主惯性矩，（$\boldsymbol{T}_x$，$\boldsymbol{T}_y$，$\boldsymbol{T}_z$）是姿态控制力矩。转动的四元数形式的运动学方程为：

$$
\begin{bmatrix} \dot{q}_1 \\ \dot{q}_2 \\ \dot{q}_3 \\ \dot{q}_4 \end{bmatrix} = \frac{1}{2} \begin{bmatrix} 0 & \boldsymbol{\omega}_z & -\boldsymbol{\omega}_y & \boldsymbol{\omega}_x \\ -\boldsymbol{\omega}_z & 0 & \boldsymbol{\omega}_x & \boldsymbol{\omega}_y \\ \boldsymbol{\omega}_y & -\boldsymbol{\omega}_x & 0 & \boldsymbol{\omega}_z \\ -\boldsymbol{\omega}_x & -\boldsymbol{\omega}_y & -\boldsymbol{\omega}_z & 0 \end{bmatrix} \begin{bmatrix} q_1 \\ q_2 \\ q_3 \\ q_4 \end{bmatrix} \tag{38}
$$

这里 $\boldsymbol{q}=(q_1,q_2,q_3,q_4)$ 是 Wie（2008）文献中的惯性姿态四元数。通过求解式（37）和式（38）的数值解，可以得到由控制力矩决定的太阳帆姿态角及姿态角速度。

7.2 姿态控制设计方案

姿态确定与控制需要传感器、控制逻辑及执行机构。对姿态确定来说，相同的传感器能够用在其他飞行器上，只要它们足够轻。Wie（2008）提出的是简单的 PID 四元数反馈姿态控制逻辑。到目前为止，人们已经设计出许多对太阳帆驱动的有潜力的方法。这些姿态控制方法可以按如下方式进行分类。

1. 传统的姿态控制方法

（1）推进器（例如脉冲等离子体推进器）安装在帆的吊杆顶端或专用吊杆的顶端。

（2）反作用飞轮。

2. 变质心的姿态控制方法（相对于压力中心来说）

（1）万向中央桅杆。

（2）航天器平台内或沿着帆的吊杆或专用吊杆的飞船载体内部质量的位移。

3. 变压心的姿态控制方法（相对于质量中心来说）

（1）吊杆顶端的反射襟翼。

（2）吊杆顶端的滚转稳定杆（或称扩展杆）。

（3）帆段局部回缩。

（4）帆反射率的局部变化。

图 10 描述了以上方法（虽然不是在一个可取的组合里）。所有的姿态控制方法都存在各自的优缺点，并有可能进行一些组合。例如，Wie 和 Murphy（2007）提议了第一个太阳帆航行验证任务，沿吊杆的活动质量与滚动稳定杆提供首要的姿态控制作用，在非标称的情况下，将位于吊杆顶端的脉冲等离子体推进器作为后备的姿态控制部件。

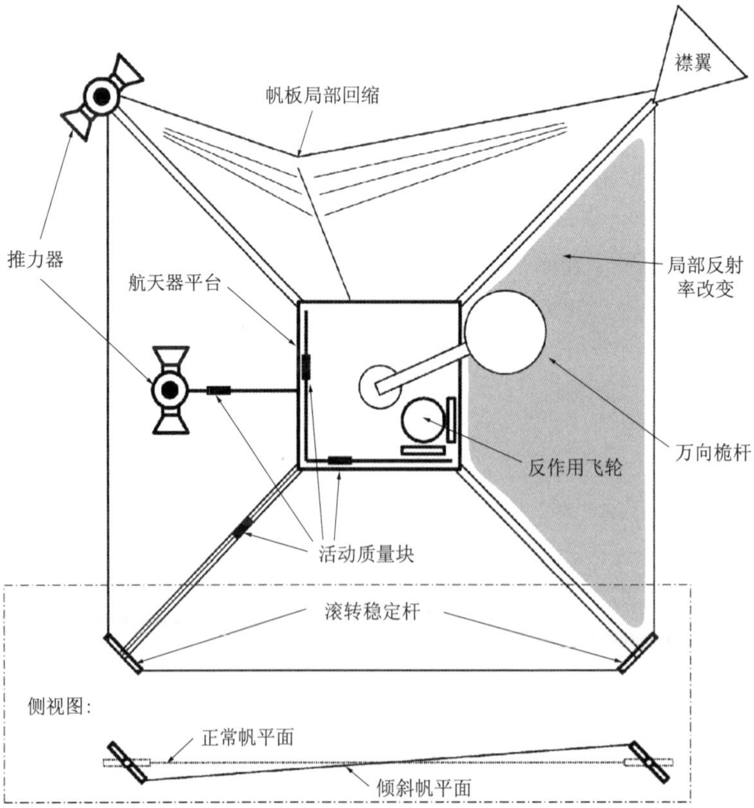

图 10 可选的太阳帆姿态控制方法（在一个不可取的组合里，飞船载体的大小和帆不成比例）

7.3 最佳姿态控制系统设计准则

推进系统的最佳选择，在很大程度上取决于所需的总速度变化（$\Delta V=\sum_i|\Delta V_i|$），以及所需的最大推力 $F_{\max}$；而姿态控制系统（ACS）的最佳选择，在很大程度上取决于所需的关于三轴 $j\in\{x, y, z\}$ 的总角动量变化（$\Delta L_j=\sum_i|\Delta L_{ji}|$）以及所需的姿态控制力矩 $T_{j,\max}$。在星际空间中，仅需要缓慢的姿态机动，因此所需角动量的总变化也较低。但是在靠近行星的情况下，需要快速机动和大的总角动量变化（参见 5.2 节）。因此要求姿态控制系统具有更强的控制力，从而使太阳帆控制更具挑战性。最佳姿态控制系统设计的准则是：

（1）系统质量。
（2）结构载荷。
（3）可靠性和冗余度。
（4）可重用性（对于不同的任务）。
（5）复杂性（结构、部署、控制）。
（6）可行性——如何做以及如何花费。

由于所有的准则是高度相互依赖的，并且姿态控制系统的设计对太阳帆的设计影响很大，选择一个最佳的姿态控制系统非常重要，同时也十分困难。这项任务需要在项目初期确定。在设计过程中需要考虑下述问题：

（1）万向中央桅杆用来提供最高的控制力，但是其质量大，并需要复杂的控制逻辑。对于星际航行任务来说，它可能是不需要的。

（2）在帆板吊杆顶端的大型姿态控制执行机构（尤其是反射板）将会使吊杆配置复杂化。

（3）局部回缩帆膜与帆板反射率改变的技术水平还较低，为了完整性，本章才提及这两种方法。

8 总结、结论与展望

本章详细介绍了太阳帆的基本动力学，但是对太阳帆实际结构性能（弯曲、起皱等）的相互影响需要进行更多的研究，这是由于太阳帆不是一个刚体结构。这项研究工作必须得到对太阳帆技术进行空间实验的支持。为了表征太阳帆推力，不同的研究团体已经建立了不同的模型，这使描述任意形状非完全反射太阳帆所受的太阳辐射压力以及帆薄膜光学退化、帆薄膜温度与表面粗糙度的预期效果等成为可能。一个考虑了所有已知效应的模型还未被建立，但是在现有发展水平上，这种模型也没有实际应用的价值，因为越复杂的模型，越少被人们普遍采用。在姿态控制模型中尤为如此。对于帆船，其姿态控制系统模型高度依赖于帆船的实际设计。对于第一个完全可控的太阳帆，在能够证明它在提供高 ΔV 任务方面较常规推进系统优越之前，其姿态与轨道控制系统的开发仍需要相当的复杂性与努力。

9 附录：以太阳为中心的参照系

附录说明了三个用来描述太阳帆的平移运动的以太阳为中心的参考坐标系。参考坐标系的原点位于太阳的质心。第一个参考坐标系是右手的惯性空间直角坐标系（$I=\{\boldsymbol{e}_x, \boldsymbol{e}_y, \boldsymbol{e}_z\}$），它定义在平黄道与当前纪元下的春分点。由于问题的性质，航天器的平移运动在第二个坐标系中得到更好的描述：黄道球坐标系（$\varepsilon=\{\boldsymbol{e}_r, \boldsymbol{e}_\varphi, \boldsymbol{e}_\vartheta\}$。根据图 11（a），$\boldsymbol{e}_r$指向太阳-航天器方向，$\boldsymbol{e}_\vartheta$位于$\boldsymbol{e}_r$-$\boldsymbol{e}_z$平面，沿着 ϑ 增加的方向，$\boldsymbol{e}_\varphi$满足右手法则（$\boldsymbol{e}_r\times\boldsymbol{e}_\varphi=\boldsymbol{e}_\vartheta$）。角 φ 是 $\boldsymbol{e}_x$与 $\boldsymbol{r}$ 在 $\boldsymbol{e}_x$-$\boldsymbol{e}_y$平面的投影间的夹角。角 ϑ 是 487

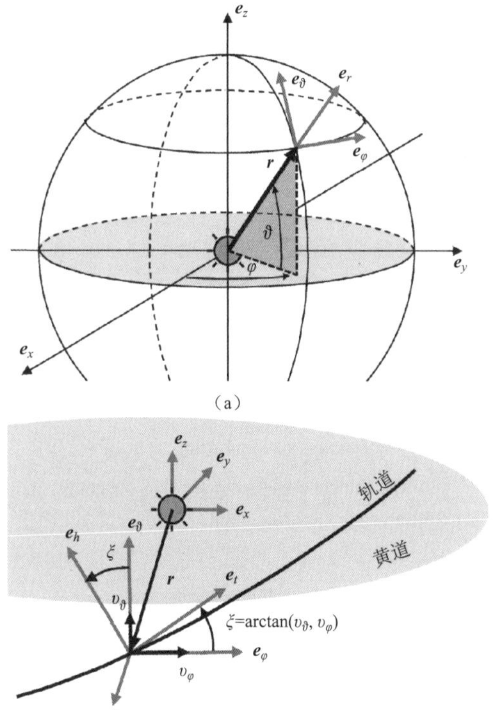

图 11 参照系

（a）黄道参照系 ε；（b）轨道参考系 O

e_x-e_y平面与 $\boldsymbol{r}$ 的夹角。尽管黄道球坐标系能够方便地描述航天器的平移运动，但航天器的推力矢量在第三种坐标系中能够得到更好的表示，它是就（密切）轨道平面定义的。第三种坐标系 $O=\{e_r, e_t, e_h\}$ 为正交右手的极坐标系，其定义参如图 11（b）所示。e_r指向沿太阳-航天器方向，e_h垂直于轨道平面（沿航天器轨道角动量矢量方向），e_t满足右手法则（$e_r \times e_t = e_h$）。O 坐标系可以由 ε 坐标系关于 e_r旋转 $\zeta=\arctan(v_\vartheta, v_\varphi)=\arctan(\dot{\vartheta}, \dot{\varphi}\cos\vartheta)$角得到，这里“arctan”是一个广义的反正切函数，使得 $v_\varphi=\cos\zeta$，$v_\vartheta=\sin\zeta$。

相关章节

第 2 卷，第 118 章
第 4 卷，第 206 章
第 5 卷，第 252 章
第 5 卷，第 262 章

参考文献

Dachwald, B. (2005) Optimal solar-sail trajectories for missions to the outer solar system. *J. Guidance, Control, Dyn.* **28** (6), 1187—1193.

Dachwald, B. and Seboldt, W. (2005) Multiple near-earth asteroid rendezvous and sample return using first generation solar sailcraft. *Acta Astronautica* **57** (11), 864—875.

Dachwald, B., Mengali, G., Quarta, A. A. and Macdonald, M. (2006) Parametric model and optimal control of solar sails with optical degradation. *J. Guidance, Control, Dyn.* **29** (5), 1170—1178.

Dachwald, B., Macdonald, M., McInnes, C., Mengali, G. and Quarta, A. A. (2007) Impact of optical degradation on solar sail mission performance. *J. Spacecraft Rockets* **44** (4), 740—749.

Dachwald, B., Seboldt, W. and L¨ammerzahl, C. (2007) Solar sail propulsion: an enabling technology for fundamental physics missions, in *Lasers, Clocks, and Drag-Free Control: Exploration of Relativistic Gravity in Space, Dittus*, H. L¨ammerzahl, C. and Turyshev, S. G. (eds.), Springer, Berlin, 379—398.

Forward, RL. (1990) Grey Solar Sails. *J. Astronaut. Sci.* **38** (2), 161—185.

Hughes, G. W. and McInnes, C. R. (2004) Small-body encounters using solar sail propulsion. *J. Spacecraft Rockets* **41** (1), 140—150.

Johnson, L., Young, R. M. and Montgomery, IV E. E. (2007) Recent advances in solar sail propulsion systems at NASA. *Acta Astronautica* **61** (1—6), 376—382.

Leipold, M., Eiden, M., Garner, C. E., Herbeck, L., Kassing, D., Niederstadt, T., Kr¨uger, T., Pagel, G., Rezazad, M., Rozemeijer, H., Seboldt, W., Sch¨oppinger, C., Sickinger, C. and Unckenbold, W. (2003) Solar sail technology development and demonstration. *Acta Astronautica* **52** (2—6), 317—326.

Macdonald, M., Hughes, G. W., McInnes, C. R., Lyngvi, A., Falkner, P. and Atzei, A. (2006) Solar polar orbiter: Asolar sail technology reference study. *J. Spacecraft Rockets* **43** (5), 960—972.

McInnes, C. R. (1998) Dynamics, stability, and control of displaced non-Keplerian orbits. *J. Guidance, Control, and Dyn.*, **21** (5), 799—805.

McInnes, CR. (1999) *Solar Sailing. Technology, Dynamics, and Mission Applications.* Springer-Praxis, Berlin.

McInnes, C. R. (2004a) Delivering fast and capable missions to the outer solar system. *Adv. Space Res.* **34** (1), 184—191.

McInnes, C. R. (2004b) Deflection of near-earth asteroids by kinetic energy impacts from retrograde orbits. *Planet. Space Sci.*, **52** (7), 587—590.

Mengali, G. and Qarta, A. A. (2005) Near-optimal solar-sail orbitraising from low earth orbit. *J. Spacecraft Rockets* **42** (5), 954—958.

Mengali, G., Qarta, A. A, Circi, C. and Dachwald, B. (2007) Refined solar sail force model with mission application. *J. Guidance, Control, and Dyn.* **30** (2), 512—520.

Rios-Reyes, L. and Scheeres, D. J. (2005) Generalized model for solar sails. *J. Spacecraft Rockets* **42** (1), 182—185.

Sauer, C. G. (1977) A comparison of solar sail and ion drive trajectories for a Halley' s comet rendezvous mission. *AAS/AIAA Astrodyn. Conf.* AAS Paper 77—104.

Sickinger, C., Herbeck, L. and Breitbach, E. (2006) Structural engineering on deployable cfrp booms for a solar propelled sailcraft. *Acta Astronautica* **58** (4), 185—196.

Wie, B. (2004) Solar sail attitude control and dynamics. *J. Guid. Control Dynam.* **27** (4), 526—544.

Wie, B. (2005) Solar sailing kinetic energy interceptor (KEI) mission for impacting and deflecting near-earth asteroids. *AIAA Guidance, Navigation, and Control Conference*, AIAA Paper 2005—6175.

Wie, B. and Murphy, D. (2007) Solar-sail attitude control design for a sail flight validation mission. *J. Spacecraft Rockets* **44** (4), 809—821.

Wie, B. (2008) *Space Vehicle Dynamics and Control* (2nd

edn), American Institute of Aeronautics and Astronautics, Reston.

Wright, J. L. (1992) *Space Sailing*, Gordon and Breach Science Publishers, Philadelphia.

本章译者：韩潮、徐明（北京航空航天大学宇航学院）

第 260 章

卫星编队飞行

Kyle T. Alfriend

德州农工大学航空宇航工程系，大学城，德克萨斯州，美国

1 引　　言

从 20 世纪 90 年代末开始，在相对足够近的轨道上实现小卫星集群飞行的设想，引起了人们极大的兴趣。这最初是美国空军的一份报告的结果，科学咨询委员会认为，美国空军对这一设想的研究可以减小单个大型卫星的花费，缩短开发时间以及提高寿命。因此，美国空军开始实施 TechSat - 21 计划（详见 http：//en. wikipedia. org/wiki/TechSat－21，2010 年 1 月 28 日启用）。在意识到相关研究还存在大量问题需要解答后，美国空军分别开展了基础研究计划和卫星开发计划（Das 和 Cobb，1998）。基础研究计划在卫星编队飞行动力学、控制以及导航方面取得了大量研究成果，但基础研究计划和卫星开发计划最终都被取消了。在同一时间，美国国家航空航天局启动了一个通过运用这一技术完成识别任务的研究计划，并实施了一个提高此技术的项目。这个计划的开展，使卫星编队飞行领域出现了众多研究成果。美国国家航空航天局的研究确认了很多潜在的设想，对某些设想还进行了更加具体的研究。但是由于美国国家航空航天局的经费的问题，唯一实施的只有美国国家航空航天局戈达德航空中心的磁层多尺度任务（MMS）（详见 http：//stp. gsfc. nasa. gov/missions/mms/mms. htm，2010 年 1 月 28 日启用）。该任务的目标是测量磁层的三维属性。这个任务的内容是由四颗卫星组成编队，在感兴趣的区域形成星间间距为数十到数千千米的四面体构型。它们的轨道为高轨椭圆轨道，在任务研究的第 1 个阶段，近地点和远地点分别为地球半径的 1.2 倍和 12 倍，由此决定的偏心率为 0.82。尽管已经拥有所有编队飞行动力学、控制以及相对导航方面的研究成果，但美国国家航空航天局的科学家们仍旧面临着来自相对导航、控制以及规避机动的大量挑战。CLUSTER 是欧洲航天局于 2000 年发起的一个类似的项目。此外，还有其他许多项目都考虑过与编队飞行任务有关的内容。那么，究竟卫星编队飞行的具体定义是什么呢？其实，目前还不存在准确的定义。美国国家航空航天局对航天器编队飞行的定义如下：航天器之间以给定的相对距离、方位或位置实现跟随或保持。卫星编队飞行是分布式空间系统的一个特例。分布式空间系统的定义如下：两个或两个以上飞行器和可用于科学测量和数据采集、处理、分析及分配的联合基础设施和由其组成的端到端系统。也有人把具有自动操作功能的一组卫星也看成一种编队飞行卫星。其他考虑过卫星编队飞行，但不包括自主控制的项目有：GRACE（详见 http：//sci. esa. int/science－e/www/area/index. cfm? fareaid＝8，2010 年 1 月 29 日启用）以及 Landsat7 - EO1（Folta 和 Hawkins，2002）。另一个有意思的在研项目为欧洲航天局/美国国家航空航天局的激光干扰空间天线（LISA）项目（详见：http：//www. esa. int/esaSC/120 376 index 0 m. html，2010 年 1 月 29 日启用）。这个项目将三颗轨道相同的地球卫星组成等边三角形，进行编队飞行。这个等边三角形的边长为5 000 000 km。它的设计目的是侦查空间-时间系统中的波。更多的任务详见 Alfriend 等（2010）文献的第一章。

编队飞行是一项可使任务实现、任务增强和寿命延长的技术。MMS、CLUSTER 以及 LISA 都是通过

此项技术得以实现的。一个任务增强、寿命延长的例子为 DARPA F6 计划（详见 http：//www. darpa. mil/tto/programs/systemf6/index. html，2010 年 1 月 29 日启用）。这一计划的目的是验证在卫星体系结构中，用无线互联的集群航天器代替一个大型功能航天器的可行性和优势。在集群航天器中，每个组件都有一个独立的功能，如传感器或数据处理。这些组件形成一个较为松散的集群，组合起来即构成一个分布式系统和虚拟卫星。根据设计理念，这个任务的寿命通过发射新组件代替失效的组件来进行延长。失去一个单一组件并不意味着系统的失效，这个组件可以被替代，系统可以恢复完整的功能，从而延长寿命。目前，这个项目进行到了第 2 个阶段，轨道科学部分正在研究在轨验证技术。

本章主要讨论地球轨道卫星，尤其是低地球轨道（LEO）卫星的编队飞行。在接下来的几节，将讨论卫星编队飞行的动力学。从地球为球形（无摄动）、参考卫星轨道为圆轨道的编队飞行的情况开始讨论。然后，允许参考卫星的轨道为椭圆轨道，并考虑摄动的影响。后面的几节将讨论编队飞行的控制和相对导航。最后是一个简短的总结。

2 相对运动

2.1 Clohessy-Wiltshire 方程

为了更好地理解卫星编队飞行的设计原理，本章将从一个简单的例子开始分析。首先考虑两颗卫星进行编队的情况，研究它们的相对运动关系，并作如下假设：地球为球形，参考星（简称为主星）的轨道为圆轨道。为了得到线性化的运动方程，进一步假设两颗卫星的相对距离远小于主星的轨道半径，并将另外一颗卫星称为从星。为了描述两星的相对运动关系，引入旋转参考坐标系 O，如图 1 所示。

其中，原点位于主星，x 轴沿着主星轨道矢径，由地心指向主星，z 轴沿主星轨道平面正法线方向，y 轴在主星轨道平面内，指向航天器的运动方向。显然，参考坐标系的角速度等于主星的角速度。以 $\boldsymbol{\rho}$ 表示相对位置矢量，则从星相对主星的运动方程如下：

$$\ddot{\boldsymbol{\rho}}_r+2\boldsymbol{\omega}\times\dot{\boldsymbol{\rho}}_r+\dot{\boldsymbol{\omega}}\times\boldsymbol{\rho}+\boldsymbol{\omega}\times(\boldsymbol{\omega}\times\boldsymbol{\rho})=-\ddot{\boldsymbol{R}}-\frac{\mu}{r^3}\boldsymbol{r} \tag{1}$$

其中，下标 r 表示在旋转参考坐标系 O 下的微分。

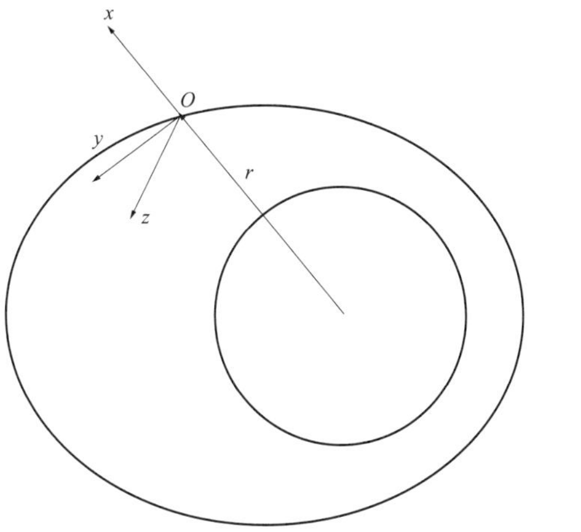

图 1 坐标系定义

由于式（1）右边有：

$$-\ddot{\boldsymbol{R}}-\frac{\mu}{r^3}\boldsymbol{r}=\frac{\mu}{R^2}\boldsymbol{e}_x-\frac{\mu}{r^3}[(R+x)\boldsymbol{e}_x+y\boldsymbol{e}_y+z\boldsymbol{e}_z]$$
$$=\left[\frac{\mu}{R^2}-\frac{\mu}{r^3}(R+x)\right]\boldsymbol{e}_x-\frac{\mu}{r^3}y\boldsymbol{e}_y-\frac{\mu}{r^3}z\boldsymbol{e}_z \tag{2}$$

将式（2）代入式（1）可得：

$$\ddot{x}-2\omega\dot{y}-\dot{\omega}y-\omega^2x=\frac{\mu}{R^2}-\frac{\mu}{r^3}(R+x)$$
$$\ddot{y}+2\omega\dot{x}+\dot{\omega}x-\omega^2y=-\frac{\mu}{r^3}y$$
$$\ddot{z}=-\frac{\mu}{r^3}z \tag{3}$$

由于分母中 r^{-3} 项的影响，上式呈现出非线性耦合的特点。现在假设 $\rho\leqslant R$，并研究 r^{-3} 项。将此项展开为关于主星半径 R 的泰勒级数，并利用假设条件 $\rho\leqslant R$，仅保留（x，y，z）中的线性项，可得：

$$r^{-3}=[(R+x)^2+y^2+z^2]^{-3/2}$$
$$r^{-3}=[R^2+2Rx+(x^2+y^2+z^2)]^{-3/2}$$
$$r^{-3}=R^{-4}(R-3x) \tag{4}$$

将式（4）代入式（2），同样仅保留（x，y，z）中的线性项，有：

$$-\ddot{\boldsymbol{R}}-\frac{\mu}{r^3}\boldsymbol{r}=\frac{\mu}{R^3}(2x\boldsymbol{e}_x-y\boldsymbol{e}_y-z\boldsymbol{e}_z) \tag{5}$$

将式（5）代入式（3），可以得到在主星轨道为椭圆轨道的情况下的相对运动线性化方程，如下：

$$\ddot{x}-2\omega\dot{y}-\dot{\omega}y-\left(\omega^2+2\frac{\mu}{R^3}\right)x=0$$
$$\ddot{y}+2\omega\dot{x}+\dot{\omega}x+\left(\frac{\mu}{R^3}-\omega^2\right)y=0$$
$$\ddot{z}+\frac{\mu}{R^3}z=0 \tag{6}$$

由上式可知，平面外运动 z 和平面内运动 x，y

是解耦的。现假设主星轨道为圆轨道，即有以下关系：

$$\left.\begin{aligned}&\omega=n=\sqrt{\frac{\mu}{a^3}}\quad \dot{\omega}=0\\&R=a,\frac{\mu}{a^3}=n^2\end{aligned}\right\}\tag{7}$$

那么相对运动的线性化方程可进一步简化为

$$\left.\begin{aligned}&\ddot{x}-2n\dot{y}-3n^2x=0\\&\ddot{y}+2n\dot{x}=0\\&\ddot{z}+n^2z=0\end{aligned}\right\}\tag{8}$$

这就是著名的 Clohessy-Wiltshire（CW）方程，由 Clohessy 和 Wiltshire 在 1960 年为研究交会对接推导得出。这个方程也被称作 Hill 方程，Hill 于 1878 年首先采用相对坐标系统对月球的运动进行描述。可以注意到，由 x，y 描述的平面内运动和由 z 描述的平面外运动是解耦的，并且径向运动是以轨道角速度 n 为频率的简谐运动。现在考虑式（8）的解：

$$\left.\begin{aligned}&x=\rho\sin(\psi+\alpha)+A\\&y=2\rho\cos(\psi+\alpha)+B-1.5A\psi\\&z=\bar{\rho}\sin(\psi+\beta)\\&\psi=n(t-t_0)\\&A=\frac{\dot{y}_0}{n}+2\rho\sin\alpha\end{aligned}\right\}\tag{9}$$

注意 y 的表达式中的长期项 $1.5A\psi$，此项会引起两颗卫星的漂移。能够使两颗卫星产生漂移的唯一方法就是让它们的周期不同。这意味着 A 必定与两星半长轴的差存在比例关系，对此将在后面进行讨论。现在假设主星和从星的周期是相同的，即 $A=0$，并研究式（9）的周期解。首先得到：

$$x^2+\left(\frac{y-B}{2}\right)^2=\rho^2\tag{10}$$

所以，不考虑平面外运动，相对运动轨迹在主星轨道平面内的投影为一个中心在 $y=B$ 处的 2×1 的椭圆。式（9）存在无穷多个周期解，以下是具有代表性的几个特殊解。

2.1.1 跟随

本节的周期解对应的是从星在主星前方或后方以确定的距离 b 进行跟随的情况，解的具体形式如下：

$$\rho=\bar{\rho}=0,\ B=\pm b\tag{11}$$

上述情况可进行拓展，允许平面外的一些运动，即 $\bar{\rho}\neq0$。这主要是出于安全因素的考虑，如果主星或从星出现衰减，并开始漂向另一颗星，那么平面外的运动可以减小碰撞概率。

2.1.2 空间圆轨道(GCO)

若 $A=0$，$\alpha=\beta$，$\bar{\rho}=\sqrt{3}\rho$，则：

$$x^2+(y-B)^2+z^2=4\rho^2\tag{12}$$

所以，相对运动轨迹是一个圆，并且其轨道面与当地水平面的夹角为 30°。采用三颗卫星即可形成一个等边三角形。这是 LISA 计划所采用的构型。图 2 展示了此相对轨迹以及在 xy 平面内的2×1 的椭圆投影。

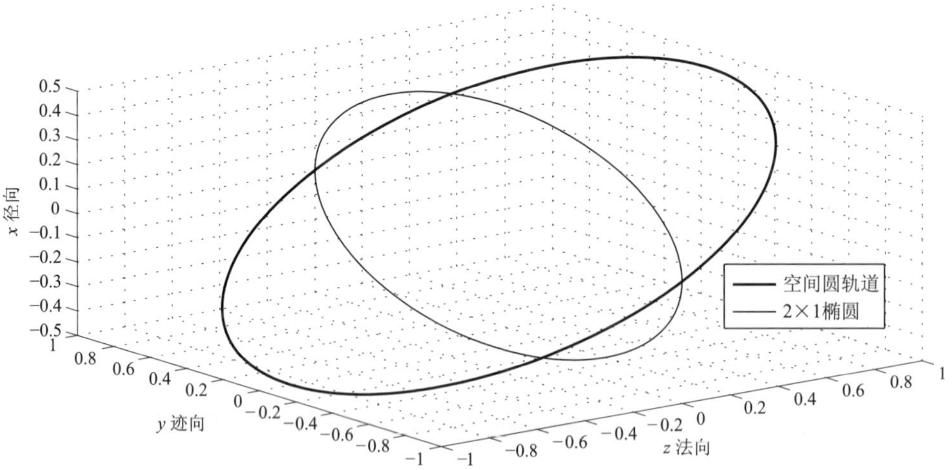

图 2 空间圆相对运动轨道

2.1.3 投影圆轨道(PCO)

若 $A=0$，$\alpha=\beta$，$\bar{\rho}=2\rho$，则

$$(y-B)^2+z^2=4\rho^2\tag{13}$$

此种情况下的相对轨迹在当地水平面上的投影是一个圆，如图 3 所示。图中，深色曲线表示相对运动轨迹，浅色曲线表示其在当地水平面的投影圆。这个相对运动轨道可以作为仿真地球指向天线的一种选择。

以上周期相对运动轨道是基于以下三个假设而

得到的：①唯一的外力来自满足球形地球的平方反比定律的引力；②主星轨道为圆轨道；③两星间的最大相对距离远小于主星的轨道半径，从而引力差可以线性化。接下来具体研究这些假设的影响。

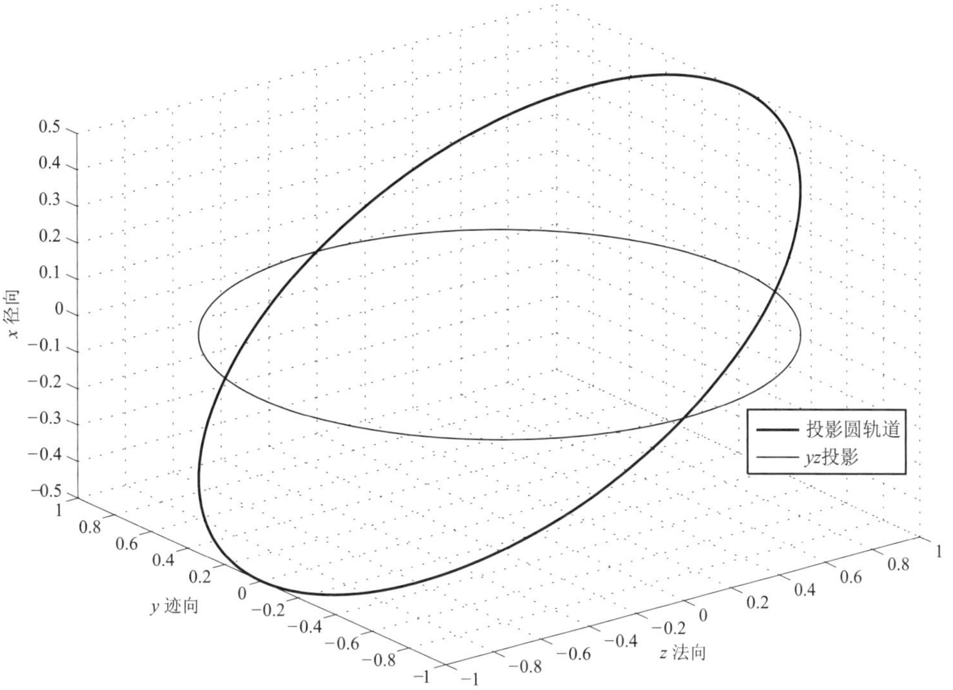

图 3 投影圆相对运动轨道

2.2 椭圆主星轨道

引入如下转换关系：

$$x=Ru \quad y=Rv \quad z=Rw \tag{14}$$

采用真近点角作为独立变量，可以得到如下相对运动方程：

$$u''-2v'-\frac{3u}{1+e\cos f}=0$$
$$v''+2u'=0 \tag{15}$$
$$w''+w=0$$

可以看到，上述方程与圆主星轨道情况下的方程式(8)的区别就在于 u 的表达式分母中的（$1+e\cos f$）项。这些方程的解分别由 Lawden (1963)、Tschauner 与 Hempel (1964) 独立得到。Alfriend 等（2010）对此后在其他文献中出现的这组解的不同形式进行了总结。进行相对运动轨道设计的最佳方法之一就是采用轨道要素差进行设计，即用从星和主星的轨道要素的差来进行描述。Gim 和 Alfriend (2003) 的结论如下：

$$x=\frac{R}{a}\delta a+\left[\frac{R^2}{p}(q_1\sin\theta-q_2\cos\theta)\right]\delta\theta-$$
$$\frac{R}{p}(2aq_1+R\cos\theta)\delta q_1-$$
$$\frac{R}{p}(2aq_2+R\sin\theta)\delta q_2$$
$$y=R(\delta\theta+\delta\Omega\cos i)$$
$$z=R(\delta i\sin\theta-\delta\Omega\sin i\,\cos\theta) \tag{16}$$

式中，$\theta=f+\omega$，称为纬度幅角；$q_1=e\cos\omega$；$q_2=e\sin\omega$，且

$$\delta\theta=\phi_{21}\delta a+\phi_{22}\delta\theta_0+\phi_{24}\delta q_1+\phi_{25}q_2$$

$$\phi_{21}=-\frac{3n}{2a}(t-t_0),\ \phi_{22}=\frac{R_0V_t}{RV_{t_0}}$$

$$\phi_{24}=\frac{q_1}{\eta}\left(\frac{V_r}{V_t}-\frac{V_{r_0}}{V_{t_0}}\right)-\frac{\eta}{p^2}\times$$
$$[R(a+R)(q_2+\sin\theta)-R_0(a+R_0)(q_2+\sin\theta_0)]$$

$$\phi_{25}=\frac{q_2}{\eta}\left(\frac{V_r}{V_t}-\frac{V_{r_0}}{V_{t_0}}\right)+\frac{\eta}{p^2}\times$$
$$[R(a+R)(q_1+\cos\theta)-R_0(a+R_0)(q_1+\cos\theta_0)] \tag{17}$$

式中，下标“0”表示在初始时刻 t_0 处的值，V_r 和 V_t 表示径向速度和切向速度，表达式如下：

$$V_r=\sqrt{\frac{\mu}{p}}e\sin f=\sqrt{\frac{\mu}{p}}(q_1\sin\theta-q_2\cos\theta)$$

$$V_t=\sqrt{\frac{\mu}{p}}(1+e\cos f)=\sqrt{\frac{\mu}{p}}(1+q_1\cos\theta+q_2\sin\theta)$$

$$p=a(1-e^2) \quad \eta=(1-e^2)^{1/2} \tag{18}$$

因此，积分常数为轨道要素差的初始值。由于中心天体是球形地球，所以除了纬度幅角外，其他轨道要素差都是常量。当偏心率为零时，真近点角和近地

点幅角均没有定义，故引入非线性参数 q_1，q_2。现在考虑当主星偏心率为零时，式（16）的解如下：

$$
\begin{aligned}
x &= \delta a - a(\delta q_1\cos\theta + \delta q_2\sin\theta)\\
y &= -\frac{3}{2}n\delta a(t-t_0) + \\
&\quad a(\delta\theta_0 + 2\delta q_1\sin\theta_0 - 2\delta q_2\cos\theta_0 + \delta\Omega\cos i) + \\
&\quad 2a(\delta q_2\cos\theta - \delta q_1\sin\theta)\\
z &= a(\delta i\sin\theta - \delta\Omega\sin i\cos\theta)
\end{aligned}
\tag{19}
$$

注意到，半长轴的差会引起迹向的长期漂移和径向偏移，x 和 y 的周期项分别只剩下 $-a\delta e\cos f$ 和 $-a\delta e\sin f$。因此，这个 2×1 的椭圆是由偏心率的差引起的，其半长轴为 $2a\delta e$。式（19）中的最后一个式子表明平面外的相对运动是在轨道倾角差和升交点赤经差的综合影响下产生的。式（19）表明，如果 $\delta a=0$，无论主星的偏心率多大，式（19）的所有解都是周期性的。因此，设计周期轨道具有多种选择。现在，进一步分析在主星偏心率取不同值的情况下，2.1 节中的三种相对运动轨道将会呈现怎样的变化。

2.2.1 跟随

令 $\delta a=\delta i=\delta\Omega=0$，并给定 δf 和 $\delta\omega$，即可得到跟随相对运动轨迹。首先考虑 $\delta f=0$，$\delta\omega\neq0$ 的情况。在这种情况下，两颗卫星的轨道为两个共面椭圆，纬度幅角存在一个差值，而真近点角总是相等。这意味着，两星的位置矢量的夹角 $\delta\theta$ 是常数，两星的相对距离与主星的位置矢量成正比。因此，两星间距在近地点处最小，在远地点处最大。现在考虑相反的情况，即 $\delta f\neq0$，$\delta\omega=0$。在这种情况下，$\delta q_1=\delta q_2=0$，$\delta\theta=\phi_{22}\delta\theta_0$，并可以得到迹向距离的表达式：

$$
y=\frac{R_0V_t}{V_{t_0}}\delta\theta_0=\frac{V_t}{V_{t_0}}y_0 \tag{20}
$$

由于迹向速度在近地点处最大，两星间距在近地点处最大，在远地点处最小，因此可以看出，这与 $\delta f=0$，$\delta\omega\neq0$ 时的结果相反。在每种情况下，都可以加入平面外的运动以减小轨道衰减时的碰撞概率。

图 4 所示为在 $\delta f\neq0$，$\delta\omega=0$，主星偏心率取值不同的情况下，在当地水平面的相对运动轨迹。其他参数取值如下：

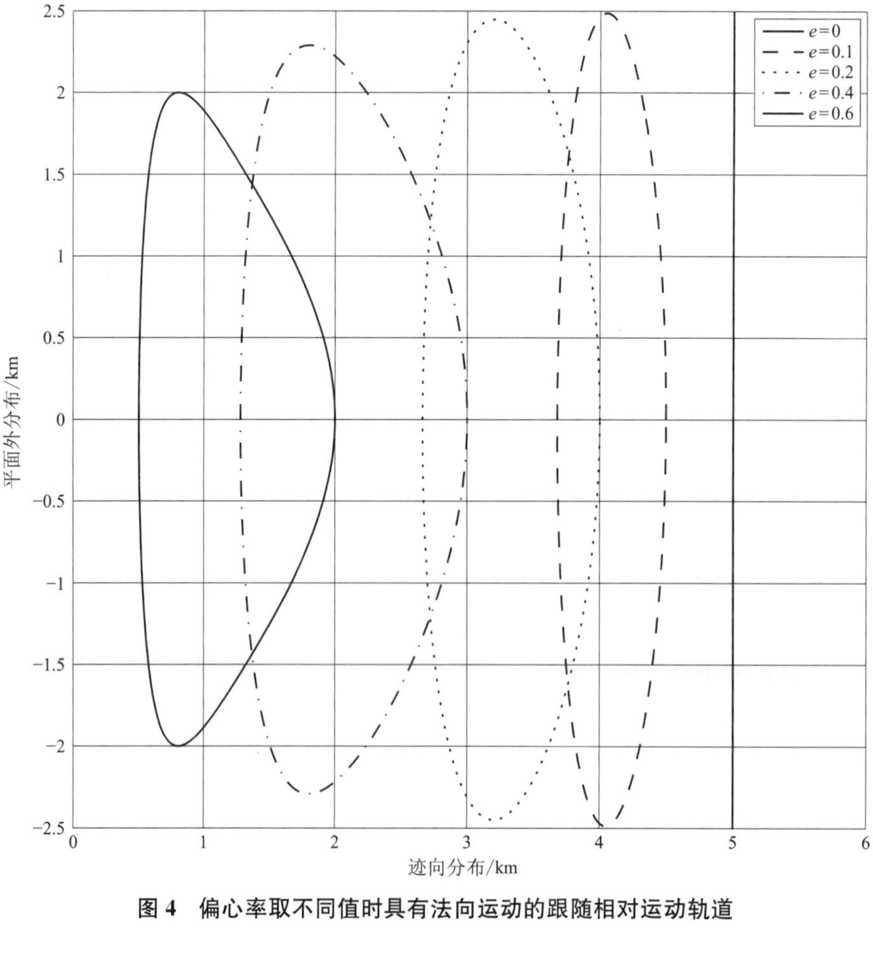

图 4 偏心率取不同值时具有法向运动的跟随相对运动轨道

$$a=26\ 608\ \text{km},\ i=60°,\ \Omega=0$$

$$\delta i=\frac{2.5}{a}=0.005\ 4°,\ \delta\theta_0=2\delta i=0.010\ 8°$$

$$\delta\Omega=0 \tag{21}$$

当$e=0$时，相对运动只有平面外运动，这与狗摇尾巴的情况类似。随着偏心率的增大，相对运动轨迹也变得更扁。图 4 展示的只是多种情况中的一种。

2.2.2 平面内 2×1 椭圆

图 5 所示的是初始相对运动轨迹为 2×1 的椭圆，主星偏心率从 0 开始取值的情况下的一簇周期相对运动轨迹。轨道参数如下：

$$a=26\ 608\ \text{km},\ i=60°,\ \Omega=0$$

$$\omega=-90°,\ f=180°$$

$$\delta e=0.000\ 1,\ \delta i=0.000\ 2,\ \delta q_1=0$$

$$\delta q_2=-\delta e,\ \delta\theta_0=0 \tag{22}$$

随着偏心率的变化，这个 2×1 的椭圆开始出现变形，但是分别在主星的远地点和近地点处通过同一个径向位置$\pm a\delta e$。

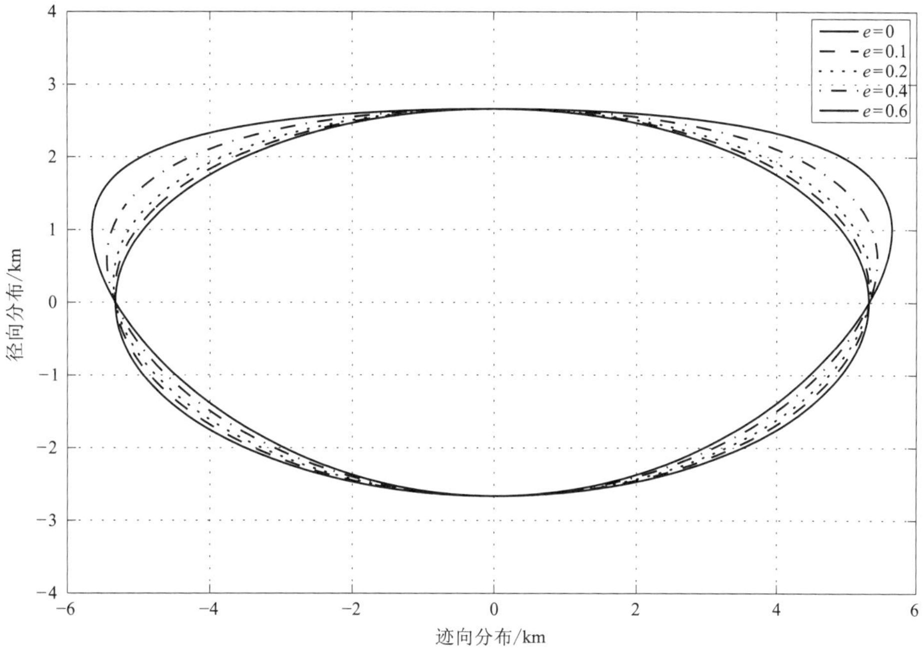

图 5 偏心率取不同值时平面内相对运动的 2×1 椭圆轨道的演化

2.2.3 投影圆轨道

图 6 所示为初始相对运动轨道为投影圆轨道，主星偏心率从 0 开始取值的情况下的一簇周期相对运动轨迹。初始轨道参数同 2.2.2 节。

图 6 表明，此种周期相对运动轨道能够进行设计，方法与主星偏心率等于 0 时类似。使用轨道要素差比在相对笛卡尔坐标系下进行设计更加简单。

2.3 摄动影响

影响卫星编队飞行的构型设计和相对运动的主要摄动力为非球形引力摄动、大气阻力（低轨情况）、太阳光压（高轨情况）。引力摄动使轨道要素产生长期性变化，以轨道周期为周期的周期性变化和随近地点旋转周期的长周期变化。在编队飞行动力学和构型设计中，最主要的摄动项即由于赤道隆起而产生的长期项J_2，相应表达式（Vallado，2001）如下：

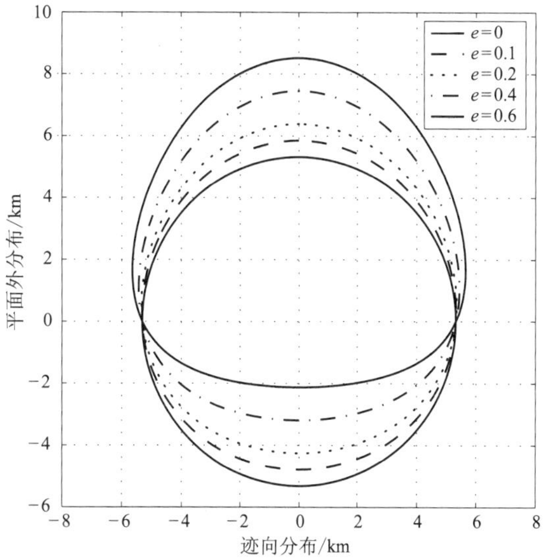

图 6 偏心率取不同值时相对运动的投影圆轨道的演化

$$\dot{M}=n=\bar{n}\left[1+0.75J_2\left(\frac{R_e}{p}\right)^2\sqrt{1-e^2}(2-3\sin^2 i)\right]$$

$$\dot{\omega}=-0.75J_2\left(\frac{R_e}{p}\right)^2\bar{n}(1-5\cos^2 i)$$
$$\dot{\Omega}=-1.5J_2\left(\frac{R_e}{p}\right)^2\bar{n}\cos i$$
$$\bar{n}=\sqrt{\frac{\mu}{a^3}} \tag{23}$$

此长期摄动项对编队飞行动力学模型有两种形式的影响。首先是式（23）所给出的绝对影响。在球形地球模型的情况下，已经知道平面内和法向运动的频率是相同的。但在引力摄动的影响下，它们的值不再相等，平面内的频率为平均角速度 n，法向运动频率为（$n+\dot{\omega}$）（Alfriend 等，2010）。易知，只有在 $\dot{\omega}=0$ 时，它们的频率才相等，此时对应的轨道倾角称为临界倾角，相应的值满足：$\cos^2 i=1/5$，即 $i=63.4°$，116.6°。此外，还存在一个轨道倾角使这两个频率在近圆轨道的情况下，在大约一天的时间内基本相等（Vadali 等，2008；Sabatini，Izzo 和 Bevilacqua 2008）。这两个频率的差会使相对运动轨道（如空间圆轨道、投影圆轨道等在球形地球情况下的周期性轨道）出现法向运动，并且不再是周期性的。

图 7 所示为在 a=7 000km，i=98.6°的近圆太阳同步参考轨道情况下，空间圆轨道的演化过程。此时，近地点旋转周期为 100.1 天，空间圆轨道的 y，z 方向的初始相位差为 90°。在四分之一周期后，在 yz 平面的相对运动轨迹从空间圆轨道变成了一条直线（相位差等于 0°），在半个周期后，又变回空间圆轨道。图中还给出了近地点旋转周期为 8.35 天（相位差等于 60°）和 16.7 天（相位差等于 30°）时的相对轨迹。另外两个长期项对相对运动的影响非常小。

现在考虑摄动项的微分。通过将长期项的变化率代入式（23）可以得到如下表达式：

$$\delta\dot{M}=-1.5\bar{n}\frac{\delta a}{a_0}-\frac{9}{4}J_2\left(\frac{R_e}{a_0}\right)^2\frac{\bar{n}}{\eta_0^4}\times$$
$$[(2-3\sin^2 i_0)\delta\eta+(2\eta_0\sin i_0\cos i_0)\delta i]$$
$$\delta\dot{\omega}=1.5J_2\left(\frac{R_e}{a_0}\right)^2\frac{\bar{n}}{\eta_0^5}\times$$
$$[2(1-5\cos^2 i_0)\delta\eta-(5\eta_0\sin i_0\cos i_0)\delta i]$$
$$\delta\dot{\Omega}=1.5J_2\left(\frac{R_e}{a}\right)^2\frac{\bar{n}}{\eta_0^5}[(4\cos i_0)\delta\eta+(\eta_0\sin i_0)\delta i]$$
$$\bar{n}=\sqrt{\frac{\mu}{a_0^3}} \tag{24}$$

式中，$\eta=\sqrt{1-e^2}$；下标“0”表示主星轨道要素；δ 表示从星和主星的轨道要素的差。由于 δa 与 J_2 的乘积项以更高阶 $O(J_2)$ 的形式出现（Schaub 和 Alfriend，2001），因此这里将其省略。式（24）表明，轨道要素 a，e，i 中任意一个的差都会造成变化率不等于零，这将引起两颗卫星漂移。由于 a，e，i 这三个轨道要素均与广义动量相关，因此，任何动量的差均会引起卫星的漂移。相比之下，三个角度 M，ω，Ω 的差不会产生长期漂移。可以看出，长期漂移为零是最理想的，但是式（24）的形式表明，除了参考卫星的轨道倾角为临界倾角的特殊情况，阻止长期漂移的唯一方法就是使 $\delta a=\delta e=\delta\eta=\delta i=0$。唯一满足要求的相对运动轨道即跟随构型，且不用考虑由赤经差引起的法向运动。需要注意的是，虽然这一构型不存在漂移，但由于平面内的频率和法向的频率不同，所以相对运动不是周期性的。在式（23）中，偏心率以 e^2 的形式出现，由于构型的漂移是 e^2 的变化产生的，因此，对于近圆主星轨道而言，偏心率的差只会引起很小的长期漂移。所以，对于一个存在由赤经差引起的法向运动的 2×1 椭圆构型而言，法向的漂移很小。

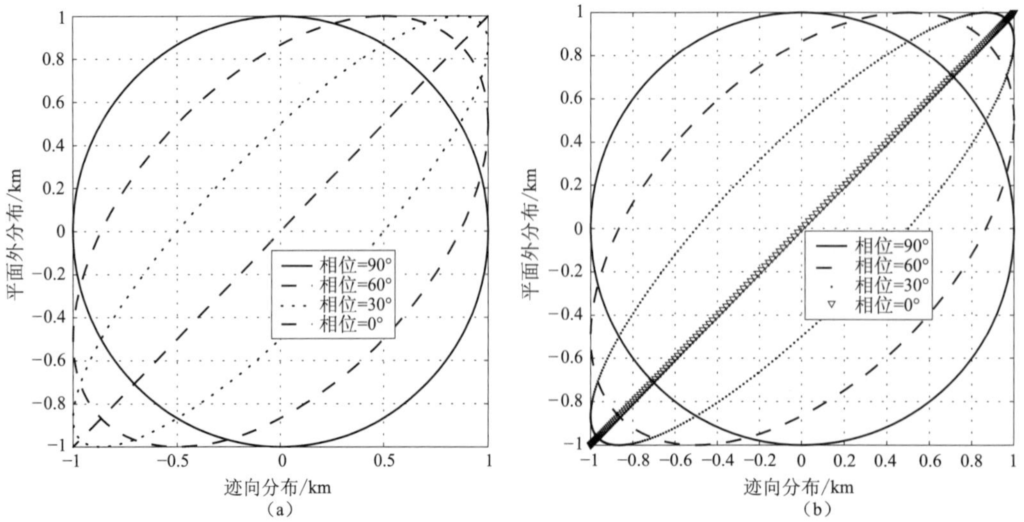

图 7 近地点旋转造成的空间圆轨道演化

同样可以消除迹向漂移。迹向漂移率与（$\delta\dot{M}+\delta\dot{\omega}+\delta\dot{\Omega}\cos i_0$）成正比。将式（24）代入，求解出使径向漂移率为零的 δa 的表达式，如下：

$$\delta a=0.5J_2a_0\left(\frac{R_e}{a_0}\right)^2\frac{3\eta_0+4}{\eta_0^5}\times\left[(1-3\cos^2 i_0)\delta\eta-(\eta_0\sin 2i_0)\delta i\right] \quad (25)$$

现在考虑临界倾角的情况。此时，参考卫星的近地点旋转为0，平面内和法向频率相等。因此，存在由赤经差引起的法向运动的跟随构型的周期性的相对轨道。

2.3.1 控制长期漂移的速度脉冲 $\boldsymbol{\Delta v}$

如前所述，由 J_2 项引起的迹向漂移可以通过对从星的半长轴进行一个微小的调整而消除。而由轨道倾角差或偏心率差造成的法向和径向漂移需要通过推力进行控制。由高斯变分方程（Battin，1987）可知，轨道平面内速度脉冲使赤经产生的变化量为

$$\Delta\Omega=\frac{r\sin\theta}{h\sin i}\Delta v_n \quad (26)$$

式中，h 为角动量。由式（24）可知，一个轨道周期内，由轨道倾角差和偏心率差造成的赤经变化量为

$$\Delta\Omega=3\pi J_2\left(\frac{R_e}{a_0}\right)^2\left(\frac{1}{\eta_0^5}\right)\left[(4\cos i_0)\delta\eta+(\eta_0\sin i_0)\delta i\right] \quad (27)$$

将式（27）代入式（26），并假设脉冲在波腹处（$\theta=90$ 或 $\theta=270$）施加，且矢径模长等于半长轴，则：

$$\frac{\Delta v}{\text{orbit}}=3\pi J_2\left(\frac{R_e}{a_0}\right)^2\frac{\sin i_0}{\eta_0^6}\left[(4\cos i_0)\delta\eta+(\eta_0\sin i_0)\delta i\right]v_c \quad (28)$$

式中，v_c 为半径等于半长轴的圆轨道卫星的速度。对于一个轨道高度为7 000 km，轨道倾角为70°，与主星的轨道倾角差为 $\delta i=1/a$，所造成的法向漂移为1 km的从星而言，每年所需的速度脉冲为49.4 m/s。因此，在编队构型不是很大的情况下，消除法向漂移所需的燃料量是合理的。

高斯变分方程给出的用切向脉冲表示的近地点幅角的变化量为：

$$\Delta\omega=\frac{(p+r)\sin f}{he}\Delta v_t \quad (29)$$

这里需要考虑近地点幅角的绝对的和相对的变化。控制近地点旋转可以使平面内和法向运动的频率相等，从而使相对轨道为周期轨道，避免出现如图7所示的情况。采用式（23），并假设脉冲在 $f=\pm 90°$ 时施加，那么控制近地点旋转的 Δv 为

$$\frac{\Delta v_t}{\text{orbit}}=0.75J_2\left(\frac{R_e}{a_0}\right)^2\frac{e_0}{\eta_0^5}\left|1-5\cos^2 i_0\right|v_c \quad (30)$$

计算结果表明，除非轨道倾角非常接近临界倾角或偏心率足够小（$e<0.001$），否则用于控制近地点旋转的燃料都是过高的。例如，对于一个轨道高度为7 000 km，轨道倾角为70°的近圆卫星，每年所需的速度脉冲为35.9e km/s。

结合式（24）和式（29），控制近地点旋转差的速度脉冲 Δv 为

$$\frac{\Delta v_t}{\text{orbit}}=1.5\pi J_2\left(\frac{R_e}{a_0}\right)^2\frac{1}{\eta_0^6}\times\left[2(1-5\cos^2 i_0)\delta\eta-(5\eta_0\sin i_0\cos i_0)\delta i\right]e_0v_c \quad (31)$$

采用与上述相同的主星参数，由轨道倾角差引起的从星法向漂移为1 km，每年所需的用于控制近地点旋转差的速度脉冲为39.7e m/s。对于近圆轨道，这个值非常小，对偏心率更大的轨道而言，这个值也不算太大。

关于编队构型保持和重构的脉冲控制的深入研究详见Alfriend等（2010）文献。

2.3.2 大气阻力作用

大气阻力对卫星造成的阻力加速度为

$$a_d=-0.5\rho\left(\frac{C_DA}{m}\right)v_rv_r \quad (32)$$

式中，ρ 为大气密度；v_r 为相对于大气的速度；C_D 为阻力系数；A 为垂直于 v_r 的横截面面积；m 为质量，弹道系数 $BC=m/AC_D$。当两颗卫星的弹道系数不同时，会出现迹向漂移。幸运的是，只要轨道高度不是非常低，控制这一漂移所需的燃料并不多。这就是Landsat7 - EO1任务的情况。这个任务是一个跟随构型，EO1指定在1 min后跟随。两颗星处于轨道高度约等于700 km的太阳同步轨道上。EO1的弹道系数更高，因此阻力更大。它的初始位置在稍高的轨道上，它受到的更大的阻力使其往回漂得更多，轨道高度变得更低。当它到达与Landsat相同的高度时，由于它处于更低的轨道，因此，它开始漂向Landsat。这一相对运动轨道近似抛物线。当它回到指定的相对距离时，则进行机动回到它初始的轨道高度，然后重复这个过程。

3 构型保持与重构

编队飞行的主动控制由理想构型的建立、理想

构型的保持以及构型的重构组成。控制方式可以归为两类：脉冲控制和连续控制。用于构型保持的推力量级通常都是很小的，因此，结合现有技术，脉冲控制方法是最好的选择。由于已经有数百篇文献对与此相关的控制策略设计进行了研究，因此本章将不给出对这些文献的总结。部分方法汇总在 Alfriend 等（2010）文献中。

为了说明构型重构的方法，将给出采用脉冲控制实现由 2×1 相对椭圆构型重构为一个更大的2×1 椭圆构型的方法。主星为圆轨道，且没有平面外运动。从星初始相对运动轨迹为一个以主星为中心，以 d 为半长轴的 2×1 椭圆。最终的目标相对运动轨迹为另一个以主星为中心，以 kd 为半长轴的2×1椭圆。因此，整个重构为一个共面相对椭圆轨迹的轨道转移过程，且约束条件为转移时间必须等于半个或一个周期。这个时间约束是保证椭圆轨迹中心在主星的必要条件。重构的细节以及其他例子请参见 McLaughlin，Alfriend 和 Lovell（2002）文献。此处将说明在重构过程中都发生了什么。整个重构可以通过切向脉冲和径向脉冲完成。首先考虑切向重构，图 8 所示为 $k=1.5$ 时的情况。

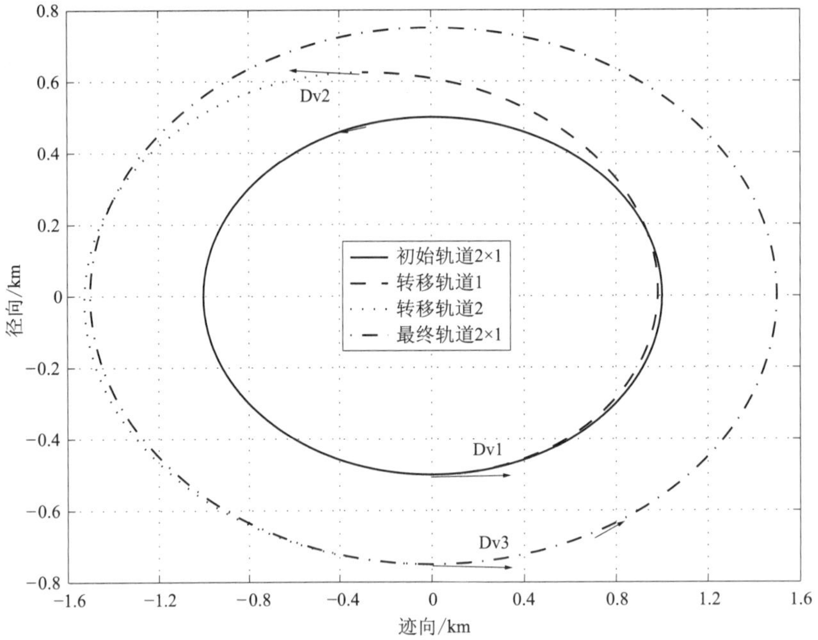

图 8　相对运动椭圆间的三脉冲重构

图中，主星速度指向右，2×1 的相对椭圆轨迹为逆时针运动。重构可以在从星的近地点或远地点处开始，此处选取从近地点处开始。第一次脉冲 Δv_1，用于抬高远地点。由于轨道能量增大了，因此在远地点处从星位于主星后方。第二次脉冲 Δv_2，用于降低近地点，从而减小轨道能量，使得从星在半个周期后能够追上来。第三次脉冲实现将从星机动到最终的 2×1 椭圆相对轨道。由于轨道初始时刻和最终时刻的能量相同，因此必定有 $\Delta v_2=\Delta v_1+\Delta v_3$。脉冲的表达式为：

$$\Delta v_1=\Delta v_3=0.5\Delta v_2=\frac{k-1}{16}n_0 d$$

$$\Delta v_{\mathrm{T}}=\frac{k-1}{4}n_0 d \tag{33}$$

现在考虑重构过程中的径向脉冲，如图 9 所示。

改变偏心率的大小而不改变半长轴和近地点幅角的大小是要实现的目标。当 $f=90°$ 或 $f=270°$ 时，可以得到如下径向脉冲：第一次脉冲将偏心率增大到所要求值的 1/2，并将相对椭圆的中心移到主星后方（图中即左移）；第二次脉冲将偏心率增大到所要求的值，并将相对椭圆的中心移回主星。脉冲的表达式为

$$\Delta v_1=\Delta v_2=\frac{k-1}{4}n_0 d$$

$$\Delta v_{\mathrm{T}}=\frac{k-1}{2}n_0 d \tag{34}$$

需要注意的是，尽管径向脉冲方式所需的燃料为切向脉冲方式的 2 倍，但仅需要 2 次脉冲，共半个周期即可完成，而切向脉冲方式需要 3 次脉冲，共一个周期。

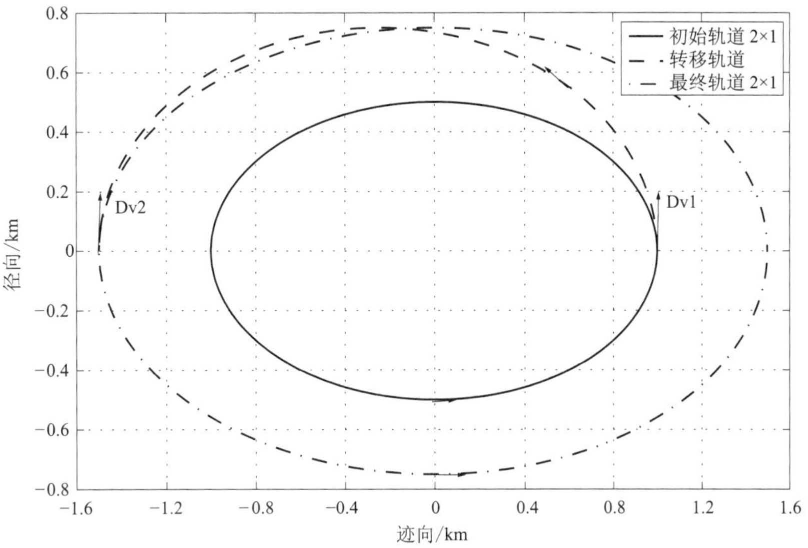

图 9　相对运动椭圆间的两脉冲重构

4　相对导航

为了通过控制相对状态实现相对轨道的建立、保持或重构，需要知道主星的状态和从星相对主星的状态。状态控制的准确性取决于这些状态的值以及获得所需控制力的能力。在低地球轨道中，卫星编队飞行中主星的导航所采用的最基本的方式为GPS，尤其是在需要自主操作的情况下。提供给相对导航的方法包括GPS、激光雷达和光学传感器。GPS，特别是载波相位差分GPS（CDGPS）似乎是较为理想的方法。如果通过CDGPS不能达到要求的精度，则可以使用相对激光测距作为精密测距的补充。在低地球轨道使用CDGPS对卫星编队飞行进行相对导航的较好的总结请参见Alfriend等（2010）文献的第12章。这里需要解决的是相对导航的误差对构型控制的影响。从式（9）可以看出，相对导航中的误差会造成在理想状态的径向和法向方向的周期性运动以及迹向方向的周期和长期运动。除非周期运动超出了允许的界线，否则迹向的长期漂移将会是一个问题，而这一漂移，如前所述，是由半长轴的估计误差所造成的。半长轴通过能量方程得到：

$$\frac{1}{a}=\frac{2}{r}-\frac{v^2}{\mu} \tag{35}$$

由Carpenter的结论，当参考轨道为圆轨道时，可以得到半长轴的误差δa的表达式（Carpenter和Alfriend，2005）如下：

$$\delta a=2\left(\frac{2x+\dot{y}}{n}\right) \tag{36}$$

半长轴误差的标准差如下：

$$\sigma_{\delta a}^2=4\left(4\sigma_x^2+\frac{4}{n}\rho_{x\dot{y}}\sigma_x\sigma_{\dot{y}}+\frac{1}{n^2}\sigma_{\dot{y}}^2\right)$$

$$\sigma_{\delta a}^2=4\left[\left(\sigma_x-\frac{\sigma_{\dot{y}}}{n}\right)^2+\left(\frac{4\sigma_x\sigma_{\dot{y}}}{n}\right)(1+\rho_{x\dot{y}})\right] \tag{37}$$

式中，σ_x、$\sigma_{\dot{y}}$、$\rho_{x\dot{y}}$分别为由相对导航决定的径向不确定度、速度不确定度、半径和速度的相关系数。为了避免漂移或使半长轴的不确定度为零，必须满足$\sigma_{\dot{y}}=n\sigma_x$以及$\rho_{x\dot{y}}=-1$。显然，为了使漂移最小化，$\rho_{x\dot{y}}\approx-1$较为合理。人们原本以为，通过GPS进行连续观测将会实现这一目标，然而实验证据表明并非如此。在How等（2007）文献中，给出了通过CDGPS测量得到的半长轴不确定度的详细分析。这个分析结果表明，相关系数近似为如下形式：

$$\rho_{x\dot{y}}\approx-n\sqrt{\frac{\sigma_R}{\sigma_Q}} \tag{38}$$

式中，σ_R和σ_Q分别为过程噪声和测量噪声的标准差。对于一个典型的场景，$\sigma_Q=10^{-6}\ \mathrm{m\cdot s^{-3/2}}$，$\sigma_R=5\times10^{-3}\ \mathrm{m\cdot s^{-1/2}}$，卫星处于低地球轨道时，$n\approx0.001r$ s，代入式（38）可得：

$$\rho_{x\dot{y}}\approx-0.070\,7 \tag{39}$$

因此，半长轴不确定度不可能达到0。此外，还有

$$\sigma_{\delta a}\approx\frac{2\sigma_{\dot{y}}}{n} \tag{40}$$

注意到半长轴不确定度只是相对速度不确定度的一个函数，与位置不确定度无关。这是径向位置方差与相关项在量级上大小相等，方向相反，相互抵消的结果。对于低地球轨道卫星，其半长轴不确定度近似为1 m时，相对速度不确定度可以达到的值近似等于

0.5 mm/s。迹向漂移为每轨 $3\pi\sigma_{\delta a}$，这是由每轨 3π 或近似 10 m 的漂移造成的。这个漂移只能通过减小相对速度不确定度来抑制。在 Alfriend 和 Lovell（2003）文献中，对轨道高度为 550 km 的编队误差进行了分析。相对位置不确定度为 10 cm（1σ），相对速度不确定度为 0.5 mm/s，推力量级不确定度为 5%，姿态不确定度为 1/3°，卫星编队飞行过程中受到多种阻力的作用。编队控制上的约束为推力器只能平均在三个周期内点火一次。对于跟随构型，人们发现从星在±20 m 的死区范围内不能保持。这个不能保持构型的死区的误差来源主要是相对导航误差。

尽管这个例子的结果不一定适用于所有构型，但相对导航误差很可能是主要误差来源和造成构型保持燃料消耗的主要原因。

5　总　　结

本章对卫星编队飞行的动力学模型、控制理论以及相对导航的相关知识进行了讨论，给出了相对运动轨迹的多种形式、引力摄动的影响、使这些影响最小化以及修正这些摄动项所需的燃料的值的方法。接下来本章对构型控制的问题进行了讨论，并研究了编队飞行的相对导航问题，包括相对导航误差对编队飞行控制的影响。

自 1998 年开始对卫星编队飞行展开研究以来，人们取得了很多的成果。编队飞行动力学、控制理论以及相对导航领域的研究状态已经相当成熟。然而，还有一些方面需要进行更多研究。对于每个任务而言，其都会面临新的挑战，就像美国国家航空航天局/戈达德航空中心的科学家们已经在磁层多尺度任务上发现的问题。一颗或多颗从星相对于一颗主星的相对运动控制已经受到了许多关注，而需要更多关注的是许多卫星的自主控制。是否应该采用一些分散控制？对卫星进行控制需要哪些数据？通信的体系结构是什么样的？另一个需要展开更多研究的领域就是近距离编队飞行的碰撞概率计算和规避机动策略。

术　语

a	半长轴
e	偏心率
f	真近点角
i	轨道倾角
J_2	赤道隆起项
n	平均角速度
$\boldsymbol{r}$	从星矢径
R_e	地球半径
$\boldsymbol{R}$	主星矢径
V_r	径向速度
V_t	切向速度
w	主星轨道角速度
η	$\sqrt{1-e^2}$
μ	引力常数
θ	纬度幅角，$f+\omega$
$\boldsymbol{\rho}$	从星相对于主星的位置矢量/大气密度
ω	近地点幅角
Ω	赤经

参考文献

Alfriend, K. T. and Lovell, T. A. (2003) Error analysis of satellite formations in near circular low earth orbit. In Paper 03－651, AAS/AIAA Astrodynamics Conference, August 2003, Big Sky Montana.

Alfriend, K. T., Vadali, S. R., Gurfil, P., How, J. P. and Breger, L. (2010) *Spacecraft Formation Flying: Dynamics, Control and Navigation*, Elsevier, Oxford, UK.

Battin, R. H. (1987) *An Introduction to the Mathematics and Methods in Astrodynamics* AIAA, New York, NY.

Carpenter, J. R. and Alfriend, K. T. (2005) Navigation guidelines for orbital formation flying. *AAS J. Astronaut. Sci.*, **53** (2), 207－221.

Clohessy, W. and Wiltshire, R. (1960) Terminal guidance system for satellite rendezvous. *J. Aeronaut. Sci.*, **27** (9), 653－678.

Das, A. and Cobb, R. (1998) TechSat21: a concept in distributed based sensing. AIAA Paper 98－5255.

Gim, D.－W. and Alfriend, K. T. (2003) State transition matrix of relative motion for the perturbed noncircular reference. *J. Guid. Control Dynam.*, **26** (6), 956－971.

Folta, D. and Hawkins, A. (2002) Results of NASA's first autonomous formation flying experiment: Earth Observing－1 (EO－1). In *Paper AIAA 2002－4743*, *2002 AIAA/AAS Astrodynamics Specialist Conference*, August 2002, Monterey, CA.

Hill, G. W. (1878) Researches in the Lunar theory. *Am. J. Math.*, **1**, 5－26.

How, J. P., Breger, L., Megan, M., Alfriend, K. T. and Carpenter, J. R. (2007) Differential semi－major axis estimation performance using carrier—phase differential GPS measurements. *AIAA J. Guid. Control Dynam.*, **30** (2), 301—313.

Lawden, D. W. (1963) *Optimal Trajectories for Space Navigation*, Butterworths, London UK.

Sabatini, M., Izzo, D. and Bevilacqua, R. (2008) Special inclinations allowing minimal drift orbits for formation flying satellites. *J. Guid. Control Dynam.*, **31** (1), 94—100.

McLaughlin, C., Alfriend, K. T. and Lovell, T. A. Analysis of reconfiguration algorithms for formation flying experiment. In International Formation Flying Symposium, October 29—31, 2002, Toulouse, France.

Schaub, H. P. and Alfriend, K. T. (2001) J2 invariant orbits for formation flying. *Celestial Mechanics and Dynamical Astronomy*, **79** (2), 77—95.

Tschauner, J. and Hempel, P. (1964) Optimale Beschleunigeungsprogramme fur das Rendezvous — Manover. *Acta Astronautica*, **10**, 296—307.

Vadali, S. R., Sengupta, P., Yan, H. and Alfriend, K. T. (2008) Fundamental frequencies of satellite relative motion and control of formation. *J. Guid. Control Dynam.*, **31** (5), 1239—1247.

Vallado, D. A. (2001) *Fundamentals of Astrodynamics and Applications*, 2nd edn, Microcosm Press, Hawthrone, CA.

本章译者：韩潮、徐明（北京航空航天大学宇航学院）

第 261 章

全球卫星导航系统

Penina Axelrad
科罗拉多大学航空航天工程系，波尔得，科罗拉多，美国

1 引　　言

利用在轨卫星群发射的无线电信号，全球卫星导航系统（GNSS）可以实现对地表或者近地任何地区的持续定位。这套系统的主体由 20 多个卫星所组成的星座、一套地面监测控制站点网络，以及通过接收信号数据来完成定位和其他应用的不限数量的用户组成。1993 年，美国“导航星”全球定位系统（GPS）成为全世界第一个运行的全球卫星定位系统。2009 年，其他一些独立系统也活跃在 GNSS 应用的多种场合：俄罗斯的 GLONASS 系统、欧洲的 GALILEO 系统以及中国自主研发的“北斗”（也称“指北针”）系统。另外，很多国家也一直在寻求空间和地基设施来支撑专业性的应用。

自从 20 世纪 70 年代 GNSS 的概念被提出以来，该系统已从某种晦涩高深的为测量者和军方用户提供服务的系统，转变成现代基建不可或缺的重要组成部分，其应用涉及移动电话定位、电力系统同步、飞行器导航以及高精度地理测量等方面。除了个人用户，还有接收者使用的各种全球网络，例如旨在科学应用的“国际全球卫星导航系统服务”（IGS）（Dow，Neilan 和 Gendt，2005）。

航天工程原则集中体现在两点：运行 GNSS 的基础物理原理和该系统能力的重大受益者。星座轨道的选择和卫星运动的精确建模是达成全球应用的关键要素。实际上无论从商用喷气客机到无人飞行器的每个现代航空器，还是从微小卫星到国际空间站的近地航天器，所有这些飞行器都装备 GPS 接收机作为导航和任务的支持。

本章介绍了 GNSS 运行的基本原理、主要组件和 GNSS 在航天领域的应用。文章重点关注美国的 GPS 系统，该系统早已成功运行，直到现在依然得到广泛应用。有大量综合性书籍包含对 GNSS 更深层次的研究（Kaplan 和 Hegarty，2006；Misra 和 Enge，2005；Hofmann-Wellenhof，Lichtenegger 和 Collins，2001），还有很多有用的网站，包括由美国海岸警卫队支持的公民信息库网站（http：//www. navcen. uscg. gov/gps/）。这个网站的参考资料区提供指向包括 GPS 标准定位服务性能规范、接口规范以及国际卫星导航系统各种信源的链接地址。本章将以介绍 GNSS 发展历程中的重要事件和策略选择节点的时间轴开始，接下来分别介绍其运行的基本原理、卫星系统、信号结构、星下点测轨网以及接收机等方面的内容，为 GNSS 整体运行中各自模块的贡献和功能提供更为详尽的讲解，然后介绍 GNSS 在航天工程中的各种实际应用。

2 重要事件和政策

20 世纪 60 年代，早期发展的卫星导航系统包括美国的“子午仪”导航卫星和苏联的“山雀”导航卫星，它们依赖海事舰船的多普勒效应定位。美苏各自建立和发展的全球性、连续性运行的卫星导航系统 GPS 和 GLONASS，诞生于 20 世纪 70 年代末，其中美国在 1978 年成功发射了第一颗 GPS 卫星。两个系统都肩负双重用途，意味着它们被设计用来服务军方和民用市场。

GPS 系统在 1995 年 7 月 17 日全面实现商业运行，那时主要采取两种办法限制民用或者未授权用

户使用GPS的性能。选择性可用（SA）是一个故意设置的功能弱化，有时也叫抖动钝化，它将测量精度从"1～3 m"等级下调"为10～30 m"等级。2000年5月2日，一份总统指令终断了SA应用并宣布现有政策将在未来卫星采购项目中完全失效。SA的存在对差分全球定位系统（DGPS）站点的发展和部署作出很多贡献。DGPS站点向局部地区用户广播发送对SA的修正和其他范围的误差信息。第二种限制获取极高性能信号的技术被称为反欺诈技术（A-S），该技术将GPS系统的P代码加密编译成P(Y)代码。这一限制直接影响授权用户获得从双重频率编码方法得到的数据，还使商业应用方面不得不发展自主的跟踪编码信号方法，如无编码法、半无编码法和交叉相关法。这些方法允许科学应用和高精度授权的用户获取信号，但是信号强弱和对外界干扰的敏感性方面会有一定损失。

目前美国在空基定位、导航和时钟应用的政策是由一份签署于2004年12月Anon地区的总统国家安全指令所确定的。关于空基定位、导航和程序，设施以及涉及美国国土安全、民政、科学研究和商业应用的活动，这条指令建立了指导规则和实施办法。它囊括了一系列目标和实现流程：美国将如何运营并优化GPS系统来为国防和国内外民用目的服务，以及GPS与其他国家部署的空基导航系统的互用性考虑：

"（我们承诺将）提供持续的、全球覆盖的、基础民用空基的定位、导航和时钟服务，供民用、商业和科学领域免费使用，以及通过GPS系统和升级产品捍卫国土安全；提供开放、免费的与开发和设备制造相关的信息渠道，来更好地利用这些GPS服务功能……"（Anon，2004）

依照上述政策美国成立了一个永久性国家级的空基定位、导航和时钟系统的执行委员会，该委员会由美国国防部和交通部官员共同领导，同时也包括其他重点政府部门的参与。它目前的主要部门、下属机构以及运营职责仍然隶属于国防部，并且指导交通部制定关于民用应用、开发、运行以及维护各种用于民政交通的GPS产品的需求目标。其他部门负责对频谱的保护，与外国政府共同探讨它们的GNSS系统之间的互用性可能，培育经济发展，并支持民用空间活动。

2009年国际上为发展新式卫星导航系统，为现有系统现代化作出的努力有目共睹：俄罗斯计划将GLONASS系统转变成基于码分多址（CDMA）技术的系统（如同现有美国的GPS系统和欧洲的GALILEO系统），并将添加一些可与GPS系统互用共享的新信号；欧盟已经发射了两颗规范卫星GIOVE-A/B来开启GALILEO系统的发展构建，现均已在轨运行。因为争取到公众的资助，GALILEO系统起初设想的社会——私有合作发展方式——就被取消了。

3　基本原理

GNSS的卫星发射的载波信号频率范围为1.1～1.8 GHz，该信号经由数字编码调制，这一过程的术语称作伪随机噪声（PRN）编码。PRN码可以使星座中的所有卫星之间以最小干扰量同频互传，允许实施各种范围测量。PRN码实际上提供了一种指示信号传送时刻的时钟标记。接收机指示出接收到编码段的起始位置的时刻，把飞行时间记为接收和发送的时间差。将这一时间差乘以光速就能得到卫星到接收机的单程距离。这一距离确定了一个球心为卫星，包含接收机位置信息的球体。给出该卫星相对其他三颗卫星的位置和距离信息，原则上接收机就可以数学求解这些球面的交会点，这些交会点中有一个解符合其位置的物理意义，如图1所示。

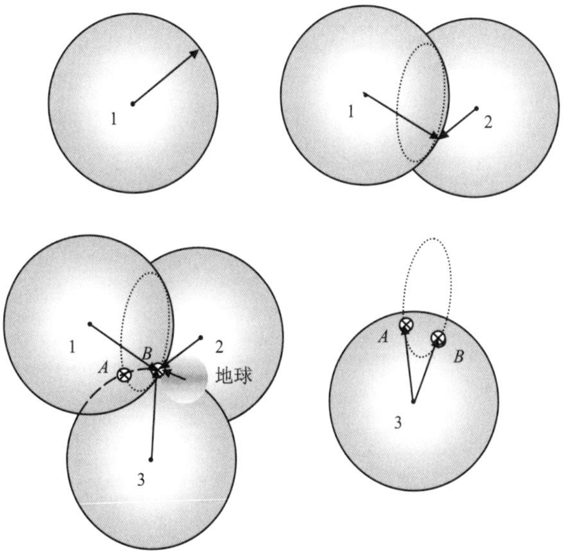

图1　三边测量技术

已知精确时刻，由一个距离测量值可以得到以卫星为球心的球面，接收机在该球面上；再加入一个距离测量值可以共同确定卫星位置的可能圆形；加入第三个距离测量值可以将卫星位置范围缩小到两点中的一个。实际上，需要至少来自四颗卫星的距离测量值来联立求解位置和接收机时钟误差。

显然，存在很多因素使该求解过程变得复杂，最为重要的是卫星和接收机之间的精确时刻确认。即便是一个微秒级的时刻误差，也可能导致距离测量上高达 300 m 左右的巨大误差，这肯定是令人无法接受的。借助在 GNSS 上安装高稳定度原子钟，并且提供时钟误差模型来补偿量小但仍旧影响显著的频率和时钟误差，精确卫星时刻的确定得以实现。接收机的时钟误差将被视作一个附加未知量，用户必须连同位置量一同求解。因此，一个接收机至少利用四颗（而不是三颗）其他卫星的距离测量值，来求解位置的三个分量以及时钟偏移量。

4　卫星群

GNSS 最明显的组件就是空间组成部分，也称为广播导航信号的卫星星座（图 2）。美国 GPS 系统星座包括 24 个甚至更多颗卫星，它们分布在 6 个倾角为 55°的轨道面上，轨道高度为 20 200 km（轨道周期大约为半个恒星日）。这些卫星不均匀地分布在轨道平面内。之所以选用这种配置方式，主要考虑到一、两个卫星失效时其仍然能提供良好的地面覆盖（优秀的几何学设计确保任何地方至少有四颗卫星可见）。目前在轨运行的 GPS 卫星有 30 多颗。然而，受限于现有的星历法和控制机构动作，任何时候最多只有 31 颗卫星在传送导航可用信息的信号。前几年发射启用的卫星是 SVN50（2009 年 8 月 17 日），它是搭载 Delta－2 级火箭发射的最后一颗卫星。GPS 卫星由其空间飞行器编号（SVN）进行识别，这个编号是唯一和特定飞行器关联的标识符号。

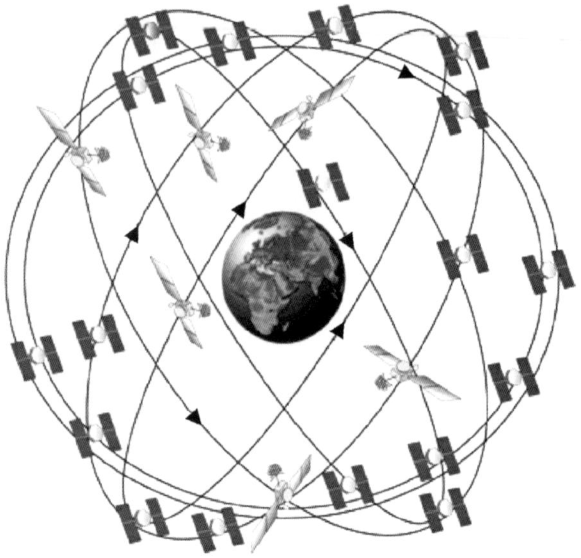

图 2　GPS 卫星星座图

本图来源于“http：//pnt. gov/public/images/constellation. gif”。

星座目前包括来自不同家族或者系列的卫星，每一个新的区位在为原来 GPS 规范提供向下兼容性的同时，也代表着负载和信号可靠性的增强。图 3 所示为波音公司制造的 Block IIA 型和 IIF 型卫星以及洛克希德-马丁公司制造的 IIR－M 型卫星。第一颗 IIF 型卫星已于 2010 年发射。

图 3　Block IIA 型、IIR－M 型和 IIF 型 GPS 卫星的外观

本图来源于“http：//pnt. gov/public/images/constellation. gif. ”。

所有的 GPS 卫星的姿态受控以便使传输天线阵列能够对准地心，天线阵的组成如图 4 所示。GPS 卫星传送的总功率大约是 40 W。天线阵产生一种调制的波形，并在地球表面产生密度大约为 -133 dB/（W·m^2）的相当稳定的信号功率。这种能力降低了接收信号的动态变化范围，为必须同步跟踪多个 GPS 卫星的地面接收机减轻了负担。

GPS 发射天线的覆盖范围比地球更大，所以信号确实在下降至距地表 3 000 km 高空的过程中其能量水平持续在衰减。这样令跟踪使用边缘交叉信号的高轨道卫星的 GPS 信号成为可能。图 5 阐明了 GPS 取决于多种可能的空间运载用户的覆盖范围。

GPS 之所以选择周期为半个恒星日的中地球轨道（MEO），主要基于以下性能需求：具有良好

图4 IIR－M型GPS卫星示意（图片由洛克希德-马丁公司提供）

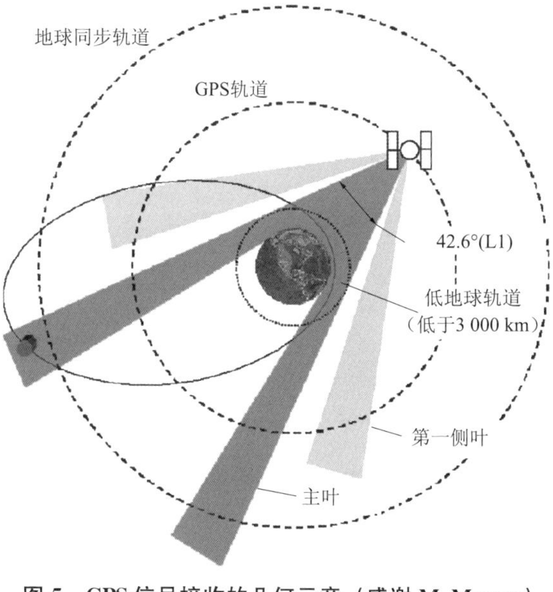

图5 GPS信号接收的几何示意（感谢M. Moreau）

的地理覆盖能力（同时至少四颗卫星可见）；稳定可重复和高度可预测的能见度；相当罕见的卫星捕捉；仅仅满足日常卫星联络；合理的传输功率；在对地面攻击中的存活性能等。到工作年限后，GPS卫星会被推向更高的轨道，大约比工作状态星座所在轨道高100 km。对设定轨道最终衰退和可能的撞击伤害的预测工作由Chao和Gick（2004）完成。对在轨运行GPS的一个重要考验是严苛恶劣的辐射环境，由于处在范艾伦辐射带的边缘，卫星的太阳帆板不可避免地受到影响而退化。这也是目前限制大多数GPS卫星工作寿命的主要因素。

其他卫星导航系统也都使用类似的轨道。俄罗斯的GLONASS系统的轨道高度稍低于GPS系统，仍接近半同步周期，但是具有更高的轨道倾角（63.4°），这样它能在高纬度地区（俄罗斯处于高纬度地区）获得卫星覆盖和几何学上的改善。欧洲的GALILEO系统被设计为均匀分布的漫游星座，三个轨道倾角均为56°的轨道面上各排布9个卫星加一个闲置卫星。GALILEO系统的23 222 km的轨道高度使星下轨迹获得17天的地面轨迹重访周期（Falcone，Erhard和Hein，2006）。最后来看看中国，“北斗”系统将同时包含中地球轨道卫星和地球同步轨道卫星。卫星扩展系统如美国的广域扩展系统（WAAS）或欧洲的EGNOS系统，使用地球同步卫星向用户传送信息以提供完善修正服务，也许还可以提供更高轨道卫星的额外搜索服务。

卫星载荷的主要部件是各种原子时钟，每个GPS卫星都装备四个由标准铯和铷元素的某些组合比例构成的标准时钟。每一时刻只有一个时钟工作，备用时钟会在工作时钟性能开始衰弱时由地面控制启用。这些稳定的振荡器产生可以在长间断中被持续跟踪的信号，并且在至少24 h时长，维持允许时间偏移量在纳秒级的稳定漂移率。Senior，Ray和Beard（2008）近期分析了在轨时钟性能，并识别了其与轨道周期相关的周期性变化。

时钟驱动信号发生电路产生载波信号和调制编码，所有星上信号组件的基础频率是10.23 MHz。实际上，频率振荡器在发射时被设置成略小于基频的10.229 999 995 43 MHz，用来补偿相对论效应对时钟的影响。这一影响产生的原因是卫星处于相对较地表低的重力势位置，以及在轨平均速度的存在。如果不对卫星时钟作这一修正，正常的地面接收机将会观测到一个略高于指定标准的载波频率。此外，由于GPS轨道微小的偏心率会反映在接收机软件中，故需要针对时钟相对论效应的变化对基频作出修正。

5 信　　号

GNSS的卫星在不同的载波频率下，经过扩展频谱调制和数据装载，在一些通道中传送数据。载波频率使用需要经过联合国国际通信联盟（ITU）统一分配，选择频率实现全天候可靠信息传送，并允许小型接收天线。信号经过调制扩展为能量水平各异的一系列频谱信号，以使其更不易受到外界干扰和阻塞的影响。调制时使用特定扩展编码来最大限度地降低交叉关联，允许卫星在共同的主频上传送数据。图 6 展示了目前各种运行和计划运行的卫星导航系统的频谱分配状况。

所谓的遗传 GPS 信号经由两个频率的载波传送：第一个 L1 为 1 575.42 MHz，第二个 L2 为 1 227.6 MHz。两个频率可以提供一些光谱的多样性，因此能减少对外界干扰和阻塞的敏感程度，也使用户对信号中的电离效应作出精确修正成为可能。L1 承载两种类型的编码并正交传送。C/A（或称为粗捕获）编码是一种频率为 1.023 MHz 的短波，由 1 023 位二进制位表示。如同名字的含义，它起初计划用来进行信号的简单采集，随后接收机就可以转换到更高速率（10.23 MHz）的精确 P 编码。为了更好地采集，在 L1 载波上 C/A 编码的能量大约是 P 编码的两倍。C/A 和 P 两种编码序列都是公开可见的。然而自从 1994 年，P 编码就已经被加密成为 P(Y) 编码。因此，许多民用接收机服务一直以来全部依赖 C/A 编码来进行处理。L2 只承载 P(Y) 编码而不能承载 C/A 编码。

人们对 GPS 更新所作的努力目前正在进行中，对 GALILEO 和 GLONASS 系统的改进计划包含许多对信号结构的增强处理。2008 年，L2 推出一种全新的 GPS 民用信号，代号 L2C。这是 GPS 信号的第一次更新升级，升级后信号具备改进的编码特性和专门为室内与其他弱信源应用所设计的称为“导频信道”的功能。为了许可 GNSS 在民用航空中的合理使用，人们又增开了另一个民用频率（L5：1 176.5 MHz）专为航空应用。SVN49 是第一个在此频率开始广播发送测试信号的卫星。所有新型 GNSS 信号会应用一些类型的二进制偏离载波调制（Kaplan 和 Hegarty，2006）。

除了测距编码，GNSS 传输也提供低速数据流，称作导航数据，具体包括：①所有星座卫星的状态、轨道以及时钟误差的粗略表示，称为天文历；②传输卫星的一个更为精准的轨道和时钟表述，称为星历书；③系统计时和误差模型信息。导航数据以 50 b/s 的速度传输，能使用户在没有其他任何信息源的帮助下使用 GNSS 进行定位。包含在导航信息中的轨道和时钟信息既不如其他任何地方所得的精确，也不能提供航空器在飞行的临界阶段所需要的信息高度集成，但是，允许完全被动的独立接收机进行工作。导航信息在地面进行计算，然后由控制部件象征性地一天向卫星上传一、两次数据。

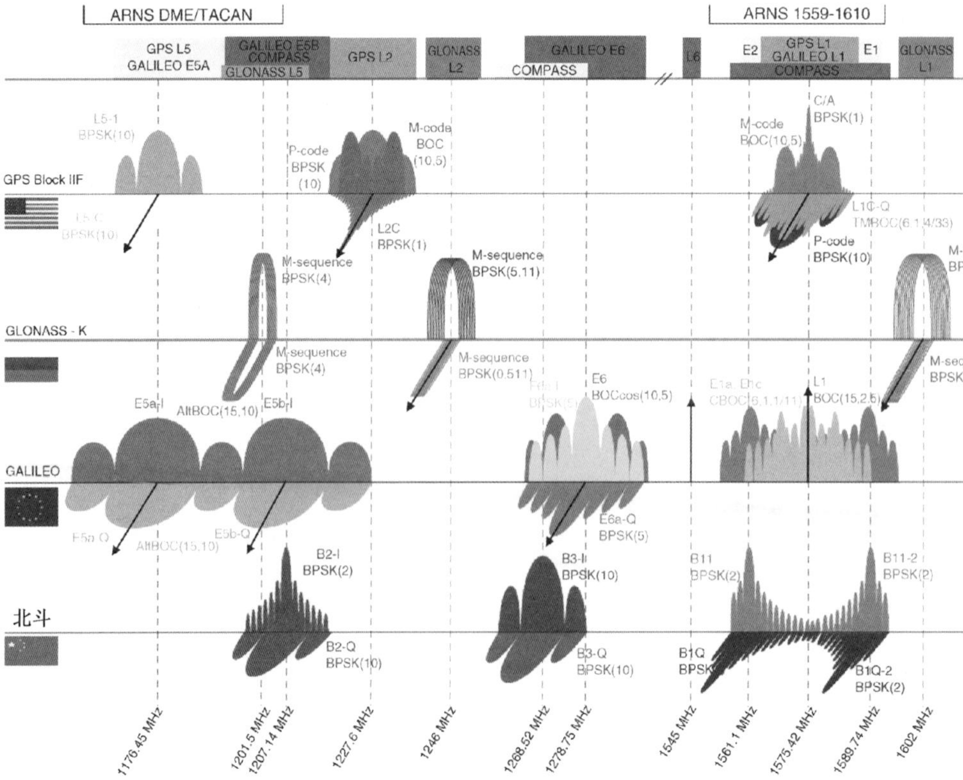

图 6 各 GNSS 的频谱分配图（由来自科罗拉多大学的尊敬的 He Lin 绘制）

6 控制组件

GPS卫星星群的指令和控制任务由美国空军太空运行第二中队（2SOPS）执行，该中队位于科罗拉多州的谢里佛尔空军基地。使用全球范围的监测网站点、上传天线以及中枢控制站的设施，该中队负责监测并维护卫星，确定卫星轨道和时钟参数，建立GPS时间基准，也构建并上传给卫星导航报文信息，再由卫星广播传送给地面用户。如图7所示，监测站组成了GPS正式的跟踪网络。监测接收站装备有原子时钟和多通道抑制天线。国防部控制站的观测数据传送给中控站，在一套卡尔曼滤波器中处理以评估每个GPS卫星的轨道和时钟参数、每个跟踪站点的位置和时钟参数。为了计算导航报文中报告的星历参数，中控站的软件每4～6 h就会测算出一组最适合预计轨道的最优参数。中控站每2 h对这些参数的最优组合进行评估，时间窗口工作的基础是对第二天的轨道预测以及在联络时期上传给卫星的一整天的有用星历参数。对广播星历和精确星历的对照可以追溯到更大的仪表导航系统网络，该网络显示在良好状态期内两种星历精确到只差数米的程度（Dorsey等，2006）。

中控站也监测每个飞行器的工作状态是否正常，并决定何时需要操纵飞行器或者维护时钟负载。地球扁率和其他轨道摄动导致GPS卫星漂移离开指定的轨道位置，这些漂移运动并不对用户的定位精度产生影响，因为卫星的在轨位置已经报告过。但是，为了维持星座的整体结构配置，需要作出机动操纵以保持每个卫星的升交点赤经在其标称值±2°范围内（Chao和Schmitt，1991）。

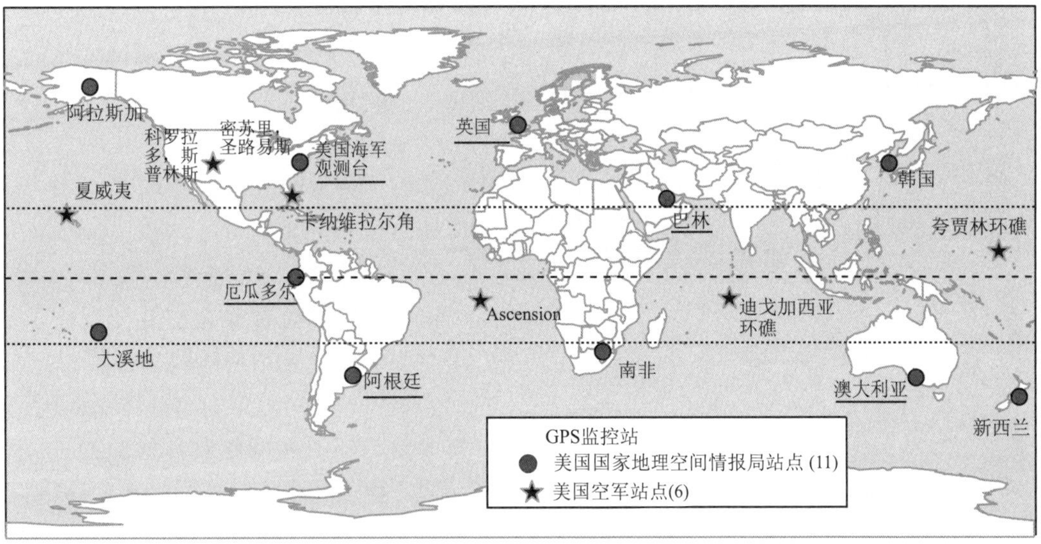

图7 GPS监测站点分布（来源于美国国家地理空间情报局）

7 接收机

GNSS接收机的标准组件包括天线、无线电频率前端设备、数-模转换机、基准振荡器、信号处理器和导航处理器。这些设备的组成形式和功能对于特定应用可以有显著变化，而且在现代系统中，这些组件有时会与其他系统聚合，或嵌入其他系统，例如惯性导航系统、移动电话或者个人数据助手（PDA）。GNSS天线设计要求对应一个或多个GNSS频带和右手圆偏振（RCP）。圆偏振用于配合卫星通信中所谓的法拉第偏转，这一偏转发生在信号穿越电离层的过程中。此外，卫星发射器和接收天线的常规偏振减弱了天线附近所谓多通道的反射信号的效果，最高精度应用的天线安装于地面基站或者星上科学任务中，这些天线被仔细地设计以实现强右手圆偏振，从而达到两个目的：阻挡或拒绝多通道，并尽量减小接收相位的可变范围，使之可以作为入射信号方向。

手持或者无人机应用场合天线设计的主要作用是，在允许一定程度的增益和性能损失的前提下，尽量缩小表面积和质量。大多数GNSS天线是为一个相当宽的波束带所设计的，以为尽可能多的卫星提供同步跟踪。还有一些特殊天线为某些特殊应用所设计，包括为军事应用中降低干扰而设计的受控辐射天线，为小孔径掩蔽测量获得更高增益而设计的多振源天线阵列。

与天线相连接的部件是无线电频率前端设备，它对信号进行滤波和放大，并将信号主频由千兆级衰减性地转移或偏移调整至兆级或十兆级。这一过程降低了接收机其余部分的成本和复杂程度。数模转换器采样经过偏移调整的信号，生成一个二进制比特流。令人吃惊的是，很多接收机只执行一位或两位取样。宽带 GNSS 信号在环境噪声等级以下，所以在大多数时候高精度表示的噪声真值并不会得到更好的跟踪精度。一位采样在大多数环境下都会产生 2 dB 的信号损失。一些科学应用的需求，使得更高精度采样被用来轻度增强信号功率，但这同样是以系统复杂性和成本的提升为代价的。信号或测量处理器有可能安装于一个专业的集成电路、可编程门阵列，或者运行在常规处理器上的软件里。这最后一个特性会使设计过程获得相当大的灵活性，因为电波是由软件设定的（Akos，1997）。信号处理器的目的是捕获并跟踪在采样中出现的单独 GNSS 信号，然后将伪距、相位、振幅和提取出的导航数据二进制位流等信息报告给导航处理器。信号处理器通道专注于搜寻或追踪一个特定卫星。为此，基于一些先验知识，该通道构建了一个复制的期望卫星信号，创建了一个具有预期频率的载波信号并被期望的搜索码调制。通道将复制信号和采样信号相关联，调整编码偏移量和复制信号频率来最好地匹配收到的真实信号。这种方法在一些先粗略搜寻获取每个卫星大致的编码偏移和频率的时序过程中很常见。然后以这些粗略估计为初始条件建立跟踪闭环回路，回路中每一个反馈偏差量都能使循环变量保持在真值的附近。因为卫星相对观测器总是在运动的，时钟误差也不是常量，跟踪回路必须持续调整预期设想信号来对准锁定真实信号。设想信号的编码偏移量、频率和相位需要持续修正来分别与伪距、多普勒效应和相位测量值保持一致，这无疑是导航问题的基础。信号关联性的振幅测量对一些科学测量同样是有用的信息（Larson 等，2008），它也可以用来验证其他数据类型。

导航（也称应用）处理器大多针对特定的应用场合。对于常规的位置接收机，导航处理器接收单个卫星伪距信号并计算出位置、速度和时钟的解。无论对单时间序列最小方差解法（使用多达 12 个的卫星的观测值中的至少 4 个），即单点解法，还是对使用卡尔曼滤波器这种利用飞行力学知识处理测量值和评估状态的问题，这个典型过程都适用。来自其他地面传感器的观测值也可以被加入到一个集成的导航解法中。很多接收机的导航处理器同时也为信号处理器提供输入，确定需要利用哪些卫星进行搜寻捕捉并提供预期范围和多普勒频移的先验信息。这样可以显著提升搜寻捕获性能。向量延迟锁环技术（Spilker，1996）和深度整合技术（Gustafson 和 Dowdle，2003）通过直接将导航滤波器与信号追踪模块进行绑定，使这一问题的解法有了新的进展。它们在追踪微弱信号、强干扰环境中的信号和处在高强度动力状态的载体上时都具有明显的优势。

8　测量设备及其误差

正如之前章节中提到的，接收机在发射卫星和它的天线之间的测量范围是基于时间的。因为具有固有时钟误差，这种测量法称为伪距法，表示如下：

$$\rho=c(t_R-t_S) \tag{1}$$

式中，c 表示光速；t_R 和 t_S 分别是接收机的接收时刻和卫星的发射时刻。伪距基于复制信号与接收到的真实信号的相关性来构建。为了在定位和其他应用中使用这些观测值，这里需要在兴趣点数目和观测值间建立一个几何关系：

$$\rho=R+c(\delta_{t_R}-\delta_{t_S})+I+T+\mathrm{Rel}+M_\rho+\varepsilon_\rho \tag{2}$$

接收天线的位置隐含在几何范围 R 内，δ_{t_R} 和 δ_{t_S} 分别是接收机和卫星的时钟误差；I 是电离层时延迟效果；T 是对流层时延效果；Rel 是由 GPS 卫星轨道偏心率引发的相对性效应；M_ρ 表示由多路径（信号在天线附近物体间的反射作用）导致的误差；ε_ρ 代表由接收机产生的追踪误差。这些误差一部分可以通过模型得以修正，例如卫星时钟、相对性和对流层效应。电离层时延效应可以经由模型或者结合在不同的两种载波频率上的伪距观测值得以修正。GNSS 中的相位测量值实际是距离上累积的变化量，由接收机通过持续追踪用来保持载波复制信号对接收到的真实信号的频率变化来计算。相位测量值方程如下所示：

$$\phi\lambda=R+c(\delta_{t_R}-\delta_{t_S})+N\lambda-I+T+\mathrm{Rel}+M_\phi+\varepsilon_\phi \tag{3}$$

式中，$\phi\lambda$ 是长度单位的可观测相位值；M_ϕ 和 ε_ϕ 是相位观测值的多路径和追踪误差；$N\lambda$ 是相位观测值中的未知偏移量，称为模糊整数。相位观测值与伪距观测值保持一样的趋势，但是在一些关键方法上具有差异：①由于接收机在最初获得载波相位时卫星和接收机间的全部运载环路不能被观测，所以从伪距中得到一个未知偏移量；②电离层效应的标志与编码方式伪距测量值是相反的；③相位跟踪和多路径误差比编码误差的量级小一至两阶的量。上述对测量精度的第三种影响使相位观测用于高精度应用变得很有吸引力，尽管会有模糊范围带来的困难。对许多航空应用来说，独立运行不能达到精度要求，常常需要辅助信息提供源扩展基本的GNSS。20世纪90年代中期，区域差分GPS成为一种流行的方法，因其在修正由美国国防部故意设置的快速变化的时钟误差中有优异表现。微分服务仍然保留，但潮流已经转向提供授权运动位置的相位数据的参考站点。这一最新进展已经应用在精准点定位（PPP）方法中。这项技术中，一个全球站点网络追踪并提供从GNSS卫星得到的观测值。高精度解决编码用来预测卫星轨道、由大气效应造成的天顶延迟，以及最重要的卫星时钟误差。误差状态值是向前预测的，这些模型被迅速地传递给用户从而在全球范围内实现区域差分精度（Zumberge 等，1997；Laurichesse 等，2009）。

9 空间应用

GPS对各种类型的近地航天器和航空器的运行工作都产生了深远的影响。这些用户群体同时也有一些最为严苛的需求来推动GNSS的发展升级。GNSS所涵盖的汽车、计时以及野生动物活动监测等应用已经超出了本章的讨论范围，本章只关心GNSS在卫星和飞行器领域的应用。

9.1 空间活动

卫星轨道确定是GPS早期认定的应用方向，主要考虑到星上轨道确定、对卫星连续跟踪以及实质对地面配套设施成本的缩减。星载接收机相比地面接收机需要作出一些修改。低地球轨道（LEO）飞行器会有更高的多普勒频移、过顶通信以及发生更为频繁的卫星损耗。较高轨道卫星自然会降低GPS的可见性，而且也需要安装增益更高的天线。卫星与汽车和航空器不同，其运动的可预测性强，所以应用卡尔曼滤波器增加轨道估计的动力学知识非常普遍。

最早安装GPS接收机的民用飞行器是1982年的Land-sat 4型卫星。那时只有4个在轨工作的GPS卫星，接收机由于存在星上误差只能短暂运行，因此Land-sat 4型卫星只能间断性地进行定位。其安装的接收机是米罗华公司的GPSPAC，和地面的接收机很像，使用取自4个卫星的测量值来确定位置和速度。星载接收机在20世纪80年代至90年代早期用于大量美国国防部的飞行任务和Land-sat 5型卫星任务。

于1992年启动的“托派克斯”任务（也称为“波塞冬”任务），是第一个依靠GPS支持科学观测的科学卫星任务。双频星载GPS演示系统接收机（GPSDR）记录伪距和载波相位测量值，在获得来自全球地面观测网络的观测值的同时进行后处理，最终得到2 cm级别的轨道估值。这些轨道估值与高度表测量值共同决定海平面（Chelton 等，2001）。用来测高或测地的高精度GPS数据的科学应用一直在发展壮大，例如正在一直促进后处理轨道精度达到低于1 cm水平的Jason和Grace（Tapley，2009）的任务。与此同时，美国国家航空航天局的喷气推进实验室研制出一种全球差分网络来改进实时的低地球轨道的卫星轨道确定，使之精度达到分米级别（Wu 和 Bar-Sever，2006）。

GPS早已成为精度适中、实时定位的低地球轨道平台如国际空间站、航天飞机和商用观测卫星的标准航天设备。自20世纪80年代，基于自主轨道确定（Jorgensen，1982）以及地球同步卫星站点保持（Chao和Bernstein，1994）而提出的概念，使人们对在星座上使用GPS感兴趣。地球静止轨道的GPS观测值用来为受限卫星进行轨道确定（Kronman，2000）。1998年的赤道-S任务，卫星发射进入地球静止转移轨道，在34 000 km的高空显示接收机追踪路径（Balbach等，1998）。图8（基本接收机组件）展示了星座上使用GPS的信号环境和一些挑战（Moreau 等，2000）。最明显挑战的就是测量值的稀缺和低信号功率水平，现代先进的星载接收机，如美国国家航空航天局的戈达德飞行中心的“导航者”（Bamford，Naasz 和 Moreau，2005）就应运而生了。因此，地球同步转移和静止轨道的自主导航很可能会很快变得普遍。

其他星上、实时的GPS应用有时间同步（现在已是标准方法）、交会的相对导航，还有使用多天线组件的姿态确定。这些后来出现的主题已经得到广泛研究并在一些任务中得到验证，但使用范围还很有限。国际空间站使用集成的GPS/IRU来进行位置、速度和姿态确定。

GPS在低地球轨道上掩星测量值方面的应用于20世纪90年代早期经由GPS/MET试验（Yunck，

Liu 和 Ware，2000）得以首次实际应用。在 2009 年，已有多达十多种卫星飞行运行或试验掩星负载，包括 6 颗卫星的 COSMIC 星座（Rocken 等，2000；Anthes 等，2008）。这些平台使用前向和后向贴片天线来测量 GNSS 信号的起伏，以及图 9 所示的被地球大气阻塞的部分。穿越电离层、中间层和对流层的一个偏折角垂直剖面由超额的相位测量值来确定。折射率来自偏折角，进而分析确定电子密度、温度、压强和湿度。无线电遮掩观测被用来作为数值天气预报、大气研究和气候监测等问题的输入量（Anthes 等，2008）。

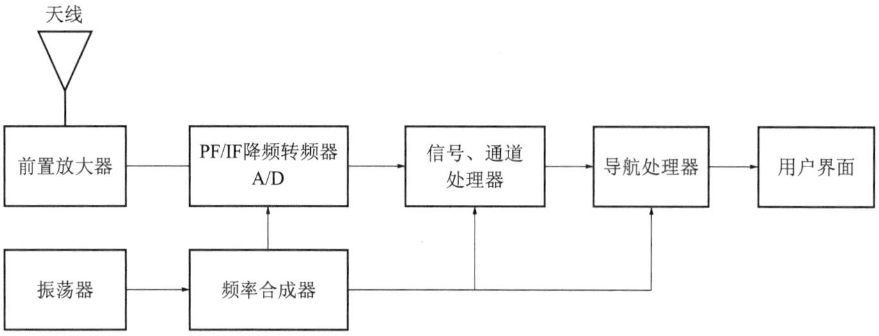

图 8　基本接收机组件示意

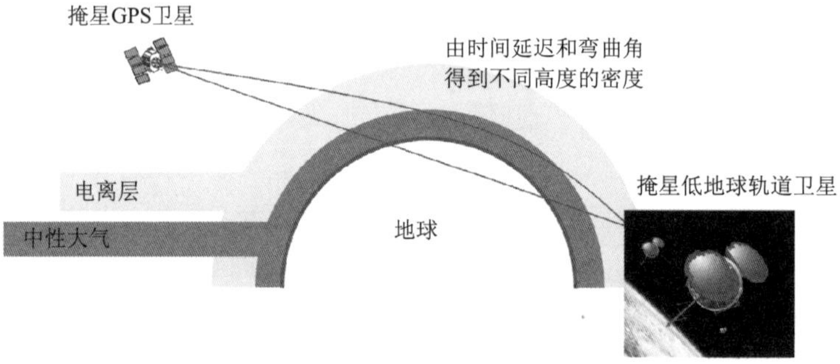

图 9　低地球轨道 COSMIC 卫星的 GPS 掩星示意（本图由 Broad Reach Engineering 公司提供）

当 GPS 卫星的无线电信号穿越大气层时，信号路径将会弯曲化，传输速度也会放缓，这些改变的程度取决于沿路径附近的大气密度，COSMIC 卫星的低地球轨道卫星利用这种效应，地面接收机恰在地平线以上拦截 GPS 信号并精确算出曲度和沿信道的信号时延。

9.2　航空飞行

在部署 GNSS 之前，航空飞行器的导航依靠惯性器件和地基无线电导航辅助。GPS 提供了一种节省经济的方式来改进机载导航信息，增强飞行安全性，并且使空中管制具有更大的灵活性成为可能。GPS 正在航路导航和各种级别精确/非精确的方法中得到应用并继续发展（自身或者与配套设施一起）。出于安全性的考虑，航空应用在导航系统中强制要求一整套独特的严苛条件，这些条件按照精度、整合性和有效性或服务持续性进行分类。

为达到航空器的这些需求，基本的 GNSS 组件必须与地区性或者当地的系统联合配套使用的应用目录所列方法一致。美国全国范围的广域扩展系统正在服役，经由应用目录所列方法的地球同步轨道下行链路为用户提供辅助信息。如广域扩展系统，经由卫星传送自身信息，被称作空基扩展系统（SBAS）。地基或局域扩展系统（GBAS 或 LAAS）使用地面传输器来为较小区域服务。它们甚至可以满足更为苛刻的着陆精度和地面运行需求。

航空器导航系统对精确度的要求是飞行状态的方程。跨越海洋和偏远地区，精度要求被控制在 100 m范围内。针对飞机场的任务可以调整精度变化从米级到分米级，具体取决于飞行器运行的规则。过去，为了实现最高要求的精度，每条跑道上需要安装特定的着陆辅助设备。如今，GNSS 的精度在满足这些需求时基本是充裕的（尤其使用 WAAS 或 LAAS 时）。

完备性要求指系统可检测到失效但并未显示误导飞行员的危险信息的要求。控制单元检测到 GPS 传输信号并开始处理卫星传输问题时，并没有很接近达到时效性或失效检测的需求。完备性挑战在接收机内部和外部扩展装置的帮助下得以解决。接收机自主完备性检测（RAIM）是一类航空接收机主要使用的技术，用来检测个别卫星观测值或者接收机方案域中的失效情况。航空器使用的接收机都需要使用自主完备性检测技术，用GPS作为路径导航的主要系统是能充分满足要求的。为达到更严苛的完备性规范，还需要另外一些类型的外部监测和报警系统。

完备性已经成为空基扩展系统和地基扩展系统发展革新的主要推动力。空基扩展系统服务域更广，在一个相对宽广的空间网络中监测GNSS信号，搜集分析中心区域信息，并迅速将完备性和其他精确性提升信息上传给在轨卫星（通常是地球同步轨道卫星），然后在轨卫星将信息直接转发给接收机。地球同步轨道卫星数据传输使用多种与早期GNSS兼容的频率值和编码结构，所以仅凭一个接收机而不需要其他通信系统就可以获取数据信号。一直以来空基扩展系统、美国广域扩展系统、欧洲EGNOS系统、日本的QZSS系统以及其他多种区域性扩展设备的实质性国际合作在持续发展。有些系统也提供额外的测距源来增大区域内的导航精度，但是主要强调的是整合性和正确性。

可靠性和持续性是系统维持正常运转的性能要求，可靠性是更为广泛的需求，它限定系统保证正常工作的时长和地域范围。在GPS早期部署时期，一天只有很少几个小时有足够的卫星可见并用来定位。在那时，对想成为活跃GPS用户的观测者来说，这样的可见频率已经相当充裕了。对航空应用来讲，每天中的很多时间显然并没有用。持续性的覆盖能力必须得以保证。

这使星座中必须保持健康状态的卫星的数目得以确定。持续性与可见性具有相关性。

对于一般航空飞行，GPS接收机已经是一个可支付的、便于使用的、独立的导航设备。商业运输和军用飞行的典型应用综合GPS/INS系统，能提供可靠和稳定的导航信息，甚至小型无人机现在都装备了小型、低功率GPS接收机模块，来显著地扩展它们在民用、科学和军事等领域的应用。

10　总　　结

随着国际社会对新一代GNSS设计和应用部署的推动，完全可以期待GNSS服务在精确性、有效性、稳定性以及整合性方面的持续进展。而且，在能够得到大量GNSS信号数据的全新环境下，航空工程师和科学家也将找寻增强无人机和卫星自主性的新机会，以改善飞行安全性和效率，并提升观测局部区域和全球环境变化的能力。

参考文献

Akos, D. M. (1997). Software Radio Approach to Global Navigation Satellite System (GNSS) Receiver Design.

Anon (2004) US Space－Based Positioning, Navigation, and Timing Policy, December 15, 2004, fact sheet, http://pnt.gov/policy/2004－policy.shtml (accessed 10 April 2010).

Anthes, R., Bernhardt, P. A., Chen, Y., Cucurull, L., Dymond, K. F., Ector, D., Healy, S. B., Ho, S.－P., Hunt, D. C., Kuo, Y.－H., Liu, H., Manning, K., Mccormick, C., Meehan, T. K., Randel, W. J., Rocken, C., Chreiner, W. S. S., Sokolovskiy, S. V., Syndergaard, S. S., Thompson, D. C., Trenberth, K. E., Wee, T.－K., Yen, N. L. and Zeng, Z. (2008) The COSMIC/FORMOSAT－3 Mission: Early Results. *Bull. Ame. Meteorol. Soc.*, **89**, 313－333.

Balbach, O., Eissfeller, B., Hein, G. W., Zink, T., Enderle, W., Schmidhuber, M. and Lemke, N. (1998) *Tracking of GPS Above GPS Satellite Altitude: Results of the GPS Experiment on the HEO Mission EQUATOR－S.* Proceedings of the 11th International Technical Meeting of the Satellite Division of the Institute of Navigation (ION GPS 1998), Nashville, TN, September 1998, pp. 1555－1564.

Bamford, B., Naasz, B. and Moreau, M. (2005) Navigation performance in high earth orbits using navigator GPS receiver. The 29th Annual AAS Guidance and Control Conference, Breckenridge, CO.

Chao, C. C. and Gick, R. A. (2004) Long－term evolution of navigation satellite orbits: GPS/GLONASS/GALILEO. *Adv. Space Res.*, **34** (5), 1221－1226.

Chao, C. C. and Schmitt, D. L. (1991) Eliminating GPS stationkeeping maneuvers by changing the orbital altitude. *J. Astronaut. Sci.*, **39** (2), 623－643.

Chao, C. C. and Bernstein, H. (1994) Onboard stationkeeping of geosynchronous satellites using a global positioning system receiver. *J. Guidance, Control Dyn.*, **17** (4), 778－786.

Chelton, D. B, Ries, J. C., Haines, B. J., Fu, L. L. and Callahan, P. S. (2001) Satellite Altimetry, in *Satellite Altimetry and Earth Sciences* (eds L. L. Fu and A. Casenave), San Diego, pp. 1－131.

Dorsey, A. J., Marquis, W. A., Fyfe, P. M., Kaplan, E. D. and Wiederholt, L. F. (2006) GPS System Segments, in *Understanding GPS, Principles and Applications*, 2nd edn (eds E. D. Kaplan and C. J. Hegarty), Norwood, pp. 67－112.

Dow, J. M., Neilan, R. E. and Gendt, G. (2005) The International GPS Service (IGS): Celebrating the 10th Anniversary and Looking to the Next Decade. *Adv. Space Res.*, **36** (3), 320—326.

Falcone, M., Erhard, P. and Hein, G. W. (2006) Galileo, in *Understanding GPS, Principles and Applications*, 2nd edn (eds E. D. Kaplan and C. J. Hegarty), Norwood, pp. 559—594.

Gustafson, D. and Dowdle, J. (2003) *Deeply Integrated Code Tracking: Comparative Performance Analysis*, Proceedings of the 16th International Technical Meeting of the Satellite Division of the Institute of Navigation (ION GPS/GNSS 2003), Portland, OR, September 2003, pp. 2553—2561.

Hofmann—Wellenhof, B., Lichtenegger, H. and Collins, J. (2001) *Global Positioning System, Theory & Practice*, 5th edn, Springer Verlag, Austria.

Jorgensen, P. (1982) Autonomous navigation of geosynchronous satellites using the NAVSTAR global positioning system. National Telesystems Conference, Galveston, TX.

Kaplan E. D. and Hegarty C. J. (eds) (2006) *Understanding GPS, Principles and Applications*, 2nd edn, Artech House, Norwood.

Kronman, J. D. (2000) *Experience Using GPS For Orbit Determination of a Geosynchronous Satellite*, The ION GPS 2000, Salt Lake City, UT.

Larson, K. M., Small, E. E., Gutmann, E., Bilich, A., Axelrad, P. and Braun, J. (2008) Using GPS multipath to measure soil moisture fluctuations: initial results. *GPS Solutions*, **12**, 173—177.

Laurichesse, D., Mercier, F., Berthias, J. P., Broca, P. and Cerri, L. (2009) Integer Ambiguity Resolution on Undifferenced GPS Phase Measurements and Its Application to PPP and Satellite Precise Orbit Determination. *Navigation*, **56**, 135—149.

Misra, P. and Enge, P. (2005) *Global Positioning System, Signals Measurements, and Performance*, 2nd edn, Ganga—Jamuna Press, Lincoln MA.

Moreau, M. C., Axelrad, P., Garrison, J. L. and Long, A. (2000) GPS Receiver Architecture and Expected Performance for Autonomous Navigation in High Earth Orbits. *Navigation*, **47**, 191—205.

Rocken, C., Kuo, Y. — H., Schreiner, W., Hunt, D., Sokolovskiy, S. and McCormick, C. (2000) COSMICSystem Description. Terrestrial. *Atmos. Oceanic Sci.*, **11**, 21—52.

Senior, K. L., Ray, J. R. and Beard, R. L. (2008) Characterization of periodic variations in the GPS satellite clocks. *GPS Solutions*, **12**, 211—225.

Spilker, J. J. (1996) Fundamentals of signal tracking theory, in *Global Positioning System Theory and Applications*, vol. 1 (eds B. W. Parkinson and J. J. Spilker), Washington, D. C. pp. 245—327.

Tapley, B. D. (2009) Gravity Model Determination from the GRACE Mission. *J. Astronaut. Sci.*, **56**, 273—285.

Yunck, T. P., Liu, C. H. and Ware, R. (2000) A History of GPS Sounding. Terrestrial. *Atmos. Oceanic Sci.*, **11**, 1—20.

Wu, S. and Bar—Sever, Y. (2006) *Real—Time Sub—cm Differential Orbit Determination of Two Low—Earth Orbiters with GPS Bias Fixing*, ION GNSS 2006, Institute of Navigation, FortWorth, TX.

Zumberge, J. F., Heflin, M. B., Jefferson, D. C., Watkins, M. M. and Webb, F. H. (1997) Precise point positioning for the efficient and robust analysis of GPS data from large networks. *Journal of Geophysical Research*, **102**, 5005—5017.

本章译者：韩潮、徐明（北京航空航天大学宇航学院）

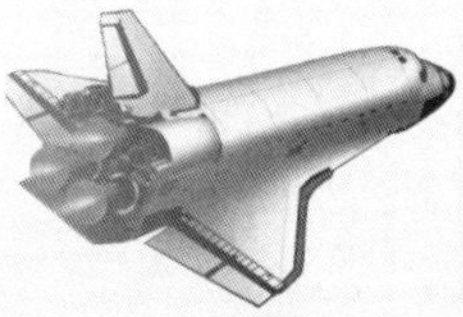

第26部分

姿态动力学与航天器轨道控制

第 262 章

姿态动力学基本原理

Hanspeter Schaub
科罗拉多大学波尔德分校航天工程科学系，波尔德，科罗拉多，美国

1 刚体运动学

本章首先讨论了用来描述刚体运动的角位移以及定位坐标，通过直接将坐标系固定在刚体上，知道要了解坐标系方位随时间的不断变化等同于认识刚体姿态的变化过程。

1.1 旋转坐标系

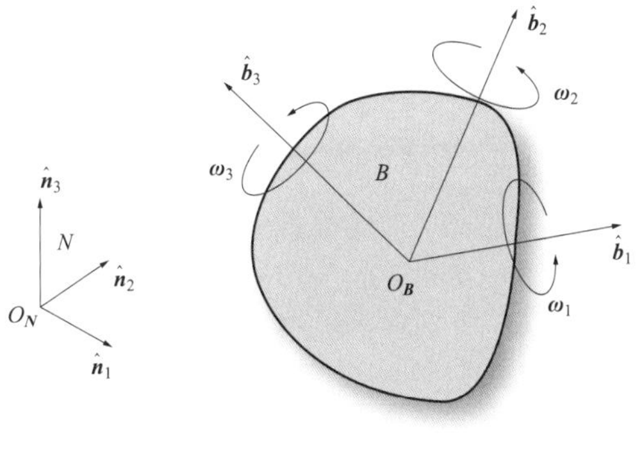

图 1 坐标系

图 1 所示的坐标系 B：$\{O, \hat{\boldsymbol{b}}_1, \hat{\boldsymbol{b}}_2, \hat{\boldsymbol{b}}_3\}$ 是通过坐标系的原点 O 和三个相互正交的单位向量 $\{\hat{\boldsymbol{b}}_1, \hat{\boldsymbol{b}}_2, \hat{\boldsymbol{b}}_3\}$ 定义的。它们满足右手坐标系准则 $\hat{\boldsymbol{b}}_1\times\hat{\boldsymbol{b}}_2=\hat{\boldsymbol{b}}_3$，如果将坐标点 B 固连在一个刚体上，那么描述这个刚体的方位就等同于研究坐标系 B 的方位。姿态动力学的研究对刚体的平移是不作讨论的，因此坐标系的定义常常只与三个正交的单位方向矢量有关。

至于坐标系的方位，只能由相对的参考方向来描述。假设 N 是一个惯性（非加速）坐标系，那么根据 N 可以定义方位矢量（向量）$\hat{\boldsymbol{b}}_i$，同时根据 N 就可以描述本体 B 的方位。本体 B 相对于坐标系 N 的角运动是通过角速度矢量 $\boldsymbol{\omega}_{B/N}$ 描述的。

$$\boldsymbol{\omega}_{B/N}=\omega_1\hat{\boldsymbol{b}}_1+\omega_2\hat{\boldsymbol{b}}_2+\omega_3\hat{\boldsymbol{b}}_3 \tag{1}$$

这个矢量是本体 B 相对于坐标系 N 的瞬时旋转角速度矢量，并且通常在本体坐标系中表示（用本体系的单位向量进行表示）。如果只是考虑坐标系 B 和 N，那么矢量 $\boldsymbol{\omega}_{B/N}$ 常常简单地写成 $\boldsymbol{\omega}$。

虽然知道姿态坐标组不是向量，也不遵守向量的结合律，但是角速度确实是一个矢量。因此，如果有三个坐标 A，B，N，那么它们的相对角速度关系可以表示为：

$$\boldsymbol{\omega}_{A/N}=\boldsymbol{\omega}_{A/B}+\boldsymbol{\omega}_{B/N} \tag{2}$$

如果想要将矢量 $\boldsymbol{\omega}$ 表示成一个 3×1 的矩阵，必须明确指明采用的是哪个坐标系里的矢量进行表示。如果类似式（1）应用本体系 B 的坐标分量，本章采用左上角标符号表示，如下：

$$\boldsymbol{B}_{\omega}={}^{B}\begin{bmatrix}\omega_1\\ \omega_2\\ \omega_3\end{bmatrix} \tag{3}$$

如果仅与两个坐标系有关，短时间后坐标表示将会变得很复杂。如果在一个向量的矩阵表示中没有（左上标）符号说明由何坐标系表示，那么可以由自身的坐标分量看出其表示在哪个坐标系下。

在定义旋转坐标系 B 以后，可以简单地讨论如何对坐标系 B 表示的矢量 $\boldsymbol{r}$ 求导。为了讨论 $\boldsymbol{r}$ 随时间的变化，必须要指定一个观察域，例如，当矢量 $\boldsymbol{r}$ 从航天飞机的驾驶舱指向其尾部时，对于固定

在航天飞机上的观察者来说，这个矢量是静止的。而对于同样的 $\boldsymbol{r}$，固定在地球上的观察者看到的将是旋转的矢量。时间微分算子中左上标的符号表示观察域的方位，转换定理是为了将坐标系 B 中的时间导数等效地对应到坐标系 N 中（Likins，1973；Schaub 和 Junkins，2009）：

$$\frac{^N\mathrm{d}}{\mathrm{d}t}(\boldsymbol{r})=\frac{^B\mathrm{d}}{\mathrm{d}t}(\boldsymbol{r})+\boldsymbol{\omega}_{B/N}\times\boldsymbol{r} \tag{4}$$

矢量 $\boldsymbol{r}$ 以及坐标系 B 和 N 在式（4）中都只是代表符号，这个转换定理同样适用于其他任何能代入这个表达式的矢量和坐标系。

如果等式中没有提供（左上标）符号，那么就假定这个时间导数是在惯性系中得到的。

$$\dot{x}\equiv\frac{^N\mathrm{d}}{\mathrm{d}t}(x) \tag{5}$$

这是目前为止牛顿法和欧拉法中要求在惯性系中对向量进行求导最常用的导数公式。把 x 在坐标系 B 中表示成分量形式为 $\boldsymbol{Bx}=(x_1,\ x_2,\ x_3)^{\mathrm{T}}$。注意到：

$$^B\begin{bmatrix}\dot{x}_1\\ \dot{x}_2\\ \dot{x}_3\end{bmatrix}\Rightarrow\frac{^B\mathrm{d}}{\mathrm{d}t}(x)\nRightarrow\dot{x} \tag{6}$$

角速度矢量 $\boldsymbol{\omega}_{B/N}$ 的时间导数有一个值得注意的特殊性质：

$$\dot{\boldsymbol{\omega}}_{B/N}=\frac{^B\mathrm{d}}{\mathrm{d}t}(\boldsymbol{\omega}_{B/N})+\boldsymbol{\omega}_{B/N}\times\boldsymbol{\omega}_{B/N}=\frac{^B\mathrm{d}}{\mathrm{d}t}(\boldsymbol{\omega}_{B/N}) \tag{7}$$

也就是说，如果 $\boldsymbol{\omega}$ 是两个特殊坐标系之间的角速度矢量，那么 $\boldsymbol{\omega}$ 的时间导数在两个坐标系下的表示是相同的。

1.2　姿态参数

通过前面的分析，可知如何通过 $\boldsymbol{\omega}$ 来描述刚体的旋转，下面的几节主要把重点放在如何描述刚体的方位上。要描述一个刚体的三维方位，至少需要三个坐标或者三个姿态参数。然而，不论是哪个三参数组，都必须考虑会遇到奇异点的问题。如果采用冗余组，使参数组的元素多于三个，那么在避免奇异性问题的情况下还可以考虑成本约束问题。

1.2.1　方向余弦矩阵

3×3 的旋转矩阵［$\boldsymbol{BN}$］是表示坐标系 B 相对于坐标系 N 方位的一个基本方法，除了这种可以用 $\boldsymbol{B}$、$\boldsymbol{N}$ 两个字母来表示外，也可以用 $\boldsymbol{T}_B^N$ 来表示这个旋转矩阵，如果仅考虑单一的主体框架，那么通常可以用［$\boldsymbol{C}$］来表示这个旋转矩阵。旋转矩阵通常由下式决定：

$$[\boldsymbol{BN}]=\begin{bmatrix}\hat{\boldsymbol{b}}_1\cdot\hat{\boldsymbol{n}}_1 & \hat{\boldsymbol{b}}_1\cdot\hat{\boldsymbol{n}}_2 & \hat{\boldsymbol{b}}_1\cdot\hat{\boldsymbol{n}}_3\\ \hat{\boldsymbol{b}}_2\cdot\hat{\boldsymbol{n}}_1 & \hat{\boldsymbol{b}}_2\cdot\hat{\boldsymbol{n}}_2 & \hat{\boldsymbol{b}}_2\cdot\hat{\boldsymbol{n}}_3\\ \hat{\boldsymbol{b}}_3\cdot\hat{\boldsymbol{n}}_1 & \hat{\boldsymbol{b}}_3\cdot\hat{\boldsymbol{n}}_2 & \hat{\boldsymbol{b}}_3\cdot\hat{\boldsymbol{n}}_3\end{bmatrix} \tag{8}$$

假设 α_{ij} 是 $\hat{\boldsymbol{b}}_i$ 和 $\hat{\boldsymbol{n}}_j$ 之间的夹角，那么 $\hat{\boldsymbol{b}}_i\cdot\hat{\boldsymbol{n}}_j=\cos\alpha_{ij}$。因此旋转矩阵的元素 BN_{ij} 是相关单位矢量夹角的余弦。所以，旋转矩阵也被称为方向余弦矩阵（Direction Cosine Matrix，DCM），如果单位方向矢量 $\hat{\boldsymbol{b}}_i$ 以坐标系 N 的分量形式（用坐标系 N 的坐标表示）给出，或者单位方向矢量 $\hat{\boldsymbol{n}}_i$ 已经以坐标系 B 的分量给出，那么方向余弦矩阵可以如下建立：

$$[\boldsymbol{BN}]=\begin{bmatrix}({}^N\hat{\boldsymbol{b}}_1)^{\mathrm{T}}\\ ({}^N\hat{\boldsymbol{b}}_2)^{\mathrm{T}}\\ ({}^N\hat{\boldsymbol{b}}_3)^{\mathrm{T}}\end{bmatrix}=[\boldsymbol{B}_{\hat{\boldsymbol{n}}_1}\quad \boldsymbol{B}_{\hat{\boldsymbol{n}}_2}\quad \boldsymbol{B}_{\hat{\boldsymbol{n}}_3}] \tag{9}$$

标准的 DCM（坐标系满足右手准则）是正交的，并且矩阵的行列式值为＋1。其逆变化可以由矩阵的转置表示：

$$[\boldsymbol{BN}]^{-1}=[\boldsymbol{BN}]^{\mathrm{T}}=[\boldsymbol{NB}] \tag{10}$$

方向余弦矩阵时变的结果通过运动学方程的差分得到：

$$[\dot{\boldsymbol{BN}}]=-[\tilde{\boldsymbol{\omega}}_{B/N}][\boldsymbol{BN}] \tag{11}$$

其中带波浪线的矩阵为

$$[\tilde{\boldsymbol{\omega}}_{B/N}]=\begin{bmatrix}0 & -\boldsymbol{\omega}_3 & \boldsymbol{\omega}_2\\ \boldsymbol{\omega}_3 & 0 & -\boldsymbol{\omega}_1\\ -\boldsymbol{\omega}_2 & \boldsymbol{\omega}_1 & 0\end{bmatrix} \tag{12}$$

同时它可以通过［$\tilde{\boldsymbol{\omega}}$］$\boldsymbol{a}\equiv\boldsymbol{\omega}\times\boldsymbol{a}$ 表示一个矩阵叉乘。

假设方向余弦矩阵［$\boldsymbol{AB}$］和［$\boldsymbol{BN}$］已经给出。为了把两个方向（旋转顺序为先从坐标系 N 旋转到坐标系 B，然后从坐标系 B 旋转到坐标系 A）联系到一起，同时得到 A 相对于 N 的姿态，只要把方向余弦矩阵简单地作矩阵相乘就可以得到关系式：

$$[\boldsymbol{AN}]=[\boldsymbol{AB}][\boldsymbol{BN}] \tag{13}$$

这种简单的方向余弦矩阵姿态相加的特性是一种获得连续方位的很基本的方法，为了从［$\boldsymbol{AN}$］中减去［$\boldsymbol{BN}$］，并获得坐标系 A 到 B 的相对姿态，令：

$$[\boldsymbol{AB}]=[\boldsymbol{AN}][\boldsymbol{BN}]^{-1}=[\boldsymbol{AN}][\boldsymbol{BN}]^{\mathrm{T}}=[\boldsymbol{AN}][\boldsymbol{NB}] \tag{14}$$

方向余弦矩阵的一个常见应用是进行三维坐标的转换，假设矢量 $\boldsymbol{r}$ 根据坐标系 B 给出：

$$\boldsymbol{r}=\boldsymbol{r}_1\hat{\boldsymbol{b}}_1+\boldsymbol{r}_2\hat{\boldsymbol{b}}_2+\boldsymbol{r}_3\hat{\boldsymbol{b}}_3 \tag{15}$$

为了把 $B\boldsymbol{r}$ 等效地映射到坐标系 N 中（用坐标系 N 的分量表示 $\boldsymbol{r}$），可以应用［$\boldsymbol{NB}$］转换矩阵，如下：

$$N\boldsymbol{r}=[\boldsymbol{NB}]_{\boldsymbol{r}}^{B} \tag{16}$$

而坐标转换的逆变换为

$$B\boldsymbol{r}=[\boldsymbol{NB}]_{\boldsymbol{r}}^{-1N}=[\boldsymbol{NB}]_{\boldsymbol{r}}^{\mathrm{T}N}=[\boldsymbol{BN}]_{\boldsymbol{r}}^{N} \tag{17}$$

1.2.2 欧拉角

欧拉角是包含参数最少的一组参数，只有三个姿态坐标，所有最小方向的描述应该包括姿态描述或相关的微分运动学方程变奇异的问题。欧拉角是通过三次连续地绕单一的坐标轴（不能连续绕同一坐标轴旋转）旋转来描述坐标系 B 相对于坐标系 N 的方位。由于绕单坐标轴旋转时可以有不同的顺序，这里有 12 种可能的旋转顺序，比较常用的偏航角 ϕ、俯仰角 θ 和滚转角 ψ 是由（3-2-1）旋转顺序得到的，如图 2 所示。其中标有旋转符号的坐标轴是旋转顺序中的当次旋转轴。以坐标系 N 的三个轴为基础，开始旋转，偏航轴定义为沿当前坐标系第三个轴（即 $\hat{\boldsymbol{n}}_3$ 或 $\hat{\boldsymbol{b}}_3$）的正向旋转，俯仰轴定义为沿当前坐标系第二个轴（即 $\hat{\boldsymbol{b}}_2$ 或 $\hat{\boldsymbol{b}}_2$）的正向旋转，而滚转轴定义为沿当前坐标系第一个轴（即 $\hat{\boldsymbol{b}}_1$ 或 $\hat{\boldsymbol{b}}_1$）的正向旋转。

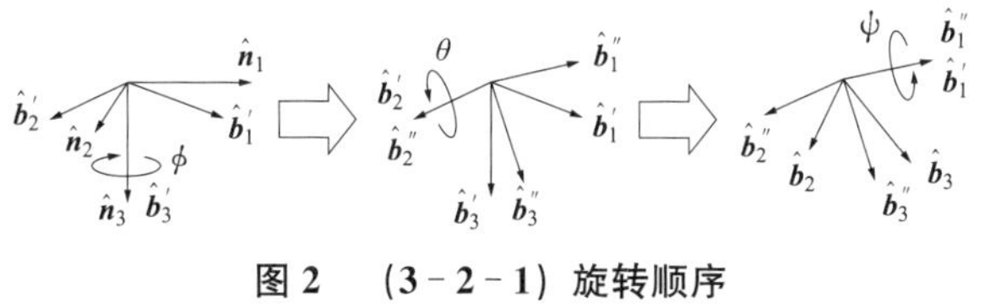

图 2 （3-2-1）旋转顺序

关于第 i 个本体轴的一维旋转可以用旋转矩阵来描述，如下：

$$[\boldsymbol{M}_{1(\theta)}]=\begin{bmatrix}1 & 0 & 0\\ 0 & \cos\theta & \sin\theta\\ 0 & -\sin\theta & \cos\theta\end{bmatrix} \tag{18a}$$

$$[\boldsymbol{M}_{2(\theta)}]=\begin{bmatrix}\cos\theta & 0 & -\sin\theta\\ 0 & 1 & 0\\ \sin\theta & 0 & \cos\theta\end{bmatrix} \tag{18b}$$

$$[\boldsymbol{M}_{3(\theta)}]=\begin{bmatrix}\cos\theta & \sin\theta & 0\\ -\sin\theta & \cos\theta & 0\\ 0 & 0 & 1\end{bmatrix} \tag{18c}$$

应用式（13）中方向余弦矩阵的复合性质，由（3-2-1）旋转中的偏航、俯仰和滚转三个旋转矩阵可以得到：

$$[\boldsymbol{BN}]=[\boldsymbol{M}_1(\phi)][\boldsymbol{M}_2(\theta)][\boldsymbol{M}_3(\psi)] \tag{19}$$

或者直接表示为：

$$[\boldsymbol{BN}]=\begin{bmatrix}c\theta c\psi & c\theta s\psi & -s\theta\\ s\phi s\theta c\psi-c\phi s\psi & s\phi s\theta s\psi+c\phi c\psi & s\phi c\theta\\ c\phi s\theta c\psi+s\phi s\psi & c\phi s\theta s\psi-s\phi c\psi & c\phi c\theta\end{bmatrix} \tag{20}$$

从方向余弦矩阵［$\boldsymbol{BN}$］到三个欧拉角（ψ，θ，ϕ）的逆变换可以表示为如下形式：

$$\psi=\arctan\left(\frac{\boldsymbol{BN}_{12}}{\boldsymbol{BN}_{11}}\right) \tag{21a}$$

$$\theta=-\arcsin(\boldsymbol{BN}_{13}) \tag{21b}$$

$$\phi=\arctan\left(\frac{\boldsymbol{BN}_{23}}{\boldsymbol{BN}_{33}}\right) \tag{21c}$$

在 Junkins 和 Turner（1986）文献里可以发现一种替换型的欧拉角也是很好的描述方式。

在欧拉角的基础上，为了结合或者分离两个方向，在欧拉角满足等效方向余弦矩阵［在（3-2-1）旋转欧拉角下应用式（19）得到］的情况下，应用式（13）和式（14）中的简单方向余弦矩阵姿态加减性质，得到需要的方向余弦矩阵，等效的（3-2-1）旋转欧拉角可以用于式（21）。

（3-2-1）旋转顺序下的欧拉角速率和本体角速度矢量 $\boldsymbol{\omega}$ 由差分运动学方程联系在一起，如下：

$$\begin{bmatrix}\dot{\psi}\\ \dot{\theta}\\ \dot{\phi}\end{bmatrix}=\underbrace{\begin{bmatrix}0 & \dfrac{\sin\phi}{\cos\theta} & \dfrac{\cos\phi}{\cos\theta}\\ 0 & \cos\phi & -\sin\phi\\ 1 & \sin\phi\tan\theta & \cos\phi\tan\theta\end{bmatrix}^{B}}_{[\boldsymbol{B}(\psi,\theta,\phi)]}\begin{bmatrix}\boldsymbol{\omega}_1\\ \boldsymbol{\omega}_2\\ \boldsymbol{\omega}_3\end{bmatrix} \tag{22}$$

需要注意的是，$\boldsymbol{\omega}$ 矢量的分量必须是由坐标系 B 表示的，因为欧拉角定义的是坐标系 B 的姿态。此外，如果第二次旋转的转动角 θ（俯仰角）为 $\pm90°$，那么这组运动学微分方程会出现奇异。在没有重复地绕一个旋转轴（非对称欧拉角）旋转（即三次旋转的旋转轴不重复）的情况下，不论采用哪种旋转顺序得到的欧拉角，都存在奇异性问题。如果旋转过程中出现绕同一个轴旋转的情况，比如（3-1-3）顺序旋转，那么可以称得到的姿态坐标为对称欧拉角。在这种情况下，第二个旋转角 θ_2 同样决定旋转过程是否出现奇异性，当然是在 θ_2

为 0 或者 180°时才是奇异的。

除了（3－2－1）旋转并依此得到偏航、俯仰和滚转三个欧拉角的方式外，在描述航天器或者轨道平面的方向时，（3－1－3）旋转顺序得到的欧拉角也十分常用。根据（3－1－3）旋转下的欧拉角（Ω，i，ω）得到的方向余弦矩阵为

$$[\boldsymbol{BN}]=\begin{bmatrix} c\omega c\Omega - s\omega c i s\Omega & s\omega c i c\Omega + c\omega s\Omega & s\omega s i \\ -s\omega c\Omega - c\omega c i s\Omega & c\omega c i s\Omega - s\omega s\Omega & c\omega s i \\ s i s\Omega & s i c\Omega & c i \end{bmatrix} \quad (23)$$

此时差分运动学方程为

$$\begin{bmatrix} \dot{\Omega} \\ \dot{i} \\ \dot{\omega} \end{bmatrix}=\underbrace{\begin{bmatrix} \dfrac{\sin\omega}{\sin i} & \dfrac{\cos\omega}{\sin i} & 0 \\ \cos\omega & -\sin\omega & 0 \\ -\sin\omega \cot i & \cos\omega \cot i & 1 \end{bmatrix}}_{[\boldsymbol{B}(\Omega,i,\omega)]}{}^{B}\begin{bmatrix} \boldsymbol{\omega}_1 \\ \boldsymbol{\omega}_2 \\ \boldsymbol{\omega}_3 \end{bmatrix} \quad (24)$$

1.2.3　主要旋转参数

欧拉角是采用三次有序的旋转来将坐标系 N 转化到坐标系 B，实际上可以通过单一的主转轴 $\hat{\boldsymbol{e}}$ 使用一次旋转来完成两个坐标系的转换，这个过程通过主转角 Φ 来实现。这个性质称为欧拉旋转定理（Whittaker，1965）。主旋转轴 $\hat{\boldsymbol{e}}$ 有一个特殊的性质，它满足如下关系：

$$B\hat{\boldsymbol{e}}=[\boldsymbol{BN}]^{N}\hat{\boldsymbol{e}} \quad (25)$$

因此，$\hat{\boldsymbol{e}}$ 是矩阵［$\boldsymbol{BN}$］的特征向量，并且其对应的特征值为＋1。

主要旋转参数 $\hat{\boldsymbol{e}}$ 和 Φ 不是唯一的，同一个旋转方向可以用如下方法表示：

$$(\hat{\boldsymbol{e}},\Phi)(-\hat{\boldsymbol{e}},-\Phi)(\hat{\boldsymbol{e}},\Phi')(-\hat{\boldsymbol{e}},-\Phi') \quad (26)$$

其中 $\Phi'=2\pi-\Phi$。在两个主转角中，一个主旋转角 Φ 描述的是短弧段旋转，比如旋转 30°，与之对应的主旋转角 Φ' 描述的则是长弧段的旋转，比如旋转 330°。

根据（$\hat{\boldsymbol{e}}$，Φ）得到的方向余弦矩阵是由 Shuster 在 1993 年给出的：

$$[\boldsymbol{BN}]=\cos\Phi[\boldsymbol{I}_{3\times3}]+(1-\cos\Phi)\hat{\boldsymbol{e}}\hat{\boldsymbol{e}}^{\mathrm{T}}-\sin\Phi[\tilde{\boldsymbol{e}}] \quad (27)$$

从旋转矩阵［$\boldsymbol{BN}$］到主转动参数的逆变换为

$$\boldsymbol{\Phi}=\pm\boldsymbol{r}\cos\left(\frac{1}{2}(\mathrm{trace}([\boldsymbol{BN}])-1)\right) \quad (28a)$$

$$\hat{\boldsymbol{e}}=\frac{1}{2\sin\Phi}\begin{bmatrix} \boldsymbol{BN}_{23}-\boldsymbol{BN}_{32} \\ \boldsymbol{BN}_{31}-\boldsymbol{BN}_{13} \\ \boldsymbol{BN}_{12}-\boldsymbol{BN}_{21} \end{bmatrix} \quad (28b)$$

运用式（28b）并且选择两个符号之一就可以得到四组不同的主转动参数，同时注意到相对的主转角 $\Phi'=2\pi-\Phi$ 也是反余弦函数的解。

1.2.4　四元数/欧拉参数

四元数，也称为欧拉参数（Euler Parameters，EPs），是一个很常用的冗余姿态坐标集合，在表示姿态坐标时，它是不会有奇异性出现的。根据主转动参数定义的欧拉参数组 $\boldsymbol{\beta}=(\beta_0,\boldsymbol{\beta}_1,\boldsymbol{\beta}_2,\boldsymbol{\beta}_3)$ 中四个分量为

$$\beta_0=\cos(\Phi/2) \quad (29a)$$

$$\boldsymbol{\beta}_1=\boldsymbol{e}_1\sin(\Phi/2) \quad (29b)$$

$$\boldsymbol{\beta}_2=\boldsymbol{e}_2\sin(\Phi/2) \quad (29c)$$

$$\boldsymbol{\beta}_3=\boldsymbol{e}_3\sin(\Phi/2) \quad (29d)$$

注意到 β_0 只依赖于主转动角，不会受到主转动轴的影响，因此称为标量 EP 部分。而其他的 EP（$\boldsymbol{\beta}_1$，$\boldsymbol{\beta}_2$，$\boldsymbol{\beta}_3$）称为矢量 EP 部分。其他的变量表示法如（$\boldsymbol{q}_1$，$\boldsymbol{q}_2$，$\boldsymbol{q}_3$，q_4）也比较常用。但是必须要注意标量 EP 部分（标量四元数部分）的符号（在这里 $q_4=\beta_0$）。

作为一个冗余的四参数组，EPs 必须满足下面的约束方程：

$$\beta_0^2+\boldsymbol{\beta}_1^2+\boldsymbol{\beta}_2^2+\boldsymbol{\beta}_3^2=1 \quad (30)$$

如果对 EPs 作数值积分，那么积分过程中的每一步都要受到这个条件的约束。因为这里用四个可行的主转动参数组来表示一个方位，这样就有两组 EPs，分别为 β 和 $\beta'=-\beta$。如果有一组 EP 中的 β_0 大于 0，这就表示 EPs 描述的从坐标系 N 到坐标系 B 的转动是一个短转动，这种情况下主转动角 $\Phi<180°$。如果 $\Phi>180°$，那么描述的转动过程刚好相反，为长转动。这种双重性对选择哪组 EPs 用于姿态反馈控制问题来说很重要。

根据 EPs 写出的方向余弦矩阵为

$$[\boldsymbol{BN}]=\begin{bmatrix} \beta_0^2+\boldsymbol{\beta}_1^2-\boldsymbol{\beta}_2^2-\boldsymbol{\beta}_3^2 & 2(\boldsymbol{\beta}_1\boldsymbol{\beta}_2+\beta_0\boldsymbol{\beta}_3) & 2(\boldsymbol{\beta}_1\boldsymbol{\beta}_3-\beta_0\boldsymbol{\beta}_2) \\ 2(\boldsymbol{\beta}_1\boldsymbol{\beta}_2-\beta_0\boldsymbol{\beta}_3) & \beta_0^2-\boldsymbol{\beta}_1^2+\boldsymbol{\beta}_2^2-\boldsymbol{\beta}_3^2 & 2(\boldsymbol{\beta}_2\boldsymbol{\beta}_3+\beta_0\boldsymbol{\beta}_1) \\ 2(\boldsymbol{\beta}_1\boldsymbol{\beta}_3+\beta_0\boldsymbol{\beta}_2) & 2(\boldsymbol{\beta}_2\boldsymbol{\beta}_3-\beta_0\boldsymbol{\beta}_1) & \beta_0^2-\boldsymbol{\beta}_1^2-\boldsymbol{\beta}_2^2+\boldsymbol{\beta}_3^2 \end{bmatrix} \quad (31)$$

其逆变换如下：

$$\beta_0=\pm\frac{1}{2}\sqrt{\mathrm{trace}([\boldsymbol{BN}])+1} \quad (32a)$$

$$\boldsymbol{\beta}_1=\frac{\boldsymbol{BN}_{23}-\boldsymbol{BN}_{32}}{4\beta_0} \quad (32b)$$

$$\boldsymbol{\beta}_2=\frac{\boldsymbol{BN}_{31}-\boldsymbol{BN}_{13}}{4\beta_0} \quad (32c)$$

$$\boldsymbol{\beta}_3=\frac{\boldsymbol{BN}_{12}-\boldsymbol{BN}_{21}}{4\beta_0} \tag{32d}$$

如前所述，计算中得到两组可行的 EPs。需要注意的是，当 $\beta_0=0$（$\Phi=180°$）时，这种表示方法是奇异的。Sheppad 在 1978 年给出了一组从方向余弦矩阵到等效 EPs 的参数，虽然很冗长，但是没有奇异性。

在增加或者减少 EPs 组时，不需要考虑方向余弦矩阵是否和 EPs 有映射和反映射的关系。相反，对 EPs 可以进行双线性转换，正如 EPs 组的 β，可以让引入 β' 和 β'' 表示两个方向，这样就可以得到所有的转动了：

$$\begin{bmatrix}\beta_0\\ \boldsymbol{\beta}_1\\ \boldsymbol{\beta}_2\\ \boldsymbol{\beta}_3\end{bmatrix}=\begin{bmatrix}\beta''_0 & -\boldsymbol{\beta}''_1 & -\boldsymbol{\beta}''_2 & -\boldsymbol{\beta}''_3\\ \boldsymbol{\beta}''_1 & \beta''_0 & \boldsymbol{\beta}''_3 & -\boldsymbol{\beta}''_2\\ \boldsymbol{\beta}''_2 & -\boldsymbol{\beta}''_3 & \beta''_0 & \boldsymbol{\beta}''_1\\ \boldsymbol{\beta}''_3 & \boldsymbol{\beta}''_2 & -\boldsymbol{\beta}''_1 & \beta''_0\end{bmatrix}\begin{bmatrix}\beta'_0\\ \boldsymbol{\beta}'_1\\ \boldsymbol{\beta}'_2\\ \boldsymbol{\beta}'_3\end{bmatrix} \tag{33}$$

通过对式（33）进行转换，可以得到另外一种 β 的表达方式：

$$\begin{bmatrix}\beta_0\\ \boldsymbol{\beta}_1\\ \boldsymbol{\beta}_2\\ \boldsymbol{\beta}_3\end{bmatrix}=\begin{bmatrix}\beta'_0 & -\boldsymbol{\beta}'_1 & -\boldsymbol{\beta}'_2 & -\boldsymbol{\beta}'_3\\ \boldsymbol{\beta}'_1 & \beta'_0 & -\boldsymbol{\beta}'_3 & \boldsymbol{\beta}'_2\\ \boldsymbol{\beta}'_2 & \boldsymbol{\beta}'_3 & \beta'_0 & \boldsymbol{\beta}'_1\\ \boldsymbol{\beta}'_3 & -\boldsymbol{\beta}'_2 & \boldsymbol{\beta}'_1 & \beta'_0\end{bmatrix}\begin{bmatrix}\beta''_0\\ \boldsymbol{\beta}''_1\\ \boldsymbol{\beta}''_2\\ \boldsymbol{\beta}''_3\end{bmatrix} \tag{34}$$

在式（33）和式（34）中，两个 4×4 的矩阵是正交的，同时对矩阵进行转置就能得到它们的逆。这样可以直接减少两个方向，同时根据式（33），可以得到 β' 到 β 和 β'' 的相对位置关系。

EPs 的变化率可以通过本体角速度 ω 表示为：

$$\begin{bmatrix}\dot{\beta}_0\\ \dot{\boldsymbol{\beta}}_1\\ \dot{\boldsymbol{\beta}}_2\\ \dot{\boldsymbol{\beta}}_3\end{bmatrix}=\frac{1}{2}\begin{bmatrix}0 & -\boldsymbol{\omega}_1 & -\boldsymbol{\omega}_2 & -\boldsymbol{\omega}_3\\ \boldsymbol{\omega}_1 & 0 & \boldsymbol{\omega}_3 & -\boldsymbol{\omega}_2\\ \boldsymbol{\omega}_2 & -\boldsymbol{\omega}_3 & 0 & \boldsymbol{\omega}_1\\ \boldsymbol{\omega}_3 & \boldsymbol{\omega}_2 & -\boldsymbol{\omega}_1 & 0\end{bmatrix}\begin{bmatrix}\beta_0\\ \boldsymbol{\beta}_1\\ \boldsymbol{\beta}_2\\ \boldsymbol{\beta}_3\end{bmatrix} \tag{35}$$

也可以表示为

$$\begin{bmatrix}\dot{\beta}_0\\ \dot{\boldsymbol{\beta}}_1\\ \dot{\boldsymbol{\beta}}_2\\ \dot{\boldsymbol{\beta}}_3\end{bmatrix}=\frac{1}{2}\begin{bmatrix}\beta_0 & -\boldsymbol{\beta}_1 & -\boldsymbol{\beta}_2 & -\boldsymbol{\beta}_3\\ \boldsymbol{\beta}_1 & \beta_0 & -\boldsymbol{\beta}_3 & \boldsymbol{\beta}_2\\ \boldsymbol{\beta}_2 & \boldsymbol{\beta}_3 & \beta_0 & -\boldsymbol{\beta}_1\\ \boldsymbol{\beta}_3 & -\boldsymbol{\beta}_2 & \boldsymbol{\beta}_1 & \beta_0\end{bmatrix}\begin{bmatrix}0\\ \boldsymbol{\omega}_1\\ \boldsymbol{\omega}_2\\ \boldsymbol{\omega}_3\end{bmatrix} \tag{36}$$

式（36）中的 4×4 矩阵同样是正交的，同时也是一个反对称矩阵。

1.2.5　其他姿态参数

除了以上的姿态参数组外，还有其他一些姿态参数组，如由 Tsiotras 和 Longuski 在 1996 年介绍的（ω，z）坐标；Whittaker 提出的 Calyey-Klein 参数；Shuster 在 1993 年对姿态坐标作了一种很好的概述。作为非奇异的姿态测量方法，除了四元数法外，改进的罗格里格参数法（Modified Rodrigues Parameters，MRPs）的应用也越来越广泛（Wiener，1962）。在牺牲姿态描述连续性的情况下（姿态描述是非连续的），MRPs 仅仅用三个参数就可以表示任意方向，同时没有奇异性问题（Schaub 和 Junkins，1996）。

2　刚体模型的转动惯量

前面已经介绍了如何描述刚体模型的方位（运动学），现在把重点放在具有特定质量分布的刚体的转动问题上（动力学）。这时必须考虑基本转动方程，即在外力矩的作用下，刚体如何加速旋转。

2.1　惯量矩阵的定义

如图 3 所示，假设有一个坐标系 B 固连在刚体模型上，让坐标系的原点 O_B 与刚体模型的质心重合，$\boldsymbol{r}$ 是质量元 dm 的位置矢量，刚体相对于其质心的转动惯量（3×3 矩阵）定义为（Schaub 和 Junkins，2009）：

$$[\boldsymbol{I}_c]=\int_B -[\tilde{\boldsymbol{r}}][\tilde{\boldsymbol{r}}]\mathrm{d}m \tag{37}$$

这里 $\int_B$ 表示对整个刚体 B 进行积分。如果像式（15）一样，将 $\boldsymbol{r}$ 表示为 B 坐标系中的分量，那么以坐标系 B 中的分量表示的对称惯量矩阵为

$${}^B[\boldsymbol{I}_c]=\int_B {}^B\begin{bmatrix}\boldsymbol{r}_2^2+\boldsymbol{r}_3^2 & -\boldsymbol{r}_1\boldsymbol{r}_2 & -\boldsymbol{r}_1\boldsymbol{r}_3\\ -\boldsymbol{r}_1\boldsymbol{r}_2 & \boldsymbol{r}_1^2+\boldsymbol{r}_3^2 & -\boldsymbol{r}_2\boldsymbol{r}_3\\ -\boldsymbol{r}_1\boldsymbol{r}_3 & -\boldsymbol{r}_2\boldsymbol{r}_3 & \boldsymbol{r}_1^2+\boldsymbol{r}_2^2\end{bmatrix}\mathrm{d}m \tag{38}$$

如果刚体是由一系列的离散质量元组成的，那么积分式（38）可以写成加和的形式。

2.2　主要坐标系

注意到能否用式（37）中的惯量矩阵进行计算，取决于矢量 $\boldsymbol{r}$ 是否由坐标系 B 表示，如果需要将惯量矩阵相对于另外一个坐标系 F 进行表示，

那么方程又是什么样的呢？计算中有可以直接将一个惯量矩阵转换到另外的坐标系中而不需要重新列写本体惯量矩阵，所以可以直接将$^B[\boldsymbol{I}_c]$转换为$^F[\boldsymbol{I}_c]$。假设$[\boldsymbol{FB}]$是新的固连于本体的坐标系F相对于当前本体系B的方向余弦矩阵。Schaub 和 Junkins 在 2009 年给出了惯量矩阵坐标系转换法，其表示如下：

$$^F[\boldsymbol{I}]=[\boldsymbol{FB}]^B[\boldsymbol{I}][\boldsymbol{FB}]^{\mathrm{T}} \tag{39}$$

通常来说$[\boldsymbol{I}_c]$是一个满系数的3×3矩阵。通过对式（39）的研究，可以提出以下问题：可不可以通过选择F使惯量矩阵$^F[\boldsymbol{I}]$是一个对角阵，如：

$$^F[\boldsymbol{I}]={}^F\begin{bmatrix}\boldsymbol{I}_1 & 0 & 0\\ 0 & \boldsymbol{I}_2 & 0\\ 0 & 0 & \boldsymbol{I}_3\end{bmatrix} \tag{40}$$

答案自然是肯定的。假设$\boldsymbol{v}_i$是惯量矩阵$^B[\boldsymbol{I}_c]$的单位特征向量，与之对应的特征值为λ_i。所求的坐标转换矩阵$[\boldsymbol{FB}]$为

$$[\boldsymbol{FB}]=\begin{bmatrix}\boldsymbol{v}_1^{\mathrm{T}}\\ \boldsymbol{v}_2^{\mathrm{T}}\\ \boldsymbol{v}_3^{\mathrm{T}}\end{bmatrix} \tag{41}$$

注意到由于顺序不同，特征向量$\boldsymbol{v}_i$的大小符号等不是唯一的，同样$[\boldsymbol{FB}]$也不是唯一的。所以坐标系F的单位方向矢量可以给出，如下：

$$^B\hat{\boldsymbol{f}}_1=\boldsymbol{v}_1\quad ^B\hat{\boldsymbol{f}}_2=\boldsymbol{v}_2\quad ^B\hat{\boldsymbol{f}}_3={}^B\hat{\boldsymbol{f}}_1\times{}^B\hat{\boldsymbol{f}}_2 \tag{42}$$

以这种方式来确定$^B\hat{\boldsymbol{f}}_3$主要是确保坐标系F是一个右手坐标系。将刚体惯量矩阵进行对角化得到F坐标系的坐标轴$\hat{\boldsymbol{f}}_i$（叫作主轴），而得到的坐标系F就是本体的主轴坐标系，同时特征值λ_i就是本体的主转动惯量$\boldsymbol{I}_i$。

例如，假设相对于一个一般的本体固连坐标系B得到的惯量矩阵为

$$^B[\boldsymbol{I}]={}^B\begin{bmatrix}28.700 & -2.279 & 2.340\\ -2.279 & 24.400 & 1.585\\ 2.340 & 1.585 & 21.900\end{bmatrix}\mathrm{kg/m^2} \tag{43}$$

本体的主转动惯量由特征值决定为（30，25，20）$\mathrm{kg/m^2}$，对应的特征向量为

$$\boldsymbol{v}_1={}^B\begin{bmatrix}0.925\\ -0.319\\ 0.205\end{bmatrix}\quad \boldsymbol{v}_2={}^B\begin{bmatrix}0.163\\ 0.823\\ 0.544\end{bmatrix}\quad \boldsymbol{v}_3={}^B\begin{bmatrix}-0.342\\ -0.470\\ 0.814\end{bmatrix} \tag{44}$$

由一般的本体系B旋转到主轴坐标系所需的旋转矩阵$[\boldsymbol{FB}]$为

$$[\boldsymbol{FB}]=\begin{bmatrix}0.925 & -0.319 & 0.205\\ 0.163 & 0.823 & 0.544\\ -0.342 & -0.470 & 0.814\end{bmatrix} \tag{45}$$

特征向量的计算可以返回$\boldsymbol{v}_i$向量组，并且有$\boldsymbol{v}_1\times\boldsymbol{v}_2=\boldsymbol{v}_3$。通常来说这不是特殊情况下才有的结论，所以对这个条件需要检验。

2.3　平行轴定理

如果计算惯量矩阵时不是以本体的质心作为基准点，而是另外一点O，那么在计算时就不能用式（37）中的体积分。假设$\boldsymbol{R}_c$是从坐标原点O到本体质心的方向矢量，利用平行轴定理可以将关于本体质心$[\boldsymbol{I}_c]$的转化为关于原点O的惯量矩阵$[\boldsymbol{I}_O]$（Schaub 和 Junkins，2009）：

$$[\boldsymbol{I}_O]=[\boldsymbol{I}_c]+M[\tilde{\boldsymbol{R}}_c][\tilde{\boldsymbol{R}}_c]^{\mathrm{T}} \tag{46}$$

注意到这个方程是以一种独立的方式在一个坐标系里得到的，在计算转动惯量的具体数值时，必须要保证$[\boldsymbol{I}_c]$和$\boldsymbol{R}_c$是在同一个坐标系内表示的，如果不是，必须要用方向余弦矩阵将惯量矩阵［式（39）］或者方向矢量［式（16）］转换到相应的坐标系中。

来考虑下面的示例。本体相对于质心的转动惯量在式（43）中已经给出，本体被放在航天飞机的托架中，本体的质量为$M=20$ kg。假设S：$[\hat{\boldsymbol{s}}_1,\hat{\boldsymbol{s}}_2,\hat{\boldsymbol{s}}_3]$是与航天飞机固连的坐标系，同时：

$$\boldsymbol{r}_{B/S}=(1\mathrm{m})\hat{\boldsymbol{s}}_1+(2\mathrm{m})\hat{\boldsymbol{s}}_2-(1\mathrm{m})\hat{\boldsymbol{s}}_3 \tag{47}$$

若想要计算本体B关于S坐标系原点的转动惯量，在应用平行轴定理之前，应注意到$[\boldsymbol{I}]$是由坐标系B中的矢量分量给出的，而$\boldsymbol{r}_{B/S}$是由坐标系S中的矢量分量形式给出的，B相对于S的位置为：

$$[\boldsymbol{BS}]=\begin{bmatrix}0 & 0 & -1\\ -1 & 0 & 0\\ 0 & 1 & 0\end{bmatrix} \tag{48}$$

如果最终的表达式要以航天飞机固连系S的分量形式进行表示，最简单的方式是用式（39）对本体转动惯量$[\boldsymbol{I}]$进行坐标转换，得到用S坐标系分量表示的结果：

$$\begin{aligned}^S[\boldsymbol{I}]&=[\boldsymbol{BS}]^{\mathrm{T}B}[\boldsymbol{I}][\boldsymbol{BS}]\\ &={}^S\begin{bmatrix}24.40 & -1.59 & -2.28\\ -1.59 & 21.90 & -2.34\\ -2.28 & -2.24 & 28.70\end{bmatrix}\mathrm{kg/m^2}\end{aligned} \tag{49}$$

现在用式（46）就可以计算得到本体 B 关于 S 坐标系的坐标原点 O 的惯量矩阵为

$$
\begin{aligned}
{}^{S}[\boldsymbol{I}_O] &= {}^{S}[\boldsymbol{I}] + \boldsymbol{M}[\tilde{\boldsymbol{r}}_{B/S}][\tilde{\boldsymbol{r}}_{B/S}]^{\mathrm{T}} \\
&= {}^{S}\begin{bmatrix} 124.40 & -41.59 & -17.72 \\ -41.59 & 61.90 & 37.66 \\ 17.72 & 37.66 & 128.70 \end{bmatrix} \mathrm{kg/m^2}
\end{aligned} \tag{50}
$$

3　角动量

图 3 所示的质量为 M 的连续介质体的总角动量可以写为

$$\boldsymbol{H}_{\mathrm{O}} = \boldsymbol{R}_c \times M\dot{\boldsymbol{R}}_c + \int_B \boldsymbol{r} \times \dot{\boldsymbol{r}} \mathrm{d}m \tag{51}$$

这里 $\boldsymbol{R}_c \times M\dot{\boldsymbol{R}}_c$ 表示本体质心（将本体质量完全放在质心处进行计算）关于点 O 的角动量，而

$$\boldsymbol{H}_c = \int_B \boldsymbol{r} \times \dot{\boldsymbol{r}} \mathrm{d}m \tag{52}$$

表示本体关于质心的角动量，其中矢量 $\boldsymbol{r}$ 表示本体质心到质量元 $\mathrm{d}m$ 的矢量，如果本体是刚性的，那么 $\dot{\boldsymbol{r}} = \boldsymbol{\omega} \times \boldsymbol{r}$，同时

$$\boldsymbol{H}_c = \int_B \boldsymbol{r} \times (\boldsymbol{\omega} \times \boldsymbol{r}) \mathrm{d}m = [\boldsymbol{I}_c]\boldsymbol{\omega} \tag{53}$$

这里应用了 $[\tilde{\boldsymbol{\alpha}}]\ \boldsymbol{b} \equiv \boldsymbol{\alpha} \times \boldsymbol{b}$ 和式（37）中转动惯量的定义。为了研究刚体关于质心的旋转运动，重点考虑 $\boldsymbol{H}_c$ 而不关心航天器的平移。如果已经选择了主轴坐标系 B，那么 $|\boldsymbol{H}_c|^2$ 可以写为

$$H_2 = |\boldsymbol{H}_c|^2 = I_1^2\omega_1^2 + I_2^2\omega_2^2 + I_3^2\omega_3^2 \tag{54}$$

假设 $\boldsymbol{L}$ 是作用在刚体上的所有外力矩之和，这个力矩可能包含航天器执行机构的推力矩，也可能有环境力矩，比如重力梯度力矩、气动力矩、太阳光压力矩等。欧拉方程指出：

$$\dot{\boldsymbol{H}} = \boldsymbol{L} \tag{55}$$

这个简单明了的微分方程就是用来计算刚体或者刚体系统旋转运动方程的方法，接下来将详细讨论式（55）。首先，对 $\boldsymbol{H}$ 向量求导时，必须要保证是在一个惯性系里进行的（即 $\boldsymbol{H}$ 的导数是绝对导数）；欧拉方程不仅适用于包含单刚体的系统，而且适用于包含 N 个刚体的系统。角动量表达式 $\boldsymbol{H} = \sum_{i=1}^{N} \boldsymbol{H}_i$ 必须是所有角动量之和，$\boldsymbol{H}_i$ 可以是航天器的动量，也可以是移动控制板的动量或者附件飞轮的动量等。最后，必须要注意式（55）中的动量和力矩矢量是根据相同的参考点得到的，这个关键点可以是一个惯性点，或者系统的质心。

4　动　　能

再次参照图 3，刚体的动能为

$$T = \frac{1}{2}M\dot{\boldsymbol{R}}_c \cdot \dot{\boldsymbol{R}}_c + \frac{1}{2}\int_B \dot{\boldsymbol{r}} \cdot \dot{\boldsymbol{r}} \mathrm{d}m = T_{\mathrm{trans}} + T_{\mathrm{rot}} \tag{56}$$

在研究航天器的姿态时，人们只关心它转动的能量问题，而忽略刚体质心的平动。应用 $[\tilde{\boldsymbol{\alpha}}]\ \boldsymbol{b} \equiv \boldsymbol{\alpha} \times \boldsymbol{b}$ 和式（37）中对转动惯量的定义，单刚体的旋转动能为（Curtis，2010）：

$$T_{\mathrm{rot}} = \frac{1}{2}\int_B \dot{\boldsymbol{r}} \cdot \dot{\boldsymbol{r}} \mathrm{d}m = \frac{1}{2}\boldsymbol{\omega}^{\mathrm{T}}[\boldsymbol{I}_c]\boldsymbol{\omega} = \frac{1}{2}\boldsymbol{\omega} \cdot \boldsymbol{H}_c \tag{57}$$

如果为本体 B 选择一个主轴坐标系，那么用主转动惯量 $\boldsymbol{I}_i$ 可以写出本体的动量为

$$T_{\mathrm{rot}} = \frac{I_1}{2}\omega_1^2 + \frac{I_2}{2}\omega_2^2 + \frac{I_3}{2}\omega_3^2 \tag{58}$$

这个能量方程主要是为了得到能量变化率 $\dot{T}$ 对动力学系统的作用。假设 $\boldsymbol{L}_c$ 是作用于刚体上关于刚体质心的外力矩之和。这个力矩会使转动能量发生变化，如下：

$$\dot{T}_{\mathrm{rot}} = \boldsymbol{\omega} \cdot \boldsymbol{L}_c \tag{59}$$

这个能量方程的推导需要用方程（61）中的刚体转动运动方程，注意到虽然 T 是根据方程（57）由两个矢量 $\boldsymbol{\omega}$ 和 $\boldsymbol{H}_c$ 计算得到，但是得到的结果是一个标量，不论以哪个坐标系作为参考系，标量的时间导数是相同的，因此，方程（59）表示的能量方程可以由以上矢量相对于任意的坐标系进行差分得到。

5　旋转运动方程

5.1　欧拉旋转方程

首先假设刚体有满系数惯性矩阵 $\boldsymbol{I}$。由于在整个过程中，所有的力矩都作用在本体质心上，为了方便区别，故采用下标“c”表示。运用式（4）的转换规律求解欧拉方程式（55），就可以得到旋转运动方程：

$$\dot{\boldsymbol{H}} = \frac{{}^{B}\mathrm{d}}{\mathrm{d}t}(\boldsymbol{H}) + \boldsymbol{\omega} \times \boldsymbol{H} = \boldsymbol{L}$$

$$=\frac{{}^{B}\mathrm{d}}{\mathrm{d}t}([\boldsymbol{I}])\boldsymbol{\omega}+[\boldsymbol{I}]\frac{{}^{B}\mathrm{d}}{\mathrm{d}t}(\boldsymbol{\omega})+[\tilde{\boldsymbol{\omega}}][\boldsymbol{I}]\boldsymbol{\omega}=\boldsymbol{L} \tag{60}$$

由于是刚体，可发现 $\frac{{}^{B}\mathrm{d}}{\mathrm{d}t}([\boldsymbol{I}])$ 是零。通过式（7)可以得到有名的带有广义惯性阵的欧拉旋转运动方程：

$$[\boldsymbol{I}]\ \dot{\boldsymbol{\omega}}=-\ [\tilde{\boldsymbol{\omega}}]\ [\boldsymbol{I}]\ \boldsymbol{\omega}+\boldsymbol{L} \tag{61}$$

选择一个固连于本体的主轴坐标系，则惯性阵 $[\boldsymbol{I}]$ 是对角阵，式（61）可以简化为（Wiesel，1989)：

$$\left.\begin{aligned}I_{11}\dot{\omega}_1&=-(I_{33}-I_{22})\omega_2\omega_3+L_1\\I_{22}\dot{\omega}_2&=-(I_{11}-I_{33})\omega_3\omega_1+L_2\\I_{33}\dot{\omega}_3&=-(I_{22}-I_{11})\omega_1\omega_2+L_3\end{aligned}\right\} \tag{62}$$

这里 L_i 是在本体坐标系 B 下外力矩矢量 $\boldsymbol{L}$ 的分量部分。

5.2 主轴旋转稳定性

已知式（55）的陀螺的交叉耦合条件，则刚体唯一自旋平衡（这时 $\dot{\omega}=0$）发生在主轴纯自旋表现为

$$\omega_e=\omega_e\hat{\boldsymbol{b}}_i,\ i=1,\ 2,\ 3 \tag{63}$$

这里两个初始 ω_i 为零导致 $\dot{\omega}$ 为零。这种纯主轴旋转的条件在许多自旋稳定飞行器中是普遍存在的。下面研究这种主轴旋转的线性稳定性。让 B 作为固连于本体的主轴坐标系。不失一般性，假设本体绕满足 $\omega_e=\omega_{e1}\hat{\boldsymbol{b}}_1$ 的 $\hat{\boldsymbol{b}}_1$ 名义上旋转，并且 $\omega_{e2}=\omega_{e3}=0$。然后假定旋转按照 $\omega_i=\omega_{e1}+\delta\omega_i$ 经历小偏移，并对运动方程式（55）线性化：

$$\delta\dot{\omega}_1=0 \tag{64a}$$

$$\delta\dot{\omega}_2=\frac{I_3-I_1}{I_2}\omega_{e1}\delta\omega_3 \tag{64b}$$

$$\delta\dot{\omega}_3=\frac{I_1-I_2}{I_3}\omega_{e1}\delta\omega_2 \tag{64c}$$

很快可以明显看出，背离正常旋转轴 $\delta\omega_1$ 的旋转在一定程度上是稳定的。给定初始的旋转误差 $\delta\omega_1(t_0)$，旋转是不变的：

$$\omega_1(t)=\omega_{e1}+\delta\omega_1(t_0) \tag{65}$$

绕其他两轴的旋转是耦合的。将微分方程式（64c）代入式（64a)，简化得到 $\delta\omega_2$ 的解耦结果：

$$\delta\ddot{\omega}_2+\underbrace{\left(\frac{I_1-I_3}{I_2}\omega_{e1}\right)\left(\frac{I_1-I_2}{I_3}\omega_{e1}\right)}_{k}\delta\omega_2=0 \tag{66}$$

相似的，$\delta\omega_3$ 的运动满足：

$$\delta\ddot{\omega}_3+k\delta\omega_3=0$$

因此，$k>0$ 对于关于平衡 $\boldsymbol{\omega}_c=\omega_{e1}\hat{\boldsymbol{b}}_1$ 的旋转将是线性稳定的，只要 I_1 是最大或者最小惯量，任何关于惯量中间轴的旋转都确定是不稳定的。已知绕惯量最大方向的旋转总是稳定的。但是，正如下文中本体瞬心轨迹的研究所显示的，有最小转动惯量的旋转只在没有能量耗散的情况下才是稳定的。

5.3 刚体运动的数值仿真

式（61）的旋转运动方程看似与姿态坐标无关，但是，如果外力矩 $\boldsymbol{L}$ 由姿态信息决定，则方位与方程耦合。这样的外力矩包括大气力矩、太阳辐射力矩、重力梯度力矩等。要写出航天器姿态的数值积分路径，式（61）的欧拉旋转运动方程需要同时集合适当的运动微分方程，例如式（22）或者式（36）。

6 无力矩响应

本章一部分研究了在没有外力矩矢量下的刚体的旋转运动。对于自旋稳定航天器，这是一种普遍情况。本章另外的部分探讨了主动和被动两种姿态稳定方法。

这种均质、无阻尼的达芬方程经常出现在结构力学问题中。但是，在那里达芬方程有近似的全响应。令人惊奇的是，对于刚体的旋转运动，达芬形式的角速度是一个全微分方程。系数 A_i 和 B_i 在表1中定义，其中 $\boldsymbol{\Delta}_{ij}=I_i-I_j$，$\kappa_i=2I_iT-H^2$。

已知微分方程式（71）是解耦的，因此它们不是独立的。常数 A_i 由能量 T 和角动量 H 决定。这些量都由 $\omega_i(t_0)$ 的初始条件决定。

表1 刚体的达芬模拟常数

i	A_i	$\boldsymbol{B}_i$
1	$\frac{\boldsymbol{\Delta}_{12}\kappa_3+\boldsymbol{\Delta}_{13}\kappa_2}{I_1I_2I_3}$	$\frac{2\boldsymbol{\Delta}_{12}\boldsymbol{\Delta}_{13}}{I_2I_3}$
2	$\frac{\boldsymbol{\Delta}_{23}\kappa_1+\boldsymbol{\Delta}_{21}\kappa_3}{I_1I_2I_3}$	$\frac{2\boldsymbol{\Delta}_{21}\boldsymbol{\Delta}_{23}}{I_2I_3}$
3	$\frac{\boldsymbol{\Delta}_{31}\kappa_2+\boldsymbol{\Delta}_{32}\kappa_1}{I_1I_2I_3}$	$\frac{2\boldsymbol{\Delta}_{31}\boldsymbol{\Delta}_{32}}{I_2I_3}$

6.1 圆锥运动

一般的旋转运动可以得出要么是姿态坐标的二阶微分方程，要么是两组一阶的姿态和角速度的微分方程。对于无力矩运动，角动量 $\boldsymbol{H}$ 总是常数。这个结论可以把旋转方程简化为姿态坐标的一阶微

分方程。根据 Jacobi 的观察，惯性坐标系定义成 $\boldsymbol{H}=-H\hat{\boldsymbol{n}}_3$。在主轴坐标系中，角动量可以写成：

$$^B\boldsymbol{H}=\ ^B\begin{bmatrix}I_1\omega_1\\I_2\omega_2\\I_3\omega_3\end{bmatrix}=[\boldsymbol{BN}(\psi,\theta,\phi)]\ ^N\begin{bmatrix}0\\0\\-H\end{bmatrix} \quad (67)$$

由于这种惯性系的选择，下面相对于角动量矢量的圆锥进动率可以得到。通过式（20）中的（3-2-1）欧拉角参数化方向余弦矩阵，求解式（67）得出 $\boldsymbol{\omega}$：

$$\begin{bmatrix}\omega_1\\\omega_2\\\omega_3\end{bmatrix}=\begin{bmatrix}\dfrac{H}{I_1}\sin\theta\\-\dfrac{H}{I_2}\sin\phi\ \cos\theta\\-\dfrac{H}{I_3}\cos\phi\ \cos\theta\end{bmatrix} \quad (68)$$

把 $\omega(\theta,\phi)$ 的结果代入（3-2-1）欧拉微分运动方程，可以得出一阶姿态微分方程：

$$\dot{\psi}=-H\left(\frac{\sin^2\phi}{I_2}+\frac{\cos^2\phi}{I_3}\right) \quad (69a)$$

$$\dot{\theta}=\frac{H}{2}\left(\frac{1}{I_3}-\frac{1}{I_2}\right)\sin 2\phi\ \cos\theta \quad (69b)$$

$$\dot{\phi}=H\left(\frac{1}{I_1}-\frac{\sin^2\phi}{I_2}-\frac{\cos^2\phi}{I_3}\right)\sin\theta \quad (69c)$$

值得注意的是，对于一般惯性情况，圆锥率 $\dot{\psi}$ 不能为正，而 $\dot{\theta}$ 和 $\dot{\phi}$ 可以是任何符号。对于一个轴对称物体，这些姿态速率可以大大简化。不失一般性，假设 $I_1=I_3$，并且分别将其代入式（69a）～式（69c），得：

$$\dot{\psi}=-\frac{H}{I_2} \quad (70a)$$

$$\dot{\theta}=0 \quad (70b)$$

$$\dot{\phi}=H\left(\frac{I_2-I_1}{I_1I_2}\right)\sin\theta \quad (70c)$$

注意在这种特殊情况下，三个欧拉角速率都是常数。

6.2 本体瞬心迹

令 $\boldsymbol{H}=H_1\hat{\boldsymbol{b}}_1+H_2\hat{\boldsymbol{b}}_2+H_3\hat{\boldsymbol{b}}_3$ 作为在 B 坐标系下的角动量矢量。对于无力矩运动角动量 H 是恒值。假定一个主轴坐标系 H 表示为

$$H^2=H_1^2+H_2^2+H_3^2=I_1^2\omega_1^2+I_2^2\omega_2^2+I_3^2\omega_3^2 \quad (71)$$

就 ω_i 而言，动量约束描述了椭球表面。通过动量坐标 H_i，约束描述了一个球面。在没有外力矩的情况下，功率方程式（59）表明能量 T 也是一个常值。

$$T=\frac{1}{2}I_1\omega_1^2+\frac{1}{2}I_2\omega_2^2+\frac{1}{2}I_3\omega_3^2 \quad (72)$$

通过 $H_i=I_i\omega_i$，常值能量约束可以写成能量椭球形式：

$$1=\frac{H_1^2}{2I_1T}+\frac{H_2^2}{2I_2T}+\frac{H_3^2}{2I_3T} \quad (73)$$

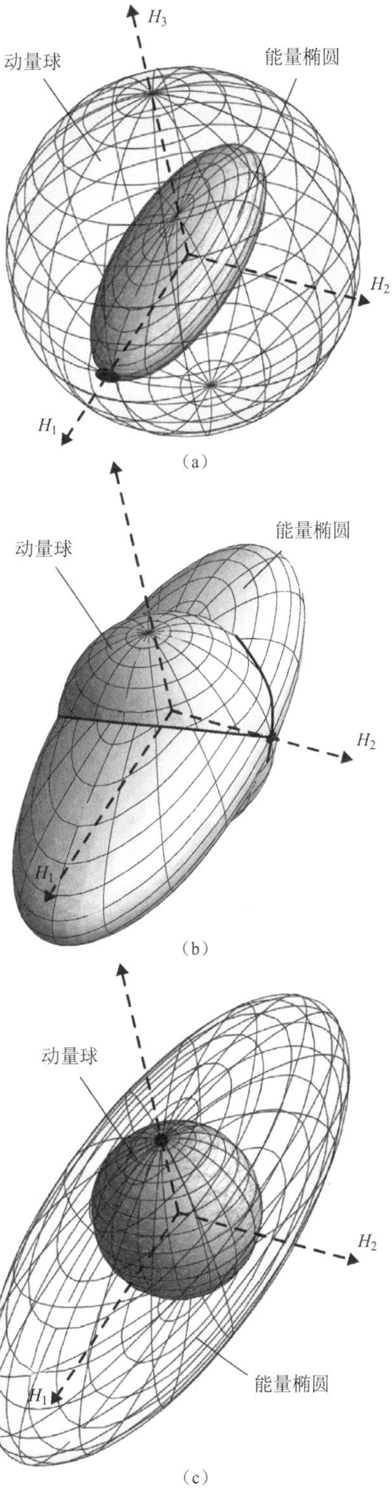

图 3 主轴旋转下的本体瞬心迹

（a）绕最大惯性轴旋转（最小能量）；（b）绕中间惯性轴旋转（中间能量）；（c）绕最小惯性轴旋转（最大能量）

本体瞬心迹是一个 ω_i 演变的立体线图。这种研究无力矩刚体运动的方法很便捷。在没有外部力的情况下，即使有内部摩擦，物体的角动量仍然保持不变。但是，能量会发生改变。因此很容易画出在固定不变的 H 下，让能量大小改变的刚体运动。角动量约束就 H_i 而言是一个由式（71）所示的球，而式（71）的能量约束是一个椭球。实际的旋转运动处于动量球和能量椭球的交叉部分。

不失一般性，假设惯量大小的顺序为 $I_1 \geqslant I_2 \geqslant I_3$。图 3 说明了三种可能的主轴旋转情况下的本体瞬心迹。式（72）中最小能量状态是绕最大主惯性轴 $\hat{\boldsymbol{b}}_1$ 的旋转。最大能量状态是绕最小惯性轴的旋转。

$$T_{\max}=\frac{H^2}{2I_1},\quad T_{\text{int}}=\frac{H^2}{2I_2},\quad T_{\min}=\frac{H^2}{2I_3} \tag{74}$$

$T_{\max}$状态代表与动量球有接触的最小的能量椭球，而 $T_{\min}$状态是在动量球内部且与之有接触的最大能量椭球。

在能量级 $T_{\min} \leqslant T_{\text{int}} \leqslant T_{\max}$ 下的本体瞬心迹曲线如图 4 所示。正如线性稳定性分析预测的那样，偏离 $\hat{\boldsymbol{b}}_1$ 和 $\hat{\boldsymbol{b}}_3$ 轴的小幅度旋转导致有界相邻运动，而任何偏离中间轴 $\hat{\boldsymbol{b}}_2$ 的旋转导致不稳定运动。物体内部摩擦会减小能级，但是角动量矢量会保持不变。图 4 中的本体瞬心迹说明了这种能量耗散在纯最小惯性旋转中如何导致不稳定运动，因为 ω_i 最终在趋于绕最大惯性轴的最小能量稳定旋转前，会与中间轴的本体瞬心迹（曳物线）相交。

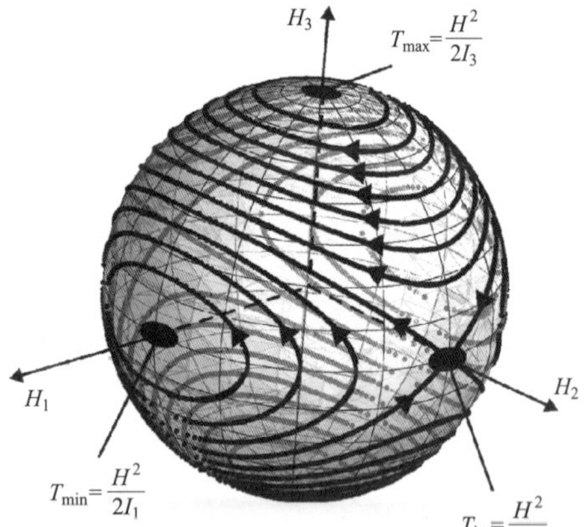

图 4　不同能级下刚体的本体瞬心迹

7　双自旋稳定

虽然对于一个单独的刚体，在存在能量耗散的情况下只有绕着最大惯性轴的主轴旋转才是被动稳定的，但是在很多应用里（地球同步轨道卫星旋转使天线指向地球上的某一固定点），使航天器绕任意轴旋转的稳定具有很大优势，不管是不是相应的惯性轴。双自旋航天器系统简单，只需要通过增加一个单独的飞轮到刚体航天器上就可以完成被动姿态稳定。除了地球同步轨道通信卫星，双自旋想法的另一种应用是飞向木星的星际伽利略探测器。这里探测器的主要天线需要始终指向后面的地球。为了稳定这个定向，天线的一半每分钟旋转 3 周，而敏感器组件也缓慢地旋转，使通信天线与缓慢改变的航天器到地球的矢量方向一致。但是，这个旋转速率需要认真选择。因为双自旋构想可以用来稳定绕任何主轴旋转的航天器，如果选择不正确，将会导致不稳定。

7.1　运动方程

为了得到双自旋系统的运动方程，不失一般性的假设旋转飞轮方向和图 5 所示的航天器主体部分的第一主轴 $\hat{\boldsymbol{b}}_1$ 一致。令 $\boldsymbol{\omega}=\boldsymbol{\omega}_{B/N}$ 作为主体航天器的本体角速度，而 $\boldsymbol{\omega}_{W/N}=\Omega\hat{\boldsymbol{b}}_1$ 是飞轮相对于航天器的角速度。整体角动量可以给出：

$$\boldsymbol{H}=[\boldsymbol{I}_s]\boldsymbol{\omega}+[\boldsymbol{I}_W](\Omega\hat{\boldsymbol{b}}_1+\boldsymbol{\omega}) \tag{75}$$

这里［$\boldsymbol{I}_s$］是主体航天器系统的惯性矩阵，而［$\boldsymbol{I}_W$］是飞轮部分的惯性矩阵。注意在双自旋航天器旋转了一整圈这种情况下，［$\boldsymbol{I}_W$］可以等价于航天器部分的惯性矩阵。下面定义合体的惯性矩阵：

$$[\boldsymbol{I}]=[\boldsymbol{I}_s]+[\boldsymbol{I}_W] \tag{76}$$

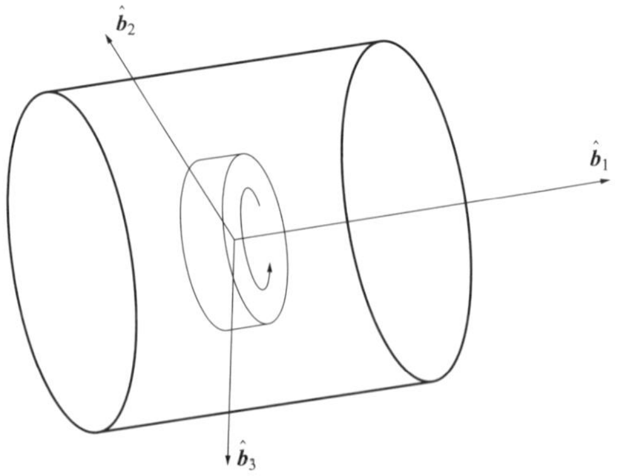

图 5　带飞轮的双自旋航天器旋转轴与航天器主轴一致图解

假定主轴坐标系 B，没有外力矩并且飞轮旋转速率恒定，即 $\dot{\Omega}=0$，通过欧拉方程 $\dot{\boldsymbol{H}}=\boldsymbol{0}$ 可以得到三个标量形式的双自旋航天器运动方程：

$$I_1\dot{\omega}_1=(I_2-I_3)\omega_2\omega_3 \tag{77a}$$

$$I_2\dot{\omega}_2=(I_3-I_1)\omega_1\omega_3-I_{W_s}\omega_3\Omega \qquad (77b)$$

$$I_3\dot{\omega}_3=(I_1-I_2)\omega_1\omega_2+I_{W_s}\omega_2\Omega \qquad (77c)$$

因为$\Omega\neq0$，唯一的双自旋平衡形式（$\dot{\omega}$保持为零）为

$$\boldsymbol{\omega}_e=\omega_{e1}\hat{\boldsymbol{b}}_1 \qquad (78)$$

如果飞轮自旋轴和另外的主轴一致，那么双自旋平衡则会和那根轴相关。

7.2 线性平衡稳定性

下面考察双自旋航天器的平衡稳定性，假定飞轮是恒定旋转部分，此时没有能量耗散。对姿态运动平衡旋转 $\boldsymbol{\omega}_e=\omega_{e1}\hat{\boldsymbol{b}}_1$ 进行线性化处理。令实际角速度为

$$\boldsymbol{\omega}=\boldsymbol{\omega}_e+\delta\boldsymbol{\omega} \qquad (79)$$

这里 $\delta\boldsymbol{\omega}=(\delta\omega_1\quad\delta\omega_2\quad\delta\omega_3)^{\mathrm{T}}$ 是偏移运动。把 $\boldsymbol{\omega}$ 代入运动方程式（77a）并且舍去高阶项可以导出线性化偏移运动方程：

$$\delta\dot{\omega}_1=0 \qquad (80a)$$

$$\delta\dot{\omega}_2=\left[\frac{I_3-I_1}{I_2}\omega_{e1}-\frac{I_{W_s}}{I_2}\right]\delta\omega_3 \qquad (80b)$$

$$\delta\dot{\omega}_3=\left[\frac{I_1-I_2}{I_3}\omega_{e1}+\frac{I_{W_s}}{I_3}\right]\delta\omega_2 \qquad (80c)$$

由于$\delta\dot{\omega}_1=0$，偏移角速度$\hat{\boldsymbol{b}}_1$（也就是这种情况下的飞轮旋转轴）仅在$\omega_1(t)=\omega_{e1}+\delta\omega_1(t_0)$是恒定的时候稳定。

为了确定$\delta\omega_2(t)$ 和 $\delta\omega_3(t)$ 运动的稳定性，对式（80b）微分，并且代入式（80c）得到：

$$\delta\ddot{\omega}_2+k\delta\omega=0 \qquad (81)$$

这里类刚度参数 k 是：

$$k=\frac{\omega_{e1}^2}{I_2I_3}(I_1-I_3+I_{W_s}\hat{\Omega})(I_1-I_2+I_{W_s}\hat{\Omega}) \qquad (82)$$

且$\hat{\Omega}=\dfrac{\Omega}{\omega_{e1}}$是无因次飞轮的旋转速率。对于无旋转轴偏移速度要使其稳定，要求：

$$k>0 \qquad (83)$$

给定主轴惯量 I_1，I_2 和 I_3，将会确定哪个范围的$\hat{\Omega}$的值能使双自旋航天器运动被动稳定。导致不等式条件为真或者假的两个重要飞轮速度是：

$$\hat{\Omega}_1=\frac{I_3-I_1}{I_{W_s}} \qquad (84a)$$

$$\hat{\Omega}_2=\frac{I- I_1}{I_{W_s}} \qquad (84b)$$

式（83）中双自旋稳定条件得到满足，只要：

$$\text{条件 1：}\hat{\Omega}>\hat{\Omega}_1 \text{ 且} \hat{\Omega}>\hat{\Omega}_2 \qquad (85a)$$

$$\text{条件 2：}\hat{\Omega}<\hat{\Omega}_1 \text{ 且} \hat{\Omega}<\hat{\Omega}_2 \qquad (85b)$$

考察三种情形的主轴旋转情况下的两种稳定条件。首先，考虑最大惯性轴情况，其中 $I_1>I_2>I_3$。因为 I_1 是最大惯性矩阵的值，$\hat{\Omega}_1$ 和$\hat{\Omega}_2$ 都是负值并且$\hat{\Omega}_1<\hat{\Omega}_2$。由此产生的稳定范围$\hat{\Omega}$值域如图 6(a) 所示。注意，由于没有飞轮时绕最大惯性轴的旋转是稳定的，$\hat{\Omega}$值域包括原点。

在航天器绕中间惯量轴旋转这种情况下，飞轮稳定时的旋转速率如图 6（b）所示。正如预期的一样，在这里原点不包含在稳定$\hat{\Omega}$值域内。没有飞轮的稳定作用，单一绕中间惯量轴旋转的刚体是不稳定的。

最后，探讨绕最小惯量轴旋转的稳定飞轮速度范围，其中 $I_3>I_2>I_1$。容许的飞轮速度如图 6（c）所示。因为最小惯量轴的情况在没有飞轮的情况下是线性稳定的，因此原点又包含在容许范围内，但是，会有一个有界正值$\hat{\Omega}$，它导致系统不稳定。

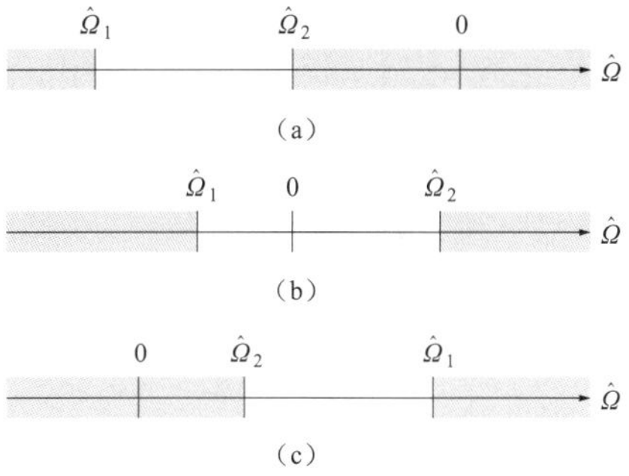

图 6 稳定$\hat{\Omega}$的范围图解

(a) $I_1>I_2>I_3$ 的情况；

(b) $I_2>I_1>I_3$ 的情况；(c) $I_3>I_2>I_1$ 的情况

如果系统经历能量耗散（飞轮有摩擦），上述稳定性分析需要修正。有能量耗散的双自旋稳定性分析的详细推导见 Hughes（1986）或者 Curtis（2010）文献。

8 用于被动控制的外部力矩

下面考虑什么样的外力矩可以用于被动式稳定一个航天器，而不需要反馈控制策略。

8.1 重力梯度力矩

一个刚体不是所有的部分都受到其环绕的行星的相同引力，因为它们有不同的间距。虽然位置差异很小，但是由于它们导致了作用于航天器上的明

显的净力矩，也叫作重力梯度力矩。

假设地球中心到物体质心的矢量是质心惯性位置矢量 $\boldsymbol{R}_c$。令矢量 $\boldsymbol{L}_G$ 表示刚体作用于它质心的重力梯度力矩。对于一个固体，这个力矩定义为

$$\boldsymbol{L}_G=\int_B \boldsymbol{r}\times \mathrm{d}\boldsymbol{F}_G \tag{86}$$

式中，矢量 $\boldsymbol{r}$ 是一个质量微元相对于质心的位置矢量；$\boldsymbol{F}_G$ 是这部分微元的万有引力。通过牛顿万有引力定律，这个力可以写成：

$$\mathrm{d}\boldsymbol{F}_G=-\frac{GM_e}{|\boldsymbol{R}|^3}\boldsymbol{R}\mathrm{d}m \tag{87}$$

式中，M_e 是地球质量；$\mathrm{d}m$ 是质量微元；$\boldsymbol{R}$ 是源自地心的惯性位置矢量。

$$\boldsymbol{R}=\boldsymbol{R}_c+\boldsymbol{r} \tag{88}$$

把式（92）代入 $\boldsymbol{L}_G$ 的表达式，将二项式展开到一阶项得到一般重力梯度力矩表达式（Junkins 和 Turner，1986；Greenwood，1988；Schaub 和 Junkins，2009）：

$$\boldsymbol{L}_G=\frac{3GM_e}{R_c^5}[\tilde{\boldsymbol{R}}_c][\boldsymbol{I}]\boldsymbol{R}_c \tag{89}$$

值得注意的是，式（89）没有选择特定的坐标系来表述这个力矩。举个例子说，如果轨道坐标系 O：选择矢量 $\{\hat{\boldsymbol{o}}_\theta\ \ \hat{\boldsymbol{o}}_h\ \ \hat{\boldsymbol{o}}_r\}$，${}^O\boldsymbol{R}_c=[0\ \ 0\ \ R_c]^{\mathrm{T}}$ 和 ${}^O[\boldsymbol{I}]$ 是关于一般航天器定向的满系数矩阵。这里式（89）的重力梯度力矩简化成（Schaub 和 Junkins，2009）：

$${}^O\boldsymbol{L}_G=\frac{3GM_e}{R_c^3}[-I_{23}\hat{\boldsymbol{o}}_r+I_{13}\hat{\boldsymbol{o}}_h] \tag{90}$$

值得注意的是重力梯度力矩永远不会产生一个轨道径向的力矩。相较而言，假设 B 是主轴本体坐标系。这里 ${}^B\boldsymbol{R}_c=[R_{c_1},\ R_{c_2},\ R_{c_3}]^{\mathrm{T}}$，${}^B[\boldsymbol{I}]=\mathrm{diag}(I_1,\ I_2,\ I_3)$，推导出简化表达式为

$${}^O\boldsymbol{L}_G=\frac{3GM_e}{R_c^5}\,{}^B\begin{bmatrix}R_{c_2}R_{c_3}(I_{33}-I_{22})\\ R_{c_1}R_{c_3}(I_{11}-I_{33})\\ R_{c_1}R_{c_2}(I_{22}-I_{11})\end{bmatrix} \tag{91}$$

考察式（91），很明显几种情形下的重力梯度力矩可以为零。比如说，如果航天器本体形状满足 $I_1=I_2=I_3$（比如说球对称），就能使力矩为零。而且，如果 $\boldsymbol{R}_c$ 与一个本体主轴方向一致，那么一个 R_{c_i} 矢量部分不为零，则另外两个为零，这样 $\boldsymbol{L}_G$ 也是零。

为了确定所有可能的重力梯度平衡取向，本体的一个固定轴必须和轨道垂直轴 $\hat{\boldsymbol{o}}_r$ 一致。为了保证 $\dot{\omega}$（平衡条件），式（61）中陀螺项 $[\tilde{\boldsymbol{\omega}}][\boldsymbol{I}]\boldsymbol{\omega}$ 要求另外两个本体轴要么与跟踪方向 $\hat{\boldsymbol{o}}_\theta$ 一致，要么与轨道法线方向 $\hat{\boldsymbol{o}}_h$ 一致。因此如果轨道坐标系轴也是本体惯性矩阵 $[\boldsymbol{I}]$ 的主轴，则航天器的重力梯度平衡取向为上。

为了分析航天器姿态运动的稳定性，假设小角度偏移（线性化稳定性分析），采用（3－2－1）欧拉角（ψ，θ，ϕ）来描述偏移方向。假定一个有平均轨道速率 Ω 的圆轨道，则线性化的俯仰通道方程为：

$$\ddot{\theta}+3\Omega^2\left(\frac{I_{11}-I_{33}}{I_{22}}\right)\theta=0 \tag{92}$$

这里 I_{11} 是沿轨道跟踪方向 $\hat{\boldsymbol{o}}_\theta$ 的主轴惯量，I_{22} 是沿 $\hat{\boldsymbol{o}}_h$ 的主轴惯量，I_{33} 是沿轨道径向方向 $\hat{\boldsymbol{o}}_r$ 的主轴惯量。这个俯仰通道方程在动力学上等价于一个简单的弹簧质点系统。根据线性控制理论很快得到俯仰通道的稳定需要

$$I_{11}\geqslant I_{33} \tag{93}$$

成立。因此，对于俯仰通道的稳定，航天器取向必须选择追踪方向的惯量大于轨道径向方向的惯量。

线性化的滚动和偏航运动通过耦合方程给出：

$$\begin{bmatrix}\ddot{\phi}\\ \ddot{\psi}\end{bmatrix}+\begin{bmatrix}0 & \Omega(1-k_Y)\\ \Omega(k_R-1) & 0\end{bmatrix}\begin{bmatrix}\dot{\phi}\\ \dot{\psi}\end{bmatrix}+\begin{bmatrix}4\Omega^2k_Y & 0\\ 0 & \Omega^2k_R\end{bmatrix}\begin{bmatrix}\phi\\ \psi\end{bmatrix}=0 \tag{94}$$

这里惯性比 k_R 和 k_Y 定义为

$$k_R=\frac{I_{22}-I_{11}}{I_{33}} \tag{95}$$

$$k_Y=\frac{I_{22}-I_{33}}{I_{11}} \tag{96}$$

为了保证稳定性，充分必要条件是：

$$1+3k_Y+k_Yk_R>4\sqrt{k_Yk_R} \tag{97}$$

$$k_Rk_Y>0 \tag{98}$$

在三个自由度上的两个可能的区域存在临界稳定，如图 7 所示。区域Ⅰ要求：

$$I_{22}\geqslant I_{11}\geqslant I_{33} \tag{99}$$

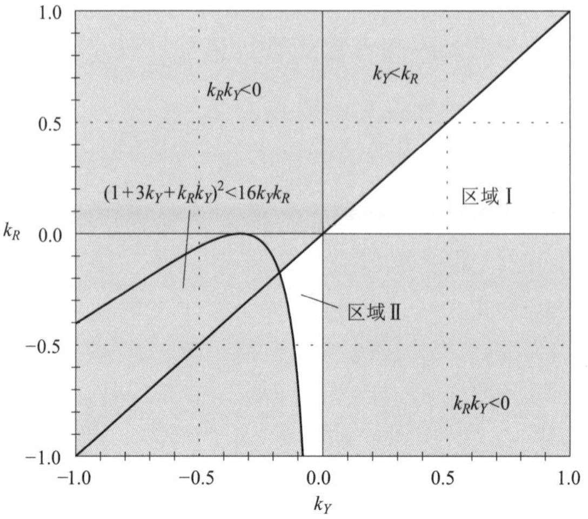

图 7 线性化的重力梯度航天器稳定区域

重力梯度稳定构型要求沿轨道法线方向$\hat{\boldsymbol{o}}_h$ 的轴是最大惯性矩阵。区域Ⅱ的构型不是通常采用的，因为如果考虑阻尼和能量耗散，它们是不稳定的。

8.2 大气力矩

在低地球轨道的稀薄大气中，少量的大气分子会撞击航天器并作用一个力。因为当地大气动力学表现像自由分子流，有偏转的气体粒子对气体粒子的影响可忽略不计。这种非交换的输入和偏转气体粒子允许通过各个航天器部件单独贡献的叠加来计算纯气动力或力矩。这也让航天器形状分解成简单的子形状，方便解算气动力或力矩。

通过以下近似，可以得到作用于航天器上的总气动力 F_a 的保守估计：

$$F_a=\frac{1}{2}C_D\rho v^2 A \tag{100}$$

式中，ρ 是当地大气密度；A 是航天器垂直于射流方向（航天器速度方向）的投影面积；v 是航天器相对于当地大气的速度；C_D 是阻力系数。为了得到气动力的保守估计，C_D 采用保守值。

气动力矩的大小估计为

$$L_a=lF_a \tag{101}$$

式中，l 是力臂的压心相对于航天器质心的距离。对于保守估计，这里力臂至少假定为航天器最大尺寸的 1/3。这里尺寸的大小包括所有的航天器附属物，而且即使飞船是对称的也要这样估计。

受气动力矩的平衡取向满足 L_a 为零。这可以通过相对于航天器的速度矢量的对称的大气压力分布来实现。这种对称性将引起对航天器部件互相抵消大气的扭矩，即使有净气动力（大气阻力）的作用也是如此。

另外一种特殊的姿态是力矩平衡姿态（TEA）。这种取向保证了所有作用在航天器上的外力矩都相互抵消。比如说，如果航天器的形状产生了一个使航天器开始旋转的大气力矩，可以重新定向，通过重力梯度力矩完美抵消大气力矩。再比如说，空间站经常以力矩平衡姿态飞行以避免外力矩产生过度的动量积聚。

8.3 磁力矩

如果航天器由于存在磁扭杆而包含一个磁场，那么由于与地球磁场的相互作用，它可以产生一个外力矩 $\boldsymbol{L}_m$。如果 $\boldsymbol{m}$ 是航天器的磁矩，$\boldsymbol{B}$ 是地心磁通密度，相应的磁力矩为（Wertz 和 Larson，1999）

$$\boldsymbol{L}_m=\boldsymbol{m}\times\boldsymbol{B} \tag{102}$$

对于一个旋转航天器运动，磁感应涡流可以产生一个小的磁矩。这些力矩（Wertz 和 Larson，1999）会导致自旋轴的进动，同时也会产生章动阻尼。

9 总　　结

本章推导了单一刚体基础的运动学方程和动力学方程；通过研究本体坐标系 B 的旋转跟踪了物体的定位；探讨了对于轴对称和一般惯性轴情况的本体角速度解析解。在假设没有外力矩的情况下，本章探讨了绕主惯性轴自旋的航天器的线性稳定性。通过本体瞬心迹图，无力矩响应说明了自旋条件的范围，包括由于内部阻尼而能量耗散的情况。被动姿态稳定可以通过双自旋构型或者外部影响实现，例如大气重力梯度力矩或者大气力矩。后面的章节探讨了运用主动控制方法（运用推进器产生的外力矩或者内部动量交换装置）的航天器的姿态响应，以及通过外部观测（太阳或者星敏感器）和内部速率测量如何估计取向参数。

参考文献

Curtis，H. D. （2010）*Orbital Mechanics for Engineering Students*， 2nd edn， Elsevier Aerospace Engineering Series，Burlington，MA.

Greenwood，D. T. （1988）*Principles of Dynamics*，2edn. Prentice—Hall，Inc，Englewood Cliffs，New Jersey.

Hughes， P. C. （1986） *Spacecraft Attitude Dynamics*， John Wiley & Sons，Inc.，New York.

Junkins，J. L.，Jacobson，I. D. and Blanton，J. N. （1973）A nonlinear oscillator analog of rigid body dynamics. *Celestial Mech. Dyn. Astron.*，7，398—407.

Junkins，J. L. Turner，J. D. （1986）*Optimal Spacecraft Rotational Maneuvers*，Elsevier Science Publishers，Amsterdam，Netherlands.

Likins，P. W. （1973）*Elements of Engineering Mechanics*，McGraw-Hill，New York.

Schaub，H. and Junkins，J. L. （1996）Stereographic orientation parameters for attitude dynamics：A generalization of the Rodrigues parameters. *J. Astron. Sci.*，44 （1），1—19.

Schaub，H. and Junkins，J. L. （2009）*Analytical Mechanics of Space Systems*，*2nd edn*，*AIAA Education Series*，Reston，VA.

Sheppard，S. W. （1978）Quaternion from rotation matrix. *AIAA J. Guid.*，*Control*，*Dyn.*，1 （3），223—224.

Shuster, M.D. (1993) Asurvey of attitude representations. *J.Astron.Sci.*, 41 (4), 439—517.

Tsiotras, P. and Longuski, J.M. (1996) A new parameterization of the attitude kinematics. *J. Astron. Sci.*, 43 (3), 342—262.

Wertz, J.R. and Larson, W.J. (1999) *Space Mission Analysis and Design*, 3rd edn, Microcosm, Inc., El Segundo, CA.

Whittaker, E.T. (1965) *Analytical Dynamics of Particles and Rigid Bodies*, Cambridge University Press, reprint, pp.2—16.

Wiener, T.F. (1962) Theoretical Analysis of Gimballess Inertial Reference Equipment Using Delta-Modulated Instruments. PhD dissertation. Department of Aeronautics and Astronautics, Massachusetts Institute of Technology.

Wiesel, W.E. (1989) *Spaceflight Dynamics*, McGraw—Hill, Inc., New York.

Sidi, M.J. (1997) *Spacecraft Dynamics and Control: A Practical Engineering Approach*, Cambridge University Press, Cambridge, England.

Thomson, W.T. (1986) *Introduction to Space Dynamics*, Dover Publications, Toronto, Canada.

Wie, B. (2008) *Space Vehicle Dynamics and Control*, 2nd edn. AIAA Education Series, Reston, VA.

本章译者：张景瑞，胡权，苏飞（北京理工大学宇航学院）

第 263 章

姿态确定敏感器

Mark E. Pittelkau
航天控制系统工程研究有限责任公司，朗德希尔，弗吉尼亚，美国

1 引　　言

航天器的姿态确定敏感器是用来测量天体的方向的，如星星、太阳、地球的地平线，或者其他物理量，如地磁场方向和无线电电源方向。惯性敏感器用来测量角速度，尽管它们的输出一般是集成角速度。姿态确定敏感器能够测量两个组件姿态的矢量方向。这个矢量周围的姿态方向不能够被测量。三个坐标轴的姿态能够通过结合两个以上的非平行的矢量方向来大致估测。惯性敏感器用于把姿态信息从一个测量时间传递到下一个测量时间。本章概括了各类姿态确定敏感器和惯性敏感器在航天器上的应用，说明了它们的工作原理——如何使用它们以及怎样预测敏感器的精度。

2 姿态确定敏感器

2.1 太阳敏感器

太阳是最显著的参考姿态源之一。太阳敏感器能够提供一个相对于太阳方向的测量。由于太阳视线方向不能被测量，太阳敏感器仅能测量两个轴的姿态。在部分地球轨道时，即当航天器进入本影或阴暗面轨道时太阳敏感器是不适于测量的。

太阳存在检测器是在太阳进入视场（FOV）时进行检测的仪器。当太阳进入它的视场时，太阳存在检测器的输出急剧增加。它没有提供一个姿态的测量。

粗太阳敏感器（CSS）是最简单、最可靠而又最准确的姿态确定敏感器，可用于航天器的安全保持控制，可以作为检测太阳存在的敏感仪器，也可用于太阳捕获和太阳能电池阵列指向。基本的粗太阳敏感器是输出电流为 $I=I_0\cos\theta$ 的光电池，其中 θ 是表面正常的入射角，I_0 是当 $\theta=0$ 时的输出电流。一个近似的线性传递函数是通过放置光伏电池相对侧两端的角锥体并减去相反电池的电流而得到的一个宽角的范围，如图 1 所示。一层膜罩阻挡了太阳外的线性范围。粗太阳敏感器精确到 1°，但地球的反照率（地球闪耀）、月球的反照率和杂射光反射可以减少到精度为 5°或更低。粗太阳敏感器的视场是 2π 球面度（半圈）。

另一种类型的太阳敏感器是数字太阳敏感器（DSS）。太阳光线通过一个狭缝到掩膜包含孔，形成一个二进制格雷码（Wertz，1991）。掩膜下面是一组太阳能电池。二进制读出的数值表示太阳相对于一个垂直于这个掩膜与通过狭缝的平面之间的夹角。数字太阳敏感器的分辨率是有限的，因为从地球上看太阳对应的角度是 0.53°。2 个或 3 个偏移模式中最低有效位要能够提供数据到插值电路，从而产生 0.25°～0.125°的分辨率。数字太阳敏感器的视场角通常为 128°。一对正交排列的数字太阳敏感器能够实现两个轴的姿态测量。5 对数字太阳敏感器能够实现全部 4π 球面度覆盖率（实心球覆盖率）。

埃帝科细太阳敏感器（FSS）比数字太阳敏感器更加准确。埃帝科细太阳敏感器包含多个入口狭缝和一个分划板，有 4 排狭缝与 1/4 狭缝宽度的分划板交错排开（Wertz，1991）。分划板下面是 4 个光电池，产生的电流分别是 I_1，I_2，I_3 和 I_4。埃帝科细太阳敏感器测量可得

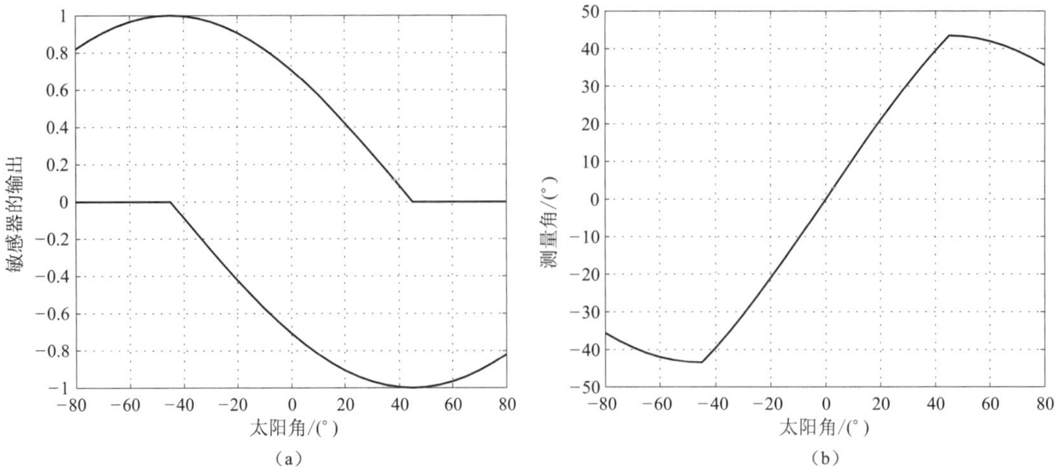

图 1　从太阳角输入到输出的粗太阳敏感器的传递函数

(a) 标准化为 1 的单个电池的输出；(b) 放大角度的组合电池的输出

$$\arctan y=\arctan[(I_1-I_3)/(I_2-I_4)] \quad (1)$$

其中，y 与太阳入射角 α 有关，埃帝科细太阳敏感器的输出值是数字化的整数 N。埃帝科细太阳敏感器的传递函数是

$$\alpha=\alpha_0+\arctan[A_1+A_2N+A_3\sin(A_4N+A_5)+A_6\sin(A_7N+A_8)] \quad (2)$$

式中，α_0，A_1，…，A_8 是校准系数。这种敏感器的视野是 100°×100°，可精确到 0.01°～0.05°，最低有效位（LSB）是 0.001°～0.004°（3.6～14.4 角秒）。

另一种类型的太阳敏感器使用了一个有源像素探测器系列。这种太阳敏感器的精度通常为 0.02°，分辨率下降到 0.005°。敏感器通常消耗不到 1 W 的功率和不到 0.5 kg 的质量。

2.2　地球地平线敏感器

地球地平线敏感器用来测量相对于地球地平线的姿态。地球的地平线被定义为在 30～40 km 高度的二氧化碳层中的红外线排放是 14～16.25 μm，这是两个明亮稳定的红外光谱在大气层中的波段。其他所有波长的光线在敏感器内全部被过滤掉。地球地平线敏感器有两种类型，一种是静态敏感器，另一种是旋转敏感器。所有的地球地平线敏感器都使用一个测辐射热计来测量红外辐射。测辐射热计是一种能够改变电阻响应温度的热探测器。

静态地平线敏感器至少包含三个测辐射热计，一个作为冷空间的参考，另外两个用来测量二氧化碳层中的红外线排放。敏感器的安装要让当飞船指向最低点时测辐射热计能够集中于二氧化碳层中。由于航天器的滚动和俯仰，测辐射热计能够感受或多或少的辐射，因此要提供一个呈比例的电压读数到滚动角和俯仰角。这个安装角取决于标称轨道高度。一个固定的高度意味着轨道一定是圆形的。敏感器的测量可以补偿由于与标称轨道高度相差数千米而产生的偏差。静态地平线敏感器的视场角只有几度，所以这么大的高度差和大高度偏差是不能被接受的。至少需要两个敏感器来测量滚动和俯仰，偏航（天顶轴）是无法被观测的。

一个旋转的地平线敏感器，或地平穿越地平线交叉指示器，随着飞船的旋转对应于地平线口岸输出一个脉冲。航天器相对于地球的方向和地球地平线敏感器的装配几何方位决定了地平线口岸穿越点的位置，旋转速率决定了地平线交叉脉冲之间的时间。旋转地平线敏感器适用于高度变化很大的航天器（例如从 200～115 000 km），其中地心高度是已知的。旋转地平线敏感器通常与太阳敏感器一同集成在一个单元上，以充分地估测航天器的姿态（Wertz，1991；Van der Ha，2005；Van der Ha 和 Janssens，2008；Van der Ha，2009）。

地球地平线敏感器精度的主要限制因素是14～16.25 μm 的红外线排放的稳定性和均匀性，它受季节、昼夜和当地环境的影响，也随纬度和海拔高度的不同而不同。其他的误差源包括可以纠正测量的地球扁率、安装偏差和敏感器偏差。地球地平线敏感器的精度被限制在 0.08°～0.12°。另一种类型的低地球轨道航天器的地球地平线敏感器在测量红外辐射时发现了一个拐点，它的制造商声称要令其具有更高的精度。

2.3 磁强计

一个三轴磁强计（TAM）用来测量地磁场。三轴磁强计由三个正交的单轴磁通门磁强计组成。由于地磁场是一个矢量，所以三轴磁强计只提供了两个轴的姿态测量。总共有两种类型的磁强计：量子设备磁强计和磁通门磁强计。此处仅介绍磁通门磁强计。

磁通门磁强计包括两个铁磁芯（棒），它们与线圈口相对地缠绕在每个磁芯上并串联连接，由一个三角波形电压来驱动，一个感应线圈缠绕在这两个磁芯周围。磁芯被驱使进入磁饱和从而在每个磁芯上产生一个二次谐波。第二个二次谐波的振幅取决于外部磁场的强度。输出显示检测到的脉冲，那里的脉冲间隔时间随着饱和度的变化而呈线性变化，因此与外部磁场强度也呈线性关系。反馈的使用常常用来提高磁强计的精度。磁通门磁强计仅在磁芯轴的方向上能够感应到外部磁场，因此它是一个矢量磁强计。一个环形的磁芯是用在一些单元体机组上而不是一根杆上。一个磁通门磁强计测得到磁场强度范围可以达到 65 000 μm 或 100 000 μm-特斯拉（nT）（0.65～1 高斯）每轴，精度大约是 300 nT，频率响应是 0～1 kHz。一个三轴磁强计消耗不到 1 W 的功率，质量为 0.1～0.6 kg。

磁通门磁强计产生的电压 V 在磁场 $\boldsymbol{B}$ 中的响应是

$$V=s(\boldsymbol{\omega}\cdot\boldsymbol{B})+V_0 \tag{3}$$

式中，$\boldsymbol{\omega}$ 是磁强计感应轴的方向矢量；s 是一个比例因子；V_0是一个偏置电压。一个矢量磁强计是将表面的三个正交磁强计组合到一起。它的输出电压是

$$V=s\boldsymbol{AB}+V_0 \tag{4}$$

式中，s 是一个对角矩阵的比例因子，行矩阵 $\boldsymbol{A}$ 是磁强计感应轴上的方向矢量。总的来说，磁强计并不是完全正交的，磁强计之间有交叉扰动，所以 $\boldsymbol{A}$ 并不是正交的。

一个矢量磁强计用于低轨道航行的航天器动量卸载，可应用于低精度的姿态确定。当磁强计用于确定姿态时，非磁场模型以国际参考地磁场（IGRF）模型（http：//www.ngdc.noaa.gov/IAGA/vmod/igrf.html）或世界磁场模型（WMM）（http：//www.ngdc.noaa.gov/geomag/WMM/DoDWMM.shtml）为标准。国际参考地磁场模型和世界磁场模型的系数每五年就更新一次，并且需根据漂移系数来预测数据。基于磁强计的姿态确定不适用于 1 000 km 以上的高空，因为高空的磁场很微弱并且在高空的制约下会变性。地磁场的范围是从同步轨道高度上的 106 nT 到地球表面上的 30 779 nT。

2.4 GPS 干涉仪

通过测量至少三个车辆天线上接收到的 GPS 载波信号的相位，汽车的姿态能够被大致计算出来。传统上一般指定一个天线作为主天线，其余的都作为从天线。从 GPS 卫星 j 上接收到的天线 i 所测量出的相位是

$$\Delta\varphi_i^j=(\boldsymbol{b}_i^b)^{\mathrm{T}}\boldsymbol{A}\boldsymbol{s}_j+\beta_i-n_{ij}+\varepsilon_{ij} \tag{5}$$

式中，$\boldsymbol{s}_j$表示在惯性参考系中到第 j 个 GPS 卫星的单位视线矢量；$\boldsymbol{A}$ 是方向余弦矩阵（或姿态矩阵）；$\boldsymbol{b}_i$是从主天线的电中心到从属的第 i 个天线的电中心的双向基线矢量；β_i是第 i 个天线的线偏差（相对于主天线的线偏差）；n_{ij} 是第 j 个 GPS 卫星上主天线和从天线之间的载波的整数个数；ε_{ij} 是测量的噪声，矩阵的姿态可以通过测量到的 $\Delta\varphi_i^j$ 估测出来。

尽管测量方程相当简单，但是仍然没有观察到载波的整数个数。许多现有技术用于解决这个“整数模糊”和“相位模糊”（Crassidis，Markley 和 Lightsey，1999）。基线和线偏置也必须要估测。相位测量也受到铰接航天器结构姿态与位置的多路径变化的影响，如太阳能电池阵列。尽管有多路径缓和算法，但是它们并不能完全消除多路径引起的误差（De Lorenzo 等，2004；Conen，1996）。迄今为止，很少有硬件可用于基于 GPS 的航天器的姿态确定。集成的 GPS/INS（SIGI）接收机被证明了可以在飞行试验中良好地工作。其借助陀螺仪能够达到 0.05°～0.2°的姿态精度，没有陀螺仪的时候精度会更糟糕。GPS 天线需要很长的基线（至少 1 m）来达到这个精度并且必须摆脱多路径。

2.5 星地相机、追踪仪、扫描仪

星地相机用来测量恒星的位置和视场角的大小。它通过比较观测到的恒星的位置、大小和已知恒星的位置、大小来计算姿态。星地相机包括一个遮光罩、光学器材、一组照片探测器、探测器操纵装置和电子读出器。它的视场角通常是 8°～20°。这个探测器阵列通常有 512×512、1 024×1 024 或 2 048×2 048（行×列）的像素，即便非方形的系列已经被使用。像素光子转换为电子，然后被读出并数字化。曝光的时间为 10 ms～2 s，这取决于星

地相机的设计。在更高的角速率下需要一个短的曝光时间来保持图像的污点低于 3 像素，否则精度就会大打折扣。画面比率范围为 0.5～100 Hz。曝光的时间可能会短于采样间隔。探测器阵列可以是一个电荷耦合装置（CCD），也可以是一个电荷注入装置（CID），或一个有源像素传感器（APS）。电荷耦合装置和电荷注入装置是一列一列读出数据的，而有源像素传感器就像计算机的内存一样读出数据，所以其读出速度会更快一些。有源像素传感器的填充因子比电荷耦合装置的小一些，因此对光的敏感度差一些。典型的十字瞄准线的精度范围是 3～36 角秒。由于视场比较狭窄，瞄准线的误差较大，放大因数不少于$1/\sin\left(\frac{1}{2}\mathrm{FOV}\right)$。

通常，一个像素对应的角度为 60 角秒。因此如果恒星完全聚焦到探测器阵列上，它不能位于一个像素内。一个恒星可以通过散焦镜头或引入一个球面像差来以 0.01 像素的精度定位在焦平面上，所以该点的扩散函数（本质上是恒星图像）散布在一个 $n\times n$ 子系列的像素上。通常 n 是 3～5 像素。质心算法通常都用来计算图像的位置。一个常见的质心算法就是质量中心算法。

$$x=\frac{1}{I_{\mathrm{tot}}}\sum_{i\in R}\sum_{j\in C}iI(i,j) \tag{6}$$

$$y=\frac{1}{I_{\mathrm{tot}}}\sum_{i\in R}\sum_{j\in C}jI(i,j) \tag{7}$$

式中，$I(i,j)$是平均的背景像素强度减去干扰。

$$I_{\mathrm{tot}}=\sum_{i\in R}\sum_{j\in C}I(i,j) \tag{8}$$

式中，I_{tot}是测得的总强度，R 和 C 包含子阵列中索引的行和列的像素。（i，j）表示相对于子阵列中心的坐标。

恒星通过在一个目录下使一个观测星模式（也可能是恒星级）和这个恒星相匹配而被识别。这个目录可以包含 1 000～3 000 颗恒星，这取决于视场、相机的灵敏度和数据处理能力。恒星模式总体来说是通过使用空间迷失搜索算法来确定，随后通过定向的搜索算法来跟踪（Spratling 和 Moetari，2009）。恒星一旦被确定，像 QUEST（Shuster 和 Oh，1981；Cheng 和 Shuster，2007）这样的算法就可以用来计算姿态四元数。

恒星的识别和跟踪是通过航天器飞行控制计算机由外部的星地相机来执行的。一个恒星跟踪器即星地相机能够同时执行恒星识别、跟踪和姿态四元数计算。恒星跟踪器是自主工作的，不受航天器飞行控制计算机的干预。恒星扫描仪类似于星地相机和恒星跟踪器，但是它适用于自旋航天器。在一个恒星扫描仪中，每个像素中的电子遵循恒星的运动轨迹，沿着一排像素转移。探测器的列伴随着旋转轴紧密排列着。典型的恒星扫描仪例如 Ball CT－633，和用于冥王星新任务的改良的 Galileo・Avionica A-STR。

恒星跟踪器的目录主要来源于主目录，如 SKY 2000（http：//tdc－www.harvard.edu/software/catalogs/sky2k.html）或依巴谷目录（http：//www.rssd.esa.int/index.php? project＝HIPPARCOS&page＝index；http：//cdsweb.u－strasbg.fr/hipparcos.html；http：//cdsarc.ustrasbg.fr/viz－bin/Cat? I/239）。特定任务的恒星目录可以通过网络从美国国家航空航天局戈达德空间飞行中心获得（https：//fdf.gsfc.nasa.gov/dist/generalProducts/attitude/ATT SKYMAP.html）。

一个恒星跟踪器中有五种基本的误差，包括偏差、高空间频率误差（HSFE）、低空间频率误差（LSFE）、时间误差和瞬时误差。固定偏差或系统误差是由于机械补偿、发射冲击和整体温度的变化而产生的。一个缓慢变化的偏差是由于温度随着姿态和轨道位置的变化而变化产生的。当恒星域没有在焦平面上移动时一个随机偏差便产生了，它主要是由高空间频率误差和低空间频率误差引起的。高空间频率误差是由恒星图像的空间采样造成的质心误差所导致的，它和像素间距呈周期性。高空间频率误差也可以是由像素响应的不均匀、干扰不均匀、点扩展函数的曲解等原因所导致的。低空间频率误差是由透镜和探测器阵列的变形、色彩折射、热量值和衰减的电荷传输效率等因素导致的。时间误差是由探测器中的白噪声导致的。时间效应的空间误差取决于恒星域在焦平面中的运动。显然，由于低空间频率误差所引起的时间误差可以通过确保恒星图像能在探测器系列上对角移动来提高频率。瞬时误差能够由明亮的物体导致，如灰尘、碎片、行星、经过的卫星、闪光、杂散光、带电粒子、错误识别的恒星、不正确的目录信息，也可以由太阳、月亮和地球的障碍物所导致。误差也可能是由像素饱和所引起的盛开和重影所导致的，或是由电气干扰引起的模式噪声所导致的。

恒星光行差，也称为速度像差，是一颗恒星由于观察者的运动在明显位置上的一次转移（Shuster，2003；Seidelmann，1992，2006）。视差是由于观察者远离恒星的起点目录使一颗恒星有了一次明显的位置转变。本体运动是它们相对于太阳的速度所引起的恒星在天球上的视运动。速度像差、恒星视差和恒星的本体运动都是补偿的，否则它们将是姿态测量中一个重大的误差来源。

2.6 精细误差敏感器

一个精细误差敏感器是一小组光电二极管，它应用于太空望远镜，用于精确测量望远镜相对目标恒星的指向方向。它的恒星图像对应的角度约为0.1角秒，质心的精度是几毫角秒。

3 陀螺仪

陀螺仪（简称陀螺）是一种测量惯性角速率的设备。陀螺仪可以分为速率陀螺仪（RG）和速率积分陀螺仪（RIG）。速率积分陀螺仪常用在航天器上。一个惯性参考装置（IRU）一般由三个或者更多的陀螺仪和一个惯性测量装置组成，惯性测量装置一般由陀螺仪和加速度计组成。一个冗余的惯性测量单元（RIMU）有超过三个（主动）的感应轴。后面会介绍各种类型的陀螺仪，包括旋转质量陀螺仪、干调谐转子陀螺仪（DTG）、环形激光陀螺仪（RLG）、干涉型光纤陀螺仪（IFOG）、半球谐振陀螺仪（HRG）和角位移传感器（ADS）。微电子机械系统（MEMS）陀螺仪由于噪声大，有偏差、漂移以及空间尚未被限定而没有应用于航天器。

一个陀螺仪内部运作的详细模型在航天器姿态的设计和分析中是没有必要的。一个二阶传递函数往往足够搭建旋转质量陀螺仪和角位移动态传感器的模型。光学陀螺仪有很宽的带宽，并且能够通过一个统一的传递函数来建模。在一个数字数据处理陀螺仪中，它以很高的速率通过数字sinc过滤器或sinc^2过滤器来采样测量，而后减少采样来得到一个较低的采样率。偏差、比例因子误差和随机误差同样能够为所有类型的陀螺仪建模。错位的陀螺轴会导致角速率计算的不准确，也会对陀螺测量的姿态产生影响。建模和陀螺仪的标定在Ptttelkau（2008）文献中被讨论过。

陀螺仪显示了一个固定的随机偏差。由于电子的降解或电源供应的改变，固定偏差一般在陀螺仪的整个生命周期中单调地改变，而随机偏差是从导通到导通的改变。死区和锁定在光学陀螺仪中是两个固有的独立现象，它们表现为在小角速率小范围内的零输出。对称、不对称和非线性比例因子误差也有助于误差的测量（非线性比例因子误差，也叫作比例因子线性度，它明确地排除了比例因子的不对称性）。偏差和比例因子误差对温度和温度梯度都很敏感，所以控制温度，让它成为总误差的主导因素是很重要的。

随机误差包括固定的随机偏差、角度量子化、白角噪声、角随机行走、速率随机游走、相关（马尔科夫）速率干扰、角度和速率闪变和随机坡道。不稳定的偏差（也称为漂移）是由速率随机游走、相关速率干扰波、速率闪变和随机坡道造成的。随机误差模型的框图显示在参考文献IEEE Std 952—1997（1997）中的图B.4中。

随机误差是通过绘制艾伦方差或它的平方根（也叫作绿图）来评估的。这些都在参考文献IEEE Std 952—1997（1997）中的附录B中详细讨论过。功率谱密度（PSD）揭示了可能存在的任何周期性误差。艾伦方差和功率谱密度在参考文献IEEE Std 952—1997（1997）中的图B.5与图B.6以及图2中有说明。每一个随机误差的成分作为艾伦方差和功率谱密度中的特定斜率出现。从绘图和一个用于估算干扰参数的程序中辨识误差等级是很困难的（Sargent和Wyman，1980）。

3.1 旋转质量陀螺仪

旋转质量陀螺仪是以如下原则作为基础：当飞轮围绕一条垂直于其旋转轴的轴旋转时飞轮将进动。旋进的速度取决于它的旋转速度。在一个浮动的旋转质量陀螺仪中，旋转质量悬浮在一个流体中，被一个内部的箱体包围着。这个飞轮的进动角是由一个角敏感传感器来测量的。这个传感器在小角度范围内精确度最高，所以通常这些陀螺仪都使用反馈控制和一个扭矩发生器来保持角度偏转接近0。这个需要保持在零位置的扭矩是$\boldsymbol{\tau}=\boldsymbol{\omega}\times\boldsymbol{h}$，其中$\boldsymbol{\omega}$是输入角速度，$\boldsymbol{h}$是转子的角动量。通过使陀螺仪在一个黏性流体中浮动，当前的扭矩是正比于输入角速度的积分的。闭环的输入-输出函数可以通过一个二阶传递函数来建模。速率测量误差是由温度梯度、质量不平衡、震动、反馈放大器干扰和传感器与扭矩器的误差造成的。

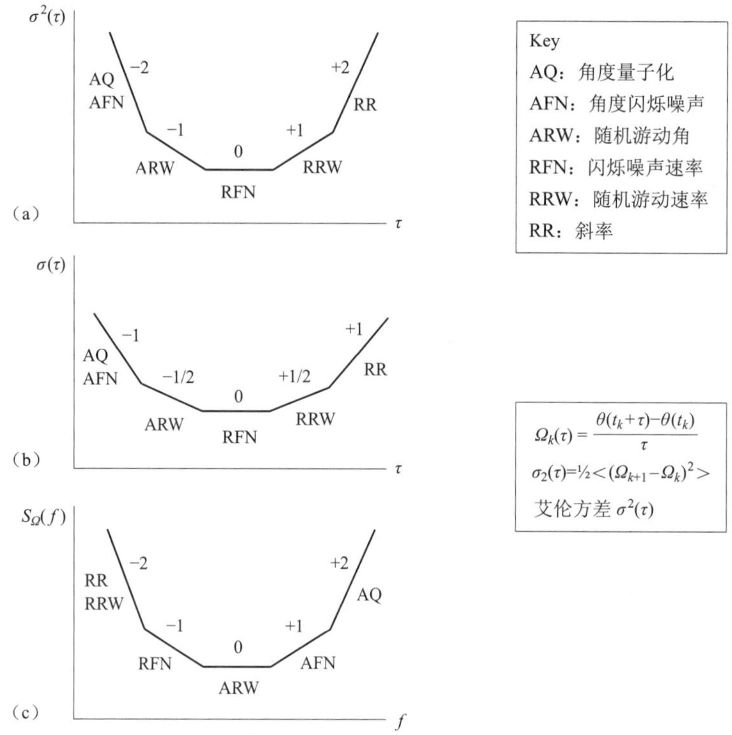

图 2　陀螺仪的性能指标

(a) 艾伦方差；(b) 艾伦标准偏差（绿图）；(c) 功率谱密度

3.2　干调谐转子陀螺仪

一个干调谐转子陀螺仪（DTG）包含安装在一个轴上的两个同心圆环与轴心。这个轴以轴心的谐振频率旋转，这使得外环能够自由围绕任何与旋转轴垂直的轴来旋转。感应或静电传感器用于测量箱体的圆环的偏差。在一个反馈放大器的驱动下通过一个感应或静电的活塞来使圆环强制回到零位置。电压需要保持在零位置并且它与输入角速率成正比。两对传感器和活塞间隔 90°，测量两个正交的轴的角速率。温度的变化、旋转电机的速度误差、质量和轴心的变化、反馈放大器的噪声、传感器以及扭矩器的误差导致速率测量误差。因为每个陀螺仪都能够测量两个正交的轴的角速率，故仅需要两个干调谐转子陀螺仪来测量三个正交的轴的角速率。

3.3　半球谐振陀螺仪

1890 年，英国物理学家 G·H·布莱恩发现一个发响的酒杯能够产生两个方向的驻波，当酒杯绕着它的径向或对称轴旋转时驻波经过的节点就会进动。后来，勋爵·瑞丽提出了一种对振动模式的数学描述，包括旋转效应。对于薄的半球壳，节点进动的角度和对称轴旋转角度的－0.3 倍是相等的。例如，当外壳逆时针方向旋转 90°时，节点就顺时针方向进动 27°。这个惯性参考空间装置（SIRU）包含四个半球谐振陀螺仪（HRG）。每个陀螺仪包括半球形石英外壳、角敏感传感器、一个真空壳体的静电活塞、由温度与谐振控制的电子设备和一个双冗余电源供应。传感器感应节点的位置。活塞控制振动频率和谐振器的振幅。在力调整（FTR）操作模式中，一个反馈电路把节点强制控制在零位置。这个电压需要保持在零位置上并且正比于输入角速率。在全角模式（WAM）操作中，零位置并非不变，并且节点位置的测量不太精确。惯性参考空间装置自 20 世纪 90 年代以来一直被应用在航天器上并且现今也是可用的最精确的惯性测量单元之一。使用旋转质量和干调谐陀螺仪没有内消耗。在 E0－1 航天器的集成和测试中可以发现半球谐振陀螺仪对氦气是敏感的（尽管它是密封的），它改变了谐振器的谐振频率并且影响了它的性能。Rozelle（2009）对半球谐振陀螺仪的发展和运作进行了详细的描述。

3.4　环形激光陀螺仪

环形激光陀螺仪（RLG）包含一个方形或三角形的充满氦-氖气体的空腔，作用于电极上的高电压导致气体在腔四周的所有方向上发出激光。光在角落的镜子中从空腔的一个支柱反射到另一个支柱。当由于惯性环形激光陀螺仪静止时，激光的频率是 $f=c/\lambda$（Hz），其中 c 是光速，λ 是光的波长。相对论里提到过，光速对于任何观察者来说都是常数而与观察者的运动无关。当环形激光陀螺仪绕着垂直于腔平面的轴旋转时，在环形激光陀螺仪中的观察者可以看到光在旋转方向上移动的光学路径比光在旋转方向的反方向上移动的光学路径要长。延迟被观察者视为有效增高光程长度 L。增加的路径长度是 $\delta=(2A/c)\omega$，其中 ω 是旋转的速率，A 是光学路径所包围的区域面积。移动的光线在旋转方向上的频率是

$$f^{+}=(1+\delta/L)\frac{c}{\lambda} \tag{9}$$

移动的光线在旋转方向反向上的频率是

$$f^{-}=(1-\delta/L)\frac{c}{\lambda} \tag{10}$$

频率的差值是

$$\Delta f=f^{+}-f^{-}=\frac{2c}{\lambda L}\delta=\frac{4A}{\lambda L}\omega \tag{11}$$

隅角反射镜是一个偏镜，它能允许一些光逃离光路径的各个方向。一束光通过一个三棱镜折射后与其他光束结合形成干涉图样或边缘图样。在干涉图样的任意给定位置上，强度变化都是按照一个正比于频率差值 Δf 的频率而变化的，因此与角速率成正比。结合这个频率可给出与集成角速率成正比的相位。这个相位和运动方向是通过一对空间相距1/4 波长（90°）的二极管来测量的。

另一种解释可能更加清晰。假设激光腔是圆形的。激光在光腔的每个方向上形成一个惯性固定驻波。随着这些波彼此干涉，强度随着光频率的两倍变化。在路径长度上强度变化的数值等于$\frac{L}{\lambda/2}$。当这个腔体旋转时，观察者看到这个强度按一个等于$\frac{L}{\lambda/2}\cdot\frac{\omega}{2\pi}=\frac{4A}{\lambda L}\omega$ 的频率而变化。显然环形激光陀螺仪的灵敏度随着路径长度的增加和陀螺仪尺寸的增大而提高。

环形激光陀螺仪的路径长度依赖于温度，所以路径长度是通过一个角落镜子中的压电执行机构来控制的。因为陀螺仪的镜子是不完美的，它们导致激光产生非线性的光学路径的反向散射。因此，比例因子在低的角速率下变为非线性，当角速率足够小的时候，在激光腔两个方向上的激光光束在同一个频率上产生共振。这种现象称为锁定。集成角速率对于一些非零角速率将是零。为了克服锁定，环形激光陀螺仪安装在一个弹性的枢轴上并且使它在一个频率和振幅上振荡或抖动。这样可以使花费在锁定区域的时间非常短，但是会引入一个随机速率噪声。集成角度的测量随着抖动和数字滤波同步采样，从而消除测量的抖动（二极管也可以安装在这个不需要过滤的箱体上）。这个抖动所产生的扰动可能是一些航天器所不能接受的。环形激光陀螺仪的另外一个问题是氖原子会嵌入镜子里面。随着时间的推移激光的强度降低并且环形激光陀螺仪最终失败。环形激光陀螺仪在理论上不对称、非线性并且在实践中可以忽略零比例因子。这个脉冲量子化后通常为 1 角秒，这对于很多航天器的应用程序来说太大了。一些环形激光陀螺仪靠插入边缘强度来提高分辨率，但是其引入的非线性比例因子是在很低的角速率上。因为环形激光陀螺仪在高电压下工作，它也需要特殊包装来避免触电。

3.5 干涉型光纤陀螺仪

干涉型光纤陀螺仪（IFOG）在工作时通过从一个超级发光二极管（SLD）把光注射到一圈光纤的每个末端并且测量纤维末端的光的相对相位。这个称为萨尼亚克效应的相位的转变是 $\varphi=\frac{2\pi LD}{\lambda c}\omega$，其中，$L$ 是光纤的长度，D 是线圈的平均直径，c 是光速，ω 是垂直于线圈的轴的角速率。偏振保持光纤过去常常用来减小光和光纤之间的单向交互作用，偏振过滤器用于光纤的输入。在干涉型光纤陀螺仪的最基本的形式（见图 3）中，存在于光纤的每个末端的光纤通过一个二极管来感应进而给出对强度的测量 $P_o=\frac{1}{2}P_i(1+\cos\varphi)$，其中 P_i 是光线进入光纤的强度。一个基本设计的明显问题是输出强度 P_o 与相位移成正比，因此它对小角速率并不敏感。为了克服这个问题，在光纤的一个末端使用铌酸锂光学调制器。检测到的光强解调后得到 $P_{demod}\simeq P_i\sin\varphi$。通过在光纤的每个末端放置铌酸锂调制器来控制比例因子，也可以通过数值相等、方向相反的倾斜电压（它称为线性调制转发器，在 1985 年被引入）来控制。电压理所当然要定期地置零。一个闭环反馈电路过去常常用于把斜度控制在恰好在 2 rad 相位时复位来提高比例因子的稳定性。这也使干涉型光纤陀螺仪成为速率积分陀螺仪。

它的另一个性能上的体现是掺铒纤维的使用，它在20世纪90年代初被引入，它有着比超辐射发光二极管少两个数量级的温度敏感度在一个稳定的波长上延展，这也使比例因子更加稳定。干涉型光纤陀螺仪没有移动部件，其研究正在紧锣密鼓地进行。

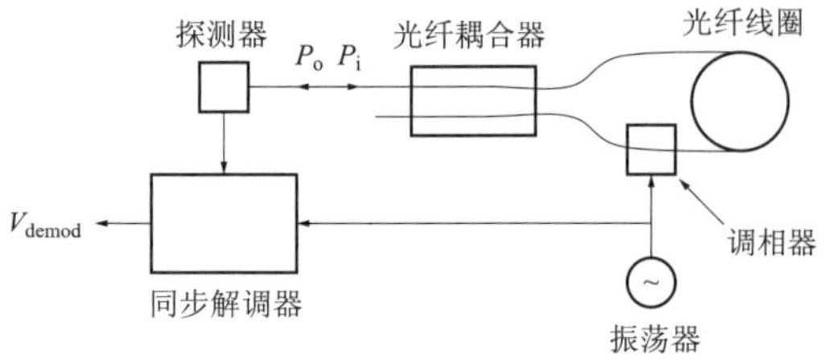

图3 干涉型光纤陀螺仪的基本结构

干涉型光纤陀螺仪的生命周期主要受光学部件的辐射退化所限制。总的限制剂量是10～25 krad[①]，这取决于屏蔽使用的数量和光学部件的质量。尽管技术有了相当大的改善，干涉型光纤陀螺仪在发展中的早期问题和它的较低的总剂量公差已经限制了它在航天器上的使用。诺斯罗普·格鲁曼（原来的利顿）LN200S可能是自20世纪90年代初以来最成功的空间限定。更新的技术以及更强大的性能使干涉型光纤陀螺仪越来越可靠。

3.6 角位移传感器

角位移传感器（ADS）过去常常用来测量低振幅高频率的运动，通常适用于光学仪器的视线角稳定。角位移传感器有两种类型。其中一类是由应用技术协会（ATA）建立的以磁流体力学为基础的。磁解体动压角位移传感器的工作原理在图4中有显示。在磁解体动压角位移传感器中，一个环形的腔体中充满了具有传导能力的流体并且放置了一个磁场。这个流体并没有绕着输入轴以高频率角运动旋转，所以磁场在传导的流体中移动以产生正比于角速率的带电流体或电压。因为流体由于黏性的影响往往在腔体中移动，所以低频率的角运动不能够被感应到。另外一种类型的角位移传感器同样以在一个环形腔体中流体的惯性特性为基础。一个叶片嵌入流体中并且一个位置传感器用来测量关于流体的圆环运动。这种类型的角位移传感器是由朗·唐纳建立的。角位移传感器的带宽通常为1 Hz～2 kHz。角位移传感器的灵敏度和本底噪声可能会低至50 rad。

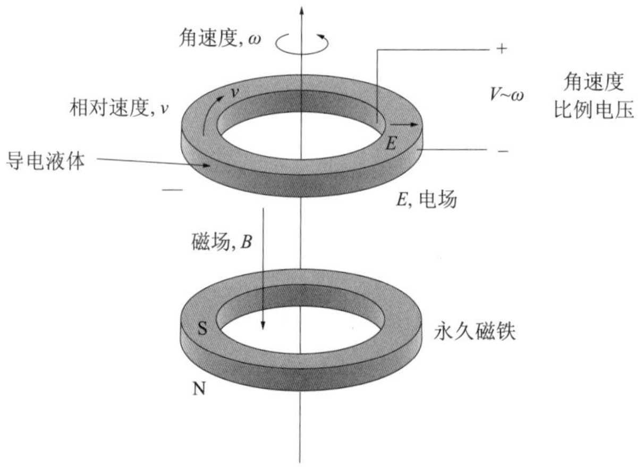

图4 磁解体动压角位移传感器

参考文献

Cheng, Y. and Shuster, M. D. (2007) Robustness and accuracy of the QUEST algorithm, in *Advances in the Astronautical Sciences*, vol. 127, Univelt, San Diego, CA, pp. 41－61. AAS/AIAA 17th Space Flight Mechanics Meeting, Sedona, AZ, 28 January－2 February. Paper no. AAS－07－102.

Cohen, C. E. (1996) Attitude Determination, in *Global Positioning System: Theory and Applications*, vol. II (eds B. W. Parkinson and J. J. Spilker Jr.), *Progress in Astronautics and Aeronautics Series*, vol. 164, AIAA, Reston, VA, pp. 519－538.

Crassidis, J. L., Markley, F. L. and Lightsey, E. G. (1999) Global positioning system integer ambiguity resolution without attitude knowledge. *J. Guidance Control Dyn.*, **22** (2), 212－218, AIAA, Reston, VA.

De Lorenzo, D. S., Alban, S., Gautier, J. and Enge, P. (2004) GPS Attitude Determination for a JPALS Testbed:

① 编者注：每单位物质质量所接受的辐射能量常用rad作为计量单位。

Integer Initialization and Testing. Position Location and Navigation Symposium (PLANS) 2004, April 26 — 29, 2004, IEEE, Piscataway, NJ, pp. 762—770.

IEEE Std 952 — 1997 (1997) IEEE Standard Specification Format Guide and Test Procedure for Single-Axis Gyro and Interferometric Fiber Optic Gyros. Accelerometer Panel of the IEEE Aerospace and Electronic Systems Society IEEE, Piscataway, NJ.

Pittelkau, M. E. (2008) Survey of calibration algorithms for spacecraft attitude sensors and gyros. in *Advances in the Astronautical Sciences*, *Astrodynamics* 2007, vol. 129, Univelt, San Diego, CA, pp. 651—705. Mackinac Island, MI, 19—23 Aug 2007. Paper no. AAS 07—295.

Rozelle, D. M. (2009) The hemispherical resonator Gyro: from wineglass to the planets, in *Advances in the Astronautical Sciences*, *Part I*, vol. 134 (eds M. Wilkins, M. Pittelkau, A. Segerman, and P. Lai), Univelt, San Diego, CA, pp. 1157 — 1178. 2009 Space Flight Mechanics Conference, Savannah, GA. Paper no. AAS 09—176.

Sargent, D. andWyman, B. O. (1980) Extraction of Stability Statistics from Integrated Rate Data. AIAA Guidance and Control Conference Danvers, MA, 1980, AIAA, Reston, VA, pp. 88—94. AIAA Paper no. 80—1728.

Seidelmann, P. K. (ed.) (1992, 2006) *Explanatory Supplement to the Astronomical Almanac*, University Science Books, Sausalito, California.

Shuster, M. D. (2003) Stellar aberration and parallax: a tutorial. *The J. Astronaut. Sci.*, **51** (4), 477—494.

Shuster, M. D. and Oh, S. D. (1981) Three—axis attitude determination from vector observations. *J. Guidance Control*, **4** (1), 70—77.

Spratling, B. B., IV and Mortari, D. (2009) A survey on star identification algorithms. *Algorithms*, **2** (1), 93—107.

Um, J. and Lightsey, G. E. (2001) GPS attitude determination for the SOAR experiment. *J. Inst. Navig.*, **48** (3), 181—194.

van der Ha, J. C. (2005) Equal-chord attitude determination method for spinning spacecraft. *J. Guidance Control Dyn.*, **28** (5), 997—1005, AIAA, Reston, VA.

van der Ha, J. C. and Janssens, F. L. (2008) Spin — axis attitude determination from earth chord — angle variations for geostationary satellites, in *Advances in the Astronautical Sciences*, *Part I*, vol. 130 (eds J. H. Seago, B. Neta, T. J. Eller and F. J. Pelletier), Univelt, San Diego, CA, pp. 579—598. 2008 Space Flight Mechanics Meeting, Galveston, TX. American Astronautical Society, Paper no. AAS 08—220.

van der Ha, J. C. (2009) Performance of spin—axis attitude estimation algorithms with real data, in *Advances in the Astronautical Sciences*, *Part I*, vol. 134 (eds M. Wilkins, M. Pittelkau, A. Segerman and P. Lai), Univelt, San Diego, CA, pp. 411—430. 2009 Space Flight Mechanics Conference, Savannah, GA. Paper no. AAS 09— 127.

Wertz, J. R. (ed.) (1991) *Spacecraft Attitude Determination and Control*. Kluwer Academic Publishers, Boston.

本章译者：张景瑞，胡权，蔡晗（北京理工大学宇航学院）

第 264 章

姿态确定

Francis Landis Markley

姿态控制工程分部，美国国家航空航天局戈达德空间飞行中心，格林贝尔特，马里兰，美国

1 引　　言

所有航天器都需要姿态确定符合一定的精度要求。不同任务对姿态确定的精度要求不一样，例如使航天器太阳帆板指向太阳时，其姿态确定可能存在数十度的误差；而哈勃天文望远镜对精度的要求则非常高，要求达到千分之一角秒量级的精度。广泛范围内的姿态确定方法，近年来发展十分迅速（Wertz，1978）。在过去的 30 年里，自 Wertz 发表文章以来，姿态确定方法不断发展，这些方法的理论基础基本相同。新的进步不断出现，随着科技进步，星载计算机的性能大幅提升，航天器在轨姿态确定方法得以完善，并逐步取代了传统的基于地面的姿态确定方法。价格相对较低的抗辐射微处理器已应用于工程实际，促进了智能传感器的发展，例如自主星载跟踪器是第一个应用于航天器的传感器。另一个新进展是，人们在姿态确定方法中引入了基于 GPS 星座的无线电信号干涉法。本章回顾了姿态确定的经典方法和基于 Wertz 理论的改进方法，重点介绍了适用于在轨航天器的姿态确定方法，然后综合分析了单框架方法和顺序方法。单框架方法基于在单一时间点的观察；顺序方法使用航天器动力学信息，并结合了时间序列观察信息。

2 单框架方法

首先考虑基于矢量测量的单框架方法。矢量长度不包含与姿态确定相关的信息，所以每个参考矢量包含两个独立的姿态信息标量块。许多航天器的姿态确定方法使用两个矢量的精确测量，最小的矢量用于决定姿态信息（Markley，2008）。在实际应用中，指向太阳的单位矢量和地球磁场单位矢量，应用于太阳-磁测量的粗略姿态确定；而到两星的单位矢量用于精确姿态确定。TRIAD 是最早使用的算法，其基本原理就是根据两个矢量测量来确定航天器的姿态，其已经被广泛应用到基于地面，以及在轨姿态确定中（Wertz，1978；Black，1964）。由于现在大多数实际应用中使用多于两种矢量的测量方法，所以只考虑 Wahba 最优性准则方法，这种方法将对观测到的一个任意数量（超过 1）进行重量最优操作。同时，本章也将讨论把 GPS 相位测量转换到等效矢量测量的单框架方法。

2.1 Wahba 问题

Wahba 提出寻找方向余弦矩阵或姿态矩阵的问题（1965），因为行列式为 +1 的正交矩阵 $\boldsymbol{A}$，将使损失函数最大限度地减小：

$$L(\boldsymbol{A}) \equiv \frac{1}{2}\sum_i a_i \mid \boldsymbol{b}_i - \boldsymbol{A}\boldsymbol{r}_i \mid^2 \tag{1}$$

式中，$\{\boldsymbol{b}_i\}$ 是测量航天器主体框架的单位矢量的集合，$\{\boldsymbol{r}_i\}$ 是参考框架中的对应的单位矢量，$\{a_i\}$ 是非负权重。为了把 Wahba 问题和最大似然估计相关联（Shuster，1989a），可以选择逆方差作为权重，$a_i = \sigma_i^{-2}$。这种选择不同于 Wahba 和许多其他作者的研究，他们假设权重归一化，这对姿态估计没有任何作用。由于无测量误差，Wahba 损失函数被激励，测量误差为

$$\boldsymbol{b}_i = \boldsymbol{A}\boldsymbol{r}_i \tag{2}$$

经过推导，也可以把损失函数写为

$$L(\boldsymbol{A})=\lambda_0-\mathrm{tr}(\boldsymbol{A}\boldsymbol{B}^{\mathrm{T}}) \tag{3}$$

式中，

$$\lambda_0\equiv\sum_i a_i \tag{4}$$

姿态分布矩阵 $\boldsymbol{B}$ 被定义为：

$$\boldsymbol{B}\equiv\sum_i a_i\boldsymbol{b}_i\boldsymbol{r}_i^{\mathrm{T}} \tag{5}$$

可以得出，当迹 $\mathrm{tr}(\boldsymbol{A}\boldsymbol{B}^{\mathrm{T}})$ 最大时，$L(\boldsymbol{A})$ 取最小值。

Wahba 问题与普鲁克正交问题是密切相关的，即在弗罗贝纽斯（或欧几里得、舒尔、希尔伯特-施密特）规范的意义上，找到和矩阵 $\boldsymbol{B}$ 最相近的正交矩阵 $\boldsymbol{A}$：

$$||\boldsymbol{M}||_{\mathrm{F}}^2\equiv\sum_{i,j}M_{ij}^2=\mathrm{tr}(\boldsymbol{M}\boldsymbol{M}^{\mathrm{T}}) \tag{6}$$

因此：

$$||\boldsymbol{A}-\boldsymbol{B}||_{\mathrm{F}}^2=3+||\boldsymbol{B}||_{\mathrm{F}}^2-2\mathrm{tr}(\boldsymbol{A}\boldsymbol{B}^{\mathrm{T}}) \tag{7}$$

Wahba 问题与正交普鲁克问题等价的条件是，矩阵 $\boldsymbol{A}$ 的行列式必须是+1。

Wahba 和其他几个人提出了对此问题的第一个解决方案（Farrell 等，1966），但他们的解决方案并没有获得广泛的应用。Markley 和 Mortari（2000 年）针对 Wahba 问题提供了一个完整的回顾，并引用了原文文献。

2.2 达文波特 Q 方法

保罗-达文波特采用姿态矩阵的四元数参数[见卷 5 第 262 章的方程（33）]，为 Wahba 问题解决姿态确定提供了第一个成功的应用。本章中的符号与卷 5 第 262 章中的不同，本章使用：

$$\boldsymbol{q}=\begin{bmatrix}\boldsymbol{q}\\ q_4\end{bmatrix}=\begin{bmatrix}\boldsymbol{e}\sin(\phi/2)\\ \cos(\phi/2)\end{bmatrix}=\begin{bmatrix}\beta_1\\ \beta_2\\ \beta_3\\ \beta_0\end{bmatrix} \tag{8}$$

$\boldsymbol{A}(\boldsymbol{q})$ 是 $\boldsymbol{q}$ 的齐次二次函数，$\mathrm{tr}(\boldsymbol{A}\boldsymbol{B}^{\mathrm{T}})$ 可以写为二次形式。

$$\mathrm{tr}(\boldsymbol{A}\boldsymbol{B}^{\mathrm{T}})=\boldsymbol{q}^{\mathrm{T}}\boldsymbol{K}\boldsymbol{q} \tag{9}$$

在上式中，$\boldsymbol{K}$ 是对称无迹矩阵，

$$\boldsymbol{K}\equiv\begin{bmatrix}\boldsymbol{S}-\boldsymbol{I}\,\mathrm{tr}\boldsymbol{B} & \boldsymbol{z}\\ \boldsymbol{z}^{\mathrm{T}} & \mathrm{tr}\boldsymbol{B}\end{bmatrix} \tag{10}$$

其中，$\boldsymbol{I}$ 是 3×3 单位矩阵，

$$\boldsymbol{S}\equiv\boldsymbol{B}+\boldsymbol{B}^{\mathrm{T}} \tag{11}$$

并且，

$$\boldsymbol{z}\equiv\begin{bmatrix}\boldsymbol{B}_{23}-\boldsymbol{B}_{32}\\ \boldsymbol{B}_{31}-\boldsymbol{B}_{13}\\ \boldsymbol{B}_{12}-\boldsymbol{B}_{21}\end{bmatrix}=\sum_i a_i\boldsymbol{b}_i\times\boldsymbol{r}_i \tag{12}$$

很容易证明，最优化四元数具有最大特征值的归一化特征向量 $\boldsymbol{K}$，结论是：

$$\boldsymbol{K}\boldsymbol{q}_{\mathrm{opt}}\equiv\lambda_{\max}\boldsymbol{q}_{\mathrm{opt}} \tag{13}$$

一种高鲁棒性算法可以解决对称特征值问题（Horn 和 Johnson，1985；Golub 和 VanLoan，1983）。如果 $\boldsymbol{K}$ 的两个最大特征值相等，则没有唯一解。这并不代表达文波特 Q 方法存在问题，而是说明数据不足以确定唯一的姿态。

2.3 四元数估计（QUEST）

四元数估计算法首先应用在美国地磁卫星任务中，是解决 Wahba 问题时使用最广泛的算法（Shuster 和 Oh，1981）。方程（13）等效于两个方程：

$$[(\lambda_{\max}+\mathrm{tr}\boldsymbol{B})\boldsymbol{I}-\boldsymbol{S}]\boldsymbol{q}=\boldsymbol{q}_4\boldsymbol{z} \tag{14}$$

和

$$(\lambda_{\max}-\mathrm{tr}\boldsymbol{B})\boldsymbol{q}_4=\boldsymbol{q}^{\mathrm{T}}\boldsymbol{z} \tag{15}$$

由于矩阵的逆等于矩阵的伴随矩阵除以它的行列式（Horn 和 Johnson，1985；Golub 和 VanLoan，1983），式（14）给出了最优的单位四元数：

$$\boldsymbol{q}_{\mathrm{opt}}=\frac{1}{\sqrt{\gamma^2+|\boldsymbol{x}|^2}}\begin{bmatrix}\boldsymbol{x}\\ \gamma\end{bmatrix} \tag{16}$$

其中，

$$\boldsymbol{x}\equiv\mathrm{adj}[(\lambda_{\max}+\mathrm{tr}\boldsymbol{B})\boldsymbol{I}-\boldsymbol{S}]\boldsymbol{z} \tag{17}$$

$$\gamma\equiv\det[(\lambda_{\max}+\mathrm{tr}\boldsymbol{B})\boldsymbol{I}-\boldsymbol{S}] \tag{18}$$

如果 $\gamma^2+|\boldsymbol{x}|^2=0$，最优单位四元数并不是由式（16）定义的，所以 Shuster 设计了序贯旋转方法来处理这种情况（Shuster 和 Oh 1981；Shuster 和 Natanson，1993）。在四元数旋转坐标系的计算中，采用旋转很容易计算。式（16）～式（18）需要 $\lambda_{\max}$ 的值，可以通过把这些式代入式（15），得出：

$$\begin{aligned}0&=\psi(\lambda_{\max})\equiv\gamma(\lambda_{\max}-\mathrm{tr}\boldsymbol{B})-\boldsymbol{x}^{\mathrm{T}}\boldsymbol{z}\\ &=(\lambda_{\max}^2-\boldsymbol{a})(\lambda_{\max}^2-\boldsymbol{b})-\boldsymbol{c}(\lambda_{\max}-\mathrm{tr}\boldsymbol{B})-\boldsymbol{z}^{\mathrm{T}}\boldsymbol{S}^2\boldsymbol{z}\end{aligned} \tag{19}$$

上式中，

$$\boldsymbol{a}\equiv(\mathrm{tr}\boldsymbol{B})^2-\mathrm{tr}(\mathrm{adj}\,\boldsymbol{S}) \tag{20}$$

$$\boldsymbol{b}\equiv(\mathrm{tr}\boldsymbol{B})^2+\boldsymbol{z}^{\mathrm{T}}\boldsymbol{z} \tag{21}$$

$$\boldsymbol{c}\equiv\det\boldsymbol{S}+\boldsymbol{z}^{\mathrm{T}}\boldsymbol{S}\boldsymbol{z} \tag{22}$$

式（19）是特征方程 $\det(\lambda_{\max}\boldsymbol{I}-\boldsymbol{K})=0$，Shuster 观察到 $\lambda_{\max}$ 非常接近 λ_0，因为需要最优化损失函数

$$L(\boldsymbol{A}_{\mathrm{opt}})=\lambda_0-\lambda_{\max} \tag{23}$$

取值非常小，因此 $\lambda_{\max}$ 可以通过牛顿-拉夫逊迭代方程计算得到，从初始估计值 λ_0 开始迭代。在实际计算中，单次迭代计算足够满足解算要求。四次特征方程的解析解解算较慢，并且不如迭代求解精确。数值分析人员明白，求解 $\lambda_{\max}$ 的特征方程，使得四元数估计在原则上比达文波特 Q 方法的鲁棒性更低，但是如果评估特征方程在式（19）中的部分分解形式，那么四元数估计方法在实际应用中是比较可靠的。

2.4 奇异值分解法

矩阵 $\boldsymbol{B}$ 的奇异值分解（Horn 和 Johnson，1985）是

$$\boldsymbol{B}=\boldsymbol{U}\Sigma\boldsymbol{V}^{\mathrm{T}}=\boldsymbol{U}(\mathrm{diag}[\Sigma_{11}\ \Sigma_{22}\ \Sigma_{33}])\boldsymbol{V}^{\mathrm{T}} \tag{24}$$

式中，$\boldsymbol{U}$ 和 $\boldsymbol{V}$ 是正交的，并且特征值遵循不等式：$\Sigma_{11}\geqslant\Sigma_{22}\geqslant\Sigma_{33}\geqslant0$。在参数的循环置换中其迹是不变的，所以

$$\mathrm{tr}(\boldsymbol{A}\boldsymbol{B}^{\mathrm{T}})=\mathrm{tr}(\boldsymbol{U}^{\mathrm{T}}\boldsymbol{A}\boldsymbol{V}\mathrm{diag}[\Sigma_{11}\ \Sigma_{22}\ \Sigma_{33}]) \tag{25}$$

符合约束 $\det\boldsymbol{A}=1$，迹是最大的，通过最优化姿态矩阵

$$\boldsymbol{A}_{\mathrm{opt}}=\boldsymbol{U}\ \mathrm{diag}[1\ 1\ (\det\boldsymbol{U})(\det\boldsymbol{V})]\boldsymbol{V}^{\mathrm{T}} \tag{26}$$

奇异值分解方法与法雷尔和施蒂尔普纳格尔提出的方法几乎是完全相等的，但是奇异值分解算法现在已经非常成熟（Horn 和 Johnson，1985；Golub 和 VanLoan，1983）。实际上，奇异值分解法是鲁棒性最强的数值计算法方之一。

2.5 快速最优姿态矩阵（FOAM）

矩阵 $\boldsymbol{B}$ 的奇异值分解，为 $\mathrm{adj}\boldsymbol{B}$、$\det\boldsymbol{B}$ 和 $\|\boldsymbol{B}\|_{\mathrm{F}}^2$ 给出了一个方便的表达方式。所以，可以把最优化姿态矩阵写为

$$\boldsymbol{A}_{\mathrm{opt}}=\zeta^{-1}[(\kappa+\|\boldsymbol{B}\|_{\mathrm{F}}^2)\boldsymbol{B}+\lambda_{\max}\mathrm{adj}\boldsymbol{B}^{\mathrm{T}}-\boldsymbol{B}\boldsymbol{B}^{\mathrm{T}}\boldsymbol{B}] \tag{27}$$

式中

$$\kappa\equiv\frac{1}{2}(\lambda_{\max}^2-\|\boldsymbol{B}\|_{\mathrm{F}}^2) \tag{28}$$

$$\zeta\equiv\kappa\lambda_{\max}-\det\boldsymbol{B} \tag{29}$$

不用对矩阵 $\boldsymbol{B}$ 进行奇异值分解，也可以计算得出式（27）～式（29）中所有的量。用这种方法，通过把式（27）代入下式得到 $\lambda_{\max}$：

$$\lambda_{\max}=\mathrm{tr}(\boldsymbol{A}_{\mathrm{opt}}\boldsymbol{B}^{\mathrm{T}}) \tag{30}$$

在矩阵的代数计算之后，

$$0=\psi(\lambda_{\max})\equiv(\lambda_{\max}^2-\|\boldsymbol{B}\|_{\mathrm{F}}^2)^2-8\lambda_{\max}\det\boldsymbol{B}-4\|\mathrm{adj}\boldsymbol{B}\|_{\mathrm{F}}^2 \tag{31}$$

对于关于 $\psi(\lambda_{\max})$ 的方程式（19）和方程式（31），通过无限精度计算，这两个方程在数值上完全相等。

2.6 最优四元数估计

对于达文波特的特征值方程，式（13）说明，最优四元数与矩阵 $\boldsymbol{F}\equiv\boldsymbol{K}-\lambda_{\max}\boldsymbol{I}$ 的所有列向量是正交的。因此，$\boldsymbol{q}_{\mathrm{opt}}$ 可以通过 adj $\boldsymbol{F}$ 的非零列向量计算得到。把矩阵 $\boldsymbol{F}$ 删掉第 k 行和第 k 列后得到的对称 3×3 矩阵定义为 $\boldsymbol{F}_k$，并且把矩阵 $\boldsymbol{F}$ 删掉第 k 列第 k 个元素后得到的列向量定义为 $\boldsymbol{f}_k$。最优四元数的第 k 个元素为

$$(\boldsymbol{q}_{\mathrm{opt}})_k=-d\ \det\boldsymbol{F}_k \tag{32}$$

其他三个元素为

$$(\boldsymbol{q}_{\mathrm{opt}})_{1,\cdots,k-1,k+1,\cdots,4}=d(\mathrm{adj}\boldsymbol{F}_k)\boldsymbol{f}_k \tag{33}$$

其中的标量 d 是由归一化四元数决定的。理想情况是，选择具有欧几里得范数最大值的 adj $\boldsymbol{F}$ 的列向量，也就是使 adj $\boldsymbol{F}_k$ 具有最大幅值的列向量。这种方法是第一最优四元数估计（ESOQ）。

第二最优四元数估计（ESOQ2）是基于旋转轴和角度。把式（8）代入式（14）和式（15）得到的：

$$\boldsymbol{z}\cos(\phi/2)=[(\lambda_{\max}+\mathrm{tr}\boldsymbol{B})\boldsymbol{I}-\boldsymbol{S}]\boldsymbol{e}\sin(\phi/2) \tag{34}$$

$$(\lambda_{\max}-\mathrm{tr}\boldsymbol{B})\cos(\phi/2)=\boldsymbol{z}^{\mathrm{T}}\boldsymbol{e}\ \sin(\phi/2) \tag{35}$$

将式（34）乘以（$\lambda_{\max}-\mathrm{tr}\boldsymbol{B}$）并代入式（35）得

$$\boldsymbol{M}\boldsymbol{e}\ \sin(\phi/2)=0 \tag{36}$$

式中 $\boldsymbol{M}$ 是一个 3×3 矩阵。

$$\boldsymbol{M}\equiv(\lambda_{\max}-\mathrm{tr}\boldsymbol{B})[(\lambda_{\max}+\mathrm{tr}\boldsymbol{B})\boldsymbol{I}-\boldsymbol{S}]-\boldsymbol{z}\boldsymbol{z}^{\mathrm{T}} \tag{37}$$

如果 $\lambda_{\max}-\mathrm{tr}\boldsymbol{B}$ 和 $\boldsymbol{z}$ 接近 0，那么计算结果将失去数值意义，导致旋转角度为 0。人们总可以避免这种奇异情况，通过旋转参考系统来确定 $\mathrm{tr}\boldsymbol{B}$ 小于或等于 0。

式（36）说明对称矩阵 $\boldsymbol{M}$ 的所有列向量都在 $\boldsymbol{e}$ 的垂直平面上。所以矩阵 $\boldsymbol{M}$ 列向量的所有叉积都平行于 $\boldsymbol{e}$，所以设

$$\boldsymbol{e}=\boldsymbol{y}/|\boldsymbol{y}| \tag{38}$$

式中，$\boldsymbol{y}$ 具有最大模的叉积。旋转角通过式（35）获得。结合式（38），公式可以写为

$$(\lambda_{\max}-\mathrm{tr}\boldsymbol{B})|\boldsymbol{y}|\cos(\phi/2)=(\boldsymbol{z}\cdot\boldsymbol{y})\sin(\phi/2) \tag{39}$$

存在标量 h 满足

$$\cos(\phi/2)=h(\boldsymbol{z}\cdot\boldsymbol{y}) \tag{40}$$

并且

$$\sin(\phi/2)=h(\lambda_{\max}-\mathrm{tr}\boldsymbol{B})|\boldsymbol{y}| \tag{41}$$

将上式代入式（8）得出最优单位四元数为

$$\boldsymbol{q}_{\mathrm{opt}}=h\begin{bmatrix}(\lambda_{\max}-\mathrm{tr}\boldsymbol{B})\ \boldsymbol{y}\\ \boldsymbol{z}\cdot\boldsymbol{y}\end{bmatrix} \tag{42}$$

上式中的 h 是由归一化四元数决定的。必须注意的是，没有必要对旋转轴进行规范化。如果 $\boldsymbol{M}$ 的秩小，则第二最优四元数估计不必定义唯一的旋转轴。这包括不可观察姿态和旋转角度的情况。此外，还要求 $\mathrm{tr}\boldsymbol{B}$ 必须非零以避免零旋转角奇异问题。

2.7　Wahba 问题的相关算法比较

大量实验表明，所有这些方法都可以提供均等的精度（Markley 和 Mortari，2000；Cheng 和 Shuster，2007a，2007b）。达文波特 Q 方法和奇异值分解方法要明显地慢于其他方法，除了在最不感兴趣的两个观测值的情况下，达文波特 Q 方法一般稍快一点儿。其他算法中最快的有四元数估计，第一最优四元数估计和第二最优四元数估计，它们在速度上相差不多。快速最优姿态矩阵方法的速度介于这些算法之间。

达文波特 Q 方法和奇异值分解方法的鲁棒性最强、最可靠，具有准确估计能力，因为这两种算法都是基于经充分测试的通用矩阵算法。速度快的算法在原则上鲁棒性较低，因为这些算法需要解算四次特征多项式方程的最大特征值，存在数值上潜在的不可靠性。但是，这些算法在实际应用中与鲁棒性较高的算法相比，表现并不逊色。

2.8　单框 GPS 架姿态确定

GPS 广泛应用于卫星导航系统，用户可以计算与自己所在位置相关的三个直角分量，还可以计算信号传输时间的时钟偏差，信号来自不少于四个卫星的 GPS 星座。航天器上分布在不同位置的天线接收 GPS 信号时会产生相位差，利用这些相位差可以进行姿态确定，这也是现在 GPS 姿态确定的基本方式（见第 5 卷第 263 章）。

GPS 天线对在飞船的主体框架上形成 $n\geqslant2$ 的基线集合 $\{\boldsymbol{b}_i\}$。从用户航天器到 GPS 卫星的 $m\geqslant4$ 的单位矢量视线集合 $\{\boldsymbol{s}_j\}$，可以通过 GPS 位置计算得到。根据 GPS 卫星到每个基线的天线两端的不同路径长度建立起接收信号的 mn 相位差：

$$\phi_{ij}^{\mathrm{true}}=2\pi(n_{ij}^{\phi}+\boldsymbol{b}_i^{\mathrm{T}}\boldsymbol{A}\boldsymbol{s}_j/\lambda) \tag{43}$$

式中，整数 n_{ij}^{ϕ} 是相位多值性；$\boldsymbol{A}$ 是姿态矩阵；λ 是 GPS 信号的波长。整数的相位模糊有多种解算方式（Cohen，1996；Crassidis，Markley 和 Lightsey，1999；Psiaki 和 Mohiuddin，2007），之后计算归一化测量值：

$$z_{ij}\equiv\lambda(\phi_{ij}^{\mathrm{measured}}-2\pi n_{ij}^{\phi}) \tag{44}$$

最优姿态方案使姿态矩阵在某些权重系数 a_{ij} 下损失函数取得最小值，损失函数为

$$L_{\mathrm{GPS}}(\boldsymbol{A})\equiv\frac{1}{2}\sum_j a_{ij}(z_{ij}-\boldsymbol{b}_i^{\mathrm{T}}\boldsymbol{A}\boldsymbol{s}_j)^2 \tag{45}$$

该函数近似于 Wahba 损失函数，但是此损失函数并不容易解算。当然，通过复杂的计算也可以得到结果（Cohen，1996）。

如果知道参考框架中的基线矢量是如何表示的，就像 Wahba 问题中从 $\{\boldsymbol{r}_i\}$ 定义中得到指示那样，可以使用上述几种算法中的任意一种来解算此问题，得到姿态矩阵。观察式（2），可以把 $\{\boldsymbol{r}_i\}$ 引入损失函数，写为如下形式（Crassidis 和 Markley，1997）：

$$L_i(\boldsymbol{r}_i)\equiv\frac{1}{2}\sum_j a_{ij}(z_{ij}-\boldsymbol{r}_i^{\mathrm{T}}\boldsymbol{s}_j)^2 \tag{46}$$

最小值是

$$\boldsymbol{r}_i=\boldsymbol{S}_i^{-1}\left[\sum_j a_{ij}z_{ij}\boldsymbol{s}_j\right] \tag{47}$$

式中

$$\boldsymbol{S}_i\equiv\left[\sum_j a_{ij}\boldsymbol{s}_j\boldsymbol{s}_j^{\mathrm{T}}\right] \tag{48}$$

上述理论只有当矩阵 $\boldsymbol{S}_i$ 的秩为 3 时才成立，通常情况下，要求视线 $\boldsymbol{s}_j$ 不共面。如果权重 a_{ij} 与基线标签 i 相互独立，则会减少计算量，同时所有 $\boldsymbol{S}_i$ 将会是相等的，因此只需计算一个矩阵，并在每一组视线集合的计算中将其倒置。

如果将视线和基线角色互换，也会减少计算量，因为 $\boldsymbol{S}_i$ 相应的矩阵取决于主体框架的基线，该基线是恒定的。这就要求至少三条基线不共面，然而这种情况并不是一直都存在的。

该方法的最后一步是解算 Wahba 问题的矢量集合 $\{\boldsymbol{b}_i\}$ 和 $\{\boldsymbol{r}_i\}$。实际上这些矢量集合是不是单位矢量并不重要。在 Wahba 损失函数中，权重 a_{ij} 有很多选项可以挑选，但是没有一种选择方式可以产生损失函数式（45）的最优的最小值。除非视线是近似共面的，否则估计值不会接近最优值。仿真结果显示，这种算法具有计算速度上的优势，但是并没有造成精度的明显降低（Crassidis 和 Markley，1997）。

3　时序方法

当观测需要超过一定的时间范围时，可以考虑在观测时加入滤波器，把过去的姿态信息传递到当前时间，并且可以从当前的测量值里面增添相关信息，此方法称为时序方法。相比于单框架估计方法，时序方法提供了更准确的姿态解决方案。此外，如果单框架估计在单一时间内的数据是无效的，那么时序方法仍然可以提供正确的估计值。时序方法需要一些时间传播系统动力学的知识，这方面可以通过旋转动力学计算得到，例如，通过欧拉动力学方程解算，或者通过陀螺仪遥感速率获得。

最常用的时序方法是扩展卡尔曼滤波（EKF）（Gelb，1974；Crassidis 和 Junkins，2004）。Lefferts，Markley 和 Shuster（1982）研究了扩展卡尔曼滤波在航天器姿态确定中的应用，在研究中他们参考了1982年以前的相关文献。时序方法使用过许多不同的姿态参数，最早应用的一种是欧拉角，但后来四元数成为最常用的参数。本章只讨论四元数作为参数的扩展卡尔曼滤波方法，此外也讨论与 Wahba 问题相关但不属于扩展卡尔曼滤波的时序方法。

3.1　加性四元数卡尔曼滤波

卡尔曼滤波采用时间传播方程和测量更新方程来获得状态矢量估计以及其协方差。状态矢量的组成通常不包括四元数，但是为了强调姿态的表示方法，可以忽略此问题。首先考虑时间传播，四元数动力学可以表示为

$$\dot{\boldsymbol{q}}=\frac{1}{2}\begin{bmatrix}\omega\\0\end{bmatrix}\otimes\boldsymbol{q}\tag{49}$$

这是第5卷第262章式（37）的另一种简单表述方式，据此可以得到四元数积：

$$\boldsymbol{p}\otimes\boldsymbol{q}=\begin{bmatrix}\boldsymbol{p}\\p_4\end{bmatrix}\otimes\begin{bmatrix}\boldsymbol{q}\\q_4\end{bmatrix}\equiv\begin{bmatrix}p_4\boldsymbol{q}+q_4\boldsymbol{p}-\boldsymbol{p}\times\boldsymbol{q}\\p_4q_4-\boldsymbol{p}\cdot\boldsymbol{q}\end{bmatrix}\tag{50}$$

四元数运动学方程式（49）是精确的，根据角速度矢量的定义，在方程中并没有添加过程噪声，过程噪声只能通过 $\boldsymbol{\omega}$ 引入。

对于附加滤波器，可以把四元数和速率误差写作附加误差：

$$\boldsymbol{q}=\hat{\boldsymbol{q}}+\Delta\boldsymbol{q}\tag{51}$$

$$\boldsymbol{\omega}=\hat{\boldsymbol{\omega}}+\Delta\boldsymbol{\omega}\tag{52}$$

上式中的插入符表示估计，是附加 EKF 的期望值。

把式（51）和式（52）代入式（49）可以得到四元数误差动力学方程，在误差中让0阶项和1阶项相等，并忽略二阶项，得到

$$\dot{\hat{\boldsymbol{q}}}=\frac{1}{2}\begin{bmatrix}\hat{\boldsymbol{\omega}}\\0\end{bmatrix}\otimes\hat{\boldsymbol{q}}\tag{53}$$

$$\Delta\dot{\boldsymbol{q}}=\frac{1}{2}\begin{bmatrix}\hat{\boldsymbol{\omega}}\\0\end{bmatrix}\otimes\Delta\boldsymbol{q}+\frac{1}{2}\begin{bmatrix}\Delta\boldsymbol{\omega}\\0\end{bmatrix}\otimes\hat{\boldsymbol{q}}\tag{54}$$

式（53）可以写为下面的矩阵形式（Wertz，1978）：

$$\dot{\hat{\boldsymbol{q}}}=\frac{1}{2}\boldsymbol{\Omega}(\hat{\boldsymbol{\omega}})\hat{\boldsymbol{q}}\tag{55}$$

式中

$$\boldsymbol{\Omega}(\boldsymbol{\omega})\equiv\begin{bmatrix}-[\boldsymbol{\omega}\times] & \boldsymbol{\omega}\\-\boldsymbol{\omega}^{\mathrm{T}} & 0\end{bmatrix}\tag{56}$$

上式中的 $[\boldsymbol{\omega}\times]$ 是叉积矩阵：

$$[\boldsymbol{\omega}\times]\equiv\begin{bmatrix}0 & -\omega_3 & \omega_2\\\omega_3 & 0 & -\omega_1\\-\omega_2 & \omega_1 & 0\end{bmatrix}\tag{57}$$

矩阵 $\boldsymbol{\Omega}(\boldsymbol{\omega})$ 是一个斜对称矩阵，所以式（49）和式（55）保存 $\boldsymbol{q}$ 和 $\hat{\boldsymbol{q}}$ 的范数，式（55）有如下解：

$$\hat{\boldsymbol{q}}(t)=\boldsymbol{\Phi}_{4\times4}(t,t_k)\hat{\boldsymbol{q}}(t_k)\tag{58}$$

上式中 $\boldsymbol{\Phi}_{4\times4}(t,t_k)$ 是服从微分方程的正交四元状态转移矩阵：

$$\dot{\boldsymbol{\Phi}}_{4\times4}(t,t_k)=\frac{1}{2}\boldsymbol{\Omega}(\hat{\omega}(t))\boldsymbol{\Phi}_{4\times4}(t,t_k)\tag{59}$$

其初始条件是 $\boldsymbol{\Phi}_{4\times4}(t,t_k)$ 是4×4单位矩阵，式（54）的解为

$$\Delta\boldsymbol{q}(t)=\boldsymbol{\Phi}_{4\times4}(t,t_k)\Delta\boldsymbol{q}(t_k)+\frac{1}{2}\int_{t_k}^{t}\boldsymbol{\Phi}_{4\times4}(t,t')\begin{bmatrix}\Delta\boldsymbol{\omega}(t')\\0\end{bmatrix}\otimes\hat{\boldsymbol{q}}(t')\mathrm{d}t'\tag{60}$$

该方程是用来寻找时间传播四个分量的四元数的协方差：

$$\boldsymbol{P}_{4\times4}\equiv\boldsymbol{E}\{(\Delta\boldsymbol{q})(\Delta\boldsymbol{q})^{\mathrm{T}}\}\tag{61}$$

式中，$\boldsymbol{E}$ 为期望值。

接下来讨论时序方法存在的三个具体问题，它可以让人们认识到加性四元数的发展过程。

第一个是概念性问题。$\boldsymbol{q}$ 的期望值不能是单位四元数，因为四元数空间的概率分布要限制在一个单位球面上，这表示其期望值必须在单位球面内。$\hat{\boldsymbol{q}}$ 的范数不同于 $\boldsymbol{q}$ 中的二阶项的统一，扩展卡尔曼滤波本质上是一阶方法，但人们希望最佳估计是正确的归一化四元数。

第二个问题是与第一个问题相关的计算问题。如果四元数误差较小，则误差大概分布在与期望的四元数球面相切的平面上，这表明误差与期望值是近似正交的

$$\Delta \boldsymbol{q}^{\mathrm{T}} \hat{\boldsymbol{q}} \approx 0 \tag{62}$$

式（62）与式（61）说明，$\hat{\boldsymbol{q}}$是一个特征值非常小的协方差矩阵的特征向量，这个协方差矩阵是近似奇异的（Lefferts，Markley 和 Shuster，1982）。这在原则上可以接受，但是数值错误会导致产生负的特征值，失去正半定性。

归一化问题最直接的响应，就是四元数的强力归一化，这种归一化只把更新改变到二阶，因此不在扩展卡尔曼滤波的范围之内。其他方法采用四元数或其范数的伪测量方法，这些修改都没有解决协方差奇异问题：

如果把四元数归一化的要求降低，那么可以获得一个完全不同的方法。定义如下：

$$\boldsymbol{A} = |\boldsymbol{q}|^{-2}\{(q_4^2 - |\boldsymbol{q}|^2)\boldsymbol{I} + 2\boldsymbol{q}\boldsymbol{q}^{\mathrm{T}} - 2q_4[\boldsymbol{q}\times]\} \tag{63}$$

由于上式中存在 $|\boldsymbol{q}|^{-2}$ 项，所以此方法不同于常规的理论关系，因为一般情况下，$\boldsymbol{A}$ 与 $\boldsymbol{q}$ 是正交的。这样就避免了归一化问题和零值协方差问题。协方差是非奇异的，因为 $\boldsymbol{q}$ 的范数并不精确已知，但是这也隐含了把四元数范数当成了不可取、不可观测的自由度。

这些替代方案都没有解决第三个问题，就是附加卡尔曼滤波的低效性。当可以采用 3×3 矩阵来计算时，没有任何理由去计算 4×4 矩阵的协方差和状态转移矩阵。所以，接下来讨论一种乘法四元数扩展卡尔曼滤波（MEKF）。

3.2 乘法四元数扩展卡尔曼滤波（MEKF）

这个算法由 Toda，Heiss 和 Schlee 在 1969 年提出，自 1978 年后开始应用在美国国家航空航天局的项目中。人们的讨论建立在 Markley、Leffers（1982）和 Shuster（2003）研究的基础上。乘法四元数扩展卡尔曼滤波方法保留了式（52），但是式（51）被改写为

$$\boldsymbol{q} = \delta\boldsymbol{q} \otimes \hat{\boldsymbol{q}} \tag{64}$$

估计误差被乘法四元数取代，而不是作为一个附加值来计算。$\hat{\boldsymbol{q}}$的动力学由式（53）定义，而不是由 $\boldsymbol{q}$ 的期望值得来。这样一来，就给了人们预期估计值的动力学特性，并允许 $\boldsymbol{q}$ 精确归一化，而不是只停留在一阶。在该方法中，$\hat{\boldsymbol{q}}$等价于误差中的一阶误差值，这正符合线性卡尔曼滤波的近似值。

式（64）说明 $\delta\boldsymbol{q}$ 也是一个单位四元数，扩展卡尔曼滤波假设估计误差较小，所以 $\delta\boldsymbol{q}$ 接近单位四元数。虽然旋转群没有全局性、连续性、非奇异性、三维参数化（Stuelpnagel，1964），但是有充足的局部性、连续性、非奇异性、三维参数化（Shuster，1993）。人们使用其中的一种，由三维矢量 $\boldsymbol{x}$ 和参数 $\delta\boldsymbol{q}$ 表示。

考虑四个参数，首先将 $\boldsymbol{x}$ 设定为旋转矢量 $\boldsymbol{\phi} = \phi\boldsymbol{e}$，所以根据式（8）可得

$$\delta\boldsymbol{q}(x) = \begin{bmatrix} (\boldsymbol{x}/|\boldsymbol{x}|)\sin(|\boldsymbol{x}|/2) \\ \cos(|\boldsymbol{x}|/2) \end{bmatrix} \tag{65}$$

上式的优点是使协方差包含了角弧度差异，但是在数值计算上也变得更加烦琐。例如泰勒级数这样特殊的形式，必须在接近奇异点 $x=0$ 时才可以使用。

通过设置 $\boldsymbol{x}$ 为 $\delta\boldsymbol{q}$ 向量部分的两倍，可以获得小角度近似的协方差矩阵的定义（Leffers，Markley 和 Shuster，1982）

$$\delta\boldsymbol{q}(\boldsymbol{x}) = \begin{bmatrix} \boldsymbol{x}/2 \\ \sqrt{1 - |\boldsymbol{x}/2|^2} \end{bmatrix} \tag{66}$$

一个更好的参数化设置是设定 $\boldsymbol{x}$ 等于两倍的吉布斯向量 $\delta\boldsymbol{q}/\delta q_4$，得出下式：

$$\delta\boldsymbol{q}(\boldsymbol{x}) = \frac{1}{\sqrt{4 + |\boldsymbol{x}|^2}} \begin{bmatrix} \boldsymbol{x} \\ 2 \end{bmatrix} \tag{67}$$

这等价于使用 $\boldsymbol{x}$ 的一阶近似，然后对四元数进行归一化，可以最大限度地减小舍入误差。

作为第四种替代方式，$\boldsymbol{x}$ 可以是四倍于改进的罗德里格斯参数 $\delta\boldsymbol{q}/(1+\delta q_4)$，得到：

$$\delta\boldsymbol{q}(\boldsymbol{x}) = \frac{1}{16 + |\boldsymbol{x}|^2} \begin{bmatrix} 8\boldsymbol{x} \\ 16 - |\boldsymbol{x}|^2 \end{bmatrix} \tag{68}$$

这个参数化设置由于采用超越函数，所以具有计算上的优势。

$\boldsymbol{x}$ 的定义相当于扩展卡尔曼滤波，因为扩展卡尔曼滤波也有同样的一阶近似

$$\delta\boldsymbol{q}(\boldsymbol{x}) \approx \begin{bmatrix} \boldsymbol{x}/2 \\ 1 \end{bmatrix} \tag{69}$$

但在高阶项，两者是完全不同的。

此时，乘法扩展卡尔曼滤波可以看作一个参数为 $\boldsymbol{x}$ 的传统的卡尔曼滤波，所以需要为其时间传播的期望和方差建立方程。把式（49）、式（53）代入式（64）的时间导数，得

$$\frac{1}{2}\begin{bmatrix} \boldsymbol{\omega} \\ 0 \end{bmatrix} \otimes \boldsymbol{q} = \delta\dot{\boldsymbol{q}} \otimes \hat{\boldsymbol{q}} + \frac{1}{2}\delta\boldsymbol{q} \otimes \begin{bmatrix} \hat{\boldsymbol{\omega}} \\ 0 \end{bmatrix} \otimes \hat{\boldsymbol{q}} \tag{70}$$

把上式代入式（64）的左侧，并删除所有项的公因子 $\hat{\boldsymbol{q}}$，可以得到

$$\delta\dot{\boldsymbol{q}}=\frac{1}{2}\left(\begin{bmatrix}\boldsymbol{\omega}\\0\end{bmatrix}\otimes\delta\boldsymbol{q}-\delta\boldsymbol{q}\otimes\begin{bmatrix}\hat{\boldsymbol{\omega}}\\0\end{bmatrix}\right) \tag{71}$$

把式（69）代入式（71），并用式（50）给出矢量分量到 $\boldsymbol{x}$ 和 $\Delta\boldsymbol{\omega}$ 的一阶部分：

$$\dot{\boldsymbol{x}}=-\hat{\boldsymbol{\omega}}\times\boldsymbol{x}+\Delta\boldsymbol{\omega} \tag{72}$$

式（71）的标量部分完全满足一阶形式。式（72）有如下解：

$$\boldsymbol{x}(t)=\boldsymbol{\Phi}_{3\times3}(t,t_k)\boldsymbol{x}(t_k)+\int_{t_k}^{t}\boldsymbol{\Phi}_{3\times3}(t,t')\Delta\boldsymbol{\omega}(t')\mathrm{d}t' \tag{73}$$

其中 $\boldsymbol{\Phi}_{3\times3}(t, t_k)$ 满足下式：

$$\dot{\boldsymbol{\Phi}}_{3\times3}(t,t_k)=-[\hat{\boldsymbol{\omega}}(t)\times]\boldsymbol{\Phi}_{3\times3}(t,t_k) \tag{74}$$

该方程的初始条件是 $\boldsymbol{\Phi}_{3\times3}(t, t_k)$ 为 3×3 的单位矩阵。式（74）有相同形式姿态矩阵的运动学方程［第5卷第262章，式（11）］，所以 3×3 误差状态转移矩阵可以简单地通过下式计算得出：

$$\boldsymbol{\Phi}_{3\times3}(t,t_k)=\hat{\boldsymbol{A}}(t)\hat{\boldsymbol{A}}^{\mathrm{T}}(t_k) \tag{75}$$

根据第5卷262章的式（33）和式（8），把 $\hat{\boldsymbol{A}}(t)$ 表示为 $\hat{\boldsymbol{q}}(t)$ 的函数。因此不需要分离积分方程式（74）。

参照式（68），假设 $\delta\omega$ 均值为 0，$\boldsymbol{x}$ 期望值的传播为

$$\hat{\boldsymbol{x}}(t)=\boldsymbol{\Phi}_{3\times3}(t,t_k)\hat{\boldsymbol{x}}(t_k++) \tag{76}$$

上式中的 $\hat{\boldsymbol{x}}(t_k++)$ 是在 t_k 时刻更新测量值之后得到的期望值，随后将进行重置操作。重置时设定 $\hat{\boldsymbol{x}}(t_k++)$ 为 $\boldsymbol{0}$，所以 $\hat{\boldsymbol{x}}(t)$ 在测量值之间也是 $\boldsymbol{0}$，并没有必要对其进行传播。四元数的姿态估计由式（58）计算得出，只有在测量的过程中，$\hat{\boldsymbol{x}}$ 才为非零值。

根据式（73），三维向量误差状态 $\Delta\boldsymbol{x}=\boldsymbol{x}-\hat{\boldsymbol{x}}$ 的传播可以写作：

$$\Delta\boldsymbol{x}(t)=\boldsymbol{\Phi}_{3\times3}(t,t_k)\Delta\boldsymbol{x}(t_k)+\int_{t_k}^{t}\boldsymbol{\Phi}_{3\times3}(t,t')\Delta\boldsymbol{\omega}(t')\mathrm{d}t' \tag{77}$$

这种表述方式要比加性扩张卡尔曼滤波式（60）更加简便。下式用于传播 3×3 协方差：

$$\boldsymbol{P}_{3\times3}\equiv\boldsymbol{E}\{(\Delta\boldsymbol{x})(\Delta\boldsymbol{x}^{\mathrm{T}})\} \tag{78}$$

该方程遵循标准的扩展卡尔曼滤波应用（Gelb, 1974; Crassidis 和 Junkins, 2004）。如果卡尔曼滤波状态矢量包含除姿态误差以外的成员，那就必须通过平常的方式来传播。具体方案可以在 Leffers，Markley 和 Shuster（1982）和 Markley（2003 年）文献中找到。

3.3　测量模型和更新

扩展卡尔曼滤波的好处之一是其具有一般性，它并非只限于矢量测量，同时也可以处理各种各样的测量类型，例如，包括地平线交叉扫描的地球敏感器，GPS 相位测量，焦平面上检测对象的水平或垂直位置的星跟踪器或数字太阳敏感器。其一大优势是可以把测量值转换成单位矢量，来提供一个标准接口。这可能需要一个传感器测量误差的次优表示，但在实际应用中并不重要。

为简单起见，可以考虑常值测量，因为矢量测量可以从其常值分量建立。对航天器主体框架中的一个矢量 $\boldsymbol{b}$ 进行测量时，可以将其建模为该矢量的标量函数 χ，并加入白噪声干扰。

$$z=\chi(\boldsymbol{b})+\text{白噪声}. \tag{79}$$

一般情况下，不同的测量过程将会有不同的 χ 和 $\boldsymbol{b}$，但是省略所有有区别的标签，以达到符号上的简化。在主体框架中矢量 $\boldsymbol{b}$ 与参考框架中的矢量 $\boldsymbol{r}$ 通过姿态矩阵呈映射关系：

$$\boldsymbol{b}=\boldsymbol{A}(\boldsymbol{q})\boldsymbol{r}=\boldsymbol{A}(\delta\boldsymbol{q}\otimes\hat{\boldsymbol{q}})\boldsymbol{r}=\boldsymbol{A}(\delta\boldsymbol{q})\boldsymbol{A}(\hat{\boldsymbol{q}})\boldsymbol{r}=\boldsymbol{A}(\delta\boldsymbol{q})\hat{\boldsymbol{b}} \tag{80}$$

上式中 $\hat{\boldsymbol{b}}\equiv\boldsymbol{A}(\boldsymbol{q})\boldsymbol{r}$ 是主体框架中的矢量，通过估计四元数预测得到。

根据式（69）给出姿态矩阵的一阶近似表达形式为

$$\boldsymbol{A}(\delta\boldsymbol{q})=\boldsymbol{I}-[\boldsymbol{x}\times] \tag{81}$$

把上式代入式（79）和式（80）得

$$\begin{aligned}\chi(\boldsymbol{b})&=\chi(\hat{\boldsymbol{b}}-\boldsymbol{x}\times\hat{\boldsymbol{b}})=\chi(\hat{\boldsymbol{b}})-(\nabla\chi)\cdot(\boldsymbol{x}\times\hat{\boldsymbol{b}})\\&=\chi(\hat{\boldsymbol{b}})+(\nabla\chi\times\hat{\boldsymbol{b}})\cdot\boldsymbol{x}\end{aligned} \tag{82}$$

上式中 $\nabla\chi$ 是测量函数相对于其参数的梯度。因此，相对于 $\boldsymbol{x}$ 的标量测量 z 的灵敏度是行向量。

$$\boldsymbol{H}\equiv\partial\chi/\partial\boldsymbol{x}=(\nabla\chi\times\hat{\boldsymbol{b}})^{\mathrm{T}} \tag{83}$$

这个方程对成像传感器有一个有趣的解释：如果矢量 z 是在焦平面图像中的水平位移，则 $\nabla\chi$ 也在水平方向上。如果矢量 $\boldsymbol{b}$ 垂直于焦平面（具有窄视场的传感器大约如此），则矢量 $\boldsymbol{H}$ 也在焦平面的垂直方向上，因此，一次旋转的轴线会使图像在水平方向产生位移。

卡尔曼增益 $\boldsymbol{K}$ 和协方差更新的计算，遵循标准的扩展卡尔曼滤波应用（Gelb，1974；Crassidis 和 Junkins，2004）。状态更新定义如下：

$$\hat{\boldsymbol{x}}(t_k+)=\hat{\boldsymbol{x}}(t_k-)+\boldsymbol{K}(\boldsymbol{z}-\hat{\boldsymbol{z}})=\hat{\boldsymbol{x}}(t_k-)+\boldsymbol{K}[\boldsymbol{z}-\chi(\hat{\boldsymbol{b}})-\boldsymbol{H}\hat{\boldsymbol{x}}(t_k-)] \tag{84}$$

其中，$\boldsymbol{z}$ 表示测量值。

在一次进行完所有的测量之后，将会执行复位操作。该操作使用式（65）把估计四元数重设为

$$\hat{\boldsymbol{q}}(t_k+)=\delta\boldsymbol{q}(\hat{\boldsymbol{x}}(t_k-))\otimes\hat{\boldsymbol{q}}(t_k-) \tag{85}$$

同时，设置姿态误差$\hat{\boldsymbol{x}}(t_k++)$的期望值为 0，然后把测量信息从$\hat{\boldsymbol{x}}$传递到$\hat{\boldsymbol{q}}$。

重置可以在每个测量更新后进行，在这种情况下，式（84）中的 $\boldsymbol{H}\hat{\boldsymbol{x}}(t_k-)$ 项一直为 $\boldsymbol{0}$；但是重置操作经常因为计算效率问题而延迟，直到一组同步测量的所有更新已经完成。要进行下一次的传播，必须先执行重置操作，这样可以避免在两个测量之间传播$\hat{\boldsymbol{x}}(t)$。

乘法扩展卡尔曼滤波的操作并不复杂，比本章所讲述的方法要简单得多，本章主要解释和分析具体算法。

3.4　四元数测量模型

现在一星跟踪器可以同时追踪 5～50 颗恒星，并与追踪器内部的恒星目录进行匹配，然后使用上文中介绍的任意一种单框架方法计算其姿态信息，计算得到的姿态被作为惯性参考四元数。在计算中同样可以估计姿态误差角矢量的协方差（Shuster 和 Oh，1981）。把上述这些计算信息，从恒星跟踪参考框架转移到航天器框架，以此产生一个四元数观测值 $\boldsymbol{q}_{\text{obs}}$ 和 3×3 测量协方差矩阵 $\boldsymbol{R}$。把这些信息传递给卡尔曼滤波器最简单的方法，就是依据姿态观测值和预测值之间偏差的三维参数其中之一：

$$\boldsymbol{q}_{\text{obs}}=\delta\boldsymbol{q}(\boldsymbol{x}_{\text{obs}})\otimes\hat{\boldsymbol{q}}(-) \tag{86}$$

测量模型的形式较为简单：

$$\boldsymbol{h}(\boldsymbol{x})=\boldsymbol{x} \tag{87}$$

所以 $\boldsymbol{H}=\partial\boldsymbol{h}/\partial\boldsymbol{x}$ 是 3×3 的单位矩阵，$\boldsymbol{R}$ 是误差角矢量的协方差。状态更新简化为

$$\hat{\boldsymbol{x}}(+)=\hat{\boldsymbol{x}}(-)+\boldsymbol{P}_{3\times3}(-)[\boldsymbol{P}_{3\times3}(-)+\boldsymbol{R}]^{-1}[\boldsymbol{x}_{\text{obs}}-\hat{\boldsymbol{x}}(-)] \tag{88}$$

在观测过程中使用相同的三维参数是非常重要的，式（86）在重置操作中使用，见式（85）。有了这个附加条件，当 $\boldsymbol{R}\ll\boldsymbol{P}_{3\times3}$时，$\hat{\boldsymbol{x}}(+)=\boldsymbol{x}_{\text{obs}}$，重置四元数估计是$\hat{\boldsymbol{q}}(+)=\boldsymbol{q}_{\text{obs}}$。

四元数空间的预测可以用来映射一个线性四元数测量中的矢量测量（Reynolds，1998）。此映射关系是基于这样的观测，即四元数使用最小角度旋转来映射一个主体框架 $\boldsymbol{b}$ 中的参考矢量 $\boldsymbol{r}$：

$$\boldsymbol{q}_1\equiv\frac{1}{\sqrt{2(1+\boldsymbol{b}\cdot\boldsymbol{r})}}\begin{bmatrix}\boldsymbol{b}\times\boldsymbol{r}\\1+\boldsymbol{b}\cdot\boldsymbol{r}\end{bmatrix} \tag{89}$$

由参考矢量 $\boldsymbol{r}$ 到 $\boldsymbol{b}$ 的映射最通用的四元数是

$$\boldsymbol{q}=\begin{bmatrix}\boldsymbol{b}\sin(\upsilon_b/2)\\\cos(\upsilon_b/2)\end{bmatrix}\otimes\boldsymbol{q}_1\otimes\begin{bmatrix}\boldsymbol{r}\sin(\upsilon_r/2)\\\cos(\upsilon_r/2)\end{bmatrix}=[\cos(\upsilon/2)]\boldsymbol{q}_1+[\sin(\upsilon/2)]\boldsymbol{q}_2 \tag{90}$$

式中，υ_b 和 υ_r 是关于 $\boldsymbol{b}$ 和 $\boldsymbol{r}$ 任意角度的旋转。$\upsilon=\upsilon_b+\upsilon_r$，并且

$$\boldsymbol{q}_2\equiv\frac{1}{\sqrt{2(1+\boldsymbol{b}\cdot\boldsymbol{r})}}\begin{bmatrix}\boldsymbol{b}+\boldsymbol{r}\\0\end{bmatrix} \tag{91}$$

通过 $\boldsymbol{b}$ 和 $\boldsymbol{r}$ 的等分线 $\boldsymbol{r}$ 旋转 180°，四元数 $\boldsymbol{q}_2$ 是矢量 $\boldsymbol{r}$ 到 $\boldsymbol{b}$ 的映射关系。

式（90）说明，$\boldsymbol{q}$ 是两个正交四元数 $\boldsymbol{q}_1$ 和 $\boldsymbol{q}_2$ 的线性组合，这个线性组合构成了符合测量的四维四元数的两维子空间的正交积。四元数分别为 $\boldsymbol{q}_1$ 和 $\boldsymbol{q}_2$：

$$\boldsymbol{q}_3\equiv\frac{1}{\sqrt{2(1-\boldsymbol{b}\cdot\boldsymbol{r})}}\begin{bmatrix}-(\boldsymbol{b}\times\boldsymbol{r})\\1-\boldsymbol{b}\cdot\boldsymbol{r}\end{bmatrix} \tag{92}$$

$$\boldsymbol{q}_4\equiv\frac{1}{\sqrt{2(1-\boldsymbol{b}\cdot\boldsymbol{r})}}\begin{bmatrix}\boldsymbol{b}-\boldsymbol{r}\\0\end{bmatrix} \tag{93}$$

$\boldsymbol{q}_1$，$\boldsymbol{q}_2$，$\boldsymbol{q}_3$ 和 $\boldsymbol{q}_4$ 构成了一个完整的四维四元数空间的正交积。线性测量基于指出正确的四元数必须在 $\boldsymbol{q}_1$ 和 $\boldsymbol{q}_2$ 跨越的子空间，所以它与 $\boldsymbol{q}_3$ 和 $\boldsymbol{q}_4$ 正交。这意味着可以定义一个具有两个分量的测量矢量

$$\boldsymbol{c}(\boldsymbol{b})\equiv[\boldsymbol{q}_3\ \boldsymbol{q}_4]^{\mathrm{T}}\boldsymbol{q} \tag{94}$$

上式不同于仅根据测量噪声得到的 0 值。Reynolds（2008）在姿态滤波器中采用这种测量模型，以保证收敛性。

3.5　与 Wahba 问题相关的四元数方法

可注意到标称姿态的扩展卡尔曼滤波估计偏差，需要进行先验的姿态估计。Wahba 问题的单框架解决方案不需要一个先验的姿态估计。现在讨论尝试结合这两种方法的最佳特性。

姿态矩阵 $\boldsymbol{B}$ 的 9 个分量，由式（5）定义。这些分量包含了姿态的所有信息（在 3 个自由度上），同时还有角度误差的协方差（具有 6 个独立的分

量)。所以，根据上述矩阵信息可以实施扩展卡尔曼滤波（Shuster，1989a，1989b)。这给计算带来了一定的优势，所以，Shuster 提出了一种简单四元数估计滤波算法，这种算法基于传播和更新姿态矩阵 $\boldsymbol{B}$：

$$\boldsymbol{B}(t_k)=\mu\boldsymbol{\Phi}_{3\times3}(t_k,t_{k-1})\boldsymbol{B}(t_{k-1})+\sum_i a_i\boldsymbol{b}_i\boldsymbol{r}_i^{\mathrm{T}} \tag{95}$$

上式中，$\boldsymbol{\Phi}_{3\times3}(t_k,t_{k-1})$ 是式（75）的误差状态转移矩阵，其和在时间 t_k 完成观测。衰退因子 $\mu<1$，可以将之看作近似过程噪声的影响。任何可以解决 Wahba 问题的算法都可以从 $\boldsymbol{B}(t_k)$ 来估计姿态信息。

可替换得递归四元数估计（REQUEST）算法（Bar-Itzhack，1996）与达文波特的传播与更新算法不同，此方法的矩阵 $\boldsymbol{K}$ 表示为：

$$\boldsymbol{K}(t_k)=\mu\boldsymbol{\Phi}_{4\times4}(t_k,t_{k-1})\boldsymbol{K}(t_{k-1})\boldsymbol{\Phi}_{4\times4}^{\mathrm{T}}(t_k,t_{k-1})+\sum_i a_i\boldsymbol{K}_i \tag{96}$$

上式中 $\boldsymbol{\Phi}_{4\times4}(t_k,t_{k-1})$ 是式（58）表示的四元数状态转移矩阵，$\boldsymbol{K}_i$ 是达文波特的单次观测矩阵

$$\boldsymbol{K}_i\equiv\begin{bmatrix}\boldsymbol{b}_i\boldsymbol{r}_i^{\mathrm{T}}+\boldsymbol{r}_i\boldsymbol{b}_i^{\mathrm{T}}-(\boldsymbol{b}_i\boldsymbol{r}_i)\boldsymbol{I} & (\boldsymbol{b}_i\times\boldsymbol{r}_i)\\ (\boldsymbol{b}_i\times\boldsymbol{r}_i)^{\mathrm{T}} & \boldsymbol{b}_i\cdot\boldsymbol{r}_i\end{bmatrix} \tag{97}$$

四元数估计和递归四元数估计滤波在数学上是等价的，其区别是四元数估计滤波方法计算量较小。但是在实践中，这两种滤波方法的性能都不如扩展卡尔曼滤波，主要原因是存在与过程噪声衰退记忆近似的次优性。在计算衰退记忆因子上，卡尔曼增益滤波具有更好的效果，但是它牺牲了这些方法的简易性（Choukroun，Bar-Itzhack 和 Oshman，2000)。

4 总　　结

姿态确定是每一个空间任务的重要组成部分，姿态确定采用航天器主动控制，并采集航天器定位方面的数据。这包括了几乎所有的航天任务。不同任务对姿态精度的要求差别很大，从几十度到百分之一角秒，覆盖范围超过 6 个数量级。姿态控制中的姿态确定必须在航天器上执行，但是姿态确定的科学数据分析有多重处理途径，可以在轨或在地面执行，也可以在轨与在地面共同进行。随着航天器功率的显著增加，星载微处理器的造价和重量不断降低，姿态确定的重心开始向航天器转移。一些“智能”传感器，尤其是星载跟踪器，使用嵌入式微处理器、数据库、计算算法来自主解算姿态信息。姿态确定使用的大多数是经典技术，但是这个领域的进步从未停止。

相关章节

第 5 卷，第 262、第 263 章

参考文献

Bar-Itzhack, I. Y. (1996) REQUEST: A recursive QUEST algorithm for sequential attitude determination. *J. Guid.*, *Control, Dyn.*, **19**, 1034—1038.

Black, H. D. (1964) A passive system for determining the attitude of a satellite. *AIAA J.*, **2**, 1350—1351.

Cheng, Y. and Shuster, M. D. (2007a) Robustness and accuracy of the QUEST algorithm, in *Spaceflight Mechanics 2007*, *Advances in the Astronautical Sciences*, vol. 127, Univelt, San Diego, CA, pp. 41—62.

Cheng, Y. and Shuster, M. D. (2007b) The speed of attitude estimation, in *Spaceflight Mechanics 2007*, *Advances in the Astronautical Sciences*, vol. 127, Univelt, San Diego, CA, pp. 101—116.

Choukroun, D., Bar-Itzhack, I. Y. and Oshman, Y. (2000) Optimal-REQUEST algorithm for attitude determination *J. Guid.*, *Control Dyn.*, **27**, 418—425.

Cohen C. E. (ed.) (1996) Attitude determination, in *Global Positioning System: Theory and Applications*, vol. 2 (eds B. W. Parkinson and J. J. Spilker), American Institute of Aeronautics and Astronautics, Washington, DC, pp. 519—538.

Crassidis, J. L. and Junkins, J. L. (2004) *Optimal Estimation of Dynamic Systems*, Chapman & Hall/CRC, Boca Raton, FL. Crassidis, J. L. and Markley, F. L. (1997) New algorithm for attitude determination using global positioning system signals. *J. Guid. Control Dyn.*, **20**, 891—896.

Crassidis, J. L., Markley, F. L. and Lightsey, E. G. (1999) Global positioning system integer ambiguity resolution without attitude knowledge. *J. Guid. Control Dyn.*, **22**, 212—218.

Farrell, J. L., Stuelpnagel, J. C., Wessner, R. H., Velman, J. R. and Brock, J. E. (1966) A least squares estimate of spacecraft attitude. *SIAM Rev.*, **8**, 384—386.

Gelb, A. (ed.) (1974) *Applied Optimal Estimation*, The MIT Press, Cambridge, MA.

Golub, G. H. and Van Loan, C. F. (1983) *Matrix Computations*, The Johns Hopkins University Press, Baltimore, MD.

Horn, R. A. and Johnson, C. R. (1985) *Matrix Analysis*,

Cambridge University Press, Cambridge, UK.

Lefferts, E.J., Markley, F.L. and Shuster, M.D. (1982) Kalman filtering for spacecraft attitude estimation. *J. Guid. Control Dyn.*, **5**, 417—429.

Markley, F.L. (2003) Attitude error representations for Kalman filtering. *J. Guid. Control Dyn.*, **26**, 311—317.

Markley, F.L. (2008) Optimal attitude matrix from two vector measurements. *J. Guid. Control Dyn.*, **31**, 765—768.

Markley, F.L. and Mortari, D. (2000) Quaternion attitude estimation using vector observations. *J. Astronaut. Sci.*, **48**, 359—380.

Psiaki, M.L. and Mohiuddin, S. (2007) Global positioning system integer ambiguity resolution using factorized least-squares techniques. *J. Guid. Control Dyn.*, **30**, 346—356.

Reynolds, R.G. (1998) Quaternion parameterization and a simple algorithm for global attitude estimation. *J. Guid. Control Dyn.*, **21**, 669—671.

Reynolds, R.G. (2008) Asymptotically optimal attitude filtering with guaranteed convergence. *J. Guid. Control Dyn.*, **31**, 114—122.

Shuster, M.D. (1989a) Maximum likelihood estimate of spacecraft attitude. *J. Astronaut. Sci.*, **37**, 79—88.

Shuster, M.D. (1989b) A simple Kalman filter and smoother for spacecraft attitude. *J. Astronaut. Sci.*, **37**, 89—106.

Shuster, M.D. (1990) Kalman Filtering of spacecraft attitude and the QUEST model. *J. Astronaut. Sci.*, **38**, 377—393.

Shuster, M.D. (1993) A survey of attitude representations. *J. Astronaut. Sci.*, **41**, 439—517.

Shuster, M.D. and Natanson, G.A. (1993) Quaternion computation from a geometric point of view. *J. Astronaut. Sci.*, **41**, 545—556.

Shuster, M.D. and Oh, S.D. (1981) Three-axis attitude determination from vector observations. *J. Guid. Control*, **4**, 70—77.

Stuelpnagel, J. (1964) On the parameterization of the threedimensional rotation group. *SIAM Rev.*, **6**, 422—430.

Wahba, G. (1965) A least squares estimate of spacecraft attitude. *SIAM Rev.*, **7**, 409.

Wertz, James R. (ed.) (1978) *Spacecraft Attitude Determination and Control*, D. Reidel, Dordrecht, Holland.

本章译者：张景瑞，胡权，许涛（北京理工大学宇航学院）

第 265 章

主动姿态控制执行机构

Nadjim M. Horri, Phil Palmer, Alice Giffen
萨里空间中心，萨里大学，英国

1 引　　言

主动姿态控制硬件是航天任务设计的一个主要出发点，执行机构的失效是导致整个航天任务失败的主要原因。不同类型的主动姿态控制需要使用不同类型的执行机构来完成姿态稳定、姿态机动和动量管理等任务。执行机构的规格由航天任务对姿态控制的需求决定。

以下各部分介绍了主要的航天器主动姿态控制方法，并从理论和应用的角度介绍了各种执行机构的基本原理，通过对动力学建模方法及各类执行机构所涉及技术的介绍，展示未来航天器执行机构的发展趋势。

2 磁力矩器

磁力矩器（电磁线圈式、磁棒式）通过控制线圈中的电流来产生指定方向的磁偶极矩 $\boldsymbol{M}$，磁偶极矩与地球磁场相互作用，产生与地球磁场矢量 $\boldsymbol{B}$ 垂直的控制外力矩。磁力矩器主要应用于低精度姿态稳定、动量交换装置卸载及航天器去翻滚控制等情况。一种典型的微卫星磁棒式磁力矩器如图 1 所示。

2.1 磁力矩的产生

磁偶极矩 $\boldsymbol{M}$ 和线圈中的电流成正比，是线圈圈数 n，电流 i，线圈围成面积 A 的乘积：

$$\boldsymbol{M}=niA\,\hat{\boldsymbol{n}} \tag{1}$$

单位向量$\hat{\boldsymbol{n}}=\hat{\boldsymbol{i}}\times\hat{\boldsymbol{B}}$。其中，$\hat{\boldsymbol{i}}$是电流在截面方向

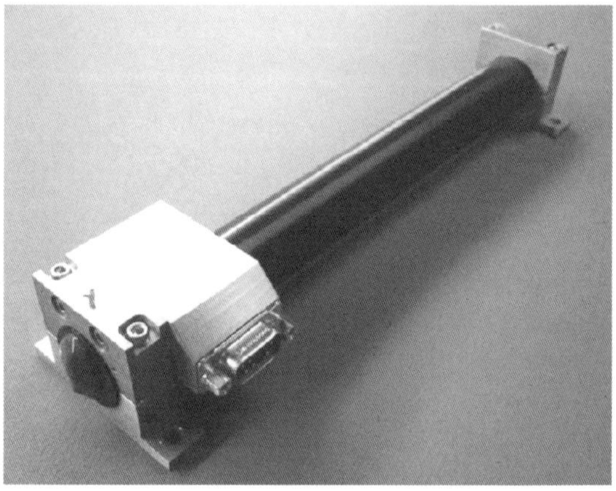

图 1　萨里卫星技术有限公司（SSTL）生产的磁棒式磁力矩器

的单位向量；$\hat{\boldsymbol{B}}$是地球磁场矢量的单位向量。

2.2 磁力矩器（图 2）设计

磁线圈的设计需要考虑质量、电阻和功率损耗等约束［更多可参考 Griffin（2004）文献］，各约束分别表示为：

$$m=nla_0\gamma \tag{2}$$

$$R=\frac{nl\rho}{a_0} \tag{3}$$

$$P=Ri^2 \tag{4}$$

式中，l 表示线圈每圈导线的长度；a_0 表示导线横截面面积；γ 表示导线的密度；ρ 表示导线材料的电阻率；m 是总质量；R 是电阻；P 是功率损耗。

地磁场强度 $\boldsymbol{B}$ 的大小与 r^3 成反比，$\boldsymbol{r}$ 是从地心指向航天器的矢径。因此，磁力矩控制适用于低轨道航天器。

控制力矩是磁矩矢量与磁场强度矢量的叉乘：

$$N_m = M \times B \tag{5}$$

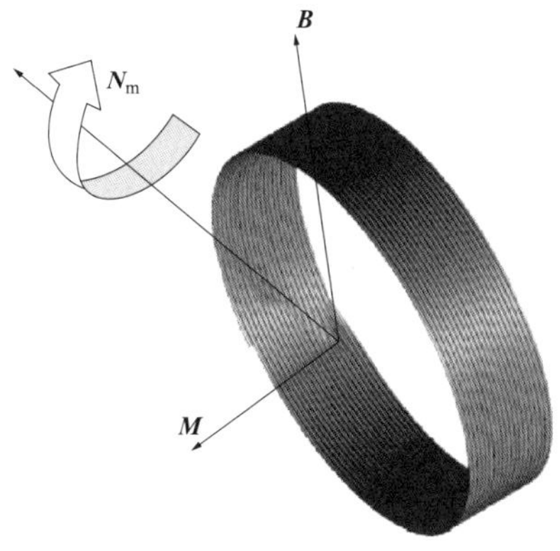

图 2 磁力矩器示意

例如，SPOT－2 运行于 840 km 高度的轨道，姿态控制系统使用的 2.6 kg 的星载磁力矩器的特性如下：

（1）$M=140A\times m^2$

（2）$N_m=7\times10^{-3}$ N・m

由于在地球同步轨道地磁场要更弱，使用同样的磁力矩器在地球同步轨道上产生的控制力矩只有 10^{-8} N・m 数量级。磁棒和电磁线圈相似，但体积要更小，磁力矩可由以下两种不同的方式产生：

（1）电磁效应。其与电磁线圈式磁力矩器的原理相似。

（2）永磁体效应。其由铁磁性内芯磁化后产生磁矩。

磁力矩器成本低，电力消耗少，系统简单，在低轨道任务中应用广泛。磁力矩器在地球磁场方向不能产生控制力矩，只能提供部分控制能力；在小轨道倾角的情况下使用磁力矩器控制也有困难。

在实际应用中，磁力矩器采用脉冲模式工作，脉冲调制的系统结构和推力器中的脉冲调制类似，这将在下文提到。

3 推力器

推力器是唯一一种既能控制航天器质心运动，又能控制绕质心运动的执行机构，能够产生较大的控制力矩，满足快速姿态机动的需求。推力器将工质从燃烧室经过喷管向外喷射，于是在相反方向产生一个推力。

在实际应用中，轨道修正和轨道机动所引起的寄生力矩对姿态横轴方向有明显的干扰，抵消这些干扰的可行方式是使用成对的推力器进行姿态控制。推力器需要经过脉冲调制来产生大小不同的推力。推进分系统通常能够同时用于姿态控制和轨道控制，是集成式的。推进系统针对不同的任务，使用不同规格的推力器：以脉冲推力方式进行轨道修正和轨道机动的任务需要使用可以产生大推力的推力器（200～500 N），姿态控制和连续小推力轨道机动的任务则使用可以产生小推力的推力器（0.1～25 N）。系统通常包含冗余以提高可靠性。

在目前的技术条件下，线性特性的推力器阀门尚不能在轨使用，因此经典的连续控制律不能直接实现。航天器姿态轨道控制时推力器使用开关阀门，从而引入了非线性的问题。

推力器通常基于化学反应或电推进技术，但它们的基本原理都是通过喷射推进剂来产生推力。这里不关注不同推进技术的区别，读者可以参考 CNES（2005）文献作进一步了解。下文以冷气推进为例进行分析。

3.1 推力器姿态控制

本节以 320 kg 的 Uosat－12 卫星［更多可参考 Bordany（2001）文献］上的冷气推进系统为例，展示典型的姿态轨道集成推进系统，如图 3 所示。

图 3 所示的推进系统既能用于姿态控制，又能用于轨道控制任务。系统中有 8 个推力器用于姿态控制，2 个推力器用于轨道控制，姿态控制推力器需成对工作以产生力矩，其中一对用于滚转控制，另一对用于俯仰控制，另两对推力器用于偏航控制。

压缩氮气作为推进剂存储在 3 个高压气瓶中，气瓶压力为 200 bar（1 bar＝100 kPa），总容量 27 L。氮气从储箱通过一系列阀门、调压阀、蓄能器等，到达推力器。过滤器限制氮气从储箱到两个蓄能器的流动，蓄能器的额定工作压力约为 5 bar，并由两个冗余的电磁阀控制充气，电磁阀串联安装以减轻由电磁阀机械缝隙所导致的不能完全关闭的问题。电磁阀的电气故障将导致气流不受控地流入蓄能器中，最终超过蓄能器的最大许可压力（13 bar），为避免这类惨重的后果，系统并联了自锁阀（或溢流阀/安全阀），当压力达到 12 bar 时阀门打开。

最简单的推力器三轴姿态控制方式是每个轴使用一对推力器，但是四个合理安排的推力器也能有效地实现三轴姿态控制。推力器的布局还受到其他子位置的影响。

每个推力器的工作压力调节到 10 bar，喷管上通常会安装一个控制阀，当阀门打开时，冷气从喷管喷出并产生推力。控制阀的最大工作压力限制了推力器的推力大小，这里采用的推力器的推力通常小于 1 N。推力器对星体轴提供力矩的大小与推力大小和到星体轴力臂的长度有关。

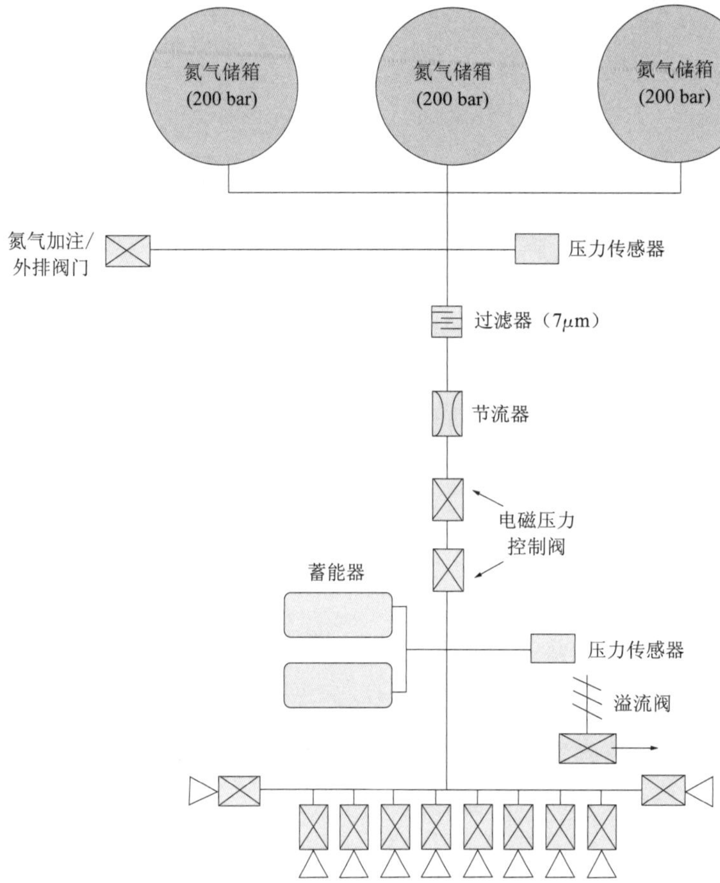

图 3　Uosat－12 卫星集成推进系统的结构

3.2　推力器脉冲调制方案

推力器不是线性变量控制，只能产生恒定大小的推力，对于连续的力矩指令，可将其与通过脉冲持续时间调制而产生开关形式的力矩等价。

除最大推力外，还需对推力器的其他主要特性进行设计，如下：

（1）开始时间：达到规定常值推力的时间延迟。对于 10 N 的推力器，时间延迟约为 15 ms。

（2）关闭时间：关闭推力器的时间延迟。对于 10 N 的推力器，关闭时间约为 10 ms。

（3）最小脉冲位（MIB）：最小脉冲位特别重要，它与对航天器姿态控制的最小变化量有关。对于0.2 N的推力器，最小脉冲位是 5 ms；对于 10 N 的推力器，最小脉冲位是30～40 ms。

可以采用不同的技术实现脉冲持续时间调制（Sidi，1997；Krovel，2005；Wie，1998），最主要的有：

（1）脉冲宽度调制（PWM）。

（2）脉冲宽度频率调制（PWPFM）。

脉冲宽度调制的原理如图 4 所示。其中，$r(t)$ 表示离散化的输入指令；$u(t)$ 表示脉宽调制的输出。脉动输出的宽度和力矩指令输入的大小成正比，脉动输出的面积可以近似看作一个脉冲。

脉冲宽度频率调制和脉冲宽度调制的原理相似，只是各脉冲之间的时间间隔也需要调制。脉冲宽度调制和脉冲宽度频率调制的系统框图分别如图 5 和图 6 所示。

脉冲宽度调制和脉冲宽度频率调制的都使用了施密特触发器。当输入大于施密特触发器的阈值时，输出高位；当输入低于另一个低位阈值时，输出为低位；输入位于两个阈值之间，则无输出。任何干扰力矩或轨道机动引起的不平衡都由其他的执行机构修正，此时推力器自身处于无输出的调制状态。脉冲的占空比代表推力器开关持续时间的比例，不同的推力器的占空比不同。实际应用中由阀门系统实现脉冲序列（在Uosat-12任务中，控制阀安装在推力器上）。

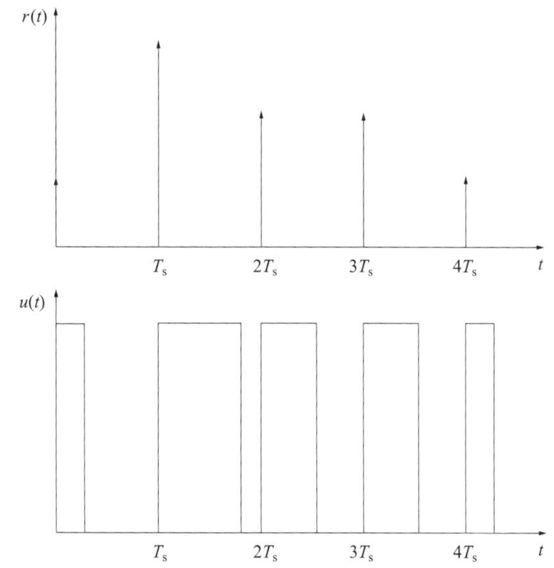

图4 典型的脉冲宽度调制示意

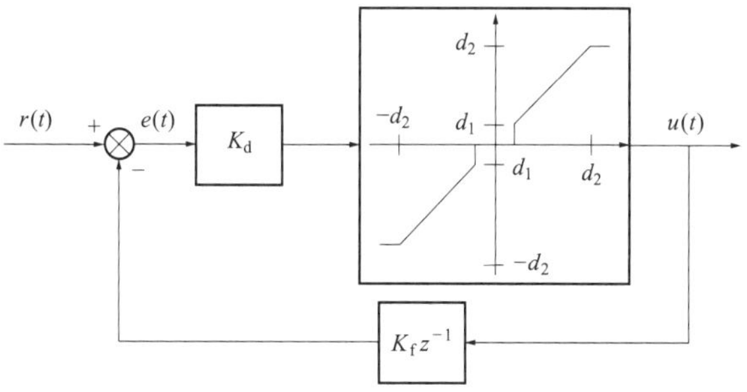

图5 脉冲宽度调制的系统框图

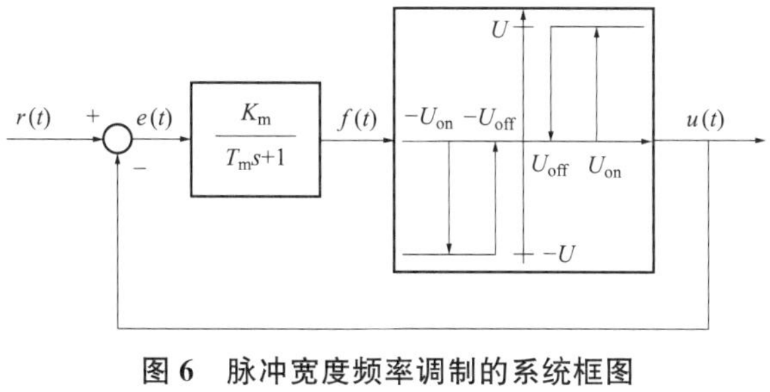

图6 脉冲宽度频率调制的系统框图

4 反作用轮

4.1 反作用轮基础

动量轮和反作用轮是航天器上最常用的动量交换装置，它们都应用角动量守恒原理。惯性轮的旋转产生了作用于航天器本体的内力矩，内力矩使星体沿相反方向旋转。

动量轮和反作用轮由电动机（通常是直流电动机）和沿最大转动惯量轴安装的飞轮组成，以产生更大的角动量。设计时需要对电动机和飞轮的质量和形状进行优化，以得到高的惯量/质量比。图7所示的是典型的反作用轮示意。

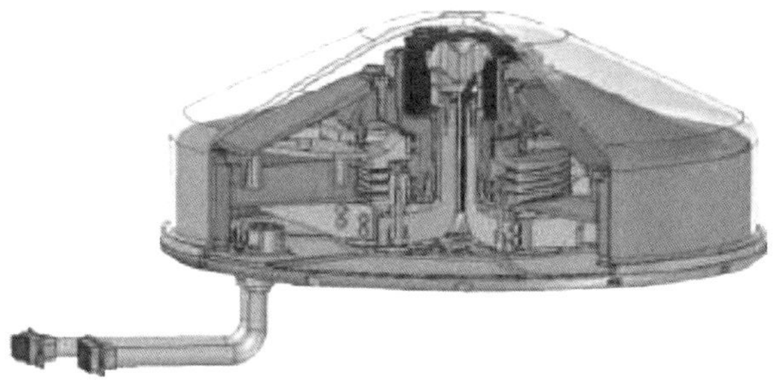

图7 SSTL微型飞轮示意

动量轮和反作用轮的区别在于它们的操作模式：

动量轮通过偏置动量，利用陀螺旋转的陀螺效应使航天器的惯性姿态稳定。由于偏置角动量的存在，横轴的漂移率减小了。

反作用轮以名义零角动量模式运行，为姿态机动提供力矩。反作用轮尤其适用于需要较高指向精度的情况。

通常使用由四个反作用轮组成的执行机构群，用于较高精度的三轴姿态控制，同时存在系统冗余，提高可靠性。反作用轮可以产生0.01～1 Nm的力矩。飞轮的大小由敏捷性的要求决定，通常用姿态每秒能够机动的角度来表示敏捷性。反作用轮组可以提供完全的三轴稳定性，与之不同，使用动量轮的偏置动量稳定还需要其他执行机构进行三轴姿态控制。使用动量轮还需要进行章动控制。动量轮和反作用轮都需要使用其他执行机构提供外力矩的对角动量卸载。

飞轮通常有两种运行模式（Sidi，1997）：

（1）速率模式：将外环输出的加速度需求转换成对飞轮转速的需求，再传递给反作用轮测速回路。内回路在存在轴承摩擦和不确定性的情况下保证合适的飞轮响应。测速计（磁感应转换器）测量飞轮转速，并和转速需求进行比较，得到偏差传递给电动机以实现精确的转速控制。当航天器运行在天底指向模式时，为了限制反作用轮在零速度附近的静摩擦，反作用轮需要运行在速率模式以实现高精度稳定。

（2）力矩模式：电机的电流和电机产生的力矩成正比，使用电流反馈，电机与飞轮的组合就变成了反作用轮。

当航天器运行在太阳指向或者大角度机动模式

时，反作用轮需要运行在力矩模式。

4.2　技术考虑

反作用轮由以下组件组成：

（1）转子轴承：用来悬挂转子，其技术挑战在于需要将摩擦减至最小。转子轴承通常有两种类型：机械滚珠轴承和磁悬浮轴承（CNES，2005）。滚珠轴承需要使用润滑剂来减小摩擦，通常需要供液和分配系统配合使用。磁悬浮轴承允许飞轮悬浮在空中，以避免转子和定子之间的物理接触，它能够显著地增大力矩与噪声的比。这类系统需使用很复杂的控制技术来控制不稳定平衡的转轴。磁悬浮轴承目前正在研究当中，并成为未来航天器执行机构的一个很好的选择。

（2）惯性轮：设计时要尽可能增大惯性轮的转动惯量和质量的比，同时必须保证精确的平衡，在航天器生命周期内保持物理特性不变，并能承受大范围温度变化。

（3）电子设备：需要完成在不同运行模式的转换、测量飞轮转速、跟踪期转速等任务。反作用轮的电子设备在空间中必须能够正常工作。

（4）电机：通常使用多相无刷直流电机，由安装在转子上的永磁体和定义良好的换向器组成。

（5）锁定装置：用来在发射阶段锁定转子，可以使用电磁或者烟火装置。

4.3　考虑摆动速率约束的执行机构大小的确定

考虑下面这个问题：确定航天器使用一个执行机构沿固定轴执行从静止到静止（rest to rest）的姿态机动任务所需的最大控制力矩 $N_{\max}$（Sidi，1997；Lappas，2002）。这里执行机构选择最常用的反作用轮，但分析过程同样适用于推力器和控制力矩陀螺。

设姿态控制要求是航天器在指定时间 ΔT 内完成 $\Delta\theta$ 的姿态机动。单轴的姿态方程为

$$J\ddot{\theta}=N_{c} \tag{6}$$

式中，J 是沿旋转轴的转动惯量的大小。

这类姿态机动的最短时间方案是 Bang-Bang 方案，加速阶段以恒定最大力矩执行，剩下另一半时间为减速阶段，恒定力矩 $N=-N_{\max}$。可以用 Bang-Bang 控制方案来确定执行机构的规格。

（1）角速度：角速度为三角形曲线，一段是匀加速阶段，紧接着是匀减速阶段：

$$\dot{\theta}=\begin{cases}\dot{\theta}_{0}+\dfrac{N_{\max}}{J}t & t\in\left[0,\dfrac{\Delta T}{2}\right]\\ \dot{\theta}_{\frac{\Delta T}{2}}-\dfrac{N_{\max}}{J}\left(t-\dfrac{\Delta T}{2}\right) & t\in\left[\dfrac{\Delta T}{2},\Delta T\right]\end{cases} \tag{7}$$

（2）姿态：Bang-Bang 控制的姿态变化为：

$$\theta=\begin{cases}\dfrac{1}{2}\dfrac{N_{\max}}{J}t^{2} & t\in\left[0,\dfrac{\Delta T}{2}\right]\\ \theta_{\frac{\Delta T}{2}}+\left(t-\dfrac{\Delta T}{2}\right)-\dfrac{1}{2}\dfrac{N_{\max}}{J}\left(t-\dfrac{\Delta T}{2}\right)^{2} & t\in\left[\dfrac{\Delta T}{2},\Delta T\right]\end{cases} \tag{8}$$

姿态机动的最大角速度是平均/要求摆动速率的 2 倍，即

$$\dot{\theta}_{\frac{\Delta T}{2}}=\dot{\theta}_{\max}=2\times\text{要求摆动速率} \tag{9}$$

对于给定的姿态机动需求，最大力矩 $N_{\max}$ 可由式（10）获得：

$$\frac{\Delta\theta}{2}=\frac{1}{2}\frac{N_{\max}}{J}\left(\frac{\Delta T}{2}\right)^{2} \tag{10}$$

式中，$\Delta\theta$ 和 ΔT 分别是要求的姿态机动角度和时间。

飞轮的规格（质量、惯量）随着最大需用力矩的增大而增大，例如：

SSTL 微型飞轮 10 SP 的质量为 0.96 kg，转动惯量为 8×10^{-4} kg·m²，最大转速为 5 000 r/m，能够产生 10 mN·m 的力矩。

SSTL 小飞轮 200 SP 的质量为 4.7 kg，转动惯量为0.023 kg·m²，最大转速为 5 000 r/m，能够产生200 mN·m的力矩。

飞轮设计时通常寻找高转动惯量/质量比的方案，环形飞轮比盘形飞轮拥有更大的转动惯量/质量比，实际应用中，飞轮由一个薄圆盘或内环及一个厚的外环组成。直流电机需要提供足够的力矩来加速飞轮旋转。

4.4　反作用轮的动力学模型

在不考虑噪声和干扰力矩的情况下，动量轮或反作用轮的角动量为

$$\boldsymbol{h}=\boldsymbol{I}_{\mathrm{wh}}\boldsymbol{\Omega} \tag{11}$$

式中，$\boldsymbol{I}_{\mathrm{wh}}$ 表示飞轮的转动惯量矩阵；$\boldsymbol{\Omega}$ 表示在星体坐标系中的飞轮角速度。

在零动量模式中，由角动量守恒原理可得：

$$\boldsymbol{h}=-\boldsymbol{I}_{\mathrm{s}}\boldsymbol{\omega} \tag{12}$$

式中，$\boldsymbol{I}_{\mathrm{s}}$ 表示航天器本体（不包括飞轮）的转动惯量矩阵；$\boldsymbol{\omega}$ 表示航天器的角速度矢量。

在实际应用中，反作用轮受到噪声的影响。反作用轮主要的噪声源是干摩擦（黏性摩擦）和库仑摩擦以及电机干扰（Sidi，1997）：

（1）黏性摩擦导致飞轮驱动电力功率消耗。

（2）库仑摩擦导致不规则的误差。

反作用轮的动力学模型框如图 8 所示。

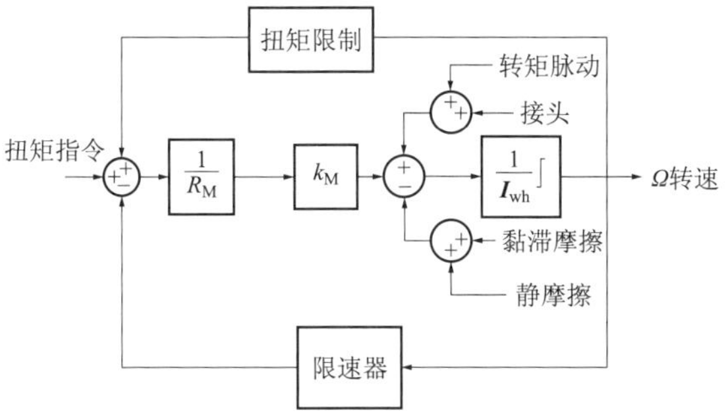

图 8　反作用轮的动力学模型

由于电动机纹波和齿槽等干扰以及轴承库仑摩擦和黏性摩擦的干扰，实际的飞轮转速与期望转速不同。

$$\dot{\boldsymbol{h}}_{\text{out}}=\dot{\boldsymbol{h}}_{\text{cmd}}-\boldsymbol{N}_{\text{visc}}-\boldsymbol{N}_{\text{coul}}-\boldsymbol{N}_{\text{r}}-\boldsymbol{N}_{\text{c}} \quad (13)$$

式中，$\boldsymbol{N}_r$ 和 $\boldsymbol{N}_c$ 分别表示电动机的纹波和齿槽干扰力矩；$\boldsymbol{N}_{visc}$ 和 $\boldsymbol{N}_{coul}$ 分别代表黏性和库伦摩擦力矩。

从系统框图可以看出反作用轮的动力学模型不仅受干扰力矩的影响，而且为避免执行机构饱和，还要满足转速和力矩的限制。

5　控制力矩陀螺

5.1　控制力矩陀螺（CMG）基础

控制力矩陀螺能够提供较大的力矩，因此很早就用于大型航天器的姿态控制，尤其是缓慢运动的平台，例如天空实验室（Skylab）、国际空间站（ISS）等。近来，控制力矩陀螺被当作小卫星敏捷姿态机动时一种可行的执行机构。

基于 SSTL 平台的 Tubitak Bilsat 卫星是第一颗在姿态控制分系统中使用 CMG 的微卫星。图 9 所示为在 Bilsat 卫星上使用的单框架控制力矩陀螺。实现近似大小的力矩，控制力矩陀螺所需质量比反作用轮更小。对于近似摆动速率需求的微卫星，需要使用控制力矩陀螺和反作用轮的情况见下表。

表　与近似摆动速率需求对应的 CMG 和反作用轮的情况

参数	CMG	RW
微卫星质量/kg	50	50
执行机构	1 CMG	1 RW
执行机构质量/g	320	1 000
功率范围/W	0.1～1.2	0.8～3.5
最大力矩/（N·m）	8.84	10
平均摆动速率/［(°)·s^{-1}］	1.23	1.31

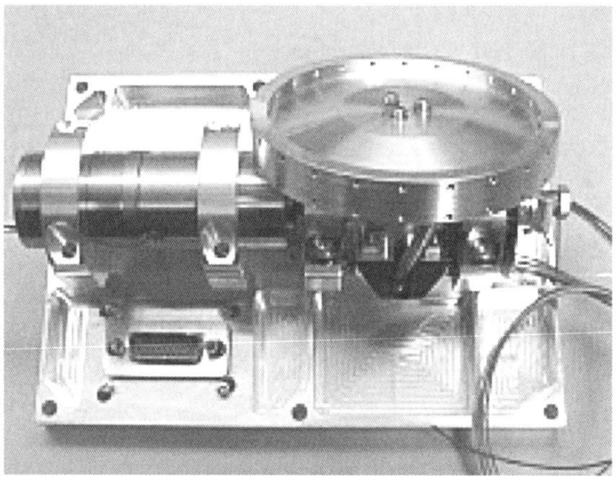

图 9　在 SSTL 平台的 Bilsat 微卫星上使用的单框架控制力矩陀螺

下面从单框架控制力矩陀螺的示例分析陀螺执行机构、陀螺效应的基本原理。典型的单框架控制力矩陀螺如图 10 所示。

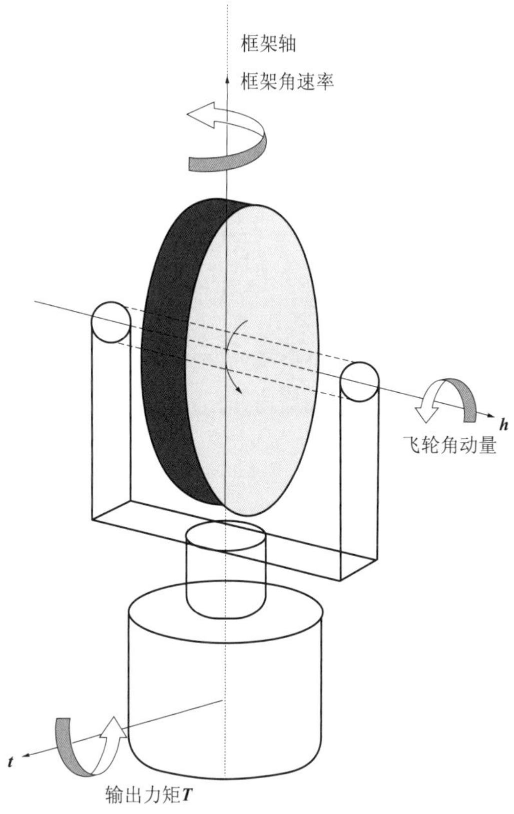

图 10　单框架控制力矩陀螺示意

飞轮以恒定转速绕其对称轴旋转，单位向量$\hat{\boldsymbol{h}}$，输入力矩作用在框架轴$\hat{\boldsymbol{g}}$方向，与飞轮转轴垂直。结果产生一个沿$\hat{\boldsymbol{t}}$方向的输出力矩，与这两个轴都垂直：

$$\boldsymbol{N}_{\text{output}}=\boldsymbol{h}\times\dot{\delta}\hat{\boldsymbol{g}} \tag{14}$$

式中，δ表示框架角度；$\boldsymbol{h}$表示飞轮的角动量。这个控制力矩的效应是航天器进动。一个可行的期望力矩方案可以通过适当变化框架角速率来实现。注意到飞轮的转速也是可以随着时间变化的（Schaub，2003），此时执行机构变成变速控制力矩陀螺，可以利用这个额外的自由度来避免控制力矩陀螺奇异，这个问题将在最后两个小节讨论。

5.2 力矩放大

控制力矩陀螺的输入力矩是陀螺力矩和使框架加速所需的力矩之和：

$$\boldsymbol{N}_{\text{input}}=\boldsymbol{\omega}_{\text{output}}\times\boldsymbol{h}+\boldsymbol{I}_{\text{G}}\ddot{\delta}\hat{\boldsymbol{g}} \tag{15}$$

式中，$\boldsymbol{\omega}_{\text{output}}$是航天器相对惯性系的角速度在输出力矩方向的分量；$\boldsymbol{I}_{\text{G}}$是框架的转动惯量；$\ddot{\delta}$是框架的角加速度。

对于大多数实际应用的CMG系统，框架加速所需的力矩相对其他项可以忽略不计。因此输出力矩与输入力矩大小的比值满足：

$$\boldsymbol{N}_{\text{output}}/\boldsymbol{N}_{\text{input}}=\dot{\delta}/\boldsymbol{\omega}_{\text{output}} \tag{16}$$

当$\boldsymbol{\omega}_{\text{output}}\ll\dot{\delta}$时，可实现力矩放大。也就是说，力矩放大的优势在慢速旋转航天器或大框架速率时更为显著（Lappas，2002）。

5.3 CMG系统的总角动量

使用n个单框架控制力矩陀螺的航天器系统总角动量在惯性系中表示为

$$\boldsymbol{H}=\boldsymbol{I}_{\omega}+\sum_{i=1}^{n}(\boldsymbol{C}_i^{\text{T}}\boldsymbol{J}_i\dot{\delta}_i\hat{\boldsymbol{h}}+\boldsymbol{C}_i^{\text{T}}\boldsymbol{J}_i\Omega_i\hat{\boldsymbol{g}}_i) \tag{17}$$

式中，$\boldsymbol{H}$是总角动量；$\boldsymbol{I}_{\omega}$是航天器的总转动惯量（包括CMG），$\dot{\delta}_i$是第i个CMG的框架角速度；$\boldsymbol{J}_i$是在框架坐标系中表示的第i个CMG转动惯量；Ω_i是第i个CMG的转动角速度，$\boldsymbol{C}_i^{\text{T}}$是从CMG坐标系到星体坐标系的转换矩阵，由CMG的布局决定。

记航天器本体（不包括CMG）的转动惯量为$\boldsymbol{I}_{\text{s}}$，总转动惯量可表示为

$$\boldsymbol{I}=\boldsymbol{I}_{\text{s}}+\sum_{i=1}^{n}(\boldsymbol{C}_i^{\text{T}}\boldsymbol{J}_i\boldsymbol{C}_i) \tag{18}$$

式（17）可以写成紧凑的矩阵形式：

$$\boldsymbol{H}=\boldsymbol{I}_{\omega}+\boldsymbol{B}\dot{\boldsymbol{\delta}}+\boldsymbol{D}\boldsymbol{\Omega} \tag{19}$$

式中，

$$\boldsymbol{D}=[\boldsymbol{C}_1^{\text{T}}\boldsymbol{J}_1\hat{\boldsymbol{h}}_1\quad \boldsymbol{C}_2^{\text{T}}\boldsymbol{J}_2\hat{\boldsymbol{h}}_2\quad \cdots\quad \boldsymbol{C}_n^{\text{T}}\boldsymbol{J}_n\hat{\boldsymbol{h}}_n] \tag{20}$$

$$\boldsymbol{B}=[\boldsymbol{C}_1^{\text{T}}\boldsymbol{J}_1\hat{\boldsymbol{g}}\quad \boldsymbol{C}_2^{\text{T}}\boldsymbol{J}_2\hat{\boldsymbol{g}}_2\quad \cdots\quad \boldsymbol{C}_n^{\text{T}}\boldsymbol{J}_n\hat{\boldsymbol{g}}_n] \tag{21}$$

对公式求导，并将惯性系的方程写在星体系中，得到：

$$\boldsymbol{N}_{\text{ext}}-\boldsymbol{\omega}\times\boldsymbol{I}_{\omega}-\boldsymbol{I}_{\dot{\omega}}=\boldsymbol{\omega}\times\boldsymbol{D}\boldsymbol{\Omega}+\boldsymbol{\omega}\times\boldsymbol{B}\dot{\boldsymbol{\delta}}+\dot{\boldsymbol{D}}\boldsymbol{\Omega}+\dot{\boldsymbol{B}}\dot{\boldsymbol{\delta}}+\boldsymbol{I}_{\omega}+\boldsymbol{B}\dot{\boldsymbol{\delta}}+\boldsymbol{D}\dot{\boldsymbol{\Omega}} \tag{22}$$

等式右边各项的物理意义分别是（Asghar，2008）：

第一项$\boldsymbol{\omega}\times\boldsymbol{D}\boldsymbol{\Omega}$代表由飞轮旋转产生的陀螺力矩。

第二项$\boldsymbol{\omega}\times\boldsymbol{B}\dot{\boldsymbol{\delta}}$代表由航天器姿态运动引起的框架角动量的方向变化所产生的力矩。

第三项$\dot{\boldsymbol{D}}\boldsymbol{\Omega}$代表由角动量方向变化产生的力矩。

第四项$\dot{\boldsymbol{B}}\dot{\boldsymbol{\delta}}$只有在CMG转动惯量矩阵不是对角矩阵（惯性积不为零）时产生。

第五项$\dot{\boldsymbol{I}}_{\omega}$代表由CMG运动所导致的总转动惯量的变化所产生的力矩。

第三项是各项中最显著的一项，这一项可以表示成一个矩阵乘以各框架转动速率的形式：

$$\dot{\boldsymbol{D}}\boldsymbol{\Omega}=\boldsymbol{A}\dot{\boldsymbol{\delta}} \tag{23}$$

矩阵$\boldsymbol{A}$具体表示为

$$\boldsymbol{A}=\begin{bmatrix}-\cos\beta\cos\delta_1 & \sin\delta_2 & \cos\beta\cos\delta_3 & -\sin\delta_4\\ -\sin\delta_1 & -\cos\beta\cos\delta_2 & \sin\delta_3 & \cos\beta\cos\delta_4\\ \sin\beta\cos\delta_1 & \sin\beta\cos\delta_2 & \sin\beta\cos\delta_3 & \sin\beta\cos\delta_4\end{bmatrix} \tag{24}$$

5.4 CMG群和CMG奇异

航天器上通常使用控制力矩陀螺群进行姿态控制。最普遍的构型是由4个CMG安装在底面为正方形的金字塔各棱边上，仰角为54.73°。这种构型能够使CMG群的角动量包络面近似球形，角动量的偏差能够实现最小。由于单个CMG不能使其角动量转到自身的框架轴方向，因此在这个方向的净角动量大小减小了，导致角动量包络面形成锥形空洞。如果不要求完全的灵活性，那么可以采用更简单的构型，例如在Bilsat卫星上只使用了两个CMG。

对于CMG群，定义一个n维框架角空间，空间内的每一个点表示各CMG的框架角；再定义一

个角动量空间，空间中的每个点表示 CMG 群在一种位置状态下的总角动量。CMG 群的状态可以到达框架角空间中的任意点，但是否能够任意到达角动量空间中的任意一点呢？式（22）表示从框架角空间到角动量空间的映射关系。从欧拉方程可以看出，角动量的变化是由力矩引起的，所以问题可以等价变为在框架角空间的任意点上能否产生任意的力矩。答案是不能，因为存在一些奇异位置，此时在特定方向上不能产生力矩。从下面这种情况可以很容易看出：假设有 n 个框架旋转，当 n 个力矩的方向 $\boldsymbol{t}$ 都在一个平面时，将不能在这个平面外产生力矩。框架角空间中的奇异状态位置和 CMG 群的构型有关，n 个 CMG 构成的 CMG 群，存在 2^n 个奇异点。在控制时希望能够避免遇到奇异状态，但这与获得最大的摆动速率相矛盾。

为了跟踪角动量空间中的一条轨迹，需要一种确定框架角空间中的合理轨迹的方法，也就是操纵律，可以通过从式（22）中解出 $\dot{\boldsymbol{\delta}}$ 来确定操纵律。只考虑等式右边的第三项，忽略其他小项，使等式简化，并将式（23）代入。矩阵 $\boldsymbol{A}$ 是一个 $3\times n$ 的矩阵，为了求矩阵 A 的逆，可选择任意 $3\times n$ 的矩阵 $\boldsymbol{U}(\boldsymbol{\delta})$，$\boldsymbol{A}$ 右乘 $\boldsymbol{U}^{\mathrm{T}}$ 产生一个可逆的 3×3 的矩阵，则结果为

$$\dot{\boldsymbol{\delta}}=\boldsymbol{U}^{\mathrm{T}}(\boldsymbol{A}\boldsymbol{U}^{\mathrm{T}})^{-1}\dot{\boldsymbol{h}} \tag{25}$$

矩阵 $\boldsymbol{U}$ 通常选择 $\boldsymbol{A}$ 本身，这对应为 Moore-Penrose 伪逆，是一条最优轨迹。当 $\boldsymbol{A}\boldsymbol{A}^{\mathrm{T}}$ 不满秩时，对应 CMG 群的奇异位置，意味着 $\boldsymbol{A}\boldsymbol{A}^{\mathrm{T}}$ 不可逆（Wie，1998）。

是否存在一种运动，使得 CMG 群在框架角空间中运动，却不在角动量空间中运动？零运动是这种运动，CMG 群框架沿特定轨迹移动，而其角动量不改变。当 $n\geqslant 4$ 时，存在零运动。对应不同的操纵律中的 $\boldsymbol{U}$，就有不同的零运动，即沿着角动量空间中同样的轨迹，对应框架角空间中不同的轨迹。

根据零运动的情况可以将奇异点分成 3 类。如果达到奇异状态，通过零运动在不改变角动量的情况下改变框架角，能够重新调整力矩方向而使系统不再奇异，之后可以继续按照期望改变角动量，这种奇异叫作双曲奇异。还有一些情况，无论怎样通过零运动改变框架角，可到达的新的框架角状态仍然奇异，此时不能仅通过零运动后就继续改变角动量，而需要使用其他的控制方法，这类奇异也是双曲奇异，但是退化的双曲奇异。第三类奇异是椭圆奇异，所有的框架角都向一组奇异的框架角收敛，零运动不能改变框架角，因此这类奇异状态是不可逃离的。不幸的是，在多 CMG 情况下，姿态机动时会经常遇到椭圆奇异的情况（Kurokawa，1998；Bedrossian，1990；Margulies 和 Aubrun，1978）。之前的分析是基于飞轮恒定转速的假设，值得一提的是变速控制力矩陀螺的变速反作用轮模式可以用于避免奇异。

4CMG 的标准金字塔构型如图 11 所示（Schaub，2003）。总角动量为

$$\begin{aligned}\boldsymbol{h}&=\sum_{i=1}^{4}\boldsymbol{H}_i(\delta_i)\\&=h_0\begin{bmatrix}-\cos\beta\sin\delta_1 & -\cos\delta_2 & \cos\beta\sin\delta_3 & \cos\delta_4\\ \cos\delta_1 & -\cos\beta\sin\delta_2 & -\cos\delta_3 & \cos\beta\sin\delta_4\\ \sin\beta\sin\delta_1 & \sin\beta\sin\delta_2 & \sin\beta\sin\delta_3 & \sin\beta\sin\delta_4\end{bmatrix}\end{aligned} \tag{26}$$

式中，β 是金字塔的倾斜角；h_0 是各 CMG 的角动量大小常数。

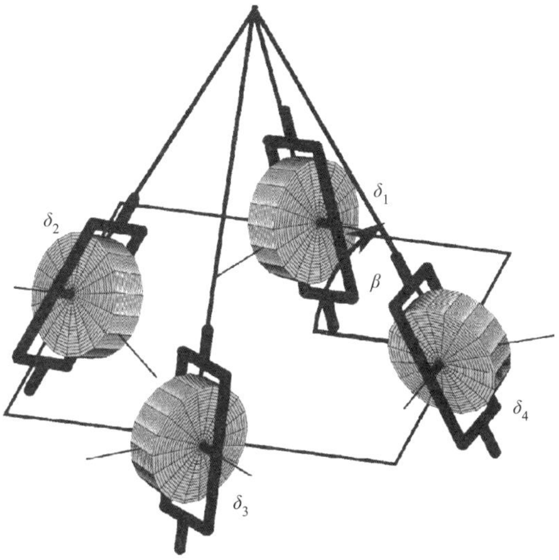

图11　4CMG 的标准金字塔构型（感谢 Schaub 供图）

5.5　CMG 设计问题

CMG 系统具有很有趣的动力学特性，但是作为姿态控制执行机构也存在很多问题。首先，由于框架旋转，就需要留出足够的空间以不影响飞轮的旋转，这使得 CMG 的体积比动量轮大得多。每个 CMG 提供给星体的角动量越多，就需要越大的输入力矩控制框架旋转，功率需求也就越大。CMG 是机械设备，在发射时容易因震动而损坏，导致航天器失效。

CMG 的使用数量也是一个问题。使用较多的

CMG 能在执行任务时有较大的灵活性，并且在部分 CMG 失效的情况下具有鲁棒性。在饱和面具有同样大小力矩的情况下，每个飞轮只需具有较小的角动量。但是，更多的 CMG 就会有更多的奇异点需要避免，尽管奇异点更接近饱和面，也就是说 CMG 群能够产生更大的力矩而不进入奇异状态。对于小型航天器而言，减小执行机构的质量和体积非常重要，故使用较少的飞轮更加合理。人们一般可能会认为对于三轴控制至少需要 3 个 CMG，但实际上只需使用 2 个 CMG 即可。此时，角动量的大小不能调整，但是能够在指定方向产生角动量，所有的角动量空间中的点都在饱和面上。在这种情况下，理解 CMG 系统的动力学以及规划机动方案变得十分重要。

参考文献

Asghar, S. (2008) Exact steering in control moment gyroscope systems. PhD thesis. University of Surrey.

Bedrossian, N. S., Paradiso, J., Bergmann, E. V. and Rowell, D. (1990) Redundant single gimbal control moment gyroscopes singularity analysis, *J. Guidance control dynam.*, **13** (6), 1096—1101.

CNES (2005) *Space Technology Course*, *Spacecraft techniques and Technology*: *Platforms*. Cepadues Editions.

El Bordany, R. (2001) In orbit calibration of satellite inertia matrix and thruster coefficients. PhD thesis. University of Surrey.

Krovel, T. D. (2005) Optimal tuning of PWPF modulator for attitude control. MSc thesis. Norwegian University of Science and Technology.

Kurokawa, H. (1998) A geometric study of single gimbal control moment gyroscopes. Report of the mechanical engineering lab, number 175, p. 108, National Institute of Advanced Science and Technology (AIST), Japan.

Lappas, V. J. (2002) A Control Moment Gyro Based Attitude Control System For Agile Small Satellites. PhD thesis. University of Surrey.

Margulies, G. and Aubrun, J. N. (1978) Geometric theory of single gimbal control moment gyros. *J. Astron. Sci.*, **26** (2), 159—191.

Sidi, M. J. (1997) *Spacecraft Dynamics and Control*, Cambridge University Press.

Wertz, J. R. (1978) *Spacecaraft Attitude Determination and Control*. Kluwer.

Wie, B. (1998) *Space Vehicle Dynamics and Control*. *AIAA Education Series*. American Institute of Aeronautics and Astronautics, Inc., Reston, VA.

Schaub, H. and Junkins, J. L. (2003) *Analytical Mechanics of Space Systems*. *AIAA Education Series*. American Institute of Aeronautics and Astronautics, Inc., Reston, VA.

Griffin, M. D. and French, J. R. (2004) *Space Vehicle Design*. *AIAA Education Series*. American Institute of Aeronautics and Astronautics, Inc., Reston, VA.

本章译者：张景瑞，张尧，赵书阁（北京理工大学宇航学院）

第 266 章

高精度三轴指向与控制

David S. Bayard

加州理工学院喷气推进实验室，帕萨迪纳，加利福尼亚，美国

1 三轴姿态控制

1.1 含转子的刚体动力学

含 n 个转子的刚体航天器的动力学有如下形式（Hughes，1986）：

$$\boldsymbol{I}\dot{\boldsymbol{\omega}}=\boldsymbol{\tau}-\boldsymbol{\omega}\times(\boldsymbol{J}\boldsymbol{\omega}+\boldsymbol{h}_\omega)+\boldsymbol{d} \tag{1}$$

式中，$\boldsymbol{\omega}$，$\boldsymbol{\tau}$，$\boldsymbol{d}$，$\boldsymbol{h}_\omega\in \mathrm{R}^3$，且 $\boldsymbol{I}$，$\boldsymbol{J}\in \mathrm{R}^{3\times 3}$；$\boldsymbol{\omega}$ 为航天器的角速度；$\boldsymbol{J}$ 为包含所有反作用轮的航天器转动惯量矩阵；$\boldsymbol{d}$ 为作用在航天器上的外力矩；$\boldsymbol{h}_\omega$ 为 n 个反作用轮的总角动量矢量。飞轮角动量矢量可写为矢量和的形式：

$$\boldsymbol{h}_\omega=\sum_{i=1}^{n}\boldsymbol{a}_i\boldsymbol{I}_{si}\omega_{si}=\boldsymbol{A}\boldsymbol{I}_s\boldsymbol{\omega}_s \tag{2}$$

$$\boldsymbol{I}_s=\begin{bmatrix} I_{s1} & 0 & 0\\ 0 & \ddots & 0\\ 0 & 0 & I_{sn}\end{bmatrix}\in \mathrm{R}^{n\times n};\ \boldsymbol{\omega}_s=\begin{bmatrix}\omega_{s1}\\ \vdots\\ \omega_{sn}\end{bmatrix}\in \mathrm{R}^n \tag{3}$$

式中，$\boldsymbol{a}_i$ 是各反作用轮转轴方向的单位矢量，写成矩阵形式为 $\boldsymbol{A}=[\boldsymbol{a}_1,\boldsymbol{a}_2,\cdots,\boldsymbol{a}_n]\in \mathrm{R}^{3\times n}$，$\boldsymbol{I}_{si}$ 和 ω_{si} 为反作用轮沿 $\boldsymbol{a}_i$ 方向的转动惯量和角速度（标量），其中 $i=1，2，\cdots，n$。飞轮的角速度 ω_{si} 通常由测速计测得。$\boldsymbol{I}$ 和式（1）中的 $\boldsymbol{\tau}$ 可由如下两种形式进行定义：

力矩形式：

$$\boldsymbol{I}=\boldsymbol{I}_A\triangleq\boldsymbol{J}-\sum_{i=1}^{n}\boldsymbol{I}_{si}\boldsymbol{a}_i\boldsymbol{a}_i^{\mathrm{T}}=\boldsymbol{J}-\boldsymbol{A}\boldsymbol{I}_s\boldsymbol{A}^{\mathrm{T}} \tag{4}$$

$$\boldsymbol{\tau}=\boldsymbol{\tau}_A\triangleq-\sum_{i=1}^{n}\boldsymbol{a}_i g_i=-\boldsymbol{A}\boldsymbol{g} \tag{5}$$

角动量变化率形式：

$$\boldsymbol{I}=\boldsymbol{I}_B\triangleq\boldsymbol{J} \tag{6}$$

$$\boldsymbol{\tau}=\boldsymbol{\tau}_B\triangleq-\dot{\boldsymbol{h}}_\omega=-\sum_{i=1}^{n}\boldsymbol{a}_i\boldsymbol{I}_{si}\dot{\boldsymbol{\omega}}_{si}=-\boldsymbol{A}\boldsymbol{I}_s\dot{\boldsymbol{\omega}}_s \tag{7}$$

式中，g_i 为第 i 个反作用轮转轴方向的转矩；$\boldsymbol{g}=[g_1,g_2,\cdots,g_n]^{\mathrm{T}}$。力矩 $\boldsymbol{g}_i$ 的表达式为（Hughes，1986）：

$$g_i=\dot{h}_i=I_{si}\dot{\omega}_{si}+I_{si}\boldsymbol{a}_i^{\mathrm{T}}\dot{\boldsymbol{\omega}} \tag{8}$$

式中，$h_i=I_{si}\omega_{si}+I_{si}\boldsymbol{a}_i^{\mathrm{T}}\boldsymbol{\omega}$ 是系统总角动量沿第 i 个飞轮轴向投影的标量，式（5）中的力矩 $\boldsymbol{\tau}_A$ 定义为式（8）中的单个飞轮转矩的矢量和。而式（7）中类似力矩的 $\boldsymbol{\tau}_B$ 定义为反作用轮角动量变化率之和。

在力矩模式下，即用本地电流反馈对电机转矩 g_i 进行控制，采用力矩形式。在速率模式下，即用当地测速反馈，对第 i 个反作用轮的角速度 ω_{si} 与/或角加速度 $\dot{\omega}_{si}$ 进行控制，采用角动量变化率形式。

1.2 航天器运动学

航天器运动学方程有如下形式（Hughes，1986）：

$$\dot{\boldsymbol{q}}=\frac{1}{2}\Xi(\boldsymbol{q})\boldsymbol{\omega}=\frac{1}{2}\boldsymbol{\Omega}(\boldsymbol{\omega})\boldsymbol{q} \tag{9}$$

式中，$\boldsymbol{\omega}$ 为航天器的角速度；$\boldsymbol{q}$ 为航天器的姿态四元数：

$$\boldsymbol{q}\triangleq\begin{bmatrix}\boldsymbol{\rho}\\ \sigma\end{bmatrix};\boldsymbol{\rho}\in \mathrm{R}^3;\sigma\in \mathrm{R}^1 \tag{10}$$

$$\Xi(\boldsymbol{q})\triangleq\begin{bmatrix}\sigma\boldsymbol{I}_{3\times 3}+\boldsymbol{\rho}^{\times}\\ -\boldsymbol{\rho}^{\mathrm{T}}\end{bmatrix};\boldsymbol{\Omega}(\boldsymbol{\omega})\triangleq\begin{bmatrix}-\boldsymbol{\omega}^{\times} & \boldsymbol{\omega}\\ -\boldsymbol{\omega}^{\mathrm{T}} & 0\end{bmatrix} \tag{11}$$

式中，矢量 $\boldsymbol{x}=[x_1, x_2, x_3]^{\mathrm{T}}$ 的叉乘矩阵定义为

$$\boldsymbol{x}^{\times} \triangleq \begin{bmatrix} 0 & -x_3 & x_2 \\ x_3 & 0 & -x_1 \\ -x_2 & x_1 & 0 \end{bmatrix} \tag{12}$$

四元数的共轭定义 $\boldsymbol{q}^*$ 为：

$$\boldsymbol{q}^* \triangleq \begin{bmatrix} -\boldsymbol{\rho} \\ \sigma \end{bmatrix} \tag{13}$$

四元数乘法可写为矩阵-矢量形式：

$$\boldsymbol{q}_3 = \boldsymbol{q}_2 \otimes \boldsymbol{q}_1 \triangleq \begin{bmatrix} \sigma_2 \boldsymbol{I}_{3\times3} - \boldsymbol{\rho}_2^{\times} & \boldsymbol{\rho}_2 \\ -\boldsymbol{\rho}_2^{\mathrm{T}} & \sigma_2 \end{bmatrix} \boldsymbol{q}_1 \tag{14}$$

通过右乘 $\boldsymbol{q}_1^*$ 可解出式（14）中的 $\boldsymbol{q}_2$：

$$\boldsymbol{q}_2 = \boldsymbol{q}_3 \otimes \boldsymbol{q}_1^* \tag{15}$$

当用四元数 $\boldsymbol{q}$ 描述一个小角度三轴旋转 $\boldsymbol{\theta}=[\theta_x, \theta_x, \theta_x]^{\mathrm{T}}$ 时，可以近似（一阶近似）表达为：

$$\boldsymbol{q}_\theta = \begin{bmatrix} \frac{1}{2}\boldsymbol{\theta} \\ 1 \end{bmatrix} \tag{16}$$

小角度旋转矢量 $\boldsymbol{\theta}$ 可由式（16）反求得：

$$\boldsymbol{\theta} = 2[\boldsymbol{I}_{3\times3} \mid 0]\boldsymbol{q}_\theta \tag{17}$$

进行任何四元数操作后，所得的四元数应是归一化（即重标使 $\|\boldsymbol{q}\|=1$）且合理化（即在必要时乘 -1 以保持 $\sigma \geqslant 0$）的。上述四元数运算约定来自 Breckenridge（1979），与这个约定相容的四元数代数概述可参考 Sidi（1997）和 Crassidis，Junkins（2004）。

1.3 姿态控制

利用反作用轮进行三轴姿态控制的系统结构如图 1 所示。

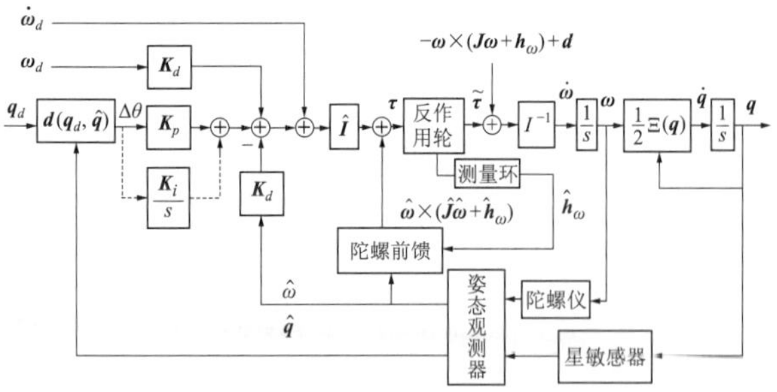

图 1 姿态控制系统结构

认为姿态估计是准确的（即 $\hat{\boldsymbol{q}}=\boldsymbol{q}$），且期望四元数 $\boldsymbol{q}_d$ 与真实四元数 $\boldsymbol{q}$ 之间相差 $\Delta\boldsymbol{q}$：

$$\boldsymbol{q}_d = \Delta\boldsymbol{q} \otimes \boldsymbol{q} \tag{18}$$

式（18）中的 $\Delta\boldsymbol{q}$ 可由如下公式解出：

$$\Delta\boldsymbol{q} = \boldsymbol{q}_d \otimes \boldsymbol{q}^* \tag{19}$$

假设 $\boldsymbol{q}_d$ 与 $\boldsymbol{q}$ 之间足够接近，于是 $\Delta\boldsymbol{q}$ 可用式（16）的小角度旋转四元数表示，小角度旋转矢量 $\Delta\boldsymbol{\theta}$ 可通过将 $\Delta\boldsymbol{q}$ 代入式（17）计算得出：

$$\Delta\boldsymbol{\theta} = 2[\boldsymbol{I}_{3\times3} \mid 0]\Delta\boldsymbol{q} = 2[\boldsymbol{I}_{3\times3} \mid 0]\boldsymbol{q}_d \otimes \boldsymbol{q}^* \triangleq \boldsymbol{d}(\boldsymbol{q}_d, \boldsymbol{q}) \tag{20}$$

如图 1 所示，控制器由式（20）定义的“误差检测器”函数 $\boldsymbol{d}(\boldsymbol{q}_d, \boldsymbol{q})$ 计算得出的矢量误差 $\Delta\boldsymbol{\theta}$ 驱动。控制器前向作用于动力学，航天器产生角速度 $\boldsymbol{\omega}$，再根据式（9）运动学并积分，得到航天器姿态 $\boldsymbol{q}$。航天器角速度 $\boldsymbol{\omega}$ 可由陀螺仪测量得到，姿态 $\boldsymbol{q}$ 可由星敏感器测量得到，这些测量值在姿态观测器中进行综合，再输出平滑的估计值 $\hat{\boldsymbol{\omega}}$ 和 $\hat{\boldsymbol{q}}$，前馈项 $\boldsymbol{h}_\omega$ 由反作用轮上的测速计实现。控制器选择带陀螺项前馈补偿的比例-积分-微分（PID）形式，这将在下一节中讨论。

1.4 线性化分析

图 1 表示了一个完整的非线性三轴控制系统结构。为简化分析，将对其作线性化处理并提出如下假设：假设反作用轮（Reaction Wheel Assembly，RWA）是理想的，模型中的各质量特性均为已知，姿态观测对 $\boldsymbol{\omega}$ 和 $\boldsymbol{q}$ 的估计是无误差的，测速计对 $\boldsymbol{h}_\omega$ 的测量也是无误差的，于是

$$\hat{\boldsymbol{q}}=\boldsymbol{q}, \hat{\boldsymbol{\omega}}=\boldsymbol{\omega}, \hat{\boldsymbol{J}}=\boldsymbol{J}, \hat{\boldsymbol{I}}=\boldsymbol{I}, \hat{\boldsymbol{h}}_\omega=\boldsymbol{h}_\omega, \hat{\boldsymbol{\tau}}=\boldsymbol{\tau} \tag{21}$$

线性化是对于特定的名义姿态 $\boldsymbol{q}^o$ 进行的，为不失一般性，选择名义姿态为 $\boldsymbol{q}^o=[0 \quad 0 \quad 0 \quad 1]^{\mathrm{T}}$。由于假设 $\boldsymbol{q}_d$ 与 $\boldsymbol{q}$ 均在 $\boldsymbol{q}^o$ 附近，故可按照式（16）写出它们的小角度形式：

$$\boldsymbol{q}_d = \begin{bmatrix} \frac{1}{2}\boldsymbol{\theta}_d \\ 1 \end{bmatrix} \tag{22}$$

$$\boldsymbol{q} = \begin{bmatrix} \frac{1}{2}\boldsymbol{\theta} \\ 1 \end{bmatrix} \tag{23}$$

将式（22）和式（23）代入式（20）的 $\boldsymbol{d}(\boldsymbol{q}_d, \boldsymbol{q})$ 函数，整理并写出一阶近似形式：

$$\Delta\boldsymbol{\theta} = \boldsymbol{\theta}_d - \boldsymbol{\theta} \tag{24}$$

类似的，将式（23）代入航天器运动学方程式（9），整理并写出一阶近似：

$$\dot{\boldsymbol{\theta}} = \boldsymbol{\omega} \tag{25}$$

利用式（24）、式（25），以及式（21）的各项假设，图 1 系统结构可简化为图 2 的形式。由于线性化过程并未特别要求飞轮转速 ω_{si} 很小，故保留

陀螺项。在图 2 中包含观测器噪声 $\boldsymbol{\eta} \triangleq \boldsymbol{d}(q, \hat{q})$，以表示系统中由姿态观测器引起的估计误差。

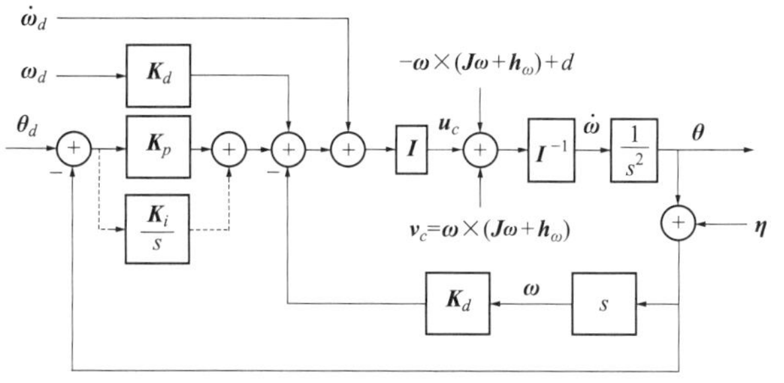

图 2　线性姿态控制系统结构

为设计控制器，将式（1）中的控制力矩 $\boldsymbol{\tau}$ 分成两部分

$$\boldsymbol{\tau}=\boldsymbol{u}_c+\boldsymbol{v}_c \tag{26}$$

将式（26）代入式（1）得：

$$\boldsymbol{I}\dot{\boldsymbol{\omega}}=\boldsymbol{u}_c+\boldsymbol{v}_c-\boldsymbol{\omega}\times(\boldsymbol{J}\boldsymbol{\omega}+\boldsymbol{h}_\omega)+\boldsymbol{d} \tag{27}$$

转矩的 $\boldsymbol{v}_c$ 分量用于抵消陀螺效应项：

$$\boldsymbol{v}_c=\boldsymbol{\omega}\times(\boldsymbol{J}\boldsymbol{\omega}+\boldsymbol{h}_\omega) \tag{28}$$

将式（28）代入式（27）得：

$$\boldsymbol{I}\dot{\boldsymbol{\omega}}=\boldsymbol{u}_c+\boldsymbol{d} \tag{29}$$

输出力矩中的 $\boldsymbol{u}_c$ 分量为 PID 形式，其中 $\boldsymbol{K}_p$，$\boldsymbol{K}_i \cdot \boldsymbol{K}_d \in \mathrm{R}^{3\times3}$ 为增益，$\boldsymbol{\theta}_d$ 为指令姿态，$\boldsymbol{\omega}_d$ 为指令角速度，$\dot{\boldsymbol{\omega}}_d$ 为指令角加速度。

$$\begin{aligned}\boldsymbol{u}_c = \boldsymbol{I}[\dot{\boldsymbol{\omega}}_d &+ \boldsymbol{K}_d(\boldsymbol{\omega}_d-\boldsymbol{\omega})+\boldsymbol{K}_p(\boldsymbol{\theta}_d-\boldsymbol{\theta})+\\ &\boldsymbol{K}_i\int(\boldsymbol{\theta}_d-\boldsymbol{\theta})\mathrm{d}t]\end{aligned} \tag{30}$$

将式（30）代入式（29）并经整理得：

$$\begin{aligned}(\dot{\boldsymbol{\omega}}-\dot{\boldsymbol{\omega}}_d)&+\boldsymbol{K}_d(\boldsymbol{\omega}-\boldsymbol{\omega}_d)+\boldsymbol{K}_p(\boldsymbol{\theta}-\boldsymbol{\theta}_d)+\\ &\boldsymbol{K}_i\int(\boldsymbol{\theta}-\boldsymbol{\theta}_d)\mathrm{d}t=\boldsymbol{I}^{-1}\boldsymbol{d}\end{aligned} \tag{31}$$

定义姿态误差 $\boldsymbol{e}$ 及其微分为

$$\boldsymbol{e}\triangleq\boldsymbol{\theta}-\boldsymbol{\theta}_d \tag{32}$$

$$\dot{\boldsymbol{e}}=\boldsymbol{\omega}-\boldsymbol{\omega}_d \tag{33}$$

$$\ddot{\boldsymbol{e}}=\dot{\boldsymbol{\omega}}-\dot{\boldsymbol{\omega}}_d \tag{34}$$

将式（32）～式（34）代入式（31）得：

$$\ddot{\boldsymbol{e}}+\boldsymbol{K}_d\dot{\boldsymbol{e}}+\boldsymbol{K}_p\boldsymbol{e}+\boldsymbol{K}_i\int\boldsymbol{e}\mathrm{d}t=\boldsymbol{I}^{-1}\boldsymbol{d} \tag{35}$$

对式（35）等号两边进行拉氏变换（LePage，1980）得：

$$\left(s^2\boldsymbol{I}_{3\times3}+s\boldsymbol{K}_d+\boldsymbol{K}_p+\frac{1}{s}\boldsymbol{K}_i\right)\boldsymbol{e}(s)=\boldsymbol{I}^{-1}\boldsymbol{d}(s) \tag{36}$$

在这里，拉氏变换的信号写成拉氏复变量 s 的函数形式。

1.5　控制器特性

1.5.1　比例-积分-微分(PID)控制

从式（36）解出 $\boldsymbol{e}(s)$，并整理得：

$$\begin{aligned}\boldsymbol{e}(s)&=(s^3\boldsymbol{I}_{3\times3}+s^2\boldsymbol{K}_d+s\boldsymbol{K}_p+\boldsymbol{K}_i)^{-1}s\boldsymbol{I}^{-1}\boldsymbol{d}(s)\\ &=\boldsymbol{D}_{\mathrm{PID}}^{-1}(s)s\boldsymbol{I}^{-1}\boldsymbol{d}(s)\end{aligned} \tag{37}$$

式中，$\boldsymbol{D}_{\mathrm{PID}}(s)=s^3\boldsymbol{I}_{3\times3}+s^2\boldsymbol{K}_d+s\boldsymbol{K}_p+\boldsymbol{K}_i$。式（37）描述了线性化多变量的 PID 闭环控制系统。现在考虑 PID 控制器的如下几个特性。

为达到稳定性要求，必须合理选择增益矩阵 $\boldsymbol{K}_p$、$\boldsymbol{K}_i$ 和 $\boldsymbol{K}_d$，使得特征多项式

$$\boldsymbol{p}(s)=\det\{s^3\boldsymbol{I}_{3\times3}+s^2\boldsymbol{K}_d+s\boldsymbol{K}_p+\boldsymbol{K}_i\} \tag{38}$$

的极点均在拉氏平面的左半部分。若令所有增益矩阵为对角矩阵，可以使控制器参数的整定变得简单，下文将采用这种约束。

如果极点配置是稳定的，则在没有扰动力矩的情况下（即 $\boldsymbol{d}=\boldsymbol{0}$），式（37）中的误差将会渐近收敛到零，其收敛速度由式（38）中 $\boldsymbol{p}(s)$ 的特征根决定。这种收敛与指令姿态 $\boldsymbol{\theta}_d$ 选取的形式无关，$\boldsymbol{\theta}_d$ 可以是任意的关于时间的多项式函数，也可以包含控制器带宽以外的频率成分。在系统中使用了指令前馈项 $\boldsymbol{\omega}_d$ 和 $\dot{\boldsymbol{\omega}}_d$，使控制系统有良好的跟踪效果。如果令这些前馈项为零，则 $\boldsymbol{\theta}_d$ 到 $\boldsymbol{e}$ 的传递函数变为

$$\boldsymbol{e}(s)=-\boldsymbol{D}_{\mathrm{PID}}^{-1}(s)(s\boldsymbol{I}_{3\times3}+\boldsymbol{K}_d)s^2\boldsymbol{\theta}_d(s) \tag{39}$$

根据终值定理（LePage，1980），对于任意一个时域函数 $f(t)$ 及其拉氏变换 $F(s)$，均有

$$f(t\to\infty)=\lim_{t\to\infty}f(t)=\lim_{s\to0}sF(s) \tag{40}$$

因此，对于斜坡输入指令 $\boldsymbol{\theta}_d(s)=\frac{\boldsymbol{c}}{s^2}$，$\boldsymbol{c}\in\mathrm{R}^3$，式（39）的渐进时域响应为

$$\boldsymbol{e}(t\to\infty)=\lim_{s\to0}-s\boldsymbol{D}_{\mathrm{PID}}^{-1}(s)(s\boldsymbol{I}_{3\times3}+\boldsymbol{K}_d)\boldsymbol{c}=0 \tag{41}$$

这一结果表明 PID 控制能够渐近跟踪任意的斜坡指令，而无须使用指令前馈项 $\boldsymbol{\omega}_d$ 和 $\dot{\boldsymbol{\omega}}_d$。类似的，式（37）对阶跃形式的扰动力矩 $\boldsymbol{d}(s)=\frac{\boldsymbol{c}}{s}$，$\boldsymbol{c}\in\mathrm{R}^3$ 的响应为

$$\boldsymbol{e}(t\to\infty)=\lim_{s\to0}s\boldsymbol{D}_{\mathrm{PID}}^{-1}(s)\boldsymbol{I}^{-1}\boldsymbol{c}=0 \tag{42}$$

这一结果表明任意阶跃扰动力矩都会被 PID 控制器渐近消除，即 $\boldsymbol{e}\to\boldsymbol{0}$。

1.5.2 比例-微分(PD)控制

通过令式（30）中的 $\boldsymbol{K}_i=\boldsymbol{0}$，可对 PD 控制进行分析：

$$\boldsymbol{u}_c=\boldsymbol{I}[(\dot{\boldsymbol{\omega}}_d+\boldsymbol{K}_d(\boldsymbol{\omega}_d-\boldsymbol{\omega})+\boldsymbol{K}_p(\boldsymbol{\theta}_d-\boldsymbol{\theta})] \quad (43)$$

于是式（37）变为

$$\boldsymbol{e}(s)=(s^2\boldsymbol{I}_{3\times3}+s\boldsymbol{K}_d+\boldsymbol{K}_p)^{-1}\boldsymbol{I}^{-1}\boldsymbol{d}(s)$$
$$=\boldsymbol{D}_{\mathrm{PD}}^{-1}(s)\boldsymbol{I}^{-1}\boldsymbol{d}(s) \quad (44)$$

式中，$\boldsymbol{D}_{\mathrm{PD}}(\boldsymbol{s})=s^2\boldsymbol{I}_{3\times3}+s\boldsymbol{K}_d+\boldsymbol{K}_p$。如果极点配置满足稳定条件，则在没有扰动力矩的情况下（即 $\boldsymbol{d}=\boldsymbol{0}$），式（44）中的误差将会渐近收敛到零，其收敛速度由 $\boldsymbol{p}(s)=\det(\boldsymbol{D}_{\mathrm{PD}}(s))$ 中的特征根决定。与 PID 控制类似，由于使用了指令前馈项 $\boldsymbol{\omega}_d$ 和 $\dot{\boldsymbol{\omega}}_d$，渐近收敛与指令姿态 $\boldsymbol{\theta}_d$ 的选取无关。如果这些前馈项设置为零，则 $\boldsymbol{\theta}_d$ 到 $\boldsymbol{e}$ 的传递函数变为：

$$\boldsymbol{e}(s)=-\boldsymbol{D}_{\mathrm{PD}}^{-1}(s)(s\boldsymbol{I}_{3\times3}+\boldsymbol{K}_d)s\boldsymbol{\theta}_d(s) \quad (45)$$

式（45）对阶跃指令 $\boldsymbol{\theta}(\boldsymbol{s})=\frac{\boldsymbol{c}}{s}$，$\boldsymbol{c}\in\mathrm{R}^3$ 的响应为

$$\boldsymbol{e}(t\to\infty)=\lim_{s\to0}-s\boldsymbol{D}_{\mathrm{PD}}^{-1}(s)(s\boldsymbol{I}_{3\times3}+\boldsymbol{K}_d)\boldsymbol{c}=0 \quad (46)$$

这一结果表明，PD 控制能够渐近跟踪阶跃指令，而无须使用指令前馈项 $\boldsymbol{\omega}_d$ 和 $\dot{\boldsymbol{\omega}}_d$。但与 PID 控制相比，其不能在不使用指令前馈项时渐近跟踪斜坡信号。

式（44）对阶跃指令 $\boldsymbol{d}(\boldsymbol{s})=\frac{\boldsymbol{c}}{s}$，$\boldsymbol{c}\in\mathrm{R}^3$ 的响应为

$$\boldsymbol{e}(t\to\infty)=\lim_{s\to0}\boldsymbol{D}_{\mathrm{PD}}^{-1}(s)\boldsymbol{I}^{-1}\boldsymbol{c}=\boldsymbol{K}_p^{-1}\boldsymbol{I}^{-1}\boldsymbol{c} \quad (47)$$

因此，在没有积分增益 $\boldsymbol{K}_i$ 的情况下，阶跃扰动力矩的作用不能完全消除，存在式（47）中的静差。

1.5.3 解耦单输入单输出(SISO)系统分析

令 PD 增益矩阵为对角形式 $\boldsymbol{K}_p=\mathrm{diag}[k_{p1},k_{p2},k_{p3}]$，$\boldsymbol{K}_d=\mathrm{diag}[k_{d1},k_{d2},k_{d3}]$，则动力学系统式（44）变成

$$e_i(s)=\frac{1}{s^2+s^2k_{di}+k_{pi}}\tilde{d}_i(s),i=1,2,3 \quad (48)$$

式中，$\boldsymbol{e}=[e_1,e_2,e_3]^{\mathrm{T}}$，$\boldsymbol{I}^{-1}\boldsymbol{d}=[\tilde{d}_1,\tilde{d}_2,\tilde{d}_3]^{\mathrm{T}}$，去掉式（48）中的下标可以得到单输入单输出系统：

$$\boldsymbol{e}(s)=C_d(s)\tilde{\boldsymbol{d}}(s)=\frac{1}{s^2+sk_d+k_p}\tilde{\boldsymbol{d}}(s) \quad (49)$$

图 3 表示了解耦单输入单输出系统动力学框图。为简单起见，其指令前馈项 $\boldsymbol{\omega}_d$ 和 $\dot{\boldsymbol{\omega}}_d$ 已被去掉。

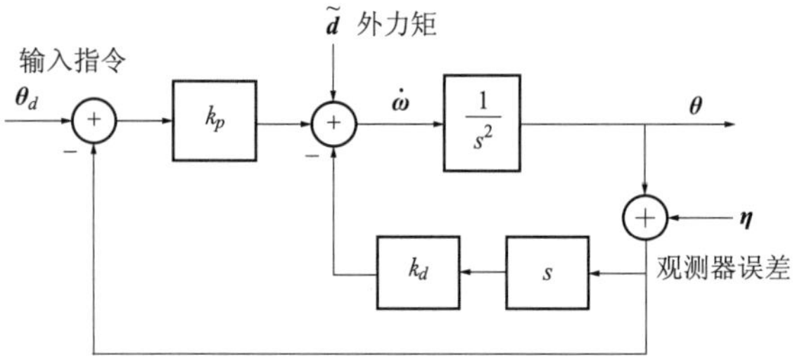

图 3 解耦单输入单输出系统动力学框图

式（49）与图 3 中解耦系统描述的轴可选取三个航天器本体轴中的任意一个，下文中选两个视线轴中的一个进行分析，相应的误差 $\boldsymbol{e}=\boldsymbol{\theta}-\boldsymbol{\theta}_d$ 代表视线指向误差。另外两个影响视线指向误差 $\boldsymbol{e}$ 的重要传递函数为

$$\boldsymbol{e}(s)=C_\theta(s)\boldsymbol{\theta}_d(s)=-\frac{(s+k_d)s}{s^2+sk_d+k_p}\boldsymbol{\theta}_d(s) \quad (50)$$

$$\boldsymbol{e}(s)=C_\eta(s)\boldsymbol{\eta}(s)=-\frac{sk_d+k_p}{s^2+sk_d+k_p}\boldsymbol{\eta}(s) \quad (51)$$

闭环系统式（49）～式（51）的极点为 ρ_1，$\rho_2=0.5(-k_d\pm\sqrt{k_d^2-4k_p})$。令：

$$k_d=2\xi_c\Omega_c,k_p=\Omega_c^2 \quad (52)$$

且 $\xi_c\leqslant1$，则极点为

$$\rho_1,\rho_2=-\xi_c\Omega_c\pm\mathrm{j}\Omega_c\sqrt{1-\xi_c^2} \quad (53)$$

这些极点的位置标明，系统以时间常数 $\tau_c=\frac{1}{\xi_c\Omega_c}$ 按照 $e^{-\frac{t}{\tau_c}}$ 收敛。因此，闭环系统的带宽 B_ω（单位为 rad/s）和调节时间（假设为 4 倍时间常数）可近似表示为

$$B_\omega\simeq\frac{1}{\tau_c}=\xi_c\Omega_c \quad (54)$$

$$t_{\mathrm{settle}}\simeq4\tau_c=\frac{4}{\xi_c\Omega_c} \quad (55)$$

这些值对初步控制带宽特征分析和设计很有用。

从传递函数式（49）可以看出阶跃扰动 $\tilde{\boldsymbol{d}}(s)=\frac{\tilde{\boldsymbol{c}}}{s}$ 会导致在视线指向过程中产生静差

$$\boldsymbol{e}(t\to\infty)=\lim_{s\to0}\frac{\tilde{\boldsymbol{c}}}{s^2+sk_d+k_p}=\frac{\tilde{\boldsymbol{c}}}{k_p} \quad (56)$$

传递函数［式（51）］表明，观测噪声 $\boldsymbol{\eta}$ 是通过闭环控制带宽低通滤波后对视线指向误差产生影响的，这些关系将在第 2、3 节中的视线指向误差计算中起重要作用。

2 姿态估计误差

姿态观测器综合陀螺和星敏感器的测量信息，可以得出对航天器姿态和姿态角速率的估计。本节中，假设姿态估计器由三个解耦的单轴观测器组成。

2.1 星敏感器噪声模型

星敏感器的单轴测量模型为

$$y=\theta+v \tag{57}$$

式中，θ是相对当地坐标系的一个小角度；v是附加的白噪声源。这里星敏感器模型为对单轴的连续测量模型，v是连续时间零均值高斯白噪声源，满足$E[v(t)v(t+\tau)]=r\sim\delta(\tau)$，$r$的单位为$\mathrm{rad}^2/\mathrm{Hz}$。

实际中星敏感器总是离散地进行测量的，相应r的大小由一个等效连续时间噪声过程计算得到。例如，一个离散时间星敏感器测量每隔Δs更新一次，则r为

$$r=\frac{\Delta\sigma_{\mathrm{nea}}^2}{N} \tag{58}$$

式中，σ_{nea}是噪声等效角（NEA），每颗星为$1-\sigma$，单位是rad；N是每次更新的恒星数量。如果σ_{nea}表示总的敏感器噪声等效角（不是基于每颗星），则式（58）变成$r=\Delta\sigma_{\mathrm{nea}}^2$。

r的大小很重要，是星敏感器唯一的影响最终姿态估计质量的性能指标。例如，一个星敏感器采样时间为$\Delta=0.4$，总噪声等效角为$\sigma_{\mathrm{nea}}=10\times10^{-6}$，与另一个采样更快，$\Delta=0.1$，但总噪声等效角更大（$\sigma_{\mathrm{nea}}=20\times10^{-6}$）的星敏感器具有同样的性能。对于有不同采样速率，观测星数和噪声等效角的星敏感器，可以基于它们的r值大小进行比较。

2.2 陀螺噪声模型

陀螺的单轴测量模型为

$$\omega_m=\omega-b-n_1 \tag{59}$$

$$\dot{b}=n_2 \tag{60}$$

式中，ω是真实的角速率；b是陀螺漂移；n_1和n_2是独立的零均值高斯白噪声源［分别表示角随机游走（ARW）、速率随机漂移（RRW）］，并且$E[n_1(t)n_1(t+\tau)]=q_1\delta(\tau)$和$E[n_2(t)n_2(t+\tau)]=q_2\delta(\tau)$，$q_1$和$q_2$的单位分别是$\mathrm{rad}^2/\mathrm{s}$和$\mathrm{rad}^2/\mathrm{s}$。陀螺漂移$b$通常和角位置$\theta$一起由姿态观测器估计出来。

2.3 姿态观测器

航天器姿态观测器及其特性将在本节介绍（Bayard，1998）。

2.3.1 姿态观测器模型

速率是位置的导数，于是

$$\dot{\theta}=\omega \tag{61}$$

为了避免对作用在航天器上力矩的建模需要，陀螺测量式（59）被看作“外部输入”，将其代入式（61），得到

$$\dot{\theta}=\omega_m+b+n_1 \tag{62}$$

整理状态方程式（60），式（62）以及测量式（57），得出

$$\dot{\theta}=b+\omega_m+n_1 \tag{63}$$

$$\dot{b}=n_2 \tag{64}$$

$$y=\theta+v \tag{65}$$

定义$u\triangleq\omega_m$，$\boldsymbol{x}\triangleq[\theta,\ b]^{\mathrm{T}}$，式（63）～式（65）可以写成标准状态空间形式，即

$$\dot{\boldsymbol{x}}=\boldsymbol{A}\boldsymbol{x}+\boldsymbol{B}u+\boldsymbol{\omega} \tag{66}$$

$$y=\boldsymbol{C}\boldsymbol{x}+v \tag{67}$$

$$\boldsymbol{A}\triangleq\begin{bmatrix}0 & 1\\ 0 & 0\end{bmatrix};\boldsymbol{B}\triangleq\begin{bmatrix}1\\ 0\end{bmatrix} \tag{68}$$

$$\boldsymbol{C}\triangleq[1\quad 0];\boldsymbol{\omega}\triangleq\begin{bmatrix}n_1\\ n_2\end{bmatrix} \tag{69}$$

$$E[\boldsymbol{\omega}(t)\boldsymbol{\omega}^{\mathrm{T}}(t+\tau)]=\boldsymbol{Q}\cdot\delta(\tau);\boldsymbol{Q}=\begin{bmatrix}q_1 & 0\\ 0 & q_2\end{bmatrix} \tag{70}$$

$$E[v(t)v(t+\tau)]=r\cdot\delta(\tau) \tag{71}$$

状态空间模型式（66）、式（67）的标准形式的全维观测器可写为（Gelb，1984）：

$$\dot{\hat{\boldsymbol{x}}}=\boldsymbol{A}\hat{\boldsymbol{x}}+\boldsymbol{B}u+\boldsymbol{K}(y-\hat{y}) \tag{72}$$

$$\hat{y}=\boldsymbol{C}\hat{\boldsymbol{x}} \tag{73}$$

式中，增益矩阵$\boldsymbol{K}$的形式为

$$\boldsymbol{K}=[k_1,k_2]^{\mathrm{T}}\in\mathrm{R}^2 \tag{74}$$

定义状态误差为

$$\boldsymbol{\epsilon}\triangleq\boldsymbol{x}-\hat{\boldsymbol{x}} \tag{75}$$

其协方差为

$$\boldsymbol{P}\triangleq\boldsymbol{E}\ [\boldsymbol{\epsilon}\boldsymbol{\epsilon}^{\mathrm{T}}]=\begin{bmatrix}p_{11} & p_{12}\\ p_{12} & p_{22}\end{bmatrix} \tag{76}$$

用式（66）减去式（72），整理得出误差动力

学模型

$$\dot{\boldsymbol{\epsilon}}=(\boldsymbol{A}-\boldsymbol{KC})\boldsymbol{\epsilon}+\boldsymbol{\omega}-\boldsymbol{K}v \tag{77}$$

根据协方差方程，式（77）和式（76）中的 $\boldsymbol{P}$ 可得出

$$\dot{\boldsymbol{P}}=(\boldsymbol{A}-\boldsymbol{KC})\boldsymbol{P}+\boldsymbol{P}(\boldsymbol{A}-\boldsymbol{KC})^{\mathrm{T}}+\boldsymbol{Q}+r\boldsymbol{KK}^{\mathrm{T}} \tag{78}$$

令式（78）中的 $\dot{\boldsymbol{P}}=\boldsymbol{0}$，可以从得到的封闭的代数方程解出稳态协方差：

$$p_{11}=\frac{r(k_2^2+k_1^2k_2)+q_1k_2+q_2}{2k_1k_2} \tag{79}$$

$$p_{12}=\frac{rk_2^2+q_2}{2k_2} \tag{80}$$

$$p_{22}=\frac{rk_2^3+q_1k_2^2+q_2(k_2+k_1^2)}{2k_1k_2} \tag{81}$$

这些表达式体现了姿态观测器的性能对于星敏感器的 r 项、陀螺的 q_1 与 q_2 项以及观测器增益 k_1 与 k_2 的依赖关系。视线指向估计误差的均方根（RMS）由 $\sqrt{p_{11}}$ 给出，RMS 陀螺漂移的估计误差的均方根由 $\sqrt{p_{22}}$ 给出。

观测器［式（72）和式（73）］的特征多项式为

$$\det(s\boldsymbol{I}-(\boldsymbol{A}-\boldsymbol{KC}))=\det\begin{bmatrix} s+k_1 & -1 \\ k_2 & s \end{bmatrix}$$

$$=s^2+k_1s+k_2 \tag{82}$$

观测器的极点为式（82）的根：

$$s=\frac{-k_1\pm\sqrt{k_1^2-4k_2}}{2} \tag{83}$$

2.3.2　姿态观测器增益

为了使视线指向误差尽量小，希望通过选择观测器的增益 k_1 和 k_2 来使估计协方差很小。使用卡尔曼滤波理论确定使 $\boldsymbol{P}$ 的迹（$\mathrm{tr}\{\boldsymbol{P}\}$）最小的最优增益。卡尔曼理论的黎卡提方程为

$$\dot{\boldsymbol{P}}=\boldsymbol{AP}+\boldsymbol{PA}^{\mathrm{T}}+\boldsymbol{Q}-\frac{1}{r}\boldsymbol{PC}^{\mathrm{T}}\boldsymbol{CP} \tag{84}$$

在稳态时（即令 $\dot{\boldsymbol{P}}=\boldsymbol{0}$，解出 $\boldsymbol{P}$），可解出最优协方差：

$$p_{11}=r^{\frac{1}{2}}(q_1+2\sqrt{q_2r})^{\frac{1}{2}} \tag{85}$$

$$p_{12}=\sqrt{q_2r} \tag{86}$$

$$p_{22}=q_2^{\frac{1}{2}}(q_1+2\sqrt{q_2r})^{\frac{1}{2}} \tag{87}$$

最优卡尔曼增益为 $\boldsymbol{K}=\boldsymbol{PC}^{\mathrm{T}}/r$，具体为

$$k_1=\frac{p_{11}}{r}=\left[2\left(\frac{q_2}{r}\right)^{\frac{1}{2}}+\frac{q_1}{r}\right]^{\frac{1}{2}} \tag{88}$$

$$k_2=\frac{p_{12}}{r}=\left(\frac{q_2}{r}\right)^{\frac{1}{2}} \tag{89}$$

将增益［式（88）和式（89）］代入式（83），则最优观测器的极点为

$$s=-\xi\omega_n\pm\omega_n\sqrt{\xi^2-1} \tag{90}$$

式中，

$$\omega_n=k_2^{\frac{1}{2}}=\left(\frac{q_2}{r}\right)^{\frac{4}{4}} \tag{91}$$

$$\xi=\frac{1}{2}\left(2+\frac{q_1}{\sqrt{q_2r}}\right)^{\frac{1}{2}} \tag{92}$$

为了方便，称 s 平面上 $|s|=\omega_n$ 的圆为“卡尔曼圆”。

下面考虑 q_1 相对 $2\sqrt{q_2r}$ 逐渐增大时，最优卡尔曼观测器式（90）的根轨迹情况。当 $q_1<2\sqrt{q_2r}$ 时，有 $\xi<1$，极点为复数，当 $q_1=0$，$\xi=1/\sqrt{2}$ 时，系统开始不再严重振荡。阻尼比 ξ 随着 q_1 的增大而增大，复极点沿着卡尔曼圆向实轴移动，当 $q_1=2\sqrt{q_2r}$ 时，$\xi=1$，极点与实轴相遇，变成实数重根。当 $q_1>2\sqrt{q_2qr}$ 时，$\xi>1$，极点变成向相反方向分开的实数，一个向原点移动，一个向 $-\infty$ 方向移动。向原点方向移动的极点将使得最优观测器响应迟缓，另外实际中 ω_n 的值通常很小，导致最优时间常数可达几百秒到几千秒，其在执行姿态跟踪或姿态稳定任务过程中会引起星敏感器伪影，大时间常数将很难满足在伪影激起瞬态变化时的正常运行。

2.3.3　快速观测器

为了加快观测器的响应，要合理选择观测器增益 k_1 和 k_2，使式（79）中的角位置误差的方差 p_{11} 最小：

$$\min_{k_1,k_2}J(k_1,k_2) \tag{93}$$

约束为

$$\mathrm{Real}\{\text{poles of } s^2+k_1s+k_2\}\leqslant-\frac{1}{\tau_f} \tag{94}$$

式中，

$$J(k_1,k_2)\triangleq p_{11}=\frac{r(k_2^2+k_1^2k_2)+q_1k_2+q_2}{2k_1k_2} \tag{95}$$

问题表述为使姿态估计方差最小，并满足使观测器极点落在拉普拉斯 s 平面的 $-1/\tau_f$ 垂线左边的约束，此约束保证最慢的时间常数要比 τ_f 更快。

约束优化问题［式（93）和式（94）］已经有解析解（Bayard，1998），优化设计的结果称为快速观测器。当放宽时间常数约束（$\tau_f\to\infty$），快速观测器增益变成了最优卡尔曼增益［式（88）和式

(89)]。随着时间常数约束的增强，可以 10～20 倍地提高卡尔曼滤波器的速度，其代价仅是最低限度地增大稳态误差（典型的只增大几个百分点），优化后的观测器更加适于实际飞行。三个时间常数为 $\tau=2\ 040\ 100$ s的快速观测器已经成功用于斯必泽太空望远镜（Spitzer Space Telescope）的姿态估计（Bayard，2004a），使用多个具有不同时间常数的快速观测器可以在飞行时对瞬态响应与稳态指向精度进行权衡。

2.3.4 互补滤波器的结构

对式（72）和式（73）进行拉普拉斯变换，并整理（记 $u=\omega_n$），可得

$$\hat{y}=\boldsymbol{C}(s\boldsymbol{I}-(\boldsymbol{A}-\boldsymbol{KC}))^{-1}\boldsymbol{K}y+\boldsymbol{C}(s\boldsymbol{I}-(\boldsymbol{A}-\boldsymbol{KC}))^{-1}\boldsymbol{B}u \tag{96}$$

$$=K(s)y+(1-K(s))\frac{\omega_m}{s} \tag{97}$$

式中

$$K(s)=\frac{k_1 s+k_2}{s^2+k_1 s+k_2} \tag{98}$$

$$1-K(s)=\frac{s^2}{s^2+k_1 s+k_2} \tag{99}$$

这里 $K(s)$ 和 $1-K(s)$ 分别有低通滤波器和高通滤波器的形式，因为两个滤波器相加等于 1，故说它们是互补的。在图 4 中，姿态观测器作为一个具有增益 k_1 和 k_2 的滤波器来实现姿态估计。如果系统的输入陀螺测量 ω_m 移动到积分器之后（如虚线所示），滤波器可以看成一个比例-积分（PI）控制器，星敏感器测量 y 作为指令输入，陀螺测量 ω_m/s 作为输出干扰，观测器跟踪指令 y（通过低通滤波器），并且抵消输出干扰 ω_m/s（通过高通滤波器）。

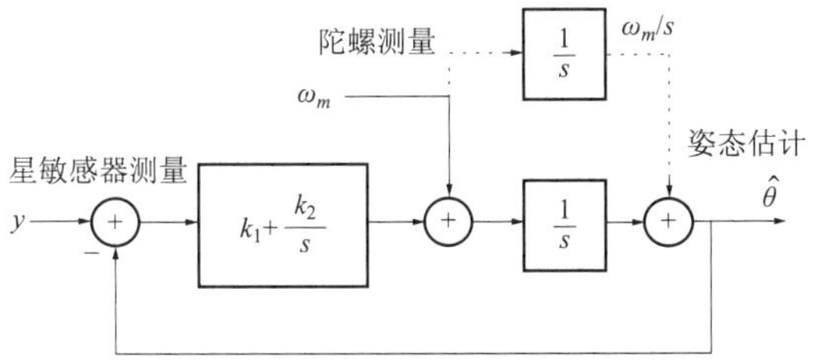

图 4 姿态观测器的二增益滤波器实现

式（97）的互补滤波器的结构如图 5 所示。y 经过低通滤波后消除了高频的星敏感器噪声 v，陀螺测量积分 ω_m/s 经过高通滤波后消除了低频的陀螺漂移项。滤波器 $K(s)$ 和 $1-K(s)$ 互补，能够使姿态估计在各频率不偏移，因此姿态观测器结合了两种敏感器的优点。

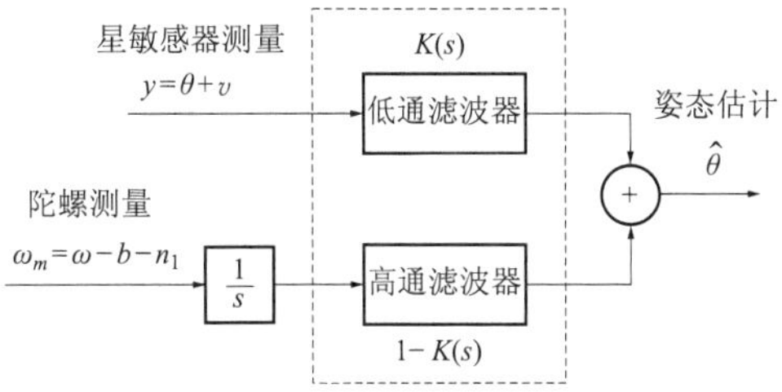

图 5 姿态观测器的互补滤波器结构

姿态误差功率谱密度（PSD）如图 6 所示。互补滤波器的穿越频率选在陀螺 PSD 和星敏感器 PSD 交叉的频率，因为从这个频率再增大频率，陀螺将比星敏感器性能更好。相应的姿态观测器误差为图 6 中的阴影区域，在低频区域以星敏感器噪声为上界，在高频区域以陀螺噪声为上界。

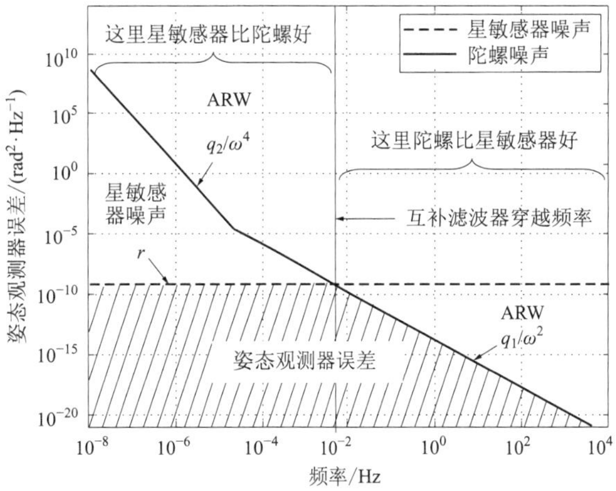

图 6 用姿态误差功率谱密度表示的姿态观测器误差

星敏感器和陀螺噪声 PSD 相交的频率（为了简化，令 $q_1=0$），可以让 r 和 q_2/ω^4 相等，解得

$$\omega^*=\left(\frac{q_2}{r}\right)^{1/4} \tag{100}$$

如前所述，这是在 $q_1=0$，即令式（90）～式（92）中的 $q_1=0$ 的情况下，将卡尔曼观测器极点配置在这个频率上。这种直观表示对理解姿态观测器如何工作以及以图形方式配置观测器极点很重要，而且不需要解黎卡提方程。

2.3.5 估计误差

令 $\eta\triangleq\theta-\hat{\theta}$ 作为互补滤波器的姿态估计误差，η 可以通过式（97）写成用陀螺噪声 n_1，n_2 和星敏感器噪声 v 表示的形式：

$$\eta(s)=-K(s)v+(1-K(s))\frac{1}{s}\left(n_1+\frac{n_2}{s}\right) \tag{101}$$

η 的协方差被分解成用三个独立的噪声项 v，n_1，n_2 表示的形式：

$$\mathrm{Cov}[\eta]=p_{11}=p_{11}^r+p_{11}^1+p_{11}^2 \tag{102}$$

其中，式（102）中的各项由频率积分计算得到：

$$p_{11}^r=\frac{2}{2\pi}\int_{-\infty}^{\infty}|K(\mathrm{j}\omega)|^2 r\,\mathrm{d}\omega=\frac{(k_2^2+k_1^2k_2)r}{2k_1k_2} \tag{103}$$

$$p_{11}^1=\frac{2}{2\pi}\int_{-\infty}^{\infty}|1-K(\mathrm{j}\omega)|^2\frac{q_1}{\omega^2}\mathrm{d}\omega=\frac{q_1}{2k_1} \tag{104}$$

$$p_{11}^2=\frac{2}{2\pi}\int_{-\infty}^{\infty}|1-K(\mathrm{j}\omega)|^2\frac{q_2}{\omega^4}\mathrm{d}\omega=\frac{q_2}{2k_1k_2} \tag{105}$$

上述封闭形式的表达式与协方差表达式［式(79)］中的各项相等，式（103）～式（105）提供了姿态估计误差的频域表达，并且将 Cov$[\eta]$ 分解成含星敏感器噪声 v 和陀螺噪声 n_1，n_2 项成分的形式。

将式（11）的 η 代入式（51）的闭环传递函数 $C_\eta(s)$，并进行频率积分可得

$$\mathrm{Cov}[e]=\frac{1}{2\pi}\int_{-\infty}^{\infty}|C_\eta(\mathrm{j}\omega)|^2\left[|K(\mathrm{j}\omega)|^2 r+|1-K(\mathrm{j}\omega)|^2\times\left(\frac{q_1}{\omega^2}+\frac{q_2}{\omega^4}\right)\right]\mathrm{d}\omega \tag{106}$$

这个表达式描述了姿态观测器误差 η 在无限时间窗对视线指向误差 e 的总贡献。当计算有限时间窗 T_{win} 内的贡献时，还需修改式（106）的积分，使其包含加权函数 $W_{\mathrm{win}}(\omega)$（Lucke，Sirlin，San Martin 1992；Bayard，2004b）：

$$W_{\mathrm{win}}(\omega)=1-\left(\frac{\sin(\omega/T_{\mathrm{win}}/2)}{\omega T_{\mathrm{win}}/2}\right)^2 \tag{107}$$

这个加权函数是一个通频带近似从 $1/T_{\mathrm{win}}$ 开始的高通滤波器，并且从加权函数可以看出相机使用更短的曝光时间可以减少指向抖动。

3　反作用轮干扰

一个典型的反作用轮包括一个悬挂在滚珠轴承上旋转的飞轮和内置无刷直流电机。飞轮、轴承和电机等组件会产生不同类型的干扰。第一类干扰由飞轮的不平衡导致，具体可分为静不平衡和动不平衡两种。轴承的干扰包括黏性摩擦和库仑摩擦，电机的主要干扰是换相转矩波动［更多关于反作用轮干扰的讨论可参考 Bialke（1997，1998）和 Masterson，Miller，Grogan（1999）］。

3.1　静不平衡

静不平衡定义为一个理想的对称飞轮，并在飞轮外缘安装一个附加质量 m，如图 7 所示。飞轮半径为 ρ，旋转速度为 ω_s，由附加质量产生的向心力为

$$F^{\mathrm{S}}=m\rho\omega_s^2 \tag{108}$$

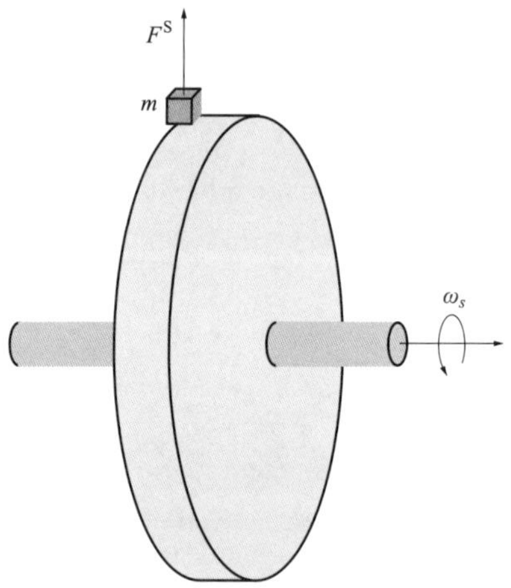

图 7　反作用轮静不平衡示意

定义 $C^{\mathrm{S}}=m\rho$ 为静不平衡系数，单位是 kg·m 或 N·s²。由于不平衡力指向外侧，并随着飞轮旋转，于是产生一个正弦干扰力

$$F^{\mathrm{S}}(t)=C^{\mathrm{S}}\omega_s^2\sin(\omega_s t+\phi^{\mathrm{S}}) \tag{109}$$

式中，ϕ^{S} 是一个任意的相角。由于反作用轮的安装位置和指向，存在相对航天器质心的力臂 l，于是相应的力矩为

$$T^{\mathrm{S}}(t)=C^{\mathrm{S}}l\omega_s^2\sin(\omega_s t+\phi^{\mathrm{S}}) \tag{110}$$

因为反作用轮在多 ω_s 的频率（即谐波）也存在干扰，可写出一个更通用的表达式（Masterson，Miller 和 Grogan，1999）：

$$T^{\mathrm{S}}(t)=\sum_{j=1}^{n}C_j^{\mathrm{S}}l\omega_s^2\sin(N_j\omega_s t+\phi_j^{\mathrm{S}}) \tag{111}$$

式中，$N_j\omega s$ 表示第 j 次谐波的频率。式（110）是式（111）取第一项 $C_1^{\mathrm{S}}=C^{\mathrm{S}}$，$N_1=1$ 时的简单模型，干扰力矩式（111）作用于航天器本体，其引起的视线指向误差可以通过传递函数式（49）计算得出（令 J_r 代表航天器的标量转动惯量）：

$$e(s)=\frac{1}{J_r}C_d(s)T^{\mathrm{S}}(s) \tag{112}$$

如果式（111）中的频率完全在姿态控制器带宽以外的话，它们就未经衰减地直接作用到刚体星体上，即有 $J_r\dot{\omega}=T^{S}$，若只用 T^{S} 的第一项，则有

$$\dot{\omega}=\frac{C^{S}l}{J_r}\omega_s^2\sin(\omega_s t+\phi^{S}) \tag{113}$$

积分两次消去 ω_s^2 项，有

$$\theta=-\frac{C^{S}l}{J_r}\sin(\omega_s t+\phi^{S}) \tag{114}$$

因此视线指向误差的均方根为

$$\theta_{RMS}^{S}=\frac{C^{S}l}{J_r\sqrt{2}} \tag{115}$$

增加其他飞轮引入的误差为这个值的平方和开根。

3.2 动不平衡

动不平衡定义为一个理想的对称飞轮，并在飞轮外缘两侧各安装一个附加质量 m，两个附加质量圆周上相差180°，轴向相差 δ，如图8所示。飞轮半径为 ρ，旋转速度为 ω_s，每个附加质量产生向外侧的力为 $F^{D}=m\rho\omega_s^2$，两个力大小相等，方向相反，可以在径向互相抵消，即合力为零。但在轴向每个力的力臂为 $\delta/2$，分别产生大小为 $m\rho\omega_s^2\delta/2$ 的力矩，合力矩为 $m\rho\omega_s^2\delta$，方向垂直于飞轮的转轴：

$$T^{D}=m\rho\omega_s^2\delta \tag{116}$$

定义 $C^{D}=m\rho\delta$ 为动不平衡系数，单位是 $kg\cdot m^2$ 或 $N\cdot ms^2$。因为这个不平衡力矩垂直于转轴，并随着飞轮旋转，于是产生一个正弦干扰力矩：

$$T^{D}(t)=C^{D}\omega_s^2\sin(\omega_s t+\phi^{D}) \tag{117}$$

式中，ϕ^{D} 是一个任意的相角。因为反作用轮在多 ω_s 的频率（即谐波）也存在干扰，可写出一个更通用的表达式（Masterson，Miller 和 Grogan 1999）：

$$T^{D}(t)=\sum_{j=1}^{n}C_j^{D}\omega_s^2\sin(N_j\omega_s t+\phi_j^{D}) \tag{118}$$

式中，$N_j\omega s$ 表示第 j 次谐波的频率。式（117）是式（118）取第一项 $C_1^{D}=C^{D}$，$N_1=1$ 时的简单模型，干扰力矩式（118）作用于航天器本体，其引起的视线指向误差可以通过传递函数式（49）计算得出：

$$e(s)=\frac{1}{J_r}C_d(s)T^{D}(s) \tag{119}$$

如果式（118）中的频率完全在姿态控制器带宽以外的话，它们就未经衰减地直接作用到刚体星体上，即有 $J_r\dot{\omega}=T^{D}$，若只用 T^{D} 的第一项，则有

$$\dot{\omega}=\frac{C^{D}}{J_r}\omega_s^2\sin(\omega_s t+\phi^{D}) \tag{120}$$

积分两次消去 ω_s^2 项，有

$$\theta=-\frac{C^{D}}{J_r}\sin(\omega_s t+\phi^{D}) \tag{121}$$

因此视线指向误差的均方根为

$$\theta_{RMS}^{D}=\frac{C^{D}}{J_r\sqrt{2}} \tag{122}$$

增加其他飞轮引入的误差为这个值的平方和开根。

3.3 飞轮阻力矩

3.3.1 黏性摩擦

黏性摩擦是由于轴承不理想润滑引起的，产生的干扰力矩 T^{V} 正比于飞轮转速

$$T^{V}=-C^{V}\omega_s \tag{123}$$

式中，C^{V} 是黏性摩擦系数，单位是 N·m/(rad·s)。由于润滑剂黏性随温度变化很大，故 C^{V} 对温度很敏感（Bialke，1998）。

3.3.2 库仑摩擦

库仑摩擦是轴承内的滚动摩擦，其产生的力矩 T^{C} 与飞轮转速和温度是无关的，只取决于转速的方向：

$$T^{C}=-C^{C}\sin(\omega_s) \tag{124}$$

式中，C^{C} 是库仑摩擦系数，单位是 N·m。这个干扰在飞轮转动逆转时会产生大小为 $2C^{C}$ 的力矩不连续，会引起很多问题。

3.4 换相转矩波动

换相转矩波动 T^{R} 是一个频率为飞轮转速 ω_s 乘以电机极数 N_{poles} 再乘以电机相数 N_{phases} 的干扰力矩：

$$T^{R}=C^{R}g\ \sin(N_{poles}N_{phases}\omega_s+\phi^{R}) \tag{125}$$

式中，C^{R} 是换相转矩波动系数，量纲为1；g 是飞轮的指令力矩；ϕ^{R} 是任意相位角。换相转矩波动的特性是其幅值与指令力矩 g 成正比，因此，其在机动时干扰最大，在常速率扫描时较小，在惯性定向时最小。

4 精确指向与控制

4.1 设计准则

复杂的姿态控制设计可以以PD控制设计式(26)、式（28）和式（43）作为起点，需要进一步包

括限制器、速率滚降滤波器和/或频率陷波。限制器用于确保安全操作，并避免反作用轮饱和（Macala，2002）。速率滚降滤波器和频率陷波用于处理由太阳帆板、附件等引起的结构共振，共振频率出现在控制带宽内或者附近（Wie，Liu 和 Bauer，1993；Sharkey 等，1992）。使用星敏感器、陀螺和反作用轮的标准三轴姿态控制系统的案例有卡西尼探测器（Macala，2002；Pilinsk 和 Lee，2009）、斯必泽太空望远镜（Bayard，1998）和钱德拉 X 射线天文台（Cameron 等，2000）。

PID 控制［式（30）］具有抑制常值力矩干扰，使稳态误差［式（42）］为零的优点，而 PD 控制存在动态误差［式（47）］。如果不使用指令前馈项 ω_d，$\dot{\omega}_d$，PID 控制仍然能够零稳态误差地跟踪斜坡指令，但是 PD 控制只能够跟踪阶跃指令。但是如果使用了前馈项 ω_d，$\dot{\omega}_d$，PID 和 PD 控制都能够跟踪任意指令信号，PID 控制的优势消失了。

PID 控制需要在大角度机动或者反作用轮饱和时使用避免积分器饱和的策略，增加了系统的复杂性［Astrom，Rundqwist（1989）讨论了积分器饱和的问题］，而这通常是不必要的，PD 控制对大多姿态控制就足够了。航天器自身最大的干扰是飞轮阻力，见式（123）和式（124），使用 PD 控制（无积分环节）时阻力矩（假设是常值）导致的视线偏移可从式（56）计算得到

$$e_{\text{drag}}=\frac{T^{\text{V}}+T^{\text{C}}}{J_r k_p} \tag{126}$$

这个误差在具体应用中有时是可以接受的。在实际应用中，偏差并不是静态的，飞轮阻力会随着时间缓慢变化，将降低长周期指向稳定性，因此，如果采用 PD 控制，需要通过式（6）和式（7）实现飞轮阻力矩补偿，并基于测速计反馈局部控制各反作用轮的转速。每个飞轮转速控制器使实际转速和根据动量变化率指令得到的期望转速的偏差最小，飞轮阻力会减小飞轮转速，测速计测量飞轮转速，控制器将阻力当作干扰自动进行补偿。这种方式不需要在控制器中使用积分，并且能在更高的带宽上有效地对变化的飞轮摩擦力矩进行局部补偿。

反作用轮干扰表达式［式（115）和式（122）］只是近似的，但是可以用作确定反作用轮大小的出发点，并确定初始误差预算。要作更详细的分析需要使用式（111）、式（112）、式（118）和式（119），这样 T^{S} 和 T^{D} 包含了多次谐波，并且传递函数 $C_d(s)$ 更加详细，考虑了包括子系统模型、延迟、振动模态等（Lee 等，2002）。结构柔性尤其需要详细的检查，因为在模态频率附近反作用轮的干扰将会被放大，而飞轮的频率 ω_s 在机动和动量变化时会随着时间变化，这使问题变得复杂。

力臂 l 对静不平衡力矩［式（111）］有影响，因此可以通过让反作用轮靠近航天器质心来减小静不平衡力矩。静不平衡［式（111）］和动不平衡［式（118）］受 ω_s^2 的影响，因此可以降低飞轮转速来减小干扰力矩，但是低速操纵飞轮意味着在任务期间飞轮动量会很快饱和，需要更频繁地卸载，通常要进行仔细的权衡。另外也可以更精确地调节飞轮不平衡以减少干扰，适当增加费用的话，供应商通常可以使静动不平衡系数降低 2～5 倍，用于精确指向任务（Bialke，1998）。

4.2　飞轮速度逆转

反作用轮速度逆转由于库仑摩擦［式（124）］会引起大小 $2C^{\text{C}}$ 的力矩不连续，产生很多问题。历史上，很多精确指向科学观测平台都由于飞轮速度逆转而不能良好工作。第一种解决这个问题的方法是偏置飞轮的转速到足够高，并且经常卸载飞轮角动量，使得不发生飞轮转速过零的情况；第二种解决方法是使用具有零空间管理功能的冗余反作用轮，使飞轮转速保持在特定值以上；第三种方法是允许飞轮速度逆转，使用高带宽局部飞轮转速控制回路将过零力矩作为干扰加以抑制，因为力矩变化是阶跃函数，残余误差最终会变成零，控制器的时间常数会影响误差衰减的速度。

4.3　振动隔离

结构挠性会在模态频率附近放大反作用轮的干扰，如果反作用轮干扰影响获得满意的指向精度，则可以采用隔振平台（Laskin 和 Sirlin，1986）。典型的单级隔振平台通过连接反作用轮来实现振动隔离（Nye 等，1996）。如果效果不够好，可以在本体和载荷之间放置二级隔振平台（Bronowicki 等，2003，Bronowicki，2006）。隔振平台可以在操作带宽上使飞轮干扰衰减一到两个数量级，更极端的载荷隔离方法能够使干扰衰减三个数量级（Gonzales 等，2004）。

4.4　精密导引敏感器（FGS）

太空天文望远镜等需要惯性指向（即航天器在惯性空间速率为零）的应用需要使用精密导引敏感

器（Nelan 等，1998；Bradley 等，1991）。FGS 是一个高分辨率、高信噪比的敏感器，通过观测特定的导航星提供 r 值较低的［式（58）］的视线测量。FGS 可以是独立的硬件，也可以是载荷仪器的固有部分。对于后一种情况，FGS 通常使用大型科学望远镜的口径来获得高信噪比测量（否则口径属于科学观测平台），并被放置在仪器的焦平面上，直接提供望远镜光轴指向信息。FGS 的测量可以用于姿态观测器的视线估计，提供改善的指向信息。在重型刚体航天器上，控制系统包含 FGS，高带宽的姿态控制回路围绕 FGS 和反作用轮闭合，从而获得稳定的指向。应用实例包括哈勃太空望远镜（HST）（Dougherty 等，1982；Sharkey 等，1992）、COROT 天文卫星（Auvergne 等，2003）和开普勒太空望远镜（Koch 等，1998）。

4.5 快速控制反射镜（FSM）

对于具有显著结构挠性的航天器，使用快速控制反射镜很有效果。FSM 是一个具有精密角分辨率的倾斜主动镜，通常安装在弯曲处，并由电磁执行机构驱动。FSM 通常和 FGS 共同使用，因为其惯量很小，FSM 可以用于快速视线修正，而不必移动整个航天器本体。另外，使用配重，FSM 可以重新驱动，因此其高带宽运动不会激起结构模态振动。从系统结构上看，精确指向通过级联姿态和 FSM 控制回路实现，传统的低带宽姿态控制器使航天器本体的视线指向误差降到秒级，高带宽 FSM 控制回路（环绕 FGS 测量形成闭环）进一步将视线指向误差减小到毫秒级。应用实例包括詹姆斯·韦伯太空望远镜（JWST）（Mosier 等，1998）和日食日冕仪（Brugarolas 等，2006）。

5 结　　论

本章提供了高精度指向控制系统的基本模块；讨论了三轴航天器指向系统的基本元素，包括带有 n 个飞轮的非线性姿态动力学、姿态控制设计、使用星敏感器和陀螺测量的姿态估计、敏感器噪声、执行机构误差、干扰力矩等；提出了高精度指向控制系统的初步设计和性能分析的方法；引用了对相关内容作更详细分析的文献，包括为太空望远镜和其他天文应用设计高精度指向控制系统的重点内容。

相关章节

第 5 卷，第 262 章
第 5 卷，第 263 章
第 5 卷，第 265 章

参考文献

Astrom, K. J. and Rundqwist, L. (1989) Integrator windup and how to avoid it. Proceedings of the American Control Conference, Pittsburgh, PA, pp. 1693—1698.

Auvergne, M., Boisnard, L., Buey, J. M., Epstein, G., Hustaix, H., Jouret, M., Levacher, P., Berrivin, S. and Baglin, A. (2003) COROT high－precision stellar photometry on a low Earth orbit: solutions to minimize environmental perturbations, in *Future EUV/UV and Visible Space Astrophysics Missions and Instrumentation*, (eds J. C. Blader and O. H. W. Siegmund), Proceedings SPIE, SPIE vol. 4854, Waikoloa, Hawaii pp. 170—180.

Bayard, D. S. (1998) Fast observers for spacecraft pointing control. Proceedings of 37th IEEE Conference on Decision & Control, Tampa, FL, pp. 4202—4207.

Bayard, D. S. (2004a) Advances in precision pointing control for the NASA Spitzer Space Telescope. Paper AAS 04—071, 27th Annual AAS Guidance and Control Conference, Breckenridge, Colorado, February 4—8, 2004.

Bayard, D. S. (2004b) A state－space approach to computing spacecraft pointing jitter. *AIAA J. Guidance Control Dyn.*, **27** (3), 426—433.

Bialke, B. (1997) A compilation of reaction wheel induced spacecraft disturbances. AAS paper 97—038, 20th Annual AAS Guidance and Control Conference, Breckenridge, CO, February 5—9, 1997.

Bialke, B. (1998) High fidelity mathematical modeling of reaction wheel performance. AAS paper 98—0643, Proceedings of 21st Annual AAS Guidance and Control Conference, Breckenridge, CO, February 4—8, pp. 483—496.

Bradley, A., Abramowicz－Reed, L., Story, D., Benedict, G. and Jeffreys, W. (1991) The flight hardware and ground system for Hubble Space Telescope astrometry. *Publ. Astrono. Soc. Pac.*, **103**, pp. 317—335.

Breckenridge, W. G. (1979) Quaternions-proposed standard conventions. Jet Propulsion Laboratory, *Interoffice Memorandum, IOM 343－79－1199*, October 31, 1979.

Bronowicki, A. J., MacDonald, R., Gursel, Y., Goullioud, R., Neville, T. and Platus, D. (2003) Dual stage passive vibration isolation for optical interferometer missions. *Proceedings of the SPIE*, *Interferometry in Space*. vol. 4852, Waikoloa, Hawaii, pp. 753—763.

Bronowicki, A. J. (2006) Vibration isolator for large space telescopes. *J. Spacecraft Rockets*, **43** (1), 45—53.

Brugarolas, P. B., Kia, T., Li, D. and Alexander, J. W. (2006) Pointing control system for the Eclipse mission. Proceedings of the SPIE, Space Telescopes and Instrumentation I: Optical Infrared and Millimeter, Vol. 6265, Orlando, FL, pp. 62653R.

Cameron, R. A. Aldcroft, T. L., Podgorski, W. A., Freeman, M. D. and Shirer, J. J. (2000) Initial performance of the attitude control and aspect determination subsystems on the Chandra Observatory. Proceedings of SPIE, X—Ray Optics, Instruments, and Missions III, vol. 4012, Munich, Germany July, pp. 658—668.

Crassidis, J. L. and Junkins, J. L. (2004) *Optimal Estimation of Dynamics Systems*, Chapman & Hall/CRC, New York.

Dougherty, H., Tompetrini, K., Levinthal, J. and Nurre, G. (1982) Space telescope pointing control system. *AIAA J. Guidance Control Dyn.*, **5** (4), 403—409.

Gelb, A. (1984) *Applied Optimal Estimation*, The MIT Press, Cambridge, Massachusetts.

Gonzales, M. A., Pedreiro, N., Roth, D. E., Brookes, K. and Foster, B. W. (2004) Unprecedented vibration isolation demonstration using the disturbance — free payload concept. Paper AIAA—04—5247, AIAA Guidance, Navigation, and Control Conference and Exhibit, Providence, RI, pp. 1—12.

Hughes, P. C. (1986) *Spacecraft Attitude Dynamics*, John Wiley & Sons, Inc., New York.

Koch, D., Borucki, W., Webster, L., Dunham, E., Jenkins, J., Marriott, J. and Reitsema, H. (1998) Kepler: a space mission to detect earth—class exoplanets. Proceedings of the SPIE, Space Telescopes and Instruments V, vol. 3356, Kona, Hawaii, pp. 599—607.

Laskin, R. A. and Sirlin, S. W. (1986) Future payload isolation and pointing system technology. *AIAA J. Guidance Control Dyn.*, **9** (4), pp. 469—477.

Lee, A. Y., Yu, J. W., Kahn, P. B. and Stoller, R. L. (2002) Space interferometry mission spacecraft pointing error budgets. *IEEE Trans. Aerosp. Electron. Syst.* **38** (2), 502—514.

LePage, W. R. (1980) *Complex Variables and the Laplace Transform for Engineers*, Dover Publications, New York.

Lucke, R. L., Sirlin, S. W. and San Martin, S. M. (1992) New definitions of pointing stability: AC and DC effects. *J. Astronaut. Sci.*, **40** (4), 557—576.

Macala, G. A. (2002) Design of the reaction wheel attitude control system for the Cassini spacecraft. Paper AAS—02—121, AAS/AIAA Space Flight Mechanics Meeting, San Antonio, Texas, January 27—30, 2002.

Masterson, R., Miller, D. and Grogan, R. L. (1999) Development of empirical and analytical reaction wheel disturbance models. AIAA 99—1204, 40th AIAA Structural Dynamics Conference, St. Louis, MO, April 12 — 15, 1999.

Mosier, G., Femiano, M., Ha, K., Bely, P., Burg, R., Redding, D., Kissil, A., Rakoczy, J. and Craig, L. (1998) Fine pointing control for a Next—Generation Space Telescope. Proceedings of SPIE, Astronomical Telescopes and Instrumentation, vol. 3356, Kona, Hawaii, March, pp. 1070—1077.

Nelan, E. P., Lupie, O. L., McArthur, B., Benedict, G. F., Franz, O. G., Wasserman, L. H., Abramowicz—Reed, L., Makidon, R. B. and Nagel, L. (1998) The fine guidance sensors aboard the Hubble Space Telescope: the scientific capabilities of these interferometers. Proceedings SPIE Astronomical Interferometry, vol. 3350, Kona, Hawaii, March, pp. 237—247.

Nye, T. W., Bronowicki, A. J., Manning, R. A. and Simonian, S. S. (1996) Applications of robust damping treatments to advanced spacecraft structures. *Adv. Astronaut. Sci.*, **92**, 531—543.

Pilinski, E. B. and Lee, A. Y. (2009) Pointing — stability performance of the Cassini spacecraft. *AIAA J. Spacecraft Rockets*, **46** (5), 1007—1015.

Sharkey, J. P., Nurre, G. S., Beals, G. A. and Nelson, J. D. (1992) A chronology of the on—orbit pointing control system changes on the Hubble Space Telescope and associated pointing improvements. Paper AIAA—92—4618—CP, Proceedings of the AIAA Conference on Guidance, Navigation, and Control, Hilton Head Island, SC, pp. 1418—1433.

Sidi, M. J. (1997) *Spacecraft Dynamics & Control: A Practical Engineering Approach*, Cambridge University Press, Cambridge, England.

Wie, B., Liu, Q. and Bauer, F. (1993) Classical and robust H—infinity control redesign for the Hubble Space Telescope. *AIAA J. Guidance Control Dyn.*, **16** (6), 1069—1077.

本章译者：张景瑞、张尧、胡星（北京理工大学宇航学院）

第 267 章

多体动力学的有效建模

Robert E. Skelton
加州大学圣地亚哥分校机械与航天工程系，拉荷亚，加利福尼亚，美国

1 引　　言

人类对多体动力学的研究有漫长的历史。哈密顿引入了广义动量，首次建立了系统的状态变量模型，但直至 20 世纪 50—60 年代的太空竞赛时期，人们才开始利用计算机探索、发展“状态”这一概念。美国国家航空航天局发射了一些柔性结构的航天器，并发起了多次学术竞赛去寻找最有效的精确描述柔性结构的算法。由于柔性部分经常被线性化处理，人们对简化模型的分析经常会有如下争论：“应该简化为何种形式?”“用哪个基本方程来描述此梁/版/壳结构的偏微分模型?”这类争论一直持续到今天，主要集中在挠性附件模型（修正刚体的模态分析）、系统模型（未修正刚体的模态分析）和非模态化坐标上。系统中的其他部分，如控制系统，经常被略去，这使得最终结果的正确性受到了极大影响。将动力学与控制器作为一个整体进行统一建模可能会影响结构模态分析的基本方程的选择，但很少有人知道影响的具体形式。

除去给定结构建模时存在上述问题外，当结构设计与任务目标及控制器无关时还会出现更严重的问题，但是目前能够系统连接结构和控制器设计的理论还有所欠缺。因此，当今的结构设计仍倾向于过渡设计，以确保将来添加的控制器所输出控制力的不确定性不至于破坏系统结构。由于控制系统承受的能量输出非常大，所以人们一般会以传统的结构设计标准去设计控制系统的结构（如最高的刚度与质量之比等）。以哈勃太空望远镜为例，由于其具有刚度过高的圆筒型设计，大约 90%的控制能量用在其圆筒结构上。由于控制刚度较小的结构能够使用较少的能量，且能达到更高的精度，在未来的系统设计中，将会通过协调结构设计与控制系统设计降低控制系统能量需求，以及执行机构与航天器系统结构的质量，使得达到相同指向任务所需的控制能量消耗大幅度减小。本章对这些问题的讨论不会结束，将在结构设计方向上逐步前进，并确保其一直在可控范围内。这需要结构设计上的新思维。

对系统的非线性动力学和非线性系统的有效反馈控制进行有效模拟的关键在于发现利用系统模型方程的特殊结构。此外，本章的另一个目的正是通过动力学方程的一个非常特殊的矩阵形式，寻找这些方程最简单的结构。

对于由 β 个刚体组成的系统，其受力特点可用网络理论（Network Theory）进行描述，其运动学特征可用杆矢量（Bar Vector）进行描述（意即矢量中各分量沿杆长方向分布），其动力学可用$3\times 2\beta$ 维矩阵组成的二阶微分方程描述。本章的第一项工作是建立了广泛的一类刚体系统的动力学模型，其特点在于形式紧凑，无须对质量矩阵求逆；第二项工作是所有的推导均被视作受力平衡状态、均匀分布载荷下的线性代数问题，这样得出方程的意义之一是方程能够确切地描绘所有 I 类张拉整体结构的静力学和动力学特性。

多刚体动力学的传统形式是一个广义坐标描述的矢量二阶常微分方程，详见 Likins (1969)、Hughes (1986)，以及 Skelton (2001a) 等文献。广义坐标也称作配置矢量（Configuration Vector）。与传统的矢量描述形式的动力学方程不同，本章将介绍使用 3×

2β维矩阵组成的二阶微分方程描述β刚体系统动力学，其中描述刚体动力学特性的矩阵称为配置矩阵(Configuration Matrix)。本章分析了一组不连续的刚体结构通过一组弦连接而达到稳态的系统的动力学与静力学特性，其中“弦”与“弹簧”的模型可根据实际需要，认为其受到拉伸与压缩或仅受张力。但在此类情况下，对于人们感兴趣的部分，可认为弦只受张力，详见 Leonard (1988)、Miura 和 Miyazak (1990)、Pellegrino (1990)、Sadao (1996) 文献。这些杆和弦的连接描述既已完成，系统动力学就可以用 3×2β 维配置矩阵组成的二阶微分方程描述。通过参数化配置所有矢量中直线部分的元素，辨识出每根杆的质心位置及方向矢量，这种方法避免了一般使用速度、角速度与坐标变换方法所产生的原生非线性问题。事实上，此类三角函数方程没有能够用于提高效率的数值计算（模拟）与控制器设计的简化分析形式。

2 张拉整体系统

目前力学界普遍认为连续性模型无法解释材料的强度，要解释材料的强度，需要离散化的物质结构模型。须知真实情况下物质确实是由离散化部分组成的，不论是在原子尺度（原子、分子）抑或纳米级尺度（细胞亦具有离散结构）。最新的研究显示，血红细胞（Vera 等，2005）与使动物能够运动的中尺度上的离散“杆”与“弦”（即筋骨）均具有张拉整体结构。因此，对于一大类问题，将系统描述为离散刚体与离散弹性体连接的组合模型是合理的。对另外一大类问题（Skelton 和 de Oliveira，2009，Skelton 等，2001b)，可以假设杆件为刚性，并认为其绕纵轴的转动惯量可忽略不计。仅采用一些基本方法即可将此假设扩展到更一般的情况。本着从自然中学习的精神，不难发现控制整个机械系统运动的最佳方式就是对这些离散元素，如杆和弦的控制。因此，使用张拉整体结构的一个主要优势就在于其控制功能能够集成于结构设计中。

传统的结构设计一般采用有限元法（Bendsoe，1995）或网格法（Jarre 等，1998)，在这两种情况下，结构具有固定的平衡点，因为机构的连接处是焊接或销接的。因此在目前的工程实际中，通过在结构上添加控制器执行机构（在结构设计之后）实现控制功能会使结构由原平衡状态受到挤压，产生瞬时或永久变形。这种受迫形变使结构本身吸收了能量，或许还会使其受到较大的张力。换言之，执行机构“迫使”结构本身产生了本不该有的形变。张拉整体控制系统的构想正是为了解决此类问题，它能使控制器的动态特性与结构的动力学更加充分地匹配。这是一种通过控制方法改变结构的平衡状态，而非不考虑控制问题而使平衡状态长期受到挤压的结构设计方法。

经典专著中（Skelton 和 de Oliveira，2009；Skelton 等，2001b）对Ⅰ类张拉整体系统的定义为：多个无直接接触的刚体，通过抗拉材料相互连接以达到稳定状态的系统。在稳定状态下，由于刚体间无互相接触，且连接刚体的弦无法提供给其端点接触的刚体扭转力矩，故此种系统中只有轴向过载项。

图 1 所示为Ⅰ类张拉整体系统的一个例子。张拉整体系统作为一种艺术造型（Snelson，1965）和建筑造型（Motro，2003）已经出现了超过 50 年，但目前还没有一套完整的分析工具对其进行分析与优化，张拉整体系统这一概念仍未取得其在理论上与工程上应有的地位，因此人们还不能将这种有趣的拓扑结构用于工程结构设计与施工中的替代品。首次研究这类由杆与弦组成的网络的动力学问题可见于张拉整体概念发明约后 50 年，Skelton 和 de Oliveira (2009)，Skelton (2001) 等的研究。本章的主要目的是提供一种更方便的分析工具用来描述Ⅰ类张拉整体系统的静力学与动力学特性。

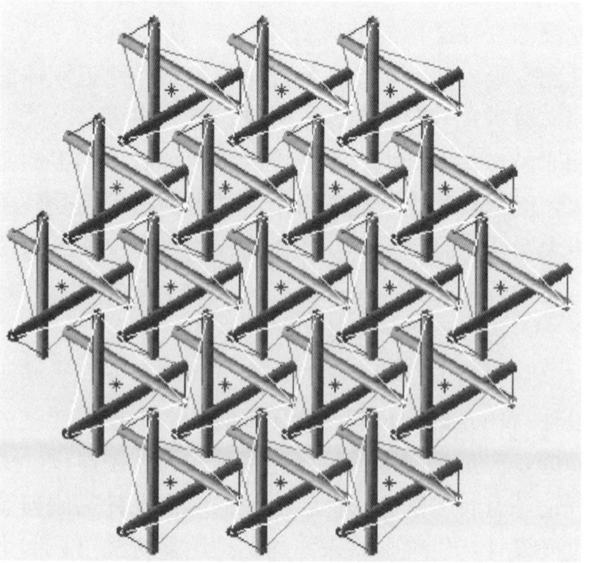

图 1 张拉整体结构的示意

与其他航天问题使用多个坐标系（本体与每个附件都有其自身的坐标系）不同，本章将在惯性系下描述所有矢量。因此，令 $\boldsymbol{n}_i^{\mathrm{T}} = [n_{i1} \quad n_{i2} \quad n_{i3}]$ 为组件在惯性系中的矢量 $\boldsymbol{n}_i$；定义算符 $\hat{v}$ 为由一个

n 维矢量 $v^{\mathrm{T}}=[v_1 \quad v_2 \quad v_3 \quad v_4 \cdots]$ 生成的一个 $n\times n$ 维的矩阵：

$$\hat{v}=\mathrm{diag}\,[v_1 \quad v_2 \quad v_3 \quad v_4 \cdots] \tag{1}$$

定义 3 维矢量 $v^{\mathrm{T}}=[v_1 \quad v_2 \quad v_3]$ 生成如下 3×3 维反对称矩阵 $\tilde{v}$：

$$\tilde{v}=\begin{bmatrix} 0 & -v_3 & v_2 \\ v_3 & 0 & -v_1 \\ -v_2 & v_1 & 0 \end{bmatrix} \tag{2}$$

下文将不加证明地引用如下公式：对任意两个 n 维矢量 v，$\boldsymbol{x}$，若 $v\in \mathrm{R}^n$ 且 $\boldsymbol{x}\in \mathrm{R}^n$，则 $\hat{v}\boldsymbol{x}=\hat{\boldsymbol{x}}v$。

3 杆/弦网络的描述

本章将在惯性系中建立描述 β 根刚性杆的所有动力学方程。在定义了通常意义下的矢量点乘与叉乘后，令右手系三坐标轴的单位矢量 $[\boldsymbol{e}_1, \boldsymbol{e}_2, \boldsymbol{e}_3]$ 固定在此参考系中，并记为 $\boldsymbol{E}=[\boldsymbol{e}_1, \boldsymbol{e}_2, \boldsymbol{e}_3]$。$3\times 1$ 维矩阵 $\boldsymbol{b}_i$ 的各分量代表矢量 $\boldsymbol{b}_i$ 在固定的惯性系 $\boldsymbol{E}$ 中的投影，即

$$\boldsymbol{b}_i=\sum_{j=1}^{3}\boldsymbol{e}_j\boldsymbol{b}_{ij}=[\boldsymbol{e}_1, \boldsymbol{e}_2, \boldsymbol{e}_3]\begin{bmatrix} b_{i1} \\ b_{i2} \\ b_{i3} \end{bmatrix}=\boldsymbol{E}\boldsymbol{b}_i \tag{3}$$

对给定的惯性系 $\boldsymbol{E}$，令 $\boldsymbol{b}_i$ 和 $\boldsymbol{f}_j$ 为该坐标系中的吉布斯矢量（一种在三维空间上具有大小和方向的矢量），即 $\boldsymbol{b}_i=\boldsymbol{E}\boldsymbol{b}_i$ 且 $\boldsymbol{f}_j=\boldsymbol{E}\boldsymbol{f}_j$，则两矢量叉乘的运算法则为：

$$\boldsymbol{b}_i\times \boldsymbol{f}_j=\boldsymbol{E}\boldsymbol{b}_i\times \boldsymbol{E}\boldsymbol{f}_j=\boldsymbol{E}\tilde{\boldsymbol{b}}_i\boldsymbol{f}_j,$$

$$\text{式中，}\tilde{\boldsymbol{b}}_i=\begin{bmatrix} 0 & -b_{i3} & b_{i2} \\ b_{i3} & 0 & -b_{i1} \\ -b_{i2} & b_{i1} & 0 \end{bmatrix},\ \boldsymbol{b}_i=\begin{bmatrix} b_{i1} \\ b_{i2} \\ b_{i3} \end{bmatrix} \tag{4}$$

点乘法则由下式给出：由于 $\boldsymbol{e}_i(i=1, 2, 3)$ 为右手系的三坐标轴的单位矢量，故 $\boldsymbol{E}^{\mathrm{T}}\boldsymbol{E}=\boldsymbol{I}$，则有 $\boldsymbol{b}_i\boldsymbol{f}_j=\boldsymbol{E}\boldsymbol{b}_i\cdot\boldsymbol{E}\boldsymbol{f}_j=\boldsymbol{b}_i^{\mathrm{T}}\boldsymbol{E}^{\mathrm{T}}\boldsymbol{E}\boldsymbol{f}_j=\boldsymbol{b}_i^{\mathrm{T}}\boldsymbol{f}_j$。

不失一般性，认为系统有 β 根杆和 σ 根弦。将系统的各刚性部件（杆）间以弦连接处定义为结构系统的节点（以 $\boldsymbol{n}_i$ 表示第 i 个节点）。该点在 $\boldsymbol{E}$ 坐标系下的坐标为 $\boldsymbol{n}_i\in \mathrm{R}^3$。

为了简化计算，认为弦（第 i 根弦）的质量可以忽略不计（连接结构构件间两节点）。连接两节点的矢量为 $\boldsymbol{s}_i$。$\boldsymbol{s}_i$ 的方向是任意分配的。当弦的长度大于原长时，可提供使之收缩的拉力，但弦长小于原长时并无力的输出。此外需特别声明的是本章用到的弦模型并无弯曲刚度。

定义杆模型（β 根杆所组成系统中的第 i 根杆）有如下特征：一个刚性部件（杆）连接着两个节点 $\boldsymbol{n}_i$ 和 $\boldsymbol{n}_{i+\beta}$。连接节点 $\boldsymbol{n}_i$ 和 $\boldsymbol{n}_{i+\beta}$ 沿杆的矢量为 $\boldsymbol{b}_i=\boldsymbol{n}_{i+\beta}-\boldsymbol{n}_i(i=1,2,\cdots,\beta)$，杆 $\boldsymbol{b}_i$ 的长度为：$|\boldsymbol{b}_i|=L_i=\sqrt{\boldsymbol{b}_i^{\mathrm{T}}\boldsymbol{b}_i}$。

矢量 $\boldsymbol{r}_i$ 位于杆 $\boldsymbol{b}_i$ 的质心上，且有 $\boldsymbol{r}_i=\boldsymbol{E}\boldsymbol{r}_i$。矢量 $\boldsymbol{t}_i$ 代表节点上由弦 $\boldsymbol{s}_i$ 施加的力，其中 $\boldsymbol{t}_i$ 矢量的方向平行于弦 $\boldsymbol{s}_i$ 矢量。故可令 $\boldsymbol{t}_i=\gamma_i\boldsymbol{s}_i$，因此不难得出对正的标量 γ_i 有 $t_i=\gamma_i\boldsymbol{s}_i$。弦 $\boldsymbol{s}_i$ 所受拉力线密度 γ_i 由下式定义：$\gamma_i=\dfrac{|\boldsymbol{t}_i|}{|\boldsymbol{s}_i|}$。

矢量 $\boldsymbol{f}_i$ 代表杆 $\boldsymbol{b}_i$ 在节点 $\boldsymbol{n}_i$ 上所受的外力矢量之和。杆 $\boldsymbol{b}_i$ 所受所有外力如图 2 所示。

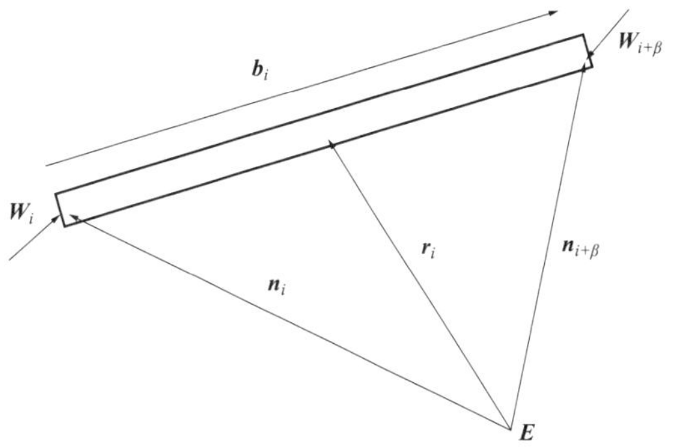

图 2　杆件受力之定义

引理 1：假设杆件的质量沿轴向方向均匀分布且杆长远大于其直径，则杆 $\boldsymbol{b}_i$ 之角动量指向杆 $\boldsymbol{b}_i$ 的质心，在 $\boldsymbol{E}$ 坐标系下表示为 $\boldsymbol{h}_i=\boldsymbol{E}\boldsymbol{h}_i$，其中

$$\boldsymbol{h}_i=\frac{m_i}{12}\tilde{\boldsymbol{b}}_i\dot{\boldsymbol{b}}_i \tag{5}$$

[该结果的标准证明详见 Skelton 和 de Oliveira (2009) 文献]

杆的线质量分如图 3 所示。

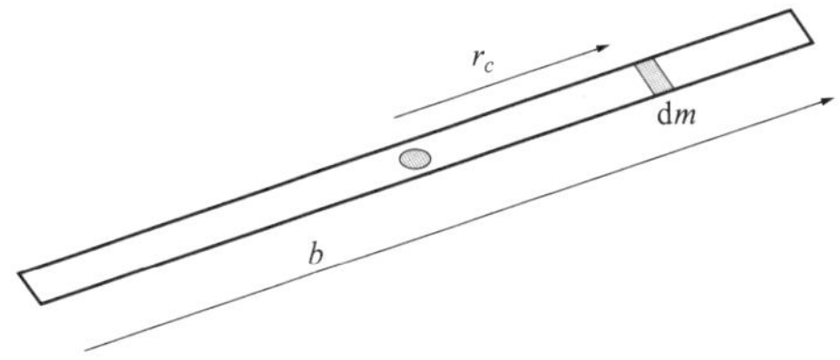

图 3　杆的线质量分布示意

4 刚性杆的动力学

考察图 2 所示一根刚性杆，杆的方向矢量为 $\boldsymbol{b}$，两节点的位置矢量为 $\boldsymbol{n}_1$ 和 $\boldsymbol{n}_2$，所受外力分别为 $\boldsymbol{f}_1$ 和 $\boldsymbol{f}_2$。

引理 2：杆 $\boldsymbol{b}$ 的质量可全部折算于质心处，其

位置矢量为 $\boldsymbol{r}$，使

$$m\ddot{\boldsymbol{r}}=\boldsymbol{f}_1+\boldsymbol{f}_2 \tag{6}$$

或者在 $\boldsymbol{E}$ 坐标系下表示为

$$m\ddot{\boldsymbol{r}}=\boldsymbol{f}_1+\boldsymbol{f}_2 \tag{7}$$

引理3：杆 $\boldsymbol{b}_i$ 可绕其质心旋转且满足

$$\frac{m}{12}\tilde{\boldsymbol{b}}_i\ddot{\boldsymbol{b}}_i=\frac{1}{2}\tilde{\boldsymbol{b}}(\boldsymbol{f}_2-\boldsymbol{f}_1) \tag{8}$$

上式之证明可由角动量表达式与牛顿第二定律得到

$$\dot{\boldsymbol{h}}=\frac{1}{2}\boldsymbol{b}\times(\boldsymbol{f}_2-\boldsymbol{f}_1),\boldsymbol{h}=\frac{m}{12}\boldsymbol{b}\times\dot{\boldsymbol{b}} \tag{9}$$

4.1　带约束的定长杆的动力学

现在将推导长为 L 的带约束杆的动力学，其中 L 满足 $\boldsymbol{b}^{\mathrm{T}}\boldsymbol{b}-L^2=0$。长度约束方程对时间的前两次求导为 $\boldsymbol{b}^{\mathrm{T}}\dot{\boldsymbol{b}}=0$ 和 $\boldsymbol{b}^{\mathrm{T}}\ddot{\boldsymbol{b}}=-\dot{\boldsymbol{b}}^{\mathrm{T}}\dot{\boldsymbol{b}}$。综上描述的系统应满足如下全部约束方程：

$$\frac{m}{12}\tilde{\boldsymbol{b}}_i\ddot{\boldsymbol{b}}_i=\frac{1}{2}\tilde{\boldsymbol{b}}(\boldsymbol{f}_2-\boldsymbol{f}_1) \tag{10}$$

$$\boldsymbol{b}^{\mathrm{T}}\ddot{\boldsymbol{b}}=-\dot{\boldsymbol{b}}^{\mathrm{T}}\dot{\boldsymbol{b}} \tag{11}$$

$$\boldsymbol{b}^{\mathrm{T}}\dot{\boldsymbol{b}}=0 \tag{12}$$

$$\boldsymbol{b}^{\mathrm{T}}\boldsymbol{b}-L^2=0 \tag{13}$$

考虑上述方程的初始条件 $\boldsymbol{b}(0)$ 与 $\dot{\boldsymbol{b}}(0)$ 的物理意义，即初始条件满足 $\boldsymbol{b}^{\mathrm{T}}(0)\boldsymbol{b}(0)=L^2$，且 $\boldsymbol{b}^{\mathrm{T}}(0)\dot{\boldsymbol{b}}(0)=0$，则约束方程只剩下前两个，下文将仅对前两个约束方程进行讨论。

应谨慎考虑上述初始条件真实性的假设。即使初始条件确实是真实的，但在对杆的动力学模拟的数值计算中任何出现的误差都会使杆长发生变化。目前有几种解决“约束稳定”问题的方法，这些方法都不是本章提出的，在此仅向读者作一简单介绍，以显示该问题是可以解决的。其中一种方法是在每个积分步长后对每根杆的杆长与速度进行修正，以保证杆长保持恒定且杆的速度矢量 $\dot{\boldsymbol{b}}$ 始终垂直于杆的方向矢量 $\boldsymbol{b}$ 的修正数值积分方案。例如在进行 k 次数值迭代的过程中，积分运算中参与计算的变量为 $\boldsymbol{b}(k)$ 和 $\dot{\boldsymbol{b}}(k)$，将其修正为 $\boldsymbol{b}(k+1)$ 和 $\dot{\boldsymbol{b}}(k+1)$，其值由下式决定：

$$\boldsymbol{b}(k+1)=\frac{\boldsymbol{b}(k)L}{|\boldsymbol{b}(k)|} \tag{14}$$

$$\dot{\boldsymbol{b}}(k+1)=\left[\boldsymbol{I}-\frac{\boldsymbol{b}(k+1)\boldsymbol{b}^{\mathrm{T}}(k+1)}{L^2}\right]\dot{\boldsymbol{b}}(k) \tag{15}$$

在数值模拟的过程中，由于这些对舍入误差的修正的存在，这些更新的计算将会使杆长保持固定，且使杆的方向矢量 $\boldsymbol{b}$ 与速度矢量 $\dot{\boldsymbol{b}}$ 保持正交，还能够保证约束系统的动力学方程能提供正确的加速度。

以下忽略舍入误差，现在将由下述方程继续描述约束系统的动力学特性：

$$\begin{bmatrix}\tilde{\boldsymbol{b}}\\ \boldsymbol{b}^{\mathrm{T}}\end{bmatrix}\ddot{\boldsymbol{b}}=\begin{bmatrix}\tilde{\boldsymbol{b}}(\boldsymbol{f}_2-\boldsymbol{f}_1)\frac{6}{m}\\ -\dot{\boldsymbol{b}}^{\mathrm{T}}\dot{\boldsymbol{b}}\end{bmatrix} \tag{16}$$

其中上式第一行由式（8）两边乘以 $\frac{12}{m}$ 得到。

现在解式（16）就变成了一个简单的线性代数问题。$\ddot{\boldsymbol{b}}$ 的系数矩阵列向量的线性无关性，保证了方程具有唯一解。其线性无关性可由下式证明：

$$\begin{bmatrix}\tilde{\boldsymbol{b}}\\ \boldsymbol{b}^{\mathrm{T}}\end{bmatrix}^{\mathrm{T}}\begin{bmatrix}\tilde{\boldsymbol{b}}\\ \boldsymbol{b}^{\mathrm{T}}\end{bmatrix}=L^2\boldsymbol{I} \tag{17}$$

证明中还用到了下述引理：

引理4：对任意斜对称矩阵 $\tilde{\boldsymbol{b}}$ 均有下式成立：

$$\tilde{\boldsymbol{b}}^2=\boldsymbol{b}\boldsymbol{b}^{\mathrm{T}}-\boldsymbol{b}^{\mathrm{T}}\boldsymbol{b}\boldsymbol{I} \tag{18}$$

由矩阵的独特摩尔-彭罗斯逆的性质可得到如下引理：

引理5：矩阵 $\begin{bmatrix}\tilde{\boldsymbol{b}}\\ \boldsymbol{b}^{\mathrm{T}}\end{bmatrix}$ 的独特 Moore-Penrose 逆由下式给出：

$$\begin{bmatrix}\tilde{\boldsymbol{b}}\\ \boldsymbol{b}^{\mathrm{T}}\end{bmatrix}^{+}=[-\tilde{\boldsymbol{b}}\quad \boldsymbol{b}^{\mathrm{T}}]L^{-2} \tag{19}$$

其中用到了公式 $\tilde{\boldsymbol{b}}^{\mathrm{T}}=-\tilde{\boldsymbol{b}}$。

引理6：式（16）有对自变量 $\ddot{\boldsymbol{b}}$ 的唯一解：

$$\ddot{\boldsymbol{b}}=\frac{6}{m}(\boldsymbol{f}_2-\boldsymbol{f}_1)-\boldsymbol{b}\left(\frac{\dot{\boldsymbol{b}}^{\mathrm{T}}\dot{\boldsymbol{b}}}{L^2}+\frac{6}{mL^2}\boldsymbol{b}^{\mathrm{T}}(\boldsymbol{f}_2-\boldsymbol{f}_1)\right) \tag{20}$$

$$=\frac{6}{m}\left(\boldsymbol{I}-\frac{\boldsymbol{b}\boldsymbol{b}^{\mathrm{T}}}{L^2}\right)(\boldsymbol{f}_2-\boldsymbol{f}_1)-\boldsymbol{b}\frac{|\dot{\boldsymbol{b}}|^2}{L^2} \tag{21}$$

其中用到了公式 $\tilde{\boldsymbol{b}}\boldsymbol{b}=0$。

杆的平移与旋转运动学方程由下式给出：

$$\ddot{\boldsymbol{r}}=\frac{(\boldsymbol{f}_1+\boldsymbol{f}_2)}{m} \tag{22}$$

$$\ddot{\boldsymbol{b}}+k\boldsymbol{b}=\frac{6}{m}\left(\boldsymbol{I}-\frac{\boldsymbol{b}\boldsymbol{b}^{\mathrm{T}}}{L^2}\right)(\boldsymbol{f}_2-\boldsymbol{f}_1),k=\frac{\dot{\boldsymbol{b}}^{\mathrm{T}}\dot{\boldsymbol{b}}}{L^2} \tag{23}$$

4.2　β 根杆的系统

上节中得到的结果适用于任意跟杆组成的系统。人们希望看到 β 根杆的一般系统的矩阵形式。

引理7：对于 β 根杆的系统，每根杆 $\boldsymbol{b}_i$ 的长度

分别为 L_i，则其动力学方程可用下式描述：

$$\ddot{\boldsymbol{b}}_i\frac{m}{12}+\boldsymbol{b}_i\theta_i=\frac{1}{2}(\boldsymbol{f}_{\beta+i}-\boldsymbol{f}_i) \tag{24}$$

$$m_i\ddot{\boldsymbol{r}}_i=(\boldsymbol{f}_i+\boldsymbol{f}_{\beta+i}) \tag{25}$$

式中：

$$\theta_i=\frac{m_i}{12L_i^2}\|\dot{\boldsymbol{b}}_i^2\|+\boldsymbol{b}_i^{\mathrm{T}}\frac{(\boldsymbol{f}_{\beta+i}-\boldsymbol{f}_i)}{2L_i^2} \tag{26}$$

显然上述方程适用于任意数量杆件的系统，故可将动力学描述为下述矩阵形式，其中 θ_i 是矢量 $\boldsymbol{\theta}\in\mathrm{R}^{\beta}$ 中的第 i 个分量。为写出矩阵形式的结果，需先定义如下矩阵。由前文的定义，定义矩阵 $\boldsymbol{F}\in\mathrm{R}^{3\times2\beta}$，$\boldsymbol{N}\in\mathrm{R}^{3\times2\beta}$，$\boldsymbol{B}\in\mathrm{R}^{3\times2\beta}$，$r\in\mathrm{R}^{\sigma}$，各矩阵的详细含义为：

$$\boldsymbol{F}=[\boldsymbol{F}_1\quad\boldsymbol{F}_2]=[\boldsymbol{f}_1\quad\boldsymbol{f}_2\cdots\boldsymbol{f}_\beta\,|\,\boldsymbol{f}_{\beta+1}\cdots\boldsymbol{f}_{2\beta}] \tag{27}$$

$$\boldsymbol{N}=[\boldsymbol{N}_1\quad\boldsymbol{N}_2]=[\boldsymbol{n}_1\quad\boldsymbol{n}_2\cdots\boldsymbol{n}_\beta\,|\,\boldsymbol{n}_{\beta+1}\cdots\boldsymbol{n}_{2\beta}] \tag{28}$$

$$\boldsymbol{T}=[\boldsymbol{t}_1\quad\boldsymbol{t}_2\cdots\boldsymbol{t}_\sigma] \tag{29}$$

$$\boldsymbol{S}=[\boldsymbol{s}_1\quad\boldsymbol{s}_2\cdots\boldsymbol{s}_\sigma] \tag{30}$$

$$\boldsymbol{B}=[\boldsymbol{b}_1\quad\boldsymbol{b}_2\cdots\boldsymbol{b}_\beta] \tag{31}$$

$$\boldsymbol{R}=[\boldsymbol{r}_1\quad\boldsymbol{r}_2\cdots\boldsymbol{r}_\beta] \tag{32}$$

$$\hat{\boldsymbol{\gamma}}=\mathrm{diag}[\gamma_1\quad\gamma_2\cdots\gamma_\sigma] \tag{33}$$

式中，$\hat{\boldsymbol{\gamma}}$ 代表 $\boldsymbol{\gamma}\in\mathrm{R}^{\sigma}$ 矢量的对角化算符。由式（28）和式（31）得

$$\boldsymbol{B}=\boldsymbol{N}_2-\boldsymbol{N}_1=\boldsymbol{N}\begin{bmatrix}-\boldsymbol{I}\\ \boldsymbol{I}\end{bmatrix}=\boldsymbol{NU} \tag{34}$$

所有杆的质心位置由下式描述：

$$\boldsymbol{R}=\boldsymbol{N}_1+\frac{2}{2}\boldsymbol{B} \tag{35}$$

由 γ_i 的定义（作为 $\boldsymbol{\gamma}$ 矢量中的第 i 个元素）和式（29）和式（30），得

$$\boldsymbol{T}=\boldsymbol{S}\hat{\boldsymbol{\gamma}} \tag{36}$$

定理 1：考虑固定长度 β 根杆的系统，每根杆的方向矢量为 $\boldsymbol{b}_i$，则可定义如下矩阵：

$$\boldsymbol{Q}=[\boldsymbol{B}\quad\boldsymbol{R}] \tag{37}$$

$$\boldsymbol{K}_0=\begin{bmatrix}\boldsymbol{I}\\ \boldsymbol{0}\end{bmatrix}\hat{\boldsymbol{\theta}}[\boldsymbol{I}\quad\boldsymbol{0}] \tag{38}$$

$$\boldsymbol{\theta}_i=\frac{\boldsymbol{b}_i^{\mathrm{T}}(\boldsymbol{f}_{\beta+i}-\boldsymbol{f}_i)}{2L_i^2}+\frac{m_i\,|\,\dot{\boldsymbol{b}}_i^2\,|}{12L_i^2} \tag{39}$$

$$\boldsymbol{\Phi}=\begin{bmatrix}-\frac{1}{2}\boldsymbol{I} & \boldsymbol{I}\\ \frac{1}{2}\boldsymbol{I} & \boldsymbol{I}\end{bmatrix} \tag{40}$$

$$\boldsymbol{M}=\mathrm{diag}[\cdots\quad m_i\quad\cdots] \tag{41}$$

$$\boldsymbol{M}=\begin{bmatrix}\frac{1}{12}\boldsymbol{M} & \boldsymbol{0}\\ \boldsymbol{0} & \boldsymbol{M}\end{bmatrix} \tag{42}$$

则刚体动力学方程可表达为：

$$\ddot{\boldsymbol{Q}}\boldsymbol{M}+\boldsymbol{QK}_0=\boldsymbol{F\Phi} \tag{43}$$

其中从坐标 n 到坐标 q 的坐标变换为：$\boldsymbol{Q\Phi}^{\mathrm{T}}=\boldsymbol{N}$。该式可由式（24）和式（25）得证。

对一确定的方矩阵 $\boldsymbol{J}$，定义记号［$\boldsymbol{J}$］＝diag［$\cdots J_{ii}\cdots$］，则对仅由对角项 $\boldsymbol{\theta}_i$（i＝1，2，3，…）组成的对角矩阵有如下形式的推论：

推论 1：

$$\hat{\boldsymbol{\theta}}=\frac{1}{2}\hat{\boldsymbol{L}}^{-2}[\boldsymbol{B}^{\mathrm{T}}(\boldsymbol{F}_2-\boldsymbol{F}_1)+\frac{1}{6}\dot{\boldsymbol{B}}^{\mathrm{T}}\dot{\boldsymbol{B}}\boldsymbol{M}] \tag{44}$$

$$=\frac{1}{2}\hat{\boldsymbol{L}}^{-2}\left([\boldsymbol{I}\quad\boldsymbol{0}]\boldsymbol{Q}^{\mathrm{T}}(\boldsymbol{F}_2-\boldsymbol{F}_1)+\frac{1}{6}[\boldsymbol{I}\quad\boldsymbol{0}]\dot{\boldsymbol{Q}}^{\mathrm{T}}\boldsymbol{M}\right) \tag{45}$$

$$\boldsymbol{L}=[L_1\quad L_2\cdots L_\beta]^{\mathrm{T}} \tag{46}$$

5　杆/弦间联系特性的描述

定义 1：弦关联矩阵 $\boldsymbol{C}$ 由如下表达式定义：

$$C_{ij}=\begin{cases}1 & \text{若弦矢量 } \boldsymbol{s}_j \text{ 止于节点 } \boldsymbol{n}_j\\ -1 & \text{若弦矢量 } \boldsymbol{s}_j \text{ 起始于节点 } \boldsymbol{n}_j\\ 0 & \text{若弦矢量 } \boldsymbol{s}_j \text{ 与节点 } \boldsymbol{n}_j \text{ 无关}\end{cases} \tag{47}$$

$$\boldsymbol{C}=[\boldsymbol{C}_1\quad\boldsymbol{C}_2],\ \boldsymbol{C}_1\in\mathrm{R}^{\sigma\times\beta},\ \boldsymbol{C}_2\in\mathrm{R}^{\sigma\times\beta} \tag{48}$$

对 β 个节点系统，在每个节点上施加 2β 维的扰动矢量：

$$\boldsymbol{W}=[w_1\quad w_2\quad\cdots\quad w_{2\beta}] \tag{49}$$

定理 2：令所有刚性杆与弹性弦之间的联系均由式（47）定义得到的弦关联矩阵 $\boldsymbol{C}$ 表示，则对 I 类张拉整体结构所有输入节点的力之和可用下式计算：

$$\boldsymbol{F}=\boldsymbol{W}-\boldsymbol{TC} \tag{50}$$

且弦矢量 $\boldsymbol{s}_j$（j＝1，2，…，σ）与节点矢量 $\boldsymbol{n}_j$（j＝1，2，…，2β）间存在如下线性关系：

$$\boldsymbol{S}=\boldsymbol{NC}^{\mathrm{T}}$$

证明：上述结果 $\boldsymbol{S}=\boldsymbol{NC}^{\mathrm{T}}$ 可由关联矩阵 $\boldsymbol{C}$ 的定义直接得到。弦所受张力矢量 $\boldsymbol{f}_i$ 的方向已定义为指向节点 $\boldsymbol{n}_i$，矩阵 $\boldsymbol{W}$ 和 $\boldsymbol{TC}$ 中的矢量也已定义为正（由关联矩阵 $\boldsymbol{C}$ 定义得到），因这些矢量的方向均指向节点 $\boldsymbol{n}_1$，$\boldsymbol{n}_2$，…，$\boldsymbol{n}_{2\beta}$。由于上述符号定义，$\boldsymbol{F}$ 必须与上述诸终止于节点的矢量之和为零，即

$$\boldsymbol{F}+\boldsymbol{TC}-\boldsymbol{W}=\boldsymbol{0} \tag{51}$$

引理 8：

$$\boldsymbol{F}=-\boldsymbol{Q\Phi}^{\mathrm{T}}\boldsymbol{C}_{\mathrm{T}}\hat{\boldsymbol{\gamma}}\boldsymbol{C}+\boldsymbol{W},\boldsymbol{\Phi}^{\mathrm{T}}=\begin{bmatrix}-\frac{1}{2}\boldsymbol{I} & \frac{1}{2}\boldsymbol{I}\\ \boldsymbol{I} & \boldsymbol{I}\end{bmatrix} \tag{52}$$

证明：由定理 1 和式（36），

$$TC=S\hat{\gamma}C=NC^{\mathrm{T}}\hat{\gamma}C \tag{53}$$

又由式（27）的定义，$N=Q\Phi^{\mathrm{T}}$，故：

$$F=W-Q\Phi^{\mathrm{T}}C^{\mathrm{T}}\hat{\gamma}C \tag{54}$$

推论 2：

$$\hat{\theta}=\frac{1}{2}\hat{L}^{-2}\left\{[I\quad 0]\dot{Q}^{\mathrm{T}}\dot{Q}\begin{bmatrix}I\\0\end{bmatrix}M\frac{1}{6}+[I\quad 0]\dot{Q}^{\mathrm{T}}(Q\Phi^{\mathrm{T}}C^{\mathrm{T}}\hat{\gamma}C-W)\begin{bmatrix}I\\-I\end{bmatrix}\right\} \tag{55}$$

证明：由定理 1 得，

$$\hat{\theta}=\frac{1}{2}\hat{L}^{-2}\left\{B^{\mathrm{T}}(F_2-F_1)+\frac{1}{6}\dot{B}^{\mathrm{T}}\dot{B}M\right\} \tag{56}$$

$$=\frac{1}{2}\hat{L}^{-2}\left\{[I\quad 0]Q^{\mathrm{T}}(F_2-F_1)+\right. \tag{57}$$

$$\left.\frac{1}{6}[I\quad 0]\dot{Q}^{\mathrm{T}}\dot{Q}\begin{bmatrix}I\\0\end{bmatrix}M\right\} \tag{58}$$

式中

$$F_2-F_1=FU$$

$$=(W-Q\Phi^{\mathrm{T}}C^{\mathrm{T}}\hat{\gamma}C)U \tag{59}$$

式中，矩阵 U 由式（34）定义。

定理 3：I 型张拉张体系统中所有刚性定长杆均满足下列方程：

$$\ddot{Q}M+QK=W\Phi \tag{60}$$

$$Q=[B\quad R] \tag{61}$$

$$M=\begin{bmatrix}\frac{1}{12}M & 0\\ 0 & M\end{bmatrix} \tag{62}$$

$$K=\begin{bmatrix}\hat{\theta} & 0\\ 0 & 0\end{bmatrix}+\Phi^{\mathrm{T}}C^{\mathrm{T}}\hat{\gamma}C\Phi \tag{63}$$

$$\Phi^{\mathrm{T}}=\begin{bmatrix}-\frac{1}{2}I & \frac{1}{2}I\\ I & I\end{bmatrix} \tag{64}$$

$$\hat{\theta}=\frac{1}{12}\hat{L}^{-2}\left\{6[I\quad 0]Q^{\mathrm{T}}(Q\Phi^{\mathrm{T}}C^{\mathrm{T}}\hat{\gamma}C-W)\begin{bmatrix}I\\-I\end{bmatrix}+[I\quad 0]\dot{Q}^{\mathrm{T}}\dot{Q}\begin{bmatrix}I\\0\end{bmatrix}M\right\} \tag{65}$$

该定理的证明过程太过复杂，读者若要阅读详细证明过程可参见 Skelton 和 de Oliveira（2009）文献。

由式（65），对角矩阵 $\hat{\theta}$ 中的第 i 个元素可由如下表达式得出：

$$\theta_i=\frac{1}{2}L_i^{-2}b_i^{\mathrm{T}}(Q\Phi^{\mathrm{T}}C^{\mathrm{T}}\hat{C}\Delta_i\gamma-W\Delta_i)+\frac{m_i}{12L_i^2}||\dot{b}_i||^2 \tag{66}$$

其中，矩阵所需第 i 列元素由下式定义：

$$W=[W_1W_2] \tag{67}$$

$$W_{\Delta i}=\text{ith col}(W_1-W_2)=-W(\text{ith col}(U))$$

$$=\omega_i-\omega_{\beta+1} \tag{68}$$

$$C_{\Delta i}=\text{ith col}(C_1-C_2)$$

$$=-C(\text{ith col}(U))=C_i-C_{\beta+1} \tag{69}$$

为方便起见，假设所有 2β 个节点都受张力，其大小为 w_1，w_2，…，$w_{2\beta}$。应用坐标变换 $N=Q\Phi^{\mathrm{T}}$，可以直接写出以 N 为自变量的方程。

定理 4：所有定长杆的 I 类张拉整体系统的以 N 为自变量的动力学方程可描述为如下形式：

$$\ddot{N}M_N+NK_N=W \tag{70}$$

式中，

$$M_N=\frac{1}{6}\begin{bmatrix}2M & M\\ M & 2M\end{bmatrix},\ K_N=U\hat{\theta}U^{\mathrm{T}}+C^{\mathrm{T}}\hat{\gamma}C \tag{71}$$

式中，

$$\theta_i=\frac{1}{2L_i^2}(NU)_i^{\mathrm{T}}(NC^{\mathrm{T}}\hat{C}\Delta_i\gamma-WU_i)+\frac{m_i}{12L_i^2}||(\dot{N}U)_i||^2 \tag{72}$$

式中，

$$U_i=\text{ith col}\ (U)$$

6 动力学的矢量形式

定理 3 和定理 4 的优点在于其简单的动力学模型结构，这也是本章的主要内容。其缺点在于动力学方程的阶数不是最小的，并且由于控制矢量 γ 以矩阵的形式嵌入，这些方程在控制矢量 γ 的作用下，其线性很容易消失且变成对角矩阵形式。以下定理将使用矢量形式的方程进行描述，使控制矢量 γ 的线性性能够清晰地展现出来。由于 γ 的线性性变得更明显，这些新的矢量方程将会使静力学问题的解决变得更加容易。这些新的矢量方程的缺点是其非线性项的形式与先前矩阵形式的定理 3 的结果相比要复杂得多。定义如下矩阵：

$$J^{\mathrm{T}}=[I_\beta\quad 0],C_\Delta=C_1-C_2,C_+=C_1+C_2 \tag{73}$$

$$\Gamma_b=\begin{bmatrix}12m_1^{-1}Q\Psi^{\mathrm{T}}\hat{\Psi}_1\\ \vdots\\ 12m_\beta^{-1}Q\Psi^{\mathrm{T}}\hat{\Psi}_\beta\end{bmatrix},\Gamma_r=\begin{bmatrix}m_1^{-1}Q\Psi^{\mathrm{T}}\hat{\Psi}_{\beta+1}\\ \vdots\\ m_\beta^{-1}Q\Psi^{\mathrm{T}}\hat{\Psi}_{2\beta}\end{bmatrix} \tag{74}$$

$$\boldsymbol{\Psi}=\begin{bmatrix}\boldsymbol{I} & 0\\ -\frac{1}{2}\boldsymbol{C}_{\Delta} & \boldsymbol{C}_{+}\end{bmatrix},\boldsymbol{\Lambda}=\begin{bmatrix}(2L_1^2)^{-1}\boldsymbol{b}_1^{\mathrm{T}}\boldsymbol{Q}\boldsymbol{\Phi}^{\mathrm{T}}\hat{\boldsymbol{C}}^{\mathrm{T}}\boldsymbol{C}_{\Delta 1}\\ \vdots\\ (2L_\beta^2)^{-1}\boldsymbol{b}_\beta^{\mathrm{T}}\boldsymbol{Q}\boldsymbol{\Phi}^{\mathrm{T}}\boldsymbol{C}^{\mathrm{T}}\hat{\boldsymbol{C}}_{\Delta\beta}\end{bmatrix} \tag{75}$$

$$\boldsymbol{\tau}_b=12\begin{bmatrix}\dfrac{m_1^{-1}(w_{1+\beta}-w_1)}{1-\boldsymbol{Q}\boldsymbol{\Psi}^{\mathrm{T}}\hat{\boldsymbol{\Psi}}_1\boldsymbol{J}\delta}\\ \vdots\\ \dfrac{m_\beta^{-1}(w_{2\beta}-w_\beta)}{2-\boldsymbol{Q}\boldsymbol{\Psi}^{\mathrm{T}}\hat{\boldsymbol{\Psi}}_\beta\boldsymbol{J}\delta}\end{bmatrix} \tag{76}$$

$$\boldsymbol{\tau}_r=\begin{bmatrix}m_1^{-1}((w_{\beta+1}+w_1)-\boldsymbol{Q}\boldsymbol{\Psi}^{\mathrm{T}}\hat{\boldsymbol{\Psi}}_{\beta+1}\boldsymbol{J}\delta)\\ \vdots\\ m_\beta^{-1}(w_\beta+w_{2\beta})-\boldsymbol{Q}\boldsymbol{\Psi}^{\mathrm{T}}\hat{\boldsymbol{\Psi}}_{2\beta}\boldsymbol{J}\delta)\end{bmatrix} \tag{77}$$

$$\boldsymbol{\delta}=\begin{bmatrix}(12\boldsymbol{L}_1^2)^{-1}m_1\|\dot{\boldsymbol{b}}_1\|^2+(2\boldsymbol{L}_1^2)^{-1}\boldsymbol{b}_1^{\mathrm{T}}(w_{1+\beta}-w_1)\\ \vdots\\ (12\boldsymbol{L}_\beta^2)^{-1}m\beta\|\dot{\boldsymbol{b}}_\beta\|^2+(2\boldsymbol{L}_\beta^2)^{-1}\boldsymbol{b}_\beta^{\mathrm{T}}(w_{2\beta}-w_\beta)\end{bmatrix} \tag{78}$$

$$\boldsymbol{q}^{\mathrm{T}}=[\boldsymbol{b}_1^{\mathrm{T}}\ \cdots\ \boldsymbol{b}_\beta^{\mathrm{T}}\ \boldsymbol{r}_1^{\mathrm{T}}\ \cdots\ \boldsymbol{r}_\beta^{\mathrm{T}}]$$

$$\boldsymbol{Q}=[\boldsymbol{E}_{1q}\ \cdots\ \boldsymbol{E}_{2\beta q}] \tag{79}$$

$$\boldsymbol{b}_i=\boldsymbol{Q}_{e_i},\boldsymbol{E}_i=[0\ \cdots\ \boldsymbol{I}_3\ \cdots\ 0],$$

$$\boldsymbol{e}_i^{\mathrm{T}}=[0\ \cdots\ 1\ \cdots\ 0] \tag{80}$$

定理 5：所有的 I 类张拉整体系统的动力学都可用如下形式描述：

$$\ddot{\boldsymbol{q}}+\boldsymbol{\Gamma}\boldsymbol{G}\boldsymbol{\gamma}=\boldsymbol{\tau} \tag{81}$$

$$\boldsymbol{\Gamma}=\begin{bmatrix}\boldsymbol{\Gamma}_b\\ \boldsymbol{\Gamma}_r\end{bmatrix},\boldsymbol{\tau}=\begin{bmatrix}\boldsymbol{\tau}_b\\ \boldsymbol{\tau}_r\end{bmatrix},\boldsymbol{G}=\begin{bmatrix}\boldsymbol{\Lambda}\\ \boldsymbol{I}\end{bmatrix} \tag{82}$$

证明：由式（66）不难看出矢量 $\boldsymbol{\theta}$ 由下式给出：

$$\boldsymbol{\theta}=\boldsymbol{\Lambda}\boldsymbol{\gamma}+\boldsymbol{\delta} \tag{83}$$

矩阵 $\boldsymbol{K}$ 及其第 i 列由如下表达式给出：

$$\boldsymbol{K}=\boldsymbol{\Psi}^{\mathrm{T}}\hat{\boldsymbol{u}}\boldsymbol{\Psi} \tag{84}$$

$$\boldsymbol{K}_i=\boldsymbol{\Psi}^{\mathrm{T}}\hat{\boldsymbol{\Psi}}_i(\boldsymbol{G}\boldsymbol{\gamma}+\boldsymbol{J}\boldsymbol{\delta}) \tag{85}$$

$$\boldsymbol{u}=\begin{bmatrix}\boldsymbol{\theta}\\ \boldsymbol{\gamma}\end{bmatrix}=\begin{bmatrix}\boldsymbol{\Lambda}\\ \boldsymbol{I}_\sigma\end{bmatrix}\boldsymbol{\gamma}+\begin{bmatrix}I_\beta\\ 0\end{bmatrix}\boldsymbol{\delta}=\boldsymbol{G}\boldsymbol{\gamma}+\boldsymbol{J}\boldsymbol{\delta} \tag{86}$$

以上证明用到了如下事实：$\hat{x}y=\hat{y}x$，以及 $\boldsymbol{M}$ 是对角矩阵。将式（60）两边左乘 $\boldsymbol{M}$ 的逆矩阵，并记录下式（60）的所有列向量，将其对应项相加，定理即可得证。

可以看出，动力学矩阵形式的定理 3 形式更加简捷，而矢量形式的定理 5 形式较为复杂。当然，将系统描绘为标准的状态矢量形式时，其结果的形式 $\boldsymbol{X}^{\mathrm{T}}=[\boldsymbol{q}^{\mathrm{T}}\dot{\boldsymbol{q}}^{\mathrm{T}}]$将会更加复杂。需要注意的是，所有在 $\boldsymbol{q}$ 中出现的变量，在 $\boldsymbol{Q}$ 中仍然会出现。虽然人们更容易想到直接使用 $\boldsymbol{q}$ 矢量表达所有的方程，但这样用矢量形式精确描述出所有的动力学方程的做法所占用的篇幅太大［详见 Skelton 等（2001a）之前在论文中进行的粗略的尝试］。

7 I 类张拉整体系统的静力学

在研究动力学方程的稳态问题之前最好先对动力学方程本身有深刻的理解。平衡点可能正是动力学方程的时变或常值解。粗略地说，人们所谈论的 $\overline{Q}(t)$ 稳定状态（无论其是否随时间变化），指的是初始条件 $Q(0)$ 以任意方式接近 $\overline{Q}(0)$，均有稳定状态的结果 $\lim\limits_{t\to\infty}[Q(t)-\overline{Q}(t)]=0$，意即李亚普诺夫意义下的渐近稳定。下文的稳态研究将仅考虑常值系统，其中 $\overline{Q}(t)$ 是常值配置矩阵。现在，令时间趋于无穷，以达到上述理论中所要求的稳定状态下实现的常值平衡状态，其中 $\dot{q}=\ddot{q}=0$，因此又由 δ 定义可得 $\dot{b}=0$。需要注意的是，$^{\perp}[\cdot]$，$[\cdot]^{\perp}$，$[\cdot]^{+}$ 分别代表矩阵的左零空间，右零空间和矩阵 $[\cdot]$ 的摩尔-彭罗斯逆。一组特定的常值过载 W 对一组特定的 Q 称为“可实现”，当且仅当方程 $\boldsymbol{\Gamma}\boldsymbol{G}\boldsymbol{\gamma}=\boldsymbol{\tau}$ 有解，即

$$^{\perp}[\boldsymbol{\Gamma}\boldsymbol{G}(\boldsymbol{Q})]\boldsymbol{\tau}(\boldsymbol{Q},\boldsymbol{W})=0 \tag{87}$$

推论 3：一组特定常值矩阵 $\boldsymbol{W}$，$\boldsymbol{Q}$ 是可实现的［即满足式（87）］，且其中所有常值变量均满足 $\boldsymbol{\Gamma}\boldsymbol{G}\boldsymbol{\gamma}=\boldsymbol{\tau}$，则 I 型张拉整体系统中所有弦、所有张力的静力平衡状态下的线密度满足下式：

$$\boldsymbol{\gamma}=[\boldsymbol{\Gamma}\boldsymbol{G}]^{+}\boldsymbol{\tau}+[\boldsymbol{\Gamma}\boldsymbol{G}]^{\perp}\boldsymbol{z} \tag{88}$$

式中，$\boldsymbol{z}$ 为任意矢量，但须满足 $\boldsymbol{\gamma}$ 中的所有元素均为正数或零。

证明：上述推论的结果是如下线性代数问题的解：

$$\boldsymbol{\Gamma}\boldsymbol{G}\boldsymbol{\gamma}=\boldsymbol{\tau},\boldsymbol{\delta}=\begin{bmatrix}(2\boldsymbol{L}_1^2)^{-1}\boldsymbol{b}_1^{\mathrm{T}}(w_{1+\beta}-w_1)\\ \vdots\\ (2\boldsymbol{L}_\beta^2)^{-1}\boldsymbol{b}_\beta^{\mathrm{T}}(w_{2\beta}-w_\beta)\end{bmatrix} \tag{89}$$

式中，$\boldsymbol{\Gamma}$，$\boldsymbol{G}$，$\boldsymbol{\tau}$ 由定理 5 定义，此外此处运算所用之矩阵 $\boldsymbol{W}$，$\boldsymbol{Q}$，$\boldsymbol{\gamma}$ 均为常值矩阵，且满足式 $\boldsymbol{\Gamma}\boldsymbol{G}\boldsymbol{\gamma}=\boldsymbol{\tau}$（并非定理 5 中的随时间变化的解）。

8 结　　论

本章尝试用一种网络化的视角来考察一种系统

的动力学：其由 β 根定长刚性杆组成，在其端点处由弹性元件连接。所得到的动力学方程由矩阵形式描述，而非传统的由矢量形式描述。非线性方程的形式由一个 $3\times2\beta$ 维配置矩阵 $\boldsymbol{Q}$ 组成的二阶微分方程给出。这些方程中没有三角函数的非线性项，也不需要对含有配置变量（Configuration Variables）的质量矩阵求逆。由于方程建立时使用了矩阵形式，变量选择得恰当，且动力学建立在较高维数的空间中，因此这些方程的结构较为简单。由于模型本身是 5β 自由度而动力学方程是 6β 自由度，所以本章建立的动力学方程并不是该系统动力学的最小实现形式。由于系统加速度值受到约束，故使用基础的线性代数解法即能得到问题的精确解，处理长度固定约束时也不需要引入拉格朗日乘数。能使多余变量达到稳定的数值积分方案亦在文中给出。

所有的稳定状态均能从动力学方程中得出，并且对任意稳态方程给出的可实现的配置结构均可以退化为线性代数问题，并可由此计算出稳定状态下的弦所受张力的线密度。

由于篇幅所限，矢量形式的非线性动力学方程在本章中并未给出。有兴趣的读者可以参阅 Skelton 和 de Oliveira（2009），Skelton（2001b）文献。值得一提的是，过去文献中的经典刚体、多体动力学矢量形式的方程在此问题中比起矩阵形式显得更加复杂。

这些方程为有效模拟张拉整体系统（多刚体系统）的动力学和新的反馈控制模型提供了一种新的方法，该方法虽不是最小实现的，但却是动力学模型中形式最简单的。针对此非最小实现系统的控制器设计在 Wroldsen 等（2007）文献中有详细论述。

在结构设计的平衡状态处，系统可以存在一定的自由度，使人们在未来的控制问题中输出较小的控制力从而达到平衡状态。这些方程的简单结构使反馈控制设计与结构设计能够使用同样的一组优化变量更加方便，进而人们可以借此进一步整合结构设计与控制器设计任务。依此方法设计应该能够得到更有效的含控制系统的结构，其高效性将在以后的文章中证明。

参考文献

Bendsoe，M.P.（1995）*Optimization of Structural Topology*，*Shape*，*and Material*，Springer.

Hughes，P. C.（1986）*Spacecraft Attitude Dynamics*，JohnWiley andSons.

Jarre，F.，Koevara，M，and Zowe，J.（1998）Optimal truss design byinterior－pointmethods. *SIAM J. Optim.*，**8**（4），1084－1107.

Leonard，J.W.（1988）*Tension Structures*，McGraw－Hill.

Likins，P. W.（1969）Dynamics and control of flexible space vehicles. *Tech. Rep. JPL－TR－32－1329*，Jet Propropulsion Lab，California Institute of Technology，Pasadena，CA.

Miura，K. and Miyazak，Y.（1990）Concept of the tension trussantenna. *AIAA J.*，**28**（6），1098－1104.

Motro，R.（2003）*Tensegrity*：*Structural Systems for the Future*，Kogan Page Science，London.

Pellegrino，S.（1990）Analysis of prestressed mechanisms. *Int. J. Solids Struct.*，**26**，1329－1350.

Sadao，S.（1996）Fuller on tensegrity. *Int. J. Space Struct.*，**11**，37－42.

Skelton，R.E.，Pinaud，J.P.，and Mingori，D.L.（2001a）Dynamics ofthe shell class of tensegrity structures. *J. Franklin Inst.*，**338**（2－3），255－320.

Skelton，R. E.，Helton，J. W.，Adhikari，R.，Chan，W.（2001b）Anintroduction to the mechanics of tensegrity structures，*The Mechanical Systems Design Handbook. Modeling*，*Measurement*，*and Control*，CRC Press 2002.

Skelton，R. E. and de Oliveira，M.（2009）*Tensegrity Systems*，Springer Verlag.

Snelson，K.（1965）Continuous Tension Discontinaous CompressionStructures. US Patent 3 169 611，US Patent Office.

Vera，C.，Skelton，R.，Bossens，F.，Sung，A.（2005）3－D Nanomechanicsof an Erythrocyte Junctional Complex in Equibiaxialand Anisotropic Deformations. *Ann. Biomed. Eng.*，**33**10，1387－1404.

Wroldsen，A，de Oliveira，M，and Skelton，R.（2009）Modelingand Control of Non－minimal Nonlinear Systems，*Int. J. Control*，1366－5820，**82**（3），389－407.

本章译者：张景瑞、胡权、郭子熙（北京理工大学宇航学院）

第 268 章

导航制导与控制系统的故障检测、分离与修复

George Chen，J. Brad Burt

喷气推进实验室：再入、降落与着陆系统及高新技术实验组高级工程师，帕萨迪纳，加利福尼亚，美国

1 引　　言

1.1 航天器故障保护综述

故障保护（FP）与检测、分离及修复（FDIR）主要针对星载硬件、软件与地面干扰系统而言，其目的是在航天器系统中对出现的故障进行预防、检测并作出响应。其中，系统响应的目的是针对非正确操作故障引起的功能故障进行修复或对航天器进行重新配置，使其处于安全状态，此响应过程将持续到地面指挥中心诊断出故障并采取适当的行动为止。同时，由于航天器对地远距离飞行，这使通信时间存在较大延迟，导致地面控制系统无法及时地对航天器异常现象作出响应，因此很有必要发展星载自主检查、分离与响应系统。对于行星际航天器而言，此类系统显得尤为重要，因为其经常执行仅有一次并且不可重复的关键活动，为保证任务顺利完成，这些关键活动必须在指定的时间窗口内执行，例如轨道机动、探测器释放与着陆等关键性活动。

正如后面 1.3 节所述，典型的星载 FDIR 系统采用递进式的响应结构，首先在底层的硬件层面检测故障并作出响应，然后是子系统级，最后是系统级。本章将在以上三个层面介绍 FP 的基本概念，重点以制导、导航和控制（GNC）子系统为例。讨论中，将以通用的、一般意义的 GNC 子系统为基础进行介绍，并最后讨论 FP 在实际应用中需要考虑的若干因素。本章只针对航天器 FP 领域的基本问题进行介绍，对 GNC 系统 FP 的深层次讨论可参考 Rasmussen（2008）文献。对深空探测系统中 FP 系统的理解可参考卡西尼土星轨道飞行器检查情况（Slonski，1996）、深空一号彗星任务（Rouquette，Neilson 和 Chen，1999）、深空碰撞彗星碰撞任务（Barltrop 和 Kan，2005）与火星探测飞行器（Bayer，2007）。通过对火星探测器 FP 系统的研究，能够得到在行星表面运行的探测器具体的 FP 考虑因素（Neilson，2005）。此外，航天器系统工程师应意识到鲁棒性在一个 FP 系统中的重要性，并知道一系列糟糕的工程判断与随机事件将会导致航天器失效（Parry，1990）。

1.2 故障、失效与症状

本章对故障、失效与症状的定义不具有普遍性，在航天航空领域中，不同的机构与公司对故障、失效与症状的定义各不相同。本章对这三个术语的定义仅仅是为文章的讨论提供方便。尽管缺乏普遍性，但为了避免混淆，在同一个项目团队中应该保持概念使用上的一致性。

图 1 给出了本章讨论的故障、失效与症状三者之间的关系。在最低层面上，故障为失效的根本原因，例如电路元件的开路与短路、半导体元件在随机情况下的失效、燃料微粒子污染。同时，机械零件的结构失效同样可以作为产生失效的基本原因之一。然而，由于系统具有一定的冗余度，使故障保护可忽略结构失效的影响。因此，项目领导人有职责根据项目的风险容忍度与有效资源决定需要保护与搁置的故障。航天器需要保护的故障种类组合常

称为故障集或受保护故障表。

失效是由于一个或者多个故障的影响，使航天器功能丧失或非期望退化产生的，实际中有时称之为功能失效或功能故障。例如，航天器功能丧失包含：星敏感器更新姿态测量数据中断；惯性测量元件（IMU）处于饱和状态或误报率增加；着陆速度不可控，以及推力器泄漏。同时，不同的失效之间具有一定的联系。例如，太阳能飞行器的姿态控制失效可能会导致航天器无法产生动力。

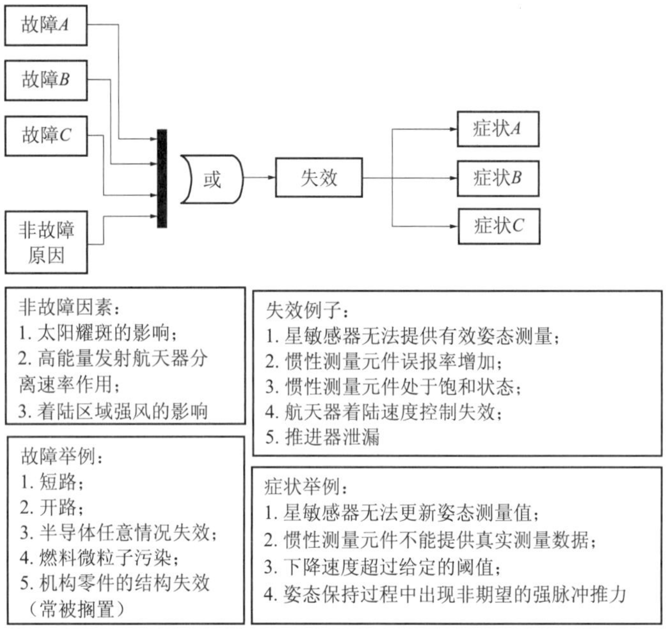

图 1　故障、失效与症状之间的关系

然而，许多故障可能会在无硬件故障的条件下使一个给定的元件出现失效现象。同样的，由于环境异常或错误的分析假设，非故障因素的作用也会引起系统的失效。虽然此类情况的失效具有短暂性，但其在一定的时间范围内能够对任务产生重大影响。例如，太阳耀斑释放的大量带电亚原子粒子将会对星敏感器中的光电检测器产生干扰，从而导致系统无法对航天器姿态进行测量。而对于三轴控制航天器而言，由于太阳敏感器对带电粒子具有更高的鲁棒性，因此常将惯性参考系下的损耗转换到太阳参考姿态下，并通过调用安全模式（将在 1.3.1 节进行讨论）进行转换。

由于在 FP 设计过程中必须同时考虑故障因素与非故障因素的影响，因此在实际的飞行任务中，这两类因素的影响只是存在术语区别。但对短时间周期内的关键性任务进行成功性评估时，故障因素与非故障因素之间的区别存在显著差异，此情况下系统硬件故障的可能性远低于环境引起故障的可能性。就火星载入、下降与着陆任务（EDL）而言，持续时间小于 10 min，当对安全着陆的可能性进行评估时，气流与地形等环境的影响占主要地位，而系统硬件故障的影响在此过程中可忽略。

症状为系统失效后表现出的现象，失效后的系统能够直接反映出相关的特性。例如，太阳耀斑引起的失效会导致星敏感器无法获得更新姿态测量值。其他的失效不具有直接观测性，例如，就航天器中推力器泄漏而言，航天器一般不具有测量燃料低消耗速率的能力。相反的，推力器泄漏会产生不期望的转矩，需要利用其他的推力器的作用抵消泄漏产生的影响。因此，推力器泄漏的症状为不期望的强脉冲量，需要运用其他的推力器的作用使航天器保持期望姿态。

同时，FP 工程师必须了解功能失效集，用以评估系统提出的要求。失效集的主要作用在于可作为 FP 执行时发现可信失效的工具。应注意，FP 系统应通过一个开路电阻器对其进行保护，而 FP 工程师却不常使用这种方法。然而，电阻器故障是影响系统正常运行的潜在因素。例如，一个推进器发生固定开路故障时，FP 工程师将会同时考虑固定开路推进器的影响并对相应的症状进行分析，最终完成系统失效的检测。对所有功能失效的研究意味着对所有失效进行检测，并对存在的可能减缓故障的方法进行分析，这同样是“系统”或“功能”失效模型，影响与关键性分析（Failure Modes，Effects，Criticality Analysis，

FMECA）需要达到的目标，分析员也可通过分析报告确定系统中所有存在的单点失效情况。实际上，失效集主要基于工程师的判断并通过 FMECA 发现的故障进行补充。同时，由于设备的数量较大且相互关系复杂，使得对于每一设备而言，由故障集构造的失效集具有耗时与耗力特性，并且大部分情况下部分问题会被遗漏。

1.3　典型故障保护策略

FP 系统的主要目标是检测并确定系统失效的根本原因，使此失效对其他子系统的影响达到最小化。例如，检测设备应根据线性温度及时地检测出燃料线性加热故障，并在燃料冷却前使用备用的设备进行加热。若燃料未被及时加热，会使燃料管道破裂从而导致推进子系统失效。如图 2 所示，典型的故障保护系统采用递进式结构完成给定的目标。故障检测与确定常常位于硬件或元件层面，对于无法在硬件层面上检测到与隔离的故障能够将其局部化到特定的子系统级中。如果一个故障症状反映出问题涉及多个子系统时，此时将在系统层面上给出适当响应，其中最为严重的是安全模式响应。

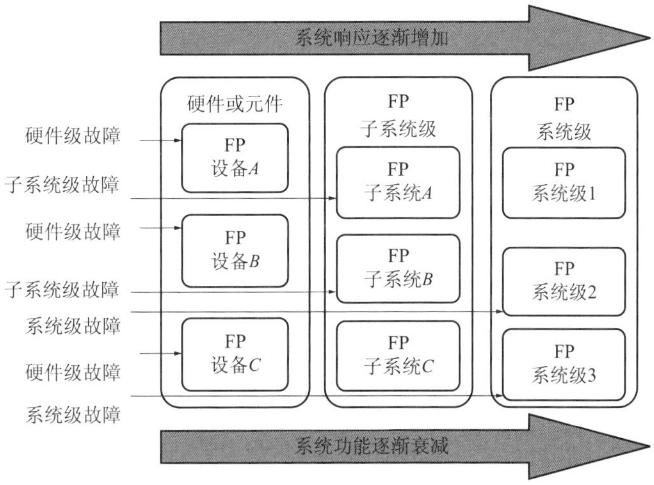

图 2　递进式故障保护策略

1.3.1　系统级故障保护

并不是所有的症状都能对应确切的失效，或将故障限定在确定的子系统中。由于存在这类不明确因素的影响，系统级的失效响应成为最佳方案，并且响应能够将多个子系统进行关联并迅速地确定症状所在的子系统。然而，系统级失效响应十分剧烈，并在响应过程中需要取消其他太空任务以避免相互之间的干扰。FP 工程师必须确定系统症状是否达到执行系统级失效响应的剧烈程度。就一次关键性操作而言，即使能够准确地确定系统失效的位置，但是当关键性操作执行失败时同样会导致整个任务的失败。回顾 1.2 节中提到的太阳耀斑影响航天器姿态测量值的例子，如果系统失效出现在轨道机动前或机动过程中，则航天器无法完成机动任务，进而使太阳指向失效响应得到非期望的结果，最终导致整个任务失败。一般的，为了减轻系统失效的影响，可在轨道机动前停止使用星敏感器测量元件，并通过惯性测量元件保证期望姿态的精度，在此过程中不对航天器姿态进行更新。在此例子中，只通过惯性测量元件完成姿态确定所需要的最大时间周期中，需要满足轨道机动时对姿态的要求，从而导致 FP 系统对惯性测量元件零偏稳定性的要求。

1. FP 系统：低能量电池荷电状态

电池荷电状态（State-Of-Charge，SOC）的检测与响应是一种常见的系统级故障保护，其能够保护航天器电池不出现非期望放电的现象。当检测到 SOC 存在非期望放电量低于阈值时，系统故障可能存在于动力系统、GNC 系统、航空电子设备或飞行软件子系统中。由于电池的消耗能够导致任务失败，因此典型的响应由所有相关子系统的并行作用组成。

在动力子系统中，一个或多个外部设备对能量的非期望损耗是一种潜在的系统失效，此现象的出现常常是由地面或星载系统加载错误导致的，再者是由星载设备失效引起的耗电量增大等原因导致的。处理上述失效的最佳方法首先是关闭所有的外部设备，然后只打开基本负荷，这可使航天器处于低功率状态。同时，这样能够在脱机状态下更好地对潜在的软短路系统进行分析。此外，通过功率循环设备可对软短路类型进行详细的研究。

GNC子系统中包含的许多系统故障会对电池的低荷电状态症状存在潜在的影响。例如，在太阳动力航天器中，故障使太阳能电池阵列无法指向太阳，其中还包含姿态故障引起的太阳指向矢量或指定姿态的非正确性。为了减缓潜在故障的影响，典型的电池低荷电状态响应要求航天器在日参考系下通过日敏感器到达预定的姿态，从而确定太阳矢量。运用此方法，惯性姿态确定系统便处于脱机状态，通过独立的敏感器能够将太阳能电池阵列完成对日指向。同时，指定姿态由太阳参考姿态取代，并且不正确的指定姿态作为潜在故障被排除。

在持续的航天任务中，由错误引起的动力子系统与航天器指定姿态之间的矛盾的可能性将会对低能量电池荷电状态产生影响，此任务也将被取消。取消任务能够提升飞行软件子系统的作用，并减小潜在的飞行软件子系统的错误所引起的低荷电状态的概率。如果航天器安全模式在给定条件下被调用，但电池荷电状态仍然趋于恶化，则根据安全模式下所有设备的功率循环作用，重载飞行软件能够确定故障的位置。

2. FP系统：通信损耗

FP系统通信损耗检测为另一种系统级的故障保护，其主要对向上传输与向下传输通信进行保护。如果航天器在触发时间点上未接收到更新数据，则地面站将此认为航天器的通信损耗，并通过FP系统执行一系列的通信恢复任务。航天器无法在触发时间点上接收到更新数据，主要原因为：一方面，由于存在向上传输故障使得航天器不能接收时间更新指令；另一方面，地面站丢失向下传输的信号以至于不能向上传输更新时间指令。一旦通信损耗响应被触发，航天器将会系统地执行一系列任务，其中包括：通过低增益天线覆盖更大的传播与接收视场；重置交换器；调用备用交换器或功率放大器；将航天器姿态改变到期望的太阳参考方向上，并在引起通信损耗症状的通信子系统或姿态控制子系统中确定失效位置。同时，上述任务与命令的执行应根据给定航天器的设计结构，在每一个响应步骤中仔细分析FP系统的暂停时间，从而保证地面站能够得到期望的结果并将通信损耗复归时间向上传输到航天器。在此过程中需要考虑的因素包含：往返时间、通信站可见视场时间与地面控制站分析通信复原时间。如果FP系统通信损耗复原失败，则最后一步响应需要调用安全模式。

3. FP系统：安全模式

FP系统安全模式是影响最剧烈的系统级故障保护，同时也是防御诸如SOC故障与通信损耗等其他系统级故障保护无法解决失效的最后一道屏障。安全模式最主要的目标是使航天器处于正能量、良好通信、热稳定与低消耗状态。然而，安全模式的自动响应需要保证所有执行的任务满足期望的状态。为确定航天器上所有元件的开关状态，最好的方法不是假设任意一个设备处于良好的动力状态，或是在开启最小化的需求设备前关闭所有设备，而是将航天器调整到已知的状态。有时将此方法称为“接触每一继电器法”，这一方法能防止失效，例如设备被无意间启动后可能会产生非期望电池放电，或者无意间将加热器关闭导致无法接受的低温。

在星载飞行计算机、金属表面电子层与相关飞行软件中，安全模式下的部分任务能够确定可能的失效类型。结合FMECA可确定失效模型的类别，安全模式任务包含计算机功率循环、金属表面电子层分析、重置计算机及从非易失性存储器中对飞行软件重拷贝。

对于太阳能航天器而言，另一个依赖于安全模式的任务是使用最少的硬件与软件系统将航天器保持到期望的太阳参量姿态下，安全模式的姿态取决于特定航天器的姿态稳定分析方法。而对于三轴稳定航天器而言，需要运用太阳敏感器将机体轴线指向太阳并通过惯性测量元件控制太阳位置线的旋转速度。再者，对于旋转稳定航天器的旋转轴不与太阳位置线重合的情况，运用太阳敏感器测量太阳位置线在体坐标系下的圆锥率就可得到航天器的旋转速度，从而不需要通过惯性测量元件对旋转速度进行控制。

当航天器处于安全模式姿态时，为了确保航天器与地面间能够在安全模式下保持通信，需要将天线转换到宽频大增益模式。同时，由于安全模式姿态下的粗瞄点不允许地球处于大增益天线的窄天线波束中，需要对通信系统进行重置，从高数据速率大增益模式切换到低数据速率小增益模式下。此模式能够提供宽波束并能在太阳指向安全模式姿态下对地保持通信。

在安全模式下保证热稳定性需要通过热稳定性控制加热器与/或维持运行基本加热器的组合完成。当安全模式下的系统采用“接触每一继电器法”

时，需要保证系统的热稳定性。

安全模式下的系统消耗物应具有高维持特性，其主要取决于特定航天器的不同设计类型，其中，系统燃料是最需要进行保护的消耗量。因此，理想的姿态控制应不包含推力器的作用，可通过反作用轮、磁力矩器或航天器自旋稳定来完成。但是，在一般情况下无推力姿态控制是不可取的，比如航天器不具有非冗余的反作用轮、处于非磁场区域或质量特性不显著等条件中，航天器在无推力情况下无法正常运行。如果推进器必须在安全模式下使用，可通过增大姿态控制死区使系统燃料得到维持。同时，需要确保安全模式姿态控制敏感器不需要消耗不必要的燃料用于消除敏感器的噪声。在个别航天器系统中还应考虑不明显消耗物的作用，例如反作用轮旋转设备的动力循环与闪存写入周期。理想使用消耗物取决于航天器的使用寿命，并且应仔细考虑航天器从安全模式中恢复的时间。

在安全模式下，部分航天器会自动地切换到备用（多余）元件上，这也是硬件系统重置的一部分。其基本原理为部分硬件失效将产生相对应的症状，使用备份元件能够保证硬件系统的正常运行。此方式同样由于潜在失效可能性而存在潜在的风险，潜在失效主要发生于一个或多个备用元件在最后开启时间上出现错误时。一般的，使用原系统主要元件而避免采用备用硬件元件是较好的做法，只有在确定主要元件已失效时才将系统切换到备用元件上。

在何种标准下调用安全模式，应在任务综合故障保护策略中经过充分的考虑。由于正确地执行安全模式能够将处于故障与相应失效条件下的航天器转换到安全状态下（见 1.2 节），因此，部分 FP 系统在首个异常信号的作用下常会调用安全模式，确切地说，是通过减少硬件层次或子系统层次的数量并将安全模式作为所有目的的响应，这可以降低发展成本与资源的消耗。然而，上述方法存在许多的缺点，限制了其在故障保护策略中的可行性。首先，在需要执行关键任务的航天器中，即使安全模式能够使航天器到达安全状态，但如此简单的策略存在着较高的风险。同时，由于关键任务无法执行，其将会使航天器不能完成指定的任务。再者，安全模式下系统表现剧烈，若通过部分系统级或硬件级故障保护能够检测与确定失效位置，可避免使用安全模式。同时，安全模式为失效保护响应，其会降低航天器的使用性。如果错误操作响应位于系统级或硬件级层次，航天器的使用性将不会受到任何影响。最后，航天器任务执行小组对频繁操作安全模式无法提供充足的人员，从安全模式中恢复常常需要地面站的介入。同时，从安全模式中频繁恢复对于执行小组而言是一种负担。虽然无法确定操作的数量，但应在航天器星载设备错误操作故障保护费用与执行人员费用之间进行权衡。

1.3.2 子系统级故障保护

在 FP 子系统中，航天器子系统的检测是子系统阶段的关键任务。在此层次中，失效症状对应着给定子系统的故障。然而，无法通过对子系统中单一元件的操作达到分离故障的目的。例如，GNC 子系统的故障保护中，太阳角度检测与响应的故障保护功能主要通过太阳敏感器比较体坐标系下期望太阳位置与实际太阳位置的测量值。太阳位置的期望值与测量值之间的差值可能会引起 GNC 子系统的故障。但是，若无法提供更进一步的相关信息，就不能确定此故障是否由惯性姿态确定系统、飞行软件确定太阳期望位置系统与太阳敏感器所引起。同时，子系统中的故障响应可能发生在元件层次、子系统层次或系统层次。例如，在太阳角度检测故障中，响应可能发生在元件层次，可通过对恒星跟踪器的重置重新获得惯性参考量或调用备用太阳敏感器。再者，响应也可位于子系统层次，调用一系列的备用敏感器与相关的接口。此子系统级响应允许航天器继续执行当前任务，然而，在类似安全模式的系统级响应的开始阶段（见 1.3.1 节），应停止航天器正在执行的任务，对航天器设备进行重构并采用最少的硬件使航天器处于安全姿态状态。子系统故障是否触发硬件级、子系统级或系统级响应取决于飞行任务的临界情况与可利用的资源（例如程序调试时间、测试平台的可用性与费用等）。而对于系统级响应而言，由于进入安全模式是对于许多系统级与子系统级故障的一个合适响应，因此需要系统提供所需的资源用于完成响应。同时，系统级响应变化剧烈且需要停止正在执行的任务，这正是人们在执行关键性任务时所不希望的。为了达到关键性任务的期望目标或将故障对科学观测的影响降到最小而维持子系统的功能，需要更多的硬件级与子系统级的响应。同时，研究与测试更多的响应方式需要花费更多的费用。

1.3.3 硬件级故障保护

硬件级故障保护是基于元件进行的，在故障影响子系统或系统性能之前，需要对故障进行确认与响应。硬件级故障保护为确定失效位置需要给出最快响应时间，同时，位于硬件级的响应需要将对航天器性能与任务目标的影响最小化。硬件级故障保护包括短路电装置熔断丝熔断，设备内部自检测且生成元件失效报告，并通过多余装置完成原装置的替换过程，以及在周期时间内飞行软件无法正常工作的条件下通过监视时钟进行飞行计算机的重置。完成故障保护后，系统将立即恢复到安全状态。

硬件级的故障保护的覆盖范围将会加强对系统资源的利用，同时由于航天器中包含着大量硬件元件，它们会使系统趋向昂贵化。系统将会对每一个元件可能出现的不同症状进行检测，影响因素将会促使更多的硬件级故障保护被执行，其中包括在触发故障运行响应前检测到失效的最快响应时间与基于硬件的检测器和确定软件失效的响应。

1.4 FP系统的组成

FP系统功能的两个主要组成成分为失效检测器与失效响应，检测器主要完成检测确切症状并触发适当的响应任务。一般的，任何一个检测器都能够触发响应，但一个检测器只能在特定的时刻触发单一响应。例如，1.3.1节中讨论的安全模式，其作为防御的最后屏障能够被电池荷电状态检测器或通信损耗检测器调用。

1.4.1 失效检测器

失效检测器主要检测当前可能引起失效的症状。当失效检测器检测到系统的症状量时，由于不具有预测性而无法立即触发响应。为了阻止假症状引起错误触发，检测器常常计算症状过程的持续时间。同时，只有当系统症状持续地发生并超过给定值或症状过程远远超过预定的持续时间时才可触发故障响应。

若在体现系统持久性之前症状就已消失，则这对于保持无限期高有效值的持久性计数器而言是不利的，并且检测器易处于“一触即发”的状态。为了防止此情况的发生，部分检测器常常在执行时伴随着功能的衰退变化，若在给定时间间隔内无系统症状出现，则此衰退变化减少甚至使得持续性计算器零输出。

虽然上述对检测器的讨论只针对软件层次，但也可基于硬件层次进行讨论。硬件层次中执行检测器包括部分惯性测量元件的自检测过程的建立与恒星跟踪器和监视时钟检测器通过飞行软件产生周期性信号。如果飞行软件“出现故障”或“死机”，则由软件产生的信号会中断，并使基于硬件的监视时钟停止工作及重置计算机。显然的，由于软件出现故障而无法满足症状检测器的需求，监视时钟在软件中将无法使用。

1.4.2 失效响应

失效响应由一系列系统功能组成，当检测器触发系统响应时，结合动力循环或重置设备、失效离线处理设备、更换备用设备、系统重构与/或改变系统性能等操作可确定故障系统。一般的，在调用响应时会使用多个检测器，其中进入安全模式响应最为常见，主要因为其作为最后一道故障失效防御屏障常常被多个检测器调用。

失效响应与失效检测器类似，能够通过硬件或软件层次对其调用，硬件与软件层次调用取决于相关的因素，此因素包含航天器的飞行方式与选择的硬件系统所包含的失效响应。同时，由于快速性要求，需要在硬件执行过程中驱动给定的检测器，以得到快速响应时间。

在响应的最后状态分析中，需要充分考虑响应执行的性能。若响应执行后系统症状仍然存在，可能经过一系列的响应功能重试后，响应性能将会促使响应在下一级中升级。例如，若对失效的惯性测量元件进行重置后仍无法得到姿态变化率测量值，则在下一级中将会使用备用的惯性测量元件。如果备用元件依旧无法通过修复得到变化率测量值，便会在重置电子器件接口的条件下调用安全模式解决问题。故障保护设计基本原则为当执行了给定症状的所有响应后，航天器最终必须处于一个运行正常的状态。例如，就症状对应的基本惯性测量元件中原始与多余元件的故障而言，假设故障保护不需要覆盖原始和多余元件的两部分故障，在此假设下不期望响应使两种元件都处于离线状态。FP工程师必须考虑响应将在何处错误地触发正常的惯性测量元件，而处理响应的最好方法是从原始的与备用的元件中选择其中一个并使其持续保持正常状态。因此，即使在错误触发的情况下，故障保护并不是不可更改的。同时，若此原则在执行关键性任务期间不满足条件，在设计时应考虑停止响应直到完成关键性任务。例如，在航天器轨道再入或着陆过程中，进入安全模式变成一种典型的失效类型。

2　GNC 系统故障保护范围

在三轴控制航天器中，需要在 GNC 系统故障影响其他子系统前确定其位置，姿态控制丢失将会造成其他子系统的故障。在无姿态控制系统的条件下，航天器无法对太阳能电池阵、天线与热辐射器进行控制。太阳能电池阵功能丢失将无法提供基本的电动力，天线指向丢失将会在短时间内失去通信功能，GNC 子系统无法通过辐射面控制空间视场，使得航天器失去热量控制功能。同时，在关键任务执行过程中，GNC 系统功能丢失将直接导致任务失败。以上故障将会使轨道再入机动失败或着陆过程下降段控制出错。由于引起系统故障的大部分根源位于 GNC 子系统，因此 GNC 故障响应适合大部分系统故障。例如，电池的突然放电故障主要由不正确的太阳能电池阵的指向引起，为消除此故障可改变姿态确定敏感器并使航天器处于已知的相对太阳姿态。

同时，其他子系统的失效有时作为第一症状在 GNC 子系统中表现显著。而此情况也是推进子系统失效的普遍原因，由于压力与温度在正常推进系统中改变范围较广，这使得在 GNC 子系统中推进敏感器对推力器泄漏或封闭失效症状的检测存在较大的难度，而此类失效在 GNC 子系统中容易被检测出。无法提供命令姿态或为保持姿态突然开启推力器将会被作为推进子系统失效的症状。

图 3 描述了典型的三轴控制航天器系统中的 GNC 结构框架，接下来的讨论主要集中在此 GNC 子系统的典型故障保护。

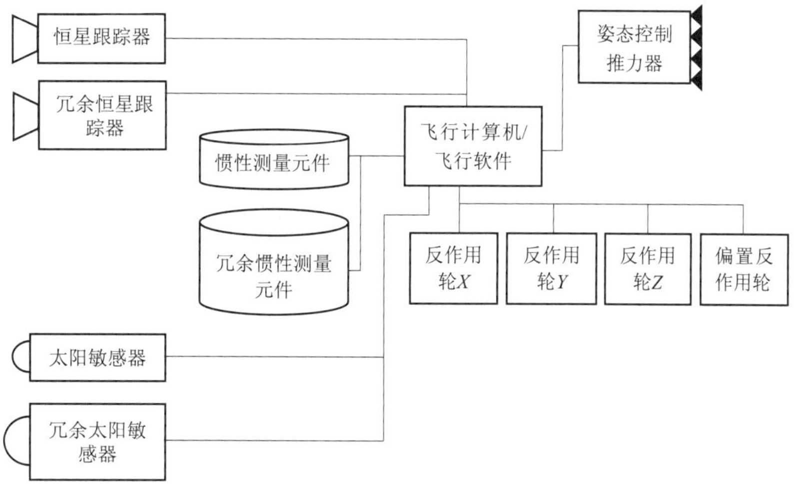

图 3　典型的三轴控制航天器系统中的 GNC 结构框架

恒星跟踪器用于确定航天器在惯性系下的绝对姿态，然而当跟踪器无法得到测量值时，惯性测量元件将会使姿态在跟踪器测量与高速旋转过程中传播。用于故障保护的太阳敏感器，可在安全模式下作为故障检测装置与姿态确定敏感器。在一般操作中，反作用轮能够提供控制扭矩，而处于超速条件下的系统可使用推力器消除反作用轮的饱和度。同时，在安全模式中，反作用轮处于离线状态，此时推力器可提供控制扭矩。

在此典型的 GNC 子系统中，恒星跟踪器、惯性测量元件与太阳敏感器都存在备用或多余元件。从结构图中可知，其包含四个基本反作用轮，其中三个位于航天器主轴上。偏置反作用轮结合扭矩元件安装到每一主轴上，主要完成基本反作用轮失效的替换任务。同时，姿态控制推力器为提供控制扭矩常常具有一定的冗余度，然而一个或多个推力器的失效意味着控制力的衰减与在无切向力的条件下无法产生扭矩。

下表对三轴控制系统中 GNC 子系统的典型故障保护进行了总结，其中的故障检测与响应仅仅起到说明的作用。同时，系统中的故障保护功能要求由确切的 GNC 系统决定。例如，航天器以太阳能为动力，在失效的情况下将太阳能电池阵指向太阳是故障保护最重要的目标之一。而在硬件级与子系统级中，包含 GNC 系统检测器与响应。若系统症状持续存在，响应会升级到安全模式，此系统级响应包含主要的 GNC 任务，例如将航天器转变到太阳参考姿态以及无反作用轮作用下的基于推力器的姿态控制。

表　三轴控制系统中 GNC 子系统的典型故障保护总结

失效保护	检测	响应
硬件级 GNC 故障保护		
设备短路保护	硬件熔断丝	熔断丝熔断，失效设备处于脱机状态
天体惯性参考丢失，星象跟踪器设备失效	天体惯性参考丢失检测：在预定的时间周期与触发太阳指向响应内，星象跟踪器无法提供有效姿态测量信息	太阳指向响应（可参考系统级 GNC 故障保护响应）
惯性测量元件自诊断装置失效	惯性测量元件自检测：惯性测量元件执行内部自检测，若自检测状态信息表明在连续状态更新的预定时间内出现故障，则检测器调用惯性测量元件设备失效响应	惯性测量元件设备失效响应：若其他惯性测量元件使用正常，则标记当前惯性测量元件不正常并更换其他测量元件，若所有惯性测量元件都不正常（都标记为不可用），则调用安全模式响应（可参考系统级 GNC 中的故障保护响应）
惯性测量元件帧数错误	惯性帧数检测：如果惯性测量元件在给定时间中无法得到期望的测量帧数，则触发惯性测量元件失效响应	惯性测量元件设备失效响应（与惯性测量元件自诊断失效响应一致）
反作用轮装置失效	反作用轮正常检测：比较反作用轮实际旋转角加速度与要求角加速度，若实际角加速度大于给定的误差，触发安全模式响应	反作用轮设备失效响应：将偏置反作用轮替代失效反作用轮，若偏置反作用轮已被使用，则调用安全模式响应（可参考系统级 GNC 故障保护响应）
对日搜索失效	对日搜索功能检测：若航天器在整个区域中无法搜索到太阳，则启动对日搜索失效响应	对日搜索失效响应：若其他太阳敏感器能够正常使用，则标记当前太阳敏感器失效并改用其他的太阳敏感器进行搜索，若所有敏感器都无法使用（都标记为不可用），则调用安全模式响应（可参考系统级导航制导与控制故障保护响应）
子系统级 GNC 故障保护		
对日监测错误	对日检测器：在体坐标系下对实际太阳位置与期望位置进行比较，若误差在给定的时间周期内无法达到精度要求，则触发对日指向响应	对日指向响应（可参考系统级 GNC 故障保护响应）
控制错误	控制错误检测器：若在给定周期内，控制错误超过给定值，则触发控制错误响应	控制错误响应：将反作用轮控制转变为推力器控制并消除存在的控制错误，若为推力器控制，则调用安全模式
系统级 GNC 故障保护		
惯性参考量丢失	通过天体惯性参考量丢失检测与对日检测进行调用	对日指向响应：通过太阳敏感器捕获太阳，得到初始转动量；利用太阳敏感器与惯性测量元件使航天器指向太阳的轴线保持预定的速度；重置通信系统以确保对日指向姿态的通信；关闭在对日指向过程中不需要的仪器；若仍然无法获得或维持对日指向，则调用安全模式响应
飞行软件失效，不正确的动力开关状态，单事件翻转现象，明显的双反作用轮作用，太阳敏感器失效或惯性测量元件失效	在双惯性测量元件与太阳敏感器失效、多于一个反作用轮失效，及低能量电池持续放电与向上传输持续失效等情况下，可调用系统检测	安全模式响应：所有设备处于动力循环状态；仅开启基本的硬件装置；经非易失性存储器将软件拷贝到飞行计算机中并重新启动；通过惯性测量元件实现对日指向，由太阳敏感器确定姿态且推力器仅作用于执行器；重置通信系统，使其在对日指向姿态上保持通信

在硬件层次，故障保护设计应以时间限制失效为基础，其能够对设备进行模糊诊断。上表给出了理论上存在的故障保护系统。首先，硬件级故障保护功能包含GNC硬件熔断丝熔断。而故障保护的基本形式在硬件级中执行，若操作正确，将会使短路的设备在影响其他电子动力系统前处于离线状态。再者，在此例子中，当航天器被确认在自身视场中对恒星进行跟踪时，恒星跟踪器被假设为产生姿态测量值的独立元件。此系统的执行机构中包含两个恒星跟踪器，能够对空间中的不同位置进行观测。若两个恒星跟踪器都不能完成姿态测量，则意味着这两个跟踪器都处于失效状态，其失效可能由真实硬件失效或视场昏暗引起。在天体姿态测量功能丢失超过给定的时间时，太阳指向响应将会被调用。而触发响应前的等待时间取决于惯性测量元件偏置稳定性与航天器姿态控制误差等因素，太阳指向响应改变目标的姿态控制，将其从惯性参量姿态转变为太阳参考姿态。首先应通过太阳敏感器对日进行搜索直到发现太阳，同时确定太阳能电池阵对日指向点的位置。一旦航天器期望轴完成对日指向任务，即可脱离使用太阳敏感器、惯性测量元件、反作用轮与推力器的恒星跟踪器的作用维持航天器的姿态。太阳指向响应被视为系统级响应的主要原因是为满足GNC系统外部设备重构的要求。例如，对日指向可能不利于与惯性指向天线间保持联络，因此需要对通信子系统进行重构。相机等科学仪器在上述条件下可能无法指向期望目标，可对其进行关闭处理，从而能够节省动力与延长寿命。

在此例子中的其他元件级检测器的调用响应同样位于硬件层次。惯性测量元件用于检测明确的牵连惯性测量元件的症状，其将会调用惯性测量元件的设备响应，并对惯性测量元件进行替换。若备用的惯性测量元件由于原本存在的失效而无法使用，则响应进一步调用安全模式。1.3.1节讨论过，安全模式将会利用所有设备的动力循环功能清除部分系统故障并修复失效的惯性测量元件。若通过正常的反作用轮检测器检测出反作用轮失效，反作用轮设备失效响应将会在第一时间使失效的反作用轮处于离线状态，并使用偏置反作用轮进行替换。若失效为替换后的反作用轮失效，则设备失效响应调用安全模式，推力器将作为姿态传动装置替换反作用轮。类似的，对日搜索检测器能够对太阳搜索失效进行检测并调用对日搜索失效响应，其中失效常常对应太阳敏感器失效症状，响应则完成备用太阳敏感器的替换与再搜索任务。若备用太阳敏感器仍然无法使用，太阳搜索失效响应将会调用安全模式。

子系统级故障检测器包含对日检测器与控制错误检测器，虽然故障位于与推进与航空电子子系统在同一目录下的GNC子系统中，但两种检测器检测的症状不对应特定的设备。对日检测器的错误可能由恒星跟踪器失效、太阳敏感器失效或飞行软件错误等因素引起，而反作用轮故障、推力器故障或飞行软件错误将会导致控制错误。适当的子系统响应（控制错误响应）或系统响应（太阳指向响应）能够确定最有可能引起失效的位置。

系统级中不包含确切的GNC系统检测器，但在一定条件下系统响应能够由硬件级与子系统级响应触发。两个由GNC故障引起的系统级响应分别为太阳指向响应与安全模式响应。

应注意，本节所讨论的内容主要集中在三轴控制系统中GNC子系统的典型故障保护，其并不包含其他子系统的故障保护，但此故障保护在所有的三个子系统级中同样存在。

3 FP系统的考虑因素

3.1 冗余、故障冗余与功能冗余

复杂系统的长时间操作需要通过高可靠性部件、飞行样机充分检测后部件或含冗余度部件来完成。系统含有冗余度不仅能够满足寿命要求，还能在随机失效的影响下对系统进行保护。

系统冗余主要由以下三种常见的冗余组成：

（1）功能冗余：其提供多种方式来执行系统功能，可能会引起功能衰退。例如，“行星漫游者号”或“表面着陆者号”中反作用轮的备份推力器与高超频延迟能力备份直接链路。

（2）故障冗余：其提供两个或多个平行元件，每一个元件执行必需的功能。例如，两个相同的接收器常被视为物理冗余。在飞行中，冗余元件能够运行在开启状态或被动（冷备份）配置状态。在部分情况下，系统的“有限的”冗余能够达到一对多的冗余度。第2节的内容中包含一个多余的反作用轮从而能够达到3对4的冗余度。

（3）协同冗余：其将设备所具备的功能分离成两个或多个独立的部分，当其中的一部分失效后，系统仍然能够执行相应的功能，但存在着部分功能丢失。例如由多段独立二极管组成的太阳能并行组合电池。

应注意，冗余不等于故障保护，冗余可作为综合的故障保护策略的一部分，但其不是唯一可选择的方式。因为系统包含冗余的硬件设备，然后就把冗余等同于故障保护的看法是不对的。故障保护同样能够对将系统更换到多余硬件上的响应是否正确等问题作出智能的决策，并且使子系统级与系统级操作在更换后的新装置中正确执行。

3.2 功能衰减

功能衰减为系统鲁棒性的一种形式，其对应于当前失效中系统功能增量的损失程度。同时，在功能衰减过程中航天器任务的需求应得到满足，并且能够得到有意义的任务反馈。为达到系统鲁棒性，需要考虑以下因素：

（1）超过预期温度、辐射剂量等飞行环境的错误操作。

（2）FP 系统动力输出、天线增益与系统指向等性能的不足。

（3）在飞行中出现失效后，为完成给定目标所实施的替换方式。

第 2 节的例子中所使用的两个恒星跟踪器便具有功能衰减性质。由于恒星跟踪器视线轴在旋转系下精度较差，因此两个恒星跟踪器指向不同的方向并同时使用以便产生更高精度的航天器姿态测量值。任何一个跟踪器的失效都将会削弱系统姿态确定功能，但仍然能够满足最低精度要求。

4 总　　结

本章主要对航天器故障检测、隔离与修复进行了概述，介绍了该方向的专业名词、典型的 FP 系统，并以结合 GNC 子系统为例进行说明。本章对用于三轴稳定姿态控制的 GNC 系统进行了详细阐述。读者可以通过参考文献所列举的文章了解某些具体航天器 FP 系统的细节。

参考文献

Barltrop, K. J. and Kan, E. (2005) How much fault protection is enough-A deep impact perspective. *IEEE Aerospace Conference, March 2005, Big Sky, MT.*

Bayer, T. (2007) Planning for the un－plannable: Redundancy, fault protection, contingency planning and anomaly response for the mars reconnaissance orbiter mission. *AIAA－2007－6109, AIAA SPACE 2007 Conference and Exposition, September, 2007, Long Beach, CA.*

Neilson, T. (2005) Mars exploration rovers surface fault protection. *IEEE International Conference on Systems, Man and Cybernetics, October 2005, Waikoloa, HI.*

Parry, P. (1999) Learning from Lewis. *22nd Annual AAS Guidance and Control Conference, February 1999, Breckenridge, CA.*

Rasmussen, R. D. (2008) GN&Cfault protection fundamentals. *31st Annual AAS Guidance and Control Conference, February 2008, Breckenridge, CA.*

Rouquette, N., Neilson, T. and Chen, G. (1999) The 13th technology of Deep Space 1. *IEEE Aerospace Conference, March 1999, Snowmass, CO.*

Slonski, J. P. (1996) System fault protection design for the Cassini spacecraft. *IEEE Aerospace Applications Conference, February 1996, Snowmass, CO.*

本章译者：张景瑞、胡权、蔡晗（北京理工大学宇航学院）

第 269 章

近距离交会对接

Wigbert Fehse

前欧洲航天局/欧洲航天技术中心退休人员，诺德惠克，荷兰

1 交会对接任务、方案、接近阶段

1.1 任务综述

交会对接即一个航天器在其运行轨道中与另一航天器相遇并连为一体。如果要使两个航天器连接在一起，两个航天器之间必须满足下述三个条件：

（1）相同的位置。

（2）相同的速度大小与方向。

（3）一个特定的相对姿态。

为了实现这些条件，根据不同的任务与轨道的特点，特定的交会策略的制定需要结合任务与轨道的特点（第 2 节）。通过人工操作或者自动导航控制系统（第 3 节与第 4 节）与地面操作（第 6 节）在操纵序列中的编排来实现任务要求的轨迹与姿态。此外，两个航天器还需具备可靠的捕获与对接的接口（第 5 节）以实现两航天器连为一体。

在交会过程中，“主动”进行所有平移运动的航天器一般称为“追踪”航天器，而通常不改变位置的“被动”航天器一般称为“目标”航天器。

1.2 典型的交会对接任务的总体方案

所有交会对接任务中的空间部分都包含两个相互作用的航天器，即“追踪”航天器与“目标”航天器。它们的地面部分包括两个航天器对应不同功能模块的专用的控制中心（见图 1）。控制中心可以建立在同一个位置或者分开建立在不同的地方，例如国际空间站的实例（ISS）。

空间部分与地面部分的通信、两个控制中心功能模块的通信，以及交会对接过程中两个航天器之间的通信都是总体交会对接系统设置的关键功能。两个航天器之间的传感器接口与对接机构接口则是另外的一些重要问题。

“追踪”航天器与“目标”航天器可以是载人或者无人的。一旦有其中一个航天器是载人的，那么两个航天器都必须要考虑乘员生命安全的需要（第 3 节）。暂不考虑载人与无人的情况，对所有交会对接任务都适用的基本系统设定如图 1 所示。

所有交会对接任务均包括以下三项轨道任务：

（1）进入共面轨道。

（2）减小追踪航天器与目标航天器之间的轨道相位角。

（3）基于相对导航的最终接近并捕获。

在大多数交会对接任务中，“追踪”航天器进入与“目标”航天器共面的轨道过程通常由发射过程完成，“追踪”航天器直接发射进入“目标”航天器的轨道面上。

1.3 交会对接任务的主要阶段

图 2 给出了典型的交会对接任务的各个阶段。其中“发射”和“调相”阶段的任务是将“追踪”航天器导引到“目标”航天器附近，此时相对导航可以开始。原则上，由于这些阶段与其他卫星任务的早期阶段没有太大的不同，而其他卫星任务的早期阶段在本书中已进行详细讨论，所以，下面的讨论将集中在交会和对接这两个阶段。

交会阶段的特点由“追踪”航天器和“目标”

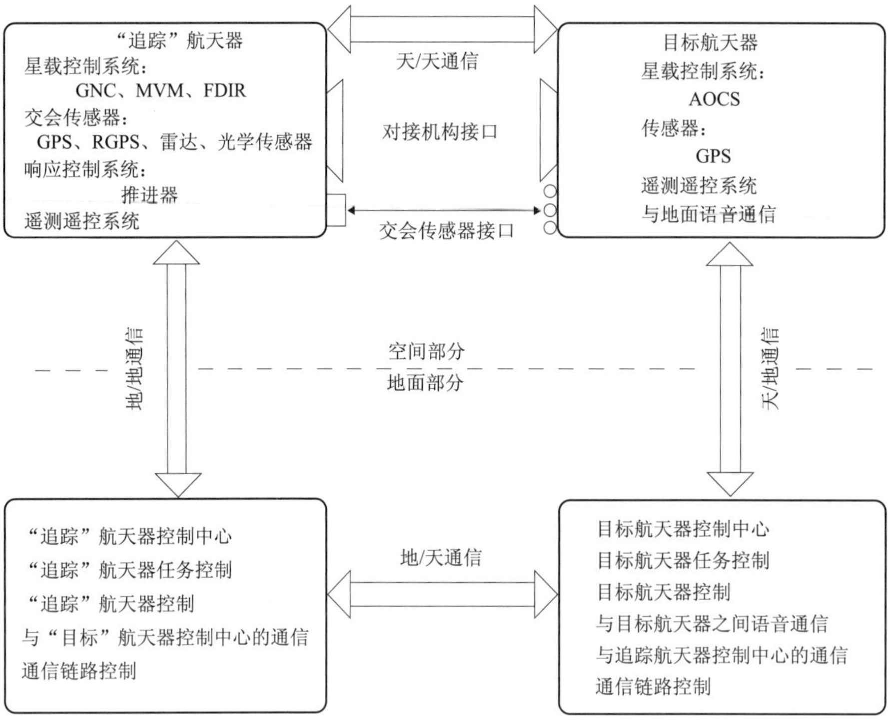

图 1　交会任务中各系统的功能与接口［图片经 Fehse（2003）© 剑桥大学授权复制］

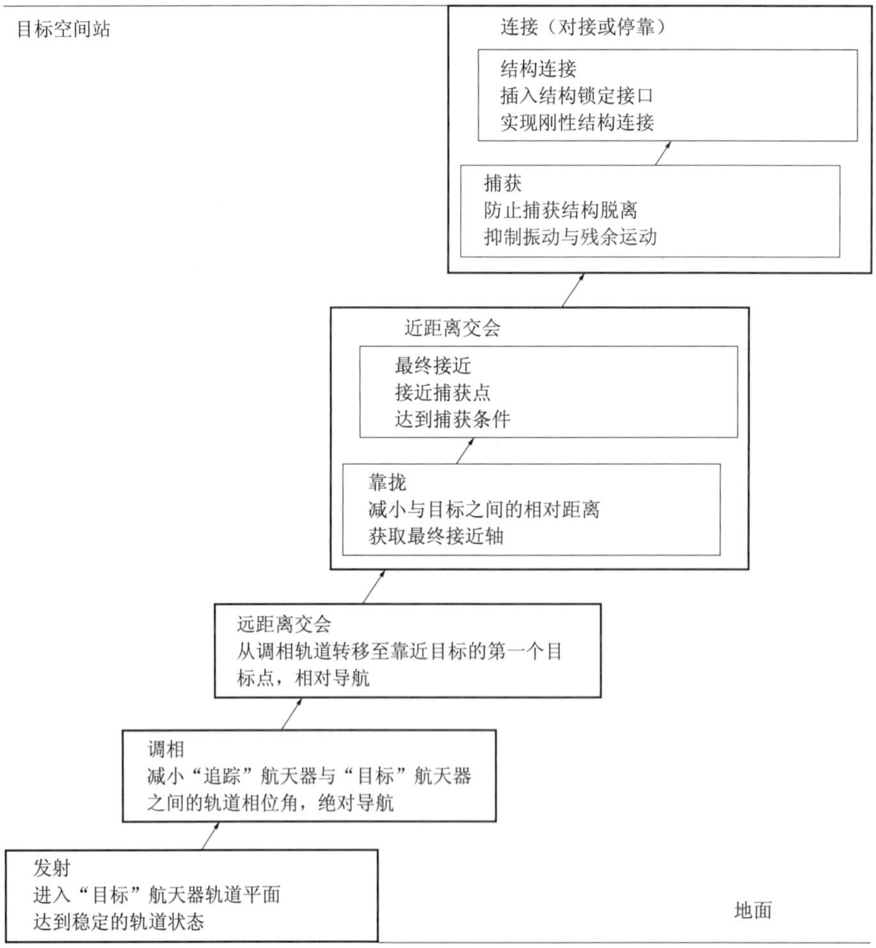

图 2　交会对接任务的主要阶段［图片经 Fehse（2003）© 剑桥大学授权复制］

航天器之间的相对导航状况确定，相对导航的观测量为“追踪”航天器与“目标”航天器间的距离和方向或（x，y，z）坐标。接近的最后一部分是“追踪”航天器沿直线逼近“目标”航天器的对接点，此时可以执行捕获或者转移到停泊点，此时捕获接口可以被机械臂捕获（第5节）。

1.4　应　用

人们正在设想多种交会对接操作，货物或航天员应被带到需要在轨维修或维护的航天器中。

（1）低地球轨道应用。

①空间站场景：航天员更换，燃料补充，实验（Portree，1995；Messerschmid和Bertrand，1999）；

②维修，服务场景：哈勃太空望远镜（NASA，2007）。

（2）地球同步轨道应用：通信卫星维修（Kaiser等，2008）。

（3）其他天体（月球，火星）的轨道交会对接/靠泊（Woods，2008）。

1.5　合作与非合作目标

提供了交会传感器、星间通信和捕获以及连接专用接口的“目标”航天器可以被认为是合作目标。非合作目标是指不专门用于交会对接操作的航天器，对于与非合作目标（例如，在轨服务的地球同步轨道卫星）的交会对接，“目标”航天器的特点必须观察清楚，它可以作为传感器和捕获连接接口（Kaiser等，2008）。

1.6　轨道类型

到目前为止，所有已经完成的交会对接任务都在圆轨道上进行，在许多情况下，由于燃料的原因，其将会对椭圆轨道交会对接产生需求。然而，这会产生圆轨道交会不存在的一些问题，椭圆轨道交会的一些重要的问题如下所述：

（1）即使在任何推力或摄动作用的情况下，共轨的“追踪”航天器和“目标”航天器之间的距离也会发生连续变化。

（2）在轨道上不同的点施加任意幅值或方向的推力，将会产生不同“追踪”航天器和“目标”航天器的相对运动轨迹。

（3）当地的切向和本地的垂直方向（矢径矢量）之间的夹角随轨道连续变化。

为解决以上几个问题，航天器在轨道上的具体位置是必要的。这可以通过轨道参数和时间获得，然而，轨道参数会因为轨道机动产生变化。

2　交会轨迹和策略

2.1　坐标系

图3所示为交会对接任务主要使用的三个坐标系：用于定义轨道平面（发射器）地球质心惯性坐标系、用于控制姿态和相位角（调相段）的轨道平面坐标系，以及用于相对导航（交会段）的“目标”

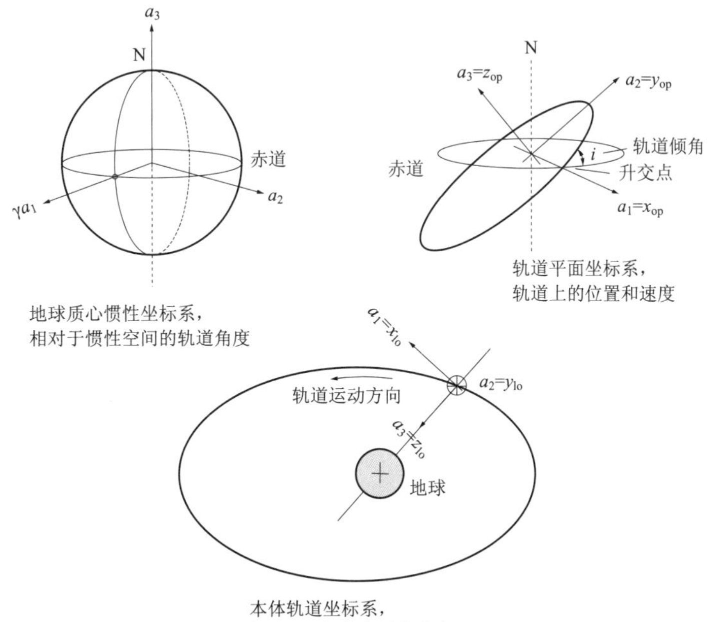

图3　交会对接任务使用的坐标系［图片经Fehse（2003）©剑桥大学授权复制］

航天器本体轨道坐标系。

下面讨论所有交会轨迹将在航天器本体轨道坐标系中显示，x 轴方向沿“目标”航天器的速度方向（V－bar），y 轴方向沿轨道角动量矢量（H－bar）和 z 轴方向平行于矢径方向指向地球的中心（或其他天体）。

图 4 给出了一个霍曼转移（Hohmann，1925）的例子，其轨迹分别在轨道平面坐标系和“目标”航天器本体轨道坐标系中给出。“追踪”航天器相对“目标”航天器的距离和方向可以很容易地在“目标”航天器本体轨道坐标系中得到，但必须考虑将弧形轨道更换为一条沿 x 轴的直线轨道。

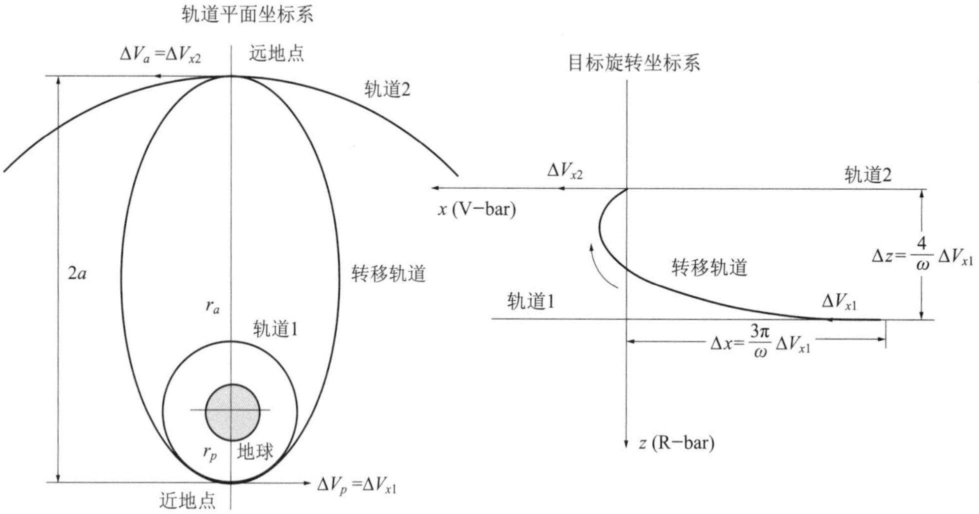

图 4　轨道平面坐标系和“目标”航天器本体轨道坐标系的霍曼转移轨迹［图片经 Fehse（2003）© 剑桥大学授权复制］

2.2　Hill 方程，Clohessy Wiltshire 方程

对于圆形轨道，在轨物体与本体轨道坐标系（如“目标”航天器本体轨道坐标系）的原点的相对运动轨迹可以用 Hill 方程描述（Hill，1878）：

$$\begin{cases}\ddot{x}-2\omega\dot{z}=\dfrac{1}{m_c}F_x\\ \ddot{y}+\omega^2 y=\dfrac{1}{m_c}F_y\\ \ddot{z}+2\omega\dot{x}-3\omega^2 z=\dfrac{1}{m_c}F_z\end{cases}\tag{1}$$

式中，ω 为轨道角速度；m_c 为物体质量。

方程右边描述的是施加加速度，即

$$\frac{F_{x,y,z}}{m_c}=\gamma_{x,y,z}$$

这一系统微分方程只有通过数值积分获得其一般形式的解析解。在特定情况下，如摄动力输入部分 $\gamma_{x,y,z}$ 为恒定幅值的脉冲，方程可以用拉普拉斯变换方法求解。此解决方法是众所周知的 Clohessy-Wiltshire（C－W）方程（Clohessy 和 Wiltshire，1960）：

$$x(t)=\left(\frac{4\dot{x}_0}{\omega}-6z_0\right)\sin(\omega t)-\frac{2\dot{z}_0}{\omega}\cos(\omega t)+\cdots+(6\omega z_0-3\dot{x}_0)t+\left(x_0+\frac{2\dot{z}_0}{\omega}\right)+\cdots+\frac{2}{\omega^2}\gamma_z[\omega t-\sin(\omega t)]+\gamma_x\left\{\frac{4}{\omega^2}[1-\cos(\omega t)]-\frac{3}{2}t^2\right\}$$

$$y(t)=y_0\cos(\omega t)+\frac{\dot{y}_0}{\omega}\sin(\omega t)+\frac{r_y}{\omega^2}[1-\cos(\omega t)]$$

$$z(t)=\left(\frac{2\dot{x}_0}{\omega}-3z_0\right)\cos(\omega t)+\frac{\dot{z}_0}{\omega}\sin(\omega t)+\left(4z_0-\frac{2\dot{x}_0}{\omega}\right)+\cdots+\frac{2}{\omega^2}\gamma_x\left[\sin(\omega t)-\omega t+\frac{\gamma_z}{\omega^2}(1-\cos(\omega t))\right]\tag{2}$$

在低地球轨道，“追踪”航天器和“目标”航天器之间的距离在几千米范围之内，C－W 方程的精度足够高，可以用于交会轨迹规划，而其限制将在下面讨论。

由 C－W 方程派生得出的许多类型的运动轨迹的运动方程的详细讨论可以参见 Fehse（2003）文献。

C－W 方程提供了一个简单的方法来计算位置、速度和交会需要的最小速度脉冲 ΔV，它们对于快速设计接近策略和评估安全轨迹非常有用。然而必须牢记，其仅在圆轨道且 z 方向上延伸的轨迹必须远小于轨道半径（$z\ll R$）时才有效。假设脉冲机动的速度是阶跃变化的且在所考虑的时间范围内其他输入加速度是恒定的，为了获得完全准确的解，输入力必须被正确建模并代入 Hill 方程的右侧，然后进行数值积分求解。

2.3　轨迹要素

交会策略包括几种类型的轨迹要素，例如，将“追踪”航天器转移到不同高度的轨道，“追踪”航天器进入“目标”航天器轨道，在轨道平面内或轨道平面外围绕“目标”航天器飞行直到到达对接轴，或者沿对接轴直线逼近“目标”航天器的对接端口，这样的轨迹要素可以通过施加脉冲推力或连续推力获得。

2.3.1　脉冲推力轨迹

图 5 和图 6 分别给出了持续一个轨道周期的切向推力转移和半个轨道周期的径向推力转移，最后“追踪”航天器都转移到初始轨迹高度。在转移轨迹的中点施加第二个推力脉冲，可以获得绕飞轨迹和不同高度的轨迹，即在切向推力转移 1/2 轨道周期处和径向推力的 1/4 轨道周期处（图 7 和图 8）。

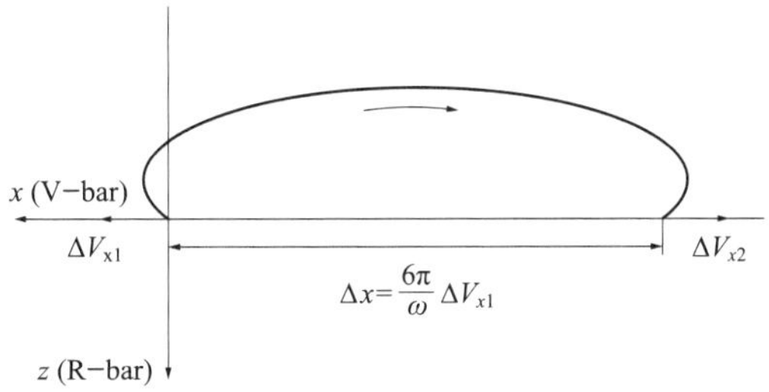

图 5　切向推力转移［图片经 Fehse（2003）© 剑桥大学授权复制］

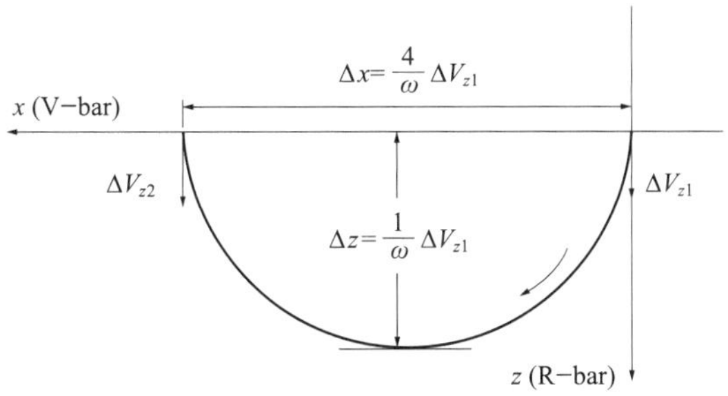

图 6　径向推力转移

［图片经 Fehse（2003）© 剑桥大学授权复制］

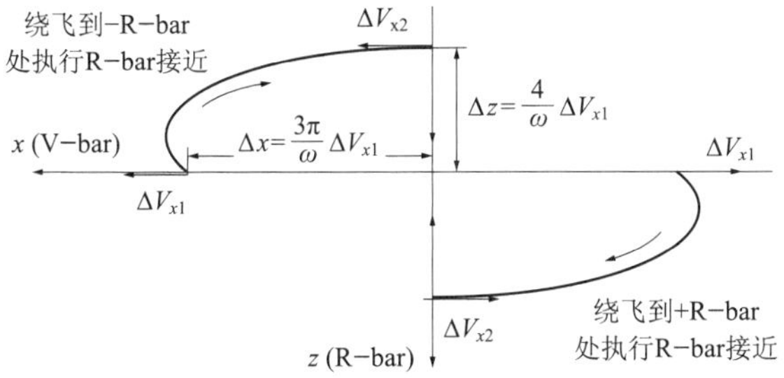

图 7　切向推力绕飞

［图片经 Fehse（2003）© 剑桥大学授权复制］

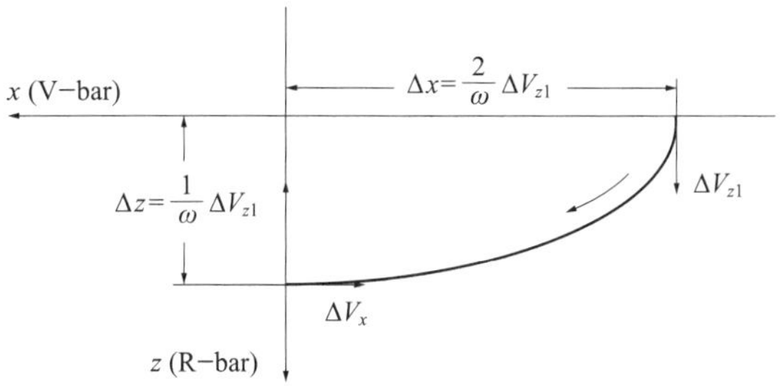

图 8　径向推力绕飞

［图片经 Fehse（2003）© 剑桥大学授权复制］

2.3.2　连续推力轨迹

图 9 和图 10 分别给出了用于最后接近对接端口切向和径向的常值推力直线接近轨迹，图 9 所示为＋/－轨道方向接近，图 10 所示为径向方向接近。

图 9 所示为通过自动控制系统施加连续推力的直线接近轨迹，和航天飞机的飞行员施加离散推力的准直线接近轨迹（注：图中直线运动和准直线运动方向是相反的）。

2.3.3　轨迹摄动和误差

外部干扰、误差/不确定性推力和导航误差/不确定性可以导致轨迹偏差，对于低地球轨道最重要的外部干扰是大气阻力，对于地球同步轨道最重要的外部干扰是太阳光压。关于外部干扰、推力和导航误差的更详细的讨论见 Fehse（2003）文献。

2.3.4　轨迹安全

接近策略，即交会对接的机动序列/轨迹要素，必须考虑外部可能性以这样一个方式设计：如果由于任何原因，脉冲或连续恒定推力不能或仅部分地被执行，所得到的轨迹将不导致与“目标”航天器碰撞。这个要求显然会产生限制，因为交会对接的目标是最终与“目标”航天器接触。

2.4　接近策略的例子

作为例子，图 11 和图 12 所示为两种接近策略，分别为美国的航天飞机和欧洲的“自动转移”飞行器（ATV）。

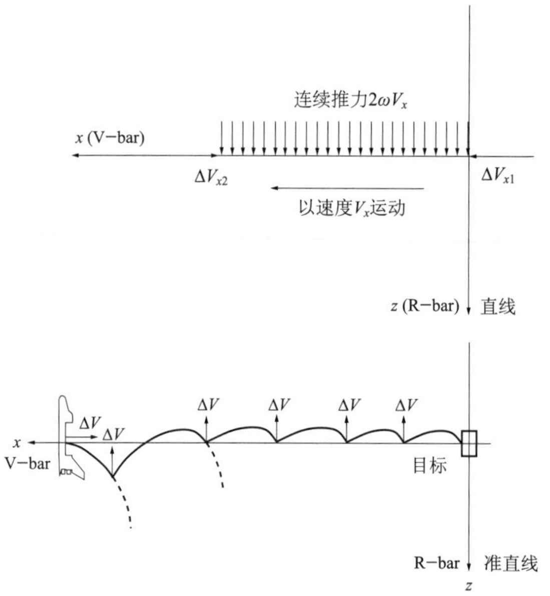

图 9　直线/准直线 V - bar 接近［图片经 Fehse（2003）© 剑桥大学授权复制］

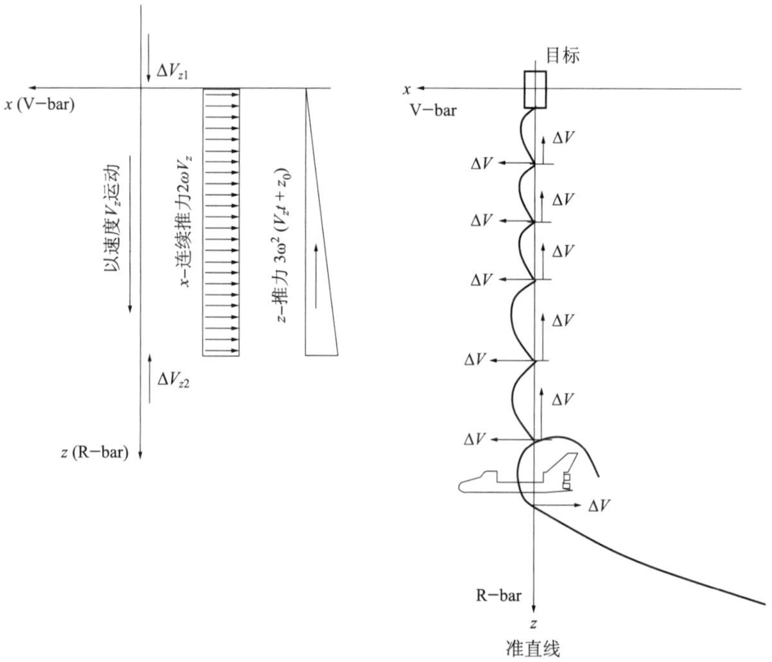

图 10　直线/准直线 R - bar 接近［图片经 Fehse（2003）© 剑桥大学授权复制］

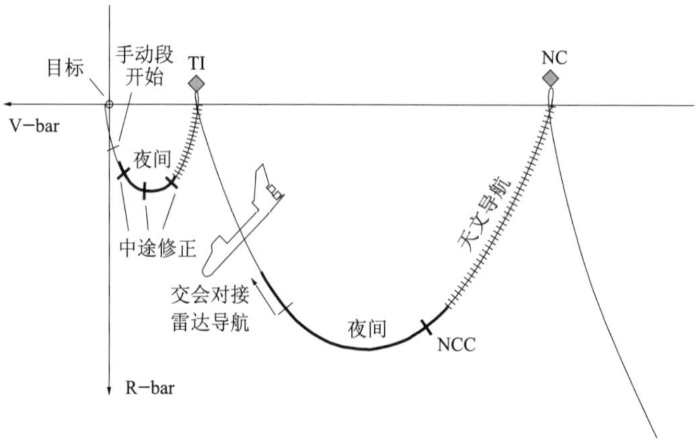

图 11　航天飞机远距离接近策略［图片经 Fehse（2003）© 剑桥大学授权复制］

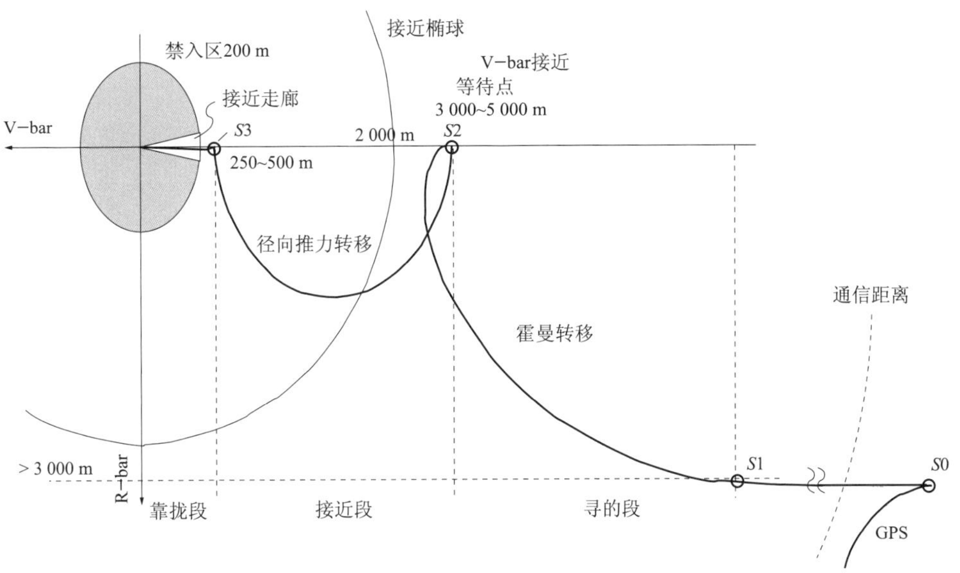

图 12 ATV 接近策略［图片经 Fehse（2003）© 剑桥大学授权复制］

2.4.1 航天飞机的接近策略（NASA，1989）

在增大远地点高度到达以上目标点（“目标”航天器后方点 NC 处，约 875 km），抬高近地点使下一次在 TI 处大约 15 km 处穿越 V - bar，接下来的轨迹环将进一步减小，终点为“目标”航天器的前方或下方，图 11 中所示的轨迹的最后部分为图 9 和图 10 分别所示的准直线接近轨迹。

2.4.2 ATV 的接近策略（Fehse，2003；Strandmoe 等，2008）

交会阶段开始于以下阶段：将“追踪”航天器导引到比“目标”航天器轨道低几千米的后方 30 km 处的漂移轨道，此时卫星间通信和相对导航已经建立。随后，“追踪”航天器转移到“目标”轨道的保持点 S2，由此它进入国际空间站“接近椭球”。此运动下次停止在保持点 S3，由此“追踪”航天器沿一条直线接近对接端口（图 9）。图 12 给出了接近轨迹和相对于国际空间站的控制区的保持点。

3 自主交会对接控制系统

对于载人航天器，交会轨迹可以由航天员手动控制，或在提供了地面与空间之间的连续通信情况下，由地面上的工作人员人工操作（Human Operators，HO）。然而，在许多情况下，由于以下原因，交会对接的控制系统需要执行在轨自动控制：

（1）与地面的联系呈间歇性。

（2）通信链路故障容错性能有限。

（3）通信链路出现长时间延迟。

在这些情况下，交会阶段的自动控制系统必须在轨用于控制机动序列/轨迹，并添加相应的硬件和软件。自动控制系统包括制导、导航与控制（Guidance，Navigation and Control，GNC）系统，每个自由度（Degree Of Freedom，DOF）和每种类型的轨迹要素配置，进一步还包括自动测序系统，其通常被称为“任务和飞行器管理系统”（Mission and Vehicle Management，MVM）。

3.1 导航、制导与控制

各类测量传感器是典型的星载交会对接 GNC 系统的基本组成，GNC 功能模块一般包括制导、导航、控制器、执行机构管理软件以及执行机构。自主交会对接的典型 GNC 回路如图 13 所示。

由于一共有 6 个自由度（DOF）需要被控制，其中包括 3 个平移量（轨迹）与 3 个旋转量（姿态），所以完整的控制系统应由 6 个这样的控制回路构成。只要“追踪”航天器被赋予一个绝对的姿态参考值，如当地垂直/当地水平（LV/LH），所有的 6 个自由度都可以独立控制。在近距离时（“追踪”航天器与“目标”航天器之间的距离小于质心与对接点的距离的 10 倍），“追踪”航天器对接轴应与“目标”航天器对接轴处在共线的位置。在这个距离时，“追踪”航天器的姿态与横向位置必须被控制在相对于“目标”航天器的对接轴上。

这使得“追踪”航天器的旋转运动与平移运动相互耦合，对于耦合需要使用一些特殊的控制技术［例如多输入多输出（MIMO）控制技术］来控制。

制导功能必须在每个时间点上设定姿态、位置、速度并控制机动加速。

导航功能从各类传感器的输入与先前的输出状态来估计当前的状态向量（位置、速度、姿态、角速度）。

控制器通过制导模块与导航模块的差值计算出系统所需要施加的力与力矩。

执行机构管理模块根据所需要的力与力矩的值计算出对应执行机构所需要的开关次数。

实交会轨迹会受到来自作用于航天器外部的干扰力和自身控制力的干扰。航天器内部的干扰源来自作用于航天器的控制力与控制力矩，这些误差有的来自执行机构本身，有的来自整个 GNC 回路。而外部的干扰主要跟轨道的类型有关，例如，在低地球轨道中主要的干扰来自残余大气的阻力，在地球同步轨道中干扰主要来自太阳光压。

除此之外，传感器所处的测量环境也可能对传感器的测量产生不良影响。比如射频（RF）传感器与卫星导航容易受到遮挡和多路径的影响而光学传感器在其视场（FOV）中受不良的太阳光发射的干扰。

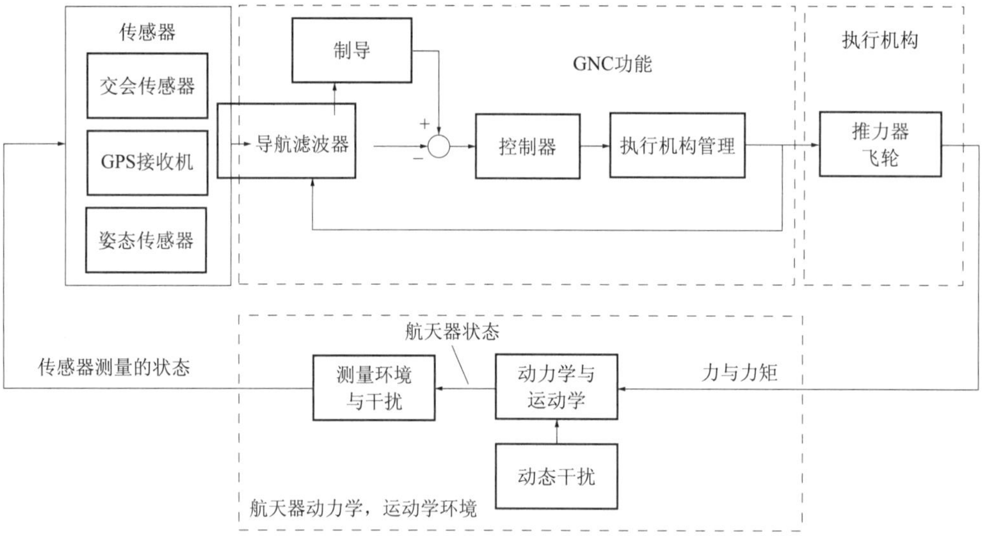

图 13　自主交会对接的典型 GNC 回路［图片经 Fehse（2003）© 剑桥大学授权复制］

3.2　任务与飞行管理系统

对于自动交会对接，航天器上需要一个“管理人员”来自动管理各项任务，如安排轨迹与姿态机动的时序、为对应的模式启动必要的硬件与软件功能、检查预定轨迹任务的完成情况等。通常称这个“管理人员”为任务和飞行管理系统（MVM）。有些时候，任务和飞行管理系统还同时集成了其他航天器自动任务，如航天器系统故障检测、隔离与恢复系统（FDIR）。

由于航天器任务与飞行管理系统的设计在很大程度上取决于航天器系统的总体设计，读者可以自行参考 Feshe（2003）文献中的实例。

3.3　系统容错与碰撞风险预测

在“追踪”航天器与目标接近的过程中，任何系统故障都可能导致两个航天器碰撞并损毁。因此，如何避免这样的系统故障是交会对接任务中的一个至关重要的问题。

交会对接任务中只要有一方是载人飞行，此时，宇航员的生命安全是第一要素。在这种情形下的风险保护叫作“生命保障”。如果是两个无人航天器进行交会对接任务，系统首要考虑的对象则是航天器的有效载荷。这种情况下的风险保护叫作“可靠性”。载人航天任务对系统容错的要求尤其严格。以国际空间站（ISS）为例，对系统容错的要求是“系统经历任意两项单次故障后，人员与空间站仍然要保持安全”以及“在发生单项系统故障后，预定任务仍然能够实现”。上述第二项要求在无人空间任务中也同样适用。

实现系统风险保护的措施包括：

（1）所谓的“安全轨迹”，即在航天器失去控制或者失去动力的情况下，航天器不会发生碰撞［见第 2 节，更详细的内容还可参考 Feshe（2003）

文献]。

（2）自动的故障检测、隔离和恢复系统（FDIR）应该能够检测硬件与软件的故障并且能够切换到冗余功能以实现故障恢复。

（3）独立的碰撞规避系统，这个系统能探测到潜在的碰撞危险并且初始化碰撞规避机动（Collision Avoidance Maneuver，CAM）

碰撞危险检测和碰撞规避机动的初始化不仅必须在自动星载系统上应用，地面人工操作同样需要应用，对于载人交会任务，“追踪”航天器与“目标”航天器也需要碰撞危险检测和碰撞规避机动。碰撞规避机动必须是固定的单次启动，可以在 x 与 z 方向上，这样可以使得“追踪”航天器离开目标并且保证在一定的安全时间内（比如 24 h）不会回到原来的位置。

一些由突发事件所引起的风险规避机动后的恢复操作，必须由人工操作来完成。甚至在一些自动交会对接中，恢复操作也由人工完成。第一步恢复通常是尽快地让“追踪”航天器回到目标轨道的一个停泊点上。这样可以有充分的时间来计划后续的机动方式并最终使“追踪”航天器返回交会过程。

4 交会对接采用的传感器

在航天器交会段之前，绝对位置信息可以由地面测量获得。对于低地球轨道交会任务，最方便的获取绝对位置信息的方式是卫星导航（见图 14）。绝对姿态信息也可以通过其他的卫星由同样的方法获取。

4.1 中长距离传感器

在交会阶段，由于绝对位置的误差过高，还需要测量出“追踪”航天器与“目标”航天器的相对位置信息。根据经验，正确的交会方法需要具备1%或者更高精度的距离测量。相对位置可以由卫星导航测得（如在低地球轨道），也可以直接测量相对距离与方向。

图 15 展示了通过卫星导航的相对位置进行测量的基本原理。GPS 信号接收机至少需要获取 4 颗以上GPS 卫星的信号方可定位，“追踪”航天器与“目标”航天器的 GPS 接收机所获取信号的数据差异将被作为测量向量进一步输入到“追踪”航天器的导航滤波器中。因此，相对 GPS（RGPS）需要“追踪”航天器

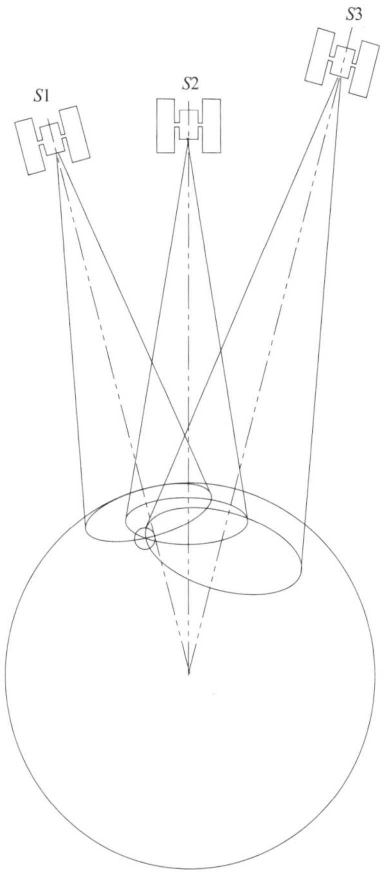

图 14 GPS 卫星等距轨迹线

[图片经 Fehse（2003）© 剑桥大学授权复制]

与“目标”航天器之间具备卫星-卫星间通信，这也限制了它们测量的最大距离。测量的精度可达到米级，如果在距离低于数百米的范围内，需要考虑采用其他精度更高的传感器。

其他的中距离测量传感器还有射频（RF）传感器，例如雷达以及基本卫星导航接收机的射频传感器（Stone 等，1999；Bourga 等，2003；Lestarquit 等，2006）。

4.2 短距离传感器

在小于数百米的短距离测量中，光学传感器具备较高的测量精度。其中最重要的两种传感器分别是激光测距仪（通常称为 LIDAR）（Moebius 和 Kolk，2002；NASA，1992）（见图 16）以及光学相机（Pochard 等，2003；Roe，Betts 和 Carrington，2007）（见图 17）。正如第 3 节中所述，为了使“追踪”航天器与“目标”航天器的对接轴在交会的最后几米时共线，GNC 系统需要确定“追踪”航天器与“目标”航天器的相对姿态。激光测距仪和光学相机的相对姿态测量的基本原理分别如图 16 与图 17 所示。

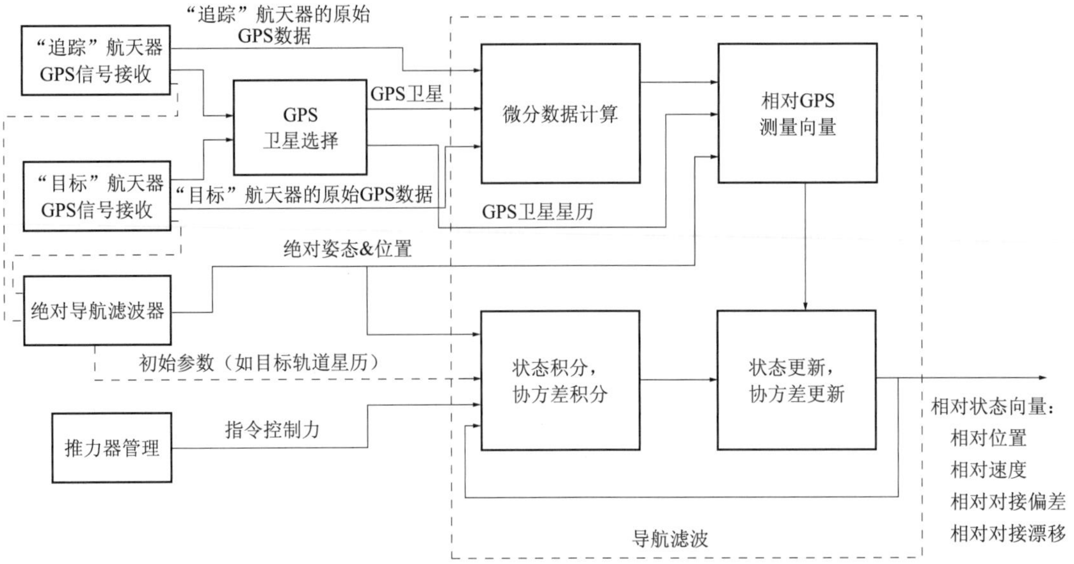

图 15　相对 GPS 测量原理［图片经 Fehse（2003）© 剑桥大学授权复制］

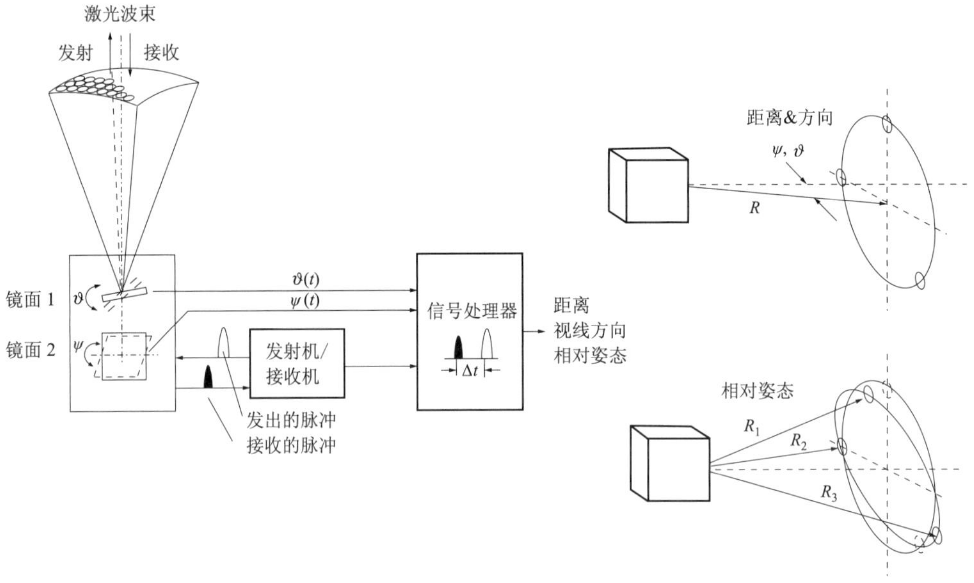

图 16　激光测距仪的基本原理［图片经 Fehse（2003）© 剑桥大学授权复制］

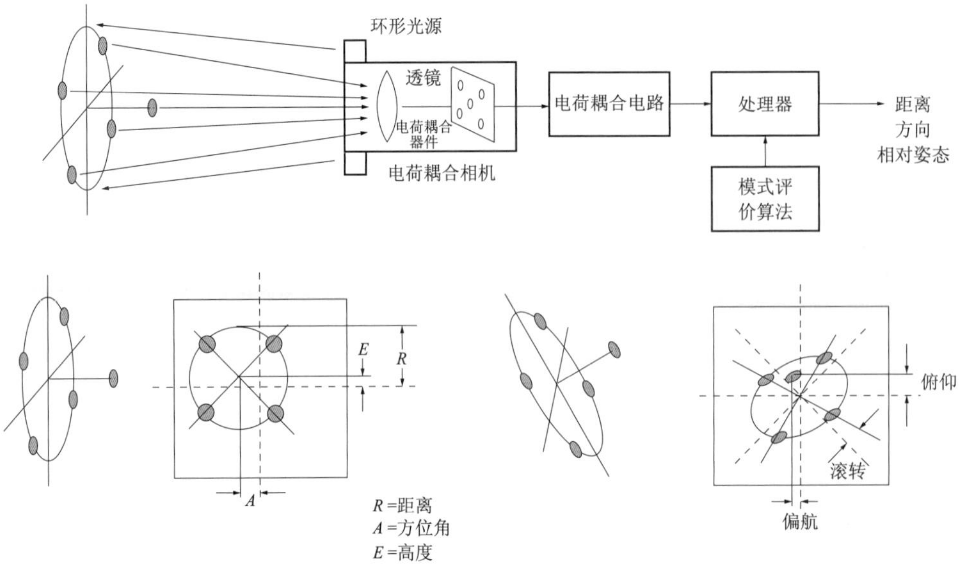

图 17　相机传感器的基本原理［图片经 Fehse（2003）© 剑桥大学授权复制］

4.3　非合作目标交会对接传感器

以上介绍的所有传感器测量是需要在“目标”航天器上装有相应的专用接口，这些接口可以是一些光学发射器、雷达收发机，或完全就是卫星导航信号接收器。如果目标是非合作的，比如地球同步轨道商用卫星在轨服务或低地球轨道卫星回收，在“目标”航天器上没有对应相应传感器的接口。在这种情况下，整个航天器或航天器的某个特定部分将作为传感器的接口。

非合作目标可以采用光学传感器或雷达。然而后者需要消耗大量能量，占据较大质量与空间，因此，雷达通常仅用于如航天飞机这样大型的“追踪”航天器上。相反，地球同步轨道在轨服务（Kaiser 等，2008）一般由相对较小的航天器来实现，大型的传感器系统不适合此种情形。在这种情形下，光学相机更适合作为测量传感器（Miravet 等，2008）。目标的信息可由目标在相机焦平面上所成的像求得。

在远距离时（几千米），目标在相机中的成像是一个类似星星的光点。如果“追踪”航天器与“目标”航天器的轨道之间只有很小的偏心率（已知），两航天器之间的距离可以由图像点在 z 轴方向上的移动量估计出来。

从中距离（1 km）开始，目标在相机焦平面上的成像变大，此时，两航天器的距离可以根据已知目标的几何尺寸求得。

由于相机视场的关系，随着“追踪”航天器与“目标”的逐步靠近，目标的成像会在某个特定的距离超出相机视场的范围。在这种距离，相机需要利用“目标”航天器上一些特定（已知）的几何构型来求解两航天器的相对距离。

5　接触动力学与对接机构

5.1　“对接”与“停靠”的定义

两个航天器之间的捕获与结合有两种主要的方法。

第一种方法，“追踪”航天器带有的连接机构在其 GNC 系统的控制下主动插入“目标”航天器的连接接口中（图 18）。这种结合的方式通常称为“对接”。捕获与结构连接的接口都位于对接轴附近相同的位置。

第二种方法，一个航天器上安置一个操纵臂杆，另外一个航天器上装有对应的抓获接口，首先通过这个操作臂杆捕获这个抓获接口，在抓获完成后再进行结构连接。其基本原理如图 19 所示。这种方法叫作“停靠”。

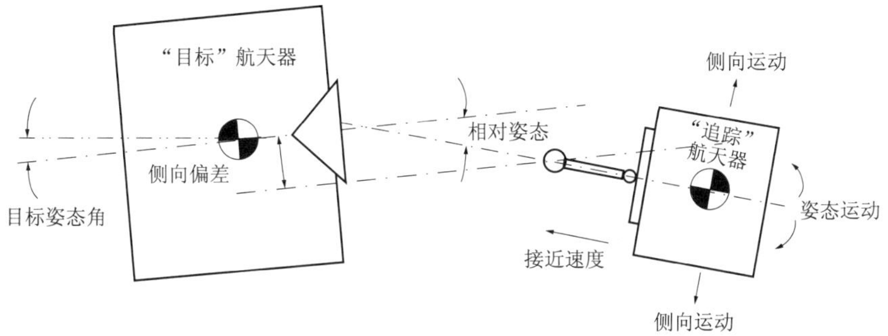

图 18　对接的基本原理［图片经 Fehse（2003）© 剑桥大学授权复制］

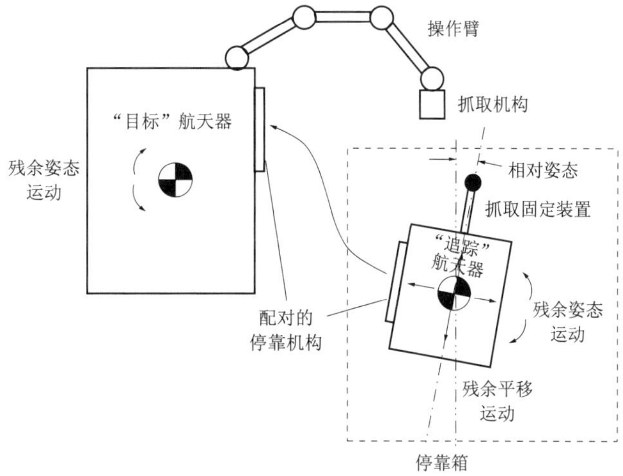

图 19　停靠的基本原理［图片经 Fehse（2003）© 剑桥大学授权复制］

5.2 对接机构的功能

接收：在初次接触之后，两个航天器的对接接口进入对方接收的范围，并能够对相应的接口进行捕获。

捕获：确保捕获接口在接触与反弹后不会脱离。

震动吸收：减小两个航天器接触所带来的震动，同时增加捕获所需的时间。

机械连接：降低两个航天器之间的连接误差，使两个航天器满足进行结构锁紧的条件。

结构锁紧：启动严格的结构连接，完成严格的连接后，向“目标”航天器转移载荷。

停靠机构与对接机构具有相近的功能，由于采用操纵机械臂，停靠机构中捕获与震动衰减不如对接时那么明显（Illi，1992）。

5.3 接触时的动量交换

两个航天器在接触之后的运动状态可由动量定理求得。

对于平移运动有：

$$\int_{t_0}^{t_1} F\mathrm{d}t = m \cdot \Delta V \tag{3}$$

如果碰撞点不在两个物体的质心（CoM）连线上，还应该考虑角动量的变化：

$$\boldsymbol{I} \cdot \Delta\omega = \int_{t_0}^{t_1} (\boldsymbol{r} \times \boldsymbol{F})\mathrm{d}t \tag{4}$$

（1）中心碰撞（见图 20）。

假设两个航天器在它们的质心连线处发生碰撞，碰撞后连接体的共同速度 V_{b1} 为

$$V_{b1} = \frac{m_a V_{a0} + m_b V_{b0}}{m_a + m_b} \tag{5}$$

（2）偏心碰撞（见图 20）。

如果碰撞点偏离两个航天器的质心连线，碰撞后连接体的运动状态将包括平移运动与旋转运动。

平移运动：

$$V_{b1} = V_{a0} \frac{I_b \cdot m_a}{I_b(m_b + m_a) - r^2 m_a m_b} \tag{6}$$

旋转运动：

$$\omega_{b1} = V_{a0} \frac{r \cdot m_a \cdot m_b}{I_b(m_b + m_a) - r^2 m_a m_b} \tag{7}$$

如果“目标”航天器本身很大，如空间站，实际对接中对接轴很难与目标质心在同一轴上。在这种情况下，由对接冲击所产生的角速度 ω_{b1} 需要由“追踪”航天器或“目标”航天器上的姿态控制系统来抵消。

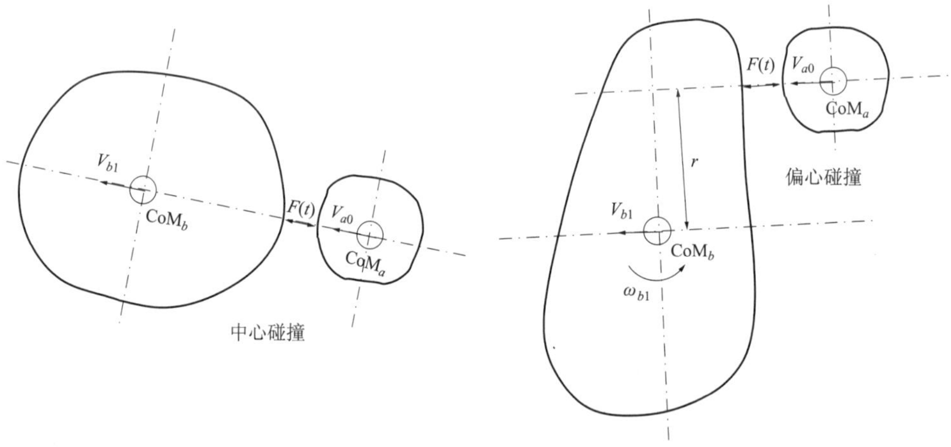

图 20 中心碰撞与偏心碰撞［图片经 Fehse（2003）© 剑桥大学授权复制］

5.4 捕获与减震

如果没有捕获，两个航天器在相互接触碰撞后沿相反方向运动，其速度大小取决于它们的质量。例如，图 21 展示了一个球进入锥形凹槽的运动轨迹。在这种情形下，捕获需在球在凹形槽内的时间内进行。

有对接机构的情形与之类似。图 22 展示了对接机构的基本原理，“目标”航天器一侧有一个锥形的接收范围，“追踪”航天器一侧装有一个带有弹簧-阻尼器的探头。阻尼的作用是将动能转换成势能与热能，这一过程不仅减缓了冲击的震动效应，同时还延长了捕获的时间。

对于上述类型的机构，当探头的尖端进入接收槽的中央时，“目标”航天器完成对“追踪”航天器的捕获。总的来说，弹簧-阻尼器的功能可以由机械装置实现，也可以由机电装置实现。

对接机构接收的能力最终须与 GNC 系统的性

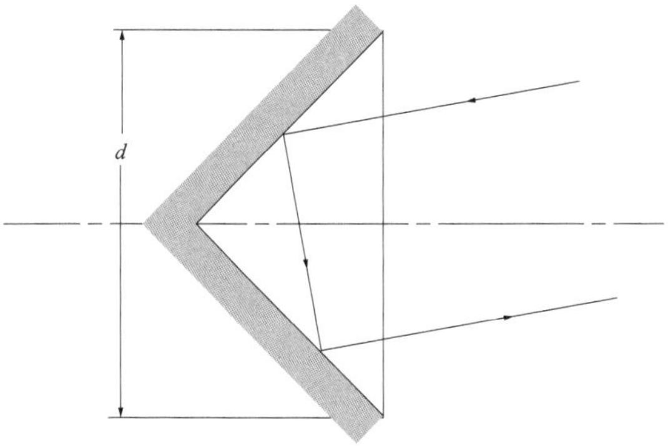

图 21　捕获问题

［图片经 Fehse（2003）© 剑桥大学授权复制］

能匹配，也就是与接近速度、横向与角度偏差及偏差率的最终精度相关。

5.5　对接机构的类型

对接机构在设计上的最大区别取决于两个航天器在连接完成后是否需要在"追踪"航天器与"目标"航天器之间建立一个密闭的通道。如果在"追踪"航天器与"目标"航天器之间需要进行乘员与货物的转移，这样的通道就必须建立。通道的口径应至少使航天员携带货物顺利通过。

中心对接机构可以为第一次接触与捕获提供最方便的解决方案，如图 22 和图 23 所示。中心对接机构的缺点是，捕获与减震机构挡住了航天器之间的转移通道。如要进行乘员与货物的转移，必须将其移开。而转移通道的口径越大，这个问题就显得越严重。为了克服这一问题，一种周边对接机构（见图 23）很早前就已经被采用。在这种对接机构中，接收、捕获以及阻尼器单元都分布在接口周边，给转移通道留出了中心区域（Syromiatnokov，1972，1990；Fehse，2003）。

在捕获完成后，对接机构必须为两个航天器连接接口的连接提供力学引导，使两个航天器可进行结构连接。而增压机构的作用是为连接提供空气密封。

对于无人航天器在轨服务来说，增压的对接机构显得没那么必要，或者说不需要那么复杂的机构，仅仅提供捕获与连接也许就足够了。在轨服务交会对接有很多类型，其"目标"航天器甚至不限于一般交会对接中的被动角色，其应用可以更加广泛。只要"目标"航天器表面有可供捕获与结构连接的部件就可以了，对接机构的类型可以有很多种类。

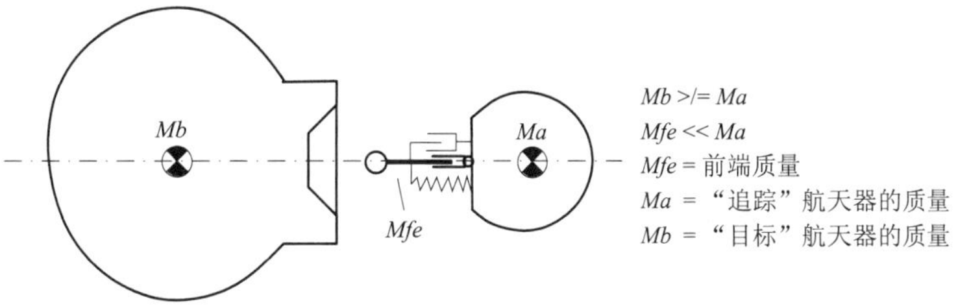

图 22　对接机构的阻尼［图片经 Fehse（2003）© 剑桥大学授权复制］

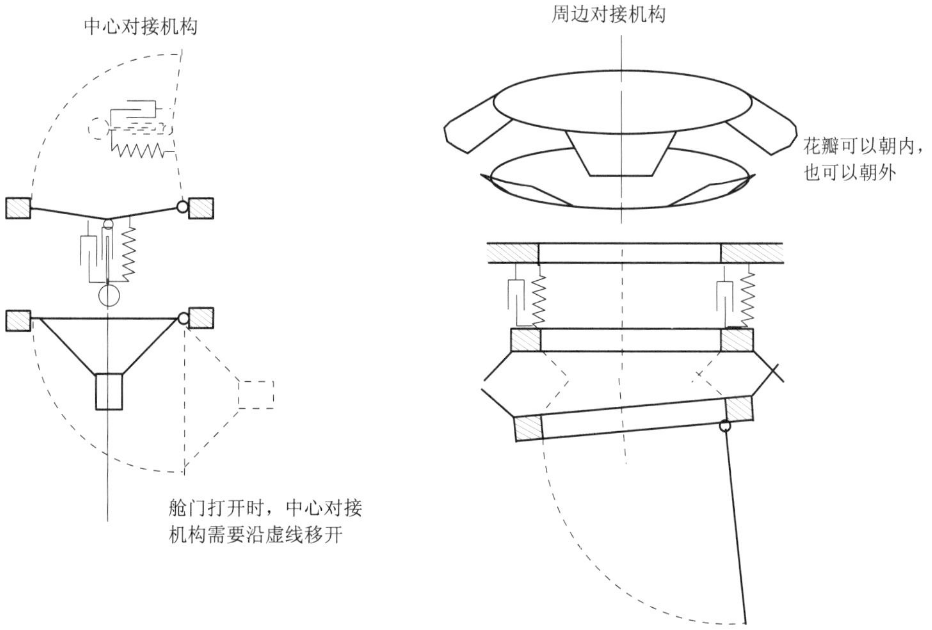

图 23　对接机构的不同类型［图片经 Fehse（2003）© 剑桥大学授权复制］

6 人工与自主控制的作用

6.1 已有的人工与自动控制

世界上首次交会对接由美国（Neil Amstrong与Dave Scott于1966年3月19日）完成，参与此次任务的两艘航天器分别是载人航天器“Gemini号”（追踪）与无人航天器“Agena号”（目标），其交会控制是由人工完成的。美国至今还在进行人工交会靠近的控制，希望至少在交会的最后阶段使其实现。

世界上首次自动交会对接由苏联的“Cosmos 186号”与“Cosmos 188号”航天器于1967年10月30日完成。在此之后，俄罗斯宇航任务延续了这种自动的交会对接任务，即使是在“追踪”航天器上有宇航员的情况下。“追踪”航天器与“目标”航天器中的乘员的主要职责是监控与一些高级的交会对接控制任务。在俄罗斯的总体任务中，即使在最后阶段可以进行人工控制，但其控制的作用只是在应对突发状况时提高任务成功的概率。

2008年4月，欧洲的“自动转移”飞行器（ATV）与国际空间站首次自动对接。尽管ATV的机载交会对接控制系统的自动化程度高于俄罗斯飞船，其机载的自动操作仍然是在位于地面的ATV控制中心的监控下进行控制的（Strandmoe等，2008）。

6.2 人工操作的控制职责

人工操作的控制职责有所不同，其中有的负责总体任务，有的负责航天器，还有独立的机动与轨迹、生命保障的安全考量（载人航天任务），以及目标航天器的整体性。

在任务的交会部分，所有运动操作的总体职责必须与“追踪”航天器和“目标”航天器的控制中心共享，“目标”航天器与“追踪”航天器中的一个起主导作用。

每个航天器的机载系统的职责总是伴随着人工操作，不管是机载还是在各自的控制中心，人工操作也负责所有轨道与姿态的机动初始化。

目标整体性与乘员生命安全（如果载人）的职责总是与人工操作有关，不管它们位于地面中心还是机载系统。由于航天器的速度本来就很小，为了避免混乱，任何对碰撞规避机动的执行都需要事先声明，以留出一定长的时间。这可以让操作员有时间尽可能地选择较温和的操作。

6.3 人工、自动或自主交会对接

关于何时何地需要人工操作干预，以及应该赋予机载系统多少自主控制权限，这个问题由以下几点决定：

（1）机载系统处理什么任务更容易、更精确、更可靠？

（2）人工操作干预能让什么任务增加其安全性和成功率，同时降低机载系统的复杂程度？

（3）是否在交会对接操作过程中有无法进行人工操作干预的时间段？

随着现代计算机技术的发展，许多在早期航天操作中只能靠人工完成的任务现在可以由自动系统更好地执行。即使交会航天器是载人的，对轨迹与姿态控制而言，机载的自动控制系统能更精确地进行控制。另外，基于不完备信息进行分析并得出结论的能力（包括使用仪器）仍然是机器不能替代的。基于这一点，人工操作——无论其执行者是飞船中的航天员还是地面中心的控制人员——对提高系统的安全还是任务的成功概率仍然不可或缺。

由于通信的中断，在近地轨道中的交会操作可能是自动的，但也没有必要将它完全自主化。由于可以与航天器保持持续的通信，在地球同步轨道上的交会任务可以在很大程度上由地面遥控操作。当对机载系统的即时操作无法完成时，比如行星任务中的时间延时与通信连接遮挡，航天器的机载系统需要更多的自主权限。在这种情况下，需要考虑的不仅是机载系统的自主能力的程度，还有自主能力的持久度。

致　　谢

本章所有图片均为本章作者为Automated Rendezvous and Docking of Spacecraft（Fehse，2003）一书制作的图片，并经过剑桥大学出版社授权使用。

参考文献

Bourga，C.，Garcia－Rodriguez，A.，Mehlen，C. and Colmenarejo，P.（2003）Autonomous formation flying RF ranging subsystem. In *ION GNSS 2003*.

Clohessy, W. H. and Wiltshire, R. S. (1960) Terminal guidance system for satellite rendezvous. *Aerospace Sci. J.*, **27** (9), 653—658.

Fehse, W. (2003) *Automated Rendezvous and Docking of Spacecraft*, Cambridge University Press, Cambridge.

Hill, G. H. (1878) Researches in the lunar theory. *Am. J. Math.*, **1** (1—2), 5—26, 129—147, 245—260.

Hohmann, W. (1925) *Die Erreichbarkeit der Himmelskoerper*. Oldenbourg Verlag, Munich. ISBN 3—486—23106—5.

Illi, E. (1992) Space station freedom berthing mechanism. In Proceedings of the 26th Aerospace Mechanism Symposium. NASA Goddard Space Flight Center, May 13—15, 1992.

Kaiser, C., Sjöberg, F., Delcura, J. M. and Eilertsen, B. (2008) SMART—OLEV An orbital life extension vehicle for servicing commercial spacecrafts in GEO. *Acta Astron.*, **63** (1), 400—410.

Lestarquit, L., Harr, J., Grelier, T., *et al*. (2006) Autonomous formation flying RF sensor development for the PRISMA mission. In *ION GNSS* 2006.

Messerschmid, E. and Bertrand, R. (1999) *Space Stations, Systems and Utilization*. Springer Verlag, Berlin, Heidelberg, New York. ISBN 3—540—65464—X.

Miravet, C., Pascual, L., Krouch, E. and del Cura, J. M. (2008) An image—based sensor system for autonomous rendezvous with uncooperative satellites. *CoRR*, abs/0807.4478.

Moebius, B. G. and Kolk, K.—H. (2002) Rendezvous sensor for automatic guidance of transfer vehicles to ISS, in *SPIE Conference Series*, vol. 4134 (ed. E. W. Taylor), pp. 298—309.

NASA (1989) *Rendezvous/Proximity Operations Crew Training Handbook*.

NASA (1992) *Program Requirements Document for the Trajectory Control Sensor, JSC—25175*. NASA JSC, unpublished.

NASA (2007) Hubble Space Telescope Servicing Mission 4 (FS—2007—08—088—GSFC (SM4 05) (rev. 11/07)): NASA Factsheet.

Pochard, M., Blarre, L., Mossu, C. *et al*. (2003) Qualification of videometer, an optical sensor, in *Advances in the Astronautical Sciences*.

Portree, D. S. F. (1995) Mir Hardware Heritage. *Tech. Rep. NASA RP 1357*, NASA—JSC (March).

Roe, F., Betts, K. and Carrington, C. (2007) *Hydra rendezvous and docking sensor system*. Aerospace Conference, 2007 IEEE, pp. 1—10. ISSN 1095—323X. doi: 10.1109/AERO.2007.352667.

Strandmoe, S., DePasquale, E., Escane, I. *et al*. (2008) Automated transfer vehicle (ATV) flight control achievements, in 7th International ESA Conference on Guidance, Navigation & Control Systems.

Stone, J. M., LeMaster, E. A., Powell, J. D. and Rock, S. (1999) GPS Pseudolite Transceivers and their Applications. ION National Technical Meeting 99, San Diego, California, January 25—27, 1999.

Syromiatnokov, V. S. (1972) Docking system of androgynous and peripheral type, in *Proceedings of the Seventh Aerospace Mechanism Symposium. Subseries: Space Exploration* Woods, W. David Jointly published with Praxis Publishing, UK 2008, XXVIII, 412 p., Softcover ISBN: 978—0—387—71675—6.

Syromiatnikov, V. S. (1990) *Spacecraft Docking Devices, Moscow, Mashinostroenie, 1984 (translation into English*: Space Studie Institute, Soviet Technical Paper Number SSI VSS—1, Princeton, New Jersey).

Woods, W. D. (2008) *How Apollo Flew to the Moon*, Springer Praxis Books.

本章译者：张景瑞、胡权、何慧东、曾豪（北京理工大学宇航学院）

附录 1

《航空航天科技出版工程》英文版编写委员会

主　编

Richard Blockley
Aerospace Consultant, Cranfield University, Cranfield, UK
and
Former Head of Technical Programmes, BAE Systems, Farnborough, UK

Wei Shyy
Department of Aerospace Engineering, University of Michigan, Ann Arbor, MI, USA

顾问委员会

John D. Anderson, Jr.
Aeronautics Division, National Air and Space Museum, Smithsonian Institution, Washington DC, USA

Kenneth J. Badcock
School of Engineering, University of Liverpool, Liverpool, UK

William F. Ballhaus, Jr.
Retired President and CEO, The Aerospace Corporation, Los Angeles, CA, USA

Allan Bonnet
Département Aérodynamique, Energétique et Propulsion, ISAE-SUPAERO, Toulouse, France

Brian Cantwell
Department of Aeronautics and Astronautics, Stanford University, Stanford, CA, USA

Graham Coleman
Previously Chief Technologist, Air Systems, DSTL, Salisbury, UK

Jonathan Cooper
School of Engineering, University of Liverpool, Liverpool, UK

Richard Crowther
UK Space Agency, Swindon, UK

Earl H. Dowell
Department of Mechanical Engineering and Materials Science, Duke University, Durham, NC, USA

Shanyi Du
Harbin Institute of Technology, Heilongjiang, China

John Farrow
International Space University, Strasbourg, France

John Fielding
Department of Aerospace Engineering, Cranfield University, Cranfield, UK

Lennard A. Fisk
Department of Atmospheric, Oceanic and Space Sciences, University of Michigan, Ann Arbor, MI, USA

In Seuck Jeung
School of Mechanical and Aerospace Engineering, Seoul National University, Seoul, Korea

Jeffrey Jupp
Department of Mechanical Engineering, Bath University, Bath, UK

Keiji Kawachi
Department of Aeronautics and Astronautics, University of Tokyo, Tokyo, Japan

Chung K. Law
Department of Mechanical & Aerospace Engineering, Princeton University, Princeton, NJ, USA

Wei Li
Department of Computer Science and Engineering, Beijing University of Aeronautics and Astronautics, Beijing, China

主要作者

John D. Anderson, Jr. PART 2
Aeronautics Division, National Air and Space Museum, Smithsonian Institution, Washington DC, USA

Ella M. Atkins PARTS 38 and 43
Department of Aerospace Engineering, University of Michigan, Ann Arbor, MI, USA

René de Borst PART 15
Department of Mechanical Engineering, Eindhoven University of Technology, Eindhoven, The Netherlands

Carlos E. S. Cesnik PARTS 17 and 20
Department of Aerospace Engineering, University of Michigan, Ann Arbor, MI, USA

Alan R. Chambers PART 21
School of Engineering Sciences, University of Southampton, Southampton, UK

Mikhail Cherniakov PART 24
School of Electronic, Electrical and Computer Engineering, The University of Birmingham, Birmingham, UK

Ricky Curran PART 31
Department of Air Transport and Operations, Faculty of Aerospace Engineering, Technical University of Delft, Delft, The Netherlands

Peter Curtis PART 41
BAE Systems, Farnborough, UK

Olivier Dessens PART 29
Centre for Atmospheric Science, University of Cambridge, Cambridge, UK

Dimitris Drikakis PARTS 4 and 7
Department of Aerospace Sciences, Cranfield University, Cranfield, UK

David Faddy PART 37
Decision Analysis Services Ltd, Basingstoke, UK

Peretz P. Friedmann PARTS 13 and 14
Department of Aerospace Engineering, University of Michigan, Ann Arbor, MI, USA

Datta V. Gaitonde PART 5
Air Force Research Laboratory, Wright-Patterson Air Force Base, OH, USA

Alec D. Gallimore PART 12
Department of Aerospace Engineering, University of Michigan, Ann Arbor, MI, USA

Ismet Gursul PARTS 3 and 8
Department of Mechanical Engineering, University of Bath, Bath, UK

Raphael T. Haftka PART 42
Department of Mechanical and Aerospace Engineering, University of Florida, Gainsville, FL, USA

James F. Klausner　PART 6
Department of Mechanical and Aerospace Engineering, University of Florida, Gainesville, FL, USA

Kevin Knowles　PART 22
Aeromechanical Systems Group, Cranfield University, Cranfield, UK

Hao Liu　PART 34
Graduate School of Engineering, Chiba University, Chiba, Japan

Eli Livne　PARTS 32 and 33
Department of Aeronautics and Astronautics, University of Washington, Seattle, WA, USA

Ian MacDiarmid　PART 36
Electromagnetic Engineering Department, Central Engineering, BAE Systems - Military Air Solutions, Warton, Lancashire, UK

Michael Preuss　PART 19
School of Materials, University of Manchester, Manchester, UK

Philip Pugh　PART 37
Independent Consultant, Clapham, UK
(deceased January 2009)

Peter Roberts　PARTS 27 and 30
Space Research Centre, Cranfield University, Cranfield, UK

Hanspeter Schaub　PART 26
Department of Aerospace Engineering Sciences, University of Colorado, Boulder, CO, USA

Daniel J. Scheeres　PART 25
Department of Aerospace Engineering Sciences, University of Colorado, Boulder, CO, USA

Allan Seabridge　PARTS 39 and 40
Seabridge Systems Ltd, Lytham St Annes, UK

Tom I-P. Shih　PARTS 9 and 10
School of Aeronautics and Astronautics, Purdue University, West Lafayette, IN, USA

Michel van Tooren　PARTS 32 and 33
Department of Aircraft Design, Integration & Operations, Faculty of Aerospace Engineering, Delft University of Technology, Delft, The Netherlands

Antonios Tsourdos　PART 23
Department of Informatics & Sensors, Cranfield University, Cranfield, UK

Anthony M. Waas　PARTS 16 and 18
Department of Aerospace Engineering, University of Michigan, Ann Arbor, MI, USA

Brian A. White　PART 23
Department of Informatics & Sensors, Cranfield University, Cranfield, UK

Vigor Yang　PART 11
School of Aerospace Engineering, Georgia Institute of Technology, Atlanta, GA, USA

Xin Zhang　PART 28
School of Engineering Sciences, University of Southampton, Southampton, UK

Thomas Zurbuchen　PART 35
College of Engineering, University of Michigan, Ann Arbor, MI, USA

附录 2

《航空航天科技出版工程 5　动力学与控制》英文版参编人员

Kyle T. Alfriend
Department of Aerospace Engineering, Texas A&M University, College Station, TX, USA

Rodney L. Anderson
Aerospace Engineering Science Department, University of Colorado, Boulder, CO, USA

Derek P. Atherton
School of Engineering and Design, University of Sussex, Brighton, UK

Penina Axelrad
Department of Aerospace Engineering Sciences, University of Colorado, Boulder, CO, USA

Chris J. Baker
ANU College of Engineering and Computer Science, Canberra, ACT, Australia

Sivasubramanya N. Balakrishnan
Department of Mechanical and Aerospace Engineering, Missouri University of Science and Technology, Rolla, MO, USA

David S. Bayard
Jet Propulsion Laboratory, California Institute of Technology, Pasadena, CA, USA

George H. Born
Colorado Center for Astrodynamics Research, University of Colorado, Boulder, CO, USA

Derek Bray
Cranfield University, Defence Academy of the UK, Shrivenham, UK

J. Brad Burt
Autonomy and Fault Protection Group, Jet Propulsion Laboratory, California Institute of Technology, Pasadena, CA, USA

Dennis V. Byrnes
Flight Dynamics, Autonomous Systems Division, Jet Propulsion Laboratory, Pasadena, CA, USA

George Chen
Principal Engineer, JPL Group Supervisor: Entry, Descent, and Landing Systems & Advanced Technologies Group, Pasadena, CA, USA

Tim Clarke
Department of Electronics, University of York, Heslington, UK

Alastair K. Cooke
School of Engineering, Cranfield University, Cranfield, UK

Bernd Dachwald
Aerospace Technology Department, FH Aachen University of Applied Sciences, Aachen, Germany

Kathryn Davis
Aerospace Engineering Science Department, University of Colorado, Boulder, CO, USA

Farhan A. Faruqi
Weapons Systems Division, Defence Science and Technology Organisation, Edinburgh, South Australia, Australia

Wigbert Fehse
Retired, Former ESA/ESTEC, Noordwijk, The Netherlands

Chris Fielding
Aerodynamics Discipline, BAE Systems, Warton, UK

Antonio Filippone
School of MACE, The University of Manchester, Manchester, UK

Alice Giffen
Surrey Space Centre, University of Surrey, Surrey, UK

Martin Hagström
Department of Aeronautics and Systems Integration, Swedish Defence Research Agency, Sweden

Peter S. Hall
University of Birmingham, Birmingham, UK

Ronald A. Hess
Department of Mechanical and Aerospace Engineering, University of California, Davis, CA, USA

Nadjim M. Horri
Surrey Space Centre, University of Surrey, Surrey, UK

Mario Innocenti
Air Force Research Laboratory, Munitions Directorate, Eglin Air Force Base, FL, USA

David B. James
Department of Informatics and Sensors, Cranfild University, Shrivenham, UK

Brandon A. Jones
Colorado Center for Astrodynamics Research, University of Colorado, Boulder, CO, USA

Seungkeun Kim
Autonomous Systems Group, Department of Informatics and Sensors, Cranfild University, Defence Academy of the UK, Shrivenham, UK

Sungwan Kim
Dynamic Systems and Control Branch, NASA Langley Research Center, Hampton, VA, USA

Youdan Kim
School of Mechanical and Aerospace Engineering, Seoul National University, Seoul, Korea

Kevin Knowles
Aeromechanical Systems Group, Defence Academy of the UK, Cranfild University, Shrivenham, UK

Nicolas Léchevin
Department of Mechanical and Industrial Engineering, Concordia University, Montreal, Québec, Canada

David A. Lee
Empire Test Pilots' School, QinetiQ, Boscombe Down, UK

Anders Lennartsson
Department of Aeronautics and Systems Integration, Swedish Defence Research Agency, Sweden

Nadav Levanon
Department of Electrical Engineering - Systems, Tel Aviv University, Tel Aviv, Israel

Mark Lowenberg
Department of Aerospace Engineering, University of Bristol, Bristol, UK

Francis Landis Markley
Attitude Control Systems Engineering Branch, NASA Goddard Space Flight Center, Greenbelt, MD, USA

Amit K. Mishra
Department of Electronics and Communication Engineering, Indian Institute of Technology, Guwahati, India

Antonio Moccia
Department of Aerospace Engineering, University of Naples Federico II, Naples, Italy

Bernard Mulgrew
Institute for Digital Communications, University of Edinburgh, Edinburgh, UK

Simon Newman
School of Engineering Sciences, University of Southampton, Southampton, UK

Cesar A. Ocampo
Department of Aerospace Engineering and Engineering Mechanics, The University of Texas, Austin, TX, USA

Phil Palmer
Surrey Space Centre, University of Surrey, Surrey, UK

Mark E. Pittelkau
Aerospace Control Systems Engineering and Research LLC, Round Hill, VA, USA

Lorenzo Pollini
Department of Electrical Systems and Automation, University of Pisa, Pisa, Italy

Richard J. Poole
R. J. Poole Aerospace Consultants, Godalming, Surrey, UK

Camille A. Rabbath
Department of Mechanical and Industrial Engineering, Concordia University, Montreal, Québec, Canada

Jason F. Ralph
Department of Electrical Engineering and Electronics, The University of Liverpool, Liverpool, UK

Peter M. Render
Department of Aeronautical and Automotive Engineering, Loughborough University, Loughborough, UK

Mark A. Richardson
Department of Informatics and Sensors, Cranfild University, Shrivenham, UK

Alessandro Rossi
Institute of Information Science and Technologies, National Research Council, Pisa, Italy

Ryan P. Russell
Guggenheim School of Aerospace Engineering, Georgia Institute of Technology, Atlanta, GA, USA

Hanspeter Schaub
Department of Aerospace Engineering Sciences, University of Colorado at Boulder, Boulder, CO, USA

Corey J. Schumacher
AFRL/RBCA, Wright - Patterson AFB, OH, USA

Madhavan Shanmugavel
Autonomous Systems Group, Department of Informatics and Sensors, Cranfild University, Defence Academy of the UK, Shrivenham, UK

Peter M. G. Silson
Department of Informatics and Sensors, School of Defence and Security, Cranfild University, Shrivenham, UK

Robert E. Skelton
Department of Mechanical and Aerospace Engineering, University of California, San Diego, La Jolla, CA, USA

Barry A. Stacey
Department of Informatics and Sensors, School of Defence and Security, Cranfild University, Shrivenham, UK

Andrew G. Stove
Aerospace Division, Thales UK, Crawley, UK

Chun-Yi Su
Department of Mechanical and Industrial Engineering, Concordia University, Montreal, Québec, Canada

Antonios Tsourdos
Autonomous Systems Group, Department of Informatics and Sensors, Cranfild University, Defence Academy of the UK, Shrivenham, UK

Nishant Unnikrishnan
Department of Mechanical and Aerospace Engineering, Missouri University of Science and Technology, Rolla, MO, USA

David A. Vallado
Center of Space Standards and Innovation, Analytical Graphics Inc., Colorado Springs, CO, USA

Simon Watts
Aerospace Division, Thales UK, Crawley, UK

Keith D. Ward
Igence, Harcourt Barn, Malvern, Worcestershire, UK

Brian A. White
Autonomous Systems Group, Department of Informatics and Sensors, Cranfild University, Defence Academy of the UK, Shrivenham, UK

Kevin A. Wise
Boeing Phantom Works, The Boeing Company, St. Louis, MO, USA

Lincoln J. Wood
Jet Propulsion Laboratory, California Institute of Technology, Pasadena, CA, USA

Thomas R. Yechout
Department of Aeronautics, US Air Force Academy, Colorado Springs, CO, USA

Trevor M. Young
Department of Mechanical and Aeronautical Engineering, University of Limerick, Limerick, Ireland

Anthony Zyweck
C3I Division, Defence Science and Technology Organization, Edinburgh, South Australia, Australia

索　引

β～Δ

A

B

D

E

F

G

H

J

K

M

N

O

P

Q

R

S

T

W

X

Y

Z